대기오염제어 설계공학

김 동 술 역

Fourth Edition

AIR POLLUTION CONTROL

A Design Approach

C. David Cooper　　F. C. Alley

도서출판 동화기술

Fourth Edition

AIR POLLUTION CONTROL

A Design Approach

C. David Cooper
University of Central Florida

F. C. Alley
Professor Emeritus
Clemson University

AIR POLLUTION CONTROL : A Design Approach, Fourth Edition
by C. David Cooper

제 4판에 대한 서문

대기오염제어에 종사하는 공학자들에게는 커다란 책임이 있다. 지금도 만족스럽기는 하지만 해야 할 큰 일 중 하나는 대기오염 제어설비를 설계하는 것이다. 이 교과서는 이러한 설비를 설계하는데 있어 그 설계철학과 절차를 다루고 있으며, 젊은 공학자들이 설계자로서 맞이해야 할 도전과 보상에 합당한 도움을 제공할 것이다. 또한 이 교과서는 많은 장에 걸쳐 특정 제어장치를 다루고 있으며, 새로운 설비를 설계하고 설명하는데 필요한, 또한 기존 설비를 분석하는데 필요한 공식과 자료를 제공한다. 따라서 이 교과서는 경험이 많은 공학자에게도 대기오염제어와 관련한 양질의 정보를 제공할 것이다.

이 교과서는 두 가지 주요 목적을 가지고 있다. 첫째는 대기오염과 그 제어에 관한 일반적 주제에 대한 정보를 제공하는 것이며, 이보다 더 중요한 둘째 목적은 공학자를 꿈꾸는 학생들의 체계적 설계훈련과 교육에 도움을 주는 것이다. 장치와 설비의 설계 부분은 대기오염 관련 서적 속에서 큰 대접을 받고 있지는 않지만, 이 부분은 공학의 핵심이므로 반드시 공학 교육과정에서 강조되어야 한다.

일반적으로 공학서적은 주기적으로 개정되어야 한다. 이는 모든 공학분야가 새로운 발견, 혁신, 개발 등으로 지속적으로 발전하고 있기 때문이다. 이 개정 4판 교과서는 모든 장이 광범위하게 수정되었으며 최신 정보로 개편되었다. 특히 길지는 않지만 이산화탄소 제어와 관련된 새로운 한 개 장이 추가되었다. 지난 판의 교과서와 마찬가지로 자료의 출처를 밝힐 때 웹주소를 빈번하게 사용하였으며, 교과서 내 각종 문제풀이를 할 때 개인용 컴퓨터 기반의 spreadsheet 활용을 더욱 강조하였다. 또한 부록에는 기술사 시험대비 연습문제와 단계적 풀이과정을 제공하였다. 이들 문제를 통해 학생들이 기술사 시험에 필요한 문제해결 요령을 습득하는데 도움이 될 것으로 기대한다.

2000년으로 돌아가, Science 잡지의 편집장인 Philip Abelson은 화석연료 연소가스로부터 대량의 이산화탄소를 제거시키는 방법을 소개한 바 있다. 버려진 유정과 탄광 속에 이를 격리시키자는 것이다 (Science, 289, 2000년 8월 25일). 제3판 교과서의 서문에서, 우리 저자들은 멀지 않은 장래, 요즘 학생들의 대부분이 이러한 지구환경문제 해결에 종사하게 될 것이라고 언급한 바 있다. 드디어 그 날이 오고 있다. 지구기후변화는 인류를 포함한 지구상 모든 창조물 앞에 놓인 중대한 도전거리이며, 우리 공학자들은 해결책을 제시하여야 한다. 새로 추가된 마지막 장에는 이산화탄소를 포집하고 격리시킬 때 사용가능성이 있는 기술적 기본접근법을 요약하였다.

저자들은 매 장의 문제풀이와 교과서 구성과 편집에 무한한 도움을 준 Kurt Westerlund, Johanna Clifford, Mark Ritner, Jessica Ross 및 UCF의 대학원 학생들에게 감사의 뜻을 전한다. 또한 이러한 전문적 작업에 도움을 준 Waveland Press의 유능한 편집장인 Laurie Prossnitz와 그래픽 아티스트인 Debi Underwood에게도 감사한다.

C.D. Cooper, F.C. Alley

역자 서문

Cooper와 Alley는 대기공학분야의 발전속도에 걸맞게 주기적으로 교과서를 개정하여, 현재 이 책과 같은 개정 4판을 2011년에 출판하였다. 역자는 최근 이 개정판을 번역하며 구판 교과서와 비교 검토하는 과정에서 일부 발견된 오타와 오역에 부끄러움을 느낀다.

본 역자는 약 20년 전 초판 역자서문에 다음과 같은 구절을 언급한 적이 있었다. 『우리는 환경에 대한 기본철학을 가지고, 우리의 대기환경을 돌아볼 때, 많은 문제점을 찾을 수 있다. 환경교육의 문제, 공해예방의 미흡, 기초 환경연구의 경시 및 기술의 무조건적 해외의존, 기존자료의 미활용, 환경정책의 경직 및 행정의 다원화, 책임소재의 불확실, … 따라서, 환경오염을 전공으로 하는 학생들은 궁극적으로 위의 난제들을 해결해야 할 책임이 있다.』 본 역자는 돌이켜 당시와 비교하여 전혀 개선되지 않은 현실에 다시금 놀랄 수밖에 없었다. 분명히 과거보다 많은 환경전문가가 양성되었고, 국민의 삶의 질도 높아졌고 환경에 대한 인식도 높은데, 우리나라의 환경분야에 대한 교육, 연구, 투자열기가 사라지고 국민의 체감오염이 도리어 악화된 이유는 무엇일까? 아까운 지면이지만, 대기환경공학을 공부하기 이전에 우리가 현재 안고 있는 문제점 일부를 파악하고 그 해결책을 생각해 보기로 하자.

현재와 같이 환경과학기술의 연구와 개발이 위축된 이유는 우리 사회에 팽배한 이공계 홀대도 원인이지만, 무엇보다 1998년도 IMF 경제위기이후 성장위주의 정책만이 살 길이라고 생각하는 사람이 많았기 때문이다. 당시 일부 환경관료의 잘못된 정책판단으로 규제개혁이라는 미명하에 각종 환경자격증이 휴지가 되었고, 이에 따라 기업체의 배출관리인 제도도 폐기되었다. 환경투자가 손해라고 생각하던 기업체에게는 호기였으며, 환경전문 인력은 갈 곳이 없게 되었다. 최근에는 환경기술의 꽃이라고 할 수 있는 녹색기술이 의도적으로 잘못 해석되어, 환경정책을 잘못된 방향으로 이끄는 일부 경제론자들로 인해 어려움이 가중되고 있다.

최근 의료기술이 발전한 덕분으로 국민들의 수명이 크게 증가하고 있다. 일부 정책입안자들은 대기환경도 개선되고 수명이 늘었다는 표면적인 이유로 대기환경 개선에 대한 규제개혁과 노력을 철저히 무시하고 있다. 요즘 사람들은 9988-234라는 우스갯소리를 자주한다. 즉, 미래에 99살까지 88하게 살다가 자손의 폐를 끼치지 않고 2, 3일 이내에 죽기를 희망한다는 의미이다. 하지만 역자의 생각으로는 이러한 국민적 간절한 소망이 9977-234가 될 것만 같은 불안감이 든다. 즉, 현재와 같은 우리의 대기환경의 질에 계속 노출되면, 99살까지 77맞지 않게 살다가 20~30년간 병치레하다 죽을 수도 있다는 우려이다. 환경질환은 급성이 아니라 만성질환임을 기억하라.

대학에서 대기공학을 가르치는 교수들은 우리의 배출규제와 관련하여 불만의 목소리가 높다. 많은 사례 중 하나로, 우리는 분진의 물리적 크기분포가 화학적 위해 못지않게 중요하며, 방지장치를 설계할 때 분진크기에 따른 처리효율이 핵심이라는 것을 잘 알고 있다. 담배가 해롭고 다이옥신이 해로운 이유가 화학적 위해 못지않게 해당 분진크기의 체내 침투도가 크기 때문이다. 이러한 이유로 선진국 대기환경규제와 배출규제는 TSP (총 부유분진)에서 PM-10으로, PM-10에서 PM-2.5로 신속히 바뀌고 있다. 우리나라 역시 환경규제가 강화되면서 1995년 이후 PM-10 항목이 신설되었다. 또한 2015년에는 PM-2.5 규제도 도입될 것이다 (본래 2011년 도입예정이었으나, 기초연구가 미비하여 연기되었다). 하지만 중요한 것은 배출규제가 동반되지 않는 전시성 환경규제라는 점이 문제이다. 즉, 환경규제는 선진국 수준을 따라가고 있지만, 실행도구라고 할 수 있는 배출규제는 단 한 번도 개정되지 않은 채 1983년 이후 TSP 규제 그대로이다 (이 TSP도 입자의 상한 크기가 있는 외국과 우리나라의 "입자크기 무개념 TSP"와는 차이가 크다). 이로 인해, 입자크기의 중요성을 대학 내내 배우고 졸업한 환경학도들은 현장에서 전처리 장비인 사이클론과 세정기를 주요 설비로 받아들이며 배움지식과 현장적용의 불일치에 허탈해 하고 있다. 이런 풍토에서 관련 처리기술의 연구와 개발은 뒷전으로 밀리게 되었다. 예전 동구권이 환경기준 측면에서는 전 세계에서 가장 엄격한 기준을 가지고 있었지만, 배출규제와 실행 미비로 가장 오염된 지역이었다는 사실을 교훈삼아야 한다. 우리나라의 배출규제는 환경성, 경제성, 위해성, 고용성 차원에서도 크게 미흡하므로 조속히 정비되어야 한다.

십여년 전 정부발행 환경자료를 살펴보면, 서울을 포함한 주요도시에서 차량(이동오염원)이 대기오염 주범이며, 분진 기여율이 95% 이상이라고 기술하고 있다. 대기오염물질은 인간환경 주변에 존재하는 수백 수천 가지 오염원에서 방출됨에도 불구하고, 화석연료의 연소만이 대기오염에 100% 기여한다는 손쉬운 가정 하에, 간단한 배출계수를 이용하여 계산한 결과이다. 이로 인해 차량의 분진오염 기여율이 항상 1위를 차지하였다. 이와 같은 비과학적 연구결과물이 우리나라 대기환경의 연구와 학문, 정책, 교육, 홍보 등 전반에 걸쳐 심각한 악영향을 주었으며 아직까지도 그 여파가 계속되고 있다. 잘못된 정책결정으로 국민의 대기오염에 대한 관심과 이해는 자동차에만 집중되었고, 산업체 오염원을 포함한 모든 인위적 및 자연적 오염원의 위해성이 완전히 경시되었다.

오랫동안 계속된 화석연료와 차량오염에 대한 편중된 시각 때문에, 국민들이 알고 있는 대기오염물질이라곤 가끔 언론에 부각된 담배연기, 라돈, 다이옥신, 석면 등이 전부였다. 따라서 그 외 오염물질에 대한 위해성은 망각되었고, 미량 유해대기오염물질의 심각성보다는 극소수의 규제오염물질에만 관심을 두었다. 한편, 기업 역시 지역의 환경보존에 대한 각별한 책임의식과 자구노력 없이, 환경부가 오래 전 법률로 설정한 낙후된 특정 배출항목에 대해서만 저감노력을 기울여 왔다 (대부분 전처리 장비만으로도 충분하기 때문). 더 이상 고도처리 환경전문가가 필요하지 않았으며 기술을 개발할 동기부여도 사라졌다.

설상가상으로 이동오염원만 부각되다 보니, 합리적으로 고루 집행되어야 할 정부예산도 '선택과 집중'이라는 구호 아래 한 곳에 편중되게 되었다. 천문학적 예산이 중앙정부차원에서 가스차량 보조금 지급과 경유차량 배출가스 개선 등 차량관련 사업에 사용되었다. 현재도 CNG 버스 한 대당 수천만 원의 보조금을 국비, 도비, 시비 형태로 지출하고 있다. 이러한 정책으로 여파가 지자체에 미치게 되었고, 결국 지자체도 한정된 환경예산 속에서 지역의 대기환경, 실내공기, 수질 및 토양, 생태 등 주요 환경분야의 항목을 배제할 수밖에 없었다. 중요한 점은 과연 이러한 정책이 우리나라 경제수준에 적합하고 시기적으로 적합하였는지를 검토해야 한다는 것이다. 정책오류가 대기환경학적으로 증명된 이상, 이제는 조속히 미래 환경개선과 녹색성장을 위한 타산지석으로 삼아야 한다. 현재 각 나라와의 FTA 협정 내용 중에는 환경서비스 분야가 핵심 중의 하나이다. 국가 및 지역의 생태와 환경을 보호하고 미래 환경기술산업의 발전을 위하여, 환경과학이 뒷받침된 시의 적절한 정책이 도입되어야 한다.

대기환경과학기술은 인간의 복지와 건강증진을 최종 목적으로 하는 공공성이 강한 학문분야이다. 좁게는 실내공기부터 넓게는 지구대기까지 복잡하며 광범위한 자연현상을 대상으로 고도의 기술을 적용하고 실험을 수행하는 종합학문이다. 이 분야의 종합적인 발전 없이 국내·외 환경문제를 해결할 수 없으며 이 분야의 퇴보는 국제경쟁력의 약화와 경제성장의 둔화를 의미한다. 대기환경과학기술은 인간의 건강과 재산 손실을 최소화시키는 공공복지적인 실용성, 지역경제의 활성화와 산업체의 경영손실을 최소화시키는 경제적인 실용성, 대기환경 기초연구를 활성화시키는 학문적인 실용성 등을 동시에 충족시켜야 한다.

얼마 전까지 이산화탄소를 오염물질로 생각한 환경과학자들은 많지 않았다. 하지만 이산화탄소 때문에 지구온난화가 진행되고 있으며, 이로 인해 달갑지 않은 기후변화가 초래되어 인류생존에 위협을 준다는 사실이 어느 순간 확산되고 있다. 1990년대 초부터 지구상 수많은 기후변화 이변들이 인터넷을 통해 급속히 확산되면서, 이제는 대다수 일반사람들도 온실기체에 의한 지구온난화 이론에 동조하게 되었고 기후변화는 초미의 국제적 관심사가 되었다. 이에 따라 우리나라도 전 세계 모든 국가들과 공동으로 해결방안을 찾고 있으며, 서로의 경제적 득실을 저울질하면서, 녹색기술에 의한 녹색성장을 전면에 내걸고 있다.

최근 국내외적으로 기후변화에 대한 각광받고 있는 대응책 중 하나가 저탄소 기술이다. 저탄소라는 의미를 이산화탄소를 적게 배출한다는 뜻으로 해석해도 좋고, 화석연료와 자원을 효율적으로 사용한다는 의미로 해석해도 좋다. 궁극적으로 신·재생 에너지와 같은 청정에너지 사용, 에너지 효율증대 및 절약, 자원의 재이용 및 재순환 등 환경오염 개선을 위한 모범 답안이 될 수 있다. 따라서 정부가 최근 제시한 녹색기술기반의 녹색성장의 주안점을 에너지 분야에서 찾는 것에 대해 대다수 환경과학기술자들도 커다란 거부감은 없다.

녹색공학 또는 녹색기술은 이전의 공해예방기술을 대체하는 환경친화적 기술로 부각되고 있다. 이 기술은 기본적으로 환경서비스 산업의 기반이기도 한 환경영향평가, 전생애평가, 위해도평가 등을 기반으로 한다. 녹색기술의 설계는 이 세 가지 평가를 전제로 수행하며, 설계대상 목표물이 전생애기간 동안 환경성, 경제성, 사회성 측면에서 지속가능하여야 한다는 조건하에, 방법론적으로는 에너지와 자원의 재생, 절약, 재순환 측면에서 최선의 기술개발에 주안점을 두고 있다.

본 역자가 우려하는 점은 우리나라의 모든 환경정책과 예산이 진정한 녹색기술을 외면하고 녹색성장에만 집중하고 있다는 현실이다. 앞의 이동오염원의 사례와 같이, 그동안 20여 년간 화석연료와 이동오염원에의 정책편중으로 지역의 대기환경개선이 어려움을 겪은 것처럼, 지구기후변화를 늦추기 위해 시도되고 있는 이 녹색성장 정책이 또다시 국가와 지역의 대기환경개선을 악화시키지 않을까 우려가 된다. 녹색성장은 말 그대로 녹색기술의 원리와 원칙을 준수하며 추진되어야 한다. 녹색기술의 시작점은 지역의 대기환경 개선이다. 실내공기오염부터 시작하여, 도시규모, 지역규모, 지구규모의 대기환경은 하나의 선순환 구조이기 때문이다.

다시 돌아가 이 책은 이론과 실무분야를 균형적으로 다루고 있으며, 예제, 표, 그림, 연습문제 등은 학생들이 이해하기 쉽게 배열되어 있다. 또한 제시된 모든 이론식과 경험식 등에 과학적 해석을 충분히 제공하였다. 다만 교과서 곳곳에 미국 환경관련법규 및 환경현황을 다루고 있고, 비록 장치의 비용산정문제가 우리 현실과 크게 다르지만, 이는 우리가 앞으로 겪게 될 시행착오를 미리 배운다는 관점에서 공부하면 도움이 될 것이다. 또 다른 커다란 문제점으로는 이 교과서가 SI 단위와 FPS 단위를 혼용하고 있다는 점이다 (초판보다는 SI 단위에 비중을 다소 두고 있지만). 전 세계는 아직도 많은 대기환경 기초자료를 미국의 연구보고서와 EPA 자료에 의존하고 있다. 본 역자의 생각으로는, 이를 활용할 수밖에 없는 우리로서는 불가피하게 FPS 단위에도 익숙할 필요가 있다.

이 개정 4판 교과서를 이전의 구판과 비교하면, 신판은 최신 연구와 자료에 입각하여 전면 수정되고 개편되었다. 특히 모든 최신자료를 인터넷과 바로 연결할 수 있도록 웹주소를 광범위하게 제시하였다. 또한 이 개정 4판에는 우리나라의 최근 화두이기도 한 지구기후변화와 이산화탄소의 제어라는 한 장을 추가하여 집중적으로 논의하였다.

끝으로 용단을 내려 신속하게 이 교재를 출판하게끔 도움을 주신 도서출판 동화기술 관계자들께 감사드린다. 특히 많은 공학수식과 표를 제대로 편집하도록 도와준 편집부 여러분께 감사하며, 경희대 환경학 및 환경공학과 대기오염연구실 대학원생들에게도 감사한다.

역자 김동술

차 례

Chapter 01 개 요 15

1.1 머리말 • 15
1.2 오염물질의 정의와 형태 • 16
1.3 지구규모의 대기오염물질 • 20
1.4 미국의 입법과 규제경향 • 30
1.5 이상기체법칙과 가스의 농도측정 • 42
1.6 이상기체법칙의 기타 응용 • 46
1.7 가스의 유속측정 • 48
1.8 원인, 오염원, 영향 • 58
1.9 미국의 대기질 경향 • 70
연습문제 • 75
참고문헌 • 80

Chapter 02 공정설계란 무엇인가? 83

2.1 머리말 • 83
2.2 설계의 일반적 고려사항 • 85
2.3 석탄화력발전소에 대한 간단한 분석 • 93
2.4 기술경제학 • 99
2.5 방지장치의 가격산정 • 105
2.6 공해방지방안을 위한 예비 고정자본비의 추정 • 109
2.7 연간 운영비 추정 • 111
연습문제 • 112
참고문헌 • 116

Chapter 03 분 진 117

3.1 머리말 • 117
3.2 분진의 특성 • 117
3.3 유체 내 분진입자의 운동 • 125
3.4 분진 방지장치의 개요 • 134
연습문제 • 137
참고문헌 • 140

Contents

Chapter 04 원심력집진기 141

4.1 머리말 • 141
4.2 이론 • 146
4.3 설계 시 고려사항 • 147
4.4 가격 • 157
연습문제 • 160
참고문헌 • 164

Chapter 05 전기집진기 165

5.1 머리말 • 165
5.2 이론 • 169
5.3 설계 시 고려사항 • 173
5.4 습식 전기집진기 • 188
5.5 가격 • 189
연습문제 • 191
참고문헌 • 194

Chapter 06 여과집진기 195

6.1 머리말 • 195
6.2 이론 • 197
6.3 설계 시 고려사항 • 202
6.4 가격 • 220
연습문제 • 224
참고문헌 • 229

Chapter 07 세정집진기 231

7.1 머리말 • 231
7.2 이론과 설계 시 고려사항 • 239
7.3 기타 고려사항 • 252
7.4 가격 • 257
연습문제 • 259
참고문헌 • 262

Chapter 08 보조장치 : 후드, 덕트, 송풍기, 냉각기 263

8.1 머리말 • 263
8.2 후드 • 263
8.3 덕트 • 267
8.4 송풍기 • 278
8.5 고온 공기의 냉각 • 293
8.6 가격 • 299
연습문제 • 309
참고문헌 • 312

Chapter 09 분진제어 문제 313

9.1 머리말 • 313
9.2 문제의 개요 • 314
9.3 최종 제어를 위한 선택사양 • 316
9.4 장치의 주요 항목 • 317
9.5 요약 • 326
참고문헌 • 326

Chapter 10 기체와 증기의 성질 327

10.1 머리말 • 327
10.2 증기압 • 328
10.3 확산도 • 330
10.4 기체 - 액체와 기체 - 고체의 평형 • 331
10.5 화학반응 • 333
연습문제 • 338
참고문헌 • 340

Chapter 11 VOC 소각로 341

11.1 머리말 • 341
11.2 이론 • 344
11.3 설계 시 고려사항 • 355
11.4 가격 • 372
연습문제 • 376
참고문헌 • 379

Contents

Chapter 12 가스흡착 381

12.1 머리말 • 381
12.2 흡착이론 • 383
12.3 흡착제의 물리적 성질 • 387
12.4 고정상 흡착설비 • 390
12.5 고정상 탄소흡착 설비의 설계 • 397
12.6 고정상 흡착설비의 경제성 • 402
12.7 유동상 흡착장치 • 405
연습문제 • 407
참고문헌 • 410

Chapter 13 가스흡수 411

13.1 머리말 • 411
13.2 흡수탑 설계 • 414
13.3 흡수탑의 가격추정 • 439
13.4 스트리핑 공정 • 442
연습문제 • 443
참고문헌 • 446

Chapter 14 VOC와 악취의 생물학적 제어 447

14.1 머리말 • 447
14.2 이론과 기술정보 • 450
14.3 생물여과장치의 설계와 운영 시 고려사항 • 460
연습문제 • 473
참고문헌 • 476

Chapter 15 황산화물의 제어 477

15.1 머리말 • 477
15.2 제어전략에 관한 개요 • 478
15.3 석회석세정 • 492
15.4 수은의 제어 • 506
15.5 가격 • 507
연습문제 • 509
참고문헌 • 511

Chapter 16 질소산화물의 제어 513

16.1 머리말 • 513
16.2 NO_x 생성화학 • 516
16.3 NO_x 제어 : 고정오염원 • 526
16.4 가격 • 540
연습문제 • 543
참고문헌 • 546

Chapter 17 증기제어 문제 549

17.1 머리말 • 549
17.2 문제 제시 • 549
17.3 설계유속의 결정 • 556
17.4 활성탄 흡착설비 • 558
17.5 고온 소각설비 • 559
17.6 촉매 소각설비 • 559
17.7 생물여과설비 • 560
17.8 요약 • 560

Chapter 18 이동오염원 561

18.1 머리말 • 561
18.2 문제의 심각성 • 563
18.3 이동오염원에서 엔진의 특성 • 568
18.4 차량배출과 배출제어 • 575
18.5 자동차 대기오염제어의 기타 방안들 • 588
연습문제 • 593
참고문헌 • 596

Chapter 19 대기오염과 미기상학 597

19.1 머리말 • 597
19.2 일반적 대기순환운동 • 598
19.3 국지 순환운동의 영향 • 603
19.4 대기안정도와 수직혼합 • 606
19.5 광화학과 스모그 • 615
19.6 미기상학과 대기오염 • 628
연습문제 • 631
참고문헌 • 633

Contents

Chapter 20 분산모델 635

20.1 머리말 • 635
20.2 분산의 물리적 해설 • 636
20.3 가우시안 모델 • 639
20.4 높은 굴뚝과 연기상승 • 654
20.5 분산모델을 위한 전산프로그램 (점오염원) • 666
20.6 이동오염원과 선오염원 모델 • 667
연습문제 • 672
참고문헌 • 677

Chapter 21 실내공기질과 제어 679

21.1 머리말 • 679
21.2 관심대상 오염물질 • 681
21.3 오염원 제어와 환기 • 687
21.4 실내공기질을 위한 물질수지 모델 • 689
21.5 IAQ 문제의 실제해법 • 696
21.6 사례연구 • 699
연습문제 • 701
참고문헌 • 704

Chapter 22 이산화탄소 제어 705

22.1 머리말 • 705
22.2 CO_2 문제의 규모 • 712
22.3 CO_2 예방 • 717
22.4 CO_2 포획 • 725
22.5 CO_2 운송과 격리 • 733
22.6 요약 • 739
연습문제 • 740
참고문헌 • 742

부록 745

부록 A 단위환산계수 • 746
부록 B 공기 및 기타 물질의 성질 • 750
부록 C 가우시안 분포의 특성 • 766
부록 D 컴퓨터 프로그램 • 770
부록 E 환경공학기술사 시험에 대비한 대기관련 실전문제(해답포함) • 778
부록 F 연습문제 해답 • 789

찾아보기 795

Chapter

01 개 요

내가 왕궁을 산책하고 있을 때, 매캐한 냄새와 구름이 궁 안으로 밀려들어 왔다. 사람들은 그 구름 때문에 서로를 분간할 수 없었다. 이것이 과연 무엇일까? 소름끼치도록 음울한 석탄 구름, 거무스레한 더러운 증기와 불순하고 탁한 먼지.

John Evelyn, 1661

1.1 머리말

위의 인용문은 대기오염이 요즘 우리가 겪고 있는 새로운 현상이 아니라, 이미 수 세기 전부터 일부 지역에서 발생했던 문제였음을 암시하고 있다. 실제로 Te Brake (1975)에 의하면, 런던에서는 석회로 (lime kilns)에서 "해탄 (sea-coal)"로 불리는 수입 석탄을 사용했는데, 여기서 배출되는 매연이 A.D. 1285년 이전부터 심각한 문제였다. 런던의 대기오염 악화는 계속되어 왔고, 1307년 Edward 1세는 석회로의 석탄 사용을 금지시켰다. 14세기 후반에 가서야 비로소 이러한 대기오염 문제는 사라졌으나 16세기 중반에 다시 발생하였다.

Te Brake (1975)에 의하면, 산업화 이전의 런던에서 대기오염이 절정을 이룬 시기는 인구증가와 연료위기 시기와 대략 일치한다. 연료위기의 시기란, 값이 싸고 대기오염 배출이 상대적으로 작은 나무의 공급 부족으로 가격 상승을 불러온 시기로서, 오염배출이 심한 해탄이 대체 연료로 쓰였던 시기이다. 이는 당시 영국이 인구증가로 인하여 경작면적, 건축 자재 및 연료의 수요가 증가하여 산림면적이 감소되었기 때문이다. 그러나 15세기에는 갑작스런 변화가 있었는데, 이때는 흑사병 (black death)으로 인구가 급격히 감소하여 오염도가 심한 수입 석탄보다 상대적으로 청정연료인 나무의 사용이 급속히 증가하였다.

오늘날의 대기오염은 산업생산, 교통운송, 가정용 전기생산을 위해 사용되는 연료의 연소와 직접적인 관계가 있다. 수 세기전의 대기오염 문제는 단지 지역적 관심사이었고, 산업혁명 이전까지도 지구규모의 관심사는 될 수 없었다. 한 국가의 연료사용량은 주민의 인구수와 에너지 소비를 포함한 주민의 생활수준과 직접적으로 관련이 있다. 1800년대 초반 이후, 세계인구는 양적으로 수십 배 증가하였으나 일인당 에너지 소비량은 수백 배 증가하였다. 물론 세계 곳곳의 산업화된 도시에서는 평균 이상의 증가율을 보이고 있다. 따라서 이제 대기오염이 국제적인 관심사가 되었다는 사실은 놀랄 일이 아니다.

Te Brake의 주장과 결론을 그대로 받아들인다면, 현대 사회의 대기오염 문제에 대한 일부 원인은 700년 전과 유사하다고 말할 수 있다. 우리는 현대 환경문제가 전 지구의 재앙으로 연결되는 것보다 우리의 기술적 노력으로 해결되기를 희망한다.

1.2 오염물질의 정의와 형태

사전에 의하면, 공해 (pollution)는 오염 (contamination)의 동의어이다. 그러므로 대기오염물질 (air pollutants)은 어떤 과정으로든 공기를 오염시키는 물질이다. 미국의 연방정부는 대기오염의 보다 정확한 정의를 법으로서 구체화하였다. 다른 주도 비슷하지만 플로리다주의 법률상 대기오염의 정의는 다음과 같다 (Florida Administrative Code, 1982):

대기오염은 사람의 건강, 복지, 동 · 식물, 재산에 해로운 영향을 주거나 실외 휴양을 포함한, 삶의 즐거움 또는 재산에 불합리하게 침해하는 1개 이상의 개체 또는 다량의 오염물질들이 실외 대기 중에 존재하는 현상이다.

위의 정의에 의하면, 대기오염물질은 해로운 영향을 유발할 정도의 농도로 대기 중에 존재하는 고체, 액체, 기체상의 물질이다. 그러나 배출량과 유해도에 따라 아주 심각한 오염물질로 간주되는 일부 물질들이 있다.

미국의 연방 대기질기준 (NAAQS: National Ambient Air Quality Standards)은 6개의 **규제대기오염물질** (criteria air pollutants) — 오염원에서 직접 배출되는 5개의 **1차오염물질** (primary pollutants)과 1개의 **2차오염물질** (secondary pollutants: 저층대기에서 1차오염물질간의 상호 화학반응에 의해 생성) — 을 설정하고 있다. **규제오염물질**이라는 용어는 인간의 건강을 위주로 한 기준으로 NAAQS를 설정할 때 사용되었다.

5개의 1차규제오염물질은 입자상 물질 (분진: PM-10 및 PM-2.5 – 입경이 각각 10 µm 및 2.5 µm 이하인 분진), SO_2, NO_2, CO, 납 등이며, 1개의 2차규제오염물질은 O_3이다. 이중, 앞의 4개 오염물질은 미국 및 기타 고도 산업국가에서 연간 수백만 톤씩 배출되고 있기 때문에 **주요 1차오염물질** (major primary pollutants)이라고도 불린다. 규제오염물질의 배출량에 관해 언급할 때, 입자상 물질 (PM-10 및 PM-2.5), 황산화물 (SO_x), 질소산화물 (NO_x)로 분류된 자료를 자주 보게 된다. 하지만 또 다른 분류에 의하면, 규제오염물질은 아니지만 **휘발성유기화합물** (VOC: volatile organic compounds)을 주요 1차오염물질로 인식하고 있는데, 이는 VOC의 배출량이 많으며, VOC가 2차기준오염물질인 지표면 오존의 생성반응과정에서 중요한 역할을 하기 때문이다.

VOC에 관해 이해를 명확히 할 필요가 있다. 이 책에서는 증기압이 비교적 큰 모든 유기화합물을 VOC에 포함시키고 있다. 프로필렌과 같은 일부 VOC는 대기 중에서 반응성이 크지만, 메탄과 같은 일부 VOC는 비활성이다. 또한 일부 VOC는 단지 수소와 탄소만을 함유한 탄화수소이지만, 그 밖의 VOC는 알데하이드, 케톤, 염소용매 등이다.

미국에서 1차대기오염물질의 배출량은 대공황 (Great Depression) 이후에 급격히 증가하였다. 인구가 증가하고 더불어 기동성이 늘어났으며, 또한 산업생산량이 급증함에 따라 대기오염도 필연적으로 악화되었다. 규제제도와 기술제어의 발전으로 모든 주요 오염물질의 배출량은 1970년대 초를 정점으로 감소하고 있다. 하지만 최근에는 이러한 감소추세가 둔화되고 있다. 그림 1.1은 미국에서의 분진, 황산화물, 질소산화물 및 VOC의 배출경향을 보여주고 있다. 또한 그림 1.2에는 CO와 납에 관한 자료를 보여주고 있다.

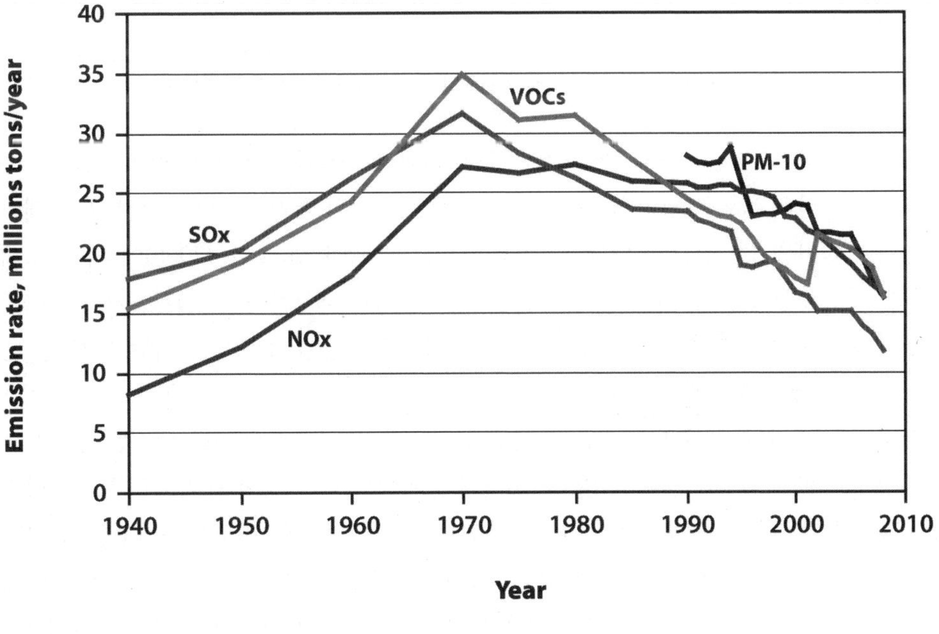

그림 1.1 미국의 SO_x, NO_x, VOC, PM-10의 연간 배출량 변화

주의 : 이 그림에서 1990년 이전 PM-10 통계자료는 일관성이 부족하다. 즉 1980년 이후에 비로소 불특정먼지 (또는 비산먼지: fugitive dust)의 자료가 포함되었으며, 1990년 이전에는 PM-2.5 자료가 없었다.

(출처 : EPA-454/R-00-003, 2000; U.S. EPA, "National Emission Inventory," n.d.)

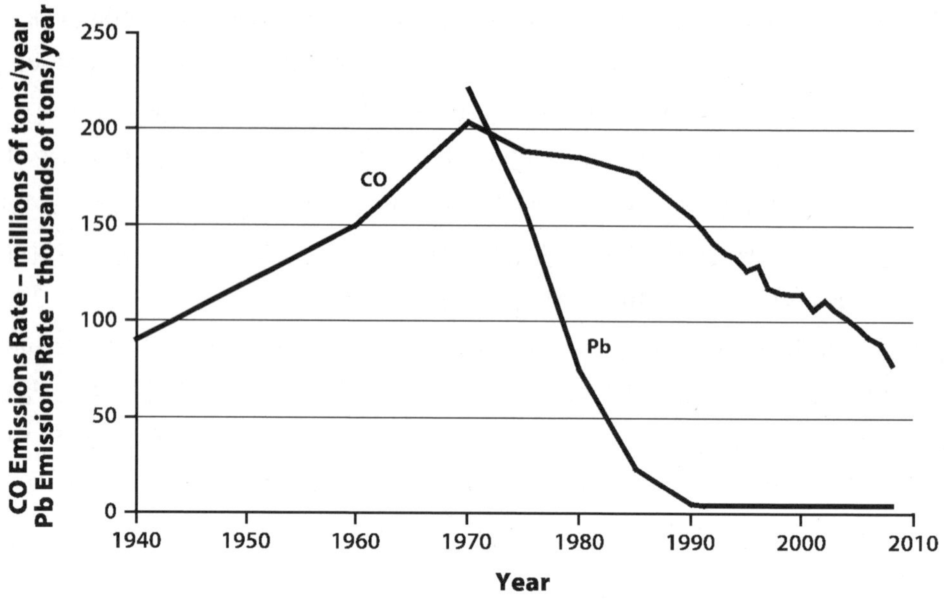

그림 1.2 미국의 CO와 납의 연간 배출량 변화

주의 : 1970년 이전 납의 자료는 파악불가.
(출처 : EPA-454/R-00-003, 2000; U.S. EPA, "National Emission Inventory," n.d.; 납에 관한 문헌: Bureau of Transportation Statistics, Table 4-46: Estimated National Emissions of Lead, n.d.)

대기오염은 단지 한 국가만의 문제가 아니고 국제적인 문제라는 점에 주목해야 한다. 이 책에서는 대부분 미국의 경험을 담고 있지만, 전 세계의 산업화된 국가나 개발도상국 역시 대기오염 문제를 이미 경험했거나 심각한 문제에 당면하고 있다. Nadakavukaren (2006)에 의하면, 미개발 국가들은 오늘날 심각한 대기오염문제를 겪고 있는데, 특히 대부분의 인구과밀 거대도시들은 심각한 대기오염 문제로 영향을 받고 있다. 전 세계적으로 손꼽힐 정도로 오염된 도시 중 일부는 인구가 많은 중국과 인도에 집중해 있다.

더욱이 미개발국가의 인구가 증가하고 경제가 급속히 발전하면서, 이들 국가는 전 세계 대기오염 기여도의 큰 몫을 차지하고 있다. 1970년대 초반에는 비록 특정 대기오염물질에 한정하지만, 미국의 배출량이 전 세계 배출량의 30～50% 차지한다고 생각하였다. 하지만 미국은 지난 40년간 효율적인 대기오염제어를 위해 부단한 노력을 기울여 총 배출량을 감소시킬 수 있었다. 반면 다른 국가들의 배출량은 급속히 증가하고 있다. 미국은 1987년 기준으로 전 세계 분진 배출총량의 12%, 탄화수소 배출총량의 40%를 배출한 것으로 추정한다 (Faiz 등, 1992). 2000년대 초반에는 중국, 인도 및 기타 미개발국가의 성장과 미국에서의 첨단 오염제어기술 덕분으로, 미국의 분진 배출총량은 전 세계 배출량의 10% 미만, 기타 오염물질의 배출총량은 1/3 정도라고 추정한다. 지난 20년 동안 세계은행 (World Bank)과 그 밖의 국제기구 및 각 국가의 지도자들은 대기오염문제가 최우선적으로 해결되어야 할 중요한 과제로 인식하기 시작하였다. 그들은 기술적 및 정책적 접근을 통해 대기오염문제가 해결되기를 바라고 있다.

AAQS 항목으로 설정된 유일한 2차오염물질이며, 전 세계 도심지의 주요 관심 대상물질인 오존은 때로는 **광화학적 산화물** (photochemical oxidants)로 불리고 있다. 광화학적 산화물은 배출원에서 직접 배출되는 것이 아니라, 햇빛, VOC, 질소산화물이 관련된 복잡한 화학반응에 의하여 저층 대기에서 간접적으로 생성되기 때문에 2차오염물질이라고 한다. 지표면 부근에 존재하는 오존 (오염물)과 상층 대기권의 오존 (자외선으로부터 생물종 보호)에 대한 확실한 구분과 이해가 필요하다.

위에서 언급된 오염물질들은 주로 지역규모 (local scale) 또는 도시규모 (urban scale)에서 인간과 환경에 영향을 준다. 하지만 광역규모 (regional scale)의 오염물질 중 하나는 산성비 (더 정확하게, 산성 침적물: acidic deposition)이다. 황산화물이나 질소산화물과 같은 산성비의 원인물질 (acid precursors)은 공기 중 산소와 물과 반응하여 산성 물질을 생성하며 비, 눈, 진눈깨비 또는 건조 분진형태로 떨어진다. 산성 침적물의 중요한 두 가지 구성성분은 HNO_3와 H_2SO_4로서 산성비에서 발견되는 자유산도 (free acidity)의 약 98%를 차지한다 (Likens, 1976). 1970년대에는 강수 산성도의 2/3 이상이 황성분 때문이었고, 1/3 정도가 질소성분 때문이었다. 1990년 **청정공기개정법** (Clean Air Act Amendments of 1990)의 부제 Ⅳ는 상당량의 SO_2와 NO_x의 배출량 삭감을 요구하고 있다. 주로 대형 배출원 (화력발전소에서의 SO_2 삭감과 차량에서의 NO_x 삭감)이 대상이었다. 1990년 이후 미국의 황산화물 배출량은 43% 감소하였으며 질소산화물은 33% 감소하였다. 미국에서의 산성 침적물의 양은 비례적으로 감소되었으나, 강우의 산성도에서 차지하는 황산화물과 질소산화물의 기여도는 거의 비슷하다. 산성비 정책과 후속조치와 관련한 더 많은 자료는 "산성 강하물 평가계획서 (NAPAP: National Acid Precipitation Assessment Program) Report"를 참조할 수 있다 (National Science and Technology Council, 2005).

미국의 동부지역과 스칸디나비아 지역에서는 1950년 중반부터 1970년대 중반까지 빗물의 pH가 뚜렷하게 감소되었다. 당시 빗물의 pH는 2 미만에서 5.5의 범위로 측정되었다 (U.S. EPA, 1979). 자연적 완충능력 (buffering capacity)이 부족한 대부분의 호수에서는 호수물의 pH가 급속히 떨어졌다. 대략 pH 4.5 이하에서는 물고기가 죽게 되는데, 이는 산성도 그 자체 때문이기도 하지만, 근처 토양 중 독성 금속이 산 용출 (acid leaching)되기 때문이다. PH 5에서는 대부분 물고기의 알이 부화할 수 없다 (U.S. EPA, 2008). 산성비가 미치는 그 밖의 영향으로는, 지구생태계의 교란, 산림과 토양의 파괴, 철 구조물의 부식, 페인트와 석재의 약화 (대리석과 석회석), 인간의 건강에 대한 간접적 영향 등이 있다 (U.S. EPA: 2008, 2009). 1990년 이후 화력발전소에서의 SO_x의 배출저감을 위한 급진적 정책이 산성도의 증가를 멈추게 하는데 도움이 되었다. 산성도의 등농도 지도를 포함하여 최근 pH 측정자료는 http://nadp.sws.uiuc.edu에서 얻을 수 있다.

1.3 지구규모의 대기오염물질

인간이 지구상에 출현한 이후, 21세기에 살고 있는 우리는 지구환경을 바꿀 수 있을 정도의 인구와 힘을 함께 갖게 되었다. 현대사회가 직면하고 있는 두 가지 지구규모의 대기오염문제점들에 대해 살펴보자.

오존고갈 (Ozone Depletion)

1930년대에 화학자들은 기적의 화학물질을 개발하였다. 이 화학물질은 매우 안정하고, 무독성이며, 불연성을 지니고 있어서, 다방면의 상업분야에 사용되었다. 이 화합물은 프레온가스로 잘 알려진 **염화불화탄소** (CFC: chlorofluorocarbons)로서, 현재는 전 세계에서 냉각제, 에어로졸 추진제, 발포제, 세정용매, 에어컨 냉매 및 기타 용도로 사용되고 있다.

오랜 기간 동안, 어느 누구도 CFC 가스의 사용에 대한 부작용을 의심하지 않았다. 그러나 저층 대기권에서 안정하다는 CFC가 성층권에서 파괴되어 염소원자를 방출한다는 이론이 1974년도에 밝혀졌다 (Molina and Rowland, 1974). 염소원자와 그 밖의 반응기 (radical)들은 반응에 참여하고, 또 다시 재생되는 일련의 촉매반응을 통하여 성층권 오존을 파괴한다. 따라서 염소 1 원자는 성층권에서 제거되기 이전에 오존 수만 분자를 파괴시킨다. 성층권 오존은 태양에서 지구에 유입되는 거의 모든 자외선을 흡수하여 지표면에 도달하는 것을 막아주기 때문에, 지구상의 모든 생명체를 보호해 주는 핵심 물질이다.

1985년 남극상공에서 커다란 오존 "구멍"이 발견되어 오존고갈이론이 증명되었다. 미국 면적 정도의 커다란 구멍에서 겨울 몇 달 동안 오존층 농도가 약 50% 이상 감소됨이 관측되었다. 이후, 오존고갈현상은 캐나다, 미국, 러시아, 유럽 등의 북반구에서도 관측되었다. 이러한 오존고갈현상으로 지표면에 도달하는 자외선량은 증가하게 되었고, 수백만 명에게서 피부암 및 백내장이 발병하였으며, 이와 비슷한 악영향이 가축이나 야생동물에게도 나타났다. 또한 수십억 달러에 달하는 농작물의 피해와 플라스틱의 분해현상을 가져왔다.

오존 구멍의 발견은 놀라운 일이었으며 전 세계에 많은 충격을 주었다. 1987년 CFC를 생산하는 46개 국가들은 계획된 일정에 따라 CFC 생산을 점진적으로 줄이자는 계획에 참여하여 "몬트리올의정서 (Montreal Protocol)"를 작성하였다. 1989년까지 39개국이 조약에 비준하였다. 1992년 미의회는 CFC의 폐기 일정을 앞당기기로 의결하였다. 하지만 구형 냉장고와 구형 자동차 등에 이미 사용되고 있었던 수백만 톤의 CFC를 회수하거나 파괴시키는 방안이 강구되지 않았다. 과거에 배출된 CFC는 지금도 계속 상승하여 성층권에 도달하면서 오존을 고갈시킬 것이므로, 오존고갈현상은 앞으로도 장시간 우려의 대상이 될 것이다. 오존고갈현상에 관한 더 많은 정보는 www.epa.gov/docs/ozone/index.htm에서 얻을 수 있다.

지구기후변화 (Global Climate Change)

오존고갈과 같은 문제는 최소한 전 세계가 합심하여 해결책을 단계적으로 마련하고 있다. 그러나 오존고갈을 능가하는 심각한 지구규모의 대기오염문제 중의 또 다른 하나는 "**지구기후변화**(GCC: global climate change)"이다. 이 현상은 인간이 직면하고 있는 가장 중요하고 어려운 문제이다. '지구온난화' 또는 '온실효과'라 불리기도 하는 지구기후변화 현상은 복잡한 문제이지만 여기서는 간단히 설명하겠다. 그렇다고 해서 이 문제의 중요성을 간과해서는 안 된다. 앞으로 일어날 수 있는 심각한 영향을 완화시키기 위해서는, 전 세계의 공학자, 과학자, 정치가들의 지속적인 관심이 필요하다.

온실효과라는 용어는 일상적인 용어이지만 이해하기 어려운 용어이기도 하다. 이 말은 지구의 열이 우주로 발산하기 이전에, 대기 중 특정가스에 의해 적외선 (열)이 대기에 갇힌다는 의미이다. 이 용어가 잘못 이해되고 있는 첫 번째 이유는 대기 중의 열 보유가 지구상 생명체들에게 필수적이라는 점을 간과하고 있기 때문이다. 우리 지구의 기후가 온난한 이유는 일차적으로 이산화탄소와 수증기가 열을 포집하는 능력이 있기 때문이다. 대기에 이러한 "자연적 온실효과(natural greenhouse effect)"가 없다면, 지구는 현재보다 약 33 ℃ (60 °F) 정도 추워질 것이다. 따라서 사람들이 흔히 이야기하는 온실효과란, 최근 급속하게 원치 않는 방향으로 대기의 열 보유능력이 증가하고 있는 현상을 의미한다.

자연적 온실효과는 화성, 지구, 금성의 **복사온도** (radiation temperature: 행성대기에 의한 적외선 열흡수가 없다고 가정할 때 추정된 평균온도)를 비교함으로써 쉽게 이해할 수 있다. 화성은 대기권이 없지만 금성은 97% 이산화탄소로 구성된 짙은 대기권을 가지고 있다. 계산 결과 다음과 같은 결론을 얻을 수 있다 (U.S. EPA, 1983). 화성은 3 ℃의 온실효과를 얻고 있으며 지구는 33 ℃의 효과를 얻으며, 금성은 468 ℃라는 엄청난 온도상승 효과를 얻는다.

'온실효과'라는 용어가 또 다른 오해를 불러올 수 있는데, 이 용어 자체가 부드럽고 온화한 따뜻한 영상을 머릿속에 떠오르게 하기 때문이다. 하지만 지구의 평균온도가 단지 몇 도만 변화하여도 광대한 지역의 기상패턴은 극심하게 변하게 된다. 따라서 우려의 대상은 온난화 그 자체는 아닌 것이다.

대기권 내 더 많은 에너지 보유와 더불어, 강수패턴과 해양 조류 (current)의 변화는 태풍, 폭풍, 열파장, 가뭄 및 홍수 등과 같은 극한 기상상태의 주기와 강도를 크게 증가시킬 것이다. 강수패턴의 변화로 과거 3,000년 전 중동의 비옥했던 초승달 지대에서 벌어졌던 것처럼 어떤 지역은 농작물의 피해가 클 것이다. 추정할 수 있는 또 다른 영향은 평균해수면의 상승이다. Kim과 그 동료들 (2010)은 16가지 오염원과 통계분석을 통해 2100년도의 해수면 상승을 추정하였다. 두 개의 이상자료 (outlier)를 제거한 후 계산한 평균 예측 값은 0.84 m이었다. 예측 값의 절반 정도만 해수면이 상승해도 해안지역의 습지 대부분은 홍수로 뒤덮일 것이고, 방글라데시, 이집트, 네덜란드와 같이 해수면보다 낮은 지역에 위치한 국가들은 커다란 영향을 받을 것이다. 이와 같은 여러 가지 이유로 '지구기후변화'가 '온실효과'라는 용어보다도 더 기술적인 용어라고 할 수 있다.

지구온난화의 정도는 **평균지구온도** (AGT : average global temperature)라는 지표를 사용하여 표시한다. 20세기 지구의 AGT는 약 15 ℃ 정도였지만 과거 30년간 크게 증가하였다. 더욱이 18,000년 전 마지막 빙하기 (AGT가 약 9 ℃이었을 때)에서 현재까지, 지구의 평균온도는 약 6 ℃ 증가하였다 (Barnola 등, 1987). 이와 같이 온도가 극심하게 변하는 이유는 명확하지 않다. 따라서 최근의 모든 온도기록의 검토, 특히 단기간 기록의 분석 및 인과관계를 결정하는 분석 등이 매우 주의 깊게 진행되어야 한다.

AGT는 기후변화를 설명할 수 있는 최선의 수단은 아니다. 이 방법은 방대하고 복잡한 시스템을 계측할 수 있는 하나의 숫자에 불과하다. 또한 적도지방과 극지방의 다른 온도를 평균화 한다는 개념은 모든 지역별 온도경향을 추적할 수 없게 한다. 시간에 따른 변화를 추적할 수 있는 정확한 방법은 모든 측정소에서 '**온도편차** (temperature deviation)' 또는 '**온도편이** (temperature anomaly)'를 측정하는 것이다. 온도편이 방안을 통해 더욱 명확하게 추적하고 평균화 할 수 있는데, 이는 한 측정소에서 시간에 따른 온도변화를 각각 추적할 수 있기 때문이다. 온도편이는 일종의 '잡음변수 (noisy variable)' (매년 온도편차는 장기간 평균 변화율과 비교하여 커질 수 있다는 의미)이다. 그럼에도 불구하고 이 방법론은 최근 많은 연구그룹들이 사용하고 있으며 연구결과가 보고되고 있다.

최근 130년간의 **평균지구온도편이** (AGTA)가 그림 1.3에 도식되어 있다. 1951년에서 1980년까지의 기간이 기준기간 (base period)이 되고 온도편차가 평균기온으로부터 계산된다. 그림 1.3을 살펴보면, 매우 흥미로운 상승경향을 볼 수 있다. 1800년대 후반에서 1940년대 중반까지, AGTA는 약 0.3 ℃ 상승하였다. 그때 이후 1970년대 중반까지, AGTA는 큰 변화 없이 상하로 오르내렸다. 하지만 1970년대 중반이후에는 놀랍게도 0.6 ℃ 상승하였다. 최근 130년간 전체 온도는 약 1.0 ℃ 변화하였다. 지질학적 시간개념으로는 매우 짧은 기간에 나타난 매우 커다란 온도변화라고 할 수 있다. 이러한 변화가 상당부분 인위적 배출에 기인한다는 것이 거의 불가피하게 내릴 수 있는 결론인 듯하다.

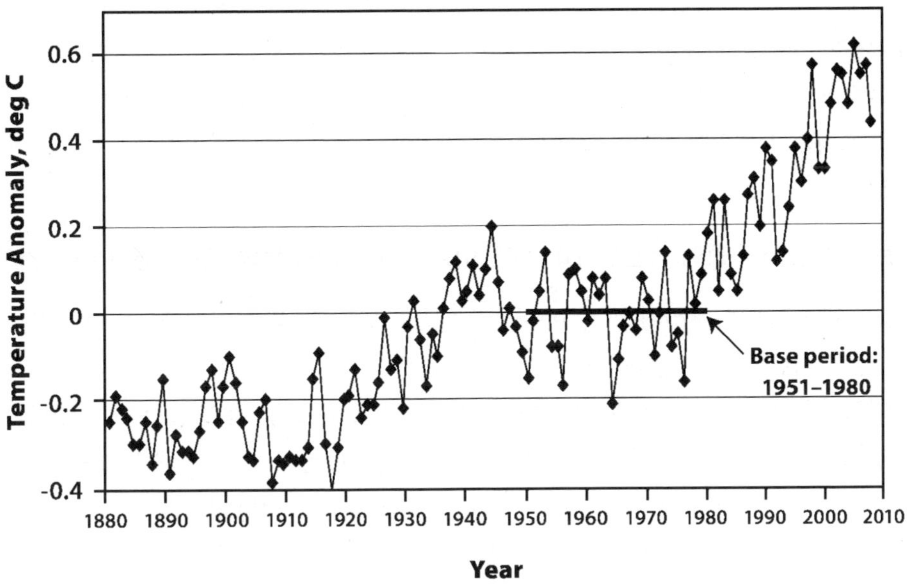

그림 1.3 최근까지의 지구기온편이 (AGTA)의 경향
(http://data.giss.nasa.gov/gistemp/graphs/)

그림 1.3에서 보듯이, 온난화는 대략 두 기간 중에 일어났다. 즉, 1910년부터 1940년까지의 기간과 1980년부터 현재까지의 기간 중에 발생하였다. 과거 지구기후변화에 대한 논쟁이 있었는데, 기후모델이 온도편차 (AGTA 및 전 세계 각 측정소에서의 온도편차를 포함)를 올바르게 추정하지 못한다는 지적이었다. 이는 온도상승을 보인 초기에는 사실이었다 (Zwiers and Weaker, 2000). 따라서 그들은 자연적 변화력 (태양 강도 및 화산폭발 등의 변화)이 지구온난화의 주원인이라고 생각하였다. 그러나 최첨단 기후모델을 이용하여 정밀 모델링을 수행한 연구결과에 의하면 (Stott 등, 2000), 1860년 이래 현재까지 전체기간 동안의 육지와 바다의 온도변화 자료가 모델로 추정한 결과와 완벽하게 일치하였다. Stott 등은 자연적 및 인위적 변화력을 모델에 함께 포함시켰으며 함께 고려되어야 한다고 주장하였다. 한편, 그들은 지속적인 온실가스의 배출을 가정하고 2100년까지 모델링을 확대 수행하였는데, 그 결과 평균기온은 향후 100년간 2.5 ℃ 상승한다고 추정하였다 (참고로 지난 과거 100년간 0.9 ℃ 상승하였다).

지구기후변화의 원인

과거 몇 세기 동안에 일어난 지구기후변화의 주원인은 CO_2이다. 그러나 또 다른 3가지 가스 (CH_4, N_2O, CFC)가 중요한 인자로 밝혀졌다. 우선 CO_2의 영향에 대하여 논의하고, 그 다음 이들 가스들에 대하여 논의하자.

온실효과의 개념, 즉 화석연료의 연소로 더욱 많은 CO_2가 대기 중으로 배출되고 이로 인하여 지구의 온도가 상승한다는 개념은 새로운 것이 아니다. 이러한 개념은 스웨덴의 화학자인 Svante Arrhenius에 의하여 1896년도 학술지에 발표된 바 있다. 당시 사람들은 그 이전보다 많은 나무와 석탄을 연소시키고 있었다. Weiner (1990)에 의하면, Arrhenius는 이러한 현상을 다음과 같이 요약하였다.

우리는 탄광을 대기 중에 증발시키고 있다. 이로 인해 대기의 투명도는 분명히 바뀔 것이다.

Pilson (2006)에 의하면, Arrhenius는 이를 진실이라고 믿는 듯 했으나 실제 그가 이러한 문장을 기술했다는 어떠한 증거도 없다.

CO_2 과잉배출의 주요 오염발생원은 화석연료, 즉 석탄, 기름 및 가스 등의 연소 행위이다. 세계적으로 석탄은 전기에너지 생산의 가장 큰 에너지원이며 탄소 배출의 최대 오염원이기도 하다. 액체 원유는 두 번째로 큰 탄소배출원이다. 전 세계적으로 액체 원유를 사용하여 소비되는 에너지량 (주로 교통운송)은 석탄보다는 많지만, 탄소배출량 측면에서는 석탄보다 조금 적다. 천연가스의 연소는 3번째로 큰 CO_2 배출원이다. 지구상 CO_2 배출량은 기가톤 (Gt: gigatons)으로 표시한다. 1 Gt는 10억 톤이다. 따라서 배출량은 CO_2 Gt 또는 C Gt의 단위로 표시되는데, 두 단위는 이산화탄소와 탄소의 분자량 비율을 고려하여 계산된다. 표 1.1은 화석연료 연소로 인한 CO_2 배출량을 대륙별로 표시한 것이다. 중국과 인도가 위치한 아시아 대륙에서 배출량이 급증하고 있다.

표 1.1 화석연료 연소로 배출된 전 세계 CO_2 배출량 (단위: CO_2 Gt)

지 역	1980	1990	2000	2006
북아메리카	5.49	5.81	6.81	6.95
중앙 및 남아메리카	0.63	0.72	0.99	1.13
유럽	4.71	4.57	4.50	4.72
유라시아	3.09	3.83	2.36	2.60
중동	1.49	0.73	1.09	1.51
아프리카	0.54	0.73	0.89	1.06
아시아 및 오세아니아	3.56	5.30	7.37	11.22
전세계 합계	18.50	21.68	24.01	29.20

출처 : Energy Information Administration, Dept. of Energy: http://www.eia.doe.gov/iea/carbon.html

예제 1.1 미국에서 평균적인 자동차가 gal당 평균 20 mile을 달리며, 연간 12,000 mile을 운행하고, 차의 무게가 3,500 lb라고 가정하자. 또한 휘발유의 무게가 1 gal당 5.9 lb이고, 무게기준 85%가 탄소라고 가정하자. 이때 각각의 자동차가 매년 차량 자체 중량 정도의 이산화탄소를 배출한다는 말이 사실인가?
또한 전 세계에 8억 대의 차량이 있다고 가정하고, 차량에 의하여 배출되는 연간 총 탄소배출량을 Tg/yr 단위로 계산하라. Teragrams (1 Tg = 1 trillion grams = 1 million metric tons)로 계산하라.

풀이 매년 연소되는 휘발유에 함유되는 탄소량은

$$\frac{12{,}000\ \text{mile}}{\text{yr}} \times \frac{1\ \text{gal}}{20\ \text{mile}} \times \frac{5.9\ \text{lb}}{\text{gal}} \times 0.85 = \frac{3{,}010\ \text{lb C}}{\text{yr}}$$

따라서 배출된 이산화탄소의 양은

$$3{,}010\ \text{lb C/yr} \times 44\ \text{lb } CO_2/12\ \text{lb C} = 11{,}040\ \text{lb } CO_2/\text{yr}$$

그러므로 미국 내 차량은 연간 차량무게 이상의 이산화탄소를 배출한다. 전 세계에서 배출되는 이산화탄소의 배출량을 계산하기 위하여, 평균 차량에 대한 수많은 가정이 필요하다 (승용차, 트럭, 버스, 오토바이 등). 세계적으로 한 대의 차량이 연간 평균 24,000 km를 달리고, 1 L당 9 km를 주행하며, 밀도가 0.75 kg/L이고 탄소함량이 87%인 연료를 사용한다고 가정하자. 이러한 가정 하에 차량의 연간 탄소배출량은,

$$\frac{24{,}000\ \text{km}}{\text{yr}} \times \frac{1\ \text{L}}{9\ \text{km}} \times \frac{0.75\ \text{kg}}{\text{L}} \times 0.87 \times 800 \times 10^6\ \text{대} \times \frac{1\ \text{Tg}}{10^9\ \text{kg}}$$

$$= \frac{1{,}392\ \text{Tg}}{\text{yr}} = 1.4\ \text{billion metric ton/yr} = 1.4\ \text{Gt/yr}$$

이와 같은 간단한 풀이결과와 이미 공식적으로 발표된 추정자료를 비교하는 일은 흥미롭다.

종합하여, 전 세계적으로 연간 약 29 Gt의 CO_2 (7.9 Gt의 탄소)가 화석연료의 연소에 의하여 배출되고 있다 (EIA, 2008). 화석연료의 연소는 대기 중 CO_2를 증가시키는 주요 오염배출원이지만, 연료의 연소만이 유일한 배출원은 아니다. 산림벌채는 과거 300년 동안 CO_2를 증가시키는 주요 기여자 중 하나이다. 최근에는 메탄 배출과 관련하여 매립장에서의 고형폐기물 분해과정이 주요 기여자 중 하나가 되었다.

산림벌채는 두 가지 측면에서 악영향을 준다. 첫째, 넓은 산림지역이 사라지고 태워질 때 (전 세계적으로 거의 모든 수종이 수개월간의 방화로 사라지고 있으며, 방화의 빈도수도 급속히 증가하고 있다), 나무가 함유하고 있는 엄청난 양의 탄소가 공기 중으로 배출되고 있다. 둘째, 지구상 생물량 (biomass)의 일부는 공기 중 CO_2를 제거하는데, 산림벌채는 이런 역할을 하는 생물량을 감소시키는 행위이다. 특히 나무는 탄소를 저장하고 따라서 오랜 기간 공기로부터 생물량을 격리시킬 수 있다.

지구의 생물량 (동식물)은 본질적으로 CO_2의 흡수량과 방출량을 균형 있게 조화시키는 중요한 역할을 한다. 그러나 과거 300년 동안 인구의 증가와 산림의 감소로 현재 산림 생물량은 더욱 축소되고 있다. 생물량 변화로 인한 대기로의 탄소배출량은 연간 5~16억 톤 정도로 추정되고 있다 (Leggett, 1990).

나무의 광합성작용 이외에 공기에서 CO_2를 제거하는 여러 과정이 있다. 해양은 중요한 CO_2 소멸처 (sink)로서, 대기권보다 더 많은 CO_2를 보유하고 있다. 물 속의 플랑크톤과 기타 식물들은 육지의 식물처럼 광합성작용으로 CO_2를 제거한다. 또한 공기에서 물 속으로 CO_2가 용해되기도 한다. 그러나 해양 역시 공기 중으로 CO_2를 방출하여, 해양과 대기 사이의 균형을 잘 유지하고 있으나, 해양에서 대기로 방출되는 것보다 유입되는 CO_2가 약간 많다 (IPCC, 2007).

매년 약 7.9 Gt의 탄소 (29 Gt의 CO_2)가 화석연료, 산림벌목 및 각종 과정을 거쳐 공기 중으로 방출되고 있다. 해양에서는 공기로 방출되는 것보다 많은 CO_2를 흡수하고, 최근 광활한 대지에서는 산림복원과 같은 토지사용 행위로 과잉 배출된 CO_2의 상당량이 흡수되고 있다. 그럼에도 공기 중에 CO_2가 지속적으로 축적되고 있다. 지난 수백 년 동안 새로 배출된 탄소의 절반 정도가 대기 중에 머물고 있으며 (Masters, 1991), 대기 중 CO_2량은 꾸준히 증가하고 있다. 빙하에서 채취된 공기방울을 분석한 자료에 의하면, 산업혁명 이전에는 CO_2의 대기 중 농도가 280 ppm으로서 매우 안정된 상태였다. 1900년에는 이 수준이 약 300 ppm에 도달하였고 이 차이는 지구상 CO_2의 순수 증가량을 의미한다.

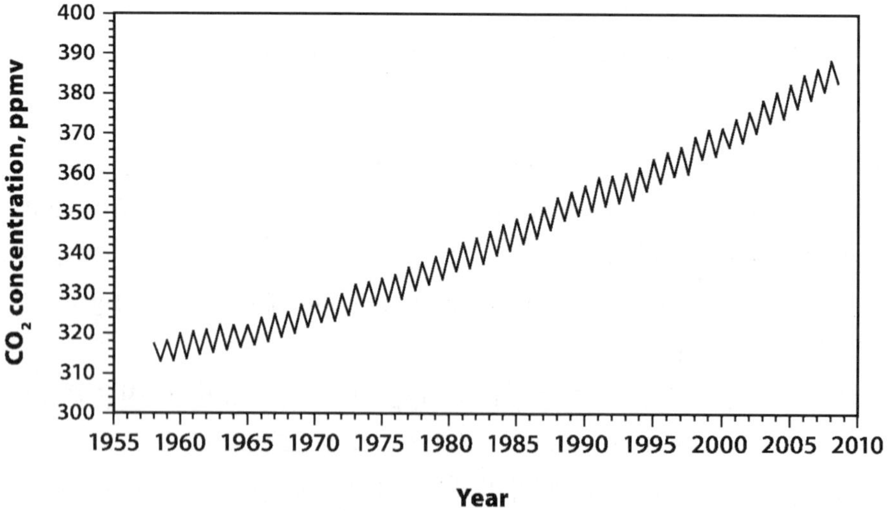

그림 1.4 하와이 Mauna Loa에서 측정된 대기 중 CO_2 농도변화

주의 : CO_2의 대기 중 농도는 ppmv (건조 몰분율)로 표시되었다.
(출처 : Tans, P., 2010: http://www.esrl.noaa.gov/gmd/ccgg/trends)

1958년, 대기 중 CO_2 농도의 정밀측정이 하와이 Mauna Loa 연구소에서 Charles Keeling에 의하여 시작되었다 (그림 1.4 참조). 그의 연구에 의하면, 1958년 CO_2 농도는 315 ppm이었다 (Bacastow 등, 1982). 이 농도는 200년 전과 비교하여 12.5% 증가된 수치이다. 따라서 약 2세기 동안 연평균 증가율은 0.0625%이다. 1980년, CO_2 농도는 340 ppm이었고, 2008년에는 387 ppm에 도달하였다. 이 수치는 1958년과 비교하여 22% 증가한 것이다 (50년 동안 연평균 0.44% 증가세를 보여 그 이전 200년 동안의 증가율보다 약 7배 빨라졌다).

CO_2 이외에 대기 중 열 보유능력이 매우 크며, 또한 최근 급속히 농도가 증가하고 있는 3종의 가스가 있다. 즉, CH_4, N_2O, CFC이다. 이들 가스는 급속히 증가하고 있으며, CH_4은 1978년 1.48 ppm에서 1988년 1.69 ppm로 증가하여 10년간 14% 증가하였다. N_2O는 1978년 296 ppb에서 1989년에는 307 ppb로 4% 증가하였다. CFC-11은 1978년 157 ppt에서 1987년 232 ppt로 9년간 48% 증가하였다 (Studt, 1991).

이들 가스들이 온난화에 어느 정도 영향을 주는 지를 보여주는 각종 수치가 있다. 각각의 가스는 적외선을 흡수하여, CFC의 경우 CO_2보다 열 보유측면에서 15,000배 정도 더 큰 영향을 준다 (가스분자를 1 : 1로 비교할 때). Flavin (1989)은 각 가스의 상대적인 온난화 기여도를 추정한 바 있다. 즉, 대기 중 농도를 기준으로 CO_2 57%, CFC 25%, 메탄 12%, N_2O 6% 정도 기여한다. 하지만 이들 가스의 배출속도와 관련한 최근 자료에 의하면 (EIA, 2008), CO_2 배출량은 매우 빠르게 증가하고 있어 CO_2의 상대적 기여도가 전체의 75% 이상을 차지한다.

온실가스들이 대기 중 급속히 증가하고 있다는 사실은 분명하다. 평균지구온도 (AGT) 역시 증가하는 경향을 보이고 있다. 하지만 지구기후변화가 진행되고 있다는 증거는 있는가? 지구 온난화의 여러 증거들은 더 이상 입증되지 않았다. 이는 날씨가 계절별 또한 연도별로 커다란 기복을 보이기 때문이기도 하지만, 지구자체가 거대하여 실제 변화 (real changes)를 감지하기에는 매우 긴 시간을 필요로 하기 때문이다. 여기서 '실제 변화'란 '잡음 (noisy)' [평균값을 기준으로 한 정규확률변동 (normal random fluctuation)]의 일부가 아닌, 즉 '의심할 여지가 없을 정도'로 뚜렷하게 감지되는 커다란 변화로 정의되며, 동시에 지구 온난화로 야기되는 변화로 정의된다. 하지만 사람들의 관심을 특별히 끌게 하는 몇 가지 일화가 있다. 미국 기상청 (U.S. Weather Service)은 온도와 관련된 자료를 기록 및 보관하고 있는데, 자료에 의하면 지난 한 세기 중 온도가 가장 높았던 10개 연도 (years) 중 8개 연도가 1990년부터 1999년까지 10년 사이에 집중적으로 일어났다. 2000년도는 20세기 관측사상 가장 따뜻한 해였다. 1990년대에는 미국 전역에서 가뭄과 화재 사건이 빈발하였다. 캐나다 북서부에 거주하는 아이뉴트 인디언 (Inuit Indian)들은 해빙 (sea ice)이 얇아져 사냥할 물개와 북극곰이 거의 사라졌다고 학술 회견장에서 언급된 바 있으며, 또한 더욱 따뜻해진 날씨 때문에 장기간 서식하는 모기들이 많아졌다 (Orlando Sentinel, 2000). 생물학자들은 특정 나비들이 과거 25년 사이에 100 mile 이상 북쪽으로 이동했다고 말한다. 관측이 시작된 이래 처음으로 2000년도에는 북극점에서 빙하를 발견할 수 없었다.

지역 날씨에 영향을 주는 많은 인자가 존재하고, 장소에 따라 또한 시간에 따라 극심한 자연적 변화가 존재하기 때문에, 대부분 사람들은 100년, 200년에 걸쳐 진행되는 기후변화의 여부를 파악할 수 없다. 사람들은 도리어 5년 정도 날씨차이로 나타나는, 비교적 인과관계가 확실한 과학적 증거를 확보하고자 한다. 지금까지 지구기후변화 (GCC)로 야기된 변화는 너무 미미해서 대부분 '잡음'속에 가려 있다. 수많은 일화적인 증거가 있음에도 불구하고 아직도 많은 부분은 회의적이다. 가장 일반적인 과학기술적 비판 중의 하나는 지역의 지표온도 측정자체가 도시의 열섬효과 때문에 부적절하다는 것이다. 시골에서의 온도기록과 해수면의 온도기록들을 살펴보면, 도시에서 측정한 온도처럼 빠른 증가율을 보이지 않는다. GCC와 관련된 기술현황과 자료 및 토의를 위한 많은 웹 사이트들이 있지만, 다음 두 사이트는 신뢰할 수 있다.

- http://www.giss.nasa.gov/
- http://www.epa.gov/climatechange/index.html

모든 사람들은 지구기후변화를 완화시키는 과정이 매우 비싸고 많은 사람들의 커다란 희생이 따른다고 생각하고 있다. 이를 조급하게 해결하려는 행위 역시 어리석은 일이다. 하지만 더 이상 기다린다는 것은 더욱 어리석을 수 있다. 사람들은 실행할 것을 요구하고 있으며, 지구상 많은 국가들은 CO_2 배출량 감축을 위해 실천에 들어갔다. 우리의 지구기후모델은 양호하기는 하지만 완벽하지 않다. 하지만 이들 모델들은 앞으로 수십 년 안에 주요 영향들이 나타날 것이라고 예측하고 있다. 슬픈 사실 중 하나는 우리의 지구-대기권 체계의 관성력이 너무 커서, 일단 변화가 시작되면 이들 변화를 손쉽게 되돌릴 수 없고, 또한 빨리 되돌릴 수도 없다는 것이다.

우리는 무엇을 할 수 있을까?

많은 일화적 증거들에 의하면 GCC는 이미 시작되고 있다. 전 세계 정치지도자들은 '유엔기후변화협의회 (UNFCCC: United Nations Framework Convention on Climate Change)'를 만들어, 1992년 6월 브라질 리오데자네이로에서 첫 회의를 열었다. 1993년 6월까지 66개국이 '리오협정서 (Rio Accord)'에 서명하였으며 현재 참여 숫자는 증가하고 있다. 매우 일반적인 협약이지만 3가지 중요한 협정내용을 담고 있다. 첫째, 우선 지구기후변화라는 문제가 있다는 점, 그 문제를 인간이 만들고 있다는 점, 그리고 모든 국가가 문제해결을 위해 조치를 취해야 한다는 점에 대해 인식하였다. 둘째, 미래성장을 위한 지속가능한 발전 (sustainable development) 개념을 강력하게 지지하였다. 셋째, 미래를 위해 기초를 마련하고 더욱 구체적인 협약을 준비하였다.

교토의정서 (Kyoto Protocol)는 UNFCCC의 후속 결과물 중 하나이다. 이 의정서는 1997년 12월 일본 교토에서 채택되었고 2000년 9월 84개국이 서명하였다. 교토의정서는 선진산업국가로 하여금, 2008~2012년까지 1990년 기준으로 온실가스를 7% 이하 삭감할 것을 요구하고 있다. 그때까지 일반적인 경제성장률을 보인다고 가정할 때, 이 삭감률은 그때 배출될 온실가스양의 20~30%에 해당한다. 한편, 배출거래 (emission trade)를 포함하여 배출저감을 위한 많은 조치들이 준비되고 있다. 하지만 미국을 비롯한 일부 국가들은 이 조약에 비준하지 않고 있다. 미국은 개발도상국도 온실가스 저감을 위한 실질적인 책임이 있다고 주장하고 있다.

모든 국가는 탄소 배출량 저감에 기초한 에너지 정책을 채택하여야 한다. 에너지는 보존할 필요가 있으며 태양에너지도 상업적으로 조속히 개발되어야 한다. 뿐만 아니라, 화석연료 연소 화력발전소의 굴뚝에서 대기 중으로 방출되는 CO_2를 포획하고 땅속에 격리할 필요가 있다 (Abelson, 2000). 이 방법은 비록 경제성이 떨어지지만 대기로의 배출을 줄일 수 있는 직접적이고 효과적인 방법일 것이다. 또한 미량 온실가스의 배출제어를 위해 강력한 국제협약이 필요하다. 우리는 산림의 황폐화를 막기 위해 투쟁하여야 하며, 전 세계 모든 나라의 산림복원을 위해 노력하여야 한다. 마지막으로 세계인구조절을 위한 노력도 기울여야 한다.

잠정적으로 우리는 시민으로서 무슨 일을 해야 하는가? 우리는 개인적으로 우리가 사용하는 에너지 소비를 줄일 수 있으며, 쓰레기량을 감소시킬 수 있으며, 우리가 살고 있는 지역에 나무를 심을 수도 있으며, 상품을 구매할 때 재활용이 가능한 제품이나 온실가스가 아닌 대체물질을 사용한 제품을 구입할 수 있다. 환경공학자로서 우리는 이 문제를 명확히 인식하고 공개적인 토론을 활성화시켜야 한다. 우리는 정치적으로도 이 문제에 관심을 가져야 하며, 정치가와 기업 경영자들의 교육에도 힘을 기울여야 한다. 각자의 전공을 살려 오염물질의 배출저감을 위한 기술을 개발하고, 에너지 및 각종 상품의 대체물질개발에도 노력하여야 한다. 우리는 지구기후변화를 완화시킬 수 있는 모든 방법을 강구해야 할 것이다. 크고 넓게 생각하고 작은 것부터 실행하자! (think globally, act locally!)

안타깝게도, 이 절에서는 지구기후변화라는 복잡한 문제를 너무나 간략하게 소개하였다. 하지만 앞에서도 언급했듯이 이 교과서는 공학설계와 대기오염 방지장치의 분석에 초점을 맞추고 있다. 이러한 방지장치들은 보통 지역 또는 광역 대기오염문제를 제어하기 위하여 설치되며, 우리는 앞에서 정의한 주요 오염물질에 초점을 맞출 것이다. 하지만 2009년 미국 EPA가 CO_2를 오염물질 중 하나라고 선언하였기 때문에, 이 교과서의 기본 틀 안에서 CO_2의 공학적 처리방안도 함께 고려하는 것이 바람직하다. 저자들은 제 22장에 CO_2의 방지, 포획 및 처리 등을 추가하여 다룰 것이다.

주요 오염물질의 원인, 배출원 및 영향들에 대해서 공부하기 이전에, 간략하게 대기오염방지에 관한 법률과 제도의 역사에 대해 설명할 것이다. 만약 우리가 과거의 사건을 잘 이해한다면, 미래의 사건에 더욱 효율적으로 대처할 수 있을 것이다.

1.4 미국의 입법과 규제경향

1881년, 시카고와 신시내티시는 매연을 줄이기 위해 매연방지법을 통과시켰다. 이 법령은 1912년까지 미국의 대부분 대도시에서 채택되었다 (Council on Environmental Quality, 1970). 거대한 공업도시의 매연공해는 1930년에서 1950년 사이에 그 절정을 이루었고, 방지장치의 개선과 함께, 석탄 사용에서 상대적으로 청정한 석유와 가스로 연료전환을 유도하였다. 하지만 이와 같은 초창기 지역적 개선노력은 광화학 스모그와 같은 복잡한 대기오염 문제까지 예견할 수는 없었다.

이러한 문제에 대처하기 위한 최초의 공동노력이 1940년대 말에서 1950년대 초에 캘리포니아주에서 나타났다. 1940년 말 Haagen-Smit 교수는 직접 배출된 1차오염물질보다 더욱 해로운 오염물이 LA 스모그 속에서 광화학적으로 생성될 수 있다는 점을 알게 되었다. 그의 연구결과는 일부 연구그룹에 의해 배척되었으나 (Krier and Ursin, 1977) 뒤늦게 사실로 입증되었다. LA시는 1946년에 대기오염규제지구 (Air Pollution Control District: APCD)를 지정하였고, 주정부와 하위 지방자치정부는 대기오염 배출규제를 더욱 강화하기 시작했다. Krier와 Ursin (1977)은 1940년부터 1975년까지 진행되어온 연방정부와 캘리포니아주정부의 개선노력을 잘 설명하고 있다. 이 책에서는 연방정부의 개선노력 중의 일부만을 간략하게 언급할 것이다.

비슷한 시기인 1940년 중반에서 1950년 초반 사이에 두 가지 대기오염 에피소드가 발생했다. 1948년 협곡에 위치한 산업도시인 펜실베이니아주 「도노라」시에서 4일간 스모그 현상으로 20명이 사망하였고 약 7,000명이 피해를 입었다. 또한, 1952년 영국 런던에서 3일간 짙은 스모그 현상이 나타났는데 그 결과는 매우 참담하였다. 이 사건으로 약 4,000명의 사망자가 발생하였다. 기관지염, 폐기종, 심장질환을 앓고 있는 사람들이 주로 사망하였다 (Wark and Warner, 1998).

연방법률

대기오염제어를 위한 연방정부의 규제노력은 1955년 대기오염방지법 (Air Pollution Control Act of 1955)부터 시작되었다. 이 법을 통해 국가의 대기오염 연구와 기술적 지원을 위한 보조금 (방지기술 기금이 아님)이 제공되었고 그 후 5년간 효력이 있었다. 1955년 방지법이 제안될 당시에는 주정부와 지방정부 문제에 연방정부의 "끼어들기"에 대한 커다란 우려가 있었다. 사실 연방정부의 대기오염법률 입안초기 당시, 지지자 중 한 명이었던 캘리포니아주정부 상원의원 Kuchel은 "법률안으로 연방정부가 주정부의 대기오염 방지활동에 관여하지 않을 것"이라고 상원을 확신시켰다 (Krier and Ursin, 1977).

이미 알고 있는 바와 같이, 미의회의 태도는 1955년 이후 매우 실리적으로 변했다. 대기오염은 국제적으로 중요한 문제이다. 공기의 이동은 정치적인 경계선을 인정하지 않는다. 비록 주정부와 지방정부의 제어노력이 대기오염 규제계획의 성공적인 발전과 실행에 중요하다고 하더라도 대기에 대한 총괄적인 관리책임은 결국 연방정부에 있어야 했다.

대통령에 의해 특별히 요청된 1963년 **청정공기법** (Clean Air Act: CAA)은 1955년 대기오염방지법을 대체하였다. 국가적 연구사업비 뿐만 아니라 외부 연구수행기관에게도 연구비를 제공하였다. 또한 이 법은 처음으로 주정부간의 대기오염문제를 해결하기 위해 연방정부에 권한을 주었다 (Council on Environmental Quality, 1970).

다음에 제정된 법률은 1965년 **차량에 관한 대기오염방지법** (Motor Vehicle Air Pollution Control Act: MVAPCA)이다. 이 법은 신차의 배출량 규제를 위한 첫 번째 연방계획이었다. 하지만 이 법은 사실상 자동차 회사에 이득을 주었는데, 자동차 회사에게 각기 다른 50개 주정부의 배출규제법을 피해갈 수 있도록 도와주었다. 비록 배출제한이 1965년도 기술에 입각하여 1968년도에 출고되는 신차에 처음 적용되었지만, 이 법규를 통해 현시점에서 통용되고 있는 신기술로 규제를 강화할 필요성이 인식되었다.

1967년 **공기질법** (Air Quality Act)은 대기오염제어를 다룬 연방법규이다. 이 법은 연구개발에서 연방정부의 역할을 확장하였을 뿐만 아니라, 대기오염연구가 단지 규제입법을 위한 대용품이 아니라는 점과 연방정부는 방지장치의 사용을 강제할 수 있는 권리와 의무를 가지고 있다는 점을 명확하게 밝혔다. 이 법은 광역적인 계획과 제어노력을 활성화하기 위해 대기규제지역을 지정하도록 보건・교육・후생부 (Department of Health, Education, and Welfare: HEW) 장관에게 요구하였다. 또한 HEW 장관에게 다음 사항을 요구하였다.

> **대기오염물질의 건강, 식물, 물질에 미치는 유해한 영향을 제시하고, 과학적 연구에 기초한 대기환경기준을 공포할 것. 또한, 이용가능성, 비용, 방지기술과 예방기술의 효율성을 제시하는 방지기술을 문서로 제출할 것** (Council on Environmental Quality, 1970).

이 법률과 관련하여 상원에서 청문회가 열리는 동안, 기발한 방법이 소개되었다. 즉 규제 기준이 현행기술을 앞서야 한다는 것이다. 따라서 산업체는 규제치를 만족시키기 위해 최종시한까지 신기술을 개발하여야 했다. 이것은 '기술강제입법 (technology-forcing legislation)'으로 알려져 있다. 비록 1967년 법에는 명시되지 않았지만 이 개념은 1970년 청정공기개정법에 이용되었다.

1970년 **청정공기개정법** (Clean Air Act Amendment of 1970)은 미국의 환경관계 법률 중 중요하고 영향력 있는 법률로 알려져 있다. **환경보호청** (Environmental Protection Agency: EPA)을 신설하도록 규정한 환경정책법 (National Environmental Policy Act)에 의거하여, 대기오염규제를 시행하였다. 이 법의 중요한 목표 중의 하나는 1975년까지 청정공기를 만드는 것이었다. 이 목표를 달성하기 위해 새로운 기준과 목표달성을 위한 시간표가 작성되었다.

1970년 개정법에는 여러 가지 중요한 항목들이 있다. 이 법은 EPA로 하여금 1차기준 (공공의 건강보호를 위한)과 더욱 엄격한 2차기준 (공공복지를 위한)으로 나누어 **연방대기환경기준** (National Ambient Air Quality Standards: NAAQS)을 제정하도록 요구하였다. 또한 3년 이내에 연방정부의 1차기준을 유지·달성하기 위해 **주정부 실행계획서** (State Implementation Plans: SIP)를 제출하도록 주정부에 요구하였다.

자동차 오염배출이 전반적 대기오염문제에서 중요한 배출원이라는 견지에서, CO와 탄화수소 (HC)에 대해서는 1970년도 모델차량부터, NO_x에 대해서는 1971년도 모델차량부터 배출량의 90%를 저감하도록 임의로 설정하고, 1975년 (NO_x는 1976년)까지 목표를 달성하도록 규정하였다. 이 조치는 '기술강제입법'의 주요한 사례인데, 이는 이 법이 개정되었을 당시에는, 목표달성을 위한 또 다른 증빙된 방안이 없었기 때문이다. 결국 이 목표는 달성할 수 없었고 이 법의 일부는 수차에 걸쳐 개정되었다.

EPA는 특정 신규산업체에게 적용할 강화된 기준을 만들었다. 이러한 **신설오염원운영기준** (New Source Performance Standards: NSPS)은 연방기준으로서 각 주정부에서 시행되었다. 이 법으로 새로운 산업체를 유치하려는 주정부 간의 경쟁과정에서, 대기오염기준을 주정부가 약화시킬 가능성을 막을 수 있었다. 산업체들은 자사 배출량을 직접 측정해야 했으며, 주정부의 공해방지관리국과 EPA에게 자료를 제출해야 했다. 또한 법을 고의로 위반할 때 과중한 벌금과 형사상 처벌을 병행하였다 (하루당 $25,000의 벌금 또는 1년 징역).

1977년 **청정공기개정법**은 1970년도 법의 많은 부분을 수정하고 보완하였다. 하지만 1977년 개정법은 주정부 실행과 연방정부 관리라는 기본철학을 담고 있었다. 다음은 1977년 개정법의 요점이다. 우선 EPA로 하여금, 1980년 1월 1일까지, 그 이후에는 5년 간격으로 대기환경기준과 법규를, 필요에 따라, 검토하고 개정할 것을 요구하였다. 이 법으로 EPA는 기존오염원과 신설오염원에 대한 운영기준의 공포과정 (1970년도 개정법에서 시작한)을 계속 수행하도록 요구받았다.

분리조항에는 연방 대기환경기준 (NAAQS)보다 깨끗한 지역의 대기질에 대해 "**심각한 오염악화의 예방**" (Prevention of Significant Deterioration; PSD) 조항이 포함되어 있다. 1977년 개정법 이전에는, 이론적으로는 청정지역에 환경기준 직전까지 많은 공장을 유치할 수 있었다. 그러나 PSD 조항은 자연원시상태 지역 Class I, 대부분의 일반지역 Class II, 산업화 지역 Class III 등으로 세분하여 정의하였다. 1977년 개정법 중 PSD 조항에는 오염물의 환경농도가 Class I 지역에서는 거의 없도록, Class II 지역에서는 특정 양, Class III 지역에서는 보다 큰 양의 배출증가를 허용하였다.

1977년 개정법 중 또 다른 조항은 연방 대기환경기준 항목 중 한 가지 이상이 기준치를 초과하는 **미달성지역** (nonattainment areas)에 대한 규제이다. **배출보상제** (emissions offset)로 알려진 이 제도는 기존오염원의 배출량을 동시 감축할 경우, 감축된 배출량만큼 보상하여 미달성지역

내에 신설오염원의 건설을 허용하는 것이다. 따라서 미달성지역에 새로운 공장을 짓고자 하는 회사는 그 지역에 있는 노후 공장 중 하나에 오염방지장치를 설치하거나, 또 다른 오염배출원의 방지장치에 보조금을 지불해야 했다. 배출보상금은 추후 사용하기 위해 주정부에 예치할 수 있었고 회사들 간에 교환이나 거래도 할 수 있었다. 뿐만 아니라 달성지역의 오염원보다 미달성지역의 오염원에 대해 배출량을 더욱 엄격하게 제한하였다. 따라서 미달성지역 내의 공해저감장치는 매우 엄격한 기준 하에 설계되고 운영되어야 했다.

차량에 대한 배출기준의 달성은 더욱 지연되었고, NO_x 기준은 1970년 개정법의 본래 목표와 크게 다르게 영구적으로 완화되었다. CO와 HC의 기준은 1970년도 모델 차량부터 90% 감축하고 (CO는 3.4 g/mile, HC는 0.41 g/mile), 1981년 모델 연도에 목표를 달성하고자 했다. 또한 NO_x 배출기준은 1982년 모델 연도에 1.0 g/mile 달성을 목표로 했다 (1970년에 약 5.5 g/mile에서 강화됨). 또한 트럭이나 버스와 같은 대형차량에 대한 기준도 마련되었다. 대형차량에 대한 기준은 일반적으로 승용차보다는 덜 엄격하였고, 대형차량의 배출에 대한 우려의 목소리가 있었다 (Brown and Cooper, 1978).

1990년, 미의회는 과거의 노력에도 불구하고, 약 1억에 달하는 미국의 도시민들이 대기환경기준을 충족시키지 못하는 지역에서 살고 있음을 알게 되었다. 1990년 청정공기개정법은 과거의 청정공기법규를 과감하게 고쳤다. 즉, 이 개정법은 처음으로 지구규모의 대기오염문제를 다루고 있다. 750쪽에 달하는 이 개정법은 11개의 개별 부제 (title)를 가지고 있다. 즉, 오존, CO, PM-10과 같은 도시대기오염, 이동오염원, 대기독성물질, 산성침석, 성층권 오존보호 등의 부제를 담고 있다. 각 개별 부제의 핵심부분을 다음과 같이 요약하였다.

개정법의 **부제 Ⅰ**은 연방 대기환경기준 (NAAQS) 항목을 한 개 이상 충족시키지 못하는, 즉, 미달성지역인 도시지역에 적용된다. 특히 거론된 오염물질은 오존, CO, PM-10 등이다. 새 법률은 오존의 오염정도에 따라 미국 도시를 5개로 분류하였고 [즉, '최저 (marginal)', '보통 (moderate)', '심각 (serious)', '극심 (severe)', '최악 (extreme)' 등 5개 분류], 오존 기준을 초과한 도시를 달성가능한 상태로 만들기 위해, 오염정도에 따라 각기 다른 일정으로 다양한 조치를 취하도록 강제하고 있다. 보통, 심각, 극심 및 최악 지역은 6년 이내에 VOC를 15% 저감시켜야 한다. 심각 이상의 분류지역에 대해서는 달성할 때까지 매년 VOC를 3%씩 저감시켜야 한다. 최악 지역에서는 휘발유를 사용하는 잔디 깎기와 고기를 구울 때 사용하는 석탄발화액 (charcoal lighter fluids)의 사용도 규제된다. 주요 NO_x 오염원은 EPA가 새로운 손실을 찾아내지 않는 한, 오존제어를 위해, 주요 VOC 오염원과 같은 규제를 받는다. CO의 오염정도는 '보통' 및 '심각' 등 2가지로 구분하였다. 개선된 점검/유지보수계획 등의 조치와 겨울철에 산소함유 연료 (oxygenated fuels)의 의무사용 등의 조치를 취해 특정지역의 CO 배출을 규제하였다. 이 부제는 PM-10 배출제어에도 큰 영향을 주었다.

이동오염원 (mobile source)은 전체 도시 배출량의 상당 부분을 차지하므로, 개정법의 부제 II는 이동오염원을 각별히 취급하고 있다. 개정된 배출기준은 두 개 단계 (tier)로 나누어 규제하였다. 단계 I (Tier I)의 배출기준은 1994년에서 1996년까지 비메탄계 탄화수소 (NMHC) 0.25 g/mile, CO 3.4 g/mile, NO_x 0.4 g/mile이다. 저온 공회전 배출은 제한되고, 특정지역에서는 청정연료만을 사용해야 하며, 휘발유의 휘발도는 작아야 한다. 또한 경유는 0.05% 미만의 황을 함유하여야 하며, 1996년 1월 1일부터 차량연료에 납의 첨가는 일체 금지되었다.

부제 III은 대기독성물질 (air toxics)을 다루고 있다. 이 법률은 189개의 유해대기오염물질 (HAP: hazardous air pollutants, 대기독성물질로 불리기도 한다)을 지정했고, EPA로 하여금 한 개 이상의 대기독성물질을 배출하는 오염원 목록을 작성하고, 이들 오염원의 규제일정을 세우도록 요구했다. EPA가 HAP의 주요 오염원을 규제하기 위해 최대성취가능 방지기술 (MACT: maximum achievable control technology)을 공식화하는데 10년 이상의 시간이 걸렸다. HAP는 연료의 불완전연소산물 (PIC: products of incomplete combustion)에서 생성되기 때문에, 모든 연소배출원에서 미량 (또는 다량) 농도로 방출된다. HAP의 주요 오염원은 "한 종류의 HAP를 10 ton/yr 이상 배출하는 설비," 또는 "모든 HAP를 합산하여 25 ton/yr 이상 배출하는 설비"로 정의하고 있다. 따라서 모든 대형 산업용 보일러, 공정용 용광로, 고정 내부연소기관은 잠재적인 주요 오염원이다. MACT 규제는 매우 커다란 영향을 줄 것이며 개발하는데 과도한 시간이 걸릴 것이다. 이 교과서를 쓰고 있는 순간까지 MACT 규제는 계속 마무리 작업을 향해 나아가고 있다. 뿐만 아니라 제철공장과 석유화학 설비와 같은 주요 오염원들과 세탁소, 주유소, 인쇄소와 같은 소규모 면오염원 (small area sources) 역시 규제되고 있다.

부제 IV는 산성침적 (acid deposition)을 다루고 있다. 주로 화력발전소에서 배출되는 SO_2를 1980년 수준에서 매년 천만 톤을 저감시킬 것을 요구하였다. 이 조항은 에너지 보존과 청정석탄 기술개발을 촉진시키고 SO_2 저감을 위한 혁신적인 시장중심 체제를 이용하고 있는데, SO_2 배출량에 대한 설비승인을 사거나 팔 수 있다. 또한 EPA는 발전용 보일러에 대한 NO_x의 신설오염원운영기준 (NSPS)을 개정하도록 요구받고 있다.

부제 V는 주정부가 관리해야 할 오염원 (배출시설)에 대해, 연방정부의 신규 운영허가계획 (operating permit program)을 담고 있다. 주정부는 허가계획을 이행하는데 3년의 기간을 가지며, EPA의 승인을 얻어야 한다. 1998년에 모든 주정부의 허가계획이 작성 완료되었다. 운영허가계획에는 최소한 각 오염원에 적용되는 청정공기법의 모든 규정 (즉, 준수일정, 감시 및 보고 등에 관한 규정)을 포함하여야 한다.

부제 VI은 성층권 오존보호를 다루며, CFC, halon, 사염화탄소 등의 폐지 일정을 설정하였는데, 2000년까지 위의 물질을 사용하게 한 몬트리올의정서의 규정과 유사하다. CFC는 저층 대기권에서 분해가 잘되는 HCFC (hydrochlorofluorocarbons)로 대체되고 있는데 이것도 2030년에 사용이 폐지될 것이다. 이동오염원의 에어컨에서 방출되는 CFC는 1992년도까지 강제 재활용하도록 요구되었다.

부제 VII은 청정공기법을 용이하게 시행하도록 위반자에 대한 범칙규정의 범위를 확대하였다. 2십만 달러까지의 행정범칙금은 EPA에 의해 부과될 수 있다. 이 개정법의 기타 부제들은 청정공기에 관한 연구, 불이익을 받는 기업, 고용이행 지원 등에 관한 것이다.

1990년 청정공기개정법은 복합적인 법률이다. 완전한 법률준수까지는 수십 년이 걸릴 것이며 또한 엄청난 비용이 들 것이다. 많은 산업체들이 영향을 받게 될 것이며, 운전, 잔디 깎기, 드라이클리닝, 심지어는 야외 취사와 같은 일상적인 활동도 영향을 받게 될 것이다.

연방규제와 기준

대기오염에 관한 연방정부와 주정부의 다양한 법률적 목적을 이행하기 위해서 명확한 규제가 요구된다. 법안을 개괄적으로 작성하고, 그 다음 정부의 규제기관이 필요한 연구를 수행한 후, 구체적으로 세부규정을 마련하는 것이 바람직한 과정이다. 이와 같은 접근법을 미의회와 EPA가 따르고 있다.

두 개의 기준, 즉 대기환경기준 (Ambient Air Quality Standards: AAQS)과 오염원운영기준 (Source Performance Standards: SPS)이 있다. AAQS는 실외대기 중 오염물질의 농도를 다루는 것이고, SPS는 특정오염원에서의 배출량을 다룬다. AAQS는 $\mu g/m^3$ 또는 ppm과 같은 농도로 표시되나, SPS는 단위시간당 또는 단위생산량당 오염배출량 (g/min 또는 kg/ton)으로 표시된다.

현행 연방법률 하에, 6개 오염물질에 대한 AAQS가 설정되었다: 분진 (PM-10과 PM-2.5), SO_2, NO_2, CO, O_3 및 납이다 (40 CFR 50). 연방 대기환경기준은 두 가지 기준으로 EPA에 의해 설정되었다. 1차기준 (primary standard)은 건강보호를 위해 만들어졌으며, 2차기준 (secondary standard)은 공공복지 보호를 위해 만들어졌다. 공공복지는 시정감소 (심미적)나 농작물 피해 (경제적) 등과 같이 건강과 무관한 영향에 중점을 두었다. 대기환경기준은 표 1.2에 제시되었다. 캘리포니아주를 포함한 일부 주에서는 표의 기준보다 엄격한 기준을 가지고 있다. 대기오염물질로 간주되는 그 밖의 많은 화합물들이 있으며, 이 중 어떤 것은 일부 지역에서 매우 중요하게 생각되고 있다. 비록 이 책에서 공간적 제한 때문에 구체적 목록을 제시하지 않았지만, 그렇다고 해도 이들의 중요성을 간과한 것은 아니다.

표 1.2 미국의 대기환경기준 (NAAQS)

오염물질	기준치	평균시간
CO	9 ppm (10 mg/m^3) 35 ppm (40 mg/m^3)	8시간 [a)] 1시간 [a)]
NO_2	0.053 ppm (100 μg/m^3) 0.100 ppm	연간 산술평균 1시간 [b)]
O_3	0.075 ppm	8시간 [c)]
SO_2	0.03 ppm 0.14 ppm 0.5 ppm	연간 산술평균 24시간 [a)] 3시간 (2차기준)
PM-10	150 μg/m^3	24시간 [d)]
PM-2.5	15 μg/m^3 35 μg/m^3	연간 산술평균 [e)] 24시간 [f)]
Pb	0.15 μg/m^3	3개월 롤링 평균

a) 1년에 1회 이상 초과할 수 없다.
b) 이 기준을 달성하기 위해, 하루 중 최대 1시간 평균치를 1년분 나열하고, 98백분위 값을 구하여 이를 '1년분 농도값'으로 한다. 연속된 3개의 '1년분 농도값'을 다시 산술평균하여 '3년 평균치'를 얻는다. 이 '3년 평균치'가 0.100 ppm을 초과하지 않아야 한다.
c) 이 기준을 달성하기 위해, 한 지역 내 각각의 측정소에서 얻은 오존농도자료에서 매일 '8시간 평균농도'를 구하고 나열한 후, 이중 '하루 최대치'를 얻는다. 이들 하루 최대치를 1년분 나열한 후, 그 중 4번째로 큰 농도값 1개를 '1년분 농도값'으로 한다. 연속된 3개의 '1년분 농도값'을 다시 산술평균하여 '3년 평균치'를 얻는다. 이 '3년 평균치'가 0.075 ppm을 초과하지 않아야 한다. 2010년1월19일, EPA는 더욱 강화된 기준을 0.06 ppm과 0.07 ppm 사이에서 결정할 예정이며, 2010년8월31일까지 최종적으로 결정할 예정이다.
d) 매년 연속 '3년간 평균치'가 1회 이상 초과할 수 없다.
e) 이 기준을 달성하기 위해, 1개 또는 여러 개의 지역본위 측정망 (community-oriented monitor)에서 측정한 '1년 산술평균치' 3개 (연속된 3개년 '1년 산술평균치' 3개 자료)를 평균한 '3년 평균치'가 15 μg/m^{3}을 초과하지 않아야 한다.
f) 이 기준을 달성하기 위해, 각각의 인구본위의 측정망 (population-oriented monitor)에서 측정된 '24개의 시간별 자료'를 1년분 나열하고, 98백분위 값을 구하여 '1년분 24시간 농도값'으로 한다. 연속된 3개년의 '1년분 24시간 농도값' 3개를 다시 산술평균하여 '3년 평균치'를 얻는다. 이 '3년 평균치'가 35 μg/m^{3}을 초과하지 않아야 한다.
출처 : U.S. EPA (http://www.epa.gov/air/criteria.html)

브라질, 멕시코, 인도네시아와 같은 개발도상국을 포함하여, 전 세계 수많은 국가들은 대기환경기준을 가지고 있다. 또한 세계보건기구 (WHO)도 지침 (guideline)을 발표한 바 있다. 대개의 경우, 일부 국가의 기준이나 WHO의 지침은 미국의 기준보다 엄격하다. 예를 들어, 'Air Quality Guidelines: Global Update 2005 (WHO, 2006)'은 PM-2.5의 연평균 기준치로서 10 μg/m^{3}을 권장하고 있다.

연방 신설오염원운영기준 (NSPS)은 특정오염원의 특정오염물질에 대한 질량 배출량으로 표현된다. NSPS는 많은 산업체에서 실제 현장실험을 통해 유도되었으며, 오염원의 종류가 다양하므로 그 기준 또한 대단히 많다 (40 CFR 50). NSPS는 규정이 공포된 후 건설된 신설오염원에 적용되며, 기존오염원에 대해서는 특별한 관리를 요구하고 있다. 표 1.3에 일부 예를 제시하였다.

표 1.3 연방 신설오염원운영기준 (NSPS)의 일부 사례

1. 스팀발전소 (석탄연소)
   a. 분진 : 0.015 lb/million Btu of heat input 또는 0.03 lb/million Btu of heat input 및 99.9% 감축.
   b. NO_x : 1.0 lb/MWh 총 출력에너지 (gross energy output)
   c. SO_2 : 1.4 lb/MWh gross energy output 또는 95% 감축
   d. Hg : 0.020 lb/GWh gross energy output
2. 대형 (250 ton/day 이상) 도시고형폐기물 (MSW) 연소로 : 다이옥신/퓨란, 납, HCl, 분진, NO_x 및 SO_2에 대한 기준이 각각 있다.
   a. 분진 : 20 mg/dscm* (7% O_2로 보정)
   b. HCl : 건조부피기준 25 ppm (7% O_2로 보정)
   c. Hg : 50 μg/dscm* (7% O_2로 보정)
3. 질산공장 : 기준은 생산된 100% 산의 metric ton당 최대 3시간 평균 NO_x 배출량이 1.5 kg이다. 모든 NO_x 배출량은 100% NO_2로서 표시된다. 또한 굴뚝가스는 10% 탁도 (opacity)를 만족시켜야 한다 (0% 탁도는 완전히 깨끗한 굴뚝가스를 의미하고, 100% 탁도는 완전히 불투명한 상태를 의미한다).
4. 황산공장 : 기준은 생산된 100% 산의 metric ton당 최대 3시간 평균 SO_2 배출량이 2 kg이다. 산성 연무의 기준은 생산된 산의 metric ton당 최대 3시간 SO_2 배출량이 0.075 kg이다. 또한 굴뚝가스는 10% 탁도를 만족시켜야 한다.
5. 1차구리제련소 : 분진 배출기준은 50 mg/dscm이며, SO_2 기준은 부피기준으로 0.065%이고, 탁도는 20%로 제한된다.
6. 습식공정 인산공장 : 총 fluorides 배출기준은 공급된 P_2O_5 metric ton당 10.0 g이다.
7. 제철공장 : 분진 배출량은 50 mg/dscm을 초과할 수 없고, 탁도는 매시간 2분간을 제외하고 10% 미만이어야 한다.
8. 하수오니 소각로 : 분진 배출기준은 투입오니 kg당 0.65 g이다 (건조기준). 탁도기준은 20%이다.
9. 병원/제약/감염성 폐기물 소각로 : 대형 (시간당 폐기물 투입량 > 500 lb). 분진, CO, 다이옥신/퓨란, HCl, NO_x, SO_2, 일부 금속성분에 대한 기준이 각각 있다. 모든 경우, 7% O_2로 보정한다. 보기는 다음과 같다.
   a. 분진 : 34 mg/dscm.
   b. CO : 40 ppmv
   c. 다이옥신/퓨란 : 25 ng/dscm (total CDD/CDF) 또는 0.6 ng/dscm TEQ
   d. HCl : 15 ppmv 또는 99% 감축
   e. 일부 금속성분 : Pb 0.07 mg/dscm, Cd 0.04 mg/dscm, Hg 0.55 mg/dscm

* dscm : dry standard cubic meter.
출처 : U.S. EPA, 각종 규제법률 발췌.

표 1.4 유해 대기오염물질에 대한 연방배출기준의 요약 (NESHAP).

1. 베릴륨 : 모든 점오염원으로부터의 배출량은 10 g beryllium/24시간으로 제한된다. 만일 EPA에서 승인한다면, 오염원 소유주나 운영자는 30일간 평균 0.01 μg/m^{3}의 대기환경기준치로 대체할 수 있다. 베릴륨 함유 추진체를 이용하는 로켓 동력실험에 대한 분리기준이 명시되어 있다.
2. 수은 : 수은광석 처리설비와 수은전지 chlor-alkali 공장의 배출량은 수은 2,300 g/24시간을 초과할 수 없다. 오니 소각로나 건조기의 배출량은 3,200 g/24시간을 초과할 수 없다.
3. 염화비닐 : Ethylene dichloride 공장, vinyl chloride 공장, PVC 공장 등과 같은 특정 장치와 공정에 대해 기준이 명시되어 있다. 일반적으로 기준은 배출가스 중 10 ppm의 염화비닐이다.
4. 벤젠 : 기준은 매우 구체적이고, 기본적으로 벤젠을 취급하는 공장 내의 설비와 장치에 적용한다. 기준은 공기 중 벤젠의 누출을 최소화하거나 차단하기 위해 계획되었다.
5. 석면 : 기준은 석면분쇄, 상업용 석면을 사용하는 11가지의 제조업, 석면을 함유한 설비의 파괴와 재건 및 기타 공정에 적용한다. 근본적으로 어떠한 배출가스도 가시적으로 석면을 포함하지 않아야 한다.

출처 : 40 CFR (Code of Federal Regulation).

HAP에 대한 점오염원의 배출기준 분리조항이 제정되었다. HAP에 대한 연방배출기준(NESHAP: National Emission Standards for Hazardous Air Pollutants)은 AAQS에는 항목이 없지만, "회복 불가능한 심각한 질환, 불구성 질환 및 회복가능한 질환 등의 증가"를 초래할 수 있는 물질을 포함시켰다. 이 책을 저술하는 시점에 EPA가 극히 일부 오염원의 오염물질에 대한 NESHAP을 공포하였지만, 이 분야의 활동은 1990년 청정공기개정법의 영향으로 크게 증가하였다. NESHAP는 오염원과 방지방법의 종류에 대해 매우 구체적인 내용을 담고 있다. 표 1.4에 간략하게 요약하였다.

1990년 청정공기개정법에 189개의 HAP가 잠정적으로 포함되었다. 산업용 및 상업용 폐기물 소각장, 산업용 보일러, 공정용 히터 및 기타 연소배출원들이 다량의 HAP를 방출한다고 의심받았다. 일부 HAP는 폐기물 또는 연료의 성분이기도 하지만, 나머지 HAP는 연소과정에서 생성된다.

1990년대 후반기 동안, 미국 EPA는 산업용 및 상업용 연소배출원에서 방출되는 HAP를 규제하기 위해 최대성취가능 방지기술 (MACT: maximum achievevable control technology)을 개발하려고 노력하였다. EPA는 초기안을 마련하기 위해, 정부, 산업 및 환경대변그룹을 포함시켰는데, 이를 '입법추진을 위한 산업연소 협력과정 (ICCR: industrial combustion coordinated rule-making process)'이라 부른다. 비록 이 과정 초기에는 EPA를 도와 산업체의 자료를 쉽게 확보할 수 있었으나, 새로운 규제설정을 위해 이해관계가 다른 모든 그룹이 함께 일한다는 것은 어려울 수밖에 없었고, 작업은 매우 서서히 진행되었다. 2년 후인 1998년 EPA는 ICCR의 운영을 중지하고 종전과 같은 방식으로 입법을 추진하였다.

이러한 입법추진 노력은 다수의 기업과 환경이해집단의 지속적인 주의관심으로 10년 이상 계속되었다. EPA는 마침내 2006년 최종 법안을 제안하였으나, 여러 집단이 EPA를 고소하였고 법원은 그 이후 이 법안이 부적합함을 발견하였다. EPA는 법안을 수정하였다. 특히 산업용 보일러와 관련하여 제안한 항목을 수정하였다. 이 과정이 길어진 이유는 일차적으로 다양한 많은 산업체들이 매우 다양한 연료를 사용하기 때문으로, 모든 오염원에 적용할 수 있는 통일된 한 개의 규제법을 만든다는 것이 불가능하였기 때문이다. 논란의 중심이 되었던, 또 다른 지연사유는 '연소될 물질을 어떻게 분류하는냐'는 문제 때문이었다. 즉, 연소되는 물질이 '연료' 또는 '폐기물'로 다르게 분류되면 적용될 규제내용도 달라졌다. 많은 경우 산업체에 따라 동일한 물질이 '연료' 또는 '폐기물'로 달리 분류될 수도 있었다.

이 법률은 2007년 다시 공포되었지만 (40 CFR 63) 또 다시 논쟁거리가 되었고, 책을 집필하는 순간까지 결말을 보지 못하고 있다. EPA는 산업체로부터 HAP의 실제배출과 관련하여 (현장실험에 의거하여) 더 많은 자료를 수집했으며, 실험자료를 완벽하게 평가하기 위해 기간을 연장하였다. 최종 법안이 2010년 4월에 발표되었으며, 최종 법률은 2010년 12월까지 공포될 예정이다. 규제된 HAP의 일부항목은 다음과 같다. 즉, 산성가스 HCl, 금속성분 (수은, 납, 카드뮴, 니켈, 크롬 및 기타), 유기성 HAP (벤젠, 1,3-butadiene, formaldehyde, acrolein 및 기타) 등이다. 또한 주요 오염물질인 NO_2와 SO_2의 기준도 더욱 강화되었다. 최종적으로 많은 오염원을 대상으로 CO의 기준이 제안되었다. 왜냐하면 CO는 불완전 연소산물 중 하나이기 때문에 모든 유기성 HAP의 대리물질 역할을 한다. 이와 비슷하게 분진도 금속성 HAP의 대리역할을 하므로 함께 제안되었다.

배출기준은 일차적으로 산업오염원의 배출을 규제하는데 이용하며, 규제될 신설오염원의 최대 배출량을 평가하는데 이용된다. 따라서 설계목적상 방지장치운영 요건을 평가하기 위해 NSPS 또는 다른 기준을 이용할 수 있다. 한 예로서, 신설 고형폐기물 소각로는 표 1.3에 제시된 기준을 만족해야 하며, 제어되지 않은 배출량이 가령, 10 g/dscm이라면, 방지장치의 효율은 98.2%, 즉 [(10 − 0.18)/10]이어야 한다. 각종 공정에 대한, 제어되지 않은 배출량은 일반적으로 AP-42로 알려진 EPA 자료를 이용하여 추정할 수 있다 (AP-42: 대기오염 배출계수에 관한 자료, U.S. EPA, 1995).

최근 EPA는 배출계수 (emission factor)와 관련한 모든 정보를 웹사이트에 공개하고 있다. '오염배출원 목록 및 배출계수 정보센터 (CHIEF: Clearinghouse for Inventories and Emissions Factors)'는 인터넷으로 연결가능하며 주기적으로 갱신되고 있다. 웹주소는 http://www.epa.gov/ttn/chief/efpac/abefpac.html이다.

예제 1.2 표 1.3에 제시된 기준을 만족하는 습식공정 인산공장의 fluoride 세정기 (scrubber)에 대한 집진효율을 계산하라. 제어되지 않은 fluoride의 양은 120 g/metric ton of P_2O_5이다.

풀이 $$\text{집진효율} = \frac{\text{집진량}}{\text{유입량}} = \frac{\text{유입량} - \text{유출량}}{\text{유입량}} = \frac{(120-10)}{120} \times 100\,\% = 91.7\,\%$$

연방오염원 운영기준은 공장에서 지역대기에 부하되는 배출량을 추정하기 위해 배출계수 (emission factor)를 이용할 수 있다. 또한 측정하기 어려운 오염원 (예, 도시를 운행하는 수천대의 차량)에서 배출량을 결정할 때 사용할 수 있다. 다음의 두 예제는 배출량 산정을 위해 NSPS를 이용한 것이다.

예제 1.3 2008년 플로리다주 오렌지 카운티의 모든 차량에서 배출되는 NO_x의 배출량을 계산하라. 2008년도 운행평균 배출계수는 1.645 g/mile이고 총 차량운행거리 (VMT: vehicle miles traveled)는 13.53×10^9 mile이다.

풀이 $$NO_x = 1.645\,\frac{\text{g}}{\text{mile}} \times 13.53(10)^9\,\frac{\text{mile}}{\text{yr}} \times \frac{1}{454}\,\frac{\text{lb}}{\text{g}} \times \frac{1}{2{,}000}\,\frac{\text{ton}}{\text{lb}} = 24{,}510\,\frac{\text{ton}}{\text{yr}}$$

예제 1.4 표 1.3에 제시된 운영기준을 만족시키는 1,000 megawatt (MW)급 신설 석탄화력발전소의 분진과 SO_2의 하루 허용배출량을 계산하라. 석탄의 발열량이 12,000 Btu/lb이고 3.0%의 황을 포함한다고 가정하라. 공장은 39% 효율을 보인다.

풀이 첫째, 39% 효율장치에 대한 유입열량을 계산하자.

$$E_{\text{in}} = \frac{1{,}000\text{ MW}}{0.39} \times \frac{1{,}000\text{ kW}}{\text{MW}} \times \frac{24\text{ hr}}{\text{day}} \times \frac{3{,}412\text{ Btu}}{\text{kWh}} = 2.10 \times 10^{11}\text{ Btu/day}$$

$$\text{분진 배출량} = \frac{0.015\text{ lb 분진}}{10^6\text{ Btu}} \times \frac{2.10 \times 10^{11}\text{ Btu}}{\text{day}} \times \frac{1\text{ ton}}{2{,}000\text{ lb}} = 1.6\text{ ton/day}$$

표 1.3에서 SO_2의 기준은 총 출력에너지 MWh당 1.4 lb이거나 95% 감축이므로, 우리는 두 경우를 전부 계산하고 비교하여야 한다.

총 전기에너지 출력을 기준으로 할 때

$$\text{총 에너지 출력} = 1{,}000\text{ MW} \times \frac{24\text{ hr}}{\text{day}} = 24{,}000\,\frac{\text{MWh}}{\text{day}}$$

$$SO_2\text{ 허용배출량} = \frac{1.4\text{ lb}}{\text{MWh}} \times \frac{24{,}000\text{ MWh}}{\text{day}} \times \frac{1\text{ ton}}{2{,}000\text{ lb}} = 16.8\text{ ton/day}$$

95% 삭감량을 기준으로 할 때

$$\text{황의 유입량} = 2.1\times 10^{11}\ \frac{\text{Btu}}{\text{day}}\times\frac{1\ \text{lb coal}}{12{,}000\ \text{Btu}}\times\frac{0.03\ \text{lb S}}{1\ \text{lb coal}} = 5.25\times 10^{5}\ \frac{\text{lb S}}{\text{day}}$$

$$SO_2\ \text{허용배출량} = 5.25\times 10^{5}\ \frac{\text{lb S}}{\text{day}}\times\frac{64\ \text{lb } SO_2}{32\ \text{lb S}}\times(1-0.95)\times\frac{1\ \text{ton}}{2{,}000\ \text{lb}} = 26.2\ \text{ton/day}$$

이 경우, 오염원은 95% 삭감기준을 충족하므로, SO_2 배출량은 최대 26.2 ton/day로 허용된다.

Note 단위 "ton"을 사용할 때 주의를 기울여야 한다.
1 short ton = 2,000 lb이며, 1 metric ton (또는 long ton) = 2,205 lb임을 명심하라.
1 metric ton을 1 tonne으로도 표기한다. 이 교과서에서 "ton"이 FPS 단위계에서 사용되면 short ton이고, SI 단위계에서 사용되면 long ton이다.

허가과정

대기오염을 관장하는 연방법은 대기환경 보호와 대중의 건강보호를 목적으로 만들어졌다. 이러한 법의 집행권한을 가지고 미국 EPA는 각종 오염배출원에서 배출량을 제한하는 연방규제를 설정하였다. 각 산업범주별 구체적 규정은 연방규정집 (Code of Federal Regulations: 40 CFR Part 60)에 기술되어 있으며, 배출량 제한, 운영기준, 허가절차, 검시 및 측정 준수사항, 기록보관 및 보고 등에 관한 내용을 담고 있다. 대부분 주정부는 각자의 법 테두리 안에서 연방의 배출량 제한과 기준을 참고하여 규정을 제정하고 있다. 주정부가 원한다면 연방기준보다 엄격한 기준을 만들 수 있으나 연방기준보다 약화시켜서는 안 된다.

주정부는 자체적으로 대기오염 허가 및 준수계획을 세울 수 있다. 일단 주정부의 계획을 EPA가 승인한다면, 주정부는 주 경계 내의 쾌적한 공기를 확보하기 위한 권한을 위임받는다. 허가과정은 주정부가 규정을 추적하고 이행하는 한 가지 수단이다. 주정부 규정은 오염배출원이 첫 허가를 받지 않고 각종 오염물질을 배출하지 못하도록 배출량을 제한한다. 적법한 허가를 받지 못한 배출원은 과중한 벌금을 물어야 한다 (하루 최대 $10,000).

주정부 허가계획의 목적 중 하나는 주정부로 하여금 대기오염의 주요 점오염원을 추적감시하게 하는 것이다. 허가권은 오염원이 오염제어를 위해 적절한 기술을 사용토록 하는 수단이며, 상시검사, 측정, 기록보관, 보고 등을 통해 배출기준을 만족하게 하는 수단이다. 예를 들어, 한 특정회사가 처음 공장건설 허가를 신청할 때, 적절한 장치를 선정하고 설계하였는지 검토한다. 허가요건에 명시된 대로 제어기술과 부합하는 공장이 완공된 후, 임시운영허가를 받아야 한다. 정상적인 운영허가는 공장을 시험가동하면서 만족스런 가동상태를 보일 때까지 보류된다.

표 1.5 연방정부의 PSD 증가량

오염물질	허용증가량, $\mu g/m^3$		
	Class I	Class II	Class III
SO_2			
연 평균	2	20	40
24시간 최대*	5	91	182
3시간 최대*	25	512	700
분진			
연간 기하평균	5	19	37
24시간 최대*	10	37	75

* 최대값은 연간 1회 이상 초과할 수 없다.
출처 : 40 CFR (Code of Federal Regulation)에서 발췌.

앞에서 언급했듯이, PSD (심각한 오염악화의 예방) 허용증가량은 연방대기환경기준 (NAAQS)보다 상대적으로 청정한 지역에서 대기오염도의 증가를 억제하기 위해 설정되었다. PSD에 관한 제반 고려사항은 모든 허가과정에서 중요하며 주로 큰 사업계획에 적용된다. 연방정부의 PSD 허용증가량을 표 1.5에 제시하였다.

1.5 이상기체법칙과 가스의 농도측정

표준상태에서 건조공기는 질소 78.08%, 산소 20.94%, 아르곤 0.93%, 이산화탄소 0.04%와 그 밖의 미량가스를 포함하고 있다 (Lide, 2008). 가스에서 사용하는 백분율 단위는 일반적으로 부피기준%이다. 이상기체에서 부피%는 몰%와 같다. 이상기체법칙을 완전히 따르는 기체를 이상기체 (ideal gas)라고 부른다.

$$PV = nRT \tag{1.1}$$

여기서, P = 절대압력
V = 부피
n = 몰수
R = 이상기체상수
T = 절대온도

양변의 단위는 일치되어야 한다. 절대압력 P의 단위는 atm, 부피 V의 단위는 liter, 몰수 n의 단위는 gmol, 절대온도 T의 단위는 Kelvin이다. 이들 단위를 이용한다면, 이상기체상수 R의 값은 0.08206 L-atm/gmol-K이다.

이상기체법칙은 표준온도와 압력에서 매우 정확하기 때문에 대기오염공학자에게 중요한 수식이다. 이상기체법칙은 다음과 같이 다시 쓸 수 있다.

$$PV = \frac{M \cdot RT}{(MW)} \tag{1.2}$$

여기서, M = 시료의 질량

MW = 가스의 분자량

식 (1.2)는 이상기체의 질량밀도를 이용하여 다시 표현할 수 있다.

$$\rho = \frac{M}{V} = \frac{(MW)}{RT}P \tag{1.3}$$

여기서, 분자량의 단위는 g/gmol이고 밀도의 단위는 g/L이다.

표 1.2에 표시된 대기환경기준의 단위는 ppm 또는 μg/m^{3}이다. 이들 단위는 대기오염방지 연구에서 보편적으로 쓰이고 있으며, 특히 가스상 오염물질에서는 서로 밀접한 관계를 가지고 있다. 먼저 ppm의 의미에 대해서 간단히 알아보자. 농도단위 ppm은 가스 혼합물 중 오염물의 몰분율 또는 부피분율에 1,000,000을 곱한 것이다. 즉,

$$\text{ppm} = \frac{\text{오염가스의 부피}}{\text{혼합가스의 총 부피}} \times 10^6 \tag{1.4}$$

식 (1.4)에서 분모는 기체의 총 부피이며 공기만의 부피는 아니다. 다음 예제에서 보는 것처럼, 저농도에서는 결과가 유사하지만 완전히 같지는 않다.

예제 1.5 (a) 정확하게 CO 500.0 mL와 공기 999,500 mL를 혼합하였다. CO의 농도를 ppm으로 계산하라. (b) 정확하게 CO 500.0 mL와 공기 1.000 m^3 (1,000,000 mL)를 혼합하였다. CO의 농도를 ppm으로 계산하라.

풀이 (a) $\frac{500\text{ mL}}{999{,}500\text{ mL} + 500\text{ mL}} \times 10^6 = 500.0\text{ ppm}$

(b) $\frac{500}{1{,}000{,}000 + 500} \times 10^6 = 499.75\text{ ppm}$

공학적 관점에서, 예제 1.5의 (a)와 (b)의 결과는 같다고 생각할 수 있다. 그러나 백분율로 표시되는 고농도 (예, 2.0%=20,000 ppm) 범위에서는 정답과 벗어난 결과를 얻을 수 있다.

다시 말해, 대기오염학에서 일반적으로 쓰이는 농도단위는 ppm과 $\mu g/m^3$이다. 이들 사이의 관계는 이상기체법칙을 적용하여 ppm이 $\mu g/m^3$로 쉽게 변환될 수 있다. 하지만 온도와 압력이 변화함에 따라 기체의 부피도 변화하므로 두 변수를 명확히 이해할 필요가 있다. 대기오염분야에서는 일반적으로 온도 25 ℃와 기압 1.0 atm을 기준조건으로 이용하고 있다.

오염가스의 부피에 관한 이상기체법칙을 풀기 위해서는, 우선 전체가스의 부피로 나눈 후 가스 중 오염물이 차지하는 부피분율 (volume fraction)을 다음과 같이 계산한다.

$$\frac{V_p}{V_t} = \frac{n_p RT/P}{V_t} \tag{1.5}$$

여기서, 하첨자 p와 t는 각각 오염가스와 총 가스를 의미한다. 식 (1.5)는 다음과 같이 고정 단위로 표시할 수 있다.

V = L

P = atm

n = gmol

T = K

R = 0.082 L-atm/(gmol-K)

식 (1.5)의 좌변을 보면, 이상기체 혼합물 중 특정가스의 농도 (ppm 단위)는 부피분율의 백만 배와 같음을 알 수 있다. 따라서 단순히 양변에 10^6을 곱하라. 역시 식 (1.5)의 우변에서, n_p대신 오염가스 질량을 분자량으로 나눈 값으로 치환하라. 이 결과 생성된 식 (1.6)은 다음과 같다.

$$C_{\text{ppm}} = 10^6 \frac{V_p}{V_t} = 10^6 \left(\frac{M_p / MW_p}{V_t} \right) (RT/P) \tag{1.6}$$

여기서, M_p = 오염가스의 질량, g

MW_p = 오염가스의 분자량, g/gmol

식 (1.6)을 부피당 질량 단위 (즉 g/L 단위)로 표현하기 위해 재정리하면,

$$M_p / V_t = \frac{C_{\text{ppm}} \times MW_p \times 10^{-6}}{RT/P} \tag{1.7}$$

이상기체법칙에서, RT/P [식 (1.7)의 분모]는 V/n (즉, 이상기체 1 mol이 차지하는 부피)와 동일하다. 치환하여 식 (1.7)을 정리하면,

$$M_p / V_t = \frac{C_{\text{ppm}} \times MW_p \times 10^{-6}}{V/n} \tag{1.8}$$

식 (1.8)에서 좌변의 단위는 g/L이다. 이 단위는 대기오염농도를 표현할 때 불편을 초래할 수 있다. 따라서, μg/m^3 (가장 일반적) 단위로 환산하기 위해 식 (1.8)의 좌변에 10^{9}을 곱한다 (즉, 10^6 μg/g과 10^3 L/m^{3}의 곱). 물론 등식이 성립되기 위해 우변에도 10^{9}을 곱한다.

고등학교 화학을 다시금 떠올리면, 이상기체 1 mol의 부피 (즉, V/n)는 T=0 ℃ (273 K), P=1 atm에서 22.4 L/gmol이 된다. 일반적으로 대기오염관련 작업에서 표준온도는 25 ℃ (298 K)를 사용하므로 V/n 값은 24.45 L/gmol이 된다. 식 (1.8) 양변에 10^{9}을 곱하고, V/n을 치환하면 최종 환산식은 다음과 같다.

$$C_{\text{mass}} = \frac{1{,}000\,C_{\text{ppm}}\,MW_p}{24.45} \tag{1.9}$$

여기서 C_{mass} = 질량농도, μg/m^3

C_{ppm} = 부피농도 또는 몰농도, ppm

식 (1.9)는 25 ℃, 1 atm 조건에서만 사용가능하다. 온도와 기압이 바뀔 경우, V/n (=RT/P) 값을 적절한 값으로 계산한 후 식 (1.9)의 분모에 치환하여 사용하면 된다. 이 경우에도 분모의 단위는 항상 L/gmol이 됨을 명심하라.

예제 1.6 (a) 오존의 8시간 평균 대기환경기준을 μg/m^{3}로 표현하라.
(b) SO_2의 24시간 평균 대기환경기준을 μg/m^{3}로 표현하라.
(c) 25 ℃에서 대기환경기준치와 같은 농도의 SO_2를 함유한 공기가 있다. 온도를 150 ℃로 올릴 때의 농도를 ppm과 μg/m^{3}으로 표현하라.

풀이 (a) 오존의 8시간 기준은 0.075 ppm이다. 오존의 분자량 48을 식 (1.9)에 대입하면,

$$C_{\text{mass}} = \frac{1{,}000 \times 0.075 \times 48}{24.45} = 147\ \mu\text{g/m}^3$$

(b) 마찬가지로, SO_2의 분자량 64.06과 식 (1.9)를 이용하여 0.14 ppm을 μg/m^3 단위로 환산한다.

$$C_{\text{mass}} = \frac{1{,}000 \times 0.14 \times 64.06}{24.45} = 367\ \mu\text{g/m}^3$$

(c) 가스의 상대적인 부피비율을 표시하는 농도단위가 ppm이다. 따라서 150 ℃에서 농도는 그대로 0.14 ppm이 된다. 그러나 온도가 달라졌을 때 ppm을 μg/m^3 단위로 환산할 경우, 식

(1.9)를 변형시켜 사용하여야 한다.

$$V/n = RT/P = \frac{0.08206 \times 423\ \text{K}}{1\ \text{atm}} = 34.71\ \text{L/gmol}$$

식 (1.9)에 대입하면,

$$C_{\text{mass}} = \frac{1{,}000 \times 0.14 \times 64.06}{34.71} = 258\ \mu\text{g/m}^3$$

1.6 이상기체법칙의 기타 응용

앞 절에서 언급한 바와 같이, 대기오염 공학도에게 이상기체의 법칙은 매우 중요하다. 연방정부와 주정부 법은 올바른 환경공학적 설계와 오염저감장치의 가동을 요구하고 있으며, 뿐만 아니라 오염물질과 환경의 매개변수에 대해 주의 깊은 분석과 정확한 측정을 요구하고 있다.

표 1.6 이상기체상수 $R\,[R=(PV/nT)]$

R	단위
	(압력-부피) / (몰수-온도)
0.08206	atm-L/gmol-K
82.06	atm-cm^3/gmol-K
62.36	mmHg-L/gmol-K
1.314	atm-ft^3/lbmol-K
0.08314	bar-L/gmol-K
998.9	mmHg-ft^3/lbmol-K
0.7302	atm-ft^3/lbmol-°R
21.85	inchHg-ft^3/lbmol-°R
555.0	mmHg-ft^3/lbmol-°R
10.73	psia-ft^3/lbmol-°R
1545.	psfa-ft^3/lbmol-°R
8.314	Pa-m^3/gmol-K
R	(Energy) / (몰수-온도)
1.987	cal/gmol-K
8314.	J/kgmol-K

NOTE : 1 pascal (Pa) = 1 N/m^2; 1 N-m = 1 joule(J)

설계 및 계산과정에서, 이상기체법칙을 완전히 이해한 공학도들은 짧은 시간에 더욱 정확한 결과를 얻을 수 있다. 본 절에서는 예제를 이용하여 이상기체법칙의 여러 가지 응용을 살펴보고자 한다.

배출가스의 채취는 이상기체법칙의 이해와 함께 중요한 부분이며, 유속측정장치 역시 중요하다. 부적절하게 운영되는 장치들은 잘못된 설계 때문이라기보다, 대부분 잘못된 시료채취방법 때문이다. 기체시료를 채취할 때 고려해야 할 중요한 사항은 장비의 보정, 가스의 누출, 시료의 취급 (응축, 흡착), 공정흐름의 변동 및 표본시료의 채취 등이다. 다음 예제를 통해 이러한 사항들이 설명될 것이다.

식 (1.1)을 처음 설명하면서 가장 널리 사용되고 있는 R값만을 제시하였다. 하지만 압력 (P), 온도 (T), 부피 (V), 그리고 몰수 (n) 등은 다른 단위로도 표현될 수 있으며, 해당 단위에 따라 R은 각기 다른 값을 갖게 된다. 표 1.6에 여러 가지 R값을 제시하였으며, 다음 예제는 표에 제시된 R값 중의 하나를 유도한 것이다.

예제 1.7 압력 1 atm, 온도 273.15 K에서 이상기체의 몰부피는 22.4136 L/gmol이다. R값을 mmHg-ft^3/lbmol-°R 단위로 계산하라.

풀이 $R = \frac{PV}{nT} = \left(\frac{V}{n}\right)\frac{P}{T}$

$$R = \frac{22.4136\ \text{L}}{\text{gmol}} \times \frac{1.000\ \text{atm}}{273.15\ \text{K}} \times \frac{1\ \text{ft}^3}{28.316\ \text{L}} \times \frac{453.6\ \text{gmol}}{1\ \text{lbmol}} \times \frac{760.0\ \text{mmHg}}{1.000\ \text{atm}} \times \frac{1.0\ \text{K}}{1.8\ °\text{R}}$$
$$= 555.0\ \text{mmHg-ft}^3/\text{lbmol-°R}$$

이 예제에서는 일반적 공학계산보다 더 많은 유효숫자가 사용되었다. 공학도들은 단지 소수점 3~4개의 유효숫자로 만족하며, 야외측정 자료는 흔히 소수점 이하 유효숫자 두 자리로도 정확하다. 지금과 같은 계산기와 개인용 컴퓨터 시대에는 소수점 8자리 이하의 결과를 빈번히 볼 수 있지만, 작업대상에 어울리는 숫자의 유효성을 이해할 필요가 있다. 높은 정확도와 정밀도를 필요로 할 때는 많은 유효숫자를 사용하여야 한다. 그러나 대개의 설계문제에서는 경험적으로 수식이 변형되며 근사치를 사용하곤 한다.

이상기체 혼합물의 가중평균분자량은 몰분율 또는 부피분율 (무게분율이 아님)을 이용하여 계산한다. 다음 예제에서 이를 살펴보자.

예제 1.8 질소 78.0% (MW=28.0), 산소 21.0% (MW=32.0), 아르곤 1.0% (MW=40.0)로 구성된 건조공기의 평균분자량을 계산하라.

풀이 $MW_{\text{avg}} = 0.78(28) + 0.21(32) + 0.01(40) = 28.96$

유효숫자를 고려하면, $MW_{\text{avg}} = 29.0$

이상기체 혼합물의 밀도는 순수 성분 밀도의 몰평균으로 계산된다. 또한 밀도는 다음 예제에서 보듯이, 식 (1.3)의 가스혼합물의 몰평균 분자량를 사용하여 계산할 수도 있다. 기체의 밀도는 온도와 압력에 따라 변화한다.

예제 1.9 표준상태 (T=25 ℃, P=1 atm)에서 공기의 밀도는 얼마인가?

풀이

$$\rho_{N_2} = \frac{(1.00)(28.0)}{(0.08206)(298)} = 1.145\ \text{g/L}$$

$$\rho_{O_2} = \frac{(1.00)(32.0)}{(0.08206)(298)} = 1.309\ \text{g/L}$$

$$\rho_{\text{Ar}} = \frac{(1.00)(40.0)}{(0.08206)(298)} = 1.636\ \text{g/L}$$

$$\rho_{\text{Air}} = 0.78(1.145) + 0.21(1.309) + 0.01(1.636) = 1.184\ \text{g/L}$$

또는, 공기의 평균분자량을 이용하여 같은 결과를 손쉽게 얻을 수 있다.

$$\rho_{\text{Air}} = \frac{(1.00)(28.96)}{(0.08206)(298)} = 1.184\ \text{g/L}$$

1.7 가스의 유속측정

일정한 온도와 압력에서 가스부피는 가스 몰수에 비례한다. 만약, 가스 몰수가 일정하고 온도와 압력이 변한다면, 부피는 쉽게 계산할 수 있다. 식 (1.1)을 다음과 같이 쓸 수 있다.

$$\frac{PV}{T} = nR \tag{1.10}$$

이 경우 n은 상수이므로, 두 가지 다른 조건에서 식 (1.10)을 적용하면 다음과 같다.

$$\frac{P_{\text{old}} V_{\text{old}}}{T_{\text{old}}} = \frac{P_{\text{new}} V_{\text{new}}}{T_{\text{new}}} \tag{1.11}$$

$$V_{\text{new}} = V_{\text{old}} \frac{P_{\text{old}}}{P_{\text{new}}} \cdot \frac{T_{\text{new}}}{T_{\text{old}}} \tag{1.12}$$

식 (1.12)는 몰수가 상수인 경우 유동계 (flow system)와 정지계 (static system)에 모두 적용할 수 있다.

예제 1.10 굴뚝에서 건조가스의 시료를 채취하였다. 이 굴뚝가스 (stack gas)의 온도는 200 ℃, 압력은 730 mmHg이다. 유체는 그림 1.5와 같이 가열된 필터, 냉각된 「임핀저 세트」, 소형 공기펌프와 유량계를 통해 흐르고 있다. 유속은 20 ℃, 790 mmHg에서 30.0 L/min이다.

(a) 200 ℃, 730 mmHg일 때, 필터를 통과하는 실제유속을 계산하라.

(b) 만약 필터 상에서 1.42 mg의 고형분진이 30분만에 채취된다면, 굴뚝가스 중 분진의 농도를 $\mu g/m^3$ 단위로 계산하라.

풀이 (a) $Q_{\text{필터}} = (30.0)\left[\frac{790}{730}\right]\left[\frac{473}{293}\right] = 52.4\ \text{L/min}$

(b) 채취된 가스의 총 부피 (굴뚝조건에서)

$$52.4\ \frac{\text{L}}{\text{min}} \times \frac{1\ \text{m}^3}{1{,}000\ \text{L}} \times 30\ \text{min} = 1.572\ \text{m}^3$$

$$C_{\text{분진}} = \frac{1.42\ \text{mg}}{1.572\ \text{m}^3} \times \frac{10^3\ \mu\text{g}}{1\ \text{mg}} = 903\ \mu\text{g/m}^3$$

앞의 예제에서, 만약 유량계를 통과하는 가스 중 NO_2 농도가 가령, 500 ppm으로 측정되었다면, 굴뚝에서의 농도 또한 500 ppm이라고 말할 수 있다. 이러한 이유는 ppm이 상대농도이고, 가스시료의 총 부피가 변화함에 따라 NO_2의 부피도 변하기 때문에, 가스 전체에 대한 NO_2의 상대부피도 변하지 않는다. 그러나 굴뚝에서 가스상태인 물질의 일부가 가스시료에서 제거된다면 (임핀저 속에서 물이 응축되는 것처럼), 두 장소 (즉, 임핀저의 상단 및 하단)에서 상대적 가스농도의 변화를 설명할 수 있어야 한다. 다음 예제에서 설명된다.

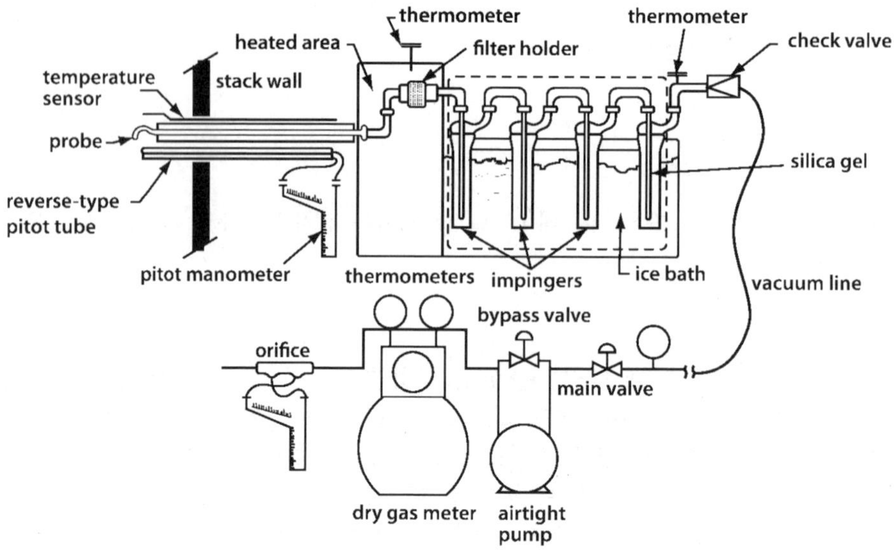

그림 1.5 EPA Method 5 – 분진채취장치

예제 1.11 굴뚝가스 중 수증기 양이 많다는 것을 제외하고, 예제 1.10과 동일한 조건에서 시료를 채취하였다. 시료채취시간 15분이 지나자, 물 50 g이 응축되어 임핀저에 고였다. 건조가스의 유속은 20 ℃, 790 mmHg에서 30.0 L/min으로 측정되었으며, NO_2 농도는 유속계의 하단에서 800 ppm으로 측정되었다. 습윤가스의 조건이 $T=200$ ℃, $P=730$ mmHg일 때, 굴뚝 내 NO_2 농도를 계산하라. 모든 수분이 임핀저 내에서 제거된다고 가정하라.

풀이 건조가스의 몰속도는

$$n_d = \frac{(790)(30.0)}{(62.36)(293)} = 1.297 \text{ gmol/min}$$

물의 몰속도는

$$n_w = \frac{50.0 \text{ g}}{15 \text{ min}} \times \frac{1 \text{ gmol}}{18 \text{ g}} = 0.185 \text{ gmol/min}$$

그리고,

$$n_{NO_2} = 800 \times 10^{-6} \times 1.297 = 0.001038 \text{ gmol/min}$$

굴뚝가스 중 NO_2 농도는

$$C_{NO_2} = \frac{0.001038}{1.297 + 0.185}(10^6) = 700 \text{ ppm}$$

이전 예제에서 우리는 연소가스 중에 함유된 수증기가 오염물질의 농도에 얼마나 영향을 주는지 살펴보았다. EPA 측정법-5를 사용하여 굴뚝 시료가스를 빙점 가까이 냉각시키면, 모든 수증기는 응축되고 제거된다. 굴뚝가스 시료는 임핀저 하단에서 상당부분 건조된다. 또한 온도는 표준상태 근처까지 떨어진다 (EPA 대기 측정망의 표준온도는 25 ℃이지만 굴뚝채취의 경우 20 ℃이다). 이는 부분적으로 EPA가 mg/dscm 단위로 보고하도록 배출규제를 표준화하였기 때문이다.

더욱이, 관찰력 있는 독자는 표 1.3에서 배출기준 농도를 표현하면서 "7% O_2로 보정"이라는 구절을 발견했을 것이다. 이러한 보정 구절은 오래전 석탄이나 나무와 같은 고체연료를 태울 당시부터 유래되었다. 요새와 같이 컴퓨터로 제어하기 이전에는, 용광로 내 모든 구석에서 모든 고형입자를 완전히 산화시키기 위해, 약 50% 과잉공기를 공급하여 고형물질을 태우는 것이 최고의 연소관행으로 간주되었다. 연소가 끝난 후, 이 50% 과잉공기는 연소가스 중 대략 7% 산소로 바뀌게 된다. 용광로 내 연소구역에서 실제로 혼합되기 때문에, 또한 산소분자가 고체연료입자를 산화시키기 위해 입자표면까지 확산해야 하므로, 모든 연료를 최대한 연소시키기 위해서는 과잉공기가 필요하다. 산소가 불충분하여 가스로 채워진 공간이 존재한다면, 연료의 일부는 산화되지 않고 CO와 HAP와 같은 불완전연소산물 (PIC: products of incomplete combustion)을 생성할 것이다. 액체 또는 가스연료, 또는 매우 균질한 고체연료를 사용하고 최신 컴퓨터로 제어한다면, 오늘날 일부 연소공정처럼 3% 과잉공기로도 잘 운영되며 완전연소를 얻을 수 있다.

EPA는 어째서 이러한 보정구절을 명문화시켜 귀찮게 하는 것일까? 한 오염배출원이 기준을 충족시키기 어렵다고 가정하자. 만약 이러한 구절이 없다면, 단순히 용광로 속에 또는 연소가스 속에 공기를 추가로 주입하여 희석과정을 통해 원하는 배출농도를 얻을 수 있다. 이러한 행위는 환경에 도움을 주지 못할 뿐 아니라, 오염물질 배출제어를 위해 열심히 노력하는 다른 오염원에게도 공정하지 못하다. 따라서 EPA는 오염원이 오염농도를 보고할 때, 배출기준과 비교하기 이전에 우선 7% O_2로 보정하도록 요구하고 있다. 건조 표준조건에서 보정한 후, 산소에 대한 보정식은 다음과 같다.

$$C_{\text{corr}} = C_{\text{dscm}} \times \frac{21-7}{21-Y} \tag{1.13}$$

여기서, C_{corr} = 7% O_2로 보정된 농도

C_{dscm} = 건조 표준조건에서 보정된 농도

Y = 건조조건에서 연소가스 중 산소의 백분율

보정작업을 통해 두 가지 측면을 생각할 수 있다. 만약 오염원의 굴뚝가스 중 산소농도가 높다면, Y는 클 것이고 보정계수는 1보다 클 것이므로, 오염원은 증가된 오염농도를 보고하게 된다.

반면, (7% O_2 이하에서) 효율적으로 연소하는 오염원을 도울 수 있다. 다음 예제는 이러한 과정을 보여준다.

예제 1.12 한 오염원이 7% 산소로 보정한 후, 30 mg/dscm인 분진 배출기준을 충족시켜야 한다. 굴뚝조건에서 오염원 현장에서의 굴뚝가스 농도는 22 mg/m^3로 측정되었다. 굴뚝가스는 1 atm, 200 ℃에서 12%의 수분과 4%의 산소를 함유하고 있다 (산소농도는 건조조건에서 자동적으로 보고된다). 이 오염원은 배출기준을 만족시키는가?

풀이 우선, 수분을 제거하고 가스시료의 부피를 표준조건으로 보정하여야 한다.

$$Q_{\rm dscm} = 1\,\mathrm{m}^3 \times (1-0.12) \times \frac{273+20}{273+200} = 0.545\ \mathrm{dscm}$$

다음, 준-보정농도를 계산하라.

$$C_{\rm dscm} = \frac{22\ \mathrm{mg}}{0.545\ \mathrm{dscm}} = 40.36\ \frac{\mathrm{mg}}{\mathrm{dscm}}$$

최종적으로, 산소보정을 하라.

$$C_{\rm corr} = C_{\rm dscm} \times \frac{21-7}{21-4} = 40.36 \times \frac{14}{17} = 33.2\ \frac{\mathrm{mg}}{\mathrm{dscm}}$$

따라서 이 오염원은 배출기준을 만족하지 못한다.

가스의 유속측정은 대기오염학에서 매우 중요하다. 다양한 형태의 가스 유속측정장치가 있다. 일반적으로 사용되는 장치로는 벤튜리장치 (venturi meters), 오리피스장치 (orifice meters), 로터미터 (rotameters), 습식테스트장치 (wet test meters) 및 건조가스장치 (dry gas meters) 등이 있다. 널리 사용되는 첫 3가지 유속계의 작동원리는 베르누이 식 (Bernoulli's equation)을 적용한다. 하지만 가스밀도가 온도와 압력에 따라 변하므로, 측정기에 대한 보정식을 유도하고 사용할 때 이상기체법칙을 응용하여야 한다.

$$\frac{dP}{\rho} + g\,dz + \frac{1}{2}d(u^2) = 0 \tag{1.14}$$

여기서, P = 절대압력

ρ = 밀도

g = 중력가속도

z = 높이

u = 속도

가스의 흐름을 다룰 때, 만약 압력강하가 상류지점의 정압과 비교하여 작다면, 가스는 필히 비압축성 유체처럼 거동한다. 따라서 비압축성 유체방정식이 양호한 결과를 제공한다. 두 지점에 대해 적용할 수 있는 비압축성 유체방정식은 식 (1.15)와 같다.

$$\frac{P_1}{\rho_1} + gz_1 + \frac{u_1^2}{2} = \frac{P_2}{\rho_2} + gz_2 + \frac{u_2^2}{2} \tag{1.15}$$

식 (1.15)는 마찰영향을 무시한다.

압력강하가 클수록, 가스 압축성의 영향은 커지게 된다. 마지막으로 큰 압력강하 하에서는 목부 (throat)에서의 가스유속이 음속에 도달한다. 오리피스에서 이러한 현상이 일어날 때, 유속은 일정하게 된다. 음파 또는 임계 오리피스장치 (sonic or critical orifice)가 폭넓게 사용되는데, 이는 연속측정을 하지 않아도 유속을 알고 있는 일정한 값으로 조절할 수 있기 때문이다 [단, 임계흐름 (critical flow)에 도달하기 이전에는, 식 (1.15)에 기초한 보정식을 사용할 수 없다. 왜냐하면 비압축성을 가정하였기 때문이다].

유체밀도가 일정한 수평 벤튜리장치에서는, 식 (1.15)를 다음과 같이 쓸 수 있다.

$$u_2^2 - u_1^2 = \frac{2(P_1 \quad P_2)}{\rho_1} \tag{1.16}$$

일정한 밀도라는 가정과 연속방정식 (continuity equation)을 이용하면, u_2와 u_1은 다음과 같은 관계가 있다.

$$u_1 = B^2 u_2 \tag{1.17}$$

여기서, $B = D_2 / D_1$, 지점2와 지점1의 직경비이다: 즉, B는 상류지점의 넓은 직경에 대한 목부의 좁은 직경과의 비율이다.

식 (1.16)에서 u_1을 치환하면 다음과 같다.

$$u_2 = \frac{1}{\sqrt{1 - B^4}} \sqrt{\frac{2(P_1 - P_2)}{\rho_1}} \tag{1.18}$$

실제로, 벤튜리장치는 완전히 마찰이 없는 상태가 아니므로, 벤튜리장치의 경험적 계수가 식 (1.18)에 포함되어야 한다. 따라서

$$u_2 = \frac{C_v}{\sqrt{1 - B^4}} \sqrt{\frac{2(P_1 - P_2)}{\rho_1}} \tag{1.19}$$

잘 설계된 벤튜리장치의 C_v는 0.98 또는 0.99이다. 또한 D_2가 $D_1/4$보다 작을 때, $1-B^4$는 1.0에 가깝다. 최종적으로, 영미단위로 g_c 항이 수식에 포함되어야 한다 [식 (1.16)에서 우항의 분자 내 배수로 나타난다].

목부를 통과하는 선속도 (linear velocity)는 유량측정에는 편리한 측정항목이 아니다. "작은" 압력강하를 갖는 액체 또는 가스 및 완전한 난류에 대해서, 부피속도 Q는 목부면적 A와 선속도의 곱으로 얻을 수 있다.

$$Q = \frac{C_v A_2 \sqrt{\dfrac{2(P_1 - P_2)}{\rho_1}}}{\sqrt{1-B^4}} \tag{1.20}$$

가스의 경우, 만약 $(P_1 - P_2)$가 P_1의 10%보다 작다면, 압력강하는 "작다고" 생각할 수 있다 (Crawford, 1976). 만약 이 값이 크다면, 가스의 압축성이 중요하게 되어 식 (1.20)은 사용할 수 없다. 이와 같이, 대기질 측정에서는 압력강하가 반드시 1.5 psi보다 작아야 한다.

만약, 상수 K가 식 (1.20)의 분모에 있는 벤튜리계수 (venturi coefficient: C_v)로써 정의되고 이상기체라고 가정한다면, 식 (1.20)은 다음과 같이 표현될 수 있다.

$$Q = KA_2 \sqrt{\frac{2(P_1 - P_2)RT_1}{P_1(MW)}} \tag{1.21}$$

여기서, MW = 가스의 분자량
R = 이상기체상수
T_1 = 지점1에서의 절대온도
K = 상수 $(C_v / \sqrt{1-B^4})$

식 (1.21)에서 C_v는 실험되는 수력학적 조건의 모든 범위에서 상수라는 점을 명심하라.

만약, 압력차 $(P_1 - P_2)$가 마노미터 (manometer)로 측정된다면, 식 (1.21)은 다음과 같이 표현할 수 있다.

$$Q = KA_2 \sqrt{\frac{2\rho_1 ghRT_1}{P_1(MW)}} \tag{1.22}$$

여기서, ρ_1 = 마노미터 액체밀도
h = 마노미터 액체의 높이 차

보통 일반적인 산업장 및 실험실에서, 벤튜리장치는 일부 실질적인 단점을 가지고 있다. 일단 벤튜리장치는 가격이 비싸며, 유속의 변화에 대해서 상대적으로 유연하지 못하고, 넓은 공간을 필요로 한다. 오리피스 장치는 이러한 단점을 극복할 수 있으나, 영구적 압력손실이 큰 단점이 있다 (즉 에너지 손실을 일으킨다). 오리피스나 벤튜리장치에 대한 기본방정식은 다음과 같다.

$$Q = k\sqrt{\Delta P}\sqrt{\frac{T_c}{P_c MW_c}} \tag{1.23}$$

여기서, Q = 부피속도 (volumetric flow rate)

k = 보정계수

ΔP = 압력손실

T_c, P_c = 절대온도와 절대압력의 보정치

MW_c = 보정가스의 분자량

식 (1.23)은 "일정한 밀도"를 가진 유체의 난류상태를 요구한다. 로터미터에 대해서도 유사한 식이 적용된다.

$$Q = k' RR\sqrt{\frac{T_c}{P_c MW_c}} \tag{1.24}$$

여기서, RR = 로터미터의 눈금값

식 (1.24)는 식 (1.23)과 유사한 가정과 제한을 가지고 있다. 위 식에서 보는 것처럼, 가스의 유속은 벤튜리 또는 오리피스 장치에서는 압력손실의 제곱근에 비례하며, 로터미터에서는 눈금값에 따라 선형적으로 변한다. 그러나 두 식 모두에서 $T_c/P_c(MW)_c$의 제곱근에 비례함을 알 수 있다. 즉, 만약 유속계가 보정할 때와 다른 조건하에서 사용된다면, 유속계는 보정식으로 보정되어야 한다. 다시 말해, 유속계가 다른 압력과 온도에서 작동되거나 보정가스와 다른 가스의 유속을 측정할 때, 유속계의 눈금값과 이전 보정식은 맞지 않으며 수정되어야 한다. 실제유속은 다음과 같이 주어진다.

$$Q_a = Q_i\sqrt{\frac{T_a}{P_a(MW)_a}\frac{P_c MW_c}{T_c}} \tag{1.25}$$

여기서, Q_i = 눈금에 나타난 지시 유속

하첨자 a = 실제상태

하첨자 c = 보정상태

일단 보정된 실제유속을 얻으면, 이상기체법칙을 이용하여 어떤 온도와 압력에서든 해당하는 등가유속을 구할 수 있다. 이러한 보정과 환산과정은 다음 예제를 통해 살펴볼 수 있다.

예제 1.13 70 ℉, 1 atm에서 공기로 보정된 오리피스 장치가 있다. 이 장치를 사용하여 공기를 측정하였더니, 100 ℉와 1.1 atm에서 25 ft^3/min의 눈금값을 얻었다. 표준상태에서, 가스의 진짜 유속은 몇 표준 ft^3/min (scfm)인가?

풀이 지시유속을 실제유속으로 보정하기 위해서, 식 (1.25)에 대입하고 식 (1.12)를 사용하여, 실제유속을 표준 등가유속으로 환산한다.

$$\begin{aligned} Q_a &= 25.0\,\text{cfm} \times [(560\,°\text{R}/1.1\,\text{atm}) \times (1.0\,\text{atm}/530\,°\text{R})]^{0.5} \\ &= 24.5\,\text{cfm} \\ Q_s &= 24.5\,\text{cfm} \times (537\,°\text{R}/560\,°\text{R}) \times (1.1\,\text{atm}/1.0\,\text{atm}) \\ &= 25.8\,\text{cfm} \end{aligned}$$

예제 1.14 순수 질소를 사용하여 80 ℃, 15 atm에서 보정된 벤튜리장치가 있다. 이 장치를 사용하여, 20 ℃, 0.9 atm의 공기를 측정하려고 한다. 질소에 관한 기존의 보정곡선은 다음과 같다. 새로운 조건의 공기에 대하여, ΔP는 8 in. H_2O이었다. 공기의 실제유속은 표준 m^3/min로 얼마인가?

80 ℃, 1.5 atm 질소가스에 대한 유량계의 보정곡선

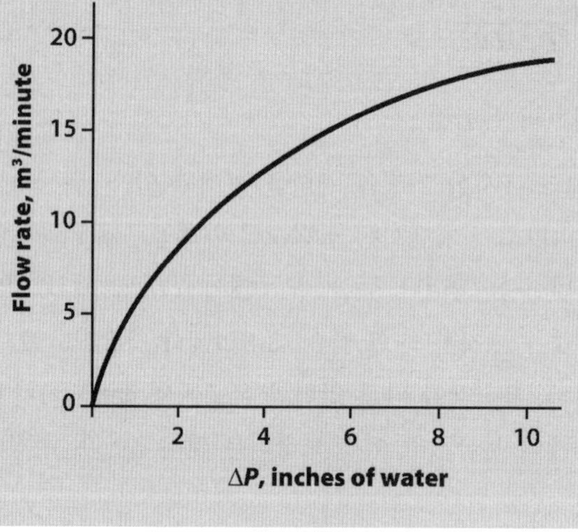

풀이 보정곡선으로부터 유속은 16 m^3/min이다. 우선, 실제유속으로 수정하자.

$$Q_a = 16\,\text{m}^3/\text{min}\sqrt{\frac{293}{(0.9)(29.0)} \times \frac{(1.5)(28.0)}{353}} = 18.5\,\text{m}^3/\text{min}$$

다음, 표준상태의 유속으로 바꾸면,

$$Q_s = 18.5\,\text{m}^3/\text{min}\left(\frac{298}{293}\right)\left(\frac{0.9}{1.0}\right) = 16.9\,\text{std m}^3/\text{min}$$

산업용 용광로의 굴뚝에서 배출되는 가스처럼 용량이 큰 가스의 흐름에 대해서는, 부피유속을 직접 측정하는 것은 불가능하다. 하지만 한 개 이상 지점에서 가스의 선속도는 **피토관** (pitot tube)을 이용하여 측정할 수 있다. 피토관의 표준형은 이중 동심관을 가지며, 내관은 관의 끝이 가스흐름 쪽으로 열려있다. 만약 이 열린 구멍이 흐름 방향을 향하고 있다면, 내관은 가스의 전압 (total pressure)을 측정하는데 사용된다. 이 전압은 정압 (static pressure) P_s와 동압 (dynamic pressure) $\rho u^2/2$의 합이다. 이중관 중 외관에는 둘레에 정압측정을 위한 구멍들이 있다. 두 압력의 차, ΔP는 동압이며, 유속 때문에 발생한다. ΔP를 측정하여 유속을 구할 수 있다.

$$u = k\sqrt{\frac{2\Delta P}{\rho}} \tag{1.26}$$

$$u = k\sqrt{\frac{2\rho_l g h}{\rho}} \tag{1.27}$$

여기서, k = 보정계수

잘 만들어진 표준형 피토관의 보정계수 값은 1에 가깝다. 측정할 수 있는 최소속도는 2.5 m/s 정도이다. 표준형 피토관은 먼지 또는 습윤 유체에 의해 구멍이 쉽게 막힐 수 있다. 따라서 'Stausscheibe' 또는 'S-형'이라고 불리는 피토관이 굴뚝시료 채취에 사용되고 있다. S-형 피토관은 두 개의 평형관으로 구성되어 있는데, 두 개 관의 끝부분 구멍들은 서로 반대 방향을 향하고 있다. 상류를 향하고 있는 관은 전압을 받으며, 하류를 향하고 있는 관은 장치 내의 소용돌이로 인하여 저압 지역이 형성되기 때문에 실제 정압보다는 다소 낮은 압력을 받는다. 유속은 식 (1.26) 또는 (1.27)로 얻을 수 있으나, 보정계수는 현장에서 각 S-형관을 보정하여 구해야 한다. 상업용 피토관의 전형적 계수 값은 0.8～0.9 범위에 있다.

굴뚝 또는 덕트에서 총 부피속도를 측정하기 위해서는 덕트의 횡단면을 등면적으로 부위를 나누고, 각 부위 내 유속을 피토관으로 측정한다. 총 유량은 해당 부위의 유속에 면적을 곱하고 합산한 값이다. 다음 예제는 이러한 계산과정을 보여준다.

예제 1.15 2 m × 2 m 정사각형 덕트에서, 피토관을 이용하여 네 곳에서 측정하여 다음과 같은 결과를 얻었다.

시료채취 지점 :

1 ·	2 ·
3 ·	4 ·

지점	ΔP (in. H_2O)
1	0.60
2	0.65
3	0.62
4	0.66

굴뚝상태는 279 ℉, 29.6 in. Hg 정압이고 평균분자량은 28.1이다. S-형 피토관의 보정계수는 0.87이다.
(a) 각 지점의 선속도를 계산하라 (m/s).
(b) 덕트 내 부피속도를 계산하라 (m^3/s).
(c) 덕트 내 가스의 질량속도를 계산하라 (kg/s).

풀이 $u = k\sqrt{\dfrac{2\Delta P}{\rho}} = k\sqrt{\dfrac{2\ \rho_l g}{\rho}}\ \sqrt{h}$

그러나

$$\rho = \frac{P(MW)}{RT} = \frac{(29.6\ \text{in.Hg} \times 28.1\ \text{lb/lbmol})}{\left(21.85\ \dfrac{\text{in.Hg ft}^3}{\text{lbmol °R}}\right) \times (739\ \text{°R})} = 0.05151\ \text{lb}_\text{m}/\text{ft}^3$$

$$\rho = \frac{0.05151\ \text{lb}_\text{m}}{\text{ft}^3} \times \frac{35.3\ \text{ft}^3}{\text{m}^3} \times \frac{\text{kg}}{2.205\ \text{lb}_\text{m}} = 0.8246\ \text{kg/m}^3$$

그러므로,

$$u = 0.87\sqrt{\frac{(2)\left(\dfrac{1{,}000\ \text{kg}}{\text{m}^3}\right)\left(\dfrac{9.8\ \text{m}}{\text{s}^2}\right)}{0.8246\ \text{kg/m}^3}}\ \sqrt{h,\ \text{m}}$$

$$u = 134.1\sqrt{h}$$

(a)

지점	h, in. H_2O	h, m	$\sqrt{h}$	u, m/s
1	0.60	0.01524	0.1234	16.5
2	0.65	0.01651	0.1285	17.2
3	0.62	0.01575	0.1255	16.8
4	0.66	0.01676	0.1295	17.4

(b) $Q = \Sigma A_i u_i = 68\ \text{m}^3/\text{s}$

(c) $\dot{M} = Q\rho = 68(0.8246) = 56.1\ \text{kg/s}$

1.8 원인, 오염원, 영향

본 절에서는, 주요 오염물질의 원인, 오염(배출)원, 그리고 영향에 관해 간단히 논하고자 한다. 오염원인과 오염원은 구별되는데, 오염원인은 근본적인 문제인데 반해, 오염원은 입지적인 문제이다. 즉 원인은 오염물질이 왜 (why) 또는 어떻게 (how) 생성되는지를 설명하고, 오염원은 어떤 유형의 공정, 산업, 장치에서 오염물질이 배출되는지를 설명한다. 표 1.7은 1998년과 2008년도 미국의 주요 오염원에서 배출된 5개 주요 1차오염물질의 배출량 자료이다.

표 1.7 1998년 및 2008년도 미국의 대기오염물질 배출량 (단위 : 백만 톤/년)

오염원항목	CO		NO_x		VOC		PM-10		SO_2	
	1998	2008	1998	2008	1998	2008	1998	2008	1998	2008
이동오염원										
도로상 차량	73.24	38.87	8.62	5.21	5.86	3.42	0.26	0.17	0.30	0.06
비도로 차량*	23.69	18.04	4.16	4.26	2.67	2.59	0.33	0.30	0.43	0.46
이동오염원 부분합	96.93	56.91	12.78	9.47	8.53	6.01	0.59	0.47	0.73	0.52
고정오염원										
연료연소										
전기	0.45	0.70	6.23	3.01	0.06	0.05	0.23	0.12	13.42	7.55
산업용 용광로	1.15	1.22	3.05	1.84	0.17	0.13	0.23	0.19	2.74	1.67
주거용 및 기타	2.73	3.37	1.10	0.73	0.89	1.27	0.38	0.07	0.59	0.58
부분합	4.33	5.29	10.38	5.58	1.12	1.45	0.84	0.38	16.75	9.80
산업공정										
화학 및 석유	1.45	0.62	0.27	0.44	0.88	0.79	0.10	0.03	0.60	0.46
금속공정	1.71	0.95	0.09	0.07	0.08	0.05	0.15	0.02	0.41	0.20
기타	0.66	0.62	0.47	0.44	6.90	5.93	0.42	0.77	0.42	0.33
부분합	3.82	2.19	0.83	0.95	7.86	6.77	0.67	0.82	1.43	0.99
폐기물 처리	3.12	1.58	0.16	0.12	0.54	0.37	0.49	0.23	0.03	0.03
고정오염원 부분합	11.27	9.06	11.37	6.65	9.52	8.59	2.00	1.43	18.21	10.82
면오염원 및 기타	7.19	11.73	0.18	0.26	0.72	1.33	20.30	9.97	0.01	0.08
모든 오염원 총 계	115.39	77.70	24.33	16.38	18.77	15.93	22.89	11.87	18.95	11.42

* 비도로상 오염원에는 선박, 항공기, 기차 및 건설장비, 잔디 깎기 등 정원장비, 기타를 포함한다.

주의 : CO의 기타오염원은 거의 화재로 인한 배출량이다. PM-10의 기타오염원은 거의 불특정오염원 (포장 및 비포장도로 및 건설)과 농촌오염원을 포함한다.

출처 : U.S. EPA, http://www.epa.gov/ttn/chief/trends/index.html

이 책의 주요 관점은 고정오염원에서 배출되는 대기오염물질의 제어이다. 차량과 관련한 대기오염은 비교적 적게 다룰 것이다. 그렇다고 해서, 도로상의 차량오염이 중요하지 않다는 뜻은 아니다. 오히려, 표 1.7에서 보는 바와 같이, 승용차, 트럭, 버스, 선박, 잔디 깎기 및 정원장비, 건설 차량 및 기타 차량에서의 배출량은 미국 내 총 NO_x의 60%, 총 VOC의 40%, 총 CO의 3/4을 차지하고 있다. 국제적으로, 이동오염의 심각성은 산업체 오염보다도 빠른 속도로 증가하고 있다. 1990년대 초반, Faiz 등 (1992)은 개발도상국, 특히 아시아와 남아메리카의 차량 증가 속도가 통상적 인구증가 속도보다 빠르다고 언급하였다. 따라서 이동오염원 때문에 야기되는 대기오염 문제는 매년 그 심각성이 증대되고 있다. 전 세계 국가에서 차량오염은 대기오염물질 총 배출량의 10~60%를 차지하고 있다. 도심지일수록 이 비율은 더욱 크다.

이 교과서는 산업장의 대기오염 방지장치에 주로 초점을 맞추고 있지만, 제18장에서 차량오염과 그에 대한 제어방법을 심도 있게 다룰 것이다. 차량오염 방지장치의 설계가 특수분야이고, 주로 자동차 생산공장에 국한되기 때문에, 이 교과서에서 이동오염원의 취급범위가 제한될 수밖에 없다.

분진

입자상 물질 (분진)은 배출가스 중에 부유하는 매우 작은 크기의 고체상 또는 액체상 물질로서 대기로 배출된다. 분진은 3가지 기본과정 중 하나에서 생성된다. 광석의 마모, 또는 분쇄공정, 건자재의 운반과정 등과 같은 물질취급과정에서 작은 입자가 생성된다. 연소과정에서는 불연성의 재나 불완전연소 산물인 검댕 (soot) 등과 같은 미세분진이 배출된다. 또한, 이미 배출된 오염가스가 입자로 전환되어 (gas-to-particle conversion) 생성되기도 한다. 분진의 주요 오염원에는 산업공정, 석탄과 석유 화력발전소, 가정에서의 연료연소, 그리고 도로의 차량 등이 있다.

분진은 스모그 (smog)나 연무 (haze)에 의한 가시도 감소, 건축물과 물건의 얼룩, 물질의 부식과 침식, 지역적 기상변화에 영향을 준다. 또한 분진은 사람과 동물의 건강에 피해를 주고 식물의 성장을 방해한다.

물체가 눈에 보이는 것은 주위배경과 대조되기 때문이다. 물체와 관찰자 사이의 거리가 증가하면 겉보기 대조현상 (apparent contrast)은 감소한다. 분진의 농도가 높아지면 빛을 산란하고 흡수하여 가시도를 감소시킨다. Robinson (1968)에 의하면, 거리 d일 때 겉보기 대조는 아래와 같다.

$$C = C_0 e^{-\sigma d} \tag{1.28}$$

여기서, C = 거리 d에서의 겉보기 대조

C_0 = 거리 0에서의 실제 대조

σ = 소광계수 (extinction coefficient: 산란계수 σ_s와 흡수계수 σ_a의 합)

σ의 단위는 d의 역수이다. 영국에서는 일부 산업체에서 발생되는 연무의 산란 및 흡수계수의 값이 거의 같았다 (Middleton, 1952).

한계 가시거리 d_v는 한낮에 가시적으로 대조 한계비에 도달할 때까지의 거리이다. 이 시점에서 관찰자는 더 이상 주위배경과 물체를 구별할 수 없게 된다. 주어진 한계비 C/C_0 (보통 0.02로 주어진다)에서, 식 (1.28)을 d_v에 대해 풀 수 있다.

$$d_v = \frac{3.91}{\sigma} \tag{1.29}$$

입자에 의한 빛의 산란은 입자의 크기와 밀접한 관계를 갖는다. 가장 효과적인 산란 물질은 대략 가시광선의 파장과 비슷한 크기의 입자들인데, 입경의 범위는 0.1～1.0 μm이다 (Friedlander, 1977). 높은 습도에서 산란효과는 증가하는데 이는 미세입자가 응축핵 역할을 하고, 이 때 생성된 액적으로 분진의 개수가 증가하기 때문이다.

일부 학자들은 대기 중 빛의 산란계수 σ_s와 총부유분진 (TSP)의 질량농도 사이에서 상관성을 발견하였다 (NRC, 1979). 총 분진 중 미세분진의 질량농도가 높은 비율을 차지할 때 상관성은 더욱 커진다. 수식은 아래와 같다.

$$\sigma_s = a + b(C) \tag{1.30}$$

여기서, σ_s = 산란계수, km^{-1}

C = TSP의 질량농도, $\mu g/m^3$

a, b = 회귀상수

식 (1.30)에서 a값은 -1.5×10^{-2}～-6.1×10^{-2} km^{-1}의 범위이고, b의 값은 2.0×10^{-3}～3.6×10^{-3} $m^3/km\text{-}\mu g$의 범위의 값을 갖는다 (NRC, 1979). 가시도를 추정하기 위해 식 (1.30)을 사용할 때 다음 예제처럼 몇 개 가정을 설정하여야 한다.

예제 1.16 $a=-2.0\times10^{-2}$, $b=3.0\times10^{-3}$인 한 도시의 대기분진농도에 대해, 식 (1.30)이 유효하다고 가정하자. 또한 σ_a는 분진의 산란계수이고 σ_s와 같다고 가정하라. TSP의 농도가 150 $\mu g/m^3$인 한계 가시거리를 계산하라.

풀이 $\sigma_s = -2.0\times10^{-2} + 3.0\times10^{-3}\times150$

$$\sigma_s = 0.43\ km^{-1}$$

$\sigma=\sigma_a+\sigma_s$이고 $\sigma_a=\sigma_s$이므로,

$$\sigma = 0.86\ km^{-1}$$

식 (1.29)로부터

$$d_v = \frac{3.91}{0.86} = 4.5\ km$$

미세분진은 미국 서부의 국립공원을 포함하여 곳곳의 시정감소에 큰 영향을 준다. 최근에 시정에 대한 모사연구에 의하면, 분진의 크기와 빛의 소광계수 사이의 관계가 잘 나타나 있다. 그러나 가스상 오염물질의 배출량과 2차분진 생성과의 관계, 풍하지점 수용체 (receptor)에서의 농도와의 상관성 등은 아직 규명되지 않았다 (Mathai, 1990).

분진침적은 건축물과 역사유적의 미적감각을 훼손시켜, 건축물과 자재들에 더욱 빈번한 청소와 페인트칠을 요구한다. 또한 분진은 산성가스와 같은 기타 오염물질들의 화학적 영향을 크게 하여 부식을 증가시킨다. 시멘트로 (cement kiln)의 먼지가 식물에 쌓이면 잎이 손상되며, 특히 습한 환경에서는 그 피해정도가 더욱 심하다 (NRC, 1979).

대기 중 분진은 여러 측면에서 인체에 영향을 준다. 어떤 오염물은 독성이거나 발암성일 수도 있다 (살충제, 납, 또는 비소). 분진은 화학물질을 흡착하고, 폐에 침착된 분진은 장시간 동안 화학물의 영향을 가중시킨다. 최근 연구에 의하면, **초미세분진** (ultrafine particle: 직경이 0.1 μm 이하)과 **미세분진** (fine particle: 직경이 1 μm 이하)은 입경이 큰 분진보다 호흡기에 더욱 효율적으로 침투하며, 폐와 기타 기관 (organ)에 화학물질을 전달한다 (Oberdorster 등, 2005).

분진이 폐에 손상을 주기 위해서는 사람의 호흡기에 침투해야 한다. 일반적으로 약 10 μm 이상의 큰 분진들은 폐 깊숙이 침투하지 못한다. 이 크기의 분진은 코털에 차단되거나 코나 입의 통로나 기관지 내의 점막에 침착된다. 일단 점막에 포획되면, 불용성 분진은 점액 분비세포와 섬모세포들의 운동으로 빠르게 후두부로 운반된다. 거기서 분진들은 삼켜지거나 뱉어지게 된다. 0.1 μm 미만의 초미세분진은 확산에 의해 기관지에 침착되며, 커다란 분진과 같은 방법으로 제거된다. 크기가 0.1～10 μm인 분진은 폐 깊숙이 침투하여 세기관지 (bronchiole)나 폐포 (alveolar sac) 속에 침착된다. 이 크기의 분진은 인체에 가장 심각한 영향을 줄 수 있다. 최근 EPA는 PM-2.5를 규제하고 있다 (한편, PM-1.0에 관한 연구도 활발히 진행되고 있다). 하지만 현재 나노입자 (nanoparticle: 수백 나노미터 크기의 입자)를 규제하려는 시도는 없다. 이들 입자들은 건강측면에서 매우 중요하게 간주되고 있다. 최근 나노입자가 HDL 콜레스테롤 (좋은 콜레스테롤)의 역할을 비활성하여 심혈관 질환을 가져올 수 있다고 한다 (Nanotechnology Now, 2008). 분진의 환경기준 항목은 해가 가면서 TSP에서 PM-10으로, 또 PM-2.5로 이동하고 있는데, 아마도 다음 10년 후에는 PM-1.0 기준이 도입될 것이다. 이와 같은 움직임은 미세입자의 건강영향과 관련된 우리의 지식이 쌓이기 때문이며, 또한 미세입자의 시료채취 및 측정능력이 발전하고 있기 때문이다. 분진이 호흡기에 침착되는 흥미로운 동영상을 http://aerosol.ees.ufl.edu 에서 볼 수 있다.

분진이 수많은 심각한 건강문제와 연관이 있다는 과학적 연구가 많다. 즉, 악화된 천식, 호흡질환과 관련한 입원과 응급실 방문, 심한 기침, 호흡곤란, 만성 기관지염, 폐기능 약화 등의 연구가 있었다. 폐질환 또는 심장질환을 앓고 있는 노인은 조기사망 할 위험이 높다 (U.S. EPA, 1997).

LA 지역의 PM-10 연구에 의하면, 분진 샘플러로 채취된 연평균 PM-10 질량의 80% 이상이 주로 5개의 성분 (탄소함유물질, 질산염, 황산염, 암모늄, 토양성분)으로 구성되어 있다는 흥미로운 사실이 밝혀졌다. 이 결과를 통해, PM-10의 대부분은 NO 또는 SO_2와 같은 가스상 오염물질이 대기 중 변환반응에 의해 생성되거나, 바람에 날린 토양분진, 도로상 먼지, 타이어 분진 등과 같은 불특정오염원 (fugitive source)에서 발생함을 알 수 있다. 따라서 PM-10의 제어는 매우 어렵다. 더욱이 최근 나노물질과 관련한 연구 바람으로 나노입자와 그 규제에 대해서도 우려가 크다 (Nadadur, 2007).

아황산가스 (SO_2)

황산화물 (SO_x)은 황 또는 황을 포함한 물질을 연소할 때 생성된다. 표 1.7에서와 같이, 비철금속 용융 및 석유정제와 같은 산업공정도 주요 오염원이지만, 가장 큰 오염원은 화석연료의 연소이다. 1차황산화물은 SO_2이지만, 일부 SO_3는 용광로에서 생성된다.

대기 중에서 SO_2는 SO_3로 서서히 산화된다. SO_2와 SO_3는 수분과 가수분해하여 황산을 형성하고, 이 황산은 환경에 악영향을 준다. 더욱이 SO_2는 인간의 건강영향, 동·식물에 대한 피해, 산성연무 형성으로 스모그와 연무 현상, 그리고 물질의 부식 등과 관련이 있다.

SO_2 오염과 관련하여, 초기 연구에서는 식물에 대한 광범위한 피해를 다루었다 (Brandt and Heck, 1968). 녹색식물에 주는 피해는 황백화 (chlorosis) 현상과 엽록소 파괴 현상이다. 또 다른 피해는 원형질 분리 및 잎세포의 조직 붕괴 현상이다. SO_2에 의한 영향은 고농도에서 단시간 노출되거나 저농도에서 장시간 노출될 때 일어난다. 식물에 미치는 SO_2의 또 다른 영향조사연구는 산성침적 (산성침적의 1/2은 황에 기인한다)과 오존이 연계된 종합적 영향에 중점을 두고 있다. Jensen 등 (1989)은 강수의 산성도와 오존의 농도가 증가할수록 6종의 활엽수 성장이 심각하게 줄어드는 것을 발견하였다. 가스상 SO_2 (보통 대기농도수준에서)는 큰 영향을 주지 않았다.

SO_2는 수용성 물질이며 호흡기 상단에서 쉽게 흡수된다. 따라서 고농도 SO_2에 노출되었을 때 건강과 관련한 증상은 숨쉬기, 호흡기 질환, 기존 심혈관 질환의 악화 등이다. 천식, 기관지염, 폐기종 환자를 비롯하여, 노약자들은 SO_2에 특히 취약하다 (U.S. EPA, 2010).

SO_2의 영향은 다른 오염물질, 특히 분진이 존재할 때 가중된다. 1948년 펜실베이니아주의 도노라시, 1952년 영국의 런던, 그리고 잘 알려진 기타 대기오염사건이 일어났을 때 SO_2와 분진이 동시에 고농도로 나타났다. SO_2가 흡착된 입자상의 황산염 또는 비활성 분진은 폐 깊숙이 침투하여 심각한 영향을 일으킨다. 일부 자료를 표 1.8에 제시하였다 (NRC, 1979).

표 1.8 SO_2와 TSP의 인체영향과 노출반응

지 역	분진, $\mu g/m^3$	SO_2, $\mu g/m^3$	평균측정시간	영 향
런던	2,000	1,040	24시간	사 망
	750	710	24시간	사 망
	500	500	24시간	기관지염 악화
뉴욕	145	286	24시간	호흡기 증상 증가
버밍햄, 미국	200	26	24시간	호흡기 증상 증가
런던	200	400	1주	호흡기 질환의 발병증가
영국	200	200	6개월	기관지염, 질환, 회사 결근
영국	70	90	1년	하기도 감염

출처 : National Research Council (NRC), 1979.

질소산화물 (NO_x)

질소산화물 (NO_x)은 공기 중 어떠한 연료를 태우든 생성된다. 또한 공기 중 질소와 산소는 NO와 NO_2 형태로 결합한다. 연료 중의 유기질소 원자는 NO_x 방출에 기여한다. 미국의 NO_x는 고정오염원 (stationary source)과 이동오염원 (mobile source)에서 거의 같은 양이 배출된다. 질소산화물은 스모그 생성에 관여하며, 식물과 동물에 피해를 준다. 또한 인체에 영향을 미칠 수 있다. 질소산화물은 산성침적 (acidic deposition)에 기여하며, 태양광의 존재 하에 반응성이 큰 VOC와 반응하여 광화학적 산화물을 생성한다.

대기 중 NO_x의 농도가 높으면 가시광선의 청-녹색 영역을 흡수하기 때문에 갈색계통의 색이 나타난다 (Robinson, 1968). 이와 같은 변색은 심미적으로 불쾌감을 주며 가시도를 감소시킨다. 식 (1.28)에서, 소광계수는 산란계수와 흡수계수의 합으로 정의되었다. 흡수계수는 다음과 같이 NO_2 성분과 분진의 항으로 표현된다.

$$\sigma_a = \sigma_{ap} + \sigma_{NO_2} C_{NO_2} \tag{1.31}$$

여기서, σ_{ap} = 분진에 의한 흡수계수

σ_{NO_2} = NO_2에 의한 흡수계수

C_{NO_2} = NO_2의 농도

NO_2에 의한 흡수는 파장의 함수로 표시된다. 일부 자료를 표 1.9에 제시하였다.

표 1.9 NO_2의 흡수계수

파장, nm	σ_{NO_2}, $ppm^{-1}mile^{-1}$
400	2.60
450	2.07
500	1.05
550	0.47
600	0.18
650	0.062

출처 : Robinson, 1968.

활엽수의 잎은 2～10 ppm의 NO_2에서 흑반증 (necrosis)이 나타나며, 약 0.5 ppm에서는 생장이 지연된다 (Brandt and Heck, 1968). 사람에 미치는 NO_2의 영향은 코와 눈의 자극, 폐의 부종, 기관지염과 폐렴을 포함한다. 그러나 오염된 도시라도 대기 중 NO_2 농도는 이 수준에는 미치지 못한다. 보통 폐에 자극을 주거나 불편함을 주려면 10～30 ppm의 농도를 가져야 하며, 이 범위에서 장시간 노출은 폐섬유화와 폐기종을 유발할 수 있다 (Stokinger and Coffin, 1968).

더 최근 연구에서 NO_2가 건강에 미치는 악영향은 이전에 생각했던 농도보다 매우 낮은 농도에서 발생한다는 사실이 입증되었다. Hasselblad 등 (1992)은 NO_2 농도 증가에 따른 아동의 하기도 질병 (LRI: lower respiratory tract illness)의 발생빈도수 사이의 상관성을 파악하기 위해, 이미 발표된 11개의 연구결과를 재분석하였다. 이전의 보고된 연구에서는 (NO_2 농도가 20～200 $\mu g/m^3$ 사이), 독자적이고 결론을 도출할 수 없거나 또는 모순점이 있었다. 그러나 Hasselblad 등 (1992)이 조합한 자료를 재분석한 결과, NO_2 농도가 장기간 30 $\mu g/m^3$만 되어도 LRI가 20% 정도 증가하였다.

질소산화물은 태양광 존재 하에 때때로 "반응성 탄화수소"라 불리는 VOC와 반응하여, 오존 등과 같은 광화학적 산화물을 생성한다. 이것이 NO_2에 대한 NAAQS 기준을 0.053 ppm으로 설정한 이유이다. 이 반응들은 매우 복잡하다. 반응경로에 대한 간략한 논의는 19장에서 다룰 것이다. 다음 절에서는 광화학적 산화물의 영향을 간단히 살펴볼 것이다.

광화학적 산화물과 VOC

광화학적 산화물 (photochemical oxidants)은 대기환경에서 일어나는 일련의 복잡한 화학반응으로 생성된다. 이들 반응에는 VOC와 NO_x가 참여하며 태양으로부터 자외선 에너지를 흡수함으로써 초기화 반응이 시작된다. 이런 반응을 거쳐 생성되는 주요 생성물 중 하나가 오존이다. 오존은 반응성이 매우 큰 산화성 가스이다. 오존은 미국의 **규제오염물질** (criteria pollutant)로서 오염배출원에서 직접 배출되지는 않는다. VOC와 NO_x는 차량에서 다량 배출되기 때문에, 또한 태양광의 역할이 크기 때문에, 광화학적 산화물은 교통량이 많고 햇빛이 풍부한 대도시 지역에서 고농도로 생성된다. VOC의 또 다른 주요 오염원은 석유화학공정, 표면코팅, 인쇄, 유기용매를 사용하는 대규모 공정 등과 같은 산업공정들이다.

오존을 비롯한 기타 산화제는 눈, 코, 목을 자극한다. 약 100 ppb에서 눈이 따갑고 2.0 ppm에서 심한 기침이 난다. 비록 오존에 대한 연방 대기환경기준은 8시간 최고치에 바탕을 두고 있지만, Lippmann (1989)은 20～150 ppb 농도에서 5분간 노출되어도 폐기능이 저하된다고 지적하였다. 더욱이 이와 같은 단기간 급성영향은 노출량 (농도 × 노출시간)이 증가할수록 악화된다.

Lippmann (1989)은 장기간 만성영향도 언급하였다. 예를 들면, 수 년 동안 고농도 오존에 노출된 사람은 회복이 불가능할 정도로 폐의 노쇠현상이 가속화 될 수 있다. EPA는 최근 8시간 기준치를 0.075 ppm으로 설정했지만, 최대 기준을 더 낮추자는 여론이 많다.

산화물에 의한 또 다른 영향으로는 합성고무의 파열과 섬유, 도료 및 기타 자재의 분해현상 등이 있다. 산화물은 잎의 탈색과 세포파괴를 포함하여 식물에 피해를 주며 (Brandt and Heck, 1968), 식물은 산화물의 농도가 약 50 ppb 정도의 낮은 농도에서도 영향을 받는다. 미국에서 오존에 의한 농작물의 피해는 매우 커서, 매년 30～60억 달러 정도가 된다: 대기 중 오존농도를 25% 감축한다면, 농업부문에서 매년 10～20억 달러의 편익을 얻을 것이다 (Murphy 등, 1999). 오존은 캘리포니아 및 미동부의 산림생태계에도 피해를 준다 (U.S. EPA, 2010).

어떤 VOC도 식물, 동물 또는 재산상에 직접적으로 피해를 주지 않는다고 알려져 왔다. 그러나 에틸렌은 예외로, 활엽수에 백화현상과 괴사를 일으킨다 (Brandt and Heck, 1968). 또한 몇 종류의 식물에 대해서는 성장을 방해하는 것으로 보고되고 있다. 무엇보다도 VOC에 노출되었을 때 코를 찌르는 불쾌감을 경험하게 되나, 보통 오염상태에서는 인간에 대한 급성적인 영향이 관찰되지는 않는다. 일부 VOC는 발암성물질이며, 대부분 VOC는 대기 중에서 산화물을 생성하는 반응성물질이다.

일산화탄소 (CO)

일산화탄소 (CO)는 무색, 무미, 무취의 가스로서, 탄소를 함유한 연료의 불완전연소시 발생한다. 일반적으로 발전소와 거대한 용광로는 완전연소가 되도록 주의 깊게 설계되고 운영되므로 다량의 CO가 배출되지는 않는다. 따라서 CO의 주요 오염원은 교통수송 부문이다. 그러나 미국 전체 CO 배출량에 있어서 가정용 난방장치가 차지하는 배출량은 산업공정 이상으로 크게 기여하고 있다.

CO는 식물 또는 물질에 비활성이지만 인간의 건강에는 심각한 영향을 끼칠 수 있다. CO는 혈액 속의 "헤모글로빈"과 반응하여 산소전달을 방해하는 무색, 무취, 무미의 기체이다. CO의 농도와 노출시간에 따라서 가벼운 두통에서 메스꺼움, 죽음까지 영향을 준다.

인체에 대한 CO의 독성효과는 혈액 중 헤모글로빈과 CO의 결합작용 때문에 발생한다. 공기와 CO의 혼합물을 호흡했을 때, 산소와 CO는 모두 폐를 지나 혈액으로 이동한다. 이때 두 물질 모두 헤모글로빈에 흡착되지만, CO에 대한 평형계수 (equilibrium coefficient)가 산소의 평형계수보다 약 210배 정도 더 크다. 따라서 carboxyhemoglobin (HbCO)과 oxyhemoglobin (HbO_2)의 평형비는 아래 식과 같다:

$$\frac{\text{HbCO}}{\text{HbO}_2} = (210)\frac{\overline{P}_{\text{CO}}}{\overline{P}_{\text{O}_2}} \tag{1.32}$$

여기서, $\overline{P}_{\text{CO}}$, $\overline{P}_{\text{O}_2}$는 각각 CO와 O_2의 분압이다.

CO를 많이 흡입 할수록 더 많은 HbCO가 형성되어, 신체에 산소를 공급하는 폐와 혈액의 기능이 떨어진다. HbO_2의 감소뿐만 아니라, HbCO의 존재로 인하여 이러한 상태가 오래 지속되기 때문에 (Goldsmith, 1968), 평형상태로 즉시 회복되지 않는다. 일반적으로 CO 농도가 약 50 ppm일 때, 산소의 포화 평형상태로 회복하는데 약 6~8시간이 걸린다. 이 반응은 가역적이며, 일반 대기 중에서 CO가 제거되면 HbCO는 서서히 파괴되어 CO는 폐에서 배출된다.

예제 1.17 수시간 동안 40 ppm의 CO에 노출된 운전기사의 혈액 중 HbCO의 %를 추정하라. HbCO 함량은 포화 평형상태일 때의 60%로 가정하라.

풀이 공기의 약 20.9%가 산소이므로 포화상태에서

$$\frac{\text{HbCO}}{\text{HbO}_2} = (210)\frac{40}{209{,}000} = 0.040$$

60% 포화상태에서,

$$\frac{\text{HbCO}}{\text{HbO}_2} = 0.024$$

혈액에서 HbCO의 분율을 구하기 위해, $\text{HbCO} + \text{HbO}_2 = 1.0$임을 기억해야 한다.

$$\text{HbCO} + \frac{\text{HbCO}}{0.024} = 1.0$$

따라서, HbCO = 0.0234이고 $\%\text{HbCO}_{\text{actual}} = 2.3\%$이다.

CO의 가장 심각한 영향은 산소결핍으로 피해를 받는 것이다. 빈혈증이 있는 사람, 만성적 심장질환 또는 폐질환이 있는 사람과 고지대 사람들은 일반사람보다 더욱 위험하다, 혈액 중 2~5%의 저농도 HbCO에서도 피해를 받을 수 있다.

흡연자들은 잘 알면서도 자발적으로 자신의 폐를 분진, VOC, CO 등으로 오염시킨다. 담배연기는 400~450 ppm의 CO를 함유하고 있다 (Wark and Warner, 1998). 대부분 흡연자의 혈액 중 HbCO는 평균 5~10%인 반면, 비흡연자는 대략 2% 정도이다 (Goldsmith, 1968) (소량의 CO는 신체의 신진대사과정에서 생긴다). 애연가 (골초)가 덴버와 같은 고지대 도시에서 교통체증을 만나면 혈액 중 HbCO의 농도는 쉽게 10~20%를 초과하는데, 이로 인해 두통, 피로, 운전능력 상실 등을 초래한다.

담배연기에는 CO 뿐만 아니라, 상당한 양의 폼알데하이드 (HCHO)를 함유하고 있다. HCHO는 HAP의 하나이며, 비교적 안정한 불완전 연소산물이다. 실제 담배 1개비에서 1.4 mg의 HCHO를 방출한다 (Masters, 1991). 흡연자가 많이 모이고, 서로가 내뿜는 연기를 흡입하는 술집 같은 곳에서는 눈, 코, 목에 자극을 줄 정도의 HCHO를 쉽게 감지할 수 있다.

대기질지표

다양한 오염물질에 대한 종합적인 영향을 평가하기 위해, 대기질지표 (AQI: Air Quality Index)가 EPA (40 CFR 58)에 의해 채택되었다. 미국 내 많은 도시에서는 일별로 대기질의 상태를 표현하기 위해서 AQI가 보고되고 있다. AQI 값에 따라 대기질의 등급이 결정되며, 표 1.10에는 등급별로 대기질 상태와 색상이 제시되었다.

AQI에 기여하는 6가지 부지표 (subindex)가 있다. 즉, PM-2.5, PM-10, SO_2, CO, 8-hr O_3 및 1-hr O_3 등이 있다. 각 부지표의 범위는 0~500으로, 100은 1차대기환경기준에 해당하고, 500은 심각하게 유해한 정도를 의미한다. 6개 부지표와 그에 상응하는 농도가 표 1.11에 있다.

AQI의 계산은 먼저 6개의 부지표를 하나씩 계산하면서 시작한다. 각 부지표는 연속적이나 오염농도에 대한 함수로서 매끄럽게 연결되지는 않는다. 사실, 각 부지표는 부분적 선형함수로 정의된다 (40 CFR 58). 단순히 표 1.11에서 정의된 분산점을 직선으로 연결했다는 의미이다. 표의 j번째 행과 오염물질 i번째 열에 대해서, j번째 점의 좌표는 $(X_{ij},\ I_{ij})$가 된다. 여기서, X_{ij}는 j번째 지점에서의 i번째 오염물의 농도이고, I_{ij}는 상응하는 부지표의 값이다. 측정농도 X_i에 대한 부지표 I_i의 값은 $X_{ij} \leq X_i \leq X_{ij+1}$ 범위에서 다음과 같다.

$$I_i = \frac{I_{ij+1} - I_{ij}}{X_{ij+1} - X_{ij}}(X_i - X_{ij}) + I_{ij} \tag{1.33}$$

표 1.10 AQI 값과 대기질 상태

AQI 값	대기질 상태	색 상
0~50	양호	녹 색
51~100	보통	노란색
101~150	민감그룹에 유해	오렌지색
151~200	유해	빨간색
201~300	매우 유해	보라색
≥301	위험	적갈색

표 1.11 각 AQI 부지표의 구분점

I 값	8-hr O_3 ppm	1-hr O_3 ppm	24-hr PM-2.5 $\mu g/m^3$	24-hr PM-10 $\mu g/m^3$	8-hr CO ppm	24-hr SO_2 ppm
0	0	-	0	0	0	0
50	0.059	-	15.4	54	4.4	0.034
100	0.075	0.124	40.4	154	9.4	0.144
150	0.095	0.164	65.4	254	12.4	0.224
200	0.115	0.194	150.4	354	15.4	0.304
300	0.374	0.404	250.4	424	30.4	0.604
400	(*)	0.504	350.4	504	40.4	0.804
500	(*)	0.604	500.4	604	50.4	1.004

* : 1시간 오존농도는 단지 이 범위에서 지표를 계산하기 위해 사용되었다는 것을 의미한다.
출처 : U.S. EPA, 2009.

일단 각 오염물질별로 부지표가 얻어지면, 종합 AQI 값은 모든 I_i 값에 대한 최대치로서 간단히 구할 수 있다. 이러한 지표들은 단지 일반지침일 뿐이며, 완벽한 것은 아니다.

예제 1.18 5 ppm의 CO (8시간 평균), 300 $\mu g/m^3$의 PM-10 (24시간 평균), 0.10 ppm의 SO_2 (24시간 평균)를 함유한 공기의 AQI를 계산하고 설명하라.

풀이 표 1.11을 보면, 300 $\mu g/m^3$의 PM-10 농도는 부지표 값이 150~200 사이에 해당한다. 또한 CO 농도와 SO_2 농도의 I 값은 50~100 사이에 있다. AQI 값은 최대 I 값만이 필요하므로, CO와 SO_2의 값은 고려대상에서 제외된다. 그러나 실제 I 값을 계산하기 위해 식 (1.33)을 이용한다.

$$I = \frac{200-150}{354-254} \times [300-254] + 150$$

$$\text{AQI} = I = 173$$

이 AQI 값에 해당하는 대기질은 "유해"상태이며, TV에서는 빨간색으로 방송된다.

1.9 미국의 대기질 경향

앞 절에서 미국의 오염물질 배출경향을 그래프로 소개하고 설명하였다. 우리는 규제담당자, 시민, 규제대상 산업체들의 지속적인 관심과 노력으로 모든 주요 오염물질의 배출량이 크게 감소하였다. 이 감축량을 그림 1.6에 요약하여 도식하였다. 배출량에 주의를 기울이는 것도 중요하지만 배출제어의 주목적은 대기환경을 개선하는 것이다. EPA는 매년 미국전역 수백 곳의 측정망에서 대기질을 측정하고 자료를 체계적으로 수집 및 발표하고 있으며, 또한 경향을 파악하기 위해 이들 자료를 분석하고 있다.

325개 측정망의 측정자료에 의하면, PM-10의 24시간기준 최대농도는 1990년 약 80 $\mu g/m^3$에서 2008년 약 55 $\mu g/m^3$으로 미국전역에서 대체적으로 감소하고 있다 (그림 1.7 참조). 대기환경농도가 31% 감소한 것인데, 같은 기간 배출량은 43% 줄어들었다. 앞에서 설명했듯이, 분진의 환경농도가 배출량 감축 비율처럼 감소하지 않는 이유는 자연적 오염원을 포함하여 PM-10의 잠재적 오염원이 그 외로 많기 때문이다.

미국의 연평균 SO_2 농도 (1980년 이후 141개 측정망에서 연속 측정된 자료를 기준으로)는 1980년 평균 0.0118 ppm에서 2008년 평균 0.0034 ppm으로 71%나 획기적으로 감소하였다. 같은 기간 SO_2 배출량은 약 60% 감소하였다. 그림 1.8에서 보듯이, SO_2 농도는 NAAQS 보다 매우 낮다. 전통적 공해방지 정책과 함께, 1990년대 말 SO_2 배출량이 급감한 또 다른 이유는 고농도 황함유 기름을 연소하던 많은 화력발전소들이 "전력재생산 (re-powering) 계획"에 참여하였기 때문이다.

미국의 연평균 NO_2 농도 (1980년 이후 81개 측정망에서 연속 측정된 자료를 기준으로)는 그림 1.9에서 보듯이, 1980년에서 2008년까지 46% 감소하였다. 같은 기간 NO_2 배출량은 약 40% 감소하였다. NO_2 농도는 NAAQS보다 매우 낮다.

위에서 언급한 전력재생산 계획은 SO_2 농도를 줄이는데 기여하였다. 일반적으로 이 계획은 대형 화력발전소를 대상으로 했는데, 중유(heavy fuel oil)를 연소하는 기존 보일러를 천연가스를 연소하는 현대식 연소터빈으로 교체하는 과정을 포함하고 있다. 이러한 교체로 발전소의 효율은 증가하였으며 SO_x(액체연료가 고농도 황을 함유할 경우)와 NO_x 배출량은 상당히 감소하였다.

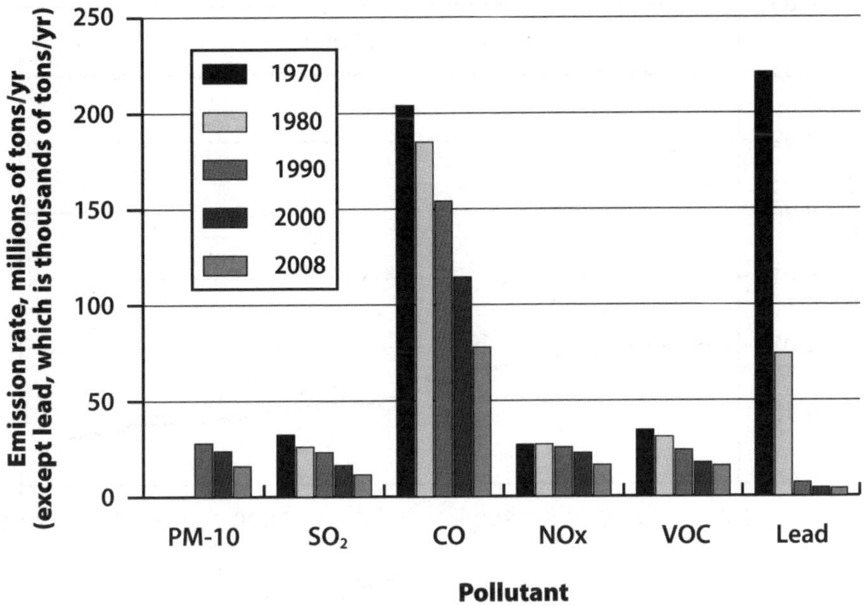

그림 1.6 1970년에서 2008년까지 오염물질 배출량

출처 : U.S. EPA, "National Emissions Inventory (NEI)," n.d.

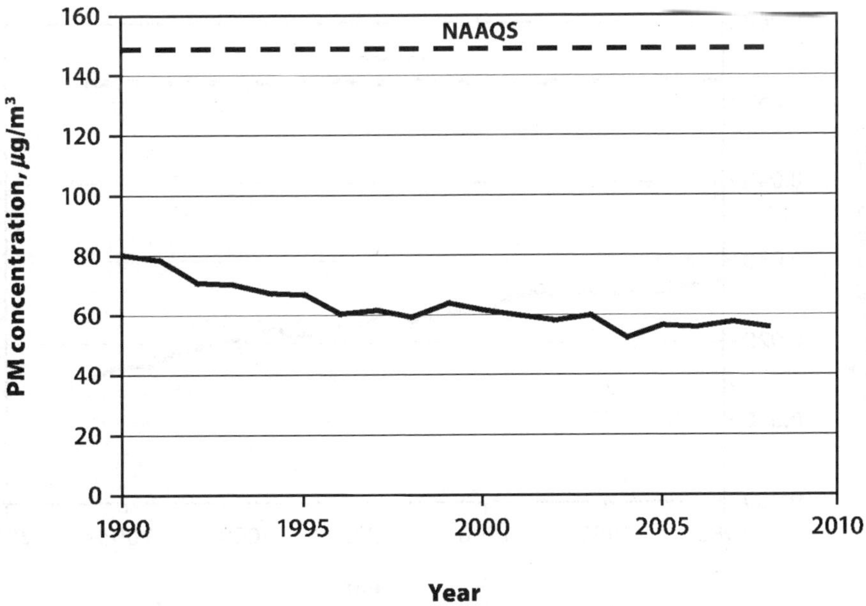

그림 1.7 미국의 연평균 24시간 기준 최대 PM-10의 농도경향, 1990~2008년

출처 : U.S. EPA, http://www.epa.gov/air/airtrends/pm.html. 2009년 1월 접속.

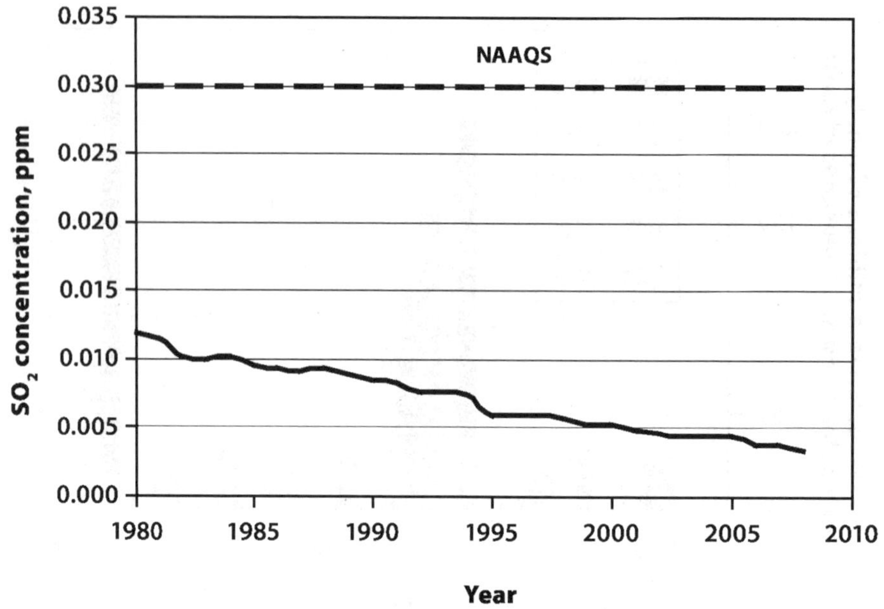

그림 1.8 미국의 연평균 SO_2 농도경향, 1980~2008년

출처 : U.S. EPA, http://www.epa.gov/air/airtrends/sulfur.html. 2009년 1월 접속.

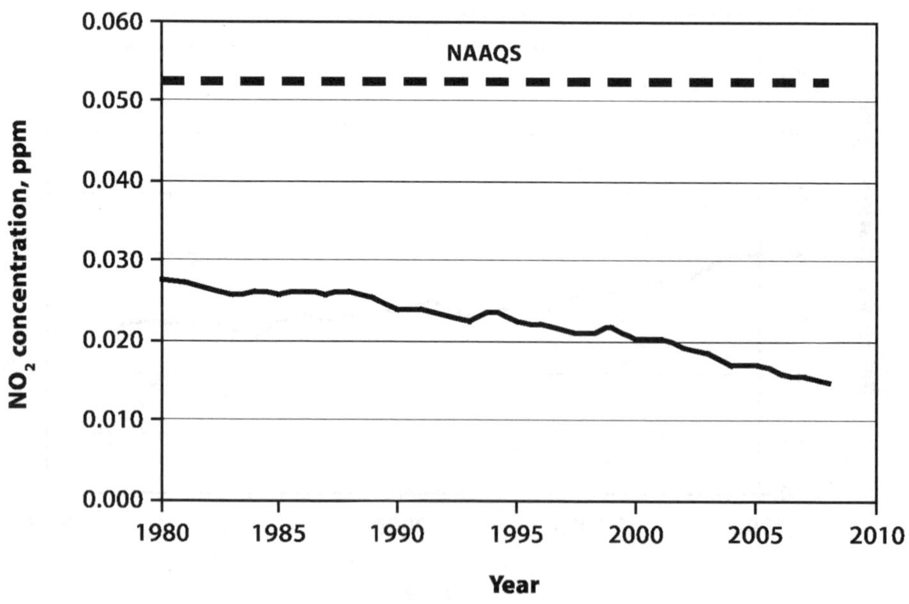

그림 1.9 미국의 연평균 NO_2 농도경향, 1980~2008년

출처 : U.S. EPA, http://www.epa.gov/air/airtrends/nitrogen.html. 2009년 9월 접속.

한 예로서, 플로리다주 「샌포드」시에 위치한 플로리다 전력회사가 전력재생산 계획을 세웠다 (Zahm, 2000). 두 대의 중유연소 보일러 (총 870 MW급)가 8대의 천연가스 연소터빈 (총 2,200 MW급)으로 교체되었다. 전력 생산량은 크게 증가되었지만 연간 SO_x 총 배출량은 56,000 톤 (tpy: tons per year)에서 560 tpy로 줄었으며, 연간 NO_x의 총 배출량은 10,000 tpy에서 5,800 tpy로 줄었다. 더욱 놀라운 것은 단위전기생산량당 추정된 배출량이다. 80% 가동률을 가정할 때, SO_2의 배출량은 중유를 땔 때 19 lb/MWhr에서 천연가스를 땔 때 0.074 lb/MWhr로 개선되었다. 또한 NO_x의 배출량은 3.3 lb/MWhr에서 0.76 lb/MWhr로 개선되었다.

연평균 8시간 기준 CO의 최대농도 (1980년 이후 124개 측정망에서 연속 측정된 자료를 기준으로)는 그림 1.10에서 보듯이, 1980년에서 2008년까지 78% 획기적으로 감소하였다. 대부분 차량의 양호한 배출제어와 차량의 교체기간에 맞추어 신차로 점진적으로 교체한 덕분이다. 1980년 CO의 평균은 8.8 ppm을 보여 NAAQS에 근접했으나, 2008년에는 2 ppm 이하로 크게 감소하였다. 이제 NAAQS에 근접한 농도를 보이는 곳에 사는 사람은 더 이상 없다.

대기 중 오존의 농도경향 (258개 측정망 자료를 기준으로)은 하향하고 있으나 오존은 아직도 심각한 건강문제를 일으킨다. 그림 1.11에서 보듯이, 1980년에서 2008년까지 약 25% 감소하였으나, 아직도 NAAQS를 초과하고 있다. 오존은 배출되는 것이 아니라 NO_x와 VOC 사이의 대기 중 반응산물이라는 점을 명심하라. 따라서 오존의 제어는 이들 두 가지 오염물의 저감이 필요하다는 것을 의미한다.

약 30년에 걸친 측정자료의 경향을 보면, 미국의 대기질은 개선되고 있다. 배출량이 줄어들고 있으며 또한 대기환경 농도도 줄어들고 있다. 그렇다고 해서 대기질 개선을 위한 지속적 노력을 늦춰야 한다는 의미는 아니다. 대기오염을 악화시킬 수 있는 기본적 요건 – 인구 증가와 에너지 사용 증대 – 은 아직도 내재하고 있다. 뿐만 아니라, 현재의 농도 수준에서도 대기오염으로 인한 장기적 위험이 있다. 우리는 현재 대기오염문제에 대처할 수 있으며 이 일에 지속적으로 헌신하고 있다. 또한 미래에도 이러한 문제들을 해결해야 한다.

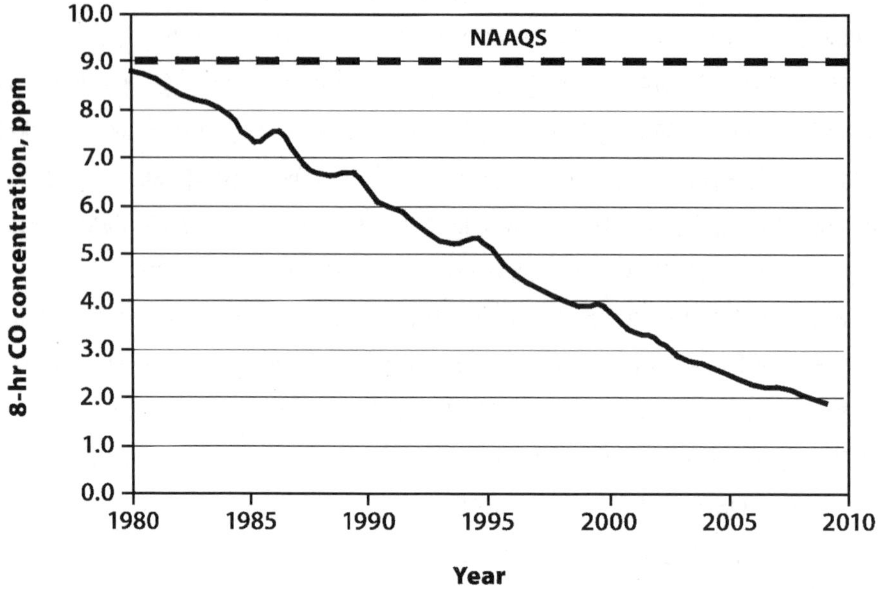

그림 1.10 미국의 8시간기준 CO의 농도경향, 1980~2008년

출처 : U.S. EPA, http://www.epa.gov/air/airtrends/carbon.html. 2009년 9월 접속.

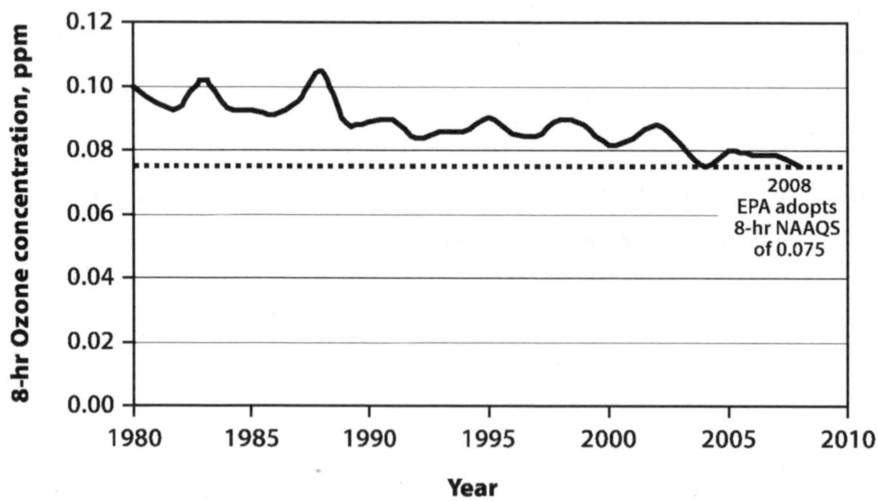

그림 1.11 오존의 8시간 최대 평균값 중 연중 4번째 값의 농도경향 (annual 4th maximum 8-hr ozone concentration), 1980~2008

출처 : U.S. EPA, http://www.epa.gov/air/airtrends/ozone.html. 2009년 9월 접속.

연습문제

1.1 1998년도에, 미국의 총 NO_x 배출량 중 고속도로의 교통수송이 차지하는 비중은 어느 정도인가? 전기설비가 차지하는 비중은? 또한, 2008년도에 이들 오염원이 차지하는 기여도는 각각 어느 정도인가?

1.2 SO_2에 대한 2차NAAQS는 0.5 ppm (3시간 평균을 기준으로)이다. 표준상태의 온도와 압력에서 $\mu g/m^3$ 단위로 농도를 계산하라 (STP: T=25 ℃, P=1 atm).

1.3 연방 NSPS를 준수한다고 가정하고, 총괄열효율이 40%인 1,000 MW 전력을 생산하는 석탄화력발전소로부터 배출되는 분진, NO_x, SO_x, Hg의 하루 배출량을 추정하라. 석탄은 1.5% 황을 함유하고 있고, 10,000 Btu/lb의 열량을 갖는다.

1.4 99% 효율로 연소되는 가솔린 기관이 있다. 배출가스 속에는 연소되지 않은 VOC가 1% 있다. 만약 기관이 가솔린 (MW=100) 1 kg당 16 kg의 가스 (MW=30)를 배출시킨다면, 배출가스 중 VOC의 분율을 계산하라. 답은 ppm 단위로 작성하라.

1.5 한 석탄연소 공장에는 90% 효율의 SO_2 세정기가 있고, 한 기름연소 공장에는 세정기가 없다면, 단위전력생산당 SO_x를 더 많이 방출하는 것은 어느 쪽일까? 석탄은 13,000 Btu/lb의 열량을 갖고 있으며 3.5%의 황을 함유한다. 그리고 기름은 6.0×10^6 Btu/barrel (42 gal)의 열량을 가지며 0.9%의 황을 함유한다. 기름의 비중을 0.92로 가정하라.

1.6 0.18 g/dscm을 배출하는 고형폐기물 소각로의 분진 배출량을 추정하라. 소각로는 하루 50톤의 폐기물을 태우며 (1 tonne=1 metric ton=1,000 kg), 폐기물 1 kg당 20 kg의 가스를 배출한다. 가스가 200 ℃, 1 atm에서 배출된다고 가정하라. 또한 가스의 평균 분자량을 30으로 가정하고, 이 가스는 12%의 CO_2와 8%의 H_2O를 함유한다고 가정하라.

1.7 어떤 굴뚝에서 8분 동안 시료를 채취하였다. 채취기를 통과한 가스의 유속은 (굴뚝 조건에서) 15.0 m/s이었고, 시료의 probe의 단면적은 5.07 cm^2이다. 채취된 분진의 순 질량은 0.43 g이었다.

(a) 굴뚝 내 분진농도를 μg/m^{3}으로 계산하라.

(b) 굴뚝에서의 온도는 300 °F이고 압력은 725 mmHg이다. 만약 굴뚝 밖으로 배출되는 가스의 총 유량이 190 Sm^3/s라면, 굴뚝 밖으로 배출되는 분진의 총 배출량을 kg/day 단위로 계산하라.

1.8 보정된 로터미터 (rotameter)로 가스의 유량을 측정하고 있다. 이전에 사용된 보정식은 아래와 같은 직선식이다.

$$Q = 1.10\,RR - 0.50$$

여기서, Q = 유량, L/min

RR = 로터미터의 눈금값, 무차원

로터미터는 1.40 atm, 60 °F에서 에탄 (C_2H_6)을 이용하여 보정되었다. 현재 사용하고 있는 가스는 1.10 atm, 100 °F의 메탄 (CH_4)이다.

(a) 로터미터의 눈금값이 4.0일 때, 로터미터에서 메탄의 실제 부피속도를 계산하라.

(b) 메탄의 질량속도를 g/min 단위로 계산하라.

1.9 오리피스장치는 건조공기에 대해 T=90 °F, P=1.3 atm에서 보정되었다. 보정자료는 아래와 같다.

ΔP, in. H_2O	Q, ft^3/min
0	0
0.5	2.0
1.0	3.0
2.0	4.2
3.0	5.0
4.0	5.5
5.0	5.8

(a) 이 장치의 보정곡선을 그려라.

(b) 보정곡선을 수식으로 유도하라.

(c) 이 장치의 눈금이 4.5 in. H_2O로 표시될 때, 부피속도를 계산하라.

(d) 공기의 질량속도를 g/min 단위로 계산하라.

1.10 150 °F, 0.80 atm에서 아르곤의 유속을 측정하기 위해 문제 1.9의 유속계를 사용한다고 가정하라.

(a) 이 유속계가 4.5 in. H_2O를 나타낼 때, 아르곤의 유량은 얼마인가?

(b) 아르곤의 질량속도를 g/min 단위로 표시하라.

1.11 CO의 1시간 기준은 35 ppm이다. mg/m^3 단위로 계산하라.

1.12 건조공기와 습윤공기 중 어느 것이 더 밀도가 큰가? 같은 온도와 압력상태라고 가정한다. 이를 증명하라.

1.13 150 ℃, 1.10 atm에서 90% 공기와 10% SO_2의 혼합가스 밀도를 계산하라.

1.14 다음과 같은 연소공기의 밀도를 계산하라. 75% N_2, 5.5% O_2, 11% CO_2, 8.4% H_2O 및 0.1% CO, 온도는 350 °F이고 압력은 755 mmHg이다.

1.15 예제 1.11을 참고하라, 채취시간 20분과 수분 40 g이 채취된 것을 제외하고는 모든 값이 같다고 가정하라. 굴뚝에서의 NO_2 농도를 계산하라.

1.16 문제 1.15에서, 평균 굴뚝가스의 유속이 10.0 m/s, 원형 굴뚝의 직경이 3.0 m으로 가정하고, NO_2의 질량 배출량을 kg/day 단위로 계산하라.

1.17 식 (1.30)에서 $a = -0.03\ km^{-1}$, $b = 0.0025\ m^3/km\text{-}\mu g$이라고 가정하고 $\sigma_s = \sigma_a$를 가정한다. (a) 분진 100 $\mu g/m^3$ (b) 분진 500 $\mu g/m^3$일 때, 대기의 가시거리의 한계치를 추정하라.

1.18 완전한 평형을 가정하고, 공기 중 CO 100 ppm을 함유할 때 혈액 중 HbCO의 농도를 계산하라.

1.19 30분 동안 600 ppm CO를 함유하는 공기에 노출되었을 때, HbCO 혈액농도는 10%였다. HbCO의 평형포화값을 %로 추정하라.

1.20 물질수지식으로 얻은 연소가스의 조성이 $N_2 = 71\%$, $CO_2 = 11\%$, $H_2O = 10\%$, $O_2 = 8\%$ H_2O이었다. 계산된 온도와 압력은 각각 300 °F, 1 atm이다. 연소모델에 의하면, HCl의 농도는 35 ppm이다. 7% O_2로 보정된 이 연도가스는 배출기준 25 ppm (건조 부피기준)을 만족하는가?

1.21 문제 1.20의 연소가스에 대해서, 만약 연소가스 중 분진의 농도가 30 mg/m^3라면, 기준치 20 mg/dscm (7% O_2로 보정)을 만족하는가?

1.22 문제 1.20의 연소가스가 선속도 18 m/s (굴뚝조건의 T, P에서)로 직경 2.0 m인 굴뚝을 통해 배출되고 있다. 만약 분진의 농도가 기준치 20 mg/dscm (7% O_2로 보정)을 만족한다면, 분진의 배출량을 kg/day 단위로 계산하라.

1.23 황함량이 2.25%이고 열량이 13,000 Btu/lb인 석탄을 연소하는 400 MW급 화력발전소가 40% 효율로 가동되고 있다. 연방 NSPS 하에서, SO_2의 배출허용량을 kg/day 단위로 추정하라.

1.24 150 °F, 1 atm에서 SO_2 배출량이 22,000 lb/day이고, 배출가스의 유량이 2.0 million m^3/hr (세정처리 후)로 측정되었을 때, 배출가스 중 SO_2의 농도 (ppm)를 계산하라.

1.25 가스난로를 사용하는 어떤 가정의 NO_2 농도가 150 μg/m^3이다. STP상태에서 농도를 ppm으로 환산하라.

1.26 미국의 에너지 사용량은 2008년에 약 100 quads (quadrillion Btu)이었다. 이 에너지의 약 85%가 화석연료 (석탄, 기름, 가스)를 연소하여 공급된다. 평균 연료성분과 에너지양을 각각 CH_2와 15,000 Btu/lb라고 각각 가정할 때, 2008년 지구전체 탄소배출량에 대한 미국의 기여도를 10^9톤 단위 (Gt : gigaton - billion metric ton)로 계산하라.

1.27 EPA Method 5에 의거하여 한 굴뚝 (T=550 °F, P=750 mmHg)에서 시료를 채취하였다. 건조가스미터 (dry gas meter)를 통해 흐른 총 가스의 부피는 2.785 m^3 (T=60 °F, P=800 mmHg)이었다. 채취된 분진의 질량은 1.50 g이었다. 또한 72.0 g의 수분이 임핀저에 채취되었다.

(a) 굴뚝조건에서 굴뚝 내 분진농도를 μg/m^3 단위로 계산하라.

(b) 굴뚝가스가 평균유속 20 m/s로 배출된다. 굴뚝의 내부 직경이 5 m일 때, 분진의 배출량을 kg/day 단위로 계산하라.

(c) 분진농도를 μg/dscm 단위로 계산하라.

1.28 유속 80 m^3/min로 배출되는 굴뚝가스 (T=25 ℃, 1 atm)가 N_2 75%, O_2 5%, H_2O 8%, CO_2 12%를 함유하고 있다.

(a) 가스의 분자량을 계산하라.

(b) 굴뚝가스가 SO_2 650 ppm을 함유하고 있을 때, SO_2의 배출속도를 kg/day 단위로 계산하라.

1.29 중위도 지방에서 오존층이 지상 약 30 km 상공에서 발견되었다. 이 성층권 부근에서의 온도는 −40℃이고, 압력은 10 mbar이다. 오존층 내에 질소 78%, 산소 20.8%, 오존 0.2%가 존재한다고 가정할 때, 이 오존층의 공기밀도를 mg/m^3 단위로 계산하라.

1.30 1800년에 공기 중 CO_2 농도는 약 280 ppm이었고 1900년에는 300 ppm에 도달하였다. 1800년에서 1900년까지의 농도증가 백분율과 1900년에서 1999년까지의 농도증가 백분율을 각각 계산하라.

1.31 만약 미국에서 운행되는 차량의 효율이 15% 개선되었다면, 연간 CO_2 배출량은 얼마나 줄어드는가? 미국에 2억대의 차량이 있고 평균 차량운행거리가 12,000 mile/yr로 가정하라. 또한 휘발유의 gal당 탄소배출량은 5 lb C이다.

1.32 석탄화력발전소에서 배출되는 모든 CO_2를 포획하고 격리시키는데, 생산전력의 15%가 필요하다고 가정하라. CO_2를 포획할 때와 포획하지 않을 때, 소비자가 이용할 같은 양의 전력을 생산하기 위해 연소되어야 할 석탄의 양을 서로 비교하라.

참고문헌

Abelson, P. Editorial comment, Science, 289, Aug.25, 2000.

Bacastow, R.B., Keeling, C.D., and Whorf, T.P. "Measurements of the Concentration of Carbon Dioxide at Mauna Loa Observatory, Hawaii," in Carbon Dioxide Review : 1982, W.C. Clark(Ed.). New York : Oxford University Press, 1982.

Barnola, J.M., Raynaud, D., Korotkevich, Y.S., and Lorius, C. "Vostok Ice Core Provides 160,000 Year Record of Atmospheric CO_2," Nature, Oct, 1987, p.329.

Brandt, C.S., and Heck, W.W. "Effects of Air Pollutants on Vegetation", in *Air Pollution*, Vol. I(2nd ed.), A. C. Stern(Ed.). New York: Academic Press, 1968.

Brown, J.C., Jr., and Cooper, C.D. The Effects of Relaxed Emissions Standards and Heavy Duty Vehicles on Projected Highway Emissions Through 1990, a paper presented at the 71st Annual Meeting of the Air Pollution Control Association, Houston, TX, June 25~30, 1978.

Bureau of Transportion Statistics (BTS), Research and Innovative Technology Administration. Table 4-46: Estimated National Emissions of Lead Accessed January 2010 from http://www.bts.gov/publications/national_transportation_statistics/html/table_04_46.html

Bubenick, D.V., Record, F.A., and Kindya, R.J. Acid Rain: An Overview of the Problem, a paper presented at the 74th Annual Meeting of the American Institute of Chemical Engineers, New Orleans, LA, November 8~12, 1981.

Council on Environmental Quality, "First Annual Report of the Council on Environmental Quality－1970." Washington, DC, The White House, 1971.

Crawford, M. *Air Pollution Control Theory*, New York, McGraw-Hill, 1976.

Energy Information Administration (EIA). "Greenhouse Gases, Climate Change, and Energy," 2008. U.S. Department of Energy, Washington, DC, Accessed September 2009 from http://www.eis.doe.gov/bookshelf/brochures/greenhouse/chapter1.html

Faiz, A., Weaver, C., Sinha, K., Walsh, M., and Carbajo J. *Air pollution from Motor Vehicle: Issues and Options for Developing Countries*, a report for the World Bank, Washington, DC, April 1992.

Flavin, A. "Slowing Global Warming: A Worldwide Strategy," Worldwatch Paper, Worldwatch Institute, Washington, DC, 1989.

Florida Administrative Code, Chapter 17-2, "Air Pollution," 1982.

40 CFR 50. Code of Federal Regulations, Title 40, Part 50, *National Primary and Secondary Ambient Air Quality Standards*, Office of Federal Register, Washington, DC, Accessed January 2010 from http://ecfr.gpoaccess.gov/cgi/t/text/text-idx?tpl=/ecfrbrowse/Title40/40tab_02.tpl

40 CFR 52. Code of Federal Regulations, Title 40, Part 52, *Approval and Promulgation of Implementation Plans,* Office of Federal Register, Washington, DC. Accessed January 2010 from http://ecfr.gpoaccess.gov/cgi/t/text/text-idx?tpl=/ecfrbrowse/Title40/40tab_02.tpl

40 CFR 58. Code of Federal Regulations, Title 40, Part 58, *Ambient Air Quality Surveillance*, Office of Federal Register, Washington, DC. Accessed January 2010 from http://ecfr.gpoaccess.gov/cgi/t/text/text-idx?tpl=/ecfrbrowse/Title40/40tab_02.tpl

40 CFR 60. Code of Federal Regulations, Title 40, Part 60, *Standards of Performance for New Stationary Sources*, Office of Federal Register, Washington, DC. Accessed January 2010 from http://ecfr.gpoaccess.gov/cgi/t/text/text-idx?tpl=/ecfrbrowse/Title40/40tab_02.tpl

40 CFR 61. Code of Federal Regulations, Title 40, Part 61, *Emission Standards for Hazardous Air Pollutants*, Office of Federal Register, Washington, DC. Accessed January 2010 from http://ecfr.gpoaccess.gov/cgi/t/text/text-idx?tpl=/ecfrbrowse/Title40/40tab_02.tpl

Friedlander, S.K. *Smoke, Dust and Haze*. New York: Wiley, 1977.

Goldsmith, J.R. "Effects of Air Pollution on Human Health", in *Air Pollution*, Vol. I(2nd ed.), A.C. Stern(Ed). New York: Academic Press, 1968.

Hasselblad, V., Eddy, D.M., and Kotchmer, D.J. "Synthesis of Environmental Evidence: Nitrogen Dioxide Epidemiology Studies," Journal of the Air Pollution Control Association, 42(5), May 1992, p.662.

Jensen, K.F. and Dochinger, L.S. "Response of Eastern Hardwood Species to Ozone, Sulfur Dioxide, and Acid Precipitation," Journal of the Air Pollution Control Association, 39(6), June 1989, p.852.

Kim, Y., Granger, E., Puckett, K., Hasar, C., and Francel, L. "Global Warming: Sea Level Rise," n.d. Accessed February 2010 from http://eweb.mit.edu/12.000/www/m2010/finalwebsite/background/globalwarming/sealevelrise.html

Krier, J.E., and Ursin, E. *Pollution and Policy*. Los Angeles: University of California Press, 1977.

Leggett, J., Ed., *Global Warming*. Oxford: Oxford University Press, 1990.

Likens, G.E. "Acid Precipitation", Chemical and Engineering News, 54(48), November 22, 1976.

Lippmann, M. "Health Effects of Ozone－A Critical Review," Journal of the Air Pollution Control Association, 39(5), May 1989, p.672.

Masters, G.M. *Introduction to Environmental Engineering and science* Englewood Cliffs, NJ : Prentice-Hall, 1991.

Mathai, C.V. "Visibility and Fine Particles," Journal of the Air and Waste Management Association, 40(11), Nov. 1990. p.1486.

Middleton, W.E.K. *Vision Through the Atmosphere* Toronto: University of Toronto Press, 1952.

Molina, M.J. and Rowland, F.S. "Stratospheric Sink for Chlorofluoromethanes: Chlorine Atom Catalysed Destruction of Ozone," Nature, 249, 1974, p.810.

Murphy, J.J., Delucchi, M.A., McCubbin, D.R., and Kim, H.J. "The Cost of Crop Damage Caused by Ozone Air Pollution from Motor Vehicles," Journal of Environmental Management, 55, 1999, pp. 293-289.

Nadadur, S. "The Complexities of Air Pollution Regulation: The Need for an Integrated Research and Regulatory Perspective," Toxicological Sciences, 100(2), 2007, p.318.

Nadakavukaren, A. *Our Global Environment: A Health Perspective* (6th ed.). Long Grove, IL: Waveland Press, 2006.

Nanotechnology Now. "Study Shows How Ultrafine Particles in Air Pollution May Cause Heart Disease," 2008. Accessed September 2009 from http://www.nanotech-now.comm/news/cgi?story_id=27536

National Climatic Data Center, National Oceanic and Atmospheric Administration. "Global Surface Temperature Anomalies," n.d. Accessed January 2009 from http://lwf.ncdc.noaa.gov/oa/climate/research/anomalies/anomalies.html

National Research Council. *Airborne Particles*, Subcommittee on Airborne Particles, Committee on Medical and Biologic Effects of Environmental Pollutants. Baltimore: University Park Press, 1979.

National Science and Technology Council, Executive Office of the President. "National Acid Precipitation Assessment Program (NAPAP) Report to Congress: An Integrated Assessment," 2005. Accessed January 2009 from http:/www.esrl.noaa.gov/csd/aqrs/reports/napapreport05.pdf

Oberdorster, G., Oberdorster, E., and Oberdorster, J., "Nanotoxicology: An Emerging Discipline Evolving from Studies of Ultrafine Particles," Environmental Health Perspectives, 113(7), July 2005, pp. 823-839.

Orlando Sentinel. "Inuits Swear World's Climate Getting Warmer," story by Associated Press, p.A7, November 16, 2000.

Robinson, E. "Effect on the Physical Properties of the Atmosphere", in *Air Pollution,* Vol. I (2nd ed.), A.C. Stern(Ed.). New York: Academic Press, 1968.

Singer, S.F.,Ed. *Global Climate Change*. New York: Paragon House, 1989.

Stokinger, H.E., and Coffin, D.L. "Biologic Effects of Air Pollution", in *Air Pollution*, Vol. I (2nd ed.), A.C. Stern(Ed.). New York: Academic Press, 1968.

Stott, P.A., Tett, S.F.B., Jones, G.S., Allen, M.R., Mitchell, J.F.B., and Jenkins, G.J. "External Control of 20th

Century Temperature by Natural and Anthropogenic Forcings," Science, 290 (5499), December 15, 2000, pp 2133～2136.

Studt, T. "Making Air Pollution Models Fit Reality Closer," R&D Magazine, Dec. 1991.

Te Brake, W.H. "Air Pollution and Fuel Crises in Preindustrial London, 1250～1650", *Technology and Culture*, 16(3), 1975.

U.S. Environmental Protection Agency. *Research Summary-Acid Rain,* EPA-600/8-79-082, Washington, DC. October 1979.

U.S. Environmental Protection Agency. *Projecting Future Sea Level Rise,* EPA-230/9-83-007, Washington, DC. October 1983.

U.S. Environmental Protection Agency. *National Air Pollutant Emission Estimates*, 1940～1990, EPA-450/4-91-026, Research Triangle Park, NC, November 1991.

U.S. Environmental Protection Agency. *Compilation of Air Pollutant Emission Factors* (5th ed.), AP-42. Research Triangle Park, NC: Office of Air Quality Planning and Standards, January 1995.

U.S. Environmental Protection Agency. *Fact Sheet: Health and Environmental Effects of Particulate Matter.* Office of Air Quality Planning & Standards, July 1997. Accessed February 2010 from http:/www.epa.gov/region07/air/quality/pmhealth.htm

U.S. Environmental Protection Agency, *National Air Quality and Emissions Trends Report*, 1998, EPA-454/R-00-003, Research Triangle Park, NC, March 2000.

U.S. Environmental Protection Agency. *Effect of Acid Rain-Forests,* 2007. Accessed February 2010 from http:/www.epa.gov/acidrain/effects/forests.html

U.S. Environmental Protection Agency. *Effect of Acid Rain-Surface Waters and Aquatic Animals,* 2008. Accessed February 2010 from http://www.epa.gov/acidrain/effects/surface_water.html

U.S. Environmental Protection Agency. *Effect of Acid Rain-Human Health,* 2009. Accessed February 2010 from http:/www.epa.gov/acidrain/effects/health.html

U.S. Environmental Protection Agency. *Technical Assistance Document for the Reporting of Daily Air Quality-The Air Quality Index (AQI)*, EPA-454-/B-09-001. Research Triangle Park, NC: February 2009.

U.S. Environmental Protection Agency. *Health Effect of Pollution.* Region 7 Air Program, 2010. Accessed February 2010 from http://www.epa.gov/region7/air/quality/health.html.

U.S. Environmental Protection Agency. "National Emissions Inventory (NEI) Air Pollutant Emissions Trends Data," n.d. Accessed January 2010 from http://www.epa.gov/ttn/chief/trends/index.html.

Wark, K., and Warner, C.F. *Air Pollution－Its Origin and Control* (3rd ed.). Upper Saddle River, NJ: Prentice-Hall, 1998.

Weiner, J. *The Next One Hundred Years: Shaping the Fate of Our Living Earth*, New York: Bantam Books, 1990.

World Health Organization (WHO). Air Quality Guidelines: Global Update 2005. Copenhagen, Denmark: WHO Regional Office for Europe, 2006.

Zahm, A. Florida Dept. of Environmental Protection. Personal communication, August 2000.

Zwiers, F.W. and Weaver, A.J. "The Causes of 20th Century Warming," Science, 290 (5499), December 15, 2000, pp. 2081～2083.

Chapter

02 공정설계란 무엇인가?

이론적 지식, 실용적 및 경제적 한계성에 대한 인식, 일반상식, 창의적으로 어려운 일을 수행하는 능력 – 이러한 모든 것들이 훌륭한 설계 공학자가 되기 위한 필수 요건이며, 설계문제를 해결할 때 이용되어야 한다.

Max S. Peters, 1958

2.1 머리말

넓은 의미에서 설계란 특정 목적을 달성하기 위한 계획을 전개하는 과정이다. 본 지문을 통하여, 우리는 대기오염 방지사업의 계획단계에서부터 설비내역까지의 일련의 단계를 설명하기 위해 '공정설계 (process design)'라는 용어를 사용할 것이다. 설계에서 가장 중요한 과정은 예비단계 및 최종단계의 문제점 파악, 그리고 대안책과 이와 관련된 문제들로 이루어진 일련의 결정과정이다. 각 결정항목마다 공학자들은 대안책을 검토하고, 기술적, 경제적으로 무리 없는 항목을 선정하여야 한다. 또한, 각 항목에서 대안책의 완전한 검토과정에는 이와 관련한 모든 문제점에 대해 해결방안을 제시하여야 한다.

다음과 같은 상황을 가정하고 설계의 과정을 설명할 것이다.

Acme 주식회사는 얇은 합판을 생산한다. 그 중 한 공정에서는 매우 미세한 분진을 대량 배출하는 건조과정을 포함하고 있다. 건조기에서 배출되는 분진은 명백히 눈에 보여 분진의 배출 허용기준을 초과할 수도 있다.

이 상황에서 예비 문제점으로는 배출물이 눈에 보인다는 것이고, 회사는 이를 미관상의 문제와 법률적 관점에서 파악해야 한다. 공학자는 그림 2.1처럼, 예비문제에서 시작하여 일련의 설계과정을 제시하여야 한다.

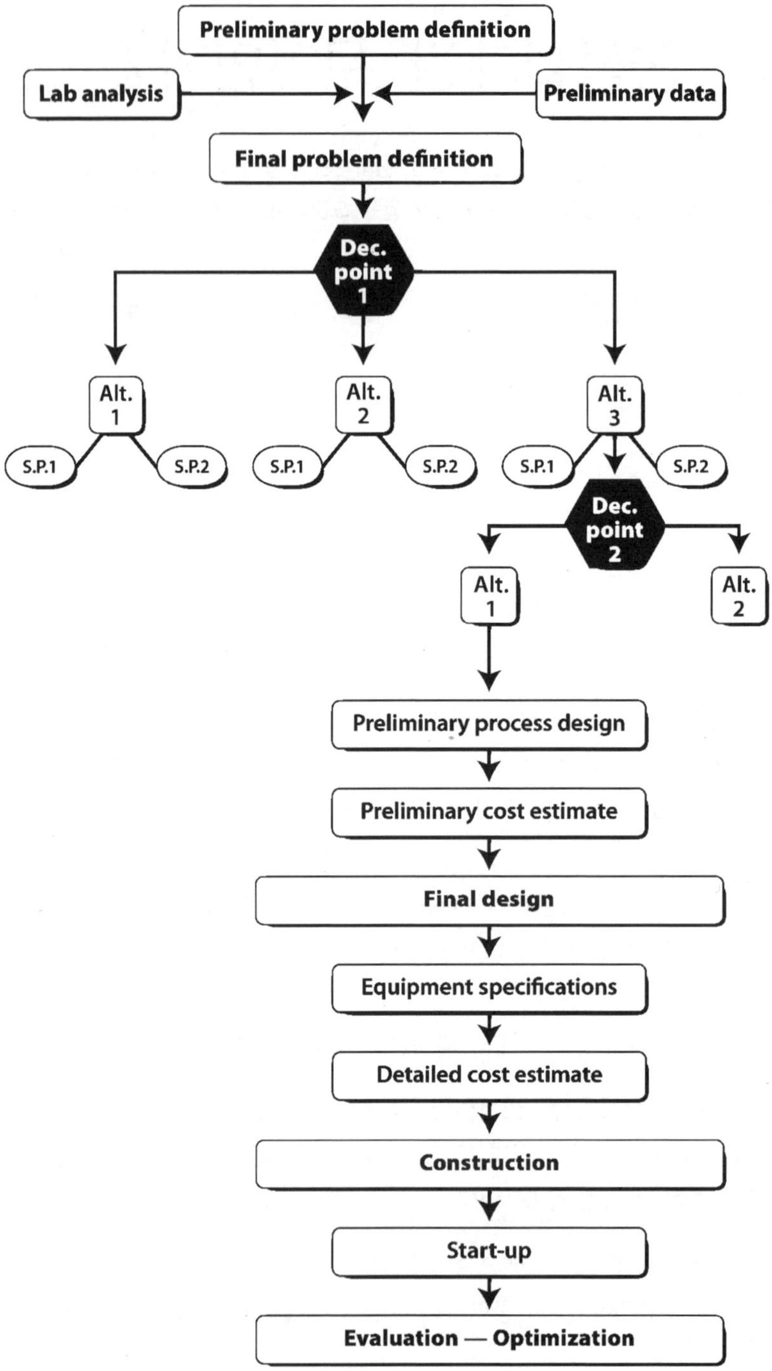
Preliminary problem definition
Lab analysis
Preliminary data
Final problem definition
Dec. point 1
Alt. 1
S.P.1
S.P.2
Alt. 2
S.P.1
S.P.2
Alt. 3
S.P.1
S.P.2
Dec. point 2
Alt. 1
Alt. 2
Preliminary process design
Preliminary cost estimate
Final design
Equipment specifications
Detailed cost estimate
Construction
Start-up
Evaluation — Optimization

그림 2.1 공정설계 단계

예비단계의 물질수지 (material balance)와 공기의 유속측정은 건조기로부터의 배출량이 허용한계치를 초과함을 보여준다. 계산된 배출량은 건조기에서 배출된 시료를 실험실에서 분석함으로써 결정된다. 이 단계에서, 배출제어장치가 건조기에 설치되어야 한다는 결정을 내린다. 최종 문제점 파악단계에서는 이 계획안에 대한 설계기반을 세운다. 설계기반에는 배출속도, 분진의 유출입 과정, 가동 온도와 압력, 기타 가동변수 등이 포함될 것이다.

결정점 1 (decision point 1: DP1)에서 선택할 수 있는 대체 방지기술들은 (1) 전기집진, (2) 여과집진, (3) 습식세정을 들 수 있다 (이러한 분진제어 기술은 5, 6, 7장에서 각각 논의된다). 각 과정에서는 수용가능한 제어수준이 주어질 것이나 각기 부수적인 문제점을 가지고 있다. 건조기에서 배출되는 분진은 가연성일 수 있고 이때 침강법은 안정성을 고려하여 제외될 수 있다. 또한 여과집진은 먼지의 점성부착 가능성 때문에 비실용적일 수 있다. 습식세정은 슬러지 처리 문제로 많은 지역에서 허용되지 않고 있다.

만약 습식세정 (대안 3)이 DP1에서 선택된다면 DP2에서는 세정기의 종류를 결정해야 한다. 세정기의 종류를 결정할 때 제기되는 DP2에서의 문제점으로는 압력손실, 세정액의 재순환속도, 설비자재 및 동력요구량 등이다. 모든 오염방지 계획에서 중요한 결정인자는 채취된 오염물의 처리 (즉, 재순환이나 재사용, 소각, 매립 등)이다. 오염물 처리과정에서는 전반적인 경제성을 검토하여야 한다.

모든 결정이 끝나면 장치의 완벽한 설계내역서 및 비용평가서를 기초로 최종설계가 이루어진다. 건축, 가동, 평가로서 공정설계가 완료된다.

2.2 설계의 일반적 고려사항

공정흐름도

공정흐름도 (process flow sheet)는 공정을 도식화한 것으로 간단한 블록 도식법에서부터 각 장치와 가동상태를 보여주는 세부 모형도까지 매우 다양하다. 정밀도는 공정의 진행단계와 흐름도의 사용목적에 따라 결정된다. 흐름도 (또는 계통도)는 공정설계의 전 과정에서 중요한 도구가 된다. 시작 단계에서는 간단한 정성적 흐름도가 공정의 연계성을 밝히는데 사용된다. 연계성이란 각 공정의 구성요소들이 어떻게 연결되는지 그리고 총괄적으로 공정이 전체 제조설비와 어떻게 연결되는지를 파악하는 것이다. 한 예를 들면, 고정상 (fixed bed) 활성탄용매 회수장치를 이용하는 건조기가 있다고 하고, 여기서 톨루엔과 에틸아세테이트 혼합물을 배출물에서 회수하는 계획을 생각해 보자. 그림 2.2는 계획의 출발단계로서 고정상 장치의 예비흐름도를 보여준다. 그림 2.2는 개략적 도식으로 단지 고정상 흡착장치의 기본적 구성요소만 보여주고 있다.

공정이 진행됨에 따라, 이 흐름도는 스팀재생 후 뜨거운 공기를 사용하여 활성탄 건조장치를 추가하도록 수정된다. 이 공정은 에틸아세테이트가 약한 수용성물질이라는 사실 때문에 복잡해진다. 만약, 재생된 활성탄이 연료로서 타버린다면, 활성탄에 흡착된 에틸아세테이트를 분리 회수할 수 없다. 그림 2.3의 세부흐름도에서 보듯이 본 공정에서 재사용할 건조된 활성탄 회수를 위해 증류장치가 필요하다.

세부흐름도는 장치목록을 준비하는데 사용될 수 있으며 장치목록은 예비 비용평가의 준비과정에서 사용된다. 세부흐름도에는 유체의 흐름과정을 표시하는 것이 바람직하다. 즉, 세부흐름도 내 하단의 빈 칸에 각 유체의 유출입 조건을 표시하거나 특정 유체를 따로 표기한다. 첫 방법이 유체의 흐름조건을 한눈에 파악할 수 있기 때문에 많이 이용된다.

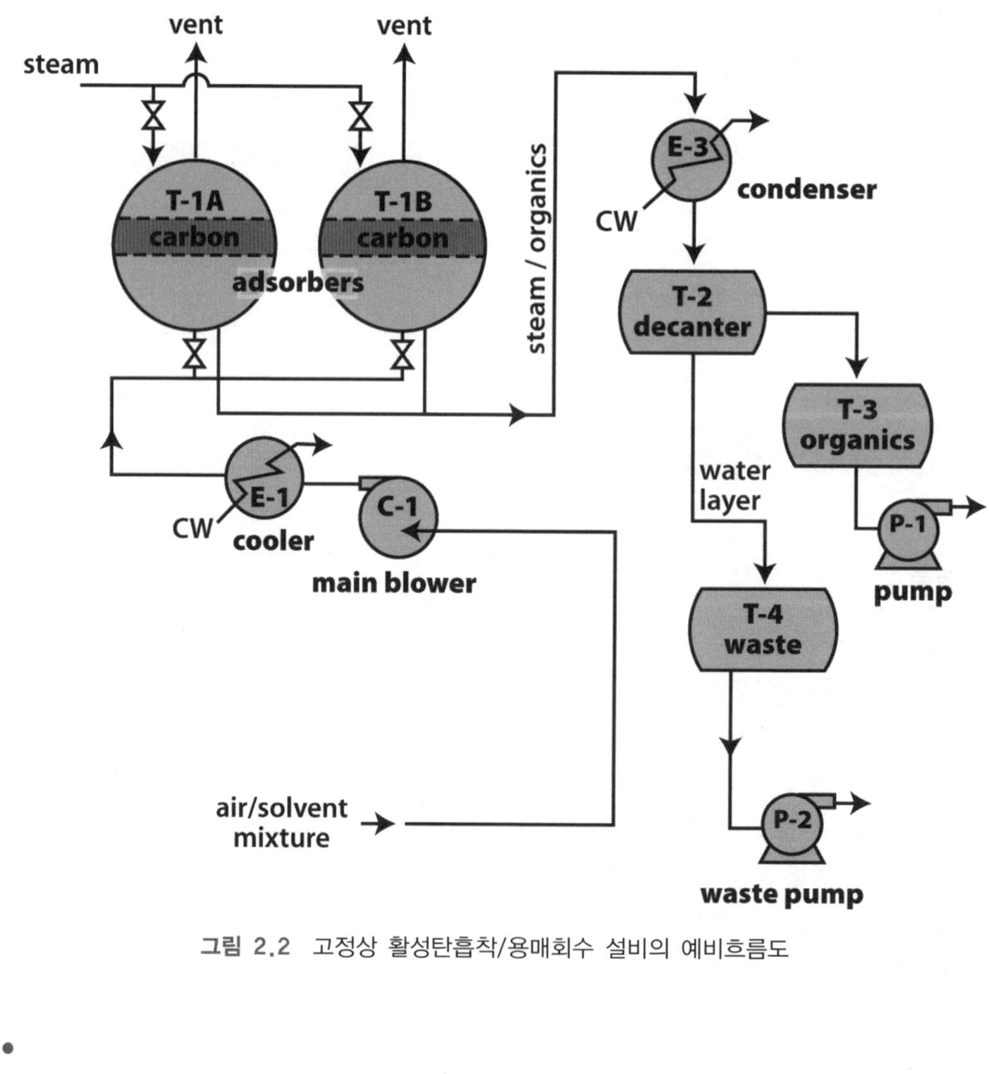

그림 2.2 고정상 활성탄흡착/용매회수 설비의 예비흐름도

물질수지와 에너지수지

장치의 선정과 규모를 결정하기 위해서는 각 장치 사이의 물질 및 에너지 흐름에 대한 완벽한 지식이 필요하다. 질량과 에너지 보존의 법칙은 물질과 에너지 수지 계산의 기본으로서 다음 식과 같이 표현된다.

$$축적량 = 유입량 - 유출량 + 순수 발생량 \tag{2.1}$$

정상상태 (steady-state)에서는 모든 변수가 시간에 대해 독립이므로, 식 (2.1)은 다음과 같다.

$$0 = 유입량 - 유출량 + 순수 발생량 \tag{2.2}$$

식 (2.2)은 정상상태조건에서 설계된 대부분 방지장치에 적용되는 물질과 에너지 수지식이다. 하지만 소각로, 직연소 건조기 (direct-fired dryer), 흡착장치 등과 같이 장치내부에서 열을 생성하거나 오염물이 축적되는 장치는 예외이다.

다음 단계들은 물질과 에너지 수지를 계산할 때 도움이 된다.

1. 공정도를 그린다.
2. 모든 유체의 유출입을 확인하고 리벨을 붙인다.
3. 공정도에 적절한 라벨을 붙인다.
4. 수지식을 포함한 공정부분을 점선으로 설정하고 그린다.
5. 계산식에 적절한 기준을 세운다.

예제 2.1 한 유리섬유 공장의 2개 저장창고에서 나온 배출물이 혼합되어 원심력집진장치 (cyclone: 사이클론)를 통과하고 있다. 이 장치에서는 중량기준으로 분진 95%가 제거된다. 측정자료는 아래와 같다.

창고 *A* 로부터 배출

- 유량 : 건조공기 3,000 acfm (actual ft^3/min)
- 농도 : 15 grains of SiO_2 per standard cubic foot (gr/scf)
  (표준상태 1 atm, 25 ℃=77 ℉를 가정하라.)
- 압력 : 16 psia (pounds per square inch absolute)
- 온도 : 90 ℉

창고 *B* 로부터 배출

- 유량 : 건조공기 2,500 acfm
- 부하량 : 10 grains of Na_2CO_3 per scf
- 압력 : 17 psia
- 온도 : 110 ℉

사이클론에서 배출되는 고형물의 배출량을 구하라. 또한 배출되는 공기 속 고형물의 농도를 구하라.

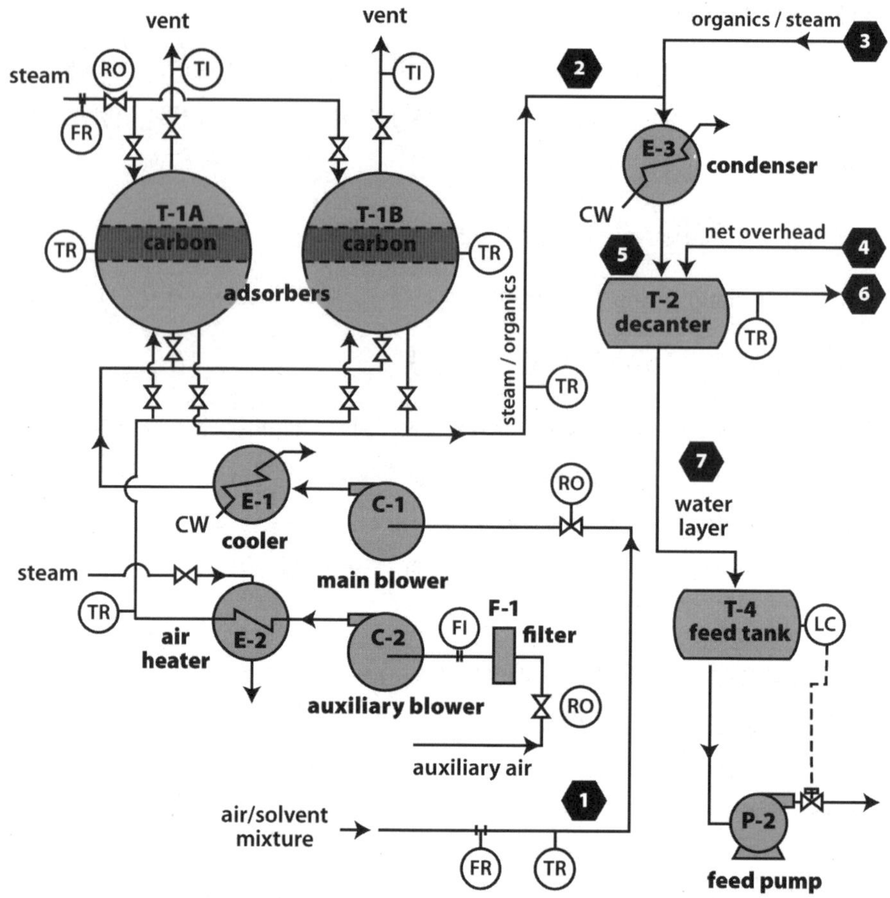

Material balance lb/hr average

	❶ Air / solvent feed	❷ Stripped solvent	❸ Stripper recycle	❹ D-1 net ovhd.	❺ Decanter charge	❻ Oil layer
Air	54,817					
H_2O		2916	256	1	3173	1
EA	427	427	104	10	541	434
Tol	427	427	21	—	449	428
Total	55,671	3770	381	11	4163	863

그림 2.3 증류에 의한 용매건조를 포함한 활성탄흡착/용매회수 설비의 세부흐름도

출처 : Fair, 1969.

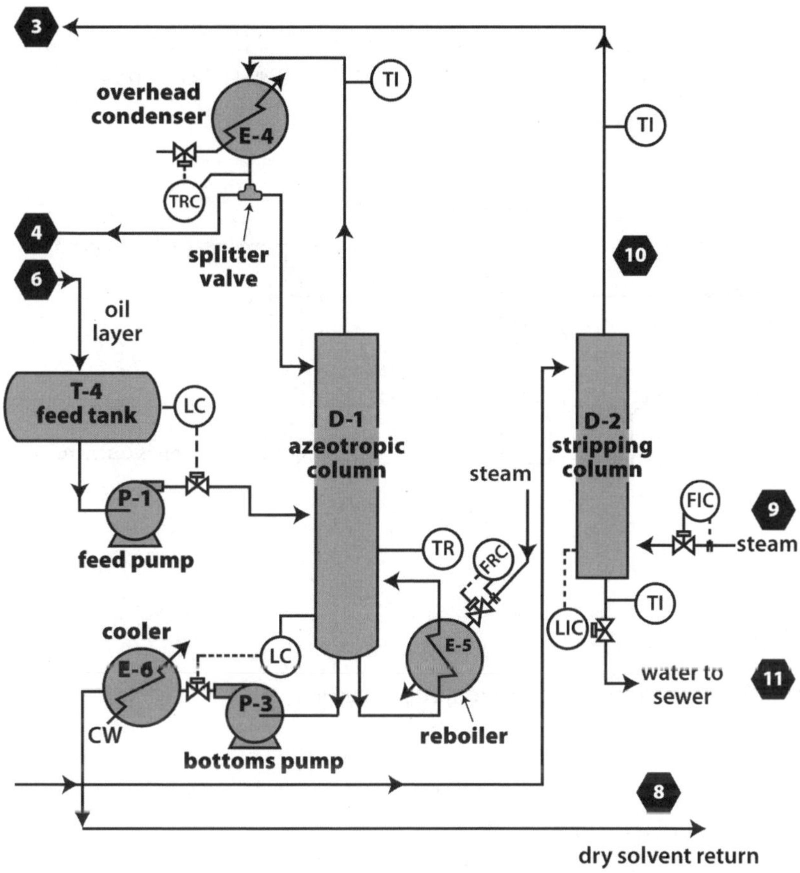

7 Water layer	8 D-1 Bottoms	9 Stripping steam	10 Stripper overhead	11 Stripper bottoms
3172	—	635	256	3551
107	424	—	104	3
21	428	—	21	—
3300	852	635	381	3554

그림 2.3 (계속)

풀이 먼저 공정도를 그리고 그 위에 가동조건을 표시한다. 사이클론으로 유입되는 유입량 중 총 고형물의 양을 구하기 위해, 점 C(A와 B 흐름의 연결점)에서 수지계산을 할 필요가 있다. 점 C 둘레를 점선으로 그리고, 1시간 가동을 기본으로 설정한다.

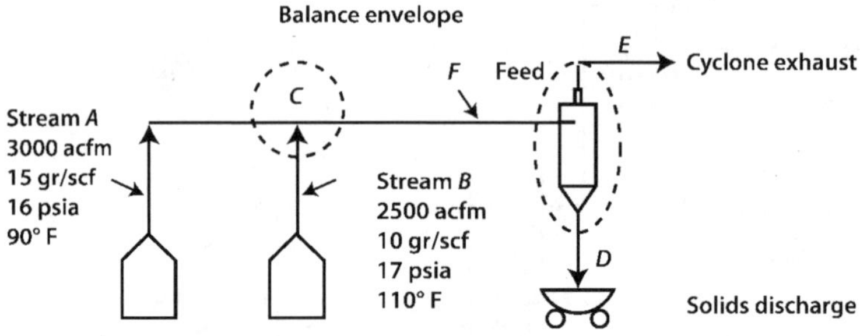

예제 2.1의 공정도

공기수지 :

$$Q_A\rho_A + Q_B\rho_B = Q_F\rho_F$$

여기서, Q = 공기의 부피속도 (cfm: cubic feet per minute)

ρ = 공기의 밀도, lb/ft^3

고형물수지 :

$$Q_A C_{SA} + Q_B C_{SB} = Q_F C_{SF} = \dot{M}_{SF}$$

여기서, Q = 공기의 부피속도 (cfm: cubic feet per minute)

C = 흐름 내 고형물의 농도 (grain/ft^3)

$_{A,B,F}$ = 흐름표시 하첨자

$\dot{M}_{SF}$ = 흐름 F에서 고형물의 질량유속

여기서 Q, C, ρ는 고정 단위를 갖는다는 것을 명심하라. 즉, Q는 표준 ft^3/min (scfm), C는 grain/scf, ρ는 lb/scf이다. 또는 Q는 실제 ft^3/min (acfm), C는 grain/acf, ρ는 lb/acf이다. 간혹 분진의 측정단위를 gr/scf로 표기하는데, 법규에서도 gr/scf로 표기된다. 따라서 우리는 우선 공기의 유속을 scfm으로 환산할 필요가 있다.

$$Q_A = 3{,}000\,\frac{\text{acf}}{\text{min}} \times \frac{16\text{ psia}}{14.7\text{ psia}} \times \frac{(77+460)\ °\text{R}}{(90+460)\ °\text{R}} = 3{,}188\text{ scfm}$$

$$Q_B = 2{,}500\,\frac{\text{acf}}{\text{min}} \times \frac{17\text{ psia}}{14.7\text{ psia}} \times \frac{(77+460)\ °\text{R}}{(110+460)\ °\text{R}} = 2{,}724\text{ scfm}$$

여기서 공기의 유속이 scfm으로 환산되었기 때문에 $\rho_A = \rho_B = \rho_F$가 되므로 공기수지식을 간단히 표현할 수 있다.

$$Q_A + Q_B = Q_F = 5{,}912\ \text{scfm}$$

또한 공기는 사이클론 하부를 통해 빠져나가지 않으므로 (즉 모든 공기는 흐름 E로 빠져나가므로), $Q_E = Q_F$가 된다.

다시 고형물 수지식으로 돌아가서, 사이클론 속으로의 고형물 유속은 다음과 같다.

$$\dot{M}_{SF} = 3{,}188\ \text{scfm} \times 15\ \text{gr/scf} + 2{,}724\ \text{scfm} \times 10\ \text{gr/scf} = 75{,}060\ \text{gr/min}$$

$$= 75{,}060\ \frac{\text{gr}}{\text{min}} \times \frac{1\ \text{lb}}{7{,}000\ \text{gr}} \times \frac{60\ \text{min}}{1\ \text{hr}} = 643\ \frac{\text{lb}}{\text{hr}}$$

사이클론의 효율이 95%이므로 고형물 포집량은,

$$\dot{M}_{SD} = 0.95 \times 643\ \text{lb/hr} = 611\ \text{lb/hr}$$

사이클론에서 배출되는 공기 중 고형물의 농도는,

$$C_{SE} = \frac{0.05 \times 643\ \text{lb/hr}}{5{,}912\ \text{scf/min}} \times \frac{1\ \text{hr}}{60\ \text{min}} \times \frac{7{,}000\ \text{gr}}{1\ \text{lb}} = \frac{0.63\ \text{gr}}{\text{scf}}$$

물질과 에너지 수지식의 해답을 얻고자 할 때, 그 절차를 일반화할 수 있다.

1. 미지수 n개를 가진 연립방정식을 풀기 위해서는 n개의 독립된 방정식이 필요하다.
2. 물질수지에 대한 n개의 필요한 방정식은 1개의 총괄수지식과 $(C-1)$개의 성분수지식으로 구성된다. 여기서 C는 구성성분의 수이다.
3. 만약 에너지수지와 물질수지를 함께 고려한다면, 시스템 (system: 계) 주변의 총괄엔탈피수지에 대해 추가적으로 독립식을 세울 수 있다.

지난 몇 년간 눈에 띄게 증가한 에너지 비용으로, 공해방지 공학자들은 방지장치에 쓰이는 에너지를 더욱 낮추기 위해 힘든 일을 해야 했다. 에너지 소비의 최소화는 아래의 방법을 통해 이루어질 수 있다.

1. 효율개선을 통해 개선된 장치설계
2. 특정 제어에 적용할 수 있는 장치선정
3. 빈번한 장치의 운영평가를 통해 장치운영의 최적화

에너지 원리에 대한 기본적 이해는 최적설계에 필수적이다. 다음 절은 유체 시스템에 응용되는 일반적인 에너지수지식을 간단히 소개하고 있다. 에너지에 관한 자세한 유도식은 기초 열역학 책을 참고하라.

엔탈피

엔탈피 (H)의 열역학적 개념을 다시 쓰면,

$$H = U + PV \tag{2.3}$$

엔탈피 (enthalpy)는 유체의 물리적 특성이며, 액체와 가스 등 유체의 에너지수지식을 세우는데 매우 유용하게 사용되는 **점함수** (point funtion)이다. 한 물질의 엔탈피는 한 지점에서의 조건 함수이며, 특정점까지의 경로함수가 아니다. 절대엔탈피 (absolute enthalpy)를 이용하지 않으며, 구하려는 점과 표준점 사이의 엔탈피 차이값 또는 변화량을 이용한다. 물과 스팀에 대한 엔탈피는 표준스팀표 (standard steam table)를 이용할 수 있고, 공기의 엔탈피는 표준습도표 또는 그림을 이용할 수 있다 (부록 B 참조). 대기압에서 공기는 이상기체로 간주되고 공기의 엔탈피는 실제로 압력과 독립한다. 그러므로 공기의 엔탈피는 다음과 같이 계산된다.

$$\Delta H = H_b - H_a = \int_{T_a}^{T_b} C_P \, dT \tag{2.4}$$

여기서, C_P = 정압비열, Btu/lb$_m$-°F

T = 절대온도, R

150 ℃ 이하의 온도에 대해서는, 다음 식을 이용하면 정확하다.

$$\Delta H = C_{P(\text{avg})}(T_b - T_a) \tag{2.5}$$

여기서, $C_{P(\text{avg})} = (T_b + T_a)/2$에서의 평균값이다.

예제 2.2 소각열이 굴뚝을 통해 빠져나가기 이전에 열을 회수하는 보일러가 있다. 이 보일러는 끓는 물을 스팀으로 바꾸어 열을 회수하며, 대부분 산업체에서 상업적으로 유용하게 사용되고 있다. 아래 그림은 이 보일러의 개념도를 보여주고 있다. 뜨거운 공기가 60,000 acfm (1,400 °F, 1 atm)으로 흐르고 있다. 공기가 1,400 °F에서 400 °F로 냉각되었을 때, 공기로부터 제거된 열을 계산하라. 또한 생산된 스팀의 양을 lb/hr 단위로 계산하라. 이때 물은 90 °F로 유입되고 212 °F로 포화스팀 형태로 유출된다고 가정하라.

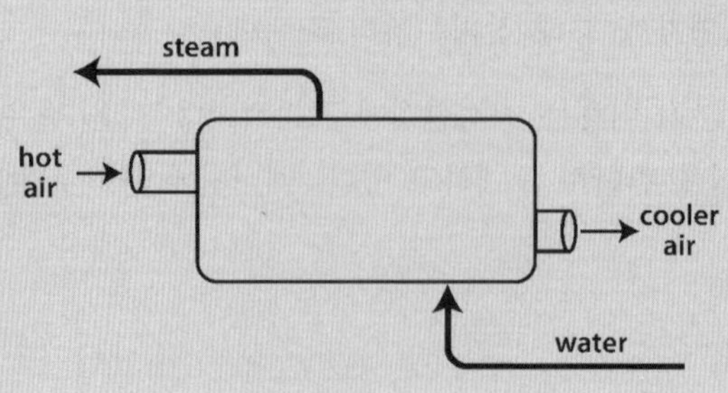

풀이 부록 B의 표 B.2에서 공기밀도를 구하라. 공기의 질량속도는 다음과 같다.

$$\dot{M} = 60{,}000 \text{ acfm} \times \frac{0.0212 \text{ lb}}{\text{ft}^3} = 1{,}272 \text{ lb/min}$$

부록 B의 표 B.7에서 두 온도에 대한 엔탈피 자료를 사용하여, 공기흐름에서 제거된 열을 구하면 다음과 같다.

$$\Delta H = \frac{1{,}272 \text{ lb}}{\text{min}} \times \frac{(341.5 - 82.1) \text{ Btu}}{\text{lb}} = 3.30 \times 10^5 \text{ Btu/min}$$

부록 B의 표 B.8을 이용하면, 90 °F에서 물의 엔탈피는 58.0 Btu/lb이고, 212 °F에서 스팀의 엔탈피는 1,150 Btu/lb이다. 따라서 이 경우 90 °F의 물 1 lb를 212 °F의 스팀 1 lb로 전환하기 위해서는 (1,150 − 58 =) 1,092 Btu의 열이 필요하다. 공기로 인해 빼앗긴 열이 모두 물로 이동된다고 가정하며, 생산된 스팀의 양은 다음과 같다.

$$\dot{M} = \frac{330{,}000 \text{ Btu/min}}{1{,}092 \text{ Btu/lb}} \times \frac{60 \text{ min}}{\text{hr}} = 18{,}100 \text{ lb/hr}$$

2.3 석탄화력발전소에 대한 간단한 분석

물질 및 에너지 수지식이 결합된 분석방법을 예제로 보여주기 위해, 미분탄 (pulverized coal: PC) 화력발전소를 소개하고자 한다. 대기오염 관점에서 미분탄 발전소는 처리되어야 할 다양한 오염물질을 배출하기 때문에, 또한 다양한 방지장치를 사용하기 때문에 예제로 설명하기에 적합하다. 미분탄 발전소에서 배출되는 심각한 오염물질로는 분진, SO_2, NO_x 및 Hg가 있다. 물론 EPA는 공식적으로 CO_2를 오염물질로 분류하고 있으며, CO_2는 다른 모든 오염물질을 모두 합친 양보다 월등히 다량으로 배출되고 있다. 이 책의 마지막 장에서 우리는 이들 오염물질 각각에 대한 장치의 기본설계를 재검토할 것이다.

미분탄 화력발전소에서, 석탄은 부셔지고 미세분말로 분쇄된다. 다시 공기와 혼합되고 대형 보일러로 송풍되며 대형 화구 속에서 빠르게 연소된다. 석탄의 연소된 열은 보일러 내벽에 설치된 강관 (steel tube) 속을 순환하는 정수된 물에 흡수된다. 물은 연소열을 흡수하여 스팀으로 전환되며, 스팀은 보일러의 또 다른 부분 (이 곳에서 스팀은 더 많은 열을 흡수하여 과열된다)에 설치된 강관을 통해 이동한다. 비등점 이상으로 과열된 스팀은 대형 발전기와 연결된 대형 터빈으로 운송된다. 스팀은 터빈을 통과하면서 팽창하며 고속으로 터빈을 회전시켜, 열과 압력 에너지를 기계적 에너지로 변환시킨다. 이때 터빈을 회전시켜 전기를 생산한다. 간단한 공정도 (대기 오염방지 장치가 없는)를 그림 2.4에 제시하였다. 이러한 과정을 설명하는 동영상이 http://www.opg.com/power/fossil/howitworks.asp에서 제공된다.

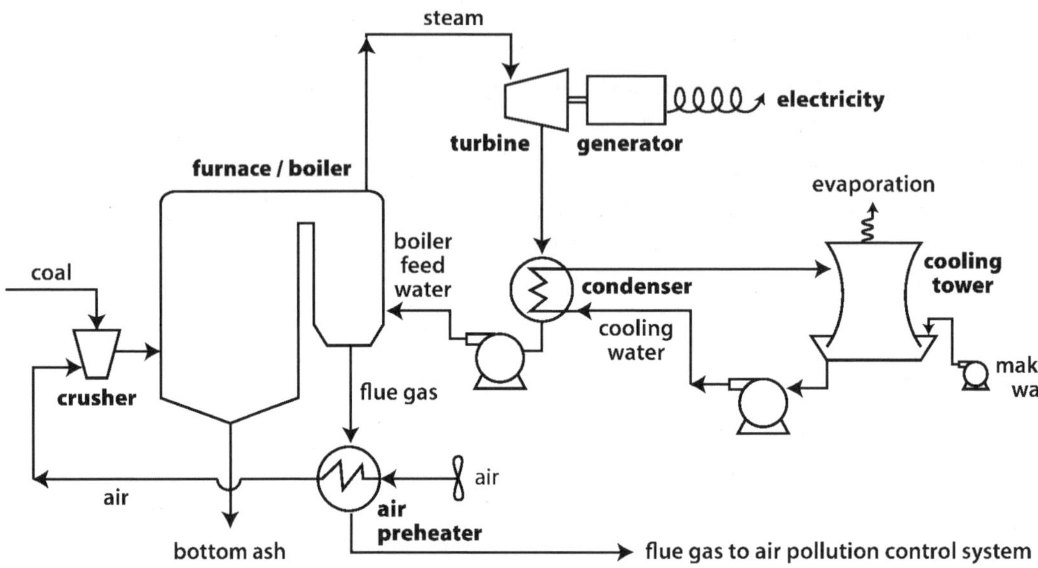

그림 2.4 석탄화력발전소의 간단한 공정흐름도

그림 2.5 석탄화력발전소의 냉각탑

스팀이 터빈 속을 이동하면서 압력과 열은 손실되고 터빈을 빠져나간다. 스팀은 응축되어 물로 변환되며 다시 보일러로 이동하여 재순환을 시작한다. 터빈을 빠져나가는 스팀이 응축되면서 버려진 폐열은 따로 분리된 대형 열교환장치 속을 순환하는 냉각수에 흡수된다. 최종적으로 대형 냉각탑을 통해 대기 중으로 방출된다 (그림 2.5를 참조하라).

다량의 공기가 보일러 속으로 미분탄을 송풍하기 위해 사용된다. 질소와 과잉 산소, 석탄연소로 인해 생성된 모든 배출가스를 **연도가스** (flue gas)라고 부른다. 이 뜨거운 가스흐름은 연소지역 (combustion zone)을 빠져나가며 보일러를 통해 계속 이동하면서, 그 열을 다른 유체에 전달한다. 이 열은 매우 가치가 크기 때문에 발전소는 가능한 많은 열을 회수하도록 설계되고 있다. 물을 스팀으로 변환시키기 위해 끓인 후, 뜨거운 연도가스는 스팀 과열장치부 (superheater section)를 통과하는데, 이곳에서 스팀으로 변환된다. 이때 가스는 이코노마이저 (economizer: 에너지 절약장치) 속을 흐르는데, 이곳에서 공급수는 보일러로 유입되기 이전에 예열된다. 최종적으로 연도가스는 공기예열기를 통과하며, 이곳에서 유입되는 공기를 예열한다. 이때 냉각된 연도가스 (아직도 350～400 °F인 열을 가지고 있다) 속에는 석탄을 연소하며 생성된 각종 오염물질이 함유되어 있다. 따라서 반드시 대기오염방지장치를 거쳐야 한다. 방지설비는 오염물질의 양과 종류에 따라 다양하며 최종 배출가스에 대한 지방정부와 연방정부의 규제내용에 따라서도 달라진다.

열을 회수하고 가능한 많은 열을 이용함에도 불구하고, 기존 석탄화력발전소는 석탄연소열을 모두 전기로 변환시킬 정도로 에너지 효율이 높지 않다. 열을 유용한 일로 변환시키는 과정은 열역학적으로 한계가 있다. 카르노사이클 (Carnot cycle: 그림 2.6 참조)은 고전적인, 그러면서도 이상적인 열역학적 열기관이다. 식 (2.6)과 같이, 총괄열효율은 열을 전기로 변환하는 높은 온도와 열을 환경으로 방출하는 낮은 온도에 의존한다. 전형적인 스테인리스강관은 약 1,050 °F (약 840 K)에서 부드러워지기 시작하며 (최고온도 한계점), 약 85 °F (약 305 K)에서 열은 냉각수에 흡수된다 (최저온도 한계점). 식 (2.6)을 사용하여 카르노 효율의 한계점을 계산하면 약 64%이다.

$$\eta = \frac{W}{Q_H} = \frac{(Q_H - Q_C)}{Q_H} = 1 - \frac{T_C}{T_H} \tag{2.6}$$

여기서, η = 효율

W = 기관에 의한 일

Q_H = 고온 T_H에서의 기관으로 유입되는 열

Q_C = 냉온 T_C에서 소비되는 폐열

T_H와 T_C = 고온과 냉온, K

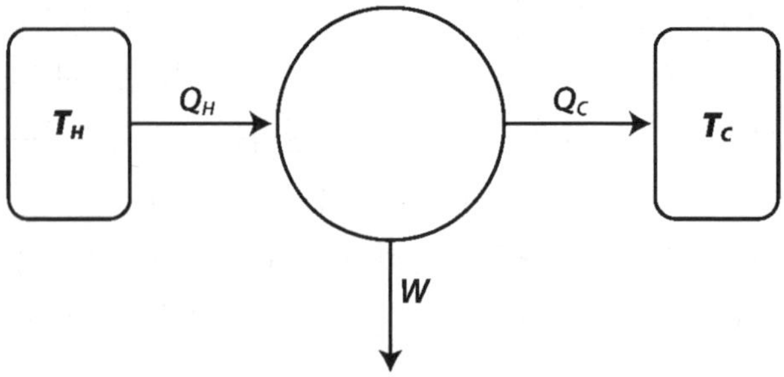

그림 2.6 카르노 열기관의 개략도

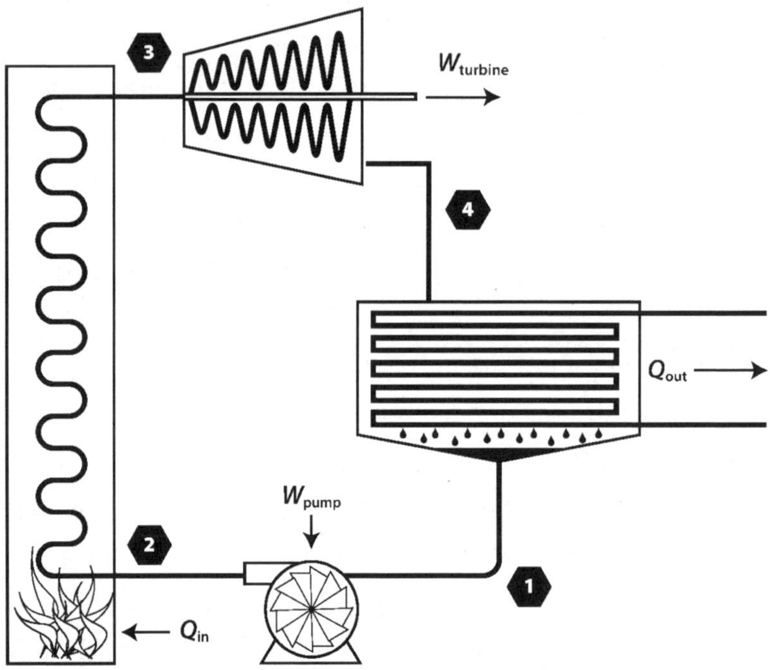

그림 2.7 랭킨사이클의 이상적인 개략도

그러나 64%라는 이론적 한계치도 비현실적으로 높은데, 이는 카르노 열기관 사이클이 그림 2.4에 도식된 스팀 화력발전소에는 적용할 수 없기 때문이다. 이런 발전소에서는 랭킨사이클(Rankine cycle)이 곧 잘 적용된다 (그림 2.7을 참고하라). 랭킨사이클의 이론적 최저 한계, 열전달 매체로서 물을 이용하는 현실, 실제 사용되는 장치의 한계, 방지장치를 가동하기 위해 사용되는 엄청난 양의 에너지 등등의 이유로, 가장 최신 석탄화력발전소라고 해도 카르노 기관의 한계치보다 매우 낮은 가동 열효율을 갖는다. 과거 50년 동안 서서히 발전해 왔으며, 비록 느리지만 가동효율은 꾸준히 상승해 왔다. 1950년대에 30%대의 효율에서 2008년도에는 약 40%의 효율을 보이고 있다. 고효율을 추구하는 이유는 돈을 절약할 수 있을 뿐 아니라, 단위전력생산당 배출되는 온실가스의 양을 줄일 수 있기 때문이다. 사실상 최근 10년간, 효율을 40% 이상에서 50% 가까이까지 끌어올리기 위해서, 물질 (신형 강합금)과 기술 (초임계 스팀공정) 분야에서 돌파구를 찾는 연구들이 진행되고 있다.

물질과 에너지 수지식을 사용하는 예를 보여주기 위해, 몇 개 작은 문제들로 구성된 예제 2.3을 준비하였다.

예제 2.3 750 MW급 석탄화력발전소가 있다. 석탄의 물성은 다음과 같다: 열량=23,500 kJ/kg, 탄소함량=60%, 재함량=9%, 황함량=2.2%, 수은함량=120 ppb이다. 이 공장의 총괄열효율은 37.5%이다. 재의 20%는 고로의 하부로 떨어지고 나머지는 비산재 (fly ash)로서 배출가스에 섞여 빠져나간다고 가정하라. 전기집진기 (ESP)로 분진을, 습식세정기로 SO_2를 포집한다. 요구되는 방지장치의 효율은 ESP 99.4% 및 습식세정기 92%이다.

(a) 주변환경으로 배출되는 열을 kJ/s 단위로 계산하라.
(b) 고로에 주입하는 석탄의 양을 metric ton/day 단위로 계산하라.
(c) 대기로 배출되는 비산재의 양을 kg/day 단위로 계산하라.
(d) 대기로 배출되는 SO_2의 양을 kg/day 단위로 계산하라.
(e) 대기로 배출되는 Hg의 양을 g/day 단위로 계산하라 (약 30%의 수은이 세정기에서 제거된다고 가정하라).
(f) CO_2의 배출량을 metric ton/day 단위로 계산하라.

풀이 (a) 우선 간단한 에너지수지 개략도를 다음과 같이 그린다.

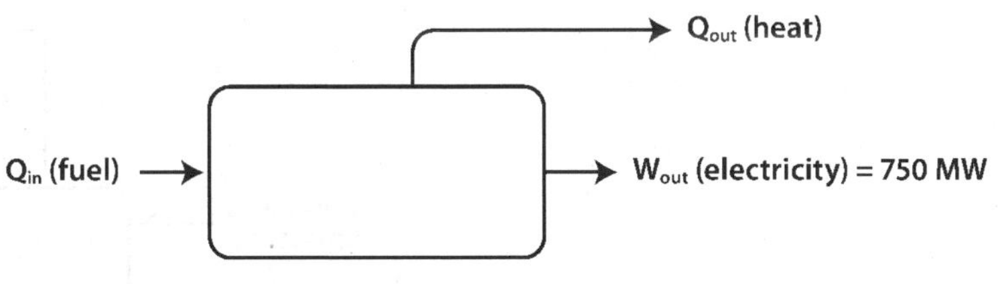

유입되는 에너지의 37.5%가 전기에너지로 변환되므로,

$$Q_{in} = \frac{750\ \text{MW}}{0.375} = 2{,}000\ \text{MW}$$

주변환경으로 배출되는 열:

$$Q_{out} = (1 - 0.375) \times 2{,}000\ \text{MW} = 1{,}250\ \text{MW}$$

kJ/s 단위로 환산하면,

$$Q_{out} = 1{,}250\ \text{MW} \times \frac{1{,}000\ \text{kW}}{1\ \text{MW}} \times \frac{1\ \text{kJ/s}}{1\ \text{kW}} = 1.25 \times 10^6\ \text{kJ/s}$$

(b) 에너지 유입량과 석탄의 열량으로부터 석탄 주입량을 계산하면,

$$\text{석탄의 주입량} = 2{,}000\ \text{MW} \times \frac{1{,}000\ \text{kW}}{1\ \text{MW}} \times \frac{24\ \text{hr}}{1\ \text{day}} \times \frac{3{,}600\ \text{kJ}}{1\ \text{kWh}} \times \frac{1\ \text{kg}}{23{,}500\ \text{kJ}} \times \frac{1\ \text{tonne}}{1{,}000\ \text{kg}}$$
$$= 7{,}353\ \text{tonne/day}$$

(c) 대기로 배출되는 분진량을 계산하기 위하여, 유입되는 공기와 석탄, 배출되는 연도가스 등이 나타난 그림을 그린다.

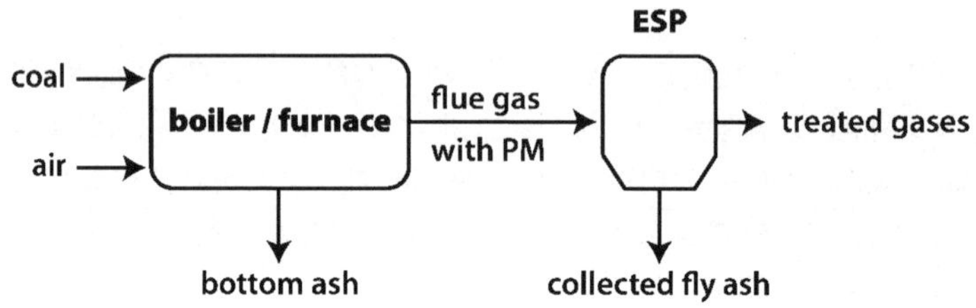

석탄에 함유되어 함께 유입되는 재의 양을 계산하면,

$$\frac{7{,}353\ \text{tonne coal}}{\text{day}} \times \frac{1{,}000\ \text{kg}}{\text{tonne}} \times \frac{0.09\ \text{kg ash}}{\text{kg coal}} = 661{,}800\ \text{kg/day}\ (\text{유입되는 재의 양})$$

처리가스와 함께 고로를 벗어나 ESP에서 배출되는 비산재의 양을 계산하면,

$$\frac{661{,}800\ \text{kg}}{\text{day}} \times (1-0.20) \times (1-0.994) = 3{,}176\ \text{kg/day}\ (\text{배출된 재의 양})$$

(d) 대기로 배출되는 SO_2의 양을 계산하기 위해 습식세정기가 포함된 그림을 그린다.

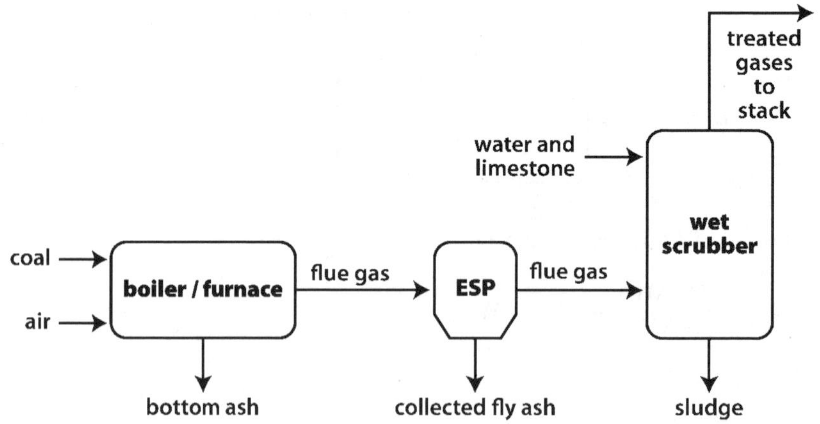

석탄에 함유되어 함께 유입되는 황은 고로에서 SO_2로 산화된다. 황과 SO_2의 분자량은 각각 32 및 64이다. 따라서,

$$\frac{7{,}353 \text{ tonne coal}}{\text{day}} \times \frac{1{,}000 \text{ kg}}{\text{tonne}} \times \frac{0.022 \text{ kg S}}{\text{kg coal}} \times \frac{64 \text{ kg } SO_2}{32 \text{ kg S}} \times (1-0.92) = 25{,}880 \text{ kg/day}$$

(e) 대기로 배출되는 Hg의 양을 계산하기 위해, 석탄에 함유되어 함께 유입되는 수은에 대해 질량수지를 계산한다. 이 추정량은 수은이 비산재와 함께 포집되며, 또한 SO_2 세정기에서 약 30% 이상이 포획되므로 매우 보수적으로 계산된 양이다.

$$\frac{7{,}353 \text{ tonne coal}}{\text{day}} \times \frac{1{,}000 \text{ kg}}{\text{tonne}} \times 120 \text{ ppb} \times \frac{10^{-9}}{1 \text{ ppb}} \times (1-0.3) = 0.618 \text{ kg Hg/day}$$

(f) 대기로 배출되는 CO_2의 양을 계산하기 위해, 석탄에 함유되어 함께 유입되는 탄소에 대해 질량수지를 계산한다.

$$\frac{7{,}353 \text{ tonne coal}}{\text{day}} \times \frac{0.6 \text{ tonne C}}{\text{tonne coal}} \times \frac{44 \text{ tonne } CO_2}{12 \text{ tonne C}} = 16{,}180 \text{ tonne } CO_2/\text{day}$$

Hong and Slatick (1994)은 미국 내 각종 석탄에 대한 CO_2 배출계수 (EF: emission factor)를 구하였다. 배출계수의 값은 각각 역청탄 205, 갈탄 216, 무연탄 227 lb CO_2/million Btu이다.

예제 2.4 예제 2.3의 석탄에 대한 CO_2 배출계수를 유도하라.

풀이 우선 1백만 Btu를 기준으로 계산하자.

$$\frac{10^6 \text{ Btu}}{1 \text{ million Btu}} \times \frac{1 \text{ kg coal}}{23{,}500 \text{ kJ}} \times \frac{2.205 \text{ lb}}{1 \text{ kg}} \times \frac{1 \text{ kJ}}{0.948 \text{ Btu}} \times \frac{0.60 \text{ lb C}}{1 \text{ lb coal}} \times \frac{44 \text{ lb } CO_2}{12 \text{ lb C}} = \frac{218 \text{ lb } CO_2}{1 \text{ million Btu}}$$

2.4 기술경제학

오염방지 과제는 일반적으로 수정과 변경이 가능하다. 즉, 몇 가지 해결책이 항상 존재한다. 앞서 언급한 것처럼 설계과정에서 가장 중요한 결정사항은 기술적이고 경제적으로 유용한 해결 대안책을 선정하는 것이다. 비록 결정과정에서 요구되는 경제원리에 관한 자세한 논의는 이 책의 영역 밖이지만, 설계공학자들에게 꼭 필요한 기본적 절차만을 소개하겠다.

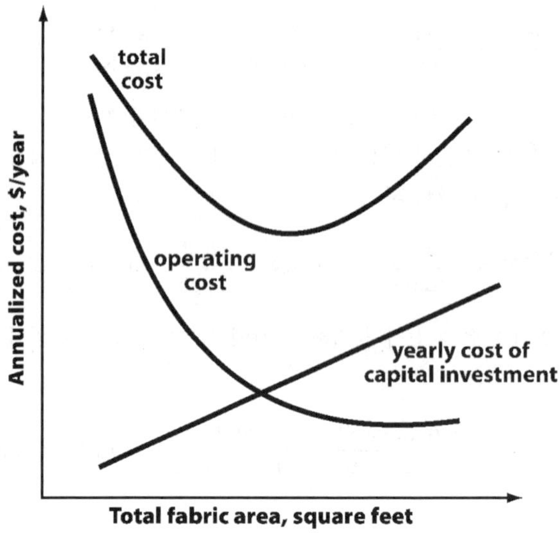

그림 2.8 여과집진 (fabric filters)에 대한 운영비와 고정자본비와의 관계

고정자본비와 운영비의 최적화

새로운 대안책에 대한 비교절차를 살펴보기 위해, 우선 기본사례 (base case)를 정의하자. 기본사례란 최소의 자본으로 원하는 방지효과를 얻을 수 있는 방법이다. 기본사례는 거의 최적조건 하에서 가동되는 장치를 의미한다. 전형적인 여과집진법에 대해, 그림 2.8에 도식한 것처럼 고정자본비와 운영비 사이에는 일반적으로 반비례 관계가 있다. 이 관계를 여과포의 면적 (자본비)과 압력손실 (운영비) 사이에서 찾을 수 있다. 경제적 관점에서 최적 조건은 최소 총 비용 영역 안에 존재할 때이다. 최저 총 비용이 드는 공정설계와 최적 운영되는 공정설계는 차이가 있다. 여기서 장치운영의 최적화란 작업의 편이성, 제거효율의 안정성 및 유지보수의 최소화를 의미한다. 이러한 운영상의 고려사항으로 경제적 최적화 측면에서는 다소 벗어난 공정설계가 강요될 수 있다. 따라서 설계공학자들은 위에 언급된 "최적화"라는 용어를 정의할 때 주의해야 한다.

감가상각

방지장치와 같은 모든 물리적 자산 (asset)은 노후 또는 낙후에 의해, 즉 시간이 경과함에 따라 가치가 감소한다. 장치의 노후는 물리적 마모, 또는 대개의 경우 부식 때문에 발생한다. 낙후는 기술의 발전 또는 제어기준이 변화함에 따라 발생한다. 어느 경우이든, 결국 장비의 폐기 및 자본의 대체가 필요하다는 의미이다. 감가상각 (depreciation)은 합법적인 운영비로 인식되고 있으며 소득세 정산과정에서 인정받을 수 있다. 감가상각은 여러 가지 방법으로 계산할 수 있는데 보통 회사정책에 따라 방법이 결정된다. 모든 방법은 장비의 사용연한과 폐장비의 가격항목을 요구한다. 예비 비용평가에서, 흔히 다음 수식에서와 같이 직선으로 가정하고 감가상각을 계산한다.

$$d = \frac{V_R - V_S}{n} \tag{2.7}$$

여기서, d = 연간 감가상각비

V_R = 초기 장비가격

V_S = 폐장비가격 또는 중고가

n = 사용연한, 년

사용 a년 후의 자산가치는 다음 식과 같다.

$$V_a = V_R - d \times a \tag{2.8}$$

여기서, V_a = 자산가치

a = 사용기간, 년

예비 비용산정에 흔히 사용되는 방법 중 하나는 평균사용기간을 10년으로 가정하고, 10년 후 장비가격을 0으로 계산하는 방법이다. 이 조건하에서 매년 감가상각은 초기 가격의 10%이다.

한 신설회사가 초기 발전기간 동안 세금을 적게 내기 위해, 초창기 몇 년 동안 감가상각이 더 일찍 이루어지기를 바란다. 이 경우 **정률법** (declining-balance method)이 흔히 사용되고 있다. 정률법이란 감가상각의 시작년도를 기준으로 연간 감가상각을 자산가치의 고정백분율로 표시하는 방법이다. 사용연한이 되었을 때 자산가치는 아래와 같다.

$$V_a = V_R(1-f)^a \tag{2.9}$$

여기서, f = 무차원의 고정백분율

사용연한 (n)이 되었을 때 자산가치는 다음과 같다.

$$V_S = V_R(1-f)^n \tag{2.10}$$

1981년 이전에 사용되기 시작한 감가상각 자산에 대해, 미연방 세무국은 1차년도의 두 배에 상당하는 정률계수의 사용을 허용하고 있다. 1981년 **경제회복조세법** (Economic Recovery Tax Act of 1989)에 의하면, 1981년 이후의 모든 감가상각 대상자산을 자본회수촉진 시스템 (accelerated capital recovery system: ACRS) 도표에 나타난 비율로 감가상각하여야 한다. 1986년 ACRS는 1986년 **조세개혁법** (TRA-86: Tax Reform Act of 1986)에 의거하여 수정되었다

(현재는 MACRS라고 불린다). 이 법률 때문에 자산의 더 빠른 감가상각이 허용되었다. 이 수정된 감가상각 규정은 이중정률법 (double-declining-balance method)과 유사하다. TRA-86은 산업체로 하여금 신규 장치구입을 촉진시켰으며, 그 효력은 오늘날까지 계속되고 있다. MACRS 하에서, 모든 재산은 폐처분가격을 인정하지 않는 사용연한까지 3, 5, 10, 15 또는 20년으로 분류된다. 오염방지장치를 포함한 대부분의 공정장치는 5년 그룹으로 분류되고, 1986년 이후 가동되는 장치의 감가상각률은 다음과 같다.

년	비 율
1*	20%
2	32%
3	19.2%
4	11.52%
5	11.52%
6*	5.76%

* 반년 감가상각이 첫 번째 해와 마지막 해에는 허용된다.

감가상각과 세금이 미치는 자세한 영향에 대해서는 Steiner (1992)의 저서를 참고하라. IRS 보고서 534와 946은 자산목록과 허용가능한 감가상각률을 제공하고 있다. Humphreys 등 (1992)은 ACRS와 MACRS의 감가상각 조건을 검토하고 제시하였다.

예제 2.5 회사 A와 B는 2007년에 똑같은 벤튜리 세정기를 각각 $75,000에 샀다. 사용연한은 5년으로 추정되었다. 두 회사에 대한 법인소득세율은 50%이었다. 회사 A는 감가상각 직선식을 사용하였고, 회사 B는 MACRS 방법을 사용하였다. 그들의 감가상각 계산과정을 토대로 장치가동 첫 3년간 회사 B는 얼마나 많은 돈을 절약할 수 있는지 계산하라.

풀이 회사 A의 감가상각 추정액 :

$$d_A = \frac{\$75,000}{5} \times 3 = \$45,000$$

회사 B의 감가상각 추정액 :
첫 3년간 MACRS 감가상각비는 초기비용의 71.2%이다. 이 3년간 감가상각비는

$$d_B = \$75,000 \times 0.712 = \$53,400$$

각 회사의 법인세율이 50%이므로, 회사 B는 다음 비용을 줄일 수 있다.

$$0.50 \times (\$53,400 - \$45,000) = \$4,200$$

실질적으로 모든 회사는 조세목적상 세법이 허용하는 가장 유리한 방법을 사용하겠지만, 공학자들은 보편적으로 감가상각 직선식을 사용한다.

투자회수율

투자 수익성을 결정할 때 자주 이용되는 방법은 **투자회수율** (rate of return on investment: ROI)이다.

$$\text{ROI} = \frac{P}{I} \times 100 \tag{2.11}$$

여기서, ROI = 투자회수율, %
P = 투자로 인한 연이익 (수입 − 지출)
I = 총 투자액

증가된 투자회수율은 두 가지 설비 중 증액된 이익과 증액된 투자를 기초로 산출된다. 이 과정에서는 우선 기본사례로서 최소 투자비가 드는 설비사례를 선정하고 이를 대안사례와 비교한다.

때때로 한 회사가 공해방지설비에 투자할 때, 모든 대체가능한 설비가 돈만 들 뿐 실질적으로 이득이 없을 수도 있다. 그러나 법규를 준수하기 위해 이러한 설비투자에 직면했을 때, 회사는 여러 개의 설비 중 (각 설비는 당연히 공해문제를 해결하는) 최선의 대안설비를 선택하여야 한다. 이러한 경우에도 증가된 ROI의 개념은 계속 유효하다. 즉, 설비간의 비교를 통해 비용을 절감할 수 있으며, 비용절감이 '이윤'으로 간주될 수 있다. 최근에는 배출거래제도에 의거하여 공해방지 신용거래가 공개시장에서 이루어지고 있다. 따라서 일부회사는 법규가 정하는 규제요건을 훨씬 초과하는 대안설비에도 기꺼이 투자하기를 희망한다. 이 경우 공개시장에서 신용거래가 이루어진다.

예제 2.6 한 주물공장이 분진을 제어하기 위해 사이클론을 구매하여야 한다. 모든 제어규정을 준수할 수 있는 사이클론은 탄소강 재질로서 최저 입찰을 통해 설치비 $35,000가 예상되었다. 이 장치의 내구연한은 5년이다. 반면, 스테인리스강 재질의 사이클론에 대한 입찰제의서에 의하면, 유지비와 전력비 측면에서 1년에 $1,100의 절감과 10년 보증을 약속하였다. 스테인리스강 사이클론의 설치비는 $60,000이다. 두 사이클론 모두 폐품 값을 인정하지 않는다. 만약 이 회사가 모든 투자에 대해 12%를 세금 전에 회수해야 한다면, 어떤 사이클론을 구매해야 하는가?

풀이 탄소강 사이클론의 감가상각 $= \dfrac{\$35{,}000}{5} = \$7{,}000/\text{yr}$

스테인리스강 사이클론의 감가상각 $= \dfrac{\$60{,}000}{10} = \$6{,}000/\text{yr}$

스테인리스강 사이클론의 총 연간절감액 $= (\$7{,}000 - \$6{,}000) + \$1{,}100 = \$2{,}100/\text{yr}$

투자증가분 $= \$60{,}000 - \$35{,}000 = \$25{,}000$

증가된 투자회수율 $= \dfrac{\$2{,}100}{\$25{,}000} \times 100 = 8.4\%$

회수금의 증액분이 회사의 요구치를 초과하지 않으므로 고액 입찰가를 받아들여서는 안 된다. 이 경우 회수 증액분이 크게 높지 않으므로, 스테인리스강 사이클론에 대해서도 신중히 고려할 필요가 있다. 왜냐하면 5년 후 두 번째 탄소강 사이클론을 재구매하여야 하기 때문에, 아마도 스테인리스강 사이클론이 더 좋은 선택이 될 수도 있다.

대안설비의 비교

비교 가능한 서너 개의 대안설비가 있을 때, 다음과 같은 점진적 분석이 이루어져야 한다.

1. 최소 설치비용이 드는 설비를 기본사례 설비로 선정하고, 사례1로 지정하라.
2. 고액 설비에 대해 비용증가 순으로 사례2, 사례3으로 지정하라.
3. 사례1과 사례2 사이의 증가된 투자회수율을 계산하라. 만약, 회수율이 허용범위에 있다면 사례2가 기본사례로 되며, 회수율을 받아들일 수 없다면 사례1이 기본사례가 되고, 사례2는 폐안 처리된다.
4. 사례3과 기본사례 사이의 투자회수율을 계산하라. 회수율이 허용범위에 있다면 사례3이 기본사례가 되며, 회수율을 받아들일 수 없다면 사례3은 폐기된다.
5. 모든 사례가 검토될 때까지 이 과정을 계속하라.

회수기간

한 프로젝트에서 수익성을 검토하는 간단한 방법은 감가상각되는 고정자본 투자비를 회수하는데 필요한 기간을 계산하는 것이다. 이 기간을 회수기간 (payout period)이라 하며 다음과 같이 정의된다.

$$\text{회수기간} = \frac{\text{고정자본투자비}}{(\text{연간 이윤} + \text{연간 감가상각비})_{\text{평균}}} \tag{2.12}$$

이 회수기간은 고정자본투자비 속에 프로젝트 전체기간 중 발생되는 이자비용을 포함시켜 조정할 수도 있다.

2.5 방지장치의 가격산정

회사 경영자는 오염방지장치에 대한 자본비와 운영비에 대한 예산을 세워야 한다. 정확한 가격산정은 지출우선순위를 세울 수 있기 때문에 회사의 결정과정에 필수적이다. 물론 모든 장치 설계과정에서 큰 제약점이 있다면, 회사의 수익성 구조를 그대로 유지하기 위해 방지장치의 필요성을 무시해 버리는 일이 벌어질 수도 있다.

장치 가격에 영향을 주는 요소로는 회사의 정책, 지방정부와 연방정부의 법규, 국가 경제상황 등이 있다. 각 회사는 장치선정을 제한할 수 있는 엄격한 설계기준을 세워야 한다. 장치제작자와의 노조협약과 회사동의는 가격에 간접적으로 영향을 줄 수 있다. 정부의 각종 법규 역시 감가상각정책과 조세정책 등을 통해 가격에 커다란 영향을 줄 수 있다.

가격산정법은 요구되는 정확도에 따라 몇 가지 종류로 나눌 수 있다. 보통 장치가격을 산정하는데 3단계의 정확도 수준이 있다.

1. 개념적 계획에 의한 개략산정법 : 정확도는 ±50% 또는 그 이상
2. 프로젝트의 초기 가부결정 과정에 대한 예비산정법 : 정확도는 ±30%
3. 예산수립에 필요한 최종 공학적 세부산정법 : 정확도는 ±5%

고도로 정밀한 가격추정은 거의 필요하지도 않고 요구하지도 않는다. 예를 들어, 설계과정의 첫 단계 (결정점1 또는 결정점2에서와 같은 단계: 그림 2.1 참조)에서는 기술자가 허용가능한 대안장치를 결정할 때 가격을 대략적으로 산정해도 충분하다. 각 대안마다 정밀하게 가격을 추정하면서 시간과 돈을 낭비하는 짓은 어리석은 일이다. 초기단계에서는 요구하는 정확도에 따라 노력의 수준도 함께 맞추어야 한다.

자본비를 공학적으로 추정하는 일은 정보를 필요로 한다. 일반적으로 정보가 많을수록 추정은 정확해진다. 예비산정과정에서 필요한 정보는 대략적 공정흐름도, 주요 방지장치의 초기 규모와 용량, 필요한 공공요금 (전기, 스팀, 물, 가스, 폐기물 등)의 어림 산정, 덕트, 펌프, 모터 등 보조장치의 초기 규모 등이다 (U.S. EPA, 2002). 이러한 견적은 장치의 종류와 크기, 유사장치의 과거가격 등에 기초한 일반 수식과 과거가격 자료에 기초한 그래프를 통해서 얻을 수 있다. 또한 가격지표 또는 외삽법을 이용하여 연도에 따라 견적을 갱신할 수 있다.

EPA는 대기오염방지장치의 가격을 연구하는데 수십 년을 보냈다. 가격은 일부 규제를 설정할 때, 또는 규제 준수를 이유로 표준 제어사양을 결정하기 위해 대안책을 분석할 때 중요한 고려사항이 된다. 이 책에 제시된 대부분의 가격 공식과 그래프는 EPA의 연구결과와 보고서에서 발췌한 것이다. 가장 최근의 보고서는 “Air Pollution Control Cost Manual (2002)”이다. 이 책자에는 광범위한 산업체에 설치된 각종 다양한 방지장치에 응용할 수 있는 정보를 담고 있다.

하지만 책자에 언급되어 있듯이, 대형 석탄화력발전소는 더 크고 더 구체적인 장치를 필요로 한다. 또한 석탄화력발전사업은 전력연구소 (EPRI: Electric Power Research Institute)에서 발간한 안내서에 입각하여 기술과 가격을 분석하고 있다. 즉, 해당산업 안팎과 비교하여 "가격평준화"를 분석하고 있다. EPRI에서는 기술평가지침서 (TAG: Technical Assessment Guide)를 주기적으로 발간하고 있는데, 주로 회원들에게만 정보를 제공하고 있다. 다음 문단에서 설명한 것처럼, EPA도 석탄화력발전소에 대한 방지장치의 구체적 가격산정을 위해 소프트웨어를 개발해 왔다.

EPA는 석탄화력발전소와 관련한 방지장치의 가격산정을 돕기 위해 스프레드시트 도구를 개발하였다. 이 도구는 "CUECost (Coal Utility Environmental Cost)"라고 불리는데, 석탄화력발전소의 완벽한 방지장치에 대한 총 설치자본비 (TIC: total installed capital cost)와 연간운영비 (AOC: annual operating cost)를 개략적으로 산정하는 (±30%), 엑셀 환경의 워크북 (workbook)이다. 사용자가 발전소의 등급별 계수값, 석탄종류, 과잉공기 %, 공기 수분량, 요구되는 제거효율 등을 입력하면, CUECost는 분진, NO_x, SO_x를 제어하기 위해 필요한 방지장치의 크기와 가격을 추정해준다. 워크북은 여러 개의 입력자료 결과를 쉽게 나란히 비교할 수 있도록 5개 시나리오 결과를 열 (column)로 보여주고 있다.

워크북과 관련된 문서들은 EPA의 기술이전망/청정공기기술센터 (TTN/CATC: Technology Transfer Network/Clean Air Technology Center)에서 무료로 내려 받을 수 있다. 이 센터의 웹사이트는 방지장치를 다룬 수많은 자료표 (fact sheet), 보고서, 기타 정보를 제공하고 있다. 또한 방지장치의 작동원리와 가격산정을 제공하고 있다 (http://www.epa.gov/ttn/catc/products.html). CUEcost에 대해 내려 받을 수 있는 파일들은 "Software" 항목에 있다. CUEcost의 사용법을 배우기 위해서 혼자 공부한다면 몇 시간 정도 걸리지만, 학술발표와 산업체에서 빈번하게 거론되기 때문에, 학생들과 전문직 종사자들은 시간을 투자하여 공부할만하다. 또 다른 컴퓨터 가격산정모델은 미연방 에너지기술연구소를 위해 카네기멜론 대학교가 개발하였다. 이 모델이름은 종합환경제어모델 (IECM: Integrated Environmental Control Model)인데, 최신 컴퓨터 그래픽기능 사용자 인터페이스 (GUI: graphical user interface)를 포함하고 있다. IECM과 관련한 추가정보와 무료 내려받기는 http://www.cmu.edu/epp/iecm/index.html에서 가능하다.

이용 가능한 가격정보가 수개월에서 수년이 지난 낡은 자료라면 물가상승에 대한 영향을 보정해야 한다. 많은 종류의 대기오염방지장치에 대한 가격정보는 다음 절에서 언급할 것이다. 최근 장치의 가격산정은 발표된 가격지표 (cost index)에 외삽법 (extrapolation)을 적용하여 계산할 수 있다. **가격지표**는 특정시점에서의 장치비용과 과거 기준시점에서의 비용을 비율로 표시한 것이다. 가격지표에 대한 정보는 도매 및 소매로 나누어, 노임과 자재에 대해 정부에서 발표하고 있다. 가장 잘 알려진 지표는 매년 물가상승 정보를 제공하는 소비자 물가지표 (consumer price index: CPI)이다. 장치 또는 공정 가격지표는 다음과 같이 최근 장치가격을 산정할 때 이용된다.

$$\text{현재가격} = \text{과거가격}\left[\frac{\text{현재지수}}{\text{과거지수}}\right] \tag{2.13}$$

공정과 방지장치의 가격산정에 빈번하게 사용되는 두 개 지표가 표 2.1에 제시되어 있다. Marshall-Swift 지표와 화공가격지표 (Chemical Engineering Cost Index)에 대한 간단한 설명은 최근호 잡지 *Chemical Engineering*을 참고하라.

표 2.1 장치의 가격지표

연 도	Marshall-Swift 장치가격지표 (1926=100)	Chemical Engineering Plant Cost Index (1958=100)
1981	721.3	297.0
1982	745.6	314.0
1983	760.8	316.9
1984	780.4	322.7
1985	789.6	325.3
1986	797.6	318.4
1987	813.6	323.8
1988	852.0	342.5
1989	895.1	355.4
1990	915.1	357.6
1991	930.6	361.3
1992	943.1	358.2
1993	964.2	359.2
1994	993.4	328.1
1995	1027.5	381.1
1996	1039.1	381.7
1997	1056.8	386.5
1998	1061.9	389.5
1999	1068.3	390.6
2000	1080.6	392.6
2001	1093.9	394.3
2002	1104.2	395.6
2003	1123.6	402.0
2004	1178.5	444.2
2005	1244.5	468.2
2006	1302.3	499.6
2007	1373.3	525.4
2008	1449.3	575.4
2009	1486.6	521.9

출처 : 월간지 *Chemical Engineering*에서 발췌

공학에서 경제성 분석을 수행할 때 계획수립자들은 자본비와 운영비를 염두에 두어야 한다. 또한, 돈의 기간적 가치를 생각하여야 한다. 즉 오늘날 1달러는 물가상승으로 미래의 1달러보다 가치가 클 것이다. 가격분석을 할 때, 때로는 "현실달러 (current-dollar)" 가격으로 때로는 "불변달러 (또는 경상달러, constant-dollar)" 가격으로 분석이 이루어지는데, 현실달러 가격분석은 미래의 물가상승률, 이자율, 가격상승률 등을 가정하고 예견되는 물가상승을 분석에 반영한 것이다. 예를 들어, 2008년 달러기준으로 석탄의 가격이 $\$10.00/10^6$ Btu이고 물가상승률이 연 3%라고 가정한다면, 2018년에는 $\$13.44/10^6$ Btu가 될 것이고, 2028년에는 $\$18.06/10^6$ Btu가 될 것이다. 일반적으로 현실달러 가격은 쉽게 이해할 수 있다. 특히 단기간 분석이라면 더욱 쉽게 이해된다. 불변달러 가격분석은 기준연도 달러에 모든 미래연도의 가격을 제시하는 것이다. 위 예에서, 석탄의 가격은 2018년과 2028년에도 $\$10.00/10^6$ Btu가 될 것이다 (2008년 불변달러 기준을 명시하였기 때문). 불변달러 분석은 장기간 예측을 할 때 선호되는 방법이다. 이 책에서는 현실달러 분석을 사용할 것이다.

장치가격

공정장치의 가격은 다음 관계식에서와 같이, 크기 또는 용량과 상관성이 있다.

$$\text{가격}_B = \text{가격}_A \left[\frac{\text{용량}_B}{\text{용량}_A} \right]^b = \text{가격}_A \left[\frac{\text{크기}_B}{\text{크기}_A} \right]^{b'} \tag{2.14}$$

표 2.2 대기오염방지장치의 가격지수

장치의 형태	크기 범위	가격지수
건식 사이클론	5,000～100,000 cfm	0.65
다중 사이클론	10,000～200,000 cfm	0.65
세정기		
Impingement	5,000～90,000 cfm	0.80
중력 살수세정기	5,000～200,000 cfm	0.62
원심력 세정기	5,000～100,000 cfm	0.76
벤튜리, 저-에너지	5,000～100,000 cfm	0.76
벤튜리, 고-에너지	5,000～100,000 cfm	0.72
전기집진기	10,000～1,000,000 cfm	0.62
역류 여과집진기	1,000～100,000 cfm	0.60
고정상 흡착장치	2,000～20,000 cfm	0.70

출처 : Peters and Timmerhaus, 1991.

여기서, 용량$_B$ = 장치처리량, 표준단위 cfm, gpm 등

크기$_B$ = 장치크기, 표준단위 ft^2, ft^3 등

b, b' = 상수

지수 (exponent) b와 c는 0.5~0.8 사이에서 변하며, 대부분 장치는 평균 0.6~0.7 사이의 값을 갖는다. 각종 대기오염 방지장치의 전형적 지수값이 표 2.2에 있다.

예제 2.7 5,000 scfm로 설계된 탄소강 사이클론이 2003년에 $15,000로 구입되었다. 2007년에 구입된 10,000 scfm 탄소강 사이클론의 가격을 계산하라.

풀이 표 2.1의 Marshall-Swift (M-S) 가격지표 (cost index)를 사용하여, 2007년 5,000 scfm 장치의 가격을 외삽한다. 사이클론에 대한 가격지수 (cost exponent)는 표 2.2에 있다.

M-S 2003년 지표 = 1,123.6

M-S 2000년 지표 = 1,373.3

가격지수 = 0.65

$$\text{가격}_{(10{,}000\ \text{scfm},\ 2007)} = \$15{,}000\left(\frac{10{,}000}{5{,}000}\right)^{0.65}\left(\frac{1{,}373.3}{1{,}123.6}\right) = \$28{,}768$$

가격추정의 정확도 한계 때문에, 가격추정에 대한 답은 유효숫자 3자리를 넘지 않아야 한다. 따라서 답은 $28,800 (또는 경우에 따라 $29,000)으로 보고되어야 한다. 화공지표를 사용하면 $30,800 (또는 $31,000)로 추정된다.

2.6 공해방지방안을 위한 예비 고정자본비의 추정

완공된 산업공장에 대한 가격분석을 통해, 예비 총 설치가격 (TIC: total installed cost)의 추정은 장치의 주요부품에 대한 장치인도가격 (DEC: delivered equipment cost)을 산정하여 계산할 수 있다. 직간접 설치비는 DEC의 백분율로 산정되며 모든 가격은 합산되어 TIC로 계산된다. DEC는 본선인도 (f.o.b.: free-on-board) 장치구입가격 (PEC: purchased equipment cost)과 기타 부가비용의 함수이다. 본선인도가격은 제작자가 고객에게 청구하는 비용으로, 기차, 트럭 등에 적재하는 비용 (loading charge)은 포함되지만 배송료 (shipping charge)를 포함한 기타 비용은 포함되지 않는다. 대기오염방지장치의 설치비용을 추정할 때에도 비슷한 방법을 사용한다. 방지장치의 평균설치비용은 표 2.3에 제시되었다. 이러한 계수들은 일반지침으로 사용가능하지만 특수장치를 설치할 때에는 보정되어야 한다.

예제 2.8 1,000 scfm 여과집진기의 인도가격은 $22,000이다. 이 장치가 실외에 기존 콘크리트 기초 위에 설치될 때, 이 장치에 대한 총 고정자본 투자비를 추정하라.

풀이 불필요한 항목을 생략하고 표 2.3을 이용한다. 문제에 제시된 최소한의 정보에 입각하여 기초공사비와 도색 비용을 뺄 수 있다. 소위 고정자본 투자비용이라고 불리는 총 설치비는 다음과 같다.

$$총\ 비용 = \$22{,}000 \times (2.17 - 0.04 - 0.02) = \$46{,}420 \text{ or } \$46{,}400$$

표 2.3 자본비용 추정에 이용되는 평균 설치비용 인자들

직접비용	중력집진기	세정기	여과집진기	소각로	흡착장치
1. 장치가격					
a. 제어 및 보조장치	필요에 따라(P)				
b. 기기 및 제어장치	0.10				
c. 세금	0.03				
d. 선적	0.05				
부분합계 (DEC)	1.00 = 1.18×P				
2. 설치 직접비용					
a. 기초공사	0.04	0.12	0.04	0.08	0.08
b. 구조물 및 취급비용	0.50	0.40	0.50	0.14	0.20
c. 전기	0.08	0.01	0.08	0.04	0.08
d. 배관	0.01	0.05	0.01	0.02	0.05
e. 단열	0.02	0.03	0.07	0.01	0.02
f. 도색	0.02	0.01	0.02	0.01	0.01
g. 정지비용	필요에 따라				
h. 시설 및 건물	필요에 따라				
부분합계 (×DEC)	1.67	1.62	1.72	1.30	1.44
간접비용					
3. 설치 간접비용					
a. 기술 감독비	0.20	0.10	0.10	0.10	0.10
b. 건설, 현장비용	0.20	0.10	0.20	0.05	0.05
c. 건설비	0.10	0.10	0.10	0.10	0.10
d. 가동비	0.01	0.01	0.01	0.02	0.02
e. 평가시험비	0.01	0.01	0.01	0.01	0.01
f. 모형 연구비	0.02				
g. 비상준비금	0.03	0.03	0.03	0.03	0.03
총 계 (×DEC)	2.24	1.97	2.17	1.61	1.75

출처 : Neveril 등, 1978; Heinsohn and Kabel, 1999.

2.7 연간 운영비 추정

연간 운영비는 표 2.4를 이용하여 추정할 수 있다. 주요 운영비 항목은 노임, 공공요금(utilities), 그리고 감가상각비이다. 대부분 장치에서는 전기 · 가스 등의 공공요금이 다른 항목보다 훨씬 많이 든다. 한편, 산성가스를 제거하기 위하여 습식세정기와 분사건조기를 사용할 때, 화학약품의 가격이 그 외 운영비와 같거나 클 것이다.

흡착장치의 활성탄 교환과 촉매 소각로의 촉매교환과 같이, 주기적으로 구성물의 교체를 요하는 장치에서는 이 교체 비용이 직접 운영비에 포함된다. 활성탄과 촉매와 같은 주요 교체항목은 3~5년 간격으로 교환되고, 교환비용은 현재 가치로 총 교체비용을 고려하여 연간 비용을 계산할 수 있다. 연간 비용은 다음과 같이 계산할 수 있다.

$$\text{AOC} = C_R\left[\frac{i \times (1+i)^n}{(1+i)^n - 1}\right] \tag{2.15}$$

여기서, AOC = 연간 운영비

C_R = 구성물의 교체비용

i = 연 이자율

n = 교환주기, 년

대괄호 안의 표현을 자본회수인자 (capital recovery factor)라고 부른다.

표 2.4 연간 장치운영비

직접운영비	
노임	시간/년 × 가격/시간
감독비	운영 노임의 15%
유지보수비	고정자본투자비 (fixed capital investment: FCI)의 5%
공공요금	
전기료	kWh/년 × 가격/kWh
스팀	lb/년 × 가격/lb
냉각수	gal/년 × 가격/gal
간접운영비	
노임 간접비	총 노임의 60%
세금	고정자본투자비의 1%
보험료	고정자본투자비의 1%
감가상각비	규정대로

연습문제

2.1 의류 직물제조의 마지막 공정은 휘발성 용매로 직물을 건조시키는 과정을 포함한다. 건조기에 유입되는 젖은 옷감은 45% 용매를 함유하며, 건조된 옷감은 3% 용매를 함유한다. 공기가 8 lb/lb of solvent-free fabric의 유량으로 유입된다. 용매의 분자량은 60이다.

(a) 건조된 직물 속의 용매 백분율을 무게단위로 계산하라.

(b) 만약 배출가스가 1 atm, 160 °F이라면, 건조기 배출물 속의 용매농도를 mg/m^3 단위로 계산하라.

2.2 용광로 배출물처리 세정기에서 순환되는 물의 pH를 일정하게 유지하기 위해 50% NaOH 용액을 사용하는 회사가 있다. 용액의 가격은 톤당 선적인도가격 (free of board: f.o.b.)으로 $200이다. 공급자는 65% NaOH용액을 팔기를 원하고 있다. 회사는 해당가격이 선적비를 포함하면서, 같은 가격이라면 물을 함유할 필요가 없다고 주장한다. 만약 선적비가 톤당 $15이라면, 회사가 65% 용액에 대해 지불해야할 최대 가격은 톤당 얼마인가?

2.3 90%의 공기와 10%의 NH_3 (부피기준으로)를 배출하는 반응조가 있다. 배출물이 충전 세정기 (packed scrubber)에 의해 그림 P2.3과 같이 처리된다. 굴뚝을 통과하는 암모니아의 유량을 lb/day 단위로 계산하라.

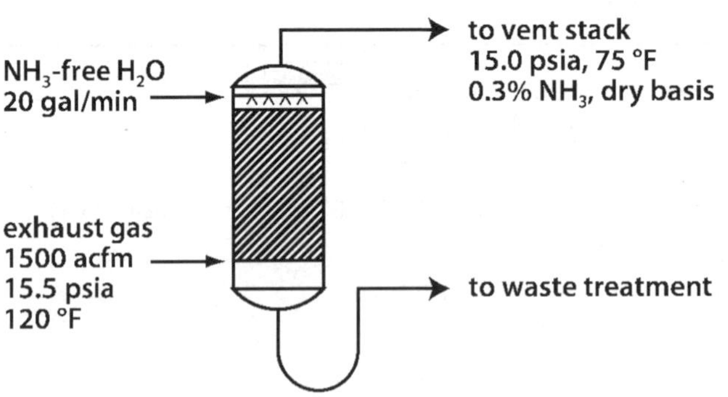

그림 P2.3

2.4 화학공정에서 배출가스가 1 atm, 250 °F인 지점 A (그림 P2.4 참조)에서 8,000 acfm 유량으로 흐르고 있다. 또한 유체는 압력이 4 in. H_2O (gage 값)인 송풍기에서 원형 덕트 속을 소각로를 향해 흐르고 있다. 연료가스(fuel gas)는 75 lb/hr 속도로 연소되고 있으며, 소각로의 배출가스 온도는 1,200 °F이다. 공정 배출가스와 소각로 배출가스는 공기와 같은 특성을 보인다고 가정하라. (a) 연료가스를 연소하여 추가된 엔탈피를 Btu/hr 단위로 계산하라. 열교환장치를 구매하여 소각로의 폐열을 회수한다고 가정하라. 열을 회수하는 동안, 뜨거운 폐가스는 500 °F로 냉각된다. 이 열에너지의 가치가 $7.00/million Btu라고 가정하라. (b) 열을 회수하여 절약한 돈은 얼마 정도인가? $/day 단위로 계산하라.

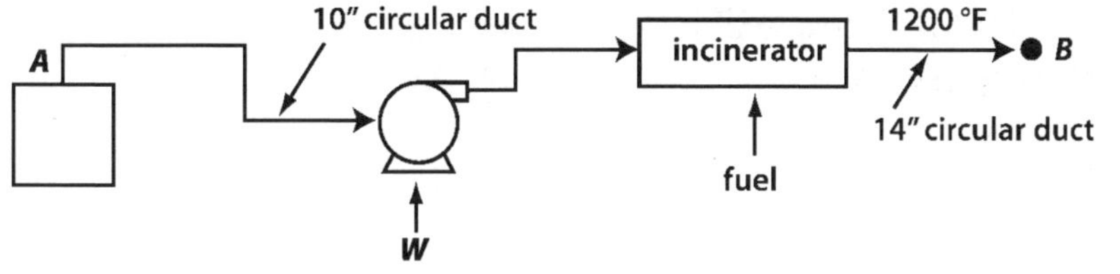

그림 P2.4

2.5 유리용광로의 제어공정은 1,400 °F에서 275 °F까지 B_2O_3를 냉각 · 응축하여 붕소를 제거하는 것이다. 냉각된 배출물은 역류 여과장치에 통과되어 B_2O_3 입자를 포함한 모든 부유분진이 제거된다. 공정의 예비흐름도를 필요한 보조장치와 함께 도식하라. 또한 이 설비에서 발생할 수 있는 운영상의 어려움을 기술하라.

2.6 문제 2.5에서 다룬 공정을 UOP 습식세정기로 처리하려고 한다. UOP 세정기는 기-액 접촉을 향상시키기 위해, 각 판 (tray) 위에 플라스틱 구가 깔려있는 공정설비이다. 세정액은 침전조에서 정화되어 세정기로 재순환된다. 또한 슬러지는 침전조 끝에서 펌핑될 것이다. 펌프와 기타 부수장치를 포함하는 공정흐름도를 그리고 문제점을 기술하라.

2.7 5,000 acfm 용량의 고정상 활성탄 흡착장치의 인도가격은 1994년 $100,000이었다. 2000년에 7,500 acfm의 용량을 가진 유사 장치의 설치가격을 추정하라.

2.8 그림 P2.4의 소각장치에 촉매를 장치하여, 탄화수소를 750 °F 온도에서 제거하려고 한다. 촉매 및 설치에 $250,000 비용이 들며, 내구연한은 3년이다. 또한, 3년 후 촉매의 폐품가가 $6,000이고, 백만 Btu당 연료비가 $7.00이다. 회사는 세금 전에 투자비용의 15%를 회수하기를 바라고 있다. 이 촉매장치는 과연 설치될 수 있겠는가?

2.9 「로터리 킬른」 유해폐기물 소각로에서 배출되는 가스는 산성가스 제거를 위해서 분사건조기 (spray dryer)에 유입되기 이전에 1,200 ℃에서 300 ℃로 냉각되어야 한다. 한 환경공학도가 폐가스를 냉각시키기 위한 몇 가지 대체장치를 선정하는 책임을 맡게 되었다. 그는 (a) 폐열보일러의 설치, 또는 (b) 분사건조기의 상부 폐가스 덕트에 직접 살수하는 살수주입장치 (spray injection system)의 설치 등 2가지 방법이 최선책이라고 결론을 내렸다. 다음 자료를 바탕으로 어떤 장치가 최종장치로서 적합한지 결정하라.

폐열보일러	
설치비	\$200만
가동기간	10 yr
감가상각비를 제외한 운영비	\$40만/yr
발생되는 스팀 값	\$40만/yr
살수장치	
설치비	\$50만
가동기간	5 yr
감가상각비를 제외한 운영비	\$15만/yr

주의 : 폐가스에 첨가되는 수증기 때문에 분사건조기의 크기는 약 50% 확장되어야 한다. 가동기간이 10년인 분사건조기의 원래 가격은 약 100만 달러로 추정된다.

2.10 문제 2.1에 설명한 것과 유사한 건조기가 가동되고 있다. 이 건조기에 부직포 시트가 표면의 오염물을 제거하기 위해 벤젠 세척기를 통과하고 있다. 건조기의 가동조건은 다음과 같다.

- 시트의 건조중량은 제곱야드당 4.0 온스이다 (즉, 4.0 oz/yd^2).
- 시트는 150 yd^2/min의 속도로 건조기로 유입된다.
- 시트는 중량비로 50% 벤젠을 함유한 상태에서 건조기에 유입되며, 1.8% 벤젠을 함유한 상태에서 건조기를 빠져나간다.
- 220 °F, 1 atm 상태의 순수 공기가 건조기에 유입된다.
- 건조기에서 배출가스는 180 °F, 1 atm 상태로 유출된다. 배출가스는 부피 백분율로 5.0%의 벤젠을 함유하고 있다.

벤젠은 유해대기오염물질 (HAP)이므로 직화염 고온연소장치를 설치하여 제거시켜야 한다. 보험약관은 어떠한 가연성 가스든지, 연소장치에 유입되는 유체 (즉, 건조기에서의 배출물)는 25% 미만의 최저폭발한계값 (LEL: lower explosive limit)을 가져야 한다고 규정하고 있다. 벤젠의 LEL은 공기 중 부피비율로 1.4%이다.

(a) 연소장치에 유입되기 전, 건조기의 배출가스를 희석하기 위해 필요한 공기량을 lb/min 와 scfm 단위로 계산하라.

(b) 당신 생각에 공기는 연소장치의 전방 또는 후방, 어느 쪽으로 유입시키는 것이 좋은가? 이유를 설명하라.

(c) 연소장치가 1,600 °F에서 가동된다면, 공기를 가열하는데 필요한 천연가스의 가격은 백만 Btu당 $8.00이다 (즉, $8.00/백만 Btu). 추가된 희석공기 때문에 추가로 소요되는 운영비를 $/hr 단위로 계산하라.

2.11 메탄, 에탄, 암모니아가 같은 분율로 함유된 가스가 실험용 흡수탑 (흡수액으로 물을 사용)을 일정한 유속으로 통과하고 있다. 암모니아 가스는 96% 흡수되어 용액 내에 잔류한다. 메탄과 에탄은 물에 흡수되지 않고 물은 가스 속으로 휘발되지 않는다. 초기에는 흡수탑에 정확히 5.00 kg의 물이 있었지만 4시간 가동 후에는 용액의 질량이 5.25 kg가 되었다. 흡수탑에 유입되는 가스의 몰유속 (mol/hr)을 계산하라. 또한 유출되는 암모니아의 몰분율을 계산하라.

2.12 한 600 MW급 석탄화력발전소의 총괄열효율이 38%이다. 연소되는 석탄은 열량 12,000 Btu/lb, 재의 함량 5%, 황의 함량 3.0%, CO_2의 배출계수 220 lb/million Btu인 놀성을 가지고 있다. 주변환경으로 배출되는 열 (Btu/s), 석탄주입량 (ton/day), 배출기준 (0.15 lb/million Btu of heat input)을 충족시키는데 필요한 SO_2의 제어효율 (%), CO_2의 배출량 (metric ton/day)을 각각 계산하라.

2.13 Four Corner 화력발전소는 뉴멕시코 주에 소속되어 있지만, 4개 주 (뉴멕시코, 아리조나, 유타, 콜로라도)의 접경지대에 위치하고 있다. 이 발전소의 발전량은 2,040 MW로서 전 세계에서 가장 큰 석탄발전소 중의 하나이다. 연소되는 석탄의 탄소함량은 75%이고, 열량은 13,000 Btu/lb이다. 또한 이 발전소의 열효율이 38%라고 가정하고, 연평균 가동비는 80%라고 가정하라. CO_2의 배출량을 tonne/yr 단위로 계산하라.

2.14 대형 석탄화력발전소에서는 우리의 평소 경험과는 다르게 석탄이 급속히 연소된다. 예를 들어 뒤뜰의 석탄화로에서 고기를 구울 때 우리는 시간당 약 5 lb의 석탄을 태운다. 문제 2.13에 설명한 Four Corner 발전소를 생각하면서, 얼마나 빨리 석탄이 연소되는지 lb/s 단위로 계산하라.

2.15 2001년 기준으로 총 설치비(TIC)가 $800,000인 습식세정기가 있다. 표 2.1의 2개 지표를 이용하여 2008년도 총 설치비를 추정하라. 2013년도 총 설치비를 추정하기 위해 적절한 방법을 사용하라.

참고문헌

Carnegie Mellon University. "integrated Environmental Control Model." Accessed September 2009 from http://www.iecm-onluine.com/

Danielson, J.A., Ed. *Air Pollution Engineering Manual (2nd ed.)*. EPA Publication AP-40, Research Triangle Park, NC, 1973.

Davidson, C.I., Mattews, H.S., Hendricson, C.T., Bridges, M.W., Allenby, B.R., Crittenden, J.C., Chen, Y., Williams, E., Allen, D.T., Murphy, C.F., and Austin, S. "Adding Sustainability to the Engineer's Toolbox: A Challenge for Engineering Educators," Environmental Science & Technology 41, July 15, 2007.

Fair, J.R. *Mixed Solvent Recovery and Purification*, Case Study 7, Washington University Design Series, St. Louis, 1969.

Green, D.W., Ed. *Engineering Manual* (6th ed.). New York: McGraw-Hill, 1984.

Heinsohn, R.J., and Kabel, R.L. *Sources and Control of Air Pollution*, Upper Saddle River, NJ; Prentice-Hall, 1999.

Hong, B.D., and Slatick, E.R., "Carbon Dioxide Emission Factors for Coal," Energy Information Administration, originally published in DOE/EIA=0121 (94/Q1), August 1994. Accessed September 2009 from http://www.eia.doe.gov/cneaf/coal/quarterly/co2_article/co2.html.

Humphreys, K.K. and English, L.M., Eds. *Project and Cost Engineers' Handbook* (3rd ed.). New York: Marcel Dekker, 1993.

Neveril, R.B., Price, J.U., and Engdahl, K.L. "Capital and Operating Costs of Selected Air Pollution Control Systems-V," *Journal of the Air pollution Control Association*, 28(12), December 1978.

Perry, R.H., *Industrial Ventilation* (15th ed.). Lansing, MI: American Conference of Governmental Industrial Hygienists, 1978.

Peters, M.S., and Timmerhaus, K.D. *Plant Design and Economics for Chemical Engineers* (4th ed.). New York : McGraw-Hill, 1991.

Steiner, H.M., *Engineering Economic Principles*. New York : McGraw-Hill, 1992.

U.S. Environmental Protection Agency. "Coal Utility Environmental Cost (CUECost)." Accessed September 2009 from http://www.epa.gov/ttn/catc/products.html

U.S. Environmental Protection Agency. *Air Pollution Control Cost Manual,* 6th ed., EPA/452/B-02-001, OAQPS, Research Triangle Park, NC, January 2002. Accessed February 2010 from http://www.epa.gov/ttn/catc/products.html

Chapter

03 분 진

The dust in smaller particles arose,
Than those which fluid bodies do compose.

John Arbuthnot, "On a Dust Day," c.1725

3.1 머리말

분진 (PM: particulate matter 또는 aerosol)은 대기오염의 주류가 되는 오염물이며, 다양한 모양과 크기를 가진다. 또한 물리적, 화학적 특성을 지니고 있는 액체 또는 고체의 작은 입자들이다. 분진은 산업공정, 광산, 건축활동, 차량, 쓰레기 소각 등을 포함하여 연소 및 비연소과정 등 다양한 오염원 (source)에서 배출된다. 분진의 자연적 오염원으로는 화산, 산불, 먼지 폭풍, 꽃가루, 해염 (sea-salt) 등이 있으며, 분진의 오염원인, 오염원, 영향에 대해서는 이미 1장에서 다루었다. 본 장에서는 분진의 특성과 유체 중의 거동을 공부할 것이며, 특히 배출가스에서 분진을 분리하고 제거하는 공학적 과업에 중점을 둘 것이다.

3.2 분진의 특성

집진장치를 설계하기 이전에 분진, 배출가스 및 공정조건에 대해 공부해야 한다. 분진의 주요 특성으로는 크기, 크기 분포, 모양, 밀도, 부착성, 부식성, 반응성, 독성 등이 있다. 반면, 가스의 주요 특성은 압력, 온도, 점도, 습도, 화학적 조성 및 가연성 등을 포함한다. 공정조건으로는 가스의 유속, 분진의 부하량 (loading: 배출가스 중 분진의 질량농도), 제거효율 및 압력손실 등을 포함한다. 가스로부터 분진을 분리하는 대부분의 장치는 분진과 가스분자의 물리적인 크기를 이용하여 개발된 것이다. 다음의 몇 개 절에서 이들의 특성과 영향을 깊이 공부할 것이다.

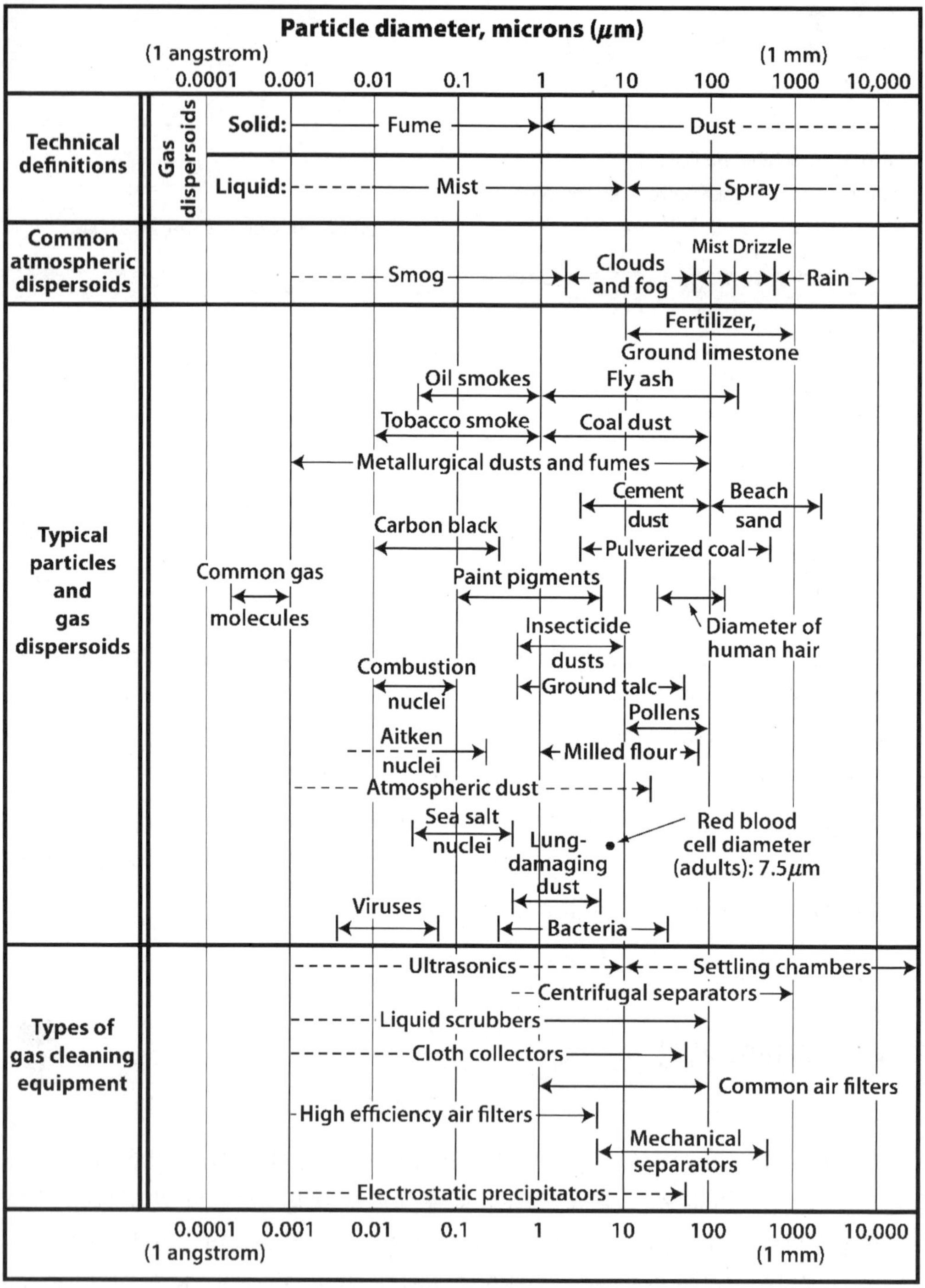

그림 3.1 분진의 특성과 분진의 크기분포

출처 : Lapple, 1961.

부유분진의 중요한 특성 중의 하나는 분진의 크기분포이다. 그림 3.1은 일반적으로 존재하는 분진을 크기별로 도식한 것이다. [작은 분진의 일반적인 측정단위는 종종 micron이라 불리며 마이크로 미터 (μm)로 표시한다.] 이와 같이 광범위한 입자크기 (다섯 자릿수) 분포를 가지고 있기 때문에, 해당 입자분포에 적합한 집진장치가 있어야 한다. 더욱이, 1단 (single) 집진장치는 항상 작은 분진보다 큰 분진에 대해 효율이 더 좋기 때문에, 집진장치의 총괄효율 (overall efficiency)을 계산하기 위해서는 분진의 크기분포에 관한 정보를 알아야 한다.

총괄효율은 집진된 분진입자의 총 숫자 (개수) 또는 총 질량을 기준으로 계산된다. 일반적으로 각종 수식들은 식 (3.1)에 나타낸 것처럼 질량을 기준으로 유도되며, 이에 따라 집진효율도 질량을 기준으로 계산된다.

$$\eta = \frac{\dot{M}_i - \dot{M}_e}{\dot{M}_i} = \frac{L_i - L_e}{L_i} \tag{3.1}$$

여기서, η = 총괄집진효율

$\dot{M}_i$ = 총 유입 질량속도, g/s 또는 해당단위

$\dot{M}_e$ = 총 유출 질량속도, g/s 또는 해당단위

L_i = 장치로 유입되는 분진농도, g/m^3

L_e = 장치에서 유출되는 분진농도, g/m^3

분진의 크기별 분포를 안다면, 장치의 효율은 분진크기의 함수이며 총괄효율은 다음과 같이 계산할 수 있다.

$$\eta = \Sigma \eta_j m_j \tag{3.2}$$

여기서, η_j = j번째 크기영역에서의 집진효율

m_j = j번째 크기영역에서의 분진질량분율

질량효율은 큰 분진이 작은 분진보다 훨씬 부피가 크기 때문에 (즉, 직경의 3승), 개수효율과는 크게 다를 수 있다.

예제 3.1 한 분진체가 300개의 구형 분진들로 구성되어 있다: 1 μm 분진 100개, 10 μm 분진 100개, 100 μm 분진 100개이다. 이때, 1 μm 분진에 대해서는 10% 효율, 10 μm 분진에 대해서는 50% 효율, 100 μm 분진에 대해서는 99%의 효율을 갖는 장치가 있다. 모든 분진은 같은 밀도를 가지고, 1 μm 분진은 단위질량을 가지고 있다. 숫자 (개수) 및 질량 집진효율을 계산하라.

풀이 다음과 같은 표를 만들 수 있다. 구의 질량은 직경의 3승으로 증가하므로, 분진의 총 질량은 사실상 100 μm 분진들의 질량과 같다. 또는 100×10^6 질량단위와 같다.

d_j, μm	η_j	집진된 분진의 수	집진된 분진의 질량
1	0.10	10	10×10^0
10	0.50	50	50×10^3
100	0.99	99	99×10^6
총 계		159	99×10^6

총괄개수효율은 159/300 = 0.53 또는 53%이지만, 총괄질량효율은 $99\times10^6 / 100\times10^6 = 0.99$ 또는 99%이다.

간단히 정리하여, 전술한 모든 논의는 분진이 구형이라는 절대적 가정 아래 이루어진 것이다. 사실상 거의 모든 분진은 구형이 아니며 매우 불규칙한 모양을 가지고 있다. 크기가 상당히 큰 1차원 또는 2차원적 불규칙한 물질의 가장 대표적인 특성인 '직경'을 선택할 때, 우리의 궁극적 목적이 가스의 흐름에서 분진제거라는 점을 명심하라. 따라서 입자 크기에 대한 차원을 결정할 때는 가스 중 분진의 거동을 파악하여야 하며, 현미경을 통한 미시적 관찰에 치우치지 않아야 한다. 예를 들어, 한 장의 종이 (1차원적으로 직경이 큰)는 너울거리며 천천히 떨어지지만, 공 모양으로 구겨진 종이는 빨리 떨어질 것이다. 또한 분진의 밀도도 중요하다. 예를 들어, 골프공과 탁구공은 거의 비슷한 직경을 가지고 있지만 공기 중으로 던질 때 그 거동은 매우 다르다.

공기역학직경 (aerodynamic diameter)이란 움직임이 없는 정체된 공기 중 실제의 분진과 같은 속도로 떨어지며, 단위밀도 (1 g/cm^3)를 갖는 구형입자의 직경이다 (Friedlander, 2000). 공기역학직경은 다음 절에서 수학적으로 정의된다. 본 절에서는 공기역학직경이 집진효율 또는 폐 속의 침적과정을 설명할 때 적절한 개념이라는 점만 이해해도 충분하다. 공기역학직경은 다단충돌분진채취기 (cascade impactor)와 같은 공기역학분류기로 자동으로 측정할 수 있다.

앞에서 언급한 것처럼, 배출가스 중 분진의 입경분포에 관한 충분한 정보가 있어야 한다. 이러한 정보를 얻는 좋은 방법은 cascade impactor를 사용하는 것이다. Cascade impactor는 모래를 체로 쳐서 거르는 것과 비슷한 방법으로, 부유분진을 크기별로 분류하는 장치이다. 그러나 이 장치는 물리적 실제직경 (physical diameter)이라기보다 공기역학직경에 의해 분진을 분리한다. 분진을 함유한 공기가 많은 구멍이 뚫린 여러 개의 충돌판을 통과한다 (그림 3.2 참고). 공기가 상부 단 (stage)을 통과하여 하부 단으로 내려갈수록 더 작은 구멍이 뚫려 있고 더 가까이에 위치한 충돌판과 만나게 되어, 하부로 내려갈수록 미세한 입자를 채취할 수 있다. 각 단에서 채취된 분진의 질량은 분진의 크기분포를 결정할 때 이용된다.

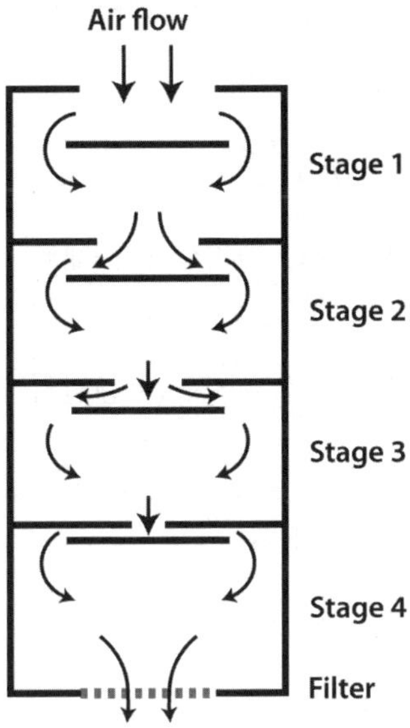

그림 3.2 다단충돌 분진채취기 (cascade impactor)의 모형도

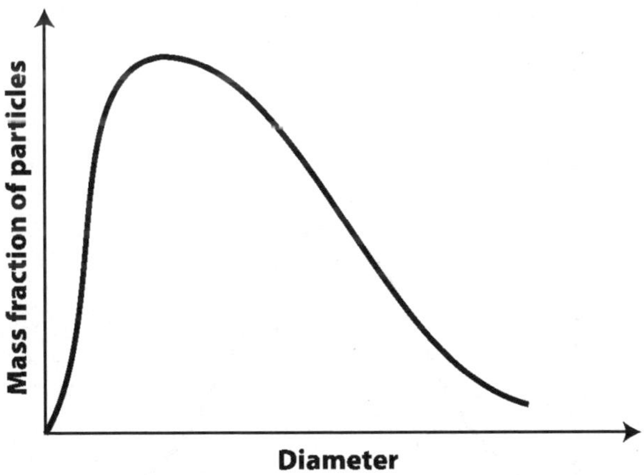

그림 3.3 분진의 비대칭분포

분진의 분포는 미세입자 쪽으로 쏠리는 비대칭 분포를 보이며 크기별 질량분포도 역시 비슷한 곡선을 갖는다 (그림 3.3). 그림 3.3과 같은 비대칭분포는 **정규분포** (Gaussian 또는 normal distribution)보다 해석하기 불편하다. 다행히 실제로는 x축 분진직경을 대수 (logarithm) 좌표로 변환하면, 그림 3.4에서 보듯이 **대수정규분포** (lognormal distribution) 곡선이 된다. 대수정규분포는 **기하평균** (geometric mean)과 **기하표준편차** (GSD: geometric standard deviation)라는 두 매개변수로 설명될 수 있다.

대수정규분포의 경우 평균과 표준편차 사이에는 다음과 같은 관계가 있다.

$$\log(d_{84.1}) = \log(d_{50}) + \log\sigma_g \quad (3.3)$$

$$\log(d_{15.9}) = \log(d_{50}) - \log\sigma_g \quad (3.4)$$

여기서, $d_{84.1}$ = 분진 총 질량의 84.1%를 차지하는 분진의 직경

d_{50} = 기하평균 직경

$d_{15.9}$ = 분진 총 질량의 15.9%를 차지하는 분진의 직경

σ_g = 기하표준편차

식 (3.3)과 식 (3.4)는 함께 쓸 수 있다.

$$\sigma_g = \frac{d_{84.1}}{d_{50}} = \frac{d_{50}}{d_{15.9}} \quad (3.5)$$

그림 3.4보다 편리한 표시법은 대수확률 (log-probability) 그래프 용지에 분포자료를 표시하는 것이다. 정의에 의하여, 분포가 직선으로 표시되면 대수정규이고, d_{50}과 σ_g는 쉽게 결정된다. 직선형 그림은 단지 몇 개의 자료점만 있어도 내삽 (interpolation)하는데 무리가 없다. 예제 3.2는 이 방법을 설명한다.

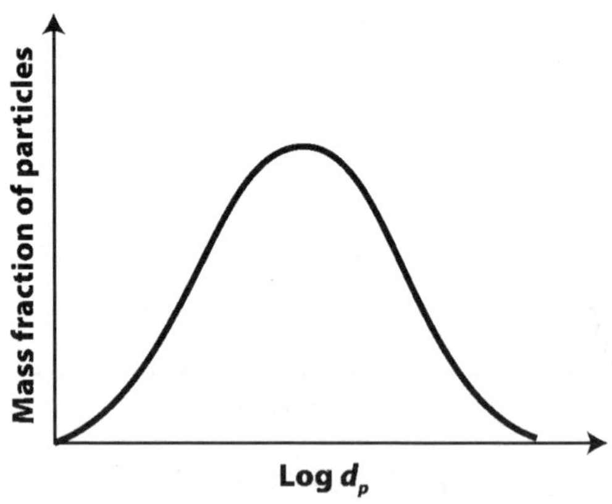

그림 3.4 분진의 대수정규분포

예제 3.2 다음 자료는 cascade impactor로부터 얻었다. 이 분포가 대수정규임을 보이고 d_{50} 및 σ_g 값을 구하라.

크기영역, μm	0~2	2~5	5~9	9~15	15~25	> 25	총 계
질량, mg	4.5	179.5	368	276	73.5	18.5	920

풀이 다음과 같이 크기별로 누적 백분율표를 작성한다.

크기영역, μm	각 영역에서 질량분율, m_j	최대크기보다 작은 누적백분율
0～2	0.0049	0.5
2～5	0.195	20.0
5～9	0.400	60.0
9～15	0.300	90.0
15～25	0.080	98.0
>25	0.020	100

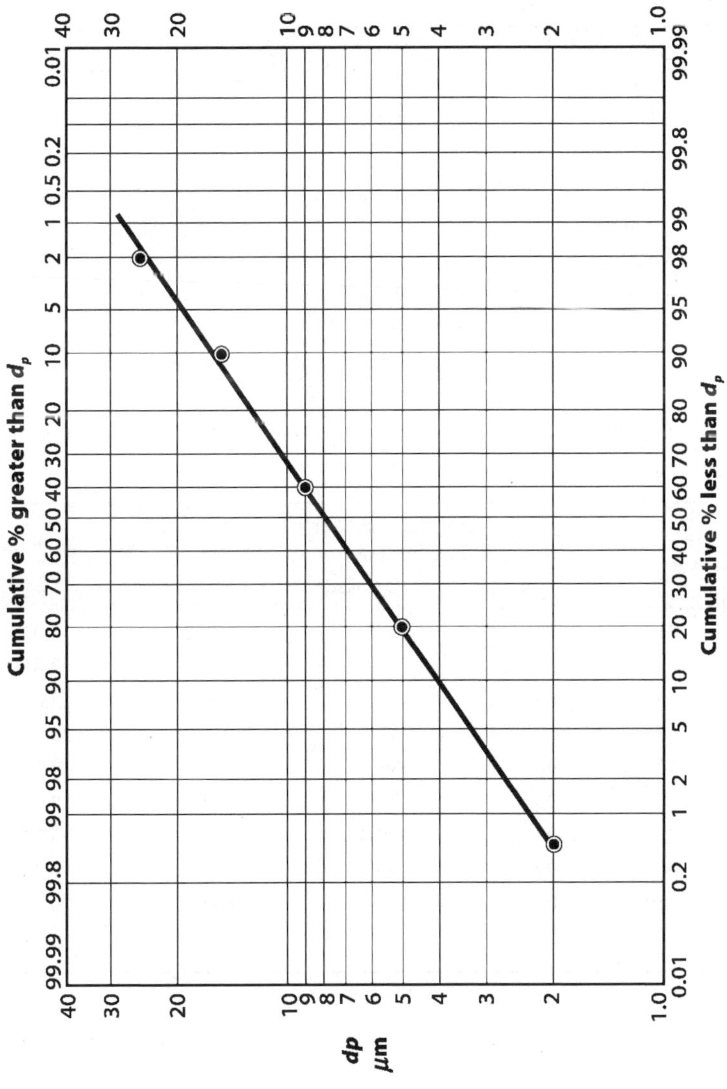

그림 3.5 예제 3.2의 대수정규분포선

이들 자료는 $d_{84.1}$, d_{50}, $d_{15.9}$에 해당하는 직경이 각각 13.5, 7.8, 4.6 μm이다 (그림 3.5). 따라서 σ_g = 13.5/7.8 = 1.73 또는 7.8/4.6 = 1.70 (그림 해석의 비정확성 때문에 σ_g값은 완전히 일치하지 않을 수 있다.). 따라서 문제의 답은

$$d_{50} = 7.8\ \mu\text{m}$$

$$\sigma_g = 1.72\ \text{(두 값의 평균)}$$

예제 3.3 그림 3.5가 분진의 특성을 보여준다고 가정하라. 다음과 같은 효율/크기 관계를 갖는 장치의 총괄효율을 추정하라.

크기영역, μm	$d_{j(\text{avg})}$, μm	η_j, %
0~2	1	10
2~4	3	30
4~6	5	60
6~10	8	80
10~14	12	90
14~20	17	95
20~30	25	98
30~50	40	99
> 50	> 50	100

풀이 그림 3.5로부터 분진의 크기별로 분율 (fraction)을 구한다. 해당 크기에 대한 효율에 각 크기영역별로 분율을 곱하고, 합산하여 총괄효율을 얻는다.

크기영역 μm	$d_{j(\text{avg})}$ μm	η_j %	최대 크기보다 작은 누적백분율 (그림 3.5에서)	m_j	$\eta_j m_j$ %
0~2	1	10	0.5	0.005	0.05
2~4	3	30	10	0.095	2.85
4~6	5	60	30	0.20	12.0
6~10	8	80	67	0.37	29.6
10~14	12	90	86	0.19	17.1
14~20	17	95	96	0.10	9.5
20~30	25	98	99.4	0.034	3.33
30~50	40	99	99.8	0.004	0.40
> 50	> 50	100	100	0.002	0.2
					η = 75%

3.3 유체 내 분진입자의 운동

공해방지의 일환으로 분진은 유체로부터 분리된다. 용수나 폐수처리에서는 오니 입자가 주로 침전조나 여과조에서 제거된다. 대기오염방지장치에서 분진입자는 중력침강기 (gravity settler), 원심력침강기 (centrifugal settler), 여과집진지 (fabric filter), 전기집진기 (electrostatic precipitator) 또는 습식세정기 (wet scrubber)에 의해 제거될 수 있다. 이 모든 장치에서는 입자제거와 관련된 한 개 이상의 힘에 의해 유체에서 분리된다. 중력, 관성력, 원심력, 그리고 정전기력 등의 힘들은 입자를 유체의 흐름방향에서 분리하여 가속시킨다. 또한 입자들은 포집되고 유체로 재비산을 막기 위해 장치 내에서 제거된다. 따라서 입자상 오염물질 제어장치의 공정설계를 위하여, 입자의 특성과 유체 내 입자의 운동역학에 대한 기본적인 이해가 필요하다.

항력 (Drag Force)

유체 속을 운동하는 입자를 생각해 보자. 입자, 유체 또는 이 두 가지는 절대적인 법칙에 따라 움직인다. 유체는 입자의 상대속도와 반대방향으로 입자에 (저)항력을 주게 된다. 항력은 다음과 같이 표시된다.

$$F_D = \frac{C_D A_P \rho_F v_r^2}{2} \tag{3.6}$$

여기서, F_D = 항력, N

C_D = 항력계수

A_P = 입자의 투영면적, m^2

ρ_F = 유체의 밀도, kg/m^3

v_r = 상대속도, m/s

보통 항력계수는 실험적으로 결정된다. 왜냐하면 항력계수는 Reynolds수로 표시되는, 입자 모양 (shape)과 유동영역(flow regime)의 함수이기 때문이다. 입자에 대한 Reynolds수는 다음과 같이 정의할 수 있다.

$$\mathrm{Re} = \frac{d_p v_r \rho_F}{\mu} \tag{3.7}$$

여기서, d_p = 입자의 직경, m

μ = 유체의 점도, kg/m-s

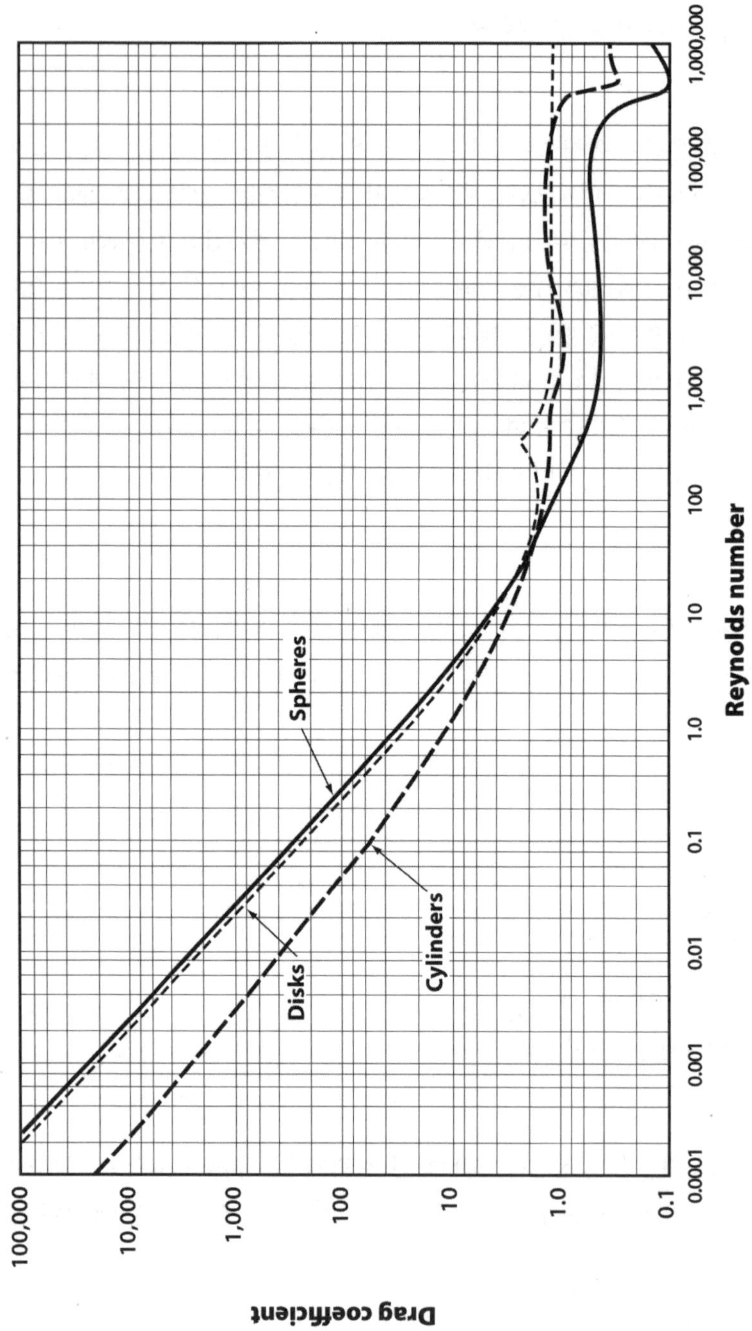

그림 3.6 구형, 원판형, 원통형 입자의 항력계수
출처 : Lapple and Shepherd, 1940.

그림 3.6은 세 가지 모양의 입자에 대해 Reynolds수의 함수로써 항력계수를 도식한 것이다.

다음에 계속되는 논의와 수식은 Reynolds수가 1보다 작은 구형입자에 해당된다. 즉 Stokes 영역으로 알려진 유동영역에 해당한다. Theodore와 Buonicore (1988)는 Reynolds수가 10^5 범위까지 유효한 수식을 소개했다. Reynolds수가 1보다 작은 완전 구형인 입자에 대한 통합 운동방정식이 'Stokes 법칙'이다.

$$F_D = 3\pi\mu d_p v_r \tag{3.8}$$

식 (3.8)과 (3.7)을 식 (3.6)에 대입하면 다음과 같다.

$$C_D = 24/\mathrm{Re} \tag{3.9}$$

식 (3.9)는 Reynolds수가 1 보다 작은 경우 (즉, Stokes 영역에서), 그림 3.6에서 실선에 가깝다. Reynolds수가 1 보다 큰 경우, 구형입자의 항력계수 C_D를 얻는 방법은 그림 3.6을 이용하거나 통계적 접근법 (Theodore와 Buonicore, 1988)을 이용한다. 그림 3.6에서 통계근사적으로 구할 수 있다.

$$\begin{aligned}\log C_D = {} & 1.35237 - 0.60810\,(\mathrm{LRe}) - 0.22961\,(\mathrm{LRe})^2 \\ & + 0.098938\,(\mathrm{LRe})^3 + 0.041528\,(\mathrm{LRe})^4 \\ & - 0.032717\,(\mathrm{LRe})^5 + 0.007329\,(\mathrm{LRe})^6 - 0.0005568\,(\mathrm{LRe})^7\end{aligned} \tag{3.10}$$

여기서, $\mathrm{LRe} = \log(\mathrm{Re})$

식 (3.10)은 그림 3.6에서 Reynolds수가 1보다 큰 전범위에 대해 유효하다. 그러나 식의 복잡성 때문에 컴퓨터 응용에 적합하다.

Theodore와 Buonicore (1988)에 의한 또 다른 경험식은 Reynolds수에 입각해서, 그림 3.6을 세 개 영역으로 나누었다. 이때 항력계수의 일반식은 다음과 같다.

$$C_D = \alpha\,\mathrm{Re}^{-\beta} \tag{3.11}$$

여기서, α와 β는 표 3.1에 주어진 상수이다.

표 3.1 수식 (3.11)의 상수

Reynolds Number	α	β
< 2.0	24.0	1.0
2～500	18.5	0.6
500～200,000	0.44	0.0

Stokes 법칙에서는 입자크기에 최저한계가 있다. 입자가 가스의 평균자유행로 (mean free path) λ와 비교해서 더 클 때 유체는 연속체 (continuum)로 인정된다. 그러나 입자직경이 λ와 비슷한 크기일 때 입자는 더 이상 연속체로서 유체를 "감지 (senses)"하지 못하고 분산분자로서 감지한다. 입자는 가스분자 사이를 "미끄러져 (slip)" 통과할 수 있고, 이 미끄러지는 정도가 Stokes 법칙에 영향을 주어 입자의 실제 항력을 감소시킨다. Cunningham 보정이란 이 영향에 대해 Stokes 항력계수를 보정하는 것이다. 이 보정계수는 Wark 등 (1998)에 의해 다음과 같이 보고되었다.

$$C = 1 + 2.0\frac{\lambda}{d_p}\left[1.257 + 0.40\exp\left(-0.55\frac{d_p}{\lambda}\right)\right] \tag{3.12}$$

평균자유행로는 기체의 운동이론식으로 얻을 수 있는데 다음과 같다.

$$\lambda = \frac{\mu}{0.499\,P\,\sqrt{8(MW)/\pi RT}} \tag{3.13}$$

여기서, λ = 평균자유행로, m
P = 절대압력, Pa
R = 이상기체상수, 8,314 J/kgmol-K
MW = 분자량, kg/kgmol
T = 절대온도, K
μ = 절대점도, kg/m-s

입자크기와 Cunningham 보정계수와의 관계는 표 3.2에 있다. 입자가 1 μm보다 작을 때 미끄러짐 보정계수는 매우 중요하지만 입자크기가 5 μm 이상으로 증가할 때 급속히 1.0에 가까워진다. 보정된 항력계수 $C_D{}'$는 Stokes 항력계수를 Cunningham 보정계수로 나눈 값이다. Reynolds 수는 C가 1.0과 현저하게 다를 때 항상 작기 때문에 식 (3.9)를 다음과 같이 보정할 수 있다.

$$C_D{}' = \frac{C_D}{C} = \frac{24}{C(\mathrm{Re})} \tag{3.14}$$

표 3.2 Cunningham 보정계수 (1 atm, 25 ℃)

d_p, μm	0.01	0.05	0.10	0.50	1.0	2.0	5.0	10.0
C	22.5	5.02	2.89	1.334	1.166	1.083	1.033	1.017

외력 (External Force)

유체와 자유롭게 부유하는 입자 사이에 존재하는 상대적 운동에서, 최소한 한 개의 외력이 존재하여 한다. 항력 F_D와 반대로 작용하는 순 외력 (net external force)만을 고려한다면, 뉴턴의 운동 제2법칙은 다음과 같이 쓸 수 있다.

$$F_e - F_D = M_p \frac{dv_r}{dt} \tag{3.15}$$

여기서, F_e = 순 외력

M_p = 입자의 질량

Stokes 영역에서 구형입자에 대해, 식 (3.8)과 구에 대한 부피와 밀도를 곱한 값을 식 (3.15)에 대입하면 다음 식과 같다.

$$\frac{dv_r}{dt} + v_r \frac{18\mu}{\rho_p d_p^2} = \frac{F_e}{M_p} \tag{3.16}$$

여기서, ρ_p = 입자의 밀도

$\rho_p d_p^2/18\mu$ 항은 시간단위이고, 식 (3.16)에 대한 **특성시간** (characteristic time) τ이다. 미끄러짐이 보정된 특성시간 τ'는 τC로 표시된다. 이 특성시간은 입자분산체 (dispersoid)의 특성변수가 된다. 입자의 크기와 밀도 및 유체가 다른 두 시스템에서, 만약 τ'가 서로 같다면, 두 시스템은 공기역학적으로 동일하게 거동한다. 식 (3.16)을 다음과 같이 재정리할 수 있다.

$$\frac{dv_r}{dt} + \frac{v_r}{\tau'} = \frac{F_e}{M_p} \tag{3.17}$$

식 (3.17)은 Stokes 영역의 유체에서 입자의 운동을 지배하는 기본 미분방정식이다. F_e/M_p 항은 입자에 작용하는 단위질량당 외력이다. 외력은 전기장, 원심력장, 중력장 등을 포함한다. 우리는 다음 절에서 식 (3.17)을 이용하여, 정지상태의 정체된 공기에서 입자의 Stokes 침강속도 관계식을 유도할 것이다 (즉, 순수 중력장 내에서).

중력침강 (Gravitational Settling)

입자가 잠잠한 정지공기 중 초기속도 0으로 방출되고 중력만이 작용할 때 운동방정식은 다음과 같다.

$$\frac{dv_r}{dt} + \frac{v_r}{\tau'} = \left(\frac{\rho_p - \rho_F}{\rho_p}\right) g \tag{3.18}$$

여기서, g는 중력상수이다.

$(\rho_p - \rho_F)/\rho_p$ 항은 유체내 입자의 부력을 보정한다. 가스 속에서 고체입자에 대한 이 값은 거의 1에 가깝기 때문에 종종 무시된다. 식 (3.18)의 풀이는 다음과 같다.

$$v_r = v_t[1 - \exp(-t/\tau')] \tag{3.19}$$

여기서, v_t는 **종말침강속도** (terminal settling velocity)이고, 다음과 같다.

$$v_t = \tau' g = \frac{C \rho_p d_p^2}{18\mu} g \tag{3.20}$$

다시 한 번, τ'가 시간단위를 가지고 있음을 기억하라. 따라서 이 단위는 밀도, 직경, 점도에 대해 시간변수로서 함께 사용될 수 있다.

식 (3.19)을 그림으로 표현하면, 그림 3.7에서와 같이 종말속도에 도달했을 때의 시간을 쉽게 결정할 수 있다. 그림 3.7에서 4τ 경과 후 입자속도가 사실상 종말속도와 같아지는 것을 알 수 있다.

입자의 침강시간을 계산할 때, 때때로 순간가속 항이 무시되곤 한다. 표 3.3은 크기가 다른 입자에 대해 종말속도와 특성시간을 계산한 것이다. τ'가 매우 작아서 종말속도까지 거의 1,000분의 1초 이내에 도달하기 때문에, 침강시간의 순간부분이 무시되는 충분한 이유가 된다.

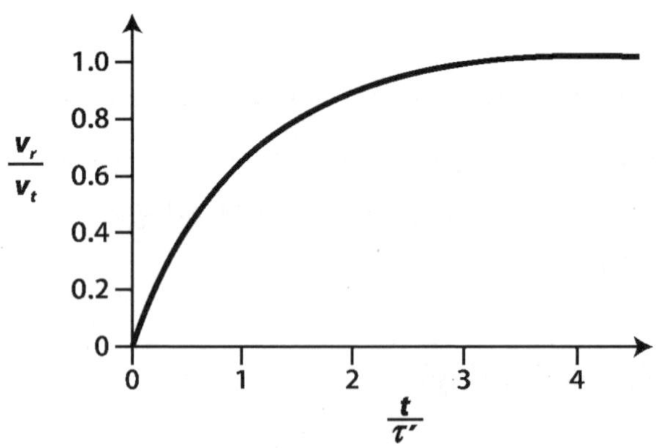

그림 3.7 무차원 입자속도와 무차원 시간과의 관계

표 3.3 공기 중 밀도 1 g/cm³인 구형입자의 침강속도와 특성시간 (25 ℃, 1 atm)

d_p, μm	C	v_t, m/s	τ', s
0.1	2.89	$8.6\times(10)^{-7}$	$8.8\times(10)^{-8}$
0.5	1.334	$1.0\times(10)^{-5}$	$1.0\times(10)^{-6}$
1.0	1.166	$3.5\times(10)^{-5}$	$3.6\times(10)^{-6}$
5.0	1.033	$7.8\times(10)^{-4}$	$7.9\times(10)^{-5}$
10.0	1.017	$3.1\times(10)^{-3}$	$3.1\times(10)^{-4}$

10~20 μm보다 큰 입자가 종말속도로 침강할 때, Reynolds수가 Stokes 영역에서 너무 크기 때문에 유효하지 못하다. 따라서 큰 입자에 대해서는 경험적 방법으로 침강속도를 얻을 수 있다. 다시 말해, 직접 실험결과치를 이용하거나, 식 (3.20)과 같은 유사한 식을 개발하여 식 (3.9) 대신에 경험적 모델을 만들어 이용할 수 있다. 예를 들어, 2 < Re < 500일 경우 종말속도는 [C_D에 관한 식 (3.11)을 사용하여] Theodore와 Buonicore (1988)에 의해 다음과 같이 주어졌다.

$$v_t = \frac{0.153\,d_p^{1.14}\,\rho_p^{0.71}\,g^{0.71}}{\mu^{0.43}\,\rho_F^{0.29}} \tag{3.21}$$

또한, 500 < Re < 200,000일 경우, 종말속도는 Theodore와 Buonicore에 의해 다음과 같이 주어졌다.

$$v_t = 1.74\left[\rho_p d_p/\rho_F\right]^{0.5} g^{0.5} \tag{3.22}$$

식 (3.21)과 (3.22)에서 좌변 및 우변의 단위는 서로 일치하여야 한다. 예를 들어, v_t는 ft/s, d_p는 ft, ρ는 $\mathrm{lb_m/ft^3}$, g는 $\mathrm{ft/s^2}$, μ는 $\mathrm{lb_m}$/ft-s이다.

신속하게 참고문헌을 이용하기 위해서, 그림 3.8과 같은 실제 침강속도를 나타낸 그림을 사용하면 편리하다. 상단 축과 좌축은 비교적 큰 입자에 대해 적용되고, 하단 축과 우축은 비교적 작은 입자에 대해 적용된다.

3.2절에서 공기역학직경이라는 용어를 소개하였다. 이제 이 용어를 수학적으로 정의할 수 있다. Stokes 입자의 운동은 τ'값에 좌우된다. τ'의 정의로부터, τ'가 입자특성치 ($C\rho_p d_p^2$)항과 유체특성치 (점도)와의 비율이라는 것을 알 수 있다. 그러므로 τ'와 동일한 값을 갖는 시스템은 그들의 μ, μ_p, d_p 등의 각각의 값과 관계없이 동일한 공기역학적 거동을 보인다. 공기역학직경은 "실제입자와 같은 침강속도를 갖는 단위밀도의 구형입자 ($\rho_p = \rho_w = 1{,}000$ kg/m³)의 직경"으로 정의할 수 있다.

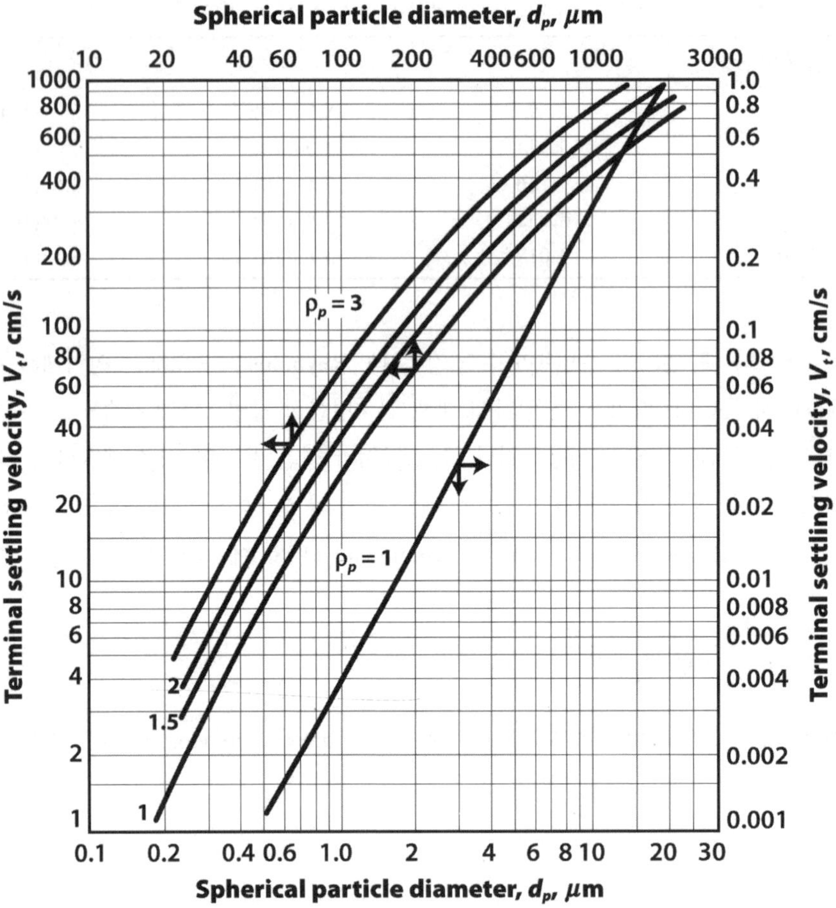

그림 3.8 STP 상태에서 공기 중 구형입자의 종말침강속도 (분진밀도 : g/cc)
출처 : Wark 등, 1998.

$$d_a = \sqrt{\frac{18\mu v_t}{C\rho_w g}} \tag{3.23}$$

여기서, d_a = 공기역학직경, m
μ = 가스점도, kg/m-s
v_t = 침강속도, m/s
ρ_w = 물의 밀도, kg/m^3
g = 중력가속도, m/s^2

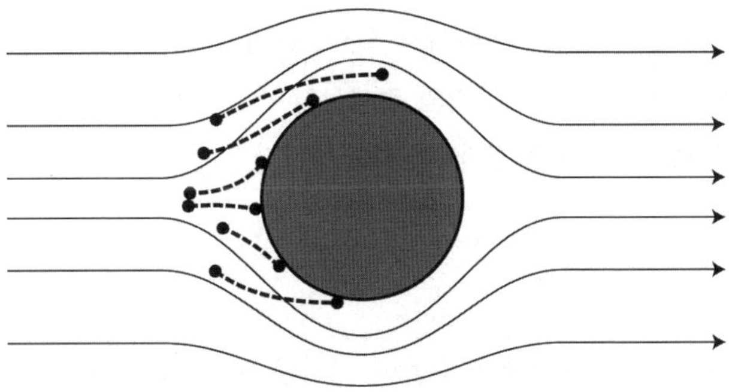

그림 3.9 고정된 물체에 포집된 분진입자

충돌, 차단, 확산에 의한 입자의 포집

유체가 여과섬유 직물, 큰 액적, 혹은 금속판과 같은 고정된 물체에 접근할 때, 유체의 유선(streamline)은 그 물체 주위를 돌아나갈 것이다. 유체의 관성 때문에 유체 중 입자는 항상 유선을 따라가지 않고 입자의 진행방향으로 나가려고 한다. 입자가 충분한 관성을 가지고 고정된 물체에 가까이 위치한다면 입지들은 물체에 충돌하게 되고 포집될 것이다. 이러한 현상이 그림 3.9에 표현되어 있다.

입자의 충돌 (impaction)은 유선에서 벗어난 입자가 고정된 물체에 부딪칠 때 일어난다. 차단(interception)은 입자의 질량중심이 물체와 약간 빗나가지만, 입자의 유한한 크기 때문에 입자는 물체에 부딪히게 된다. 확산 (diffusion)에 의한 입자의 포집은 미세입자들 (평균자유행로에 대하여 무작위 운동을 하고, 유한크기를 고려하여도 고정 물체에 부딪치지 못하는 작은 입자들)이 물체 가까이 통과하는 동안, 물체를 향해 확산이 일어난다. 일단 이러한 방법으로 물체에 부딪치자마자, 입자들은 물체 표면에 부착될 충분히 강한 힘, 즉 van der Waals, 정전기, 화학적 힘에 의해 포집된다.

충돌을 설명하기 위한 간단한 방법은 정지거리 (stopping distance)라는 개념을 이용하는 것이다. Stokes 영역에서 구형입자가 정지유체 중으로 초기속도 v_0로 방출된다면, 시간함수인 속도(항력을 제외하고 모든 힘이 무시될 때)는 다음과 같다.

$$v = v_0 e^{(-t/\tau')} \tag{3.24}$$

정지하기 전까지 입자가 이동한 총 정지거리는

$$x_{\text{stop}} = \int_0^{\infty} v\, dt = v_0 \tau' \tag{3.25}$$

만약 입자가 물체에 부딪치기 전에 멈춘다면, 변화된 유체흐름 때문에 물체 주위를 지나칠 수 있다. τ'가 작기 때문에 x_{stop} 또한 작다. 예를 들어, 단위밀도를 가진 1.0 μm 입자가 공기 중에 10 m/s 속도로 방출된다면 (머리카락 직경의 절반보다 작은) 36 μm를 움직인 후 정지할 것이다.

충돌계수 N_I는 정지된 물체의 직경과 입자의 정지거리의 비로 표현된다. 즉,

$$N_I = \frac{x_{\mathrm{stop}}}{d_0} \tag{3.26}$$

N_I값이 크다면 입자의 대부분은 물체에 충돌할 것이다. 만약 N_I값이 매우 작다면 입자의 대부분은 물체주위를 돌아 유체를 따라 움직일 것이다.

3.4 분진 방지장치의 개요

기계적 분진분리장치 (중력침강기 혹은 원심력침강기 등), 여과집진기, 전기집진기 및 세정집진기를 포함하여 분진 방지장치에는 여러 가지 종류가 있다. 이 절에서는 간략히 분진 방지장치의 유형을 소개하겠다. 각 방지장치에 대해서는 다음 장에서 상세히 논의할 것이다.

중력침강기 (gravity settler)는 가스속도가 충분히 느려, 입자의 중력에 의해 입자를 침강시키는 큰 구조물이다. 원심력집진기 (cyclone: 사이클론)는 원통구조물 안에서 전체가스를 나선 모양으로 흐르게 하여 입자를 제거한다. 원심력에 의하여 입자는 원통의 바깥방향으로 움직여 벽에 충돌하게 되고, 벽면을 따라 집진기 바닥으로 떨어지게 되며 그곳에서 제거된다. 정화된 가스는 집진기의 상단부로 배출된다.

여과집진기 (bag house)는 진공청소기와 같은 원리로 작동한다. 공기에 함유된 먼지입자는 직물여지에 걸러지게 된다. 공기가 직물여지를 통과하면서 먼지는 직물에 쌓이고 공기는 정화된다. 쌓인 먼지는 주기적으로 흔들거나 공기를 역류시킴으로써 직물에서 분리된다.

전기집진기 (electrostatic precipitator)는 가스흐름으로부터 입자를 분리하는데 전기력을 이용한다. 높은 전압이 전극사이에 형성되고, 형성된 전기장을 통과하는 입자는 전하를 얻게 된다. 하전된 입자는 반대편 대전판으로 끌려가 포집된다. 정화된 가스는 장치를 통해 배출된다. 집진판은 먼지층을 털어내기 위해, 주기적으로 충격을 주어 청소한다. 먼지는 장치의 바닥에 있는 분진퇴적함 (hopper)에 떨어진다.

세정집진기 (wet scrubber)는 충돌과 차단의 원리로 물을 뿌려 먼지 입자를 제거하는 장치이다. 가스와 비교하여 더 크고 무거운 물방울은 중력에 의해 쉽게 가스와 분리된다. 분진입자는

세정액으로부터 독립적으로 분리된다. 세정액은 재사용되거나 배출하기 전에 여러 방법으로 처리된다.

기계적 집진기는 다른 집진기보다 비용이 덜 들지만 경우에 따라 사용목적이 다르다. 기계적 집진기는 미세입자보다는 거대입자 처리에 유리하며, 주로 먼지부하가 높을 때, 또는 최종 제어장치를 보호하기 위한 전처리 장치로써 사용된다. 여과집진기는 고효율 장치이나, 비용이 많이 든다. 보통 건조하고 저온상태에서 사용되지만, 각종 먼지 형태에 적용할 수 있다.

전기집진기 (ESP)는 작은 압력손실 덕분에 상당히 큰 유량을 처리할 수 있는 고효율 장치이다. 그러나 ESP는 비용이 많이 들고 공정 운영조건에 따라 유동적이지 못하다. 세정집진기는 고효율을 얻을 수 있고, 약간의 가스상 오염물질도 분진과 함께 제거할 수 있다는 이점이 있다. 그러나 세정집진기는 높은 압력손실 때문에 운영비용이 많이 들고 젖은 슬러지를 처리해야 하는 문제가 있다.

모든 사항을 고려한다면, 어떤 장치가 가장 좋은 방법인지 순위를 결정하기 어렵다. 대기오염 제어 문제점들은 각기 특색이 있어 각기 다른 기술적 해결이 필요하다. 설계공학자에게는 그들의 창의성을 발휘할 만한 충분한 기회가 있으며, 심지어 조그만 문제나 낡은 장치를 취급할 때도 이와 같은 기회가 주어진다.

직렬로 두 개 또는 그 이상의 장치가 연결되어 있는 설비의 총괄집진효율은 각 장치효율의 단순 합계가 아니고 곱도 아니다. 각 장치의 효율은 유입되는 입자의 부하량에 의존하지만 총괄효율은 첫 장치에 유입되는 총량의 일부로써 포집된 총 질량에 의존한다.

이 문제에 접근하는 가장 간단한 방법은 집진되지 않은 질량분율로 장치의 **침투도** (penetration)를 정의하는 것이다. 따라서,

$$\mathrm{Pt} = 1 - \eta \tag{3.27}$$

여기서, Pt = 침투도

설비의 총괄침투도 (overall penetration)는 각 장치에 대한 침투도의 곱으로 표현된다.

$$\mathrm{Pt}_o = \prod_{i=1}^{n} \mathrm{Pt}_i \tag{3.28}$$

여기서, Pt_o = 총괄침투도

Pt_i = 장치 i의 침투도

설비의 총괄효율은 그림 3.10에서 표현된 것과 같이 간단히 $1-\mathrm{Pt}_o$이다. 이 방법을 이용할 때, 입경이 크고 포집되기 쉬운 분진은 상류 쪽에 위치한 장치에서 제거되기 때문에, 하류 쪽에 위치한 장치의 효율을 결정할 때 주의가 필요하다.

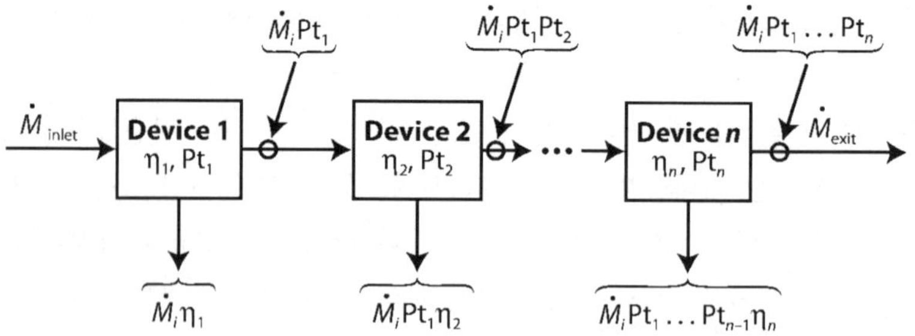

$$Pt_o = \frac{\dot{M}_{exit}}{\dot{M}_{inlet}} = Pt_1 Pt_2 \ldots Pt_n$$

$$\eta_o = \frac{\dot{M}_{collected}}{\dot{M}_{inlet}} = \eta_1 + Pt_1\eta_2 + \ldots + (Pt_1 \ldots Pt_{n-1})\,\eta_n$$

또는

$$\eta_o = 1 - \frac{\dot{M}_{exit}}{\dot{M}_{inlet}} = 1 - Pt_o$$

그림 3.10 여러 장치가 직렬로 연결된 제어장치의 효율과 침투도

연습문제

3.1 3,000 acfm의 유속을 갖는 가스가 50 grain/ft^{3}의 분진을 함유하고 있다. 집진효율이 95%라면 출구에서의 허용부하량은 얼마인가? 집진된 입자의 질량은 얼마인가 (kg/day)?

3.2 6%의 재를 함유하고, 13,000 Btu/lb의 열량을 가진 석탄이 신설 발전소에서 사용되고 있다. 재의 30%가 화로의 바닥에 떨어진다고 가정할 때, "연방 신설오염원운영기준 (NSPS)"를 만족시킬 수 있는 ESP의 효율을 계산하라.

3.3 다음 자료는 cascade impactor로부터 얻은 것이다.

크기영역, μm	0～4	4～8	8～16	16～30	30～50	> 50
질량, mg	25	125	100	75	30	5

정규분포인가? 그렇다면 σ_g와 d_{50}을 계산하라.

3.4 다음과 같은 효율과 입자크기와의 상관관계를 갖는 원심력집진기가 있다.

크기영역, μm	0～2	2～4	4～7	7～10	10～15	15～25	25～40	40～60	> 60
효율, %	10	25	45	70	85	95	97	98	100

문제 3.3의 입자분포에 대하여, 이 원심력집진기의 총괄효율을 계산하라.

3.5 다음과 같은 입자의 크기에 따라 이론적 효율을 갖는 ESP를 고려하라.

크기영역, μm	0～2	2～4	4～7	7～10	10～15	15～25	> 25
효율, %	50	80	95	97	98	99	100

문제 3.3의 입자분포에 대해, 이 ESP의 총괄효율을 구하라.

3.6 그림 3.5에 주어진 입경분포에 대해서, 문제 3.4의 원심력집진기의 총괄효율을 구하라.

3.7 그림 3.5에 주어진 입경분포에 대해서, 문제 3.5의 ESP 총괄효율을 구하라.

3.8 입경분포가 $d_{50} = 8.0$ μm이고, $\sigma_g = 3.0$인 대수정규분포에 대하여, 이 분포도를 그리고 2.0 μm 미만인 입자의 질량백분율을 구하라.

3.9 입경분포가 $d_{50} = 6.0$ μm이고, $\sigma_g = 2.0$인 대수정규분포에 대하여, 이 분포도를 그리고 2.0 μm 이하인 입자의 질량백분율을 구하라.

3.10 1 atm, 150 ℃ 대기에서 직경이 0.03 μm인 입자에 대한 Cunningham 보정계수를 구하라.

3.11 1 atm, 0 ℃ 대기에서 직경이 0.03 μm인 입자에 대한 Cunningham 보정계수를 구하라.

3.12 Stokes 운동이라 가정하고 다음 입자에 대해서 표준공기 중 종말침강속도를 구하라.
(a) 직경 20 μm, 비중 2.0
(b) 직경 5 μm, 비중 0.8
(c) 직경 40 μm, 비중 2.5

3.13 Stokes 운동이라 가정하고, 다음 입자에 대해서 표준공기 중 종말침강속도를 구하라.
(a) 직경 10 μm 비중 1.2
(b) 직경 4 μm 비중 2.0

3.14 문제 3.12의 40 μm 입자에 대해서, 식 (3.21)을 사용한 결과와 비교하라. 결과에 대한 차이점을 설명하라.

3.15 20.0 g/m^3의 분진부하량을 갖는 가스흐름이 70% 효율의 원심력집진기와 95% 효율의 ESP가 직렬로 연결된 곳을 통과하고 있다. 설비의 총괄집진효율을 구하라.

3.16 어떤 가스흐름에서 입자 제거효율이 98.5%이어야 한다. 60% 효율의 원심력집진기와 세정집진기가 함께 사용된다면 세정집진기의 효율은 얼마가 되어야 하는가?

3.17 문제 3.4의 원심력집진기와 문제 3.5의 ESP가 연결된 설비에서 다음과 같은 입경분포를 보일 때, 총괄효율을 구하라.

크기영역, μm	0～2	2～4	4～7	7～10	10～15	15～25	>25
중량, %	6	23	30	18	13	8	2

남아있는 입자의 입경분포는 원심력집진기를 통과한 후 변화하고, ESP에 유입될 때 다를 수 있다는 점을 기억하라.

3.18 어떤 특정한 날, 산업공장 주변의 일반대기에서 부유분진을 입경별로 채취하였다. 입경분포는 다음과 같다 :

크기영역, μm	0~2	2~6	6~10	10~16	16~30	> 30
질량, mg	15	20	45	40	20	10

간단한 고용량분진채취기 (high volume sampler)를 이용해서, 총 부유분진 (TSP)의 농도를 구한 결과, 80 μm/m^{3}가 나왔다. PM-10 채취기를 이용할 경우, 위의 입경분포도를 이용하여 결과를 예측하라.

3.19 25 ℃와 1 atm에서 어떤 공기가 단지 2개 크기만을 가진 분진을 함유하고 있다. 각 분진의 크기 1 μm와 5 μm이며, 단위밀도를 갖는 구형입자이다. 이 공기가 도관을 통하여 평균유속 20 m/s로 지나고 있다. 도관의 끝은 평균 100 μm의 액적을 살수하는 습식세정기로 향하고 있다. 분진의 충돌계수 (impaction number)를 비교하여 포집된 분진의 비율이 얼마나 되는지 구하라 (5 μm : 1 μm = ?).

3.20 80%의 효율을 갖는 사이클론이 설치된 공장이 있다. 이 공장에서는 400 gr/ft^{3}의 분진을 함유한 폐가스가 1,000 cfm의 속도로 사이클론에 유입되고 있다. 최근의 법규는 이 굴뚝에서 배출되는 물질 10.0 lb/hr로 규제하고 있다. 따라서 회사는 사이클론과 함께, 습식세정기의 추가 설치를 신중히 검토하고 있다. 습식세정기의 효율은 어느 정도 되어야 하는가?

3.21 비료공장의 더러운 공기가 70% 효율을 보이는 사이클론을 통과하고 연이어 ESP를 통과한다. 사이클론에 유입되는 공기는 50 grain/ft^{3}의 먼지를 함유하고 있다.

(a) 이 비료공장이 포집효율 98.5%의 제어기준을 대체로 충족시키기 위해, ESP에서 배출되는 공기 중 먼지의 허용농도 (grain/ft^3)는 어느 정도 되어야 하는가?

(b) ESP에서 배출되는 공기가 먼지를 0.5 grain/ft^3 함유한다면, ESP의 효율은 얼마인가?

3.22 표준공기 속에서 5 마이크론 크기의 물방울이 500 마이크론 크기의 물방울을 향해 40 m/s 속도로 움직이고 있다. 두 물방울은 충돌할 것인가? 계산식에 의해 이유를 설명하라.

3.23 그림 3.5에 입각하여, 크기영역 4~9 μm 사이의 입자에 대한 질량백분율은 얼마인가?

3.24 표준상태의 공기 속에서, 단위밀도를 갖는 직경 2 μm인 구형입자가 낙하하고 있을 때 종말침강속도를 계산하라. 우선, 그림 3.8을 사용하라. 또한 표 3.3을 사용하거나 또는 교과서의 수식 중 하나를 사용하여 계산을 반복하라. 커다란 차이점이 있는가? 이제 200 μm 단위밀도 구형입자에 대해 위 계산과정을 반복하라. 또한, 2 μm일 때와 차이점을 설명하라.

3.25 먼지시료가 공기역학적으로 채취되었다. 이 먼지는 기하평균이 6.0 μm인 대수분포 특성을 보였다. 또한 입자의 5%가 25 μm보다 컸다. PM-2.5의 분율을 구하라 (즉, 입자의 크기가 2.5 μm보다 작은 먼지의 질량백분율을 구하라).

3.26 사이클론 전처리장치와 연이어 ESP설치된 공장이 있다. 사이클론으로 유입되는 분진의 농도는 2.5 g/m^3이고, ESP에서 유출되는 분진의 농도는 0.02 g/m^3이었다.

(a) 이 방지설비의 총괄효율은 얼마인가?

(b) 만약 사이클론의 효율이 75%로 알려졌다면, ESP의 집진효율은 얼마인가?

3.27 문제 3.26에 기술된 설비에 대하여, 사이클론의 효율을 85%로 증가시킨다면 동일한 배출기준 (0.02 g/m^3)을 만족시키기 위해 ESP의 효율은 얼마가 되어야 하는가?

3.28 먼지시료가 공기역학적으로 채취되었다. 이 먼지는 기하평균이 7.0 μm인 대수분포 특성을 보였다. 또한 입자의 10%가 30 μm보다 컸다. PM-2.5에 해당하는 분진의 백분율을 구하라.

참고문헌

Friedlander, S.K. *Smoke, Dust and Haze (2nd ed).* New York: Oxford University Press, 2000.

Lapple, C.E. Stanford Research Institute Journal, 5(95), 1961.

Lapple, C.E. and Shepherd, C.B. "Calculation of Particle Trajectories," Industrial and Engineering Chemistry, 32(5), 1940.

Theodore, L., and Buonicore, A.J. *Industrial Air Pollution Control Equipment for Particulates*. Vol.1. Boca Raton, FL: CRC Press, 1988.

Wark, K., Warner, C.F., and Davis, W.T. *Air Pollution – Its Origin and Control* (3rd *ed.*). Upper Saddle River, NJ: Prentice-Hall, 1998.

Chapter

04 원심력집진기

원심력을 이용한 집진기 또는 사이클론 집진기들은 공기나 배출가스로부터 분진을 회수 및 분리하는데 폭넓게 사용된다. 사이클론의 일반적 구조는 매우 간단하며 다른 집진기에 비해 비용이 적게 든다.

C.B. Shepherd and C.E. Lapple, 1939

4.1 머리말

서두 인용문은 70여년 전에 작성되었으나 오늘날에도 이 말은 여전히 사실이다. 사이클론은 약 100여년 동안 미국에서 사용되어 왔고, 여전히 모든 산업가스 처리장치 중 가장 널리 사용되는 장치 중 하나이다. 사이클론이 광범위하게 사용되는 주된 이유는 가격면에서 경제적이고, 구조가 간난하여, 운전조건이 나쁘더라도 구조적으로 튼튼하기 때문이다. 전형적 사이클론의 모형은 그림 4.1과 같으며, 분진을 함유한 가스는 사이클론의 상단부에서 접선으로 유입된다. 단지 가스의 접선유입 형태와 사이클론의 자체구조 때문에 가스는 아래쪽으로 나선형의 힘을 받는다. 반면, **축상유입식 사이클론** (vane-axial cyclone)은 나선형 흐름을 인위적으로 만들기 위해 날개(vane)를 설치하고 가스는 축상으로 유입된다. 분진은 원심력과 관성력에 의해 아래로 이동되고, 사이클론 내벽에 충돌하여 하단의 분진퇴적함 (hopper)으로 미끌어지면서 떨어진다. 사이클론 하단부에서는 하향하던 가스의 나선형 흐름 방향이 바뀌어 역류로 상승하는 내부 나선흐름을 만든다. 정화된 가스는 "선회류 출구" (vortex-finder)를 통해 위로 배출되고, 분진은 용수철이 달린 flapper valve 또는 rotary valve로 밀봉된 파이프를 통해 사이클론 아래로 빠져나온다.

사이클론 자체만으로는 엄격한 대기오염 규정을 만족시킬 수 없지만 중요한 역할을 한다. 사이클론은 자본비가 적게 들며 유지보수가 거의 필요 없기 때문에, 전기집진장치나 여과장치와 같이 가격이 비싼 최종처리의 전처리장치로써 이상적이다 (그림 4.2 참조). 사이클론은 방지장치로의 이용뿐만 아니라, 산업공정에 광범위하게 사용되고 있다. 예를 들어, 정유산업에서 촉매의 회수 및 순환공정에 사용되며, 식품가공공장에서 동결 건조된 커피의 회수공정에 사용된다.

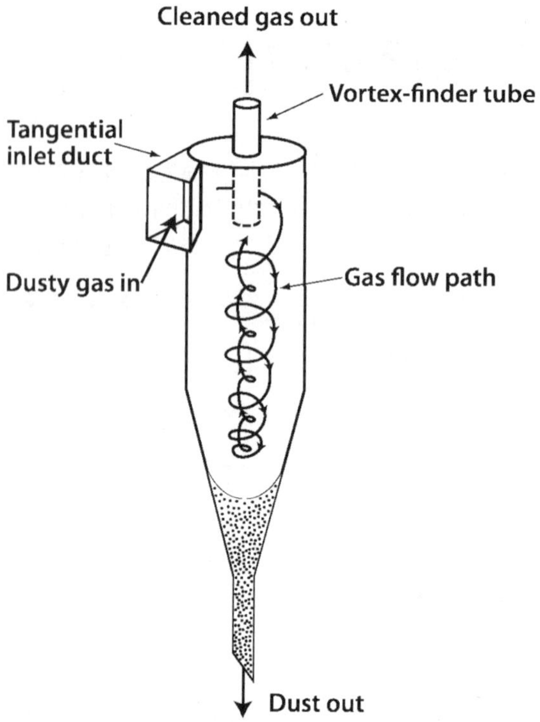

그림 4.1 표준 사이클론의 모형도

그림 4.2 아스팔트 콘크리트 공장에서 충격분출식 여과집진장치 (좌측하단)의 전처리 장치로 사용되는 사이클론 (중앙)

표 4.1 사이클론 효율에 영향을 주는 설계 및 공정요인

설계 및 공정요인	요인이 증가할 때 사이클론 효율
입자크기	증 가
입자밀도	증 가
분진부하량	증 가*
가스의 유입속도	증 가*
사이클론 몸통직경	감 소
사이클론 몸통길이 대비 직경	증 가
사이클론 내벽의 매끄러움 정도	증 가
가스점도	감 소
가스밀도	감 소
가스 유입 덕트의 면적	감 소
가스 유출관의 직경	감 소

* 분진부하량 및 가스의 유입속도는 어느 정도까지만 증가할 수 있으며, 그 이후 효율은 떨어진다.

과거에 사이클론의 효율은 항상 낮은 것으로 간주되었다. 하지만 효율은 사이클론의 설계와 분진의 크기에 따라 달라진다. 과거 10년 동안 발전한 설계작업으로 성능은 크게 개신되었나. 최근 한 문헌에 의하면, 어떤 사이클론은 10 μm 이상의 입자를 90% 이상의 효율로 제거한다고 홍보하기도 하며, 심지어 어떤 사이클론은 5 μm 이상의 입자를 99% 이상의 효율을 제거한다고 홍보하고 있다. 일반적으로 단일 기존 사이클론은 70~90%의 집진효율을 보인다: PM-10에 대해서는 30~90%, PM-2.5에 대해서는 0~40%의 효율을 보인다 (U.S. EPA, 2003). 효율의 손실은 먼지 유출관을 통해 공기가 새기 때문이다. 이 유출관에서 배출가스 속으로 먼지의 일부가 다시 섞인다 (U.S. EPA, 1998). 집진효율은 분진의 특성, 가스의 특성 및 사이클론의 치수에 따라 달라진다. 표 4.1은 효율에 미치는 이들 인자들의 영향을 보여주고 있다.

일반적으로 효율이 증가할수록, 운영비는 증가한다 (근본적 이유는 높은 압력손실 때문이다). 따라서 사이클론은 크게 고효율형, 일반형, 고용량형 사이클론 등 3가지로 분류한다. 3종류 사이클론의 일반적인 효율곡선은 그림 4.3과 같다.

사이클론의 장점

1. 적은 자본비
2. 고온에서 운전가능
3. 가동부가 없기 때문에 적은 유지보수 비용
4. 액상 연무와 건조물질 취급가능
5. 건조 고형물질과 액상물질 처리가능 (재활용과 폐기에 유리)
6. 상대적으로 설치면적이 작음.

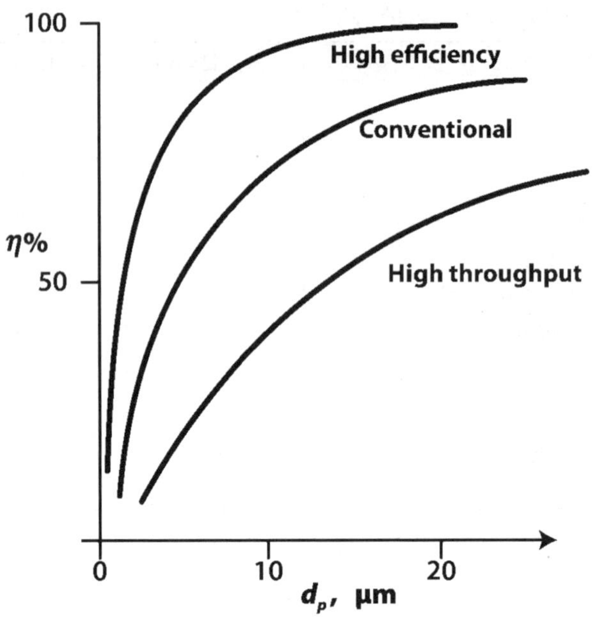

그림 4.3 사이클론에서 입경과 집진효율과의 일반적 관계

사이클론의 단점

1. 낮은 효율 (특히 미세입자)
2. 비싼 운영비 (압력손실 때문에)
3. 점성이 높은 물질 처리불가

표준 사이클론의 치수

광범위한 연구를 통해 성능에 영향을 주는 사이클론의 치수를 얻을 수 있었다. 두 가지 고전적 연구결과가 오늘날까지 사용되고 있으며, Shepherd와 Lapple (1939, 1940)은 "최적조건"의 사이클론 치수를 결정하였다. 모든 치수는 일반화를 위해, 사이클론의 몸통직경과 비교한다. 다른 연구자들 역시 비슷한 연구결과를 발표하였고, 소위 "표준 사이클론" 또는 "고전 사이클론"이 탄생하였다. 표 4.2는 전술한 3종류의 표준 사이클론의 치수를 요약한 것이다. 그림 4.4는 표 4.2의 결과를 도식화한 것이다.

표 4.2 표준 사이클론의 치수

	표준 사이클론 형태					
	고효율형 사이클론		일반형 사이클론		고용량형 사이클론	
	(1)	(2)	(3)	(4)	(5)	(6)
몸통직경 D/D	1.0	1.0	1.0	1.0	1.0	1.0
유입구 높이 H/D	0.5	0.44	0.5	0.5	0.75	0.8
유입구 폭 W/D	0.2	0.21	0.25	0.25	0.375	0.35
가스 출구직경 D_e/D	0.5	0.4	0.5	0.5	0.75	0.75
선회류 출구길이 S/D	0.5	0.5	0.625	0.6	0.875	0.85
몸통길이 L_b/D	1.5	1.4	2.0	1.75	1.5	1.7
원추의 길이 L_c/D	2.5	2.5	2.0	2.0	2.5	2.0
유출분진 출구직경 D_d/D	0.375	0.4	0.25	0.4	0.375	0.4

출처 : (1)과 (5) : Stairmand, 1951; (2), (4) 및 (6) : Swift, 1969; (3) : Lapple, 1951.

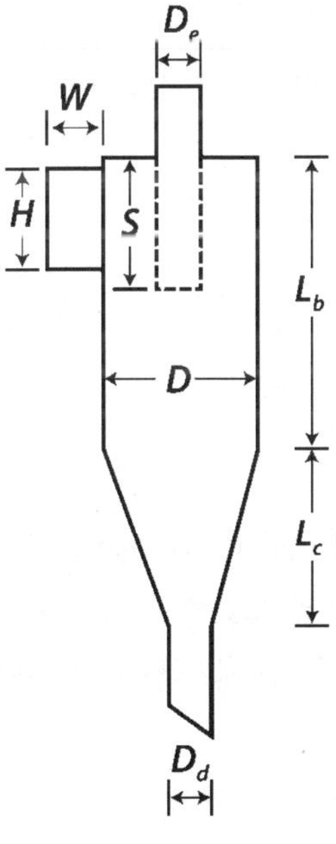

그림 4.4 표준 사이클론의 치수
출처 : Lapple, 1951.

4.2 이론

집진효율

매우 간단한 모델을 사용하여 집진효율에 영향을 주는 사이클론의 설계와 운전에 대해 알아보자. 이 모델에서 기체는 외부선회류 (outer vortex)에서 회전수, N_e 만큼 회전한다. N_e의 근사치는

$$N_e = \frac{1}{H}\left[L_b + \frac{L_c}{2}\right] \tag{4.1}$$

여기서, N_e = 유효 회전수

H = 유입구 높이 (m, ft)

L_b = 사이클론 몸통 길이 (m, ft)

L_c = 사이클론 원추의 수직길이 (m, ft)

분진이 집진되기 위해서는 가스와 함께 외부선회류 안에서 운동하는 동안 벽에 충돌해야 한다. 가스의 외부선회류에서 체류시간은

$$\Delta t = 2\pi R N_e / V_i \tag{4.2}$$

여기서, Δt = 가스의 체류시간

R = 사이클론 몸통의 반경

V_i = 가스의 유입속도

한 입자가 운동하는 최대 방사거리 (radial distance)는 유입구 폭 (W)과 같다. 원심력이 외벽방향 (방사방향: radial direction)으로 입자를 종말속도까지 빠른 속도로 가속시킨다고 가정하자. 원심력과 항력이 같은 크기일 때 종말속도에 도달하게 된다. Δt 시간 안에 집진이 이루어지도록 종말속도는 다음과 같아야 한다.

$$V_t = W / \Delta t \tag{4.3}$$

여기서, V_t = 외벽으로 향하는 입자의 종말속도

입자의 종말속도는 입자크기의 함수이다. 제3장에서 보았듯이, 입자의 종말속도는 외력 (external force)에 특성시간을 곱한 것과 같다. Stokes 유동영역과 구형입자를 가정하고, 원심력하에서 운동시킬 때 다음 식을 얻는다.

$$V_t = \frac{d_p^2(\rho_p - \rho_g)V_i^2}{18\mu R} \tag{4.4}$$

여기서, V_t = 종말속도, m/s

d_p = 입자의 직경, m

ρ_p = 입자의 밀도, kg/m^3

μ = 가스의 점도, kg/m-s

ρ_g = 가스의 밀도, kg/m^3

식 (4.2)를 식 (4.3)에 대입하여 Δt를 소거한다. 여기서 얻은 식 (4.3)을 식 (4.4)와 같게 놓고 V_t를 소거한 다음, 입자의 직경에 대하여 정리하면 다음과 같다.

$$d_p = \left[\frac{9\mu W}{\pi N_e V_i(\rho_p - \rho_g)}\right]^{\frac{1}{2}} \tag{4.5}$$

여기서 기억할 점은, 만약 입자가 유입구 안쪽 모서리에서 유입될 때, 이론적으로 d_p는 집진되는 최소 크기이다. 따라서 이론적으로 d_p보다 더 큰 입자는 100% 집진된다. 실제 이 관계식은 약간 수정되어 사용된다 [다음절 식 (4.6) 참고].

식 (4.2)~식 (4.5)에서 주의할 점은 단위 통일이다. 따라서, d_p, R, W는 m단위를, V_i와 V_t는 m/s, μ는 kg/m-s, ρ는 kg/m^{3}이다. 영국식 FPS 단위로는 d_p, R, W는 ft, V는 ft/s, μ는 lb$_m$/ft-s 및 ρ_p와 ρ_g는 lb$_m$/ft^{3}을 사용한다.

4.3 설계 시 고려사항

집진효율

식 (4.5)에서 이론적으로 보았듯이, 100% 집진효율을 얻을 수 있는 최소 직경은 가스의 밀도, 유입구의 폭과 비례관계에 있으며, 유효 회전수, 유입가스의 속도, 입자와 가스의 밀도차이는 반비례 관계가 있다. 실제, 집진효율은 이와 같은 변수들에 의존한다. 하지만 식 (4.5)로 유도된 모델은 중대한 결점이 있다. 즉, d_p보다 더 큰 입자는 100% 효율로 집진될 것으로 예측되나 이는 사실과 다르다.

50% 집진효율을 갖는 입자의 직경, 즉, "50% 절단입경 (cut diameter), d_{pc}"를 계산하기 위해,

Lapple (1951)이 개발한 준경험식은 다음과 같다.

$$d_{pc} = \left[\frac{9\,\mu\,W}{2\,\pi\,N_e\,V_i(\rho_p - \rho_g)} \right]^{1/2} \tag{4.6}$$

여기서, d_{pc} = 50% 집진효율을 갖는 입자의 직경

식 (4.5)와 (4.6)은 유사하다. Lapple은 일반형 표준 사이클론에 대한, 분진의 입경별 집진효율 추정곡선을 만들었다 (그림 4.5). 만약 입경분포를 안다면, 그림 4.5를 이용하여 사이클론의 총괄집진효율을 추정할 수 있다. Theodore와 DePaola (1980)는 그림 4.5 곡선에 대한 수식을 개발하였다. 따라서 Lapple의 결과를 더욱 정밀하게, 또한 더욱 편리하게 계산할 수 있게 되었다. 특정 입경을 갖는 분진의 집진효율은 다음 식으로 구할 수 있다.

$$\eta_j = \frac{1}{1 + (d_{pc} / \bar{d}_{pj})^2} \tag{4.7}$$

여기서, η_j = j번째 크기영역의 집진효율

$\bar{d}_{pj}$ = j번째 크기영역의 직경

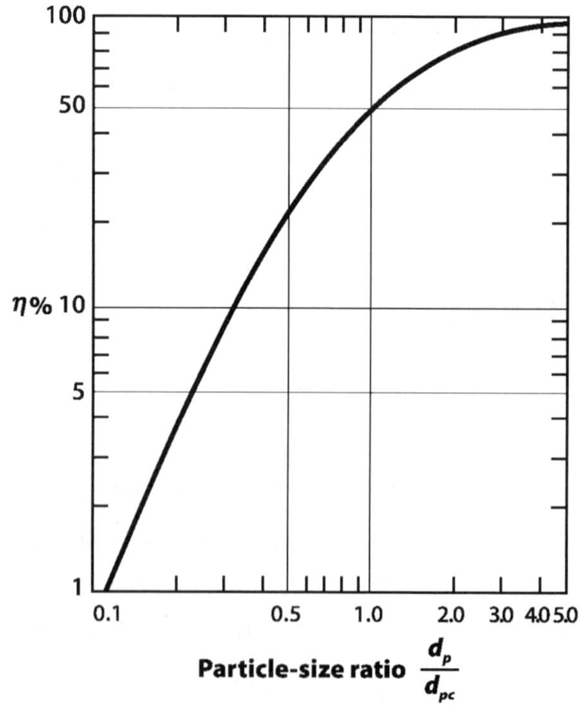

그림 4.5 일반형 표준 사이클론에 대한 입경별 집진효율

총괄효율은 다양한 크기영역에 대한 효율들의 가중평균치 (weighted average)이다.

$$\eta_o = \sum \eta_j m_j \tag{4.8}$$

여기서, η_o = 총괄집진효율

m_j = j번째 크기영역의 질량분율 (mass fraction)

예제 4.1에서 식 (4.6), (4.7), (4.8)의 사용법을 설명한다.

예제 4.1 1.0 m 직경의 몸통을 갖는, Lapple (1951)에 의해 기술된 일반형 표준 사이클론이 있다. 공기 유량이 150 m^3/min이며 (온도 350 K, 1 atm), 입자의 밀도가 1,600 kg/m^3이고, 입경분포는 다음과 같다. 총괄집진효율을 계산하라.

크기영역, μm	크기영역별 질량백분율
0~2	1.0
2~4	9.0
4~6	10.0
6~10	30.0
10~18	30.0
18~30	14.0
30~50	5.0
50~100	1.0

풀이 우선, 식 (4.6)으로부터 d_{pc}를 계산하자. 부록 B의 표 B.2 (단위환산 후)에서, 가스의 점도는 0.075 kg/m-hr이며, 가스의 밀도는 1.01 kg/m^3이다. 유입속도는 유량을 입구면적 ($H \times W$)으로 나누어 계산한다.

$$V_i = \frac{150\ \mathrm{m}^3}{\mathrm{min}} \times \frac{1}{(0.5\ \mathrm{m})(0.25\ \mathrm{m})} = 1{,}200\ \frac{\mathrm{m}}{\mathrm{min}}$$

Lapple의 표준 사이클론에 대하여, 식 (4.1)에서 $N_e = 6$이다.

$$d_{pc} = \left[\frac{9\left(0.075\ \frac{\mathrm{kg}}{\mathrm{m\text{-}hr}}\right)(0.25\ \mathrm{m})}{2\pi(6)\left(1{,}200\ \frac{\mathrm{m}}{\mathrm{min}}\right)\left(60\ \frac{\mathrm{min}}{\mathrm{hr}}\right)\left[(1{,}600-1)\ \frac{\mathrm{kg}}{\mathrm{m}^3}\right]} \right]^{1/2}$$

$$= 6.26 \times 10^{-6}\ \mathrm{m} = 6.3\ \mu\mathrm{m}$$

다음, 그림 4.5 또는 식 (4.7)로부터 각 크기영역에서 집진효율을 구한다. 영역 내의 산술적 중앙점이 종종 특성 직경으로 사용된다. 다음과 같은 표가 문제풀이에 도움이 된다.

j	크기영역, μm	$\bar{d}_{pj}$, μm	$\bar{d}_{pj}/d_{pc}$	η_j	m_j, %	집진율 $\eta_j \times m_j$, %
1	0~2	1	0.159	0.02	1.0	0.02
2	2~4	3	0.476	0.18	9.0	1.62
3	4~6	5	0.794	0.39	10.0	3.9
4	6~10	8	1.27	0.62	30.0	18.6
5	10~18	14	2.22	0.83	30.0	24.9
6	18~30	24	3.81	0.94	14.0	13.2
7	30~50	40	6.35	0.98	5.0	4.9
8	50~100	75	11.9	0.99	1.0	1.0
						Σ68.1

마지막으로, 표에 나타난 것처럼,

$$\eta_o = \sum_{j=1}^{8} \eta_j m_j = 68.1\%$$

이 사이클론의 총괄집진효율은 약 68% 또는 0.68이다.

운전조건이 변경될 때, 변화에 대한 영향은 식 (4.6)을 사용하여 정량적으로 표시할 수 있다. 부분침투도 (fractional penetration)를 사용하여,

$$\mathrm{Pt} = 1 - \eta_o \tag{4.9}$$

여기서, Pt = 침투도

만약 한 변수를 제외하고 모든 변수가 일정하다면, 표 4.3에 제시된 관계식을 사용하여 새로운 침투도를 추정할 수 있다.

표 4.3 운전조건의 변화가 사이클론 효율에 미치는 영향

변 수	변 화	효 율	관계식
가스의 유량	증 가	증 가	$\mathrm{Pt}_2/\mathrm{Pt}_1 = (Q_1/Q_2)^{0.5}$
가스의 점도	증 가	감 소	$\mathrm{Pt}_2/\mathrm{Pt}_1 = (\mu_2/\mu_1)^{0.5}$
밀도차	증 가	증 가	$\mathrm{Pt}_2/\mathrm{Pt}_1 = \left[\frac{(\rho_p-\rho_g)_1}{(\rho_p-\rho_g)_2}\right]^{0.5}$
먼지부하량	증 가	증 가	$\mathrm{Pt}_2/\mathrm{Pt}_1 = (L_1/L_2)^{0.18}$

예제 4.2 예제 4.1에서 만약 (a) 공기의 유량이 200 m^3/min로 증가할 때, (b) 기온이 400 K로 증가할 때, 사이클론의 새로운 집진효율을 추정하라.

풀이 (a) $Pt_2 = Pt_1\left[\frac{Q_1}{Q_2}\right]^{0.5} = 0.32\left[\frac{150}{200}\right]^{0.5} = 0.28$

이와 같이,

$\eta_2 = 0.72 = 72\%$

(b) 기온 증가는 다음 두 가지 경우에 영향을 준다. 즉, 부피속도는 171 m^3/min까지 증가되며, 공기 점도는 0.083 kg/m-hr까지 증가된다. 침투에 대한 총괄효율은 각 영향의 곱으로 표시된다.

$$Pt_2 = Pt_1\left[\frac{Q_1}{Q_2}\right]^{0.5}\left[\frac{\mu_2}{\mu_1}\right]^{0.5} = 0.32\left[\frac{150}{171}\right]^{0.5}\left[\frac{0.083}{0.075}\right]^{0.5} = 0.315 \fallingdotseq 0.32$$

따라서,

$\eta_2 = 0.68 = 68\%$ (변함없음)

Parnell 등 (2002)의 연구에 의하면, 그림 4.5와 식 (4.8)로 추정할 수 있는 총괄집진효율은 모든 사이클론에서 심각할 정도로 과소 추정되었다. 원추길이가 몸통길이와 같고, 몸통직경의 2배인 Lapple의 표준 사이클론에 대하여, 이 설계법으로 집진효율을 계산하면 70%이다 (예제 4.1처럼 $T=295$ K, $P=1$ atm인 경우). 하지만 Wang 등 (2002)이 새로운 사이클론 설계공정을 이용하여 4종류의 먼지를 실험한 결과, 집진효율은 95~98%이었다. Faulkner 등 (2006)도 새로운 설계방안을 도입하여 비슷한 결과를 얻었다. 더욱이 미세먼지를 집진할 때조차 새로운 설계방식 (즉 상대적으로 몸통의 길이가 짧고 원추의 길이가 더 긴)을 도입할 때 Lapple의 표준 사이클론보다 높은 효율을 얻었다.

Parnell의 설계방법론은 사이클론을 크기별로 분류하기 위해 수용가능한 유입 속도범위를 이용하였으며, 사이클론의 성능을 시험하기 위해 부분 효율곡선을 이용하였다. 이들 성능인자를 가지고 각 사이클론 몸통형태를 구체화시켰다 (Wang 등, 2002: Wang 등, 2006). 이러한 설계공정을 통해, 부분 효율곡선이 Lapple의 일반적 효율곡선 (그림 4.5)보다 매우 가파르다는 것을 발견하였다. 새로운 효율곡선은 실제 Lapple의 방법보다 더 높은 추정효율 (predicted efficiency)을 보였으며 (Wang, Parnell, and Shaw, 2002), 더불어 측정효율 (measured efficiency)도 높았다 (Faulkner and Shaw, 2006). 이들은 설계속도가 몸통의 형태에 따라 달라지는 것을 발견하였다. 만약 유입속도가 설계속도보다 매우 빠르게 상승한다면, 효율은 급속히 감소한다. 세부적인 사항에 관심이 있는 독자는 상기 문헌을 참고하라.

압력손실 (Pressure Drop)

효율이외에 사이클론에서 고려할 중요 사항은 압력손실이다. 일반적으로 고효율은 고속으로 사이클론을 운전할 때 얻을 수 있다. 그러나 이로 인해 압력손실은 증가한다. 압력손실의 증가로 송풍기의 역할이 커지므로 설계과정에서 경제성을 고려해야 한다.

비록 압력손실에 관한 각종 모델식이 존재하지만 Shepherd와 Lapple의 근사식이 가장 사용하기 간편하다. Shepherd와 Lapple의 수식은

$$H_v = K\frac{HW}{{D_e}^2} \tag{4.10}$$

여기서, H_v = 압력강하, 유입속도압 (velocity head)으로 표시

K = 사이클론의 형태와 가동조건 상수

이론적으로 K 값은 매우 다양하다. 하지만 표준 접선유입 사이클론 (tangential entry cyclone)의 경우, K 값의 범위는 12～18이다 (Caplan, 1962). Licht (1984)는 K 값을 16으로 사용할 것을 권장하였다. 좀 더 섬세한 방법도 이용가능 하지만 식 (4.10)보다는 우수하지 않다. 식 (4.10)으로부터 계산된 유입속도압은 다음과 같이 정압 (static pressure) 강하로 환산할 수 있다.

$$\Delta P = \frac{1}{2}\rho_g {V_i}^2 H_v \tag{4.11}$$

여기서, ΔP = 압력손실, N/m^2 또는 Pa

ρ_g = 가스의 밀도, kg/m^3

V_i = 가스의 유입속도, m/s

사이클론의 압력손실 범위는 약 0.5～10 속도압 (250～4,000 Pa, 또는 1～16 in. H_2O)이다. 일반 압력손실이 계산되면 동력요구량은 다음 식으로 얻을 수 있다.

$$\dot{w}_f = Q\Delta P \tag{4.12}$$

여기서, $\dot{w}_f$ = 유체에 유입되는 일률 (유체의 일), W

Q = 부피속도, m^3/s

식 (4.11)과 식 (4.12)의 ΔP, ρ, V_i, Q의 단위에 맞추어 각 수식에 적합한 단위환산이 필요하다. 실제 동력요구량은 간단히 유체의 일을 송풍기/모터의 복합효율로 나누어 얻을 수 있다. 예제 4.3은 사이클론의 압력강하와 유체에 의해 소비된 동력을 SI 단위로 계산한 문제이다. 예제 4.4는 적합한 모터의 크기를 결정하기 위해 송풍기와 모터의 복합효율을 FPS 단위로 계산한 문제를 보여준다.

예제 4.3 예제 4.1에서, K값이 15일 때 (a) 사이클론의 압력손실을 kPa 단위로 계산하고, (b) 사이클론 운전에 필요한 유체의 일을 kW 단위로 계산하라.

풀이 (a) $H_v = 15\dfrac{(0.5)(0.25)}{(0.5)^2} = 7.5$

$$V_i = \frac{1{,}200\ \text{m}}{\text{min}} \times \frac{1\ \text{min}}{60\ \text{s}} = 20\ \text{m/s}$$

$$\Delta P = \frac{1}{2} \times 1.01\ \frac{\text{kg}}{\text{m}^3} \times 400\ \frac{\text{m}^2}{\text{s}^2} \times \frac{1\ \text{N}}{1\ \text{kg-m/s}^2} \times 7.5$$

$$\Delta P = 1{,}515\ \text{N/m}^2 = 1.515\ \text{kPa}$$

(b) $\dot{w}_f = \dfrac{150\ \text{m}^3}{\text{min}} \times 1{,}515\ \text{N/m}^2 \times \dfrac{1\ \text{min}}{60\ \text{s}}$

$$\dot{w}_f = 3{,}788\ \frac{\text{N-m}}{\text{s}} = 3{,}788\ \text{J/s} = 3.79\ \text{kW}$$

예제 4.4 9.0 in. H_2O의 압력강하를 보이며 9,000 cfm의 공기를 처리하는 90% 효율의 사이클론이 있다. 유체의 동력을 마력 (horsepower) 단위로 계산하라. 또한, 이 사이클론에서 공기운송 송풍기를 가동하는데 필요한 전기모터의 크기를 결정하라.

풀이 $\dot{w}_f = kQ\Delta P$

여기서, k의 단위는 hp/(ft^3/min) (in. H_2O)이다. 따라서,

$$k = \frac{1\ \text{hp}}{550\ \text{ft-lb}_f/\text{s}} \times \frac{0.0361\ \text{psi}}{1\ \text{in.H}_2\text{O}} \times \frac{144\ \text{in.}^2}{1\ \text{ft}^2} \times \frac{1\ \text{min}}{60\ \text{s}}$$

$$k = 0.0001575\ \text{hp-min}/(\text{ft}^3\text{-in.H}_2\text{O})\ [\text{hp/cfm-in.H}_2\text{O}]$$

그리고,

$$\dot{w}_f = 0.0001575 \times 9{,}000 \times 9.0 = 12.8\ \text{hp}$$

여기서 일반적으로 사용하고 있는 송풍기와 모터의 복합효율 70%를 가정하면,

$$\dot{w}_f = \frac{12.8\ \text{hp}}{0.70} = 18.2\ \text{hp}$$

따라서, 이 시스템에서는 20 hp짜리 모터가 요구된다.

기타 고려사항

대용량 가스를 처리할 때, 단지 사이클론 한 개만을 사용하는 것은 비효율적이다. 몇 개의 사이클론을 병렬로 연결하여 사용할 수 있는데, 병렬 사이클론의 한 형태로 그림 4.6과 같은 다중관 (multiple-tube) 사이클론이 있다. 꽤 높은 효율 (5~10 μm 입자에 대해 90%)이 가느다란 (15~16 cm 직경) 튜브형태의 사이클론에서 얻을 수 있다.

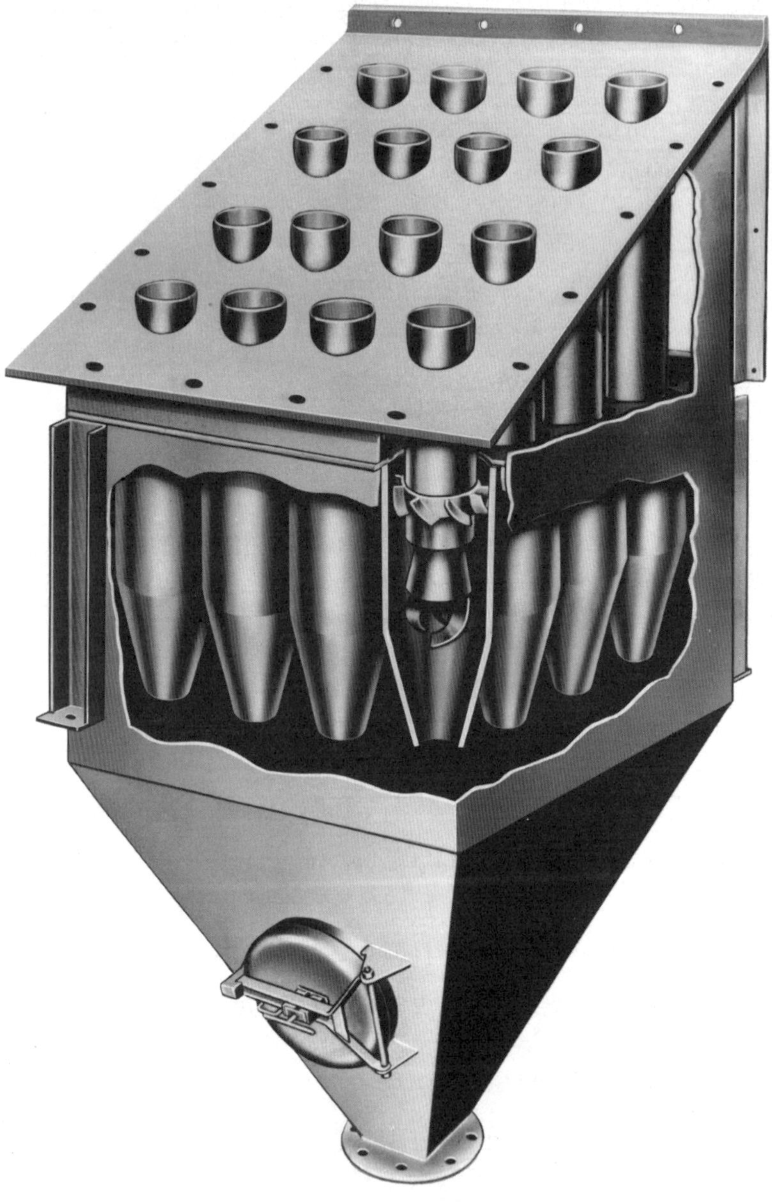

그림 4.6 축상유입 다중관 (axial inlet multi-tube) 또는 다중관 사이클론
출처 : Babcock & Wilcox Company.

사이클론의 직렬연결은 총괄효율을 증가시킬 수 있으나, 압력손실의 심각한 증가로 비용이 많이 든다. 더욱이, 큰 입자의 대부분은 첫 번째 사이클론에서 제거되기 때문에, 일반적으로 두 번째 사이클론은 첫 번째보다 낮은 총괄효율을 갖는다. 최근 소용돌이 형태의 유입방식과 개선된 유입구 면적은 고효율을 얻기 위해 사용되고 있다.

사이클론을 설계할 때, 처음에는 몸통의 직경을 결정하고, 그 다음 d_{pc}와 효율을 계산하는 시행착오법을 사용한다. 만약 효율이 너무 낮으면 반복하여 더 작은 직경을 선택한다. 만약, 적절한 효율을 얻었다면 압력손실을 점검한다. 만약 ΔP가 너무 높다면, 다른 종류의 사이클론을 선택하든지, 병렬로 두 개의 사이클론을 사용하여 가스흐름을 분리시킨다. 이 설계과정은 예제 4.5에서 설명하겠다.

예제 4.5 가스유량이 120 m^3/min인 전처리 기능을 갖는 Lapple의 일반형 표준 사이클론을 설계하라. 사이클론은 다음과 같은 입경분포에 대하여 최소 총괄효율이 70%이어야 하고, 최대허용 ΔP는 3,000 Pa이다. 입자의 밀도는 1,500 kg/m^3, 가스의 밀도는 1.0 kg/m^3, 가스의 점도는 0.07 kg/m-hr이다. 몸통의 직경, 총괄효율, 유입가스의 유속, 압력손실 (K=14) 등을 결정하라.

크기영역, μm	입경별 질량백분율
0～2	2.0
2～4	18.0
4～10	30.0
10～20	30.0
20～40	15.0
40～100	4.0
> 100	1.0

풀이 시행착오 방법을 이용하는 해법은 spreadsheet를 사용하면 쉽다. 수식 (4.1), (4.6), (4.7) 및 (4.8) 등에는 많은 변수들이 있고 이들 변수는 사이클론의 몸통직경 D의 함수가 된다. 몸통직경 D를 입력하는 cell에 기초하여 spreadsheet 상에 모든 계산과정을 완성하라. 따라서 여러분이 해야 할 일은 실제 해답을 얻을 때까지 D값을 변화시켜가며 입력하는 것이다.

실제 해답에는 명시된 모든 제약점들을 만족시켜야 한다. 즉, 효율이 70% 이상 되어야 하고 압력손실은 3,000 Pa 이하가 되어야 한다. 때로는 더 작은 압력강하나, 때로는 더 큰 효율이 더욱 중요하게 고려되어 최적화 될 수 있다. 하지만 최종적으로 구체화된 직경의 사이클론은 쉽게 구입할 수 있고, 상식에 벗어난 크기로 인해 추가비용이 소요되지 않도록 주의해야 한다.

이 예제에서는 Lapple의 일반형 사이클론을 명시하고 있으므로, 표 4.2에서 3번째 유형의 사이클론을 선택하라. 다음과 같은 치수를 가지고 있다.

$$H = 0.5D, \quad W = 0.25D, \quad D_e = 0.5D, \quad L_b = 2D, \quad L_c = 2D$$

Spreadsheet에 입력해야 할, 또 다른 공식은:

$$V_i = Q/(HW)$$

또한 식 (4.1), (4.6), (4.7), (4.8), (4.10), (4.11)을 입력하여야 한다. 여기에 60 min/hr 등과 같은 단위 환산계수를 포함시켜야 한다. 특히 식 (4.6)에 유의하라.

일단 spreadsheet가 완성되면, 우선 단순하게 $D=1$ m 같은 수치를 대입하고 실행시켜라. 만약 효율이 너무 낮다면 더 작은 D값을 선택하라. 만약 압력강하가 너무 크다면 더 큰 D값을 선택하라. 실용가능한 해답이 나올 때까지 이 작업을 계속하라. 만약 바람직한 해답이 도출되지 않는다면, 한 개 또는 그 이상의 제한사항을 무시하거나, 또 다른 형태의 사이클론을 선택할 수밖에 없다.

이 문제를 풀기 위한 spreadsheet가 그림 4.7에 제시되어 있다. 이 spreadsheet를 사용하여 4개의 D값을 대입하고 다음과 같은 결과를 얻었다.

D, m	η, %	ΔP, Pa	ΔP, in. H_2O
1.0	61.8	896	3.6
0.9	66.5	1,366	5.5
0.8	71.4	2,188	8.8
0.7	76.5	3,732	15.0

위 결과에 의거하여 몸통의 직경은 0.8 m로 결정되었다.

Assume D:						
D (meters) =	0.8	<— Here is where you input values of D				
Input Data:				Prelim Calculations:		
Q =	120	m^3/min				
Effic tgt =	70	%		H =	0.4	m
Max dP =	3000	Pa		W =	0.2	m
part dens =	1500	kg/m^3		V =	1500	m/min
gas dens =	1	kg/m^3		De =	0.4	m
gas visc =	0.07	kg/m-hr		Lb =	1.6	m
K =	14			Lc =	1.6	m
eq 4.1, Ne =	6					
eq 4.6, dpc =	4.98	microns				
Efficiency Calculations:						
			By eq 4.7			
size range	dp avg	dp/dpc	"Eta" j	mass %	% collected	
0–2	1	0.20	0.04	2	0.08	
2–4	3	0.60	0.27	18	4.80	
4–10	7	1.41	0.66	30	19.93	
10–20	15	3.01	0.90	30	27.02	
20–40	30	6.03	0.97	15	14.60	
40–100	70	14.06	0.99	4	3.98	
>100	100	20.09	1.00	1	1.00	
			Overall Efficiency =		71.40	%
Pressure drop calcs:						
eq 4.10	Hv =	7.00				
eq 4.11	dP =	2187.50	Pa			
or	dP =	8.79	in H_2O			

그림 4.7 예제 4.5를 위한 spreadsheet

4.4 가격

단독 사이클론은 매우 경제적이며 자본투자비는 여과집진기와 전기집진기와 비교하면 최소한 1/10 이하이다. 구매가격은 집진효율, 처리가스량, 설계 압력손실, 구조재질에 따라 다르다. 사이클론은 다른 방지장치와는 달리 과거 30년간 주목을 받지 못했다. 따라서 이 책에 제시된 가격정보는 조금 오래 되었다. 하지만 2장에 제시된 가격산정법을 이용하여 현재 가격으로 환산할 수 있다. 사이클론에 대한 1982년도 대표적인 가격자료가 표 4.4에 제시되어 있다. 설치비와 배관비는 사이클론 그 자체보다 훨씬 비싸다. 다중관 사이클론 (multi-tube cyclones)의 가격은 대략 유량 1,000 cfm까지 \$1.00/cfm이고, 5,000 cfm까지 \$0.60/cfm이며, 10,000 cfm 이상은 \$0.50/cfm이다 (Neveril, 1978).

표 4.4 단독 사이클론에 대한 가격 (1982) (부대시설 및 설치비용 제외)

공기 유량 cfm	집진효율* %	압력손실 in. H_2O	장치가격 \$/cfm
3,000	90	2	1.20
	90	6	0.70
	90	10	0.60
5,000	90	6	0.66
	70	6	0.58
10,000	90	2	1.00
	90	6	0.50
	90	10	0.38
20,000	90	2	1.00
	90	6	0.48
	90	10	0.33
	70	6	0.32
50,000	90	2	1.15
	90	6	0.45
	90	10	0.32
50,000～100,000	90	6	0.45
	70	6	0.22

* 집진효율은 밀도 2,700 kg/m^{3}인 5 μm 입자 기준이다.
출처 : Heumann, 1983.

더욱 최근에 EPA는 2002년 기준으로, 일반 가동조건에서 90% 집진효율을 보이는 단독 사이클론에 대해 가격을 산정하였다 (U.S. EPA, 2003). 유량의 범위는 1,000～100,000 scfm이며, 분진부하량의 범위는 1～100 grain/scf이다. 경제적 규모를 생각할 때, 단위처리용량당 작은 장치일수록 큰 장치보다 가격은 더 비싸다. EPA의 결론은 연간 자본비가 \$2.20/scfm～\$3.50/scfm 사이이며, 연간 운영 및 유지비는 \$0.70/scfm～\$8.50/scfm 사이이다 (U.S. EPA, 2003). 여기서 EPA의 "자본비"는 우리가 이 책에서 언급한 장치구매가격 (PEC: purchased equipment cost)에 해당한다. 운영 및 유지비는 사이클론의 압력강화와 지역의 전기료 (주로 송풍기 가동비)에 거의 의존한다.

사이클론 설비가격을 추정하는데 사용되는 핵심변수는 사이클론의 유입구 면적이다. 그 면적은 몸통직경의 함수이기 때문에, 가격은 직경과 밀접한 관련이 있음을 알 수 있다. 이러한 이유로 Neveril (1978)과 Vatavuk (1990) 등은 가격과 유입구 면적과의 상관성을 조사한 바 있다. 다음 수식은 1988년에 수집한 자료에 근거하여 만든 것이다.

기초지지대, 분진퇴적함 (소형 사이클론의 경우 드럼통), 송풍기/모터를 갖춘 탄소강 사이클론에 대하여, 구매가격은 다음과 같이 추정된다.

$$P_c = 6,520A^{0.903} \tag{4.13}$$

여기서, P_c = 사이클론 설비의 가격 (1988년 달러, 제작자 f.o.b. 기준)

A = 사이클론의 가스유입구 면적, ft^2 (상관성은 $0.20 \le A \le 2.64$ ft^2 범위에서 유효)

사이클론 몸통하부에서 분진퇴적함 (hopper)까지 안전하게 분진을 배출시키기 위해, 때때로 아주 튼튼한 회전식 기압조절 배출밸브 (rotary air lock discharge valve)를 설치하여야 한다. 기압조절밸브의 사용목적은 대기압 상태의 공기가 사이클론 하단부에서 몸통 쪽으로 새는 것을 막는데 있다. 또한 먼지가 정화된 배출가스로 역류되는 것을 막는데 있다. 이 밸브의 가격은 비쌀 수 있으며 식 (4.14)에 주어졌다.

$$P_v = 273A^{0.0965} \tag{4.14}$$

여기서, P_v = 회전식 기압조절 밸브의 가격 (1988년 달러, 제작자 f.o.b. 기준)

A = 사이클론의 가스 유입구 면적, ft^2 ($0.35 < A < 2.64$ ft^2 범위에서 유효)

식 (4.14)는 0.35 ft^2 이하에서 유효성이 떨어진다. 왜냐하면 소형 사이클론은 플래퍼 밸브 (flapper valve)를 통해 55 gal 드럼통으로 흐르며, 회전식 기압조절밸브가 필요하지 않을 정도로 낮은 압력강하 상태에서 가동되기 때문이다.

사이클론 설비의 총 구매가격 (1988년 달러기준)은 P_c와 P_v의 합이다. 이 가격은 제 2장에서 소개한 가격지표를 사용하여 최근 가격으로 환산할 수 있다. 이 교과서 곳곳에서 가격과 관련된 수식들이 자료 확보연도를 기준으로 소개되고 있는데, 이는 원래 연구의 명확성을 유지하고자 함이다. 대부분 설비기술들에 대하여 최근 가격정보를 얻을 수 있는데, 가장 최근 가격도 (인플레 이외의 이유로도) 크게 변하고 있다. 일반적으로 기술자들은 최종 선택에 앞서, 상세설계 작업을 하는 동안 최근 가격지표를 확보하여야 한다.

사이클론 설비의 총 설치비용 (TIC)을 추정하는 가장 좋은 주먹구구 방식은 총 구매가격의 2배를 잡는 것이다. 설치작업은 복잡하지 않으나, 보통 처음에는 압력이 낮은 상태로 시작하기 때문에, 공학기술비, 노임, 덕트 작업 등의 소액 비용들이 구매가라는 큰 금액에 합산된다.

예제 4.6 예제 4.4의 사이클론에 대해 총 설치비용을 2005년 달러기준으로 추정하라. 또한, 3가지 각기 다른 방법으로 구한 답들을 비교하라. 여기서 사이클론의 유입구 면적을 1.75 ft^2로 가정하라.

풀이 (a) 표 4.4에서, 공기 10,000 cfm을 처리하고, 분진제거효율이 90%이며, 압력강하가 6~10 in. H_2O인 사이클론의 단위가격은 \$0.50~\$0.38/cfm이다. 압력강하가 9 in. H_2O이고 10,000 cfm을 처리하는 사이클론의 가격을 추정하기 위해 압력강하 변수를 내삽 (interpolation)한다.

$$\text{단위가격} = \frac{\$0.50}{\text{cfm}} + \frac{(0.50-0.38)}{(6-10)} \times (9.0-6.0) = \frac{\$0.41}{\text{cfm}}$$

마찬가지로 압력강하가 6 in. H_2O이고 90% 효율을 갖고 9,000 cfm을 처리하는 사이클론의 단위가격을 계산하기 위해 내삽한다.

$$\text{단위가격} = \frac{\$0.66}{\text{cfm}} + \frac{(0.50-0.66)}{(10{,}000-5{,}000)} \times (9{,}000-5{,}000) = \frac{\$0.53}{\text{cfm}}$$

위의 두 추정가에 입각하여 \$0.47/cfm으로 이 사이클론의 단위가격을 추정할 수도 있다. 확장가격은 다음과 같다.

$$\text{확장가격} = \frac{\$0.47}{\text{cfm}} \times 9{,}000\ \text{cfm} = \$4{,}230$$

그러나 이 가격은 단지 기본 사이클론에 대한 구매가이다. 여기에는 어떠한 선택사양도 포함하지 않으며 이 가격은 1982년 달러기준이다. 따라서 기초지지대, 송풍기, 모터 등으로 인해 가격은 2배가 되며 설치비는 또 다시 2배가 된다. 또 Marshall and Swift 가격지표를 사용하여 2005년 달러기준으로 환산하면, 최종 추정가는 다음과 같다.

$$\text{TIC} = \$4{,}230 \times 2 \times 2 \times (1{,}244.5/745.6) = \$28{,}200$$

(b) 식 (4.13)을 사용하여 사이클론 설비의 가격을 추정하면,

$$P_c = 6{,}520 \times 1.75^{0.903}$$
$$P_c = \$10{,}303$$

여기서 회전식 기압조절 밸브를 사용한다고 가정하면,

$$P_v = 273 \times 1.75^{0.0965} = \$288$$

두 번째 방법을 사용하여 2005년 달러기준으로 총 설치비를 환산하면,

$$\text{TIC} = 2 \times (10{,}303 + 288)(1{,}244.5/852.0) = \$30{,}900$$

(c) EPA 가격추정법에 의해, 2002년 달러기준으로 계산하면,

$$\text{단위가격} = \frac{\$2.20}{\text{scfm}} + \frac{\$3.50 - \$2.20}{(100{,}000 - 1{,}000)\ \text{scfm}} \times (9{,}000 - 1{,}000)\ \text{scfm} = \frac{\$2.30}{\text{scfm}}$$

$$\text{확장가격 (2002년 달러기준)} = \$2.30/\text{scfm} \times 9{,}000\ \text{cfm} = \$20{,}700$$

2002년에서 2005년까지 가격상승이 있으며, 다시 2배를 곱하고, 세 번째 추정법에 의한 TIC는:

$$\text{TIC} = \$20{,}700 \times \frac{1{,}244.5}{1{,}104.2} \times 2 = \$46{,}700$$

앞의 두 추정법과 달리 마지막 세 번째 추정치는 커다란 차이를 보인다.

연습문제

4.1 예제 4.1에서 몸통직경이 1.0 m인 고효율 Swift식 사이클론 (표 4.2 참고)의 총괄효율을 계산하라. 유입구에서 N_e의 회전이 9로 증가하는 소용돌이를 가정하라.

4.2 입자의 분포가 다음과 같을 때, 몸통직경이 0.5 m인 Lapple식 표준 사이클론의 효율을 계산하라. 입자밀도 $\rho_p = 1{,}200$ kg/m^3, 가스밀도 $\rho_g = 0.90$ kg/m^3, 가스점도 = 0.06 kg/m-hr, 유입가스속도 $V_i = 25$ m/s이다.

크기영역, μm	크기영역별 질량백분율
0~4	3.0
4~10	10.0
10~20	30.0
20~40	40.0
40~80	15.0
> 80	2.0

4.3 문제 4.2의 사이클론 효율을 90%로 가정하고, (a) 유입가스속도가 15 m/s로 감소할 때, (b) 분진밀도가 1,000 kg/m^{3}으로 변할 때, 새로운 효율을 계산하라.

4.4 문제 4.2의 사이클론 효율을 다음과 같은 입경분포에 대해 재계산하라.

크기영역, μm	크기영역별 질량백분율
0～2	4.0
2～6	16.0
6～12	20.0
12～20	20.0
20～40	20.0
40～80	18.0
>80	2.0

4.5 문제 4.1의 사이클론에 대해 압력강하를 계산하라. $K=16$으로 가정하고 답은 kPa과 in. H_2O로 표시하라.

4.6 전처리 기능을 갖는 장비로서 Lapple의 표준 사이클론을 설계하고자 한다. 분진밀도는 1,250 kg/m^{3}이며 입경분포는 문제 4.4와 같다. 하지만 공기의 조건은 150 °F, 1 atm이며 유속은 2,000 acfm이다. 이 사이클론의 효율은 65～75% 사이에 있다. 해당 효율에 적합한 사이클론의 몸통 직경을 구하라.

4.7 문제 4.2의 사이클론에 대해 압력손실을 계산하라. $K=14$로 가정한다.

4.8 절단입경 (cut diameter)이 6.0 μm인 사이클론이 있다. (a) 문제 4.4의 입자에 대해, 사이클론의 총괄효율을 구하고, (b) 이 사이클론 2개를 직렬로 연결하였을 때, 총괄효율을 계산하라.

4.9 문제 4.2의 사이클론에 대해, $K=12$로 가정하고 압력손실을 kPa 단위로 계산하라. 또한, 이 사이클론 2개를 직렬로 연결하였을 때 압력손실을 계산하라.

4.10 문제 4.2의 입자로 오염된 공기 20,000 cfm (250 °F, 1 atm)를 처리할 수 있는 단독 사이클론 (Swift식)을 설계하라. 효율은 75～80%이어야 하고, 최대허용 압력강하는 8 in. H_2O이다.

4.11 고효율형 Swift 사이클론이 같은 몸통직경의 고용량형 Swift 사이클론과 비교된다. 증가된 효율에 대해 "비용"을 검토하기 위해서, 사이클론의 압력손실을 각각 추정하고 비교하라. 고효율형 모델은 $K=16$, 고용량형 모델은 $K=12$로 가정하라. 두 사이클론의 부피속도는 같다고 가정하라.

4.12 2,500 N/m^2의 압력손실을 가지고 공기 25,000 cfm을 배출시키는 송풍기의 연간 전기료를 계산하라. 송풍기/모터 효율은 0.60으로 가정하라. 전기료는 $0.08/kWh이고, 송풍기는 연간 7,800시간 가동된다.

4.13 유입구 면적 2.0 ft^2를 갖는 사이클론에 대한 본선인도가 (f.o.b.)를 2008년 달러기준으로 추정하라.

4.14 압력강하 6.0 in. H_2O, 효율 90%, 공기유량이 20,000 cfm인 사이클론의 총 설치비용을 2008년 달러기준으로 추정하라.

4.15 문제 4.14의 사이클론을 (a) 연 4,000시간 (b) 연 8,000시간을 운전할 때 연간 운영비를 산출하라. 운영비로는 전기료 (송풍효율=0.6, 전기료 $0.08/kWh)와 감가상각비 (직선으로 감가상각된다고 가정하고, 사용연한은 10년이며, 사용연한 이후 중고가는 없다고 가정)만이 포함된다. 이 사이클론은 5년 전에 $9,800에 구입되고 설치되었다.

4.16 밀가루 제분소에서 방출되는 분진을 90%를 제거할 수 있는 제어장치가 필요하다. 밀가루의 입경별 분포는 다음과 같다.

크기영역, μm	크기영역별 질량백분율
0～2	10
2～10	20
10～20	20
20～40	25
40～70	20
>70	5

이 문제를 위해 직렬로 연결된 두 개의 사이클론이 추천되었다. 설계인자는 다음과 같다.

$W_i = 20$ in.　　$H_i = 30$ in.

$N_e = 8$ 회전　　$V_i = 70$ ft/s

$\rho_p = 62.4\ lb_m/ft^3$

공기의 점도는 $1.2 \times 10^{-5}\ lb_m/ft\text{-}s$이다. 이 추천에 대한 타당성을 논의하라.

4.17 몸통직경이 1.0 m, 유량이 250 m^3/min (394 K, 1 atm)인 Swift식 사이클론이 있다. 다음과 같이 주어진 입경분포 자료를 이용하여 총괄집진효율을 계산하라 (단, 입자의 밀도는 1,500 kg/m^3이다).

크기영역, μm	크기영역별 질량백분율
0~5	2
5~10	10
10~20	20
20~50	30
50~70	20
70~90	10
>90	8

4.18 200 °F, 1 atm에서 10,000 acfm의 유속을 갖는 폐가스를 정화하기 위한, Lapple의 일반형 표준 사이클론을 설계하라. 효율은 75~85%로 되어야 하고, 최대허용 압력강하는 10 in. H_2O이다. 또한, 입자밀도는 1,200 kg/m^{3}이며 입경분포는 다음과 같다.

크기영역, μm	크기영역별 질량백분율
0~5	10
5~15	30
15~30	40
30~50	15
>50	5

4.19 몸통직경이 0.5 m인 고용량 Swift식 사이클론이 있다. 250 °F, 1 atm에서 가스의 유속이 100 m^3/min일 때, 압력강하는 일마인지 계산하라 (단, $K=12$로 가정하라). 또한, 이 가스를 운송하는데 필요한 유체의 일을 계산하라.

4.20 사이클론이 3개 있다 (각각 Swift식 고효율형, 일반형, 고용량형 사이클론). 이들 사이클론을 설계하기 위해 spread-sheet를 작성하라. 문제 4.10의 자료를 사용하라. 또한 사이클론의 몸통직경은 1.8 m로 고정되었다. 이 3개 사이클론의 효율과 압력손실을 서로 비교하라.

4.21 Lapple식 일반형 사이클론과 Swift식 일반형 사이클론을 비교하라. 각 사이클론의 직경은 1.2 m이다. 사이클론의 표준공기 유속은 250 m^3/min이다. 공기흐름 중 분진의 밀도는 1,500 kg/m^{3}이다. 분진의 크기분포 자료는 예제 4.1과 같다. 각 사이클론의 효율과 압력손실을 계산하라.

4.22 두 개의 똑같은 크기의 사이클론을 직결로 연결하는 분진제어장치의 설계에 대해 논하라.

4.23 4.4절에 제시한 EPA 가격범위 (U.S. EPA, 2003)를 사용하여 문제 4.14의 사이클론에 대하여 2008년 달러기준으로 총 설치비 (TIC)를 추정하라. 또한 표 4.4를 사용한 문제 4.14의 답과 비교하라.

4.24 세 개의 병렬로 연결된 사이클론을 가동하는데 소요되는 전기료를 추정하라. 각 사이클론은 압력강하 8 in. H_2O, 유량 30,000 cfm으로 가동되고 있다. 사이클론이 24 hr/day, 350 day/yr 가동되며, 전기료의 단가는 $0.08/kWh이다.

참고문헌

Caplan, K.J. "Source Control by Centrifugal Force and Gravity," in *Air Pollution*, vol.II. A.C. Stern, Ed. New York: Academic Press, 1962.

Faulkner, W.B., and Shaw, B.W. "Efficiency and Pressure Drop of Cyclones across a Range of Inlet Velocities," American Society of Agricultural and Biological Engineers, Applied Engineering in Agriculture, 22(1), 2006.

Heumann, M. "Understanding Cyclone Dust Collectors," Plant Engineering, May 26, 1983.

Lapple, C.E. "Processes Use Many Collector Types," Chemical Engineering, 58 (5), May 1951.

Licht, W. "Control of Particles by Mechanical Collectors," Chapter 13 in *Handbook of Air Pollution Technology*, S. Calvert and H.M. Englund, Eds. New York: Wiley, 1984.

Neveril, R.B. *Capital and Operation Costs of Selected Air Pollution Control Systems*, EPA-450/5-80- 002. Washington, D.C.: U.S. Environmental Protection Agency, Dec. 1978.

Shepherd, C.B., and Lapple, C.E. "Flow Pattern and Pressure Drop in Cyclone Dust Collectors," Industrial and Engineering Chemistry, 31 (8), 1939.

Shepherd, C.B., and Lapple, C.E. "Flow Pattern and Pressure Drop in Cyclone Dust Collectors," Industrial and Engineering Chemistry, 32 (9), 1940.

Stairmand, C.J. "The Design and Performance of Cyclone Separators," Transactions of Industrial Chemical Engineers, 29, 1951.

Swift, P. "Dust Control in Industry," Steam Heating Engineering, 38, 1969.

Theodore, L., and DePaola, V. "Predicting Cyclone Efficiency," Journal of the Air Pollution Control Association, 30 (10), October 1980.

U.S. Environmental Protection Agency (EPA). *Stationary Source Control Techniques Document for Fine Particulate Matter*, EPA-452/R-97-001. Research Triangle Park, NC, October 1998.

U.S. Environmental Protection Agency (EPA). *Air Pollution Control Technology Fact Sheet,* EPA-452/F-03-005, 2003. Accessed October 2009 from http://www.epa.gov/ttn/catc/dir1/fcyclon.pdf

Vatavuk, William M. "Pricing Equipment for Air Pollution Control," Chemical Engineering, 97 (5), May 1990.

Vatavuk, W.M., and Neveril, R.B. "Part V: Estimating the Size and Cost of Gas Conditioners," Chemical Engineering, January 26, 1981.

Wang, L., Buser, W.D., Parnell, C.B., and Shaw, B.W. "Effect of Air Density on Cyclone Performance and System Design," Transactions American Society of Agricultural and Biological Engineers, 46(4), 2003.

Wang, L., Parnell, C.B., and Shaw, B.W. "Study of Cyclone Fractional Efficiency Curves," Agricultural Engineering International: The CIGR Journal of Scientific Research and Development, 4, manuscript BC 02002, June 2002.

Wang, L., Parnell, C.B., Shaw, B.W., and Lacey, R.E. "A Theoretical Approach for Predicting Number of Turns and Cyclone Pressure Drop," Transactions American Society of Agricultural and Biological Engineers, 49(4), 2006.

Chapter

05 전기집진기

지난 10년 동안 집진설계의 중요성이 새롭게 인식되었다. 청정공기기준법의 강력한 시행은 전 생산공장들의 조업단축이나 완전한 폐쇄까지도 요구할 수 있게 되었다. 이러한 의미에서, 집진기의 설계와 공학적 실행은 생산설비 자체와 동등한 중요성을 갖는다. Harry J. White, 1984

5.1 머리말

전기집진 과정은 다음과 같다: (1) 전극사이를 통과하는 오염된 공기의 이온화 (ionization) 과정, (2) 대전 (charging), 이동 (migration), 집진판에서의 오염물질 (분진)의 포집과정, (3) 집진판에 부착된 분진의 제거과정이다. 분진은 건조 먼지나 액석 형태로 존재한다. 처리된 가스는 전기집진기 (ESP)를 통과하지만 분진은 집진판에 포집된다. 집진판에 부착된 분진은 타봉에 의한 충격이나 세정액으로 탈리되어, 전기집진기의 하부에 퇴적된다. 전기집진기 (ESP: electrostatic precipitator)는 다른 대기오염 방지장치와는 달리, 포집력은 처리가스 전체에 적용되지 않고 단지 분진에만 적용된다. 이러한 특징으로 전기집진기는 매우 낮은 압력손실로 고효율의 집진능력을 보인다.

1900년대 초, 당시에는 Berkeley 대학의 강사였던 Cottrell 박사는 캘리포니아주 Pinole시의 황산공장에서 문제점 하나를 해결하기 위해 노력하였다 (Danielson, 1973). 일단, Cottrell 박사는 산성 박무 (acid mist)를 집진하기 위해 원심분리방법을 시도하였으나 좋은 결과를 얻지 못하였다. 1906년 San Francisco의 지진으로 그의 모든 연구기록과 모델들이 파손되었으나 실망하지 않고 연구를 계속하였다. Texas A&M의 화학과의 학과장 자리를 거절하고, 전기집진에 의한 산성 박무의 집진연구를 계속하였다. 1907년 Cottrell 박사는 Pinole 공장에서 소형 전기집진기 (100～200 acfm)를 개발하였고, 만족할 만한 성과를 얻었다. 이 결과 새로운 산업이 탄생하게 되었다. 그 후 10년 동안, 여러 형태의 ESP가 시멘트 킬른의 먼지, 납 용광로의 훈연 (fume), 타르, 펄프와 제지공장의 알칼리염 등의 분진제거에 응용되었다. 이런 형태의 ESP는 300,000

acfm의 용량을 처리하였다.

1920년경, 미분탄로 (pulverized coal furnaces)가 전력산업의 필요에 의해 도입되었다 (White, 1977). 미분탄로는 당시 사용 중이던 스토커식 보일러보다 우수했지만 새로운 문제를 일으켰다. 미분탄로에서 배출되는 석탄재의 대부분은 연소가스 중에 부유하는 매우 작은 비산재 (fly ash) 형태였다. 다행스럽게도, ESP는 이러한 분진제거에 이용될 수 있었으며 또한 적합하였다. 1923년에는 처음으로 화력발전소에 ESP가 설치되었으며, 몇 년 후에는 여러 가지 문제점들이 개선되어 90%의 집진효율을 얻을 수 있었다. 1908년대 중반까지, 13억 acfm 이상을 처리하는 2,000개 이상의 전기집진기가 비산재를 집진하기 위해 미국에 설치되었다. 비록 발전소에 설치된 ESP가 미국 내에 설치된 모든 ESP의 약 80%를 차지하였지만 (U.S. EPA, 1985), 기타 많은 산업체에서도 사용하였다. 기타 산업에서의 ESP 사용현황을 살펴보면, 펄프와 제지업 (총 ESP의 7%), 철강업 (3%), 시멘트와 기타 광업 (3%), 그리고 비철산업 (1%) 등이다. 2008년 미국의 석탄에 의한 전력생산량는 313,322 MW (EIA, 2010)인데, ESP는 전력생산용량의 1/2 이하인 발전소에 설치되었으며, 여과집진기는 1/2 이상에 설치되었다.

그림 5.1 364 MW급 석탄화력발전소에 설치된 ESP
(석탄은 약 15% 재를 함유하고, 전기집진기는 99.6% 효율로 대략 100만 acfm의 가스를 처리한다; 30 cm 간격을 갖는 집진판의 높이는 14.5 m이다. 또한 50개 channel을 가지고 있으며 흐름방향으로 5개의 단면부를 가지고 있고, 총 10개의 전기단자부를 가지고 있다.)

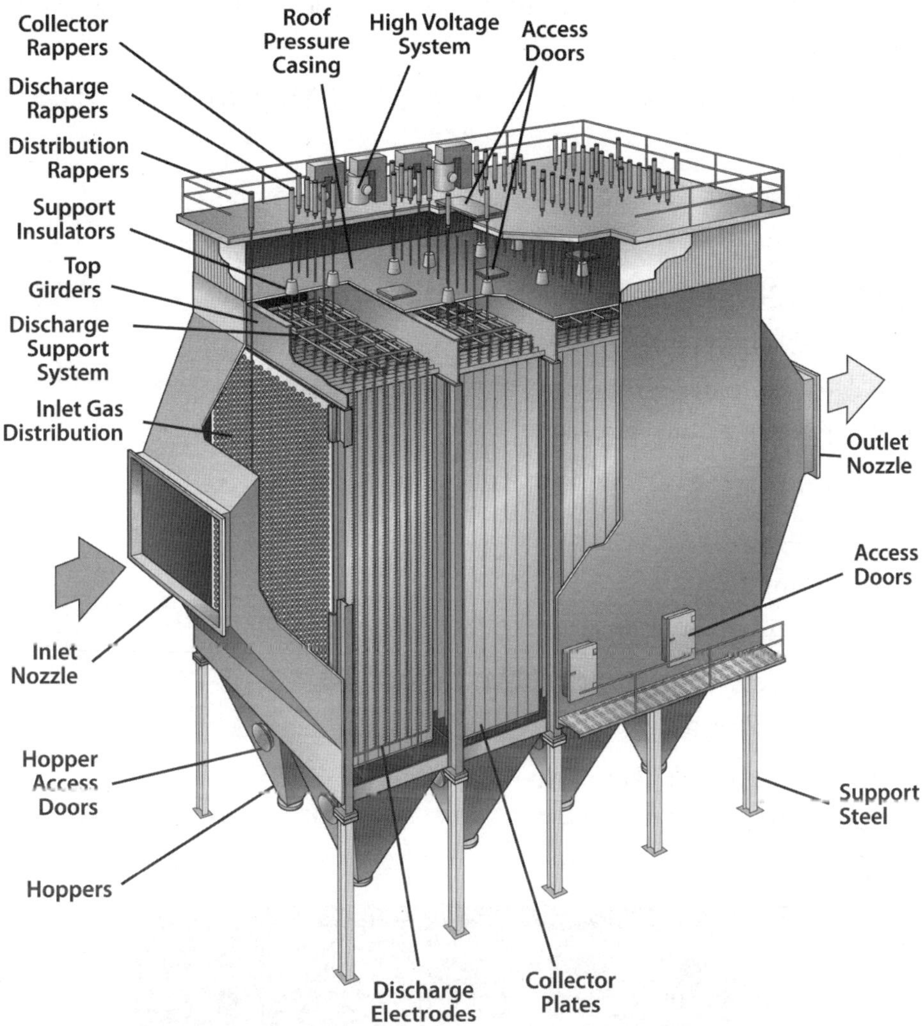

그림 5.2 ESP의 내부구조
출처 : Babcock & Wilcox Company, Barberton, OH.

1930년대와 1940년대에는 비산재의 집진효율이 95%에 이르는 전기집진기가 개발되었다. 1950년대까지 효율은 97~98%에 이르렀고, 1970년대 중반에는 효율이 99.5% 이상이 되었다. 요즘 전기집진기는 99.9% 이상의 고효율로 설계되고 있다. 집진효율이 99.5%에서 99.9%로 0.4%P 개선되려면, 배출량은 80% 저감된다는 점을 명심하라. 그림 5.1은 364 MW급 석탄화력 발전소에 설치된 전기집진기의 사진이며, 그림 5.2는 전기집진기의 내부단면을 보여주고 있다. 이 책에서 주로 다룰 건식 ESP 뿐만 아니라, 폭발 잠재성이 있을 때, 분진이 부착성이 있거나 액적 상태일 때, 또는 건조된 먼지가 매우 높은 비저항을 가질 때, 습식 ESP가 사용될 수 있다

(5.4절 참고). 대형 석탄화력발전소에 설치된 ESP는 매우 거대한 설비이다. 그림 5.3은 건설장면을 보여주고 있다.

전기집진기는 다른 집진장치와 비교하여 다음과 같은 상대적 장점과 단점을 가지고 있다.

전기집진기의 장점

1. 미세한 입자에 대해서도 집진효율이 매우 높다.
2. 낮은 압력손실로 대량의 가스를 처리할 수 있다.
3. 유용한 물질은 건식집진하고, 훈연이나 박무는 습식집진한다.
4. 광범위한 온도범위에서 설계가 가능하다.
5. 매우 높은 효율을 요구할 때를 제외하고 운영비가 적게 든다.
6. 분진부하량이 많은 곳에 유용하다.
7. 내구력이 높다. − 유지보수가 상대적으로 적고 내구연한이 길다.

전기집진기의 단점

1. 자본비가 많이 든다.
2. 가스상 물질을 제어할 수 없다.
3. 일단 설치되면, 운전조건의 변화에 따라 유연성이 작다.
4. 넓은 설치면적이 필요하다.
5. 비저항이 큰 분진은 제거하기 어렵다.
6. 재의 비저항에 크게 의존한다.

그림 5.3 공사 중인 석탄화력발전소의 ESP

출처 : Siemens Energy Inc., Orlando, FL.

5.2 이론

그림 5.4와 같이 두 개의 평판으로 이루어진 직사각형 채널 속으로 오염가스가 통과한다고 하자. 방전선 (charging wire)과 집진판 (collecting plate) 사이의 폭이 $D/2$, 높이가 H인 채널 반쪽만 고려하자.

몇 가지 가정을 세우고 ESP 설계에 필요한 기본수식을 유도할 수 있다. 즉, Deutsch 방정식인데, 1922년에 유도되었다. 가정은 다음과 같다.

1. 가스와 분진은 수직혼합 없이 x축 방향으로 일정속도 u로 이동한다.
2. 분진은 x축의 모든 위치에서, y축과 z축 방향으로 균등하게 분포되어 있다.
3. 대전장 (charging field)과 집진장 (collecting field)은 일정하고 균일하다: 분진은 y축 방향으로 빠르게 종말속도 w에 도달한다.
4. 집진된 분진의 재비산은 고려하지 않는다.

분진농도는 x축 방향으로 갈수록 감소될 것이다. 이는 집진판으로 입자가 순 이동 (net migration)하기 때문이다. 채널 내 (x축의 임의거리에 위치하는) 얇은 단면을 유출입하는 입자의 물질수지식은 "단면에 유출입하는 입자의 질량 차가 곧 집진판에서 제거된 질량과 같다"는 것을 보여준다. 즉,

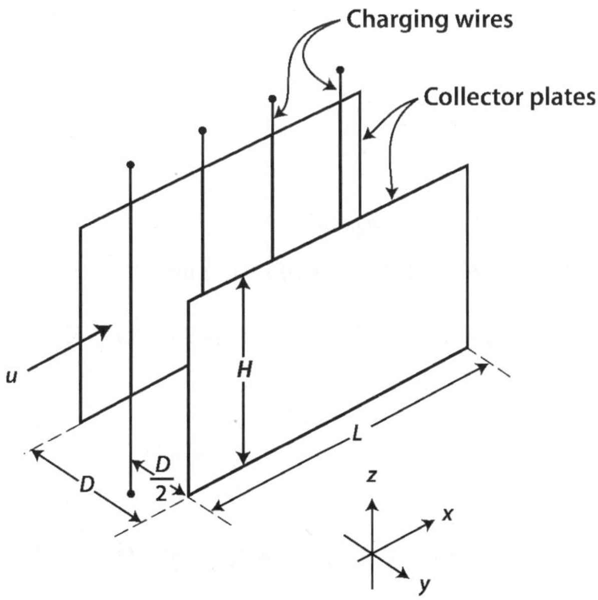

그림 5.4 두 개의 ESP 집진판 사이로 통과하는 공기흐름의 도식

$$uH\frac{D}{2}C_x - uH\frac{D}{2}C_{x+\Delta x} = \text{제거된 질량} \tag{5.1}$$

여기서, u = 가스속도, m/min

H = 집진판 높이, m

D = 채널의 폭, m

C = 분진농도 또는 부하량, g/m^3

그러나 제거된 질량은 간단히 y축 방향의 분진 유동량 (flux)에 이와 직각 방향의 면적을 곱한 값과 같다. 그러므로 식 (5.1)은 다음과 같다.

$$uH\frac{D}{2}(C_x - C_{x+\Delta x}) = w\,C_{x+\Delta x/2}H\Delta x \tag{5.2}$$

여기서, w = 표류속도 (y축 방향의 종말속도), m/min

식 (5.2)를 Δx로 나누고, Δx가 0으로 수렴하는 극한값을 구하면,

$$\frac{-uHD}{2}\frac{dC}{dx} = wHC \tag{5.3}$$

식 (5.3)을 변수분리시키고, 0부터 L까지 적분하면,

$$\ln\left[\frac{C_L}{C_0}\right] = \frac{-2wHL}{uHD} \tag{5.4}$$

또는,

$$\ln\left[\frac{C_L}{C_0}\right] = \frac{-wA_p}{Q_c} \tag{5.5}$$

여기서, A_p = 집진판 한 개의 면적 (양면), m^2

Q_c = 한 개 채널에 대한 가스의 부피속도, m^3/min

모든 ESP에서, 총 집진면적과 총 가스유량을 사용하여 식 (5.5)를 다음과 같이 정리할 수 있다.

$$\frac{C_L}{C_0} = e^{(-wA/Q)} \tag{5.6}$$

집진효율의 일반적 정의를 사용하면, 식 (5.6)은 Deutsch 방정식이 된다. :

$$\eta = 1 - e^{(-wA/Q)} \tag{5.7}$$

여기서, η = 부분집진효율

w, A, Q는 각종 단위를 사용할 수 있다 (예를 들면, ft/min, ft^2, ft^3/min).

전기장 내의 표류속도 (drift velocity) w는 3장에서와 같이, 중력장 내의 종말침강속도처럼 계산할 수 있다. 간단히 말해, 종말표류속도 w는 가스 중 분진의 특성시간에 단위질량당 정전력 (electrostatic force)을 곱한 값과 같다.

$$w = \tau' F_E \tag{5.8}$$

여기서, F_E = 입자의 단위질량당 정전기력, N/kg

τ' = 미끄럼이 보정된 (slip-corrected) 특성시간, s

White (1977)에 의하면, F_E는 직경 1 μm인 입자에 미치는 중력보다 3,000배 정도 큰 값을 갖는다. 분진에 작용하는 총 정전력은 분진의 전하에 집진장의 세기를 곱한 값이다. 또는

$$M_p F_E = q E_{co} \tag{5.9}$$

여기서, M_p = 입자질량, kg

q = 입자전하, coulomb (C)

E_{co} = 집진장의 세기, V/m

ESP 내의 입자들은 두 가지 방법으로 충전 (하전)된다. 가장 일반적인 ESP에서는 음극 코로나 대전장 (negative corona charging field)을 사용한다. 음극 고전압 (high negative voltage) (직류로 100,000 V까지)은 가스분자를 이온화시키고 자유전자를 생성한다. 전자 (e)는 접지된 집진판을 향해 흐른다. 전자는 음전자 가스들과 부딪치고 부착되어 음이온을 생성한다. **전계충전** (field charging)에서는, 음이온은 전기장에 의해 먼지입자의 표면으로 끌려간다. 이 현상은 1 μm 이상의 입자에서 더욱 효과적으로 일어난다. 0.2 μm보다 작은 입자들은 **확산충전** (diffusional charging)에 의하여 효과적으로 하전된다. 즉, 미세분진의 대전은 분진과 가스이온의 무작위 운동에 의한 충돌 결과이다.

구형입자의 이론적 포화전하량 (saturation charge)은 다음과 같다.

$$q = \pi d_p^2 \epsilon_0 K E_{ch} \tag{5.10}$$

여기서, d_p = 입자의 직경, m

ϵ_0 = 자유공간의 유전율 (permitivity), 8.85×10^{-12} C/V-m

K = 식 (5.11)에 의해 주어지는 상수
E_{ch} = 전장의 세기, V/m

상수 K는 다음과 같이 정의된다.

$$K = 3\epsilon/(\epsilon + 2) \tag{5.11}$$

여기서, ϵ = 자유공간과 관련된 입자의 절연상수 (dielectric constant)
대부분 입자들의 상수 K의 범위는 1.5～2.4이다.

식 (5.8), (5.9), (5.10)을 종합하고, 3장에서 정의된 τ'를 사용하여 전기집진기 내 구형입자에 대한 이론적 표류속도를 구할 수 있다.

$$w = \frac{Cd_p}{3\mu}\epsilon_0 K E_{ch} E_{co} \tag{5.12}$$

여기서, C = Cunningham 보정계수
μ = 가스점도, kg/m-s

식 (5.12)의 모든 변수에 대한 단위는 이미 앞에서 정의하였다. 식 (5.12)에서 이론적 표류속도는 입자의 직경과 전장세기의 제곱에 비례한다는 것을 알 수 있다. 왜냐하면 전장과 집진장은 거의 같기 때문이다.

식 (5.12)는 일정한 전장과 가스유속 하에서, 표면이 매끄럽고 구형인 입자에 대해 일반적으로 정확하다. 그러나 식 (5.7)을 사용하여 ESP를 설계할 때, 분진의 다양한 크기와 모양으로 인한 영향, 불규칙한 전장의 세기, 가스 유속분포의 불균일성, 그리고 벽에서 분진의 재비산, 또는 타봉 중 분진의 재비산 등은 이론적 표류속도 계산의 신뢰성을 감소시킨다. 실제로 (매우 높은 효율을 요구할 때), '**유효표류속도** w_e'는 모의실험 결과를 통해, 또는 유사한 ESP에서 이미 경험한 결과를 통해 얻을 수 있다. 유효표류속도는 가스누출, 재비산 및 탈진손실로 인한 입자의 침투도를 설명할 수 있으며, 또한 이론 표류속도 모델로 설명될 수 없는 침투도를 설명할 수 있다. 식 (5.7)의 w 대신에 w_e를 사용하여, 요구되는 총 집진판의 면적을 계산할 수 있다.

비록 식 (5.7)이 초기단계 설계에 충분하다해도, ESP 제작자들은 최종설계를 할 때 좀 더 정밀한 모델을 사용하고 있다. 이 교과서에서는 유효표류속도 w_e로 표현되는 식 (5.7)을 이용할 것이다. w_e의 일반 값은 석탄 비산재일 때 2～20 cm/s, 황산 박무일 때 6～8 cm/s, 건조 시멘트 먼지일 때 6～7 cm/s, 용광로 먼지일 때 6～14 cm/s이다 (Wark 등, 1998).

5.3 설계 시 고려사항

ESP의 완전한 설계는 집진판의 크기와 배열, 필요 전기량의 계산, 구조적 필요사항 결정, 탈진, 분진처리, 설비의 운전감시의 구체화 등의 과정을 포함한다, 본 절에서는 처음의 두 항목만을 자세히 공부할 것이다.

집진판의 크기

일반적으로 ESP의 집진판은 길이보다 높이가 높으며, 몇 개의 **단면부** (section) 속에 평행으로 (병렬로) 놓여 있다. 그림 5.2를 보면, 4개 단면부가 가스의 진행방향으로 나란히 놓여 있고 2개 단면부는 옆으로 놓여 있다 (즉, 진행방향으로 2열 종대로). 가스의 진행방향에 놓여 있는 단면부들을 **기계구역** (mechanical field)이라고 부르며 각 구역은 다시 몇 개의 **단자부** (bus section: 전원 또는 공급회로가 접속되는 부위)로 분할되어 있다. 단자부 하나는 최소수의 집진판들로 구성되며 한 개의 변압기 - 정류기에서 전원을 공급받는다. 한 개 ESP 속에 들어있는 단자부의 총 숫자는 기계구역수와 구역당 단자부의 수를 곱한 값이다. 식 (5.7)에서 이용된 변수 '면적 (A)'는 총 집진판의 면적이라기보다는 활성화된 집진판 (active plate)의 면적이다. ESP의 전체 가로 폭 (width)을 n개의 집진판이 평행으로 나뉘어 한 개 기계구역에 매달려있다고 가정하자. 가스는 '덕트 (판과 판 사이의 공간)'를 통과하며 흐르는데, $(n-2)$개의 내부 판 각각의 양쪽 면에서 먼지를 집진하지만, 반면 2개의 가장 외곽 판에서는 한쪽 면에서만 집진한다. 따라서 이 기계구역 내에서는 $(n-1)$개의 활성 집진판이 존재한다. 진행방향으로 N_s개의 기계영역을 가지고 있는 ESP에 대하여, 총 집진면적은 활성 집진판의 수에 집진판 한 개의 양쪽 면적을 곱한 것이다.

$$A = A_p(n-1)N_s = A_p(N-N_s) \tag{5.13}$$

여기서, $A_p =$ 집진판의 양쪽 면적 $(=2HL_p)$

n = ESP 가로 폭에 평행으로 매달린 집진판의 수

N = ESP 내 집진판의 총수

$N_s =$ 흐름 진행방향의 단면부 수 (기계구역)

식 (5.13)은 필요한 집진판의 수를 추정하는데 사용될 수 있으며, 판의 규모는 다음 예제에서 살펴볼 수 있다.

예제 5.1 (a) 공기 10,450 m^3/min를 처리하고 98% 집진효율을 갖는 ESP의 총 집진면적을 계산하라. 유효표류속도는 6 m/min이다.

(b) 집진판의 높이를 6 m, 길이를 3 m라고 가정하라. 또한 이 ESP는 흐름 진행방향으로 2개의 단면부를 가지고 있다. 필요한 집진판의 수를 계산하라.

풀이 식 (5.7)을 재정리하면,

$$\ln(1-\eta) = \frac{-Aw_e}{Q}$$

$$A = -\frac{Q}{w_e}\ln(1-\eta)$$

$$A = \frac{-10{,}450\ \mathrm{m^3/min}}{6.0\ \mathrm{m/min}}\ln(0.02) = 6{,}813\ \mathrm{m^2}$$

식 (5.13)에서 $N_s=2$일 때,

$$A = A_p(N-2)$$

재정리하면,

$$N = \frac{A}{A_p} + 2 = \frac{6{,}813}{3\times 6\times 2} + 2 = 191.3 = 192\ \text{plates}$$

각 기계구역은 정수인 판의 수를 가지므로 192개의 집진판이 된다 (각 기계구역에 96개씩). 한편, 이 ESP는 총 4, 6, 8, 또는 12개의 단자부 (bus section)를 갖는 한 개의 기계구역 속에 2, 3, 4, 또는 6개의 단면부 (section)가 평행으로 (병렬로) 설계될 수도 있음을 참고하라.

코로나 (Corona)

하나의 전계 (또는 코로나)는 입자를 하전함으로써 형성된다. **코로나**란 강한 전장에서 고-에너지 전자에 의해서 가스분자가 이온화 되는 현상이다. 코로나에 의해 생성된 과잉전자는 산소나 SO_2 같은 음전자 가스에 쉽게 부착된다. 달리 말하면, 생성된 음이온들은 입자에 흡착되고 접지된 집진판으로 이동한다. 일반적으로 전선 (wire)인 방전극 (discharge electrode)은 집진판이 접지되어 있는 동안 활성화되지만, 전선은 양극 또는 음극 코로나를 형성할 수 있다. 음극 코로나 (즉, 전선이 음전하를 갖는)는 양질의 전압/전류 특성을 가지므로 흔히 사용되고 있다. 그러나 음극 코로나는 양극 코로나보다 오존을 많이 생성시킨다. 이러한 이유로 실내공기 청정장치로는 비록 효율이 떨어지더라도 양극 코로나를 사용하고 있다.

분진의 비저항 (Particulate Resistivity)

분진의 크기와 입경분포 외에도, 분진의 중요 성질 중의 하나는 비저항이다. 일단, 분진 입자들이 집진판으로 이동하면 분진은 집진된 것으로 간주한다. 하지만 집진된 입자들은 가스 중으로 재비산 될 수 있으며 따라서 ESP의 효율이 떨어지게 된다.

비산재의 비저항은 전기적 전도에 저항하는 값이다. 비저항은 광범위한 값을 가지며 입자의 집진효율에 큰 영향을 주기 때문에 매우 중요하다. 일단 집진되면 입자들은 집진판에서 전하를 잃기 시작한다. 이러한 전하의 이동현상은 전기회로를 구성하여 전류를 생성하고, 방전극 (전선)과 집진판 사이의 전압강하를 일정하게 유지시켜준다. 만약 분진의 비저항이 낮으면 (즉, 좋은 전도체일 때), 정전기 전하를 매우 빨리 소진하게 되어, 즉 분진과 집진판 사이의 결합력이 약화되어 분진은 가스 중으로 재비산한다. 또한 분진의 비저항이 높으면 (즉, 좋은 절연체일 때) 전하는 집진판에 전달되지 않는다. 이러한 상황에서는 (1) "역 코로나 현상 (back corona)"이 발생하며 가스 중 분진입자의 이온화와 이동현상이 감소된다. (2) 또한, 분진이 집진판에 강하게 부착되어 있으므로 "타격"에 의해 분진을 털어내기 어렵다.

물질의 비저항은 얇은 판에 전류를 통하여 실험적으로 얻을 수 있다 (그림 5.5 참고). 특정 석탄을 연소할 때 발생되는 실제 배출가스 중 집진될 분진의 비저항 값을 측정분석하는 일은 중요하다. 따라서 비저항 측정은 실험실에서 보다는 현장에서 이루어져야 한다. "동일한" 먼지에 대하여, 실험실에서 측정한 비저항은 현장에서 측정한 비저항보다 100~1,000배 이상 크다 (White, 1984). 비저항 P는 저항과 전류흐름에 수직인 면적을 곱한 후, 경로로 나누어 얻을 수 있다.

$$P = \frac{RA}{l} = \frac{V}{i}\frac{A}{l} \tag{5.14}$$

여기서, P = 비저항, ohm-cm
R = 저항, ohm
A = 전류흐름의 수직면적, cm^2
l = 전류방향의 경로, cm
V = 전압, V
i = 전류, A

물질의 비저항 P의 범위는 10^{-3}~10^{14} ohm-cm이다. 석탄비산재의 P는 일반적으로 10^{8}~10^{13} ohm-cm이다 (White, 1977). 건조한 시멘트 먼지는 10^{13} ohm-cm를 초과할 수 있다 (U.S. EPA, 1985). 비저항이 10^{11} ohm-cm 이상일 때, ESP의 설계와 가동은 매우 어렵게 된다.

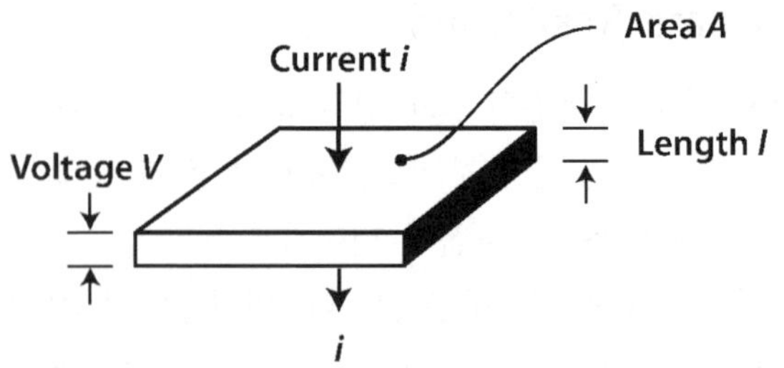

그림 5.5 비저항의 결정

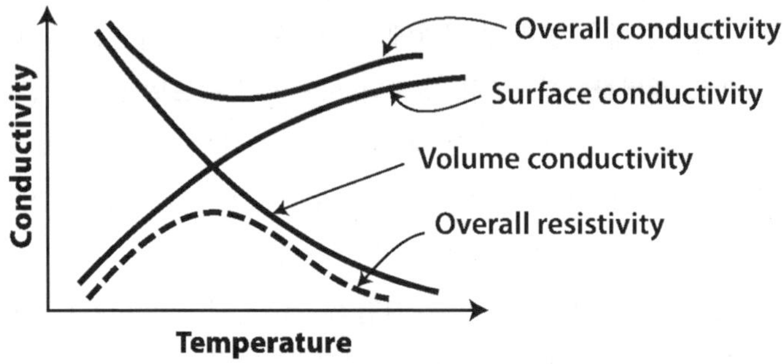

그림 5.6 온도와 전도도와의 관계

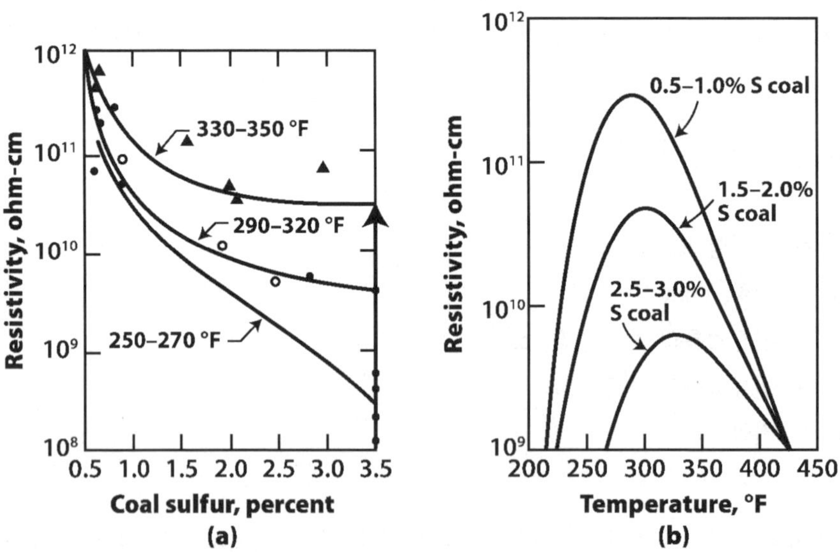

그림 5.7 석탄의 황함량과 연도가스 온도의 변화에 따른 비산재 비저항의 변화

출처 : (a) White, 1977; (b) Bump, 1977.

비산재의 비저항에 영향을 주는 인자는 온도와 (비산재 및 연소가스의) 화학적 조성이다. 분진층의 전도도 (conductivity)는 물질 그 자체를 통과하는 부피전도 (volume conduction)와 흡수된 가스나 액체를 통하는 표면전도 (surface conduction)로부터 유도된다. 그림 5.6에서 보듯이, 부피전도는 온도가 증가할수록 감소하고, 반대로 표면전도는 온도에 따라 증가한다. 그러므로 비저항 (전도도의 역수인)은 뚜렷한 최대값을 가진다. 유감스럽게도, 발전소 보일러에서는 비저항의 최대값이 약 250～300 °F에서 일어난다.

발전소에서는 최대 비저항에 맞게 온도를 낮출 수 없다. 왜냐하면 차가운 표면에서 황산 응축현상이 일어나기 때문에, ESP 온도를 250 °F 이하로 낮출 수 없다. 한편 350 °F 이상으로 온도를 올리는 것은 굴뚝 밖으로 불필요한 에너지를 낭비하기 때문에 경제적 손실이 따른다.

비저항은 그림 5.7과 같이 석탄 중 황함량에 따라 감소한다. 그 이유는 비산재에 의해 전도성 가스의 흡착량이 증가하기 때문이다. 예를 들어, 발전소에서 SO_2 배출을 줄이기 위해 고유황 석탄에서 저유황 석탄으로 전환할 때, 비저항의 변화로 비산재의 배출증가를 가져온다. 비저항의 증가는 연도가스 (flue gas)에 화학첨가제를 넣어 상쇄할 수 있다. 이 절 후반부에서 이 "연도가스 조절"에 관한 기술을 논의할 것이다.

높은 비저항을 갖는 먼지는 집진기 내에 스파크 발생을 증가시키고, 더 낮은 운전전압을 요구한다. 심각한 역 코로나 현상이 발생할 수 있고, 입자의 대전량과 집진량이 감소한다. 비저항이 10^{11} ohm-cm 이상이면 매우 심각한 영향을 주나, 유효표류속도를 이용한 설계로 설명될 수 있다. 그림 5.8은 유효표류속도와 비저항과의 관계를 표현한 것이다. 이 그림은 실물 크기의 비산재 ESP에서 측정된 운전자료에 근거를 둔 것이다.

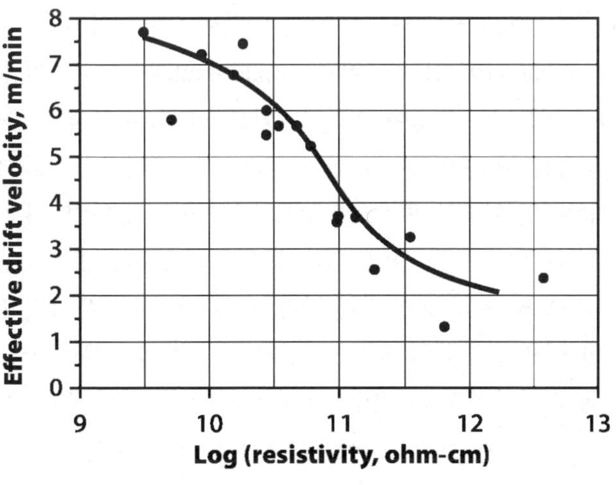

그림 5.8 ESP에서 비산재 비저항이 유효표류속도에 미치는 영향

출처 : White, 1984.

예제 5.2 8,000 m^3/min를 처리하고 99% 효율을 갖는 비산재 ESP 2개가 있다. 비저항이 다음과 같을 때, 필요한 총 집진면적을 추정하라. 비저항은 (a) 1.6×10^{10} ohm-cm, (b) 2.5×10^{11} ohm-cm이다.

풀이 (a) $\log[1.6\times10^{10}] = 10.2$

그림 5.8에서, $w_e = 6.8$ m/min이다. 식 (5.7) (Deutsch 식)을 재정리하여,

$$A = \frac{Q}{w_e}\ln\left[\frac{1}{1-0.99}\right] = \frac{8{,}000}{6.8}\ln(100) = 5{,}418\ \mathrm{m}^2$$

(b) $\log[2.5\times10^{11}] = 11.4$

그림 5.8에서, $w_e = 3.0$ m/min이다. 따라서,

$$A = \frac{8{,}000}{3}\ln(100) = 12{,}280\ \mathrm{m}^2$$

ESP의 내부구조

ESP의 내부구조 설계부분은 많은 교과서에서 종종 무시되는데, 아마 설계의 이 부분이 과학적이라기보다는 현상기술적이기 때문일 것이다. 덕트를 통과하는 가스흐름의 균등한 분포는 ESP의 적정운전을 위해서 매우 중요하다. ESP는 일정한 집진판 간격, 적절한 전극배열, 집진판의 정밀성 (인접한 두 판이 모든 지점에서 등거리로 유지되도록 평행하고, 평평해야 한다), 분진퇴적함 (hopper)의 기울기, 적정 수의 전기단자부 및 기타사항을 고려해야 한다. 일부 기본적인 내부구조와 관련한 고려사항은 Schneider 등 (1975)에 의해 논의된 바 있다.

과거 10년 동안 설계목적을 달성하기 위해, ESP 내부 공기흐름에 관한 수치모델링 작업분야가 상당히 발전하였다. 하지만 아직도 대부분 설계공정은 경험에 의존하고 있으며 일부는 모형실험에 의존하고 있다. White (1971)는 "모형규모 (pilot-scale)가 단위크기당 실규모 (full-scale) ESP보다 더욱 양호하게 가동되는 경향이 있다"고 언급하였다. 따라서 모형규모의 자료를 바탕으로 실규모로 확대 적용할 때 주의하여야 한다. 실제 설계인자를 표 5.1에 제시하였다.

ESP 구조에 대한 기본적인 이해와 표 5.1에 주어진 정보를 사용하여, 기본적인 ESP의 기하학적 구조에 대해 설명할 수 있다. 예를 들어, ESP의 전체 폭은 사실상 가스 진행방향의 덕트 수 (혹은 channel의 수)에 덕트의 폭을 곱한 것과 같다. 또한 ESP의 폭은 집진판 자체의 두께 때문에 약간 증가하며, 또한 ESP의 벽과 최외각 집진판 사이의 간격 때문에 약간 더 증가한다. 덕트의 수 (집진기의 가로폭에 평행으로 놓여있는 집진판 숫자보다 하나 적은 수, 즉 $N_d = n-1$)는 가스의 유량, 가스의 선속도, 덕트의 기하학적 구조와 관련이 있다.

$$N_d = \frac{Q}{u\,D\,H} \tag{5.15}$$

여기서, N_d = 덕트의 수

Q = ESP로 유입되는 총 부피속도, m^3/min

u = ESP내 가스의 선속도, m/min

D = 채널의 폭 (집진판 분리), m

H = 집진판의 높이, m

설계를 시작할 때, 식 (5.15)는 H 값을 가정하고 u와 D의 대표값을 선택하여 N_d를 추정하는데 사용된다. 이 수식의 또 다른 사용처로는, 모든 설계변수가 명시된 후, 덕트 내 가스 유속을 계산할 때도 사용된다.

표 5.1 비산재 ESP의 설계인자와 값

설계인자	값의 범위
표류속도, w_e	1.0～10 m/min
채널 (덕트) 폭, D	15～40 cm
고유의 집진면적 (집진판 면적/가스량)	0.25～2.1 $m^2/(m^3$/min)
가스유속, μ	1.2～2.5 m/s (70～150 m/min)
종횡비 (aspect ratio), R (덕트 길이/높이)	0.5～1.5 (효율 99% 이상에서 1 미만임)
코로나 전력비, P_c/Q (코로나 전력/가스유량)	1.75～17.5 W/(m^3/min)
코로나 전류비, I_c/A (코로나 전류/집진판 면적)	50～750 μA/m^2
전력밀도 대비 비저항	
Ash 비저항, ohm-cm	전력 밀도, W/m^2
10^4～10^7	43
10^7～10^8	32
10^9～10^{10}	27
10^{11}	22
10^{12}	16
10^{13}	10.8
전기단면 set당 집진판 면적, A_s	460～7,400 m^2
전기부의 수	
(a) 진행방향의 기계구역수, N_s	2～6
(b) 총 단자부	1～10 단자부/(1,000 m^3/min)

출처 : White, 1977; Szabo, 1982.

집진기의 전체길이는 다음 식으로 구한다.

$$L_o = N_s L_p + (N_s - 1)L_s + L_{en} + L_{ex} \tag{5.16}$$

여기서, L_o = 집진기의 전체길이, m

N_s = 흐름방향 기계구역의 수

L_p = 집진판의 길이, m

L_s = 전기단면부 (electrical section) 사이의 공간, m

L_{en} = 유입단면부의 길이, m

L_{ex} = 유출단면부의 길이, m

단면부 사이의 공간은 0.5～1.5 m이고, 유입단면부와 유출단면부의 길이는 각각 수 m일 수 있다. 큰 비산재 ESP의 집진판은 보통 높이가 6～12 m이고, 길이는 1～4 m이다. ESP의 높이는 분진퇴적함, 상부구조, 제어장치 등 때문에 집진판 높이의 1.5～3배가 된다.

기계구역의 수는 2～6개이고 (진행방향으로 2～6열 종대), 집진판의 종횡비와 치수에 의존한다. 하지만 기계구역의 수는 필요한 최소 총 집진면적을 충분히 만족시켜야 한다. 기계구역의 수는 다음 식으로 구한다.

$$N_s = RH/L_p \tag{5.17}$$

여기서, N_s = 기계구역의 수

R = 종횡비 (전체 집진판의 길이/판의 높이)

덕트와 단면부의 수가 명시되었을 때 실제면적은 아래와 같이 계산할 수 있다.

$$A_a = 2HL_p N_s N_d \tag{5.18}$$

여기서, A_a = 실제 집진면적, m^2

설계과정 중 여러 가지 집진판의 크기와 덕트의 수가 서로 하나로 조화될 때까지 시행착오가 계속된다. 즉, 실제 집진면적 A_a가 필요한 집진면적과 같거나 (또는 다소 크거나), 최종 ESP의 기하학적 규모가 "적당할 때까지" 계산된다.

ESP의 성능은 단면부의 수를 늘릴수록 향상된다. 여기서 우리는 ESP의 폭에 대해 수직으로 놓여 있는 모든 평행 판들을 2개 이상의 전기단면부로 나누어 그룹화하는 방안을 생각할 수 있으며, 또한 기계구역의 수를 늘리는 방안도 생각할 수 있다. 여러분은 또 다시 그림 5.2를 참고하라. 이 그림은 총 8개의 단면부를 가지고 있는데, 2개의 기계구역당 가스진행방향으로 각각 4개의 단면부가 놓여 있다. White (1977)에 의하면, 이와 같이 개선하는 이유에는 몇 가지 기본적인 이유가 있다. 전극의 배치와 간격은 작은 단면부에서는 더 정밀하며, 소형 정류기 (rectifier)는 더욱 안정하고 고전압에서도 가동할 수 있다. 많은 전기단면부가 존재한다면, 한두 개 단면부가 작동하지 않더라도 주어진 총괄효율을 달성할 수 있다. 하지만 단면부를 추가로 늘릴수록, 자본 투자비는 증가한다.

Theodore와 Reynolds (1983)는 특정한 수의 단면부 오작동, 각 단면부의 집진효율과 구조에 관한 주어진 정보의 오류 등으로 ESP가 기준을 달성할지의 여부를 확률로 계산하는 방법을 개발하였다. 이러한 계산법은 단자수의 증가로 인한 비용증대와 단자수의 부족으로 인한 기준치 미준수의 위험도를 평가하는데 도움을 준다.

예제 5.3 99% 효율을 가진 ESP가 14,000 m^2의 총 집진면적을 가지고 20,000 m^3/min의 가스를 처리한다. ESP 전체 폭, 길이 및 높이를 계산하라. 집진판의 높이, 채널의 폭, 가스의 속도, 종횡비 (aspect ratio)에 대해서는 대표값을 사용하라. 판 높이 6~12 m, 길이 3 m를 가정하라.

풀이 표 5.1에서 대표값을 선택하라. H= 12 m, D= 25 cm, u = 100 m/min, 종횡비 = 1.0으로 가정한다. 식 (5.15), (5.17), (5.18)로부터,

$$N_d = \frac{20{,}000\ \mathrm{m^3/min}}{(100\ \mathrm{m/min})(0.25\ \mathrm{m})(12\ \mathrm{m})} = 67\text{개 덕트}$$

$$N_s = \frac{(1.0)(12)}{3} = 4\text{개 기계구역}$$

$$A_a = 2(12)(3)(4)(67) = 19{,}296\ \mathrm{m^2}$$

그러나 19,296 m^2는 문제에서 요구된 14,000 m^2 보다 지나치게 크다. 이 경우에는 판의 크기를 변화시키는 것이 현명하다. 고효율을 위해서는 종횡비가 1.0 이상으로 유지되어야 하므로, 높이는 10 m로 하여 재계산한다.

$$N_d = \frac{20{,}000}{100(0.25)10} = 80\text{개 덕트}$$

$$N_s = \frac{(1.0)(10)}{3} = 3.3\text{개 기계구역 (즉, 4개 기계구역)}$$

$$A_a = 2(10)(3)(4)(80) = 19{,}200\ \mathrm{m^2}$$

이 값 또한 14,000 m^2보다는 훨씬 크다. 이와 같은 과정을 계속하여, 집진판은 8 m × 3 m, 100개 덕트, 3개의 기계구역을 적용하면 설계를 끝낼 수 있다. 최종설계에서 3개의 기계구역이 가지는 판의 면적은 14,400 m^2이고, 최종 종횡비는 약 1.1이다.

이제 표 5.1에 주어진 대표값 범위에서, 몇 가지 설계변수를 점검할 수 있다.

$$\text{고유집진면적} = \frac{14{,}400\ \mathrm{m^2}}{20{,}000\ \mathrm{m^3/min}} = 0.72\ \frac{\mathrm{m^2}}{\mathrm{m^3/min}}$$

$$\text{전기단면부당 판의 면적} = \frac{14{,}400}{3} = 4{,}800\ \text{m}^2$$

단면부당 판의 면적은 크게 틀리지는 않는다. 하지만, ESP 총 너비를 한 개 단면부로 하는 것보다는 너비를 2개, 3개 또는 4개로 나눌 수 있으므로, 6개, 9개 또는 12개의 독립된 전기단면부를 만들 수 있다. 이와 같이 병렬로 방을 분리하는 방안이 현명하다. 한 개 혹은 2개의 단면부가 전기 고장일 때, 후자는 적절한 고효율로 ESP를 계속 가동할 수 있다. 만약 첫 번째 방법을 따른다면, 한 개의 단면부에 전기적 고장이 난다면 약 33%의 집진면적이 감소한다.

요약하면, 입구와 출구의 길이를 각각 3~5 m로 가정할 때, ESP의 총 너비는 100 × 0.25 m = 25 m, 총 길이는 대략 18~20 m로 추정된다. 또한, 집진기의 높이는 약 16 m 정도이다. 이 높이는 집진판 하부의 분진퇴적함과 분진 이송시스템의 공간을 포함한 것이며, 집진판 상부의 타봉과 변압기/정류기의 공간도 포함한 것이다.

집진판과 방전선

집진판과 방전선의 종류와 위치는 ESP를 유지하고 운전하는데 중요한 요소이다. 집진판은 보통 경화강판을 사용하며, 판막 (baffle)은 집진판 부근의 난류를 감소시키기 위해 설치한다 (그래서 먼지의 재비산을 감소시킨다). 집진판은 완전한 평면이어야 하며, 판과 판 사이는 어떤 지점에서도 0.5 cm 이내로 일정하며 평행하게 유지되어야 한다 (Lewandowski, 1978).

과거 미국산 ESP의 방전극은 직경 2.5 mm의 강선을 사용했으며, 과도한 동요를 막기 위해 추를 달아 팽팽하게 하였다. 방전선은 잦은 유지 및 보수를 필요로 한다. 방전선의 윗부분에서는 공기의 누입과 산의 응축으로 부식이 일어날 수 있다. 뿐만 아니라, 길게 늘어진 방전선은 진동하기 쉬우며, 중심부는 집진판에 매우 가까이 접근하여 불꽃과 마모를 일으킬 수 있다. 과거 유럽의 설계는 견고하고 고정된 형태의 방전극을 선호하였으며, 방전선에 밋밋하고 둥근 모양 대신 가시나 톱니모양을 넣어 사용하였다. 그림 5.9에 집진판과 방전선의 모형을 제시하였다. 미국과 유럽 모두에서 최근에는 모두 견고한 방전극을 쓰고 있는데, 이는 이와 같은 형태가 강선이나 강선지지대보다도 장점이 있기 때문이다.

분진의 제거

집진 후 ESP가 원활하게 가동하기 위해서는 분진을 주기적으로 제거하여야 한다. 분진 제거는 집진판에 타격과 진동을 주어 먼지층을 떨어뜨리는 방식으로 진행된다. 먼지덩어리는 분진퇴적함에 떨어져서 압축공기관 또는 스크류 컨베이어에 의해 저장소로 옮겨지게 된다. 방전선에도 약간의 먼지가 집진되므로 주기적으로 털거나 진동을 준다. 탈진이 진행되는 동안에도 집진판은 활성화 되어 있다.

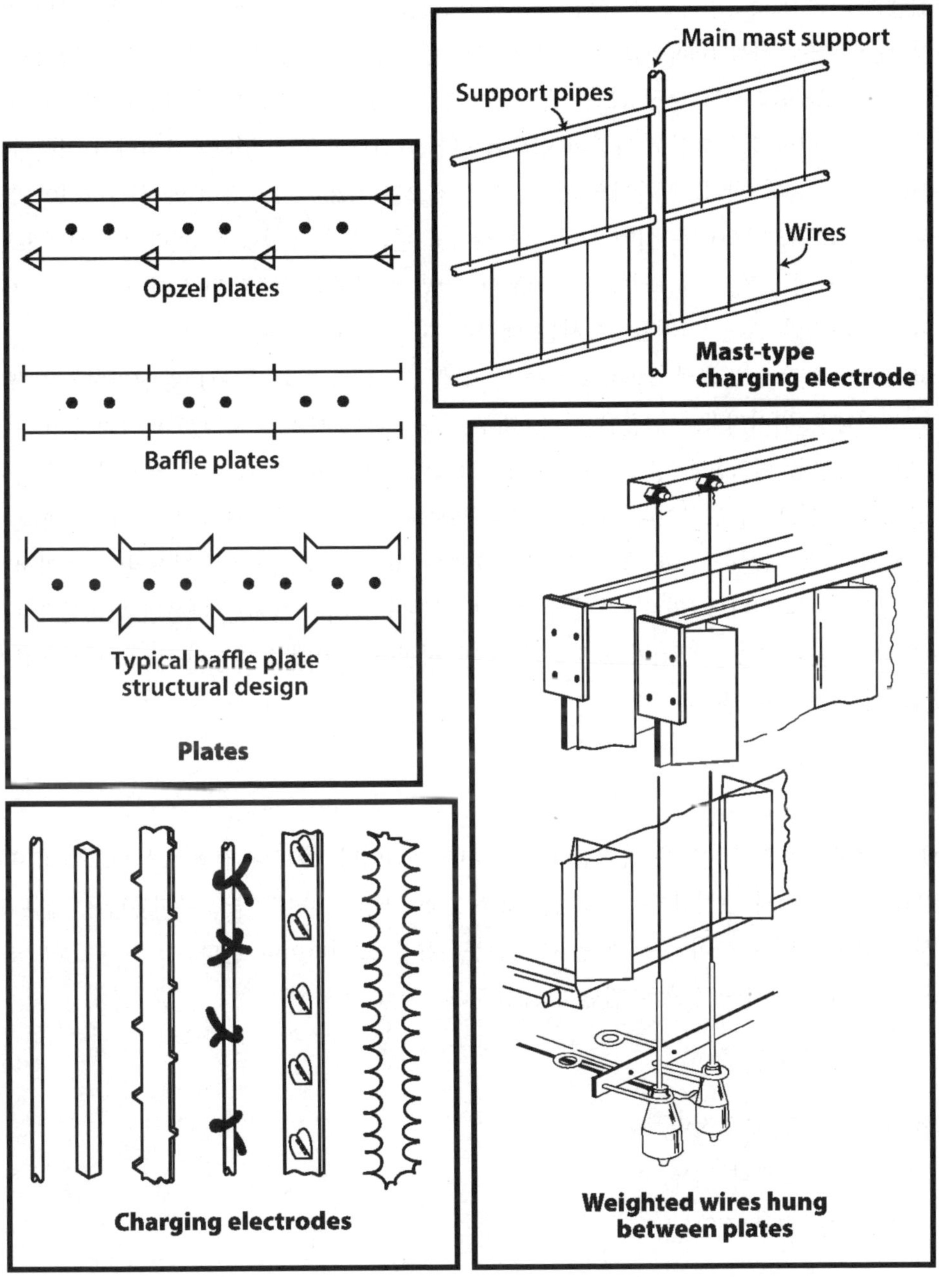

그림 5.9 각종 집진극과 방전극의 모형도

탈진에는 기본적으로 미국형과 유럽형 두 가지 모델이 있다 (Frenkel, 1978). 대부분의 미국식 설계에서는 무거운 타봉 (rapper)으로 충격을 주어 탈진한다. 타봉의 강도는 타봉이 떨어지는 높이나 가속장력을 변화시켜 탈진강도를 쉽게 조절할 수 있다. 유럽식 설계에서는 고정된 크기의 망치가 원을 그리며 회전하면서 타봉이 이루어진다. 그러므로 탈진강도를 조절하기 위해서는 망치무게를 변화시켜야 한다. 일반적으로, 한 번 타격으로 1,200∼1,600 ft^2의 집진면적이 영향을 받는다 (U.S. EPA, 1985). 두 설계 모두 타봉간격을 편리하게 조절할 수 있다. 일반적으로 먼지의 60∼70%가 첫 번째 기계구역에서 집진된다. 전면 기계구역의 집진판은 매 1∼2분 간격으로 타봉이 진행되지만, 후면 기계구역에서는 매 30분마다 타봉이 진행된다.

ESP 분진퇴적함에 대해선 Schneider 등이 자세히 논의하였다 (1975). 분진퇴적함은 떨어진 분진을 받아내는 임시저장소 역할을 한다. 대부분 퇴적함의 모양은 사각뿔 피라미드 또는 원추형 모양을 갖는다. 퇴적함의 경사는 60% 이상의 급경사를 이루는데, 이는 분진이 뭉치거나 가교화 (bridging)를 막기 위함이다. 또한 차가운 재보다 따뜻한 재가 쉽게 흘러내리기 때문에 종종 퇴적함에 열을 가한다. 보통 첫 번째 퇴적함에서 60∼70%의 먼지가 제거된다. 여기서 대부분의 분진량이 처리된다. 그러나 첫 번째 전기 단면부가 문제가 생기면 다음번 퇴적함으로 이동된다. 따라서 융통성 있는 크기가 요구된다. 또한 적절한 지지대가 있어야, 퇴적함에 분진이 가득 찼을 때 무너지지 않는다.

전력 소비량

ESP 운전 시, 동력 소비원은 압력강하와 코로나 전력이다. 코로나 전력은 동력소비의 주원인이 된다. 비록 가스의 압력강하는 낮지만 (보통 2 cm H_2O 미만), 가스 부피유량은 매우 크다. 따라서 ESP로 공기를 불어 넣는데 필요한 송풍비용을 고려하여야 한다.

코로나 전력은 아래 공식으로 간단히 계산된다.

$$P_c = I_c V_{\text{avg}} \tag{5.19}$$

여기서, P_c = 코로나 전력, W

I_c = 코로나 전류, A

V_{avg} = 평균 전압, V

비록 ESP에는 높은 전압이 걸리지만, 가스이온의 이동에 필요한 전류는 매우 낮기 때문에 전력소비량은 그리 많지 않다.

White (1977)에 의하면, 유효표류속도는 다음과 같이 코로나 전력과 관계가 있다.

$$w_e = \frac{kP_c}{A} \tag{5.20}$$

여기서, 변수는 앞서 정의된 바 있으며 k는 단순히 보정상수이다. 잘 설계된 비산재 ESP에서 k는, w_e (ft/s)와 P_c/A (W/ft^2) 단위에 대해, 범위가 0.5～0.7이다. P_c/A비를 "전력밀도 (power density)"라 부른다. 비록 전력밀도는 공기의 유입구에서 유출구까지 점진적으로 증가하지만 (때로는 약 10배 정도 증가), 총괄전력밀도 (총 코로나 전력/총 집진판 면적)는 거의 안정된 대표값을 가지고 있다. 일반적으로 총괄전력밀도는 1～2 W/ft^{2}이다 (U.S. EPA, 1985). 식 (5.20)을 식 (5.7) (Deutsch 방정식)에 대입하면, 코로나 전력은 아래 수식과 같이 집진효율과 관계가 있다.

$$\eta = 1 - \exp(-kP_c/Q) \tag{5.21}$$

White (1977)는 식 (5.21)에서 P_c/Q가 W/cfs 단위로 $k=0.55$일 때, 약 98.5%의 효율을 보여 비교적 정확함을 보여 주었다. 98.5% 이상의 효율에서는, 그림 5.10에서와 같이, 코로나 전력은 효율에 따라 급속히 증가한다. 따라서 고효율 ESP에 대해 코로나 전력비를 추정할 때 그림 5.10의 사용을 추천한다.

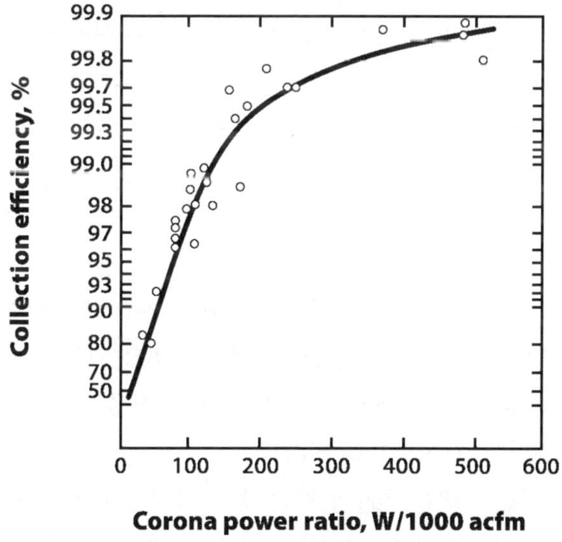

그림 5.10 실제자료에 입각하여 코로나 전력비의 함수로 표시한 집진효율
출처 : White, 1984.

예제 5.4 어떤 ESP가 (a) 98% 효율로, (b) 99.8% 효율로 분진을 제거하기 위해, 9,000 m^3/min의 가스를 처리하도록 설계되었다. 그림 5.10을 사용하여 코로나 전력을 kW 단위로 추정하라.

풀이 (a) $P_c = \dfrac{100\ \text{W}}{1{,}000\ \text{acfm}} \times 9{,}000\ \dfrac{\text{m}^3}{\text{min}} \times \dfrac{35.3\ \text{ft}^3}{1\ \text{m}^3} \times \dfrac{1\ \text{kW}}{1{,}000\ \text{W}} = 31.8\ \text{kW}$

$$\text{(b)}\ P_c = \frac{330\ \text{W}}{1{,}000\ \text{acfm}} \times 9{,}000 \times 35.3 \times \frac{1}{1{,}000} = 105\ \text{kW}$$

집진효율을 1.8% 증가시키는데 (10배 배출량 저감에 해당), 코로나 전력은 약 3배 증가한다는 점을 명심하라. 다른 주요 변수 (집진판의 면적 등) 또한 변화한다.

연도가스 조절

기존 전기집진기: 석탄화력발전소에서 저유황 석탄으로의 급속한 연료전환 때문에 ESP의 가동효율이 갑자기 떨어질 때, 비산재의 배출은 증가하고, 발전소는 벌금을 물어야 했으며, 정격전력감소, 또는 조업정지를 경험하였다. ESP를 포기하거나 새로운 여과집진기를 설치하거나 새롭고 큰 ESP를 설치하는 것도 해결책이지만, 비산재의 비저항을 변화시키는 것도 한 가지 해결책이다.

이 절의 서두에서, 화학적 조성과 온도가 비산재의 비저항에 커다란 영향을 주며, 집진효율에도 막대한 영향을 준다고 언급하였다. 그러나 온도는 산의 응축과 부식 가능성 때문에 낮출 수 없다. 집진기로 유입되는 가스온도를 올리도록 배관 시스템을 개선할 수도 있으나, 이 과정은 보통 많은 비용이 든다. 이 문제는 소량의 SO_3 가스, 소디움, 또는 암모늄염과 같은 화학물질을 연도가스 (flue gas)에 첨가하여 조절할 수 있으며, 실제 가장 적합한 방법이기도하다. 이러한 장치와 설비는 상업적으로 유용하며, 다행히 이 방법은 적은 비용으로도 매우 바람직하게 응용되고 있다.

시멘트 산업에서 ESP의 연도가스 조절은 매우 중요하다. 이 경우, 화학물질 조절제로 간단히 물을 사용하고 있다. 그림 5.11은 시멘트 먼지 배출물에 수분을 첨가할 경우, 그 영향을 보여주고 있다. 즉 스팀을 분무시키거나 폐가스에 살수하여 수분조절을 할 수 있다. 적절한 분무노즐의 설계, 공간배치, 주의 깊은 온도조절이 핵심이다. 만약 물을 과다하게 주입한다면, 먼지는 ESP 내부에서 뭉쳐질 것이다 (U.S. EPA, 1985).

새로운 전기집진기: 새로운 ESP를 설계할 때는 공기 예열기의 저온부 (하류쪽)를 갖는 기존 ESP, 고온부 ESP (hot-side ESP), 화학조절제를 사용하는 저온부 ESP (cold-side ESP), 여과집진기 등을 함께 고려하여야 한다. ESP의 고온부 (공기 예열기의 상류쪽)는 재의 비저항을 감소시키는 장점이 있는 반면, 부피유량의 증가로 큰 장치가 필요하다. 1970년대에 총 53,000 MW의 200개 이상의 고온부 ESP가 설치되거나 설계되었다 (Andes 등, 1983). 그러나 그 이후 조사에 의하면, 고온부 ESP와 관련하여 운전과 유지측면에서 심각한 문제점들이 발견되었다. 사실상 현재 어떤 고온부 ESP도 비산재 응용을 명시하지 않고 있다.

여과집진기는 모든 형태의 분진에 대해 양호한 효율을 갖는 장점이 있지만, 여과포의 교체와 압력손실 때문에 운영비가 증가한다. 화학조절제를 사용하는 저온부 ESP는 기존 저온부 ESP의 모든 가동과 관리유지 이점을 그대로 유지하면서, 높은 집진효율을 얻을 수 있다.

Breisch (1979)는 저유황 석탄을 연소하는 800 MW급 발전소에서, 99.5%의 집진효율을 얻기 위해 앞의 4가지 방법을 비교하였다. 그는 화학적 조절기능을 갖춘 저온부 ESP가 가장 경제적이라는 것을 발견하였다. 이 결과는 표 5.2에 요약되어 있다. 그러나 경제성 평가비교는 장소에 따라 변할 수 있으므로 각 경우 개별적으로 판단하여야 한다.

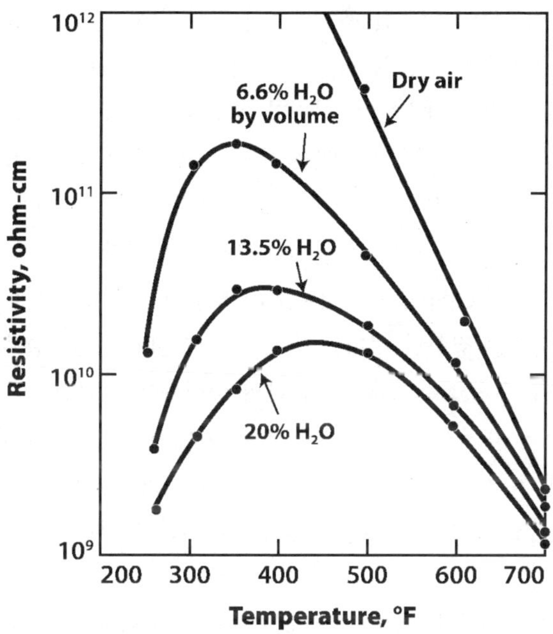

그림 5.11 수분이 시멘트 킬른 먼지의 비저항에 미치는 영향
출처 : U.S. EPA, 1985.

표 5.2 저유황 석탄비산재의 집진에 대한 4가지 설비의 비교

	저온부 ESP	고온부 ESP	여과집진	화학조절기능 저온부 ESP
가스부피 (10^3 acfm)	2,800	4,458	2,800	2,800
온도, °F	300	750	300	300
집진표면적 (1,000 ft^3)	1,884	1,500	1,400	887
총 투자 ($백만)	27.9	23.5	16.3	14.7
($/$ft^2$ 집진면)	14.8	15.6	14.6	16.6
연간 총 비용 (분할상환액 포함)				
($백만)	5.75	5.30	3.89	3.16

출처 : Breisch, 1979.

5.4 습식 전기집진기

최근 오염제어 규제가 강화됨에 따라, 습식 ESP (wet ESP: WESP)는 처리하기 어려운 오염물질 (매우 미세한 분진과 산성 박무 등)을 제어하는 한 가지 방편으로 사용되고 있다. 역사적으로 WESP는 건식 ESP 이전에 개발되었지만, 건식 ESP 기술발전에 묻히게 되었다. WESP의 첫 사용은 1900년대 초 캘리포니아주의 한 용광로에서 황산 박무를 제어하면서부터이다. WESP는 건식 ESP와 유사하게 가동된다. 건식의 경우, 음이온 전극으로 분진을 하전시키고 접지된 집진극에서 집진하며 포집된 분진을 탈진한다. 하지만, WESP의 경우 탈진과정에서 타봉 대신 물을 사용하여 세척한다. 건식 ESP의 사용이 적합하지 않을 때 (분진의 점성, 습도, 가연성, 폭발성 또는 비저항 등이 높을 때), WESP가 사용된다 (U.S. EPA, 2003a). WESP는 펄프와 제지, 섬유, 금속, 유해폐기물 소각, 황산제조 등의 공장에서 사용되고 있다.

WESP 설계에는 선-관 (wire-pipe) 또는 선-판 (wire-plate) 등을 포함한다. 선-판 설계에서는, 건식 ESP에서와 같이 가스는 집진판 사이를 수평으로 흐른다. 선-관 설계에서는 가스가 원통형 또는 육각형 관의 내부를 수직으로 흐른다. 각 관의 중심축에는 전선극이 하나씩 들어 있다. 이 전극은 분진을 표류하도록 대전시키며, 분진은 각 관의 내벽에서 집진된다. 물로 내벽을 연속적 또는 간헐적으로 세척한다. 선-판 설계의 건식 ESP에서는 소량의 먼지가 가스의 경로를 조금씩 빠져나가 집진효율을 감소시키지만, 선-관 설계에서는 이러한 누진경로가 없기 때문에 높은 집진효율을 얻을 수 있다.

WESP 기술은 최근 석탄화력발전소에서 연도가스 내 초미세 분진, SO_3 가스, 박무 및 수은을 제거하기 위해, 세정기 (scrubber) 이후의 설치장치로서 검토되고 있다. 미세분진은 WESP에서 더욱 효율적으로 제거되는데, 이는 습도가 분진의 비저항을 감소시키고 집진판 또는 집진관의 물세정으로 재비산을 막을 수 있기 때문이다. NO_x 제어를 위해 선택적 촉매환원장치 (SCR)를 사용하는 많은 화력발전소에서 SO_2의 SO_3로의 산화를 증진시킬 수 있다. 연도가스 탈황세정기에서 유출되는 SO_3 가스와 미세박무는 용해와 정전집진의 이중 공정에 의해 포집된다. 또한, 양질의 분진제어장치를 갖춘 화력발전소에서 빠져나간 수은은 일반적으로 원소형태이거나 또는 미세한 분진에 흡착된다. WESP는 이와 같이 미세한 분진을 포집하는데 매우 유용하다. 더욱이 WESP는 건식 ESP보다 매우 낮은 온도에서 가동되므로, 응축되는 원소 수은증기의 일부가 WESP 내부에 존재할 가능성이 있다. 최종적으로, 만약 원소수은이 수용성 수은산화물 또는 수은염화물로 산화된다면, 이때 WESP에 포집될 수 있다. 그림 5.12는 설치 중에 있는 WESP의 일부모습을 보여주는 사진이다.

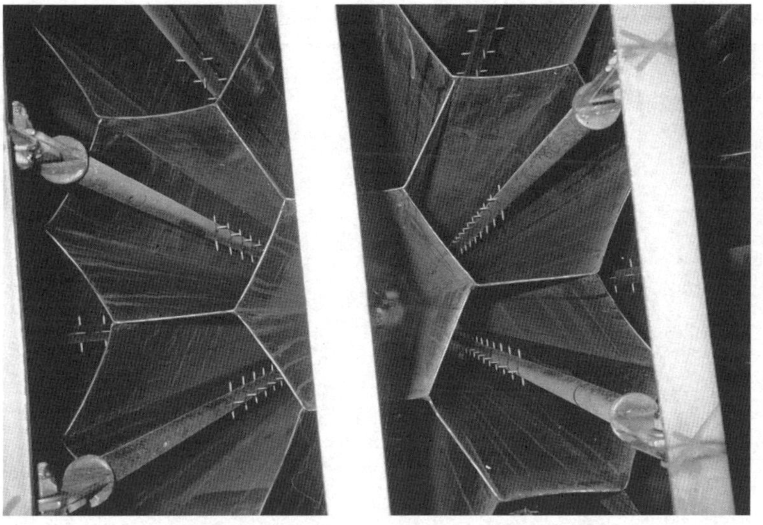

그림 5.12 설치 중에 있는 WESP의 일부로서 위에서 촬영된 사진이다.
출처 : Babcock & Wilcox Company, Barberton, OH.

5.5 가격

ESP의 본선인도가격 (f.o.b.)은 집진판의 면적과 밀접한 관련이 있다. 그러나 설치비용은 건축장소, 건설시기, 유효공간 등에 좌우된다 (Schneider 등, 1975). Vatavuk (1990)는 ESP 판매인으로부터 건식 ESP에 대한 많은 가격계수 정보를 수집하고, 집진면적에 대한 가격을 회귀분석한 바 있다. 그는 ESP 구매가격을 산정할 수 있는 수식 (5.22)를 개발하였다. 식 (5.22)는 본래 1988년 달러기준으로 ESP의 가격을 추정하기 위해 개발되었다. 하지만 EPA의 최근 정보에 의하면, ESP 제작비용은 그 후로도 10년 동안 변하지 않았다 (U.S. EPA, 1996). 이는 기술혁신의 결과이기도 하며, 철강가격의 하락, 시장의 경쟁력 강화 등과 같은 복합적 원인의 결과이기도 하다. 그럼에도 이 수식은 1998년 기준으로 가격을 추정하는데 사용할 수 있다.

$$P = aA^b \tag{5.22}$$

여기서, P = 구입가격 (제작자 f.o.b., 1998년 달러기준)

A = 순 집진판 면적 (ft^2)

a, b = 상수이며, 다음과 같다.

$10{,}000\ ft^2 < A < 50{,}000\ ft^2$일 때, $a=962$; $b=0.628$

$50{,}000\ ft^2 < A < 1{,}000{,}000\ ft^2$일 때, $a=90.6$; $b=0.843$

표 5.3 건식 ESP의 총 설치비 (TIC)를 평가하기 위한 평균가격인자

1. 장치인도가격	
a. 제어장치와 보조장치 (f.o.b.)	필요에 따라 (P)
b. 기자재와 제어장치	0.10
c. 세금	0.03
d. 선적	0.05
소계 (DEC)	1.18 (P)
2. 설치가격	
직접비	
a. 기초공사 및 지지대	0.04
b. 구조물과 취급비용	0.50
c. 전기공사	0.08
d. 배관, 단열, 도색	0.05
e. 부지선정; 설비와 건물	필요에 따라
간접비	
a. 기술감독비	0.20
b. 건설, 현장비용	0.20
c. 건설비	0.10
d. 가동 및 성능평가비	0.02
e. 준비금	0.03
총계 (TIC) (필요한 부지선정 및 부속건물 제외)	2.22×DEC

출처 : Neveril 등, 1978(a).

발표된 WESP에 대한 가격정보에 의하면, EPA는 선-판 및 선-관 형태의 집진기를 분류하였다. 선-판 형태에 대하여, 자본비 (2002년 달러기준)는 연간 \$20/scfm∼\$40/scfm 사이이며, 운영 및 유지비는 연간 \$5/scfm∼\$40/scfm 사이이다 (U.S. EPA, 2003b). 선-관 형태의 WESP에 대하여, 자본비는 상당히 높다. 자본비 (2002년 달러기준)는 연간 \$40/scfm∼\$200/scfm 사이이며, 운영 및 유지비는 연간 \$6/scfm∼\$10/scfm 사이이다 (U.S. EPA, 2003a).

비록 설치비에서 차이가 있지만, 건식 ESP에 대한 평균가격 인자가 표 5.3에 있다. 이 인자는 총 설치비 (TIC: total installed cost)를 추정하기 위해 장치인도가 (DEC: delivered equipment cost)에 응용된다.

주요 직접운영비는 전력소비량 (주로 코로나 전력과 송풍동력)과 유지비 (부품과 인건비)이다. 운전에 필요한 노동력은 0.5∼2 명-시간/교대로 추정된다 (Neveril, 1978b). 일반적 유지관리 항목은 타봉, 방전선, 전기제어장치, 재 (ash) 취급장치 등이다.

연습문제

5.1 98% 효율을 갖는 ESP가 5,000 m^3/min으로 가스를 처리한다. 만약 유효표류속도가 6.0 cm/s라면, (a) 요구되는 집진면적과 실제 집진면적을 구하라 (m^2). (b) 집진판이 6 m×10 m이고, 흐름 진행방향으로 3개 기계구역이 있을 때, 판의 수를 계산하라.

5.2 문제 5.1의 ESP가 5,400 m^2의 실제 집진면적을 가질 때, 실제 표류속도가 5.0 cm/s, 실제 유량이 5,500 m^3/min라면, 실제효율은?

5.3 한 ESP가 99% 효율로 500,000 acfm을 처리한다. 유효표류속도가 0.4 ft/s일 때, (a) 필요한 집진면적을 구하라 (ft^2). (b) 집진판의 높이 20 ft, 길이 10 ft, 가스 진행방향으로 4개 기계구역이 있을 때, 판의 수를 계산하라.

5.4 문제 5.3의 ESP가 세워진 후, 유량이 700,000 acfm로 증가하였다. 새로운 효율을 계산하라.

5.5 열량 12,000 Btu/lb_m이고, 7% 재를 함유한 석탄을 5,000 ton/day를 태우는 석탄발전소가 있다. 40%의 재가 슬래그 상태로 노 밑으로 떨어진다. 만약 발전소가 분진에 관한 연방 NSPS 기준을 만족시키려면, 비산재를 제거하기 위해 요구되는 ESP의 효율은 얼마인가?

5.6 98% 효율을 가진 ESP가 Deutsch식을 따른다. 만약 유속이 변화하여, 효율이 94%로 감소된다면, 새로운 유속과 예전 유속의 비를 계산하라.

5.7 고정된 유량과 표류속도에 대해서, 두 개의 ESP에 대한 집진면적의 비를 계산하라. 하나는 90% 효율이고 다른 하나는 99% 효율이다.

5.8 7,500 m^3/min의 가스를 처리하고, 99%의 효율을 갖는 ESP를 설계하라. 입자는 10.0 cm/s의 유효표류속도를 가지고 있다. 총 집진판의 면적, 채널 폭, 집진판의 수와 크기, 전기단면부의 수 (전체와 진행방향으로), 총 코로나 전력을 계산하라. 또한, 전체 기하학적 치수를 추정하라.

5.9 순 집진판 면적 (net plate area)이 50,000 m^2인 ESP의 DEC와 TIC를 추정하라 (1998년 달러기준). 또한 2002년 달러기준으로 TIC를 추정하라.

5.10 30,000 m^3/min의 가스를 처리하는 99.4% 효율의 ESP를 설계하라. 먼지의 비저항은 7.1×10^{10} ohm-cm이다. 문제 5.8과 같은 질문에 대해 답하라.

5.11 문제 5.1의 ESP에 대해 DEC와 TIC를 추정하라 (1998년 달러기준). 단, 순 집진판의 면적을 5,760 m^2로 가정하라.

5.12 한 석탄화력발전소가 굴뚝가스로부터 비산재를 제거하기 위한 2가지 방안을 검토하였다. 어느 경우나, 총 효율 99.5%로 1,000,000 acfm을 처리하여야 한다.

사양 A : 한 대 ESP만 사용한다. 0.3 ft/s의 유효 집진속도, 0.2 in. H_2O의 ΔP를 갖는다고 가정한다.

사양 B : 3.0 in. H_2O의 압력강하와 85% 효율을 갖는 다중 사이클론을 전처리 장치로 이용하고, 그 뒤쪽에 0.2 in. H_2O의 압력강하를 갖는 1대의 ESP를 사용한다. ESP는 0.25 ft/s의 유효표류속도를 갖는다고 가정한다.

다음 항목에 대해 답하라.

(a) ESP의 집진면적 (Deutsch식을 응용한다고 가정)
(b) 자본비 (TIC) (1998년 달러기준)
(c) 동력소비량 (송풍기+코로나 전력)
(d) 연간 동력비 (연간 7,800시간 가동 시)
(e) 연간 운영비 (단지 동력비와 감가상각만 포함; 인건비, 세금 및 기타 비용은 제외)

다음 가격정보를 가정하고 사용하라 :

사이클론 설치비 = \$1.50/acfm (1998년 달러기준)
전력비용 = \$0.10/kWh
송풍효율 = 60%
자본투자비의 감가상각 = 15년 직선방식

5.13 총 집진면적이 5,000 m^2인 ESP로 동일한 직경의 분진을 함유한 공기를 8,000 m^3/min 속도로 처리하고 있다. 만약, 분진의 단위질량당 정전기력이 중력의 2,000배이고, 이 공기 내에서 분진의 특성시간 $\tau' = 5.1 \times 10^{-6}$ s일 때, ESP의 효율을 계산하라.

5.14 8,050 m^3/min의 가스를 처리하고, 98.5%의 효율을 갖는 ESP를 설계하라. 단, 집진판의 높이는 6.1 m이고, 길이는 4.1 m로 가정하라. 또한 입자의 유효표류속도는 5.2 m/min이다. 이 설계에는 집진판 (총 면적, 배치, 숫자), 채널의 폭, 가스의 속도, 덕트의 수, 종횡비 (aspect ratio), 기계구역의 수, 전기단면부의 수, 실제면적을 포함시켜야 한다.

5.15 100 m^3/s의 유속을 갖는 연소가스로부터 비산재를 98% 효율로 제거하는 ESP가 있다. 비산재의 저항은 1.0×10^{10} ohm-cm이다.

(a) 필요한 총 집진면적을 계산하라.
(b) 각 집진판의 크기를 8 m × 4 m로 가정할 때, 필요한 집진판의 수를 계산하라.

5.16 99% 효율로 300,000 acfm을 처리해야 하는 ESP가 있다.

(a) 유효표류속도 0.25 ft/s에서 요구되는 집진면적을 계산하라.

(b) 집진판의 높이를 15 ft, 길이를 6 ft, 가스방향으로 3개의 기계구역이 있다고 가정하자. 종횡비를 계산하라.

(c) 총 집진판의 수를 추정하라.

(d) ESP의 가격 (f.o.b. 및 TIC)을 1998년 달러기준으로 추정하라.

(e) 평균 압력강하가 0.6 in. H_2O이고 송풍기/모터의 효율이 70%라고 가정할 때, 송풍동력을 계산하라.

5.17 석탄연소장치에서 배출가스를 처리하는 ESP가 있다. 이 ESP의 분진제거효율은 97%이었다. 갑자기 효율이 92%로 떨어졌지만, 가스의 유량은 변하지 않았다.

(a) 새로운 유효표류속도 (w_e)와 과거의 유효표류속도의 비를 구하라.

(b) 과거 조건하에서 (즉 97% 효율을 보일 때), 비산재 비저항이 3.16×10^{10} ohm-cm이었다. 새로운 유효표류속도를 m/min 단위로 계산하라.

5.18 98.5%이 효율을 갖도록 설계된 발전소의 ESP가 있다. 이 수준에서 분진 배출량은 2,000 kg/day로 추정되었다. 만약 발전소가 건설되기 이전, 주정부 대기오염방지국이 배출기준을 1,000 kg/day로 변경하였다면, 이 ESP의 새로운 설계효율은 얼마가 되어야 하는가?

5.19 ESP가 98.6%의 효율로 400,000 actm의 가스를 처리하고 있다.

(a) 유효표류속도를 0.25 ft/s로 가정하고, 필요한 집진판의 면적 (ft^2)을 구하라.

(b) 집진판의 높이가 12 ft이고 길이가 8 ft이다. 또한, 4개의 기계구역을 가지고 있다. 종횡비를 계산하라.

(c) 이 ESP의 총 집진판의 수를 추정하라.

(d) 위의 문제 (c)의 답과 문제 (b)의 자료를 고려하면서, 이 ESP의 가격 (제작자 f.o.b.와 TIC)를 1998년 달러기준으로 계산하라.

5.20 석탄연소장치에서 5,500 m^3/min의 가스를 처리하고, 98.5%의 분진제거효율을 갖는 ESP가 설계되었다. 특정 표류속도가 가정되었다. 이 장치에는 설계가 요구하는 정확한 집진면적을 가지고 설치되었지만, 장치가 가동될 시점에 실제 유량이 5,900 m^3/min로 증가하였고, 실제 효율은 96.5%이었다. 실제 표류속도가 가정한 값과 같은가? 수학적으로 증명하라.

참고문헌

Andes, G.M., Cummings, W.E., Link, S.A., and Steinbach, P.H. "Survey Reveals Hot Side Precipitator Performance," Pollution Engineering, 15(3), March 1983.

Breisch, E.W. "Method and Cost Analysis of Alternative Collectors for Low Sulfur Coal Fly Ash," Symposium on the Transfer and Utilization of Particulate Control Technology, Vol.I, *Electrostatic Precipitators*, EPA－600/7－79－044a, compiled by F.P. Venditti, et al, Denver Research Institute, Denver, CO, Feb. 1979, 121-129.

Bump, R.L. "Electrostatic Precipitators in Industry," Chemical Engineering. 84, Jan. 17, 1977.

Danielson, J.A., Ed. *Air Pollution Engineering Manual* (2nd ed), AP－40. Washington, DC: U.S. Environmental Protection Agency, May 1973.

Energy Information Administration (EIA). "Count of Electric Power Industry Power Plants, by Sector, by Predominant Energy Sources Within Plant," Electric Power Annual, January 2010. Accessed February 2010 from http://www.eia.doe.gov/cneaf/electricity/epa/epa+5p1.html.

Frenkel, D.I. "Tuning Electrostatic Precipitators," Chemical Engineering, 85, June 19, 1978.

Lewandowski, G.A. "Specifying Mechanical Design of Electrostatic Precipitators," Chemical Engineering, 85, June 19, 1978.

Neveril, R.B., Price, J.U., and Engdahl, K.L. "Capital and Operating Costs of Selected Air Pollution Control Systems－I," Journal of the Air Pollution Control Association, 28(8), Aug. 1978(a).

Neveril, R.B., Price, J.U., and Engdahl, K.L. "Capital and Operating Costs of Selected Air Pollution Control Systems－V," Journal of Air pollution Control Association, 28(12), Dec. 1978(b).

Schneider, G.G., Horzella, T.I., Cooper, J., and Striegl, P.J. "Selecting and Specifying Electrostatic Precipitators," Chemical Engineering, 82, May 26, 1975.

Szabo, M.F. "Electrostatic Precipitators," in *Specifying Air Pollution Control Equipment*, R.A. Young and F.L. Cross, Eds. New York : Dekker. 1982.

Theodore, L. and Reynolds, J. "ESP Bus Section Failures : Design Considerations," Journal of the Air Pollution Control Association, 33(12), Dec. 1983.

U.S. Environmental Protection Agency. *Operation and Maintenance Manual for Electrostatic Precipitators*, EPA-625/1-85-017, Research Triangle Park, NC, September 1985.

U.S. Environmental Protection Agency, *OAQPS Control Cost Manual* (5th ed.). EPA-453/B-96-001, Research Triangle Park, NC, February 1996.

U.S. Environmental Protection Agency (EPA). "Air Pollution Control Technology Fact Sheet, Wet ESP－Wire-Pipe Type," 2003a, EPA-452/F-03-029. Accessed November 2009 from http://www.epa.gov/ttn/catc/dir1/fwespwpi.pdf

U.S. Environmental Protection Agency (EPA). "Air Pollution Control Technology Fact Sheet, Wet ESP－Wire-Plate Type," 2003b, EPA-452/F-03-030. Accessed November 2009 from http://www.epa.gov/ttn/catc/dir1/fwespwpl.pdf

Vatavuk, W.M. Estimating *Costs of Air Pollution Control*. Chelsea, MI : Lewis Publishers, 1990.

Wark, K., and Warner, C.F. *Air Pollution－Its Origin and Control* (3rd ed.). Upper Saddle River, NJ: Prentice-Hall, 1998.

White, H.J. "Electrostatic Precipitation of Fly Ash－Parts I, II, III, IV", *Journal of the Air Pollution Control Association*, 27, Nos. 1, 2, 3, 4, Jan～Apr. 1977.

White, H.J. "Control of Particulates by ESP," Chapter 12 in *Handbook of Air Pollution Technology*, S. Calvert and H.M. Englund, Eds. New York: Wiley, 1984.

Chapter

06 여과집진기

황함량(석탄 중 0.3%)이 매우 낮고 온화한 호주 기후에서는, 효율이 좋은 보일러에서 배출되는 가스의 온도를 220°F 미만으로 가동할 수 있다. 이와 같은 상태에서는 비산재의 비저항은 커지고 전기집진기의 성능은 저하된다. 그러므로 호주에서는 비산재의 집진을 위해 여과집진기를 선정하였다. A. C. Leutbecher, 1978.

6.1 머리말

여과집진기 (fabric filter)는 연소가스로부터 입자상 오염물질을 분리하는, 잘 알려진 바람직한 방법이다. 여과집진기는 분진이 함유된 배출가스를 나란히 설치된 여러 개의 여과포에 통과시키고 분진을 여과포에 집진하는 장치이다. 섬유사체도 약간의 분진을 포집하지만 직물위에 빠르게 쌓인 먼지층이 여과체로서 더욱 중요한 역할을 한다. 미세분진은 먼지층에 의해 더욱 효율적으로 포집된다 [먼지층 효과는 모전여과재 (felted filter)보다 엮음여과재 (woven filter)에서 더욱 중요하다].

여과집진기는 여과재의 종류, 여과재를 엮어 다양한 크기의 여과포로 만드는 방법, 집진기 내의 여과포의 배치방법, 처리가스가 여과포로 유입되는 방법 등에 따라 여러 가지가 있다. 집진기를 가동할 때 여과재의 표면에 포집된 분진을 주기적으로 탈진하고 여과집진기 내에서 제거해야 한다. 여과집진기는 여과포에 포집된 분진을 탈진하는 방법에 따라 역기류식 (reverse air), 진동식, 그리고 충격분출식 (pulse jet)으로 구분된다. 여과집진기에 대한 자세한 기계적 설계는 제작자가 담당하더라도, 대기오염방지 공학자들은 공정설계를 할 수 있도록 여과집진기의 이론과 실무에 익숙해야 한다.

여과집진기의 장점

1. 미세입자에 대한 집진효율이 높다.
2. 여러 형태의 분진을 포집할 수 있다.
3. 설계는 모듈 방식으로 이루어지며, 각 모듈은 공장에서 미리 조립될 수 있다. 다양한 용량을 처리할 수 있다.
4. 비교적 작은 압력강하를 요구한다.
5. 산성가스를 포집할 수 있다 (분말 석회를 첨가하여).
6. 수은을 포집할 수 있다 (분말 활성탄을 첨가하여).

여과집진기의 단점

1. 넓은 설치공간이 필요하다.
2. 여과재는 높은 온도와 부식성 화학물질에 상할 수 있다.
3. 습윤환경에서는 사용할 수 없다. 여과포가 밀폐될 수 있다.
4. 화재와 폭발의 위험성이 있다.
5. 분진부하량이 과도할 때 적합하지 않다.
6. 잦은 관리유지가 필요하다.

대부분의 경우, 여과집진기는 장점이 단점을 능가한다. 1970~1982년 사이에 산업용 공기청정설비 시장에서 여과집진기의 사용은 25~30%에서 45~50% 정도로 증가하였다 (McIlvaine, 1983). 여과집진기의 사용은 보편화되고 있고, 특히 미국 발전소에서 분진을 집진할 때 선호되고 있다. 이와 같이 발전소에서의 여과집진기 사용은 급성장하여, 1975년에 0개에서 1989년도에는 57개 (총 16,060 MW 발전용량)가 가동되었다 (Cushing 등, 1990).

최근 10년 동안, 여과집진기에 대한 수요는 가속화되고 있다. 여과집진기는 현재 발전, 철강, 광업, 화공, 폐기물 소각과 같은 중공업 사업장에서 분진제어를 위해 널리 쓰이고 있다. 여과집진기의 인기는 미국에 국한하지 않고, 최근 괄목할 만한 경제적 성장을 보이고, 특히 중공업이 발전하고 있는 중국, 인도 및 아시아 국가에서 더 많이 사용되고 있다. 사실 중국은 2010년까지 여과포 교체백의 최대 구매자로서 예상되었다 (Filtration Industry Analyst, 2006). 여과집진기의 전 세계 시장규모는 2009년 60억 달러로 추정되고 있다. 미국에서만 100개의 화력발전소가 건설 중에 있으며, 이중 50%는 여과집진기를 설치할 것이다 (Filtration Industry Analyst, 2006). 600 MW급 화력발전소에 설치될 여과집진기의 TIC (총 설치비)는 대략 5,000만 달러 수준이다. 여과집진기가 분말 석회와 분말 활성탄을 주입 사용하여 각각 산성가스와 수은을 포집할 수 있기 때문에, 미국과 서방 시장은 여과집진기에 매우 큰 관심을 가지고 있다. 따라서 많은 석탄연소 설비, 소각로 운영자 등은 단일 대기오염방지 설비로서 여러 가지 오염문제를 해결할 수 있는 여과집진기를 선택하고 있다.

6.2 이론

그림 6.1은 엮음여과재 (woven filter cloth) 중의 하나를 보여주고 있다. 섬유소의 직경은 약 100～150 μm 정도이고, 그 사이의 간격은 50～75 μm 정도이다. 섬유소 사이의 공간은 매우 작으며, 섬유소는 무작위적으로 놓여 있다. 여과재를 장치에 장착한 처음에는 많은 양의 먼지들이 여과천 사이로 그냥 통과하여 집진효율이 매우 낮다. 그러나 충돌 (impaction), 차단 (intercep-tion) 및 확산 (diffusion)에 의하여 먼지입자들이 섬유표면에 부착되고, "가교 (bridge)"를 형성하여 점차로 섬유 사이를 봉쇄하게 된다. 이와 같이 섬유 사이의 틈새가 메워지고 분진층이 여과천 위에 생성되면 여과효율은 증가하게 된다.

분진층은 매우 효과적인 여과재이나, 두꺼워지면서 유체에 대한 저항이 증가한다. 주어진 유속에서 여과집진기의 압력손실은 식 (6.1)과 같다.

$$\Delta P = \Delta P_f + \Delta P_p + \Delta P_s \tag{6.1}$$

여기서, ΔP = 총 압력강하

ΔP_f = 여과재에 의한 압력손실

ΔP_p = 분진층에 의한 압력손실

ΔP_s = 여과집진기 자체구조에 의한 압력손실

여과집진기의 구조에 의한 압력손실은 대체로 낮기 때문에, 다음 논의에는 고려하지 않았다.

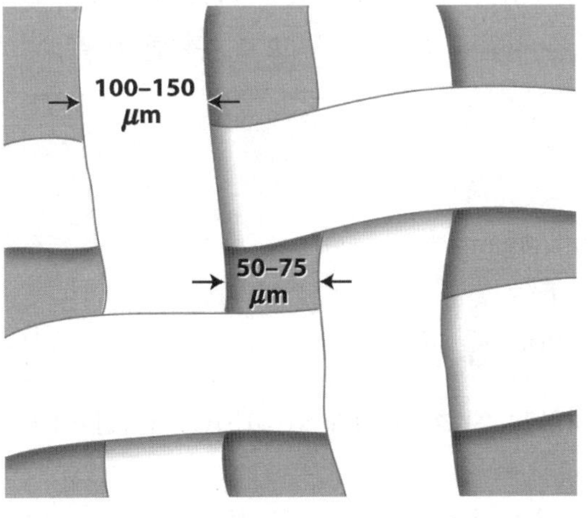

그림 6.1 깨끗한 상태의 엮음여과재

다공성 매체를 통과하는 유체에 대해 Darcy의 방정식을 이용하여 여과재와 분진층에 대한 수식을 세울 수 있다.

$$\Delta P_f = \frac{D_f \mu V}{60 K_f} \tag{6.2}$$

$$\Delta P_p = \frac{D_p \mu V}{60 K_p} \tag{6.3}$$

여기서, ΔP_f, ΔP_p = 압력손실, N/m^2

D_f, D_p = 여과재와 분진층의 두께(진행방향), m

μ = 가스점도, kg/m-s

V = 표면 여과속도, m/min

K_f, K_p = 여과재와 분진층의 투과성, m^2

60 = 환산계수, s/min

표면 여과속도 V, 즉 공기/여과재 비율 (air/cloth ratio)은 처리가스량을 여과재의 총 면적으로 나눈 값이다.

$$V = \frac{Q}{A} \tag{6.4}$$

여기서, Q = 처리가스의 부피속도, m^3/min

A = 여과면적, m^2

여과가 이루어지면서 분진층 (D_p)은 두꺼워진다. 사실상, 일정한 여과속도와 분진의 질량농도(먼지부하량)에 의해 D_p는 시간에 따라 직선적으로 증가한다. 즉,

$$D_p = \frac{LVt}{\rho_L} \tag{6.5}$$

여기서, L = 분진부하량, kg/m^3

t = 운전시간, min

ρ_L = 분진층의 밀도, kg/m^3

식 (6.5)를 식 (6.3)에 대입한 후, 식 (6.2)와 식 (6.3)을 더하면 식 (6.6)을 얻을 수 있다.

$$\Delta P = \left[\frac{D_f \mu}{60 K_f}\right] V + \left[\frac{\mu}{60 K_p \rho_L}\right] (LVt) V \tag{6.6}$$

다음으로, 식 (6.6)을 여과속도 V로 나누고, 여과항력 S와 여과재 상 먼지의 면적밀도 W는 다음과 같이 정의한다.

$$S = \frac{\Delta P}{V} \tag{6.7}$$

$$W = LVt \tag{6.8}$$

여기서, S = 여과항력, N-min/m^3 또는 Pa-min/m

W = 여과재 상 먼지의 면적밀도, g/m^2 of fabric

먼지의 면적밀도 (areal dust density)는 여과재 단위면적당 질량이다. 식 (6.7)은 식 (6.9)와 같이 표현할 수 있다.

$$S = K_1 + K_2 W \tag{6.9}$$

여기서, $K_1 = \dfrac{D_f \mu}{60 K_f}$

$K_2 = \dfrac{\mu}{60 K_p \rho_L}$

K_1의 단위는 N-min/m^3 또는 Pa-min/m이고, K_2의 단위는 N-min/kg-m 또는 Pa-min-m/kg이다. 식 (6.9)에 의해 표현된 선형모델을 "여과항력모델 (filter drag model)"이라 부른다. 이 두 개 변수로 이루어진 모델은 매우 유용하나, 청정여과재에 대한 K_1 값의 검토는 부적당하다. 또한 정의된 변수로부터 K_2 값을 구하기도 어렵다. 그러므로 식 (6.9)는 다음과 같이 다시 표현될 수 있다.

$$S = K_e + K_s W \tag{6.10}$$

여기서, K_e = 외삽된 (extrapolated) 청정여과재의 항력, N-min/m^3

K_s = 분진, 가스 및 여과재에 대한 "기울기" 상수, N-min/kg-m

K_e와 K_s는 오염된 가스에 대해 모형실험에 의해 실험적으로 결정된다. 여기서 주의할 점은 단위이다. 만약 S와 K_e를 in. H_2O-min/ft로 표현하며, V는 ft/min, W는 lb$_m$/ft^2, 그리고 K_s는 in. H_2O-min-ft/lb$_m$로 표시한다. 또한 K_s는 시간의 역수로도 표현할 수 있다.

여과항력과 분진의 면적밀도와의 관계를 도식화하면 그림 6.2와 같다. 그림에서 각 곡선은 시작점이 서로 다른 W값에서 각각 직선이 아닌 부분을 가지고 있다. 새로운 여과 순환공정에서 여과재 상의 잔존하는 분진량은 바로 이전에 이루어진 탈진공정과 밀접한 관계가 있다. 곡선은 초기에 비직선적인 모양을 나타내는데, 이는 여과재를 통과하는 유체의 흐름이 초기에는 일정하지

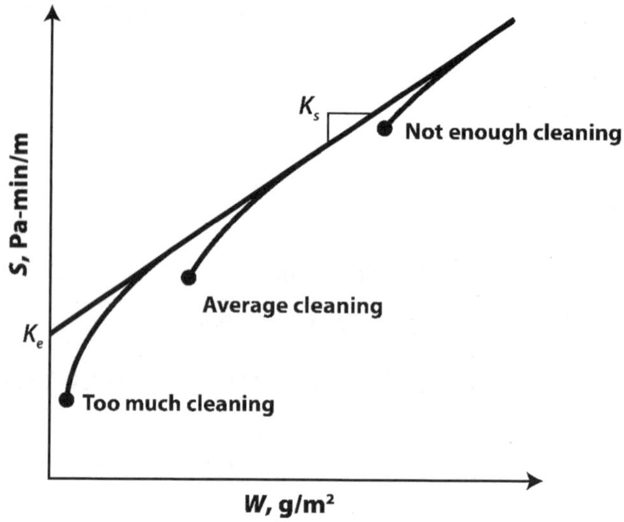

그림 6.2 여과재의 청정도에 입각한 분진의 여과항력과 면적밀도와의 관계

않기 때문이다. 즉 이전의 탈진과정에서 분진덩어리는 일반적으로 비정형의 두꺼운 조각으로 떨어져나가기 때문에, 여과포 (bag)의 일부분은 매우 깨끗하고 나머지는 더럽다.

평균적으로 여러 번의 탈진과정을 거친 여과재는 분진의 잔존량 W_r을 함유하고 있다. 이 잔존 먼지량을 가지고, 청정여과항력 K_1과는 다른 잔존 여과항력 S_r을 산출할 수 있다. 따라서, 식 (6.9)는 이용하기에 적합하지 않으며 실험상수를 포함한 식 (6.10)을 사용한다.

예제 6.1 청정여과재에 대해 다음과 같은 기초자료가 있다. 이 여과재를 이용하여 여과집진기를 $L=5.0$ g/m^3, $V=0.9$ m/min의 상태에서 70분 동안 가동하였을 때, 여과포 내의 압력강하는 얼마가 되는가?

실험자료		
시간, min	ΔP, Pa	상수
0	150	$V=0.9$ m/min
5	380	$L=5.0$ g/m^3
10	505	
20	610	
30	690	
60	990	

풀이 우선, 실험자료를 이용하여 분진의 여과항력과 면적밀도에 대한 그림을 그릴 수 있다. 그림에서 좌표점은 다음과 같다.

$S = \Delta P/V$, Pa-min/m	$W = LVt$, g/m^2
167	0
422	22.5
561	45
678	90
767	135
1,100	270

그림과 같이 이 자료는 처음에 특징 있는 곡선을 보이지만, 기울기와 절편을 구할 때는 무시된다.

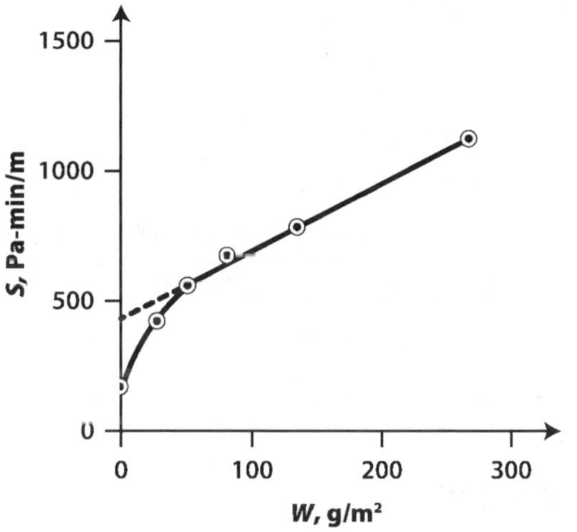

그림 예제 6.1 자료에 기초한 분진의 여과항력과 면적밀도

마지막 4개 자료점에 대해 1차최소자승법 (linear least-squares fit)을 적용하면, 상수 K_e, K_s는 각각 455 Pa-min/m와 2.381 Pa-min-m/g를 얻을 수 있다. 여기서 만약 미국식 단위를 사용한다면, ΔP는 in. H_2O, V는 ft/min, L은 grain/ft^{3}이 되며, K_e는 in. H_2O-min/ft, K_s는 in. H_2O-min-ft/grain이 된다. 비록 이들 단위가 어색하겠지만, K_s 단위를 다음 계산에서와 같이 압력-시간-거리/질량 단위로 사용하면 편리할 것이다.

여과항력모델의 계수를 알면 압력강하를 추정할 수 있다.

$$W = 5.0\,\frac{\text{g}}{\text{m}^3} \times 0.9\,\frac{\text{m}}{\text{min}} \times 70\text{ min} = 315\,\frac{\text{g}}{\text{m}^2}$$

$$S = 455\,\frac{\text{Pa-min}}{\text{m}} + \left[2.381\,\frac{\text{Pa-min-m}}{\text{g}}\right]\left[315\,\frac{\text{g}}{\text{m}^2}\right] = 1{,}205\,\frac{\text{Pa-min}}{\text{m}}$$

$$\Delta P = 0.9\,\frac{\text{m}}{\text{min}} \times 1{,}205\,\frac{\text{Pa-min}}{\text{m}} = 1{,}085\text{ Pa}$$

실제로 K_s는 여과속도에 따라 변한다. Dennis와 Klemm (1978)에 의하면, K_s값은 V의 제곱근에 비례한다. 따라서 K_s는 여과속도를 변화시켜 조정할 수 있다.

$$K_{s_2} = K_{s_1}\left[\frac{V_2}{V_1}\right]^{1/2} \tag{6.11}$$

이 관계식은 설계된 V와 다른 V에서 모형 실험자료를 얻을 때 설계작업에 이용할 수 있고, 기존 여과포 내에서 유속이 증가할 때 이용할 수 있다.

6.3 설계 시 고려사항

일반적으로 집진효율은 설계자 입장에서는 관심의 대상이 아니다. 그 이유는 제대로 가동되고 설계가 잘 된, 또한 유지관리가 잘 된 여과집진기에서는 미세입자에서부터 수백 마이크론의 거대입자에 이르기까지, 집진효율이 99% 이상으로 좋기 때문이다 (Turner 등, 1987a). 높은 효율이 요구되는 집진기의 설계에서는, 설치비 (여과집진기의 크기)와 운영비 (압력손실)의 수지를 맞추기 위해 최적 여과속도 V를 결정해야 한다. 설계인자 V에 영향을 주는 주요인자에는 비슷한 먼지에 대한 처리경험, 섬유의 특성, 먼지의 특성 및 가스의 특성 등이 있다.

역기류식 및 진동식 여과집진기

역기류식 (reverse air)과 진동식 (shaker) 여과집진기는 오랫동안 광범위하게 사용되어 왔기 때문에, 다양한 분진들에 대한 각종 정보를 얻을 수 있다. 표 6.1에는 여러 종류의 분진에 대한 최대 여과속도를 나타낸 것이다. 여기서 추천된 **최대 설계여과속도** V는 우리가 설계문제를 수행할 때 선택할 수 있는 값들이다. N개의 단위집진실 (compartment)을 가지고 있는 여과집진기에서, 현업에 참여하고 있는 $(N-1)$개 집진실의 여과속도는 V_{N-1}이다. 반면 나머지 한 개 집진실은 탈진작업을 위해 가동이 중지된 상태이다. 표에서 보듯이, 여과속도, V는 보통 2~4 ft/min이다. 하지만 이러한 V값들은 먼지의 부하량, 먼지의 미세한 정도 및 기타 인자에 의존하며, 특수한 경우에는 보정되어야 한다. 예를 들어, 40 gr/ft^3 이상의 먼지부하량을 가질 때, V값은 도표에 제시된 값보다 10~15% 정도 하향조정해야 한다. 또한, 5 gr/ft^3 이하의 적은 먼지부하량을 가질 때는 20% 정도 상향조정해야 한다. 이와 유사하게, 3 μm보다 작은 또는 50 μm보다 큰 미세입자에 대해서는 표의 V값보다 약 20% 정도 하향 또는 상향조정할 필요가 있다 (Turner 등, 1987a). 과도한 V값은 입자의 투과량을 과다유발 할 수 있으며, 여과재를 막히게 하고, 여과포의 수명을 감소시킨다 (U.S. EPA, 1986).

표 6.1 각종 분진에 대한 진동식 또는 역기류식 여과집진기의 분진별 최대 여과속도

분진의 종류	최대 여과속도 cfm/ft^2 또는 ft/min
활성탄, 카본블랙, 세제, 금속훈연	1.50
알루미늄 산화물, 탄소, 비료, 흑연, 철광석, 석회, 페인트 색소, 비산재, 염료	2.0
알루미늄, 진흙, 코크스, 석탄, 코코아, 납산화물, 운모가루, 비누, 설탕, 활석	2.25
보크사이트, 세라믹, 크롬광석, 장석, 밀가루, 부싯돌, 유리, 석고, 플라스틱, 시멘트	2.50
석면, 석회석, 석영, 규석	2.75
코르크, 곡물, 대리석, 굴 껍데기, 소금	3.0~3.25
가죽, 종이, 담배, 나무	3.50

출처 : Danielson, 1973; Turner 등, 1987(a).

표 6.2 보편적인 산업용 여과재의 내열온도와 화학적 내성

섬유재질	최대 권장온도 (℉)	화학적 내성	
		내산성	내염기성
Dynel	160	양호	양호
Cotton	180	나쁨	양호
Wool	200	양호	나쁨
Nylon	200	나쁨	양호
Polypropylene	200	우수	우수
Orlon	260	양호	보통
Dacron	275	양호	보통
Nomex®	400	보통	양호
Teflon®	400	우수	우수
Glass	550	양호	양호

출처 : Kraus, 1979; Buonicore, 1992.

엮음형 여과재를 비롯하여 여과재의 선택은 중요하며, 부분적으로 분진의 방출특성에 의존한다. 여과재는 분진의 특성뿐만 아니라, 가스의 특성을 함께 고려하여 선택하여야 한다. 표 6.2에서와 같이, 주로 사용되는 여과재의 종류는 가동온도와 화학적 내성에 따라 매우 다양하다.

역기류식과 진동식 여과집진기는 몇 개의 단위집진실 (compartment)로 이루어졌다. 여과포를 탈진할 때, 각 단위집진실은 처리가스에서 분리된다. 역기류식에서는 깨끗한 공기를 빠른 속도로 여과포에 처리가스의 유입방향과 반대로 불어 넣어주면, 여과포 내벽에 엉겨 붙은 분진층이

역기류에 의해 떨어져 나간다. 진동법은 여과포를 진동시켜 이미 집진된 분진을 탈착시키는 방법이다. 이 두 방법 모두 단위집진 실 밑에 위치한 분진퇴적함 (hopper)으로 두꺼운 분진 덩어리들이 떨어지게 고안되었다. 분진은 퇴적함에서 주기적으로 제거되며, 폐기되거나 재사용된다. 그림 6.3은 진동식 여과집진기의 단면도이고, 그림 6.4는 대규모 산업용 여과집진기의 사진이다.

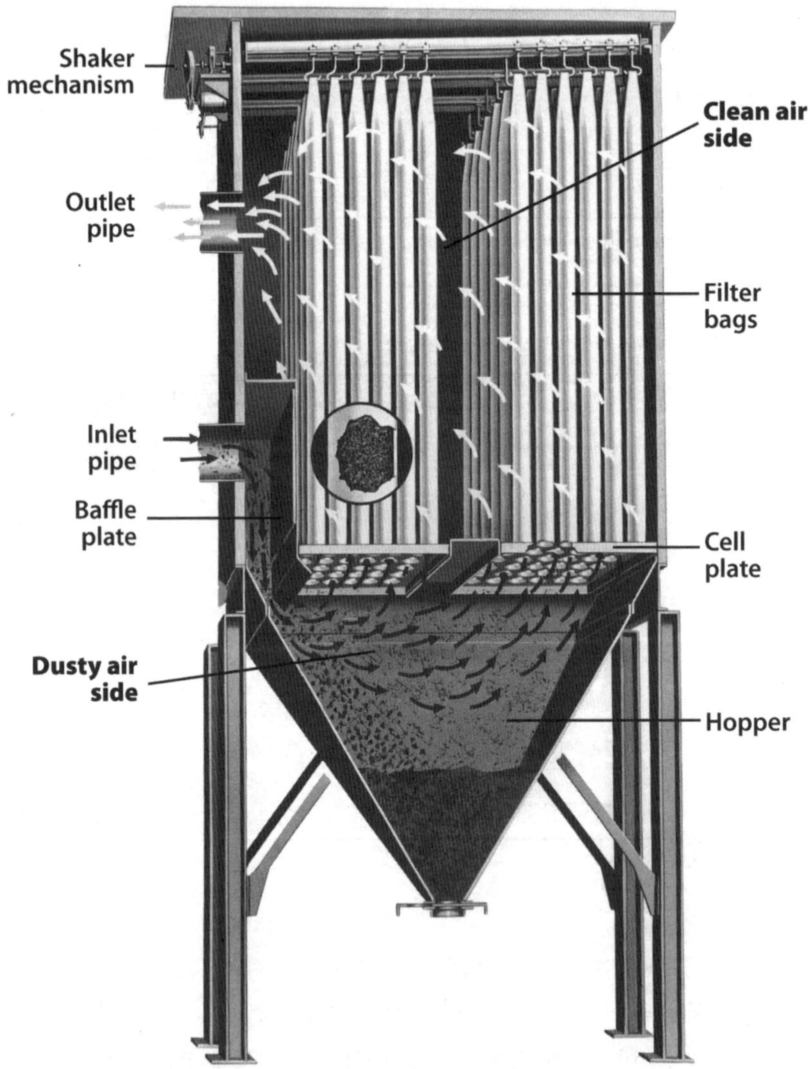

그림 6.3 진동식 여과집진기의 단면도
출처 : Siemens Energy, Inc., Orlando, FL.

그림 6.4 대형 산업용 진동식 여과집진설비 [이 설비는 전기용융로를 가지고 있는 주물공장에 설치되었다. 각 5개씩의 집진장치로 구성된 3개 설비시스템 (총 15개 장치)이다. 이 공장의 총 공기유량은 150,000 cfm이다.] 출처 : American Filter Co., Louisuille, KY.

일반적으로 역기류식은 양호하나 탈진효율이 다소 떨어진다. 그러나 유리섬유 여과재와 같은 특정 여과재는 진동으로 야기되는 반복적 구부러짐 때문에 쉽게 마모되어 수명이 길지 못하다. 음파경적 (sonic horn)장치는 역기류식 여과집진기에서 유리섬유 엮음 여과포를 효율적으로 탈진시킨다. 이 기술은 집진기 내부에 설치된 경적에서 나오는 음파의 강한 질풍을 이용하여, 통상 역기류에서 제거되는 먼지량 이상으로 탈진시킨다. 음파를 이용한 역류탈진법은 미분탄을 연소하는 대형 발전설비에서 유행하였다 (Cushing 등, 1990).

단위집진실의 수는 총 여과유량, 최대 압력강하 ΔP_m, 단위집진실에서 다음번 탈진까지의 여과시간 t_f (filtration time) 및 탈진시간 t_c (cleaning time)에 따라 달라진다. 탈진시간 t_c는 한 개 단위집진실을 탈진하는데 걸리는 시간이다. 다른 두 개 단위집진실의 탈진사이의 간격이 운전시간 t_r (run time)이다 (그림 6.5 참고). 여과시간 t_f는 한 단위집진실의 여과공정이 시작되는 시점에서 동일한 단위집진실이 재탈진과정에 들어가는 시점까지의 경과시간이다 (결국, 그동안 나머지 모든 단위집진실은 여과 및 탈진의 과정을 겪는다). 시간 t_f는 t_r과 t_c에 관련이 있다.

$$t_f = N(t_r + t_c) - t_c \tag{6.12}$$

여기서, t_f = 여과시간, min

t_r = 운전시간, min

t_c = 탈진시간, min

N = 단위집진실의 총 숫자

그림 6.5는 여과집진기 가동 중, 두 개의 단위집진실에서 일어나는 연속적 탈진공정을 시간에 따라 압력강하로 표시한 것이다. 한 개의 단위집진실이 탈진을 위해 중지될 때 모든 처리가스는 나머지 단위집진실로 보내져야 한다. 따라서 총 압력손실은 급속히 증가하게 된다. 압력강하가 최대치에 도달하자마자, 탈진이 완료된 단위집진실은 다시 운전에 참여하여 압력강하는 급속히 감소하게 된다. 더욱이, 집진실이 청정할수록 유속이 빨라지므로, 가스유속은 각 단위집진실 마다 차이가 있다.

실제로, ΔP_m은 6~20 in. H_2O의 압력손실을 나타내며, t_f는 30분~2시간 범위이다. 또한 t_c는 1~5분 범위를 갖는다. 대체로 설계작업 시 어떠한 계약사항도 없다면, 설계자는 선택의 자유를 누릴 수 있다. ΔP_m, t_r, t_c와 단위집진실의 수 등의 "최적"값은 경험, 상식 및 직관에 따라 미리 결정된다. 만약 너무 적은 수의 단위집진실을 갖는다면, 한 개 단위집진실이 탈진에 참여하는 동안 충분한 여과면적을 제공하여야 한다.

만약 너무 많은 단위집진실을 갖는 여과집진기를 설계한다면, 많은 자본비가 필요하게 되며 유지관리가 힘들다. 일반적 지침으로써, 표 6.3은 순수 여과면적에 따른 단위집진실의 수를 표시한 것이다. 그러나 설계에는 항상 융통성을 부여하는 노력이 중요하다. 일단 건설되면, 운전자의 요구에 부합하도록 운영되어야 할 것이다.

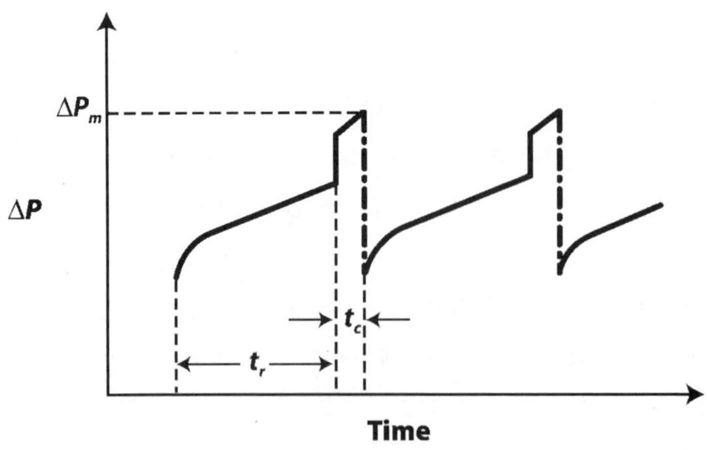

그림 6.5 여러 개의 단위집진실을 가진 한 여과집진기의 시간에 따른 압력강하의 변화

표 6.3 순수 여과면적 (net cloth area)과 단위집진실의 수

순수 여과면적, ft^2	단위집진실의 수
1 ~ 4,000	2
4,000 ~ 12,000	3
12,000 ~ 25,000	4 ~ 5
25,000 ~ 40,000	6 ~ 7
40,000 ~ 60,000	8 ~ 10
60,000 ~ 80,000	11 ~ 13
80,000 ~ 110,000	14 ~ 16
110,000 ~ 150,000	17 ~ 20
150,000 이상	20개 이상

주의 : net cloth area = $Q_{\text{design}} / V_{\text{design}}$ = 한 단위집진실이 탈진과정에 있을 때 현업 중인 여과재 면적

예제 6.2 밀가루 분말의 농도가 10 grain/ft^3인 가스를 40,000 cfm로 처리하는 진동식 여과집진기의 순수 여과면적 (net cloth area)을 추정하라. 여과포의 길이가 8 ft이고, 직경이 6 in.일 때, 단위집진실의 수와 총 여괴포의 수를 산출하라.

풀이 표 6.1에서, 밀가루의 최대 여과속도 V는 2.5 ft/min이다. 따라서 순수 여과면적은

$$A = \frac{Q}{V} = \frac{40{,}000}{2.5} = 16{,}000 \text{ ft}^2$$

표 6.3에서 여과면적이 4,000 ft^2인 단위집진실 5개를 고려해야 한다. 한 개가 탈진을 위해 가동이 중지될 경우를 생각하여, 설계여과속도를 충족시키기 위해 각 집진실이 4,000 ft^2의 여과면적을 가져야 하므로 총 20,000 ft^2의 여과면적이 필요하다. 여과포 1개당 여과면적은

$$\pi(0.5)8 = 12.6 \text{ ft}^2/\text{bag}$$

따라서, 총 여과포의 수는

$$\frac{20{,}000}{12.6} = 1{,}587 \text{ bag}$$

각 단위집진실에는 동일한 숫자의 여과포가 배치되어야 하므로, 총 숫자보다 다소 커질 수 있다. 예를 들어, 이 경우 약 4,000 ft^2를 갖는 단위집진실이란, 각 집진실이 4,000/12.6 = 317.5개의 여과포를 가져야 한다는 의미이다. 우리는 여과포를 조각낼 수도 없다. 하지만 여과집진기를 효율적으로 제작하기 위해서는, 각 단위집진실에 여과포를 횡과 열 (row and column)로 배치할 필요가 있다. 따라서 우리는 집진실당 320개의 여과포 (총 1,600개)를 사용할 것이다. 320개의 여과포는 32 row × 10 column (또는 20 row × 16 column)으로 배열될 수 있다. 어떠한 배열이든 이들 단위집진실을 현장까지 운송되어 하나의 여과집진기로 조립된다는 점에 유의하면서 (현장까지 도로와 철도 운송 시 공간적 제한사항을 고려하여) 배열작업을 수행하여야 한다. 단위집진실당 320개 여과포를 사용할 경우, 단위집진실당 여과면적은 4,032 ft^2이며, 여과집진기의 총 여과면적은 20,160 ft^2이다.

앞에서 언급했듯이, 여러 개의 단위집진실을 가진 여과집진기를 설계할 때, 주요 설계변수의 선정은 경험에 크게 의존한다. 그러나 처리가스량과 최대 허용압력손실은 서로 관련이 있으며, 집진실의 수, 여과시간 및 탈진시간과 관련이 있다. Crawford (1976)는 최대 허용압력손실이 주어졌을 때, 여과시간과 탈진순환과정을 추정하는 수학적 모델을 개발하였다 (주요 여과집진기 제작회사들은 소유권이 있는 전산모델을 이용하고 있다). 하지만 이 책에서는 사용하기 매우 쉽고 또한 정밀한 방법과도 견줄 수 있는, 아주 간단한 방법을 소개하고자 한다.

총 유량 Q를 처리하기 위해, N개의 단위집진실이 병렬로 연결된 여과집진기가 있다. 집진실은 연속적 (1, 2, ……, N)으로 탈진된다. 여과집진기의 압력손실은 최대값 ΔP_m을 초과할 수 없다. 각 단위집진실이 병렬로 연결되어 있으므로, 모든 집진실은 동시에 같은 압력손실을 받게 된다. 이상적으로는, 각 집진실은 한 번의 여과시간 동안 같은 양의 공기를 처리한다. 따라서, 각 집진실에 축적된 분진의 총량 (탈진과정 바로 전)은 전체 순환과정에 대해 평균유량을 가정하여 쉽게 계산할 수 있다.

실제로, 특정시각에 각 집진실에 집진된 분진의 양이 서로 다르기 때문에 단위집진실을 통과하는 유량은 서로 다르다. 가장 청정한 집진실의 유량은 최대가 될 것이며, 분진이 가장 많이 포집되어 있는 집진실은 최소가 될 것이다. 또한, 각 집진실의 상대적 유량분포는 완전히 청소된 집진실이 새로이 가동에 참여하기 때문에 바뀌게 된다. 그러나 "모든 집진실을 통과하는 유량은 같다"라는 가정 하에, 총 유량을 집진실의 수로 나누어 분진의 부하량을 계산할 수 있다. 모든 집진실이 여과과정에 참여할 때, 한 개의 집진실을 통과하는 유량은

$$Q_N = \frac{Q}{N} \tag{6.13}$$

여기서, Q_N = 한 개의 집진실을 통과하는 평균유량, cfm

Q = 여과집진기를 통과하는 총 유량, cfm

한 개의 집진실이 탈진을 위해 여과공정에서 분리되면, 각 단위집진실을 통과하는 평균유량은

$$Q_{N-1} = \frac{Q}{N-1} \tag{6.14}$$

마찬가지로, 식 (6.13)과 식 (6.14)에 상응하는 여과속도는 다음과 같다.

$$V_N = \frac{Q_N}{A_c} = \frac{Q}{NA_c} \tag{6.15}$$

$$V_{N-1} = \frac{Q_{N-1}}{A_c} = \frac{Q}{(N-1)A_c} \tag{6.16}$$

여기서, V_N, V_{N-1} = 여과속도, ft/min

A_c = 단위집진실 한 개당 여과면적, ft^2

V_{N-1}은 사실상 설계 여과속도인 점을 명심하라.

그림 6.5에서, 임의로 선정된 $(j-1)$번째 집진실이 탈진공정 종료시점, 즉, $(j-1)$번째 집진실이 여과공정에 참여하기 직전에 ΔP_m의 압력강하가 생긴다. 바로 이때, j번째 집진실 (이미 탈진된 집진실 다음)은 시간 t_j 동안 가동된다. 다음과 같은 식을 얻을 수 있다.

$$t_j = t_f - t_r \tag{6.17}$$

여기서, t_j = (집진실 $j-1$이 여과공정에 복귀하기 직전), 집진실 j의 현업 가동시간, min

t_f에 대해 식 (6.12)를 식 (6.17)에 대입하면,

$$t_j = t_f - t_r = (N-1)(t_r + t_c) \tag{6.18}$$

시간 t_j 동안, 집진실 j의 여과면에 면적밀도 W_j로 분진이 축적된다.

$$W_j = (N-1)(V_N L t_r + V_{N-1} L t_c) \tag{6.19}$$

여기서, W_j = 분진의 면적밀도, grain/ft^2

L = 분진부하량, grain/ft^3

따라서, 단위집진실 j의 여과항력은

$$S_j = K_e + K_s W_j \tag{6.20}$$

여기서, S_j = 여과항력, in. H_2O-min/ft

앞에서 평균 여과속도를 만족스럽게 사용할 수 있었다. 그러나 압력손실을 계산하기 위해, 시간 t_j에서 집진실 j의 실제 여과속도 V_j를 알아야 한다. 앞서 언급했듯이, 시간 t_j에서 집진실 j는 가장 많은 분진을 포집하기 때문에, V_j는 평균 여과속도 V_{N-1}보다 작다.

우선, V_j는 몇 가지 변수로 인해 변하는 것처럼 보인다. 그러나 많은 집진실로 구성된 여과집진기를 수학적으로 자세히 설명하기 위해 전산화된 Crawford (1976)의 수식을 이용할 때, 또한, 많은 경우를 검토할 때, V_j / V_{N-1}비는 단지 집진실의 숫자에만 전적으로 의존한다는 것을 알 수 있다. 이러한 관계를 표 6.4에 제시하였다. 따라서 실제 여과속도를 다음과 같이 추정할 수 있다.

$$V_j = f_N V_{N-1} \tag{6.21}$$

표 6.4 여러 개의 단위집진실을 가진 여과집진기에서 실제 여과속도 V_j와 평균 여과속도 V_{N-1}의 비

집진실의 총 숫자 N	$f_N = V_j / V_{N-1}$
3	0.87
4	0.80
5	0.76
7	0.71
10	0.67
12	0.65
15	0.64
20	0.62

주 : V_{N-1}은 식 (6.16)으로 계산된 평균 여과속도,
V_j는 가장 많은 분진이 포집된 집진실 (다음번에 탈진될 집진실)에서의 실제 여과속도.

여기서, V_j = 시간 t_j에서 집진실 j의 실제 여과속도, ft/min
f_N = 보정계수 (표 6.4 참조)

따라서 최종적으로 압력손실 ΔP_j는 최대 허용압력손실 ΔP_m과 같게 된다.

$$\Delta P_j = \Delta P_m = S_j V_j \tag{6.22}$$

여기서, ΔP_j = 단위집진실 j의 압력손실, in. H_2O

집진실의 수, 최대 허용압력손실과 탈진시간 등을 알 수 있다면, ΔP_m을 초과하지 않는 범위에서 가동시간과 여과시간을 설정할 수 있다. 이러한 변수를 알게 되면, 식 (6.16), (6.21), (6.22), (6.20), (6.19), (6.18)을 순서대로 해결할 수 있다. 반대로, 바람직한 여과시간 t_f를 알고 있다면, t_r에 대해 식 (6.18)을 풀어 최대 압력강하를 계산할 수 있다. 차례로 식 (6.19), (6.20), (6.21), (6.22)를 해결할 수 있다.

예제 6.3 예제 6.2의 여과집진기에 대하여 (320개/집진실이 설치된 집진기), K_e = 1.00 in. H_2O-min/ft, K_s = 0.003 in. H_2O-min-ft/grain인 여과항력 모델 (filter drag model)을 가정하라. 또한, 단위집진실이 탈진에서 재여과 과정에 복귀하는데 4분이 소요된다고 가정하라. 60분의 여과시간 동안, 최대 압력손실을 계산하라.

풀이 여과집진기에 5개의 집진실이 가동될 때, V_N = 40,000/20,160 = 1.98 ft/min이다. 여기서 4개만 가동된다면, V_{N-1} = 40,000/16,128 = 2.48 ft/min이다. 탈진시간 4분을 식 (6.12)에 대입하여 t_r을 계산하면,

$$t_r = (t_f + t_c)/N - t_c = \frac{60+4}{5} - 4 = 8.8\ \mathrm{min}$$

다음, 식 (6.19)로부터 축적된 분진의 면적밀도를 계산한다.

$$W_j = 4 \times \left[\frac{10\ \mathrm{gr}}{\mathrm{ft}^3}\right]\left[\left(\frac{1.98\ \mathrm{ft}}{\mathrm{min}}\right)(8.8\ \mathrm{min}) + \left(\frac{2.48\ \mathrm{ft}}{\mathrm{min}}\right)(4\ \mathrm{min})\right] = 1{,}094\ \mathrm{gr/ft^2}$$

식 (6.20)에서 최대 허용여과항력은

$$S_j = 1.00 + 0.003 \times 1{,}094 = 4.28\ \mathrm{in.H_2O\text{-}min/ft}$$

표 6.4에서 f_N= 0.76을 이용하여, 식 (6.21)로부터 V_j를 계산한다.

$$V_j = (0.76) \times (2.48) = 1.88\ \mathrm{ft/min}$$

마지막으로, $\Delta P_m = (4.28)(1.88) = 8.0\ \mathrm{in.H_2O}$

충격분출식 여과집진기

충격분출식 (pulse-jet) 여과집진기는 45년 전에 개발되었으며, 산업용 여과집진기 시장의 약 50%를 점유하고 있다. 충격분출방식은 그림 6.6과 같다. 이 방법에서는 처리가스가 여과포의 외부에서 내부로 투과되기 때문에 민지는 어과포 외벽에 집진된다. 각 여과포 내부에는 철물지지대 (cage)가 있어, 여과포가 붕괴되는 것을 막아준다. 여과포는 하부가 막혀있고 자루의 상부는 밀폐된 청정공기구역에 죔쇠로 잠겨 있다. 여과포의 먼지는 0.30~1초 정도의 짧은 시간 내에 90~100 psi의 높은 충격분출압에 의해 제거된다. 공기의 충격은 벤튜리를 통과하며 여과포를 수축시키는 충격파를 생성하고, 여과자루 외벽에 포집된 먼지층은 떨어져 나간다. 각 여과포는 수분마다 공기충격을 받는다.

충격분출방식의 장점은 오염된 가스를 계속 여과집진기에 통과시키면서 일부 여과포를 청소할 수 있다는 점이다. 따라서 단위집진실이 없으며 여분의 여과포가 필요 없어 크기와 비용을 절감할 수 있다. 하지만 대형 석탄화력발전소에 충격분출식 여과집진기를 설치할 경우, 이 집진기의 크기가 너무 거대해지므로 여러 개의 단위집진실로 나누어 설계되고 있다. 비록 모든 집진실이 동시에 가동되지만, 여러 개 단위집진실로 분리하는 일은 설치작업이 용이하고, 한 개 단위집진실이 유지보수 (예, 찢어진 여과포 교체 등) 등의 이유로 가동이 임시 중단되더라도 공장을 연속적으로 운영할 수 있다. 그림 6.7은 석탄화력발전소에 건설 중인 대형 충격분출식 여과집진기를 보여주고 있다.

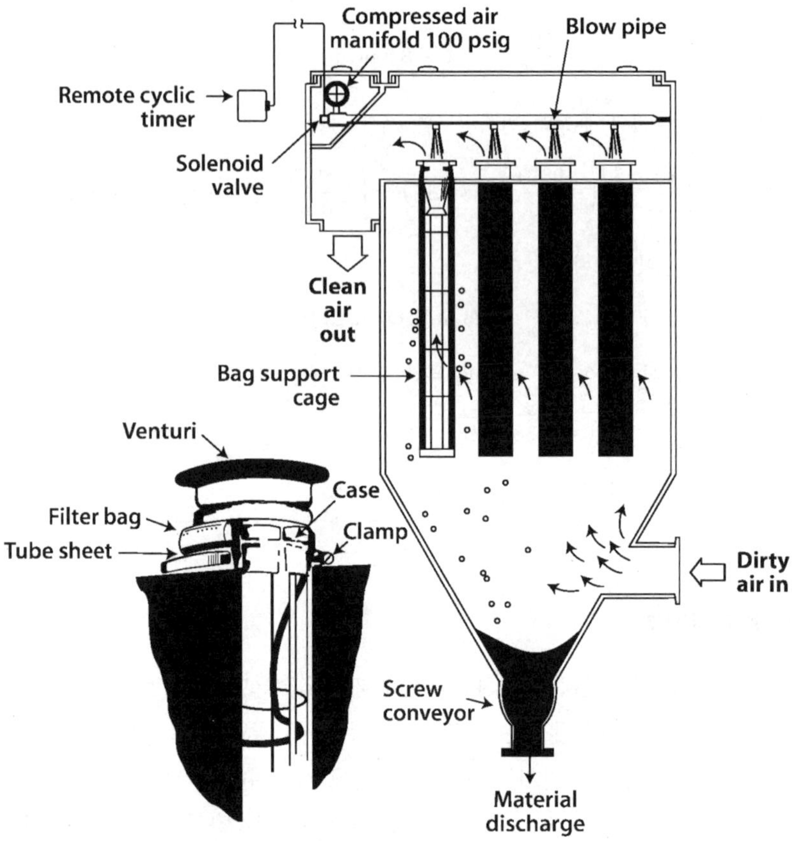

그림 6.6 충격분출식 여과집진기의 도면

그림 6.7 석탄화력박전소에 건설 중인 대형 충격분출식 여과집진기

출처 : Siemens Energy, Inc., Orlando, FL.

표 6.5 충격분출식 여과집진기에서 다양한 분진에 대한 최대 여과속도*

먼지 또는 훈연	최대 여과속도 (cfm/ft^2 또는 ft/min)
탄소, 흑연 (graphite), 금속훈연, 비누, 합성세제, 산화아연	5 ~ 6
시멘트 (원료), 점토 (녹색), 플라스틱, 페인트 색소, 녹말, 설탕, 나무, 석고, 아연 (금속)	7 ~ 8
산화알루미늄, 시멘트 (완제품), 점토 (유기질), 석회, 석회석, 석고, 운모, 석영, 콩, 활석	9 ~ 11
코코아, 초콜릿, 밀가루, 곡물, 가죽먼지, 톱밥, 담배	12 ~ 14

* 주 : 분진크기가 매우 작거나 부하량이 크면 1 ft/min 속도로 감소한다.
출처 : Danielson, 1973; Theodore and Buonicore, 1976.

여과포는 상단에서 교환되므로 여과포 사이에 사람이 걸어 다닐 수 있는 공간이 필요 없으며, 이에 따라 집진기의 크기를 줄일 수 있다. 또한, 오염된 처리가스에 노출된 구동부분도 없다. 충격분출의 또 다른 장점은 모전여과재 (felted fabrics)를 기존의 탈진방법보다 2~3배의 매우 높은 공기/여과재 비 (air-to-cloth ratio)에서 사용할 수 있다는 점이다. 표 6.5는 각종 충격분출의 응용에 필요한 여과속도 자료이다. 여과속도가 빨라질수록 필요한 순수 여과면적은 감소하고 자본비도 감소한다. 최근, 공기/여과재 비는 표 6.5에 제시된 값보다 상당히 감소하는 경향이 있다. 특히 일반 발전소에서 이러한 경향은 더 뚜렷하다. 이러한 사실에도 불구하고 한정된 부지사용을 고려할 때, 충격분출식이 아직까지 역류식의 약 절반 정도의 공간을 필요로 한다. 또한, 낮은 V값의 사용 (비산재 집진시 3~4 ft/min)으로, 낮은 평균압력손실, 탈진횟수의 감소, 여과포 수명의 증가, 배출량의 저감 등을 가져온다 (Belba 등, 1992).

예제 6.4 예제 6.2에서와 같은 가스량을 여과하기 위해 충격분출식 여과집진기를 사용하였다. 요구되는 여과포의 숫자를 계산하라.

풀이 표 6.5로부터 $V = 13$ ft/min이므로 순수 여과면적은

$$A = \frac{40,000}{13} = 3,077 \text{ ft}^2$$

단위집진실이 없으므로, 순수 여과면적은 총 면적과 같고 여과포의 수는

$$\frac{3,077}{12.6} = 245 \text{ bag}$$

여과포는 횡렬로 배치되어야 하므로, 여기 제시된 총 여과포의 숫자보다 많을 수 있다.

충격분출 방식에도 단점이 있다. 분출된 공기가 여과포에 파문을 일으킬 때 여과포로 처리가스가 계속 여과되고 있기 때문에, 자루에서 탈리된 분진은 재비산하거나 같은 여과포 또는 이웃 여과포에 다시 부착될 수 있다. 실제로, 단위충격당 탈리되는 먼지의 양은 여과포에 포집된 총 먼지량의 1% 미만이다 (Leith and Ellenbecker, 1980). 충격분출식 탈진방법을 이용할 때 공기의 충격으로 에너지가 빠른 속도로 분산되기 때문에, 여과포의 길이는 제한된다. 가동 초기에는 8 feet 미만의 짧은 여과포에서 조차, 자루 하단 1/3지점은 완전히 청소되지 않는다. 이와 같은 문제는 1970년대 후반에 개발된 diffuser tube 덕분에 일부 해결되었다 (diffuser tube는 구멍이 뚫려 있는 금속관으로, 여과포 안쪽에 끼워져서 공기의 충격이 분산되기 전에 더 멀리까지 전달된다). Turner (1981)는 diffuser tube를 사용하여 양호하고 균질한 탈진공정을 얻었으며, 결과적으로 압력손실을 줄이고 여과포의 수명을 늘릴 수 있었다.

분진은 기존설비와는 다른 방식으로 충격분출 설비를 통과한다. 먼지침투의 대부분은 탈진 충격이 가해진 후, 여과재가 여과지지대로 다시 밀착될 때 일어난다 (Leith and First 1977). 이러한 분진 침투는 충격분출 후 가압공기를 급속히 차단하는 대신, 공기압을 서서히 줄여 크게 줄일 수 있다 (Leith 등, 1978). 그러나 이 방법으로 충격을 조절하면, 압축공기의 사용이 증가한다.

충격분출식 여과집진기에서는, 압축공기의 사용이 운영비용의 대부분을 차지한다. 일반적으로 압축공기의 유량은 같은 온도, 압력으로 보정되었을 때, 여과된 공기유량의 약 0.2~0.8%이다. 공기 압축비용은 송풍기 동력비와 같다. 압축력의 계산은

$$\dot{w} = \frac{1}{\eta}\frac{\gamma}{\gamma-1}P_1Q_1\left[\left(\frac{P_2}{P_1}\right)^{(\gamma-1)/\gamma}-1\right] \tag{6.23}$$

여기서, $\dot{w}$ = 실제 압축력, kW
η = 압축효율
γ = 압축가스의 비열비 C_p/C_v (공기 $\gamma=1.4$)
P_1, P_2 = 초기 및 최종 절대압력, kPa
Q_1 = 압축기로의 유량 (유입조건에서), m^3/s

예제 6.5 충격분출식 여과집진기에 1 atm (101.3 kPa), 온도 150 ℃인 배출가스 20.0 m^3/s를 통과시켰다. 압축공기와 여과된 공기의 비율을 0.7%로 가정하고 (표준상태로 보정 후), 공기가 100 psig (792 kPa)로 공급될 때, 압축력 (kW)을 계산하라. 압축효율은 50%이다.

풀이 $Q_1 = 20.0\,\frac{\text{m}^3}{\text{s}} \times \frac{298\text{ K}}{423\text{ K}} \times 0.007 = 0.0986\,\frac{\text{m}^3}{\text{s}}$

$$\dot{w} = \frac{1}{0.5}\left[\frac{1.4}{0.4}\right] 101.3\text{ kPa} \times \frac{1{,}000\text{ N/m}^3}{1\text{ kPa}} \times \frac{0.0986\text{ m}^3}{\text{s}}\left[\left(\frac{792}{101.3}\right)^{0.4/1.4} - 1\right]$$

$$= 6.99 \times 10^4\,(0.7988)\,\frac{\text{N-m}}{\text{s}}$$

$$= 5.589 \times 10^4\,\frac{\text{N-m}}{\text{s}} \times \frac{1\text{ kJ}}{1{,}000\text{ N-m}} \times \frac{1\text{ kW}}{1\text{ kJ/s}}$$

$$= 55.9\text{ kW}$$

충격분출식 여과집진기의 압력손실은 경험적으로 여과속도, 충격압력, 1회 여과과정 동안 집진되는 분진의 면적밀도 등과 관련이 있다 (Leith and First, 1977). 폴리에스테르 여과포에 집진된 비산재에 대해 개발된 한 모델식은 다음과 같다.

$$\Delta P = 2.72\,\Delta W^{0.45}\,P^{-1.38}\,V^{2.34} \tag{6.24}$$

여기서, ΔP = 여과포와 집진분진층에 의한 압력손실, cm H_2O

V = 여과속도, cm/s

ΔW = 두 번의 연속탈진과정 사이에서 부가된 분진밀도 ($\Delta W = LVt_f$), mg/cm^2

P = 충격압, atm

Leith와 Ellenbecker (1980)는 충격분출식 여과집진기의 평형 압력손실을 예측할 수 있는 이론 모델을 개발하였다. 비록 이 모델은 좀 더 다듬을 필요가 있지만, 적어도 일부자료에 대해서는 좋은 결과를 얻었다. 그러나 최근까지 압력손실 추정은 대부분 경험에 의존하고 있다. 미분탄 보일러에 설치된 35개의 충격분출식 여과집진기에서 얻은 자료를 이용하여, Belba 등 (1992)은 공기/여과재 비를 기준으로, 압력손실을 추정할 수 있는 경험식을 개발하였다.

$$\Delta P = 1.7\,V \pm 40\% \tag{6.25}$$

여기서, ΔP = 플랜지 사이의 압력손실, in. H_2O

V = 공기/여과재 비 (또는 여과속도), ft/min

식 (6.25)는 실제 운전범위인, $1.6 < V < 6.7$ ft/min, $3.0 < \Delta P < 10.4$ in. H_2O 범위에서 유도되었다.

공학자들은 운영비를 절감하는 방법을 모색하고 있다. 이러한 노력들은 공기압축에 소요되는 동력을 감소시키는데 집중되고 있다. 공기 충격과 충격사이의 시간을 증가시키거나 충격압을 감소시킬 때, 공기압축기의 동력은 감소된다. 하지만 식 (6.24)로부터, 이와 같은 과정들이 압력손실을 증가시켜, 주 송풍기의 동력이 증가되어 압축기 동력의 감소분을 상쇄시킨다. 뿐만 아니라, V나 ΔW의 값이 클 때, 압력손실 증가를 제어할 수 없는 위험이 생길 수 있다 (Bakke, 1974). 이들 변수들을 조절할 때 많은 주의가 필요하다.

앞에서 언급한 것처럼, 석탄화력발전소에서 분진배출량을 제어하기 위해 여과집진기의 사용이 지난 40년간 급증하였다. 역기류식, 진동식, 충격분출식 등과 같은 모든 형태의 여과집진기가 사용되고 있다. 배출량은 NSPS 기준인 0.015 lb/million Btu보다도 적다. 집진기 설계는 전력생산이 집진기 문제로 제한받지 않도록, 보수적 (낮은 V)으로 설계하는 경향이 있다. 발전소에서 응용되는 전형적 V 값은 각각 역기류식 1.5～2.0 ft/min, 진동식 2.5～3.0 ft/min, 충격분출식 3～5 ft/min이다. 평균 압력손실은 4～8 in. H_2O이다. Belba 등 (1992)에 따르면, 여과포의 수명은 석탄의 황함량이 증가할수록 감소하며, 여과속도가 증가할수록 감소한다. 유리섬유 여과포의 수명 (1～2년)은 다른 합성섬유의 수명 (3～5년)보다 짧다. 연평균 설치된 여과포의 약 1% 정도가 파손된다.

이 절의 시작부분에서 언급한 것처럼, 초대형 충격분출식 여과집진기가 대형 석탄화력발전소에 사용되고 있다. 이곳에서는 어떤 단위집진실도 탈진을 위해 가동이 중지되지 않지만, 많은 집진실을 배치하고 있다. 이 이유는 집진기를 쉽게 설치할 수 있고, 고장난 집진실을 대체할 수 있으며, 한 집진실에서 여과포 하나가 파손되더라도 발전소를 멈추지 않고 가동할 수 있다. 이런 대형 여과집진기에서 여과속도는 앞서 언급한 것처럼 3～5 ft/min보다 빠르다. 또한 분출된 공기는 더 소형인 산업용 집진기보다 더 낮은 압력에서 고용량으로 이용된다. 최근 양호한 가동을 위한 중요하게 간주되는 설계변수 중 하나는 소위 "깡통속도 (can velocity)"라고 부르는 변수이다. **깡통속도**는 여과포 사이의 공간에서 집진기를 통해 상향하는 가스의 겉보기속도 (superficial gas velocity)로 정의된다. 만약 깡통속도가 너무 빠르다면, 여과포가 탈진충격을 받을 때 비산재는 분진퇴적함에 떨어지는 대신, 여과포 사이의 가스흐름과 동반할 것이며, 여과포에 다시 부착될 것이다. 깡통속도는 약 6 ft/s보다 느려야 한다. 여과포의 간격에 입각하여, 깡통속도가 너무 빠르지 않도록 설계 여과속도를 감소시켜야 할지 모른다. 다음 예제는 설계과정동안 일어나는 이와 같은 상호과정을 보여주고 있다.

예제 6.6 대형 화력발전소 보일러의 연도가스에서 석탄 비산재를 여과하기 위해 충격분출식 여과집진기를 설계하고 있다. 가스 유량은 1.4 million acfm이다 (1 atm, 360 ℉에서). 여과포의 직경은 5 in.이며 길이는 26 ft이다. 회사의 지침에 의하면, 여과포는 줄과 열 (row and column)을 맞추어 배열되어야 하고, 여과포 사이의 간격은 2 in.이며, 여과포의 외곽 줄과 집진실 (compartment)의 벽 사이의 간격은 6 in.이어야 한다. 또한 지침에 의하면, 집진실당 여과포의 수는 1,296개 (36×36)이다. 집진실의 수, 여과속도, 깡통속도를 구하고, 여과집진기의 종합치수들을 추정하라.

풀이 각 여과포는 다음과 같은 여과면적을 가지고 있다.

$$\pi\left(\frac{5}{12}\right)\text{ ft}\times 26\text{ ft} = 34.0\text{ ft}^2$$

처음에는 설계 여과속도를 4 ft/min로 설정하고 필요한 여과면적을 계산하라.

$$\frac{1.4\times 10^6\text{ cfm}}{4\text{ ft/min}} = 3.5\times 10^5\text{ ft}^2$$

여과포의 수는

$$\frac{3.5\times 10^5\text{ ft}^2}{34\text{ ft}^2/\text{bag}} = 10{,}294\text{ bag}$$

단위집진실당 1,296개의 여과포를 가지므로,

$$\frac{10{,}294\text{ bag}}{1{,}296\text{ bag}/\text{단위집진실}} = 8\text{개 단위집진실}$$

정사각형 단위집진실 한 변의 길이는

$$36\text{ bag}\times\frac{5}{12} + 35\text{간격}\times\frac{2}{12} + 2\text{간격}\times\frac{6}{12} = 21.8\text{ ft}$$

따라서 단위집진실의 바닥면적은

$$21.8\times 21.8 = 476\text{ ft}^2$$

여과포 구멍의 총 면적은

$$1{,}296\text{ bag}\times\frac{\pi(5/12)^2\text{ ft}^2}{4} = 177\text{ ft}^2$$

여과포 구멍사이의 순 면적은 $476-177=299\text{ ft}^2$이다. 따라서 깡통속도는

$$\frac{1.4\times 10^6\text{ cfm}}{8\text{집진실}}\times\frac{1}{299\text{ ft}^2} = 585\text{ ft/min 또는 10 ft/s 이다.}$$

이 값은 경험적 한계치 이상이다. 이를 해결하기 위해서는 더 많은 단위집진실과 여과포를 가져야 하고 여과속도를 줄여야 한다. 우리는 위의 과정을 반복해야 한다. 시행착오 과정을 거친 후, 결과는 14개 단위집진실이 필요하고, 이 경우 여과속도는 2.4 ft/min이고 깡통속도는 5.6 ft/s이다. 이 여과집진기의 종합치수는 폭 90 ft, 길이 180 ft, 높이 75 ft이다.

기타 고려사항

여과집진기 설계 시 고려할 주요 사항은 탈진방법, 여과재의 종류, 여과면적과 총 압력손실이다. 다른 중요한 고려사항들은 표 6.6에 제시하였다. 고온다습한 배출가스는 특히 겨울철에 문제가 된다. 여과재 위에 배출가스 중 수증기가 응축되어 분진층은 여과재의 공극을 빠르게 메우고 압력손실을 크게 증가시킨다.

여과집진기술에 있어서 혁신적 변화는 정전기적으로 먼지를 집진하고, 음파로 탈진하는 것이다. 정전기적 개선법은 각 여과포의 중심축 아래에 방전선을 두는 방식이다. 음파 탈진은 여과집진기 내부에 설치된 공기 경적으로부터 높은 데시벨의 저주파를 발생시키는 방법이다. 두 기술은 낮은 압력강하에서 집진효율을 증가시킨다.

비산재의 집진뿐만 아니라, 이산화황 가스를 동시에 제어하기 위해 건식세정장치 [석회 또는 $NaHCO_3$ (sodium bicarbonate)와 같은 분말 또는 슬러리 상태의 이산화황 흡착제를 분사시키는 장치]를 여과집진기에 연결시킨, 다양한 방법이 응용되고 있다. 또한 여과집진법은 병원폐기물 및 유해폐기물 소각로에서 배출되는 HCl을 처리하기 위해 설치된 건식세정장치에도 응용되고 있다.

표 6.6 여과집진설비 설계 시 고려사항

고려사항	내 용
온도와 습도	여과재별로 처리할 수 있는 최대 허용온도가 다르다. 한계온도 이상에서의 가동은 여과포를 급속히 퇴화시킨다. 저온은 산성가스를 응축시키고, 습윤분진에 의해 여과재 표면이 막힐 수 있다. 습윤분진은 분진퇴적함 위에 가교를 형성한다. 온도가 상승하면, 가스의 점도와 유량이 증가하며, 이로 인해 압력손실이 증가하게 된다.
기체의 화학적 성질	여과재에 따라 산이나 염기에 대한 내성이 다르다.
화재/폭발	어떤 여과재는 가연성이며, 어떤 먼지는 폭발성이다.
여과포의 배치	여과포의 배치는 여과집진기의 유지보수에 중요한 인자이다. 일직선으로 배치된 여과포는 밀집된 것보다 좋다. 여과포 몇 개씩 건너 그 사이에 걸어 다닐 수 있도록 공간을 확보하는 것도 훌륭한 투자방법이다. 여과포 사이에 몇 인치의 간격은 충분한 작업공간이 된다.
분진취급	분진제거속도 (질량과 용적), 운송장치 (압축공기 튜브나 나선형 운송장치), 퇴적함의 기울기 (분진은 중력에 의해 떨어져야 한다) 등이 고려되어야 한다.
송풍기의 위치	처리된 공기 쪽에 위치한 송풍기 (흡입 여과집진기)는 안전하게 유지되며, 후향날개형 송풍기는 효율적으로 이용될 수 있다. 그러나 이와 같은 방법은 완전히 밀폐되고 견고한 구조물을 요구한다.

수은 (Hg)은 석탄에서 자연적으로 방출된다. 수은은 0.02 이하에서 0.5 μg/g of coal까지 석탄 속에 함유되어 있으며, 또는 2 이하에서 50 lb Hg/trillion Btu까지 함유되어 있다 (Senior, 2005). 미국에서 공기 중 수은의 40%가 석탄연소로부터 배출되는데 [1999년에는 약 50 ton의 수은이 석탄연소에서 배출되었다 (U.S. EPA, 2009).], 연도가스 중 수은은 증기로서 원소형태로 존재하거나, 분진에 흡착되거나, 고형물질로서 산화된 형태로 존재한다. EPA와 여러 주정부는 신설 석탄화력발전소의 수은 배출에 관한 엄격한 규제를 시행하고 있다. 이 규정에는 수은의 80～90%까지 포집, 또는 0.0025～0.02 lb Hg/gWh (생산전력)까지 포집해야 한다는 내용을 담고 있다.

석탄화력발전소에서 수은 포획과 관련한 많은 연구가 과거 10년 동안 수행되었다 (Pavlish 등, 2003; Senior 등, 2005; ICAC n.d.). 앞에서 언급한 것처럼, 여과집진기 (활성탄 주입 유무와 관계없이)가 화력발전소에서 수은을 제어하기 위해 사용되고 있다. 활성탄 주입장치가 장착된 ESP 역시 수은 포획에 시험적으로 사용되고 있지만, ESP에는 여과집진보다 훨씬 많은 양의 활성탄을 주입해야 하므로 아직은 여과집진 성능과 비교할 수는 없다.

수은은 연도가스 탈황 (FGD: flue gas desulfurization) 습식세정기 속에서 어느 정도 제거된다. 일반적으로 FGD 세정기는 산화된 수은을 상당량 제거하지만, 원소 수은은 그렇게 많이 제거하지 못한다. 따라서 습식세정기를 이용한 종합적 수은제어는 수은이 연도가스 중 어떤 조성으로 존재하는지 (즉, 수은의 몇 %가 원소성이고 몇 %가 산화되었는지)에 달려 있다. 만약 석탄 중에 많은 염소 (Cl)를 함유하고 있다면, 수은의 대부분은 연도가스내에서 산화될 것이다. 또한 원소 수은은 선택적 촉매환원장치 (SCR: selective catalytic reduction unit) 속에서 산화되는 경향이 있다. 수은 화학종의 조성 (석탄 중 염소함량에 강한 상관성을 보이는)에 따라, 습식세정기는 연도가스 중 20～60%의 수은을 어디에서든 제거할 수 있다 (Senior, 2005). 포획되는 수은의 양이 얼마가 되든 FGD 세정기는 유용하며, 여과집진기에 대한 규제부담을 감소시킬 수 있다. 하지만 우리는 적절한 고효율로 수은을 안정적으로 제거하기 위해 FGD 세정기에만 의존할 수 없다. 이러한 이유로 많은 회사들은 믿을만한 수은포획 방안으로서 활성탄주입 (ACI: activated carbon injection)을 병행한 여과집진 방법에 관심을 쏟고 있다.

ACI 공정에서, 분말활성탄 (PAC: powdered activated carbon)이 여과집진기의 연도가스 상류지점에서 주입된다. 가스가 덕트 속을 흐르면서 일부 수은은 활성탄에 흡착된다. 또한 가스가 여과포에 쌓인 분진층을 통과하는 동안, 더 많은 수은이 여과포에 남아있는 활성탄에 흡착된다. 수은의 포획정도는 석탄의 종류, 석탄에 함유된 염소함량, 여과집진기 속의 가스온도, PAC의 주입속도 등에 의존한다. 그림 6.8은 석탄화력발전소에서 수은 제거효율과 관련하여 ESP와 여과집진기의 차이를 일반화한 그림이다. 습식세정기는 PAC 주입을 요구하지 않으므로 그림에 표시하지 않았다.

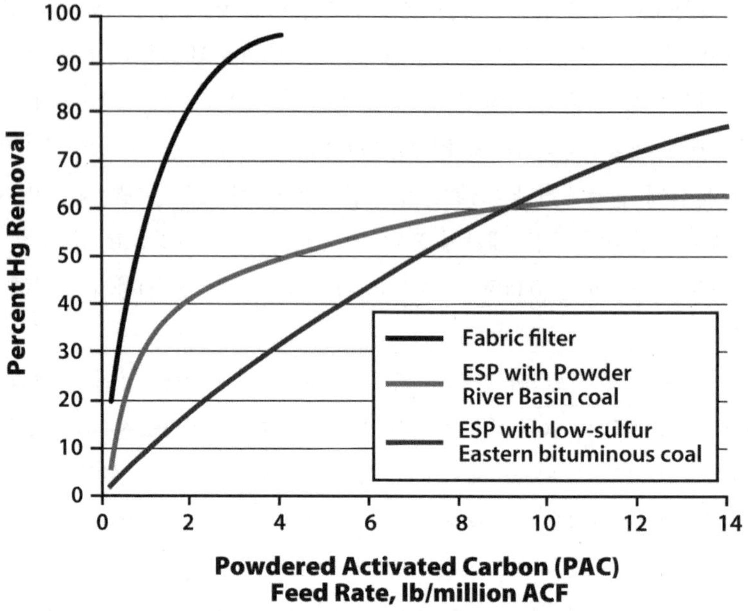

그림 6.8 분말활성탄의 주입속도 함수로 표현된 여과집진기와 ESP의 제거효율

6.4 가격

여과집진기의 연간 운영비와 설치비는 매우 비싸다. 감가상각과 이자손실로 인한 연간 자본비는 연간 운영비 (AOC: annual operating cost)의 약 35%이다; 송풍기 동력비는 AOC의 약 15%, 교체 여과포의 구입비는 약 15%, 운영과 유지에 필요한 임금은 약 35%이다 (Smith, 1974). 때때로 포집된 분진은 생산에 재활용되거나, 또는 다른 산업체에 판매될 수도 있다. 이와 같은 경우, 운영비 절감에 도움이 될 수 있다. 만약 분진이 재활용되지 않는다면 처리비용도 고려해야 한다. 만약 분진이 중금속과 같이 용출될 수 있는 유해물질을 함유하고 있다면, 막대한 비용이 소요될 수 있다.

대형 여과집진설비의 가격을 산정하기 위해서는 (예를 들어, 대형 석탄화력발전소에 설치된 설비로서), 우리는 독자에게 EPA의 소프트웨어 CUECost의 사용을 권하고 싶다 (2장을 참고하라). 소형설비에 대해서는, 여과집진기의 자본비는 총 여과면적에 기초하여 추정할 수 있다 (모든 N개의 단위집진실에 대한 면적). 또한, 이 비용은 탈진방법이 진동식, 역기류식, 충격분출식 등의 여부에 따라, 재질이 연강 (mild steel)인지 스테인리스강인지에 따라, 여과집진기가 흡입식인가 압력식인가에 따라, 그리고 단열 여부에 따라 다르다. 뿐만 아니라, 조립식 표준 여과집진기는 주문 설계된 장치보다 비용이 적게 든다. Turner 등 (1998)은 여과집진설비의 가격 (1998년 1월 달러기준)에 대해 다음과 같은 관계식을 개발하였다. 연강을 사용하고 비단열 상태인 여과집진기를 기준으로 삼았다.

$$\text{BBP} = a_1 + b_1\,\text{GCA} \tag{6.26}$$

여기서, BBP = 기본 여과집진장치의 가격 (여과포 제외), 1998년 달러기준

GCA = 총 여과면적, ft^2

a_1, b_1 = 상수 (표 6.7 참조)

$$\text{SSA} = a_2 + b_2\,\text{GCA} \tag{6.27}$$

여기서, SSA = 스테인리스강의 경우 추가액, 1998년 달러기준

a_2, b_2 = 상수 (표 6.7 참조)

$$\text{INS} = a_3 + b_3\,\text{GCA} \tag{6.28}$$

여기서, INS = 단열재 추가액, 1998년 달러기준

a_3, b_3 = 상수 (표 6.7 참조)

총 구입비 (P: total purchase price)는 여과집진기 가격에 여과포의 가격을 합한 것이다. 표 6.8과 6.9는 각종 여과포와 지지물의 가격정보를 보여주고 있다.

표 6.7 식 (6.26)~(6.28)에서 사용된 여과집진기의 가격상수값

가격상수[1]		여과집진기의 종류			
		진동식, 소형[2]	진동식, 대형[3]	역기류식[4]	충격분출식[5]
BBP	a_1	\$23,040	\$96,230	\$37,730	\$13,540
	b_1	\$5.79/ft^2	\$3.33/ft^2	\$4.62/ft^2	\$8.88/ft^2
SSA	a_2	\$13,970	\$51,280	\$26,220	\$1,811
	b_2	\$2.68/ft^2	\$1.43/ft^2	\$2.00/ft^2	\$4.25/ft^2
INS	a_3	\$6,295	\$26,330	\$13,010	−\$195
	b_3	\$1.23/ft^2	\$0.57/ft^2	\$0.89/ft^2	\$2.74/ft^2

1 모든 가격은 1998년 12월 기준이다. b_1의 모든 값은 총 여과면적을 기준으로 한다.
2 응용가능한 여과면적의 범위는 5,000~30,000 ft^2이다 (범위 밖 사용불가).
3 응용가능한 여과면적의 범위는 30,000~70,000 ft^2이다 (범위 밖 사용불가).
4 응용가능한 여과면적의 범위는 10,000~100,000 ft^2이다 (범위 밖 사용불가).
5 응용가능한 여과면적의 범위는 4,000~20,000 ft^2이다 (범위 밖 사용불가).
출처 : Turner, 1998.

장치인도가격 (DEC: delivered equipment cost)은 구입비보다 많다. 이는 구매자가 기자재비, 제어장치비, 세금, 운송비 등을 지불해야 하기 때문이다. 이러한 비용은 DEC의 18% 정도이다 (Neveril 등, 1978a,b). 즉,

$$\mathrm{DEC} = 1.18(\mathrm{P}) \tag{6.29}$$

또한, 직·간접 설치비는 대략 DEC와 같다. Turner 등 (1998)은 여과집진 설비에 대해 총 설치비 (TIC: total installed cost)는 DEC의 2.19배에 해당한다고 보고한 바 있다. 즉,

$$\mathrm{TIC} = 2.19\,\mathrm{DEC} \tag{6.30}$$

예제 6.7은 위에 서술한 수식의 사용법을 설명하고 있다.

표 6.8 여과포의 가격 ($\$/ft^2$, 1998년 달러기준) 출처 : Turner, 1998.

탈진방법	여과포 직경 (in.)	여과포 재질[a]									
		PE	PP	NO	HA	FG	CO	TF	P8	RT	NX
충격분출식, TR[b]	4(1/2)~5(1/8)	0.75	0.81	2.17	1.24	1.92	NA	12.21	4.06	2.87	20.66
	6~8	0.67	0.72	1.95	1.15	1.60	NA	9.70	3.85	2.62	NA
충격분출식, BR[b]	4(1/2)~5(1/8)	0.53	0.53	1.84	0.95	1.69	NA	12.92	3.60	2.42	16.67
	6~8	0.50	0.60	1.77	0.98	1.55	NA	9.00	3.51	2.30	NA
진동식, Strap top	5	0.63	0.88	1.61	1.03	NA	0.70	NA	NA	NA	NA
진동식, Loop top	5	0.61	1.01	1.53	1.04	NA	0.59	NA	NA	NA	NA
역기류식, ring	8	0.63	1.52	1.35	NA	1.14	NA	NA	NA	NA	NA
	11(1/2)	0.62	NA	1.43	NA	1.01	NA	NA	NA	NA	NA
역기류식, no ring	8	0.44	NA	1.39	NA	0.95	NA	NA	NA	NA	NA
	11(1/2)	0.44	NA	1.17	NA	0.75	NA	NA	NA	NA	NA

NA : 적용불가

a 여과포 재질

PE : 16 oz polyester
PP : 16 oz polypropylene
NO : 14 oz Nomex
HA : 16 oz homopolymer acrylic
FG : 16 oz 10% Teflon 함유한 유리섬유
CO : 9 oz 면
TF : 22 oz Teflon 모전 (felted)
P8 : 16 oz P84
RT : 16 oz Ryton
NX : 16 oz Nextel

b 탈진방법

TR : 여과포 상부 제거 (끼움방식 : top bag removal-snap in)
BR : 여과포 하부 제거 (bottom bag removal)

주의 : 진동식과 역기류식 여과집진기에서 모든 여과포는 "엮음(woven) 여과재"이다. 충격분출식 여과집진기에서 유리섬유 여과재를 제외한 모든 여과포는 "모전(felted) 여과재"이다. 제시된 모든 가격은 완성품 기준이며, 가격은 제조업체마다 다를 수 있다.

표 6.9 충격분출식 여과포 지지물 (cage)의 가격 ($/cage, 1998년 달러기준) 출처 : Turner 등, 1998.

재 질	4(1/2) in. x 8 ft cages	5(5/8) in. x 10 ft cages
연강 (mild steel)	$\$ = 4.26e^{0.0522A}$, 100개 기준	$\$ = 3.06A^{0.525}$, 100개 기준
	$\$ = 3.42e^{0.0593A}$, 500개 기준	$\$ = 2.52A^{0.569}$, 500개 기준
스테인리스강	$\$ = 4.85 + 1.57A$, 100개 기준	$\$ = 8.85 + 1.23A$, 100개 기준
	$\$ = 3.85 + 1.57A$, 500개 기준	$\$ = 8.85 + 1.23A$, 500개 기준

주의 : A : 단일 여과포의 면적, ft^2
벤튜리가 장착된 끼움방식은 cage당 연강은 $6.00, 스테인리스강은 $13.00을 추가해야 한다.

예제 6.7 예제 6.2의 여과집진기에 대해 1998년 달러기준으로 총 설치비 (TIC)를 계산하라. 이 여과집진기는 단열되지 않았고 연강으로 제작되었다. Strap top을 가진 폴리에스테르 여과포를 사용한다고 가정하라.

풀이

BBP	=	23,040 + 5.79(20,160)	=	$139,770
SSA	=			0
INS	=			0
총 계 :				$139,770
여과포	=	$\$0.63/ft^2 \times 20,160\ ft^2$	=	$ 12,700
P	=			$152,470
DEC	=	1.18 × $152,470		$179,916
TIC	=	2.19 × $179,916		$394,015

따라서 1998년 달러기준으로 총 설치비는 약 $400,000이다.

연습문제

6.1 아래의 실험자료를 이용하여 여과항력모델 (filter drag model)의 K_s와 K_e를 추정하라.

석회석 분진부하량 1.00 g/m^3

여과면적 1.00 m^2

처리가스량 0.80 m^3/min

시간(분)	5	10	15	20	25	30
여과재 ΔP, Pa	330	490	550	600	640	700

각각의 단위는 (Pa-min-m)/g와 (Pa-min)/m으로 나타내어라.

6.2 환경기사 「스미스」는 여과집진장치의 설계와 관련하여 여과포를 실험하고 있다. 온도 27 ℃, 유량 1.0 ft^3/min인 공기를 면적 0.5 ft^{2}의 여과재에 통과시켰다. 분진부하량은 3.0 grain/ft^{3}이었다. 스미스는 시간의 함수로 여과재의 압력손실 ΔP를 자동적으로 기록하기 위해 기록계를 설치가동시키고 실험실을 떠났다. 다시 돌아왔을 때, 스미스는 기록계가 부분적으로 오작동된 것을 발견하였고, 다음과 같은 세 가지 측정치만 기록되어 있었다. 스미스의 상사가 결과를 재촉하므로 다시 실험할 수는 없었다. 이 경우에 대해 여과항력모델을 구하라 (K_s와 K_e의 단위와 수치).

자 료	
시간, hr	ΔP, kPa
0	1.0
1.0	3.0
2.0	4.0

6.3 여과집진기에서 가스온도의 증가는 압력손실에 어떤 영향을 미치는가? 분진의 질량속도와 몰속도는 일정하다고 가정하라.

6.4 문제 6.1의 자료를 사용하여, 1.50 g/m^{3}의 석회석 분진을 2,000 m^3/min의 유속으로 처리하기 위한 진동식 여과집진기를 설계하라. 단위집진실당 탈진시간은 3분이고, ΔP_m은 2,000 Pa로 가정한다. 여과속도, 집진실의 수, 집진실당 여과포면적, 여과시간 t_f를 각각 계산하라.

6.5 $K_e = 0.577$ in. H_2O-min/ft, $K_s = 0.00986$ in. H_2O-min-ft/gr일 때, 밀가루 2.5 gr/ft^{3}를 함유한 20,000 cfm의 가스를 처리하기 위한 역기류식 여과집진기를 설계하라. 여과시간은 60분, 탈진시간은 3분으로 가정하라. 집진기를 설계할 때, 집진실의 수, 여과속도, 집진실당 여과

포의 면적을 구하고, 각 여과포의 직경이 1 ft, 길이가 10 ft일 때, 요구되는 총 여과포의 개수를 계산하라. 또한, 가동 중 나타날 수 있는 최대 압력손실을 계산하라.

6.6 (a) 암모니아를 함유한 180 °F의 처리가스와 (b) SO_2를 함유한 250 °F의 처리가스로부터 분진을 여과시키기에 가장 적절한 여과재는 무엇인가?

6.7 문제 6.5의 처리가스에 대하여, 충격분출식 집진기를 설계하였다. 각 여과포의 직경이 6 in., 길이가 8 ft일 때 요구되는 여과포의 개수를 계산하라.

6.8 문제 6.7의 여과집진기에서, 압축력 (compressor power)을 계산하라. 충격분출공기와 여과된 공기의 비율은 0.6%로 가정한다. 평균압력손실 (ΔP)을 4.0 in. H_2O, 송풍기의 효율 60%로 가정할 때, 여과집진기의 송풍동력을 계산하라.

6.9 공기의 점도가 0.05 lb_m/ft-hr, 먼지층의 평균밀도가 12.0 kg/m^{3}일 때, 문제 6.5의 분진에 대해 투과력을 추정하라.

6.10 문제 6.5에 대하여 K_e'와 K_s'의 값을 SI의 단위로 구하라.

6.11 시멘트 공장에는 충격분출식 여과집진기가 적합하다. 3.0 g/m^{3}의 분진을 함유한 500 m^3/min의 가스를 처리하기 위해 필요한 여과포의 개수를 계산하라. 각 여과포는 길이 3.0 m, 직경 0.13 m이다. 평균압력손실이 1.0 kPa이고 주 송풍기의 효율이 60%일 때, 송풍동력 (kW)을 계산하라. 충격공기의 유량이 여과 공기량의 0.5%이고 충격공기압이 6.0 atm일 때, 50% 효율의 압축기에 대한 동력을 kW로 계산하라.

6.12 단열이 되며, 연강 재질로 제작된 역기류식 여과집진기의 총 설치비 (TIC)를 1998년 달러기준으로 계산하라. 여과집진기는 8,000 ft^{2}의 여과면적을 가지고 있으며 11개의 단위집진실로 구성되어 있다. 또한 고리 (ring)가 달린 8 in. 유리섬유 여과포를 가지고 있다.

6.13 문제 6.11의 여과집진기의 총 설치비를 1998년 달러기준으로 계산하라. 이 집진기는 비단열이며 연강재질이고, 6 in. Nomex 여과포를 사용하고 있다. 여과포는 위에서 지지대에 끼울 수 있다. 또한 벤튜리가 장착되어 있다.

6.14 문제 6.4의 여과집진기의 총 설치비를 1998년 달러기준으로 계산하라. 이 집진기는 단열이 되며 연강으로 제작되었다. 또한, 집진기는 loop top의 폴리프로필렌 재질의 여과포를 사용한다.

6.15 어떤 모형 여과집진기가 아래의 여과항력모델에 따르고 있다.

$$S = K_e + K_s W$$

여기서,

$$K_e = 0.50 \frac{\text{in. } H_2O}{\text{ft/min}} \qquad K_s = 0.001 \frac{\text{in. } H_2O\text{-ft-min}}{\text{gr}}$$

(a) 공기/여과재 비 (air-to-cloth ratio)가 3.0 ft/min이고, 30 gr/ft^{3}의 분진을 함유한 가스를 30분 동안 처리했을 때, 실규모 (full-scale) 여과집진기의 압력손실을 추정하라.

(b) 각 여과포의 직경이 1 ft이고, 길이가 15 ft이다. 이 여과집진기로 100,000 acfm의 가스를 처리하기 위해 요구되는 여과포의 개수를 계산하라.

6.16 어떤 제조공장에서 배출물의 93%를 제거하기 위해 제어장치를 설치하고자 한다. 분진은 아래와 같은 크기분포를 갖는다.

크기영역, μm	무게, %
0 ~ 2	20
2 ~ 10	20
10 ~ 20	10
20 ~ 40	25
40 ~ 70	15
> 70	10

총 공기량은 1 atm, 90 °F에서 10,000 cfm이다. 분진부하량은 50 gr/ft^{3}이고, 분진의 밀도는 물과 같다.

(a) 위의 자료를 기초로 하여, 이 문제를 경제적으로 해결할 수 있는 제어장치를 추천하고 이유를 설명하라.

(b) 당신이 추천한 제어설비에 대하여, 주요장치의 크기를 예비설계하라 (주의 : 이것은 정밀설계가 아니므로, 필요하다면 적당한 가설을 세워라).

주의

1. 만약, 제어장치에 원심력집진기 (cyclone)가 포함되어 있다면, cyclone의 직경을 구체적으로 제시하고 집진효율과 압력손실을 추정하라.
2. 만약, 제어장치에 전기집진기 (ESP)가 포함되어 있다면, 집진효율과 총 집진판의 면적을 구하라.
3. 만약, 제어장치에 여과집진기가 포함되어 있다면, 문제 6.15의 K_s와 K_e를 사용하여 여과집진기의 종류, 여과속도, 여과포의 면적을 구하고, 압력손실을 추정하라.
4. 덕트 (duct)의 압력손실 (ΔP)이 2.0 in. H_2O라고 가정하고, 당신의 제어장치에 요구되는 송풍기의 크기 (hp)를 추정하라.
5. 이 문제에서 비용은 산출하지 마라.

6.17 공기유량 50,000 acfm으로 비누가루를 처리하기 위해 진동식 여과집진기를 사용하였을 때, 설계 여과속도를 구하라. 단위집진실의 수를 구하라. 또한 단위집진실 하나가 탈진공정에 들어가고 나머지는 정상가동되고 있을 때, 평균여과속도를 계산하라.

6.18 석회석 분진이 섞인 가스가 1,200 m^3/min으로 충격분출식 여과집진기에서 처리될 때, 필요한 여과포의 수를 계산하라. 여과포의 길이는 12 ft이고 직경은 8 in.이다.

6.19 실험자료에 의하면, $L=5$ g/m^3이고, $V=1$ m/min이다. 역기류식 여과집진기가 설계되고 있다. 여과집진기는 오염공기 1,000 m^3/min을 처리하며 3개의 단위집진실로 구성되어 있고, 각 집진실당 약 500 m^2의 면적을 가지고 있다. 80분간의 여과시간 동안, 최대 허용압력손실을 구하라. 각 단위집진실은 4분만에 탈진되고 다시 운전에 참여할 수 있다.

실험자료	
시간, 분	ΔP, Pa
0	100
5	350
10	460
20	600
30	680
40	825
60	1000

6.20 300,000 acfm의 가스를 배출하는 발전소에서 비산재를 제거하기 위해 역기류식 여과집진기를 설치하려 한다. 배출가스의 온도는 300 °F이고 SO_2 가스를 상당량 함유하고 있다.
(a) 여과포의 재질을 명시하라.
(b) 겉보기 여과속도 (superficial filtering velocity)를 ft/min 단위로 계산하라.
(c) 단위집진실의 수를 계산하라.
(d) 단위집진실당 여과면적을 ft^2 단위로 계산하라.

6.21 20,000 acfm (77 °F, 1 atm)의 가스를 배출하는 상업용「토틸라」(tortilla : 옥수수 밀떡) 제조공장에서 분진을 제거하기 위해 충격분출식 여과집진기를 설치하려 한다.
(a) 여과포의 길이가 10 ft이고 직경이 8 in.일 때, 여과포의 수를 계산하라.
(b) 충격분출 공기가 110 psig로 공급된다면, 압축기 동력을 kW 단위로 계산하라. 사용된 분출공기의 유량은 여과된 공기의 0.6%이고 압축기는 50%의 효율을 갖는다.
(c) 평균 압력강하가 6 in. H_2O일 때, 필요한 송풍동력을 kW 단위로 계산하라. 송풍기는 70% 효율을 갖는다.

6.22 가축사료공장의 건조기로부터 옥수수 가루를 제거하기 위해 진동식 여과집진기를 사용하고자 한다. 공기는 220 °F, 1 atm에서 145,000 acfm의 유량을 갖는다. 다음을 계산하라.

(a) 여과포의 재질을 결정하라.

(b) 겉보기 여과속도 (ft/min 단위).

(c) 단위집진실의 수

(d) 단위집진실당 여과면적 (ft^2 단위).

6.23 24,000 acfm (77 °F, 1 atm)의 가스를 배출하는 설탕 정제공장에서 분진을 제거하기 위해 사이클론 다음에 충격식 여과집진기를 설치하려 한다.

(a) Lapple식 일반형 표준사이클론을 가정하라. 이때 유입속도 6,000 ft/min를 얻기 위해 요구되는 사이클론의 몸통직경을 계산하라.

(b) 사이클론의 평균 압력강하가 4 in. H_2O, 덕트에서의 압력강하가 2 in. H_2O, 여과집진기에서의 압력강하가 6 in. H_2O일 때, 송풍동력을 hp 단위로 계산하라. 일반적 송풍효율을 가정하라.

(c) 전기사용량에 입각하여 송풍기의 하루 운영비를 계산하라 (전기료는 $0.09/kWh).

(d) 충격분출식 여과집진기에서 사용하는 압축기의 가동비를 계산하라. 분출공기와 여과된 공기의 비율이 0.008이고 압축기의 공기압이 105 psig이다.

6.24 벽체 (wallboard) 제조공장에서 석고먼지를 125,000 acfm의 유속으로 제거하기 위해 진동식 여과집진기를 설치하려 한다. 배출가스의 온도는 175 °F이며, 다량의 SO_2 가스를 함유하고 있다. (a) 여과포의 재질, (b) 겉보기 여과속도 (ft/min 단위), (c) 단위집진실의 수, (d) 총 여과포의 수를 계산하라. 각 여과포는 35 ft^2의 여과면적을 가지고 있다. 각 집진실별로 여과포를 알맞게 배열하여야 한다.

6.25 문제 6.24와 동일한 유체에 대하여 충격분출식 여과집진기를 고려하라. 여과포당 여과면적을 35 ft^2로 가정하라. 필요한 여과포의 수는?

6.26 예제 6.64의 발전소 연도가스에 대하여, 60%의 수은 제거효율을 얻고자 할 경우, 활성탄의 하루 주입량을 계산하라. (a) 여과집진기를 사용할 경우, (b) ESP를 사용할 경우에 대해 각각 lb/day 단위로 계산하라. PRB (Powder River Basin) 석탄을 사용한다고 가정하라.

참고문헌

Bakke, E. "Optimizing Filtration Parameters", Journal of the Air Pollution Control Association, 24(12), December 1974.

Belba, V.H., Grubb, W.T., and Chang, R. "The Potential of Pulse−Jet Bag-houses for Utility Boilers−Part I: A Worldwide Survey of Users," Journal of the Air and Waste Management Association, 42(2) February 1992, p.209.

Bounicore, A.J., and Davis, W.T., Eds. *Air Pollution Engineering Manual*, New York: Van Nostrand Reinhold, 1992.

Crawford, M. *Air Pollution Control Theory*. New York : McGraw-Hill, 1976.

Cushing, K.M., Merritt, R.L., and Chang, R.L. "Operating History and Current Status of Fabric Filters in the Utility Industry," Journal of the Air and Waste Management Association, 40(7), July 1990, p.1051.

Danielson, J.A., Ed. *Air Pollution Engineering Manual* (*2nd ed*), AP-40. Washington, DC: U.S. Environmental Protection Agency, May 1973.

Dennis, R., and Klemm, H. "Modeling Coal Fly Ash Filtration With Glass Fabrics", Third Symposium on Fabric Filters for Particulate Collection, EPA-600/7-78-087. Washington, D.C. : U.S. Environmental Protection Agency, June 1978.

Filtration Industry Analyst. Vol. 6(2), February 2006. Accessed November 2009 from www.sciencedirect.com

Institute of Clean Air Companies (ICAC). "Sorbent Injection Technology for Control of Mercury Emissions from Coal-Fired Boiler." nd. Accessed November 2009 from http://www.icac.com/files/public/ICAC_Sorbent_Injection_Fact_Sheet_051506.pdf.

Kraus, M.N. "Baghouses : Separating and Collecting Industrial Dusts", Chemical Engineering, 86(8), April 9, 1979.

Leith, D., and Ellenbecker, M.J. "Theory for Pressure Drop in a Pulse-jet Cleaned Fabric Filter", Atmospheric Environment, 14(7), 1980.

Leith, D., and First, M.W. "Pressure Drop in a Pulse-jet Fabric Filter", Filtration, September 14, 1977.

Leith, D., Gibson, D.D., and First, M.W. "Performance of Top and Bottom Inlet Pulse Jet Fabric Filters", Journal of the Air Pollution Control Association, 28(7), July 1978.

Leutbecher, A.C. "Australian Experience, Filtration of Fly ash from Very Low Sulfur Coals", in Third Symposium on Fabric Filters for Particulate Collection, EPA-600/7-78-087. Washington, DC: U.S. Environmental Protection Agency, 1978.

McIlvaine, R.W. "Market Trends for Air Pollution Control Equipment", Journal of the Air Pollution Control Association, 33(3), March 1983.

Neveril, R.B., Price, J.U., and Engdahl, K.L. "Capital and Operating Costs of Selected Air Pollution Control Systems−I", Journal of the Air Pollution Control Association, 28(8), August 1978a.

Neveril, R.B., Price, J.U., and Engdahl, K.L. "Capital and Operating Costs of Selected Air Pollution Control Systems−V", Journal of the Air Pollution Control Association, 28(12), December 1978b.

Pavlish, J.H., Sondreal, E.A., Mann, M.D., Olson, E.S., Galbreath, K.C., Laudal, D.L., and Benson, S.A. "Status Review of Mercury Control Options for Coal-Fired Power Plants," Fuel Processing Technology, 82, 2003, pp 89-165.

Senior, C. Tutorial: Mercury Chemistry in Boilers and Mercury Control Technology (Part 1), a paper presented at the 30th International Conference on Coal Utilization and Fuel Systems, Clearwater, Florida, April 2005.

Senior, C., Bustard, J.B., Durham, M., Baldrey, K., and Michaud, D. "Characterization of Fly Ash from Full-Scale Demonstration of Sorbent Injection for Mercury Control on Coal-Fired Power Plants," Fuel Processing Technology, 84, 2005, pp.601-612.

Smith, G.L., "Engineering and Economic Considerations in Fabric Filtration", Journal of Air Pollution Control Association, 24(12), December 1974.

Theodore, L., and Buonicore, A.J. *Industrial Air Pollution Control Equipment for Particulates*. Cleveland, OH : CBS Press, 1976.

Turner, J.H. New pathways for Fabric Filtration, a paper presented at the Florida Section of the Air Pollution Control Association Annual Meeting, Palm Coast, FL, September 1981.

Turner, J.H., McKenna, J.D., Mycock, J.C., Nunn, A.B., and Vatavuk, W.M., "Chapter 5-Fabric Filters" in *OAQPS Control Cost Manual (5th ed.)* EPA-453/B-96-001, U.S. EPA, Research Triangle Park, NC, December 1998.

Turner, J.H., Viner, A.S., Mckenna, J.D., Jenkins, R.E., and Vatavuk, W.M. "Sizing and Costing of Fabric Filters－Part Ⅰ : Sizing Consideration," Journal of Air Pollution Control Association, 37(6), June 1987(a), p.749.

Turner, J.H., Viner, A.S., McKenna, J.D., Jenkins, R.E., and Vatavuk, W.M. "Sizing and Costing of Fabric Filters－Part Ⅱ : Costing Considerations," Journal of the Air Pollution Control Association, 37(9), September 1987(b), p.1105.

U.S. Environmental Protection Agency. *Operation and Maintenance Manual for Fabric Filters*, EPA-625/1-86-020, Research Triangle Park, NC, June 1986.

U.S. Environmental Protection Agency. "Controlling Power Plant Emissions," November 2009. Accessed November 2009 from http://www.epa.gov/mercury/control_emissions/index.htm

Chapter

07 세정집진기

A agoa tudo lava
(물은 모든 것을 씻는다).

옛 포르투갈 속담

7.1 머리말

훈연 (fume), 박무 (mist), 부유분진의 습식 제진장치를 세정기 (scrubber)라 부른다. 이러한 종류의 오염방지장치는 액체 (일반적으로 물)와 직접적인 접촉에 의해 분진입자를 제거한다. 세정기는 상업적으로 다양하게 설계될 수 있다. 세정기는 사용되는 액체와의 접촉기전에 따라 분류할 수 있으며, 또한 세정기는 세정에 필요한 에너지 공급방법에 따라 저, 중, 고-에너지 단위로 분류할 수도 있다. 동력소비량은 압력손실 (in. H_2O, cm H_2O), 또는 접촉력 (hp/cfm, kWh/m^3)으로 표현한다. 접촉력을 나타내는 가장 일반적인 단위는 hp/1,000 cfm 혹은 kWh/1,000 m^3이다. 액체의 순환속도는 1,000 ft^3당 gal (1 gal/1,000 ft^3 = 0.134 L/m^3)으로 표시된다. 본 장에서는 자주 사용되는 세정기 설계에 대해 간략하게 설명하고, 일반적인 가동조건에 대해 논의하고자 한다.

살수탑 세정기 (Spray-Chamber Scrubber)

살수탑 세정기에서는, 분진을 함유한 공기가 원통형이나 직사각형의 탑을 통과하고, 여기서 살수 노즐 (nozzle)에 의해 생성된 액적과 접촉한다. 액적 (liquid droplet)의 크기는 분진과의 접촉을 최적화하고, 공기흐름으로부터 쉽게 액적을 분리할 수 있도록 제어된다. 그림 7.1은 향류 (counter current)와 교차류 (cross flow)의 가스 - 액체 (기액) 접촉방식을 이용한 살수탑을 보여주고 있다. 차단막 (baffle)은 기액접촉을 향상시키기 위해 사용된다.

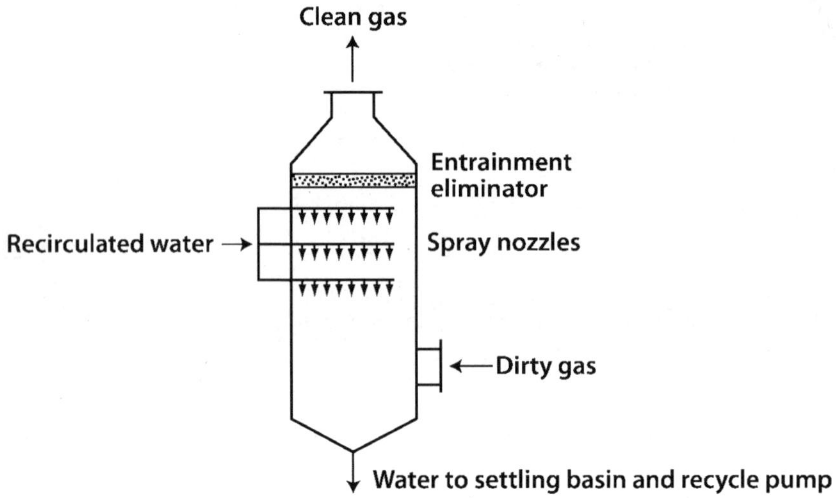

(a) 수직살수탑 (향류)

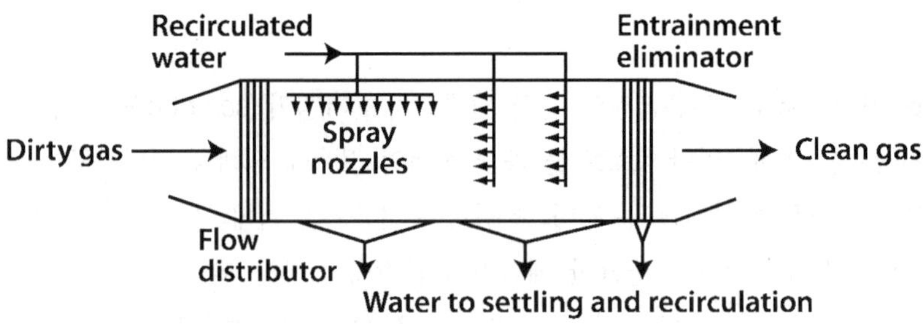

(b) 수평살수탑 (교차류)

그림 7.1 대표적 살수탑

필요한 세정액의 양은 일반적으로 10∼20 gal/1,000 ft^3이고, 적절한 액적의 크기는 압력 35∼50 psi의 살수노즐에서 얻을 수 있다. 원추형 살수노즐이 가장 효과적이다. 흡진액을 재순환할 때는 노즐이 막히는 것을 방지하기 위해 흡진액 내에 부유하는 분진을 충분히 침전시키거나 여과시켜 사용해야 한다. 노즐의 청소와 교체는 살수탑 유지보수 중 가장 중요한 부분이다.

살수탑은 입경이 8 μm 이상 되는 분진에 대해 90% 효율을 갖는다. 살수탑은 종이타월 제조과정에서 발생되는 종이먼지, 유리섬유 공장에서의 발생되는 라텍스 분진 등, 다양한 생산분야에서 효율적으로 사용되고 있다. 유리섬유 생산공정에서는 심각한 재비산 현상을 방지하기 위해 재순환수의 부유분진농도를 1,500 mg/L 이하로 유지할 필요가 있다.

살수탑의 동력소비량은 작으며, 일반적으로 3~6 ft/s의 유속에서 1~4 in. H_2O 또는 0.5~2 hp/1,000 cfm 범위의 비교적 낮은 압력손실 ΔP에서 운영된다.

원심력 살수탑 (Cyclone Spray Chambers)

그림 7.2와 같이, 일반 살수탑을 변형하여 처리가스를 접선 유입시켜 집진효율을 향상시킬 수 있으며, 이때 가스속도는 더욱 빨라진다. 부가된 원심력은 액적분리를 향상시키고 세정액을 더욱 미세하게 만들 수 있기 때문에, 집진효율이 향상된다. 원심력 살수세정기는 100~200 ft/s의 유입속도와 10 ft/s의 표면가스속도에서, 5 μm 이상이 되는 분진에 대해 95%의 집진효율을 갖는다. 원심력 살수탑에서 흡진액의 재순환량은 일반적으로 2~10 gal/1,000 ft^3의 범위이다. 압력손실은 동력사용량이 1~3.5 hp/1,000 cfm일 때 4~8 in. H_2O이다.

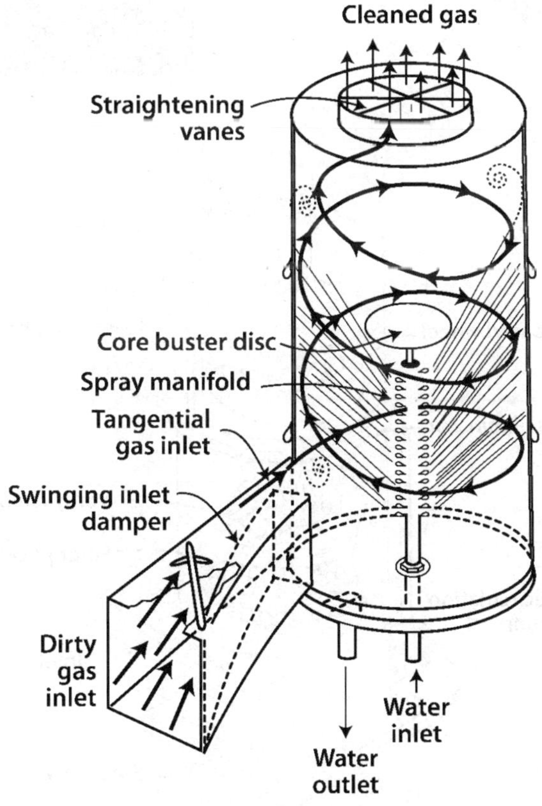

그림 7.2 원심력 살수탑

출처 : Air Pollution Engineering Manual, 2000.

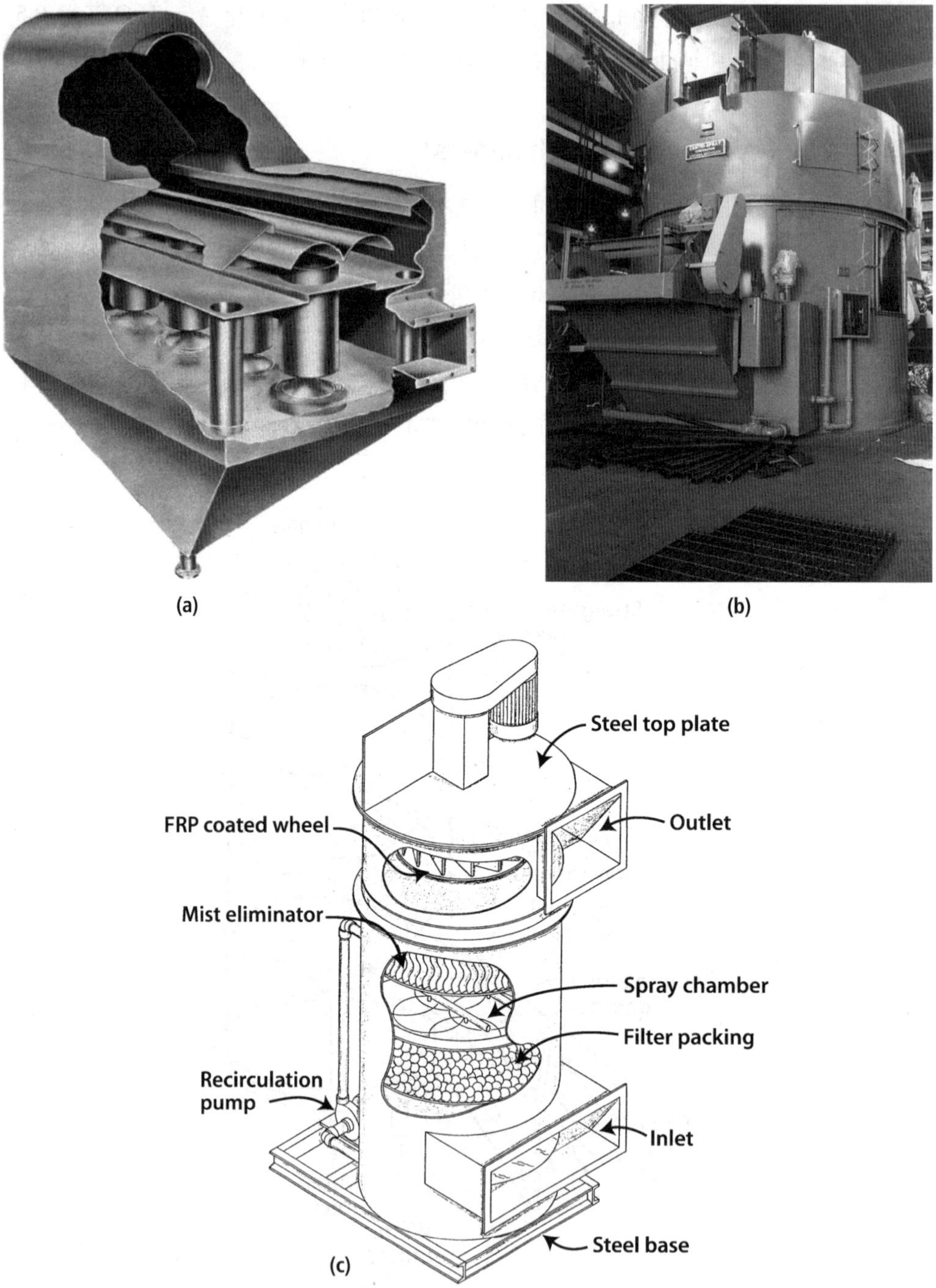

그림 7.3 오리피스 세정기와 충돌세정기; (a) 오리피스 세정기, (b) 충돌세정기, (c) 충진판 충돌세정기 (packed tray impingement).

출처 : (a) Turner Envirologic, Inc., Deerfield Beach, FL. (b) Centri-Stray Corporation, Livonia, MI (c) Midwest Air Products Company, Owosso, MI.

오리피스와 습식충돌 세정기 (Orifice and Wet Impingement Scrubbers)

그림 7.3은 오리피스 세정기와 두 개의 충돌세정기를 도식한 것이다. 오리피스 세정기는 '자기유도 살수세정기 (self-induced spray scrubber)' 또는 '가스분무 살수세정기 (gas atomized spray scrubber)'라고도 불린다. 이들 세정기에서는 기액 혼합물이 고체표면위에서 충돌하게 된다. 오리피스 세정기에서는 처리가스가 세정액 표면에 충돌한 후, 연속적으로 설치된 차단막 (baffle)에 충돌한다. 충돌세정기에서는 기액혼합물이 세정액과 거품으로 덮인 기공판상 (perforated tray)을 통과한 후, 구멍 위의 조그만 막에 충돌하게 된다.

오리피스 세정기의 장점으로는 세정액의 재순환량 (주로 증발에 의한 손실을 보충)이 약 0.5 gal/1,000 ft^3 정도로 적다. 충돌속도를 높이기 위해, 제작자들은 조절가능한 오리피스가 장착된 세정기를 제작하고 있다. 오리피스의 크기 조절은 세정기 유입구에 설치된 가변형 원추에 의해 이루어진다. 일반적으로 기액 접촉력이 2~4 hp/1,000 cfm일 때, 압력손실의 범위는 8~12 in. H_2O이다.

충돌세정기 또는 기공판상 세정기는 오리피스 세정기와 같은 압력손실 범위에서 가동된다. 세정액의 양은 접촉동력이 2~5 hp/1,000 cfm일 경우, 보통 2~3 gal/1,000 ft^3 범위이다. 입경 5 μm 분진에 대한 제진효율은 97%이다. 충돌세정기를 변형한 설계장치 중의 하나는 기공판상 위에 탁구공 모양의 플라스틱 구를 깔고 사용하는 것이다. 이들 플라스틱 공들은 부분적으로 유동화 하며, 공들 간의 마모작용으로 부착된 입자상 물질이 떨어져 나간다. 석회 소성로 또는 화학물질회수 보일러 등에 성공적으로 사용되고 있다.

벤튜리 및 벤튜리-제트 세정기 (Venturi and Venturi Jet Scrubbers)

습식세정기의 효율은 세정액적과 부유분진 사이의 상대속도에 따라 달라지며, 이 내용은 7.2절에서 설명될 것이다. 벤튜리 세정기에서는, 처리가스가 150~500 ft/s로 통과하고 있는 벤튜리 목부 (throat)의 낮은 압력에서 물을 분사하여 빠른 상대속도를 얻을 수 있다. 그림 7.4의 벤튜리 세정기는 입경이 0.5 μm 이상인 분진에 대해 약 98% 이상의 제진효율을 갖는다. 요구되는 동력은 세정액의 재순환속도가 3~15 gal/1,000 ft^3일 때, 3~12 hp/1,000 cfm의 범위이다. 벤튜리 세정기는 설계가 간단하고 설치와 유지가 쉬운 장점을 가지고 있으나, 압력손실이 크다는 단점이 있다.

벤튜리 - 제트 세정기는 벤튜리 세정기를 변형한 세정기로서, 세정액을 벤튜리의 목부에 고속으로 분사시켜, 2~4 in. H_2O의 압력차를 유발시킨다. 노즐의 압력손실이 50~150 psig일 경우, 30~80 gal/1,000 ft^3 범위의 세정액이 사용된다. 입경이 1.0 μm인 분진에 대해 제진효율은 92%이다.

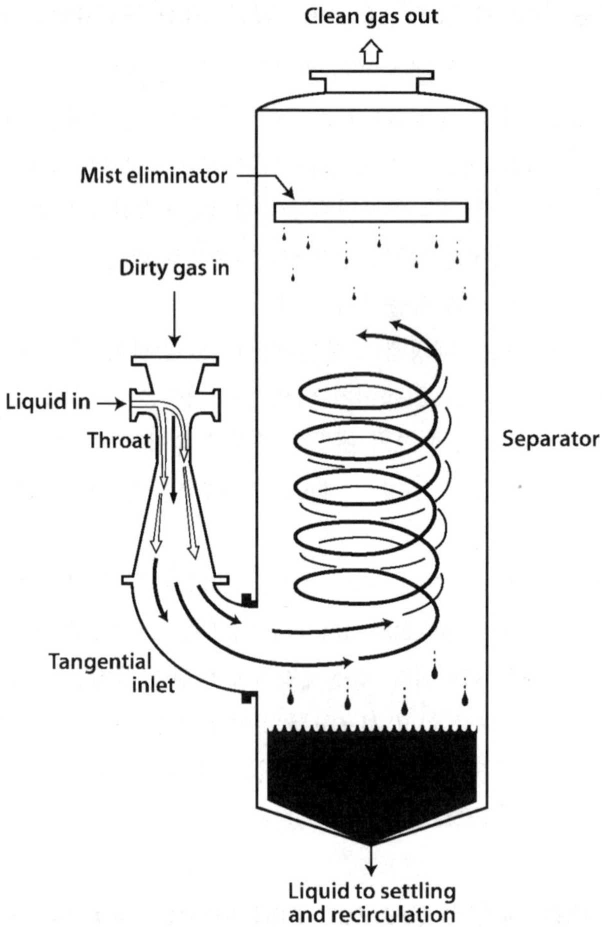

그림 7.4 사이클론 분리기가 장착된 벤튜리 세정기

기타 장치

최근 습식세정기술은 상당히 발전하였다. Tri-Mer 회사는 미세분진과 가스상 물질을 동시에 포집할 수 있는 "구름방 세정기 (CCS: Cloud Chamber Scrubber)"를 개발하였다. 이 기술은 정전기적으로 하전된 액적을 포획자 (collector)로 사용하는데, 이 액적은 1 마이크론 이하의 분진을 효율적으로 포집한다. 구름방 세정기는 10,000~15,000 volt의 전압을 사용하지만, 극히 낮은 전류를 사용한다. 따라서 전력소모는 1~10 W/1,000 cfm 정도이다 (Moss, 2009). 장치 내 고밀도와 체류시간을 갖는 미세한 액적 때문에, 분진 및 수용성 가스에 대해 극히 높은 제거효율을 얻을 수 있다. 그림 7.5는 CCS의 모형도이다. 이 설비는 광범위한 유량, 분진부하량, 가스 온도에서 다양한 분진과 가스상 오염물질을 처리할 수 있다. 또한 이와 같은 개방형 설계장치의 압력손실은 기본적으로 매우 낮다 (2 in. H_2O 이하).

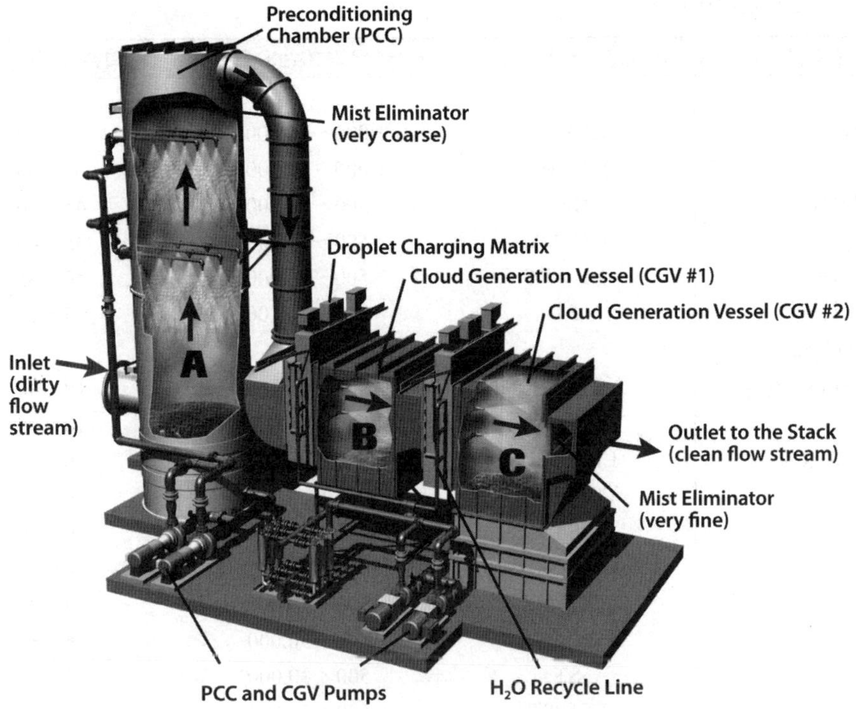

그림 7.5 Tri-Mer 회사의 구름방 세정기 (Cloud Chamber Scrubber).
출처 : Tri-Mer Corporation, Owosso, MI.

일반 습식세정기의 응용

지금까지 우리는 몇몇 세정기의 설계를 공부하였기 때문에, 세정장치의 다양한 응용에 대해 살펴볼 필요가 있다. 표 7.1은 일부 산업공정에서 사용되고 있는 세정장치들의 통상적인 가동조건을 나열한 한 것이다.

습식세정기의 장점과 단점

특정 배출문제를 해결하기 위해 대기오염 방지장치를 선택할 때 각 장치들의 장점과 단점을 고려해야 한다. 습식세정기의 장점과 단점은 아래와 같다.

습식세정기의 장점

1. 가연성, 폭발성 먼지를 위험 없이 처리할 수 있다.
2. 단일장치에서 가스흡수와 분진포집이 동시에 가능하다.
3. 박무 (mist)를 처리할 수 있다.
4. 고온가스를 냉각시킬 수 있다.

표 7.1 전형적인 습식세정장치의 응용

오염원	세정기의 종류	유량 (acfm)	압력손실 (in. H_2O)
소각로			
유해폐기물	HEV/PT	1,000~100,000	45~50
	F/C MV	1,000~100,000	35~45
병원폐기물	HEV	500~50,000	45~50
	F/C MV	500~50,000	35~40
액상폐기물	HEV/PT	500~40,000	40~45
기상폐기물	PT	100~100,000	5~15
펄프/제지산업			
석회 슬러지 킬른	MEV 또는	2,000~100,000	18~30
	PAV	2,000~60,000	10~15
석회 소화장치	LEV 또는	500~20,000	6~12
	FBS 또는	500~20,000	6~8
	ST	500~20,000	6~10
용해조	LEV 또는	500~30,000	8~16
	MP 또는	500~30,000	4~8
	FBS 또는	500~30,000	6~8
	ST	500~30,000	4~8
	LEV/PT	500~30,000	10~20
표백설비	PT 또는	1,000~60,000	6~10
	FBS	1,000~60,000	6~8
BRN. Stock Washer	PT 또는	1,000~60,000	6~8
	CS 또는	1,000~60,000	8~10
	FBS	1,000~60,000	6~8
화공산업			
용해성 가스	PT 또는	50~60,000	3~20
	FBS 또는	50~60,000	6~12
	WF	50~60,000	3~10
먼지	LEV 또는 PAV	50~60,000	6~20
	FBS	50~60,000	6~12

주의 : CS = 원심력 살수세정기 (cyclonic spray scrubber)
F/C MV = 연도가스 응축, 다중 벤튜리 (flue-gas condensation, multiple-throat venturi)
FBS = 유동상 세정기 (fluidized-bed scrubber)
HEV = 고-에너지형 벤튜리 (high-energy venturi)
LEV = 저-에너지형 벤튜리 (low-energy venturi)
MEV = 중-에너지형 벤튜리 (medium-energy venturi)
MP = mesh pad
PAV = pump-aided venturi
PT = 충진탑 (packed tower)
ST = 살수탑 (spray tower)
WF = 습식여과장치 (wetted filter)

출처 : Buonicore and Davis, 1992.

5. 집진효율이 다양하다.
6. 부식성 가스와 먼지를 중화시킬 수 있다.

습식세정기의 단점

1. 부식 잠재성이 크다.
2. 유출수가 수질오염문제를 일으킬 수 있다.
3. 냉각의 방지: 가시적 연기배출을 막기 위해 배출가스를 재가열 할 수도 있다.
4. 집진된 분진은 오염될 수 있고, 회수하기 어렵다.
5. 폐기물 슬러지의 처리비용이 비싸다.

7.2 이론과 설계 시 고려사항

관성충돌 (inertial impaction)에 의한 집진기구 (mechanism)는 제 3장에서 논의하였다. 분진의 세정액적 표면에의 관성충돌은 대부분 산업용 습식세정기의 핵심기구이다. Noll (1999)에 의해 언급된 것처럼, 분진의 입경이 0.1 μm 이하인 미세입자에 대해서는 브라운 확산 (Brownian diffusion)이 관성충돌보다 더욱 중요한 기구이다. 확산은 분진과 액적과의 접촉을 증가시키며 집진효율을 증가시킨다. Noll의 결과에 의하면, 액적 한 개의 집진효율은 관성충돌을 고려하는 것보다 확산을 고려했을 때 10배 이상 높다.

습식세정기의 설계는 모델에 의존한다. 각 모델은 다양한 기액접촉과정을 설명하기 위해 개발되었으며, 분진의 특정직경에 대한 침투도 (penetration)를 추정한다. **침투도** Pt_d는 "처리가스 중 포집되지 않는 특정입경 d_p인 분진의 분율"로써 정의된다. 침투도는 집진효율과 관련이 있다.

$$\mathrm{Pt}_d = 1 - \eta_d \tag{7.1}$$

여기서, η_d = 직경 d_p인 분진의 부분집진효율

총괄침투도 Pt_o는

$$\mathrm{Pt}_o = \sum(\mathrm{Pt}_d \times M_d) \tag{7.2}$$

여기서, M_d = 특정입경에서의 분진의 질량분율

사실상, Pt_o는 각 입경별 분진의 침투도에 입경별 중량분율을 곱한 총합이다. 계산과정은, 그림 3.4에서와 같이, 산업용 배출시설에서 배출되는 분진의 크기분포를 대수정규분포 (log-normal distribution)로 가정하여 단순화 할 수 있다.

다음 절에서는, 살수장치와 가스분무장치의 설계계산을 설명하기 위하여 살수탑과 벤튜리 세정기의 침투모델을 사용할 것이다.

살수탑 (Spray Chamber)

그림 7.1과 같이, 살수탑의 설계와 가동은 매우 간단한다. 기액 접촉방법은 향류 (counter current), 동류 (co-current) 및 교차류 (cross-current) 등으로 분류할 수 있다. 살수탑에서 분진의 1차집진기구는 살수된 액적과의 관성충돌이다.

Calvert (1977)는 향류수직살수탑 (counter-current vertical spray chamber)에서 분진의 침투도를 계산하기 위해 아래 식을 개발하였다.

$$\mathrm{Pt}_d = \exp\left[-\frac{3Q_L V_{t_d} z \eta_d}{4Q_G r_d (V_{t_d} - V_G)}\right] = \exp\left[-\frac{A_d V_{t_d} \eta_d}{Q_G}\right] \tag{7.3}$$

여기서, Pt_d = 주어진 입경에서의 침투도 (0～1.0범위)

Q_L = 세정액 유량, m^3/s

Q_G = 처리가스 유량, m^3/s

V_G = 표면가스속도, cm/s

V_{t_d} = 액적의 종말속도, cm/s

η_d = 단일액적의 부분집진효율, 0～1.0

r_d = 액적의 반경, cm

z = 기액 접촉영역의 길이, cm

A_d = 세정기 내 모든 액적의 단면적, cm^2

식 (7.3)에서 A_d는

$$A_d = \frac{3Q_L z}{4r_d (V_{t_d} - V_G)} \tag{7.4}$$

단일 액적의 효율은 다음과 같이 추정할 수 있다.

$$\eta_d = \left[\frac{K_p}{K_p + 0.7}\right]^2 \tag{7.5}$$

여기서, K_p는 충돌계수로 다음과 같다. 이 계수는 Calvert에 의해 정의되었다.

$$K_p = \frac{C\rho_p d_p^2 V_{p,d}}{9\mu_G d_d} = \frac{\rho_w d_a^2 V_{p,d}}{9\mu_G d_d} \tag{7.6}$$

여기서, C = 커닝햄 보정계수, 무차원

ρ_p = 입자밀도, g/cm^3

d_p = 물리적 입자직경, cm

$V_{p,d}$ = 입자속도 (액적과의 상대속도), cm/s

d_d = 액적직경, cm

μ = 가스점도, poise

d_a = 공기역학직경, cm

ρ_w = 물의 밀도, g/cm^3

K_p와 관련된 변수그룹과 특성시간 (3장 참고)과 관련된 변수그룹에 유의하라. 또한 수직향류살수탑에서 입자와 액적의 상대속도가 액적의 종말침강속도와 같음에 유의하라. 즉, $V_{p,d} = V_{t_d}$가 된다. 다음 두 특정 사례를 시각화함으로써 이 관계를 쉽게 이해할 수 있다. 즉, (1) 정지공기 중 낙하하는 액적, (2) 액적의 종말침강속도와 같은 유속으로 먼지 섞인 공기가 위로 불 때, 멈추어 정지한 액적.

식 (7.3)은 살수된 액적의 크기가 일정하고 종말속도에 즉시 도달한다는 가정을 기초로 한다. 또한 세정기 내의 모든 액적의 횡단면적 A_d는 어떤 액적도 세정기 벽면에 도달하지 않는다고 가정한다. Calvert (1984)는 벽면효과 (wall effect)와 부유액적의 손실을 보정하기 위해, 액/가스비 (Q_L / Q_G)에 0.2를 곱해야 한다고 제안하였다.

식 (7.3)을 응용하여 살수탑을 설계할 때, 유입가스 중 처리입자의 입경분포를 알아야 한다. 먼저 처리입자의 입경별로 침투도를 계산하고, 다음으로 예제 3.3에서 설명한 것처럼 총괄침투도 Pt_o를 계산한다. 주어진 입경분포에 대하여, 최대 총괄효율을 얻을 수 있는 최적 운영변수가 존재한다.

Langmuir와 Blodgett (1946)는 액적의 집진효율 η_d를 다음과 같은 무차원 식으로 발표하였다.

$$\eta_d = \frac{k V_{p,d} V_{t_p}}{g d_d} \tag{7.7}$$

여기서, k = 실험상수

V_{t_p} = 입자의 종말속도, cm/s

g = 중력가속도, 980 cm/s^2

d_d = 포집직경 또는 액적의 직경, cm

식 (7.7)에 의하면, 액적의 크기가 작을수록 집진효율은 증가한다. Stairmand (1964)에 의하면, 최적인 액적크기가 존재하며, 최적 크기보다 작은 액적은 크기를 줄여도 제진효율은 증가하지 않았다. 그림 7.6은 밀도 2 g/cm^{3}인 입경별 집진효율을 액적의 크기함수로 표현한 것이다. 이 자료는 살수탑이 500~1,000 μm의 액적크기에서 운영되어야 함을 보여준다. 최적 액적크기는 존재한다. 왜냐하면, 크기가 매우 작은 액적은 가스속도까지 급속히 가속되기 때문이다. 따라서 액적에 대한 분진입자의 상대속도 $V_{p,d}$의 값은 감소되지만, 반면 크기가 매우 큰 액적의 표면적은 매우 작다 (동일 질량의 물에 대하여).

교차류 살수탑의 경우, 식 (7.3)은 다음 식과 같이 바꿔 쓸 수 있다.

$$\mathrm{Pt}_d = \exp\left[\frac{-3 Q_L z \eta_d}{4 Q_G r_d}\right] = \exp\left[\frac{-A_d V_{p,d} \eta_d}{Q_G}\right] \tag{7.8}$$

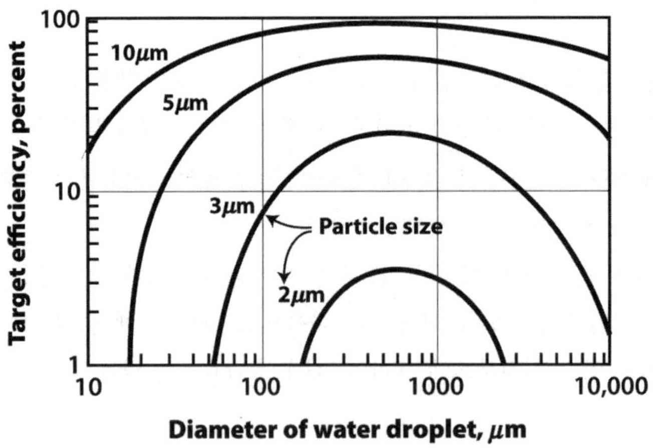

그림 7.6 분진크기별 액적의 크기함수로써 표현된 포집효율 (ρ_p=2 g/cm^3).

출처 : Air Pollution Manual-Part Ⅱ, 1968.

예제 7.1 가동조건이 Q_L/Q_G = 1 L/m^3, V_G = 20 cm/s, d_d = 300 μm, z = 3 m일 때, 수직향류 살수탑을 통과하는 크기가 8 μm이고 단위밀도를 갖는 입자의 침투도를 계산하라 (단, 압력은 대기압 상태이고, 온도는 25 ℃라고 가정한다).

풀이 이 문제를 풀기 위하여 식 (7.3), (7.5), (7.6)을 사용한다. 그림 3.8에서 종말속도 V_{t_d} = 120 cm/s임을 알 수 있다. 8 μm 입자의 침강속도를 무시하면, $V_{p,d} = V_{t_d}$이다. 따라서,

$$V_{p,d} = 120 \text{ cm/s}$$
$$Q_L/Q_G = 0.001 \text{ m}^3/\text{m}^3$$
$$z = 300 \text{ cm}$$

먼저, 식 (7.6)에서 K_p를 구할 수 있다.

$$K_p = \frac{1.0\, d_a^2 V_{p,d}}{9\mu_G d_d}$$

부록 B의 표 B.2로부터, 가스점도는 μ_G=0.044 lb$_m$/hr-ft 혹은 0.00018 poise임을 알 수 있다. $d_a = d_p$라는 가정 하에

$$K_p = \frac{(0.0008)^2(120)}{9(0.00018)(0.030)} = 1.58$$

식 (7.5)에서,

$$\eta_d = \left[\frac{1.58}{1.58+0.7}\right]^2 = 0.480$$

식 (7.3)에서,

$$\text{Pt}_d = \exp\left[\frac{-3(0.001)(120)(300)(0.48)}{4(0.015)(120-20)}\right]$$
$$\text{Pt}_d = \exp(-8.64) = 0.0018$$

따라서, 살수탑을 100% 가동한다면, 세정기는 8 μm인 입자에 대해 집진효율이 99.98%이다.
만약 세정액의 단지 20%가 유효 액적을 생성한다고 가정하면, Q_L/Q_G=0.2×0.001=0.0002. 따라서,

$$\text{Pt}_d = \exp[(-8.64)(0.2)] = \exp[-1.728] = 0.178$$

이 경우 집진효율은 82%이다. 이와 같은 결과는 전자보다 더 현실적이다. 이 예제는 노즐의 선택과 위치의 중요성을 보여준다.

벤튜리 세정기

벤튜리 세정기는 가스의 분무화 (atomization) 과정에서 생성된 세정액적과 부유분진과의 관성충돌 기구를 이용한 것이다. 그림 7.4처럼 분무화는 고속 가스흐름에 세정액이 주입될 때 일어난다. 완전한 기액접촉을 위해 충분한 세정액이 공급되어야 하며, 초기 기액접촉지점에서의 가스속도는 완전한 분무화가 일어나도록 빨라야 한다.

벤튜리 세정기에서 입자의 침투도는 Calvert 등 (1972)에 의해 다음 근사식이 개발되었다.

$$\mathrm{Pt}_d = \exp\left\{\frac{Q_L V_G \rho_L d_d}{55 Q_G \mu_G}\left[-0.7 - K_p f + 1.4\ln\left(\frac{K_p f + 0.7}{0.7}\right) + \frac{0.49}{0.7 + K_p f}\right]\frac{1}{K_p}\right\} \quad (7.9)$$

여기서, K_p = 목부에서의 가스속도에 대해 식 (7.6)에서 계산된 관성충돌변수, 무차원

f = 실험상수

[친유성 (hydrophobic) 입자, $f=0.25$; 친수성 (hydrophilic) 입자, $f=0.50$]

분무화는 액적의 크기분포를 넓게 만든다. 그러나 식 (7.9)는 'Sauter 평균 액적직경 d_d'를 사용하여 만족스럽게 풀 수 있다. 이 식은 Nukiyama-Tanasawa (1938) 관계식에 근거한다.

$$d_d = \frac{58,600}{V_G}\left[\frac{\sigma}{\rho_L}\right]^{0.5} + 597\left[\frac{\mu_L}{(\sigma\rho_L)^{0.5}}\right]^{0.45}\left[1,000\frac{Q_L}{Q_G}\right]^{1.5} \quad (7.10)$$

여기서, d_d = Sauter 평균 액적직경, μm

ρ_L = 세정액 밀도, g/cm³

σ = 세정액 표면장력, dyne/cm

μ_L = 세정액 점도, poise

식 (7.10)은 다소 지루하다. 보통 표준조건에서 공기와 물을 사용하는 세정기의 응용은 다음 두 가지 간략한 공식 중 하나를 사용한다. 하나는 FPS 단위이고 하나는 SI 단위이다 (Air Pollution Engineering Manual, 2000). 표준 온도와 압력에서 공기와 물에 대해서만 유용함을 명심하라.

$$d_d\,(\mu\mathrm{m}) = \frac{16,400}{(V_G,\ \mathrm{ft/sec})} + 1.45\left[\frac{Q_L}{Q_G},\ \frac{\mathrm{gal}}{1,000\ \mathrm{ft}^3}\right]^{1.5} \quad (7.11)$$

$$d_d\,(\mathrm{cm}) = \frac{50}{(V_G,\ \mathrm{cm/sec})} + 91.8\left[\frac{Q_L}{Q_G},\ \frac{\mathrm{m}^3}{\mathrm{m}^3}\right]^{1.5} \quad (7.12)$$

예제 7.2 목부 (throat) 입구에서 V_G = 50 m/s이고, Q_L/Q_G = 1 L/m^{3}인 가동조건에서, 입경이 1 μm인 분진에 대해 벤튜리 세정기의 집진효율을 계산하라 (단, 1 atm, 20 ℃을 가정하고, σ = 72 dyne/cm, μ_L = 1 cp, f = 0.5를 가정하라).

풀이 이 문제를 풀기 위해 식 (7.6), (7.9), (7.10)을 사용한다. 먼저, 식 (7.10)에서 액적의 직경을 구한다. 20 ℃에서, σ=72 dyne/cm, μ_L=0.01 poise이다.

$$d_d = \frac{58{,}600}{50} \times \frac{1}{100}\left(\frac{72}{1.0}\right)^{0.5} + 597\left(\frac{0.01}{\sqrt{72}}\right)^{0.45} \times \left(1{,}000 \times 0.001\ \frac{\text{m}^3}{\text{m}^3}\right)^{1.5}$$
$$= 99.4 + 28.7 = 128.1\ \mu\text{m}$$

식 (7.12)를 사용하면 비슷한 결과를 얻는다.

$$d_d\,(\text{cm}) = \frac{50}{5{,}000\ (\text{cm/sec})} + 91.8\left[0.001\ \frac{\text{m}^3}{\text{m}^3}\right]^{1.5}$$
$$= 0.01 + 0.0029 = 0.0129\ \text{cm}$$
$$= 129\ \mu\text{m}$$

K_p를 얻기 위해 식 (7.6)을 사용하고 침투도를 계산하기 위해 식 (7.9)를 사용하면,

$$K_p = \frac{d_a^2 V_p}{9\mu_G d_d} = \frac{(0.0001)^2 \times 50 \times 100}{9 \times 0.00018 \times 0.0128} = 2.41$$

$$\text{Pt}_d = \exp\left\{\frac{0.001\ \text{m}^3}{55\ \text{m}^3} \times \frac{50 \times 100 \times 0.0128}{0.00018} \times \left[-0.7-(2.4)(0.5)+1.4\ln\left(\frac{(0.5)(2.4)+0.7}{0.7}\right) + \frac{0.49}{0.7+2.4\times 0.5}\right] \times \frac{1}{2.4}\right\}$$
$$= \exp\left\{6.46[-0.7-1.2+1.4(0.998)+0.26]\frac{1}{2.4}\right\}$$
$$= \exp(-0.646) = 0.52$$

이 세정기는 입경 1 μm의 입자에 대해, (1.00 − 0.52)×100 = 48%의 집진효율을 보인다. 이러한 낮은 효율은 유입속도가 작고, 압력손실이 작기 때문이다 (예제 7.3 참고).

벤튜리 세정기의 압력손실

대형 산업용 벤튜리 세정기의 압력손실은 액적의 가속화에 큰 영향을 받는다. 압력손실은 Yung 등 (1977)의 수식으로 추정할 수 있다.

$$\Delta P = 2\rho_L V_G{}^2 \left[\frac{Q_L}{Q_G}\right]\left(1 - X^2 + \sqrt{X^4 - X^2}\right) \tag{7.13}$$

여기서, ΔP = 압력손실, dyne/cm^2

V_G = 가스속도, cm/s

X = 목부 (throat)의 길이, 무차원식

식 (7.13)에서, X는 다음과 같다.

$$X = \frac{3\,l_t C_D \rho_G}{16 d_d \rho_L} + 1 \tag{7.14}$$

여기서, l_t = 벤튜리의 목부길이, cm

C_D = Sauter 평균직경을 가진 액적에 대한 항력계수 (drag coefficient), 무차원

Reynolds 수가 10~500의 범위인 입자의 항력계수는 Hesketh (1979)에 의해 제시되었다.

$$C_D = \frac{24}{\text{Re}} + \frac{4}{(\text{Re})^{1/3}} \tag{7.15}$$

여기서, Re는 식 (3.7)에서 구한 액적의 무차원 Reynolds 수이다.

원래 Hesketh (1974)에 의해 개발되고, 그 이후 Air Pollution Engineering Manual (2000)에 보고된 준경험적 수식은 아래와 같다. 이 수식을 이용하기 위해서는 목부 면적을 알아야 하며, 명시된 단위에 주의하여야 한다.

$$\Delta P = \left[\frac{V_G \rho_G A^{0.133}\left(\dfrac{Q_L}{Q_G}\right)^{0.78}}{3{,}870}\right] \tag{7.16}$$

여기서, ΔP = 압력손실, cm H_2O

V_G = 목부에서의 가스속도, cm/s

ρ_G = 목 입구에서의 가스밀도, g/cm^3

A = 목부의 단면적, cm^2

Q_L/Q_G = 액/가스 비, L/m^3

예제 7.3 예제 7.2에서, 벤튜리 세정기의 목부길이가 30 cm일 때 압력손실은 얼마인가?

풀이 식 (3.7)에서 액적의 Reynolds수 (Re)는

$$\text{Re} = \frac{d_d V_G \rho_G}{\mu_G}$$

이상기체라고 가정하면, $\rho_G = 0.0012\ \text{g/cm}^3$

$$\text{Re} = \frac{0.0128\ \text{cm} \times 50 \times 100}{0.00018\ \text{g/cm-s}} \frac{\text{cm}}{\text{s}} \times 0.0012 \frac{\text{g}}{\text{cm}^3} = 427$$

$$C_D = \frac{24}{427} + \frac{4}{(427)^{1/3}} = 0.588$$

$$X = \frac{3 l_t C_D \rho_G}{16 d_d \rho_L} + 1 = \frac{3 \times 30 \times 0.588 \times 0.0012}{16 \times 0.0128 \times 1} + 1 = 1.31$$

식 (7.13)에 의해,

$$\begin{aligned} \Delta P &= 2 \times 1.0 \times (50 \times 100)^2 \times 0.001 \left[1.0 - (1.31)^2 + \sqrt{(1.31)^4 - (1.31)^2}\right] \\ &= 19{,}620\ \text{dyne/cm}^2 \\ &= 1{,}962\ \text{N/m}^2 \\ &= 20.0\ \text{cm H}_2\text{O} \\ &= 7.9\ \text{in. H}_2\text{O} \end{aligned}$$

이 압력손실은 벤튜리 세정기에서는 매우 낮은 값이다.

앞의 예제에서 보듯이, 습식세정기와 관련한 계산은 매우 지루하다. 벤튜리 세정기는 오랜 기간 사용되어 왔으며, 운영과 관련한 많은 경험적 자료들이 수집되었다. Hesketh는 벤튜리 세정기와 관련하여 다양한 분진크기와 압력손실에서 집진효율과의 상관성을 조사한 적이 있다(Air Pollution Engineering Manual, 2000). 그의 연구결과가 그림 7.7에 제시되어 있다. 이 그림은 분진의 크기분포와 압력손실을 알고 있을 경우, 벤튜리 세정기에 대한 총괄집진효율을 추정할 때 사용될 수 있다. 예를 들어, 크기가 1 μm인 입자에 대해 48%의 집진효율을 보이는 벤튜리 세정기가 7.9 in. H_2O의 압력손실로 가동되고 있다고 가정하자. 그림 7.7에서, 1 μm 입자에 대해 6.0～10 in. H_2O 사이에서 내삽하면, 집진효율 52%를 읽을 수 있다.

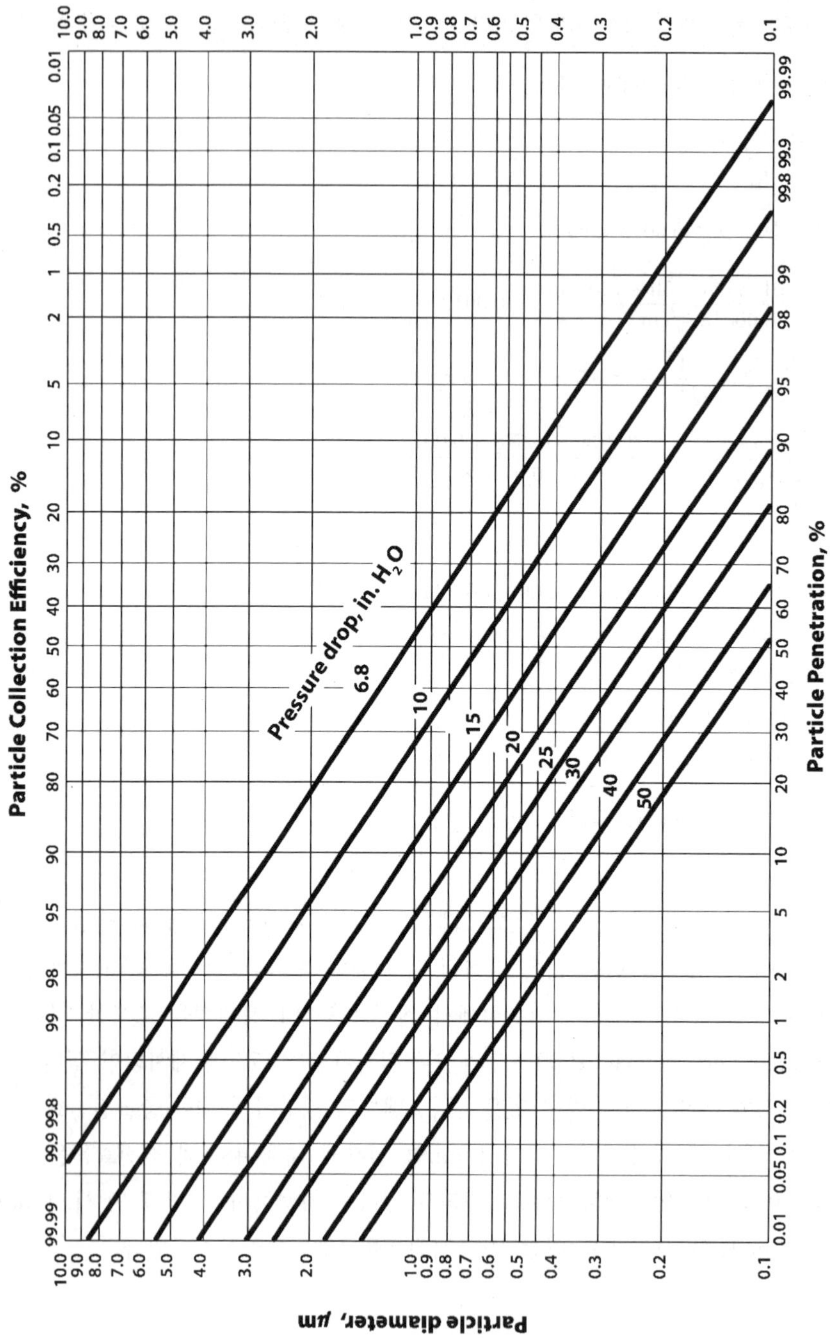

그림 7.7 벤튜리 세정기에서 입자크기와 압력손실의 함수로서 표현된 집진효율

출처 : Air Pollution Engineering Manual, 2000.

습식세정기 설계에서 접촉력 이론

Lapple과 Kamack (1955)에 의하면, 습식세정기의 집진효율은 기액접촉에 소비되는 에너지와 관련이 있다. 즉, 에너지 소비량이 클수록 접촉과정에서 난류현상이 증가하고 총괄효율도 증가한다. 이 연구는 서로 다른 구조를 갖는 세정기이지만, 기액접촉 에너지가 같은 수준이라면, 집진효율도 비슷하다는 것을 보여 주었다.

Semrau (1963, 1980)는 **접촉력** (contacting power)을 "처리가스의 단위부피당 소비된 에너지"로 정의하고, Lapple과 Kamack의 연구를 확장하였다. 즉, 세정기의 집진효율은

$$\eta = 1 - \exp(-N_t) \tag{7.17}$$

여기서, N_t는 이동단위수 (number of transfer units)이며 다음과 같이 계산된다.

$$N_t = \alpha P_T^{\gamma} \tag{7.18}$$

여기서, N_t = 이동단위수, 무차원

P_T = 접촉력, hp/1,000 cfm, kWh/1,000 m^3

α = P_T의 상수, $(hp/1{,}000\ cfm)^{-\gamma}$, $(kWh/1{,}000\ m^3)^{-\gamma}$

γ = P_T의 지수, 무차원

접촉력은 세정기의 습윤부분을 지나는 마찰손실로 결정되어야 한다. Semrau는 이와 같은 손실을 "**유효마찰손실** (effective friction loss)"이라고 정의하였다. 유체 내의 운동에너지 변화로 야기된 압력손실은 여기에 포함되지 않는다. 총 접촉력 P_T는 기체, 액체 및 접촉을 향상시키기 위해 사용된 「로오터」와 같은 기계적 장치에 의해 공급된 에너지를 포함한다. 대부분의 세정기에서는 가스상 접촉력이 가장 우세하다.

그림 7.8은 금속야금의 훈연을 집진하는 벤튜리 세정기의 P_T와 N_t의 관계를 도식한 것이다. 또한 그림 7.9는 유효마찰손실의 함수로써 비산재를 집진하는 벤튜리 세정기의 성능곡선을 보여주고 있다. 접촉력 P_T (hp/1,000 cfm)는 마찰손실 ΔP (in. H_2O)에 0.1575를 곱하여 변환할 수 있다.

접촉력 이론은 매우 간단한 접근법이지만 세정기 성능과 상관관계가 크다. 즉, 여러 범위의 운전조건에서 설계된 특정세정기의 성능을 추정할 때 유용하다. 가장 큰 어려움은 유효마찰손실이나 기액접촉에 사용된 동력소비량을 정확하게 구하는 것이다.

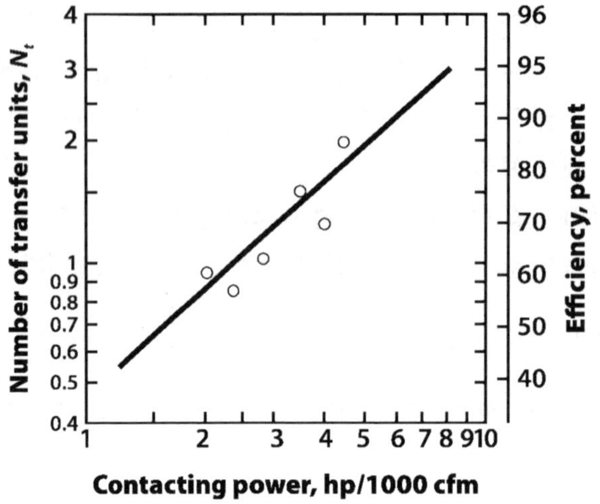

그림 7.8 금속야금의 훈연 (fume) 집진을 위한 벤튜리 세정기의 성능곡선
출처 : Semrau, 1963.

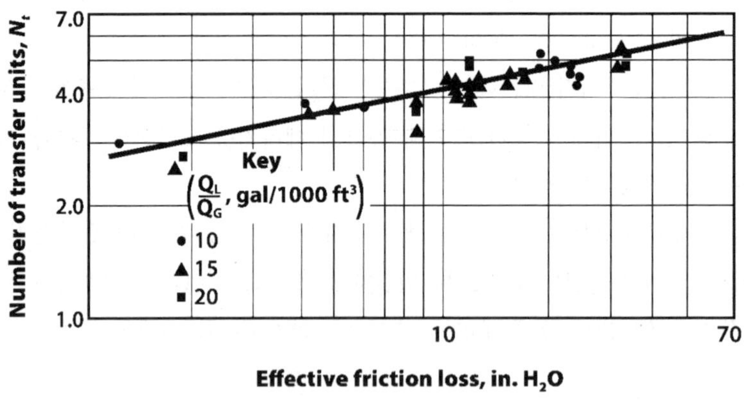

그림 7.9 비산재 집진을 위한 벤튜리 세정기의 성능곡선
출처 : Semrau, 1980.

예제 7.4 금속야금공정의 배출물을 제어하기 위해 벤튜리 세정기를 사용하였다. 다음과 같은 두 유효 마찰손실 수준에서 시험하였다.

마찰손실, in. H_2O	총괄집진효율
12.7	56.0%
38.1	89.0%

세정기가 80 ℉에서 가동될 때 총괄집진효율 97%를 얻을 때 필요한 접촉력 (hp/1,000 cfm)은 얼마인가?

풀이 이 문제를 해결하기 위해, 식 (7.17)와 (7.18)를 사용한다. 먼저, 마찰손실을 접촉력 (hp/1,000 cfm)으로 환산하면,

$$(P_T)_{56\%} = (12.7\text{ in. H}_2\text{O})(0.1575) = 2.00\text{ hp/1,000 cfm}$$
$$(P_T)_{89\%} = (38.1)(0.1575) = 6.00\text{ hp/1,000 cfm}$$

다음, 식 (7.17)을 사용하여 각 효율에서 이동단위수 N_t를 구하면

$$(N_t)_{56\%} = \ln\frac{1}{1-\eta} = \ln\left[\frac{1}{1-0.56}\right] = 0.821$$
$$(N_t)_{89\%} = \ln\left[\frac{1}{1-0.89}\right] = 2.207$$
$$(N_t)_{97\%} = \ln\left[\frac{1}{1-0.97}\right] = 3.506$$

다음, α, γ를 동시에 얻기 위해 식 (7.18)을 사용한다.

$$0.821 = \alpha(2.00)^\gamma \text{ 또는 } \ln\alpha + \gamma\ln 2.00 = \ln(0.821) \quad \text{(A)}$$
$$2.207 = \alpha(6.00)^\gamma \text{ 또는 } \ln\alpha + \gamma\ln 6.00 = \ln(2.207) \quad \text{(B)}$$

식 (A), (B)로부터

$$0.989 = \gamma(\ln 6.00 - \ln 2.00) = \gamma\ln\frac{6.00}{2.00}$$
$$\gamma = 0.900$$
$$\alpha = \frac{2.207}{(6.00)^{0.900}} = 0.440$$

마지막으로, 접촉력은 식 (7.18)에 의해 계산된다.

$$3.506 = 0.440{P_T}^{0.900}$$
$$P_T = \left[\frac{3.506}{0.440}\right]^{1.111} = 10.0\text{ hp/1,000 cfm}$$

표 7.2 세가지 주요 세정기들의 전형적 가동범위의 비교

세정기 종류	압력손실 (in. H_2O)	L/G 비 (gal/1,000 acf)	세정기의 유효한 분진크기
살수탑형	1～4	1～20	6 μm 이상
사이클론형	4～8	2～10	2 μm 이상
벤튜리형	8～60	3～15	0.5 μm 이상

세 종류의 주요 세정기 (살수형, 사이클론형, 벤튜리형)들은 압력손실, 액/가스 비, 입자크기 등이 효과적으로 이용되는지 비교할 수 있다. 일반적으로 벤튜리형 세정기는 집진효율이 항상 높고 미세한 입자를 포집할 수 있지만, 에너지 소비량이 많다. 또한 이들 세정기는 물을 사용한다. 표 7.2는 비교표이다.

7.3 기타 고려사항

액적 동반배출방지

모든 난류 기액접촉과정에서 처리된 가스는 비산된 액적을 동반하며 배출된다. 세정장치는 방출가스의 재오염을 방지하기 위해 액적동반을 최소 95% 제거해야 한다.

살수세정기에서는 지붕창 모양 (louver type)의 미스트 제거장치가 항상 사용되고 있다. 왜냐하면, 150～300 μm 크기의 비산된 액적 대부분은 상대적으로 낮은 유속 (5～15 m/s)을 갖기 때문에, 압력손실 0.5～1.5 cm H_2O에서 쉽게 미스트 제거가 이루어진다. 그림 7.10은 일부 충돌 방식의 미스트 제거장치들을 보여주고 있다.

벤튜리 세정기는 그림 7.4에서 보듯이, 비산액적의 동반배출을 제어하기 위해 그물형 (mesh) 미스트 제거기를 가지며 사이클론을 세정기 다음에 설치한다. 75～150 μm의 액적은 유입속도가 25～40 m/s인 사이클론에서 쉽게 제거된다. 액적이 사이클론에서 고형입자처럼 거동한다고 가정할 때, 4장에서 제시된 설계방정식은 액적분리기에도 적용할 수 있다. 그물형 미스트 제거기는 PVC로 제작되거나 주름진 플라스틱 (혹은 유리섬유) 등이 많이 사용된다. 성긴 엮임 (open-weave) 형태의 설계는 아주 작은 압력손실로 광범위한 크기의 액적을 포획할 수 있다. 미스트 제거기의 사진은 각종 인터넷 검색엔진을 통해 쉽게 얻을 수 있다.

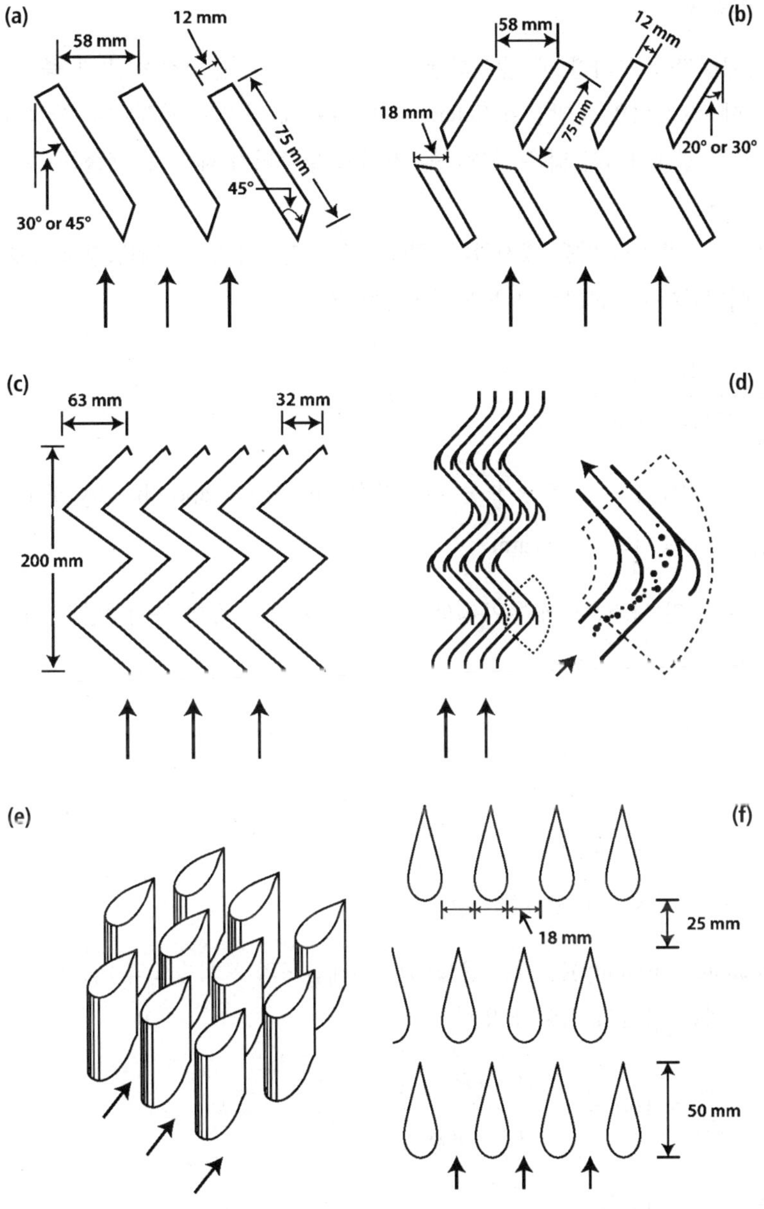

그림 7.10 간단한 관성분리장치; (a) 한 줄 차단막 (baffle), (b) 두 줄 차단막, (c) W형 분리기, (d) 파형 분리기 (유럽식), (e) 수평류에 사용되는 눈물형 분리기, (f) 수직류에 사용되는 눈물형 분리기. 출처 : Strauss, 1977.

세정가스의 습윤화

공기가 습식세정기를 통과할 때 습윤화된다. 즉, 세정액이 증발하여 공기 중 수증기의 양은 증가한다. 동시에, 세정액의 증발잠열 (latent heat) 때문에 공기는 냉각된다. 세정기에서 기액접촉은 상 (phase)의 경계면에서 넓은 표면적을 가지고 노출되기 때문에, 배출공기는 항상 수증기로 포화되어 있다.

습도는 공기 중 수증기의 양을 표시한다. **절대습도**는 건조공기의 단위질량당 수증기의 질량으로 정의된다. 대기압에서 습도는 다음과 같이 계산된다.

$$H = \frac{18\,\overline{P}_{H_2O}}{29\,(1-\overline{P}_{H_2O})} \tag{7.19}$$

여기서, H = 절대습도, 건조공기 중 수증기량 (lb_m H_2O vapor/lb_m dry air)

$\overline{P}_{H_2O}$ = 수증기의 분압, atm

상대습도 H_r는 주어진 가스온도에서 세정액의 증기압과 가스 중의 증기분압의 비율 (주로 백분율로 표시)로 표시된다. 따라서,

$$H_r = \frac{\overline{P}_{H_2O}}{(P_v)_{H_2O}} \times 100\% \tag{7.20}$$

여기서, H_r = 상대습도, %

$(P_v)_{H_2O}$ = 세정액의 증기압, atm

비율습도 (percentage humidity)는 같은 온도에서 실제습도와 포화습도의 비율로 나타낸다. 비율습도는 상대습도와는 약간의 차이가 있다.

$$H_p = \frac{H}{H_s} \times 100 = \frac{H_r\,[1-(P_v)_{H_2O}]}{1-\overline{P}_{H_2O}} \tag{7.21}$$

여기서, H_p = 비율습도, %

H_s = 포화습도, lb_m H_2O/lb_m dry air

약 100 °F 이하에서, $\overline{P}_{H_2O}$는 비율습도와 상대습도가 거의 같은 값을 가질 정도로 충분히 작다. 또 다른 관계식으로, 가스상의 몰분율과 습도간의 관계식이 있다.

$$y_{H_2O} = \frac{\overline{P}_{H_2O}}{P} = \frac{H/18}{(1/29)+(H/18)} \tag{7.22}$$

여기서, P = 전압, atm

H/18은 1/29보다 훨씬 작기 때문에, 식 (7.22)에서 y_{H_2O}는 H(29/18)이 된다.

불포화 공기가 온도 T에서 유입되어, 온도 T_s에서 세정액과 접촉하고 포화되며, 온도 T_s로 배출되는 단열세정기를 고려하자. 기준온도로서 T_s를 선택하면, 엔탈피수지식은 아래와 같다.

$$\dot{M}_A(C_{pA} + HC_{pv})(T - T_s) = \dot{M}_A(H_s - H)\lambda_s \tag{7.23}$$

여기서, $\dot{M}_A$ = 건조공기의 유량, lb$_m$/min

C_{pA} = 건조공기의 비열, Btu/lb$_m$

C_{pv} = 수증기의 비열, Btu/lb$_m$

λ_s = T_s에서 물의 증발잠열, Btu/lb$_m$

주어진 H와 T값에서, 식 (7.23)은 유일 해 T_s에 대해 풀 수 있다 (H_s와 λ_s는 T_s의 함수이므로). 그러나 좀 더 간단한 풀이방법이 개발되었다. 식 (7.23)은 다음과 같이 다시 쓸 수 있다:

$$\frac{H - H_s}{T - T_s} = \frac{C_{pA} + HC_{pv}}{\lambda_s} \tag{7.24}$$

여러 T_s값에 대하여 H_s와 λ_s는 기지의 값을 가지고 있기 때문에, 식 (7.24)은 유일 해의 쌍으로 계산된다 (즉, 주어진 H에 대한 T값, 또는, 주어진 T에 대한 H값). 또한, 이 결과를 T와 H의 좌표 위에 그릴 수 있다. 이러한 선을 **단열냉각선** (adiabatic cooling line; ABC lines)이라고 한다. 직교좌표에서 각 선의 기울기는 $-(C_{pA} + HC_{pv})/\lambda_s$이며 HC_{pv}항 때문에 약간 휘게 된다. 다소 각도가 있는 좌표에서는 단열냉각선은 직선이고 평행하며 매우 편리한 도표, 즉 "**건습구 습도표** (psychrometric chart)"를 얻을 수 있다.

그림 B.3와 B.4 (부록 B)는 두 개 온도범위에서의 건습구 습도표이다. 우선 그림 B.4를 검토하면, ABC선은 왼쪽 상단에서 오른쪽 하단으로 이어진 대각선이고, 각 대각선은 단열포화온도 T_s (**습구온도**라고도 함)가 표시되어 있다. 왼쪽 상단에서 오른쪽 하단으로 연장된 굵은 대각선은 가스의 정적선 (lines of constant gas volume)이다 [(습윤가스 ft^3/lb dry air) 단위로 표시됨]. 이 선의 사용법에 대해 간단히 설명될 것이다. 가스온도 (**건구온도**라고도 함)는 x축 위에 표시되고, 절대습도는 y축 오른편에 표시된다. 그림 B.4에서 절대습도의 단위는 (수증기 grain/lb dry air)이다. 가장 왼쪽의 곡선은 100% 습도선이다. 조금 더 낮은 비율습도선은 100% 습도선

오른쪽에 위치한 상향곡선이다. 그 밖의 정보를 건습구 습도표에서 얻을 수 있으나, 본 절에서는 습도와 포화온도 만을 고려한다. 다음 예제는 도표의 사용법을 설명한다.

예제 7.5 유량 100,000 acfm (110 °F, 1 atm, 20% 습도)의 공기가 세정집진된다. 공기가 포화되었다고 가정하고, 배출가스 온도와 유량을 구하고, 증발로 인해 부족한 물을 보충하기 위해 필요한 유량을 구하라.

풀이 온도 110 °F에서 20% 습도선과 만나는 점에서 오른쪽 축으로 연결하면, 그 값은

$$H = 78\ \text{grain H}_2\text{O/lb}_\text{m}\ \text{dry air}$$

다음, 온도 110 °F와 20% 습도선의 교차점에서, 대각선을 따라 왼쪽 상방으로 (습구선과 평행인 선) 100% 포화선까지 연결한다. 여기서, 수직으로 떨어진 지점의 x축 값을 읽으면,

$$T_s = 75.5\ ^\circ\text{F}$$

T_s값은 가장 인접한 두 ABC선 사이의 직선 내삽 (linear interpolation)을 통해 구할 수 있다 (100% 포화선상에서).

T_s=75.5°F 선과 100% 습도선의 교점으로부터, 오른쪽 축을 연결하여 그 값을 읽으면,

$$H_s = 134\ \text{gr/lb}_\text{m}$$

여기서, 그림 B.4의 굵은 대각선인 — 정적선을 사용할 수 있다. 이 그림에서 입구조건은 14.6 ft³/(lb dry air)의 단위부피를 대표하는 선과 정확하게 겹친다 (만약 입구조건이 두 굵은 대각선 사이에 있다면, 우리는 단위부피를 구하기 위해 내삽하여야 한다). 우리는 다음과 같이 건조공기의 질량속도를 계산할 수 있다.

$$\frac{100{,}000\ \text{acfm}}{14.6\ \text{ft}^3/\text{lb dry air}} = 6{,}849\ \text{lb dry air/min}$$

또 다른 방법으로 우리는 이 숫자를 더 정확하게 계산할 수 있다. 우선 습도를 lb H_2O/lb dry air 단위로 환산하라.

$$\frac{78\ \text{gr water vapor/lb dry air}}{7{,}000\ \text{gr/lb}} = 0.0111\ \text{lb H}_2\text{O/lb dry air}$$

H=0.011에서, 수증기의 몰분율은,

$$y_{\text{H}_2\text{O}} = \left(\frac{29}{18}\right)0.0111 = 0.018$$

이상기체법칙에 의해, 건조공기의 질량속도는

$$\dot{M}_A = \frac{29\ \text{lb}_\text{m}}{\text{lbmol}} \times \frac{(1\ \text{atm})(100{,}000\ \text{ft}^3/\text{min})}{(0.73\ \text{atm-ft}^3/\text{lbmol-}^\circ\text{R})(570\ ^\circ\text{R})} \times (1-0.018)$$

$$\dot{M}_A = 6{,}844\ \text{lb}_\text{m}/\text{min}$$

위의 결과와 비슷한 결과를 얻었다.
습도의 증가는 증발된 물의 양과 같으며, 물의 증발손실로 대체되는 물의 유량은,

$$\dot{M}_w = (134-78)\ \frac{\text{gr H}_2\text{O}}{\text{lb dry air}} \times \frac{1\ \text{lb}}{7{,}000\ \text{gr}} \times 6{,}844\ \frac{\text{lb dry air}}{\text{min}}$$

$$\dot{M}_w = 55\ \text{lb}_\text{m}/\text{min} = 6.5\ \text{gpm}$$

배출가스량은 건습구 습도표에서 바로 추정할 수 있다. 우선 75.5 °F에서 100% 포화습도선과 만나는 점의 값을 읽는다 [즉, "포화부피 대 온도 (saturated volume vs temperature)"로 표시된 곡선이 만나는 점의 값을 읽는다]. 다음, 왼쪽 축의 값을 읽으면, 부피는 13.9 ft^3/lb가 된다. 따라서, 총 유량은

$$Q = 13.9\ \frac{\text{ft}^3}{\text{lb}_\text{m}} \times 6{,}844\ \frac{\text{lb}_\text{m}}{\text{min}} = 95{,}100\ \text{acfm}$$

7.4 가격

벤튜리 세정기에 대한 장치가격 추정식은 EPA에 의해 2002년 달러기준으로 개발되었다. 이 추정식에 사용된 자료는 3군데 판매자로부터 얻었으며, 자료는 벤튜리, 세정액 주입장치, 사이클론 분리기, 미스트 제거기 등이 포함된 일괄 벤튜리 세정설비에 관한 것이다 (U.S. EPA, 2002). 이 일괄 설비는 공장에서 조립될 수 있으며 현장까지 트럭으로 배송된다. 사이클론 분리기의 직경은 12.5 ft로 한정되었다. 이 제한치는 포화가스 한계유량인 90,000 ~ 100,000 cfm에 해당한다. 더 큰 장치는 현장에서 제작되어야 하는데 이 경우 일반적으로 비용이 크게 상승한다. EPA에 제공된 가격정보에는 재순환펌프, 유도송풍기 (induced draft fan), 배관, 기자재, 제어장치 등이 포함되지 않는다. 따라서 우리는 이들 가격정보를 세밀하게 파악하여야 한다. 일반적으로 기자재와 제어장치의 가격은 10% 정도이지만, 송풍기와 펌프 가격은 개별적으로 추정하여야 한다.

가격추정식은 포화 (습윤) 가스량의 함수이다. 공기가 세정기로 유입되기 이전에 가스를 완전히 습윤시키기 위해, 습윤포화기 (pre-saturator)를 구입하여 설치하는 것이 일반적이다. 이로 인해 세정기에서 물의 증발을 막을 수 있으며, 더 양호한 가동과 함께 공기 중으로 분진의 재비산을 막을 수 있다.

표 7.3 습식세정기[*]에 대한 건축자재별 가격승수 (cost multiplier)

건축자재	가격승수
스테인리스강, 304L	1.08～1.16
스테인리스강, 316L	1.25～1.40
유리섬유 강화플라스틱 (FRP)	1.6
고무라이닝	1.6
에폭시 코팅	1.1

* 주의 : 기본 자재는 탄소강으로 가정한다.

고-에너지형 벤튜리에 대하여, 탄소강 세정기의 패키지 가격은

$$C = 170Q^{0.56} \tag{7.25}$$

여기서, C = 본선인도가격 (f.o.b.), 2002년 달러기준
Q = 처리될 포화가스 유량, cfm

저-에너지형 벤튜리에 대하여, 탄소강 세정기의 패키지 가격은

$$C = 150Q^{0.56} \tag{7.26}$$

건축자재와 관련하여, 위의 수식에서 얻은 장치가격은 표 7.3에 주어진 적합한 가격승수 (cost multiplier)를 곱하여 보정되어야 한다. 간단한 살수탑 세정기에 대하여 추정된 가격은 저-에너지형 벤튜리 세정기의 약 1/2 정도이다.

습식세정기의 주요 운영비 항목은 송풍기 및 재순환펌프의 동력비, 유지비, 슬러지 처리비, 노임 및 세정액 등이다. 송풍기의 가동비는 접촉력이나 압력손실로부터 구할 수 있고, 이때, 송풍효율은 70%로 가정한다. 재순환펌프의 동력비는 효율 80%의 펌프에서 살수 노즐의 압력강하 50 psi와 분무화 장치의 압력강하 25 psi로 가정하고 추정한다. 노임은 교대조당 단위장치당 1～3시간을 기준으로 한다. 유해물질로 분류된 화합물을 함유한 젖은 오니의 매립처리는 현재 금지되고 있다. 이 경우 처리비용은 크게 증가할 것이다. 이러한 비용은 대체 방지장치를 선택할 때, 경제성을 신중하게 고려해야 한다. 오니의 처리방법과 소요 비용에 대해서는 Wentz (1989)의 문헌을 참고할 수 있다, EPA는 일반화된 가격정보를 2002년 달러기준으로 발표하였다 (U.S. EPA, n.d.). 보고된 자본비의 범위는 $4～11/scfm이며, 운영 및 관리유지비의 범위는 $3～44/scfm이다 (U.S. EPA, n.d.).

연습문제

7.1 한 수직향류살수탑이 2.0 m의 접촉영역을 가지며, 액/가스 비가 1.0 L/m^3, 평균액적의 직경은 200 μm이었다. 장치의 시험가동 중 다음과 같은 자료를 얻었다. :

평균세정기 온도 = 80 °F

가스속도 = 0.4 m/s

유입농도 = 1.5 gr/ft^3

다음과 같은 입자의 크기분포는 cascade impactor를 이용하여 얻은 것이다.

크기영역, μm	<4	4~8	8~16	16~30	30~50	>50
질량, mg	25	125	100	80	20	10

장치의 총괄효율을 추정하라 (단, 20% 살수이용을 가정한다).

7.2 문제 7.1의 살수탑에서, 대기압, 온도 80 °F, 50%의 상대습도를 갖는 공기 20,000 acfm을 처리한다. 살수탑을 빠져 나오는 공기가 포화상대이고, 슬러지 제거과정에서 재순환수의 2.5%가 손실된다고 가정하면, 필요한 물의 양 (gal/min)은 얼마인가? 총 세정효율이 80%이라면, 슬러지 중 제거되는 고형물의 무게 %는 얼마인가?

7.3 예제 7.2에서 기술된 벤튜리 세정기는 목부에서의 속도를 30% 증가시키기 위해 구조를 변경하였다 (즉, 더 작은 목부와 더 큰 송풍기를 설치). 액적크기를 제외한 다른 운전요인은 일정하다고 가정하고, 1.0 μm 분진의 Pt_d를 계산하라.

7.4 한 벤튜리 세정기가 $N_t = (P_T)^{1/2}$로 가동되고 있다. 유입동력은 4 hp/1,000 cfm이고 입구농도가 1.5 grain/ft^3일 때, 출구농도는 얼마인가?

7.5 벤튜리 세정기가 대기압, 77 °F에서 20,000 acfm의 공기를 처리한다. 목부입구의 속도가 400 ft/s이고, 물이 7.5 gal/1,000 ft^3으로 유입된다. 벤튜리 목부길이는 15 in.이다. 벤튜리를 통과하는 압력손실 (in. H_2O)을 구하고, 압력손실을 접촉력 (kWh/1,000 m^3)으로 환산하라.

7.6 문제 7.5에서, 고-에너지형 벤튜리 세정기의 설치비를 2002년 달러기준으로 구하라.

7.7 예제 7.1에서 기술한 살수탑에서 입경이 15 μm인 분진의 효율을 계산하라. 단, (a) 살수의 50%, (b) 살수의 20%가 부유하고 있다고 가정하라.

7.8 표준상태에서 공기/물의 시스템에 대해, 한 공학도가 Nukiyama-Tanasawa의 관계식 대신 다음과 같은 방정식을 제안했다.

$$d_d = \frac{16{,}400}{V_G} + 1.45\left(\frac{Q_L}{Q_G}\right)^{1.5}$$

여기서, d_d는 μm, V_G는 ft/s, Q_L은 gal/min (gpm), Q_G는 1,000 acfm이다. 공기/물의 시스템에 대해, 15 ℃, 25 ℃, 40 ℃ 온도에서, 위 수식과 Nukiyama-Tanasawa 관계식에서 당신이 유도한 식을 비교하라. 위의 공학도와 같은 단위를 사용하여 당신의 방정식을 유도하라.

7.9 문제 7.8에서 만든 수식을 이용하여, 1 μm 및 6 μm 입자에 대한 벤튜리 세정기에서 액/가스 비가 제거효율에 미치는 영향을 결정하라. 가동변수는 $V_G = 300$ fps, $T = 15$ ℃, $f = 0.5$이다. 두 가지 액/가스 비, 즉, $(Q_L/Q_G) = 5$ 및 10 gal/1,000 ft^{3}일 때 각각 평가하라.

7.10 식(7.9)와 (7.10)을 사용하라. 아래 입경분포를 사용하여 벤튜리 세정기의 총괄제거효율을 결정하라. 운전변수는 $V_G = 300$ fps, $Q_L/Q_G = 10$ gal/1,000 ft^3, $f = 0.5$이고, 온도는 15 ℃이다.

크기영역, μm	0~2	2~4	4~8	8~10	10~20	>20
질량, %	15	30	37	6	10	2

7.11 예제 7.1에서 25% 살수를 가정하고 5 μm 분진에 대한 세정기의 집진효율을 계산하라.

7.12 문제 7.3의 벤튜리 세정기 목부에서, 가스속도가 증가한 후 새로운 압력손실을 계산하라.

7.13 95 °F, 20% 상대습도에서 15,000 cfm의 공기가 단열적으로 포화되었을 때, 부록 B의 그림을 이용하여 어느 정도의 물이 증발하는지, gal/min 단위로 계산하라.

7.14 문제 7.10을 다시 풀어라. 하지만 각각의 입자크기에 대하여 효율을 추정할 때 그림 7.7을 이용하라. 압력손실을 15 in. H_2O로 가정하라.

7.15 50,000 cfm의 포화가스를 처리하는 고-에너지형 벤튜리 세정기 (패키지 형태)의 총 설치비(TIC)를 2002년 달러기준으로 추정하라. 송풍기와 재순환펌프 비용을 위해 50% 이상의 비용을 추가하라.

참고문헌

Air Pollution Engineering Manual, 2nd ed., Wayne T. David, Ed. New York: John Wiley & Sons, 2000.

Air Pollution Manual-Part II, American Industrial Hygiene Association, Detroit, MI. 1968.

Buonicore, A.J. and Davis, W.T., Eds. *Air Pollution Engineering Manual.* New York: Van Nostrand Reinhold, 1992.

Calvert, S. "Engineering Design of Fine Particle Scrubbers", Journal of the Air Pollution Control Association, 24(10), October 1974.

Calvert, S. "Scrubbing", in *Air Pollution－Vol. Ⅳ*, A.C. Stern. Ed. New York : Academic Press, 1977.

Calvert, S "Particle Control by Scrubbing", in *Handbook of Air Pollution Technology*, S. Calvert and H.M. Englund, Eds. New York: Wiley. 1984.

Calvert, S., Goldschmid, J, Leith, D., and Mehat, D. "Wet Scrubber System Study", in *Scrubber Handbook*－Vol. I, U.S. Department of Commerce, NTIS. PB－213016, August 1972.

Hesketh, H.E. "Fine Particle Collection Efficiency Related to Pressure Drop, Scrubbant and Particle Properties, and Contact Mechanism," Journal of the Air Pollution Control Association, 24(10), 1974.

Hesketh, H.E. *Air Pollution Control.* Ann Arbor, MI : Ann Arbor Science, 1979.

Langmuir, I., and Blodgett, K.B. *U.S. Army Air Force Technical Report No. 5418*, U.S. Department of Commerce, OTS PB 27565, February 19, 1946.

Lapple, C.E., and Kamack, H.J. "Performance of Wet Dust Scrubbers", Chemical Engineering Progress, 51, March 1955, PP. 110～121.

Moss, K. Tri-Mer Corporation. Personal communication, May 2009.

Noll, K.E. *Fundamentals of Air Quality Systems－Design of Air Pollution Control Devices*. American Academy of Environmental Engineers, 1999.

Nukiyama, S., and Tanasawa, Y. "An Experiment on the Atomization of Liquid by Means of an Air Stream", Transactions of the Society of Mechanical Engineers, 4(14), Japan, 1938.

Semrau, K.T. "Dust Scrubber Design-A Critique on the State of the Art", Journal of the Air Pollution Control Association, 13, December 1963, PP. 587～593.

Semrau, K.T. "Practical Process Design of Particulate Scrubbers", in Industrial Air Pollution Engineering, V, Casaseno, Ed. New York : McGraw-Hill, 1980

Stairmand, C.J. "Removal of Dust from Gases", in Gas Purification Processes, G. Nonhebel, Ed. London: G. Newnes Ltd., 1964.

Strauss, W. "Mist Elimination", in *Air Pollution*-Vol. Ⅳ, A.C. Stern, Ed. New York: Academic Press, 1977.

U.S. Environmental Protection Agency (EPA). *Air Pollution Control Technology Fact Sheet: Impingement-Plate/Tray-Tower Scrubber*, EPA-452/F-03-012. Accessed April 2010 from http://www.epa.gov/ttn/catc/dir1/fimpinge.pdf.

U.S. Environmental Protection Agency (EPA). *Air Pollution Control Cost Manual*, 6th ed., EPA-452/F-03-001, OAQPS, Research Triangle Park, NC, January 2002.

Wentz, C.A. *Hazardous Waste Management.* New York : McGraw-Hill, 1989.

Yung, C.S., Barbarika, H.F., and Calvert S. "Pressure Loss in Venturi Scrubbers", Journal of the Air Pollution Control Association, 27, 1977, pp. 348～351.

Chapter

08 보조장치 : 후드, 덕트, 송풍기, 냉각기

사업장에서 환기장치를 설계할 때 근본적으로 다음 세 가지 사항에 유의해야 한다: (1) 유량 결정 및 작업장 내 유출입 방식의 조정; (2) 덕트설비의 설계 또는 그 동등 설비의 설계; (3) 송풍기 또는 기타 공기이송장치의 선택

W. C. L. Hemeon, 1963

8.1 머리말

공정설계과정에서 보조장치는 그 중요성을 종종 잊지만, 최종 방지장치가 적절한 기능을 유지하기 위해서는 매우 중요하다. 실내공정이 이루어지는 곳은 적절하게 환기되어야 하며, 실외공정은 폐쇄 덕트 (duct)를 통해 배기되어야 한다. 오염된 공기는 공장 내 오염원에서부터 알맞은 유속으로 덕트를 통해 이송되어야 하며, 최종제어장치 (final control device: FCD)로 보내지고 굴뚝에서 배출되어야 한다. 배출가스는 항상 FCD로 이송되기 전에 냉각되어야 한다. 보조장치의 최적설계 또는 선정은 운영기준을 준수하면서, 오염 방지장치의 경제적인 가동을 가능하게 한다. 부적절한 설계는 필요 이상의 경비를 들게 하며 비정상적인 운영을 불러온다.

8.2 후드

후드는 작업장 공기에서 오염물질 (가스상, 입자상)을 포집하는데 사용된다. 후드를 통해 오염물질을 포집할 때 많은 양의 공기도 함께 흡인된다. 오염원과 후드의 거리가 길수록 후드로 유입되는 공기의 총량은 증가한다. 오염방지장치의 비용은 총 유량과 후드의 종류, 크기, 설치장소에 따라 달라진다. 후드를 설계할 때 중요한 점은 작업을 계속 진행할 수 있도록, 작업자의 호흡영역 (breathing zone)을 보호하는 것이며, 필요 공기량을 최소화하는 것이다. 공기유량이

적을수록 환기 및 방지설비의 총 비용은 줄어든다.

후드의 종류는 그림 8.1과 같이 포위형 (enclosure), 천개형 (canopy), 포획형 (capture) 등 세 가지가 있다. **천개형 후드**는 가열된 상부개방 오염원에서 배출되는 오염물질을 포집하는데 일반적으로 사용된다. 주로 고온의 오염공기를 배출하고 과잉습도를 제거할 때 제한적으로 사용된다. 천개형 후드의 특징은 포획형보다 유입 공기속도가 느릴 때 사용되며, 오염원이 고온이 아닐 때는 사용하지 않는다. 따라서 유해가스를 환기할 때에는 사용하지 않아야 한다. 높이가 낮은 천개형 후드 (오염원에서 3 ft 이내 또는 오염원 탱크의 직경 이내)에 대한 설계방정식이 Danielson (1973)에 의해 개발되었다.

낮은 높이의 원형 천개형 후드에 대하여,

$$Q_h = 4.7(D_h)^{2.33}(\Delta T)^{0.417} \tag{8.1}$$

여기서, Q_h = 후드 배출량, cfm

D_h = 후드 직경 (일반적으로 오염원 탱크의 직경보다 1~2 ft 크다), ft

ΔT = 고온 오염원과 기온과의 차, °F

낮은 높이의 직사각형 천개형 후드에 대하여,

$$Q_h = 6.2\,L\,(W)^{1.33}(\Delta T)^{0.417} \tag{8.2}$$

여기서, L = 후드 길이, ft

W = 후드 폭, ft

L과 W는 오염원 탱크의 길이보다 1~2 ft 더 길어야 한다.

높이가 높은 천개형 후드에서는, 다량의 공기가 오염된 훈연 (fume)과 함께 동반배출되며, 그 설계는 매우 복잡하다. 상세한 것은 Danielson (1973)을 참고하라.

포획형 후드 (capturing hood)의 목적은 "후드 가까운 작업장 공기 중 오염물질을 포획하기 위해 충분히 빠른 속도의 방향성 기류"를 만드는 것이다 (McDermott, 1976). 이 목적에는 후드 쪽으로 방출되는 오염물뿐만 아니라, 반대쪽으로 방출되는 오염물도 포함된다. 정체된 공기 속으로 오염물질이 서서히 방출될 때, 50~100 ft/min 범위의 최저 **설계포획속도** (design capture velocity)는 공정배출물질이 확인될 수 있는, 또한 후드로부터 가장 먼 지점에도 영향을 미쳐야 한다. 그러나 오염물질이 대단히 빠르게 난기류 속으로 방출될 때 최저 포획속도는 500~1,000 ft/min 범위가 될 수 있다. 미연방 산업안전보건법 (Federal Occupational Safety and Health Act: OSHA)에 환기시설에 대한 여러 가지 운영과 설계에 관한 기준이 담겨있다. 특정물질, 특정운영, 특정후드에 대한 기준을 설정하고 있다.

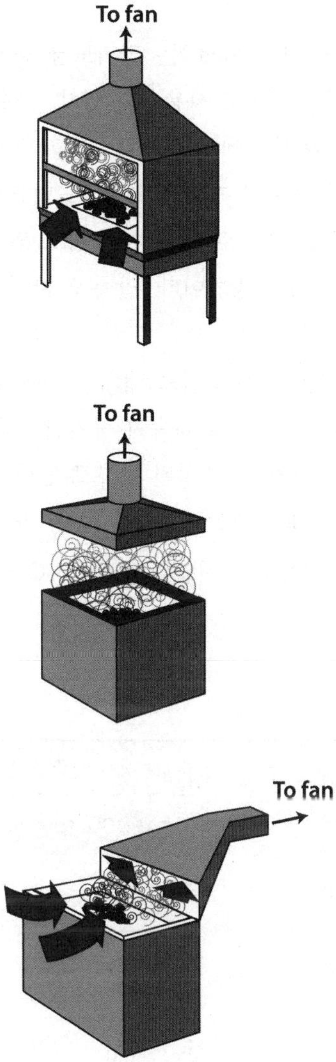

(a) 포위형
- 후드 안에서 오염물질이 방출

(b) 천개형
- 오염원에서 부상하는 오염물질을 흡인

(c) 포획형
- 오염물질을 흡인

그림 8.1 후드의 세가지 유형

포위형 후드 (enclosure hood)는 오염원을 완전히 포위하고 공기의 면속도 (face velocity)가 100～200 ft/min가 되도록 설계한다. 면속도는 개구부 단면을 통과하여 유입되는 평균 공기속도이다. 따라서 면속도에 후드 개구부의 단면적을 곱하여 총 유량을 계산할 수 있다. 포획형 후드에서는, 후드에서 일정거리 떨어진 곳의 포획속도는 후드의 기하학적 구조와 입구로부터 거리 관계식을 이용하여 면속도로 환산할 수 있으며, 유량을 계산할 수 있다 (Denielson, 1973; McDermott 1976). 분진처리를 위한 "후드의 속도는 표준공기 (밀도 = 0.075 lb/ft^3)를 기준으로 한다." 저밀도 공기일 때, 공기의 유속은 일정한 질량속도를 유지하기 위해 증가되어야 한다

(Industrial Ventilation, 1972).

폭이 좁고 긴 직사각형 모양의 '슬롯 후드 (slot hood)'는 전기도금 공정과 같은 상부개방형 탱크에서 방출되는 유해물질을 포집하는데 효과적으로 사용되고 있다. 슬롯 후드의 일반적 설계 속도는 약 2,000 ft/min이다. 폭이 넓은 오염원 탱크에서는 주로 '밀고 당기는 (push/pull)' 방식의 환기공정이 필요하다. 왜냐하면, 2 ft 이상 떨어진 거리에서는 후드만으로는 효율이 떨어지기 때문이다. 밀고 당기는 방식은 압축공기를 후드 쪽으로 분출시켜, 탱크 위로 방출되는 오염물질을 후드로 보내고 후드에서는 이를 받아 흡입하는 방법이다. 압축공기분출 효과는 후드 방향으로 기류를 형성시킨다.

후드로 인한 압력손실은 후드의 크기와 모양, 그리고 덕트 내의 공기유속과 밀접한 관련이 있다. 8.3절에서 설명되겠지만, 덕트 내에 유체가 흐를 때 유속이 증가할수록 **동압** (velocity pressure: VP)은 증가하게 된다. 공기가 후드로 유입될 때 생성된 난류로 인한 **정압** (static pressure: SP) 손실은 공기의 동압 [유입손실계수 (entry loss factor: F_h에 의한)]과 관련이 있다. 일부 후드의 유입손실계수가 표 8.1에 있으며, 이와 상응하는 정압손실 (in. H_2O)도 함께 제시되어 있다 (McDermott, 1976).

표 8.1 후드의 종류, 유입손실계수 및 전형적 정압손실

후드의 종류		유입손실계수 F_h (덕트 동압의 분율)	압력손실 in. H_2O	
이 름	모 양		V=2,000 fpm	V=4,000 fpm
Unflanged		0.90	0.2	0.9
Flanged	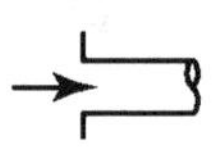	0.50	0.1	0.5
Rounded	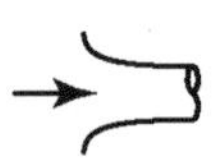	0.03	0.0	0.03
45° Taper	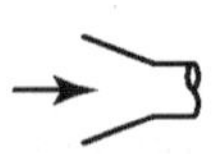	0.10	0.02	0.1
Slot	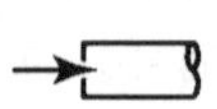	1.78 (of slot VP)	2.8 (at a slot velocity of 5,000 fpm)	

출처 : McDermott, 1976.

8.3 덕트

덕트는 오염된 공기를 방지장치로 이송시키고 방지장치에서 송풍기로 이송시키는 통로이다. 덕트는 수냉시설, 내화시설, 스테인리스강, 탄소강 등 네가지 기본형으로 분류할 수 있다. 수냉시설과 내화시설은 가스온도가 1,500 °F 이상일 때 사용한다. 일반적으로 스테인리스강 덕트는 1,150~1,500 °F 정도에서 사용할 때 경제적이다. 탄소강 덕트는 1,150 °F 이하의 부식성이 적은 가스에 적합하다 (Vatavuk and Neveril, 1980). 만약, 가스가 부식성이고 온도가 낮으면 스테인리스강을 사용해야 한다. 배출가스가 덕트 속을 흐를 때, 덕트는 열교환장치의 역할을 하여 가스온도를 낮춘다. 덕트에서는 공기의 압력손실이 발생하기 때문에, 공기 흐름을 공부하고 응용할 때 유체역학의 기본원리를 알아야 한다.

유체가 닫힌 도관 (closed conduit)을 통과할 때, 유체와 도관사이의 마찰은 압력손실을 가져온다. 따라서 비압축성 유체 (낮은 압력손실에서는 공기에도 적용된다)에 대해, 기계적 에너지수지를 표현한 베르누이 식 (Bernoulli's equation)은 다음과 같다.

$$\frac{P_1}{\rho} + \frac{v_1^2}{2g_c} + \eta\,\dot{w} = \frac{P_2}{\rho} + \frac{v_2^2}{2g_c} + h_f \tag{8.3}$$

여기서, P = 정압, lb_f/ft^2

ρ = 유체밀도, lb_m/ft^3

v = 유체의 평균 선속도, ft/s

g_c = 중력상수, 32.2 $lb_m\text{-}ft/lb_f\text{-}s^2$

η = 송풍효율

$\dot{w}$ = 송풍동력, $ft\text{-}lb_f/lb_m$

h_f = 마찰에 의한 압력손실, $ft\text{-}lb_f/lb_m$

식 (8.3)은 덕트 내 두 지점에서 응용할 수 있다 (송풍기를 포함하지 않는다). h_f항은 식 (8.3)의 모든 항에 g_c/g를 곱하여 feet 단위로 바꿀 수 있고, $\rho g/g_c = \gamma$, 즉 유체의 비중을 이용하여 다음과 같이 정리할 수 있다.

$$\frac{P_1}{\gamma} + \frac{v_1^2}{2g} = \frac{P_2}{\gamma} + \frac{v_2^2}{2g} + H_f \tag{8.4}$$

여기서, γ = 유체의 비중, lb_f/ft^3
g = 중력가속도, 32.2 ft/s^2
H_f = 마찰에 의한 압력손실, ft of fluid

식 (8.4)의 각 항은 ft of fluid (유체의 길이) 단위를 갖는다. 따라서 특정속도로 이동하는 공기의 속도압 (velocity head)은 다음과 같은 관계가 있다.

$$H_v = \frac{v^2}{2g} \tag{8.5}$$

여기서, H_v = 공기의 속도압, ft of air

동압 (velocity pressure)은 속도압으로 변환하여 사용하기도 한다. 표준공기 (환기분야에서 표준공기는 온도 70 °F, 기압 1.00 atm, 습도 50%, 밀도 0.075 lb_m/ft^3으로 정의된다.)일 때, 식 (8.5)는 다음과 같은 특정단위로 다시 쓸 수 있다.

$$V = 4{,}005\sqrt{\mathrm{VP}} \tag{8.6}$$

여기서, VP = 속도압, in. H_2O
V = 공기유속, ft/min
4,005 = 압력손실의 단위를 공기속도로 바꿀 때, 환산계수, $(ft/min)/(in.\ H_2O)^{1/2}$

본 장에서는, 다음 논의 때 혼란을 피하기 위해 속도에 대해 두 가지 기호를 사용하고 있다: v의 단위는 ft/s이고 V의 단위는 ft/min이다. 상수 4,005는 다음과 같이 유도된다. 속도압 H_v는 $v^2/2g$와 같으며 'ft of fluid' 단위를 사용한다. 속도압 또는 동압을 표준공기와 물의 밀도를 이용하여 in. H_2O 단위로 환산할 수 있고 환산계수는 12 in./ft와 60 s/min이다 (Hemeon, 1963). 따라서,

$$\mathrm{VP} = \frac{(V/60)^2}{2(32.17)} \times \frac{0.075}{62.33} \times 12 = \left[\frac{V}{4{,}005}\right]^2$$

표준상태 이외의 공기 (실제공기)에 대하여,

$$\mathrm{VP}_{\mathrm{act}} = \mathrm{VP}_{\mathrm{std}} \times \frac{\rho_{\mathrm{act}}}{\rho_{\mathrm{std}}} \tag{8.7}$$

덕트 내 한 지점에서의 전압 (total pressure: TP)은 정압 (SP)과 동압 (VP)의 합이다. 정압은 덕트 내 해당위치가 흡입부에 있는지 또는 배기부에 있는지의 여부에 따라, 대기압과 비교하여 正압 (+)이거나, 負압 (−)이 된다. 유동계에서, 덕트의 기하학적 구조변경을 통해 정압이 동압

으로 전환되거나, 동압이 정압으로 전환될 수 있다. 그러나 유체가 송풍기 (기체의 경우)나 펌프 (액체의 경우)를 통과하는 경우를 제외하고, 전압은 항상 유체의 진행방향으로 감소한다 (송풍기와 펌프에 부과된 기계적 에너지가 전압을 증가시키기 때문이다). 따라서 기계적 에너지수지식 (8.4)는 다음과 같이 표현할 수 있다.

$$\mathrm{SP}_1 + \mathrm{VP}_1 = \mathrm{SP}_2 + \mathrm{VP}_2 + \text{압력손실} \tag{8.8}$$

H_f로 인한 압력손실은 유속의 제곱에 비례한다. 원형 덕트 또는 파이프에서 H_f는 다음과 같다.

$$H_f = \frac{fLv^2}{D_c 2g} \tag{8.9}$$

여기서, H_f = 압력손실, ft of fluid

L = 덕트의 길이, ft

f = 마찰계수, 무차원

D_c = 덕트의 직경, ft

그림 8.2 (FPS 단위)와 그림 8.3 (SI 단위)은 여러 가지 덕트의 크기와 유량에 대해, 덕트의 단위 길이당 마찰 압력손실을 표시한 것이다.

덕트 직선부에서의 마찰에 의한 압력손실뿐만 아니라, 굴곡부, 연결부, 팽창 및 수축부, 장애물 부위에서도 난류와 마찰에 의한 에너지 손실이 발생한다. 이와 같은 압력손실은 식 (8.9)에 fL/D항 대신 **연결부위 손실계수** (fitting loss factor)를 사용하여 계산할 수 있다.

$$H_f = K_f \frac{v^2}{2g} \tag{8.10}$$

여기서, K_f = 연결부위 손실계수, 무차원

연결부위의 압력손실을 구할 수 있는 또 다른 접근법은 **덕트의 등가길이** (equivalent duct length)로 각 압력손실 항을 표시하고 (등가길이란 연결부 압력손실로 초래된 직선 덕트의 길이를 의미한다), 총 압력손실은 각 등가길이를 합산하여 계산한다. 각 압력손실 항목과 해당 등가길이를 표 8.2에 제시하였다.

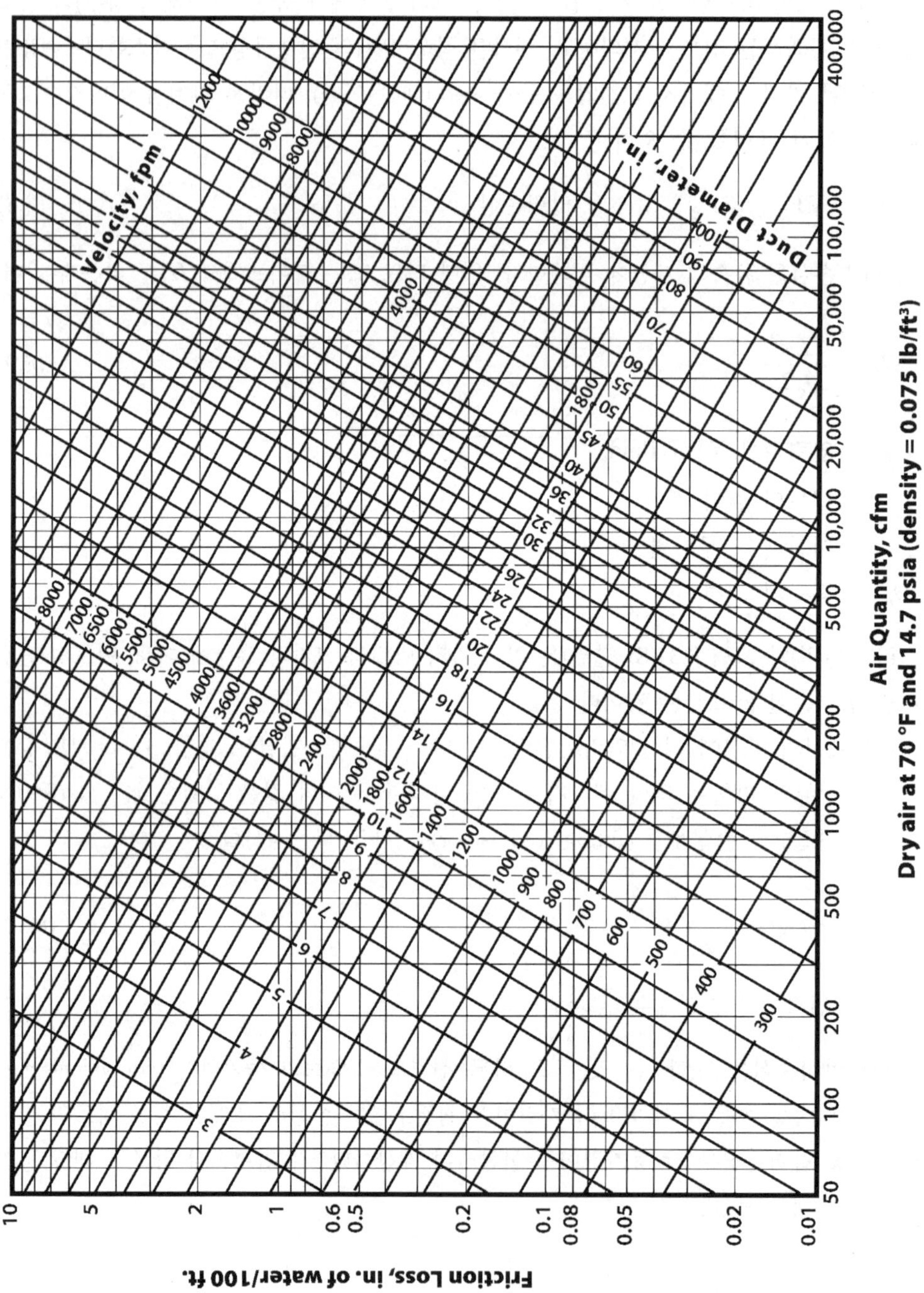

그림 8.2 원형 덕트에서 공기에 대한 마찰손실 – FPS 단위

출처 : ASHRAE Handbook, 2009.

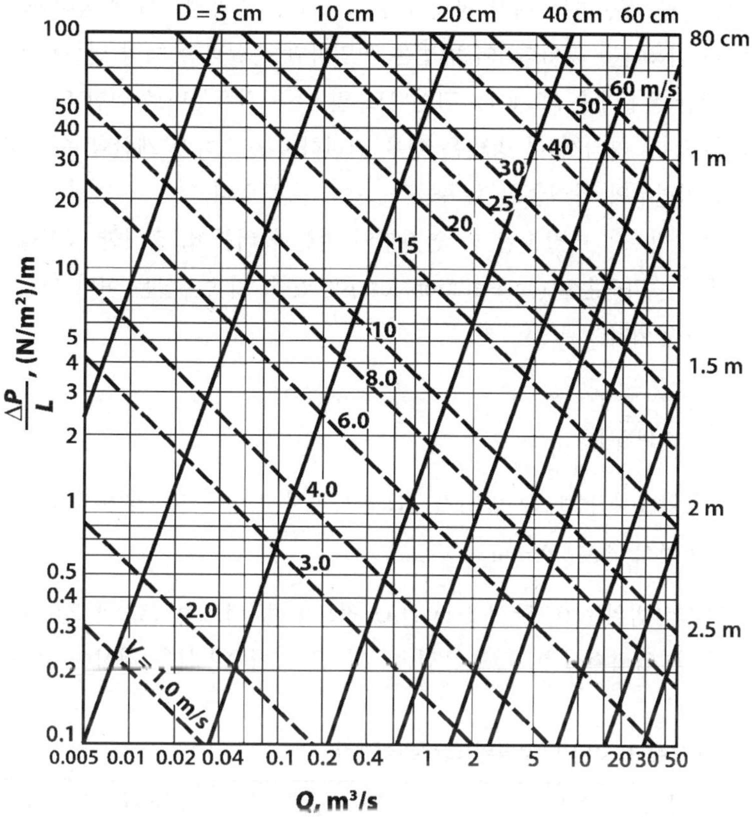

그림 8.3 원형 덕트에서 공기에 대한 마찰손실 – SI 단위

출처 : Crawford, 1976.

표 8.2 연결부위 압력손실계수와 덕트의 등가길이

연결부위 항목	K_f	덕트의 등가길이 (덕트 직경의 승수)
Tee	2.0	45
90° Elbow	0.9	20
60° Elbow	0.6	14
45° Elbow	0.45	10
Branch into Duct (분지관의 경우)		
30° Angle	0.2	10
45° Angle	0.3	18
Sudden Enlargement	0.9	20

출처 : Industrial Ventilation, 1972 ; Crawford, 1976.

덕트 내 압력손실을 계산하는 여러 방법들이 있으나, 환기공정에서 광범위하게 사용되는 방법은 동압 (VP)을 이용하는 것이다. 이 방법은 벽면마찰 손실과 유체의 난류로 인한 손실을 포함한다. 후드에 대한 손실계수 (표 8.1), 직선덕트 및 각종 덕트설비로 인한 압력손실 모두를 동압으로 표현할 수 있다. 따라서 이 방법은 매우 편리하며 신속하게 계산할 수 있다. 표 8.3에는 동압으로 표시된 연결부의 압력손실 항목들을 보여 주고 있다.

후드의 유입손실, 덕트의 마찰손실 및 연결부의 손실과 더불어, 정지한 공기를 덕트속도까지 가속시킬 때 발생하는 가속손실 (acceleration loss)이 있다. 가속손실은 여타 다른 압력손실과는 구별되며 일종의 동압이다.

$$VP_a = \left[\frac{V}{4,005}\right]^2 \tag{8.11}$$

여기서, VP_a = 동압 (정지상태의 공기가 속도 V까지 가속될 때 받는 압력손실), in. H_2O

V = 공기의 속도, ft/min

전형적 가속손실의 범위는 0.25~1.5 in. H_2O 정도이며, 덕트속도로 약 2,000~5,000 fpm에 해당한다. 후드의 총 압력손실은 후드 유입손실과 공기 가속손실을 더하여 표현한다. 즉,

표 8.3 동압 (VP)으로 표시된 연결부위 압력손실계수

압력손실 항목	동압 (VP)의 분율			
90° Elbow, 원형 덕트				
(곡률반경 = R, 덕트 직경 = D_c)				
R = 2.50	0.22			
R = 2.00	0.27			
R = 1.50	0.39			
R = 1.25	0.55			
90° Elbow, 직사각형 덕트	종횡비 (덕트 높이/폭), H/W			
(곡률반경 = R, 덕트 폭 = W)	0.25	0.50	1.00	4.00
R = 0.0 (meter)	1.50	1.32	1.15	0.86
R = 0.5	1.36	1.21	1.05	0.79
R = 1.0	0.45	0.28	0.21	0.19
R = 2.0	0.24	0.15	0.11	0.10
Branch into Duct				
30°	0.18			
45°	0.28			
60°	0.44			
90° (tee)	1.00			

출처 : Industrial Ventilation, 1972.

표 8.4 분진의 침강을 막기 위한 덕트 내 공기의 최저속도

분진형태	속도, ft/min
저밀도 (가스, 증기, 연기, 밀가루, 섬유가루)	2,000
중~저밀도 (곡분, 톱밥, 플라스틱, 고무)	3,000
중~고밀도 (시멘트, 모래, 연마 분진)	4,000
고밀도 (금속분, 납 먼지)	5,000

출처 : Danielson, 1973.

$$\Delta P_{\text{hood}} = (1.0 + F_h)\text{VP}_{\text{duct}} \tag{8.12}$$

덕트 내 압력손실은 공기속도의 제곱에 비례하므로 느린 속도가 선호된다. 그러나 덕트 내부에 분진이 쌓이지 않도록 최소 공기속도는 유지되어야 한다. 표 8.4는 적절한 속도를 선택하는데 지침이 될 수 있는 자료이다 (Danielson, 1973).

덕트 내에서 공기유속을 적절히 유지시키는 일은 매우 중요하다. 주어진 유속에서, 덕트의 직경이 증가할수록, 유속은 **연속방정식** (continuity equation)에 의하여 감소하게 된다. 이와 같은 유속 감소는 진압 (TP) 손실과 송풍기 운영비를 절감시키는 효과가 있다. 하지만 최소 분진 이송속도의 유지기준 때문에, 또한 덕트 직경에 따라 설치비용이 증가하기 때문에 무조건 대형 덕트를 사용할 수는 없다. 단지, 가스와 증기만을 처리하는 공정이라면, 덕트 내의 유속이 2,000~3,000 fpm일 때, 덕트 가격과 송풍기 운영비 사이에 수지를 맞출 수 있다 (Industrial Ventilation, 1972).

송풍기 운영비는 유량과 압력손실의 곱과 비례관계에 있다. 제 4장의 식 (4.12)와 예제 4.3과 4.4에서 이러한 사실을 설명한 바 있다. 식 (4.12)를 FPS 단위로 다시 쓴다면,

$$\dot{w}_F = \frac{0.0001575 Q \Delta P}{\eta_F} \tag{8.13}$$

여기서, $\dot{w}_F$ = 유체의 일, hp

Q = 공기의 유량, acfm

ΔP = 압력손실, in. H_2O

η_F = 송풍효율

Q와 ΔP가 동일한 조건에서 결정된다면, 식 (8.13)은 공기의 밀도와 관계없이 사용할 수 있다. 그 이유는 표준상태이외의 공기밀도에서 Q는 $1/\rho$에 비례하고 ΔP는 ρ에 비례하기 때문이다.

덕트는 주로 원형보다는 직사각형이나 정사각형을 많이 쓰는데, 그 이유는 설치공간의 제한 때문에, 원형보다는 비교적 쉽게 설치할 수 있기 때문이다. 원형이 아닌 덕트는 **동수직경**

(hydraulic diameter)으로 덕트를 특성화할 수 있다. 동수직경은 다음과 같이 계산된다.

$$D_h = \frac{4A}{P} \tag{8.14}$$

여기서, D_h = 동수직경, ft

A = 단면적, ft^2

P = "wetted" 둘레 (유체와 접촉하고 있는 덕트 단면적의 내부 둘레), ft

동수직경은 정사각형 덕트에서는 바람직한 특성치이지만, 면적이 같고 가로와 세로의 비율이 다른 직사각형 덕트에서는 차이가 난다. 그러므로 직사각형 덕트에서 압력손실을 계산하기 위해서는, 그림 8.2~8.3과 같은 그래프를 이용할 수 있다. 하지만, 이러한 접근법은 매우 귀찮은 절차를 밟아야 하기 때문에, Crawford (1976)에 의해 개발된 그림 8.4를 주로 사용한다. 이 그림은 같은 압력손실에서 같은 양의 공기를 처리하는 원형 및 직사각형 덕트를 동일하게 다룰 수 있다. 그림 8.4는 원형 및 직사각형 덕트에 대해 정확하게 등량이다. 따라서 설계공정은 유체역학적으로 많은 정보를 내재한 원형 덕트를 기준으로 진행되며, 원형 덕트에 대한 설계가 끝난 후, 제한된 공간적 특성에 맞게 직사각형 덕트에 대한 종횡비를 결정할 수 있다. 다음 예제를 통해 위의 절차를 살펴보자.

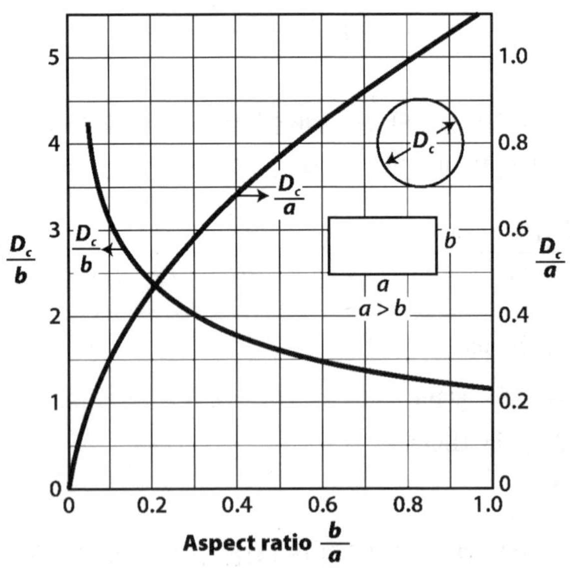

그림 8.4 등유량 (flow-equivalent)의 직사각형과 원형 덕트

출처 : Crawford, 1976.

예제 8.1 직경 (D_c)이 36 in.인 원형 덕트와 등유량인 사각형 덕트가 있다. 각각의 치수를 추정하라. (a) 정방형 덕트, (b) 4 : 1인 직사각형 덕트

풀이 (a) 정방형 (정사각형) 덕트의 종횡비 (aspect ratio)가 1.0이므로, 그림 8.5에서 D_c/b선을 따라 해당 값을 좌축에서 읽으면 1.13이 나온다. 여기서 b를 구하면,

$$b = 36/1.13 = 31.8 = 32 \text{ inch}$$

(b) 그림 8.4에서 종횡비가 0.25일 때, $D_c/b = 2.2$이므로 $b = 16.4$ in.이다. 그러므로 덕트의 가로와 세로는 64×16 in.이다.

단일후드 및 단일배기 덕트의 설계는 매우 간단한 일률적인 작업이다. 설계자는 먼저 유량과 후드를 결정하고 설치공장에 맞는 배치도를 대략 그린다. 그 다음, 덕트의 직경은 덕트 내의 유속을 유지하기에 적합한 치수로 결정하고, 후드의 유입구에서 송풍기 위치까지 모든 압력손실을 합산하여 계산한다. 물론, 후드 입구 및 초기 가속압력손실 (VP_a)를 포함시켜야 한다. 이와 같은 순서로 송풍기에서 굴뚝까지 설계한다. 위의 두 경우를 합산하여 공정상 총 압력손실을 계산한다.

복수후드 (multiple hood)와 나중 분지관 (multiple branches)을 포함한 공정설계는 총 공기량을 모든 후드와 분지관에 배분하기 때문에 더욱 복잡하지만, 이 과정 역시 단일덕트 설계 때와 유사하다. 먼저, 배치도를 그리고 각각의 설계속도에 적합한 덕트의 직경을 결정한 후, 후드, 덕트, 각종 배관설비를 통과하는 압력손실을 두 덕드의 연결지점까지 계산한다. 연결지점에서는 두 덕트의 정압이 설계조건과 같아야 한다. 가장 큰 정압손실을 보이는 분지관은 세심한 주의를 요하는 "임계경로덕트 (critical path duct)"로 간주한다.

실제로 단지 한 개 분지관만이 임계경로덕트가 된다. 즉, 그 분지관은 설계속도에서 최대 압력손실을 가질 것이다. 이런 설비는 실제가동 중 스스로 수지균형을 맞출 수 있다. 즉, 공기유량은 재배분되어 정압이 연결지점에서 같아진다. 실제속도는 다른 분지관에서의 설계속도보다 빨라진다. 하지만, 만약 설계자가 일부 덕트에 더 많은 공기 저항물질을 추가한다면, 이 덕트들은 원하는 것보다 적은 공기유량을 가질 것이다. 덕트에서 적당한 정압과 속도를 유지하기 위한 세 가지 방법이 있다 (McDermott, 1976).

1. 분지관 내에 유량조절관 (damper)과 같은 유량제한장치로 조절한다 (이 방법은 가동 시 큰 융통성을 줄 수 있으며, 미래에 운전을 변경할 때에도 쉽게 적용할 수 있다).
2. 분지관의 직경을 줄이거나 늘려서 압력손실을 재계산하라. 적절한 균형을 이룰 때까지 이 절차를 반복한다. 최저속도를 유지할 수 있도록 공기 유속을 점검한다.
3. 모든 후드에서 최저속도를 얻기 위해, 일부 후드에서 요구되는 최저속도 이상으로 공기 유량을 증가시킨다.

그러나 Menkel (1985)은 선택 1항이 실제로 적절한 SP와 속도를 얻는 데는 성공적이지 못하나, 선택 2항과 3항은 바람직하다고 지적한 바 있다.

덕트 설계에서 모든 그림과 도표는 표준상태의 공기를 기준으로 한다. 모든 송풍기의 등급표도 표준공기를 기준으로 하므로, 덕트를 설계할 때도 표준공기를 기준으로 하면 편리하다. 이 과정에서, 공기의 부피속도 (질량속도가 아님) 값은 일정하게 유지된다. 덕트 내에서 전압손실은 표준공기를 기준으로 계산된 것이고, 송풍기 때문에 전압은 상승한다. 제어장치의 압력손실이 덕트와 후드로 인한 총 압력손실에 합산될 때, 장치의 압력손실은 덕트 설비와 같은 기준이 되어야 한다. 즉, 모든 설비는 표준상태 공기를 기준으로 통일하거나, 실제 조건을 기준으로 통일하여야 한다.

가동조건이 변경될 때, 압력손실과 공기밀도와의 관계는 다음과 같다.

$$\Delta P_{\text{act}} = \Delta P_{\text{std}} \times \frac{\rho_{\text{act}}}{\rho_{\text{std}}} = \Delta P_{\text{std}} \times \frac{T_{\text{std}}}{T_{\text{act}}} \tag{8.15}$$

예제 8.2 공기가 500 ℉, 1 atm인 상태에서 10,000 acfm의 유속으로, 직경 20 in.이고 직선길이가 250 ft인 원형 덕트를 통과하고 있을 때, 실제 압력손실을 계산하라. 한편, 이 공기는 110 ℉, 1 atm에서 5.0 in. H_2O의 압력손실을 갖는 제어장치를 통과하여야 한다.

풀이 그림 8.2에서, 10,000 acfm 선분과 덕트 직경 20 in.인 선분이 교차한 점에서 선속도는 4,600 fpm이다. 그리고, 압력손실은 덕트 길이 100 ft당 1.3 in. H_2O이다. 따라서, 표준상태 공기에서

$$\text{덕트의 정압손실} = \frac{1.3\ \text{in. H}_2\text{O}}{100\ \text{ft}} \times 250\ \text{ft} = 3.2\ \text{in. H}_2\text{O}$$

$$\text{후드의 정압손실} = (1.0 + 0.5)\text{VP}$$

$$\text{그러나, VP} = \left[\frac{4{,}600}{4{,}005}\right]^2 = 1.3\ \text{in. H}_2\text{O}$$

$$\text{따라서, 후드의 정압손실} = 1.5(1.3) = 2.0\ \text{in. H}_2\text{O}$$

$$\begin{aligned}\text{제어장치 손실 (표준공기 기준)} &= 5.0\ \text{in. H}_2\text{O} \times \frac{\rho_{\text{std}}}{\rho_{\text{act}}} \\ &= 5.0\ \text{in. H}_2\text{O} \times \frac{T_{\text{act}}}{T_{\text{std}}} \\ &= 5.0\ \text{in. H}_2\text{O} \times \frac{570}{530} \\ &= 5.4\ \text{in. H}_2\text{O}\end{aligned}$$

$$\text{총 압력손실 (표준공기 기준)} = 3.2 + 2.0 + 5.4 = 10.6\ \text{in. H}_2\text{O}$$

$$
\begin{aligned}
\text{총 압력손실 (실제공기 기준)} &= 10.6 \times \frac{\rho_{act}}{\rho_{std}} \\
&= 10.6 \times \frac{T_{std}}{T_{act}} \\
&= 10.6 \times \frac{530}{960} \\
&= 5.8\ \text{in.}\ H_2O
\end{aligned}
$$

덕트에서 발생되는 문제점은 다음과 같은 두 가지 덕트의 기능과 관련이 있다. 즉, 주요기능은 (1) A지점에서 B지점으로 공기의 이송, (2) 복수후드에서 모든 후드의 총 공기량 수지를 맞추기 위해, 적절한 공기저항물질의 설치 등이다. 그러나 실제로 가장 큰 저항을 가진 임계경로(critical path)에서는 송풍기의 동력비를 줄이기 위해 압력손실을 줄여야 한다. 송풍기의 주 덕트, 유출입 덕트 및 최종 제어장치 등은 항상 가장 큰 저항경로를 포함하고 있다. 단지 하나의 후드와 하나의 분지관만이 임계경로에 포함되지만, 이들은 때때로 총 압력손실의 큰 부담자가 될 수 있다. 임계경로에서의 저항은 덕트의 굴곡부를 제거하거나, 급한 굴곡부를 완만한 굴곡부 또는 회진날개를 깃는 굴곡부로 대체하거나, 또는 직경이 큰 덕트를 사용하여 감소시킬 수 있다.

설비저항의 감소와 송풍동력의 증가로 공기유량이 증가하더라도, 모든 송풍기 덕트설비는 유일한 운전점을 갖는다. 이 운전점은 그림 8.5에서와 같이, 송풍기 성능곡선과 설비 저항곡선의 교차점으로 정의된다.

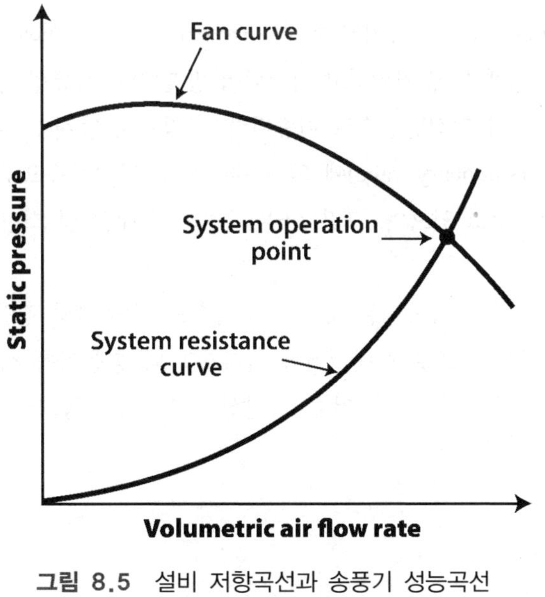

그림 8.5 설비 저항곡선과 송풍기 성능곡선

8.4 송풍기

송풍기는 공기가 후드, 덕트 및 기타 제어설비 등을 이동하도록 에너지를 공급하는 장치이다. 송풍기는 공기를 이송시키며, 공기가 덕트와 제어장치를 흐를 때 발생하는 압력손실량 이상의 전압 (total pressure: TP)을 제공하는 장치이다. 대부분 송풍기 등급표는 정압 (fan static pressure: FSP)으로 표시된다. 송풍기 정압은 송풍기 전압에서 송풍기 출구의 동압 (VP)을 빼준 값이다. 따라서 송풍기 정압은 다음과 같이 덕트설비의 압력과 관계가 있다.

$$\mathrm{FSP} = \mathrm{TP}_{\mathrm{outlet}} - \mathrm{TP}_{\mathrm{inlet}} - \mathrm{VP}_{\mathrm{outlet}} \tag{8.16}$$

또한, 식 (8.16)은 다음과 같이 쓸 수 있다.

$$\mathrm{FSP} = (\mathrm{SP}_{\mathrm{outlet}} + \mathrm{VP}_{\mathrm{outlet}}) - (\mathrm{SP}_{\mathrm{inlet}} + \mathrm{VP}_{\mathrm{inlet}}) - \mathrm{VP}_{\mathrm{outlet}}$$

또는,

$$\mathrm{FSP} = \mathrm{SP}_{\mathrm{outlet}} - \mathrm{SP}_{\mathrm{inlet}} - \mathrm{VP}_{\mathrm{inlet}}$$

부호에 관계없이 덕트설비에 대한 압력손실로 표현하면,

$$\mathrm{FSP} = \Delta P_{\mathrm{suction\ side}} + \Delta P_{\mathrm{discharge\ side}} - \mathrm{VP}_{\mathrm{inlet}} \tag{8.17}$$

식 (8.17)은 원하는 덕트설비와 송풍기를 선택할 때 기본식이다.

송풍기의 기본형은 (1) 원심력형, (2) 프로펠러 또는 축류형 두 가지가 있다 (Danielson, 1973). 원심력 송풍기 (centrifugal fan)는 공기가 회전자 (rotor) 입구로 들어와 유입방향과 직각으로 향하고, 이때 생성된 원심력에 의해 가속되고 압축되어 방출된다. 축류형 송풍기 (axial flow fan)에서는 공기가 회전축을 따라 직선방향으로 이송된다. 바람개비 날개는 앞에서 공기를 당기고 뒤로 배출한다. 고정날개 (stationary vane)에 의해, 원심력은 압력상승으로 나타난다. 표 8.5는 주요 송풍기의 종류를 보여주고 있으며, 그림 8.6은 송풍기의 대형 및 소형 축차 (wheel)를 보여주고 있다.

특정목적에 사용하기 위해, 송풍기는 공기의 부피속도, 송풍기의 정압상승, 송풍기에서의 가스밀도 등 세 가지 항목을 기초로 선정되어야 한다. 그 외 송풍기를 선택할 때 고려되어야 할 주요인자로는 본류 내 오염물질 (먼지, 액체, 가연성 가스 등)의 농도와 종류, 설치 가능한 공간 및 소음 등이 있다.

표 8.5 송풍기의 종류

	원심력 송풍기의 유형	
	설 명	응 용
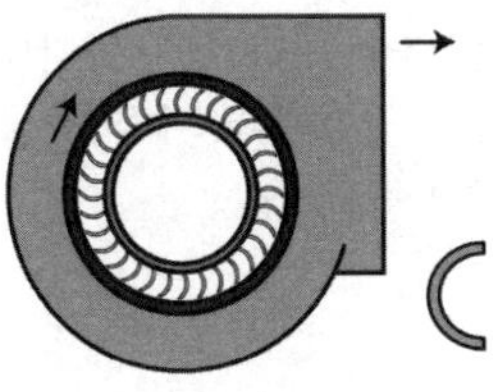	전향날개형 (forward curved): 축차의 날개는 작고, 회전축차의 회전방향 쪽으로 굽어있다. 이 송풍기는 비교적 느린 속도로 가동된다. 이 축차는 때로는 '다람쥐 축차'라고도 불린다.	주로 가정용 화로, 중앙난방장치 및 패키지 에어컨과 같이 저압 난방, 환기 및 에어컨 장치에 이용된다.
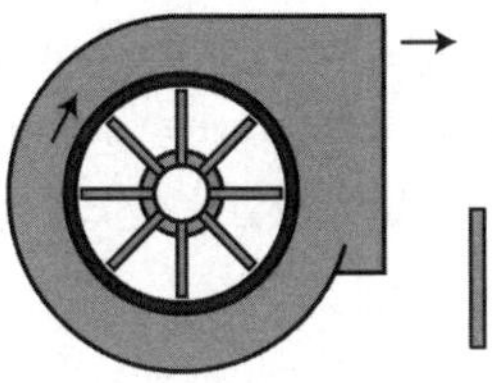	방사날개형 (radial blade): 이 축차는 외륜수차 모양이며, 날개는 회전방향과 직각으로 설치되었으며, 송풍기는 보통 속도로 가동된다.	방사날개형은 물질의 이송취급, 거친 건설현장 등에서 이용되며, 산업용으로는 고압장치에 이용된다.
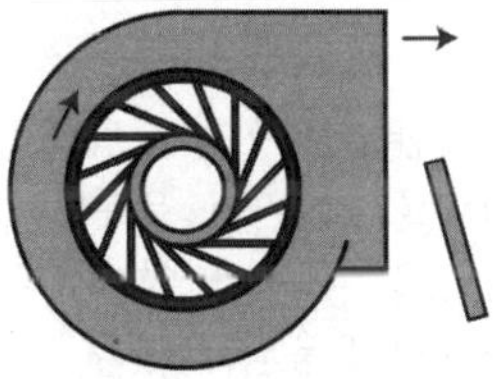	후향날개형 (backward inclined): 축차의 날개는 평평하며, 회전 방향과 반대로 기울어져 있다. 이 송풍기는 고속으로 가동되며 전술한 송풍기들보다 효율이 좋다.	일반 난방, 환기 및 에어컨 등에 이용되며, 먼지 등으로 날개가 마모되기 쉬운 산업장에 많이 이용된다.
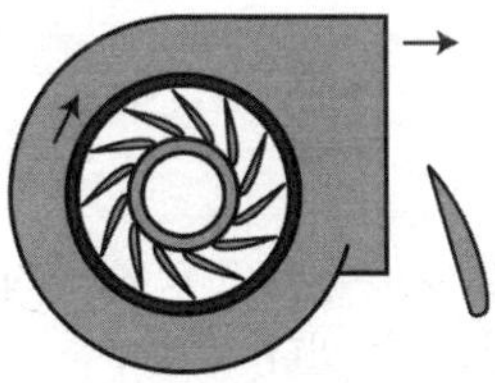	비행기날개형 (airfoil blade): 비록 기본형은 아니지만, 후향날개형을 정밀하게 변형시킨 것으로 고효율을 보인다. 표준형 평판날개형보다 비교적 고속에서 가동된다.	모든 원심력 송풍기 중 가장 효율이 좋다. 대형 HVAC장치와 산업용 공기청정장치에 이용되며, 에너지 절감 효과가 좋다. 먼지처리를 위해 특수 제작될 수 있다.
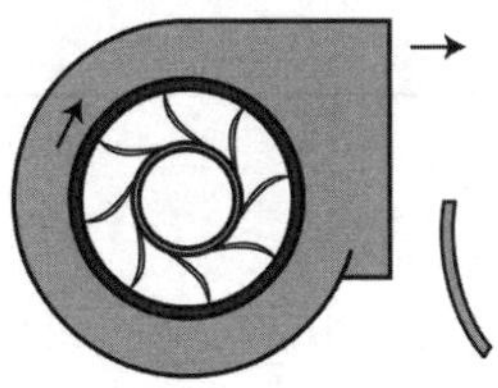	방사경사형 (radial tip): 축차의 날개가 회전방향으로 다소 굽어있으나, 뒤로 경사져 있고, 날개 끝은 회전방향과 직각이다. 후향날개형과 같은 속도에서 가동된다.	이 송풍기 역시 물질 취급, 오염공기 및 마모성 물질 취급 시 응용되며, 방사날개형보다는 효율이 좋다.

	축류 송풍기의 유형	
	설 명	응 용
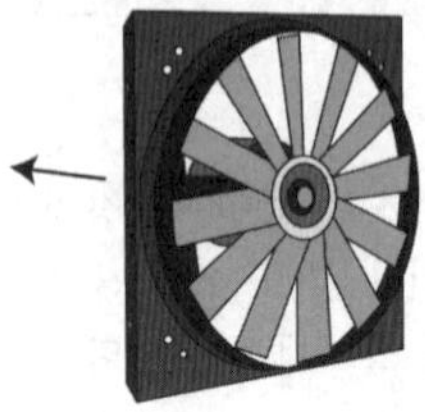	프로펠러형 (propeller): 축차는 두 개 이상의 두꺼운 날개를 틀 속에 가지고 있다. 효율은 낮으며 저압 응용 시 사용된다.	덕트가 없는 벽에 부착되어, 공간내 공기의 순환에 응용된다. 대용량 공기 운송에 이용된다.
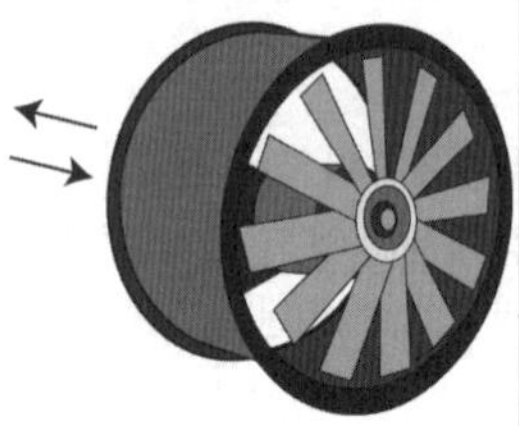	원통 축류형 (tube axial): 프로펠러형보다 많은 날개를 가지고 있으며, 효율과 압력상승에 효과를 높이기 위해 드럼 또는 원통을 내재하고 있다.	하향부의 압력손실이 크지 않는 곳에 응용된다. 건조 오븐, 페인트 분무실, 훈연 배기설비 등의 산업장에서 응용된다.
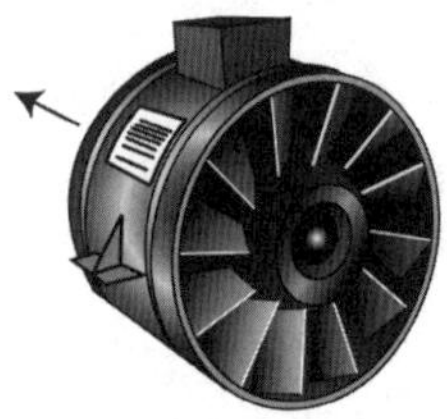	고정날개 축류형 (vane axial): 축류형 중 가장 효율이 높다. 효율과 압력상승 효과를 얻기 위해 직선형 날개를 사용한다. 날개는 주로 비행기날개형이며, 날개의 간격은 변형되기도 한다. 중-고압을 얻을 수 있다.	일반적으로 직선류 및 아담한 공간이 요구되는 HVAC* 설비에 응용된다. 공기의 하류방향 분포가 양호하다. 많은 산업장에서 응용되고 있다.
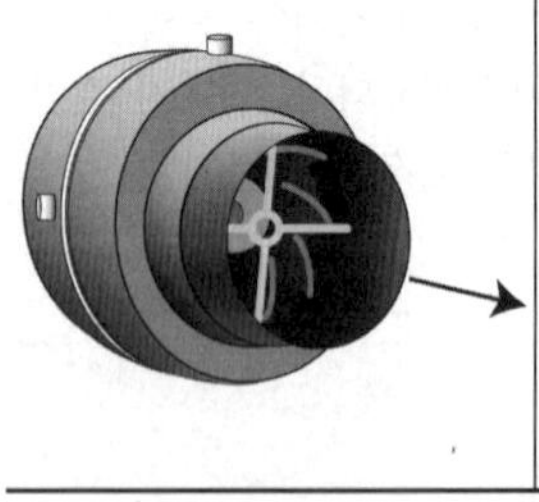	원심장치 내장형 (inline centrifugal) : 이 송풍기는 실제로 비행기날개형 또는 후향날개형 축차를 고정날개 축류형 틀에 맞춘 원심력 송풍기의 일종이다 효율은 좋으나 원심력 송풍기만 못하다.	저압 HVAC*에 응용된다. 공기의 직선흐름을 얻을 수 있다.

출처 : Chicago Blower Corporation, Glendale Heights, IL, 1978, 2009.

* HVAC : heating, ventilation, air-conditioning

그림 8.6 원심력 송풍기의 축차 (wheel). 이 사진은 대형축차 (송풍기 직경은 120 in.이며, 축의 길이는 22 feet이다)와 소형축차 (직경 22 in.)가 함께 선적되어 있다.
출처 : Barron Industries, Leeds, Alabama.

송풍기 곡선

송풍기의 성능은 공기의 부피속도, 정압 (SP), 출력 (brake horsepower), 기계적 효율 등의 관계를 양적으로 요약한 "**송풍기 성능곡선 (fan curve)**"를 참고해야 된다. 일반적으로, **후향날개 (backward inclined blades) 원심력 송풍기**는 기계적 강도가 좋고 안정성이 뛰어나며 성능이 우수하다. 그러나 이 송풍기는 비교적 먼지가 없는 환경에서 가동해야 한다; 오염된 공기에서는 방사날개형 (radial blade) 혹은 평판날개형 (straight blade) 송풍기들이 자주 사용된다. 후향날개 송풍기에 대한 성능곡선을 그림 8.7에 제시하였다.

송풍기 법칙 (Fan Laws)

주어진 한 개의 송풍기에 대하여, 송풍기의 회전속도가 증가하면 공기유속과 정압도 함께 증가한다. 마찬가지로, 일정한 회전속도를 갖는 두 개의 기하학적으로 비슷한 송풍기 (상사송풍기: geometrically similar fan)에서는 송풍기가 커질수록 고압에서 더 많은 유량을 송풍한다. 물론, 이 두 가지 경우에 있어서, 고성능이란 의미는 더 많은 동력을 소비할 수 있음을 뜻한다. 회전속도, 유속 및 정압사이의 정량적 관계식을 **송풍기 법칙**이라고 한다.

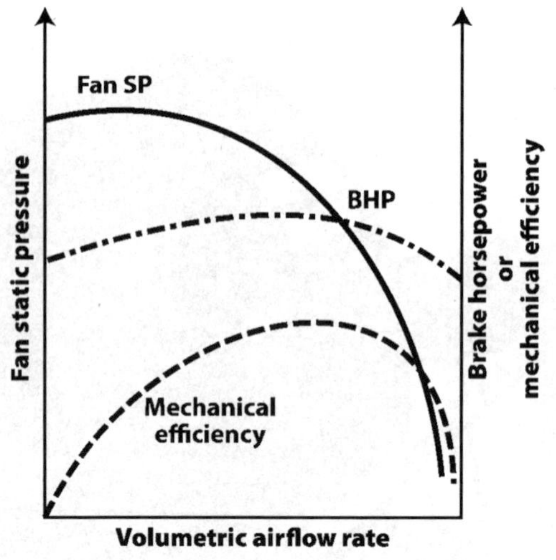

그림 8.7 후향날개 송풍기의 성능곡선

$$\frac{Q_1}{N_1 D_1^3} = \frac{Q_2}{N_2 D_2^3} = \text{constant} \tag{8.18a}$$

$$\frac{\text{FSP}_1}{\rho_1 N_1^2 D_1^2} = \frac{\text{FSP}_2}{\rho_2 N_2^2 D_2^2} = \text{constant} \tag{8.18b}$$

$$\frac{\dot{w}_1}{\rho_1 N_1^3 D_1^5} = \frac{\dot{w}_2}{\rho_2 N_2^3 D_2^5} = \text{constant} \tag{8.18c}$$

여기서, Q = 부피속도

N = 송풍기 속도

D = 송풍기 축차 (wheel) 직경

FSP = 정압 (static pressure)

ρ = 공기밀도

$\dot{w}$ = 송풍기의 출력

1, 2 = 서로 상이한 가동조건을 의미하는 하첨자

송풍기 법칙은 비슷한 상태 (속도가 같거나 효율이 일정한)에서 가동되는 동일한 송풍기나 기하학적으로 유사한 송풍기에만 적용된다. Crawford (1976)는 "비록 두 송풍기가 기하학적으로 유사하더라도, 송풍기 법칙이 적용되지 않는 다른 조건에서 두 송풍기를 확실히 가동할 수 있다."고 언급하였다. 송풍기 법칙을 표 8.6에 요약하였다.

표 8.6 송풍기 법칙의 변수사이의 관계

독립변수	상수항	송풍기 법칙
N	$D,\ \rho$	$Q \propto N$ $\text{FSP} \propto N^2$ $\dot{w} \propto N^3$
D	$N,\ \rho$	$Q \propto D^3$ $\text{FSP} \propto D^2$ $\dot{w} \propto D^5$
ρ	$N,\ D$	$Q=$ 일정 $\text{FSP} \propto \rho$ $\dot{w} \propto \rho$
D	$\text{FSP},\ \rho$	$Q \propto D^2$ $N \propto 1/D$ $\dot{w} \propto D^2$

기하학적 상사 (geometric similarity)란 두 개 송풍기의 모든 치수가 서로 동일한 비를 갖는다는 의미이다. 운전의 상사에 관한 설명을 더 확실히 하기 위해, 송풍효율 (fan efficiency)을 정의한다. 송풍효율은 유체에 공급되는 동력을 송풍기에 공급되는 동력으로 나눈 것이다.

$$\eta = \frac{k(\Delta P)Q}{\dot{w}} \tag{8.19}$$

여기서, η = 효율

k = 단위환산계수

송풍효율은 식 (8.18a)와 식 (8.18b)의 곱을 식 (8.18c)로 나누어 구할 수 있다. 그러므로, 효율은 송풍기의 법칙에 준해 일정해야 한다. 그러나 식 (8.18b)을 식 (8.18a)의 제곱으로 나누고 D를 일정하게 유지하면 (즉, 단지 한 개의 송풍기만을 고려할 때), 다음 식과 같다.

$$\text{FSP}_1 = \rho Q_1^{\ 2} \eta \tag{8.20}$$

따라서, 일정한 밀도에서 효율곡선은 SP와 Q를 좌표축으로 하여, 그림 8.8에서와 같이 포물선이 된다. 그림에서, 송풍기 법칙을 응용할 때, 점 A에서 점 B까지, 또는 점 C에서 점 D까지 갈 수 있으나, 점 A에서 점 D, 점 B에서 점 C, 점 A에서 점 C, 점 B에서 점 D로는 갈 수 없다.

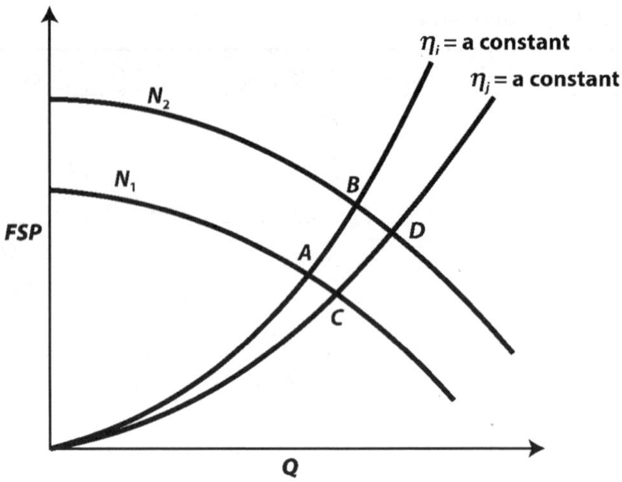

그림 8.8 송풍기 법칙의 응용을 설명한 그림

예제 8.3 한 송풍기의 SP 이득이 3.0 in. H_2O, 출력 1.5 hp에서 공기 800 ft^3/min가 공급되어 1,000 rpm으로 가동되고 있다. 만약 1,500 ft^3/min의 공기량을 송풍할 수 있도록 유량이 증가하였을 때, 새로운 속도, SP 이득, 동력소비량을 계산하라.

풀이 $$N_2 = N_1\left[\frac{Q_2}{Q_1}\right] = 1{,}000\left[\frac{1{,}500}{800}\right] = 1{,}875 \text{ rpm}$$

$$\text{FSP}_2 = \text{FSP}_1\left[\frac{N_2}{N_1}\right]^2 = 3.0(1.875)^2 = 10.5 \text{ in. H}_2\text{O}$$

$$\dot{w}_2 = \dot{w}_1\left[\frac{N_2}{N_1}\right]^3 = 1.5(1.875)^3 = 9.9 \text{ hp}$$

예제 8.4 예제 8.3에 설명한 것처럼 공기의 부피속도를 증가시키기 위해, 같은 속도의 더 큰 송풍기를 고려하였다. 만약 현재의 송풍기 축차직경이 20 in.라면, 새로운 송풍기의 이론직경과 요구동력을 계산하라.

풀이 $$D_2 = D_1\left[\frac{Q_2}{Q_1}\right]^{1/3} = 20\left(\frac{1{,}500}{800}\right)^{1/3} = 24.7 \text{ in.}$$

$$\dot{w}_2 = \dot{w}_1\left[\frac{D_2}{D_1}\right]^5 = 1.5\left(\frac{24.7}{20}\right)^5 = 4.3 \text{ hp}$$

예제 8.5 한 송풍기가 표준공기 (ρ=1.183 kg/m^3)를 10 m^3/s로 이송하고, 1,000 rpm으로 회전할 때, SP가 900 N/m^{2}이다. 만약, 밀도가 1.00 kg/m^{3}으로 변할 때, FSP, 동력감소 백분율을 계산하라.

풀이 유속은 10 m^3/s로 상수이다.

$$\text{FSP}_2 = \text{FSP}_1\left[\frac{\rho_2}{\rho_1}\right] = 900(0.845) = 761\ \text{N/m}^2$$

$$\dot{w}_2 = \dot{w}_1\left[\frac{\rho_2}{\rho_1}\right] = \dot{w}_1(0.845)$$

$$\text{감소율}(\%) = \frac{\dot{w}_1 - \dot{w}_2}{\dot{w}_1} \times 100 = 15.5\%$$

송풍기 등급표 (Fan Rating Table)

모든 송풍기는 속도에 따라 독자적인 성능곡선을 가지고 있다. 상사송풍기에 대해 제조업자들이 만든 송풍기 등급표는 송풍기의 전범위 운전상태를 포괄하고 있다. 표는 송풍기의 크기별로 따로 주어지며, 각 표는 각 지점에서의 Q, SP, N, $\dot{w}$에 관한 정보를 제공한다. 광범위한 공기유량과 정압 수준을 상사송풍기류 안에서 얻을 수 있다. 도표 내 사이값은 직선 내삽법 (interpolation)을 사용하여 계산한다. 표 8.7은 '시카고 송풍기 협회 (Chicago Blower Corporation, 2009)'에서 출간된 송풍기 등급표의 일부이다. 예제 8.6에서 송풍기 등급표의 이용법을 설명한다.

예제 8.6 표 8.7로부터, 표준공기 6,000 cfm를 이송하기 위해 7.5 in. H_2O인 송풍기를 선택하라. 회전속도와 출력 (bhp: brake horsepower)은 얼마인가?

풀이 요구되는 cfm은 15 SISW (single inlet, single width) 송풍기보다는 높고, 30 SISW 송풍기보다는 낮다 (주: 완벽한 일련의 도표에서는 인접한 모든 용량의 자료가 포함되어 있다). 20 SISW 표로부터, 2중 내삽법 (double liner interpolation)을 이용하면 N=2,245 rpm, $\dot{w}$=10.0 bhp이다.

표 8.7 송풍기 등급표의 예제

RPM Class I **3302** Class II **3586**

Outlet Area: 1.32 sq. ft.
Maximum BHP = .212 (rpm ÷ 1000)^3
Tip Speed (fpm) = 4.24 x rpm

SIZE **15**

CFM	OV FPM	1/4" SP RPM	1/4" SP BHP	1/2" SP RPM	1/2" SP BHP	3/4" SP RPM	3/4" SP BHP	1" SP RPM	1" SP BHP	1-1/2" SP RPM	1-1/2" SP BHP	2" SP RPM	2" SP BHP	2-1/2" SP RPM	2-1/2" SP BHP	3" SP RPM	3" SP BHP	3-1/2" SP RPM	3-1/2" SP BHP	4" SP RPM	4" SP BHP
660	500	559	.03																		
792	600	607	.04	752	.08																
924	700	662	.06	787	.10																
1056	800	719	.07	834	.12	942	.17														
1188	900	778	.09	887	.14	983	.20	1080	.26												
1320	1000	839	.11	942	.17	1031	.23	1118	.29	1290	.44										
1452	1100	902	.14	998	.20	1085	.27	1164	.33	1321	.48										
1564	1200	966	.17	1057	.24	1139	.31	1214	.38	1359	.53	1504	.70								
1716	1300	1031	.21	1117	.28	1196	.35	1268	.43	1402	.58	1536	.76	1668	.95						
1848	1400	1098	.25	1178	.33	1253	.40	1323	.48	1451	.64	1575	.82	1700	1.02	1819	1.23				
1980	1500	1165	.30	1240	.38	1312	.46	1379	.54	1504	.72	1619	.90	1735	1.10	1851	1.31	1962	1.54	2070	1.78
2112	1600	1234	.35	1304	.44	1373	.52	1437	.61	1558	.79	1667	.98	1775	1.18	1885	1.40	1994	1.64	2096	1.89
2244	1700	1302	.41	1369	.50	1433	.59	1496	.69	1613	.88	1718	1.07	1820	1.28	1923	1.50	2025	1.74	2128	1.99
2376	1800	1370	.47	1434	.57	1495	.67	1557	.77	1669	.97	1773	1.17	1869	1.39	1966	1.61	2063	1.85	2159	2.10
2508	1900	1439	.54	1500	.65	1559	.75	1617	.86	1725	1.07	1828	1.28	1921	1.50	2012	1.73	2104	1.97	2196	2.23
2640	2000	1508	.62	1566	.73	1623	.84	1678	.95	1783	1.17	1882	1.40	1976	1.63	2062	1.86	2150	2.11	2235	2.36
2904	2200	1647	.81	1702	.93	1753	1.05	1803	1.17	1904	1.41	1996	1.65	2084	1.90	2169	2.15	2248	2.41	2327	2.68
3168	2400	1787	1.02	1839	1.15	1855	1.28	1931	1.41	2024	1.68	2114	1.95	2197	2.21	2278	2.48	2356	2.76	2429	3.04
3432	2600	1927	1.28	1975	1.42	2020	1.56	2063	1.70	2148	1.99	2233	2.28	2313	2.56	2390	2.85	2466	3.14	2537	3.45
3696	2800	2071	1.58	2115	1.73	2156	1.88	2195	2.03	2275	2.33	2355	2.64	2432	2.96	2505	3.26	2578	3.57	2647	3.89

CFM	OV FPM	4-1/2" SP RPM	4-1/2" SP BHP	5" SP RPM	5" SP BHP	5-1/2" SP RPM	5-1/2" SP BHP	6" SP RPM	6" SP BHP	7" SP RPM	7" SP BHP	8" SP RPM	8" SP BHP	9" SP RPM	9" SP BHP	10" SP RPM	10" SP BHP	11" SP RPM	11" SP BHP	12" SP RPM	12" SP BHP
1980	1500	2167	2.03																		
2112	1600	2199	2.13																		
2244	1700	2225	2.25	2319	2.52																
2376	1800	2256	2.37	2346	2.64	2435	2.92														
2508	1900	2288	2.50	2378	2.78	2469	3.07	2549	3.36	2712	3.98										
2640	2000	2324	2.64	2410	2.92	2497	3.22	2578	3.52	2737	4.13	2889	4.81								
2904	2200	2406	2.96	2484	3.25	2564	3.55	2644	3.86	2799	4.51	2945	5.18	3085	5.90						
3168	2400	2502	3.32	2671	3.62	2645	3.93	2718	4.25	2863	4.91	3007	5.62	3143	6.35	3273	7.10	3405	7.89		
3432	2600	2605	3.75	2573	4.06	2738	4.37	2805	4.69	2938	5.37	3072	6.08	3207	6.85	3335	7.63	3458	8.42	3581	9.25
3696	2800	2715	4.22	2778	4.54	2840	4.86	2908	5.19	3026	5.89	3150	6.62	3275	7.39	3399	8.19	3522	9.03		
3950	3000	2825	4.72	2887	5.07	2949	5.42	3007	5.76	3122	6.47	3237	7.22	3353	7.99	3471	8.82	3586	9.65		
4224	3200	2937	5.29	2998	5.65	3059	6.01	3116	6.39	3226	7.12	3335	7.88	3442	8.68	3550	9.50				
4488	3400	3052	5.90	3111	6.28	3169	6.66	3225	7.05	3335	7.84	3437	8.62	3540	9.43						
4752	3600	3170	6.58	3225	6.97	3282	7.37	3338	7.78	3444	8.60	3546	9.43								
5016	3800	3291	7.32	3344	7.73	3397	8.14	3451	8.56	3555	9.42										
5280	4000	3412	8.11	3464	8.55	3518	8.99	3567	9.41												

Performance shown is for installation type B—Free inlet. Ducted outlet.
Power ratings (BHP) do not include drive losses.

Performance ratings do not include the effects of appurtenances in the air stream.

표 8.7 (계속)

RPM Class I **2469** Class II **2895** Class III **3359**

Outlet Area: 2.34 sq. ft.
Maximum BHP = .894 (rpm ÷ 1000)^3
Tip Speed (fpm) = 5.65 x rpm

SIZE 20

CFM	OV FPM	1/2" SP		1" SP		1-1/2"		2" SP		2-1/2" SP		3" SP		3-1/2" SP		4" SP		4-1/2" SP		5" SP	
		RPM	BHP	RPM	BHP	RPM	BHP	RPM	BHP	RPM	BHP	RPM	BHP	RPM	BHP	RPM	BHP	RPM	BHP	RPM	BHP
2106	900	664	.26	809	.47	945	.71														
2340	1000	705	.31	837	.52	966	.78	1084	1.07												
2574	1100	748	.37	872	.59	991	.86	1103	1.15	1208	1.47										
2808	1200	792	.43	910	.67	1017	.94	1127	125	1227	1.57	1323	1.93								
3042	1300	836	.51	950	.76	1051	1.04	1152	1.36	1249	1.69	1342	2.05	1429	2.44						
3276	1400	881	.59	991	.86	1087	1.15	1179	1.46	1274	1.82	1363	2.19	1448	2.58	1530	2.99				
3510	1500	928	.68	1034	.97	1126	1.28	1213	1.60	1299	1.95	1387	2.33	1470	2.73	1549	3.15	1625	3.60	1699	4.06
3744	1600	975	.78	1077	1.10	1166	1.41	1249	1.75	1329	2.10	1412	2.49	1493	2.91	1570	3.33	1645	3.78	1717	4.25
3978	1700	1024	.89	1121	1.23	1208	1.56	1288	1.91	1364	2.28	1439	2.66	1518	3.09	1594	3.53	1666	3.98	1737	4.46
4212	1800	1073	1.02	1165	1.37	1250	1.73	1328	2.09	1401	2.47	1472	2.86	1544	3.28	1619	3.74	1690	4.20	1758	4.69
4446	1900	1122	1.15	1210	1.53	1293	1.90	1369	2.28	1439	2.67	1508	3.08	1575	3.50	1644	3.95	1715	4.44	1782	4.93
4680	2000	1172	1.31	1255	1.70	1337	2.09	1410	2.49	1479	2.89	1546	3.31	1610	3.74	1673	4.19	1740	4.68	1807	5.19
5148	2200	1274	1.65	1349	2.08	1425	2.51	1496	2.94	1562	3.38	1624	3.82	1685	4.28	1744	4.76	1801	5.24	1860	5.75
5616	2400	1376	2.05	1446	2.52	1515	2.99	1583	3.46	1647	3.93	1707	4.41	1764	4.90	1819	5.39	1874	5.90	1928	6.43
6084	2600	1479	2.52	1544	3.02	1607	3.53	1672	4.04	1733	4.56	1791	5.07	1846	5.59	1900	6.11	1951	6.64	2002	7.19
6552	2800	1582	3.06	1644	3.60	1703	4.15	1762	4.70	1822	5.25	1878	5.80	1931	6.36	1983	6.91	2032	7.48	2080	8.05
7020	3000	1686	3.68	1745	4.26	1800	4.84	1865	5.43	1911	6.02	1966	6.61	2018	7.20	2067	7.80	2116	8.39	2162	8.99
7488	3200	1791	4.39	1846	5.00	1899	5.62	1950	6.24	2002	6.87	2055	7.50	2105	8.13	2154	8.76	2201	9.40	2246	10.03
7956	3400	1896	5.18	1949	5.83	1999	6.48	2047	7.15	2096	7.81	2145	8.48	2194	9.15	2241	9.82	2287	10.49	2331	11.16
8424	3600	2001	6.07	2051	6.75	2099	7.44	2145	8.14	2191	8.85	2237	9.55	2284	10.26	2330	10.97	2375	11.68	2418	12.39

CFM	OV FPM	6" SP		7" SP		8" SP9		9" SP		10" SP		11" SP		12" SP		13" SP		14" SP		15" SP	
		RPM	BHP	RPM	BHP	RPM	BHP	RPM	BHP	RPM	BHP	RPM	BHP	RPM	BHP	RPM	BHP	RPM	BHP	RPM	BHP
4212	1800	1890	5.70	2015	6.79																
4446	1900	1910	5.96	2033	7.06	2149	8.23														
4680	2000	1932	6.24	2052	7.35	2167	8.52	2277	9.77												
5148	2200	1982	6.85	2097	8.00	2207	9.20	2314	10.45	2417	11.78										
5618	2400	2034	7.52	2146	8.72	2253	9.97	2355	11.25	2455	12.59	2552	13.98	2645	15.44						
6084	2600	2101	8.32	2200	9.51	2303	10.80	2403	12.14	2499	13.51	2592	14.93	2683	16.40	2772	17.91	2859	19.49	2943	21.12
6552	2800	2175	9.22	2266	10.44	2358	11.72	2454	13.10	2548	14.53	2638	15.99	2726	17.49	2812	19.02	2897	20.61	2979	22.25
7020	3000	2252	10.22	2340	11.49	2425	12.80	2510	14.15	2599	15.61	2688	17.13	2774	18.68	2858	20.26	2939	21.87	3019	23.53
7488	3200	2333	11.32	2417	12.63	2499	13.99	2579	15.39	2658	16.82	2740	18.34	2825	19.95	2907	21.58	2987	23.25	3064	24.94
7956	3400	2416	12.52	2497	13.89	2575	15.29	2653	16.74	2728	18.22	2803	19.73	2879	21.11	2958	22.98	3037	24.71	3113	26.46
8424	3600	2500	13.82	2579	15.25	2666	16.71	2729	18.20	2802	19.73	2874	21.29	2944	22.88	3015	24.53	3089	26.26	3164	28.06
8892	3800	2586	15.21	2663	16.73	2737	18.25	2809	19.79	2879	21.36	2948	22.97	3018	24.62	3083	26.28	3150	27.19	3218	29.77
9360	4000	2673	16.72	2748	18.30	2821	19.90	2890	21.50	2958	23.12	3025	24.78	3091	26.47	3156	28.20	3220	29.94	3283	31.72
9828	4200	2761	18.34	2835	19.99	2906	21.66	2974	23.34	3040	25.02	3072	26.72	3168	28.46	3231	30.23	3293	32.04	3354	33.86
10296	4400	2850	20.07	2922	21.80	2992	23.54	3059	25.29	3123	27.05	3105	28.81	3248	30.60	3309	32.41				
10764	4600	2939	21.92	3010	23.73	3078	25.55	3144	27.37	3208	29.20	3270	31.03	3330	32.88						
11232	4800	3030	23.90	3090	25.79	3166	27.68	3231	29.57	3293	31.43	3354	33.39								
11700	5000	3122	26.01	3189	27.98	3255	29.94	3318	31.91												

Performance shown is for installation type B–Free inlet, Ducted outlet.
Power ratings (BHP) do not include drive losses.

Performance ratings do not include the effects of appurtenances in the air stream.

표 8.7 (계속)

RPM Class I 1647 Class II 1807 Class III 2166

Outlet Area: 5.27 sq. ft.
Maximum BHP = 6.01 (rpm ÷ 1000)^3
Tip Speed (fpm) = 8.48 x rpm

SIZE 30

CFM	DV FPM	1/2" SP		1" SP		1-1/2" SP		2" SP		2-1/2" SP		3" SP		3-1/2" SP		4 SP		4-1/2" SP		5" SP	
		RPM	BHP	RPM	BHP	RPM	BHP	RPM	BHP	RPM	BHP	RPM	BHP	RPM	BHP	RPM	BHP	RPM	8HP	RPM	BHP
5270	1000	459	.58	552	1.01	626	1.45	697	1.95	768	2.51										
5797	1100	482	.67	575	1.14	647	1.62	713	2.13	777	2.69	841	3.31								
6324	1200	507	.78	599	1.29	670	1.81	732	2.33	792	2.91	851	3.53	909	4.19						
6851	1300	536	.90	623	1.45	693	2.00	754	2.56	810	3.15	865	3.78	919	4.46	973	5.17				
7378	1400	565	1.04	646	1.62	717	2.22	777	2.82	831	3.42	882	4.07	934	4.76	984	5.48	1034	6.24	1085	7.05
7905	1500	595	1.19	668	1.79	741	2.44	800	3.08	853	3.73	902	4.39	951	5.08	999	5.82	1046	6.59	1092	7.40
8432	1600	625	1.36	692	1.98	765	2.68	824	3.36	877	4.05	925	4.74	971	5.45	1016	6.20	1061	6.99	1105	7.80
8959	1700	656	1.55	718	2.21	788	2.94	848	3.66	900	4.39	948	5.12	992	5.85	1035	6.61	1078	7.41	1121	8.24
9486	1800	687	1.76	746	2.45	810	3.19	872	3.98	924	4.74	971	5.51	1015	6.29	1057	7.07	1098	7.87	1138	8.72
10013	1900	719	1.98	775	2.72	833	3.46	895	4.31	948	5.11	995	5. 92	1039	6.74	1080	7.56	1119	8.38	1157	9.23
10540	2000	751	2.23	805	3.00	856	3.77	918	4.64	972	5.51	1019	6.35	1062	7.21	1103	8.07	1142	8.93	1179	9.80
11594	2200	815	2.79	865	3.64	913	4.49	963	5.35	1019	6.34	1066	7.28	1110	8.21	1150	9.15	1189	10.10	1225	11.05
12648	2400	880	3.44	927	4.37	971	5.30	1015	6.22	1063	7.19	1113	8. 28	1158	9.31	1198	10.33	1236	11.35	1272	12.38
13702	2600	945	4.20	989	5.20	1031	6.21	1071	7.21	1112	8.22	1158	9.30	1204	10.48	1246	11.61	1284	12.70	1319	13.81
14756	2800	1012	5.08	1052	6.15	1092	7.24	1130	8.32	1167	9.40	1206	10.49	1248	11.66	1292	12.94	1331	14.17	1367	15.35
15810	3000	1078	6.08	1116	7.23	1154	8.39	1190	9.55	1225	10.71	1260	11.86	1296	13.04	1336	14.30	1377	15.67	1415	17.00
16864	3200	1145	7.22	1181	8.43	1216	9.66	1250	10.91	1284	12.14	1316	13.38	1349	14.61	1384	15.87	1421	17.21	1460	18.67
17918	3400	1212	8.49	1246	9.78	1280	11.08	1312	12.40	1344	13.72	1375	15.03	1406	16.34	1437	17.65	1469	18.99	1504	20.40
18972	3600	1279	9.91	1312	11.28	1344	12.65	1375	14.04	1405	15.44	1435	16.84	1464	18.22	1493	19.61	1522	21.00	1553	22.41
20026	3800	1347	11.50	1378	12.93	1408	14.38	1438	15.85	1467	17.32	1495	18.79	1523	20.26	1550	21.73	1578	23.19	1606	24.66

CFM	OV FPM	6" SP		7" SP		8" SP		9" SP		10" SP		11" SP		12" SP		13" SP		14" SP		15" SP	
		RPM	BHP	RPM	BHP	RPM	BHP	RPM	BHP	RPM	BHP	RPM	BHP	RPM	BHP	RPM	BHP	RPM	BHP	RPM	I BHP
8959	1700	1203	9.99	1286	11.88																
9486	1800	1218	10.50	1295	12.39	1374	14.42														
10013	1900	1234	11.04	1308	12.96	1382	14.99	1457	17.15												
10540	2000	1252	11.63	1324	13.58	1394	15.63	1464	17.78	1535	20.07										
11594	2200	1294	12.95	1360	14.94	1426	17.05	1490	19.25	1554	21.54	1618	23.94	1682	26.46						
12648	2400	1340	14.44	1403	16.52	1463	18.66	1524	20.91	1584	23.27	1643	25.71	1701	28.22	1759	30.83	1818	33.56	1878	36.40
13702	2600	1387	16.03	1449	18.27	1507	20.51	1564	22.81	1619	25.20	1675	27.70	1730	30.28	1785	32.93	1838	35.65	1892	38.46
14756	2800	1434	17.72	1496	20.12	1554	22.53	1608	24.95	1661	27.40	1713	29.92	1765	32.54	1817	35.26	1868	38.05	1918	40.90
15810	3000	1482	19.54	1543	22.09	1601	24.66	1655	27.24	1707	29.82	1756	32.43	1805	35.09	1853	37.83	1902	40.67	1950	43.59
16864	3200	1529	21.48	1591	24.18	1648	26.90	1702	29.64	1753	32.40	1802	35.15	1850	37.92	1896	40.72	1941	43.59	1986	46.53
17918	3400	1576	23.49	1639	26.41	1696	29.28	1749	32.18	1800	35.09	1849	38.01	1896	40.94	1941	43.87	1985	46.82	2028	49.82
18972	3600	1620	25.49	1686	28.75	1743	31.82	1797	34.85	1848	37.92	1896	41.00	1943	44.09	1988	47.19	2031	50.29	2073	53.40
20026	3800	1666	27.68	1731	31.09	1791	34.47	1845	37.70	1895	40.90	1944	44.14	1990	47.39	2035	50.65	2078	53.92	2120	57.19
21080	4000	1716	30.20	1775	33.50	1836	37.15	1892	40.67	1943	44.06	1991	47.43	2038	50.83	2082	54.25	2125	57.69	2166	61.12
22134	4200	1769	32.94	1822	36.24	1880	39.84	1938	43.69	1991	47.36	2039	50.92	2085	54.46	2129	58.02				
23188	4400	1826	35.88	1874	39.30	1926	42.81	1982	46.70	2037	50.72	2087	54.55	2133	58.27						
24242	4600	1883	39.03	1929	42.57	1976	46.16	2027	49.91	2081	54.05	2133	58.24								
25296	4800	1942	42.37	1985	46.07	2030	49.76	2076	53.55	2126	57.54										

Performance shown is for installation type B—Free inlet. Ducted outlet.
Power ratings (BHP) do not include drive losses.

Performance ratings do not include the effects of appurtenances in the air stream.

표 8.7 (계속)

RPM: Class I **817** | Class II **1066** | Class III **1394**

Outlet Area: 11.58 sq. ft.
Maximum BHP = 51.0 (rpm ÷ 1000)^3
Tip Speed (fpm) = 12.57 x rpm

SIZE **44 1/2**

CFM	OV	1/2" SP		1" SP		1-1/2" SP		2" SP		2-1/2" SP		3" SP		3-1/2" SP		4" SP		4-1/2" SP		5" SP	
	FPM	RPM	BHP	RPM	BHP	RPM	BHP	RPM	BHP	RPM	BHP	RPM	BHP	RPM	BHP	RPM	BHP	RPM	BHP	RPM	BHP
11580	1000	292	1.3	356	2.2																
12738	1100	307	1.5	369	2.5	425	3.6														
13896	1200	324	1.7	383	2.8	433	3.9														
15054	1300	342	2.0	397	3.2	445	4.3	492	5.7												
16212	1400	360	2.3	411	3.5	459	4.8	502	6.1	548	7.7										
17370	1500	378	2.6	426	3.9	473	5.3	514	6.6	554	8.2	599	10.0								
18528	1600	397	3.0	442	4.4	487	5.9	527	7.3	565	8.8	604	10.5	647	12.5						
19686	1700	416	3.4	459	4.9	501	6.4	541	8.0	578	9.5	613	11.1	650	13.1	691	15.2				
20844	1800	434	3.8	476	5.4	516	7.0	555	8.7	591	10.3	625	11.9	658	13.7	694	15.8				
22002	1900	453	4.3	494	6.0	531	7.6	569	9.4	605	11.1	638	12.8	669	14.6	701	16.6	736	18.8		
23160	2000	472	4.8	513	6.6	548	8.3	584	10.2	619	12.0	652	13.8	682	15.5	712	17.5	743	19.7	775	22.0
25476	2200	510	6.0	550	8.0	582	9.9	615	11.8	648	13.9	680	15.9	709	17.9	737	19.8	764	21.8	792	24.0
27792	2400	549	7.4	587	9.6	619	11.6	648	13.7	678	15.9	708	18.1	737	20.4	765	22.5	791	24.6	816	26.7
30108	2600	588	9.0	624	11.3	656	13.6	683	15.8	710	18.1	738	20.5	766	22.9	793	25.4	819	27.7	844	30.0
32424	2800	628	10.9	662	13.4	693	15.9	720	18.3	745	20.7	770	23.1	796	25.7	822	28.3	847	31.0	872	33.5
34740	3000	668	13.0	700	15.6	730	18.3	757	21.0	781	23.5	804	26.1	828	28.7	852	31.5	876	34.3	900	37.1
37056	3200	709	15.4	739	18.2	768	21.1	794	23.9	817	26.7	840	29.4	861	32.1	884	35.0	906	37.9	929	40.9
39372	3400	750	18.2	778	21.0	805	24.1	831	27.1	855	30.1	876	33.0	897	35.9	917	38.8	938	41.9	959	45.0
41688	3600	790	21.2	817	24.2	843	27.4	868	30.7	892	33.9	913	37.0	933	40.0	952	43.1	972	46.2	992	49.4
44004	3800	831	24.6	857	27.7	882	31.0	906	34.5	929	37.9	950	41.2	970	44.5	989	47.7	1007	50.9	1025	54.2

CFM	OV	6" SP		7" SP		8" SP		9" SP		10" SP		11" SP		12" SP		13" SP		14" SP		15" SP	
	FPM	RPM	BHP	RPM	BHP	RPM	BHP	RPM	BHP	RPM	BHP	RPM	BHP	RPM	BHP	RPM	BHP	RPM	BHP	RPM	BHP
25476	2200	850	29.0																		
27792	2400	866	31.4	919	36.9																
30108	2600	890	34.6	937	39.7	965	45.6	1037	51.9												
32424	2800	917	38.4	961	43.4	1003	48.9	1048	55.1	1095	61.8										
34740	3000	945	42.6	988	47.8	1028	53.1	1068	59.0	1109	65.5	1152	72.5	1198	79.9						
37056	3200	973	46.9	1016	52.7	1055	58.2	1092	63.9	1130	70.1	1168	76.8	1207	84.0	1249	91.7	1293	99.9		
39372	3400	1002	51.4	1044	57.7	1083	63.8	1120	69.7	1155	75.7	1190	82.1	1226	89.0	1262	96.5	1300	104.5	1340	112.8
41688	3600	1032	56.1	1072	62.8	1111	69.5	1148	75.9	1182	82.2	1216	88.4	1249	95.1	1283	102.3	1316	110.0	1351	118.1
44004	3800	1063	61.1	1101	68.2	1139	75.3	1176	82.4	1210	89.[illegible]	1243	95.7	1275	102.3	1307	109.2	1339	116.5	1370	124.4
46320	4000	1095	66.5	1132	73.9	1168	81.4	1204	88.9	1238	96.3	1271	103.4	1303	110.3	1334	117.2	1364	124.3	1393	131.8
48636	4200	1130	72.4	1163	79.9	1198	87.7	1233	95.6	1267	103.5	1299	111.2	1331	118.8	1361	126.0	1391	133.3		
50952	4400	1165	78.8	1197	86.5	1229	94.5	1262	102.7	1295	111.0	1328	119.2	1359	127.3	1389	135.2				
53268	4600	1201	85.7	1231	93.6	1262	101.7	1293	110.1	1325	118.7	1356	127.4	1387	136.0						
55584	4800	1237	93.0	1267	101.2	1296	109.5	1325	118.1	1356	126.3	1386	135.9								

Performance shown is for installation type B—Free inlet, Ducted outlet.
Power ratings (BHP) do not include drive losses.

Performance ratings do not include the effects of appurtenances in the air stream.

송풍기의 선택

송풍기의 기본종류는 처리가스의 종류에 따라 다르다. 다음, 송풍기의 크기는 등급표에서 결정된다. 일반적으로 등급표 중간에 위치하는 송풍기는 그 부류에서 최고의 효율을 보인다. 만약 설계 운전점이 도표의 위쪽이나 아래쪽에 치우칠 경우, 더 작거나 또는 큰 송풍기를 선택하여야 한다. 만약 설계 운전점이 표의 오른쪽이나 왼쪽에 위치할 경우, 다른 유형의 송풍기를 선택하여야 한다.

송풍기는 일반적으로 온도 70 °F, 압력 1 atm, 상대습도 50%, 평균해수면 고도를 기준으로 설계되고 평가된다. 이러한 조건하에서, 공기밀도는 0.075 lb_m/ft^3이다. 만약 송풍기가 이러한 표준조건이 아닌 상태에서 가동된다면, 공기밀도는 보정되어야 한다. 표 8.7에서 보듯이 부피속도는 변하지 않는다. 따라서 송풍기의 설계과정은 다음과 같다 (Industrial Ventilation, 1972):

1. 시스템을 설계할 때, 실제공기의 부피속도 (Q)를 사용하라.
2. 표준공기를 기준으로 SP손실을 계산하라 (덕트의 마찰손실 도표 역시 표준공기를 기본으로 한다). 모든 내부 제어장치의 압력손실도 표준공기를 기준으로 보정하라.
3. 1단계와 2단계에서 실제 Q와 표준공기에 대한 SP를 사용하여 등급표에서 송풍기를 선택하라. 선택된 속도가 요구되는 실제속도이다.
4. 실제 공기밀도와 표준 공기밀도의 비율에 의해서, 도표에서 얻은 값을 곱하여 실제 요구되는 SP와 BHP를 계산하라.

일부 송풍기 제작자들은 고도와 온도를 보정하기 위한 밀도보정표를 제공하고 있다. “보정인자 (correction factor)는 종종 밀도비와 반비례인 관계가 있다.” 밀도보정 인자가 승수(multiplier) 또는 제수 (divisor)로 이용된다면, 저밀도 공기를 운송하는 송풍기의 실제 FSP와 $\dot{w}$는 고밀도 공기를 운송하는 송풍기의 값들보다 항상 작다. 고온 (저밀도)의 공기를 이송하는데 필요한 출력은 표준공기보다 현저하게 작다. 송풍기의 가동모터를 결정할 때, 설계자는 공장설비의 첫 시동을 걸 때 차가운 공기도 취급할 수 있도록, 충분한 동력을 갖도록 설계하여야 한다.

송풍기 시험은 공기가 최소 난류와 최대 SP를 가지고 송풍기에 유출입되도록, 유입 및 유출 덕트가 잘 설계된 곳에서 수행하여야 한다. 만약, 현장에서 실제 송풍기의 연결부가 양호하지 않다면 동력손실이 크게 발생할 수 있다.

송풍기의 소음은 때로 문제가 될 수 있다. 일반적으로, 송풍기의 소음은 기계적 진동, 베어링, 모터, 벨트 및 송풍기 내부의 난류에 의해 생성된다 (Sorg, 1983). 기계적 소음은 덕트 내에 소음방지용 천을 대거나, 덕트가 휜 곳에 회전날개를 붙이거나, 송풍기 또는 모터 주위를 방음처리하여 저감시킬 수 있다. 또한 소음에 예민한 장소 외부에 설치할 수도 있다. 난류에 의한 소음은 공기속도에 비례한다. 크기가 큰 덕트는 소음문제를 완화시키는데 도움이 된다 (SP 손실이 감소되기 때문). 또한 크기가 크고 저속인 송풍기는 크기가 작고 고속인 송풍기보다 난류에 의한 소음이 적다.

예제 8.7 그림 8.9와 같은 설비로 공기가 운송된다. 이 책에 주어진 표를 사용하여 덕트를 설계하고, 송풍기를 선택하라. 최종제어장치 (FCD)는 유량 15,000 scfm에서 최대 SP손실 5.0 in. H_2O를 갖는다. 그 밖의 자료는 그림에 나타나 있다.

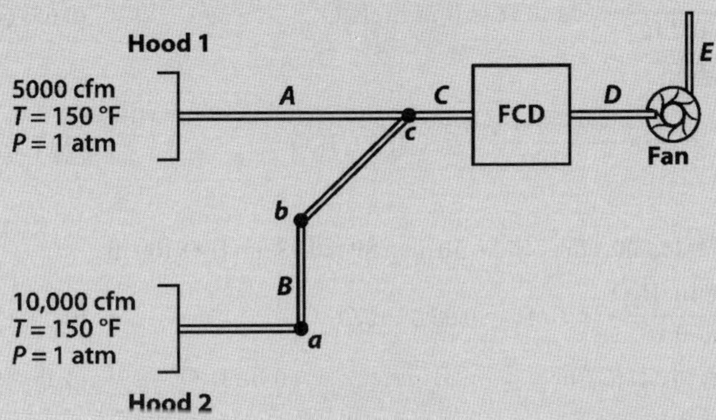

Hood and duct data	**Fitting data**
Hood 1 — SP loss = 0.8 in. H_2O (std. air)	
Hood 2 — SP loss = 0.5 in. H_2O (std. air)	
Duct *A* — length = 70 ft	*a* — 90° ell
Duct *B* — length = 80 ft	*b* — 45° ell
Duct *C* — length = 15 ft	*c* — 45° branch entry
Duct *D* — length = 10 ft	
Duct *E* — length = 15 ft	

Note: design duct velocity = 3200 fpm

그림 8.9 예제 8.7을 위한 그림

풀이 최대 저항경로는 후드 2와 덕트 B를 포함하고 있다. 그림 8.2에서 덕트직경은 24 in.이고, 표준공기에 대한 마찰손실은 0.53 in. H_2O/100 ft이다. 이 크기의 덕트 내에서 실제속도는 3,180 fpm이며, 설계속도 3,200 fpm에 가깝다. 표 8.2로부터 연결부위의 손실 값을 얻을 수 있다.

$$\rho_{act}/\rho_{std} = T_{std}/T_{act} = 530\ °R/610\ °R = 0.87$$

가속 손실	표준조건	실제
$SP_a = (3{,}180/4{,}005)^2 =$	0.63 in. H_2O	0.55 in. H_2O
후드 2 손실 :	0.50 in. H_2O	0.44 in. H_2O

덕트 B 손실 :

실제길이	= 80 ft
등가길이 (90° 각도) (20 × 2 ft)	= 40 ft
등가길이 (45° 각도) (10 × 2 ft)	= 20 ft
	140 ft

그림 8.2로부터,

$$\text{SP 손실} = \frac{0.53\ \text{in. H}_2\text{O}}{100\ \text{ft}} \times 140\ \text{ft} = 0.74\ \text{in. H}_2\text{O} \qquad (0.65\ \text{실제})$$

C 지점에서 유입 손실 :

$$\text{SP 손실} = 2\ \text{ft} \times 18 \times \frac{0.53\ \text{in. H}_2\text{O}}{100} = 0.19\ \text{in. H}_2\text{O} \qquad (0.17\ \text{실제})$$

덕트 C 손실

그림 8.2에서 Q=15,000 cfm, 직경=30 in., SP=0.38 in. H_2O/100 ft

$$\text{SP 손실} = \frac{0.38\ \text{in. H}_2\text{O}}{100\ \text{ft}} \times 15\ \text{ft} = 0.06\ \text{in. H}_2\text{O} \qquad (0.05\ \text{실제})$$

FCD (유입 및 유출 손실 포함) : = 5.0 in. H_2O (4.35 실제)

덕트 D : $\frac{0.38\ \text{in. H}_2\text{O}}{100\ \text{ft}} \times 10\ \text{ft}$ = 0.04 in. H_2O (0.03 실제)

덕트 E : $\frac{0.38\ \text{in. H}_2\text{O}}{100\ \text{ft}} \times 15\ \text{ft}$ = 0.06 in. H_2O (0.05 실제)

총 SP 손실 = 7.2 in. H_2O (std)

(C지점까지 손실 = 1.9 in. H_2O)

덕트 A를 점검하라. 3,200 fpm, 5,000 cfm에 대해, 그림 8.2로부터, 직경=17 in.이다. V=2,830 fpm, P=0.60 in. H_2O/100 ft의 18˝ 덕트를 사용하라.

$SP_a = (2{,}830/4{,}005)^2$ = 0.50

$SP_c = \frac{0.60\ \text{in. H}_2\text{O}}{100\ \text{ft}} \times 70\ \text{ft}$ = 0.42 in. H_2O (0.37 실제)

후드 1 = 0.8 in. H_2O

(C지점까지 총합) = 1.7 in. H_2O (std)

덕트 A의 압력손실은 1.9 − 1.7 = 0.2 in. H_2O로 낮기 때문에, (1) 덕트 A의 직경을 감소시켜 덕트 A에 더 빠른 속도의 가스를 받아들일 수 있다. (2) 덕트 A에서 더 큰 부피속도를 받아들일 수 있다. 또는 (3) 덕트 A 내에 조절판을 설치할 수 있다 (또는 위의 세 가지 조건을 조화시킨다).

이 문제에서 공기가 청정하기 때문에 후향날개형 송풍기를 선택한다. 송풍기는 7.2 − 0.6 = 6.6 in. H_2O FSP 및 15,000 cfm에서 선택된다. 30 SISW 표에서 송풍기를 선택한다. 내삽법을 이용하여, 표준공기에서 N=1,490 rpm, $\dot{w}$=19.8 bhp이다. 실제 BHP는 17로 예상된다 (밀도보정 후). 따라서 예상되는 운전손실을 감안하여, 20 또는 25 hp의 모터를 선택한다.

8.5 고온 공기의 냉각

공정상 배출가스의 온도가 높기 때문에, 제어장치로 유입되기 전에 반드시 냉각시켜야 한다. 냉각방법에 따라 냉각된 가스의 부피속도는 감소될 것이며, 이에 따라 요구되는 제어장치, 덕트 및 송풍기의 크기를 줄일 수 있다. 따라서 고온 배출가스 냉각장치는 비록 열을 회수할 수 없다고 할지라도 경제적 의미를 가지고 있다. 최근 에너지 비용의 상승으로 부분적 열회수는 경제적으로 항상 이득이 된다. 저온으로 가스를 냉각할 때 야기되는 잠재적 문제점은 수분의 응축이다. 수분이 응축하면 장치 하부가 부식되거나 막힘 현상이 발생한다. 따라서 고온의 공기를 냉각시키는 방법은 (1) 공기와 희석, (2) 살수, (3) 열교환 (열회수의 유무) 등이 있다.

공기희석법 (Air Dilution)

공기희석은 고온의 공기를 냉각시키는 가장 손쉬운 방법 중 하나이다. 그러나 가스가 아주 고온이 아니고 냉각 목표온도가 기온보다 현저하게 높지 않다면, 최종 공기부피는 대용량일 수 있다. 물질과 에너지 수지식을 풀고 (공기의 열용량이 주어진 온도범위에서 사실상 일정하다고 가정하고), 이상기체법칙을 이용하면 다음 식을 얻을 수 있다.

$$Q_d = Q_e \left[\frac{T_e - T_f}{T_f - T_d} \right] \left| \frac{T_d}{T_e} \right| \tag{8.21}$$

여기서, Q_d = 필요한 희석공기량

Q_e = 냉각된 배출공기량

T_e = 배출가스의 온도

T_d = 희석공기의 온도

T_f = 혼합가스의 최종온도

식 (8.21)에서 절대값 표시 | |에 주의해야 한다. 이 상태에서 T_d와 T_e는 절대온도로 표시되어야 한다.

물의 주입 (Water Injection)

물 주입에 의한 냉각은 물의 증발열을 이용한 매우 효율적인 방법이다. 물이 혼합실로 분사되어 증발됨에 따라, 물은 공기흐름에서 많은 열을 흡수하고 온도를 낮출 수 있다. 냉각된 유체의 최종 부피는 공기희석법보다 크게 감소한다. 그러나 이 결과 유체의 습도는 매우 높아져 하류지점에 위치한 설비들에 문제가 생긴다. 물질과 엔탈피 수지식은 다음과 같다.

$$\dot{M}_a + \dot{M}_w = \dot{M}_f \tag{8.22}$$

$$\dot{M}_a(h_{ai} - h_{af}) = \dot{M}_w(h_{wf} - h_{wi}) \tag{8.23}$$

여기서, $\dot{M}$ = 질량속도, lb_m/min

h = 엔탈피, Btu/lb_m

a, w = 공기 (air)와 물 (water)을 의미하는 하첨자

i, f = 초기 (initial) 및 최종 (final)을 의미하는 하첨자

식 (8.22)와 (8.23)은 식 (8.21)을 유도할 때 사용된 수식과 매우 유사하지만, 식 (8.23)에서 물의 엔탈피 변화는 온도변화에만 기인하는 것이 아니라, 물의 증발잠열 (latent heat)에도 기인한다. 식 (8.23)은 엔탈피가 공기, 물 및 수증기에 대해 표를 만들면, 직접 해를 구할 수 있으며 다음과 같다.

$$\dot{M}_a C_{pa}(T_a - T_f) = \dot{M}_w[\Delta H_v + C_{pwv}(T_f - T_v) + C_{pwl}(T_v - T_w)] \tag{8.24}$$

여기서, C_{pa} = 온도범위내 공기의 평균 비열, Btu/lb_m-°F

ΔH_v = 물의 증발열, Btu/lb_m

C_{pwv} = 수증기의 비열, Btu/lb_m-°F

C_{pwl} = 물의 비열, Btu/lb_m-°F

T_v = 물의 증발온도, °F

상술된 상관관계는 온도의 함수로써 C_p를 추정하는데 사용되며, 이러한 상관관계의 일부를 부록 B에 제시하였다. 그러나 계산의 정확도를 위해 평균값을 사용할 수 있다. C_{pa} 값의 범위는 온도가 0~2,000 °F일 때, 0.24~0.26 Btu/lb_m-°F 이고, C_{pwv} 값은 온도가 60~1,000 °F일 때 0.44~0.51 Btu/lb_m-°F이다. 1 atm에서 ΔH_v의 범위는 970 Btu/lb_m (212 °F)에서 1,060 Btu/lb_m (60 °F)이다. T_v는 거의 200 °F 이하이며, 설비 내 물의 분압에 의존한다. 엔탈피는 열역학적 상태함수 (state function)이므로, (1) 물은 T_w에서 완전히 증발되고, 수증기는 T_f까지 가열된다는 가정, (2) 물이 T_w에서 T_f까지 액상에서 가열되고 증발된다는 가정 하에서 계산된 총 엔탈피 변화량에는 차이가 없다. 간단히 말해, 우리는 모든 증발현상이 유입수의 온도점에서 일어난다고 가정할 것이다. 따라서 식 (8.24)에서 세 번째 괄호항은 0 (zero)이 된다.

식 (8.24)에서, 적당한 T_f에 도달하기 위해, 요구되는 물의 주입속도에 대해 해를 구할 수 있다. 일단 물의 주입속도가 계산되면 몰 (mol)수로 환산한 후, 배출공기의 몰수에 더한다. 따라서,

최종 부피속도를 계산할 수 있다. 또 다른 방법으로, 건습구 습도표(psychrometric chart)를 이용하여 이 값들을 계산할 수 있다 (부록 B 참고).

열교환법 (Heat Exchange)

배출가스를 냉각시키기 위해 열교환장치를 사용할 때, 세 가지 주요 장점은 (1) 최종 공기부피가 세 가지 냉각방법 중 가장 적다. (2) 가스 중 수분량에는 변화가 없다 (비록 온도감소로 인해, 상대습도는 증가하지만). (3) 열에너지 ($)를 회수할 수 있다는 점 등이다. 하지만, 두 가지 주요 단점은 (1) 열교환기를 구입하고 설치하는데 비용이 많이 들고, (2) 열교환기를 가동할 때 운전 및 유지비가 비싸다는 점 등이다.

초고온가스를 냉각시키는데 사용된 가장 오래된 방법은 대형 'U자관'을 사용하여 전도 및 복사에 의해 대기 중으로 열을 전달하는 것이다 (Danielson, 1973). 이러한 냉각기들은 기본적으로 병렬 및 직렬로 연결된 대형 강관 (직경이 1～3 ft이고 길이가 30～60 ft 정도) 속에 고온가스를 통과시킨다. 1970년대에 에너지 비용이 10배 이상으로 상승하여, 고온가스에서 열을 회수하는 방법이 기존 방법보다 경제적이라고 각광받았다. 비록 에너지 비용이 1980년대에 거의 변화가 없었지만, 열회수는 여전히 경제적으로 도움이 되었다. 1990년대에 그리고 2008년도에 에너지 가격이 다시 뛰었다 (2008년 단기간에 기름 값이 $140/barrel 이상으로 뛰었다). 기름은 유한한 자원이므로 가격은 추후 더욱 상승할 지도 모른다. 따라서 공학도들에게는 열교환장치를 사용하여 에너지를 절약하거나 열회수 할 기회를 찾는 것이 현명하다.

일반적으로 사용되는 열교환기의 유형은 'shell-and-tube형' 열교환기이다. 그림 8.10에 이 열교환장치의 일례를 제시하였다. 한 유체가 금속관 내부를 통과하는 동안 다른 유체는 반대방향으로, 즉 향류로 외체 (shell: 금속관의 바깥 부분)를 통과한다. 열교환기의 자세한 설계는 매우 복잡한 과정이며 본 교과서의 영역을 벗어난다. 그러나 다음 방정식은 설계의 기본이 되는 수식이다 (그림 8.10의 용어를 참고하라).

$$\dot{H}_1 = \dot{M}_1 C_{p1}(T_{1h} - T_{1c}) \tag{8.25}$$

여기서, $\dot{H}_1$ = 고온유체에서 방출된 열속 (상변화는 없다고 가정한다), Btu/hr

$$\dot{H}_2 = \dot{M}_2 C_{p2}(T_{2h} - T_{2c}) \tag{8.26}$$

여기서, $\dot{H}_2$ = 저온유체에 흡수된 열속 (상변화는 없다고 가정한다), Btu/hr

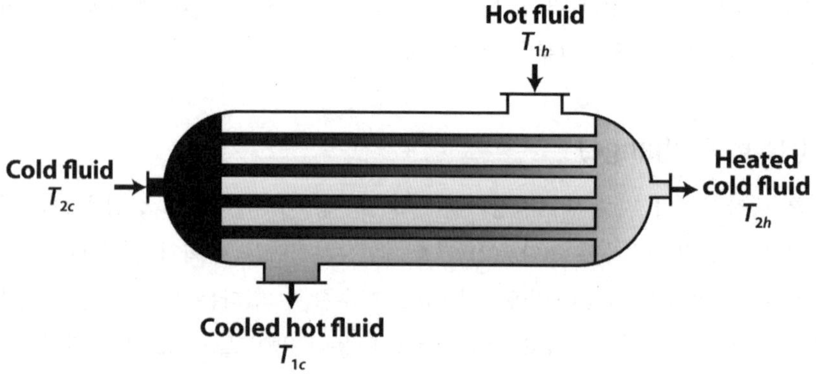

그림 8.10 Shell-and-tube형 열교환기

$$\dot{H}_x = UA\Delta T_{\rm LM} \tag{8.27}$$

여기서, $\dot{H}_x$ = 열교환속도, Btu/hr

U = 총괄열전달계수 (overall heat transfer coefficient), Btu/hr-ft^2-°F

A = 열전달면적, ft^2

$\Delta T_{\rm LM}$ = 지수 (log) 평균 온도차 [식 (8.28)에 정의], °F

$$\Delta T_{\rm LM} = \frac{(T_{1h} - T_{2h}) - (T_{1c} - T_{2c})}{\ln\left[\dfrac{(T_{1h} - T_{2h})}{(T_{1c} - T_{2c})}\right]} \tag{8.28}$$

비교적 얇은 금속관을 가진 shell-and-tube형 열교환기에 비교적 깨끗한 공기가 통과할 때, 총괄열전달계수는 다음 식에서 계산할 수 있다 (McCabe 등, 1985).

$$U = \frac{1}{\dfrac{1}{h_o} + \dfrac{x_w}{k_m} + \dfrac{1}{h_i}} \tag{8.29}$$

여기서, h_o, h_i = 금속관 외부 및 내부에서의 열전달계수, Btu/hr-ft^2-°F

x_w = 금속관벽의 두께, ft

k_m = 금속관의 열전도도, Btu/hr-ft-°F

대개 통과유체 중 하나가 가스라면 가스의 열전달계수는 너무 작아 $1/h$항은 매우 크게 되고, 총괄열전달계수 U는 h와 거의 같은 값을 갖게 된다. 그러나 두 개 유체가 전부 가스라면, h_o와 h_i항은 모두 수식에 참여할 것이다. 보통 x_w/k_m항은 한 개 이상의 유체가 가스일 경우 무시될 수 있다.

각 가스의 열전달계수는 가스의 종류, 유체의 난류 또는 층류여부, 가스의 열전달 특성에 따라 달라진다. Ganapathy (1976)는 다양한 가스 흐름에 대해, 각 가스의 열전달계수를 추정할 수 있는 도식적 방법을 개발하였다. Ganapathy의 방법을 이용하여 추정된 공기 및 연도가스 등의 계수가 표 8.8에 주어졌다.

열교환속도 $\dot{H}_x$는 항상 $\dot{H}_2$와 같다. 그러나 열교환기로부터 주변으로의 열손실 때문에 $\dot{H}_1$보다는 현저히 작은 값을 갖는다. 일반적인 예비설계 계산절차는 다음과 같다.

1. $\dot{H}_1$을 계산하기 위해 식 (8.25)를 사용한다.
2. 열손실량을 추정하고 $\dot{H}_2$를 계산한다.
3. 만약 $\dot{M}_2$의 값을 알면, 식 (8.26)을 사용하여 T_{2h}를 계산한다. 그렇지 않다면 T_{2h}를 추정하고 $\dot{M}_2$를 계산한다.
4. 식 (8.29)을 이용하거나 유사한 열교환기의 실험치에서 U값을 추정한다.
5. 식 (8.28)을 사용하여 ΔT_{LM} 을 계산한다.
6. 식 (8.27)을 사용하여 A를 계산한다.

일반적으로, U값의 범위는 Btu/hr-ft^2-°F 단위로 다음과 같다: 공기 - 공기의 열교환기 0.2～5; 공기 - 물의 열교환기 0.4～10; 물 - 물의 열교환기 50～2,000이다.

표 8.8 열전달계수의 계산치

유체의 종류	역 할	온 도	h, Btu/hr-ft^2-°F
1. 공기 또는 건조 연도가스	금속관의 외부. 1" 금속관 다발. 질량속 G=5,000 lb$_m$/hr-ft^2	600	17
2. 공기 또는 건조 연도가스	G=500 lb$_m$/hr-ft^{2}를 제외하고, 1항과 같음	600	4.3
3. 공기 또는 건조 연도가스	1항과 같음	1,000	22
4. 공기 또는 건조 연도가스	2항과 같음	1,000	5.5
5. H_2O 18%를 함유한 질소가스	내경 1.5" 금속관. 질량속 G=100 lb$_m$/hr-ft^2	1,400	12
6. H_2O 18%를 함유한 질소가스	5항과 같음	800	9
7. H_2O 18%를 함유한 질소가스	G=500 lb$_m$/hr-ft^{2}를 제외하고 5항과 같음	1,400	40
8. H_2O 18%를 함유한 질소가스	7항과 같음	800	32

예제 8.8 유량 100,000 cfm의 배출가스를 900 ℉에서 300 ℉로, (a) 80 ℉의 공기를 사용하여 희석, (b) 70 ℉의 물 분무, (c) 열교환기로 냉각할 때, 최종 부피속도를 계산하라.

풀이 (a) 식 (8.21)로부터

$$Q_d = 100{,}000\left[\frac{900-300}{300-80}\right]\left[\frac{540}{1{,}360}\right] = 108{,}000\ \text{cfm}\ \ (80\ ^\circ\text{F에서})$$

$$Q_f = 100{,}000\left[\frac{760}{1{,}360}\right] + 108{,}000\left[\frac{760}{540}\right] = 208{,}000\ \text{cfm}\ \ (300\ ^\circ\text{F에서})$$

(b) 식 (8.24)를 재정리하면,

$$\dot{M}_w = \frac{\dot{M}_a C_{pa}(T_a - T_f)}{\Delta H_v + C_{pwv}(T_f - T_v)}$$

배출가스가 1 atm과 분자량 29라고 가정하면,

$$\dot{M}_a = \frac{100{,}000\ \text{ft}^3}{\text{min}} \times \frac{(1\ \text{atm})(29\ \text{lb}_\text{m}/\text{lbmol})}{(0.730\ \text{atm-ft}^3/\text{lbmol-}^\circ\text{R})(1{,}360\ ^\circ\text{R})} = 2{,}920\ \text{lb}_\text{m}/\text{min}$$

$$\dot{M}_w = \frac{(2.920)(0.25)(900-300)}{1{,}054 + 0.45(300-70)} = 378\ \text{lb}_\text{m}/\text{min}$$

$$Q_w = 45\ \text{gal}/\text{min}$$

유속을 몰속도로 바꾸면 다음과 같다.

물의 몰속도 $= 378/18 = 21\ \text{lbmol}/\text{min}$

냉각된 가스의 총 몰속도 $= 2{,}920/29 + 21 = 121.7\ \text{lbmol}/\text{min}$

마지막으로 이상기체법칙을 이용하여 부피속도를 계산할 수 있다.

$$Q_f = \frac{121.7\ \text{lbmol}}{\text{min}} \times 0.730\ \frac{\text{atm-ft}^3}{\text{lbmol-}^\circ\text{R}} \times \frac{760\ ^\circ\text{R}}{1\ \text{atm}}$$
$$= 67{,}500\ \text{ft}^3/\text{min}\ \ (300\ ^\circ\text{F에서})$$

(c) 열교환기에서 이상기체법칙을 직접 사용할 수 있다.

$$Q_f = Q_e\left[\frac{760}{1{,}360}\right] = 56{,}000\ \text{cfm}\ \ (300\ ^\circ\text{F에서})$$

8.6 가격

후드 (Hood)

EPA는 다양한 재질 (유리섬유, PVC, 폴리프로필렌, 아연 강)의 다양한 후드 (천개형, push-pull형, 슬롯형)에 관한 가격정보를 발표하였다. 네 개 판매회사로부터 얻은 가격지수를 가지고, 멱법칙 (power law) 형식으로 후드의 면적 (hood face area)과 가격을 연계하였다. 자세한 정보를 원하는 독자는 EPA의 Air Pollution Control Cost Manual (2002)을 참고할 수 있다. 대부분의 경우 후드는 설치장소의 특성에 맞게 주문 제작되고 있다. 후드의 가격을 추정할 때 해당지역의 제작자에게 견적서를 받아보는 것이 최상의 방법이다.

덕트 (Duct)

덕트의 가격 (직선형 덕트와 다양한 형태의 연결부 포함)은 덕트의 길이와 직경, 사용자재, 벽면 (금속) 두께에 따라 달라진다. EPA는 판매회사부터 얻은 가격정보 (1993년 달러기준)를 바탕으로 가격추정식을 개발하기 위해, 가격과 덕트의 식경 및 사용자재와의 상관관계를 조사하였다 (U.S. EPA, 2002). 직선형 덕트는 판금, 강판 및 플라스틱 재질로 공급된다. 판금 벽의 두께는 일반적으로 3/16～1/2 in. 사이이며, 강판은 1/64～1/8 in. 사이이다. 여기서 강철재질은 양호한 환경에서는 탄소강 (아연도금 강 또는 표면도색 강 포함)을 사용하며, 부식성 환경에서는 스테인리스강을 사용한다. 강화유리섬유 플라스틱 (FRP)과 PVC를 포함한 플라스틱 재질은 한 가지 두께 (1/8～1/4 in. 사이에서 다양)로 공급된다. 강철 재질로 공사가 되는 경우, EPA는 비록 다양한 두께의 가격정보를 가지고 있었지만, ±30% 정확도에 적합한 가격추정식을 개발하여야 했기 때문에 평균두께 자료를 선택하였다.

판매자의 가격정보를 회귀분석하여 개발한 EPA의 가격추정식은 멱법칙 형태를 갖는다.

$$C = aD^b \tag{8.30}$$

여기서, C = 덕트가격 ($/ft; 1993년 달러기준)

D = 덕트직경, in.

a, b = 회귀상수

표 8.9는 식 (8.30)에 사용될 일부 직선형 덕트의 가격추정계수이다.

표 8.9 직선형 덕트의 가격추정계수 (1993년 달러기준)

덕트의 종류	재 질	수식에 사용된 상수		응용범위 (덕트직경, D in.)
		a	b	
원형 - 나선형[1]	판금, 아연도금 탄소강	0.322	1.22	3~84
원형 - 나선형	판금, 304 스테인리스강	1.56	1.00	3~84
원형 - 장대형[2]	판금, 아연도금 탄소강	2.03	0.784	6~84
원형 - 장대형	판금, 304 스테인리스강	2.98	0.930	6~84
원형 - 장대형	코팅된 탄소강판	2.49	1.15	6~84
원형 - 장대형	304 스테인리스강판	6.29	1.23	6~84
원형	PVC[3]	0.547	1.37	6~48

1 나선으로 휜, 용접된 원형 덕트
2 세로 이음매를 따라 용접된 원형 덕트
3 PVC = polyvinyl chloride
출처 : EPA, 2002.

표 8.10 Elbow형 (L자형 또는 꺾임형) 덕트의 가격추정계수 (1993년 달러기준)

L자형 덕트의 재질	가격추정식	수식에 사용된 상수		응용범위 (직경, in.)
		a	b	
아연도금 탄소강	지수형식 - 수식 (8.31)	30.4	0.0594	6~84
304 스테인리스강	지수형식 - 수식 (8.31)	74.2	0.0668	6~80
PVC[1]	멱형식 - 수식 (8.30)	3.02	1.49	6~48
FRP[2]	지수형식 - 수식 (8.31)	34.9	0.0841	4~36

1 PVC = polyvinyl chloride
2 FRP = fiberglass-reinforced plastic
출처 : EPA, 2002.

마찬가지로, EPA는 elbow형 (L자형 또는 꺾임형) 덕트의 가격을 추정하기 위해 크기와 재질 정보를 바탕으로 회귀분석하였다. 그 결과 지수형식 (exponential form)의 가격추정식을 얻을 수 있었다.

$$C = a e^{bD} \tag{8.31}$$

여기서, C = elbow형 덕트가격 (1993년 달러기준)
D = elbow형 덕트직경, in.
a, b = 회귀상수

표 8.10은 식 (8.31)에 사용된 일부 L자형 덕트의 가격추정계수이다.

Vatavuk과 Neveril (1980)에 의하면, T자형 덕트가격은 같은 크기의 elbow형 덕트가격의 약 1/3 정도이고, 연결 덕트 (확장부위 또는 축소부위)는 같은 직경의 elbow형 덕트가격의 약 1/2 정도이다.

송풍기 (Fan)

대기오염방지에 응용되는 대부분의 송풍기는 후향날개형 (backward inclined) 또는 방사경사형 (radial tip) 송풍기이다. 후향날개형 송풍기는 출구속도와 정압에 따라 대략 4등급으로 분류된다. 방지장치의 요건 (유량과 압력손실에 관한)에 기초하여, 대부분의 후향날개형 송풍기는 Ⅱ, Ⅲ등급 송풍기로 분류된다. Ⅰ등급 송풍기는 최저의 출구속도와 송풍정압을 가지며, Ⅳ등급 송풍기는 Ⅲ등급 이상의 성능을 보이는 송풍기이다. Ⅰ등급과 Ⅳ등급은 일반적으로 사용되지 않으며, 이 경우에 속하는 후향날개형 송풍기는 특별히 주문제작되고 있다. 방사경사형은 등급 분류가 없다.

앞서 제시한, 송풍기 등급표를 사용하여 선택법을 숙지하는 것이 중요하다. 하지만 송풍기 제작자들은 각 송풍기 그룹에 대해 다양한 크기 (축차의 지름)의 송풍기 정보를 가지고 있다. 적어도 요구 유량이나 압력강하를 충족시키는 4개 이상을 크기별로 보유하고 있는 것이 보통이다. 따라서 공학도들은 최소 운영비가 드는, 가장 효율적인 송풍기 크기를 선택해야 한다.

오늘날 대부분 공장은 공학도들이 최고 효율 송풍기를 선택할 때 도움을 줄 수 있는 전산프로그램을 가지고 있다. 그림 8.11과 그림 8.12는 Chicago Blower Corporation에서 제공한 프로그램을 수행한 결과이며, 그림을 이용하여 공학도들은 신속하게 효율이 가장 좋은 송풍기 크기를 결정할 수 있다. 이 그래프는 일 개 회사의 전산자료를 이용한 결과이지만, 예비단계의 공정설계에서 가격추정을 할 때 유용하게 활용될 수 있다.

그림 8.11과 그림 8.12를 사용해서, 유량과 송풍정압의 교점을 간단히 찾을 수 있다. 송풍기를 선택할 때와 마찬가지로, 유량은 실제 요구되는 용량과 같아야 하며, FSP는 표준 공기밀도에 기초한 방지장치의 압력손실이 된다. 이 교점은 두 개 실선사이의 영역에 존재하며, 가장 효율적인 축차지름에 해당한다. 그림에서 Ⅱ와 Ⅲ등급 송풍기 사이의 어두운 영역은 정확한 경계를 의미하지 않는다. 일단, 최고 효율을 갖는 송풍기 크기를 결정했다면 가격을 추정할 수 있다. 다음에 제시된 가격추정식은 최고 효율을 갖는 송풍기의 축차직경에 기초를 두고 있다.

축차직경의 함수로서 가격 (1981년 기준) 추정식은 Vatavuk and Neveril (1981b)에서 얻을 수 있다. 이 추정식은 Marshall-Swift 지표를 이용하여 2008년 가격으로 환산할 수 있다. 따라서 독자들은 이 추정식이 상당한 불확도가 있다는 점을 명심하여야 한다. 대략 ±50% 정도의 정확도를 갖는다고 생각하라.

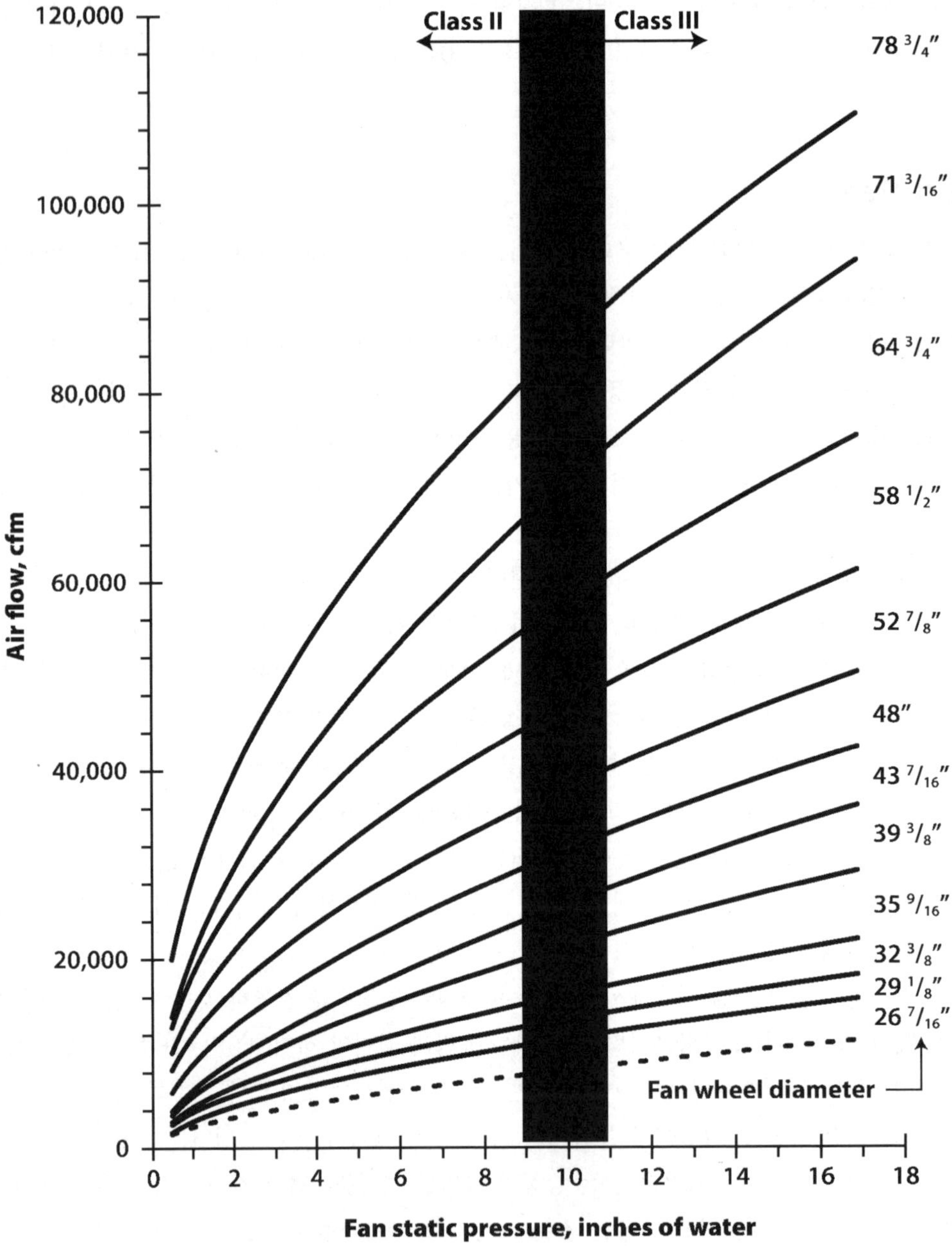

그림 8.11 송풍기 유량과 정압의 함수로 추정된 최고효율의 송풍기 출력 (후향날개형)

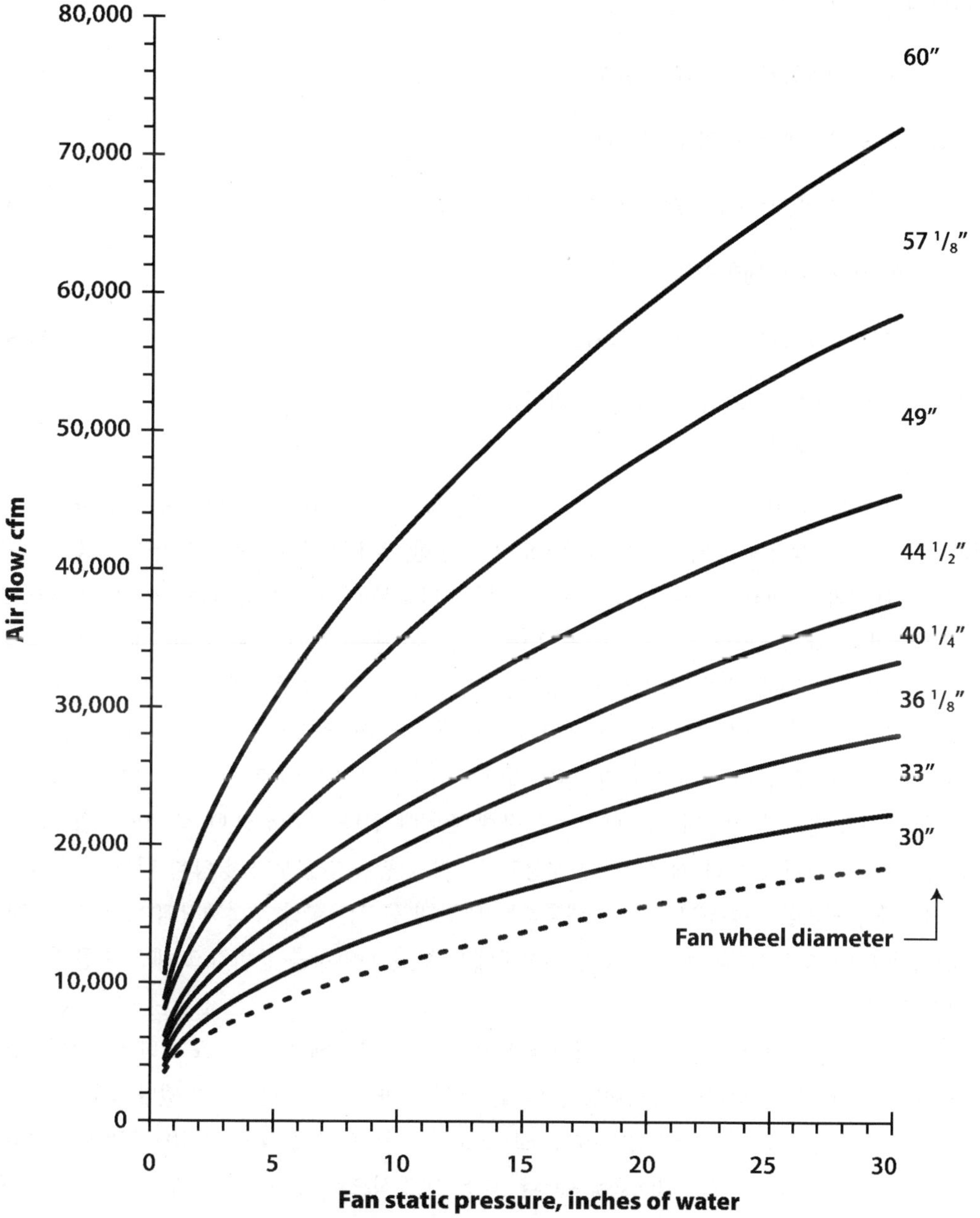

그림 8.12 송풍기 유량과 정압의 함수로 추정된 최고효율의 송풍기 출력 (방사경사형)

후향날개형 송풍기에 대하여 (Ⅲ등급):

$$C = 9.63D^2 - 475D + 9,735 \tag{8.32}$$

후향날개형 송풍기에 대하여 (Ⅱ등급):

$$C = 7.93D^2 - 392D + 7,870 \tag{8.33}$$

방사경사형 송풍기에 대하여:

$$C = 7.75D^2 - 116D + 5,472 \tag{8.34}$$

여기서, C = 장치구입가격 (2008년 달러기준)
D = 축차직경, in.

예를 들어, 10 in. H_2O의 압력손실을 보이고, 저밀도 공기를 30,000 acfm으로 송풍하는 후향날개형 송풍기를 생각해 보자. 만약, 표준밀도로 보정한 후 FSP가 15 in. H_2O라면 송풍기 가격은 15 in. H_2O와 30,000 cfm에 기초를 둔다. 그림 8.11로부터 해당 송풍기는 39 3/8 in. 축차지름을 갖는 Ⅲ등급 송풍기가 된다. 식 (8.32)에 의해, 이 송풍기 가격은 약 $6,000이다.

식 (8.32)와 (8.34)에 대한 가격은 저온용 탄소강 송풍기에 기초를 두었고, 고온에 적용할 경우 보정하여야 한다. 만약 작업이 250 °F에서 600 °F 사이의 온도에서 수행된다면, 추정식에서 얻은 가격에 1.03을 곱해 주어야 한다. 만약 고온 및 부식성 작업에 적합한 스테인리스강 송풍기를 원한다면, 탄소강 송풍기 가격에 2.5를 곱해 주어야 한다. 70 in. H_2O 정도의 고압 송풍기(대부분 고-에너지형 벤튜리 세정장치에 사용됨)는 저압 송풍기 값보다 상당히 비싸다. 대형 화력발전소에서 공기를 운송하고 가스를 배출하는 대형 송풍기는 항상 주문제작되며, 가격은 수백만 달러가 된다. 공정설계자들은 송풍기 제작자에서 보낼 사양서를 준비하고 해당 송풍기를 입찰하여야 한다.

송풍기 가격을 결정한 후 모터와 모터 스타터의 가격을 추정해야 한다. 표 8.11 (모터에 대하여)과 표 8.12 (모터 스타터에 대하여)는 가격을 추정할 때 각 각 이용할 수 있다. 최대 효율을 갖는 크기의 송풍효율은 약 75~80%이고, 벨트드라이브와 모터 손실이 약 10~15%이기 때문에, 필요로 하는 모터의 출력 (horsepower)은 다음 방정식으로 구할 수 있다.

$$M = (0.0001575 \times Q \times \text{FSP})/0.65 \tag{8.35}$$

여기서, M = 모터 출력, hp
Q = 공기유량, cfm
FSP = 송풍기 정압, in. H_2O

표 8.11 전기모터의 본선인도가격 (f.o.b.: 2008년 달러기준)

모터 출력		유형별 모터가격, $	
hp	rpm[a]	밀폐형	폭발방지용[b]
0.5	low	377	619
0.75	low	421	665
1	low	492	688
1.5	low	530	735
2	high	609	624
2	low	555	688
3	high	741	–
3	low	724	751
5	high	908	–
5	low	819	911
7.5	high	1,119	–
7.5	low	996	1,149
10	high	1,303	–
10	low	1,179	1,265
15	high	1,770	–
15	low	1,683	1,879
20	high	2,301	–
20	low	1,936	2,251
25	high	2,768	–
25	low	2,382	2,889
30	high	3,510	–
30	low	3,010	3,307
40	high	4,653	–
40	low	4,016	4,444
50	high	5,775	–
50	low	5,165	5,105
60	high	7,172	–
60	low	6,882	–
75	high	9,058	–
75	low	8,042	–
100	high	12,200	–
100	low	11,566	–
125[c]	high	16,900	–
125	low	16,737	–
150	high	20,648	–
150	low	19,397	–

모터 출력		유형별 모터가격, $	
hp	rpm[a]	밀폐형	폭발방지용[b]
200	high	26,887	–
200	low	23,478	–
250	high	33,698	–
250	low	29,455	–
300	high	40,186	–
300	low	35,115	–
400	high	53,286	–
400	low	46,586	–
500	high	67,228	–
500	low	58,780	–

주의 : a 모터의 속도를 high 및 low로 표시하였다. 이 경우, 3,450~3,575 rpm일 때, high로 분류하였으며, 1,705~1,790 rpm일 때 low로 분류하였다. 모터의 rpm은 벨트 또는 기어를 고려하여 원하는 송풍기의 rpm과 일치하여야 한다.
b 스파크를 일으키지 않는 물질로 제조.
c 이보다 대형 모터는 460 Volt에서만 가동된다.
출처 : Chicago Blower Corporation, Glendale Heights, IL, 1992. 또한 Marshall-Swift지표 사용함.

표 8.12 전기모터 스타터의 본선인도가격 (f.o.b.: 2008 달러기준)

NEMA[a] Size	모터 출력, hp	가격, $
00	0~3	267
0	5~7.5	332
1	7.5~10	378
1.75	10~15	590
2	15~20	749
3	20~40	1,245
4	40~60	2,812
5	60~250	6,634
–[b]	300	7,700
–	400	11,500
–	500	15,000

주의 : a NEMA는 National Electric Manufacturer's Association을 의미한다.
b 이들 품목은 특수 주문제작 물품이며, 가격은 대략적인 추정치이다.
출처 : Chicago Blower Corporation, Glendale Heights, IL, 1992.
또한 Marshall-Swift 지표를 사용하여 2008년 가격으로 환산하였다.

모터는 특정 표준출력을 기준으로 출하되므로, 계산된 출력 M은 표준출력에 가까운 크기로 맞추어야 한다 (출력이 표준출력보다 아주 조금밖에 크지 않다면, 항상 표준출력에 맞추어 숫자를 올려야 한다). 전기모터의 표준출력은 표 8.11의 모터에 대한 가격정보자료에 제시되어 있다. 대부분의 송풍기는 모터와 벨트드라이브가 짝을 이루고 있다. 벨트드라이브와 벨트의 가격은 소액이며, 송풍기＋모터＋스타터를 합한 가격의 약 5% 정도이다. 이와 같은 대형 모터는 습식세정기와 같은 대형 산업장 펌프를 가동하는데 사용될 수 있다. 펌프는 많은 산업용 장치 중 가장 일반적인 장치이며, 펌프 가격정보는 판매회사에서 쉽게 얻을 수 있다.

냉각기 (Cooler)

이 절과 이전 절에서 가격추정이 매우 오래된 자료를 기반으로 수행되어, 매우 부정확 할 수도 있다. Loh and Lyons (2002)는 종류가 다양한 많은 장치들 (펌프, 송풍기, 반응조, 열교환기, 버팀대 등)에 관한 가격추정곡선을 제공하는 보고서를 발표하였다. 이 보고서에서 ICARUS Process Evaluator (IPE)라고 하는 산업체 - 수용 소프트웨어를 사용하였다. 독자들은 모든 상황에 맞게, 가격을 산정할 수 있는 수많은 상업용 소프트웨어 패키지가 최근 사용되고 있음을 명심하라

Vatavuk와 Neveril (1981a)은 급냉기 (quencher), 살수탑, 공기희석장치에 대한 가격 추정 그래프를 제시하였다. 살수탑은 물의 주입속도를 제어할 수 있고, 폐가스의 흐름 속의 습도를 조절할 수 있다. 반면에 급냉기는 간단한 장치로써, 가스의 흐름에 물을 통과시키거나 포화온도까지 냉각하는 동안 수증기로 가스를 포화시키는 장치이다. Vatavuk와 Neveril (1981a)은 살수탑과 급냉기의 가격을 Marshall-Swift 지표를 사용하여 갱신하였다. 식 (8.36)과 (8.37)은 이를 보여주고 있다.

탄소강 살수탑에 대하여:

$$C = 0.675Q + 123{,}300 \tag{8.36}$$

탄소강 급냉기에 대하여:

$$C = 0.632Q + 22{,}940 \tag{8.37}$$

여기서, C = 장치구입가격 (2008년 달러기준)
Q = 가스 유입속도, acfm

공기희석 냉각설비는 기본적으로 T자형 덕트, 유량조절장치, 온도제어기 등으로 구성되어 있다. 비록 공기희석설비의 자본투자비가 다른 냉각설비보다 상당히 싸지만, 이 비용은 더 많은 공기유량을 추가로 취급하는 부담 때문에, 더 큰 송풍기, 덕트 및 전력비를 요구하므로 상쇄된

다. Vatavuk and Neveril (1981a)가 추정한 공기희석설비의 가격은 M-S 지표를 사용하여 갱신되었고 식 (8.38)과 같다.

탄소강 공기희석설비에 대하여:

$$C = 2.01D^2 + 166D + 4,953 \tag{8.38}$$

여기서, C = 장치구입가격 (2008년 달러기준)
D = 덕트 직경, in.

Vatabuk (1995)는 열교환기 가격과 열전달면적과의 상관관계를 다양한 크기에 대해 구하였다.

$$C = 231A^{0.639} \tag{8.39}$$

여기서, C = 구입가격 (1995년 달러기준), f.o.b. 제작자
A = 열전달면적, ft^2

식 (8.39)는 50~9,000 ft^2의 열전달면적을 갖는 열교환기에 적용된다.

Loh and Lyons (2002)의 보고서를 기초로, shell-and-tube형 열교환기에 대한 가격곡선이 개발되었으며, Vatabuk의 면적보다 넓은 범위에 적용된다. 이들 곡선에 근사한 몇 개 다항식을 만든 결과, 면적을 독립변수로 사용하여 매우 우수한 1차선형상관식을 얻을 수 있었다 (R^2 = 0.999). 하지만 이러한 1차근사식이 인정된 경제모델을 따르는 것은 아니다 (일반적으로 공정장치에서, 가격은 부분출력 크기에 따라 상승한다). 가격추정식은 M-S 지표를 사용하여 2008년 달러기준으로 갱신되었고 식 (8.40)과 같다.

$$C = 15.44A + 11,840 \tag{8.40}$$

여기서, C = 구입가격 (2008년 달러기준), f.o.b. 제작자
A = 열전달면적, ft^2

식 (8.40)은 100~70,000 ft^2의 열전달면적을 갖는 열교환기에 적용된다.

연습문제

8.1 한 공장의 공정에서 공기유량이 8,000 cfm에서 10,000 cfm으로 확대 개선되었다. 기존 송풍기는 1,600 rpm에서 6.0 in. H_2O의 정압에서 가동된다. 새로운 송풍기의 속도와 정압을 계산하라.

8.2 문제 8.1에서 기존 송풍기의 모터가 15 hp이었다. 만약 송풍기 손실과 운전손실이 합하여 35%라면, 새로운 모터가 필요한가?

8.3 공기유속이 2배로 증가할 때, 만약 같은 rpm으로 가동한다면, 새로운 송풍기의 크기 (기존 송풍기와 상대적 비율로)를 계산하라.

8.4 8장의 도표에서, 6.5 in. H_2O 정압에서 표준공기 12,000 cfm을 송풍할 수 있는 송풍기를 선택하라. 크기, 속도 및 송풍기 출력 (BHP)을 구하라.

8.5 식 (8.19)의 k값을 hp/in. H_2O-cfm 단위로 구하라.

8.6 8장의 표로부터, ΔP가 4.4 in. H_2O인 장치를 통과하는 500 °F, 0.8 atm인 공기 13,000 cfm를 송풍할 수 있는 송풍기를 선택하고, 크기, 속도, BHP를 계산하라.

8.7 13,702 cfm과 6 in. H_2O에서 가동되는 30 SISW 송풍기의 기계적 효율을 계산하라.

8.8 식 (8.19)에서 k값을 kW/(Pa-m^3/s)의 단위로 구하라.

8.9 3개의 90° elbows와 2개의 45° elbows를 갖는 길이 250 ft, 직경 30 in.인 원형 덕트 속을 표준공기 30,000 cfm가 송풍될 때, 압력손실을 계산하라.

8.10 2 : 1 직사각형 덕트와 송풍기의 시스템을 설계하라. 단, 최종제어장치 (FCD)의 ΔP가 6.0 in. H_2O이고 중밀도 분진을 함유한 공기가 40,000 scfm으로 운송된다 (단, 덕트 설비는 120 ft이고, 4개의 90° elbow를 갖는다).

8.11 (a) 정사각형 덕트, (b) 3 : 1 직사각형 덕트가 문제 8.9의 원형 덕트와 등가흐름일 때, 각각 크기를 계산하라.

8.12 식 (8.21)을 기본 물질수지식과 엔탈피수지식으로부터 유도하라. 단계적으로 상세히 설명하라.

8.13 50,000 cfm의 공기의 온도가 1,200 °F일 때, (a) 500 °F, (b) 300 °F, (c) 150 °F로 냉각하는데 필요한 희석공기의 유속을 cfm 단위 (90 °F에서)로 계산하라.

8.14 문제 8.13의 세 가지 경우에 대하여, 냉각시키는데 필요한 물의 주입량 (gal/min)을 계산하라. 60 °F의 물을 사용한다고 가정하라.

8.15 공기 - 공기 열교환기로 20,000 cfm의 공기를 1,200 °F에서 400 °F로 냉각할 때 필요한 면적을 계산하라. 80 °F의 공기는 열교환기에 의해 800 °F로 가열된다고 가정하라. 또한, 열손실은 10%이고 총괄열전달계수는 1.0 Btu/hr-ft^2-°F이다.

8.16 문제 8.9에서 덕트의 제작가격 (2008년 달러기준)을 추정하라.

8.17 예제 8.7에 제시된 설비 (FCD 불포함)의 총 설치비 (TIC: 2008년 달러기준)를 추정하라. 후드의 총 설치비는 2000년 기준으로 $22,000이다.

8.18 12 in. H_2O에서 공기 25,000 cfm를 송풍하기 위한, 송풍기와 모터의 DEC (2008년 달러기준)를 추정하라.

8.19 18 in. 직경의 덕트설비를 설계하고자 하나, 건물은 단지 12 in. 높이의 공간적 여유 밖에 없다. 같은 압력손실에서 같은 유량을 갖기 위한 직사각형 덕트의 넓이는?

8.20 3,000～8,000 scfm 유량에 대해, 길이가 400 ft이고 직경이 16 in.인 원형 덕트 1개, 90° elbows 2개, 45° elbows 3개로 구성된 설비의 저항곡선을 구하라. 표 8.7을 사용해서 2,100 rpm에서 운전되는 20 SISW 송풍기에 대한 운전점 (유량과 정압손실)을 구하라. 이 운전점에서 송풍효율은 얼마인가? 이 송풍기의 결정은 잘된 것인가?

8.21 길이가 500 ft인 덕트로 산업용 오븐에서 굴뚝까지 분진이 없는 폐가스를 80,000 acfm (T ＝1,500 °F)으로 운송하고 있다. 열교환장치는 공기의 온도를 520 °F로 냉각하기 위해 오븐 옆에 위치하고 있다. 열교환장치가 있을 때와 없을 때의 덕트크기를 결정할 때, 또한 3/16 in. 스테인리스강 (1,500 °F에서 작동) 대신 1/8 in. 탄소강으로 덕트를 제작할 때 (1/8 in. 탄소강은 520 °F에서 충분히 가스를 운송할 수 있다), 비용절감은 어느 정도인지 계산하라.

8.22 80 °F의 공기가 25,000 acfm으로 용광로에 주입되고 있다. 만약 이 공기를 80 °F에서 280 °F로 예열하기 위해 열교환장치가 추가된다면 (이 경우 5.0 in. H_2O의 압력손실을 동반), 경제성이 과연 있을까? 열교환장치의 가격으로 $100,000, 유지 및 기타 고정비로 매년 $12,000가 필요하다고 가정하라. 한편, 기존 송풍기가 열교환기를 추가하여 발생하는 압력손실을 충분히 감당한다고 가정하라. 연료의 가치는 $3.00/million Btu이고 전기료는 $0.08/kWh로 가정하라.

8.23 만약 20,000 acfm의 폐가스에 70 °F인 물을 분사하여 1,600 °F에서 400 °F로 냉각된다면, 이때 필요한 물의 양을 gal/min 단위로 계산하라.

8.24 문제 8.15의 열교환기의 총 설치비를 2008년 달러기준으로 추정하라.

참고문헌

ASHRAE Handbook–*2009 Fundamentals Volume*. Atlanta, GA : The American Society of Heating, Refrigerating and Air-Conditioning Engineers, 2009.

Chicago Blower Corporation. *Airfoil SQA Fans*, Bulletin SQA-105. Glendale Heights, IL, 2009.

Crawford, M. *Air Pollution Control Theory*. New York : McGraw-Hill, 1976.

Danielson, J.A., Ed. *Air Pollution Engineering Manual* (2nd ed.), AP-40. Washington, DC: U.S. Environmental Protection Agency, May 1973.

Ganapathy, V. "Quick Estimation of Gas Heat Transfer Coefficients", Chemical Engineering, September 13, 1976, p. 199.

Hemeon, W.C.L. *Plant and Process Ventilation*. New York : Industrial Press, 1963.

Industrial Ventilation: *A Manual of Recommended Practice* (12th ed.). Lansing, MI: American Conference of Governmental Industrial Hygienists, 1972.

Loh, H.P. and Lyons, J. "Process Equipment Cost Estimation, a Final Report," DOE/NETL-2002/1169, National Energy Technology Center, Pittsburgh, PA, January 2002.

McCabe, W.L., Smith, J.C., and Harriott, P. *Unit Operations of Chemical Engineering* (4th ed.). New York: McCraw-Hill, 1985.

McDermott, H.J. *Handbook of Ventilation for Contaminant Control*. Ann Arbor, MI: Ann Arbor Science, 1976.

Menkel, B.E. "Basic Design of a Plating Exhaust System", *Plating and Surface Finishing*, 72(4), April 1985.

Sorg, G.R. "Fan Acoustic Basics: Part I" *Pollution Engineering*, Vol. XV, 3, March 1983.

U.S. Environmental Protection Agency (EPA). *Air Pollution Control Cost Manual,* 6th ed., EPA-452/F-03-001, OAQPS, Research Triangle Park, NC, January 2002.

Vatavuk, W.M. "A Potpourri of Equipment Prices," Chemical Engineering, August 1995.

Vatavuk, W.M., and Neveril, R.B. "Part IV: Estimating the Size and Cost of Ductwork", Chemical Engineering, December 29, 1980, p. 71.

Vatavuk, W.M., and Neveril, R.B. "Part V: Estimating the Size and Cost of Gas Conditioners," Chemical Engineering, January 26, 1981(a), p. 127.

Vatavuk, W.M., and Neveril, R.B. "Part VII: Estimating the Size and Cost of Fans and Accessories", Chemical Engineering, May 18, 1981(b), p. 171.

Chapter

09 분진제어 문제

노력을 대신할 만한 것은 없다.
(There is no substitute for hard work)

Thomas A. Edison

9.1 머리말

대기오염 공학도에게는 많은 책임이 있다. 이러한 책임에는 공정설계에서부터 측정감시, 허가발급, 성능검사, 유지보수계획, 가동상의 문제점 발견 및 수리 등이 포함되어 있다. 다행히 공학자는 대기오염 제어공정의 설계와 제작의 초기 발상단계부터 장치를 가동할 때까지 참여할 수 있는 기회가 있다. 대부분 공학도들에게는 이와 같은 설계작업이 어떠한 다른 분야의 작업보다 만족스럽고 보상받을 수 있는 경험이 될 것이다. 이 장에서는 대기오염 제어설비의 공정설계를 다룰 것이다.

설비 (system)란 "덕트, 송풍기, 펌프, 제어장치 및 기타 보조장치 등과 같은 장치들이 제어목적을 달성하기 위해 함께 연결되어 가동되는, 한 개 이상의 주요 장치들"로 정의된다. 설비설계는 일종의 예술이며, 따라서 설계에 대한 재능은 경험을 통해서 개발된다. 하나의 문제점에 대해 공학도에 따라 문제 해결방법은 다르지만, 본 장에서는 절차와 사고 (思考)과정을 설명하기 위해, 하나의 설계문제에 대해 단계적으로 접근하는 방법을 제시한다. 만약 강의 교수가 원한다면, 본 장은 앞의 8개 장을 가르치며 동시에 학생들에게 숙제를 부여하여 설계 프로젝트로 사용할 수 있다. 만약, 과제가 부여된다면 이 문제를 해결하는데 4~6주의 기간이 필요하다.

9.2 문제의 개요

자연활석 (talc)과 붕사 (borax)의 혼합물은 노천채광으로 얻을 수 있으며, 이 광석은 탑재함의 지붕이 없는 트럭으로 공장까지 운반된다. 공장에서는 대형 분쇄기에 의해 약 10~15 cm 이하로 분쇄된다. 그 다음, 롤러 제분기 (roller mill)로 유입되어 더욱 잘게 부순다. 이 공정이 끝나면 채로 걸러 1 cm 미만의 것은 건조 저장하고, 큰 원자재는 제분기로 재순환시킨다.

채로 거른 자재는 저장소로 운반하고 다시 대형 로타리 킬른 (rotary kiln) 건조기로 보내, 8%에서 0.2% 습윤상태로 건조한다. 습윤 고형물의 건조기 투입속도는 50,000 kg/hr이다. 건조기에서는 투입 고형물 1,000 kg당 6.0 L의 저유황 기름을 사용한다.

건조된 고형물은 공기접촉 냉각장치를 통과한 후 선적되기 전까지 저장한다. 건조기에서 배출되는 가스의 온도는 650 °F이고, 오염된 가스는 대기로 배출되기 전에 적절한 제어장치로 처리한다. 그림 9.1은 체계적인 공정도이다.

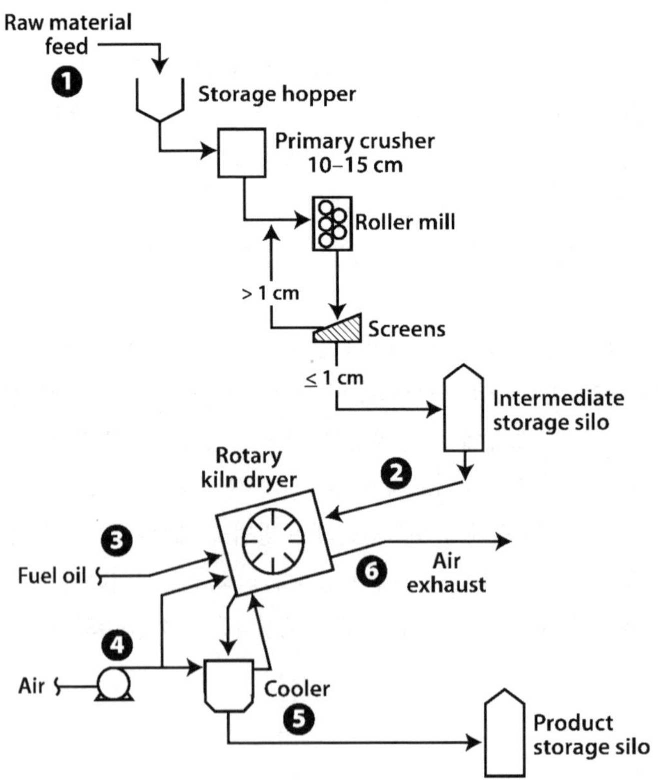

그림 9.1 공정흐름도

첫 번째 과제

다음 물질수지표를 완성하고 다음 질문에 답하라. 다음과 같은 부수적인 조건이 주어졌다.

연료유의 비중 = 0.9

연료유의 구성비 (무게 백분율) : C = 88%; H = 11.7%; S = 0.3%

건조로의 분진 배출량 = 건조 고형물 투입량의 2.0%

연료유 1 kg당 공급된 연소공기량 = 18 kg/kg

투입된 습윤고형물 1 kg당 공급된 보조공기량 = 0.3 kg/kg

유입공기의 조성 (몰 백분율) : N_2 = 78%; O_2 = 21%; Ar = 1%

물질수지표

공정흐름 Number	조성, thousand kg/hr							
	건조 고형물	N_2	O_2	CO_2	H_2O	S	기타	합계
1		0	0	0	4.17	0	0	52.0
2	46.0	0	0	0	4.00	0	0	50.0
5		0	0	0		0	0	
3	0	0	0	0	0			
4	0			0	0	0		
6						0		

문제

1. 건조기에서 나오는 분진의 배출량 (kg/hr)을 계산하라.
2. 건조단계와 분쇄단계에서 손실된 원자재 유입물의 백분율 (%)을 계산하라.
3. 건조기에서 나오는 SO_2 배출량 (kg/hr)을 계산하라.
4. 건조기에서 배출된 분진의 농도 (μg/std m^3)를 계산하라.
5. 배출가스 중 SO_2의 농도 (μg/std m^3, ppm)를 계산하라.
6. 분진에 대한 배출허용기준이 10 kg/hr 이하라면, 요구되는 집진기의 효율을 계산하라.
7. 배출가스중 수분의 부피 백분율을 계산하라.
8. 배출가스의 유속을 acfm과 건조표준상태 m^3/hr로 계산하라.
9. 건조 배출가스 중 CO_2와 O_2의 부피 백분율을 계산하라.

9.3 최종 제어를 위한 선택사양

입자상 오염물질의 배출을 제어하기 위한 각종 방안들이 있다. 모든 방안들에는 생성물을 회수할 수 있는 사이클론 전처리장치를 반드시 포함하고 있다. 사이클론을 거친 후, 배출가스는 여과집진기, 전기집진기 또는 습식세정기를 통과한다.

각 최종 방지장치는 고효율로 설계할 수 있다. 그러나 처음 두 개 장치 (여과집진기, 전기집진기)와 세 번째 장치 (세정기)의 주요 차이점은 습식세정기를 사용할 때에는 반드시 처리해야 할 슬러지가 생성된다는 점이다. 이와 같은 슬러지 처리는 많은 비용과 어려움이 따른다.

또한, 배출가스가 소량의 SO_2를 함유할 때 습식세정기는 심각한 부식문제를 겪는다 (주의: 만약 SO_2가 제거되어야 한다면, 세정기는 SO_2와 분진을 동시에 제거할 수 있는 좋은 선택안이 될 수 있다). 마지막으로, 건식집진 방법을 이용하면 재생가치가 있는 폐기물을 재사용할 수 있다. 이러한 이유로 우리는 습식세정법을 포기할 것이다. 실제로 설계자는 예비설계 작업과 가격추정을 하기 이전에, 장치선택과 관련하여 충분히 조사하고 결정하여야 한다. 그림 9.2는 제안된 공정흐름도이다.

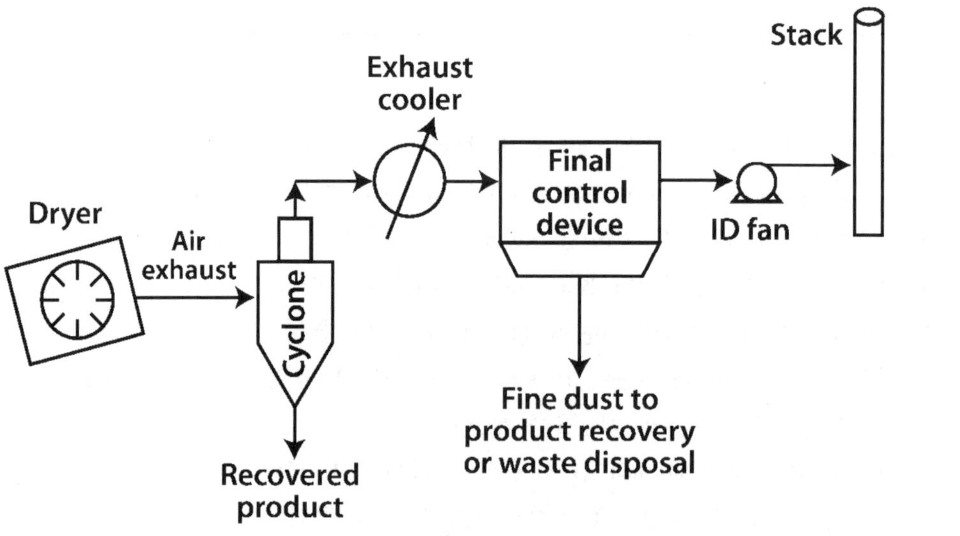

그림 9.2 배출가스 제어를 위해 제안된 공정흐름도

9.4 장치의 주요 항목

각 장치를 설계하기 전에, 그림 9.2에 제시된 각 장치항목을 간단히 살펴보자. 전처리용 사이클론은 입경이 큰 분진을 제거하는데 유용한 장치이며, 특히 높은 처리효율이 요구되지 않을 때 사용된다. 사이클론은 처리가스가 고온일 경우와 부식성/침식성이 클 경우 사용할 수 있다. 제4장에서 논의한 것처럼, 사이클론의 총괄집진효율은 사이클론의 크기, 분진의 특성 (밀도와 크기분포), 가스의 성질 (점도), 요구 동력 (가스의 유속 또는 압력손실로 표시된)과 관련이 있다. 높은 효율은 큰 동력을 필요로 하므로 압력손실이 낮아지면 효율은 떨어지고, 효율이 낮아지면 최종제어장치 (FCD: final control device)에 걸리는 분진부하량이 증가한다.

배출가스 냉각장치는 최종제어장치를 선택할 때 필요하다. 왜냐하면 섬유여과포는 650 °F의 고온에서 견딜 수 없기 때문이다. 또한, 전기집진기는 저온일수록 소형화될 수 있고, 비용도 절감되며 손쉽게 작동한다. 그러므로 냉각기는 FCD 앞부분에 설치되어야 한다. 냉각기의 설치위치는 확고한 결정사항은 아니다. 우리는 냉각기를 사이클론 전과 후에 설치할 수 있다. 만약 사이클론 앞부분에 설치한다면, 사이클론의 자본비와 운영비를 절감할 수 있다. 공기의 부피속도와 점도는 온도가 낮을수록 감소한다. 따라서 사이클론의 압력손실은 집진효율을 떨어뜨리지 않고 감소시킬 수 있다. 또한, 가스를 미리 냉각시키면 더 작은 (비용이 적게 드는) 덕트를 사용할 수 있다.

하지만, 만약 사이클론 이전에 설치한다면, 냉각장치는 사이클론 이후에 설치하는 것보다 먼지가 빠르게 쌓일 것이다. 사실 먼지부하량이 많은 곳에서 열교환기는 매우 빨리 막혀 빈번하게 청소해야 한다. 최종 설계결정을 할 때, 증액된 유지보수 비용은 감소된 사이클론의 운영비와 소형 덕트로 인해 감소된 자본비를 상쇄하여야 한다. 이와 같은 경우를 고려하여, 우리는 이 문제에서, 그림 9.2와 같이 냉각기를 사이클론 이후에 설치하기로 결정하였다.

FCD로는 여과집진기나 ESP를 사용한다. 각 장치의 설계는 FCD에 유입되는 연도가스 중 분진의 크기분포와 부하량과 같은 부수적인 자료에 의존한다 (FCD에 유입되는 연도가스는 사이클론에 유입되는 가스와는 다르다). 본 장 후반부에 두 장치에 관해 상세한 논의가 계속될 것이다.

유도 송풍기 (induced draft fan)는 처리가스를 제어장치 안으로 유입시키는 한편, 굴뚝을 통해 가스를 밀어내는 역할을 한다. 송풍기 날개의 부식방지와 유지비 절감을 위해, 송풍기는 설비의 청정한 끝자리에 설치하여야 한다.

굴뚝은 배출가스의 안전한 처리를 위해 반드시 필요하다. 이 문제에서는 FCD의 효율이 높고 SO_2 농도가 낮기 때문에, 굴뚝에 대한 정밀설계는 필요하지 않다. 굴뚝설계는 연기의 상승 및 연기의 분산과 관련이 있다 (20장 참조). 이 문제에서는, 단순히 유사설비에서 사용되고 있는 굴뚝의 높이와 직경을 편의상 사용할 것이다.

덕트설계는 때때로 계획 후반부로 미루어지고 연기되곤 한다. 그러나 덕트설계를 미리하면 많은 비용을 절감할 수 있다. 덕트설계에 있어서, 예상되는 처리가스량에 대한 덕트 크기와 길이를 최적화 및 최소화하여 총 비용을 줄일 수 있다. 다음 절에서 각 장치설계에 대해 상세히 설명할 것이다.

사이클론 (Cyclone)

일반적으로 완전히 개방된 설계문제에서는 총괄집진효율의 목표를 달성하면서 동시에 설비가격을 최소화하기 위해서, 최종제어장치, 유도 송풍기 및 기타 장치 등과 함께 사이클론의 설계를 통합하여야 한다. 이 작업에는 사이클론의 크기, 압력손실, 효율 등의 변화를 포함시키고 총 설치비에 미치는 영향도 포함시켜야 한다. 이 문제에서 최대 압력손실이 8 in. H_2O이고 총괄효율이 약 65～75%일 때 '최적'이라고 가정하라. 실규모 실험을 기초로 건조기에서 배출되는 분진입자의 정보는 다음과 같았다.

크기영역, μm	입경별 중량, %
0～2	1.0
2～4	9.0
4～6	10.0
6～10	30.0
10～18	30.0
18～30	14.0
30～50	5.0
>50	1.0

두 번째 과제

1. 입경분포는 대수정규 (log-normal) 분포인가?
2. 두 개의 동일한 사이클론을 앞에서 언급된 목표에 도달할 수 있도록 병렬로 연결하여 설계하라. 분진밀도는 100 lb_m/ft^3이고, 가스유입속도는 사이클론 내에서 100 ft/s 이하로 유지되어야 한다 (가스온도는 650 °F).
3. 사이클론의 압력손실과 총괄효율, 절단입경 (cut diameter)을 계산하라.
4. 최종설계를 위해, 다음 도표를 완성해라.

크기영역 (μm)	$d_{p(avg)}$	$\frac{d_{p(avg)}}{d_{pc}}$	효율 (%)	크기영역별 중량(%)	집진중량 (%)	통과된 중량 (%)
0~2						
2~4						
4~6						
6~10						
10~18						
18~30						
30~50						
>50						

5. 사이클론의 배출가스 중 분진의 질량속도 (kg/hr)와 부하량 (g/m^3 혹은 gr/ft^3)를 계산하라.
6. 사이클론에서 배출되는 분진의 입경분포를 구하라.
7. 이 사이클론의 총 설치비를 추정하라 (2008년 달러기준으로).

냉각기 (Cooler)

냉각기는 배출가스의 온도를 낮추는 장치이다. 가스 온도를 너무 낮추면 최종제어장치 (FCD)에서 가스 응축이 일어날 수 있다. SO_2 또는 SO_3를 함유한 가스는 응축된 상태에서 큰 피해를 준다. SO_3가 없다고 해도, 응축현상으로 분진층은 습기를 가지게 되어 FCD를 막히게 한다 (여과포 위의 점착성 덩어리를 생성시키거나, 전기집진기 퇴적함에 기교를 형성한다). SO_3를 함유한 공기의 이슬점 (dew point: 기체가 액체로 응축되기 시작하는 온도)은 상대습도와 처리가스 중 SO_3 농도의 함수이며, 다음 수식과 같이 표현할 수 있다 [Verhoff 등 (1974)에 의해 개발되었고, Pierce (1977)에 의해 발표되었다.] :

$$\frac{1,000}{T_{DP}} = 1.7842 + 0.0269(\log \overline{P}_{H_2O}) - 0.1029(\log \overline{P}_{SO_3}) + 0.0329(\log \overline{P}_{H_2O})(\log \overline{P}_{SO_3}) \tag{9.1}$$

여기서, T_{DP} = 이슬점, K

$\overline{P}_{H_2O}$ = 수증기의 분압, atm

$\overline{P}_{SO_3}$ = SO_3의 분압, atm

세 번째 과제

1. 배출가스 중 SO_3의 농도가 0 (zero)이라 가정하고 이슬점을 계산하라.
2. 배출가스 중 SO_3의 농도가 10 ppm이라 가정하고 이슬점을 계산하라.

실제로 SO_2/SO_3가 분리되었기 때문에, 이슬점은 세 번째 과제에서 계산된 값과는 차이가 있을 것이다. 만약 350 °F로 배출가스가 냉각된다고 가정하면, 설비 내 어느 곳에서도 이슬점은 나타나지 않을 것이다 (덕트와 FCD에서의 열손실 계산은 이 가정의 유효성 검토에 필요하다).

냉각기와 관련한 두 가지 실질적 선택방안은 (1) shell-and-tube형 열교환기, (2) 물 주입식 직접접촉 냉각기가 있다. 열교환기를 사용하면, 건조기로 유입되는 공기를 예열할 때 배출가스의 엔탈피를 이용할 수 있어 연료비를 절약할 수 있다. 혹은, 간단히 관 (tube)속에 물을 흐르게 하여 배출가스의 열을 흡수할 수도 있다. 첫 번째 선택 (shell-and-tube 열교환기)은 큰 표면적을 요구하는데, 그 이유는 공기/공기 열교환식이 공기/물 방식보다 효율이 낮기 때문이다. 따라서 장치의 크기는 커지고 비용이 많이 들지만, 연료비는 절약할 수 있다. 열교환기에 내재된 중요한 문제점 중 하나는 배출가스 중 먼지로 인해 도관이 막힐 수 있다. 만약, 가스를 냉각시키기 위해 물을 직접주입한다면 상대습도는 증가하게 된다. 따라서 이 문제에서 우리는 온도를 낮출 수는 없다.

네 번째 과제

1. 배출가스의 온도를 650 °F에서 350 °F로 낮출 때 엔탈피 변화를 계산하라.
2. 연료의 소비를 줄이기 위해 열을 회수할 때, 다음 자료에 의거하여 운영비 절감비용을 계산하라.
   연료가격 = \$2.50/gal
   연료의 LHV = 18,000 Btu/lb_m
   공기/공기 열교환기의 효율 : 제거된 열의 80%가 유입공기로 전달 (나머지는 손실)
3. 2항에 대해, 예열된 공기가 80 °F로 유입될 때 배출온도를 계산하라.
4. 총괄열전달계수를 3.0 Btu/hr-ft^2-°F로 가정하고, 2항의 공기/공기 열교환기에 요구되는 열전달면적을 계산하라.
5. 만약 직접접촉 물주입 냉각방식을 사용한다면, 400 °F로 폐가스를 냉각시키는데 필요한 물 주입 유량을 lb_m/hr와 gal/min 단위로 계산하라.
6. 열교환기의 가격이 \$100,000이고 살수탑의 가격이 \$30,000 (기타 모든 인자는 동일)이라면, 열교환기에 드는 추가비용이 가치가 있는가? 이 질문에 대한 간단한 해결방법은 자금회수기간을 계산하는 것이다. 자금 회수기간이 미리 목표기간 (통상 2년)보다 빠르다면 이 계획은 무난하다. 공장은 연 2,500시간 가동한다고 가정하라.

만약 우리가 열회수 계획을 세운다면, 연료소모량은 감소되고 총괄물질수지는 변화할 것이다. 배출가스의 총 엔탈피는 감소될 것이며 따라서 반복과정이 필요하다. 그러나 이 문제에서 공기량의 대부분을 차지하는 보조공기량은 변하지 않을 것이다. 왜냐하면, 이 공기량은 고형물 건조에 필요하기 때문이다. 또한 클링커 (clinker: 클링커는 건조생성물이다) 냉각기는 최소량의 냉각 공기를 요구한다. 따라서 원래의 물질수지 관계를 반복수행할 필요는 없다.

최종제어장치 – 대안 1: 여과집진기

여과집진기는 분진 포집에 있어 가장 효율적인 장치 중 하나이다. 그러나 여과집진기 사용 시 내재된 단점으로는 고온 또는 부식성 가스에 의한 피해 가능성, 가스의 대용량 처리로 인한 과도한 압력손실, 여과포 (bag)의 빈번한 파손으로 인한 과도한 보수비용, 습기와 점착성 분진으로 인한 막힘현상, 타 장치와 비교하여 높은 가격 등이 있다. 반면, 여과집진기의 장점으로는 미세입자에 대한 집진효율이 높고, 각종 분진을 동등하게 포집할 수 있으며, 타 장치와 비교하여 높은 집진효율을 갖는다.

이미 6장에서 살펴 본 것처럼, 공정기준을 맞추기 위한 여과집진기의 설계는 엄격한 과정은 아니다. 대부분의 경우, 설계자의 경험과 선호도에 의존하게 된다. 여과포로부터 분진을 탈리시키는 몇 가지 기본적 방법들이 있다 [진동식 (shaking), 역기류식 (reverse air flow), 충격분출식 (pulse jet)]. 또한 분진을 여과포 내면에 포집할 것인지 외면에 포집할 것인지를 선택할 수 있으며, 단위집진실의 숫자와 여과포의 과잉면적을 결정하는 것도 설계자의 특권이다. 또 다른 중요한 변수로는 여과섬유재의 종류, 표면속도, 압력손실 등이 있다. 이 문제에서는, 필요 이상으로 시간과 노력을 소모하지 않도록 몇 가지 선택방안을 제시한다.

우리는 면 (cotton), 모 (wool), 다크론 (dacron) 등이 견딜 수 있는 온도 (200～250 °F)까지 처리가스를 냉각시킬 방안이 없다. 하지만 테플론 (teflon)과 유리섬유 여과재는 고온가스를 처리할 수 있다. 그러나 테플론 여과재는 매우 비싸고, 유리섬유 여과재는 마모에 대한 항력이 약하다. 따라서 우리는 400 °F까지 견딜 수 있는 Nomex® 여과포를 선택할 것이다.

여과되는 가스의 총 부피가 그리 크지 않으면, 충격분출식 여과집진기는 높은 공기/여과재 비에서 가동될 수 있기 때문에, 진동식 또는 역기류식보다 충격분출식을 선택할 수 있다. 이 집진기를 사용한다면 자본비가 적게 든다. 일단 충격분출식 장치를 선택하면, Nomex® 여과포의 표준크기보다 더 작은 것을 선택해야 한다 (11 1/2 in. × 30 ft 여과포 대신에 6 in. × 8 ft 여과포를 선택). 이 이유는 압축공기의 충격이 짧은 여과포가 에너지를 빠르게 분산시키며, 긴 여과포는 짧은 여과포보다 깨끗이 탈진되지 않기 때문이다.

다섯 번째 과제

1. 충격분출식 여과집진기의 예비공정설계를 준비하라. 가스온도가 300 °F로 떨어졌다고 가정하고 다음을 계산하라.
   a. 공기/여과재 (air-to-cloth) 비가 활석 분진에 대해 통상적 수준일 때, 여과포의 수를 계산하라.

b. 공기가 압력 100 psig, 부피 150 scfm으로 공급될 때 (압축효율을 50%라고 가정), 충격 분출 공기압축기의 동력을 구하라.

c. 여과집진기 내의 여과포를 배열하고 전체 치수를 대략 산출하라.

2. 여과집진기와 여과포의 설치비를 2008년 달러기준으로 산출하라 (여과포의 구입비 포함). 또한 압축기의 자본비를 포함시키되, 송풍기의 비용은 포함시키지 마라. 이때 여과집진에 필요한 압축기의 가격은 $40,000로, 여과포와 여과포 지지물의 가격은 각각 $35.00와 $10.00로 가정해라 (모두 2008년 달러기준임).

3. 여과집진기의 평균 압력손실을 5 in. H_2O라고 가정하고, 여과집진기의 연간 운영비를 계산하라 [여과집진기의 감가상각은 총 투자비 (TIC)의 12%, 유지비는 5%, 동력비는 10 cent/kWh, 세금과 보험료는 2%이며, 4년에 한 번씩 여과포를 교환한다].

최종제어장치 – 대안 2: 전기집진기 (ESP)

ESP는 이 설계문제에서 응용할 수 있는 또 다른 선택방안이다. 다음 식은 Deutsch 방정식이다.

$$\eta = 1 - e^{(-Aw/Q)} \tag{9.2}$$

이 식을 통해, 중요한 변수들을 즉시 파악할 수 있다. 이 문제에서 조정 가능한 변수는 표면적과 표류속도 (drift velocity)이다. 유효표류속도는 일차적으로 분진의 크기와 종류에 의존한다. 그러나 표류속도는 전압과 같은 변수를 조절하거나, 배출가스 조절제를 이용하여 제어할 수 있다. 분진의 비저항은 가스의 온도, 습도, 화학성분의 함수임을 명심하라.

만약 기회가 주어진다면, 배출가스 중 입자에 대한 장치실험을 수행하는 것이 좋다. 실험을 하는 공학도는 가능한 한 실제 운전상태와 유사한 조건에서 실험을 수행해야 한다. 또한, ESP에 유입되기 전에 배출가스의 온도를 냉각시켜야 하며 사이클론으로 전처리하여야 한다. 그러나 모형실험 (pilot test)은 시간과 돈이 많이 들기 때문에, 설계공학자는 ESP의 선택가능성 여부를 결정하기 위해, 우선 "통상적"인 설계계수 값을 사용하여 몇 가지 예비계산을 해야 한다.

초기계산이 되었다고 가정하고, ESP가 선택 가능성이 있다고 가정하자. 또한, 모형실험을 통해 모형 ESP에 대한 다음 변수 값들이 주어졌다고 가정하자.

유입부하량 = 5.0 grain/ft^3
유출부하량 = 0.10 grain/ft^3
가스속도 = 5 ft/s
코로나 동력 = 12.0 W
가스유량 = 100 ft^3/min
집진면적 = 25 ft^2

여섯 번째 과제

1. 모형실험 결과를 사용하고, 5장의 지침대로 실규모 (full-size) ESP를 설계하라. 최소한 다음 사항을 이행해야 한다.
   a. 모형실험 자료로부터 유효표류속도를 계산하라.
   b. 실규모 집진기에 대해 다음을 계산하라.
      (1) 요구되는 집진효율
      (2) 총 집진면적
      (3) 집진판의 수 (실규모 ESP에서의 높이와 길이를 제시하라.)
      (4) 집진판 사이의 간격, 가스의 선속도 (linear velocity)
      (5) 필요한 코로나 동력
      (6) ΔP가 0.5 in. H_2O, 송풍효율이 0.65일 때, 송풍동력
      (7) 기계구역의 수와 전기단자부의 수
2. ESP의 설치비를 계산하라 (2008년 달러기준).
3. ESP의 연간 운영비를 계산하라. 감가상각은 TIC의 12%, 유지비는 3%, 세금 및 보험료는 2%, 전력비 10 cent/kWh를 가성하라. 임금, 간접비 및 기타 비용은 무시한다.

배관 (Ductwork)

덕트는 여러 장치를 연결하고, 가스를 이송시키기 위한 폐쇄 설비이다. 대형 덕트의 경우 구입비와 설치비가 비싸며, 소형 덕트의 경우 가스 운반 시 압력손실이 커져 동력을 많이 소모하므로 역시 비용이 많이 든다. 그러므로 덕트를 설계할 때 신중해야 하며, 두 가지 항목을 고려해야 한다: 첫째, 직경을 최적화해야 한다 (설치비와 압력손실/동력비용의 상쇄율 검토). 둘째, 덕트의 총 길이를 최소화해야 하며, 연결부위의 수와 각진 곳의 수를 최소화해야 한다. 첫 번째 문제는 본 절에서 설명할 것이고 두 번째 문제는 상식에 준하므로 다루지 않을 것이다.

덕트를 통과하는 가스의 압력손실은 송풍기를 정밀 설계하기 이전에 계산되어야 한다. 마찰계수 도표와 관련된 베르누이 방정식 [식 (8.3)]은 원형 덕트 내의 유체흐름과 압력손실을 계산하는 기초식이 된다. 이러한 기본식을 통해, 덕트 내의 공기흐름에 대한 속도와 압력손실과의 관계를 표시한 그림이 개발되었다 (8장의 그림 8.2, 8.3). 제 8장의 그림은 다양한 직경의 원형 덕트에서 표준공기에 대한 속도와 압력손실과의 관계를 보여주고 있다.

직사각형 덕트가 원형 덕트 대신에 종종 사용된다. 이는 직사각형 덕트가 각종 설비에 적용하기 쉽기 때문이다. 직사각형 덕트를 원형 덕트와 동일하게 대응시켜 사용하는 방법은 이미 8장에서 설명하였다. 여기서 설명된 '등량'이란 같은 압력손실을 갖는 등류속도를 의미한다. 그림

8.4를 이용하여 주어진 원형 덕트의 직경에 대해 등가인 직사각형 덕트의 치수, 즉 한쪽 길이 또는 종횡비 (가로/세로 비율: aspect ratio)를 결정할 수 있다.

일곱 번째 과제

1. 원형 덕트 내 가스속도를 (a) 3,200, (b) 4,000, (c) 4,500 ft/min로 가정하고, 원형 덕트의 표준 직경을 계산하라 (단, 평균온도는 300 °F라고 가정한다).
2. 총 등가길이 (연결부위 포함)가 400 ft라고 가정하고, 표준공기에 대해 1항의 세 가지 경우에 대해 덕트의 압력손실 (in. H_2O)을 각각 계산하라.
3. 1항의 세 가지 경우에 대해 등가인 정사각형 덕트의 크기를 계산하라.
4. 덕트의 설치비를 소형 원형 덕트 $80/ft, 중형 원형 덕트 $100/ft, 대형 원형 덕트 $120/ft로 가정하고, 전력비 10 cent/kWh, 송풍기의 효율 0.60으로 가정하라. 동력비와 감가상각 (연간 TIC의 12%)만을 고려했을 때, 최소 운영비가 드는 덕트의 크기는?
5. 위의 크기가 다른 세 종류의 덕트가 모두 분진 이송에 적합하다고 가정하자. 만약 가장 큰 덕트의 총 비용이 가장 저렴하지 않더라도, 큰 덕트를 선택해야 하는 이유 두 가지를 제시하라.

유도 송풍기 (Induced Draft Fan)

설비에 적합한 최적 송풍기는 그 설비의 기준사항 (총 압력손실과 부피속도)과 송풍기의 성능과의 조화를 통해 결정된다. 제조회사가 제공하는 자료와 송풍기 성능곡선의 신중한 사용은 최적 송풍기 선택에 도움을 준다. 또한, 부적합한 선택으로 설비가 부적절하게 운영된다면 필요 이상으로 비용이 지출된다. 송풍기 선택의 목적은 설비의 저항 (압력손실)을 이기고, 필요한 공기량을 운송시키며, 효율적이고 안정하게 가동될 수 있는 송풍기를 선택하는 것이다. 송풍기의 성능은 속도를 조절하거나 설비 내에 유량조절 장치를 설치하여 어느 정도 조정이 가능하다. 따라서 완전히 정밀한 설계를 필요로 하지 않는다. 그러나 최적 송풍기의 결정은 경제성 및 운영 관점에서 매우 중요하다.

여덟 번째 과제

1. 송풍기를 선택하기 위해 표 9.1의 자료를 이용하라. 송풍기의 유출구에서 굴뚝까지의 압력손실을 1 in. H_2O라고 가정하라 (300 °F에서). 만약 설계 시 열교환기를 포함시킨다면 (네 번째 과제에서), 450 °F의 평균 가동온도에서 열교환기를 통과하는 압력손실 ΔP를 3.0 in. H_2O로 가정하라.
2. 이 송풍기의 총 설치비를 계산하라 (2008년 달러기준). 여기에 모터, 스타터, 벨트드라이브를 포함시켜라.

표 9.1 여덟 번째 과제를 위한 송풍기 등급표 (fan rating table)

CFM	14″ SP		16″ SP		18″ SP		20″ SP	
	RPM	BHP	RPM	BHP	RPM	BHP	RPM	BHP
10,000	995	35	1044	40	1093	45	1143	50
12,000	1007	43	1056	48	1105	54	1155	60
14,000	1018	50	1068	56	1118	63	1167	70
16,000	1029	57	1079	64	1130	72	1178	80
18,000	1039	64	1089	72	1141	81	1189	90
20,000	1049	71	1100	80	1150	90	1200	100
22,000	1060	78	1110	89	1160	100	1210	110
24,000	1078	86	1121	98	1171	110	1220	120
26,000	1096	93	1133	106	1182	119	1231	130
28,000	1114	100	1155	114	1197	128	1242	140

CFM	22″ SP		24″ SP		26″ SP		28″ SP	
	RPM	BHP	RPM	BHP	RPM	BHP	RPM	BHP
10,000	1192	55	1242	60	1292	66	1341	72
12,000	1204	66	1254	72	1303	78	1352	86
14,000	1216	77	1265	84	1314	93	1364	100
16,000	1227	88	1276	96	1324	105	1375	114
18,000	1238	99	1288	108	1336	117	1386	128
20,000	1250	110	1300	120	1349	129	1398	141
22,000	1260	120	1310	131	1360	142	1410	154
24,000	1271	131	1321	142	1371	154	1421	168
26,000	1281	142	1330	153	1381	166	1432	180
28,000	1290	153	1340	164	1392	178	1445	192

굴뚝 (Stack)

이 문제에서 배출가스는 충분히 정화되기 때문에 높은 굴뚝을 통해 분산될 필요가 없다고 가정한다. 보통, 수 미터 높이의 굴뚝은 송풍기 배출덕트로서의 역할을 충분히 한다. 또한 45～70 ft/s의 배출속도는 이러한 배기형태에 적합하다. 일단 배출속도가 결정되면 연속방정식으로부터 요구되는 굴뚝의 직경을 쉽게 계산할 수 있다. 만약 굴뚝을 송풍기의 배출덕트로 이용하여 송풍기 바로 위 부분에 설치한다면, 송풍기 등급표로부터 배출속도를 얻을 수 있다.

9.5 요약

어떠한 설계계획이든 최종단계는 이를 요약하는 과정이다. 예비공정설계 조차도 요약이 필요하며, 작업결과를 관리팀에 보고하기 위해 일목요연하게 결과물을 준비하여야 한다. 간단한 표지문 또는 설계의 실행요약문 (총 비용평가를 포함한)이 필요하며, 그 다음, 설비의 중요 부분에 대해 간결하지만 구체적으로 설명한 요약문이 필요하다. 본 장에서는 한 번에 한 개의 장치에 대해 논의하였기 때문에, 구체적인 보고서 작성법에 관한 논의는 생략한다. 하지만 실행요약문을 작성함으로써 많은 이득을 얻을 수 있음을 명심하라.

마지막 과제

지금까지의 설계문제에 대해, 표지문과 함께 간단한 실행요약문 (executive summary)을 작성하라. ESP와 여과집진기의 비교에 초점을 맞추고, 둘 중에 하나를 선택하고 추천하라. 또한 이 설계계획안과 관련하여 각종 기준을 충족할 수 있는 모든 해결방안을 요약 제시하라.

참고문헌

Pierce, R.R. “Estimating Acid Dewpoints in Stack Gases,” Chemical Engineering, April 11, 1977.

Verhoff, F.H., and Banchero, J.T. “Predicting Dew Points of Flue Gases,” Chemical Engineering Progress, 70(8), 1974.

Chapter

10 기체와 증기의 성질

전문가들은 아직도 가스의 대량누출 원인을 찾지 못하고 있다. 온도의 급격한 변화, 탱크 안의 불순물, 또는 작은 틈새가 탱크 내 압력을 급상승시켰을 수도 있다. 끓는점이 매우 낮은 이 화합물은 누출되자마자 액체에서 기체 상태로 변하면서 인구가 조밀한 판자촌 지역으로 서서히 흘러갔다. 이 화합물이 인간에 미치는 영향은 신경가스와 흡사하다. 1984년 12월 인도 보팔에서 누출된 이 비극적 「메틸 아이소사이아네이트」의 대량누출로 2,000명 이상이 사망하고 50,000명 이상이 상해를 입었다.

10.1 머리말

대기오염을 공부할 때, 가스 (gas: 기체)와 증기 (vapor)라는 용어를 많이 접하게 된다. 사람들은 보통 두 단어를 혼용한다. 비록 각종 온도와 압력 조건하에서 그 차이는 크지 않지만, 이 책에서는 가스와 증기를 구별하고자 한다.

가스와 증기가 차이를 보이는 이유 중 하나는, 가스의 거동은 이상기체법칙을 사용하여 정확히 예측할 수 있으나, 고농도 증기는 이상기체와는 커다란 차이를 보이기 때문이다 (이상기체는 구형, 비반응성, 점의 질량을 갖는 분자들이다). 그러나 가스와 증기를 구분하는 더 중요한 이유는 각각 제어기술이 다르기 때문이다. 본 장에서는 여러 가지 오염물질에 대한 제어과정 상의 기본원리뿐만 아니라, 오염된 가스와 증기의 특성에 대해 논의할 것이다. 가스와 증기오염 방지장치의 설계에 관한 구체적 논의는 11~16 장에 수록하였다.

가스와 증기는 몇 가지 일반적 성질이 있다. 가스와 증기 모두 자유롭게 움직이는 분자로 구성되어 있고, 모양이 일정하지 않은 용기에 가득 채울 수 있으며, 팽창하여 모든 방향에 압력을 미친다. 간단히 말해, 이들은 모두 가스상 물질 (gaseous matter)이다. 이들 간의 중요한 차이점은 분자의 내부에너지에 있다. 가스상 물질은 액상 물질이 완전히 제거되었을 때 실제기체 (true gas)로 간주된다. 일반적으로, 이 의미는 물질의 온도가 **임계점** (critical point: 응축될 수 있는 최고온도) 이상이라는 것을 뜻한다. 반면, 증기는 액체가 완전히 제거되지 않은 가스상 물질을 의미한다. 증기는 **이슬점** (dew point: 대기압 상태에서 순수한 증기가 응축될 수 있는 온도) 근처에서 확산된 분자로 존재할 수 있다. 또한, 증기는 물질표면에 흡착되거나 비교적 쉽게 액체로 응축될 수 있다.

우리는 앞 문장에서 논의의 정확성이 부족하다는 것을 알 수 있다. 따라서 가스와 증기를 구별하는데 도움을 줄 수 있는 실례를 보이겠다. 공기 중 산소, 질소, 아르곤, 이산화탄소는 가스로 간주한다. 반면 물을 함유한 물질은 수증기로 간주한다. 오염물질 중 SO_2, NO, NO_2와 CO는 가스로, 대부분 VOC (volatile organic compounds: 휘발성유기화합물)는 증기로 간주한다 [메탄, 에탄, 에틸렌 및 기타 끓는점 (비점)이 낮은 VOC는 제외한다].

10.2 증기압

모든 액체는 증기압을 갖는다. 증기압은 '일정 온도에서 순수 액체 평면과 평형상태에 있는 한 순수 성분의 증기가 미치는 압력'으로써 정의된다. 증기압은 액체의 휘발성 또는 탈출경향의 정도를 측정한 값이다. 따라서 이를 '액체 증기압'이라고도 부른다. 한 예로, 150 °F에서 *n*-decane (석유의 성분)은 낮은 증기압 (0.3 psi)을 갖지만, 반면에 *i*-pentane (휘발유의 성분)은 높은 증기압 (3 atm 이상)을 갖는다.

증기압은 온도에 따라 빠르게 증가한다. 증기압/온도와의 관계를 나타내는 일반 곡선식이 Antoine 방정식이다.

$$\log P_{vi} = A_i + \frac{B_i}{C_i + T} \tag{10.1}$$

여기서, P_{vi} = 순수 액체 i의 증기압

T = 온도

A_i, B_i, C_i = 성분 i의 곡선적합 상수 (curve-fit constant)

유기물질의 증기압은 International Critical Table of Numerical Data (1930)와 Jordan (1954)에서 찾을 수 있다. 또한, 증기압 자료는 도표와 그래프로 간단히 표시된다 (부록 B).

증기압은 혼합가스 내 증기분압 (vapor partial pressure)과 혼돈하지 않아야 한다. 일반적으로, 액체가 존재하지 않는 한 분압은 증기압과 같거나 더 작을 수 있다. 만약 시스템이 평형상태가 아니면, 증기압과 분압은 이론적으로 같지 않다. 시스템에서 액체와 증기와 평형일 때, '증기는 포화되었다'라고 하고, 분압은 증기압과 같게 된다.

순수 액체가 밀폐된 공간에서 공기와 접촉할 때, 액체 중 일부는 액체와 증기가 평형에 도달

할 때까지 휘발한다. 평형상태에서 증기의 분압, 즉 가스상 (gas phase)의 조성은 액체의 증기압에 따라 변한다. 즉,

$$\overline{P}_i = y_i P = P_{vi} \tag{10.2}$$

여기서, $\overline{P}_i$ = 성분 i의 분압, atm

y_i = 가스 중 성분 i의 몰분율

P = 전체 압력, atm

특정 농도의 VOC를 포함하고 있는 공기에서, VOC를 응축 냉각시킬 수 있는 온도점을 예측하고자 하면, 식 (10.2)는 증기압 자료 또는 식 (10.1)과 함께 연계하여 사용할 수 있다. 다음 예제는 식 (10.2)의 사용법을 설명한 것이다.

예제 10.1 1 atm 160 °F의 공기가 톨루엔 40,000 ppm을 포함하고 있다. 톨루엔 증기의 2/3를 제거하기 위해 냉각할 때, 온도점은?

풀이 농도 40,000 ppm에 해당하는 몰분율은 0.040이다. 1 atm (14.7 psi)에서 분압은 0.588 psi (= 0.04×14.7)이다. 이 값은 160 °F에서 톨루엔 증기압보다 작다 (부록 B, 그림 B.1 참조). 온도가 감소함에 따라 분압은 동일하게 유지되지만, 증기압은 감소한다. 증기압이 분압과 같은 점까지 감소할 때, 응축이 일어난다. 이 문제에서 우리는 톨루엔의 증기압이 초기분압의 1/3이 될 때의 온도를 찾으면 된다.

$$P_{vi} = \frac{1}{3}\overline{P}_i = 0.196\,\text{psi}$$

부록 B의 그림 B.1로부터, P_{vi} = 0.196 psi일 때, T는 약 40 °F이다.

예제 10.1에서 공기를 냉각시키기 위해 열교환기를 설계할 때, 공기의 냉각 [감열 (sensible heat) 제거]과 증기의 응축 [잠열 (latent heat) 제거]을 위해서는 표면적을 충분히 제공해야 한다. 일반적으로, 보통 냉각수는 온도가 충분히 낮지 않기 때문에 최종제어장치 (FCD)로서 응축기 (condenser)에 사용할 정도는 아니다. 아주 차가운 물, 또는 냉매 (refrigerant)는 증기를 제거하기에 온도는 충분히 낮지만, 예제 10.1에서 보면, 비록 40 °F로 냉각시키더라도 배출공기에는 13,333 ppm (= 10^6×0.196/14.7)의 톨루엔을 함유하고 있다.

일반적으로, 비이상적이고 다중성분 (multicomponent)인 액체와 증기의 혼합물에 대하여, 다음 수식은 평형상태에서 액상조성과 기상조성과의 관계를 보여주고 있다 (Smith와 Van Ness, 1975):

$$\phi_i y_i P = \gamma_i x_i P_{vi} \tag{10.3}$$

여기서, ϕ_i = 성분 i의 증기상 활성계수 (activity coefficient)

γ_i = 성분 i의 액상 활성계수

x_i = 액체 중 성분 i의 몰분율

이상용액 (가스 또는 액체)의 활성계수는 1.0이다. 그러나 많은 휘발성 유기액체 혼합물은 이상적으로 거동하지 않으며, γ_i (성분과 상대농도와의 함수)는 1~10 또는 그 이상의 범위를 가질 수 있다.

가스 중 VOC의 상대적 비율은 공기와 접촉하고 있는 액체 용매혼합물, 공기의 유속, 공기 중 VOC의 분자확산도 등의 함수이다. Bishop 등 (1982)은 액체 용매혼합물에 노출된 실내공기 중 상대적 증기비 (vapor ratio)를 추정하기 위해 전산모델을 개발하였다 (산업위생 또는 실내오염 연구자들에게는 매우 중요한 정보이다). 이 모델의 기본 방정식은

$$R_{ij} = y_i / y_j = \frac{\gamma_i x_i P_{vi}}{\gamma_j x_j P_{vj}} \left[\frac{D_i}{D_j} \right]^k \tag{10.4}$$

여기서, R_{ij} = 증기비

D_i = 공기 중 성분 i의 분자확산도 (molecular diffusivity), cm^2/s

k = 유체종속 실험상수 (대개의 경우 약 0.5)

식 (10.4)을 사용하여 γ값을 계산한다는 것은 간단하지 않으며, UNIFAC (Fredenslund 등, 1975)과 같은 전산프로그램의 사용이 요구된다. Bishop 등 (1982)은 식 (10.4)에 근거한 컴퓨터 계산이 American Conference of Governmental Industrial Hygienists에 의해 추천된 '근사해'보다 더 우수한 결과를 얻었다.

10.3 확산도

열역학 제2법칙은 물질이 고농도에서 저농도로 자발적으로 확산한다는 것을 설명해 준다. Fick의 제1법칙은 확산도 [diffusivity: 농도구배 (concentration gradient)와 물질의 유동속 (rate of flux) 사이의 비례상수]의 정의로써 얻을 수 있다. 따라서,

$$\frac{\dot{M}}{A} = -D\frac{dC}{dx} \tag{10.5}$$

여기서, $\dot{M}$ = 질량 전달속도 (transfer rate), mol/s

A = 확산방향과 수직인 면적, cm^2

D = 확산도, cm^2/s

$\frac{dC}{dx}$ = 농도구배, mol/cm^4

농도는 확산 진행방향에 따라 감소하므로 식 (10.5)에서 (−) 표시가 필요하다.

특정물질의 확산도는 그 물질자체와 그 속을 통과하는 매질에 의존한다. 확산도는 거의 모든 가스나 증기오염의 방지기술 응용 시 매우 중요한 역할을 한다. 흡수, 흡착, 촉매연소, 및 화학반응과 연계된 흡수과정에서, 가스가 과정의 일부로서 고체나 액체 속을 통과하며 접촉한다. 유체의 경계층 이론 (boundary layer theory)에 의하면, 층류저층 또는 층류막 (laminar sublayer or film)은 난류가 흐를 때에도 형성되며, 혼합되지 않는 두 유체가 통과할 때에도 형성된다. 오염물질은 난류 소용돌이 (eddies)나 본체흐름 (bulk flow)에 의해 가스 (또는 액체) 속으로 이동된다. 그러나 오염물이 한 상 (phase)에서 다른 상으로 이동할 수 있는 유일한 방법은 경계면 주위의 층류막을 통과하는 분자확산과정 뿐이다. 확산은 오염물 제거과정에서 속도제한 (rate limiting) 단계이다. 확산에 대해서는 13장에서 더욱 자세히 다룰 것이다. 부록 B에는 가스확산도의 일부 자료가 제시되어 있다.

10.4 기체 - 액체와 기체 - 고체의 평형

용해도 (Solubility)

흡수과정에서, 일단 가스분자는 정체된 가스막을 통해 확산되고 그 분자는 액체에 흡수된다. 정상적으로, 두께가 없는 경계면 (interface)에서 국소 평형상태는 사실상 순식간에 이루어진다고 가정한다. 일단 흡수되면 오염물질은 정체된 액체막을 통해 액체 속으로 확산된다. 그러나 흡수속도가 매우 빠르고 제한받지 않는다. 하지만 흡수의 정도 (즉, 용해도)는 질량전달이라는 포괄적 목적에 결정적인 요인이 된다.

대부분 대기오염 방지장치는 대기압 하에서 또는 대기압 근처에서 비교적 묽은 용액 (가스 또는 액체)을 대상으로 가동된다. 묽은 용액에서, 가스와 액체 중 오염물질의 농도는 선형적인 관계가 있다. 이 관계는 Henry의 법칙으로 알려져 있으며, 아래와 같이 표시된다.

$$\overline{P}_i = H_i x_i \tag{10.6}$$

여기서, H_i = 오염물질에 i에 대한 헨리상수, atm/몰분율

부록 B는 헨리상수와 관련된 자료를 보여주고 있다. (1) 모든 헨리상수는 단위가 있으며, (2) 헨리상수는 온도에 따라 변하며, (3) x_i가 증가할수록 이 관계식은 비선형이 되어 상관관계가 뚜렷하지 않다; 즉, 특정 x_i값에서는 식 (10.6)이 더 이상 유효하지 않다.

예제 10.2 (a) 물과 접촉하고 있는 공기 중 CO가 있다. 20 ℃ 물 속에서 CO의 몰분율이 1.0×10^{-6}일 때, 대기 중 CO의 평형분압을 계산하라. (b) 20 ℃에서 공기와 접촉하고 있는 물 속의 H_2S 분압은 0.05 atm이다. 물 속 H_2S의 몰분율을 계산하라.

풀이 (a) 부록 B에서, $H_{CO}=5.36\times10^4$ atm/몰분율, 그러므로 $\overline{P}_{CO}=0.0536$ atm

(b) 부록 B에서, $H_{H_2S}=4.83\times10^2$ atm/몰분율, 따라서,

$$x_{H_2S}=\frac{0.05\text{ atm}}{483\text{ atm/몰분율}}=1.04\times10^{-4}\text{ 몰분율}$$

식 (10.6)은 다음과 같이 쓸 수 있다.

$$x_i = H_i'\,\overline{P_i} \tag{10.7}$$

식 (10.7)에서, H_i'는 H_i의 역수이다. 그러나 일부 문헌에서는 이 역시 헨리상수라고 부르기도 한다. 처음에 어떠한 수식이 기본식으로 사용되고 있는지 잘 파악해야 한다. 식 (10.6)에서 헨리상수는 매우 큰 값이다. 또한, 잘 녹지 않는 가스의 헨리상수는 매우 큰 값을 갖는다.

흡착 (Adsorption)

흡착은 대기오염연구에서 중요한 또 다른 형태의 평형원리를 이용하고 있다. 흡착은 가스/고체 평형을 이용하며, 가스/액체 시스템에서 보여준 용해도의 평형원리와 매우 유사하다. 그러나 흡착평형은 1차선형관계는 아니다. 오염증기를 함유한 공기가 충분한 시간동안 고체상 물질과 접촉하여 평형에 도달할 때, 일부 증기분자는 고체로 향하고 고체표면에 부착된다. 고체에 흡착된 양은 증기의 종류, 증기의 분압, 고체의 종류, 흡착표면적, 온도 등에 따라 달라진다. 전형적 흡착등온선 (adsorption isotherm)을 그림 10.1에서 볼 수 있다.

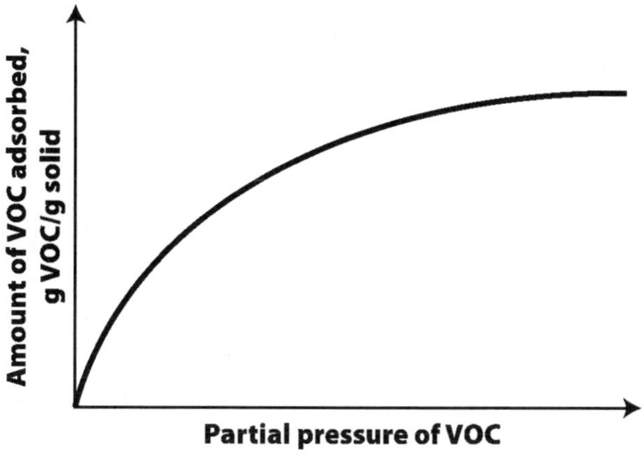

그림 10.1 전형적 흡착등온선

물리적 흡착 (physical adsorption)은 외부로 열을 발산하는 발열 (exothermic)과정으로 응축열과 흡사하다. 화학적 흡착 (chemisorption)은 화학적 결합의 파괴와 재형성 과정을 포함하며, 물리적 흡착보다 매우 큰 에너지를 가지고 있다. 고체표면 위의 증기분자의 물질상태는 액체와 증기의 중간일 수 있으며, 표면 위에 단층 또는 복층인 분자층을 이룬다. 물리적 흡착은 가역적이며, 이 특성은 공기로부터 VOC를 분리시키는 수단으로 사용된다. 몇몇 고형물질은 흡착제로 효율적이다. 대기오염제어에 주로 사용되는 물질로는 활성탄이 있다. 활성탄 흡착을 기초로 한 제어장치의 설계는 12장에서 자세히 다룰 것이다.

10.5 화학반응

흡수나 흡착이 일어난 후, 화학반응이 일어나 종종 오염물질을 덜 유해한 형태로 영구히 변화시킨다. 고전적인 예로써, SO_2를 세정하여 $CaSO_4$로 만드는 공정과 VOC를 촉매소각하여 CO_2와 H_2O로 만드는 공정이 있다. 또한 1개상에서 일어나는 균질반응 (homogeneous reaction)은 오염물 형성과 제어과정에서 매우 중요하다. 화학반응의 중요한 2가지 기본원리인 속도론 (kinetics)과 열역학 (thermodynamics)을 간단히 살펴보자.

속도론 (Kinetics)

속도론 연구는 화학반응속도에 관한 연구이다. 화학반응속도는 반응물의 "소멸"속도나 생성물의 "생성"속도로 표현할 수 있다. 이 책에서는 성분 i의 "생성"속도를 나타내기 위해 r_i를 사용할 것이다. 생성물은 생성되고 반응물은 소멸되기 때문에, 생성속도 r_i는 i가 생성물이면 (+)이고 i가 반응물이면 (−)가 된다. 그러나 반응속도는 항상 (+)이다. 따라서,

$$\text{반응속도} = r_P = -r_R \tag{10.8}$$

여기서, r_P = 생성물 P의 생성속도, mol/L-s

r_R = 반응물 R의 생성속도, mol/L-s

반응속도의 단위는 mole/(volume-time)이다.

반응속도는 반응물의 농도 (충돌 빈도수)와 온도 (충돌 에너지)에 비례한다. 이 반응을 고려하면

$$R + S \rightarrow P + Q$$

반응속도는 다음과 같이 나타낼 수 있다.

$$r_P = kC_R{}^x C_S{}^y \tag{10.9}$$

여기서, k = 반응속도상수 (온도에 의존)

C_R, C_S = 반응물의 농도, mol/L

x, y = 지수

위 반응은 반응물 R에 대해 x차, 반응물 S에 대해 y차이며, 총괄적으로 $(x+y)$차수에 해당한다. 일반적으로 (항상 그런 것은 아니지만), x와 y는 화학양론과 관련된 정수이나, 항상 실험적으로 결정하여야 한다.

속도상수 k는 다음과 같은 Arrhenius 수식으로 표현된다.

$$k = Ae^{-E/RT} \tag{10.10}$$

여기서, A = 빈도상수 (frequency factor)

E = 활성에너지 (activation energy)

R = 이상기체상수, 에너지 단위

T = 절대온도

k의 단위는 반응차수에 의존하지만, E, R, T의 단위들은 변함이 없기 때문에 E/RT는 무차원이다. 예를 들어, 일관된 단위조합을 이용할 때, E의 단위는 cal/gmol, R의 단위는 cal/gmol-K, T의 단위는 K이다.

예제 10.3 1차반응 $R \rightarrow P$에서, 속도상수는 700 K에서 $k = 10.0\ s^{-1}$이고, 670 K에서 $k = 5.0\ s^{-1}$이다. A, E의 값을 계산하라.

풀이 식 (10.10)에 $T = 700$ K와 $T = 670$ K를 대입하면

$$\frac{k_1}{k_2} = \frac{e^{-E/RT_1}}{e^{-E/RT_2}} = \exp\left[-\frac{E}{R}\left(\frac{1}{T_1} - \frac{1}{T_2}\right)\right]$$

$$2.0 = \exp\left[-\frac{E}{1.987}\left(\frac{1}{700} - \frac{1}{670}\right)\right]$$

$$\ln 2 = 3.22 \times 10^{-5} E$$

$$E = 21{,}530\ \text{cal/mol}$$

그러므로

$$A = \frac{k}{e^{-E/RT}} = \frac{10}{e^{-21{,}530/1.987(700)}}$$

$$= 5.28 \times 10^7\ s^{-1}$$

반응은 당연히 반응조에서 일어나고, 두 개의 이상반응조 (ideal reactor) 모델이 실제반응조를 모사하여 사용된다. 첫째 모델은 연속교반로 (continuous stirred tank reactor: CSTR) 모델로서, 반응물은 반응조에 연속적으로 유입되며 내용물은 빠르게 혼합된다. 모든 물질의 농도는 전체 탱크 속에서 균일하며 유출농도와도 같다. CSTR (일정 V)에서 성분 i에 대한 정상상태 (steady state: 축적속도 = 0)에서의 물질수지식은,

$$0 = Q_{\text{in}} C_{i\,\text{in}} - Q_{\text{out}} C_{i\,\text{out}} + r_i V \tag{10.11}$$

여기서, Q = 부피속도, L/s

V = 반응조의 부피, L

식 (10.11)에서 주어진 하나의 변수에 대해 해를 대수적으로 구할 수 있다.

두 번째 이상반응조 모델은 플러그흐름 반응조 (plug flow reactor: PFR) 모델로 긴 관을 통과하는 1차원적 물질흐름을 표시한다. 속도는 관 속의 모든 방사방향 (radial position)에서 일정하고, 축방향의 분산은 무시된다. PFR에서 성분 i에 대한 정상상태에서의 물질수지식은 다음과 같이 반응조의 미분단면으로 표현된다.

$$0 = Q_V C_{i\text{V}} - Q_{V+\Delta V} C_{i\text{V}+\Delta\text{V}} + r_i \Delta V \tag{10.12}$$

만약, 유속이 일정하고 r_i가 위치함수가 아니라면, 식 (10.12)는 다음과 같이 된다.

$$\frac{dC_i}{r_i} = \frac{1}{Q}\, dV \tag{10.13}$$

두 개 조건에 입각한 식 (10.13)은 일정한 몰속도를 가지며, 등온반응 시스템인 경우에 만족한다. 그러나 실제 기상반응에서 부피속도와 반응속도는 반응조 내의 위치에 따라 변하므로, 이러한 경우에는 몰분율 항으로 반응속도와 농도를 표현하고, 식 (10.12)를 수치계산 또는 반복계산하여 해를 구한다.

예제 10.4 예제 10.3의 반응이 (a) CSTR, (b) PFR에서, 640 K 등온에서 일어난다. 부피속도가 100 L/s로 일정할 때, R에서 P로 99% 전환되기 위해 필요한 각 반응조의 부피를 계산하라.

풀이 (a) CSTR에서 식 (10.11)은 다음과 같다.

$$V=\frac{-Q(C_{R\mathrm{in}}-C_{R\mathrm{out}})}{r_R}$$

$$V=\frac{QC_{R\mathrm{in}}(1-C_{R\mathrm{out}}/C_{R\mathrm{in}})}{-kC_{R\mathrm{out}}}$$

$$V=\frac{100C_{R\mathrm{in}}(1-0.01)}{k(0.01C_{R\mathrm{in}})}$$

$$V=\frac{9{,}900}{k}$$

640 K에서,

$$k=5.28\times10^{7}e^{-21{,}530/(1.987)(640)}=2.34\ \mathrm{s}^{-1}$$

따라서,

$$V=4{,}230\ \mathrm{L}\ \ (\text{CSTR에서})$$

(b) PFR에 대해서는 식 (10.13)에서 시작한다.

$$\int_{C_{R\mathrm{in}}}^{C_{R\mathrm{OUT}}}\frac{dC_R}{-kC_R}=\frac{1}{Q}\int_0^v dV$$

$$\frac{-1}{k}\ln\frac{C_{R\mathrm{out}}}{C_{R\mathrm{in}}}=\frac{V}{Q}$$

$$\frac{-1}{k}\ln(0.01)=\frac{V}{100}$$

$$V=\frac{100}{2.34}\ln 100$$

$$V=197\ \mathrm{L}\ \ (\text{PFR에서})$$

같은 효율로 전환되어도 CSTR과 PFR의 부피가 달라짐에 유의하라.

열역학

대부분의 반응은 매우 강렬하게 일어난다. 어떤 반응은 다량의 열을 방출 (발열반응: exothermic reaction)하고, 어떤 반응은 다량의 열을 필요로 한다 (흡열반응: endothermic reaction). 열을 방출하거나 흡수할 때 나타나는 뚜렷한 효과는 반응혼합물의 온도가 변화하고, 이에 따라 반응속도에 영향을 미친다는 점이다. 가스의 경우, 온도의 변화가 농도 (mol/L, 하지만 몰분율에는 영향을 주지 않는다)와 부피속도에 영향을 준다.

가장 맹렬한 반응 중의 하나는 유기물의 연소과정이다. 메탄 1 kg의 반응열은 50 kg의 공기를 거의 900 K까지 높일 수 있다. 그러나 각종 연소열 값을 제시한 자료를 사용할 때, **고발열량** (HHV: higher heating value)과 **저발열량** (LHV: lower heating value)의 차이점을 알아야 한다. HHV의 대부분은 표로 작성되며, 연소반응에서 형성된 수분이 응축할 때 방출하는 에너지도 여기에 포함된다. LHV는 HHV에서 수분 응축열을 뺀 값이다. 산업장 연소공정에서 LHV는 가스 생성물을 가열하는데 사용되는 '순수 연소열'을 의미한다. 부록 B의 표 B.6에서 다양한 혼합물에 대한 LHV 값을 얻을 수 있다.

열역학의 또 다른 중요한 면은 화학적 평형이다. 많은 화학반응은 100% 완결되지 않는다. 평형상태는 온도에 의존하며 반응물과 생성물 사이에서 이루어진다. SO_2가 SO_3로 산화될 때,

$$SO_2 + \frac{1}{2}O_2 \rightleftarrows SO_3 \tag{10.14}$$

이와 같은 기상반응에서 (이상적 혼합물로 가정), 평형상수 K_p를 정의할 수 있다.

$$K_p = \frac{\overline{P}_{SO_3}}{\overline{P}_{SO_2}(\overline{P}_{O_2})^{1/2}} \tag{10.15}$$

Heinsohn and Kabel (1999)는 일반적으로 연소가스에서 발견할 수 있는 SO_2, O_2, SO_3의 농도범위에서, 식 (10.15)의 K_p를 추정할 수 있는 수식을 발표하였다. 그들의 수식은 다음과 같다.

$$K_p = 1.53 \times 10^{-5} \exp(11{,}750/T) \tag{10.16}$$

여기서, K_p = 반응식 (10.14)의 평형상수, $atm^{-1/2}$

T = 온도, K

K_p의 값이 크다는 것은 SO_2, O_2, SO_3의 평형혼합물에서 SO_3가 지배적임을 의미한다. K_p의 값은 식 (10.16)으로 계산하거나 표 10.1에서 얻을 수 있다. K_p는 온도에 따라 급속히 감소한다.

평형농도는 산업장 반응조 내에서는 빈번히 나타나지 않는다. 예를 들어, $SO_2 \rightarrow SO_3$ 반응에서, SO_3의 생성과 제거는 복잡한 다단계의 반응기구 (mechanism)를 통해 일어나며, 평형상태에서 기대했던 SO_3 농도와는 커다란 차이를 보인다.

일반적으로 발열반응의 평형상수는 온도에 따라 감소한다. 반면, 속도상수는 온도에 따라 항상 증가한다. 그러므로 주어진 반응물이 생성물로 전환되는 '최적온도'가 존재한다. 최적온도는 반응을 신속하게 진행되게 하는 충분히 높은 온도이지만, 또한 원하는 "전환율 (degree of conversion)"을 얻도록 평형을 허용하는 충분히 낮은 온도이기도 하다.

표 10.1 반응 $SO_2 + 1/2\ O_2 \rightleftarrows SO_3$의 평형상수

온도, K	K_p
298	2.0×10^{12}
500	2.5×10^{5}
750	97
1,000	1.9
1,250	0.19
1,500	0.039

연습문제

10.1 20 ℃, 1 atm에서 NO의 몰분율이 1.0×10^{-6}인 물이 있다. 이 물과 접촉하고 있는 공기 중 NO의 가스상 몰분율과 분압을 계산하라.

10.2 물과 평형상태에 있는 공기 중 에탄의 농도가 10,000 ppm일 때, 10 ℃의 물 속에서 에탄의 몰분율을 계산하라. 전체압력은 5 atm이다.

10.3 공기가 100 °F에서 포화될 때, 공기 중 *n*-octane의 가스상 농도 (ppm)와 분압을 계산하라. 전체압력은 1 atm이다.

10.4 18 psi의 공기가 25 ℃의 순수한 에탄올을 통과할 때, 공기 중 에탄올의 가스상 농도 (ppm)와 분압을 계산하라. 40%에서 포화된다고 가정하라.

10.5 헵탄 증기의 40%를 제거하기 위한 공기의 냉각온도는? 공기는 150 ℃, 1 atm, 50,000 ppm의 헵탄을 포함하고 있다.

10.6 문제 10.5에서, 공기의 유속이 50 m^3/min일 때, 헵탄의 40%를 응축시킴으로써 얼마의 비용이 절감되는가 ($/일)? 액체 헵탄의 비중은 0.75이고 $1.00/L로 팔린다고 가정하라.

10.7 두 개의 반응 (I, II)은 50,000 cal/mol과 30,000 cal/mol의 활성에너지를 각각 가지고 있으며, 동일한 지수값을 가지고 있다. (a) 500 ℃와 (b) 800 ℃에서 속도상수의 비 (k_I/k_{II})를 구하라.

10.8 문제 10.7의 반응에서, 온도가 500 ℃에서 800 ℃로 증가하여 속도상수 k_I이 증가할 때, k_I에 대한 인자를 결정하라. 또한, k_{II}에 대한 인자를 결정하라.

10.9 2차반응 $2R \rightarrow P$에서, 등온으로 CSTR이 가동될 때 수식을 유도하고 부피 V를 계산하라. 이때 $r_R = -kC_R^2$, $k = 6.0$ L/mol-s, $C_{R\text{in}} = 0.005$ mol/L, $C_{R\text{out}} = 0.0005$ mol/L, $Q = 100$ L/s이다.

10.10 문제 10.9와 같은 자료를 사용하여, PFR의 부피 V를 구하고 수식을 유도하라.

10.11 1차반응에 대하여, 속도상수 k값이 1,000 K에서 20 s^{-1}이고, 950 K에서 10 s^{-1}로 실험적으로 결정되었다. 이 반응에 대한, A와 E값을 구하라.

10.12 용적이 30 m^3인 반응조가 있다. 공기가 50 ℃, 1 atm에서 100 m^3/min 속도로 흐르고 있으며, 이 공기는 가스상 오염물질 (800 ppm)로 오염되어 있다. 이 오염물질이 1차반응을 할 때, 반응속도상수 k는 15.0 min^{-1}이다. 유출구에서의 최종농도가 10 ppm이다. 이 반응조는 CSTR 또는 PFR 중 어디에 더 가까운가?

10.13 8.0 lb/in.^{2} (psig)인 공기가 24 ℃의 순수 톨루엔을 통과해 거품화 될 때, 공기 중 톨루엔의 분압과 가스상 농도 (ppm)를 계산하라. 거품발생기는 공기를 60% 포화시킬 수 있다고 가정한다.

10.14 천연가스 파이프라인이 강 밑을 통과하고 있다. 지역 환경단체들은 메탄가스가 누출될 경우 수질오염문제를 걱정하고 있다. 물론 누출될 경우, 대부분 메탄가스는 수중에서 거품화되어 대기 중으로 방출될 것이다. 그러나 메탄가스가 물표면 위 공기 중에 0.03 atm 분압을 가지고 체류한다고 가정할 때, 물 속에 존재하는 메탄가스의 농도를 몰분율로 계산하라.

10.15 농도 0.08 mol/L인 반응물 A가 50 L/min의 속도로 CSTR에 공급되고 있다. 반응식은 $2A \rightarrow B$로 표현되고 $-r_A = k[A]^3$이며, $k = 2.5$ $L^2/(mol)^2$-min이다. 반응조에서 방출되는 A의 농도는 0.03 mol/L이다.

(a) 반응조의 부피 (L)를 계산하라.

(b) 생성물 B의 분자량은 75이다. 이 공정이 하루 24시간 가동될 때, B의 생성속도를 kg/day 단위로 계산하라.

10.16 음용수 지하오염원의 자연적 H_2S 농도가 4.0 mg/L이다. 이 물 시료가 50 ℃, 전체 압력 1 atm에서, 밀폐한 용기 속에서 공기와 평형이 될 때까지 방치되고 있다면, H_2S의 일부가 물에서 공기로 빠져나갈 것이다. 밀폐용기 내부 공기 속 H_2S의 최종 분압이 75 ppm으로 측정되었다고 가정하라. 물 속 H_2S의 최종 평형농도는 얼마인가? mol/L 및 mg/L 단위로 답하라.

참고문헌

Bishop, E.C., Popendorf, W., Hanson, D., and Prausnitz, J. "Predicting Relative Vapor Ratios for Organic Solvent Mixtures", Journal of the American Industrial Hygiene Association, 43, September 1982.

Fredenslund, a., Jones, R.L., and Prausnitz, J.M. "Group-Contribution Estimation of Activity Coeffecients in Nonideal Liquid Mixtures", Journal of the American Institute of Chemical Engineers, 21, 1975, p. 1086.

Heinsohn, R.J., and Kabel, R.L. Source and Control of Air Pollution. Englewood Cliffs, NJ: Prentice-Hall, 1999.

International Critical Tables of Numerical Data. New York: McGraw-Hill.

Jordan, T.E. *Vapor Pressure of Organic Compounds*. New York: Interscience, 1954.

Smith, J.M., and Van Ness, H.C. *Introduction to Chemical Engineering Thermodynamics* (3rd ed.). New York: McGraw-Hill, 1975.

Chapter

11 VOC 소각로

한 불꽃이 또 다른 불꽃을 태운다.

W. Shakespeare,
Romeo and Juliet, C. 1596.

11.1 머리말

제 1장에서 서술한 것처럼, **휘발성유기화합물** (volatile organic compounds: VOC)은 주요 대기오염물질 그룹의 하나이다. 이 그룹은 순수 탄화수소뿐만 아니라, 분자 속에 염소, 황, 질소 혹은 기타 원소를 함유하고 있는 유기물질과 부분 산화된 탄화수소 (유기산, 알데하이드, 케톤) 등을 포함하고 있다. 또한 이 그룹 내에는 각각 독특한 성질과 특성을 갖는 수백 종의 화합물이 있다. VOC는 연소공정, 각종 산업공정, 용매의 증발과정 및 기타 오염원에서 배출된다.

VOC를 제어하기 위해 널리 이용되는 방법에는 소각 (incineration)이 있다. 본 장에서는 액체상 또는 고체상 물질의 소각이 아닌, VOC 증기의 소각만을 집중적으로 다룰 것이다. 증기 소각로 [고온산화장치 (thermal oxidizer) 또는 재연소장치 (after-burner)라고도 불린다]는 연소성 액체 또는 고체의 미세입자에 의해 오염된 공기를 처리하는데 성공적으로 사용되었다. 소각은 악취방지, 유해화합물의 파괴에 이용되며, 대기 중으로 방출되어 광화학적으로 반응하는 VOC의 감량에도 응용할 수 있다. VOC 증기는 정유공장에서 비상배출되는 가스와 같이 진한 농도로 존재하거나, 페인트 건조로에서와 같이 희석된 농도로 존재한다. 대용량이며 간헐적이고 농도가 진한 VOC의 소각에는 **불꽃연소법** (flare)을 때때로 이용한다. 공기 중에 희석된 VOC를 소각하는 방법에는 '**직접 고온산화법** (direct thermal oxidation)'과 '**촉매산화법** (catalytic oxidation)' 등이 있다. 재연소장치의 대략적인 그림을 그림 11.1에 제시하였다.

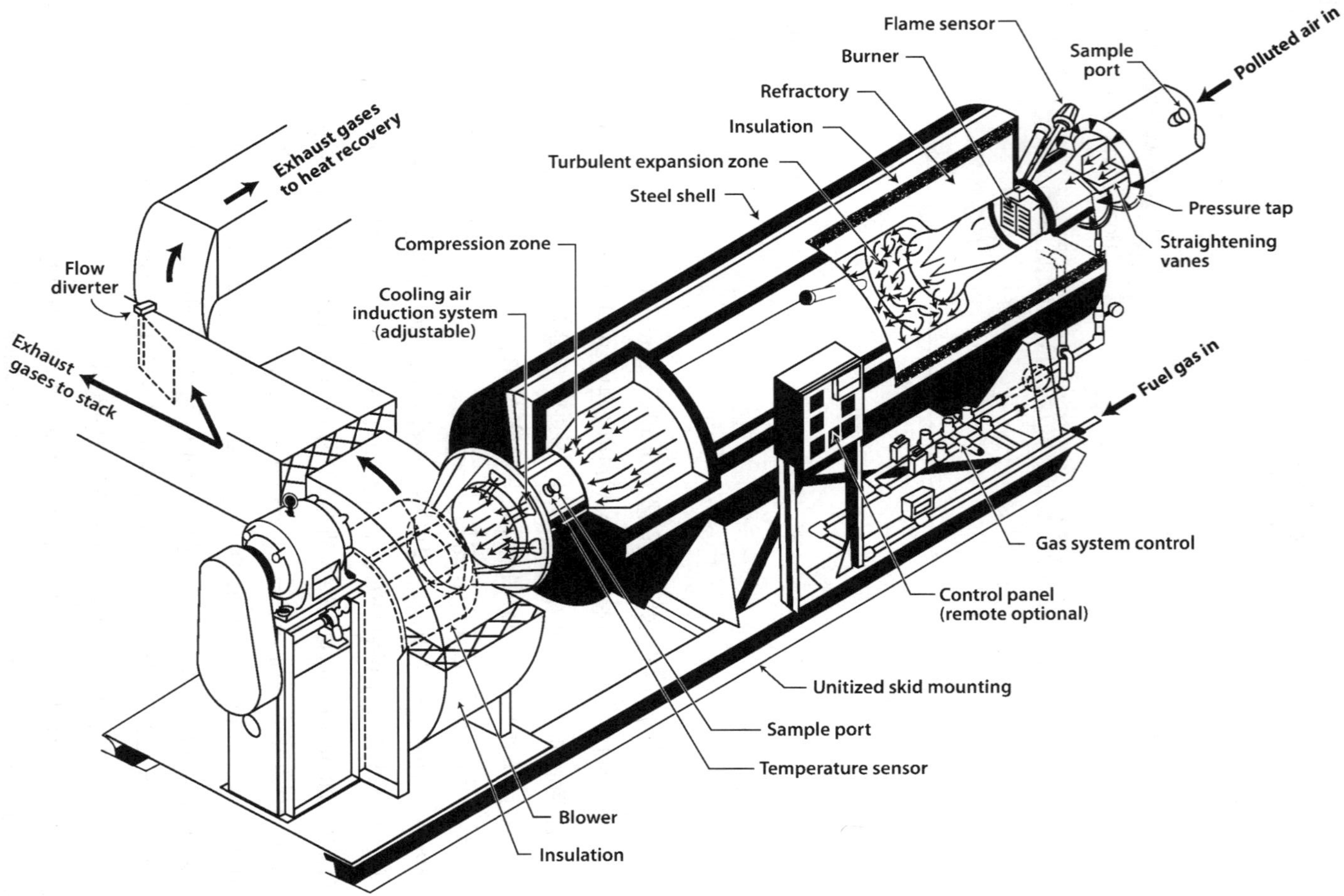

그림 11.1 직접화염 재연소장치 (direct-flame after-burner)의 단면도
출처 : KTI Gas Processors, Ins., Santa Ana, CA.

소각의 대체방안으로는 생물여과산화법, 습식세정법, 증기회수법 (재압축, 응축, 활성탄 흡착, 세정액 흡수 등으로) 등이 있다. 소각의 장점은 효율이 매우 높다는데 있다. 고온에서 충분한 시간만 주어진다면 유기물질은 완전하게 산화될 수 있다. 한 예로써, 1984년 플로리다주 잭슨빌시의 '도시환경보호위원회'는 이 지역의 제지공장에서 배출되는 유기 황화합물 악취를 줄여야 한다고 결정하였다. 즉, 배출가스의 농도를 10,000 ppm에서 5 ppm으로 감축하도록 요구하였다. 단지, 소각만이 이와 같이 엄격한 목표 (99.95% 효율)를 달성할 수 있었다.

최근 인쇄압축 및 부품도색 공장과 같은 제조공장 내에는 몇 개의 VOC 오염원이 있다. 이곳의 배출물은 몇 개의 후드와 종합 덕트설비에 의해 고온산화장치로 이송된다. 이들 오염원에서 VOC 배출물의 총 저감량은 고온산화장치의 **파괴효율** (destruction efficiency) 뿐만 아니라, 설비의 포획효율 (capture efficiency)에 의존한다. **포획효율**은 "격막 (side baffle), 후드, 기타 포획설비에 의해 합류된 공정점 (processing point)에서 배출되고 소각로로 향하는 VOC의 분율"로 정의된다. 이때 포획되지 않고 빠져나가는 배출물을 **불특정 배출물** (또는 비산배출: fugitive emission)이라 한다. 최근 미국의 EPA 규정에 의하면 총 VOC의 저감효율은 포획효율과 파괴효율의 곱으로 표시한다. 예를 들어, 99%의 파괴효율과 80%의 포획효율을 갖는 고효율 재연소장치가 있다고 하자. 이때, 총 VOC 저감효율은 단지 79.2%에 불과하다.

EPA는 오염원을 규제할 때, 또한 오염원의 운영허가를 승인할 때, 포획과 파괴효율을 고려하고 있다. 질량수지 기법을 이용하여 실제포획이 이루어지는 정도를 측정하기는 어렵다. 하지만, 100%의 포획효율을 보이는 경우가 있으며, 그리 어려운 일은 아니다. EPA에 의하면, 오염원이 완전히 밀폐된 공간에 위치하고, 또한 재연소장치로 향하는 배출점을 제외하고 모든 기류가 밀폐되어 운송될 때 100% 포획된다고 가정한다. 100% 포획을 입증하기 위해, 완전 밀폐조건은 다음과 같은 기준을 만족시켜야 한다 (U.S. EPA, 2010).

1. 모든 개구지역 (openings: 문, 창문 등)에 대한 면적의 합은 밀폐공간의 표면적 (벽, 바닥, 천정) 합의 5% 미만이 되어야 한다.
2. 공기는 최소 200 ft/min의 평균 선속도 (face velocity)를 가지고, 기류는 모든 개구의 안쪽으로 향해야 한다.
3. 밀폐공간 내에서 VOC를 방출하는 모든 오염원은 개구로부터 충분히 멀리 떨어져야 한다 (최소 등가직경의 4 배 이상).
4. 모든 폐가스는 고온산화장치 또는 기타 최종방지장치로 바로 향해야 한다.
5. 5% 면적규정에 계산되지 않은 모든 창과 문은 정상조업이 이루어지는 동안 반드시 밀폐되어야 한다.

소각의 가장 큰 문제점은 비싼 연료비에 있다. 또한, 오염물질의 연소생성물은 그 자체가 오염물질이 되기도 한다. 예를 들어, 염화탄화수소 (chlorinated hydrocarbon)가 연소할 때는 HCl, Cl_2 혹은 두 물질 모두가 배출될 수 있다. 이러한 부산물의 배출량에 입각하여 부가적인 제어가 요구될 수 있다.

11.2 이론

산화반응

기본적인 화학반응론은 10장에서 공부하였다. 여기서는 이 이론을 공기 중 VOC 증기의 산화라는 특수한 경우에 한정하여 응용할 것이다. 간단히, 공기 중 순수 탄화수소 (HC)가 희석된 경우만을 생각하자. 이론적 완전연소식은

$$C_xH_y + (b)O_2 + 3.76(b)N_2 \rightarrow xCO_2 + \left(\frac{y}{2}\right)H_2O + 3.76(b)N_2 \tag{11.1}$$

여기서, C_xH_y = 탄화수소의 일반공식

b = $x+(y/4)$, C_xH_y 1몰당 요구되는 산소의 이론몰수

3.76 = 산소의 몰수에 대해서 공기 중 존재하는 질소의 몰수

식 (11.1)에서 공기를 이용하여 연소할 때, 동반 가스인 질소가 항상 존재하므로 계산식에 질소를 포함시켜야 한다. 그러나 간략하게 계산하기 위해, 앞으로 언급될 화학식에는 질소를 포함시키지 않을 것이다. 또한 질소산화물의 생성도 식 (11.1)에서는 설명되지 않았다. 만약, VOC 속에 황과 염소 (가장 일반적인 2개 불순물)가 존재하면 황산화물과 HCl이 각각 생성될 것이다.

산화반응의 속도론은 화학양론 (stoichiometry) 만큼이나 중요하다. 자세한 연소반응기구는 복잡하며, 식 (11.1)에서처럼 단 하나의 단계로 이루어지지는 않는다. 가장 간단한 탄화수소인 메탄의 연소는 연쇄반응의 분지 (branching) 과정을 포함하고 있다. 주요 반응기구가 그림 11.2 (Glassman, 1977)에 포함되어 있다. 고급 탄화수소일수록 중간과정이 많기 때문에 그 반응기구는 더욱 복잡해진다.

CH_4	$+ O_2$	→	CH_3	$+ HO_2$	연쇄반응 초기단계 (chain initiation)
CH_3	$+ O_2$	→	CH_2	$+ OH$	연쇄반응 전개단계 (chain propagation)
OH	$+ CH_4$	→	H_2O	$+ CH_3$	
OH	$+ CH_2O$	→	H_2O	$+ CHO$	
CH_2	$+ O_2$	→	HO_2	$+ HCO$	연쇄반응 분지단계 (chain branching)
HCO	$+ O_2$	→	CO	$+ HO_2$	연쇄반응 전개단계 (chain propagation)
HO_2	$+ CH_4$	→	H_2O_2	$+ CH_3$	
HO_2	$+ CH_2O$	→	H_2O_2	$+ HCO$	
	OH	→	wall		연쇄반응 종결단계 (chain termination)
	CH_2O	→	wall		

그림 11.2 메탄의 산화와 관련한 주요 반응기구

출처 : Glassman, 1977; Bames 등, 1978.

대기오염 공정설계를 위해 속도론 모델을 단순화해야 할 필요성 때문에, 몇몇 학자들 (Cooper 등, 1982; Hemsath 등, 1974; Lee 등, 1979)이 "포괄적 모델 (global model)"의 개발에 참여하였다. 포괄적 모델은 역학적 모델에서 요구되는 세부단계를 무시하고, 안정된 주요 반응물과 생성물에 입각하여 속도론을 개발한 것이다. CO는 매우 안정한 중간 생성물이기 때문에, 이를 포함한 HC 산화의 가장 간단한 포괄적 모델은 다음과 같은 '2단계 모델'이다.

$$C_xH_y + \left(\frac{x}{2} + \frac{y}{4}\right)O_2 \rightarrow x\,CO + \left(\frac{y}{2}\right)H_2O \tag{11.2}$$

$$x\,CO + \left(\frac{x}{2}\right)O_2 \rightarrow x\,CO_2 \tag{11.3}$$

다시 언급하면, 반응은 실제로 식 (11.2)와 (11.3)과 같이 한두 단계로 이루어지지는 않는다.

일부 학자들은 연소공정에서 O, H, OH, CH_3, CH_2, HO_2와 같은 원자 또는 반응기 (radical)의 중요성을 인식하였다. 최근 연구에 의하면, 화염지역의 뜨거운 폐가스 중에 H_2O_2 또는 O_3을 주입함으로써, 유기물의 고온산화를 향상시킬 수 있었다. 이들 특정화합물은 500 ℃ 이하의 낮은 온도에서도 반응기를 갈라놓으며, VOC의 산화속도를 가속화 시킨다 (Cooper 등, 1991; Clausen 등, 1992). 이 반응에 대한, 상세한 모델링 작업은 매우 복잡하며 시간을 요구한다. 따라서 포괄적 모델이 요구되고 있다. 식 (11.2)와 (11.3)을 사용하여, 증기 소각로에서 VOC 산화의 총괄속도론에 입각한 포괄적 모델을 개발하였다. 즉, 이 수식들을 사용하여 각 반응물에 대해 1차반응인 포괄적 속도론 모델을 다음과 같이 개발하였다.

$$\gamma_{HC} = -k_1[HC][O_2] \tag{11.4}$$

$$\gamma_{CO} = x\,k_1[HC][O_2] - k_2[CO][O_2] \tag{11.5}$$

여기서, γ_i = i성분의 생성속도, mol/L-s

[ ] = 농도, mol/L

HC = 탄화수소의 일반적인 표시

x = 탄화수소에서 탄소의 개수

k = 속도상수, s^{-1} 또는 L/mol-s

과잉산소가 존재할 때, 속도식은 다음과 같이 축소된다.

$$\gamma_{HC} = -k_1[HC] \tag{11.6}$$

$$\gamma_{CO} = x k_1[HC] - k_2[CO] \tag{11.7}$$

전형적인 재연소장치에서 산소의 몰분율은 0.1～0.15이고, HC의 몰분율은 0.001이다. 따라서 식 (11.6)과 (11.7)에 응용할 수 있다. CO_2의 생성량은 탄소에 대한 물질수지식을 이용하여 계산할 수 있다. CO_2의 생성속도식은 다음과 같다.

$$\gamma_{CO_2} = k_2[CO] \tag{11.8}$$

식 (11.6), (11.7), (11.8)은 연속 1차비가역반응의 특수한 경우이다. Levenspiel (1962)은 아래와 같은 1차직렬반응 (series reaction)에 대해 논의하였다.

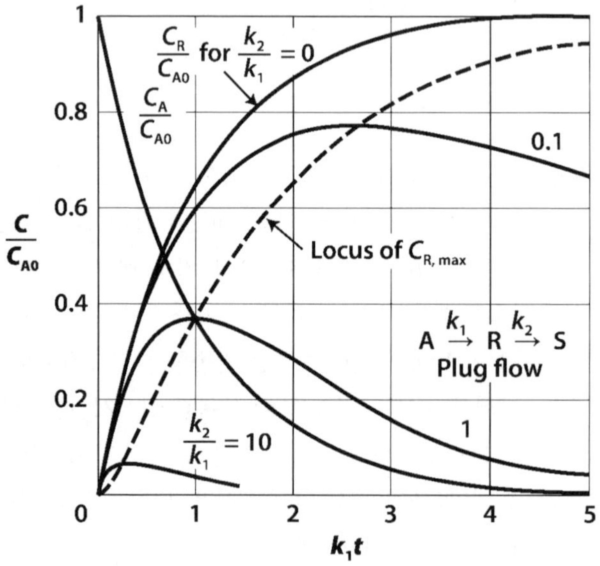

그림 11.3 1:1:1 직렬반응에 대한 플러그흐름 반응조 내의 농도/체류시간 곡선

출처 : Levenspiel, 1962. 주의 : C_A, C_R = A, R의 농도 (mol/L)

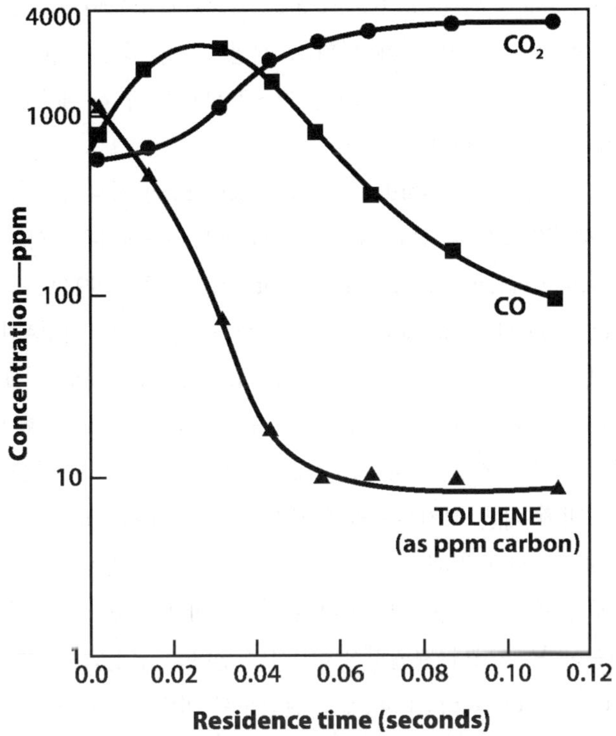

그림 11.4 1,525 ℉에서 톨루엔, CO, CO_2에 관한 플러그흐름 반응조 내의 농도/체류시간 곡선
출처 : Hemsath and Susey, 1074.

$$A \xrightarrow{k_1} R \xrightarrow{k_2} S \tag{11.9}$$

또한, 무차원의 반응시간 ($k_1 t$)의 함수로써 모든 성분의 농도와 다양한 k_2/k_1비를 구하였다. 그림 11.3은 식 (11.9)로 표시된 1 : 1 : 1 농도의 연속 직렬반응을 그림으로 재현한 것이다. 중간 생성물 R의 농도가 k_2/k_1비에 따라 큰 차이를 보이고 있다. 이와 같은 반응구조는 VOC → CO → CO_2 시스템을 대표한다; 즉, CO는 가동온도와 체류시간에 따라 재연소장치 내에서 높은 혹은 낮은 농도로 존재할 수 있다. Hemsath와 Susey (1974)의 연구를 통해 얻은 그림 11.4는 VOC 소각로 내 CO의 생성과정을 보여주는데, CO 생성은 소각로의 설계온도를 결정할 때 중요한 요인이 될 수 있다.

3T

소각로에서 3T －온도 (temperature), 시간 (time), 난류 (turbulence)－ 의 중요성은 오랫동안 잘 알려졌다. Danielson (1973)은 오염물을 효율적으로 파괴시키기 위해서 재연소장치

(afterburner)는 1,000~1,500 °F의 온도, 0.3~0.5 s의 체류시간, 또한 난류혼합도를 향상시키기 위해 20~40 ft/s의 유속으로 설계되어야 한다고 제안하였다. 최근, 이러한 일반적인 지침은 VOC의 더욱 완전한 파괴를 얻기 위해, 고온 (1,200~2,000 °F)과 긴 체류시간 (0.2~2.0 s)으로 수정되고 있다 (Buonicore 등, 1992).

최근 유해폐기물 소각로 (HWI: hazardous waste incinerator) 설비의 일부로써 재연소장치의 도입이 표준방식으로 자리잡고 있다. HWI에 대한 미국 EPA 규제기준에서, 연소되는 주요 유기 유해성분 (POHC: principal organic hazardous constituents)은 최소 99.99%의 제거 및 파괴효율 (DRE: destruction and removal efficiency)을 보여야 한다. 이런 경우, EPA에 의해 발효된 최종 운영허가계획에서는 재연소장치의 체류시간이 항상 최소 2.0초가 되도록 요구하고 있다 (뿐만 아니라, 연소물질에 따라 특정 최저온도를 명시하고 있다. 하지만 대개의 경우 1,800 °F 이상이다). 병원 (생물의학) 폐기물 소각로 역시 최근 재연소장치를 종종 사용하고 있는데, 주정부 또는 지방정부는 이들 설비에 대한 최저온도와 체류시간을 명시하고 있다. 한 예로, 병원 폐기물 소각로에서 재연소장치는 1,600 °F와 1.0 s의 최저기준을 갖는 것이 보편적이다.

식 (11.6)과 (11.7)에서, 속도상수는 온도에 따라서 지수적으로 증가하기 때문에, VOC 파괴속도는 온도에 매우 민감하다. 그러나 재연소장치에서의 반응은 유한속도로 진행되기 때문에, 반응이 원하는 완결도 (degree of completion)에 도달하도록 바람직한 온도에서 충분한 시간이 주어져야 한다. 또한, 난류는 반응이 진행되는 동안 산소와 VOC가 충분히 혼합되도록 해야 한다.

수학적인 견지에서, 3T는 아래 식과 같이 세 종류의 특성시간 −화학적 시간 (chemical time), 체류시간 (residence time) 및 혼합시간 (mixing time)− 과 관련이 있다.

$$\tau_c = 1/k \tag{11.10}$$

$$\tau_r = V/Q = L/u \tag{11.11}$$

$$\tau_m = L^2/D_e \tag{11.12}$$

여기서, τ_c, τ_r, τ_m = 각각 화학적 시간, 체류시간, 혼합시간, s
V = 반응조의 체적, m^3
Q = 부피속도 (재연소장치 내의 온도에서), m^3/s
L = 반응조의 길이, m
u = 재연소장치에서의 가스속도, m/s
D_e = 유효 (난류) 확산계수, m^2/s

체류시간에 대한 혼합시간의 비를 Peclet 수 (Pe로 표현)라고 부른다. 또한 화학적 시간에 대한 체류시간의 비를 Damkohler 수 (Da로 표현)라고 부른다. Barnes 등 (1978)은 Pe가 크고 Da가 작을 때, 혼합과정이 재연소장치에서의 '속도제어과정'이라고 언급하였다. 만약, Pe가 작고

Da가 클 때, 화학적 속도론이 속도제어과정이 된다. 대부분 재연소장치의 주어진 온도에서, 적당한 유속이 유지되는 한 혼합과정은 제한요소가 되지 않는다. 그러나 온도가 상승할수록 화학적 시간은 급속히 감소하고, 설비 내 어떤 위치에서는 총괄속도가 혼합과정에 의해 제한된다.

VOC 속도론

비록 속도론이 재연소장치의 적절한 설계에 중요하지만, 속도론과 관련한 자료가 부족하고, 모형실험으로 얻기도 어려우며 비용도 많이 든다. 상세한 자료가 부족하였기 때문에, 소각로를 설계하거나 가동온도를 결정하는 과거의 방법은 무척 엉성했었다. Ross (1977)는 "설계온도는 VOC 자동점화온도 (autoignition temperature)보다 수백 도 (°F) 정도 높게 설정되어야 한다"라고 제안하며 기존의 방법을 요약하였다. '**자동점화온도**'란 공기 중 연소성 VOC 혼합물이 외부의 근원 (불꽃이나 화염) 없이 점화되는 온도이다. 표 11.1에 일부 유기물질에 대한 자동점화온도를 제시하였다. 과도하게 높게 설정된 설계온도는 VOC 소각로를 구입하고 운영할 때 많은 비용이 든다. 따라서 실제로 필요 이상의 고온은 비록 그것이 가능한 대안책이라고 해도, 재연소장치의 사용에 부담이 될 수 있다.

표 11.1 공기 중 일부 유기물질의 자동점화온도

물 질	자동점화온도, °F	물 질	자동점화온도, °F
Acetone	1,000	Ethylene Dichloride	775
Acrolein	453	Hexane	820
Acrylonitrile	898	Hydrogen	1,076
Ammonia	1,200	Hydrogen Cyanide	1,000
Benzene	1,075	Hydrogen Sulfide	500
n-Butane	896	Isobutane	950
1-Butene	723	Methane	999
n-Butyl Alcohol	693	Methanol	878
Carbon Monoxide	1,205	Methyl Chloride	1,170
Chlorobenzene	1,245	Methyl Ethyl Ketone	960
Cyclohexane	514	Phenol	1,319
Ethane	986	Propane	871
Ethanol	799	Propylene	851
Ethyl Acetate	907	Styrene	915
Ethylbenzene	870	Toluene	1,026
Ethyl Chloride	965	Vinyl Chloride	882
Ethylene	842	Xylene	924

속도론에 관한 자료와 설계온도에 대한 정량적 추정방법이 Lee와 공동 연구자들에 의해 발표되었다. 두 연구논문 (Lee 등, 1979, 1982)에서, 등온 플러그흐름 재연소장치 내 몇 가지 VOC에 대한 실험을 통해, 그들은 VOC의 파괴온도를 추정할 수 있는 순수 통계모델을 개발하였다(플러그 반응조에 대해서는 10장 참고). 그들의 모델은 VOC에 대한 수많은 인자 특성을 반영하고 있다. 그 중 중요한 항목은 자동점화온도, 체류시간, 분자 내 탄소원자에 대한 수소의 비율 등이다. 이 방법은 높은 상관관계를 보여주는데, 추정온도의 표준편차는 약 20 °F이다. 두 가지 수식은 다음과 같다.

$$T_{99.9} = 594 - 12.2\,W_1 + 117.0\,W_2 + 71.6\,W_3 + 80.2\,W_4 + 0.592\,W_5 - 20.2\,W_6 - 420.3\,W_7 + 87.1\,W_8 - 66.8\,W_9 + 62.8\,W_{10} - 75.3\,W_{11} \tag{11.13}$$

$$T_{99} = 577 - 10.0\,W_1 + 110.2\,W_2 + 67.1\,W_3 + 72.6\,W_4 + 0.586\,W_5 - 23.4\,W_6 - 430.9\,W_7 + 85.2\,W_8 - 82.2\,W_9 + 65.5\,W_{10} - 76.1\,W_{11} \tag{11.14}$$

여기서, $T_{99.9}$ = 99.9% 파괴효율에서 온도, °F
T_{99} = 99% 파괴효율에서 온도, °F
W_1 = 탄소 원자수
W_2 = 방향족 화합물 존재여부, (0 = no, 1 = yes)
W_3 = (C = C) 탄소 이중결합 존재여부, (0 = no, 1 = yes)
W_4 = 질소 원자수
W_5 = 자동점화온도, °F
W_6 = 산소 원자수
W_7 = 황 원자수
W_8 = 수소/탄소 비
W_9 = 아릴 [allyl (2-propenyl) 화합물 존재여부], (0 = no, 1 = yes)
W_{10} = 탄소이중결합과 염소의 상호작용 (0 = no, 1 = yes)
W_{11} = 체류시간의 자연대수 (natural log), s

Cooper 등 (1982)은 **충돌이론** (collision theory)을 실험자료와 결부하여 940 K부터 1,140 K 범위에서 HC를 소각할 때, '유효' 1차속도상수, k를 추정하는 방법을 제안하였다. 이 방법은 분자량과 HC 종류에 의존한다. 일단 k를 얻으면 설계온도를 구할 수 있다. 속도상수 k는 다음과 같다.

$$k = A\,e^{-E/RT} \tag{11.15}$$

여기서, E = 활성화 에너지, cal/mol
A = 빈도상수, s^{-1}
R = 이상기체상수, 1.987 cal/mol-K
T = 절대온도, K

빈도상수는 다음과 같이 주어진다.

$$A = \frac{Z' S y_{O_2} P}{R'} \tag{11.16}$$

여기서, Z' = 충돌속도상수
S = 분자의 기하학적 구조계수 (steric factor)
y_{O_2} = 재연소장치에서 산소의 몰분율
P = 절대압력, atm
R' = 기체상수, 0.08205 L-atm/mol-K

식 (11.16)에서 **구조계수** S (일부 충돌은 분자의 기하학적 구조 때문에 반응을 일으키는데 비효율적이다. S는 이를 설명하는 계수이다)는 아래 식으로 계산된다.

$$S = \frac{16}{MW} \tag{11.17}$$

여기서, MW는 HC의 분자량이다.

세 가지 화합물에 대한, 충돌속도상수, Z'는 그림 11.5에서 추정할 수 있다. 빈도상수, A는 재연소장치에서 추정된 산소의 몰분율로 계산할 수 있다. 활성화 에너지, E는 그림 11.6처럼 분자량과 상관성이 있다.

$$E = -0.00966(MW) + 46.1 \tag{11.18}$$

일단 A와 E가 추정되면, k는 어떤 온도에서도 계산될 수 있다. 등온 플러그흐름 반응조(PFR)에서는 HC의 파괴효율, 속도상수 및 체류시간은 상호 의존적이며, 다음과 같은 관련이 있다.

$$\eta = 1 - \frac{[\mathrm{HC}]_{\mathrm{out}}}{[\mathrm{HC}]_{\mathrm{in}}} = 1 - e^{-k\tau_r} \tag{11.19}$$

여기서, η는 HC의 파괴효율이다.

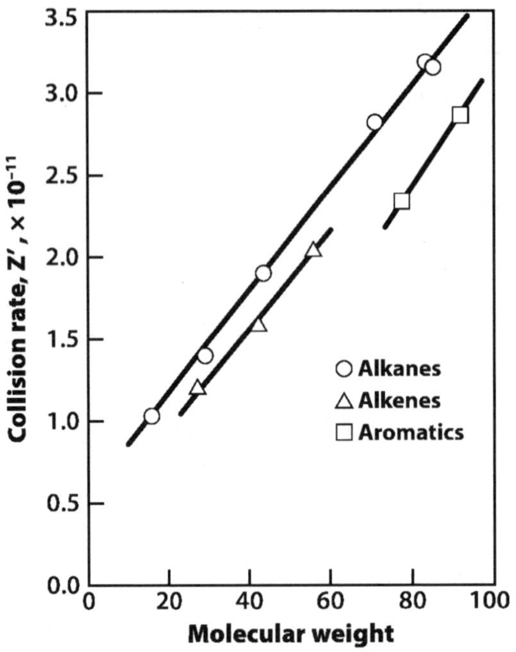

그림 11.5 여러 가지 HC의 충돌속도상수

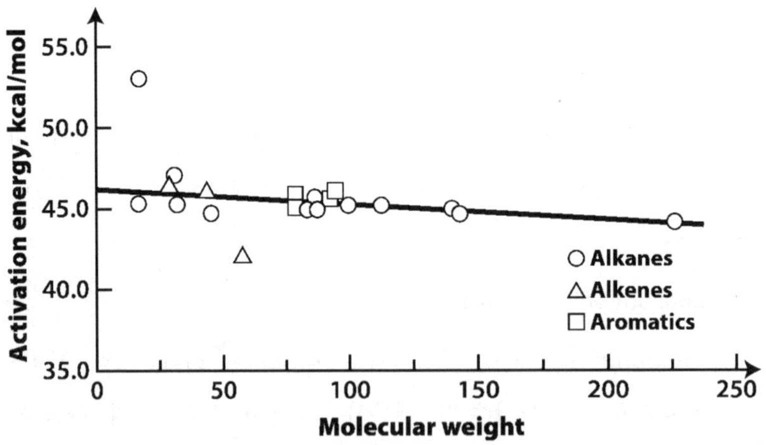

그림 11.6 HC 소각에서, 분자량과 활성화 에너지와의 관계

비록 이 방법이 Lee 등이 연구한 결과보다 길기는 하나 속도상수를 얻을 수 있다. 이와 같이, 이 방법은 등온 PFR의 경우에도 유용할 뿐만 아니라, 비등온 재연소장치의 설계 (등온 설계보다 실제에 더 가까운 설계)에도 사용할 수 있다.

VOC의 파괴는 종종 CO 파괴보다 신속히 일어난다. 일부 사례를 보면, CO의 파괴는 설계를

'제어'할 수 있다. 일부 연구자들에 의해 CO 생성과정이 재연소장치에서 조사되었으며, CO 파괴와 관련한 속도론도 많은 학자들에 의해 연구되었다 (Dryer and Glassman, 1973; Howard 등, 1973; Williams 등, 1969).

Howard 등 (1973)은 CO 산화에 대한 많은 실험결과를 검토한 후, 다음 수식을 개발하였다. 이 수식은 840~2,360 K의 온도범위에서 유효하다.

$$\text{CO의 파괴속도} = 1.3(10)^{14} e^{-30,000/RT} \{O_2\}^{1/2} \{H_2O\}^{1/2} \{CO\} \tag{11.20}$$

여기서, { }는 mol/cm^3의 농도를 나타낸다.

식 (11.20)과 같은 CO 파괴와 관련한 속도론 모델은 (CO를 생성하는) VOC 속도론 모델과 연결시킬 수 있다. 이 모델들은 재연소장치 공정에 대한 포괄적 모델을 개발하는데 사용되었다. 만약, CO의 파괴속도가 VOC보다 훨씬 느리다면, 단순히 CO의 과잉배출을 막기 위해 고온이 요구된다. 이 경우 VOC 속도론에 입각한 정확성 추구는 그리 중요하지 않다.

예제 11.1 톨루엔을 99.5% 효율로 파괴하기 위한, 0.5초의 체류시간을 가진 등온 플러그흐름 소각로가 있다. 여기서 요구되는 온도를 추정하라. 이 절에서 논의된 세 가지 방법을 이용하라.

풀이 (a) 자동점화온도 + 300 °F = 1,026 + 300 = 1,326 °F

(b) Lee 등의 방법 :

식 (11.13)과 (11.14)로부터

$$T_{99.9} = 594 - 12.2(7) + 117 + 0 + 0 + 0.529(1{,}026) - 0 - 0 + 87.1(1.14) - 0 + 0$$
$$- 75.3(\ln 0.5) = 1{,}386\ ^\circ F$$
$$T_{99} = 577 - 10.0(7) + 110.2 + 0 + 0 + 0.586(1{,}026) - 0 - 0 + 85.2(1.14) - 0 + 0$$
$$- 76.1(\ln 0.5) = 1{,}369\ ^\circ F$$

$T_{99.5}$는 T_{99}와 $T_{99.9}$ 사이에 존재한다. 이 방법은 근사 추정법이기 때문에 직선평균법을 사용한다.

$$T_{99.5} = 1{,}378\ ^\circ F$$

(c) Cooper 등의 방법 :

우선 식 (11.19)를 재배열하고, 요구되는 k값을 구한다.

$$k = \frac{-\ln(1-0.995)}{0.5} = 10.6\ s^{-1}$$

식 (11.18)에서,

$$E = -0.00966(92) + 46.1 = 45.2\ kcal/mol$$

식 (11.17)로부터 S를 계산하고, 그림 11.5로부터 Z'를 추정한다. 따라서,

$$S = \frac{16}{92} = 0.174$$

$$Z' = 2.85 \times 10^{11}$$

산소의 몰분율을 0.15로, 압력을 1 atm으로 가정하고 식 (11.16)에서 A를 계산한다.

$$A = \frac{2.85 \times 10^{11}(0.174)(0.15)(1.0)}{0.08205} = 9.07 \times 10^{10}\ \mathrm{s}^{-1}$$

마지막으로 k, A, E를 알고 있으므로, T를 구하기 위해 식 (11.15)를 재배열한다.

$$\begin{aligned} T &= -\frac{E}{R}\frac{1}{\ln(k/A)} \\ &= -\frac{45{,}200}{1.987}\frac{1}{\ln\left[10.6/9.07 \times 10^{10}\right]} \\ &= 995\ \mathrm{K} = 1{,}331\ {}^{\circ}\mathrm{F} \end{aligned}$$

VOC 산화의 비등온 성질

완전연소를 할 때, 공기 중 VOC가 저농도로 존재하더라도 가스의 온도는 크게 증가한다. 동시에, 재연소장치에서의 열손실은 상당하며 가스온도를 실질적으로 감소시킨다. 이상적으로는 설계과정에서 이들 현상을 설명하여야 하며, 11.3절에서 다시 설명할 것이다.

촉매산화

촉매란 그 자신은 영원히 변화하지 않으면서 반응을 촉진시키는 원소나 화합물을 말한다. 일반적으로 가스분자는 확산하여 촉매표면에 흡착되어 반응이 일어난다. 가스 생성물은 탈착되어 전체가스 흐름 속으로 재확산된다. 반응의 상세한 기작은 알려지지 않고 있다. 아마도 촉매는 VOC의 내부 결합에너지를 약하게 하거나, VOC 분자의 구조를 변화시킬 것이다. 그러나 반응기구가 촉매로 인해 변화하기 때문에, 반응은 직접고온소각 때보다도 더 빠르게, 그리고 훨씬 저온에서 진행된다. 촉매론에 관한 깊숙한 논의는 이 책의 범위를 벗어나며, 단지 촉매소각로에 관한 몇 가지 설계 시 고려할 사항을 다음 절에서 논의할 것이다.

11.3 설계 시 고려사항

고온산화장치 (열소각로, Thermal Oxidizer)

VOC 증기소각로나 재연소장치의 공정설계에는 원하는 체류시간과 가동온도를 명시해야 하며, 적당한 유속에서 원하는 체류시간과 온도를 얻을 수 있도록 장치의 크기를 결정해야 한다. 적합한 장치의 선택은 가동방식 (연속적 또는 간헐적), 산소함량 및 VOC의 농도 등과 같은 요인에 좌우된다 (Hemsath and Susey, 1972). 소각로 선택에서 총 비용을 최소화시키려면, 소각로의 적합한 선택과 적합한 크기를 결정하는 것이 중요하다. 이와 같은 이유로 유량을 가능한 최소로 유지시켜야 한다. 실질적으로, 폐가스 중에 공기를 과도하게 혼합하지 않아야 한다는 의미이다. 그러나 대개의 보험회사 약관은 VOC의 최대농도를 VOC의 최소폭발한계 (LEL: lower explosive limit)의 25%로 제한하고 있다. 그렇다고 할지라도, 대다수 산업공정에서 유체는 LEL의 5% 이하의 농도를 갖는다. 만약, 공정상 유체가 LEL의 5%에서 25%까지 농축된다면 (예를 들어, 희석공기량이 감소할 때), 소각될 총 부피는 80% 이하로 감소할 것이다. 표 11.2에 일부 LEL의 값을 제시하였다.

표 11.2 일부 유기물질의 최소폭발한계 (LEL: lower explosive limits)

유기물질	LEL (공기 중 부피 백분율)
Acetone	2.15
Benzene	1.4
n-Butane	1.9
n-Butanol	1.7
Cyclohexane	1.3
Ethane	3.2
Ethanol	3.3
Ethyl Acetate	2.2
Heptane	1.0
Hexane	1.3
Isobutane	1.8
Isopropanol	2.5
Methane	5.0
Methanol	6.0
Methyl Acetate	4.1
Methyl Ethyl Ketone	1.8
Propane	2.4
Toluene	1.3
Xylene	1.0

앞에서 언급하였듯이, 고온산화장치 (열 소각로)는 유해폐기물 소각에서 중요한 역할을 한다. 최근, 규제기준은 POHC의 99.99% DRE를 요구하고 있다. 하지만 혼합폐기물에 대하여, POHC가 혼합물의 총괄DRE를 제어할 것이라는 점은 중요한 사항이다. 고온산화장치에서 최소 유효온도는 가장 파괴하기 어려운 POHC에 달려 있다. Dellinger와 일부 학자는 다양한 POHC에 대하여, 가스상 열적 안정도의 순위를 조사한 바 있다. 이 순위는 단위질량당 화합물의 연소열과 관련이 있지만 동일하지는 않다 (Taylor 등, 1990). 혼합 폐기물에서 핵심 POHC의 선정은 이 순위에 의존하여야 한다. 일부 목록을 표 11.3에 제시하였다.

공정설계에서 물질과 에너지 수지는 특정온도와 주어진 유속에서, 공기의 온도를 높이는데 필요한 연료의 유량을 계산하기 위해 소각로에서 수행된다. 오염물질의 화학적 반응과 반응조 벽면을 통한 열전달 현상 등의 영향이 고려되어야 하지만, 때때로 무시된다. 비이상적 흐름과 비이상적 혼합은 이론적으로 반드시 고려되어야 할 농도와 온도의 방사상 분포 (radial profile) 문제를 일으킨다. 그러나 설계공정의 마지막 부분은 수학적으로도 어려우며, 극도의 고효율을 요구하지 않는 한 (매우 유해한 증기의 처리와 같은), 추가적인 노력을 기울일 필요는 없다.

표 11.3 일부 선정된 POHC의 열적 안정도 순위

POHC	T_{99}, ℉	ΔH_c, kcal/g
Benzene	1,150	10.03
Naphthalene	1,070	9.62
Chlorobenzene	990	6.60
Acrylonitrile	985	5.57
Chloromethane	950	3.25
Toluene	895	10.14
Trichloroethene	865	1.74
Pyridine	785	7.83
Ethyl Cyanide	770	4.57
Acetyl Chloride	765	2.77
Isobutyl Alcohol	715	7.62
1,1,2,2-Tetrachloroethane	690	1.39
Methyl Ethyl Ketone	650	8.07
Tetrachloromethane	645	0.24
Trichloromethane	625	0.75

주의 : 열적 안정도가 클수록, 99% 파괴효율 (T_{99})에 대한 온도가 높다. 이 도표의 결과는 실험실에서 결정된 것이다. 여기서 ΔH_c는 연소열을 의미한다.

출처 : Taylor 등, 1990.

따라서 재연소장치의 설계에는 두 가지 접근법만이 남게 된다. 전통적인 접근법 (등온 PFR로 가정)은 수학적으로도 매우 쉽고 손으로도 계산할 수 있으나, 기껏해야 근사치 정도의 추정치만을 제공한다. 두 번째 접근법은 비등온 가동을 포함하며, 복잡한 계산이 요구되므로 컴퓨터를 이용한 계산실행이 필요하다. 이 방법은 개념적으로 매우 어렵다. 우리는 첫 번째 접근방법에 대해 자세히 공부할 것이며, 정밀한 접근법에 대해서는 방법론만을 요약기술한 후 결론을 낼 것이다.

물질과 에너지 수지 (Material and Energy Balance)

증기소각로의 기본 구성도를 그림 11.7에 제시하였다. 전형적인 설계문제에서는 소각될 증기의 파괴시간, 온도, 효율과 관련된 정보는 얻을 수 없다. 모형실험 연구, 문헌의 실험자료, 예측모델 (이 장의 서두에서 다루었던 것과 같은) 등을 통해 설계온도와 체류시간 등을 결정할 수 있다. 여기서는 바람직한 체류시간과 온도에 도달할 수 있는 연료의 유량과 소각로의 크기 등을 결정하는 방법에 대해 설명할 것이다 (주의: 이 문제를 변형시켜 주어진 연료가스 유량과 오염된 공기량에 입각한 기대온도를 계산할 수 있다).

정상상태 (steady state)에서 총괄물질수지는 다음 공식으로 요약된다.

$$0 = \dot{M}_G + \dot{M}_{PA} + \dot{M}_{BA} - \dot{M}_E \tag{11.21}$$

여기서, $\dot{M}$은 질량속도 (mass flow rate: kg/min or lb_m/min)를 뜻하며, 하첨자는 그림 11.7에서 제시된 각 유체를 지칭한다. 정상상태에서, 엔탈피수지는 다음과 같다 (다른 형태의 에너지는 중요하지 않다).

$$0 = \dot{M}_{PA}h_{PA} + \dot{M}_G h_G + \dot{M}_{BA}h_{BA} - \dot{M}_E h_E + \dot{M}_G(\Delta H_c)_G + \sum \dot{M}_{\mathrm{VOC}_i}(\Delta H_c)_{\mathrm{VOC}_i}X_i - q_L \tag{11.22}$$

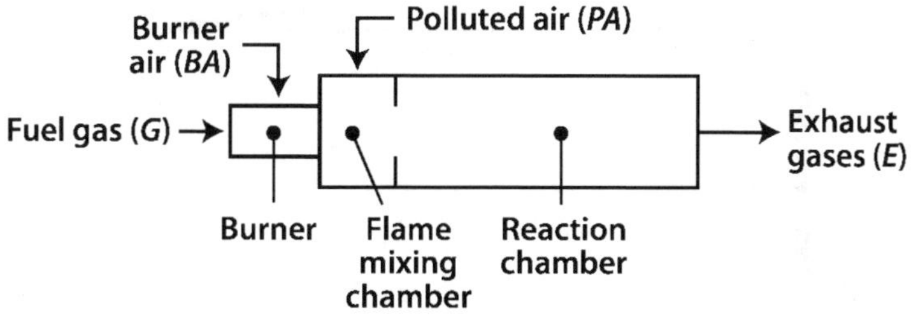

그림 11.7 증기소각로의 기본 구성도

여기서, h = 엔탈피, kJ/kg 또는 Btu/lb$_m$

ΔH_c = 순 연소열 (저발열량: LHV), kJ/kg 또는 Btu/lb$_m$

X_i = VOC_i의 전환분율 (fractional conversion)

q_L = 소각로에서 열손실속도, kJ/min 또는 Btu/min

간단히 분석하기 위해, q_L을 무시하거나 또는 모든 열손실을 유입열량의 백분율로 간단히 표시할 수 있다. 모든 열손실은 소각로의 유입구에서 발생한다고 가정하고, 반응은 유출구의 온도에서 등온적으로 진행된다고 가정한다. VOC 반응의 열효과는 가끔 무시되지만, 여기서는 고려할 것이다. 1,000 ppm의 농도에서 VOC의 산화로 방출된 열은 연료에 의하여 공급되는 열량의 약 10% 정도이다. 간단한 접근법으로 VOC 산화가 반응조의 앞 끝부분에서 완결된다고 가정하자. 연료가스(fuel gas)의 등급별 열량을 감소시켜 열손실을 구할 수 있다.

실제, 장치 내 온도분포는 등온일 경우를 비롯하여 매우 다양하다. VOC의 유입농도, 유입온도, 열전달계수, 장치의 표면적/부피의 비율에 따라, 온도는 VOC 산화열 때문에 처음에는 증가하지만, 그 다음에는 벽면을 통한 열손실 때문에 감소한다. 온도분포에 관한 실제조건과 간단한 모델 간의 비교가 그림 11.8에 제시되어 있다.

만약, 모든 유체에 대한 엔탈피 함수가 순수 공기와 유사하다고 가정하면, 새로운 정보의 필요성은 줄어든다. 많은 재연소장치에서 이러한 가정은 그리 나쁜 일은 아니다. 식 (11.22)는 다음과 같이 축소 유도된다.

$$0 = \dot{M}_{PA} h_{T_{PA}} + \dot{M}_G h_{T_G} + \dot{M}_{BA} h_{T_{BA}} - \dot{M}_E h_{T_E} + \dot{M}_G \times (\Delta H_c)_G (1 - f_L) + \sum \dot{M}_{VOC_i} (\Delta H_c)_{VOC_i} X_i (1 - f_L) \tag{11.23}$$

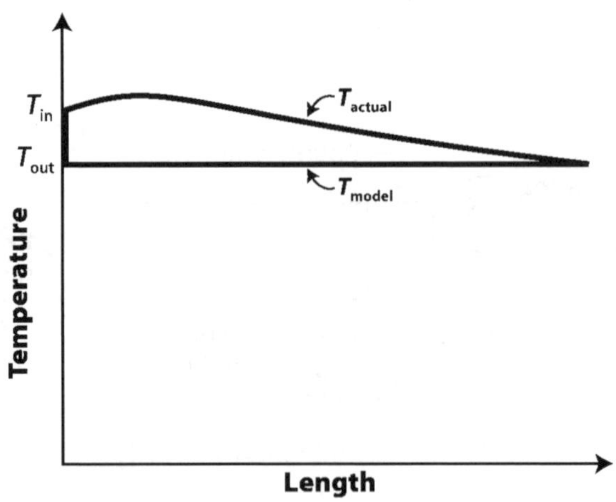

그림 11.8 재연소장치 내에서 등온모델과 실제온도분포와의 비교 (두 경우 모두 같은 연료를 사용한다.)

여기서, f_L = 열손실 분율 (fractional heat loss)

h_{T_i} = 온도 T_i에서 공기의 엔탈피, kJ/kg 또는 Btu/lb$_m$

식 (11.23)에 식 (11.21)을 대입하고, 연료가스의 질량속도에 대한 해를 구하면,

$$\dot{M}_G = \frac{\dot{M}_{PA}(h_{T_E} - h_{T_{PA}}) + \dot{M}_{BA}(h_{T_E} - h_{T_{BA}}) - \Sigma \dot{M}_{\text{VOC}_i}(\Delta H_c)_{\text{VOC}_i} X_i(1-f_L)}{(\Delta H_c)_G(1-f_L) - (h_{T_E} - h_{T_G})} \tag{11.24}$$

버너 (burner)에는 제조업자가 미리 설정한 비율 R_B로 외부공기가 연료가스와 함께 공급된다. $\dot{M}_{BA} = R_B \dot{M}_G$로 놓고, 식 (11.21)에 대입한다. 만약, $T_{BA} = T_G$로 가정한다면, 다음과 같이 식 (11.24)와 동등한 식을 얻을 수 있다.

$$\dot{M}_G = \frac{\dot{M}_{PA}(h_{T_E} - h_{T_{PA}}) - \Sigma \dot{M}_{\text{VOC}_i}(\Delta H_c)_{\text{VOC}_i} X_i(1-f_L)}{(\Delta H_c)_G(1-f_L) - (R_B+1)(h_{T_E} - h_{T_{BA}})} \tag{11.25}$$

식 (11.24)와 (11.25)에서, 모든 엔탈피를 "엔탈피 변화량"으로 표현했음에 유의해야 한다. 엔탈피 값은 주어진 온도 값에 대해 문헌에서 얻을 수 있으며, 기준온도는 자료에 따라 매우 다양하다. 두 엔탈피 항이 소거된다면 기준온도는 떨어져 나간다. 식 (11.24)와 (11.25)에서 우항의 모든 항목들은 이미 알고 있거나, 자료의 표나 그림 (부록 B 참고)을 이용하여 구할 수 있다. 그 이유는 출구온도가 설계문제 서두에 이미 주어졌기 때문이다. 다음 예제는 이러한 문제풀이 절차를 보여주고 있다.

예제 11.2 오염된 공기 2,465 acfm을 처리할 수 있는 재연소장치 (after-burner)에 대하여, 필요한 메탄가스의 질량속도를 계산하라. 공기는 200 ℉로 유입되는데 배출될 가스의 희망온도는 1,350 ℉이다. 버너 (burner)는 외부공기 200 scfm을 필요로 한다. 연료가스는 80 ℉로 유입되고 연소공기도 80 ℉로 유입된다. 메탄가스의 LHV (저발열량)는 21,560 Btu/lb$_m$이며, 총괄열손실을 10%로 가정하라. 또한 오염물질의 연소로 얻은 열에너지는 무시하라.

풀이 부록 B의 표 B.2에서 오염된 유입공기와 연소공기 (burner air)의 밀도는 각각 0.060 lb$_m$/ft^3, 0.074 lb$_m$/ft^{3}이다. 따라서,

$$\dot{M}_{PA} = 2{,}465\,\text{acfm} \times \frac{0.060\,\text{lb}_\text{m}}{\text{acf}} = 148\,\frac{\text{lb}_\text{m}}{\text{min}}$$

$$\dot{M}_{BA} = 200\,\text{scfm} \times (0.074)\,\frac{\text{lb}_\text{m}}{\text{scf}} = 14.8\,\frac{\text{lb}_\text{m}}{\text{min}}$$

부록 B의 그림 B.7에서 엔탈피 (Btu/lb$_m$)는 다음과 같다.

$$h_{T_E} = 328, \quad h_{T_{BA}} = 4.8, \quad h_{T_{PA}} = 33.6, \quad h_{T_G} = 4.8$$

이 값을 식 (11.24)에 대입하고 $\dot{M}_G$에 대하여 풀면

$$\dot{M}_G = \frac{148(328-33.6) + 14.8(328-4.8)}{21{,}560(0.9) - (328-4.8)} = 2.53\ \frac{\text{lb}_\text{m}}{\text{min}}$$

장치의 크기결정

열수지식과 물질수지식을 세운 다음, 예비공정설계의 나머지 과정은 간단하다. 적절한 혼합을 보장하기 위해, 또한 플러그흐름의 조건을 맞추기 위해 난류가 요구된다. 따라서 20～40 ft/s의 선속도가 바람직하다 [이 속도는 목부직경 (throat diameter)에 입각하여 계산된 것이다]. 장치의 중심부위를 통과하는 평균 선속도는 약 10～20 ft/s가 되어야 한다. 더욱이 충분한 체류시간이 반응의 완결을 위해 주어져야 한다. 시간과 온도는 독립적이지는 않지만, 체류시간은 사전경험에 입각하여 예비설계단계에서 결정된다. 일반적으로 체류시간은 0.4～0.9초 정도면 충분하다. 앞서 언급한 것처럼, 유해폐기물 소각로인 경우 2.0초 이상이 요구되며, 생물의학 폐기물 소각로인 경우 1.0초 이상이 반드시 요구된다. 고온소각로의 압력강하는 낮다 (열회수 교환기가 고려되지 않을 때). 기본적인 재연소장치의 경우 항상 4.0 in. H_2O 이하이다.

설계온도에서 배출가스의 총 질량속도, 가스의 선속도, 체류시간 등의 사전지식을 통해, 재연소장치의 크기를 결정하는 응용식은 아래와 같다. 반응로의 길이는

$$L = u\tau_r \tag{11.26}$$

여기서, 모든 변수의 설명은 앞과 동일하다.
배출가스의 부피속도는 이상기체 방정식에서 계산된다.

$$Q_E = \frac{\dot{M}_E R T_E}{P(MW)_E} \tag{11.27}$$

반응로의 직경 D는

$$D = \sqrt{\frac{4Q_E}{\pi u}} \tag{11.28}$$

예제 11.3 문제 11.2의 재연소장치에서 직경과 길이를 결정하라. 바람직한 설계속도는 15 ft/s, 체류시간은 1.0초이다.

풀이 $L = 15(1.0) = 15 \text{ ft}$

$$\dot{M}_E = 148 + 14.6 + 2.5 = 165 \text{ lb}_m/\text{min}$$

배출가스의 분자량이 28.0이라면, 식 (11.27)을 이용하여 Q를 얻을 수 있으며, 식 (11.28)을 이용하여 D를 얻을 수 있다.

$$Q = \frac{(165)(0.730)(1{,}810)}{1.0(28.0)} = 7{,}790 \frac{\text{ft}^3}{\text{min}}$$

$$D = \sqrt{\frac{4(7{,}790)}{\pi(15)(60)}} = 3.32 \text{ ft} = 40 \text{ in.}$$

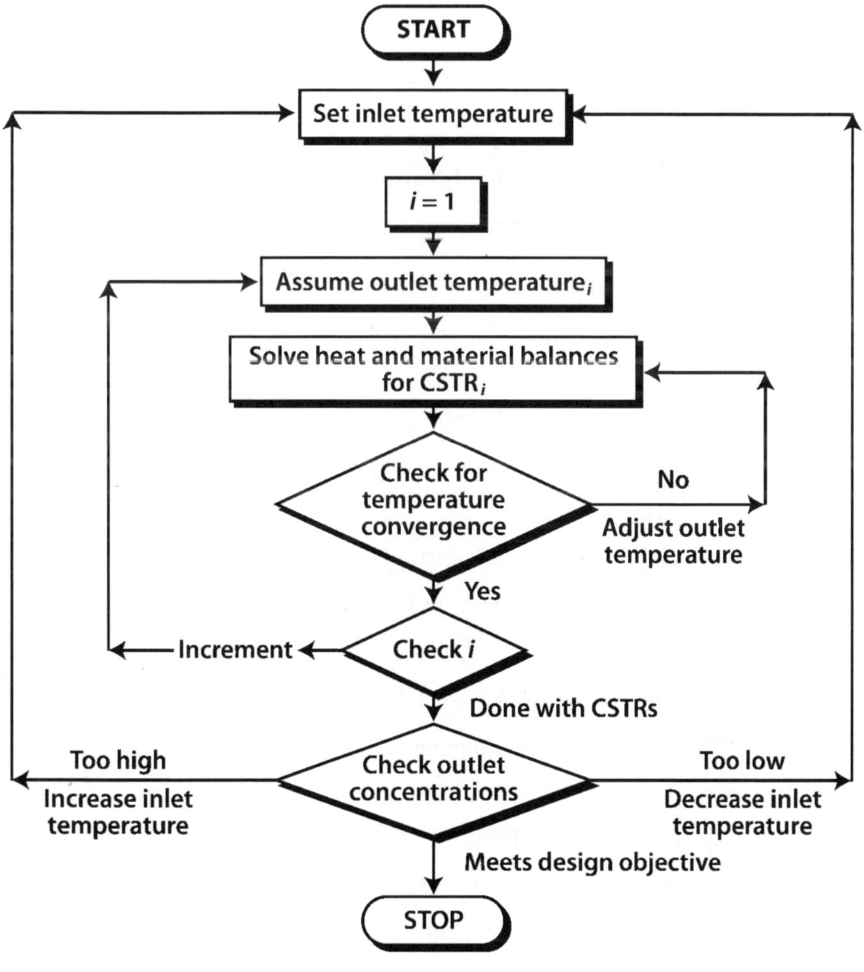

그림 11.9 비등온 재연소장치의 계산에 관한 논리적 계통도

재연소장치의 설계에서, 보다 정확한 접근방법으로는 재연소장치를 얇은 두께 (small slice)로 세분하고 식 (11.21)과 (11.22)를 재작성하는 것이다. 각 미분 두께의 재연소장치는 VOC의 일부가 연소되는 한 개의 CSTR로 간주한다. 소각분율은 온도, 속도상수, CSTR의 체류시간에 따라 다르다. 일단, 유입온도를 가정하고 VOC와 CO의 속도론 수식 [식 (11.6)과 (11.7)]을 이용한다. 열손실과 열이득 때문에 CSTR의 유출가스 온도는 유입가스의 온도와 차이가 있다. 열손실은 열전달계수, 벽의 표면적, 가스자체 온도에 의존한다. 마찬가지로, 열이득은 VOC의 반응량에 의존하며, 이 반응량은 속도상수에 의존한다. 또한, 이 속도상수는 온도에 의존한다. 따라서 출구온도 및 VOC와 CO 농도를 계산하기 위해서는 반복적 계산과정이 필요하다. 이 과정이 한 개 미분두께의 재연소장치, 즉 하나의 CSTR에서 진행된다면, 위의 계산은 소각로 출구에 도달할 때까지 각 CSTR에 대해 연속적으로 반복된다. 출구에서의 VOC와 CO의 추정농도가 기대치와 차이가 있다면, 이 과정은 입구온도를 새로 가정하고 처음부터 재반복 수행하여야 한다. 이 계산절차에 관한 논리적 계통도가 그림 11.9에 있다.

촉매소각로 (촉매산화장치, Catalytic Oxidizers)

촉매소각로는 고온소각로와 비교할 때, 수백도 정도 온도를 줄일 수 있으며 설비가 차지하는 면적을 상당히 줄일 수 있다. 대부분의 경우, 촉매소각로는 소형 보조버너에 의해 가열된다 (고온소각로와 같으나 매우 낮은 온도이다). 가스는 버너 내부의 촉매층 (catalytic bed)을 직접 통과한다.

공기오염의 제어과정에서, 촉매는 팔라듐 (palladium)이나 백금과 같은 (그 밖에 Cr, Mn, Cu, Co 및 Ni 등과 같은 금속도 사용된다) 귀금속이며, 이들 촉매는 최소 압력손실을 갖는 구조배열로 알루미나 담체에 침착되어 있다. 압력손실은 소각로 설계에서 매우 중요한 고려사항이다. 전형적 벌집 (honeycomb: 그림 11.10) 배열은 촉매층 두께 in.당 0.05～0.5 in. H_2O의 압력손실을 보인다. 반면, 1/8 in. 직경의 작은 알갱이로 채워진 충진상 (packed bed)은 in.당 1.0～10 in. H_2O의 압력손실을 보인다 (Snape, 1977). 촉매층의 두께는 단지 몇 인치 정도이다. Kohl and Nielsen (1997)이 보고하기를, 벌집 촉매층을 통과한 압력강하는 공간속도 [일정한 선속도 (face velocity)에서]와 단위면적당 벌집 셀의 수 (number of honeycomb cells)의 함수이다. 공간속도가 클수록 촉매층의 두께가 얇다는 의미이며 더 작은 압력손실을 갖는다. 또한 평방인치당 셀의 수가 많다는 것은 구멍의 크기가 작다는 의미로 더 큰 압력손실을 갖는다. 세 개의 벌집촉매장치에서, 선속도가 25 ft/s로 일정할 때 공간속도의 가동범위는 50,000～300,000 hr^{-1}이었으며, 3.0에서 0.5 in. H_2O 이하인 압력강하를 보였다 (Kohl and Nielsen, 1997). 촉매는 양호한 반응성과 낮은 압력손실을 보여야 할 뿐 아니라, 마모 (쉽게 조각이 나거나, 깨지거나, 기타 기계적 마모현상을 포함)에 견뎌야 하고 갑작스런 고온에도 견뎌야 하며 오랫동안 사용할 수 있어야 한다.

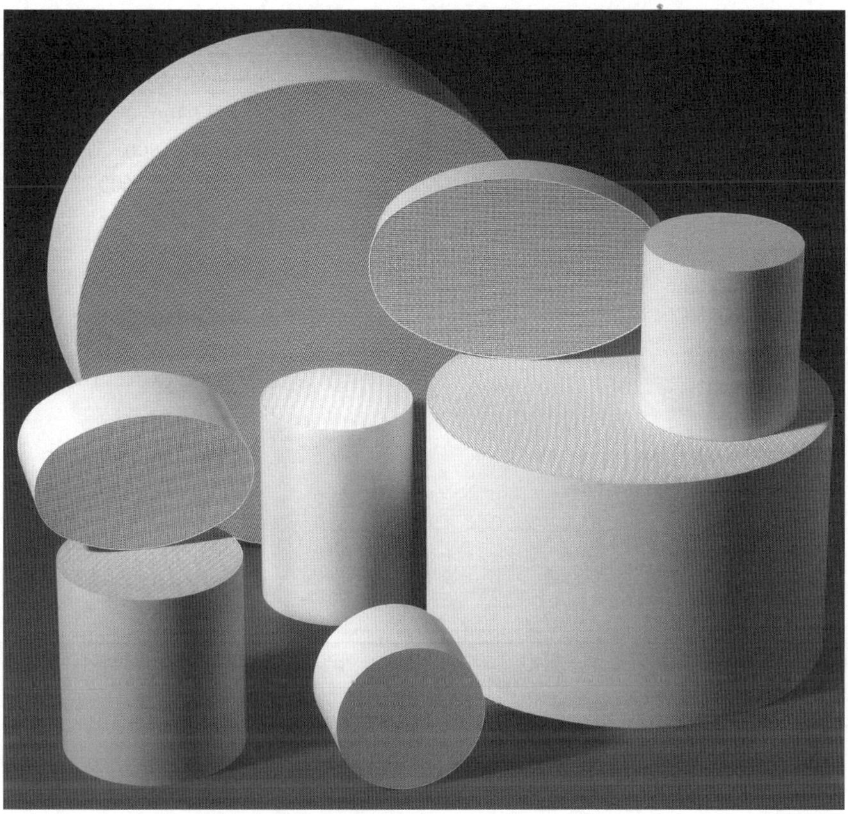

그림 11.10 벌집모양 (honeycomb)의 촉매들
출처 : Corning Inc., Corning, N.Y.

촉매산화의 총괄속도는 질량전달속도 (촉매표면으로의 VOC 확산)와 촉매표면에서의 화학적 산화반응속도에 의존한다. 500 °F 이하의 저온에서는, 일반적으로 화학반응이 공정속도를 '제어'하며, 반면 고온에서는 질량전달이 '제한'인자가 된다. Hawthorn (1974)은 이와 같은 이론적 배경을 자세히 논의하였다. **촉매의 활성도** (catalyst activity)란 촉매가 없을 때의 반응과 비교하여, 화학반응속도가 증가하는 정도를 표현한다. 또한, 촉매는 매우 선택적 (selective)이어서, 어떤 화합물에 대해서는 활성이 더 크고, 어떤 화합물에 대해서는 비활성적이다. 이러한 **활성도**와 **선택성**은 원하는 파괴백분율을 얻는데 필요한 더 낮은 가동온도로 표출된다. 몇 종류의 상업적 촉매를 사용하여, 몇 가지 VOC를 90% 파괴하는데 필요한 공기의 유입온도 자료를 표 11.4에 제시하였다. 그림 11.11은 백금 - 알루미나 촉매의 온도에 따른 성능곡선이다.

표 11.4 촉매소각에 사용되는 온도

화합물	보고된 온도[1], °F
Acetylene	390
Benzene	440, 480, 500, 575
Carbon monoxide	300, 500, 600
n-Decane	500
Ethanol	600
Ethyl acetone	780
Ethylene	550
n-Heptane	480, 570, 580
Hydrogen	250
Methane	910
Methyl ethyl ketone	540, 570, 660
Methyl isobutyl ketone	540, 570, 660
n-Pentane	590
Propylene	500
Toluene	460, 480, 575
Xylene	570

1 제시된 온도는 VOC 90% 파괴에 요구되는 온도이다. 온도는 여러 가지 산업촉매를 이용하여 여러 연구자들에 의해 보고되었다.

출처 : 각종자료 취합 발췌

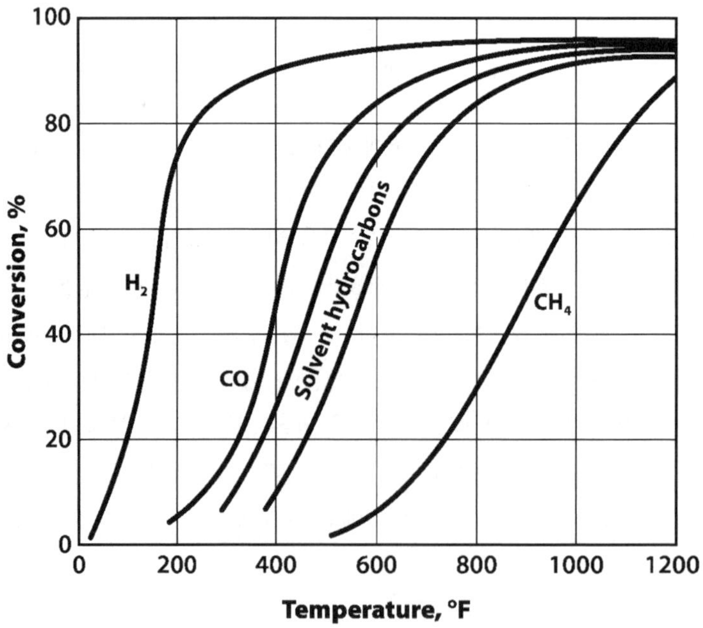

그림 11.11 알루미나 담체와 백금촉매에 대한 온도와 각종 HC 전환율과의 관계

출처 : Hawthorn, 1974.

촉매산화의 총괄속도는 반응속도보다는 질량전달에 의해 더 큰 제한을 받는다. 따라서 원하는 VOC 파괴효율을 얻기 위해서, 촉매장치의 설계는 질량전달속도 (mass transfer rate)에 입각하여, 체류시간이 충분히 허용되도록 적절한 길이의 층을 갖도록 규격을 축소한다. 이러한 설계 과정은 Retallick (1981)에 의해 검토되었으며, 기본식은 다음과 같다.

$$\frac{[\mathrm{VOC}]_L}{[\mathrm{VOC}]_0} = e^{-L/L_m} \tag{11.29}$$

여기서, $[\mathrm{VOC}]_L$ = 길이 L에서의 VOC (반응물) 농도

$[\mathrm{VOC}]_0$ = 유입구에서의 VOC 농도

L = 촉매층의 길이

L_m = 질량전달 장치 (unit) 한 개의 길이

Retallick은 층류와 난류조건에서 L_m과 관련한 계산식을 개발하였다. 각 통로 (channel)의 크기가 매우 좁기 때문에, 40 ft/s의 속도에서 조차, 통로의 직경에 기초한 Reynolds수는 일반적으로 1,000 이하이므로, 유체는 층류로 간주된다. 따라서,

$$L_m = \frac{u d^2}{17.6D} \tag{11.30}$$

여기서, u = 통로에서이 선속도, m/s

d = 각 통로의 유효직경, m

D = 확산도, m^2/s

확산효과가 충분할 때 난류에 대하여, Retallick (1981)은 다음 식을 제시하였다.

$$L_m = \frac{2}{fa}(\mathrm{Sc})^{2/3} \tag{11.31}$$

여기서, f = Fanning의 마찰계수, 무차원

Sc = Schmidt 수 $(\mu/\rho D)$, 무차원

a = 층의 단위부피당 표면적, m^{-1}

계산된 길이 (99% 전환율에 대해, 보통 2～10 in. 정도)는 촉매의 독성과 막힘현상에 대비한 설계안전요인을 고려하여 증가되어야 한다. 계산된 길이의 2배 정도가 적합하다.

제공된 촉매 표면적의 총합은 설계에서 중요한 요인이 된다. 그 값은 일반적으로 가스의 부피속도당 촉매표면적 혹은 촉매의 단위부피당 배출가스의 부피속도로 주어진다. 후자는 시간의 역수로 표시되므로, '공간속도 (space velocity)'로 불린다. Wark와 Warner (1981)는 오염가스의

scfm당 촉매 표면적을 0.2~0.5 ft^2로 제안하였다. 공간속도에 관하여, Snape (1977)는 벌집형 담체는 50,000~100,000 hr^{-1}, 조립형 담체 (pelletized supports)는 30,000 hr^{-1}을 갖도록 권장하였다. Kohl and Nielsen (1997)에 의하면, 설계공간속도는 대개 귀금속 촉매의 VOC 산화의 경우 10,000~60,000 hr^{-1} 범위였고, 일반금속 촉매의 경우 5,000~15,000 hr^{-1} 범위였다. Hawthorn (1974)은 VOC를 85~95% 정도 파괴하는데 500~2,000 min^{-1}의 공간속도가 적용된다고 보고하였다. 공간속도의 역수는 **공간시간** (space time)으로 체류시간 (residence time)과 유사하다. 촉매산화장치의 전형적인 공간시간 (0.03~0.1 s)과 고온산화장치의 전형적인 체류시간 (0.3~1.0 s)을 비교할 때, 산화에 요구되는 시간은 촉매산화장치보다 고온산화장치가 10배 정도 길다는 것을 알 수 있다.

촉매소각로는 처리될 가스가 비교적 깨끗하고 분진이 없어야 한다. 더욱이 촉매독성이 있는 원소 [Cu, Ni, Pb, As, Zn, Cr, Si, S, I (Lewandowski, 2000)]를 포함한 어떤 화합물도 감지될 정도의 농도를 갖지 않아야 한다. 촉매독성과 분진에 의한 막힘현상과 더불어, 가동상 문제점에는 촉매의 마모화 (표면의 기계적 마모), 고온노후화 (계속되는 정상 고온으로 촉매표면의 비활성화), 고온소결화 (정상을 벗어난 갑작스런 온도이탈로 촉매표면 파손), 은폐화 (가스와 함께 유입된 분진에 의해, 또는 고농도 탄화수소의 산화로 표면에 생성된 검댕입자에 의해) 등이 있다. 따라서 모든 촉매는 유입가스가 아무리 깨끗하다고 해도, 궁극적으로 매 3~5년 마다 교체하여야 한다.

열회수 (Heat Recovery)

열회수는 재연소장치 설계에서 또 다른 중요한 고려사항이다. 연료가스는 값이 비싸므로, 증기소각로에서 열회수는 바람직한 일이다. 에너지 비용 \$0.40/therm에서 (1 therm = 10^5 Btu), 회수되는 열량은 공기 10,000 cfm이 1,400 °F에서 400 °F로 냉각될 때 (공기 260 Btu/lb_m을 회수) 배출된 엔탈피의 50%와 같으며, 하루에 \$317을 절약할 수 있다.

소각로의 배출에서 에너지의 일부를 회수하는 가장 보편적 방법은 열교환기를 설치하는 것이다. 그림 11.12(a) (1차열회수)에서 보듯이, 유입되는 폐가스를 예열하는데 사용하는 열교환기를 **복열장치** (recuperator)라 한다. 복열장치에서 40~60% 정도의 열회수는 일반적이고 80%의 열회수도 실용화되고 있다 (Mueller, 1977). 뜨거운 폐가스가 공기와 함께 유입되는 VOC를 예열하는데 사용될 때, 공기와 VOC의 열역학적 특성은 유사하며 에너지 회수는 다음과 같이 간단한 공식으로 추정할 수 있다.

$$E = \frac{\text{회수된 } \Delta T}{\text{이용가능한 } \Delta T} \times 100 = \frac{T_2 - T_1}{T_3 - T_1} \times 100 \tag{11.32}$$

여기서, E = 열회수 백분율

T_1 = 예열되기 이전의 공기 중 VOC의 온도

T_2 = 예열 후 소각되기 이전의 온도

T_3 = 재연소장치에서의 폐가스 온도

폐가스의 예열은 연료가스의 유량감소로 연결되고, 직접적으로 에너지 절약을 유도할 수 있다. 그러나 낮은 열전달계수를 가진 공기/공기 열교환기는 일단 장치가 크고 매우 비싸다. 더욱이,

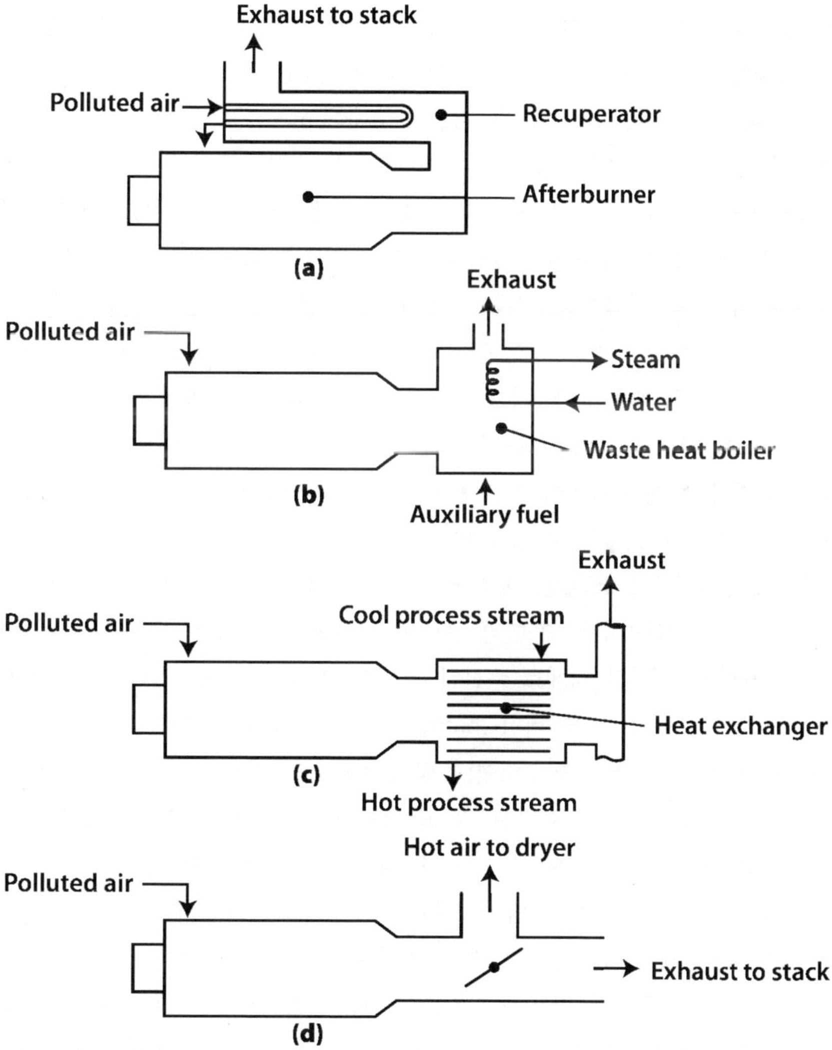

그림 11.12 재연소장치로부터 열회수를 위한 각종 공정기술

높은 효율로 에너지를 회수할수록, 기체와 금속과의 더 많은 접촉이 요구되므로 압력손실이 증가한다. 경험적으로 열회수가 30, 50, 70%인 재연소장치는 4, 8, 15 in. H_2O의 압력손실이 각각 발생한다 (Vatavuk and Neveril, 1990).

만약, 다른 공정에서 열을 필요로 한다면 고온의 배출가스를 효과적으로 이용하는 것이 좋다. 예를 들어, 폐가스는 스팀을 발생시키기 위해 폐열 보일러로 보내지거나, 공정에 사용되는 액체를 예열하는데 이용되거나, 또는 고온 공기건조 공정에 공기와 혼합하여 사용할 수 있다. 그림 11.12는 이러한 응용방법을 보여준다.

여러 가지 종류의 열회수 장치와 변형된 열회수 공정들이 있다. 열회수 프로젝트는 경제적으로 타당성이 있어야 한다. 즉, 열교환기의 가격은 결국 순수 열에너지 절감비용 (연료절감비 대비 송풍동력 상승비)으로 보상받을 수 있다. 대개의 열회수는 경제성을 갖지만, '최종 10%'의 열에너지를 회수하기 위해서는 매우 비싼 비용이 요구된다.

지난 30여년 동안, 고전적 고온소각로를 대신할 장치들이 개발되었다. 재생고온소각로 (RTO: regenerative thermal oxidizer)로 알려진 이 기술은 최종 배출에너지의 97%를 회수할 수 있는데 (Lewandowski, 2000), 과도한 연료비를 유발하지 않고 비교적 고용량의 공기를 소각할 수 있다.

RTO는 1970년대에 개발되었지만, 미국에서는 1990년 청정공기개정법이 통과된 이후에 각광을 받기 시작하였다. 개정법의 많은 규제내용 중, 유해대기오염물질 (HAP: hazardous air pollutants)과 관련한 MACT 규제가 있다. 이 규제 하에 단일 HAP를 10 ton/yr 이상 배출하는 오염원, 또는 복합 HAP를 25 ton/yr 이상 배출하는 오염원은 주요오염원으로 공표되고, 이들 오염물질을 처리하여야 한다. 벤젠 9 ppm을 함유한 가스가 30,000 scfm로 흐르고 있다면, 이는 일 년에 벤젠 17 ton을 배출한다는 의미이다. 1990년 이전에는 이러한 배출행위는 규제되지 않았고 대기 중으로 직접 배출되었다. RTO는 대용량 공기 중 저농도 VOC를, 대부분의 열을 회수하면서, 고온으로 파괴할 수 있으며 이에 따라 운영비를 감당할 수 있다.

RTO 기술은 '세라믹' 열전달 매체로 충진된 두 개의 방을 이용하고 있다. 두 방은 단열 덕트로 연결되어 있으며, 덕트에는 소형 버너 (burner)가 설치되어 있다. 이 덕트는 고온산화장치로서 역할을 한다. 또한, 많은 열을 회수하여 소량의 연료로도 원하는 운전온도를 얻을 수 있기 때문에 버너의 크기는 소형이다. 외부 덕트와 밸브는 차가운 오염가스가 양방향으로 유입될 수 있도록, 또한 뜨거운 폐가스가 양방향으로 유출될 수 있도록 배열되어 있다 그림 11.13은 RTO의 공정흐름도를 보여주고 있으며, 그림 11.14는 소형 RTO의 사진이다.

충진층을 통과하는 유체는 다음과 같이 흐름 형태가 바뀐다. 우선, 오염된 공기는 뜨거운 제1층 (BED1)으로 유입된다. 차가운 가스가 뜨거운 충진층을 통과하면서, 공기는 가열되고 세라믹 충진층은 냉각된다. 이때 뜨거운 폐가스는 차가운 제2층 (BED2)을 통과하며 배출된다. 반복하여, 가스는 세라믹 매체와 열을 주고받는다. 즉, 매체가 가열되는 시간에 가스는 냉각된다. 일정시간이 경과하여 제1층이 냉각되고 제2층이 가열될 때, 밸브 스위치가 돌려지고 유체의 흐름방향이 바뀐다. 이 과정이 계속하여 되풀이 된다.

RTO는 80∼97%의 열을 회수할 수 있다. 충진층을 통과하는 수직흐름이 선호되고 있는데, 이는 가스의 흐름분포가 균일하기 때문이며, 또한 뜨거운 충진층을 유지할 필요 없이 충진층의 바닥면이 항상 냉각되어 있기 때문이다. 무작위 충진법 (예: ceramic saddle형 충진물)과 단층 구조화 충진법이 사용되고 있는데, 구조화 충진법 (structured packing)은 낮은 압력손실을 보이고

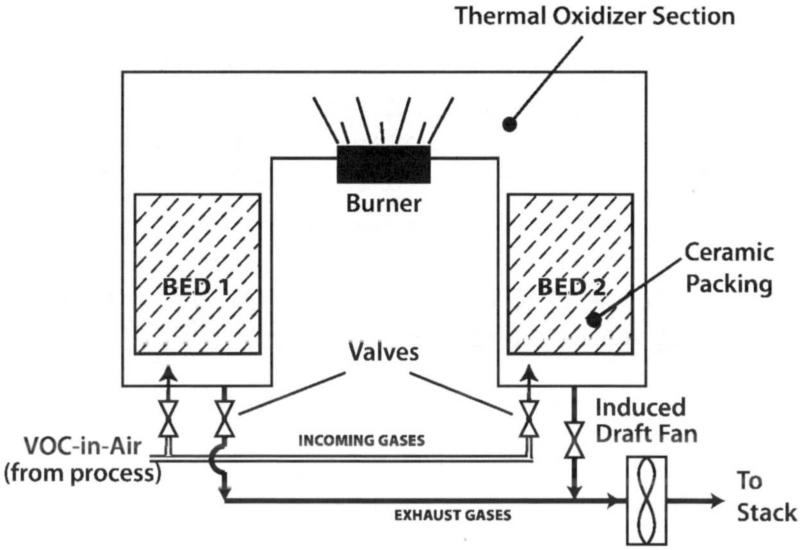

그림 11.13 재생고온소각로 (RTO)의 공정흐름도

그림 11.14 펜실베이니아주의 한 전자회사에 설치된 RTO. 이 장치는 톨루엔과 아이소프로필 알코올 등의 용매를 배출하는 건조공정에서 6,000 scfm 유량을 처리한다.

출처 : Turner Envirologic Inc., Derfield Beach, FL.

파손이 적기 때문에 선호되고 있다. 무작위 충진의 압력손실은 15 in. H_2O (80% 열회수일 때)~25 in. H_2O (95% 열회수일 때) 범위이다. 구조화 충진의 압력손실은 위와 동일하게 열회수를 할 경우, 6~12 in. H_2O (95% 열회수일 때) 범위이다. Lewandowski (2000)가 보고한 바에 따르면, 새로운 충진법 [즉, 다층담체법 (multi-layer media)]이 1990년대 말 시장에 소개되었다. 이 다층 구조화 충진은 단층 구조화 충진보다 고밀도이며, 충진물을 덜 사용하면서 더 많은 열을 회수한다. 하지만 동일 유량에 대해, 압력손실은 50% 이상 높다 (그럼에도 무작위 충진보다는 양호하다) (Levandowski, 2000).

예제 11.4 1 atm, 700 ℃의 공기 500 m^3/min가 200 ℃로 냉각될 때, 엔탈피의 변화량을 계산하라. 만약 연료가스 (메탄)의 가격이 $6.50/GJ이고 전기료가 $0.10/kWh라면, 200 ℃로 온도를 낮춰 열회수를 통해 절감할 수 있는 비용은 하루 얼마인가? 열교환기로 인해 추가된 압력손실을 5 in. H_2O로 가정하라. 또한 60%의 효율을 가지고 있는 현재의 송풍기로 이 압력강하를 충분히 감당할 수 있다고 가정하라. 만약 열교환기의 TIC가 $100,000이고 자본회수인자 (capital recovery factor)가 0.18이라면, 이 열교환기는 경제성이 있는가? 이 설비를 1년에 250일 가동한다고 가정하라. 만약 제 2의 열교환기를 $50,000에 구입해서 추가로 40 ℃ 낮출 수 있다면 (이 경우 송풍기에 추가된 압력손실이 3 in. H_2O이다), 이 두 번째 열교환기는 경제성이 있는가?

풀이 부록 B의 그림 B.2에서, $h_{700} = 750$ kJ/kg이고, $h_{200} = 205$ kJ/kg이므로 $\Delta h = 545$ kJ/kg이다. 700 ℃에서 공기의 밀도는,

$$\rho = \frac{P(MW)}{RT} = \frac{1.0\,(29)}{(0.08205)\,973} = 0.363\ \mathrm{kg/m^3}$$

$$\text{연료절감액} = 500\ \frac{\mathrm{m^3}}{\mathrm{min}} \times 0.363\ \frac{\mathrm{kg}}{\mathrm{m^3}} \times 545\ \frac{\mathrm{kJ}}{\mathrm{kg}} \times \frac{\$6.50}{10^6\ \mathrm{kJ}} \times \frac{1{,}440\ \mathrm{min}}{\mathrm{day}}$$

$$= \frac{\$926}{\mathrm{day}} \times \frac{250\ \mathrm{day}}{\mathrm{yr}} = \$232{,}000/\mathrm{yr}$$

$$\text{송풍동력} = \frac{1}{0.60} \times \frac{0.00415\ \mathrm{kW}}{(\mathrm{m^3/min})(\mathrm{in.\ H_2O})} \times 500\ \frac{\mathrm{m^3}}{\mathrm{min}} \times 5\ \mathrm{in.\ H_2O} = 17.3\ \mathrm{kW}$$

$$\text{송풍기 동력비} = 17.3\ \mathrm{kW} \times \frac{250\ \mathrm{day}}{\mathrm{yr}} \times \frac{24\ \mathrm{hr}}{\mathrm{day}} \times \frac{\$0.10}{\mathrm{kWh}} = \$10{,}400/\mathrm{yr}$$

$$\text{전체 연간비용} = \$100{,}000\,(0.18) + \$10{,}400 = \$28{,}400$$

첫 번째 교환기의 연간비용은 $28,400이고, 연간절감액은 $232,000이므로 이 계획안은 타당성이 있다. 두 번째 교환기에서 40 ℃의 추가 온도감소로 $61/day 절약할 수 있다. 그러므로, 연간 비용은 ($9,000 + $6,000) = $15,000이고 연간절감액은 $15,200이므로, 타당한 계획일 수도 또는 아닐 수도 있다.

불꽃연소법 (화염: Flare)

이 장의 머리말에서, 실제 순수 VOC가 다량으로 배출되지만, 간헐적으로 배출되는 경우도 있다고 언급하였다. 공정이 엉망으로 틀어지거나 비상상태일 때, VOC를 안전하게 방출시킬 수 있는 공정설비를 **비상구조설비** (emergency relief system)라 한다. 보편적으로 이런 설비들은 하나의 포집장치에 연결된 많은 안전밸브를 가지고 있다. 이들 설비는 초대형 파이프로 설계되고, 대용량의 가스도 매우 낮은 압력에서 처리할 수 있다. 폐가스는 방수통 (water seal drum)과 화염굴뚝 (flare stack)으로 향한다. 화염은 공정이 이루어지고 있는 부지 내 충분히 안전한 높이에서 VOC를 태운다. 비상구조 불꽃연소설비의 계통도가 그림 11.15에 제시되었고, 그림 11.16에는 화염굴뚝의 끝부분 (flare tip)을 자세히 보여주고 있다.

화염굴뚝 끝에서는, 공기와 VOC가 난류혼합을 생성할 수 있도록, 또한, 끝부분과 굴뚝자체를 냉각시키기 위해 스팀을 사용한다. VOC는 계속 살아있는 불씨 (pilot)에 의해, 굴뚝 끝에서 점화된다. 적절하게 스팀이 공급될 때, 어떤 VOC 흐름 조건하에서도 연기 없이 가동될 수 있다.

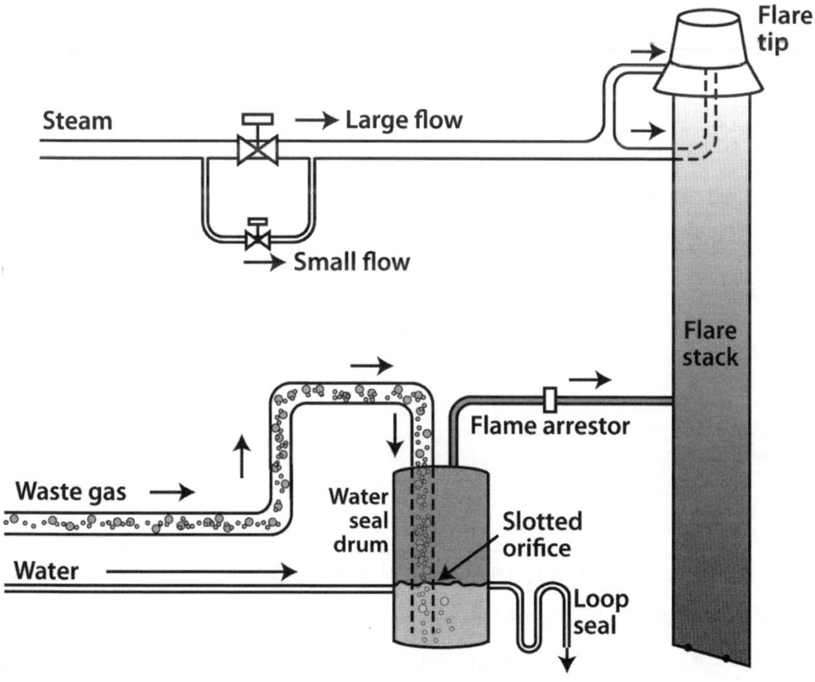

그림 11.15 비상구조 불꽃연소설비 (emergency relief flare system)의 계통도

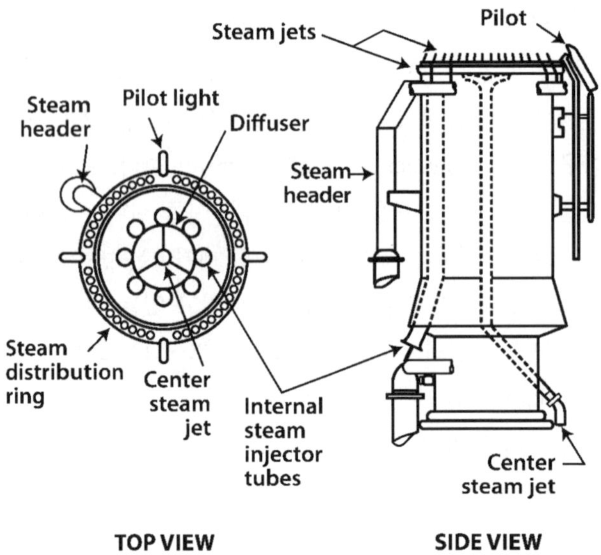

그림 11.16 화염굴뚝의 끝부분 (flare tip)

1970년대 말에는 화염방법으로 연소되지 않은 VOC의 방출 때문에 문제가 된 적이 있었다. 비록 불꽃연소법의 주목적이 오염방지가 아니라 비상시 VOC를 안전하게 배출하는데 있지만, 행정당국은 (고온소각로나 증기 회수설비와 같은) "더 좋은 제어법"을 요구한다. 그러나 여러 실험에서 (Keller and Noble, 1983), 불꽃연소법이 양호한 VOC 파괴효율을 보였다. 몇몇 실험에서는 연기 없는 연소조건에서 99.5% 이상의 효율을 보였고, 그 밖의 가동조건에서도 98.5% 이상의 효율을 보였다.

11.4 가격

소각로는 고온에서 견뎌야 하기 때문에, 증기소각로의 자본비는 매우 비싸다. 그러나 연간 운영비의 대부분은 연료비가 차지한다. 열회수는 순수 연료비를 상당히 절감시킬 수 있다. 극단적인 경우, 일부 사람들은 소각장치가 단지 하나의 지출항목이라고 주장한다 (Elnicki, 1977). 하지만 대부분의 경우, 기존 공정에 우수한 열회수설비와 종합설비를 갖춘다고 해도, 소각로 비용은 연간 공장운영비에 합산되어 순 비용으로 나타난다.

장치의 구입가격

20,000 scfm 정도의 폐가스를 처리하는 대부분 고온소각로와 촉매소각로는 패키지 단위 (package units)로 거래된다. 즉 버너, 연소실, 열교환기, 송풍기와 모터, 각종 기자재 및 제어장치, 높이가 낮은 폐가스 굴뚝 등 모두 공장에서 조립되며, 한 개의 묶음으로 일괄 구입된다 (그림 11.1을 참고하라).

1,500～1,700 °F에서 명목상 가동되는 고온소각로의 패키지 가격은 다음 식과 같이 멱법칙 형태로 보고되었다 (van der Vaart 등, 1996). 그들은 1988년 달러기준으로 발표했으나, Marchall -Swift (M-S) 지표를 이용하여 갱신할 수 있다. 갱신된 수식과 관련자료는 아래와 같다.

$$P = a\,Q^{\,b} \tag{11.33}$$

여기서, P = 제작자의 본선인도가격 (f.o.b.: 2008년 가격기준)

Q = 소각로에서 배출되는 가스의 총 유량, scfm

(1,000 ≤ Q ≤ 50,000 scfm에서 유효)

a, b = 열회수율에 기초한 곡선상수 (표 11.5 참조)

장치인도가격 (DEC: delivered equipment cost)은 운송, 세금, 공정제어 및 기자재로 인한 추가비용 때문에, 제작자의 본선인도비용보다 14～18% 정도 더 비싸다는 점에 주의하라.

식 (11.33)과 표 11.5는 복열방식 열회수 교환장치를 가진 소각로에 적용한다. 신형 재생방식 열회수기를 갖춘 소각로는 다음 공식을 사용한다.

$$P = \$\,375{,}000 + 20 \times Q \tag{11.34}$$

여기서, P와 Q는 식 (11.33)에서와 같은 의미를 갖는다. 단, 식 (11.34)는 10,000 ≤ Q ≤ 100,000 scfm에서 유효하다.

촉매소각로에 대한 패키지 가격 (촉매가격은 불포함) 역시 van der Vaart 등 (1996)에 의해 보고되었다. 이 공식 역시 식 (11.33)과 유사하다. 또다시 우리는 M-S 지표를 이용하여 2008년 가격으로 갱신하였다.

표 11.5 고온소각로 가격공식에 필요한 상수의 값 (식 11.33)

열회수율 (%)	상수	
	a	b
35	\$22,370	0.261
50	\$29,020	0.250
70	\$36,300	0.250

$$P = a\,Q^{\,b} \tag{11.35}$$

여기서, P = 제작자의 본선인도가격 (f.o.b.: 2008년 달러기준)

Q = 배출가스 총 유량, scfm ($2{,}000 \le Q \le 50{,}000$ scfm에서 유효)

a, b = 열회수율에 기초한 곡선상수 (표 11.6 참조)

촉매장치는 매우 낮은 온도에서 가동되기 때문에, 식 (11.35)는 촉매층에 도달하는 가스의 온도가 600 °F인 장치에 유효하다.

촉매의 초기가격은 식 (11.35)에 포함되지 않았는데, 이는 촉매의 사용연한 (보통 3～5년)이 소각설비의 사용연한 (보통 10～15년)보다 훨씬 짧기 때문이다. 촉매의 초기가격은 여과집진기의 여과포와 마찬가지로 자본투자비와 분리되는데, Vatavuk (1990)에 의한 연간 촉매가격은 다음과 같이 산정된다.

$$C_c = (P_c + P_l)\,\mathrm{CRF} \tag{11.36}$$

여기서, C_c = 촉매의 교체비용, \$

P_c = 촉매의 초기비용 (세금 포함), \$

P_l = 촉매교체 시 노임, \$

CRF = 자본회수인자 (capital recovery factor): 사용연한과 이자율에 의존한다.

Vatavuk (1990)는 촉매의 초기비용이 값비싼 귀금속 촉매인 경우 약 \$3,000/ft^{3}이고, 일반 금속 촉매인 경우 약 \$600/ft^{3}이라고 보고하였다 (두 경우 1988년 달러기준). 촉매교체 시 노임은 촉매가의 10% 이하로 적은 편이다.

제 2장에서 설명한 것처럼, 총 설치비 (TIC)는 제작자의 본선인도가격 (P)을 기준으로 추정한다. 모든 소각로의 장치인도가격 (DEC)은 P의 약 1.15배 정도이다. 소형 패키지 소각로 (Q가 20,000 scfm보다 작은 소각로)의 경우, 설치비는 최소가 된다 (단지 본 설비에 연결하기만 하면 된다). 따라서 총 설치비는 대략 DEC의 1.25배이다. 주문설치를 할 경우 또는 대형 소각로의 경우, DEC의 1.6배 정도가 된다 (2장 참조).

표 11.6 고정상 또는 구조화 촉매소각로 가격공식에 필요한 상수의 값 (식 11.35)

열회수율 (%)	상 수	
	a	b
35	6,160	0.419
50	2,070	0.558
70	2,460	0.553

열교환기

일부 사례에 의하면, 기존 소각로에 열교환기를 추가하거나 비효율적 장치를 효율이 좋은 장치로 교체하는 방안들이 강구되고 있다. 이러한 경우 열교환기만의 가격을 추정할 수 있다면 도움이 될 것이다. 제 8장의 열교환기에서 개발된 동일한 수식 (Loh and Lyons, 2002)이 여기서도 사용된다. M-S 지표를 이용하여 2008년 달러기준으로 수식을 갱신하면,

$$C = 15.44A + 11,840 \tag{11.37}$$

여기서, C = 본선인도가격 (2008년 달러기준)

A = 열교환 면적, ft^2

식 (11.37)은 100~70,000 ft^2 범위의 열교환 면적에서 유효하다. 열교환 면적 A는 8장에서 설명한 방법으로 추정할 수 있다. 바람직한 열회수율 (즉, 바람직한 열전달속도), 총괄열전달계수 U의 적당한 값, 대수 평균온도차 ΔT_{LM} 등을 알면, 식 (8.27)에서 직접 A를 계산할 수 있다.

예제 11.5 13,000 scfm을 처리하는 소각로의 총 설치비 (2008년 달러기준)를 계산하라. 설계온도는 1,500 ℉이고, 설계 체류시간은 1.0초이다. 60% 열회수 복열장치가 요구된다.

풀이 식 (11.33)을 사용하여 50% 및 70% 복열장치에 대해,

$$P_{50} = \$29,020\,(13,000)^{0.250} = \$310,000$$

$$P_{70} = \$36,300\,(13,000)^{0.250} = \$390,000$$

단순 선형 평균식을 이용하여,

$$P_{60} = \$350,000$$

여기에 기자재, 세금 및 운송료를 포함시키면,

$$\text{DEC} = 1.15\,P_{60} = \$402,000$$

그리고 기초공사, 배관공사 및 기타 공사에 필요한 비용을 추가한다.
패키지 단위로 일괄 구매하므로 TIC는 다음과 같다.

$$\text{TIC} = 1.25 \times \text{DEC} = \$500,000 \text{ (근사치)}$$

연습문제

11.1 70 °F, 1.00 lb_m/min의 메탄이 200 °F, 50.0 lb_m/min 공기와 단열적으로 (열손실이 없을 때) 연소할 때, 최종 배기온도를 계산하라. 또한, 10% 열손실이 있을 때 최종온도를 계산하라.

11.2 화염혼합실에서 유출되는, 또한 고온소각로의 반응조로 유입되는 가스온도가 750 ℃이다. 오염된 공기의 유량은 77 ℃에서 500 m^3/min이다. 연료가스 (메탄)는 20 ℃이며, 버너(burner)는 25 ℃에서 14 kg air/kg fuel gas의 유속으로 보조공기를 끌어들인다. 메탄의 유속을 계산하라. 단, 오염물질 연소 시 열손실과 열이득은 무시한다. kg/min과 m^3/min 단위로 답을 구하라.

11.3 문제 11.2에서, 만약 재연소장치의 배출가스 출구온도가 750 ℃, 열손실 12%, 오염물질 (1,000 ppm 톨루엔)이 96% 효율로 연소된다면, 재연소장치가 요구하는 메탄의 유량을 계산하라.

11.4 Lee 등의 방법을 이용하여, 폐가스 중 자일렌 (xylene)의 농도를 1,000 ppm에서 10 ppm으로 감소시키고자 한다. 등온 플러그흐름 소각로에서 요구되는 온도를 추정하라. 체류시간을 0.7초로 가정한다.

11.5 Cooper 등의 방법을 이용하여 문제 11.4를 다시 계산하라.

11.6 페인트 건조로에서 8,000 cfm의 공기를 제어하는데 필요한 재연소장치의 크기를 결정하고, 메탄의 유량을 결정하라. 건조로에서의 배출가스 온도는 250 °F이다. 설계온도와 체류시간은 각각 1,300 °F와 0.6초로 가정한다. 공정에서 사용되는 버너는 질량비 12 : 1 (공기 : 연료가스)인 외부공기를 필요로 한다.

11.7 지방정제공장에서 500 m^3/min의 공기를 제어하는데 필요한 재연소장치의 크기를 결정하고, 메탄의 유량을 결정하라. 배출가스의 온도는 200 ℃이다. 악취물질의 배출을 줄이기 위해 700 ℃까지 올려야만 하고 0.8초 동안 체류시켜야 한다. 버너는 질량비 14 : 1 (공기 : 연료가스)인 외부공기를 필요로 한다.

11.8 만약 복열장치를 이용하여, 배출가스의 온도가 1,350 °F에서 650 °F로 떨어질 때 방출되는 엔탈피를 회수하여 폐가스 예열에 사용한다면, 예제 11.2에서 연료가스의 유량은 어느 정도 줄일 수 있을까? 재연소장치에 유입되는 예열된 폐가스 온도를 추정하라.

11.9 배출가스의 온도가 650 °F 대신 400 °F일 때, 문제 11.8을 다시 계산하라.

11.10 예제 11.2의 고온소각로를 촉매소각로로 교체하려 한다. 낮은 온도를 요구하기 때문에, 요구되는 연료가스의 유량은 1.44 lb_m/min으로 떨어진다. 연료비가 $4.00/MBtu일 때, 촉매소각로의 적정한 최대 비용을 계산하라. 두 소각로의 외형 골조 (shell)의 비용은 같고, 단지 추가되는 비용은 촉매비용 뿐이다. 촉매는 5년마다 교체하여야 하며, 소각로는 1년에 300일, 하루 24시간 가동된다고 가정한다.

11.11 공기 중 헥산 (hexane)을 99.5% 제거하는데 필요한 촉매의 부피와 촉매층의 길이를 계산하라. 공기의 유속은 30 ft/s에서 10,000 cfm이다. 벌집모양의 촉매 통로는 유효직경이 0.05 in.이다. 헥산의 공기 중 확산도는 0.075 cm^2/s이다. 공간속도를 50,000 hr^{-1}로 가정하고 또한 통로 속의 흐름을 층류로 가정하라.

11.12 1,700 °F에서 30,000 scfm의 오염된 공기를 처리하는 고온산화장치가 있을 때, 다음 각 경우 TIC (2008년 달러기준)를 비교 계산하라. (a) 50% 복열장치가 있을 때 (b) 95%의 재생열회수장치가 있을 때.

11.13 35% 열회수율을 보이는 촉매소각로의 TIC (2008년 달러기준)를 추정하라. 이 소각로에는 폐가스 (공기 - 용매)가 600 °F, 20,000 scfm로 유입되고 있다.

11.14 1,600 °F에서 오염된 공기를 20,000 scfm 속도로 처리하는 고온산화장치가 있다. 이 소각로에는 35% 효율을 갖는 복열장치가 있다. 폐열 중 추가로 35%의 열을 회수하기 위해, 제2의 가스/가스 열교환기를 설치하고자 한다. 4.0 Btu/hr-ft^2-°F의 총괄열전달계수와 200 °F의 ΔT_{LM} 값을 가정할 때, 이 열교환기의 가격을 2008년 달러기준으로 추정하라.

11.15 만약 메탄이 이론공기량으로 완전연소 된다고 가정할 때, (a) 공기/연료의 질량비를 계산하라. (b) 이론공기량의 2배가 사용될 때, 이를 다시 계산하라. (c) 두 번째 문제에서, 폐가스 중 남아있는 산소의 몰분율을 계산하라.

11.16 250 °F에서, 2,000 acfm의 오염된 공기를 처리하는 재연소장치가 있다. 이 장치의 반응구역의 길이와 직경을 구하라. 재연소장치의 가스온도는 1,400 °F이며, 0.50 s의 체류시간을 갖는다. 이 장치가 10 acfm의 메탄과 350 acfm의 외부공기를 처리한다고 가정하라 (이 경우 공기와 메탄은 80 °F와 1 atm를 기준으로 측정되었다). 재연소장치 내의 가스속도는 20 ft/s이다.

11.17 0.75 s의 체류시간을 갖고, 헥산 (C_6H_{14})을 99.9% 효율로 파괴하는 등온 플러그흐름 (isothermal plug flow) 재연소장치가 있다. 이 장에서 제시된 세 가지 방법을 사용하여 요구되는 온도를 추정하라.

11.18 완전히 단열된 방에서 소량의 공기로 촛불이 타고 있다. 양초는 15,000 Btu/lb의 열량을 가지고 있다. 만약 양초를 양쪽 끝에서 태운다고 할 때, 양초의 연소속도는 0.1 lb/hr 증가하게 된다. 60 °F의 실내공기가 1 lb 양초당 50 lb 공기 비율로 방안에 유입된다.

(a) 이 경우에 대해 자신만의 기호를 사용하여 diagram을 도식하고, 질량수지식 및 에너지 수지식을 세워라.

(b) 실외로 방출되는 가스의 온도를 화씨 (°F)로 계산하라.

(c) 실제 양촛불에 대한 일반적 경험을 살려 계산된 온도에 대해 논하라. 계산된 온도가 합리적이라고 생각하는가? 차이점을 설명하라.

11.19 100 kg의 공기를 가지고 메탄가스를 연소시키고자 한다. 최종 연소가스의 온도가 1,000 ℃ 되기 위해서는 어느 정도의 메탄가스가 필요한가? 공기와 메탄가스의 초기온도는 실온이다. 해답을 kg으로 계산하고, 또한 m^3 단위로도 계산하라. 이 문제에서 단열연소를 가정한다.

11.20 다음 경우에 대해 질량 및 에너지 수지식을 세워라. 즉, 최종 연소온도 T (°F)를 얻기 위해 X lb의 공기로 메탄가스를 연소시키고자 할 때, 필요한 메탄가스의 양을 계산하라. 이때 X lb의 공기로 완전연소가 이루어져 CO_2와 H_2O 만이 방출되기 때문에 어떠한 오염물질도 생성되지 않는다고 가정한다. 또한, 단열연소가 진행되며, 초기 60 °F에서 공기와 메탄가스의 반응이 시작된다. 한편, X가 30 lb이고 T가 1,800 °F일 때, 필요한 메탄의 질량을 lb 단위로 계산하라.

11.21 한 유기용매가 과잉공기로 고온산화되고 있다. 이 반응을 비가역 1차반응 ($r = -kC_{\text{solvent}}$)으로 가정하라. 페인트 소성로에서 이 용매의 공기혼합물이 20 m^3/s (T = 150 ℃, 1 atm) 속도로 방출되고 있다. 이 혼합물은 총 부피가 60 m^3인 한 고온소각로 (부피가 같은 두 개의 CSTR이 직렬로 놓여 있다)로 유입되고 있다. 첫 번째 CSTR의 온도는 750 ℃이고, 두 번째 CSTR에서의 온도는 700 ℃로 감소했다. 750 ℃에서 반응속도상수 k는 25 s^{-1}이고, 또한 k는 활성화 에너지가 45,000 cal/gmol인 Arrhenius 모델에 따른다. 공기 중 용매의 유입농도가 500 ppm (부피비)으로 주어졌을 때, 용매의 최종 농도를 계산하라. 반응 중 몰농도 변화로 인한 가스의 부피변화는 무시해도 좋다. 하지만 온도로 인한 유속변화는 설명되어야 한다.

11.22 톨루엔 20 ppm을 함유한 유체가 15,000 scfm으로 흐르고 있다. 이 공정이 1년에 8,500시간 가동된다고 가정하라. 톨루엔의 잠재적 배출량을 ton/yr 단위로 계산하라. 이 배출가스를 처리하기 위해 어떤 설비가 적당한가? 이유는 무엇인가?

참고문헌

Barnes, R.H., Putnam, A.A, and Barrett, R.E. *Chemical Aspect of Afterburner Systems*, a topical report to the U.S. Environmental Protection Agency (Contract No. 68-02-2629), Battelle, Columbus, OH, August 15, 1978.

Buonicore, A.J. and Davis, W.T, Eds, *Air Pollution Engineering Manual*, Air and Waste Management Association. New York: Van Nostrand Reinhold, 1992.

Clausen, C.A., Cooper, C.D., Hewett, M., and Martinez, A. "Enhancement of Organic Vapor Incineration Using Ozone," Journal of Hazardous Materials, 31. 1992, p.75～98.

Cooper, C.D., Alley, F.C., and Overcamp, T.J. "Hydrocarbon Vapor Incineration Kinetics," Environmental Progress, 1 (2), May 1982.

Cooper, C.D., Clausen, C.A., Tomlin, D., Hewett, M., and Martinez, A., "Enhancement of Organic Vapor Incineration Using Hydrogen Peroxide," Journal of Hazardous Materials, 27, 1991, p.273～285.

Danielson, J.A. (Ed.). *Air Pollution Engineering Manual* (2nd ed.), AP-40. Washington, DC: U.S. Environmental Protection Agency, 1973.

Dryer, F.L., and Glassman, I. High Temperature Oxidation of CO and CH_4, 14th Symposium (International) on Combustion, Pittsburgh, PA: The Combustion Institute, 1973, p.987.

Elnicki, W. "Heat Recovery Economics," Chapter 18 in *Air Pollution Control and Design Handbook*, P.N. Cheremisinoff and R.A.Young, Eds. New York: Dekker, 1977.

Glassman, I. *Combustion*, New York: Academic Press, 1977.

Hawthorn, R.D. "Afterburner Catalysts Effects of Heat and Mass Transfer between Gas and Catalyst Surface," American Institute of Chemical Engineers Symposium Series, 70 (137), 1974.

Hemsath, K.H., and Susey, P.E. Fume Incineration in Theory and Practice, a paper Presented to the 71st National Meeting of American Institute of Chemical Engineers, Dallas, TX, February 20～23, 1972.

Hemsath, K.H., and Susey, P.E. "Fume Incineration Kinetics and Its Applications," American Institute of Chemical Engineers Symposium Series, 70 (137), 1974, p.439.

Howard, J.B., Williams, G.E., and Fine, D.H. "Kinetics of Carbon Monoxide Oxidation in Postflame Gases," 14th Symposium (International) on Combustion, PA: The Combustion Institute, Pittsburgh, 1973, p.975.

Keller, M., and Noble, R. "RACT for VOC－A Burning Issue," Pollution Engineering, July 1983.

Kohl, A., and Nielsen, R. *Gas Purification*, 5th ed. Houston: Gulf Publishing, 1997.

Lee, K.C., Hansen, J.L., and Macauley, D.C. Predictive Model of the Time-Temperature Requirements for Thermal Destruction of Dilute Organic Vapors, a paper presented at the 72nd Annual Meeting of the Air Pollution Control Association, Cincinnati, OH, June 24-29, 1979.

Lee, K.C., Morgan, N., Hansen, J.L., and Whipple, G.M. Revised Model for the Prediction of the Time－Temperature Requirements for Thermal Destruction of Dilute Organic Vapors and Its Usage for Predicting Compound Destructibility, a paper presented at the 75th Annual Meeting of the Air Pollution Control Association, New Orleans, LA, June 20-25, 1982.

Levenspiel, O. *Chemical Reaction Engineering*. New York: Wiley, 1962.

Lewandowski, D.A. *Design of Thermal Oxidation Systems for Volatile Organic Compounds*, Boca Raton, FL: Lewis Publishers, CRC Press, 2000.

Retallick, W.B. "Design of Transfer-Limited Catalytic Incinerators," Chemical Engineering, January 12, 1981, p.123

Ross, R.D. "Thermal Incineration,"Chapter 17 in *Air Pollution Control and Design Handbook*, P.N. Cheremisinoff and R.A. Young, Eds. New York: Dekker, 1977.

Snape, T.H. "Catalytic Incineration" Chapter 21 in *Air Pollution Control and Design Handbook* P.N. Cheremisinoff and R.A. Young, Eds. New York: Dekker, 1977.

Taylor, P.H., Dellingner, B., and Lee, C.C. "Development of a Thermal Stability Based Ranking of Hazardous

Organic Compound Incinerability," Environmental Science and Technology, 24(3), 1990.

U.S. Environmental Protection Agency. "Method 204: Permanent or Temporary Total Enclosure (TTE) for Determining Capture Efficiency," Technology Transfer Network, 2010. Accessed April 2010 from http://ecfr.gpoaccess.gov/

van der Vaart, D.R., Spivey, J.J., Vatavuk, W.M., and Wehe, W.M. "Thermal and Catalytic Incinerators," Chapter 3 in *OAQPS Control Cost Manual* (5th ed.). EPA 453/B-96-001, U.S. Environmental Protection Agency, Research Triangle Park, NC, 1996.

Vatavuk, W.M. *Estimating Costs of Air Pollution Control,* Chelsea, MI: Lewis Publishers, 1990.

Wark, K., and Warner, C.E. *Air Pollution－Its Origin and Control* (2nd ed,). New York: Harper & Row, 1981.

Williams, G.C. Hottel, H.C., and Morgan, A.C. The Combustion of Methane in a Jet Mixed Reactor, 12th Symposium (International) on Combustion, PA: The Combustion Institute, Pittsburgh, 1969, p.913.

Chapter

12 가스흡착

많은 식품가공 공정에서 발생되는 악취는 흡착으로 쉽게 제어할 수 있다. 그 예로 가금류 및 육류가공, 통조림 제조, 요리, 비계와 지방정제 및 처리, 수산물 건조 등이 있다……. 많은 화학제조공정들은 소량의 불쾌한 냄새를 가진 주생산물, 부산물, 용매, 가소제 등의 물질들을 공기 중에 퍼뜨린다……. 특히, 용매의 손실이 클 때, 순환회수 설비가 유용하게 이용되고 있다.

Amos Turk, 1962.

12.1 머리말

다공성 고체표면에 가스나 증기가 부착되는 성질을 이용하여, 배출가스로부터 저농도 가스나 증기를 제거하는 것이 흡착 (adsorption) 공정의 활용 예이다. 흡착하는 고형물질 (흡착제: adsorbent)의 적절한 선택과 이 흡착제와 오염증기를 함유한 배출가스간의 접촉시간을 적절히 결정하는 것이 고효율 처리를 가능하게 한다. 뿐만 아니라, 흡착된 오염증기 (피흡착물, adsorbate)를 경제적으로 회수할 수 있도록 공정을 설계할 수도 있다. 가스흡착은 악취제거와 벤젠, 에탄올, 삼염화 에틸렌, 프레온 등과 같은 휘발성 용매의 회수 및 공정가스의 건조 등과 같은 산업공정에 이용된다. 그러나 본 장에서는 고정상 (fixed-bed)과 유동상 (fluidized-bed) 설비에서, 휘발성유기화합물 (VOC: volatile organic compounds)의 제어에 중점을 둘 것이다.

흡착설비의 기초이론과 설계를 살펴보기 전에, 그림 12.1에 제시된 것처럼, 전형적인 고정상 활성탄 설비의 구성과 가동에 대해 우선 설명하겠다. 그림 12.1의 설비는 두 개의 수평원통 모양의 용기를 사용하고 있다. 용기 속에는 낱알모양의 활성탄상 [granular activated carbon (GAC) bed]을 스크린이 지지하고 있다. 밸브는 각 흡착상과 분리되도록 배열하는 것이 좋다. 공정에서 발생한 공기/증기의 혼합가스는 주 송풍기에 유입된 후, 냉각기를 통과한다. 냉각을 하는 이유는 온도가 감소함에 따라 활성탄의 단위질량당 흡착되는 VOC의 양이 증가하기 때문이다. 냉각된 혼합가스는 흡착상을 통하여 위로 상승하며, 증기는 흡착상에서 제거되고 나머지 공기는 배출되거나, 본래 공정으로 되돌아간다. 배기굴뚝 내의 증기 모니터는 배출가스 중 증기농도를 감시하여 흡착상의 포화여부를 감지한다. 감시장치가 미리 설정된 최대증기농도의 수준을 초과했다고 판단하면, 증기/공기 혼합가스의 흐름은 자동적으로 휴면 상태에서 흡착상으로 진행방향을 바꾼다. 이 휴면 상 (bed)은 이미 재생되어 냉각상태에서 다음 가동을 위해 대기 중이었다.

포화되어 이미 소모된 상 (bed)은 저압 스팀과 직접 접촉하여 재생된다. 스팀은 상의 상단부에서 주입된다. 흡착된 증기는 활성탄에서 탈착되며, 스팀과 증기의 혼합물은 응축되고 용기 (decanter)에 모아진다. 만약, 응축된 VOC가 수불용성이라면 용매의 회수는 손쉽게 이루어지지만, 수용성이라면 증류법과 같은 기타 분리방안이 필요하다 (그림 2.3을 참조하라).

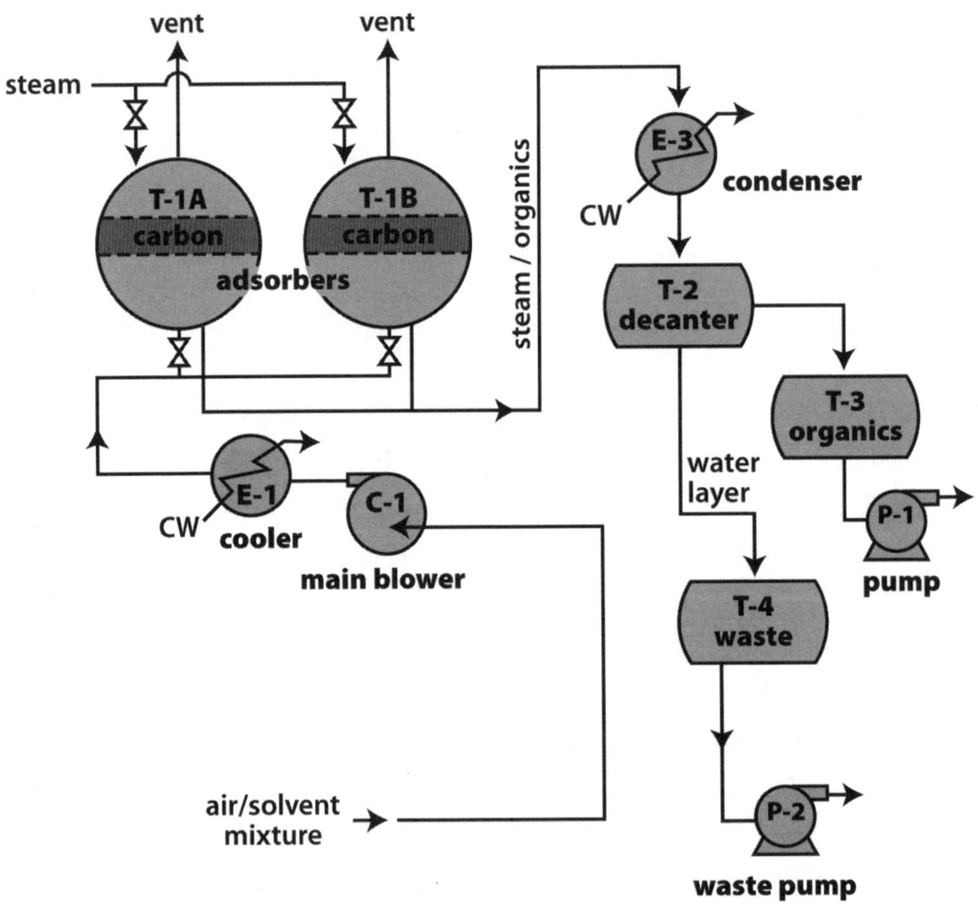

그림 12.1 고정상 활성탄 용매회수장치의 간단한 구성도

12.2 흡착이론

물리적 흡착과 화학적 흡착

잘 알려진 두 가지 흡착 기구 (mechanism)에는 물리적 흡착 (physical adsorption)과 화학적 흡착 (chemisorption)이 있다. Van der Waals 흡착이라 불리는 **물리적 흡착**은 가스분자의 고체에 대한 약한 결합력을 이용한다. 결합에너지는 액체분자 사이의 인력과 비슷하다. 흡착과정은 발열반응이며, 흡착열은 보통 피흡착물의 증발열 (heat of vaporization)보다는 약간 크다. 고체가 가스분자를 당기는 힘은 온도가 증가하거나 압력이 감소되면 쉽게 사라진다. 이러한 원리들이 흡착제를 재생시킬 때 이용된다.

화학적 흡착은 흡착제와 피흡착물과의 반응에 의한 실제 화학적 결합을 포함하고 있다. 화학적 흡착열은 반응열과 비슷한 수준이며, 화학적 흡착은 비가역적이다. 활성탄 표면에서 SO_2에서 SO_3로의 산화는 화학적 흡착의 한 가지 예이다. 활성탄과 알루미나는 많은 가스혼합물에 대해 반응촉매로도 사용된다. 이 사실은 제어 및 회수설비를 설계할 때 반드시 고려하여야 한다. 몇 가지 매우 특수한 경우를 제외하고, 만약 피흡착물이 화학적으로 상당량 흡착된다면, 흡착공정으로 이들 물질을 회수하기는 사실상 불가능하다.

등온흡착 (Adsorption Isotherms)

일반적으로, 특정 피흡착물을 흡착하는 흡착제의 성능은 분자량에 비례하고 피흡착물의 증기압에 반비례한다. 특정 가스나 증기에 대한 흡착제의 성능은 그림 12.2에서 보는 바와 같이 **등온흡착선** (isotherms)으로 표현할 수 있다. 특정 온도와 농도의 평형조건하에서, 등온흡착선 상의 한 점은 흡착제의 단위질량당 피흡착물의 질량을 나타낸다. 그림 12.2는 활성탄에 흡착되는 일부 유기용매의 등온흡착선을 보여주고 있다. 그러나 기타 다른 가스/고체 설비에서는 흡착선의 곡선모양이 바뀔 수 있는데, S-자 곡선과 뚜렷한 수평부분을 갖는 곡선으로 도식된다.

흡착평형을 나타내는 가장 우수한 수학적 모델 중 하나인 Langmuir **등온흡착식**은 다음과 같다.

$$\frac{\overline{P}}{a} = \frac{1}{k_1} + \frac{k_2}{k_1}\overline{P} \tag{12.1}$$

여기서, $\overline{P}$ = 피흡착물 (adsorbate)의 분압

a = 흡착제의 단위질량당 흡착된 물질 (피흡착물)의 질량

k_1, k_2 = 상수

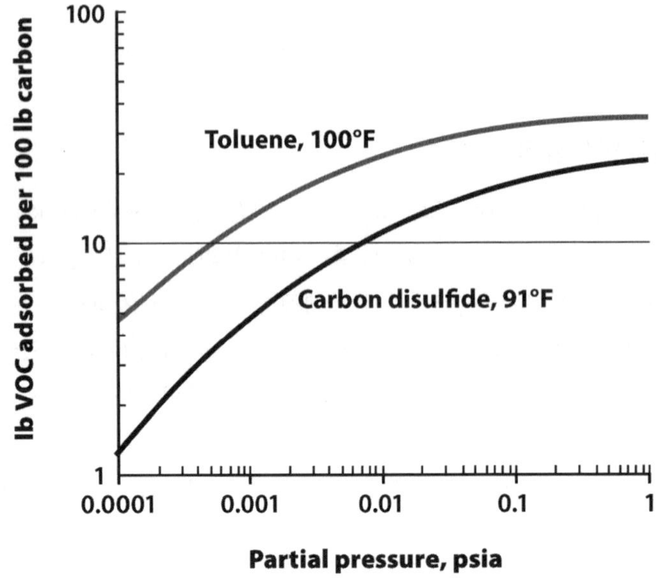

그림 12.2 활성탄의 등온흡착선

식 (12.1)은 다음과 같은 두 가지 가정에 기초한다. (1) 흡착상 (adsorbed phase)은 단일 분자층이다. (2) 평형상태에서 흡착속도는 흡착제 표면에서의 탈착속도와 같다.

식 (12.1)은 흡착제와 가스 분자의 접촉속도가 피흡착물 (오염증기)의 분압 $\overline{P}$에 비례함을 보여준다. 그러나 표면과의 실제접촉은 피흡착 분자들로 아직 채워지지 않은 면적분율 $(1-f)$에 국한하여 진행된다. 여기서, f는 고체의 총 표면적 중 오염증기로 채워진 면적분율이다. 흡착속도는 다음과 같이 계산된다.

$$r_a = C_a \overline{P}(1-f) \tag{12.2}$$

여기서, r_a = 흡착속도

C_a = 상수

역으로, 흡착제 표면으로부터 증기분자의 탈착속도는 채워진 면적분율에 비례한다. 따라서,

$$r_d = C_d f \tag{12.3}$$

여기서, r_d = 탈착속도

C_d = 상수

평형상태에서, 흡착속도 r_a는 탈착속도 r_d와 같고, f는

$$f = \frac{C_a \overline{P}}{C_a \overline{P} + C_d} \tag{12.4}$$

단일 분자층을 가정하였으므로, 흡착제의 단위질량당 피흡착물의 질량 a는 채워진 면적분율 f에 비례한다. 따라서,

$$a = C_a' f \tag{12.5}$$

여기서, C_a' = 상수

식 (12.4)와 (12.5)를 합치면, 다음과 같다.

$$a = \frac{(C_a C_a' / C_d)\overline{P}}{(C_a / C_d)\overline{P} + 1} \tag{12.6}$$

C_a, C_d, C_a'는 상수이므로, 식 (12.6)은 다음과 같다.

$$a - \frac{k_1 \overline{P}}{k_2 \overline{P} + 1} \tag{12.7}$$

여기서, k_1, k_2 = 상수

식 (12.7)도 Langmuir 능본흡착식이라 부르지반, 비식선형이다. 식 (12.1)의 장점은 직교좌표에서, 종축 $\overline{P}/a$와 횡축 $\overline{P}$를 변수로 할 때 직선으로 표현된다는 점이다.

피흡착물의 분압이 매우 낮을 때, $k_2\overline{P}$는 거의 0에 근접한다. 따라서 식 (12.7)은

$$a = k_1 \overline{P} \tag{12.8}$$

높은 분압에서는,

$$a = \frac{k_1 \overline{P}}{k_2 \overline{P}} = \frac{k_1}{k_2} \tag{12.9}$$

따라서, $\overline{P}$의 중간범위에서는,

$$a = k(\overline{P})^n \tag{12.10}$$

여기서, k = 상수
n = 상수 (0~1 사이의 값)

식 (12.10)을 소위 Freundlich 방정식이라 부른다.

흡착능 (Adsorption Potential)

Goldman과 Polanyi (1928)는 흡착제의 성능에 미치는 온도의 영향을 하나의 그림으로 표시하기 위해 흡착능이라는 개념을 이용하였다. 흡착능은 “흡착온도 T에서 증기 1몰을 평형분압 $\overline{P}$부터 포화증기압 P_v까지 압축하는데 동반되는 자유에너지의 변화량”으로 정의한다.

$$\Delta G_{\mathrm{ads}} = RT\ln\left(\frac{P_v}{\overline{P}}\right) \tag{12.11}$$

여기서, ΔG_{ads} = 흡착 자유에너지의 변화량, cal/gmol

T = 흡착온도, K

P_v = 온도 T에서의 증기압

Dubinin (1947)은 유사한 가스들이 같은 흡착제에 흡착된다는 사실을 발견하였으며, 흡착 몰수에 몰부피를 곱한 값에 기초하여 흡착량을 결정할 때, 흡착능은 거의 같았다.

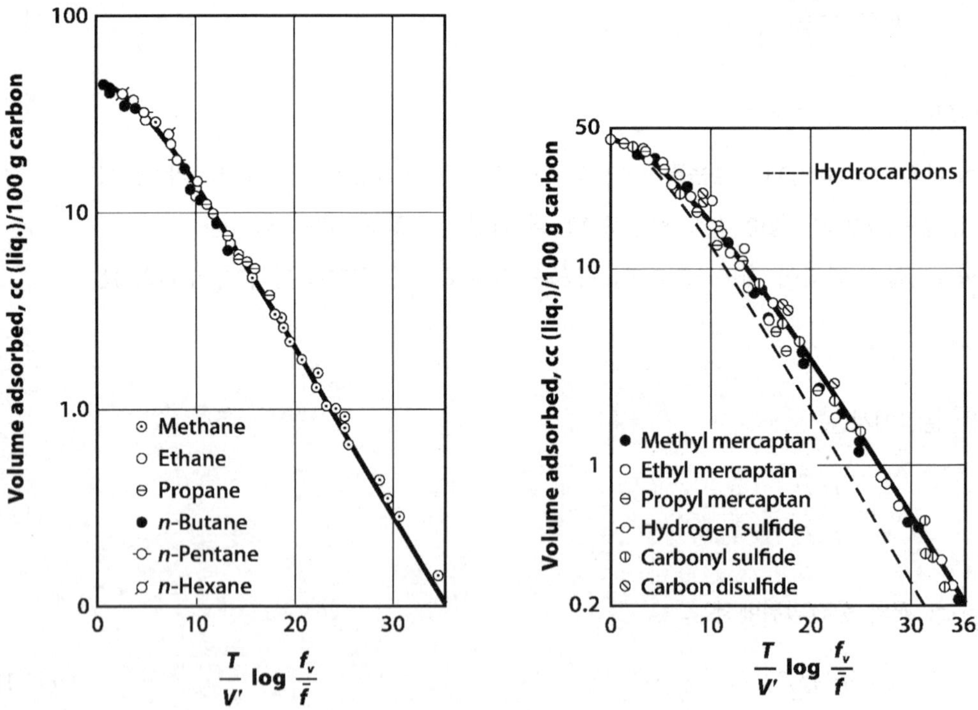

그림 12.3 탄화수소와 환원된 황 가스에 대한 흡착능 곡선

출처 : Grant and Manes, 1966.

$$\left[\frac{RT}{V'}\,2.303\log\left(\frac{P_v}{\overline{P}}\right)\right]_i = \left[\frac{RT}{V'}\,2.303\log\left(\frac{P_v}{\overline{P}}\right)\right]_j \tag{12.12}$$

여기서, V' = 비 몰부피 (specific molar volume), cm^3/gmol

i, j = 서로 다른 가스를 의미하는 하첨자

Grant와 Manes (1966)는 탄화수소와 환원된 황 (sulfur) 가스의 흡착능을 도식하기 위해, Lewis 등 (1950)이 수정한 Dubinin의 연구결과를 이용하였다. 그림 12.3은 이들의 결과이다. Fugacities (열역학적 포텐셜)는 흡수능을 계산하기 위해 압력 대신에 사용한다. 대기오염제어 시, 낮은 분압에서 Grant의 그림을 쉽게 사용하기 위해 $\overline{P}$를 $\overline{f}$로 또한 P_v를 f_v로 치환한다.

등온흡착 실험

등온흡착식은 여러 가지 정적 및 동적 실험을 통해 얻을 수 있다. 가장 일반적 절차는 수 mg의 흡착제로 채워진 작은 용기를 일정한 온도와 피흡착물의 분압을 유지하는 좁은 공간에 매단다 (Sloan, 1974). 헬륨과 같은 비활성 희석용 가스가 피흡착물을 희석시키는데 사용된다. 흡착제의 용기를 μg-급 정확도를 갖는 전자저울의 한 쪽 저울 팔에 매단다. 용기와 흡착제를 합한 무게는 포화상태에 도달할 때까지 연속적으로 기록된다. 이 방법은 매우 신뢰성 있는 자료를 제공하지만 많은 시간이 소요된다.

흡착속도와 탈착속도는 가스크로마토그래프로 결정할 수 있다 (Lambert, 1970). 흡착제를 크로마토그래프의 분리관 (column)에 채우고, 일정량의 피흡착물을 운반가스 (carrier gas)와 함께 분출시킨다. 등온흡착 자료는 크로마토그램의 결과에서 계산된다. 구체적인 설명은 Sloan (1974)을 참조하라.

12.3 흡착제의 물리적 성질

대기오염 방지에 사용되는 흡착제에는 활성탄, 알루미나, 보크사이트 (bauxite), 실리카겔 (silica gel) 등이 있다. 활성탄은 흡착제로 가장 많이 사용되며, 실제로 대부분 용매회수 설비에 쓰이고 있다.

활성탄 (Activated Carbon)

흡착제와 관련하여 '활성'이라는 말은 특수공정을 거쳐 내부 및 외부의 표면적이 증가됨을 의미한다. 모든 탄소함유물질을 활성탄으로 만들 수 있다. 코코넛 껍데기, 뼈, 나무, 석탄, 석유 코크스, 목질소 (lignin), 갈탄 (lignite) 등 모두가 활성탄의 원료로 사용된다. 그러나 대부분 산업용 활성탄은 역청탄 (bituminous coal)으로 제조한다.

활성탄은 탄소성 원료를 탈수 및 탄화 (무산소 가열)시켜 제조한다. 활성화는 통제된 산화과정에서 완료되는데, 이 산화과정에서 이미 탄화된 물질은 산화성 가스의 존재 하에 가열된다. 어떤 활성탄은 화학약품을 사용하여 탈수과정이 이루어진다. 이상적인 원료는 다공성 구조를 갖는데, 이 구조는 균일한 기공분포와 함께 활성화 될 때 높은 흡착성능을 제공한다. 활성탄은 원료의 선택과 활성공정을 제어함으로써 최종 사용에 맞게 제조된다. 표 12.1은 오염공기를 처리할 때 사용되는 각종 흡착제의 물리적 특성을 나타낸 것이다. 또한 표 12.2는 각종 활성탄의 특성을 나타낸 것이다. 표 12.1과 12.2에서 보면, 활성탄은 800～1,200 m^2/g의 표면적을 갖는다. 대부분 기공체적 (pore volume)은 기공직경이 작은 범위를 가지고 있는데, 보통 4～30 Å (1 Å＝0.0001 μm) 범위를 가지고 있다.

활성탄의 특성을 밝힐 때 몇 가지 표준화된 실험을 사용한다. 사염화탄소의 수 (carbon tetrachloride number)는 활성탄 성능검사의 중요 척도로써, 탄소가 CCl_4에 포화된 후 100 g 활성탄 당 흡착된 CCl_4의 gram 수 (g CCl_4/100 g carbon)로 정의한다. 비슷한 방법으로, 요오드 수 (iodine number) (g I_2/100 g carbon)는 흡착성능을 측정하는 또 다른 방법이다. 표면적이 등온흡착식에서 계산되며, 또한 단일 피흡착물 분자가 차지한 평균면적으로부터도 계산된다. Carubba 등 (1984)은 *n*-butane의 흡착에 대해 기공의 체적을 신속하게 결정하는 방법을 개발하였다.

표 12.1 각종 흡착제의 물리적 성질

성 분	내부 기공률, %	외부 공극률, %	종합 건조밀도, lb_m/m^3	표면적, m^2/g
산처리된 진흙	30	40	35～55	100～300
활성 알루미나와 보크사이트	30～40	40～50	45～55	200～300
Bone Char (탄화골분)	50～55	18～20	40	100
활성탄	55～75	35～40	10～30	600～1,400
Aluminosilicate 분자체	45～55	35	41～44	600～700
Fuller's Earth (표표토)	50～55	40	30～40	130～250
산화철	22	37	90	20
마그네시아	75	45	25	200
실리카 겔	70	40	25	320

출처 : Standen, A., 1963.(a), (b)

표 12.2 각종 원료에 대한 활성탄의 성질

원 료	I_2 수	분자 수	CCl_4 수	부탄의 기공 부피 cc/g	응 용
갈탄	550	490	34	0.23	액상
역청탄	900/1,000	200/250	60	0.45	증기상 / 액상
원유 산성 - 슬러지 코크스	1,150	180	59	0.46	증기상
코코넛	1,350	185	63	0.49	증기상
아역청탄	1,050	230	67	0.48	증기상
나무	1,230	470	76	0.57	증기상 / 액상

출처 : Carubba 등, 1984.

탄소 '분자체' (molecular sieves)는 흡착설비를 설계할 때 또 다른 중요성을 갖는다. 분자체는 활성탄과는 다르다. 즉, 분자체는 원료가 5 Å 정도의 일정한 기공 크기를 제공하는 보통 중합체라는 점에서 활성탄과 다르다. 탄소분자체는 낮은 끓는점 (비점)을 갖는 액체의 분리에 사용된다.

고정상 (fixed bed)에서 압력손실을 최소화하기 위해, 작은 알갱이 모양 (조립형)의 활성탄 (granular or pelletized carbon)을 사용한다. 일반적으로 이런 모양의 활성탄 크기는 약 0.05 in. 이고, 그 크기는 미국의 체거름법 기준 (sieve scale)으로 10~20 mesh 크기에 해당한다. 활성탄은 고정상에서의 마모를 최소화하기 위해 (또한 마모로 생성된 활성탄의 미세입자가 가스의 흐름을 제한할 수 있으므로), 충분한 강도를 가져야 한다. 활성탄의 강도를 결정하기 위해, 활성탄을 30분 동안 철공 (steel ball)과 함께 14 mesh 체 위에서 흔든다 (ASTM, 2005). 활성탄의 강도는 체에 남아있는 중량 %로 표시되며, 고정상에서 사용하려면 적어도 50% 정도는 되어야 한다. Cameron Carbon (2006)은 활성탄의 제조 및 특성에 관한 훌륭한 보고서를 기술하였다.

기타 흡착제

활성 알루미나는 공기흐름 속에서 400 ℃로 alumina trihydrate를 가열하여 제조된다. 활성 알루미나의 종합밀도 (bulk density)는 45~55 lb_m/ft^3이며, 300 m^2/g의 표면적을 갖는다. 주요 활성 알루미나의 응용은 가스의 건조공정이지만, 용매회수에도 가끔 사용된다.

실리카 겔은 가스의 건조공정에 주로 응용되는 또 다른 흡착제이다. 실리카 겔은 sodium silicate를 강산으로 처리하여 제조되기 때문에 과잉 전해질을 제거하기 위해 세척된다. 세척된 고체는 가열되고 건조되어 활성화된다. 최종 생성물의 평균 기공크기와 표면적은 마지막 건조과정의 영향을 크게 받는다. 세 종류 주요 실리카 겔의 밀도는 0.15~0.70 g/mL의 범위를 갖는다. 평균 기공직경은 25~200 Å이며, 밀도가 클수록 더욱 미세한 기공을 갖는다 (Standen, 1963b). 상업용 흡착제 겔은 50년 이상 사용되어 왔기 때문에, 흡착응용과 관련한 많은 문헌이 있다.

12.4 고정상 흡착설비

비약곡선과 설비설계와의 관계

고정상 흡착과정의 동력학을 그림 12.4에 그래프로 표현하였다. 그림의 상단부에는, 피흡착물이 고정상에 처음 유입될 때부터 고농도 피흡착물에 의해 포화될 때까지, 시간별로 다른 세 번의 중간과정을 보여주고 있다. 하단부의 그래프는 고정상에서 운전시간 또는 유출량의 함수로써 피흡착물의 유출농도를 보여준다. 이러한 종류의 그래프를 비약곡선 (breakthrough curve)이라 하며, 흡착속도에 관한 유용한 정보를 제공한다.

고정상 활성탄이 소모되는 동안, 활성적 흡착영역 (AZ: adsorption zone)은 상을 따라 이동한다. AZ 후면에서는 흡착제가 오염증기로 포화된 반면, AZ 전면에서는 실제로 피흡착물인 오염증기가 전혀 발견되지 않는다. 흡착영역의 길이 (또는 높이)는 오염가스부터 흡착제까지 피흡착물의 전달속도 함수로 표시된다. 좁거나 얇은 AZ는 흡착제의 양호한 이용 상태를 의미하며, 가파른 (기울기가 큰) 비약곡선으로 표현된다. 반면, 넓거나 두꺼운 AZ는 불량한 이용 상태를 의미하며, 완만한 기울기를 갖는 비약곡선으로 표시된다. AZ의 길이로 흡착 고정상의 최소 높이를 결정한다.

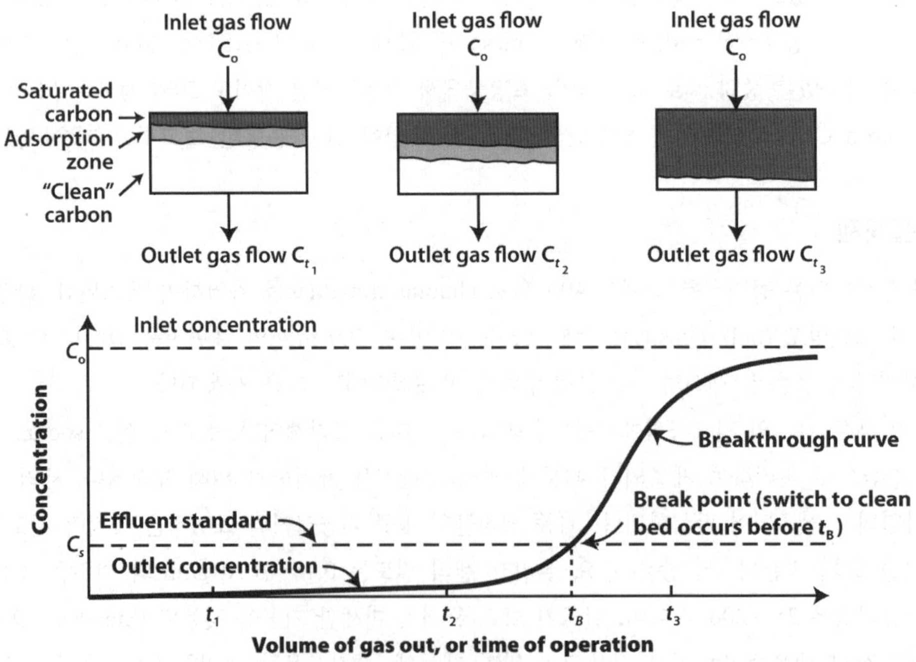

그림 12.4 흡착의 진행과정과 비약곡선 (breakthrough curve)

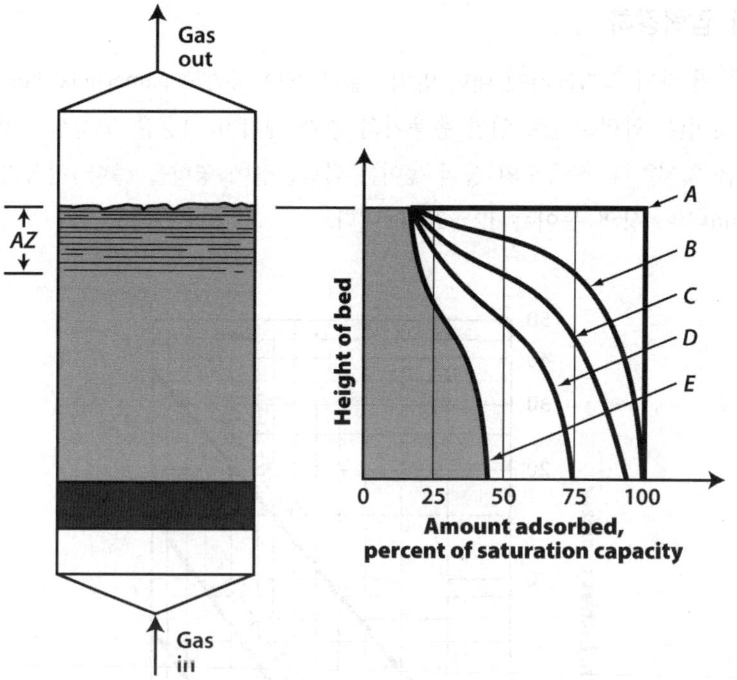

A – 평형 조건하의 이론적 포화상태
B – 흡착영역의 두께에 의한 손실
C – 흡착열에 의한 손실
D – 유입가스 중 습기에 의한 손실
E – 활성탄의 잔류습기에 의한 손실

그림 12.5 활성탄의 성능에 영향을 주는 요인

실제 공장이 가동되는 조건하에서는, 상 (bed)의 성능은 평형 등온흡착식으로 (즉, 이론적으로) 추정된 성능의 30～40% 밖에 미치지 못한다. 상의 성능을 저하시키는 요인을 그림 12.5에 그래프로 표현하였다. 선 *A*는 가동온도에서의 등온흡착식에 의한 피흡착물의 농도를 나타낸다. *AZ*의 앞부분이 상의 출구지점에 도달하기 이전에 (즉 전체 상이 거의 포화되어갈 때쯤), 흡착공정을 중지해야 하므로 커다란 손실이 발생한다. *AZ* 내의 흡착제는 아직 완전히 포화되지 않았으므로, 상의 성능은 곡선 *B*로 둘러싸인 면적만큼 감소된다. *AZ*가 상을 통과하면서 방출된 흡착열은 곡선 *C*에서와 같이 성능을 저하시킨다. 또한 수분은 두 가지 메커니즘에 의해 상의 성능을 저하시킨다: 유입가스 중 수분은 피흡착물을 탈리시키며 (곡선 *D*), 흡착제 재생 후, 상 내의 잔류습기는 일부 흡착영역을 차지하여 성능을 감소시킨다 (곡선 *E*). 이러한 모든 손실을 예측하기는 어렵다. 모형실험 (pilot scale) 비약곡선은 공장의 가동조건과 아주 비슷한 조건하에서 결정되어야 한다. 비약곡선을 계산하기 위한 몇 가지 수학적 절차가 보고되었다. (Treybal, 1968; Wark 등, 1998). 그러나 이 절차는 등온흡착과 질량전달속도 등의 자료가 필요하지만, 보통 특정공정에는 활용될 수 없다. 그러므로 설비설계는 주로 과거의 설비경험과 모형실험 연구에 기초를 둔다.

고정상 내의 압력강하

그림 12.6은 몇 가지 입자크기에 대한 압력손실과 표면 상속도 (superficial bed velocity)의 관계를 도식한 것이다. 압력손실로 인한 송풍기의 추가 에너지 사용은 고정상 설비의 총 운영비 중 많은 부분을 차지한다. 상속도와 상의 높이는 압력손실에 영향을 준다. 정상가동 속도범위는 50～100 ft/min이며, 상의 높이는 12～30 in.이다.

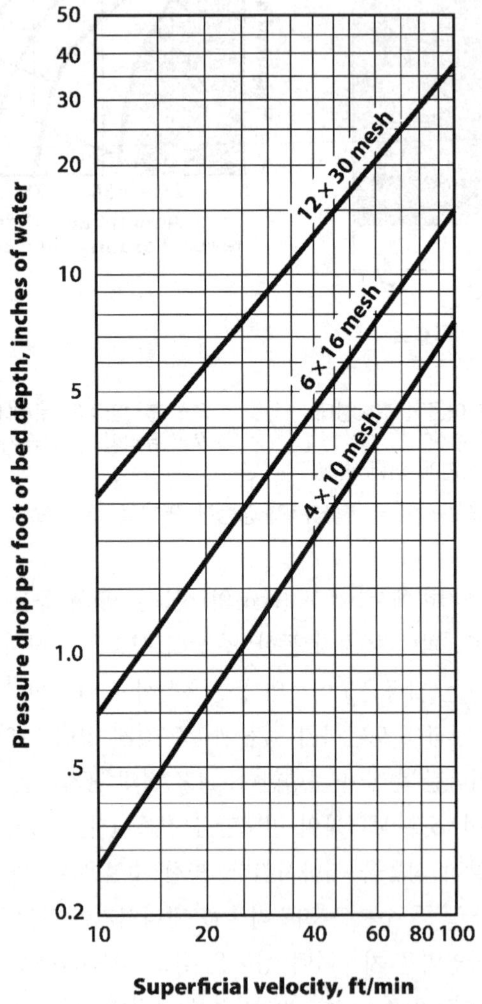

그림 12.6 표면 상속도와 활성탄의 크기함수로써 표현된 활성탄상의 압력강하

출처 : Pittsburgh Carbon Company, Pittsburgh. PA.

압력손실과 관련한 측정자료가 없다면, 다음 식으로 추정할 수 있다 (Ergun, 1952).

$$\frac{\Delta P}{L} = \frac{(1-\epsilon)G}{d_p \epsilon^3 \rho_g g_c}\left[\frac{150\mu(1-\epsilon)}{d_p} + 1.75G\right] \tag{12.13}$$

여기서, ΔP = 압력강하, lb_f/ft^2

g_c = 중력상수, 4.17×10^8 lb_m-ft/lb_f-hr^2

ϵ = 공극률 (void fraction), ft^3 voids/ft^3 packed bed

d_p = 입자직경, ft

ρ_g = 가스밀도, lb_m/ft^3

L = 상의 깊이, ft

G = 가스의 표면 질량속 (gas superficial mass flux), lb_m/hr-ft^2

μ = 가스점도, lb_m/hr-ft

V = 표면 가스속도, ft/min

Union Carbide 회사가 발표한 간단한 경험식은 다음과 같다.

$$\Delta P = 0.37L\left(\frac{V}{100}\right)^{1.56} \tag{12.14}$$

여기서, ΔP = 상의 압력강하, in. H_2O

L = 상의 깊이, in.

V = 표면 가스속도, ft/min

식 (12.14)는 60～140 ft/min의 속도와 5～50 in.의 상 깊이, 4 × 6 mesh 크기의 활성탄을 사용할 경우에 한해 유효하다.

예제 12.1 12 ft × 6 ft × 2 ft 깊이의 활성탄상이 벤젠 회수설비에 사용되고 있다. 이 설비는 1시간 동안 가동된 후, 1시간 동안 재생된다. 유입가스는 1 atm, 100 ℉에서 5,000 ppm (부피)의 벤젠을 함유하고 있으며, 7,500 acfm의 속도로 흐르고 있다. 상의 성능은 100 lb_m 활성탄당 10 lb_m 벤젠이다. 활성탄의 물리적 성질은 다음과 같다: 종합밀도 (bulk density) = 30 lb_m/ft^3, 공극률 (void fraction) = 0.35, 입자크기 = 4 × 10 mesh (0.011 ft). (a) 식 (12.13), (b) 식 (12.14), (c) 그림 12.6을 이용하여 상의 압력손실을 계산하라.

풀이 (a) 식 (12.13)을 이용하기 위해 가스를 이상기체라고 가정하자. 우선, 흡착된 벤젠의 질량과 각 상에서의 활성탄 질량을 구하면,

$$\text{상 내의 활성탄의 총 질량} = (12\ \text{ft})(6\ \text{ft})(2\ \text{ft})\left(30\ \frac{\text{lb}_\text{m}}{\text{ft}^3}\right) = 4{,}320\ \text{lb}_\text{m}$$

$$\text{흡착된 벤젠 lb}_\text{m}/\text{hr} = 4{,}320\left(\frac{10}{100}\right) = 432\ \text{lb}_\text{m}\ \text{벤젠/hr}$$

$$\text{표면 가스속도} = \frac{7{,}500}{12(6)} = 104\ \text{ft/min}$$

가스가 공기와 같은 특성을 보인다고 가정하면 (즉, $MW = 29$)

$$\rho_g = \frac{P(MW)}{RT} = \frac{(1.0)(29)}{(0.73)(560)} = 0.071\ \frac{\text{lb}_\text{m}}{\text{ft}^3}$$

$$G = 7{,}500\ \frac{\text{ft}^3}{\text{min}} \times 60\ \frac{\text{min}}{\text{hr}} \times 0.071\ \frac{\text{lb}_\text{m}}{\text{ft}^3} \times \frac{1}{12(6)} = 446\ \frac{\text{lb}_\text{m}}{\text{hr-ft}^2}$$

부록 B에서,

$$\mu_g = 0.047\ \frac{\text{lb}_\text{m}}{\text{hr-ft}^2}$$

식 (12.13)에 대입하면,

$$\frac{\Delta P}{L} = \frac{(1-0.35)446}{0.011(0.35)^3(0.071)4.17(10)^8} \times \left[\frac{150(0.047)(1-0.35)}{0.011} + 1.75(446)\right]$$

$$= \frac{289.9}{13{,}963} \times \left[\frac{4.582}{0.011} + 780.5\right] = 0.02076 \times (416.5 + 780.5)$$

$$\frac{\Delta P}{2} = 24.85$$

$$\Delta P = 49.7\ \frac{\text{lb}_\text{f}}{\text{ft}^2}$$

$$\Delta P(\text{in. H}_2\text{O}) = \frac{49.7}{144} \times \frac{406.8\ \text{in. H}_2\text{O}}{14.7\ \text{psi}} = 9.5\ \text{in. H}_2\text{O}$$

(b) 식 (12.14)로부터

$$\Delta P = 0.37 \times 24 \times \left(\frac{104}{100}\right)^{1.56} = 9.4\ \text{in. H}_2\text{O}$$

(c) 그림 12.6으로부터

$$\Delta P = 7.8\ \text{in. H}_2\text{O/ft} \times 2\ \text{ft} = 15.6\ \text{in. H}_2\text{O}$$

이 추정치의 범위에 유의하라.

흡착제의 재생

활성탄 또는 기타 흡착제에 흡착된 물질은 다음과 같은 방법으로 제거된다.

1. 고온의 비활성 가스와 접촉시킨다 (피흡착물이 불연성이라면 공기도 가능).
2. 낮은 압력의 스팀과 접촉시킨다.
3. 상의 압력을 감소시킨다 [또는, 압력스윙흡착 (PSA: pressure swing adsorption)이라고 부른다].

방법 1과 2는 근본적으로 같다. 그러나 대부분의 용매에 대해 스팀재생법은 비활성기체에 의한 재생보다 더욱 효과적이다. 이 방법은 화학반응에 의하여 또는 분리하기 어려운 혼합물을 형성하거나, 물이 회수용매를 오염시키는 경우에 국한하여 사용한다. 압력감소법을 이용한 재생은 회수설비나 오염방지설비에서는 비경제적이지만, 유조차에서 휘발유 증기를 회수하는데 사용되고 있다 (그림 12.7 참조).

그림 12.7 휘발유 저유소의 활성탄 흡착설비
(이 설비에서, 휘발유를 유조차에 싣는 동안, 활성탄은 유조차에서 탈리된 휘발유 증기를 흡착한다. 활성탄은 진공상태에서 재생되고, 증기는 다시 액체 휘발유로 환원된다.)

대부분 고정상 활성탄 흡착설비는 스팀 재생장치를 가지고 있다. 재생에 사용되는 스팀의 양은 활성탄의 사용량, 피흡착물 제거의 용이성, 상의 기하학적 구조 등의 함수이다. 재생하는 동안 스팀의 유속은 회수된 용매 무게당 스팀의 무게, 또는 활성탄 무게당 스팀의 무게로 표현된다. 적절하게 설계된 설비는 회수된 용매의 lb당 스팀 1～4 lb, 또는 활성탄 lb당 스팀 0.2～0.4 lb 이상을 초과하지 않는다. 만약, 후자의 양이 최대가 될 때 (보통 유입 활성탄 양이 적을 때), 그 양은 명시되어야 한다.

포화된 저압스팀은 흡착조와 활성탄상을 급속히 가열시킬 수 있다. 총 열투입량의 10% 이하가 탈착과정에 사용된다. 열의 약 70% 정도는 스팀으로 배출되고 약 20%는 용기와 활성탄을 가열한다. 재생스팀의 효율적 사용은 응축기의 크기를 최소화 하는데 도움을 준다.

활성탄상과 스팀을 접촉시키는 방법은 중요한 설계 고려사항이다. 상을 급속히 가열시키는 것이 바람직하지만, 상 속의 오염물질이 "요리 (cook)"되지 않도록 주의해야 한다 (요리는 영구적으로 흡착제의 성능을 저하시킨다). 급속가열로 인한 요리의 영향 중 하나는 낮은 휘발도를 가진 중합체 (polymer)를 생성하는 것이다. 스팀의 유입방향은 오염증기의 유입방향과는 반대이다. 따라서 오염물질은 더 이상 상 내부로 유입되지 않는다.

안전성 고려

대부분의 산업용 용매들은 1～2% (부피)의 최소폭발한계 (LEL: lower explosive limit)를 갖는 가연성 물질이다. 안전기준과 보험약관은 유입증기 농도가 LEL의 25%를 초과해서는 안 된다고 명시하고 있다. 대부분의 제어 또는 용매회수 설비에서는, 이러한 규정들이 문제되지 않는다. 설비의 크기와 총 비용을 최소화하기 위해, 가능한 한 LEL의 25% 근처에서 설비를 가동하는 것이 바람직하다.

비록 그 가능성은 극도로 희박하지만 상 내에서 발화한 사례가 있다. 발화의 주원인은 부분 점화온도 (200 ℃ 이하)까지 발열적으로 반응하는 오염물질의 축적 때문이다. Thermocouple이 상의 하류지점에 장착되어, 갑작스런 온도 상승을 감지할 수 있다. 만약 온도가 상승하여, 미리 설정한 최고 온도점을 초과한다면, 상 내로 물이 유입되거나 비활성 기체로 채워진다. 일반적으로, 전자의 방법이 많이 사용되지만, 어떤 최악의 경우에는 물과 접촉하여 수소가 생성되어, 폭발가능성이 있는 혼합물을 생성할 수 있으므로 주의하여야 한다.

12.5 고정상 탄소흡착 설비의 설계

탄소흡착 (CA) 설비의 설계와 가동에는 열과 질량전달, 유체역학, 공정제어, 화학분석 등의 정보가 필요하다. 이들 기초 공학분야는 신중하게 고려하면서 경제성이 고려된 하나의 작업으로 통합되어야 한다. 비록 공학자들은 대부분 기본원리에 입각하여 CA를 설계하지만, 질량전달 현상은 보통 모형실험과 경험적 자료에 의존하고 있다.

비약곡선의 모양과 AZ (흡착영역)의 크기는 피흡착물의 휘발성과 흡착제 층의 가동조건의 함수이다. 그럼에도, 예비설계에 사용될 수 있는 일반적 규칙을 만들 수 있다. 피흡착물의 휘발성이 비교적 중간정도 (탄소수가 8～12개인 VOC)인 용매에서부터 휘발성이 비교적 큰 용매 (C_4～C_7 분자)까지, 전형적 용매회수 공정에서 AZ의 길이는 0.5～1.5 ft까지 다양하다.

활성탄상 (bed)은 대형 원통모양의 철제 용기 속에 담겨 있다. 용기의 양쪽 끝 (머리부와 하단부)은 반구형이다. 상 자체는 직각 프리즘 (rectangular prism) 형태로 높이는 1～2 ft 정도이며, 폭은 용기의 직경보다는 약간 작고, 길이는 용기 길이에서 양쪽 머리부를 뺀 값과 같다. 활성탄은 용기 내부에 설치된 스크린에 의해 지지되며, 가스가 상의 대형 직사각형 면에 대해 위 아래로 통과되지만, 상의 주변을 돌아 흐를 수는 없다. 일반적으로 실제 상의 규모는 다음과 같다. 즉, 상의 길이 (L)는 폭 (W)의 두 배와 같으며 다음 3가지 조건을 충족시켜야 한다.

1. 상은 적절한 순환주기를 갖기 위해, 충분한 양의 흡착제를 주입해야 한다.
2. 상의 표면속도는 만족할 만한 질량전달속도를 가질 정도로 충분히 커야 한다. 하지만 적절한 압력손실을 가질 정도로 충분히 낮아야 한다.
3. 상의 최소 높이는 흡착영역의 길이보다 커야 한다.

오염방지장치를 선택할 때, 첫 고려사항은 장치를 설계해야 할지 또는 패키지로 구입해야 할지의 여부를 결정하는 것이다. 이러한 결정과 관련하여 몇 가지 일반 지침이 있다. 만약 CA 설비능력이 20,000 cfm 이하라면 평판이 좋은 회사로부터 일괄 구입하는 것이 돈을 절약할 수 있다. 만약 CA가 20,000 cfm 이상이라면 내부에서 설계하는 것이 경제적이다. 각 경우를 신중히 고려해야 한다. 제안된 패키지 설비는 최종승인 이전에 철저하게 평가하여야 한다. 패키지 설비를 공급하는 회사와 접촉할 때, 설계정보를 교환하는 두 가지 방법이 있다. Opgrande 등 (1979)에 의하면, 보통 설비 공급자는 다음과 같은 정보를 요구한다.

1. 설비의 목적
2. 용매의 종류
3. 용매 재사용 여부
4. 가동형태
5. 가동방법 [연속적 (continuous type), 간헐적 (batch type), 기타]
6. 가스의 조성, 온도, 압력, 습도
7. 용매의 가격
8. 가스의 유속
9. 냉각수의 가용성, 압력, 온도
10. 전력의 가용성, 전압 주파수 등
11. 스팀 가용성, 압력 등

정보를 입수한 뒤에 공급자는 다음과 같은 제안서를 제출한다.

1. 설비의 세부 가동사항
2. 건축자재
3. 순환주기
4. 각 장치에 대한 가동조건 (가스의 유속, 가스의 조성, 온도, 압력 등)
5. 흡착조의 크기
6. 활성탄의 공급
7. 회수능력
8. 설치장소의 크기 요구사항
9. 가동설비의 총 무게
10. 전기에 관한 요구사항
11. 스팀에 관한 요구사항
12. 냉각수에 관한 요구사항
13. 공기 측정장비 요구사항
14. 계측장비에 관한 패키지 설명
15. 가격, 배달, 기간 등
16. 오염방지 보증

예제 12.2는 전형적인 CA 응용에 대한 예비설계과정을 보여주고 있다.

예제 12.2 플라스틱 사출기의 배기설비로부터 용매를 함유한 공기를 제어하기 위해 활성탄 흡착장치(송풍기 포함)를 설치하려 한다. 활성탄 흡착장치의 예비설계작업을 수행하라. 배출가스의 온도는 95 ℉이고 n-pentane (n-C_5) 1,880 ppm을 함유하고 있다. 공장기술자들은 다음과 같은 추가정보를 제공하였다.

1. 기타 가스상 오염물질 : 없음.
2. 입자상 오염물질 : 공장 내 비산먼지만 존재.
3. 유속 : 5,500 acfm (연속적)
4. 사출기에서의 배기압력 (송풍기에 대한 흡입압) : −4.5 in. H_2O

풀이 필요한 활성탄의 양 (pound)을 추정하기 위해, 그림 12.3과 성능계수 (capacity factor: 가동 중 활용된 평형 흡착능의 백분율)를 이용한다. $[(T/V')\log(P_v/\overline{P})]$를 계산한다. 이 경우 n-C_5가 순수 성분이고 대기압과 거의 같기 때문에 다음과 같이 $\overline{P}$를 계산할 수 있다.

$$\begin{aligned}\overline{P} &= y_{\text{pentane}} \times 14.7\ \text{psia}\\ &= \frac{1{,}880\ \text{ppm}}{1{,}000{,}000} \times 14.7\\ &= 0.0276\ \text{psia}\end{aligned}$$

1시간 내 흡착될 n-pentane의 질량속도는:

$$\begin{aligned}\dot{M} &= \frac{1\ \text{atm} \times 0.00188 \times 5{,}500\ \text{cfm}}{0.73\ \dfrac{\text{atm-ft}^3}{\text{lbmol-°R}} \times 555\ \text{°R}} \times \frac{72\ \text{lb}}{\text{lbmol}} \times \frac{60\ \text{min}}{\text{hr}}\\ &= 110\ \text{lb/hr}\ n\text{-pentane}\end{aligned}$$

부록 B로부터, T=95 ℉에서 P_v=16이 된다. 비 몰부피는 액체밀도와 분자량으로부터 다음과 같이 계산된다.

$$V' = \frac{72\ \text{g/gmol}}{0.64\ \text{g/cm}^3} = 112\ \frac{\text{cm}^3}{\text{gmol}}$$

Fugacities 대신 압력을 이용하여, 그림 12.3의 가로축에서 해를 구할 수 있다.

$$\frac{T}{V'}\log\frac{P_v}{\overline{P}} = \frac{308\ \text{K}}{112\ \text{cc/gmol}}\log\left[\frac{16}{0.0276}\right] = 7.6$$

그림 12.3에서, 흡착된 부피는 약 18 cc liquid / 100 g C이다. 그러므로 이론적 평형 흡착능은 다음과 같다.

$$\frac{18\ \text{cc}}{100\ \text{g C}} \times \frac{1\ \text{gmol}}{112\ \text{cc}} \times \frac{72\ \text{g}}{\text{gmol}} = \frac{11.6\ \text{g}\ n\text{-C}_5}{100\ \text{g C}}$$

가동 성능 또는 동력학적 성능이 등온흡착선 값의 25∼50 %이고, n-C_5가 상당히 휘발성이기 때문에, 30%의 성능계수를 취하였다 (최종설계를 위한 성능계수는 실험자료에서 얻을 수 있다).

$$\text{설계를 위한 활성탄의 흡착성능} = 0.3(11.6) = 3.5\ \frac{\text{lb}_\text{m}\ n\text{-C}_5}{100\ \text{lb}_\text{m}\ \text{C}}$$

활성탄 재생과 냉각에 약 1시간이 소요된다. 따라서 100% 효율을 가정하고, 두 개의 고정상 설비가 110 lb_m n-C_5를 흡착하기 위해서는 각 상에 충분한 양의 탄소가 필요하다.

$$\frac{lb_m\ C}{bed} = \frac{110\ lb_m\ n\text{-}C_5}{hr} \times 1\ hr \times \frac{100\ lb_m\ C}{3.5\ lb_m\ n\text{-}C_5} = 3{,}143\ \frac{lb_m\ C}{bed}$$

위 값의 끝자리를 정리하면 대략 3,200 lb_m이 된다. 활성탄의 종합밀도 (bulk density)로 30 lb_m C/ft^3를 사용하면,

$$\text{상 (bed)의 부피} = \frac{3{,}200\ lb_m\ C}{30\ lb_m\ C/ft^3} = 106.7\ ft^3$$

n-C_5가 휘발성이기 때문에, 층의 최소 깊이를 2 ft로 설계한다. $L=2W$인 직사각형 상을 가정하자.

$$\text{상의 면적} = \frac{106.7}{2.0} = 53.4\ ft^2$$

$$W^2 = \frac{53.4\ ft^2}{2}$$

그러므로 $W=5.2$ ft이고 $L=10.4$ ft이다. 이 값들의 끝자리를 정리하면, 크기는 5.25 ft × 10.5 ft가 된다.

다음, 표면 가스속도에 대해 살펴보자.

$$V = \frac{5{,}500\ acfm}{(5.25)(10.5)} = 100\frac{ft}{min}$$

이 속도는 수용 가능한 범위를 약간 상회한다. 예비설계에서는 이 값을 사용하겠지만, 여분의 활성탄을 구입하거나, 약간 길고 폭이 넓은 상을 고려해야 할 것이다 (만약, 느린 속도 값을 바란다면, 상의 깊이를 2 ft로 유지해야 하고, 또한 활성탄의 양을 늘려야 한다). 하지만 앞의 첫 계산값을 사용한다면,

$$\text{활성탄의 질량 / bed} = 10.5\ ft \times 5.25\ ft \times 2.0\ ft \times 30\ lb/ft^3 = 3{,}308\ lb\ C$$

$$\text{구입해야 할 총 활성탄의 질량 (2개 상)} = 6{,}616\ lb\ C$$

(여기서 12 ft의 길이와 6 ft의 폭을 갖는 상을 제작한다면 필요한 활성탄은 8,640 lb가 될 것이다. 또한 상의 속도는 76 ft/min이 될 것이다.)

3,308 lb의 활성탄을 채운 상에 대해 재생공정 이전의 기대 가동시간은 다음과 같다.

$$\text{가동시간} = \frac{3.5\ lb\ n\text{-}C_5}{100\ lb\ C} \times \frac{1\ hr}{110\ lb\ n\text{-}C_5} \times 3{,}308\ lb\ C = 1.05\ hr\ (63.2\ min)$$

(여기서 12 ft의 길이, 6 ft의 폭, 4,320 lb의 활성탄을 사용한다면 가동시간은 82.5 min으로 증가할 것이다.)

스팀 요구량:

n-C_5 회수에 기초하여, 스팀의 필요량을 계산하면,

$$\text{필요한 스팀량} = \frac{3\ \text{lb}_\text{m}\ \text{steam}}{\text{lb}_\text{m}\ n\text{-C}_5} \times \frac{110\ \text{lb}_\text{m}\ n\text{-C}_5}{\text{hr}} \times 1.05\ \text{hr} = 330\ \frac{\text{lb}_\text{m}\ \text{steam}}{\text{regeneration}}$$

활성탄의 무게에 기초하여 스팀의 필요량을 계산하면,

$$\text{필요한 스팀량} = 0.3\ \frac{\text{lb}_\text{m}\ \text{steam}}{\text{lb}_\text{m}\ \text{C}} \times 3{,}308 = 992\ \frac{\text{lb}_\text{m}\ \text{steam}}{\text{regeneration}}$$

재생에 45분의 시간이 소요된다고 가정하고, 나머지 시간에는 상의 냉각이 진행된다고 가정하자. 이와 같이 필요한 스팀량이 992 lb/0.75 hr 또는 1,323 lb/hr가 된다. n-C_5의 질량속도 (활성탄 주입량)가 작기 때문에, 앞서 계산한 두 개 스팀량 중에서 더 큰 값, 즉 1,323 lb_m steam/hr를 선택한다. 만약 공장에서 스팀을 공급할 여력이 없다면 보일러를 패키지로 일괄 구입하여야 한다.

상의 압력강하:

이 응용문제에서 4×10 또는 6×16 mesh 크기의 활성탄을 사용한다면, 그림 12.6에서 다음 값을 얻을 수 있다.

$$\Delta P_{4\times10} = 7.5\ \text{in. H}_2\text{O/ft} \times 2\ \text{ft} = 15.0\ \text{in. H}_2\text{O}$$
$$\Delta P_{6\times16} = 15.0\ \text{in. H}_2\text{O/ft} \times 2\ \text{ft} = 30.0\ \text{in. H}_2\text{O}$$

높은 압력손실 때문에, 여분의 활성탄을 주입하여 더 큰 상을 제작하는 방안을 강구해야 한다. 이 경우 표면속도를 줄일 수 있으며 압력손실도 줄일 수 있다. 이제 4×10 mesh 크기의 활성탄을 고려하자.

송풍동력 요구량:

비록 이 문제에서 분진오염과 관련된 공정은 없지만, 국소 배기설비는 공장 내 비산먼지를 흡입할 것이다. 따라서 여과집진기 또는 장치보호공정 활성탄 설비 이전에 설치되어야 한다. 예비설계단계에서 여과재의 압력손실을 3 in. H_2O, 유입구 및 배기관의 압력손실을 2 in. H_2O를 가정한다. 따라서 송풍기의 총 압력손실은 다음과 같다.

$$\Delta P = 3.0 + 2.0 + 15.0 - (-4.5) = 24.5\ \text{in. H}_2\text{O}$$

만약 송풍기의 효율을 60%라고 가정한다면,

$$\text{송풍기의 요구 동력} = \frac{\dfrac{0.0001575\ \text{hp}}{\text{cfm-in. H}_2\text{O}} \times 5{,}500\ \text{acfm} \times 24.5\ \text{in. H}_2\text{O}}{0.60} = 35.4\ \text{hp}$$

예비설계를 통해 결정된 항목 요약:

흡착상의 크기 : 폭 5.25 ft × 길이 10.5 ft × 깊이 2 ft

상 (bed)당 활성탄의 질량 = 3,308 lb_m

스팀 필요량 = 992 lb_m/regeneration × 24 regeneration/day = 23,800 lb/day

송풍동력 = 35.4 hp (40 hp 모터를 구입하라.)

12.6 고정상 흡착설비의 경제성

자본비의 추정

흡착설비의 가격추정은 응용의 다양성과 설계의 복잡성 때문에 다른 방지장치의 가격을 추정할 때보다 어렵다. 2000년도에 송풍기, 각종 기자재, 응축기, 냉각기, decanter 등을 포함하고 배출가스 5,000~10,000 acfm을 처리하는 탄소강 흡착설비의 패키지 인도가격은 \$40/acfm~\$50/acfm이었다. 제 2장에서 언급한 것처럼, 이 값은 개념설계를 위한 대략적 추정치이다.

Vatavuk (1996)는 여러 가지 흡착설비에 대한 판매가격을 분석한 바 있으며, 흡착조 (vessel)와 활성탄의 합친 가격과 흡착설비의 총 가격과의 비 (ratio : R_c)를 구하고, 여기서 상관관계식을 개발하였다. Vatavuk는 R_c와 연도가스의 유속 (Q)과의 관계를 다음과 같이 구하였다.

$$R_c = 6.98Q^{-0.133} \tag{12.15}$$

여기서, Q = 연도가스의 유속, acfm (4,000 ≤ Q ≤ 500,000 scfm)

공정에 사용되는 흡착조의 값은 조의 무게에 입각하여 추정하는데, 이 값에 제조할 건축자재(예를 들어, 탄소강 또는 부식에 강한 그 밖의 재질)의 단위무게당 가격을 곱하여 산출한다.

흡착조는 대형 원통형임을 기억하라. 표면 상속도와 깊이에 제한을 받는 흡착장치의 몇 가지 설계규칙에 의거하여, 한 단일 흡착조의 가격은 다음과 같이 흡착조의 표면적과 관련이 있다.

$$C_v = 420\,S^{0.778} \tag{12.16}$$

여기서, C_v = 2008년 달러기준으로 본선인도가격 (f.o.b.) (304 스테인리스스틸로 제작)

S = 머리 부분을 포함한 표면적, ft^2 (97 ≤ S ≤ 2,110 ft^2)

예제 12.2에서 보듯이, 활성탄상의 기하학적 구조는 직각 프리즘 형태이며, 크기는 제거될 피흡착물의 양, 용매를 흡수할 활성탄의 성능, 포화된 상을 재생하는데 필요한 시간 등으로 결정된다. 수평형 상에 대해, 상의 길이 (L)는 일반적으로 폭 (W)의 두 배와 같다. 이는 상을 감싸고 있는 원통형 흡착조가 상의 깊이뿐만 아니라 상의 지지대를 수용할 정도로 충분한 직경을 가져야 한다는 의미이다. 깊이가 2~3 ft인 상에 대해 흡착조의 직경은 상의 폭보다 최소 1~2 ft 커야 한다.

위의 내용을 종합하여, 총 흡착설비의 장치가격 C_A는 다음 식으로 추정된다.

$$C_A = R_c\,[\,C_c + N_T \times C_v\,] \tag{12.17}$$

여기서, C_c = 설비에 채워진 활성탄 가격, 2008년 달러기준

N_T = 필요한 흡착조의 수

활성탄 가격 C_c는 활성탄의 질과 알갱이 크기에 의존한다. 하지만 2000~2005년에 가격은 lb당 \$1.00~\$2.00이었다. 흡착조의 총수 (N_T)는 흡착공정에 참여하고 있는 흡착조와 재생 및 냉각 공정으로 휴면 상태인 흡착조를 포함한다.

고도로 부식성이 큰 연도가스의 영향을 줄이기 위해, 가격이 비싼 부식방지용 합금을 사용할 수도 있다. 이들 금속재질의 상대적 가격은 다음과 같다.

금속재질	상대적 가격
304 Stainless Steel	1.0
316 Stainless Steel	1.3
Monel-400	2.3
Nickel-200	3.2
Titanium	4.5

흡착장치의 운영비

흡착장치의 운영과 관련된 주요 비용으로는, 스팀, 전기, 냉각수 등이 있다. 냉각수는 스팀 1 lb당 5~7 gal의 물을 필요로 한다. 전기료는 계산된 송풍동력을 기준으로 하거나, 통과된 가스 1,000 scfm당 6~8 hp로 추정할 수 있다.

용매회수 용기 (decanter)로부터의 폐수처리 비용은 추가로 고려하여야 한다. 이 비용은 회수 물질의 용해도와 처리가능성에 크게 의존한다.

예제 12.3 예제 12.2에서 설명된 활성탄 흡착설비의 총 설치비를 2008년 달러기준으로 계산하라. 본 장 및 2장의 자료를 충분히 활용하라.

풀이 활성탄의 총 질량은,

$$3{,}308\ \text{lb/bed} \times 2\ \text{bed} = 6{,}616\ \text{lb}$$
$$C_c = 6{,}616\ \text{lb} \times \$2.00/\text{lb} = \$13{,}232$$

상의 깊이가 2 ft이므로, 흡착조의 직경은 상의 폭에 1 ft를 더하도록 하자. 이 경우 D=6.25 ft이다. 원통의 길이는 10.5 ft로 유지한다. 따라서 2개의 반구형의 머리 부분을 포함시킨 흡착조의 표면적 (S)는 다음과 같다.

$$S = \pi DL + 2\times(1/2)(4\pi R^2) = \pi DL + \pi D^2$$
$$= 3.14159\times 6.25\times 10.5 + 3.14159\times(6.25)^2$$
$$= 328.9\ \text{ft}^2$$

흡착조 하나에 대한 가격은

$$C_V = 420\,S^{0.778} = 420(328.9)^{0.778} = \$\,38{,}153$$

식 (12.15)를 사용하여 R_c를 계산하자.

$$R_c = 6.98Q^{-0.133}$$

여기서, Q= 5,500 acfm이고 R_c=2.220이다.
식 (12.17)을 사용하여 C_A를 계산하자.

$$C_A = 2.22[\$\,13{,}232 + 2\times \$\,38{,}153] = \$\,198{,}774$$

이 비용은 설비의 본선인도가격이다. 2장의 표 2.3을 이용하자.

DEC = 1.18 × $198,774 = $234,553
TIC = 1.75 × DEC = $410,000 (끝자리수 정리 후)

예제 12.4 예제 12.2에서 설명된 활성탄 흡착설비의 연간 운영비를 계산하라. 활성탄 재생에 필요한 스팀은 공장 내 보일러에서 공급되고, 이 설비는 1년에 350일 가동되며, 필요한 노동력은 2 인-시간/교대라고 가정하라. 회수된 n-pentane의 가치는 30 cent/lb이다. 활성탄은 매 5년마다 교체된다. 활성탄의 가격은 $2.00/lb, 노임은 $25.00/hr, 전기료는 $0.10/kWh, 스팀의 가격은 $12.00/1,000 lb_m, 냉각수의 가격은 $0.15/1,000 gal이다.

풀이 이 문제를 풀기 위해 표 2.4의 가격지표를 사용하자.

직접운영비:

노 임 : 2,100 hr @ $25.00/hr		=	$52,500
감독비 : 노임의 15%		=	7,875
보수비 : 총 설비비용 (TIC)의 5%		=	20,500
공공비 :			
전 기	$35.4\ \text{hp}\times\dfrac{0.746\ \text{kW}}{\text{hp}}\times\dfrac{24\ \text{hr}}{\text{day}}\times\dfrac{350\ \text{day}}{\text{yr}}\times\dfrac{\$\,0.10}{\text{kWh}}$	=	22,182
스 팀	$\dfrac{992\ \text{lb}_\text{m}\ \text{stm}}{\text{regen}}\times\dfrac{24\ \text{regen}}{\text{day}}\times\dfrac{350\ \text{day}}{\text{yr}}\times\dfrac{\$\,12.00}{1{,}000\ \text{lb}_\text{m}\ \text{stm}}$	=	99,993
냉각수	$\dfrac{992\ \text{lb}_\text{m}\ \text{stm}}{\text{regen}}\times\dfrac{7\ \text{gal}}{\text{lb}_\text{m}\ \text{stm}}\times 24\times 350\times\dfrac{\$\,0.15}{1{,}000\ \text{gal}}$	=	8,750

활성탄 교체 $\dfrac{6{,}616\ \mathrm{lb_m\ C}}{5\ \mathrm{yr}} \times \dfrac{\$2.00}{\mathrm{lb_m\ C}}$ = 2,646

간접운영비:

노동 경상비 : 총 노임의 60% = 0.6(7,875+52,500) = 36,225

세 금 : TIC의 1% = 4,100

보 험 : TIC의 1% = 4,100

감가상각 : TIC의 10% = 41,000

총 운영비 (회수이익 계산 전) = $299,871

n-pentane의 회수이익 (90% 회수된다고 가정) :

$$\text{Credit} = \frac{110\ \mathrm{lb_m}\ n\text{-}\mathrm{C_5}}{\mathrm{hr}} \times 24 \times 350 \times 0.9 \times \frac{\$0.30}{\mathrm{lb_m}} = \$249{,}480$$

순수 연간운영비 (끝자리수 정리 후) = $50,000

이 수치에는 폐기물 처리비용이 포함되어 있지 않음을 유의하라.

12.7 유동상 흡착장치

고정상 흡착장치에 필요한 흡착제의 주기적 가열과 냉각으로 많은 스팀이 필요하다. 고정상 설비와 관련된 기타 문제점으로는 불량한 스팀/가스의 분포상태와 복잡한 배관이 필요로 한다는 것이다.

이런 문제들을 해결하기 위한 노력으로 유동상 흡착장치 (fluidized or moving bed adsorber)가 개발되었다. 유동상 설비의 확실한 장점은 가스/고체의 접촉효과가 우수하고 주기적인 가열이 필요 없다는 점이다. 유동상 설비는 활성 알루미나 (activated alumina)와 활성탄을 사용한다. 몇 몇 유동상 장치들은 특별히 SO_2를 흡착하도록 설계되었다.

Reinluft 공정과 염기성 알루미나 공정은 유동상 SO_2 흡착의 두 가지 예이다 (Teller, 1967). 이 두 공정은 SO_2를 흡착할 뿐만 아니라, 흡착된 가스를 SO_3로 변환시키기도 한다. 이런 공정들은 대용량으로 가스처리를 하는 석탄화력 발전소에 주로 응용된다. 초기 유동상 흡착장치의 가동상 주요 문제점은 흡착제의 빠른 마모현상과 이로 인한 미세입자의 생성이었다.

완전히 상품화된 유동상 흡착장치는 그림 12.8에 도식화된 Purasiv HR장치이다. 이 장치에서, 흡착과 재생은 흡착조 내의 분리된 영역에서 연속적으로 일어난다. 가스는 유동화 된 상단부에서 유입되고 위로 흐른 다음, 장치의 꼭대기로 빠져나간다. 활성탄은 탈착부위 (desorption section)까지 흘러 내려가는데, 탈착부위는 질소에 의해 간접 가열되고 정화되는 부위이다. 스팀 또는 물과 접촉하지 않는 점이 물과 섞일 수 있는 용매를 처리할 때 큰 장점이 된다. 정화된 가스와 탈착된 용매는 응축기와 분리기를 통과한다. 분리기에서 응축되지 않은 가스들은 1차흡착장치와 탈착부위 사이에 위치한 2차흡착장치로 보내진다.

재생된 활성탄은 열교환기에 의해 냉각되고, 공기 송풍으로 흡착조 상단부로 보내진다. 보충 질소는 질소순환 송풍기의 흡입으로 공급된다. 케톤을 함유한 혼합가스 4,500 acfm을 처리하는 한 설비에서 질소의 보충속도는 5 scfm 정도이다 (Wohler, 1979). 스팀 사용량은 회수된 용매 1 lb당 스팀 1.1 lb 정도이다.

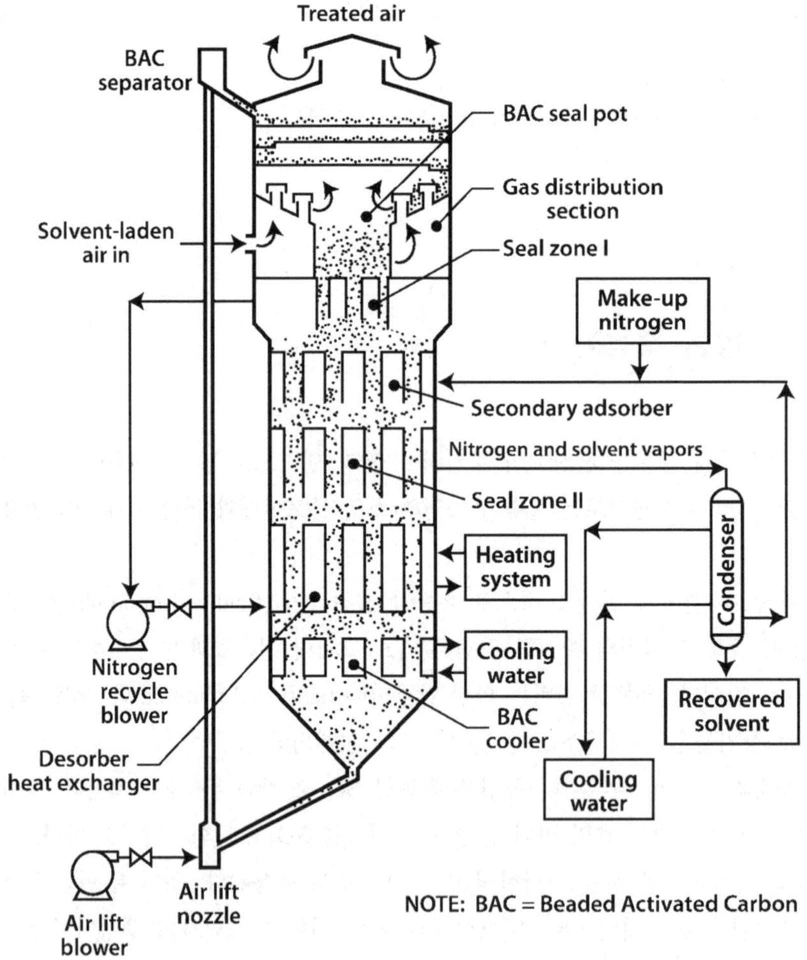

그림 12.8 Purasiv HR 유동상 흡착장치의 기본구조
출처 : Union Carbide Corporation, Danbury, CT.

Purasiv 공정의 성공적 가동은 유동화 하는 동안 마모를 견뎌낼 수 있는 단단한 구형 활성탄의 개발 덕분이다. Purasiv 장치에서 사용되는 구슬형 활성탄 (beaded activated carbon, BAC)은 일본에서 개발되었는데 용융 피치 (pitch)로부터 생산된다.

Purasiv HR 설비는 EPA에서 평가된 적이 있다 (Parmele 등, 1983). 기존 고정상 설비보다 자본비가 많이 들고, 이 공정에서 사용되는 BAC의 가격이 기존 GAC보다 비싸지만, Purasiv 설비는 10,000 scfm 이상의 설비에서 고정상 설비와 비교하여 경쟁력이 있다. 이 설비는 재생공정에서 에너지를 덜 사용하며, 송풍동력비가 적게 든다. EPA 연구에 의하면 (1983), 이 설비의 자본비는 기존 고정상 설비보다 약 35% 더 비싸다. 매우 비싼 자본비 때문에, Purasiv 설비의 연간 운영비는 오염공기 5,000 scfm를 처리할 때 고정상 설비보다 약 50% 더 비싸다. 하지만, 처리공기량이 50,000 scfm 이상일 때 두 설비의 연간운영비는 거의 같다 (Parmele 등, 1983). 수용성 용매를 처리할 때, Purasiv 설비는 재사용이 가능한 용매를 생산하는 값비싼 분리공정을 필요로 하지 않는다는 이점이 있다.

연습문제

12.1 그림 12.3에서 HC에 대한 흡착능 그래프를 이용하여 80 °F에서 활성탄 100 lb당 흡착된 헥산의 양 (lb)을 계산하라. 액상 헥산의 비중은 0.66이다. 공기 중 헥산의 농도는 1,000 ppm이고, 압력은 1 atm이다.

12.2 그림 12.2에서 carbon disulfide에 대한 등온흡착선에서, Langmuir 또는 Freundlich 등온식 중 어느 것이 더 적당한 지를 결정하라.

12.3 온도 91 °F, carbon disulfide의 분압 0.01 psia에서, (a) 그림 12.2, (b) 그림 12.3에서 주어진 흡착성능을 lb_m CS_2/100 lb_m C 단위로 계산하라, 91 °F에서 액체 CS_2의 증기압은 9.15 psia이고, 비중은 1.26이다.

12.4 두 개 상으로 이루어진 활성탄 흡착설비가 있다. 이 설비는 헥산 700 ppm을 함유한 공기 8,000 acfm을 처리하기 위해 설계되었다. 실험실 연구에 의하면, 설비의 가동조건하에서, 활성탄 100 lb_m당 8 lb_m 헥산을 흡착할 수 있었다. 만약 제거효율 99%로 90 °F, 1 atm에서 설비가 가동될 때, 각 활성탄상의 크기를 대략 결정하라. 재생과 냉각에는 1시간이 소요된다.

12.5 6×16 mesh 크기의 활성탄을 가진 3 ft 깊이의 두 개 상으로 구성된 고정상 흡착설비가 60 ft/min 표면 가스속도에서 가동된다. 만약, 상의 압력강하를 제외한 설비의 총 압력손실이 5 in. H_2O이라면, 15,000 cfm 설비용 송풍기의 모터 동력을 hp 단위로 결정하라.

12.6 문제 12.4에서 기술된 설비를 재생하기 위해, 하루 요구되는 스팀의 총량을 pound로 추정하라.

12.7 활성탄 흡착설비를 패키지 형태로 구입하고자 할 때, 2008년 달러기준으로 총 설치비를 계산하라. 이 설비는 15,000 acfm을 처리해야 하며, 4,000 lb_m의 활성탄으로 채워져야 한다. 두 개 상 (2,000 lb × 2 bed)은 직경이 7 ft, 길이가 14 ft (머리부 및 하단부 길이 불포함)인 탄소강 흡착조에 담겨 있다.

12.8 문제 12.7에서 기술된 흡착설비에서, 활성탄은 6년마다 교체되고, 필요한 노동력이 (4 인-hr/교대)라면, 설비에 소요되는 연간 운영비는 얼마인가? 예제 12.4에서 주어진 것과 같은 장치가격과 가격지표를 사용하라. 송풍동력은 25 hp이고, 활성탄 재생은 하루 12번 이루어지고, 1회 재생 시 600 lb의 스팀이 사용된다.

12.9 고정상 활성탄 흡착장치를 설계하는 작업이 여러분에게 주어졌다. 다음과 같은 자료를 이용하여 설계하라. 95 °F, 1 atm에서 유입구 공기유속은 5,000 acfm이며, 공기는 부피비율로 0.2%의 *n*-pentane을 함유하고 있다. *n*-pentane에 대한 탄소흡착능은 100 kg 활성탄당 3.5 kg *n*-pentane이다. 만약, 여러분이 흡착상의 재생공정과 공정 사이에 1시간 동안 장치를 운전하고자 한다면, 각 흡착상에 필요한 활성탄의 최소량 (kg)은 얼마인가?

12.10 활성탄의 흡착과정에서 methyl mercaptan (CH_3SH)은 dimethyl disulfied (CH_3SSCH_3)로 변환된다. 두 화합물에 대한 화학적 및 물리적 특성을 조사하라. 또한, 여러분의 활성탄 흡착장치가 저농도의 CH_3SH 오염배출원을 제어하기 위해 어떻게 변경되어야 하는지 흐름도 (flow chart)를 그려라.

12.11 어떤 공학도가 한 제조회사에 갓 입사하였을 때, 유속이 4,900 acfm인 오염된 공기를 처리하기 위해, 활성탄 흡착장치를 설계하는 작업이 진행 중에 있었다. 전임 공학도는 기존 송풍기를 사용하길 희망했다. 그는 활성탄의 필요량이 140 ft^3 (4×6 mesh), 표면속도가 87.5 ft/min이라고 계산했었다. 전임공학도가 예상했던 흡착장치의 압력손실을 계산하라.

12.12 공학자 Smith는 이미 50% 효율의 복열장치를 가지고 있는 기존 소각로의 운영비를 줄이고자 노력하고 있다. 이 소각로는 독성과 악취성 저농도의 오염물을 함유한 20,000 acfm의 공기를 처리하고 있다, 그의 친구인 공학자 Brown은 오염물의 농도를 두 배로 만들기 위

해 (또한, 소각로에 유입되는 공기량을 절반으로 줄이기 위해), 소각 이전에 활성탄 흡착장치를 설치하자고 제안하였다. 이 오염물은 휘발성이 크지도 않고, 활성탄과 반응하지도 않는다고 가정할 때, Brown씨가 제안한 설비의 흐름도를 그려라. 재연소장치에 주입되는 공기량을 줄임으로써, 절감되는 연료비 ($5.00/million Btu)를 대략적으로 추정하라. 만약 활성탄 설비의 TIC가 $800,000이라면 합리적이라고 생각하는가?

12.13 5,500 acfm의 유속을 가지며, 이중 묽은 헥산을 함유하고 있는 공기를 처리하기 위해 CA 장치를 설계하고 있다. 이때, 활성탄 (4×6 mesh) 110 ft^3이 필요하고, 최소 상 (bed)의 높이는 1 ft가 되어야 한다. 상의 높이가 1.0, 1.5, 2.0 ft일 때, 각 경우 상의 압력손실을 계산하라.

12.14 예제 12.1에 언급된 설비에 대하여, 활성탄을 재생하기 위해 필요한 스팀의 하루 필요량을 계산하라.

12.15 5,000 cfm을 처리하는 (95 °F, 1 atm에서) 전형적 2상 활성탄 흡착설비가 있다. 필요한 활성탄의 양을 lb 단위로 계산하라. 공기는 600 ppm의 styrene을 함유하고 있다. 상을 재생하기 위해 전환시키기 이전에, 상은 최소 2시간 이상 가동되어야 한다. 모형실험에 의하면, styrene은 잘 흡착되며 (즉, 비약곡선이 매우 가파르며 6 in. 정도의 활성 흡착영역을 갖는다), 활성탄의 성능은 100 g 활성탄당 12 g의 styrene을 흡착한다. 활성탄의 종합밀도는 30 lb/ft^3이다. 기타 필요한 가정이 있다면 적절히 설정하라. 한편, 상의 직경을 ft 단위로 계산하라.

12.16 12,000 cfm (90 °F, 1 atm에서)으로 흐르는 오염공기가 500 ppm ethylbenzene (C_8H_{10})을 함유하고 있다. 모형실험에 의하면, 정상가동할 때 100 lb 활성탄당 11 lb의 ethylbenzene을 흡착한다.

(a) 2시간 가동 후, 흡착상 1개에 필요한 최소 활성탄의 양을 lb 단위로 계산하라.

(b) 활성탄의 종합밀도를 25 lb/ft^3로 가정하라. 만약 상의 깊이가 최소 1.5 ft 되어야 한다면, 이 상의 표면 가스속도를 계산하라.

(c) 이 표면 가스속도에 대해 논하라. 만약 너무 빠르거나 늦다면, 이를 보정하기 위해 어떤 일을 해야 하는가? 상의 크기를 재조정하여 치수를 구체적으로 제시하라. 가동시간은 얼마나 변화하는가?

참고문헌

ASTM. "Standard Test Method for Ball-Pan Hardness of Activated Carbon." ASTM Standard D3802-79. ASTM International, West Conshohocken, PA, 2005.

Cameron Carbon. "Activated Carbon Manufacture, Structure, and Properties." Cameron Carbon, Inc., Havre de Grace, MD, 2006. Accessed April 2010 from http://www.cameroncarbon.com/documents/carbon_structure.pdf.

Carubba, R.V., Urbanic, J.E., Wagner, N.J., and Zasznitch, R.H., "Perspectives of Activated Carbon," Adsorption and Ion Exchange, American Institute of Chemical Engineers Symposium Series, 80, 1984, p.76.

Dubinin, M.M., and Raduschkevich, L.V., Comptes Rendus de L'Academie des Sciences, 55, 1947, p.327.

Ergun, S., Chemical Engineering Progress, 48, 1952., pp.87~89.

Goldman, F. and Polanyi, M., Zeitschrift fur Physikalische chemie, 132, 1928,p.321.

Grant, R.J. and Manes, "Adsorption of Binary Hydrocarbon Gas Mixtures on Activated Carbon," Industrial and Engineering Chemistry fundamentals, 5, 1966, p.490.

Lambert, F.L., *Investigation of the Dynamic Parameters of the Adsorption of Hydrocarbons on Activated Carbon*, Ph.D. Thesis, Clemson University, Clemson, SC, 1970.

Lewis, W.K., Gilliland, E.R., Chertow, B. and Cadogan, W.P., "Pure Gas Isotherms", Industrial and Engineering Chemistry, 42, 1950, p.1326.

Opgrande, J.L., Bobratz, C.J. and Hoab, G.R., "Carbon Adsorption Recovery Units for a Waste Gas Containing Toluene", Proceeding of the Seminar on VOC Emission Control, Atlanta, GA, September 18~19, 1979.

Parmele, C.S., Basdekis, H.S., and Clark, M.R. "Evaluation of the Union Carbide PURASIV HR Vapor Recovery System," Project Summary, EPA-600/2-83-014, U.S. EPA Research Laboratory Cincinnati, OH, July 1983.

Sloan, E.D., *Nonideality of Binary Adsorbed Mixtures of Benzene and Freon 11 on Graphitized Carbon*, Ph.D. Thesis, Clemson University, Clemson, SC. 1974.

Standen, A., Ed. "Adsorption", *Kirk-Othmer Encyclopedia of Chemical Technology*, (2nd ed.). New York: Interscience Publishers, 1963(a), p.460.

Standen, A., Ed. "Amorphous Silica", *Kirk-Othmer Encyclopedia of Chemical Technology*, (2nd ed.). New York : Interscience Publishers, 1963(b), p.62.

Teller, A.J., "Recovery of Sulfur Oxides from Stack Gases", Proceedings of the MECAR Symposium on New Development in Air Pollution Control, New York, October 23, 1967.

Treybal, R.E. *Mass Transfer Operations* (2nd ed.). New York: McGraw-Hill, 1968.

Turk, A. "Source Control by Gas-Solid Adsorption", *Air Pollution*, A. Stern, Ed. New York: Academic Press, 1962, p.500.

Vatavuk, W.M. *Estimating Cost of Air Pollution Control*. Chelsea, MI: Lewis Publishers, 1990.

Vatavuk, W.M. *OAQPS Control Cost Manual* (5th ed.). EPA 453/B-96-001, U.S. Environmental Protection Agency, Research Triangle Park, NC, 1996.

Wark, K., Warner, C.F., and Davis, W.T. *Air Pollution* (3rd ed.). Upper Saddle River, NJ: Prentice-Hall, 1998.

Wohler, R. "Fluidized Bed Carbon Adsorption", Proceedings of the Seminar on VOC Emission Control, Atlanta, GA, September 18~19, 1979.

Chapter

13 가스흡수

확산공정을 가지고 있는 어떤 공장에서든 고려해야 할 4가지 설계항목이 있다: 이상 단수, 장치의 높이, 장치의 단면적, 필요 에너지 등이다.

Robert E. Treybal, 1968.

13.1 머리말

대기오염 방지기술에서 흡수 (absorption)란 가스에서 접촉액체까지 선택적인 물질전달 현상을 의미한다. 여기에 관련된 분리기술의 원리는 액체 중 가스의 용해도이다. 대부분 대기오염 방지기술의 응용에서, 접촉액체는 물이 되고 이 공정을 때때로 세정 (scrubbing 또는 washing)이라고 부른다. 오염제어에서 빈번하게 이용되는 가스흡수의 예는 다음과 같다.

1. 비료공장에서 암모니아의 제거와 회수
2. 유리용광로 배기에서 HF의 제거
3. 연소오염원에서 SO_2의 제어
4. 아세톤과 메틸알코올과 같은 수용성 용매의 회수
5. 지방 정제공장에서 악취가스의 제어

가스의 흡수는 가스로부터 기/액 경계면 (gas-liquid interface)을 통과하고, 최종적으로 액체 속으로 분산되는 물질의 확산과정이다. 액체 속에서 용해된 물질의 분산 또는 용해과정은 화학반응을 동반할 수도 있다.

분자확산과 난류 (소용돌이) 확산에 의한 물질전달 현상이 흡수과정에 존재한다. 소용돌이 (eddy) 확산은 분자확산과 비교하여 매우 빠르고, 고준위 난류에서 가동되도록 흡수장치를 설계함으로써 최대화 된다. 그렇다고 해도, 흡수액과 가스 사이에 주요 물질전달 저항은 상 (phase) (경)계면의 층류층 (laminar layer)에서 발생한다. 우리는 13.2절에서 정량적 물질전달이론을 공부할 것이다.

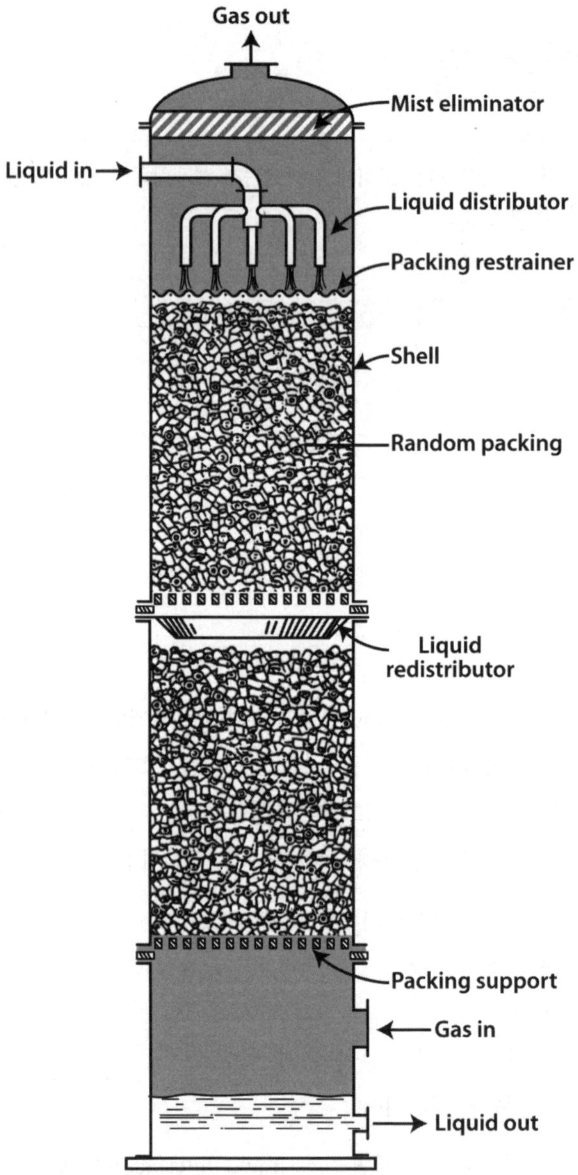

그림 13.1 충진 가스흡수탑의 모형도

출처 : Treybal, 1968.

가스흡수장치

가스흡수는 그림 13.1과 같은 충진탑 (packed tower)에서 일반적으로 수행된다. 가스는 탑하부에서 유입되고 습윤상태의 충진상 (packed bed)을 통과하여 탑상부로 향한다. 또한, 흡수액은 탑상부에서 유입되어 충진물 위에 균일하게 분산된다. 충진탑 내의 충진물은 상업적으로 구입이 가능하며, 여러 가지 모양이 있다. 충진물은 기/액 접촉을 최대화해야 하며, 가스상의 압력손실을 최소화해야 한다. 다음은 바람직한 충진물에 요구되는 일반사항이다.

1. 단위부피당 넓은 표면적
2. 최소의 무게
3. 충분한 화학적 저항
4. 낮은 액체 잔류성
5. 낮은 압력강하
6. 저렴한 비용

일부 충진물이 그림 13.2에 있다. 충진물은 세라믹, 유리, 금속, 각종 플라스틱 등 다양한 재질을 사용한다.

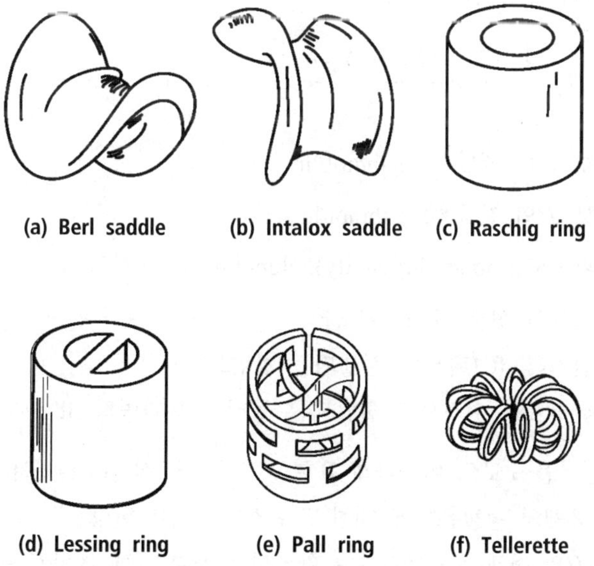

그림 13.2 전형적 충진물 (packings)

13.2 흡수탑 설계

대부분 흡수장치로써 충진탑을 사용하기 때문에, 본 장에서는 이 장치에 대한 설계를 강조할 것이다. 충진탑을 설계할 때 3가지 중요한 고려사항은, (1) 흡수액의 순환속도를 결정하기 위하여 탑의 물질수지를 세워야 하며, (2) 원하는 분리도를 얻기 위해 충진높이를 계산해야 하고, (3) 필요한 흡수액과 가스의 유속을 조절하기 위해 탑의 직경을 결정해야 한다. 질량전달론은 모든 설계방정식의 기초가 되므로, 우리는 일단 이에 대해 논의할 것이다.

질량전달론 (Mass Transfer Theory)

가스로부터 흡수액까지의 질량전달은 충진물의 젖은 표면에 제공된 기/액 (경)계면 (interface)을 통해 일어난다. 우리는 이중막 이론 (two-film theory)에 기초하여 설계과정을 전개할 것이다. 이중막 이론은 경계면 양면에 존재하는 층류막으로부터 경계면을 통과해 전달되는 모든 저항을 가시화하는 이론이다. 그림 13.3은 이중막 이론에 대한 모델을 제시하고 있다. 여기서 가스와 흡수액의 경계면을 평형상태로 가정한다.

분자확산과 상의 총괄운동 (phase bulk motion)에 의하여, 혼합가스 (A와 B) 내의 성분 A의 물질전달속도는 다음과 같이 결정된다.

$$\frac{N_A}{A} = -D_M \frac{dy}{db} + y\frac{(N_A + N_B)}{A} \tag{13.1}$$

여기서, N_A = 성분 A의 전달속도, lbmol/hr

N_B = 성분 B의 전달속도, lbmol/hr

D_M = 몰확산도 (molar diffusivity), lbmol/hr-ft

y = 가스에서 성분 A의 몰분율

b = 확산거리, ft (확산이 진행되는 방향으로)

A = 확산경로와 수직으로 전달되는 물질의 통과면적, ft^2

성분 A에 대한 몰분율 x로도 비슷하게 표현할 수 있다. 식 (13.1)에서 우항의 두 번째 식은 경계면으로 향하는 유체의 총괄운동에 대한 질량전달을 설명한다.

식 (13.1)은 성분 B의 정체막을 통과하여 확산되는 성분 A에 대하서 통합될 수 있다. 이 경우 접촉하는 흡수액이 물일 때, 공기와 같은 불용성 가스로부터 수용성 가스의 흡수하는 공정에 응용할 수 있다. 예를 들어, 그림 13.3에서, 가스를 암모니아와 공기와의 혼합물로 가정하고 흡수액을 물로 가정한다. 이 경우 암모니아는 수용성이기 때문에 경계면을 통하여 확산되고 흡수된다. 공기는 가스의 몰밀도를 일정하게 유지하기 위해 경계면으로부터 멀리까지 확산되어야 한다. 이런 특수한 경우에는, 경계면에 대한 성분 B의 확산속도가 0이고, 식 (13.1)은 다음과 같이 표현된다.

$$\frac{N_A}{A} = -D_M \frac{dy}{db} + y\frac{N_A}{A} \tag{13.2}$$

재정리하면,

$$-\frac{1}{N_A}\int_y^{y_i}\frac{dy}{1-y} = \frac{1}{D_M A}\int_0^{B_T} db \tag{13.3}$$

여기서, B_T = 가스막의 두께, ft

y_i = 경계면에서의 y값

식 (13.3)을 적분하고 결과를 재정리하면, 단위면적당 성분 A의 질량전달속도를 구할 수 있다. 이를 성분 A의 질량속 (flux)이라 한다.

$$\frac{N_A}{A} = \frac{D_M}{B_T}\ln\left[\frac{1-y_i}{1-y}\right] \tag{13.4}$$

몰확산도 D_M은 $D\rho_m$으로 표현될 수 있다. 여기서, D는 부피확산도 (volumetric diffusivity (ft^2/hr or cm^2/s)이고 ρ_m은 가스의 몰밀도이다 (lbmol/ft^3, 또는 gmol/cm^3). 가스상 부피확산도는

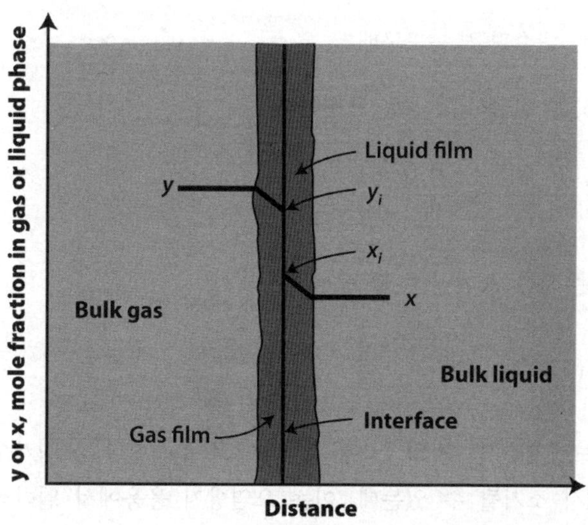

그림 13.3 가스와 흡수액의 막을 통과하는 농도구배의 단면도

가스의 속도론으로부터 추정되나, 일반적으로 Treybal (1968)이 언급한 것처럼 반경험적으로 추정된다.

대부분 응용에서 가스흡수장치는 난류영역에서 가동되며, 식 (13.4)는 소용돌이나 난류전달현상을 고려하여 수정되어야 한다. 따라서,

$$\frac{N_A}{A} = \frac{(D+E)}{B_T}\rho_m \ln\left[\frac{1-y_i}{1-y}\right] \tag{13.5}$$

여기서, E = 소용돌이 확산도, ft^2/hr나 cm^2/s

실제로 D, E, B_T는 독립적으로 결정할 수 없고, 다음과 같은 하나의 질량전달계수로 통합된다.

$$\frac{k_y}{\phi} = \frac{N_A}{A(y-y_i)} \tag{13.6}$$

여기서, k_y = Drew-Colburn 가스막계수 $\dfrac{\text{lbmol}}{\text{hr-ft}^2\text{-}\Delta y}$

ϕ = 상의 총괄운동 (bulk motion) 또는 표류 (drift)에 대한 보정계수

식 (13.6)의 보정계수는 다음과 같이 표현된다.

$$\phi = (1-y)_{\text{LM}} = \frac{(1-y_i)-(1-y)}{\ln\left(\dfrac{1-y_i}{1-y}\right)}$$

여기서, $(1-y)_{\text{LM}}$ = 대수평균 농도구배

식 (13.5)과 식 (13.6)을 결합하고, ϕ로 표현하면,

$$\frac{N_A}{A} = \frac{k_y(y-y_i)}{\phi} = \frac{k_y(y-y_i)}{(1-y)_{\text{LM}}} \tag{13.7}$$

흡수액에 대해서도, 유사한 표현식을 쓸 수 있다.

$$\frac{N_A}{A} = k_x(x_i - x) \tag{13.8}$$

액막에 대한 "표류 보정계수"는 거의 1.0에 가까우므로 무시한다. 보정계수 역시 y가 0.05보다 작을 때 식 (13.7)에서 소거될 수 있는데, 이는 오염방지 응용에서 일반적인 일이다.

충진탑에서의 질량전달

개요

충진탑 설계에 관한 상세한 공식을 소개하기 전에, 흡수탑의 공정설계와 관련된 절차를 간단히 설명하겠다. 간단한 설계 접근법은 (특정 조건하에서만 응용되지만) 구체적인 접근법보다는 수학적으로 쉽고, 5% 미만의 낮은 기상 및 액상 농도를 갖는 오염제어 문제에 응용할 수 있다. 이 간단한 접근법은 예제 13.3에서 정량적으로 설명된다.

첫째, 흡수액의 순환속도를 결정하기 위해, 전체 탑에 대한 물질수지를 세워야 한다. 그림 13.4에 도식된 것처럼, 가스의 몰유속 V_m과 탑상부와 탑하부의 가스조성 y, 탑상부의 흡수액 조성 x는 알 수 있다. 탑하부에서 흡수액과 함께 방출되는 오염물질의 양은 가스로부터의 제거속도에 의해 결정된다. 그러나 탑하부에서 흡수액의 조성은 흡수액의 순환속도에 의존한다.

평형선과 탑상부와 탑하부의 조작점 (operating point)으로부터, 그래프나 대수식을 이용하여 '최소 흡수액 속도 (MLR: minimum liquid rate)'를 결정할 수 있는데, 이 MLR에 배수 (1.25～3.0)를 곱하여 '흡수액의 순환속도'를 계산할 수 있다. 탑상부의 조작점 $(x_t,\ y_t)$에서 평형선과 탑하부 가스조성 y_b의 수평선과의 교차점까지 연결된 선을 '최소기울기 조작선 (minimum slope operating line)'이라고 한다. 이 선의 기울기는 무용질 (solute-free) 액체의 유속과 무용질 가스의 유속과의 비율이다. 우리는 가스의 유속을 알기 때문에 MLR을 쉽게 계산할 수 있는데, 실제 흡수액의 유속은 MLR의 배수가 된다.

둘째, 일단 실제 흡수액의 유속이 결정되면, 우리는 그래프를 이용한 적분과정을 통하여 충진부의 높이를 결정할 수 있다. 이와 같은 도식적 절차법은 예제 13.1에 설명되어 있고, 단순 절차법은 예제 13.3에서 설명될 것이다.

셋째, 마지막으로 탑의 **홍수점** (익류점, flooding point)과 압력손실에 대한 도식적 상관성을 이용하여 탑의 직경을 결정한다. 우리는 처음 탑 내에서 홍수가 일어나는 가스유량속 (gas flux), G_y를 결정하고, 실제 유량속은 홍수점 유량속의 40～70%가 되도록 결정한다, 실제 가스유량속과 실제 가스유속으로부터 탑의 직경을 결정할 수 있다.

지금까지 앞으로 논의될 여러 가지 일반 수식들의 이해를 돕기 위해 개괄적으로 설명하였다. 각 수식은 외관상 복잡하고 어려워 보이지만, 설계절차는 앞서 설명한 3단계 절차와 같다. 예제 13.1, 13.2, 13.3을 주의 깊게 공부하는 것이 흡수탑 이론과 설계의 이해력을 높이는데 도움이 될 것이다.

일반적 경우 (구체적 접근법)

그림 13.4에서처럼, 정상상태 (steady-state)에서 비휘발성 흡수액으로 비흡수성 가스 B로부터 성분 A를 흡수하는 과정을 살펴보자. 또한, y를 가스 내 A의 몰분율로, x를 흡수액 내 몰분율로 가정하자. 미분영역 dZ에서 A의 총괄 및 성분수지식은 다음과 같다 (부호는 무시하자).

$$dL_m = dV_m \tag{13.9}$$

$$d(L_m x) = d(V_m y) = dN_A \tag{13.10}$$

여기서, L_m = 흡수액의 몰속도, mol/hr

V_m = 증기의 몰속도, mol/hr

단지, 성분 A만이 상과 상 사이에 전달되므로 (흡수액은 비휘발성으로 가정한다),

$$d(L_m x) = dL_m = dN_A \quad \text{그리고} \quad d(V_m y) = dV_m = dN_A \tag{13.11}$$

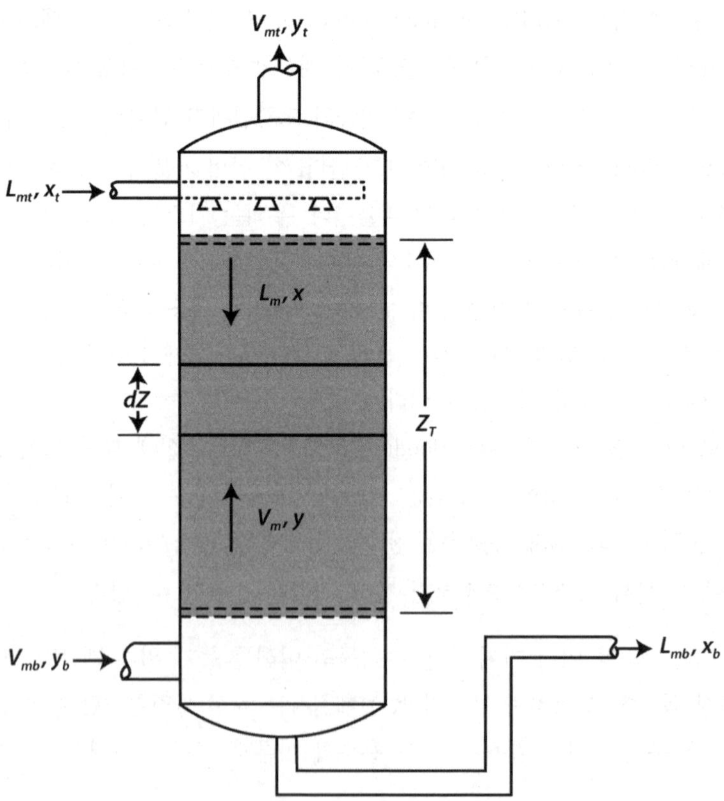

그림 13.4 충진탑의 설계변수

탑하부 b에서 탑 내 임의지점까지 성분수지식은,

$$L_m x + V_{mb} y_b = L_{mb} x_b + V_m y \tag{13.12}$$

L_m'과 V_m'을 각각 무용질 흡수액과 무용질 증기의 몰속도로 가정하면,

$$V_m = \frac{V_m'}{1-y} \quad \text{그리고} \quad L_m = \frac{L_m'}{1-x} \tag{13.13}$$

V_m과 L_m을 식 (13.12)에 대입하면 다음과 같다.

$$V_m'\left(\frac{y_b}{1-y_b} - \frac{y}{1-y}\right) = L_m'\left(\frac{x_b}{1-x_b} - \frac{x}{1-x}\right) \tag{13.14}$$

또는

$$\frac{y}{1-y} = \frac{L_m'}{V_m'}\left(\frac{x}{1-x}\right) + \left[\frac{y_b}{1-y_b} - \frac{L_m'}{V_m'}\left(\frac{x_b}{1-x_b}\right)\right] \tag{13.15}$$

그림 13.5처럼 x-y 그래프를 그릴 때, 식 (13.14)나 식 (13.15)는 흡수탑에 대한 조작선 (operating line)을 나타낸다. 조작선은 총괄 액상/기상 농도와 충진부 내의 임의점에서의 상의 유속과의 관계를 도식한 것이다. 비록, 일반적인 경우 조작선은 직선이 아니지만, '최소기울기 조작선'은 점 $(x_t,\ y_t)$와 점 $(x_b^*,\ y_b)$를 연결한 직선으로 정의되며, 이 직선의 기울기는 $(L'_{m_{min}}/V_m')$이다.

상의 유속 (phase flow rate)의 함수로써, 기/액 접촉 단위면적당 전달속도는 식 (13.7)~(13.10)에서 유도된다.

$$dN_A = d(V_m y) = k_y \frac{(y-y_i)}{\phi} dA = d(L_m x) = k_x (x_i - x)\, dA \tag{13.16}$$

질량전달 면적은 충진물의 함수이고, 실제로는 충진물의 부피 (ft^3)당 이용가능한 면적 (ft^2)으로 표시된다. 그림 13.4를 보면, 탑의 미분영역에서 질량전달 면적은,

$$dA = a\, S\, dZ \tag{13.17}$$

여기서, S = 탑의 단면적, ft^2

a = 질량전달에 이용가능한 면적, ft^2/ft^3 (충진물)

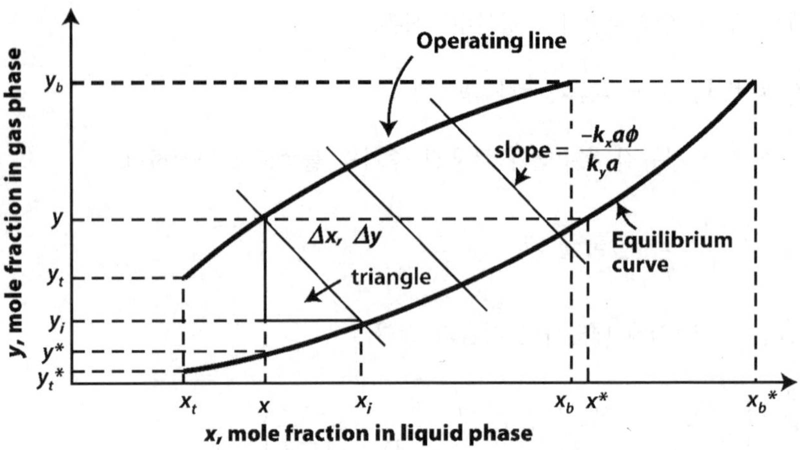

그림 13.5 $(\Delta x,\ \Delta y)$삼각형 및 총괄 가스상 구동력의 도식적 설명

식 (13.16)과 (13.17)을 결합하고 $V_m\, dy/(1-y)$를 $d(V_m\, y)$에 대입하면

$$k_y\, a\, \frac{(y-y_i)}{\phi}\, dZ = \frac{V_m}{S}\, \frac{dy}{1-y} \tag{13.18}$$

마찬가지로, 액막에 대한 수식은

$$k_x\, a\, (x_i - x) dZ = \frac{L_m}{S}\, \frac{dx}{1-x} \tag{13.19}$$

식 (13.18) 또는 (13.19)는 충진부위의 높이, 즉 Z_T를 얻기 위해 적분되어야 한다. 적분하기 위해 식 (13.16)을 사용하여, 상의 총괄농도 (y와 x)와 경계면의 농도 (y_i와 x_i)와의 상관관계를 유도하여야 한다. 여기서 기억할 점은 가스막을 통과하는 전달속도와 액막을 통과하는 전달속도가 같다는 점이다. 식 (13.16)을 재정리하면,

$$\frac{y-y_i}{x-x_i} = -\phi\, \frac{k_x a}{k_y a} \tag{13.20}$$

x, y 도식에서, 식 (13.20)은 기울기 $-\phi k_x\, a/k_y\, a$를 갖는 직선이다. 이 직선은 조작선 상의 점 $(x,\ y)$와 평형선 상의 해당 점 $(x_i,\ y_i)$를 연결한 직선으로 그림 13.5와 같다. 식 (13.18)은 재정리되고, 다음과 같이 탑의 두 끝점 사이에서 적분될 수 있다.

$$\left(\frac{k_y\, a}{G_{my}}\right)_{\text{avg}} \int_0^{Z_T} dZ = Z_T \left(\frac{k_y a}{G_{my}}\right)_{\text{avg}} = \int_{y_t}^{y_b} \frac{\phi\, dy}{(1-y)(y-y_i)} \tag{13.21}$$

여기서, G_{my} $= V_m/S =$ 탑을 통과하는 가스의 몰유량속, lbmol/hr-ft^2

$\left(\frac{k_y a}{G_{my}}\right)_{avg}$ $= \left(\frac{k_y a}{G_{my}}\right)_b$와 $\left(\frac{k_y a}{G_{my}}\right)_t$의 평균값

Z_T = 충진부위의 높이

$b,\ t$ = 각각 탑의 하부 (bottom) 및 상부 (top)를 의미

식 (13.21)에서, 다음과 같이 도식적으로 우항을 적분할 수 있다 (그림 13.5 참고).

1. 탑의 조작 온도와 압력에서 용질의 평형선 y_i 대비 x_i를 그린다. 온도와 압력은 충진부 내에서 일정하다고 가정한다.
2. 식 (13.14)에서 $L_{\min}$을 결정한다. 이를 위해, x_b대신 x_b^*를 대입한다. (여기서, x_b^*는 y_b와 평형인 흡수액의 농도이다.) 다음, x_t와 y_t를 x와 y에 대입한다.
3. 식 (13.14)나 식 (13.15)를 사용하여 실제 조작선을 그린다. 실제 흡수액의 몰속도는 최소속도 $L_{\min}$의 배수 (1.25～2.5)로 결정된다.
4. $-\phi k_x a/k_y a$의 값을 계산한다. 조작선 상의 y_t에서 시작하여, y_t와 y_b사이에 등간격으로 $-\phi k_x a/k_y a$ 기울기를 갖는 일련의 평행선들을 그린다 (일반적으로 6～10개 정도면 충분하다). 이 평행선들과 평형선 간의 교차점은 x와 y에 대응하는 x_i와 y_i 값을 제공한다.
5. 다음과 같은 표를 준비한다.

y	$1-y$	y_i	$1-y_i$	ϕ	$\phi/(1-y)(y-y_i)$

6. $\phi/(1-y)(y-y_i)$대 y를 그리고, $\int_{y_t}^{y_b}\phi dy/(1-y)(y-y_i)$ 값을 구한다. 또한 y_t부터 y_b까지의 곡선 하단부 면적을 구한다.
7. 식 (13.21)로부터 Z_T를 구한다.

액막에 대한 Z_T를 구하기 위하여, 단계 5, 6, 7은 다음과 같이 변경된다.

5. 준비할 표는 다음과 같다.

x	$1-x$	x_i	x_i-x	$1/(1-x)(x_i-x)$

6. $1/(1-x)(x_i-x)$ 대비 x를 그리고, x_t와 x_b 사이의 곡선 하단부 면적은 $\int_{x_t}^{x_b}dx/(1-x)(x_i-x)$의 값과 같다.

7. Z_T를 계산한다.

$$Z_T = \frac{\text{곡선아래 면적}}{\left(\dfrac{k_x a}{G_{mx}}\right)_{\text{avg}}}$$

여기서, G_{mx} = L_m / S = 탑을 통과하는 흡수액의 몰유량속 lbmol/hr- ft ^{2}

총괄질량전달계수 (Overall Mass Transfer Coefficients)

Z_T를 결정하는 절차는 총괄 기/액 전달계수의 개념을 도입하여 단순화 시킬 수 있다. 다음 식으로 정의한다.

$$N_A = \frac{K_y a S(y - y^*) dZ}{\phi} = K_x a S(x^* - x) dZ \tag{13.22}$$

여기서, K_y = 총괄 가스상 계수, lbmol/hr-ft^2-Δy

K_x = 총괄 액상 계수, lbmol/hr-ft^2-Δx

y^* = 총괄 액체 (조성 x)와 평형인 가스 중 용질의 몰분율

x^* = 총괄 가스 (조성 y)와 평형인 액체 중 용질의 몰분율

K_y , K_x , k_x와 k_y 사이의 관계

$$\frac{1}{K_y} = \frac{1}{k_y} + \frac{m}{k_x} \tag{13.23}$$

$$\frac{1}{K_x} = \frac{1}{k_x} + \frac{1}{m k_y} \tag{13.24}$$

여기서, m = 평형선의 기울기

그림 13.5에서 보듯이, 총괄계수에서 사용되는 흡수 구동력 (driving force)은 $(y - y^*)$나 $(x^* - x)$이다.

전달단위 개념 (transfer unit concept)

만약 식 (13.21)을 다시 쓰면 다음과 같다.

$$Z_T = \left(\int_{y_t}^{y_b} \frac{\phi\, dy}{(1-y)(y-y_i)}\right)\left(\frac{G_{my}}{k_y a}\right)_{\text{avg}} \tag{13.25}$$

충진높이는 두 항의 곱으로 표시되어 있다. 첫째 항은 총괄분리과정의 난해도를 의미하며, 두 번째 항은 가동조건하의 충진물의 질량전달 효율을 의미한다. 우리는 식 (13.25)를 다음과 같이

다시 쓸 수 있다.

$$Z_T = [N_{ty}][H_y] \tag{13.26}$$

여기서, N_{ty} = 각 구동력에 기초한 전달단위수 (number of transfer units)

H_y = 각 가스막계수에 기초한 전달단위높이 (HTU: height of transfer unit), ft

전달단위수와 이에 상응하는 HTU는 그림 13.5에 보이는 네 개 다른 구동력의 항들과 해당하는 질량전달계수에서 구할 수 있다. 총괄 및 각각의 HTU는 다음식으로 표현된다.

$$H_{oy}\frac{G_{mx}}{mG_{my}} = H_x + \frac{G_{mx}H_y}{m\,G_{my}} = H_{ox} \tag{13.27}$$

여기서, H_x, H_y = 각 액막과 가스막계수에 기초한 HTU

H_{ox}, H_{oy} = 총괄 액막과 가스막계수에 기초한 HTU

만약, H_{oy}와 같은 총괄HTU를 사용한다면, 식 (13.25)를 이용하여 $(G_{my}/k_y a)_{\text{avg}}$로 추정할 수 있다. HTU 개념을 사용하는 이점은 다음과 같다.

1. 총괄전달계수를 사용할 때보다 충진물의 길이에 내해 HTU 값의 변화가 작나. 대부분 기/액 공정에서, HTU 범위는 0.3～9.0 ft이다. 그러나 일부 공정에서는 탑 전체에 대해 거의 일정하다.
2. 충진물의 길이로서 표현된 질량전달 효율의 개념은 매우 쉽다.
3. 충진탑에서 얻은 실험적 질량전달 자료는 HTU와 상관성이 있다.

흡수장치 설계와 관련한 전달계수와 HTU

탑의 효율적 설계를 위하여, 질량전달계수 또는 HTU (height of transfer unit)의 정확한 값이 결정되어야 한다. 질량전달계수와 HTU를 추정하기 위한 상관성 연구가 계속되어 왔으나, 각 연구보고서마다 커다란 차이가 있었다. 모형실험 (pilot-scale) 장치에서 얻은 전달계수를 실규모 (full-size) 설비에 외삽하여 적용할 때 문제점이 발생한다.

다음은 이러한 문제의 원인들이다.

1. 모형규모에서는 정확한 경계면적을 결정하기 어렵다.
2. 모형규모에서는 유입구 효과에 대해 보정이 어렵다.
3. 소형 탑에서는 가동조건을 일정하게 유지하기 힘들다.

표 13.1 식 (13.29)에 사용된 상수 (무작위 충진에 기초한 자료임)

충진물의 종류	α	η
3/8 in. Raschig rings	550	0.46
1/2 in. Raschig rings	280	0.35
1 in. Raschig rings	100	0.22
1 1/2 in. Raschig rings	90	0.22
2 in. Raschig rings	80	0.22
1/2 in. Berl saddles	150	0.28
1 in. Berl saddles	170	0.28
1 1/2 in. Berl saddles	160	0.28

출처 : Badger and Banchero, 1955.

경계면적의 결정은 $k_y a$와 $k_x a$의 상관식을 유도하여 피할 수 있으며, 여기서 기/액 접촉면적은 질량전달계수에 포함된다. 이들 상관식은 보통 다음과 같은 형태이다.

$$k_y a \text{ 또는 } k_x a = b\, G_{my}^{r}\, G_{mx}^{s} \tag{13.28}$$

여기서, b, r, s = 특정 충진물에 대한 상수

다음은 Sherwood 등 (1940)과 Hensel 등 (1952)에 의해 제시된 두 가지 공식이다.

$$\frac{k_x a}{D_x} = \alpha \left(\frac{G_x}{\mu_x}\right)^{1-\eta} \left(\frac{\mu_x}{\rho_x D_x}\right)^{0.5} \tag{13.29}$$

여기서, D_x = 흡수액내 용질의 확산도, ft^2/hr

α = 표 13.1의 상수 (충진물 종류에 따라 다양)

μ_x = 흡수액의 점도, $lb_m/hr\text{-}ft$

ρ_x = 흡수액의 밀도, lb_m/ft^3

η = 표 13.1로부터 얻은 상수 (충진물 종류에 따라 다양)

또한,

$$k_y a = b {G_y}^{r} {G_x}^{s} \left(\frac{\mu_g}{\rho_g D_g}\right)^{-2/3} \tag{13.30}$$

여기서, G_x , G_y = 흡수액 또는 가스의 질량속 (mass flux), $lb_m/hr\text{-}ft^2$

물의 암모니아 흡수에 대한 b, r과 s의 값은 표 13.2에 있다.

표 13.2 물의 암모니아 흡수에 대해 식 (13.30)에 사용된 상수

충진물의 종류		b	r	s
1/2 in.	Raschig rings	0.0065	0.90	0.39
1 in.	Raschig rings	0.0360	0.77	0.20
1 1/2 in.	Raschig rings	0.0142	0.72	0.38
1 in.	Berl saddles	0.0085	0.75	0.40

출처 : Badger and Banchero, 1955.

H_x와 H_y에 대한 상관식은 일반적으로 다음과 같다.

$$H_x \text{ 또는 } H_y = f\left(\text{Re},\ \frac{G_x}{G_y},\ \frac{\mu}{\rho D}\right) \tag{13.31}$$

여기서, Re = 흡수액 또는 가스의 Reynolds수, 무차원

H_{oy}의 값은 표 13.3에 있다. 특수한 적용을 위해, $K_x a$, $K_y a$, H_{oy}와 H_{ox}의 값은 일부 참고문헌을 이용할 수 있으나, 특수한 경우에만 응용되도록 주의 깊게 선택하여야 한다 (Coulson 등, 1968; Perry, 1963; Treybal, 1968).

표 13.3 모형규모 탑에서 측정한 전달단위의 높이 H_{oy}

Raschig Rings 크기 in.	G_y lbm/hr-ft^2	H_{oy} (G_x = 500 lbm/hr-ft^2)	(G_x = 1,500 lbm/hr-ft^2)
3/8	200	1.2	0.75
	600	2.0	1.05
1	200	1.3	0.71
	600	2.1	1.1
2	200	2.0	1.1
	600	3.4	1.9

출처 : Perry, 1963.

흡수와 화학반응

식 (13.22)로부터, 질량전달속도는 역압 (back pressure)이나 평형 수증기압이 감소할 때 증가함을 알 수 있다. 이러한 이유로, 흡수액은 용질가스에 대해 큰 용해능력을 가져야 한다. 액막저항 (liquid film resistance)은 흡수장치에 새로운 흡수액을 순환시켜 최소화시킬 수 있다. 그러나 이러한 접근법은 비경제적이다.

평형증기압은 흡수액에 화학반응물을 첨가하여 "0"에 가깝게 감소시킬 수 있다. 실제 흡수액은 화학적으로 용질가스를 변화시킨다. 다음은 화학적으로 흡수력이 개선되는 예이다.

1. 알칼리용액에 산성가스의 흡수
2. 산화성용액에 악취가스의 흡수
3. 아민용액에 CO_2와 H_2O의 흡수

화학반응이 질량전달속도에 미치는 총괄적 영향은 추정하기 매우 어렵다. 화학반응의 속도와 차수 및 반응의 가역성 여부는 중요한 요인이 된다. 제 15장에서는 화학적으로 개선된 흡수법의 응용에 대해 설명할 것이다 (즉, 이산화황 제거를 위한 연도가스의 석회석세정).

충진탑 내의 홍수, 압력손실, 가스 및 흡수액의 허용속도

충진탑 설계에서 세 번째 주요단계는 처리가스의 유량을 조절하기 위해 직경을 구하는 것이다. 충진탑의 직경은, 양호한 접촉이 이루어질 수 있도록, 가스와 액체의 질량속도를 충분히 제공할 수 있는 단면적을 구한다. 일정한 G_x에서 G_y의 증가는 가스흐름이 흡수액의 하향 흐름을 방해하는 점까지 경계면 접촉을 증가시킬 것이다. 가스유속이 이 점 (즉, **홍수점** 또는 **익류점**: flooding point) 이상으로 증가할 때 홍수가 일어나게 되며, 탑 내에서는 액막이 생기고 흡수액은 탑상부로 밀려나갈 때까지 고인다. 탑은 홍수점 이내에서 가동되어야 하나, 양호한 기/액 접촉을 유지하기 위해서는 충분히 빠른 속도가 필요하다. 빠른 가스유속에서는 동력비가 많이 들고, 느린 유속에서는 자본비가 많이 든다. 통상적으로 홍수점의 40~70%에서 이루어진다.

홍수점에서의 유속은 대수적으로 도식된 그림 13.6을 사용하여 추정한다.

$$\frac{G_y{}^2 F_p(\mu_x)^{0.2}}{g_c(\rho_x-\rho_y)\rho_y} \quad \text{대비} \quad \frac{G_x}{G_y}\left(\frac{\rho_y}{\rho_x-\rho_y}\right)^{1/2}$$

여기서, F_p = 표 13.4에 제시된 충진인자, ft^{-1}

ρ_x = 흡수액 밀도, lb_m/ft^3

ρ_y = 가스밀도, lb_m/ft^3

μ_x = 흡수액 점도, cp

g_c = 비례상수, 32.17 $ft\text{-}lb_m/s^2\text{-}lb_f$

G_x = 흡수액 질량속 (mass flux), $lb_m/s\text{-}ft^2$

G_y = 가스 질량속, $lb_m/s\text{-}ft^2$

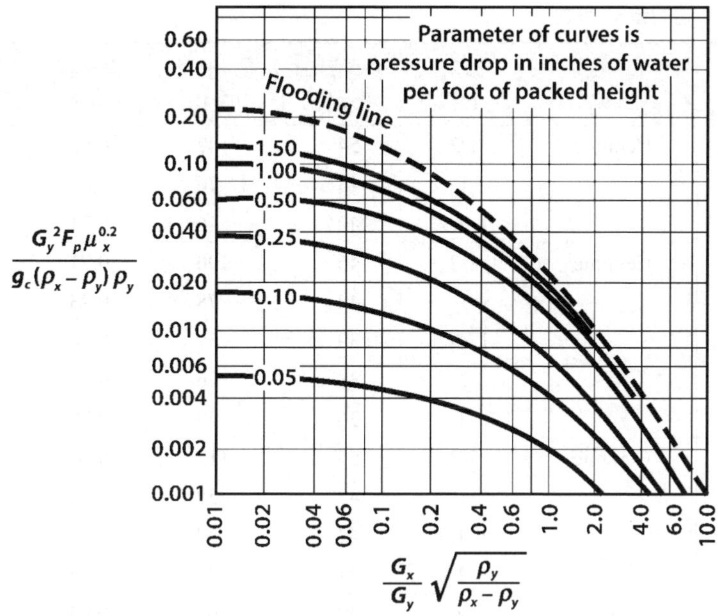

그림 13.6 충진탑에서 홍수현상과 압력손실의 일반적 상관관계
출처 : McCabe 등, 1985.

그림 13.6을 이용하기 위해, 앞에서 구한 L_m과 V_m (질량속도로 환산된)으로부터 가로축의 값을 계산한다. (이직은 미지수인) 단면적 S가 나뉘저 있기 때문에, L_m/V_m으로부터 G_x/G_y를 얻을 수 있다. 대부분 공해방지 응용에서 ρ_y는 이상기체로 간주하여 계산하고, ρ_x는 평균가동온도에서 물 (또는 흡수액)에 대한 값을 취한다. 우리는 홍수곡선 (flooding curve)과 가로축과의 교점에서 세로축의 값을 결정할 수 있다. 세로축의 값으로부터, 홍수점에서의 G_y를 얻을 수 있고, 탑의 직경은 $G_{y(\text{flooding})}/2$을 기초로 구한다. 이 때 새로운 세로축의 값 (충진물의 단위ft당 압력손실을 구할 때 사용되는)을 계산하기 위해, 새로운 값 G_y를 사용한다. 전술한 논의는 예제 13.1에서 다시 설명될 것이다.

탑의 압력손실은 그림 13.6을 사용하여 쉽게 구할 수 있다. 우선, 우리는 탑에서 실제 G_y와 G_x를 계산하고, 그림 13.6의 가로와 세로 좌표를 사용하여 값을 계산한다. 이 값으로부터, 그림 상의 교점은 탑의 실제 가동점을 나타내며, 충진 높이 ft당 압력손실은 그림에서 직접 읽을 수 있다. 탑 내의 총 압력손실은 단위길이당 압력손실에 충진높이를 곱하여 쉽게 계산할 수 있다.

표 13.4 흡수탑 충진물의 특성

종 류	재 질	크기 in.	종합밀도[1] lb_m/ft^3	총 면적[1] ft^2/ft^3	공극률 ϵ	충진인자[2] F_p	f_p
Berl saddles	Ceramic	1/2	54	142	0.62	240	1.58[3]
		1	45	76	0.68	110	1.36[3]
		1 1/2	40	46	0.71	65	1.07[3]
Intalox saddles	Ceramic	1/2	46	190	0.71	200	2.27
		1	42	78	0.73	92	1.54
		1 1/2	39	59	0.76	52	1.18
		2	38	36	0.76	40	1.00
		3	36	28	0.79	22	0.64
Raschig rings	Ceramic	1/2	55	112	0.64	580	1.52[3]
		1	42	58	0.74	155	1.36[3]
		1 1/2	43	37	0.73	95	1.00
		2	41	28	0.74	65	0.92[3]
Pall rings	Steel	1	30	63	0.94	48	1.54
		1 1/2	24	39	0.95	28	1.36
		2	22	31	0.96	20	1.09
	Polypropylene	1	5.5	63	0.90	52	1.36
		1 1/2	4.8	39	0.91	40	1.18

1 종합밀도와 총 면적은 탑의 단위부피당 주어진다.
2 인자 F_p는 압력손실 인자이고 f_p는 상대적 질량전달계수이다.
3 NH_3-H_2O 자료에 입각하였으며, 기타 인자는 CO_2-NaOH 자료에 입각하였다.
출처 : MaCabe 등, 1985.

예제 13.1 열처리 공정에서 배출되는 10,000 acfm의 처리가스가 25 몰%의 암모니아를 포함하고 있다. 평균배기조건은 115 ℉와 1.0 atm이다. 다음과 같은 설계인자들을 근거로, 암모니아 95%를 제거할 수 있는 흡수탑에서, 압력손실, 탑의 직경 및 충진물의 높이를 결정하라.

평균 탑의 온도 : 86 ℉

탑의 압력 : 1.0 atm

흡수액으로 순수 (pure water)가 사용된다.

물의 속도는 최소속도의 1.5배

충진물은 Ceramic Raschig ring 1.0 in.가 사용된다.

$$k_y a = 15 \frac{\text{lbmol}}{\text{hr-ft}^3\text{-}\Delta y}$$

$$k_x a = 60 \frac{\text{lbmol}}{\text{hr-ft}^3\text{-}\Delta x}$$

풀이 재순환되지 않는, 새로운 물이 사용되기 때문에, $y_b=0.25$, $x_t=0$. 유입가스 1 mol을 기준으로 출구 암모니아 농도 y_t는

즉, 유입 공기 몰수 = 0.75
유입 NH_3 몰수 = 0.25
유출 NH_3 몰수 = 0.05×0.25 = 0.0125

$$y_t = \frac{0.0125}{0.75+0.0125} = 0.0164$$

다음, 1.0 atm, 86 °F에서 NH_3/물에 대한 평형선을 그린다. 부록의 표 B.4에 주어진 NH_3 용해도 자료를 이용하라. 이 표는 lb NH_3 / 100 lb_m H_2O 대비 NH_3의 분압을 mmHg로 표시한 것으로 NH_3 농도 자료를 제공하고 있다. 몰분율로 환산하기 위해, 다음 공식을 이용하라.

$$y_e \text{ 또는 } y_i = \overline{P}_A/760$$

$$x_e \text{ 또는 } x_i = \frac{C_A/17}{C_A/17+100/18}$$

여기서, $\overline{P}_A$ = NH_3 분압, mmHg
C_A = 물 속 NH_3 농도, g NH_3 / 100 g H_2O

2~15 g/100 g 사이에서 C_A를 선택하고, 30 ℃ 열 (column)에서 해당 $\overline{P}_A$ 값을 읽어라. 자료의 결과는 다음과 같다.

C_A, g NH_3 / 100 g H_2O	x_e	$\overline{P}_A$, mmHg	y_e
2	0.0207	19.3	0.0254
3	0.0308	29.6	0.0389
4	0.0406	40.1	0.0528
5	0.0503	51.0	0.0671
7.5	0.0736	79.7	0.1050
10	0.0957	110	0.1450
15	0.1371	179	0.2360

이들 x-y 자료점은 그림 13.7 (하단 곡선)에 도식되었다.

다음, 최소 물의 속도를 구하라. 그림에서 $y_b=y_e=0.25$일 때, $x=x_b^*=0.14$이다. 다음으로, 유입가스 1 mol을 기준으로, $V_m'=0.75$ mol이다. 값 $x_t=0$, $y_t=0.0164$, $y_b=0.25$ 그리고 $x=x_b^*=0.14$를 식 (13.14)에 대입하면,

$$L'_{m_{\min}}\left(\frac{0}{1-0}-\frac{0.140}{1-0.140}\right) = 0.75\left(\frac{0.0164}{1-0.0164}-\frac{0.25}{1-0.25}\right)$$

$$L'_{m_{\min}}(-0.163) = 0.75(0.01667-0.3333) = -0.2375$$

$$L'_{m_{\min}} = 1.457 \text{ mol } H_2O/\text{mol gas}$$

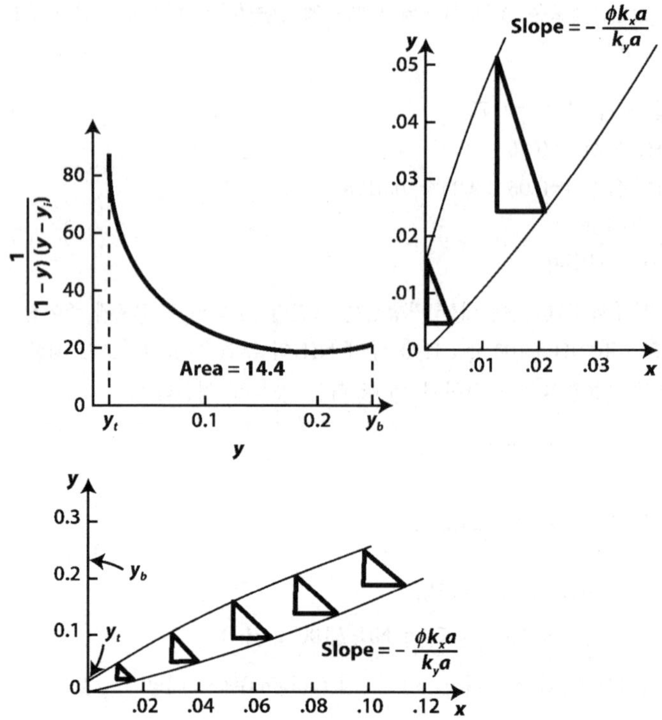

그림 13.7 예제 13.1의 풀이에 사용된 그래프

실제 물의 속도는 1.5×1.457=2.186 mol H_2O/mol gas이다.

가스의 총 몰속도는

$$\frac{10{,}000\ \text{ft}^3}{\text{min}} \times \frac{1\ \text{lbmol}}{359\ \text{ft}^3} \times \frac{492}{575} = \frac{23.8\ \text{lbmol}}{\text{min}} \quad \text{또는} \quad 1{,}430\ \text{lbmol/hr이다.}$$

이제 식 (13.14)로부터 실제 조작선을 그리기 위하여, $(x,\ y)$ 좌표를 계산하면 다음과 같다.

$$2.186\frac{x}{1-x} = 0.75\left(\frac{y}{1-y} - \frac{0.0164}{1-0.0164}\right)$$

$$\frac{x}{1-x} = 0.343\left(\frac{y}{1-y} - 0.0167\right)$$

y	$1-y$	$y/(1-y)$	$y/(1-y)-0.0167$	$x/(1-x)$	x
0.025	0.975	0.0256	0.0089	0.0031	0.0031
0.05	0.95	0.0526	0.0359	0.0123	0.0122
0.10	0.90	0.111	0.094	0.0322	0.0312
0.15	0.85	0.177	0.160	0.0549	0.0520
0.20	0.80	0.250	0.233	0.0799	0.0740
0.25	0.75	0.333	0.316	0.1080	0.0975

조작선을 그리기 위해 계산된 x, y 값을 이용하라. $-\phi(k_xa/k_ya)$를 계산하고 $\Delta x\Delta y$ 삼각형을 그려라. $\phi=1.0$을 가정하면, $-\phi(k_xa/k_ya)=-4$가 된다. $\phi dy/[(1-y)(y-y_i)]$를 도식적으로 적분하기 위하여, $\Delta x\Delta y$ 삼각형을 이용하여 다음과 같은 표를 준비한다.

y	y_i	$1-y$	$y-y_i$	$1/[(1-y)(y-y_i)]$
0.0164	0.0042	0.984	0.0122	83.30
0.052	0.023	0.950	0.0270	38.99
0.10	0.056	0.900	0.0440	25.25
0.15	0.097	0.850	0.0530	22.19
0.20	0.138	0.800	0.0620	20.16
0.25	0.186	0.750	0.0640	20.83

$\int \phi dy/[(1-y)(y-y_i)]$을 계산하기 위해, y는 가로축에, $1/(1-y)(y-y_i)$는 세로축으로 도식되었다. $y=0.0164$와 $y=0.25$ 사이의 곡선 하단부 면적은 적분값과 같다. 그림 13.7 (좌측 상단)을 참고하라. 곡선 하단부 면적은 14.4이다. 여기서, Z_T를 계산하기 위해, 탑면적에 의존하는 G_{my} 값이 필요하다.

다음으로, 그림 13.6을 이용하여 탑의 직경을 구한다. 일단, 부하인자 (loading parameter), $(G_x/G_y)\times\sqrt{\rho_y/(\rho_x-\rho_y)}$를 계산한다.

$$\text{유입가스의 분자량} = 0.75\times 29.0+0.25\times 17.0 = 26.0\ \mathrm{lb_m/mol}$$

$$\rho_x = 62.15$$

$$\rho_y = \frac{PMW}{RT} = \frac{14.7\times 26.0}{10.73\times 546} = 0.0652\ \frac{\mathrm{lb_m}}{\mathrm{ft^3}}$$

$$\frac{G_x}{G_y}\sqrt{\frac{\rho_y}{\rho_x-\rho_y}} = \frac{2.186\times 18}{1.0\times 26.0}\sqrt{\frac{0.0652}{62.15-0.0652}} = 0.0490$$

그림 13.6으로부터, 홍수곡선과 가로좌표 (0.0490)의 교점에서

$$\frac{G_y^2 F_p \mu_x^{0.2}}{g_c(\rho_x-\rho_y)\rho_y} = 0.195$$

따라서, 홍수점에서

$$G_y = \left(\frac{0.195\times 32.174\times 0.0652\times 62.08}{155\times 0.80^{0.2}}\right)^{1/2} = \frac{0.413\ \mathrm{lb_m}}{\mathrm{ft^2\text{-}s}}$$

그러므로 유입되는 총 가스유량은

$$\frac{1{,}430\ \mathrm{mol}}{\mathrm{hr}}\times\frac{1\ \mathrm{hr}}{3{,}600\ \mathrm{s}}\times\frac{26.0\ \mathrm{lb_m}}{\mathrm{mol}} = \frac{10.32\ \mathrm{lb_m}}{\mathrm{s}}$$

만약, 홍수점의 50%에서 가동된다면,

$$G_y\ (\text{실제}) = \frac{0.413}{2} = \frac{0.206\ \text{lb}_\text{m}}{\text{ft}^2\text{-s}}$$

따라서, 탑의 단면적은

$$\frac{10.32\ \text{lb}_\text{m}}{\text{s}} \times \frac{\text{ft}^2\text{-s}}{0.206\ \text{lb}_\text{m}} = 50.10\ \text{ft}^2$$

탑의 직경은

$$\left(\frac{50.10 \times 4}{\pi}\right)^{1/2} = 7.99\ \text{ft}$$

따라서, 직경은 끝자리를 정리하면 8.0 ft이다.
이제, $(k_y a/G_{my})_{\text{avg}}$를 계산하면,

$$(G_{my})_b = \frac{1{,}430\ \text{lbmol}}{\text{hr}} \times \frac{1}{50.10\ \text{ft}^2} = \frac{28.54\ \text{lbmol}}{\text{hr-ft}^2}$$

$$(G_{my})_t = \frac{1{,}430 - (0.95)(0.25)(1{,}430)}{50.10} = \frac{21.76\ \text{lbmol}}{\text{hr-ft}^2}$$

$$(G_{my})_{\text{avg}} = 25.15$$

$$\left(\frac{k_y a}{G_{my}}\right)_{\text{avg}} = 0.596\ \text{ft}^{-1}$$

식 (13.21)에서

$$Z_T = \frac{14.4}{0.596\ \text{ft}^{-1}} = 24.1\ \text{ft}$$

이것이 충진부위의 높이이다.
마지막으로, 탑에 대한 ΔP를 계산한다. 가로좌표는 0.049로 같게 유지될 때, 세로좌표는

$$\frac{(0.206)^2(155)(0.80)^{0.2}}{32.2(62.2-0.065)(0.065)} = 0.048$$

그림 13.6으로부터 0.45 in. H_2O/ft인 $\Delta P/Z$를 읽을 수 있고, 탑의 ΔP는

$$0.45\ \frac{\text{in. H}_2\text{O}}{\text{ft}} \times 24.1\ \text{ft} = 10.8 \quad \text{또는} \quad 11.0\ \text{in. H}_2\text{O이다.}$$

예제 13.2 예제 13.1에서 총괄 가스상 질량전달계수에 의존하여, 충진높이를 재계산하라.

풀이 우선 식 (13.23)으로부터 K_ya 값을 계산하라.

$$\frac{1}{K_ya} = \frac{1}{k_ya} + \frac{m}{k_xa}\text{이고}$$

그림 13.8로부터

$$m \fallingdotseq \frac{0.12-0.048}{0.08-0.04} = 1.8$$

$$\frac{1}{K_ya} = \frac{1}{15.0} + \frac{1.8}{60} = 0.0967$$

$$K_ya = 10.34 \frac{\text{lbmol}}{\text{hr-ft}^3\text{-}\Delta y}$$

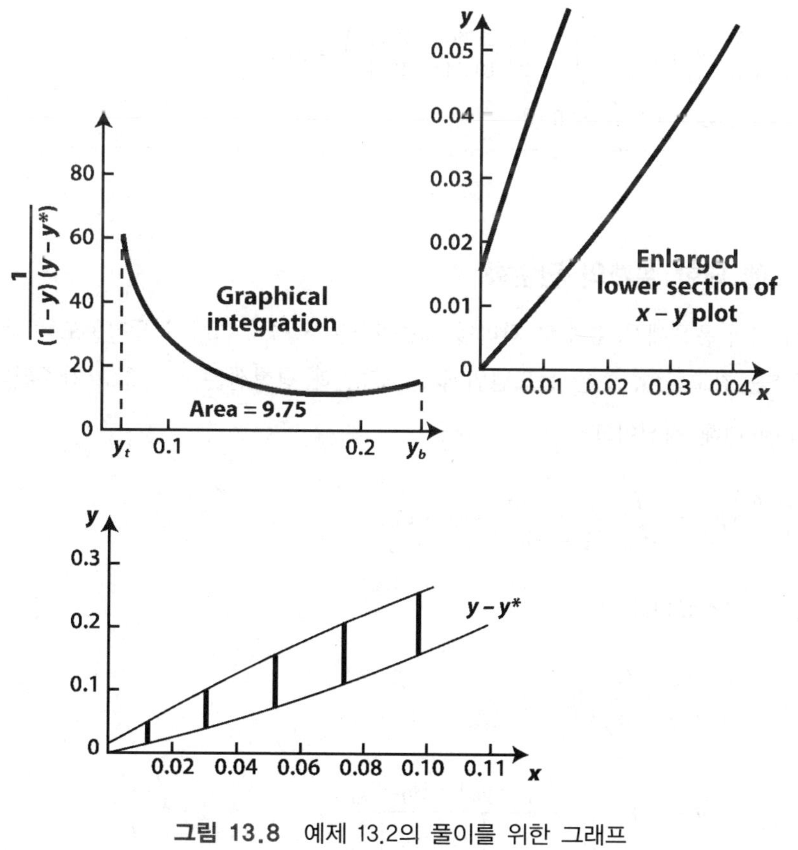

그림 13.8 예제 13.2의 풀이를 위한 그래프

식 (13.22)를 참고하라. $K_y a$와 함께 이용되는 구동력은 $y-y^*$이고, 도식적으로 추정하기 위한 적분은 $\phi dy/[(1-y)(y-y^*)]$이다. 그림 13.8을 참고하여, $\Delta x \Delta y$ 삼각형들은 y_t와 y_b 사이의 등간격에서 $y-y^*$ 구동력을 나타내는 수직선들로 대치된다. 다음과 같이 표를 준비한다.

y	y^*	$1-y$	$y-y^*$	$1/[(1-y)(y-y^*)]$
0.0164	0.0000	0.984	0.0164	61.97
0.052	0.0150	0.948	0.0370	28.51
0.10	0.0300	0.900	0.0700	15.87
0.15	0.0680	0.850	0.0820	14.34
0.20	0.110	0.800	0.0900	13.89
0.25	0.156	0.750	0.0940	14.18

첫 번째와 마지막 열이 각각 가로축과 세로축으로 도식화된다면, $y=0.0164$에서 $y=0.250$까지의 곡선 하단부 면적은 9.75가 된다. 그러므로,

$$\frac{1}{2}\left[\left(\frac{G_{my}}{K_y a}\right)_t + \left(\frac{G_{my}}{K_y a}\right)_b\right] = \frac{1}{2}\left(\frac{21.66}{10.34} + \frac{28.41}{10.34}\right) = 2.42 \text{ ft}$$

$$Z_T = 2.42 \times 9.75 = 23.6 \text{ ft}$$

저농도 가스에 대한 설계의 단순화

대기오염방지의 응용에서, 흡수로 처리될 배출가스는 5 몰% 이하의 용질농도를 갖게 될 것이다. 그림 13.5를 참고하여, 좁은 농도범위에서 조작선과 평형선은 직선으로 간주된다. 이 경우 y와 y^*는 x에 대해 직선이고

$$\left(\frac{K_y a}{G_{my}}\right) Z_T = \int_{y_t}^{y_b} \frac{dy}{(1-y)(y-y^*)} \text{이고,}$$

다음과 같이 단순화된다.

$$Z_T = \frac{y_b - y_t}{\Delta y_{\text{LM}}}\left(\frac{G_{my}}{K_y a}\right) \tag{13.32}$$

여기서, $\Delta y_{\text{LM}} = (y-y^*)_{\text{LM}} = \dfrac{(y_b - y_b^*) - (y_t - y_t^*)}{\ln\left[\dfrac{y_b - y_b^*}{y_t - y_t^*}\right]}$

앞에서 설명했듯이, 많은 대기오염제어 응용에서, 공기와 물 속의 오염농도는 매우 낮으며, 평형선과 조작선은 거의 직선이다. 이 경우 간단한 도식법과 산술적 기법으로 수식을 풀 수 있다. 흡수탑의 공정설계는 3단계로 일어난다.

1. 흡수액의 유속을 결정하기 위해 물질수지식을 세워라. (우선 최소유속을 구한 후, 실제유속을 구하라.)
2. 충진부위의 높이를 구하라.
3. 탑의 직경과 압력손실을 구하라.

1단계에서, 법률적 규제수준을 충족시키기 위해, 또는 설계목적을 달성하기 위해, 가스상 출구농도 (탑상부에서의 농도)를 구한다. 대부분의 경우, 우리는 탑하부에서 유입되는 오염가스의 농도를 알고 있다. 이를 도식적으로 표현하기 위해, 임의의 평형선과 탑상부와 탑하부에서 임의의 가스농도를 선택한 그림 13.9를 준비하였다. 도식적 방법을 수행하기 위해, 평형선을 그리고 그래프에 탑상부와 탑하부에서의 가스농도를 표시하라 (그림 13.9a 참조).

평형선과 만나는 점을 결정하기 위해, y_B에서 수평선을 그려라. 또한 이 교점과 탑상부 조작점과 연결하는 선을 그려라. 이 선이 '최소기울기 조작선'이다 (그림 13.9b 참조). 최소기울기를 그래프에서 구하거나, 끝점들의 좌표를 이용하여 산술적으로 계산하라. 실제 조작선을 얻기 위해 이 최소기울기에 배수 (1.25～2.5)를 곱하고 그래프 상에 그려라. 이 실제 조작선에서 우리는 실제흡수액의 유속과 탑하부 흡수액의 조성을 얻을 수 있다 (그림 13.9c 참조).

2단계에서, 질량전달 난위수를 결정하기 위해 조작선과 평형선을 연결하는 수직선과 수평선을 그려라 (그림 13.9d 참조). 우리가 할 일은 충진물의 높이를 구하기 위해, 단위수와 질량전달 단위의 높이를 곱하는 것이다. 3단계에서, 앞서 설명한 것처럼 탑의 직경과 압력손실을 계산하기 위해 그림 13.6을 이용하라.

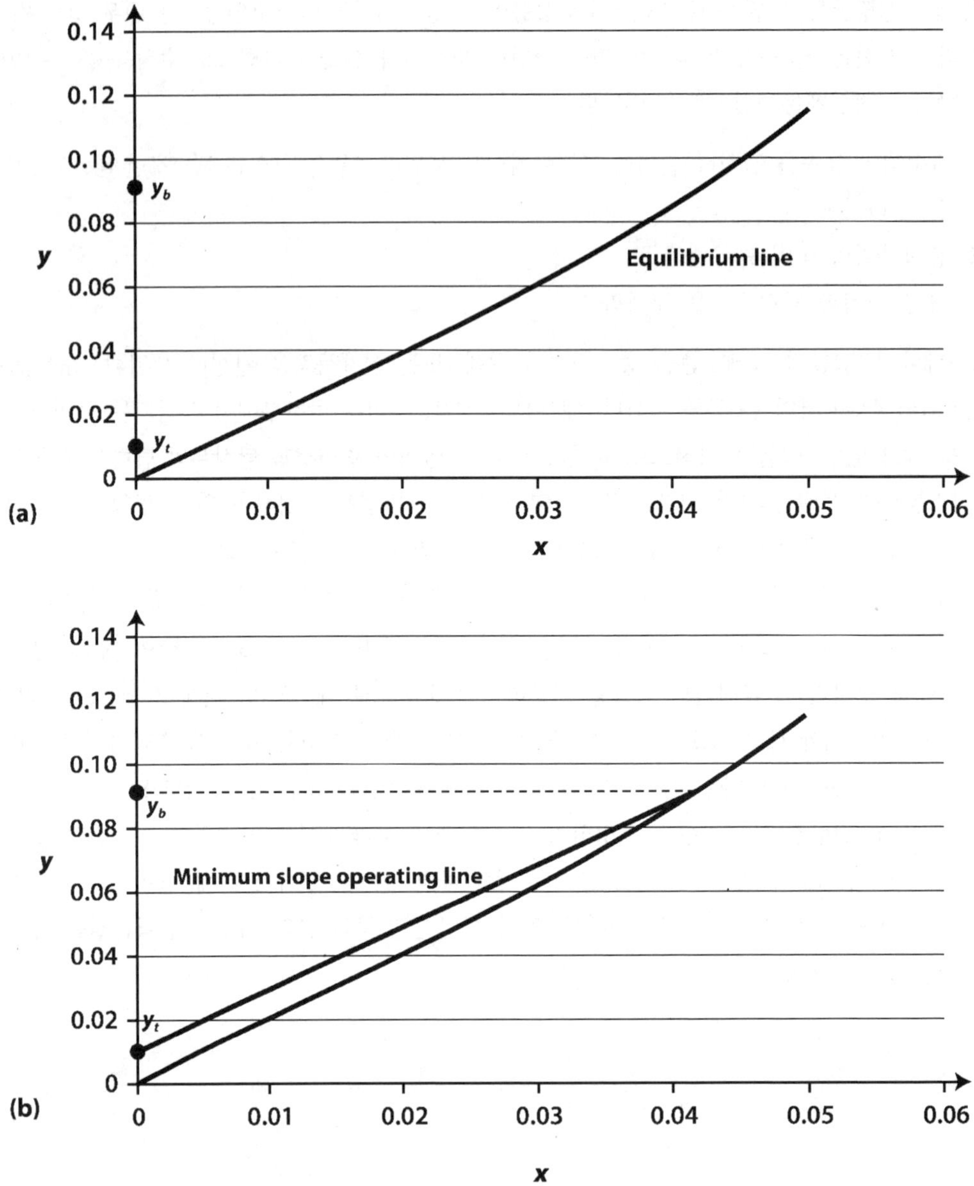

그림 13.9 (a) 탑상부와 탑하부의 농도와 평형선, (b) 최소기울기 조작선의 결정

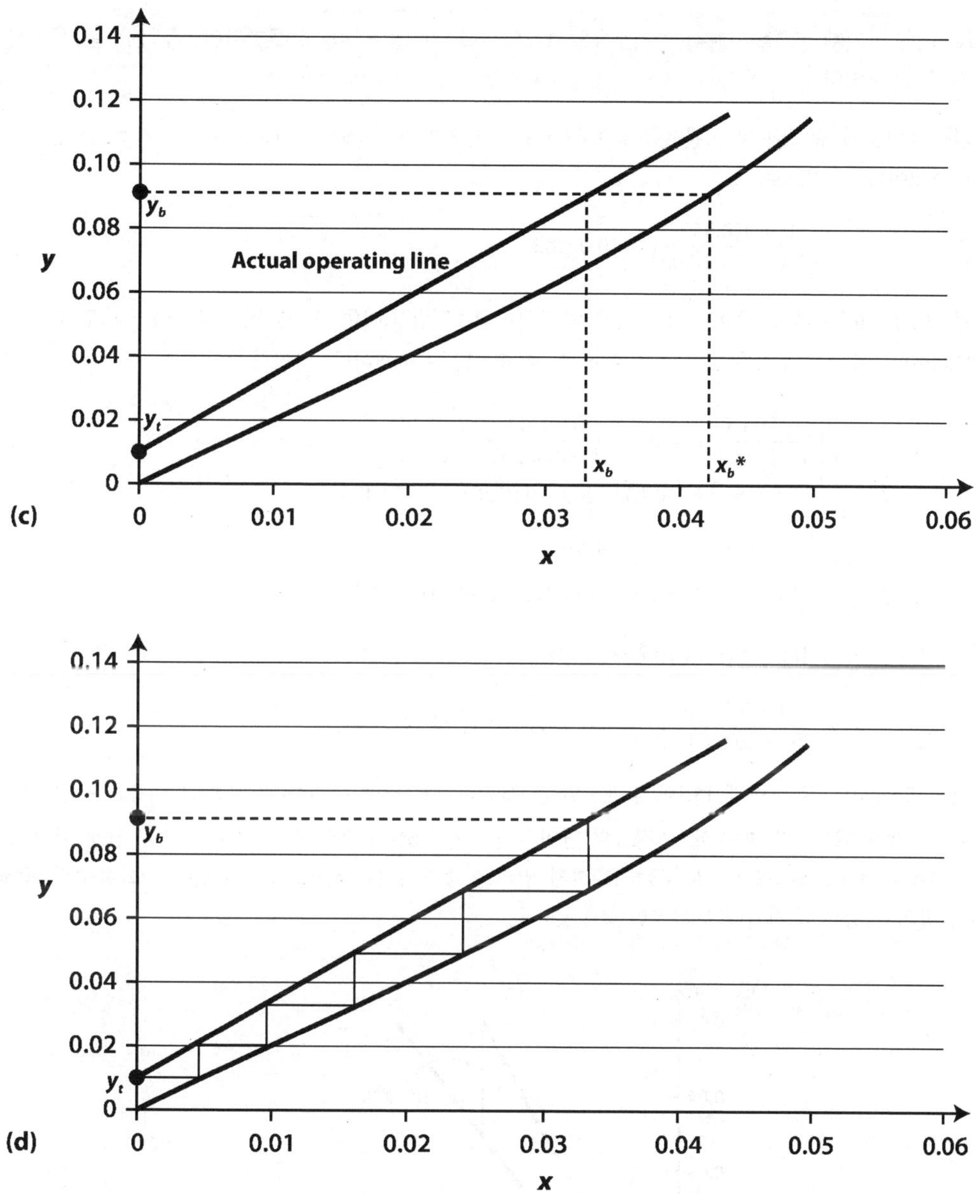

그림 13.9 (c) 실제 조작선, (d) 5개의 필요한 전달단위수를 보여주는 그림

예제 13.3 예제 13.1을 재수행하라. 유입가스의 농도가 암모니아 5 몰%이며, 유입구 총 유속은 10,000 acfm이다.

풀이 유입공기 중 NH_3의 몰분율은 $y_b=0.05$이다. 유입가스 1 mol을 기준으로 배출가스 중 공기는 0.95 mol이다. 그러므로,

$$y_t = \frac{(0.05)(0.05)}{0.95+(0.05)(0.05)} = 0.00262$$

평형선이 $y=0.0$부터 $y=0.05$까지 직선으로 가정하면 (그림 13.10에서 밑 선), 이 곡선으로부터 $x_b^*=0.0380$이다. 물의 최소속도, $L'_{m_{\min}}$을 구한다. 이때, $V_m'=0.95$이다. 따라서,

$$L'_{m_{\min}}\left[\frac{-0.0380}{1-0.0380}\right] = 0.95\left[\frac{0.00262}{1-0.00262}-\frac{0.05}{1-0.05}\right]$$

$$L'_{m_{\min}}(-0.0406) = 0.95(0.00263-0.0526) = -0.0475$$

$$L'_{m_{\min}} = 1.170 \text{ mol } H_2O/\text{mol air}$$

$$L'_{m_{\text{act}}} = 1.5\times 1.170 = 1.755 \text{ mol } H_2O/\text{mol air}$$

이 직선이 조작선이다 (그림 13.10에서 윗선).

$$x_b = \frac{(0.95)(0.05)}{1.755+(0.95)(0.05)} = 0.0264$$를 계산할 수 있다.

여기서, 탑상부의 G_y는 예제 13.1에서 계산한 값보다 크다는 점에 주의해야 한다. 그 이유는 유입 공기량이 더 많기 때문이다. 따라서, 충진탑의 단면적을 다시 계산하여야 한다. 하지만 답을 쉽게 얻기 위해서 우리는 탑의 직경을 9.0 ft (63.6 ft²)까지 임의로 증가시켜야 하며, 증가된 면적으로 홍수점 50%에서 탑의 가동이 유지된다고 가정한다.

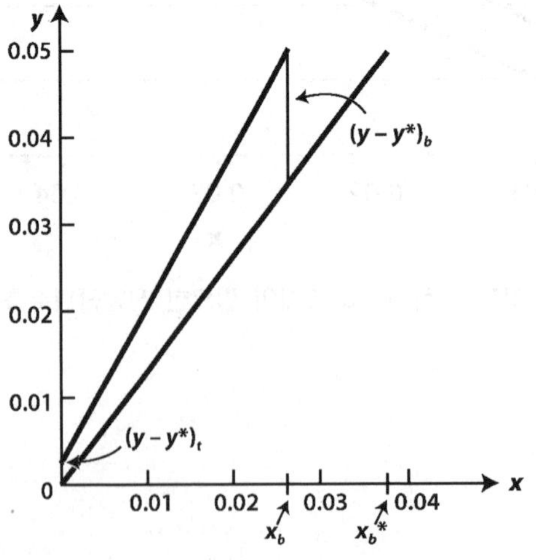

그림 13.10 예제 13.3의 풀이를 위한 그래프

탑의 면적 63.6 ft^{2}에 기초하여, $(G_{my})_t$와 $(G_{my})_b$를 계산할 수 있다.

$$(G_{my})_t = \frac{1{,}430-(0.95)(0.05)(1{,}430)}{63.6} = 21.4\ \frac{\text{lbmol}}{\text{hr-ft}^2}$$

$$(G_{my})_b = \frac{1{,}430\ \text{lbmol}}{\text{hr}} \times \frac{1}{63.6\ \text{ft}^2} = 22.5\ \frac{\text{lbmol}}{\text{hr-ft}^2}$$

다음 식에서 K_ya를 계산한다.

$$\frac{1}{K_ya} = \frac{1}{k_ya} + \frac{m}{k_xa}$$

k_ya와 k_xa는 예제 13.1에 주어져 있으며, m = 평형선의 기울기 (y = 0.0에서 y = 0.05까지)이다.

$$\frac{1}{K_ya} = \frac{1}{15} + \frac{1.30}{60} = 0.088$$

$$K_ya = 11.3\ \frac{\text{lbmol}}{\text{hr-ft}^2\text{-}\Delta y}$$

$$(G_{my})_{\text{avg}} = \frac{21.4+22.5}{2} = 22.0\ \frac{\text{lbmol}}{\text{hr-ft}^2}$$

$$\frac{G_{my}}{K_ya} = \frac{22.0}{11.3} = 1.95\ \text{ft}$$

$$\Delta y_{\text{LM}} = \frac{(y_b-y_b^*)-(y_t-y_t^*)}{\ln\left[\dfrac{y_b-y_b^*}{y_t-y_t^*}\right]} = \frac{(0.05-0.035)-(0.00262-0)}{\ln\left[\dfrac{(0.05-0.035)}{(0.00262)}\right]}$$

$$= \frac{0.0124}{\ln\left[\dfrac{0.0150}{0.00262}\right]} = 0.0071$$

$$Z_T = \frac{(y_b-y_t)}{\Delta y_{\text{LM}}}\left[\frac{G_{my}}{K_ya}\right] = \frac{(0.05-0.00262)}{0.0071}1.95 = 13.0\ \text{ft}$$

13.3 흡수탑의 가격추정

충진탑을 포함한 공정탑의 예비가격추정은 공탑 (empty tower)의 가격을 추정하고, 여기에 충진물과 배관의 가격을 합산하여 계산한다. 공탑의 가격을 추정하는 가장 간단한 방법은 공탑의 질량을 계산하고, 건축자재의 단위질량당 적정비용을 곱하여 계산하는 것이다. 탄소강과 스테인리스강은 대다수 응용에서 사용되고 있다. 그러나 부식성이 심한 곳에서는 강화 플라스틱이나 세라믹 자재를 사용하기도 한다.

탑의 질량은 가동압력과 기하학적 구조에 의존한다. 탑 벽의 두께는 다음 식을 이용하여 구할 수 있다.

$$t = \frac{Pr_i}{SE_j - 0.6P} + C \tag{13.33}$$

여기서, P = 최대 가동압력, psig

r_i = 외피 (shell)의 내부반경, in.

t = 최소 벽두께, in.

S = 허용작업압력, psi

E_j = 결합효율 (joint efficiency), 0.8~1.0

C = 부식허용도, in. (비부식성일 경우, 1/8 in. 적용)

구조의 완전성을 기하기 위하여, 3/16 in.보다 얇은 벽의 두께는 명시하지 않아야 한다. Peters와 Timmerhaus (1991)은 압력용기에 대한 타원형 머리부의 두께를 구하기 위하여 수식을 개발하였다. 대다수의 저압 응용에서, 머리부에 대한 허용치로서 외피 (shell) 질량의 10% 정도를 추가하는 것이 좋다. 외피 질량의 또 다른 추가 10%는 연결부와 내장부품이 차지한다. Peters와 Timmerhaus (1991)는 철제 흡수탑의 가격 (1990년 달러기준)을 도식적으로 표현하였다. 이들은 무게의 함수로 각종 철강의 가격을 도식하였다. 우리는 이들 자료를 2008년 달러기준으로 갱신하고 수식을 만들었다. 탄소강 탑의 장치구입가격 (f.o.b. 판매자 기준)을 추정하기 위해 식 (13.34)를 이용한다.

$$\text{PEC} = 253\,W^{0.592} \tag{13.34}$$

여기서, PEC = 장치구입가격, f.o.b. 판매자 기준, 2008년 달러기준

W = 탑 내 탄소강의 무게, lb

스테인리스강 (304형 또는 316형) 탑의 가격을 추정하기 위해, 탄소강 가격에 2.1배 또는 2.5배를 곱한다. 충진물의 가격은 총 충진부피와 충진물의 단위부피당 가격에 의존한다. 표 13.5는 조금 오래된 충진물의 가격자료이다.

식 (13.34)는 f.o.b. 가격을 제공한다. 여기서 장치인도가격을 추정할 때 약 18% 정도를 추가하여야 한다. 만약 2장 (표 2.3)에 주어진 세정기의 계수를 사용할 때, 총 설치비 (TIC)를 계산하기 위해서는 직간접 설치비를 포함시켜야 하므로 97%를 또 다시 추가시켜야 한다.

흡수탑의 운영비

물을 흡수액으로 사용하는 흡수공정에서, 주요 운영비는 송풍기 동력비이다. 만약 세정수가 재순환되지 않는다면 (즉, 새로운 물만 사용된다면), 연간 물 값이 중요하다. 폐수처리 비용은 재순환 여부에 의존하며, 만약 용질이 무독성 산 또는 염기라면 재사용은 좋은 방법이 될 수 있다. 산 또는 염기의 방출물은 종종 다른 폐수를 중화시킬 때 사용되기도 한다.

표 13.5 1990년 1월 기준, 흡수탑 충진물의 구입가격 ($/ft^3): 공장인도가격

	크기 (in.)			
	1	1 1/2	2	3
Raschig rings:				
Chemical porcelain	12.8	10.3	9.4	7.8
탄소강	36.5	23.9	20.5	16.8
스테인리스강	155.0	117.0	87.8	–
탄소	52.0	46.2	33.9	31.0
Intalox saddles:				
Chemical stoneware	17.6	13.0	11.8	10.7
Chemical porcelain	18.8	14.1	12.9	11.8
Polypropylene	21.2	–	13.1	7.0
Berl saddles:				
Chemical stoneware	27.0	21.0	–	–
Chemical porcelain	33.5	21.5	15.6	–
Pall rings:				
탄소강	29.3	19.9	18.2	–
스테인리스강	131.0	99.0	86.2	–
Polypropylene	21.2	14.4	13.1	–

비고 : 흡수탑의 충진물 가격은 1990년에서 2008년 사이에 약 50% 상승하였다. 2008년 달러기준으로 가격을 추정하기 위해서는 표 13.5로 추정된 가격보다 50% 인상하여야 한다.

출처 : Peters and Timmerhaus, 1991.

예제 13.4 예제 13.1에서 크기가 결정된 흡수탑의 설치비용을 2008년 달러기준으로 추정하라.

풀이 흡수탑이 대기압에서 가동되기 때문에, 식 (13.33)은 적용할 수 없다 (즉, $P=0$ psig). 따라서, 부식한도 1/8 in.와 벽 두께 3/16을 합산하여, 총 벽의 두께는 5/16 in. (0.026 ft)로 주어졌다. 탑의 충진높이는 24.0 ft이다. 여기에, 탑하부의 증기분포와 오수저장을 위해 5 ft를 더해야 하며, 탑상부의 흡수액 살수장치와 기/액 분리기를 위해 또 다시 4 ft를 더해야 한다. 따라서 탑의 총 외피 (shell) 높이는 33.0 ft이다.

$$\pi D Z_T t \quad = 3.1416 \times 8.0 \times 33.0 \times 0.026 \text{ (외피가 차지하는 금속부피)}$$

$$\mathrm{Vol}_m = 21.56\ \mathrm{ft}^3$$

$$\text{탄소강의 밀도} = 489\ \mathrm{lb_m/ft^3}$$

$$\text{탑의 질량} = 489 \times 21.56 = 10{,}540\ \mathrm{lb_m}$$

머리부에 대하여 10%, 연결부에 대해 10% 추가를 허용하므로, 총 질량은 12,650 lb가 된다. 식 (13.34)에서, 2008년 기준 PEC는 $67,850로 추정된다. 여기에 운송료 18%, 설치관련 비용 97%를 추가하면, 총 설치비는 $158,000이 된다.

$$\text{충진물의 부피} = \frac{\pi D^2}{4} \times 24.0 = 1{,}206\ \mathrm{ft}^3\text{이다.}$$

표 13.5에서 1 in. ceramic ring의 가격은 1990년 기준으로 $12.80/ft³이다. 여기에 운송료와 세금 8% (또는 $1.02/ft³)을 더하면, 충진물의 가격은 $13.82/ft³ × 1,206 ft³ = $16,667이 된다. 표 13.5의 주의사항에 언급한 것처럼, 물가상승을 고려하여 50%를 인상시키면, 2008년도 충진물의 가격은 약 $25,000이 된다. 설치비는 무시할 정도이다 (여기서 설치비에는 충진물을 배달 야적장에서 탑 설치장소로 이동하고, 또 탑 내에 적재하는 비용을 포함한 비용이다). 우리는 가동을 위해 또 다른 10%를 추가한다. 따라서 충진물을 포함한 흡수탑의 총 설치비 (2008년 달러기준)는 $158,000 + $27,500 = $185,000이 된다 (끝자리수 정리 후).

13.4 스트리핑 공정

지금까지, 가스에서 오염물질을 제거하기 위한 흡수공정의 응용에 대해 집중적으로 공부하였다. 이러한 흡수이론과 기술은 오염된 지표수와 지하수 처리에 빈번하게 이용되고 있다. 이 기술의 또 다른 응용은 보통 **공기 스트리핑** (air stripping)이라 불리는 기술이다. 즉, 충진탑 또는 살수탑 내에서 공기와 접촉하고 있는 오염된 물이 있을 때, 물 속의 오염물은 공기흐름으로 씻겨나간다. 이 공정에서 배출된 공기는 이미 제거된 오염물의 양과 독성에 따라, 흡수공정 또는 소각공정에서 처리되어야 한다.

공기 스트리핑 공정탑의 설계는 흡수탑과 유사하며, 대개의 경우, 식 (13.32)로 충진높이를 구할 수 있다. 스트리핑 탑에서 질량전달의 구동력은 흡수탑과는 반대방향이기 때문에 $(y - y^*)$는 음수가 된다. 만약, 그림 13.9와 같이, 스트리핑 탑의 평형선과 조작선을 그린다면, 조작선은 평형선 아래에 위치할 것이다. 할로겐화 유기화합물의 제거를 위한 공기 스트리핑 장치의 가동변수가 Ram 등 (1990)에 의해 제시된 바 있다.

연습문제

13.1 직경이 1 ft인 충진탑이 공기/가스 혼합물로부터 수용성 가스 ($MW=22$)를 세정하기 위해, 순수한 물이 1,000 lb_m/hr로 탑상부로 유입된다. 유입가스는 수용성 가스 5%와 공기 95%를 함유하며, 수용성 가스는 95% 제거된다고 한다. 조작선과 평형선 둘 다 직선으로 가정한다. 평형선의 식은 $y=1.2x$이다. 여기서 x, y=몰분율. 유입가스의 속도는 800 lb_m/hr이며, 1 atm, 30 ℃에서 탑이 가동된다고 한다. 또한,

$k_y a = 12.0\ \text{lbmol/hr-ft}^3\text{-}\Delta y$

$k_x a = 12.0\ \text{lbmol/hr-ft}^3\text{-}\Delta x$

$\phi = 1.0$

다음을 계산하거나 구하라.

(a) 최소 흡수액 속도에서 충진탑이 가동된다면, 유출 액체 중 수용성 가스의 농도는?

(b) $y=0.02$인 탑의 한 지점에서 액체 중 수용성 가스의 농도

(c) $K_y a$

(d) 충신부위의 높이, Z_T

(e) H_{oy}

(f) 1/2 in. ceramic Raschig ring으로 충진되었다면, 이 탑은 홍수 (flooding)의 위험이 있는가?

13.2 흡수탑이 암모니아를 99.5% 회수할 목적으로 설계되었다. 폐가스는 72 °F에서 공급되며, 암모니아의 분압은 10 mmHg이다. 유입가스는 공기를 2,100 lb_m/hr 포함한다. 1.0 atm에서 가동되는 탑에는 72 °F 순수가 '최소 물 속도'의 1.5배로 공급된다. 가동을 위한 H_{oy}는 1.9 ft이다.

(a) '최소 물 속도'를 구하라. lb_m/hr

(b) 만약 $\phi=1.0$이라면, 요구되는 충진물의 높이는?

13.3 비싼 탄화수소 ($MW=44$)를 함유한 처리가스가 1 in. Raschig ring으로 충진된 충진탑에서, 비휘발성 기름 ($MW=300$, 비중$=0.90$)으로 세정된다. 유입가스는 20 몰%가 탄화수소이고, 나머지는 비활성가스 ($MW=29$)이다. 가스가 5,000 $lb_m/hr\text{-}ft^2$으로 유입되고, 탄화수소 0인 기름이 10,000 $lb_m/hr\text{-}ft^2$으로 탑상부에 유입된다. 탑의 직경이 4 ft이고, 탄화수소의 95%가 회수된다. 아래 주어진 $k_y a$와 $k_x a$의 관계를 이용하여, 요구되는 충진물의 높이를 계산하라.

x_e	0.1	0.2	0.25	0.3	0.4	0.45	0.5
y_e	0.01	0.027	0.041	0.06	0.122	0.163	0.2

$k_y a = 0.05 G_x^{0.75}$ $\qquad$ $k_x a = 0.025 G_y^{0.6} G_x^{0.2}$

13.4 95 °F와 1.0 atm에서 암모니아 1.5% (부피)를 포함한 공기/암모니아 혼합물을 충진탑에서 95 °F 순수로 세정한다. 출구 암모니아 농도는 EPA 기준을 충족시키기 위해 0.1%가 되어야 한다.

(a) 만약 가스/액체 질량속도 비율이 1.0이라면, 1 in. ceramic Raschig ring으로 충진된, 직경이 2 ft인 탑에서 처리될 수 있는 가스의 부피는 (acfm)?

(b) H_{oy}가 1.85 ft라면, 충진물의 높이는?

13.5 68 °F와 1.0 atm에서 SO_2 16.2% (부피)를 포함한 공기/SO_2 혼합가스 300 cfm이 SO_2를 95% 회수할 목적으로 향류식 충진탑에서 물로 세정된다. 이 탑이 일정한 온도에서 가동된다면, '최소 물의 속도'를 lb_m/hr로 계산하라.

(평형선 자료)

액체농도, lb_m SO_2/100 lb_m H_2O	0.5	1.0	2.0	3.0	5.0
SO_2 분압, mmHg	26	59	123	191	336

13.6 식 (13.2)로부터 식 (13.4)를 유도하라. 모든 중간과정을 설명하라.

13.7 1 in. ceramic Raschig ring으로 충진된, 직경이 2 ft인 탑이 공기와 물로 가동되며, 공기유속이 356 cfm에서 홍수현상이 발견되었다. 80 °F, 1.0 atm에서 공기가 유입되며, 같은 조건에서 탑이 가동된다. 탑 내 흡수액의 속도는 얼마인가? gal/min 단위로 계산하라.

13.8 XYZ 합성연료 공장은 원유세정공정에서 배출되는 액체의 폭기과정 (aeration)을 포함하고 있다. 이 공정에서 원유는 교반조에서 세정되고 기름은 회수된다. 남아 있는 세정수는 NH_4OH로 중화되고, 세정수 gal당 3 scf 속도로 공기가 주입되는 폭기조로 보내진다. 폭기조 위에서 채취한 공기시료에는 3,000 ppm의 암모니아가 검출되었다. 공학도인 Smith씨는 폭기조를 폐쇄하고, 물을 이용한 흡수장치로 암모니아를 회수하는 것이 더 경제적이라고 생각하였다. 흡수탑에 사용되는 물은 위의 세정과정에서 사용되는 물과 같다.

다음과 같은 가동조건을 고려하라.

원유속도 = 20,000 barrels/day, 비중 = 0.83
대기온도 = 75 °F
Raschig ring으로 충진된 탑
암모니아 회수 = 90%
세정수의 속도 = 50 gal/barrel of crude oil
흡수탑 내 물의 속도 = 최소속도의 1.25배

동력비 = 7 cent/kWh

Fan/motor 효율 = 75%

암모니아 가치 = 7.5 cent/lb_m

H_{oy} = 2.5 ft

평형선 자료를 위해 그림 13.10을 사용하고, 다음에 답하라.

(a) 흡수탑의 크기를 추정하라.

(b) 송풍기 가동에 요구되는 모터 출력을 추정하라.

(c) 회수된 암모니아 값을 계산하라.

(d) 유체의 흐름속도를 포함하여 공정도를 그려라.

(e) Smith씨의 생각이 바람직한 것인지 설명하라.

13.9 예제 13.3의 풀이과정에서, 흡수탑의 직경이 9.0 ft라고 임의로 가정하였다. 홍수점의 50%에서 가동하는데 필요한 실제 탑의 직경을 계산하라.

13.10 부피기준으로 5% methanol을 함유한 공기흐름이 있다. 이 공기가 1 atm, 110 °F에서 2,000 acfm으로 흐르고 있다. 법규에 의하면 methanol은 94% 제거되어야 한다. 이를 처리하기 위한 흡수제로서 순수한 물을 사용하는 흡착탑을 설치하기로 했다. 이 흡작탑은 충신물로서 1 in. ceramic Berl saddle을 사용한다. 95 °F에서 물/methanol의 평형자료는 다음과 같다. 이 흡착탑은 실제 95 °F에서 가동된다고 가정하라.

x, 몰분율	y, 몰분율
0.020	0.021
0.030	0.033
0.040	0.045
0.050	0.056
0.060	0.068

(a) 흡수탑에 대한 물질수지 그림을 산뜻하게 그려라.

(b) 출구가스 중 methanol의 농도를 계산하라 (건조기준, ppm).

(c) 평형선을 그려라. 또한 이 그림 속에 최소기울기 조작선을 그려라. 한편, 법규가 정한 흡수기준을 달성하기 위해, 적절한 물의 유입속도를 계산하라.

(d) 탑에서 방출되는 물 속의 methanol 농도를 몰분율로 계산하라.

(e) 탑하부의 가동조건에 입각하여 탑의 직경을 계산하라. 탑하부 흡수액의 밀도와 점도는 순수한 물과 같다고 가정하라. 필요한 가정이 있다면 적절히 설정하라.

13.11 부록 B의 표 B.4를 이용하여, 30 ℃에서 평형선 상의 한 점은 SO_2 분압이 36 mmHg인 곳이고, 물 속의 SO_2 농도는 0.5 g SO_2/100 g water이다. 이 점에서 가스상 및 액체상 내 SO_2의 평형 몰분율은 얼마인가?

13.12 오염물질 AA (MW=40)를 부피기준으로 7% 함유한 공기가 1 atm, 90 °F에서 15,000 acfm으로 흐르고 있다. 법규에 의하면 AA는 96% 제거되어야 한다. 흡수액으로 순수한 물을 사용하는 흡수탑을 설계하고자 한다. 흡수탑은 1.5 in. polypropylene Pall ring으로 충진될 것이다. 탑의 가동온도 90 °F에서 AA/물 설비를 위한 평형선 자료는 아래와 같다 (x-y 직교좌표 사용).

x, 몰분율	y, 몰분율
0.010	0.014
0.020	0.028
0.040	0.057
0.060	0.085

(a) 흡수탑에 대한 물질수지 그림을 산뜻하게 그려라. 출구가스 중 AA의 농도를 계산하라 (건조기준, ppm).

(b) x-y 평형선을 그리고, 이 평형선 위에 최소기울기 조작선을 그려라. 또한 기울기를 계산하라.

(c) 법규가 정한 흡수기준을 달성하기 위해, 적절한 물의 유입속도를 gpm 단위로 계산하라.

(d) 탑에서 방출되는 물 속의 AA 농도를 몰분율로 계산하라.

참고문헌

Badger, W.L., and Banchero, J.T. *Introduction to Chemical Engineering*. New York: McGraw-Hill, 1955

Coulson, J.M., and Richardson, J.F. *Chemical Engineering*, Vol. Ⅱ. New York: Pergamon Press, 1968.

Hensel, S.L., and Treybal, R.E. Chemical Engineering Progress, 48. 1952, pp.362~370

McCabe, W.L., and Smith, J.C. *Unit Operations of Chemical Engineering*. New York: McGraw-Hill, 1976.

McCabe, W.L., Smith, J.C., and Harriott, D. *Unit Operations of Chemical Engineering* (4th ed). New York: McGraw-Hill, 1985.

Perry, J.H., Ed. *Chemical Engineers' Handbook* (3rd ed.). New York: McGraw-Hill, 1963.

Peters, M.S., and Timmerhaus, K.D. *Plant Design and Economics for Chemical Engineers*. McGraw-Hill, 1991.

Ram, N,M., Christman, R.F., and Cantor, K.P. *Significance and Treatment of Volatile Organic Compounds in Water*. Chelsea, MI: Lewis Publishers, 1990.

Sherwood, T.K., and Holloway, F.A. Transactions of the American Institute of Chemical Engineers, 36, 1940, p.21.

Treybal, R.E. *Mass Transfer Operations*. New York: McGraw-Hill, 1968.

Chapter

14 VOC와 악취의 생물학적 제어

생물여과 공정은 오염물질을 무해한 물질로 바꾼다. 이 공정은 연료도 필요 없으며, 값싸게 널려있는 성분을 이용할 수 있고, 유해 부산물도 만들지 않으며, 비용도 저렴한 최종 대안책이다. 생물여과 공정은 올바로 가동될 때 간단하며 경제적인 방안이지만, 올바로 수행하게 하는 지식이 과학기술의 새로운 개척분야이다.

Joseph Devinny, Marc Deshusses, Todd Webster, 1999.

14.1 머리말

휘발성유기화합물 (VOC: volatile organic compounds)과 악취를 생물학적 설비로 제어하는 일이 유럽에서는 1980년대 초반에, 미국에서는 1990년대 들어와서 폭넓게 수용되었다. 생물학적 대기오염방지의 기본원리는 가스상 오염물질을 미생물의 먹이 또는 에너지원으로 이용하고, 공정 중에 파괴하여 무해한 물질대사 최종생성물 (CO_2와 H_2O)로 전환시키는 것이다. 이 공정은 오염공기와 액상사이 (즉, 미생물을 함유한 생물막)에 충분한 접촉을 확보하도록, 또한 미생물 개체수가 건강한 상태에서 지속적으로 유지되도록 설계와 공정상에 세심한 주의를 요구한다. 하지만, 세심한 주의와 함께 올바로 응용될 때 이들 생물학적 제어설비는 높은 제거효율과 값싼 운영비용으로 장기간 기능을 수행할 수 있다.

오염된 공기를 건강한 생물량 개체 (biomass population)가 함유된 순환액체 또는 습윤 상 (wetted bed)에 접촉시키는 것이 생물여과의 기본공정이다. 세 가지 방식의 응용이 있다. 즉, 표 14.1에서 보듯이, 물과 생물량이 어떻게 설비를 통해 이송되는지에 따라 달라진다. 액상 (여기서는 water phase)이 세정장치처럼 유동적이든 또는 생물여과처럼 고정적이든, 미생물 개체는 액상 내에 생존한다. 가장 일반적인 응용방법은 **생물여과법**으로 생각된다. 이 장의 대부분에 걸쳐 주로 생물여과에 대해 언급할 것이다. 생물여과장치의 단면을 보여주는 개략도가 그림 14.1에 제시되었다.

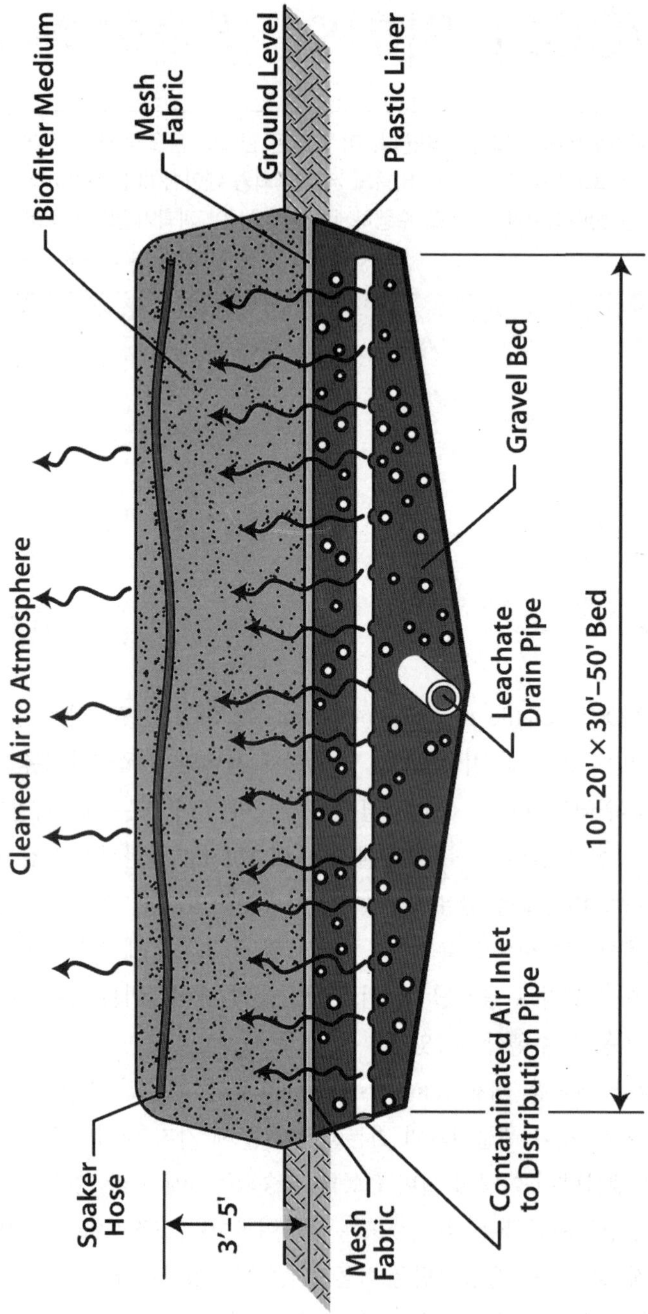

그림 14.1 전형적 개방형 생물여과장치의 단면도

표 14.1 생물학적 대기오염 방지설비의 종류

응용방법	생물량 (Biomass)	액상 (Water Phase)
생물여과장치 (biofilter)	고정	고정
생물살수여상 (biotrickling filter)	고정	유동
생물세정장치 (bioscrubber)	유동 (부유)	유동

생물여과법은 저-분자량의 수용성이 큰 유기화합물, 즉 알코올, 알데하이드, 케톤 등에 성공적으로 응용되고 있고, 또한 H_2S와 NH_3와 같은 각종 악취성 가스에도 응용되고 있다. 또한, 스타이렌 (styrene)과 휘발유 성분 (벤젠과 톨루엔)에도 응용되고 있다. Deshusses 등 (2000)에 의하면, 생물여과장치 내 제거성능은 알코올 (최대) → 에스테르 → 케톤 → 방향족 → 알칸 (최소) 순의 경향을 보인다. 이 경향은 수용성이 감소되는 (즉, 헨리의 상수가 증가되는) 순서이기도 하다.

생물여과장치의 설계와 운영에서 핵심사항은 (1) 공기 중 오염물 농도와 종류의 확인, (2) 적합한 미생물의 개체수, (3) 양호한 매체의 선택, (4) 적당한 습도의 유지, (5) 주어진 공기유속에서 적당한 체류시간을 제공할 수 있는 상 (bed)의 크기, (6) 상 내에서, pH, 영양성분의 농도, 온도 등의 조절 등이다. 이 기술은 저농도 오염물질을 함유한 대용량 공기를 처리하는데 최적이다. 자본비와 운영비는 매우 싼 편이다. 그림 14.2는 다양한 VOC 방지기술을 비교한 것인데 최적의 운전범위를 보여주고 있다.

생물여과는 다른 VOC 방지장치와 비교하여 다음과 같은 장·단점을 가지고 있다.

생물여과의 장점

1. 화합물이 효율적으로 제거된다.
2. 생성되는 오염 부산물이 적거나 없다 (CO 및 NO_x 포함).
3. 설치가 복잡하지 않다.
4. 비용이 싸다.

생물여과의 단점

1. 고농도 오염물질 처리에 부적합하다.
2. 설치에 넓은 면적이 필요하다.
3. 습도제어에 각별한 주의가 필요하다.
4. 입자상 물질 또는 생물량의 증가로 장치가 막힐 수 있다.

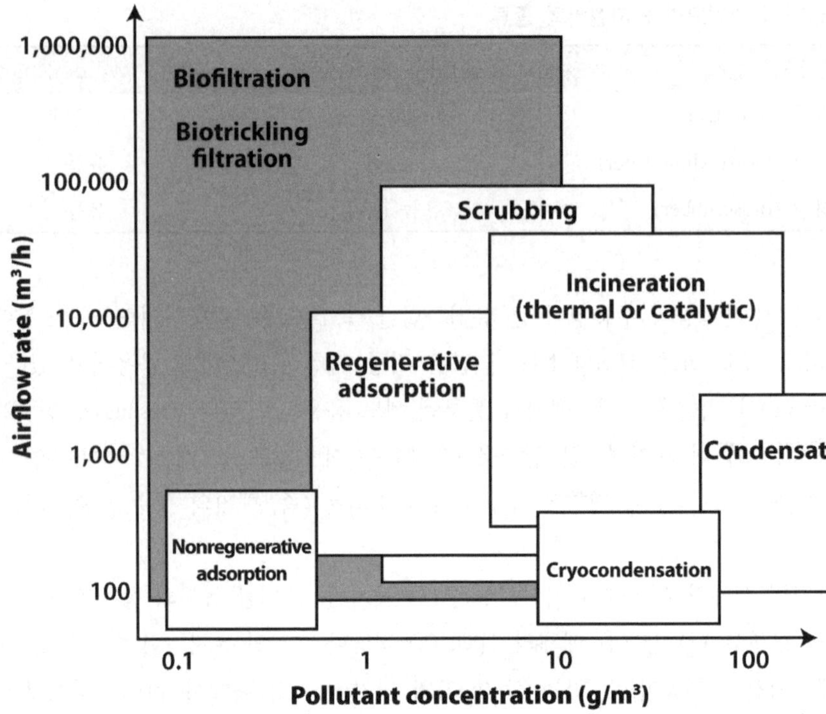

그림 14.2 VOC 방지기술의 적합성 범위

출처 : Kosteltz 등 (1996)의 원전을 Deshusses 등 (2002)이 갱신

14.2 이론과 기술정보

생물여과법의 이론적 토대는 운반가스 (공기)로부터 액체 (물)로의 흡수기전 (mechanism)과 가스상 오염물질의 질량전달이론이다. 또한 흡수기전과 박테리아에 의한 오염물의 물질대사적 분해과정도 관여한다. 이들 생물여과 기전에 대한 탁월한 해설은 Devinny 등 (1999)의 책을 참고할 수 있으며, 이 책에는 이를 간략하게 요약 설명하였다.

우선, 오염가스는 생물량 (biomass)이 성장하는 액막에 흡수되어야 한다. 흡수량은 오염물질의 수용성 (헨리상수가 지표가 된다)에 의존하며 질량전달속도는 설비의 물리적 변수 (표면적, 난류, 농도구배)에 의존한다. 대개의 경우 생물여과장치 내 질량전달속도는 물막 (water film)을 통해 확산에 의해 제어된다. 왜냐하면 물은 본질적으로 정체되어 있고 물막을 통한 확산과정은 공기막을 통한 확산보다 천천히 진행되기 때문이다.

이 장을 설명하기 하기 위해, 다음과 같이 헨리의 법칙을 다시 언급한다.

$$C_{i,G} = H_{i,D} \times C_{i,L} \tag{14.1}$$

여기서, $C_{i,G}$ = 오염물질 i의 공기 중 농도, g/m³

$C_{i,L}$ = 오염물질 i의 물 속 농도, g/m³

$H_{i,D}$ = 화학종 i에 대한 헨리상수, 무차원

[실제단위는 (공기 중 g/m³)/(물 속 g/m³)이지만]

예제 14.1 (a) 식 (14.1)을 사용하여, 1 atm, 30 ℃ (부록 B 참조) 상태에서 H_2S에 대한 헨리상수의 단위를 생물여과 응용에 편리하도록 환산하라.

(b) 이 값을 이용하여 H_2S의 평형농도를 계산하라. H_2S는 물 속에 존재하며 공기 중 농도는 1 atm, 30 ℃ 상태에서 150 ppm을 유지하고 있다.

풀이 (a) 표 B.3으로부터, 헨리상수는 약 0.0609×10^4 atm/몰분율이다. 값이 큰 이유는 표 B.3 내에 주어진 단위를 사용했기 때문이다. 비록 이 가스의 용해도가 비교적 크지만, 물 속 농도는 몰분율 단위로 1보다 매우 작은 값을 갖는다. 우리는 공기 중 H_2S의 분압이 총 압력 (즉, 여기서는 1 atm) 보다는 작아야 한다는 것을 알기 때문에, 이 숫자 (609 atm/몰분율)로는 작업을 수행할 수 없다. 따라서 다음과 같은 과정으로 단위를 환산할 필요가 있다. 우선 헨리의 법칙을 표 B.3에 표시된 것처럼 재정리하면,

$$H_i = \frac{\overline{P_i}}{x_i}$$

양변을 총 압력으로 나누어 몰분율당 분압으로 표현하자.

$$\frac{H_i}{P_T} = \frac{y_i}{x_i}$$

분자, 분모 속 성분 i의 분자량을 곱하여, 성분 i의 단위질량당 몰분율 (즉, 공기 또는 물의 몰당 성분 i의 몰수)로 환산하자.

$$\frac{H_i}{P_T} = \frac{\text{mass } i\,/\text{mole air}}{\text{mass } i\,/\text{mole water}}$$

이상기체법칙을 이용하여 공기의 몰수를 공기부피로 환산한다. 또한, 물의 몰수를 물의 부피로 환산한다. 물 1 mol은 0.018 L를 차지한다.

$$\frac{H_i}{P_T} = \frac{\text{mass } i\,/\text{L air} \times 0.08206\,T/P_T}{\text{mass } i\,/\text{L water} \times 0.0180}$$

여기서 분자분모의 L을 m³으로 환산하고 $C_{i,G}$와 $C_{i,L}$의 정의를 이용하여,

$$\frac{H_i}{P_T} = \frac{1{,}000\,C_{i,G} \times 0.08206\,T/P_T}{1{,}000\,C_{i,L} \times 0.0180}$$

양변에서 P_T를 소거하고 재정리하면,

$$H_i = \frac{C_{i,G}}{C_{i,L}} \times 4.559\,T \quad (\text{여기서 } T\text{의 단위는 Kelvin이다.})$$

또한, $C_{i,G}/C_{i,L} = H_{i,D}$이므로,

$$H_{i,D} = \frac{H_i}{4.559\,T} = \frac{0.2194 H_i}{T}$$

이 식은 일반식이다. 이 예제와 같은 특정문제를 해결하기 위해 $H_{i,D}$ 수치를 구하면,

$$H_{i,D} = \frac{0.2194 \times 0.0609(10)^4}{(273+30)} = 0.441$$

(b) 수식 (1.9)를 이용하여 H_2S 150 ppm의 공기농도를 30 ℃에서의 질량/부피 단위로 환산하자.

$$C_{i,G} = \frac{1{,}000 \times 150 \times 34}{24.86} = 2.051 \times 10^5\ \mu\text{g/m}^3 \quad \text{또는} \quad 0.2051\ \text{g/m}^3$$

식 (14.1)을 재정리하고 문제를 풀면,

$$C_{i,L} = 0.2051/0.441 = 0.465\ \text{g/m}^3 \quad \text{또는} \quad 0.465\ \text{mg/L (물 속)}$$

오염물질이 액체에 흡수됨에 따라 생물막 (biofilm) 표면을 향해, 또는 미생물이 성장하는 매체의 표면을 향해 확산한다. 장치운영자는 생물여과장치로부터 액체의 방류수 (침출수: leachate)가 거의 없거나 없도록 노력해야 한다. 따라서 액상은 거의 정체된 고정상이다. 이와 같이, 액막을 통한 확산은 질량전달 기전의 속도를 제어한다. 일단 오염물질이 매체 또는 생물막의 표면에 도달하면 흡착되어야 한다. 흡착에 대한 두 가지의 모델식, 즉 Freundlich 및 Langmuir 흡착식 (12장 참조)이 평형상태를 설명할 때 일반적으로 사용된다. 기본식은 다음과 같이 주어진다.

Freundlich 흡착

$$C_{\text{ads}} = k C_L^{\,1/n} \tag{14.2}$$

여기서, C_{ads} = 고체상 오염물질의 농도, mg/g

C_L = 액상 내 오염물질의 농도, mg/m^3

$k,\ n$ = 실험상수

Langmuir 흡착

$$C_{\text{ads}} = \frac{C_{\max} C_L}{K_L + C_L} \tag{14.3}$$

여기서, $C_{\max}$ = 고체상에 흡착될 수 있는 최대농도, mg/g

K_L = 실험상수

생물막에 흡착이 진행된 후, 오염물질은 박테리아 세포 내에 흡수되어 물질대사가 진행되어야 한다. 마지막으로 세포에서 최종산물 (주로 CO_2)이 방출되어야 하며, 액막을 통해 밖으로 확산되어야 한다. 보통 물질대사 반응은 Monod의 속도론으로 설명하는데 1차 또는 0차 속도식 (각각 저농도 또는 고농도의 경우)으로 근사할 수 있다. 다음 식으로 이들 관계를 파악할 수 있다.

$$r_i = \frac{k_i C_{L,i}}{C_{L,i} + K_i} \tag{14.4}$$

여기서, r_i = 오염물질 i가 소비될 때 속도, g/min-m^3 (액상 내에서)

k_i = 기질 i의 최대 분해속도, g/min-m^3

K_i = 기질 i에 대한 Monod 상수, g/m^3

기상, 액상, 고상을 포함한 생물여과장치의 최소부피에 대해 질량수지식을 세울 수 있다. 가스의 전달과정이 빠르고 또한 생물분해반응이 흡착속도와 비교하여 매우 느리다고 가정할 때, 정상상태 질량수지를 미분방정식으로 표현할 수 있다. 이 미분식은 오염물질의 소모반응에 견주어 오염물질의 확산속도를 액막을 통한 수지로 표현한 것이다.

$$D_i \frac{d^2 C_{L,i}}{dx^2} - r_i = 0 \tag{14.5}$$

여기서, D_i = 물 속 오염물질 i의 확산계수, m^2/min

식 (14.5)를 풀기 위해, 경계조건 (boundary condition)이 필요하다. 경계조건의 하나는 가스/액체 경계면에서 헨리의 법칙에 의해 주어지며, 또 하나의 경계조건은 액체/고체 경계면에서 액체 내 농도기울기가 0에 근접하는 곳에서 주어진다. 이들 조건을 가지고, r_i에 대한 1차속도식을 가정하면 생물여과장치의 이론적 제거효율 계산식을 개발할 수 있다 (Heinsohn 등, 1999). 수식은 다음과 같은데, 먼저 제거효율은 가스의 유입 및 유출농도와 관련이 있다는 점을 명심하라.

$$\eta = (C_i - C_e)/C_i \tag{14.6}$$

여기서, η = 제거효율, 분율로 표시

C_i, C_e = 각각 공기 중 유입 및 유출농도, g/m^3

Heinsohn에 의하면, 제거효율은 다음 식과 같이 여러 생물여과 변수의 함수이다.

$$\eta = 1 - \exp[-ZK/(H_i U_G)] \tag{14.7}$$

여기서, Z = 충진상 (매체)의 높이, m

K = 반응단위 (아래에 정의됨), min^{-1}

H_i = 헨리상수 [식 (14.1) 참조]

U_G = 표면가스속도 (면속도: face velocity), m/min

반응단위 K는 다음과 같이 주어진다.

$$K = (a/\delta) D_i \phi \tanh \phi \tag{14.8}$$

여기서, a = 충진물 표면적과 상부피 사이의 비, m^{-1}

δ = 액막의 두께, m

ϕ = 1차속도식에 대한 Thiele number (밑에 정의됨)

$$\phi = \delta (k_1 / D_i)^{0.5} \tag{14.9}$$

여기서, k_1 = 준-1차속도상수 (pseudo first order rate constant), min^{-1}

k_1은 $C_{L,i}$가 낮을 때 식 (14.4)에서 기타 다른 계수를 조합하여 얻을 수 있으며, 또는 저농도에서 실험을 통해 얻을 수 있다.

생물여과장치의 설계를 위한 이론적 접근에는 한계가 있다. 왜냐하면 식 (14.7)과 (14.8)은 많은 가정을 내포하고 있기 때문이다. 하지만, H_i와 K가 변하지 않는다고 가정하면 (즉, $K/H_i = K_o$), 식 (14.7)을 다음과 같이 표현할 수 있다.

$$\eta = 1 - \exp[-K_o Z / U_G] \tag{14.10}$$

만약, 모형실험을 통해 자료를 얻을 수 있다면 (즉, η, Z, U 값들이 한 개 이상의 점에서 알려진다면), 즉, K_o의 고정값과 Z와 U의 다양한 값에 대하여 식 (14.10)를 검토하면, 양호한 제거효율을 갖는 생물여과장치를 설계할 때 도움이 될 수 있다.

예제 14.2 스타이렌 (styrene)을 처리하기 위해, 모형 생물여과장치를 만들고 다음과 같은 자료를 얻었다. 가스의 표면속도가 0.5, 1.0, 1.5 m/min일 때, 제거효율은 각각 63%, 39%, 28%이었다. 상의 깊이는 0.5 m이었다. 실제규모의 생물여과장치 내에서 상의 깊이와 가스속도를 변화시킬 때, 효율이 어떻게 변하는지 그래프를 이용하여 설명하라.

풀이 식 (14.10)에서 K_o를 구하면,

$$K_o = \frac{\ln(1-\eta)}{-Z/U_G}$$

세 개 자료점에 대한 측정치를 대입하고 계산한 후, 이들 값을 평균하면 $K_o = 0.99\ \text{min}^{-1}$을 얻을 수 있다. 이 값이 계속 상수로 남아있다면, 세 개 다른 상의 깊이와 많은 속도점에서 효율을 계산할 수 있는 spreadsheet를 만들 수 있다. 그 결과를 도식하면 그림 14.3과 같다.

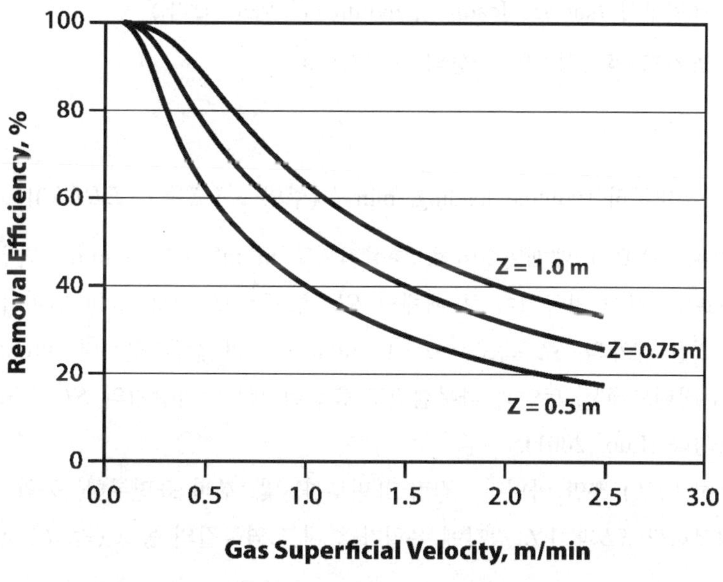

그림 14.3 예제 14.2의 해답

일부 학자들은 오염물질의 액막으로의 확산속도가 총괄속도를 제한한다고 믿고 있지만, 또 다른 학자들은 반응이 속도를 제한한다고 믿고 있다. 또한, 아직까지도 일부 학자는 액막으로부터 최종생성물의 확산과 탈착이 속도제한과정이라고 주장한다. 사실상, 가스와 액체의 농도는 상 전반에 걸쳐 가변적이기 때문에, 이들 조건의 일부 또는 전체가 생물여과장치 내 각기 다른 지점에서 총괄속도를 제한할 지도 모른다.

생물여과장치를 설계하기 위해 또는 성능을 분석하기 위해, 여러분들은 이와 관련된 보편적 용어 몇 개를 숙지하여야 한다. 다음 수식과 설명을 통해 이들을 정의해 보자.

$$EBRT = V_f / Q \tag{14.11}$$

여기서, $EBRT$ = 공상체류시간 (empty bed residence time), min
V_f = 공여상 (empty filter bed) 부피, m^3
Q = 공기의 부피속도, m^3/min

$$\tau = EBRT \times \theta \tag{14.12}$$

여기서, τ = 실제 체류시간, min
θ = 상의 기공률 (bed porosity = volume of voids/volume of empty bed)

$$SL = Q / A \tag{14.13}$$

여기서, SL = 표면부하 (surface loading), m/min (U_G와도 같다.)
A = 공기흐름과 직각인 공상의 표면적, m^2

$$VL = Q / V_f \tag{14.14}$$

여기서, VL = 부피부하 [volume loading, min^{-1} (주의 : $VL = 1/EBRT$)]

표면부하 (SL)는 중요한 매개변수이며, 통상적으로 m^3/m^2-hr(또는 m/hr) 단위로 보고된다. 나무껍질이나 초탄과 같이 기공성이 큰 매체의 SL 속도는 35~180 m/hr 범위의 값을 가지며, 토양과 같이 조밀한 매체의 SL 속도는 2~10 m/hr 범위의 값을 갖는다 (Prokop and Bohn, 1985). 사실상 뉴질랜드에서, 토양과 나무껍질로 충진된 생물여과장치의 SL 속도는 1~3 m/hr 범위의 값을 보였다 (Luo, 2001).

SL과 부피부하 (VL) 뿐만 아니라, '질량 표면부하' 및 '부피 표면부하' 등의 용어도 사용된다. 여기서 질량부하란 SL과 VL 각각에 유입가스 내 오염물질의 농도 (즉, C_i, g/m^3)를 곱하여 얻을 수 있다.

$$ML_S = SL \times C_i \quad 및 \quad ML_V = VL \times C_i \tag{14.15}$$

대부분 학자들은 시간단위로서 min 대신에 hr을 사용하므로, ML_S 및 ML_V의 단위는 g/m^2-hr와 g/m^3-hr가 각각 더 일반적이다.

생물여과장치의 '제거성능 (elimination capacity)'은 다음과 같이 정의된다.

$$EC = \frac{Q(C_i - C_e)}{V_f} \tag{14.16}$$

여기서, EC = 제거성능, g/m^3-hr

또한 EC는 $VL\times(C_i-C_e)$ 또는 $(C_i-C_e)/EBRT$로부터 계산할 수 있다. 제거성능을 계산하기 위한 또 다른 식은 다음과 같다.

$$EC = ML_V \times \eta \tag{14.17}$$

'제거성능'은 상의 부피와 유속을 정규화시키기 때문에, '제거효율'보다 양호한 성능평가 척도라고 할 수 있다. 하지만, 예제 14.3에서 보듯이, 유입되는 질량부피부하에 따라 달라진다. 제거성능은 저속부하량에서 질량부피부하에 따라 선형적으로 증가한다. 즉, 효율은 질량부피부하가 증가함에 따라 특정점까지는 일정하게 증가한다. 하지만 ML_V가 계속 증가하면서 제거성능이 평탄해지는 특정점 (효율이 떨어지기 시작하는 점)이 나타나며 이를 '임계부하 (critical load)'라고 한다.

보통 한 오염물질에 대한 생물여과 자료를 얻기 위해 실험실 규모 또는 모형규모의 작업을 수행할 경우 두어 달 정도 걸린다. Deshusses 등 (2000)은 제거성능과 임계부하를 결정하는 신속한 (48 hr 미만) 표준방법론을 개발하였다. 그들은 이 기술을 이용하여 다양한 VOC 자료를 구축할 수 있었다. 표 14.2는 이들 자료를 보여주고 있으며 다른 학자들이 조사한 제거성능의 범위도 함께 볼 수 있다.

표 14.2 선택된 화합물에 대한 최대 제거성능과 임계부하 출처 : Deshusses 등, 2000.

화합물	Deshusses의 자료[a]		기타 자료[b]
	제거성능$_{max}$, g/m^3-hr	임계부하, g/m^3-hr	제거성능$_{max}$, g/m^3-hr
Methanol	135~150	32~34	30~65, 100~120
Ethanol	148~150	78~80	20~40, 18~40, 90~130
Butanol	140	80~85	24~26, 70~76
Acetone	65~70	21~23	40~45, 100~150
MEK	30~35	20~22	22~43, 120
MIBK	40~50	13~15	25~30
Ethyl acetate	140~240	175~180	79~96, 170~200, 150~250, 280~350
Butyl acetate	32~34	28~32	40
Benzene	7~8	1	2~5, 23, 31~47
Toluene	8~20	6~8	5~18, 10~40, 20~25, 23~32, 45~55
Hexane	3~8	1	1.5, 2.1, 2.5
Isopentane	7~8	1~2	18~28, 2~3.5 (*n*-pentane)

a Deshusses의 실험자료 (2000)

b 기타 저자들에 의한 자료 (Deshusses 자료에서 발췌)

예제 14.3 공기 중 BTEX (benzene, toluene, xylene) 증기 혼합물이 퇴비 생물여과장치로 처리되고 있다. 4 m × 1 m × 0.75 m (깊이)의 모형실험장치를 통해 다음과 같은 결과를 얻었다. 기타 자료로는 가스유속 = 5 m^3/min, T = 30 ℃, P = 1 atm, ΔP = 4 cm H_2O이다. 또한, BTEX의 평균 분자량은 92이다.

BTEX의 유입농도, ppm	제거효율, %
25	95
37.5	95
50	95
75	90
100	75
125	65
150	53
175	47
200	40

질량부하속도의 함수로 제거성능을 나타내는 그래프를 그려라. 이 설비의 최대효율과 최대제거성능은 얼마나 되는가? 또한 임계부하는 얼마인가?

풀이 우선, $EBRT$, 표면부하, 부피부하를 계산하라.

$$EBRT = (4\,\text{m} \times 1\,\text{m} \times 0.75\,\text{m})/5\,\text{m}^3/\text{min} = 0.60\,\text{min}$$

$$SL = 5\,\text{m}^3/\text{min}/(4\,\text{m} \times 1\,\text{m}) = 1.25\,\text{m/min}$$

$$VL = 1/EBRT = 1.667\,\text{min}^{-1}$$

다음, 각 자료점에 대하여 이상기체법칙을 이용하여 유입농도 (g/m^3)를 계산하라. 또한 질량부피부하와 제거성능을 식 (14.15)와 (14.17)을 통해 구하라.

농도, ppm	농도, g/m^3	효율, %	ML_V, g/m^3-hr	제거성능, g/m^3-hr
25	0.0925	95	9.25	8.79
37.5	0.1388	95	13.88	13.18
50	0.1850	95	18.50	17.58
75	0.2776	90	27.76	24.98
100	0.3701	75	37.01	27.76
125	0.4626	65	46.26	30.07
150	0.5551	53	55.51	29.42
175	0.6476	47	64.76	30.44
200	0.7401	40	74.01	29.61

이 표를 검토하면 최대효율은 95%이다. 표에서 마지막 두 열을 이용하여 그래프를 그리면 그림 14.4와 같다. 이 그래프에서 최대제거성능은 30 g/m^3-hr이고, 임계부하는 약 20 g/m^3-hr 정도이다.

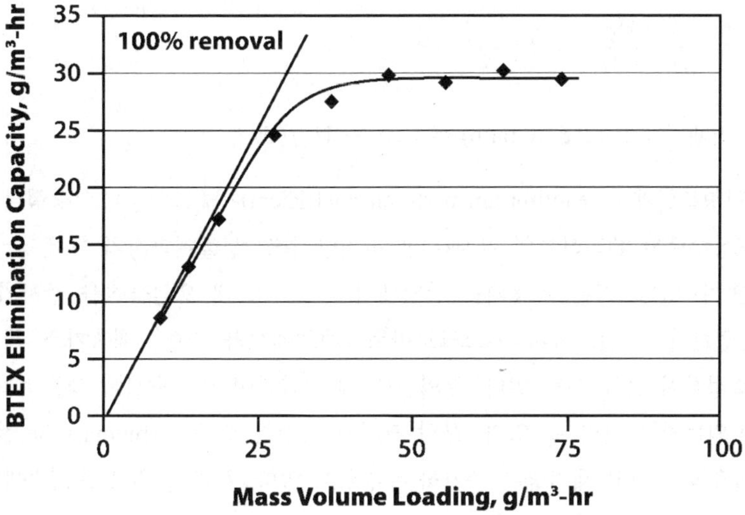

그림 14.4 예제 14.3 풀이를 위한 BTEX의 제거성능 대비 질량부피 부하와의 관계

오염물질은 공기보다도 상당히 느린 유효속도로 생물여과장치를 통과해 이송된다. 이는 고체상에 흡착될 때까지, 또는 액체상에 흡수될 때까지 많은 시간이 걸리기 때문이다. 만약 우리가 오염물질을 분해하는 (이와 같이 더딘) 생물학적 반응을 무시하면, 다음과 같이 준정상상태 질량수지식을 세울 수 있다.

$$U_{\text{avg}} A M_{\text{tot}} = U_G A M_G + U_L A M_L \tag{14.18}$$

여기서, U = 오염물질의 표면속도 : 생물여과장치를 통과하는 (avg), 가스상 내 (G), 액상 내 (L), m/min

A = 생물여과 상 (bed)의 단면적, m^2

M_{tot} = 총 질량농도 : 오염물질의 질량/생물여과장치의 총 부피, g/m^3

M_G, M_L = 오염물질의 질량농도 : 각각 가스상 내 (G), 액상 내 (L), g/m^3

식 (14.18)은 평균속도에 대해 풀 수 있다. 여기서 액상 내 생물여과장치를 통과하는 유동은 0 (zero)이 됨을 유의하라.

$$U_{\text{avg}} = (U_G M_G + 0)/M_{\text{tot}} \tag{14.19}$$

M_{tot}를 $M_G + M_L$로 치환하면,

$$U_{avg} = \frac{U_G M_G}{M_G + M_L} = U_G / R \tag{14.20}$$

여기서, R = 지체비 (retardation ratio) = $(M_G + M_L)/M_G$

'지체비'는 평형분할계수 (equilibrium partition coefficient) + 1과 같다. '평형분할계수'는 가스/액체의 평형상수로서 헨리상수와 유사하다. 하지만 활성 생물여과장치 내에서는 분할계수보다 쉽게 측정할 수 있다. R은 가동되는 장치에서 유입가스 내 오염물질을 주사기로 주입하여 역학적으로 측정한다. 또한, 마치 가스크로마토그래프에서와 같이, 배출가스 속에 출현하는 peak 시간을 측정하여 얻을 수도 있다. R의 크기에 입각하여 오염물질이 생물여과장치 내에서 어느 정도 분할되는지 판단할 수 있다. R의 크기가 클수록 생물량 (biomass)과 접촉하는데 더 많은 시간이 필요할 것이고 제거량은 증가하는 경향이 있다. R의 값은 2 또는 3에서 10,000 이상까지 매우 광범위하다 (Devinny 등, 1999).

14.3 생물여과장치의 설계와 운영 시 고려사항

설계 시 고려사항

적합한 매체, 장치의 적합한 크기, 공기가습 방안 등은 안정된 생물량의 환경, 양호한 제거효율, 적당한 압력손실 등을 제공할 것이다. 매체 (medium)는 고형의 기공물질로서 생물량을 지지해주는 역할을 한다. 매체의 외부면과 내부면에서는 물막 (water film)을 유지한다. 이탄 (peat), 퇴비, 나무껍질, 나무조각 등과 같은 천연매체, 활성탄과 폴리우레탄 수지와 같은 합성매체가 사용된다. 양호한 매체가 되기 위해서는 다음 문단에 기술되는 특성의 일부 또는 전부를 만족해야 한다.

매체 자체는 다량의 무기질 영양분을 가져야 한다. 질소, 인, 칼륨과 같은 영양분은 생물량 성장에 필수적이다. 비록 이들 영양분은 가동되는 생물여과장치에 지속적으로 공급될 수 있지만, 매체 내에 저장고를 가지고 있다는 점은 큰 이점이 될 수 있으며, 영양분 공급시스템에 갑작스런 충격이 생겼을 경우에도 대처할 수 있다. 만약 장치에 오염가스의 공급이 수 시간 또는 수일간 끊길 때, 매체는 생물량을 유지하기 위해 유기탄소원을 제공해야 한다. 매체는 가벼워야 하고 부피가 커야 하지만 구조적으로 충분히 강해야 한다 (자체 하중으로 붕괴되거나 압축되지 않아야 한다). 매체는 생물량 성장을 위해 넓은 표면적을 제공해야 한다. 하지만, 공기가 압력손실을 덜 받으며 장치 속을 흐를 수 있도록 기공을 충분히 제공해야 한다. 매체는 표면상에 습기를 유지해야 한다. 이상적으로는 총 습윤매체 무게의 40~80%가 수분이어야 한다. 또한, 박테리아 부착이 용이해야 하며 강력한 흡인력을 가져야 한다.

생물여과장치 내 압력손실은 대용량의 공기를 처리할 때, 경제성과 관련하여 중요한 고려사항이 된다. 기공상 (porous bed)의 압력손실에 대해서는 6장과 12장에서 이미 설명한 바 있다. 분명히, 생물여과장치에서 압력손실은 표면 가스속도 (표면부하), 공극률, 상의 깊이 등에 의존한다. 총 압력손실은 상의 깊이에 따라 선형적으로 증가할 것이며, 표면 가스속도의 제곱으로 증가할 것이다. 또한 공극률이 감소함에 따라 증가할 것이다. 공극률은 생물여과장치의 연한에 따라 감소한다. 이는 연한에 따라 매체가 침강하고 생물량이 증가하기 때문이다. 매체는 경제적인 가동을 유지하기 위해 수년이 경과한 후 교체하여야 한다. 증량제 (bulking agent)가 상의 공극을 늘리기 위해 첨가되는데, 증량제에는 나무조각, 나무껍질, 폴리스타이렌 구슬, 잘게 자른 타이어조각 등이 있다. Nicolai 등 (2005)은 생물여과장치에서 압력손실을 추정하기 위해 실험을 수행하고 모델을 개발하였다. 모델은 표면부하, 매체의 종류, 매체의 공극백분율의 함수로 개발되었다. 그들은 가동연령이 다른 생물여과장치에서 추출한 3개 시료를 포함하여, 퇴비와 나무조각을 다른 비율로 섞어 총 9개의 시료를 시험하였나. 또한 모든 경우에 공극백분율을 측정하고, 느슨하게 충진된 매체와 조밀하게 충진된 매체를 함께 시험하였다. 이들은 다양한 유속과 압력손실 하에서 시험을 수행하였다. 이에 따라 압력손실과 공극백분율이 표면부하와 높은 상관성을 갖는 수식을 개발하였다.

$$SL = e^{[0.135(PV) + 0.961(\ln DP) - 8.78]} \tag{14.21}$$

여기서, SL = 표면부하, m/min

PV = 공극백분율, %

DP = 상의 깊이당 압력손실, Pa/m

우리는 압력손실을 추정하는데 관심을 두고 있기 때문에 이 수식을 변환시키면,

$$DP = e^{[1.04(\ln SL) - 0.14(PV) + 9.11]} \tag{14.22}$$

여기서 모든 변수는 식 (14.21)과 같으며 단위도 같다.

매체를 선정하는 지침으로서, 비록 문헌상에는 많은 사례연구가 소개되고 있으나, 가장 좋은 방법은 모형실험을 통해 특이사항을 고려한 매체를 선정하는 것이다. 모형실험단계에서 몇 가지 매체들을 시험하고 최적 매체를 선정할 수 있다. 모형연구에서는 상의 높이와 가스속도를 달리하며 시험할 수 있다. 상을 막는 (plugging) 현상은 가동 후 6개월 이상이 지나야 나타난다. 따라서 장기간 모형실험을 할 경우 중요하다 (Deshusses, 2001). 처리될 가스의 부피유량이 주어졌

을 경우, 가스유속이 커질수록 장치의 크기는 작아지고 자본비도 적게 든다. 물론 (압력손실로 인한 경우를 포함하여) 운영비도 고려되어야 한다.

생물여과장치는 보통 여러 개의 단위장치를 병렬로 연결하여 설치한다. 이는 한 장치가 유지보수를 위해 휴식에 들어간 사이 연속적으로 작업을 수행하기 위해서이다. 추가 과잉설치는 임계부하점 이하로 설계하여 얻을 수 있다. 따라서 한 장치가 작업에서 제외되더라도, 나머지 장치들이 적당한 고효율로 그 기능을 계속 수행할 수 있다. 또한 장치의 크기를 최종 결정할 때, 공장의 확장 가능성도 고려하여야 한다.

예제 14.4 80 ppm의 BTEX (benzene, toluene, xylene) 증기로 오염된 공기 20,000 cfm (1 atm, 30 ℃)을 처리하기 위해, 실규모 생물여과장치를 예비설계하고자 한다. 공정의 첫 단계로서, 생물여과장치에 필요한 상의 부피와 *EBRT*를 계산하라. 예제 14.3에 주어진 모형실험 자료를 이용하라. 지방정부의 규제기준을 충족시키기 위해 BTEX 화합물의 배출량은 하루 40 lb를 초과할 수 없다. 이 공정은 하루 24시간 가동된다.

풀이 우선, 이상기체법칙을 이용하여 BTEX의 유입속도와 농도를 질량속도로 환산한다.

$$\dot{M} = \frac{PQMW}{RT}$$

$$= \frac{1\ \text{atm} \times (80 \times 10^{-6} \times 20{,}000\ \text{ft}^3/\text{min}) \times 92\ \text{lb/lbmol}}{0.73\ \dfrac{\text{atm-ft}^3}{\text{lbmol-°R}} \times 545\ \text{°R}}$$

$$= 0.370\ \text{lb/min} \quad 또는 \quad 532\ \text{lb/day}$$

따라서 요구되는 효율은,

$$\frac{532 - 40}{532} = 0.925 \quad 또는 \quad 92.5\%$$

만약 최대제거성능이 30 g/m^3-hr인 장치를 설계한다면, 최대효율은 단지 65%가 될 것이다. 이 경우 요구되는 효율을 만족시킬 수 없다. 앞 예제의 자료에 입각하여 다소 보수적으로 질량부피부하가 약 18.5 g/m^3-hr (모형실험에서 95% 효율을 보이는 최대부하량: 이에 상응하는 제거성능은 17.6 g/m^3-hr이다.)인 경우에 대해 설계하기로 하자.

따라서 우리는 다음 관계식에서 V_f를 계산할 수 있다.

$$ML_V = C_i \times Q/V_f = C_i/EBRT$$

단위환산에 주의를 기울여야 한다. 따라서,

$$ML_V = 18.5\ \text{g/m}^3\text{-hr} \times \frac{1\ \text{m}^3}{35.32\ \text{ft}^3} \times \frac{1\ \text{lb}}{454\ \text{g}} = 1.16 \times 10^{-3}\ \text{lb/ft}^3\text{-hr}$$

유입농도는 이미 계산된 수치로부터 쉽게 계산할 수 있다.

$$C_i = \frac{532\ \mathrm{lb/day}}{20{,}000\ \mathrm{ft^3/min} \times 1{,}440\ \mathrm{min/day}} = 1.85 \times 10^{-5}\ \mathrm{lb/ft^3}$$

따라서,

$$V_f = \frac{C_i \times Q}{ML_V}$$

$$= \frac{1.85 \times 10^{-5}\ \mathrm{lb/ft^3} \times 20{,}000\ \mathrm{ft^3/min} \times 60\ \mathrm{min/hr}}{(1.16 \times 10^{-3}\ \mathrm{lb/ft^3\text{-}hr})} = 19{,}140\ \mathrm{ft^3}$$

모형실험의 일관성을 유지하기 위해, 모형실험에서 사용했던 SL과 $EBRT$의 유사한 값을 가지고 실규모의 상을 설계하여야 한다. 모형실험의 결과는 다음과 같았다.

$SL = 1.25\ \mathrm{m/min} = 4.1\ \mathrm{ft/min}$이고 $EBRT = 0.6\ \mathrm{min}$이다.

새로운 설계에서, $EBRT$의 값은

$EBRT = 19{,}140\ \mathrm{ft^3}/20{,}000\ \mathrm{cfm} = 0.96\ \mathrm{min}$으로 충분하다.

또 다른 경우, 만약 필요하다면 우리는 앞에서 고정된 상의 길이와 폭에서 상의 높이를 변화시켜 $EBRT$의 값을 쉽게 조절할 수 있었다. 또한, 우리는 상의 면적을 계산하기 위해 모형실험장치 (SL= 4.1 ft/min)에서 사용했던 것과 같은 SL값을 사용할 수 있다.

$$A = \frac{Q}{SL} = \frac{20{,}000\ \mathrm{ft^3/min}}{4.1\ \mathrm{ft/min}} = 4{,}878\ \mathrm{ft^2}$$

만약 총 길이가 100 ft이고 폭이 50 ft인 장치의 상 (또는 병렬로 놓여 있는 상들)을 고려한다면, 면적은 5,000 $\mathrm{ft^2}$가 될 것이다. 더욱이 4 ft 깊이의 상을 생각한다면, 최종 $EBRT$는 다음과 같이 계산할 수 있다.

$$EBRT = V_f/Q = (5{,}000 \times 4)\ \mathrm{ft^3}/20{,}000\ \mathrm{ft^3/min} = 1.0\ \mathrm{min}$$

최종 ML_V와 EC 역시 선택된 최종 차원에 입각하여 계산할 수 있다.

$$ML_V = C_i/EBRT \times 60$$

$$= (1.85 \times 10^{-5}\ \mathrm{lb/ft^3}/1.0\ \mathrm{min}) \times 60\ \mathrm{min/hr}$$

$$= 1.11 \times 10^{-3}\ \mathrm{lb/ft^3\text{-}hr}$$

$$EC = 0.95 \times ML_V = 1.05 \times 10^{-3}\ \mathrm{lb/ft^3\text{-}hr}$$

어떤 생물여과장치를 설계하든, 핵심 고려사항은 장치를 통해 공기가 상향하거나 하향하도록 설계하는 것이다 (그림 14.5 참조). 두 가지 접근법이 사용되고 있다. 비록 머리 부분이 개방된 여과장치라고 해도 공기의 상향식 설계만이 가능하다. Devinny (1999)에 의하면, 하향식이 우수한 것으로 증명되었지만 표 14.3과 같이 각기 장 · 단점이 있다.

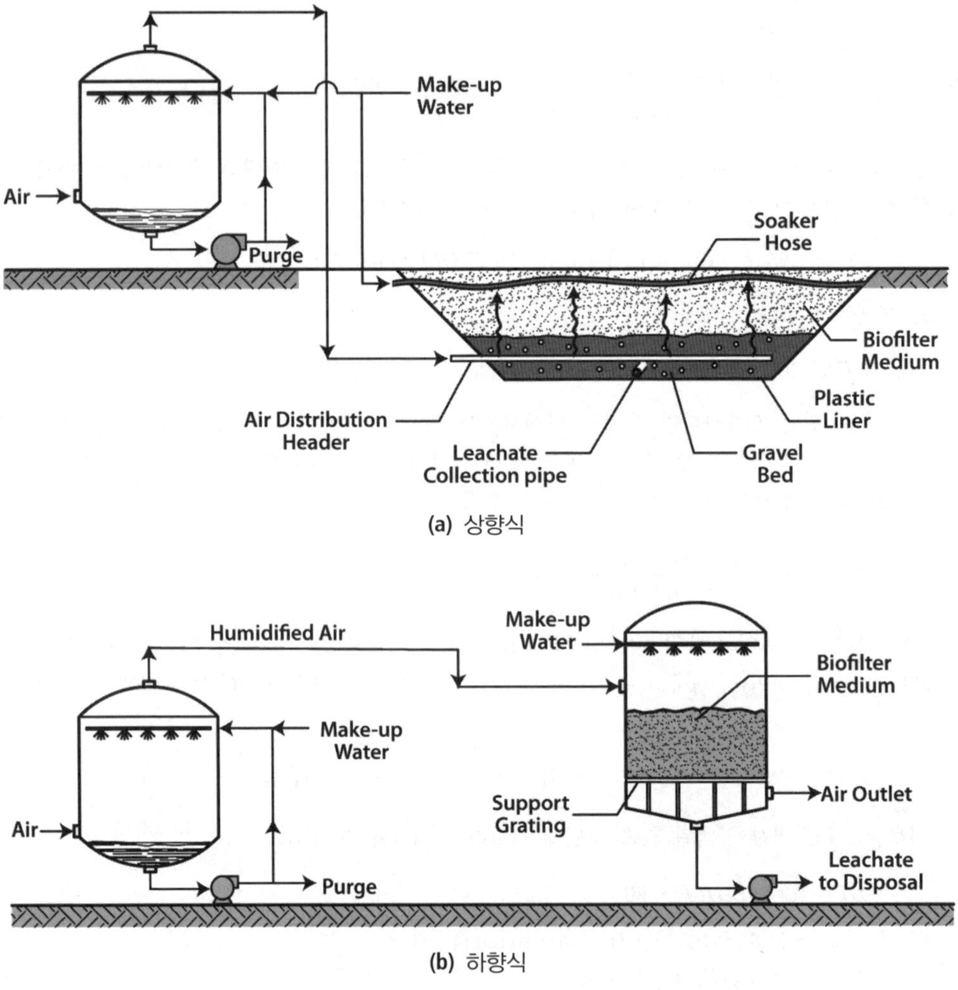

그림 14.5 생물여과장치의 개략도

표 14.3 상향식 및 하향식 생물여과장치의 비교

상향식 및 하향식 생물여과장치의 비교
상향식
장점
1. 염, 산, 분진은 설비 밖으로 쉽게 씻어낼 수 있다. 왜냐하면 이들 물질은 상의 유입구 근처에 축적되기 때문이다.
2. 상향식 설계는 머리부가 개방된 여과장치에 적합하다 (보통 가격이 저렴하다).
단점
1. 표면주수 면적 (상의 하단부에서)과 생물학적 활성도가 최고인 면적 (상의 하단부에서)이 서로 다르다 [비록 급수 호스 (soaker hose)가 상의 하단 3분점에 위치하여 이 단점을 보완하기는 하지만].
2. 공기와 물이 향류식으로 이송되기 때문에, 물이 미치지 못하고 국소부위에 공기의 채널링 현상이 나타날 수 있다.
하향식
장점
1. 상 내에서 물의 주입과 생물학적 활성도가 최고인 지점이 동일하다.
2. 상 내 건조부분이 감소된다.
단섬
1. 염, 산, 분진 등이 상의 하단부로 이송된다.
2. 완전한 밀봉이 요구되므로 자본비가 많이 든다.

운영 시 고려사항

생물여과장치를 안전하게 또한 효율적으로 운영하기 위해서는 많은 사항을 고려해야 하지만, 반드시 고려해야 할 세 가지 항목은 습기의 양 (여과상 및 공기 내의 습기), 온도 및 pH이다. 유기화합물의 산화반응은 열을 발산시키며, 열은 여과장치를 통과하여 공기의 온도와 습도에 큰 영향을 준다. 예를 들어, 1 g의 에탄올을 20 ℃, 1 m^3 공기 속에서 완전산화시키면, 이론적으로 약 18도 정도 (즉, 38 ℃까지) 열이 발열된다. 동시에 공기의 상대습도가 감소되어 결과적으로 물이 상에서 증발한다.

생물여과상 내에서 모든 매체 표면에 액체 수막을 유지하는 것이 필수이다. 이 얇은 수막은 공기로부터 오염물질의 질량전달에 대비할 뿐 아니라 생물량의 수명을 유지시킨다. 만약 상 내 공기의 상대습도가 98% 이하로 떨어지면, 물은 얇은 막에서 증발하기 시작하고 생물량의 역할은 사라진다. 공기의 습도를 높게 유지하는 최선의 방법은 공기가 여과장치를 통과하기 이전에 물로 포화시키는 것이다. 물의 증발로 열이 흡수되어, 상대적으로 건조한 공기는 가습 (humidification)이 진행되는 동안 상당히 냉각될 것이다. 사실, 잘 설계된 장치에서 배출공기의 실제온도는 이론적 단열포화온도의 1～3도 이내가 된다.

가습은 보통 물로 채워진 충진탑에 공기를 강제 투과시켜 얻을 수 있다. 뿐만 아니라 산화반응열 때문에 증발된 물을 보충하기 위해, 또한 상 하부로 빠져나간 침출수를 보충하기 위해, 일반적으로 급수 호스를 통해 어느 정도의 물을 공급한다. 급수 호스는 상 내 여러 군데 다른 깊이에 설치해도 좋다.

예제 14.5 에탄올과 프로판올 혼합물을 함유한 공기가 제약공장에서 방출되고 있다. 이 공기를 처리하기 위해 생물여과장치를 설계하고자 한다. 공기 65,000 cfm (1 atm, 140 ˚F, 25% 상대습도)을 완전히 가습하는데 필요한 물의 양 (하루 분)을 계산하라. 또한 가습 후 최종 온도를 추정하라.

풀이 부록 B (그림 B.3)의 건습구 습도표 (psychrometric chart)로부터, 온도 140 ˚F, 습도 25%에서 공기는 건조공기 1 lb당 물 0.032 lb를 함유하고 있다. 만약 140 ˚F 에서 이 습도표의 단열포화선을 따라 위로 올라가다가 100% 포화선을 만날 때까지 좌측으로 간다면, 최종 온도 99.5 ˚F를 즉시 읽을 수 있다 (사실상 살수탑을 떠날 때 실제온도는 101～103 ˚F가 될 것이다).

오른쪽 y축으로부터 우리는 배출되는 포화공기의 최종 절대습도가 물 0.042 lb/건조공기 lb임을 알 수 있다. 유입구와 유출구의 습도 차이 (물 0.01 lb/건조공기 lb)가 바로 생물여과장치에 유입되기 전 유입공기를 완전히 포화시킬 건조공기 lb당 공급되어야 할 물의 양이다.

또한 습도표에서, 우리는 유입공기의 습윤상태 부피가 건조공기 1 lb당 15.9 ft^3임을 알 수 있다. 이 습윤상태의 부피를 이용하여 건조공기의 질량속도를 계산할 수 있다.

$$\dot{M}_{\text{air}} = \frac{65{,}000\ \text{cfm}}{15.9\ \text{ft}^3/\text{lb dry air}} = \frac{4{,}088\ \text{lb dry air}}{\text{min}}$$

필요한 물의 양은

$$\dot{M}_{\text{water}} = \frac{4{,}088\ \text{lb dry air}}{\text{min}} \times \frac{0.01\ \text{lb water}}{\text{lb dry air}}$$
$$= 40.9\ \text{lb/min} \quad (\text{급수속도 : 약 5 gal/min})$$

제 7장에서 가습에 대해 일부 다루었으나, 여기에서는 가습탑 (humidifier tower)의 크기에 대한 정보를 추가로 제공한다. 대용량의 공기를 짧은 시간 내 포화시키는 설비를 설계하는 일은 필요한 물의 양을 계산하는 것처럼 간단하지 않다. 몇 가지 형태가 가능하다. 즉, 충진탑 (packed tower), 살수탑 (spray tower), 벤튜리 형태의 장치 등이 있다. 만약 탑에 유입되는 가스의 온도가 매우 높다면 추가적으로 고려해야 할 사항이 있다.

물/공기의 접촉은 개방형 탑에 미세박무 형태로 살수하든지, 또는 충진탑에서 공기가 상향으로 흐를 때 물을 하향으로 흐르게 하여 달성하든지, 아무튼 목적은 공기와 물을 가깝게 접촉시키는 것이다. 일반적으로 증발에 필요한 양보다 훨씬 많은 양의 물이 탑 내에 밀려 유입되는데, 이는 대부분 물이 첫 접촉과정에서 증발되지 않기 때문이다. 사실상 탑 내로 유입되는 물의 양은 증발될 양의 대략 7~15배 정도이다. 증발되지 않는 물은 탑 하단에서 수거되고 (방류된 소량의 정화수를 제외하고) 재순환된다. 또는 처리되어 방류된다.

살수탑은 물방울의 지나친 동반배출이 없어도 표면가스속도 5~15 ft/s로 설계할 수 있다. 하지만, 충진탑에서는 적절한 압력손실을 유지하기 위해 가스유속은 2~5 ft/s 정도로 낮다. 탑은 대개 높이가 직경의 2~3배 정도인 원통형이다. 유입가스 내 분진과 물 속의 수용성 고형물질을 처리하기 위해, 소량의 정화수가 탑에서 지속적으로 방류될 필요가 있다. 불완전한 가습과 미생물 반응으로 초래된 온도상승을 보상하기 위해, 매체에 추가적인 습기를 제공하는 급수 호스가 상 내부에 설치되어야 한다는 사실을 다시 강조한다.

예제 14.6 예제 14.5의 공기를 가습시킬 살수탑의 크기를 결정하라.

풀이 유입공기는 65,000 cfm (1 atm, 140 °F)이다. 예제 14.5에서 물은 약 41 lb/min 증발된다. 15 : 1의 재순환비 (recirculation ratio)를 이용한다면, 재순환펌프의 크기는 물 615 lb/min (74 gpm: gal/min)이다. 공기유속을 이용하여, 탑의 면적과 직경을 계산할 수 있다.

$$A = Q/V = \frac{65{,}000\,\text{cfm}}{(15\,\text{ft/s} \times 60\,\text{s/min})} = 72\ \text{ft}^2$$

$$D = (4A/\pi)^{0.5} = 9.6\ \text{ft} \quad (\text{끝자리 정리하면, 약 10 ft})$$

최종적으로 탑의 높이는 다음과 같다.

$$Z = 2.5D = 25\ \text{ft}$$

상대습도의 영향은 제쳐놓고, 온도는 미생물이 생존할 수 있는 제한된 범위를 가져야 하므로 매우 중요하다. 질량전달속도와 물질대사 반응은 이 범위 속에서 온도가 높을수록 빨리 진행된다. 하지만, 가스의 물에 대한 용해도는 온도가 증가할수록 감소하는 경향이 있다. 대개의 생물여과장치에서 수동적 온도조절 만이 수행되고 있다. 즉, 추운 날씨에는 여과장치를 덮고, 극심한 추위에는 단열한다. 또한, 따뜻한 날씨에서는 상 내 물이 증발하여 과도한 열을 제거한다.

미생물은 pH의 변동에 따라 크게 영향을 받는다. 초산은 유기화합물이 생분해될 때 일반적으로 생성되는 중간생성물이다. 초산 그 자체가 상의 pH를 낮출 수 있고 가동을 망칠 수 있다. 만약 여과장치가 H_2S 또는 황을 함유한 화합물을 처리한다면 황산염 (가수되어 황산이 된다)이 대량 생성된다. 이 경우 일부 액체를 걸러내는 것이 과잉의 황산염을 제거하는데 도움이 된다. 운행 중 pH는 측정 감시되어야 한다. 만약 필요하다면 급수 호스를 통해 약한 가성소다수를 첨가하여 pH를 조절할 수 있다.

미생물은 먹이로서 또한 에너지원으로서 오염물질을 소비하며, 생물여과장치는 미생물 덕분에 그 역할을 수행한다는 점을 명심하라. 만약 박테리아가 너무 빨리 성장한다면, 상당한 양의 새로운 생물량 (biomass)을 생성시키고 여과상을 막히게 한다. 이러한 조건은 압력손실을 주기적으로 측정하여 감시할 수 있다. 이상적으로 우리는 생물여과장치가 생물량의 순 성장 (net growth) 없이 가동되기를 희망하며, 미생물의 개체수를 일정하게 유지하며 가동하는 것이 좋다. 이 경우 모든 유기성 오염물은 CO_2와 H_2O로 변환되며, 생물량에 사용될 에너지로 변환된다. 만약 생물량의 증가가 너무 빠르면 영양분의 공급을 상대적으로 줄일 수 있다. 최후 수단으로, 생물량의 과도한 증가는 생물량에 스트레스 (예를 들어, 염, 산 등을 넣어)를 주어 제어할 수 있다.

사례연구

1990년대 후반, 플로리다주 오렌지 카운티 (County)의 남서부에 위치한 한 폐수처리공장 [South Water Reclamation Facility (SWRF)]에서 20 mgd의 폐수를 처리하였다. 이 공장은 생물여과장치를 악취 제어에 사용하고 있었다. 악취가 공장 외곽 곳곳에서 감지되었다. SWRF와 인접한 지역이 새로운 관광명소로 지정되었기 때문에 오렌지 카운티는 조치를 취하기로 결정하였다.

악취의 근원과 필요한 제어기술의 범위를 결정하기 위해 공학적 연구가 시작되었다. 수용할 수 있는 미래의 악취민원 확률이 최저가 되도록 제어수준 (분산모델링으로 제시된)을 결정하였다. 일반적으로 수많은 악취화합물은 산업폐수와 생활폐수에서 발생한다 (표 14.4 참조). H_2S는 생활폐수에서 고농도로 존재하며 악취민원의 원인물질이다. 따라서 폐수처리공장에서 H_2S를 처리하기 위해 많은 생물여과장치들이 가동되고 있다. 사실 SWRF의 경우에서도 H_2S가 주범으로 생각되었다.

H_2S의 주요 오염원은 침사지/유체분리기 (GCFS: grit chamber/flow splitter)가 있는 건물에서 방출되는 불특정 배출물로 확인되었다. H_2S는 폐수가 침사지/유체분리기를 흘러 통과할 때 방출되며 효율적으로 포획되지 않았다. 더욱이 포집된 공기는 기존의 염소/소다 세정기로도 잘 세정되지 않았다. 따라서 기존 GCFS에서 불특정 배출량이 많고, 염소/소다 세정기의 불안정한 성능 때문에, 카운티에서는 공기처리설비를 개선하기로 결정하고 3개의 상향식 생물여과장치를 병렬로 설치하기로 결정하였다.

각 여과장치의 크기는 동일하다. 각 장치는 대략 길이 25 ft, 폭 10 ft 정도이다. 매체의 깊이는 3.5 ft이다. 이 매체는 상부가 평평하고 하부는 경사가 진 자갈층 위에 설치되어 있다. 또한 상 (bed)은 고밀도 폴리에틸렌 재질의 안감으로 처리되어 있다. 이러한 규모를 가진 상의 단면적과 공상부피 (empty bed volume)는 각각 250 ft^2와 875 ft^3이다. 공기는 12 in. 직경의 PVC 파이프를 통해 여과장치에 주입된다. 공기분지관의 재질은 구멍이 뚫린 6 in. 직경의 PVC 파이프이고 이 분지관들은 자갈층 속에 2.5 ft 간격으로 평행으로 놓여 있다. 제 2호와 제 3호 여과장치와 관련하여, 급수 호스는 매체내부 2개 깊이가 다른 층 (매체 상부에서 6 in. 및 1.5 ft 깊이)에 설치되어 있다. 이 급수 호스는 2 ft 수평 간격으로 놓여 있다. 제 1호 여과장치에는 급수 호스가 없다. 침출하수관 (leachate drain pipe)은 6 in. 직경의 관이며 경사진 자갈층의 하부 중앙 축을 따라 설치되어 있다. 침출수는 SWRF의 주처리 설비로 펌핑되고 유입되는 폐수와 혼합 처리된다. 초기에 제 3호 장치는 시험가동을 위해 폴리에틸렌 덮개로 덮여 있었으나 수주일 후 덮개가 제거되었다.

사용된 매체는 이 지역에서 쉽게 얻을 수 있는 재질 [나무조각 (66%), 체에 거른 나무껍질 혼합물 (16%), 낙엽퇴비 (16%), 굴 껍데기 (2%)]을 주문하여 혼합한 것이다. 이들 재질은 카운티에서 과거 다른 생물여과장치에도 사용한 적이 있다. 이 여과장치의 건설은 1998년 7월에 완공되었다. 1998년 8월 세 개의 장치에 대해 성능평가시험이 이루어졌다. 그 이후 장치의 가동은 현재까지 계속되고 있다.

표 14.4 폐수에서 방출되는 악취화합물 출처 : 각종 문헌.

화학명	분자구조식	분자량	냄새 특성	냄새역치, ppm (v/v)
Acetaldehyde	CH_3CHO	44	쏘는 냄새, 과일향	0.067
Acetic acid	CH_3COOH	60	신 냄새	1.0
Allyl mercaptan	CH_2CHCH_2SH	74	불쾌한 마늘내	0.0001
Ammonia	NH_3	17	심한 자극성	47
Amyl mercaptan	$CH_3(CH_2)_4SH$	104	불쾌, 고약한 냄새,	0.0003
Benzyl mercaptan	$C_6H_5CH_2SH$	124	강한 불쾌한 냄새	0.0002
n-Butyl amine	$CH_3(CH_2)NH_2$	73	신 냄새, 암모니아 냄새	0.080
Crotyl mercaptan	$CH_3(CH)_2CH_2SH$	88	스컹크 같은 냄새	0.00003
Dibutyl amine	$(C_4H_9)_2NH$	129	생선내	0.016
Diisopropyl amine	$(C_3H_7)_2NH$	101	생선내	0.13
Dimethyl amine	$(CH_3)_2NH$	45	고약한 생선내	0.34
Dimethyl disulfide	$(CH_3)_2S_2$	94	부패한 채소내	0.0001
Dimethyl sulfide	$(CH_3)_2S$	62	부패한 양배추내	0.001
Diphenyl sulfide	$(C_6H_5)_2S$	186	불쾌한 냄새	0.0001
Ethyl amine	$C_2H_5NH_2$	45	암모니아 같은 냄새	0.27
Ethyl mercaptan	C_2H_5SH	62	부패한 양배추내	0.0003
Hydrogen sulfide	H_2S	34	썩은 계란냄새	0.0005
Indole	$C_6H_4(CH)_2NH$	117	분뇨내, 역겨운 냄새	0.0001
Methyl amine	CH_3NH_2	31	고약한 생선내	4.7
Methyl mercaptan	CH_3SH	48	썩은 양배추내	0.0005
Phenyl mercaptan	C_6H_5SH	110	고약한 마늘내	0.0003
Propyl mercaptan	C_3H_7SH	76	불쾌한 냄새	0.0005
Pyridine	C_5H_5N	79	심한 자극성	0.66
Skatole	C_9H_9N	131	분뇨내, 역겨운 냄새	0.001
Thiocresol	$CH_3C_6H_4SH$	124	스컹크내, 자극성	0.0001
Thiophenol	C_6H_5SH	110	고약한 마늘내 같은	0.00006
Trimethyl amine	$(CH_3)_3N$	59	쏘는 냄새, 생선내	0.0004

이 생물여과장치의 공기량은 다음과 같다. 제 1호 장치에는 약 2,100 cfm (이 양은 기존 세정기에서 배출되는 유출량이다), 제 2호와 제 3호 장치에는 각각 1,200 cfm (GCFS에서 직송되는 가스)이 유입된다. 제 1호 여과장치의 표면부하는 8.3 ft/min이고, 공상체류시간 ($EBRT$)은 26초이다. 한편, 제 2호와 3호 여과장치의 표면부하는 4.8 ft/min이고, $EBRT$는 44초이다. 초기에는 간이용 피토관 (pitot tube)을 사용하여 공기량을 조절하였으며, 주기적으로 검사하지는 않았다. 상의 압력강하는 2～3 in. H_2O의 범위를 갖는다.

표 14.5 오렌지 카운티 SWRF의 생물여과장치에 대한 월평균 성능시험자료

월	H_2S의 월평균 농도 (ppm)와 제거효율[a]					
	생물여과장치 1호			생물여과장치 2호 & 3호 조합		
	유입농도[b]	유출농도	효율[c]	유입농도	유출농도	효율
98년 8월	13.40	0.127	99.1	39.00	0.34	99.2
98년 9월	12.84	0.145	98.9	41.80	0.19	99.6
98년 10월	2.70	0.025	99.1	37.75	0.38	99.1
98년 11월	0.538	0.038	93.0	35.50	0.10	99.7
98년 12월	0.085	0.015	81.9	39.00	0.21	99.5
99년 1월	0.116	0.012	89.7	41.50	0.17	99.6
99년 2월	14.25	0.390	97.3	46.50	0.21	99.6
99년 3월	9.56	0.088	99.1	42.80	0.16	99.6
99년 4월	11.85	0.058	99.5	47.50	0.28	99.4
99년 5월	8.39	0.164	98.0	46.25	0.35	99.3
99년 6월	0.040	0.012	68.7	37.00	0.11	99.7
99년 7월	5.44	0.028	99.5	39.50	0.14	99.6
99년 8월	13.18	0.078	99.4	37.50	0.19	99.5
99년 9월	4.00	0.036	99.1	31.20	0.17	99.5
99년 10월	8.18	0.046	99.4	43.25	0.16	99.6
99년 11월	13.68	0.070	99.5	29.25	0.17	99.4
99년 12월	17.78	0.077	99.6	26.60	0.34	98.7
평 균			99.04[d]			99.45

a 월평균치는 4주간의 값을 평균한 것이다 (유출농도의 값은 여과장치 3곳의 평균치이다).
b 50 ppm 이상인 경우, 50 ppm이 평균을 계산할 때 사용되었다. 왜냐하면 간이용 측정기의 상한치가 50 ppm이기 때문이다.
c 유입농도가 매우 낮을 경우, 제 1호 장치의 효율도 낮았다.
d 유입농도가 1.0 ppm 이하인 달은 평균효율을 계산할 때 무시하였다.
출처 : Cooper, 2001.

성능을 평가하기 위해, 1998년 8월부터 2000년 1월까지 매주 장치의 유입구 및 유출구에서 H_2S의 농도를 측정하였다. H_2S의 농도는 유입구의 덕트에서 1곳, 각 장치별로 1곳씩 (각 상의 표층 위의 공간에서) 총 3곳에서 측정하였다 (이들 여과장치가 상향식임을 유의하라). H_2S의 농도는 간이용 H_2S 측정기로 측정되었는데, 시료채취시간은 위치별로 약 40초였다. 상의 (개방된) 표층을 통과한 유출가스는 상의 표층에 3면을 가진 피라미드형 깔때기를 놓고 채취하였다. 이는 대기와 여과장치에서 방출되는 가스를 분리하기 위해서다. 깔때기의 끝은 4 in. 길이를 가지며 이 끝에서 간이용 H_2S 측정기로 분석하였다.

매주간 성능시험자료는 월별로 평균화되고 표 14.5와 같이 요약되었다. 가동 초기에도 제 1호와 제 2호 장치의 H_2S 제거효율은 99% 이상으로 양호하였다. 처음에 제 3호 장치 (당시 덮개로 덮여 있던)의 효율은 75%에 지나지 않았다. 덮개는 장치의 일부를 완전히 밀폐했던 것으로 당시 조사되었다. 따라서 공기는 상의 협소한 부분을 고속으로 통과한 것으로 생각되었다. 덮개를 제거한 후 제 3호 장치의 성능은 제 2호처럼 회복되었다.

가격추정

미국에서 생물여과는 아직도 신기술로 간주되기 때문에, 다른 장치와 비교하여 가격에 관한 정보가 많지 않다. 하지만, 일부 연구자는 각기 다른 설비에 대하여 자본비 자료를 제시하였다. Devinny 등 (1999)은 이를 요약하였다. 일반적으로 상단부가 개방형인 여과장치는 폐쇄형보다 싸다. 또한 단위가격은 설비가 대형화될수록 적게 드는 경향이 있다. 예를 들어, Devinny 등 (1999)에 의하면, 소형설비 [여상 (filter bed)의 부피가 약 100 m^3인 경우]는 1 m^3당 \$1,000~\$3,000 정도 (즉, \$28~\$99/ft^3)의 비용이 들고, 대형설비 (3,000 m^3인 경우)는 \$300~\$1,000/m^3 정도 (즉, \$9~\$28/ft^3)의 비용이 든다. 특정설비의 가격은 상의 부피, 매체의 형태, 현장 준비작업에 필요한 일량, 오염물질의 생분해도, 가습탑, 송풍기와 펌프의 용량, 기자재 및 컴퓨터 제어 정도, 공학 및 건설비용 등에 큰 영향을 받는다.

Boyette (2000)는 1990년대 중반에 10개 주에 설치된 11개의 생물여과장치에 대한 자본비 가격자료를 입수하였다. 설계 가스유속은 2,400~210,00 cfm 범위에 있었다. 당시 자본비는 처리될 공기의 유속과 상관성이 있었다. 설치비는 장치가격 (\$/cfm)으로 표현되었으며, 장치가격은 크기가 클수록 줄어들었다. 이 책에서 우리는 Boyette의 자료를 멱법칙 형태의 수식으로 만들고, Marshall-Swift 가격지표를 이용하여 가격을 2008년도 달러기준으로 갱신하였다. 따라서 총 설치비를 얻기 위해 장치가격에 유속을 곱하였다. 최종 수식은 다음과 같다.

$$\text{TIC} = 4,100(Q)^{0.45} \tag{14.23}$$

여기서, TIC = 생물여과장치의 총 설치비 (2008년 달러기준)

Q = 처리공기 부피, cfm

저유량일 경우 (25,000 cfm 이하일 때), 실제 가격은 이 수식으로 추정된 가격과 상당히 다를 수 있다.

여과장치의 직접운영비 및 유동성 운영비는 다음 항목을 포함한다; 설비에 유출입되는 공기와 물의 이송 전기료, 물 사용료, 가동 및 유지보수에 필요한 노임 (및 경상비), 화학약품 및 영양물질, 연간 소모, 폐기 및 교체되는 매체의 비용 (생물여과 매체는 일반적으로 3～5년간 사용할 수 있다). 간접비 또는 고정비는 경상비와 자본회수비와 관련이 있다. Williams 등 (1995)은 운영비와 유지보수비와 관련된 자료를 발표하였다. 공기이송 전기료는 운영비에서 가장 큰 부분을 차지하는 항목이며, 앞에 제시된 수식으로 쉽게 계산할 수 있다. 그 다음 많이 드는 비용은 매체의 교체 (오래된 매체제거, 새로운 매체 구입 및 충진) 비용이다. 상당량의 공기가습이 필요한 경우, 물과 펌핑 비용이 많이 든다 (하지만 배관과 생물여상을 통과하는 공기이송 비용보다는 매우 싸다). 노임과 유지보수비는 가장 적다. 연간 운영비와 유지보수비는 \$2～\$14/cfm 정도이다 (저유량을 처리하는 비싼 장치의 경우).

연습문제

14.1 20 ℃에서 에탄에 대한 헨리상수 (부록 B 참고)를 생물여과분석에 사용할 수 있도록 더 적합한 단위로 환산하라. 에탄은 생물여과에 응용하기 적합한 후보물질인가? 그 이유를 설명하라.

14.2 생물여과법으로 에탄의 배출을 제어하기 위해 다음과 같은 모형실험 자료를 생각해 보자, 가스유속은 15 m^3/min이고 T=28 ℃이다. 상의 크기는 3 m × 2 m × 1 m (깊이)이다.

C_i, ppm	효율, %
200	98
300	98
350	98
400	98
450	89
500	81
550	74
600	68
650	63

이 자료에서 제거성능표를 작성하라.

14.3 위스키 증류공장에서 400 ppm의 에탄올이 배출된다. 공기가 총 유량 2,000 m^3/min으로 몇 개의 건옥배기구 (roof vent)를 통해 배출된다 (35 ℃, 1 atm), 이 증류공장은 모든 배출공기를 생물여과장치로 보내 처리하고자 한다. 배출규제법에 의거하여 에탄올의 배출량은 하루 50 kg을 초과할 수 없다. 요구되는 제어효율을 계산하라.

14.4 문제 14.3의 증류공장에서, 회사경영진은 당신에게 에탄올 제어용 생물여과장치를 조사하도록 요구하였다. 어떤 사람은 회사부지 내 공간을 절약하기 위해 지붕이 달린 여과장치를 제안하였다. 에탄올을 제어하기 위해 여과장치를 설치할 때, 문제 14.2에 주어진 모형실험 자료를 사용하라. 지붕이 달린 여과장치의 제안에 대해 당신의 초기 대응은 무엇인가? 더 좋은 의견을 개진하기 위해 필요한 자료가 있다면 무엇인가?

14.5 증류공장에서 방출되는 공기가 상대습도 60%를 함유하고 있다. 이 공기를 포화시키는데 어느 정도의 물이 필요한가? 포화된 후 온도와 총 부피속도는 얼마인가? 당신의 설계에 급수 호스를 포함해야 하는가? 설치여부에 대한 이유를 설명하라.

14.6 이탄 (peat)을 매체로 사용하고 styrene을 처리하는 한 생물여과장치의 최대제거성능이 100 g/m^3-hr이고, 임계부하는 60～75 g/m^3-hr이다 (Togna 등, 1992). 또한, 40 g/m^3-hr에서 97%의 효율을 갖는다. 지역의 냄새규제를 만족시키기 위해 최소 90% 효율을 갖는 장치를 설계하여야 한다. 조선소에서 방출되며 200 ppm의 styrene을 함유한 공기 10,000 m^3/hr (30 ℃, 1 atm)를 처리하는 생물여과장치의 크기를 추정하기 위해 위에 제시된 정보를 이용하라. 여기서 상의 깊이는 최소 1 m이어야 하고, 표면부하량은 1.5 m/min을 초과할 수 없다고 가정하라.

14.7 제 14장에서 설명된 사례연구 중, 생물여과장치의 질량부피부하 (mass volume loadings)를 계산하라.

14.8 도서관을 가거나, 인터넷을 이용하여 H_2S 방지를 위한 생물여과장치의 연구논문을 검색하라 (이 교과서의 정보 이외). 우리가 배운 오렌지 카운티의 연구사례와 비교하라. 특히 $EBRT$, ML_V 및 제거효율을 집중적으로 비교하라.

14.9 제 14장에 주어진 간단한 자료에 입각하여, 문제 14.4에서 생물여과장치의 총 설치비를 추정하라.

14.10 다섯 개의 유기화합물 (A부터 E까지)이 생물여과장치 제어에 적합한지 시험되고 있다. 지체비율 (retardation ratio)이 순서대로 5, 8, 13, 21, 34이었다. 이것 중 어느 것이 여과장치에 적합할까? 이유는 무엇인가?

14.11 식 (14.10)을 가지고 (교과서 내 사례연구에서) 만약 상의 깊이가 (a) 3.0 ft, (b) 2.5 ft일 때, H_2S 생물여과장치 2호와 3호의 평균 효율은 얼마인가?

14.12 표 14.5의 자료를 이용하라. 유입농도가 1 ppm 이하인 달의 자료는 무시하라 (즉, 여과장치 1호). 여과장치 1호의 효율을 장치 2, 3호와 비교하라. 이들 효율은 식 (14.10)의 견지에서 상식적으로 무난한가? 그 차이점에 대해 설명하라.

14.13 문제 14.5의 공기를 가습하기 위한 살수탑의 크기를 결정하라.

14.14 나무조각과 퇴비를 사용하는 생물여과장치의 총 압력손실을 추정하라. 이 장치는 50% 공극률과 1.5 m의 깊이를 가지고 있으며, 500 m^2의 면적에서 30,000 m^3/hr으로 가스를 처리하고 있다. 여과장치 이전에 배관과 가습으로 500 Pa의 압력손실을 보였다. 답을 Pa단위와 in. H_2O단위로 제시하라.

14.15 문제 14.14의 생물여과장치에 대하여, 2008년 달러기준으로 TIC를 추정하라. 이 장치를 연간 8,600 hr 가동하고, 전기단가가 $0.08/kWh이라고 가정하라. 또한, 이 설비의 공기이송비는 총 운영비와 유지보수비의 65%를 차지한다고 가정하라. 이 여과장치에 드는 연간 운영비 및 유지보수비는 얼마인가?

참고문헌

Boyette, R.A. "Biofilter Economics and Performance," E & A Environmental Consultants, Cary, NC, 2000. Accessed November 2009 from http://www.p2pays.org/ref/12/11505.pdf.

Cooper, C.D., Godlewski, V.J., Hanson, R., Koletzke, M., and Webster, N. "Odor Investigation and Control at a WWTP in Orange County, Florida," Environmental Progress, 20 (3), 2001.

Deshusses, M.A. Personal communication with author, 2001.

Deshusses, M.A. and Cox, H.H.J. "Biotrickling Filters for Air Pollution Control," in The *Encyclopedia of Environmental Microbiology*, G. Bitton, Ed. New York: John Wiley & Sons, 2002.

Deshusses, M.A. and Johnson, C.T. "Development and Validation of a Simple Protocol to Rapidly Determine the Performance of Biofilters for VOC Treatment," Environmental Science and Technology, 34 (3), 2000.

Devinny, J.S., Deshusses, M.A., and Webster, T.S. *Biofiltration for Air Pollution Control*, Boca Raton, FL: Lewis Publishers, CRC Press, 1999.

Heinsohn, R.J. and Kabel, R.L. *Sources and Control of Air Pollution*, Upper Saddle River, NJ: Prentice Hall, 1999.

Kosteltz, A.M., Finkelstein, A. and Sears, G. Proceedings of the Air & Waste Management Association 89th Annual Conference and Exhibition, Air & Waste Management Association, Pittsburgh, PA, paper #96-RA87B.02, 1996.

Luo, J. "A Pilot Scale Study on Biofilters for Controlling Animal Rendering Process Odours," Proceedings of the First IWA International Conference on Odour and VOCs Measurement, Regulation and Control Techniques, Sydney, Australia, March 2001.

Nicolai, R.E., and Janni, K.A. "Determining Pressure Drop through Compost Woodchip Biofilter Media," 2005. Accessed December 2009 from http://abe.sdstate.edu/faculty/dicknicoli/publs/Determining%20Pressure%20Drop%20through%20Compost%20-%20No%20014080.pdf.

Prokop, R.E., and Bohn, H.L. "Soil Bed System for Control of Rendering Plant Odours," Journal of the Air Pollution Control Association, 35(12), 1985, 1332-1339.

Togna, A.P., and Folsom, B.R. Removal of Styrene from Air Using Bench Scale Biofilter and Biotrickling Filter Reactors, a paper presented at the 85th Annual Meeting of the Air & Waste Management Association, 1992.

Williams, T.O., and Boyette, R.A. "Biofiltration for the Control of Odorous Volatile Compound Emissions in High Temperature Industrial Applications," a Paper presented at the 88th Annual Meeting of the Air & Waster Management Association, San Antonio, Texas, 1995.

Chapter

15 황산화물의 제어

산성비의 영향은 매우 광범위하고 특성상 영구적이기 때문에, 비록 연구가 계속 진행되고 있다고는 하지만, 산성도를 줄이려는 움직임 없이 시간만 보낼 수는 없다. 우리는, 가능한 빨리, 두 나라가 환경 악화속도를 늦추기 위하여 화력발전소와 제련소 등에서 배출되는 SO_2를 초기에 감축할 필요가 있다.

John Roberts, 캐나다 환경부장관, 1981.

15.1 머리말

SO_2와 SO_3는 황을 함유한 물질이 연소할 때 생성되는 두 가지 황산화물이다. 미국에서 황산화물 (SO_x) 배출량은 1973년에 연간 약 3천2백만 톤으로 최고치를 보였다. 1970년대 후반까지, SO_2 제어설비수의 증가와 저유황 유류의 사용으로 배출량은 확실히 감소하였다 1981년에 SO_x 배출량은 그 이후 10년 만에 2,500만 톤 이하로 감소되었으며, 또 다시 1995년에는 2,000만 톤 이하로 감소하였다 (EPA, 2000). 2008년에는 1,200만 톤으로 감소하였다. 미국에서 SO_x의 약 2/3는 석탄화력발전소에서 배출된다. 산업용 연료연소와 산업공정 (주로 석유정제, H_2SO_4 제조, 비철금속의 용융 등) 등에서 나머지 부분이 배출된다. 대부분의 전력을 수력발전에 의존하는 캐나다의 경우, 금속제련이 SO_x의 주요배출원이다. 표 15.1은 과거 40년간 미국에서의 SO_x 배출량을 보여주고 있다.

제 1장에서 논의한 것처럼, SO_2와 SO_3 배출은 대기에 심각한 영향을 준다. SO_2는 눈, 코, 목을 자극하고 호흡기 질환과 관련이 있다. SO_2는 또한 녹색식물의 엽록소를 손상시키는 원인이 된다. SO_x의 심각한 영향 중 하나는 산성침적 (acid deposition: 산성비, 산성눈)이다. 산성침적은 스칸디나비아, 캐나다, 미국에 있는 많은 호수의 수중 생태계를 파괴해 왔다. 또한, 북아메리카뿐만 아니라, 북유럽 (서독의 바바리안 산림을 포함한)의 수천 ha의 산림을 파괴해 왔고, 전세계 산업 중심지에 소재한 인공 유물과 유적을 부식시켰다.

표 15.1 미국의 황산화물의 배출경향 (1,000 톤/년)

오염원	1970	1980	1990	2000	2008
고정오염원 연료연소					
전기	17,398	17,469	15,909	11,396	7,552
산업	4,568	2,951	3,550	2,139	1,670
기타	1,490	971	831	628	578
산업공정					
화학 및 관련공정	591	280	297	338	255
금속공정	4,775	1,842	726	313	203
석유 및 관련공정	881	734	430	316	206
기타산업	846	918	399	410	329
이동오염원					
도로 이동오염원	273	394	503	260	64
비도로 이동오염원	278	323	371	437	456
기 타	118	44	61	111	116
총 합	31,218	25,926	23,077	16,348	11,429

출처 : National Inventory of Criteria Air Pollutant Emissions (http://www.epa.gov/ttn/chief/trends/index.html)

비록, 황산화물의 배출량 감축과 산성침적량의 감소 사이에 정확한 정량적 관계를 설명하기 어렵지만, 산성비 문제를 해결하기 위해서 황산화물의 배출제어가 절대적이라는 점은 의심할 여지가 없다. 미국의 1990년 청정공기개정법의 산성비 조항에는 1980년 수준대비 1,000만 톤의 황산화물 저감목표가 설정되어 있다. 결론적으로 미국의 배연탈황 (FGD: flue gas desulfurization)시설의 설치규모 (신형과 구형을 합해서)는 1990년대에서 2000년 사이에 두 배 이상 증가한 것으로 추정된다. 표 15.1에서 보듯이, 1990년 개정법의 목표는 달성되었다. 2008년 미국의 SO_2 배출량은 1,200만 톤 이하로 1980년의 2,600만 톤과 비교할 만하다.

15.2 제어전략에 관한 개요

SO_x 배출을 제어하는 기본 접근법에는 (1) 연료연소 전에 연료로부터 황을 제거하는 방법, (2) 배출가스에서 SO_2를 제거하는 방법 등이 있다. 이 두 가지 기본 전략을 위해, 수백 가지 방법이 연구되어 왔고 수십 가지 방법이 현재 사용되고 있다. 표 15.2는 잘 알려진 공정들의 종류와 목록을 요약한 것이다. Srivastava와 Jozewicz (2001)는 이들 공정의 일부를 요약하였다.

표 15.2 SO_2 배출제어 방법

주선택	부선택	공정실례
SO_2 원천제어법	저유황 연료로 전환	천연가스로 전환
	연료 탈황	연료유 탈황
		석탄의 청정화
SO_2 세정법		
폐기법	습식세정	석회법 (Lime)
		석회석법 (Limestone)
		- 강제산화법 (Forced oxidation)
		- 억제산화법 (Inhibited oxidation)
		이중염기법 (Dual alkali)
		마그네슘 석회개선법 (MEL: Magnesium enhanced lime)
		해수법 (Seawater)
	건식세정	석회분사건조법 (Lime spray drying)
		석회주입법 (Lime injection)
		Trona법
		Nahcolite법
		순환유동상법
재생법	습식공정	물 흡수법 (제련소)
		Wellman-Lord법
		산화마그네슘법 (MgO)
		구연산법 (Citrate)
		탄산염법 (Carbonate)
		아황산법 (Sulfite)
		강제산화법 (석고 판매포함)
	건식공정	활성탄흡착법
		동산화물 흡착법 (Copper oxide adsorption)

여기서는 잘 알려진 공정에 대해 짤막하게 설명할 것이다. 15.3절에서는 이중 가장 폭넓게 사용되고 있는 SO_2 세정기술 (석회석세정기술)에 대해 구체적으로 설명할 것이다.

연료탈황 (Fuel Desulfurization)

대부분 원유 (crude oil)는 황을 함유한다 [보통 1~3% (중량) 범위 내]. 사실상, 세계의 원유 속의 황함량은 더욱 많아지고 있는데, 이는 정유회사들이 우선적으로 저유황 원유 (황 0.5% 이하)를 고갈시키고 있기 때문이다. 소비자들은 일반적으로 저유황 원유제품 (휘발유, 석유, 난방유, 저유황유)을 더 선호한다. 더욱이 최근 배출규제는 경유와 휘발유를 사용하는 차량에 초저황 수준을 요구하고 있다. 이에 따라 많은 정유공장이 탈황설비를 가동하고 있다. 간단히, 탈황설비는 수소와 촉매반응을 시켜 원유에서 유기황을 제거하는 설비이다. 즉,

$$R\text{-}S + H_2 \rightarrow H_2S + R \tag{15.1}$$

여기서, R은 유기화합물을 의미한다.

1970년대 중반에는, 탈황설비에서 생산된 H_2S는 종종 연료가스 정제과정에 혼합되었기 때문에 H_2S가 연료의 일부로서 연소될 때 SO_2가 생성되었다. 그러므로 총 SO_x 배출량은 국가적으로 저감되지 않았는데, 황이 제거되지 않고 단지 재분산되었기 때문이다. 세계적으로 원유가 더 많은 황을 함유하게 되고 저유황 제품에 대한 요구가 증대됨에 따라, 정유공장에서 SO_x 배출을 차단하기 위해 장려금을 제공하는 환경정책적 배려가 있었다. 이에 따라 황회수장치가 개발되었으며, 유입된 H_2S의 98% 이상이 제거될 수 있었다.

대부분 황회수장치는 'Claus 공정'을 사용하는데, 이 공정은 H_2S의 일부를 연소해서 SO_2로 만들고, 두 개의 화합물은 동시에 촉매상에서 산화/환원되어 결합된다. 주요 반응식은 다음과 같다.

$$H_2S + \frac{3}{2}O_2 \rightarrow H_2O + SO_2 \tag{15.2}$$

$$2H_2S + SO_2 \rightarrow 2H_2O + 3S \tag{15.3}$$

원소 황은 용융상태에서 분리되어 부산물로 판매된다. 따라서 정유과정에서 배출되는 H_2S나 SO_2는 상당량 저감되었다. 정유공장과 천연가스 공정에서 회수된 황의 양은 과거 1975년과 1990년 사이 두 배로 증가하였으며, 오늘날에는 미국 황 공급량의 약 90%를 차지하고 있는데, 정유와 가스회사 이익금 중 상당부분을 차지하고 있다. 더욱이 회수된 황의 양은 계속 증가하는 추세이다. 미국 정부의 통계에 의하면, 2006년도 미국 정유 및 가스회사는 850만 톤의 황을 생산하고 판매하였다 (미국 국내생산의 약 92%). 전 세계 선진국의 정유공장에서 회수된 황의 양도 의심할 여지없이 계속 증가할 것이다.

천연가스 매장지는 메탄과 기타 가벼운 탄화수소로 혼합되어 있는 고농도의 H_2S (10～70%)를 함유하고 있다는 사실에 주목해야 한다. 가스가 「파이프라인」에 유입되기 전에 황은 Claus 공정에 의해 오염원에서 회수된다. 캐나다는 미국, 프랑스, 독일, 그리고 일부 다른 나라와 마찬가지로 천연가스 (연간 약 900～1,000만 톤)에서 많은 양의 황을 생산하는 주요 국가이다. Armstrong과 Westmoreland (1985)는 논문에서 고농도 유황가스 처리공장을 설계하고 건설하면서 겪은 몇 가지 문제점과 해결방안을 언급하였다. 이 공장은 와이오밍 주의 산악지대에 위치하는데, 여기서 황함량 0.3～22%인 H_2S 가스로부터 대략 하루 1,000톤의 황을 회수하고 있었다. 엄격한 대기환경기준을 만족시키기 위하여, 총 황회수율이 99.7%가 되도록 일반 Claus 공정설

비에 최종 가스정화 공정을 추가하였다.

미국에서 연소되는 석탄의 대부분은 다량의 황을 함유하고 있다 (2% 또는 그 이상). 기름이나 가스와 달리, 석탄 내 황의 상당부분 (30～70%)은 FeS_2 (pyrite: 황철석), 혹은 무기황산염 형태로 존재한다. 이러한 형태의 황은 세정법이나 기타 다른 물리적 정화공정 (수질오염이나 고형폐기물 문제를 초래할 수 있지만)으로 비교적 쉽게 제거된다. 그러나 유기황은 물리적 정화공정으로 제거될 수 없으며, 석탄이 고체이기 때문에 화학적 탈황공정은 비용이 많이 든다. 석탄의 가스화와 액화공정은 연료로부터 상당량의 유기황을 제거할 수 있지만, 에너지 차원에서는 불리하다. 한편 대기환경기준을 만족시키기 위하여, 물리적 정화방법 만을 고수해서는 완벽한 석탄탈황을 이룰 수 없기 때문에, 배연탈황 형태의 공정을 함께 고려해야 한다.

SO_2 제거기술

구리, 아연, 납, 니켈이 함유된 황화합물 광석의 제련공정은 광물을 굽는 (roast) 과정을 포함한다. 광석을 구울 때, 금속으로부터 황은 제거되고 농축된 SO_2가 배출된다. 제련소에서, 일반적인 SO_2 제어방법은 SO_2를 물에 흡수하여 H_2SO_4를 만드는 것이다. 이 황산은 부산물로 팔 수 있다. 몇 몇 요인 (시장까지의 거리, 운송비, 투자비, 요구되는 SO_2의 감축수준 등)에 따라, 황산의 생산은 제련소에 이익을 주거나, 혹은 주지 않을 수도 있다. 하지만 미국과 캐나다에서는 이러한 공정으로 매년 600만 톤의 황산이 생산되고 있다. 두 나라 EPA는 신설공장 또는 기존 제련공장들에게 SO_2 배출량을 더욱 감축하라고 요구하고 있다. 유럽과 일본에서도 대량의 황산이 이러한 공정에서 생산되고 있다.

황산을 만들기 위한 배연탈황법 (FGD: flue gas desulfurization: SO_2 세정)과 제련소의 연도가스 흡수법으로 SO_2를 감축할 수 있다. 주요한 차이점은 가스 중 SO_2 농도에 달려있다. 일반적으로 제련소에서의 흡수과정은 농축된 SO_2의 농도 (약 10% 혹은 100,000 ppm SO_2)에 의존하지만, 반면 배연탈황법 (FGD)은 SO_2가 희석된 경우 (약 0.2% 혹은 2,000 ppm SO_2)에 적용된다. FGD 설비를 분류하는 이 두 가지 기본방법에는 (1) 폐기법 혹은 재생법, (2) 건식법 또는 습식법 등이 있다. 만약 연도가스에서 제거된 황이 버려진다면, 즉 폐기된다면, 그 공정은 폐기법이다. 만약 황이 유용한 형태로 회수된다면, 그 공정은 재생법으로 간주한다. 습식법 또는 건식법은 주반응이 일어나는 상 (phase)과 관련이 있으며, 습식과 건식공정은 폐기물 또는 시장성이 있는 부산물을 생성한다.

폐기공정 (Throwaway Processes)

이 절에서 논의될 습식폐기공정은 기존의 석회석 슬러리법 (석회석세정법), 석회세정법, 이중염기법, 강제산화법 (forced oxidation), 억제산화법 (inhibited oxidation) 등이다. 또한, 건식폐기공정에는 석회분사건조법과 nahcolite/trona 주입법 등이 있다. Dalton (1992)은 FGD 설계에 관한 혁신적인 내용을 보고한 바 있으며, 미국과 세계 각국의 FGD 설비현황을 검토하였다. 2006년도에 미국에서 생산되는 전기 (2조 kWh)의 약 50%정도가 석탄화력발전소에서 생산되었으며 (EIA, 2009a), 이들 공장의 50% 이상이 FGD 설비를 가지고 있다 (2006년 기준으로 102,000 MW 전력 설비용량) (EIA, 2009b). 1998년도에 세계적으로 25만 MW의 전력생산능력이 있었다 (배연탈황설비를 갖춘 화석연료 발전소만) (Srivastava 등, 2001). 표 15.3은 미국을 포함한 전 세계 국가들의 전력생산능력을 황제거 공정 (습식폐기법, 건식폐기법, 재생법 등)에 따라 분류하고 있다.

1990년대에는 천연가스를 연소하는 화력발전소들이 많이 건설되었다. 천연가스는 석탄이나 기름과 비교하여 당시 상대적으로 값이 쌌고 청정한 연료였다. 예를 들어, 제어장치가 없는 천연가스 보일러에서 방출되는 SO_2와 분진의 배출량은 대기오염 방지장치가 부착된 석탄화력 보일러에서의 배출량 (1980년대 기준)보다 10배 이상 적다. 하지만, 2000년에서 2001년에는 가스의 수요가 급속히 증가한 반면, 세계시장에서 에너지가격이 더욱 높아져서 (천연가스 가격이 약 3배 이상 상승) 구매력이 떨어졌다. 따라서 석탄이 다시금 대형 화력발전소에서 선호됨에 따라 새로운 배연탈황설비가 요구되었다. 하지만 석탄이 가스보다 매우 저렴하기는 하지만, 단위생산 전력당 매우 많은 CO_2를 생산한다는 점에 유의하여야 한다. 사실상 지구기후변화에 대한 우려와 잠재적인 CO_2 배출규제에 대한 우려로, 2008~2009년에 상당수의 신설 석탄발전소가 계획을 연기하거나 중단하였다.

기본적으로 2000년대에 건설된 모든 신규 FGD 설비는 석회석세정법을 사용하고 있다. 이 방법은 미국에서 가장 오래 되고 널리 사용되고 있는 방법이다. 실제 1996년도에는 FGD 설비를 설치한 182개의 화력발전소 (발전용량으로 86,000 MW)가 있었다. 단지 10년이 경과했을 뿐인데, 2006년도에는 248개 (발전용량으로 102,000 MW)가 되었다 (EIA, 2009b). 전 세계적으로 FGD 설비는 빠르게 보급되고 있으며 이러한 추세가 계속되고 있다. 특히 중국에서는 엄청난 양의 석탄을 사용한다. 예를 들어, 2009년도에 중국은 발전용량 기준으로 365,000 MW를 생산하는 화력발전소가 FGD 설비를 가지고 있는데, 2020년에는 723,000 MW로 성장할 것으로 예상하고 있다 (McIlvaine, 2009). 전 세계적으로 FGD 설비는 약 800,000 MW 용량의 발전소들에 설치되었다고 추정하고 있다. 우리는 여기서 주요 폐기공정들 (석회석세정법 포함)을 간략히 설명하고, 15.3절에서 전형적인 석회석세정기술에 대해 자세히 논의할 것이다.

석회석세정법 (limestone scrubbing)에서, 석회석 슬러리는 분무탑에서 연도가스 (flue gas)와 접촉한다. SO_2는 흡수되어 중화되고, 부분적으로 $CaSO_3$와 $CaSO_4$로 산화된다. 총괄양론식은 다음과 같다.

$$CaCO_3(s) + H_2O + 2SO_2 \rightarrow Ca^{2+} + 2HSO_3^- + CO_2(g) \tag{15.4}$$

$$CaCO_3(s) + 2HSO_3^- + Ca^{2+} \rightarrow 2CaSO_3 + CO_2 + H_2O \tag{15.5}$$

표 15.3 FGD 기술과 발전용량 (MW) (1998년도 기준)

기 술	미 국	미국외 국가	전세계 합계
습식폐기공정	82,092	114,800	196,892
건식폐기공정	14,081	10,654	24,735
재생공정	2,787	2,394	5,192
총 FGD	98,971	127,848	226,819

출처 : Srivastava 등, 2001.

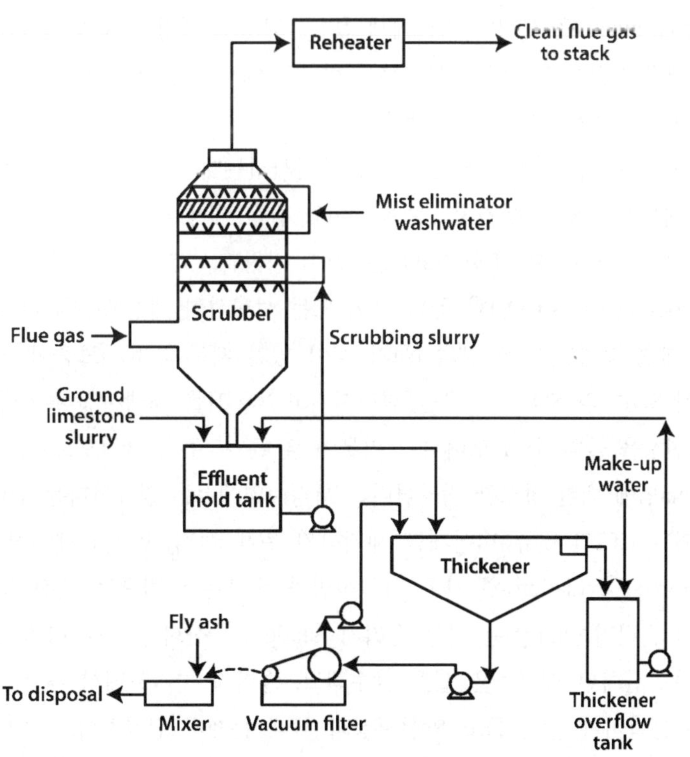

그림 15.1 석회석세정법을 이용한 SO_2 처리설비의 공정도

출처 : Henzel 등, 1981.

석회석세정에 관한 간단한 공정도가 그림 15.1에 있다. 석회석세정의 주요 장점은 흡수제 (absorbent)가 풍부하고 비용이 싸며, 상업적으로 쉽게 구할 수 있다는 점이다. 반면, 단점은 탑 내에 물때가 끼고 장치의 막힘현상이 자주 나타나며 부식성이 크다는 점이다.

석회세정법 (lime scrubbing)은 석회가 석회석보다 반응성이 훨씬 크다는 점을 제외하고, 석회석세정법과 장치와 공정이 매우 유사하다. 석회세정에 관한 순수 반응식은 다음과 같다.

$$CaO + H_2O \rightarrow Ca(OH)_2 \tag{15.6}$$

$$SO_2 + H_2O \rightleftharpoons H_2SO_3 \tag{15.7}$$

$$H_2SO_3 + Ca(OH)_2 \rightarrow CaSO_3 + 2H_2O \tag{15.8}$$

$$CaSO_3 + 1/2\,O_2 \rightarrow CaSO_4 \tag{15.9}$$

석회세정의 장점은 약품을 효율적으로 사용할 수 있고, 가동 시 신축성이 크다는 점이다. 반면, 주요 단점은 석회석과 비교해서 석회가 비싸다. 하지만, 석회석 설비는 SO_2를 90% 정도 제거할 수 있으나, 석회 설비는 통상 95% 정도 제거한다 (Jahnig and Shaw, 1981a). 현재 석회와 석회석 설비는 98~99%의 효율을 얻을 수 있다.

이중염기법 (dual alkali)은 석회와 석회석세정의 단점 (즉, 세정탑 내의 물때와 막힘현상 등)을 극복하기 위해 개발되었다. 이중염기 설비는 그림 15.2에서 보듯이, SO_2를 제거하기 위해 두 가지 약품과 두 가지 공정을 연결하여 사용한다.

$Na_2SO_3/NaOH$용액이 탑 내에서 SO_2를 흡수/중화시키는데 사용된다. Na_2SO_3와 Na_2SO_4는 둘 다 수용성이기 때문에 침전이 생기지 않는다. 이와 같은 대용량 Na_2SO_3와 Na_2SO_4용액의 처리는 수질오염문제를 발생시킨다. 또한 NaOH는 값이 비싸다. 그러므로 분리된 용기 속에서, 보충되는 NaOH나 soda ash (Na_2CO_3)와 함께 석회 또는 석회석이 세정폐수에 가해진다 (슬러지 처리와 관련하여 폐수 중에는 많은 양의 Na가 섞여 있기 때문에, Na 보충이 필요하다). 석회나 석회석은 동시에 SO_3^{2-}와 SO_4^{2-} 이온을 침전시키고 NaOH를 재생시킨다. 이중염기 설비는 물때 문제와 막힘현상을 줄일 수 있으며 유지비용이 덜 든다. 주요 단점으로는, 슬러지와 함께 방출되는 수용성 Na염에 대한 정교한 처리설비가 특정지역에서는 필요하다는 점이다. 또한 Na 소비를 가속화시키는 HCl과 잔류 비산재를 제거하기 위해 석회 전처리 세정장치가 필요하다.

강제산화법 (forced oxidation)은 기존 석회석법과 똑같은 방법으로 세정절차가 이루어진다. $CaSO_3/SO_4$ 폐기 슬러리 (slurry)는 석고 슬러지 (sludge)로 산화된다 (분리된 탱크 속에서 과잉 공기와 접촉하여). 산화된 폐기물은 쉽게 탈수되고, 슬러지 처리조에서 매우 안정하다. 하지만 강제산화공정은 동력비가 많이 들고 막힘현상과 물때 문제가 심각하다.

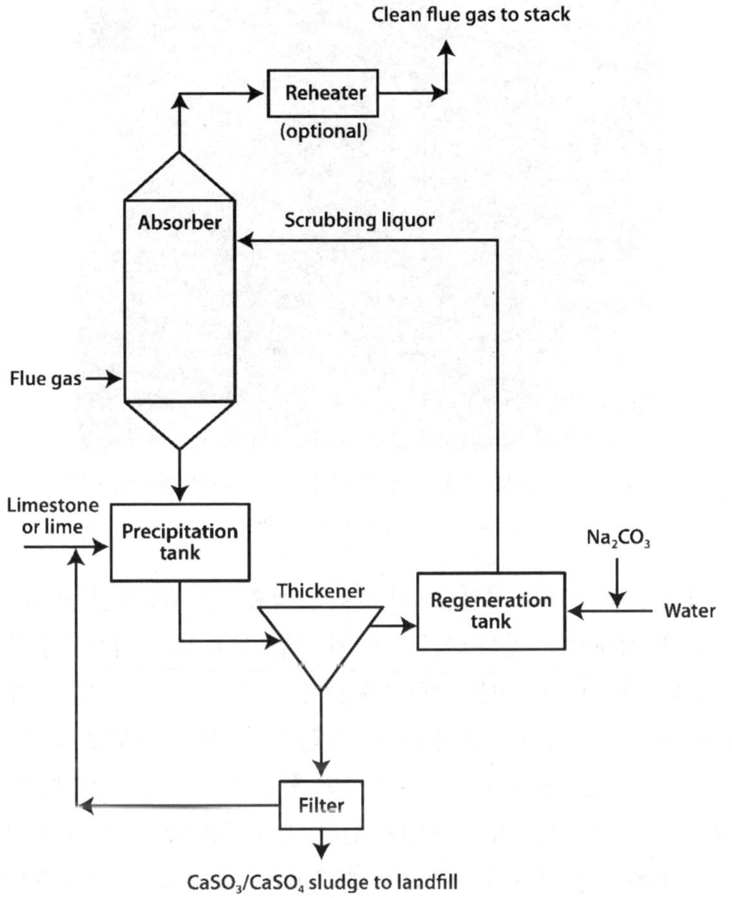

그림 15.2 이중염기법을 이용한 배연탈황 설비의 공정도

억제산화법 (inhibited oxidation)은 1980년대 후반에 개발된 공정으로써, SO_2의 황산염으로의 산화를 억제하기 위해 「티오황산염」을 사용한다. 티오황산염은 원소 황을 첨가하여 세정액 내에서 생성된다. 억제산화법은 물때현상을 방지하는데 효과가 크며 공정변경으로 운전동력을 줄일 수 있다. 즉, 용액 중에 공기를 주입하는데 송풍기가 필요 없다. 또한, 유지관리가 쉬우며 강제산화법과 비교하여 비교적 덜 깨끗한 물을 사용한다 (Dalton, 1992).

석회분사건조법 (lime-spray drying)은 습식/건식 공정으로 불리고 있다. 석회분사건조공정에서, 석회 슬러리가 흡수탑으로 분사되고, SO_2는 $CaSO_3/CaSO_4$ 형태의 슬러리에 흡수된다. 그러나 액체/가스 비율이 낮아서 물방울이 탑하부에 도달하기 전에 기화된다. 건조된 고형물질은 가스와 함께 운송되어, 비산재와 함께 여과집진기에 포집된다. 석회분사건조공정의 장점은 유지보수비, 자본비, 동력비가 적게 든다는 점이다. 단점으로는 연도가스의 온도가 이슬점에 도달하면, 여과재 구멍을 막을 수 있다.

그림 15.3 공사 중에 있는 대형 살수건조기와 여과집진기
출처 : Siemens Energy, Inc.

연소로/보일러나 덕트의 하부에 분말상태의 석회나 석회석을 직접주입 (direct injection)하는 공정은 건식세정의 한 형태이다. 건식세정 공정에서 분말 석회 또는 석회석이 연도가스에 주입된다. 건식 흡착현상이 일어나며, 이들 고형입자는 여과집진기에서 포집된다. 과거에는 직접주입법의 주된 단점으로, 단지 입자의 표면에서만 반응이 일어나기 때문에, 다량의 약품이 필요하다는 점이었다. 그러나 생성된 미세입자는 중량당 훨씬 넓은 표면적을 제공하기 때문에, 결과적으로는 석회의 효율적인 사용이 가능하다. 한편, 건식세정에는 trona (중탄산소다석 공정) 또는 nahcolite injection 공정 중 하나가 포함된다. Trona는 자연적으로 Na_2CO_3를 발생시킨다. Trona는 상업적으로 채광되고 (주로 미 서부에서), 원석 자체로 팔린다. Nahcolite는 자연적으로 $NaHCO_3$를 발생시킨다 (주로 콜로라도주에서 발견됨). 건식세정의 장점은 자본비와 유지보수비가 적게 드는 점이다. 또한 건식세정은 SO_2와 함께 분진을 포집할 수 있다. 제 6장에서 논의한 것처럼, 연도가스 속에 분말 석회/석회석과 함께 분말 활성탄을 주입함으로써, 건식세정은 수은을 포집할 수 있다. 대형화력발전소에서 건식세정장치 또는 습식/건식 (살수탑) 세정장치는 매우 큰 규모이다. 그림 15.3은 부분적으로 완성된 여과집진기와 공사 중인 살수탑을 보여주고 있다. 건식세정의 단점은 약품비 (운송비 포함)와 폐기물 처리비 (수용성 Na염의 추출에)가 많이 든다는 점이다.

재생공정 (Regenerative Processes)

일반적으로 재생공정은 폐기공정보다 더 많은 비용이 든다 (Radcliffe, 1992). 그러나 만약 공간과 폐기물처리 사양에 제한이 있다면, 또한 회수된 황 생산물의 시장성이 좋다면 재생공정을 선택할 수 있다. 재생공정은 재사용이 가능한 황 생산물을 생산한다. 개념적으로는 황과 같은 자원을 버리는 것보다 회수하여 재사용한다는 것이 바람직하다. FGD가 정부에 의해 법으로 규정된 일본에서는 재생공정을 거의 절대적으로 사용하고 있다. 그 결과 일본은 자국 내 산업소비량 이상의 충분한 황산을 생산하고 일부는 수출하고 있다. 반면, 독일에서는 법률상 모든 FGD 설비가 판매가능한 부산물 (일반적으로 석고와 같은)을 생산해야 하므로, 석고 시장은 이미 포화상태이다.

Wellman-Lord (W-L) 공정은 가장 잘 알려진 재생 FGD 공정이다. 따라서, 다른 재생공정보다 자세히 W-L 공정에 대해 논의하겠다. 기타 공정들 [즉, 산화마그네슘법, 구연산세정법 (citrate scrubbing), 산화구리흡착법, 활성탄흡착법 등]은 W-L 공정을 논의한 다음 소개하겠다.

W-L 공정에는 네 가지 보조공정이 있다. (1) 연도가스의 전처리, (2) Na_2SO_3 수용액에 의한 SO_2 흡수, (3) 정수처리, (4) Na_2SO_3의 재생 등이다 (U.S. EPA, 1979). 강제적이지는 않지만, 가끔 포함되는 다섯 번째 단계는 생성된 농축 SO_2 가스를 원소 황이나 황산과 같은 시장성이 있는 생성물로 만드는 공정이다. W-L 공정은 Indiana주 Gary시에 있는 115 MW급 석탄화력발전소 및 New Mexico주 Waterflow시에 있는 4개 설비 (총 1,800 MW)에서도 성공적으로 응용되었다 (Electric Power Research Institute, 1983). 또한, 미국과 외국의 일부 제련소에서도 W-L 설비가 설치되었다.

W-L 공정의 간단한 공정도가 그림 15.4에 제시되어 있다. ESP로부터의 연도가스가 벤튜리전치리 세정기를 통과한다. 이 세정기는 SO_3와 HCl 뿐만 아니라, 잔류입자의 대부분도 제거한다. SO_3와 HCl은 SO_2 흡수반응을 방해할 수 있다. 또한, 이 전처리장치는 연도가스를 냉각시키고 습기를 제공한다. 전형적인 유입온도와 상대습도는 각각 300 °F와 20%이며, 유출 값은 125 °F와 95%이다 (U.S. EPA, 1979b). 전처리장치의 세정수는 고형물질과 염화물을 제거한다.

단탑 (tray tower)은 가장 일반적으로 사용되고 있는 SO_2 흡수장치이다. 연도가스는 Na_2SO_3 수용액와 접촉하고, SO_2는 정수된 물에 흡수되고 반응하여 $NaHSO_3$를 생성한다. 반응식은 다음과 같다.

$$Na_2SO_3 + SO_2 + H_2O \rightarrow 2NaHSO_3 \tag{15.10}$$

일부 SO_3 반응기는 산소에 의해 SO_4로 산화된다. 또한, 전처리 세정기를 통과하는 SO_3는 수용성 황산염이 된다. 반응식은 다음과 같다:

$$Na_2SO_3 + 1/2\,O_2 \rightarrow Na_2SO_4 \tag{15.11}$$

$$2Na_2SO_3 + SO_3 + H_2O \rightarrow Na_2SO_4 + 2NaHSO_3 \tag{15.12}$$

Na_2SO_4는 더 이상 SO_2 흡수반응에 관여하지 않고 제거되어야 한다. 황산염의 과잉축적은 흡수탑 하단부에서 연속 정화과정을 방해한다. 그러나 흡수탑 하단부에서는 HSO_3 반응기가 풍부하기 때문에, 대부분 반응기는 다음 공정으로 향한다.

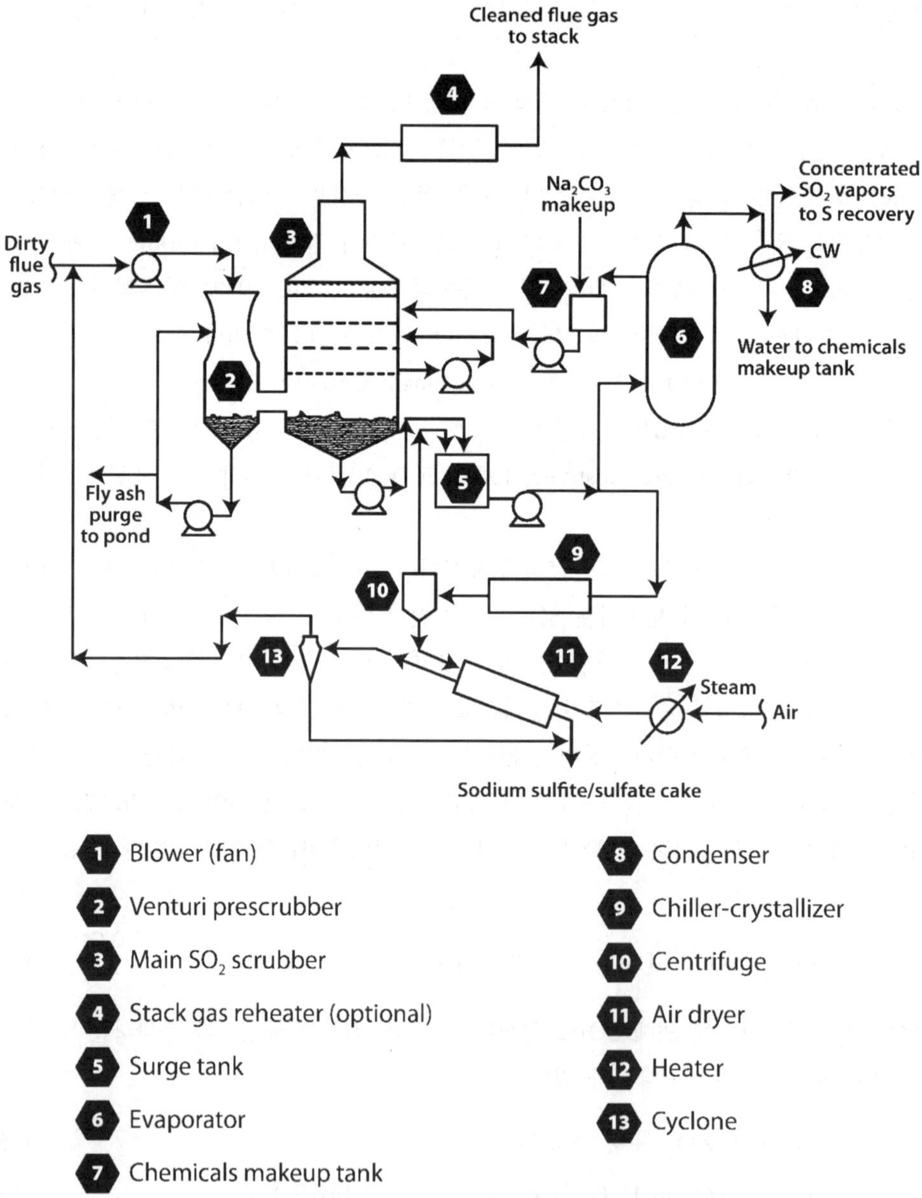

그림 15.4 Wellman-Lord SO_2 세정 및 회수설비의 공정흐름도

출처 : U.S. EPA, 1979.

흡수탑 하단부의 일부 용액은 냉각장치/결정화 장치 (crystallizer)로 보내지는데, 여기서 난용성 Na_2SO_4 결정이 생성된다. 여기서부터 슬러리는 원심분리되고, 고형물질은 건조되어 폐기된다. HSO_3가 풍부한 원심분리액 (centrifugate)은 공정으로 재순환된다. 흡수탑 하단부의 나머지는 가열증발장치/결정화 장치로 보내지는데, 여기서 SO_2는 유리되고 Na_2SO_3 결정은 재생된다. 반응은 다음과 같다.

$$2NaHSO_3 \xrightarrow[\text{heat}]{} Na_2SO_3 + SO_2 + H_2O \qquad (15.13)$$

수증기는 응축되고 회수되어, 농축된 SO_2 가스를 얻을 수 있다 (약 85% SO_2와 15% H_2O를 포함) (U.S. EPA, 1979). SO_2 가스는 현장 또는 인근 화학공장에서 원소 황으로 환원되거나, 황산으로 산화된다. 일부 Na는 Na_2SO_4 제거과정에서 제거되기 때문에, soda ash (Na_2CO_3)를 이용하여 Na를 보충시킨다. Soda ash는 다음과 같이 흡수탑에서 즉시 반응한다.

$$Na_2CO_3 + SO_2 \rightarrow Na_2SO_3 + CO_2 \qquad (15.14)$$

전형적인 보충속도는 제거된 SO_2 42 mol당 Na 1 mol 정도이다 (Electric Power Research Institute, 1983).

기타 재생 FGD 공정들이 꾸준히 개발되고 있다. 어떠한 공정도 W-L 공정처럼 상업화 되지는 않았지만, 최근의 경제적, 기술적 타당성 연구에 의하면, 여타 공정들이 W-L 공정과 견주어 그 우수성을 보여주고 있다 (Radcliffe, 1992).

산화마그네슘 공정은 석회나 석회석세정법과 유사한 흡수과정을 갖는다. $Mg(OH)_2$ 슬러리에 의한 습식세정은 $MgSO_3$/$MgSO_4$와 같은 고형물질을 생산한다. 이 고형물질은 구워져서 (코크스 또는 기타 환원제의 존재 하에, 소각로에서 연소된다) SO_2를 발생시키고 MgO로 재생된다. W-L 공정과 비교하면, MgO 공정의 장점은 고형폐기물이 거의 없고 고형 흡수제를 저장할 수 있어, 갑작스런 변동에 쉽게 대처할 수 있다는 점이다. 주요 단점으로는 고온 소결로 (calciner)가 필요하고, 생성된 SO_2 농도가 약 15% 정도이므로, 단지 황산 (원소 황이 아닌)만 회수하도록 법으로 규정되어 있다는 점이다.

두 가지 주요 **구연산 세정공정**이 있는데, 두 가지 모두 구연산과 구연산나트륨 (sodium citrate)의 완충용액으로 SO_2를 흡수한다. 용액 속의 구연산 이온은 SO_2가 물에 흡수될 때 발생되는 수소이온 [식 (15.16)~(15.18)의 H^+]의 일부와 결합하여, SO_2의 유효 용해도를 증가시킨다. 화학식은 다음과 같다.

$$SO_2(g) + H_2O \rightleftharpoons H_2SO_3 \qquad (15.15)$$

$$H_2SO_3 \rightleftharpoons H^+ + HSO_3^- \qquad (15.16)$$

$$Ci^{3-} + H^{+} \rightleftharpoons HCi^{2-} \tag{15.17}$$

$$HCi^{2-} + H^{+} \rightleftharpoons H_2Ci^{-} \tag{15.18}$$

여기서, Ci^{3-} = 구연산 이온

구연산 이온이 용액 내에서 수소이온과 반응하고 제거될 때, 반응식 (15.15)와 (15.16)의 평형은 SO_2 흡수를 촉진하는 방향, 즉 오른쪽으로 진행한다.

일단 구연산용액이 SO_2를 함께 "함유하면 (loaded)", 이 용액을 재생하는 (또한 SO_2를 회수하는) 두 가지 방법이 있다. 그림 15.5에서와 같이, 미광업국의 공정 (Bureau of Mines process) (Clean Power from Coal, 1978)에서는, SO_2는 H_2S로 액상반응에서 환원되고, 또한 원소 황으로 환원된다. 메탄과 스팀을 사용하여, H_2S는 일부 원소 황의 환원에 의하여 현장에서 생성된다. 또는 근처에 정유공장이 있다면 얻을 수 있다. 원소 황은 공기의 폭기에 의해 재생된 구연산용액에서 분리된다.

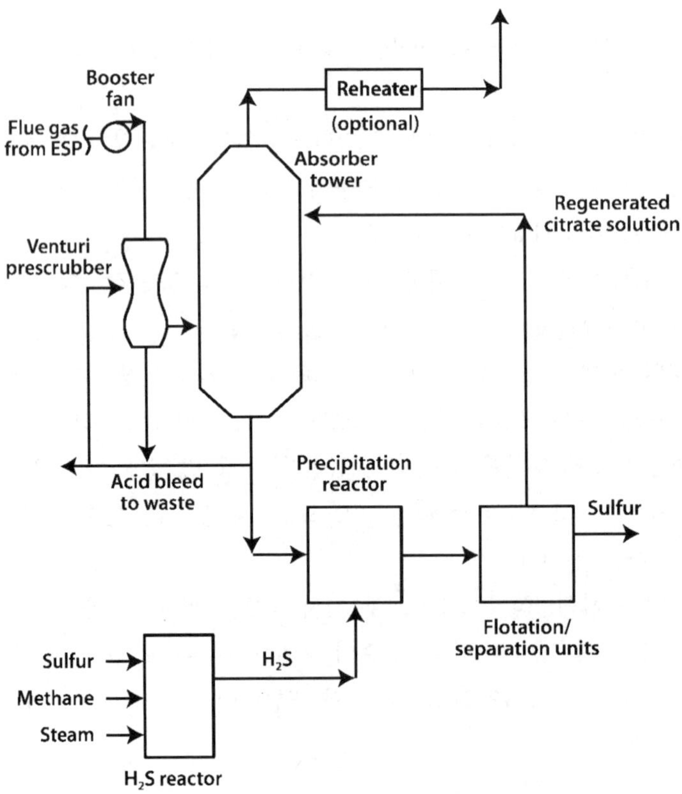

그림 15.5 미광업국의 구연산 FGD 공정흐름 개요도

그 밖의 주요 구연산 공정은 **Flakt-Boliden 공정**이다. 이 공정은 스웨덴에서 상업적으로 응용되었다 (Electric Power Research Institute, 1983). 이 공정에서는 원소 황보다 SO_2가 오히려 회수된다. SO_2를 함유한 구연산용액을 가열하고 증기 세정하여 회수된다. 용액을 가열함으로써 반응 (15.15)와 (15.16)는 역으로 진행되며, SO_2가스는 증기에 의해 구연산용액으로부터 탈리된다. 증기와 SO_2는 냉각되어 수분으로 응축된다. SO_2로 농축된 유체는 Claus 반응을 거쳐 원소 황으로 되며, 산화와 흡수과정을 통해 황산으로 된다.

일부 **활성탄 설비**는 SO_2 흡착을 위해 개발되었다. 활성탄은 SO_2의 H_2SO_4로의 산화반응에서 촉매역할을 하여 SO_2의 탈착을 방해한다. 활성탄은 물로 세정하여 재생시킬 수 있으며, 이때 생성된 묽은 황산용액은 중화되거나 폐기된다. Brown 등(1972)은 Westvaco에 의해 개발된 건식 공정 (원소 황을 생성하는 공정)을 보고한 바 있다.

Westvaco 공정은 4가지 단계로 구성된다. 모든 단계는 연속, 향류, 다단 유동상(continuous, countercurrent, multistage fluidized bed) 가동상태에서 진행된다. 일단, SO_2는 다음과 같이 흡수된다.

$$SO_2 + H_2O + 1/2\,O_2 \xrightarrow[150 \sim 300\ ^\circ F]{\text{활성탄}} H_2SO_4 \tag{15.19}$$

활성탄은 다음 반응조로 보내지고, 여기서 황산은 H_2S와 반응하여 원소 황을 생성한다.

$$H_2SO_4 + 3H_2S \xrightarrow[300\ ^\circ F]{\text{활성탄}} 4S + 4H_2O \tag{15.20}$$

다음 반응조에서는 온도를 올려 증발시키고 황의 1/4을 회수한다. 나머지는 구입한 수소와 반응시켜 반응식 (15.20)에 필요한 H_2S를 생성시킨다. 재생된 활성탄은 다시 처음 단계로 순환된다.

산화구리에 의한 SO_2 흡착은 건조상태의 SO_2를 제거하는 또 다른 방법이다 (Jahnig and Shaw, 1981a). NO_x는 연도가스에 암모니아를 주입하여 동시에 제거할 수 있다. 산화구리흡착은 NO_x와 SO_2를 동시에 제거할 수 있는 몇 안 되는 공정 중의 하나이므로, 높은 함량의 황을 사용하는 석탄화력발전소에 응용할 수 있다. SO_2 흡착과 반응은 750 °F에서 일어나며 황산구리를 생성한다. 흡착상은 환원가스 (H_2나 $H_2 + CO$)에 의하여 재생되어 농축된 SO_2가 형성된다. 재생하는 동안 흡착상은 구리로 환원되나, 후에 흡착과정 중에 산화구리로 산화된다.

15.3 석회석세정

석회석세정은 다른 공정보다 조작이 단순하고 총괄가동비가 저렴하기 때문에, 연도가스를 탈황하는 석탄화력발전소에 널리 쓰이고 있다. 그럼에도, 석회석세정기는 매우 크고 복잡하며 비싼 장치이다. 그림 15.6은 대형 (364 MW급) 석탄화력 발전소 내의 석회석세정기를 보여주고 있다.

이 절에서 우리는 석회석 FGD에 대하여 더 자세히 설명하고, 또한 설계 예제를 소개하려고 한다. 이 절에서 소개된 대부분의 자료는 미국 EPA의 자료 "석회석 FGD 세정기: 사용자 지침서" [Henzel 등 (1981)]에서 발췌한 것이다. 지침서가 출간된 이후, 석회석 FGD 공정에서 몇 가지 중요한 개선이 있었다. 화학반응에 대해 더욱 많은 지식을 얻을 수 있었으며, 공정자체가 단순화되었고 중복공정이 줄어들었다. 또한, 장치의 구매가격도 낮아졌으며 가동하기도 쉬워져서

그림 15.6 대형 석탄화력발전소 내의 석회석 배연탈황장치 (FGD). 플로리다주 Tampa시에 소재한 이 FGD는 두 개의 보일러 (총 880 MW 용량)에서 배출되는 혼합 연도가스를 처리한다. 흡수탑은 직경 60 ft이며, 높이 130 ft이다. 이중흐름 단/살수탑 (dual-flow tray/spray) 기술을 사용하며 95%의 SO_2 제거효율을 가지고 있다. 석회석 사용량은 200,000 ton/yr이며 상용화 할 수 있는 석고를 생산한다. 출처 : Siemens Energy, Inc.

성능과 신뢰도가 향상되었다. 개방형 향류식 분사탑은 현재 표준형이며, FGD 설비의 자본비는 안정적이며 추정이 가능하다. 또한, 1980년대에 88～90%의 SO_2 제거효율을 보였던 세정설비가 최근에는 최대 98～99%의 효율을 얻을 수 있다.

화학공정과 가동인자

공정설계에 필요한 물질과 에너지 수지식을 전개하기 이전에, 화학공정에 대한 이해가 필요하다. 화학공정은 다음 사항을 최적화해야 한다: (1) SO_2 제거의 최대화, (2) 물때 (scale)의 방지 ($CaSO_4$와 $CaSO_3$의 세정기 내부침전 방지), (3) 석회석의 최대 활용. 처음 두 가지 과제는 두 개의 분리된 용기 (세정기와 방출수 저장조)를 설치하여 해결할 수 있으며, 세 번째 과제는 적절한 pH 제어와 분말 석회석을 사용하고, 충분히 높은 액/가스 비를 취해 해결할 수 있다. 이 절에서는 부득이 일부 중요한 가동인자만을 논의할 것이다.

총괄적으로, SO_2 흡수는 2단계 공정이다. 첫 공정은 탑 내에서 진행되며 두 번째 공정은 방출수 저장조에서 진행된다 (그림 15.1 참조). 탑 내에서 1 mol의 $CaCO_3$는 2 mol의 SO_2와 다음과 같이 반응한다.

$$CaCO_3 + 2SO_2 + H_2O \rightarrow Ca^{2+} + 2HSO_3^- + CO_2 \qquad (15.21a)$$

만약 과잉 $CaCO_3$가 주입되면, HSO_3^- 이온은 불안정해지고, $CaSO_3$는 세정기 내부에 물때 형태로 침전된다. 높은 pH (6.0～6.5)는 $CaSO_3$ 침전의 지표가 된다. 그러나 만약 pH가 너무 낮으면 (pH 4.5 이하), SO_2 흡수는 방해를 받는다.

방출수 저장조 (EHT: effluent hold tank)에서 $CaSO_3$를 침전시키기 위해 더 많은 석회석을 첨가한다. 그 반응식은,

$$CaCO_3 + 2HSO_3^- + Ca^{2+} \rightarrow 2CaSO_3 + CO_2 + H_2O \qquad (15.21b)$$

반응식 (15.21b)는 EHT 내에서 적당한 체류시간 (즉, 적당한 EHT 부피)과 슬러리 내의 고농도 고형물질을 필요로 한다. 반응식 (15.21a)와 (15.21b)를 합하면, 연도가스로부터 SO_2를 제거하는 총괄양론식이 된다. 따라서 총괄식은 다음과 같다.

$$CaCO_3 + SO_2 \rightarrow CaSO_3 + CO_2 \qquad (15.22)$$

연도가스 내의 과잉산소는 일부 $CaSO_3$를 $CaSO_4$ (석고)로 산화시킨다. 세정기 내 석고의 침전은 높은 액/가스 비를 유지하여 방지할 수 있고, 이 결과 용액의 pH는 SO_2가 흡수될 때 거의 일정하게 유지된다. EHT 안에서 석고침전은 강제산화로 촉진될 수 있다 (즉, 추가 공기를 주입하여).

앞 절에서 논의된 억제산화법은 강제산화법의 대안으로 개발되었다. 물론 주목적은 세정기의 물때 (scale)를 방지하는 것이다. 이 설비에 소량의 EDTA (ethylene diamine tetra acetic acid; $C_{10}H_{16}N_2O_8$)를 첨가하여 물때를 더욱 줄일 수 있다. 앞에 설명한 것처럼, 강제산화법과 비교하여, 적은 동력비, 유지관리의 간편함, 초청정수의 불필요, 싼 비용 등으로 억제산화법이 선호되고 있다 (Dalton, 1992).

SO_2 질량전달

액/가스 (경)계면에서 국소평형상태를 가정하면, 다음과 같이 'Henry의 법칙'으로 설명할 수 있다.

$$\overline{P}_{SO_2(i)} = H_{SO_2} C_{SO_2(i)} \tag{15.23}$$

여기서, $\overline{P}_{SO_2(i)}$ = 경계면에서 SO_2의 분압, atm

H_{SO_2} = 헨리상수, atm/(mol/L)

$C_{SO_2(i)}$ = 경계면에서 수용성 SO_2의 농도, mol/L

가스막에서 SO_2의 몰속 (flux)은

$$\frac{N}{A} = k_g(\overline{P}_{SO_2} - \overline{P}_{SO_2(i)}) \tag{15.24}$$

여기서, $\frac{N}{A}$ = SO_2의 몰속, mol/s-cm^2

k_g = 국소 질량전달계수, mol/(s-cm^2-atm)

$\overline{P}_{SO_2}$ = 전체가스 (bulk gas)에서 SO_2의 분압, atm

액막에서의 SO_2의 몰속은

$$\frac{N}{A} = \phi k_l(C_{SO_2(i)} - C_{SO_2}) \tag{15.25}$$

여기서, ϕ = SO_2와 HSO_3 또는 SO_3 형태로 SO_2가 액막을 통해 확산되도록 화학반응을 담당한 증진인자 (enhancement factor)

k_l = 국소 질량전달계수, mol/(s-cm^2-mol/L)

C_{SO_2} = 전체액체 (bulk liquid)에서 SO_2의 농도, mol/L

경계면에서의 농도를 소거시키기 위해, 식 (15.23)~(15.25)를 결합하면

$$\frac{N}{A} = K_g(\overline{P}_{SO_2} - H_{SO_2}C_{SO_2}) \tag{15.26}$$

여기서, K_g = 총괄 가스상 전달계수

식 (15.26)에서 K_g는 다음과 같이 주어진다.

$$\frac{1}{K_g} = \frac{1}{k_g} + \frac{H_{SO_2}}{\phi k_l} \tag{15.27}$$

다음 두 개의 증진반응은 액막에서 SO_2를 HSO_3로 전환시킨다. 반응은 다음과 같다.

$$SO_2 + H_2O \rightleftharpoons H^+ + HSO_3^- \tag{15.28}$$

$$SO_2 + SO_3^{2-} + H_2O \rightleftharpoons 2HSO_3^- \tag{15.29}$$

증진인자 (enhancement factor)는 몇 개의 변수에 의해 좌우되며, 값의 범위는 넓다. 인자가 20보다 크면 가스막 저항은 총괄질량전달속도를 제어하고, 20보다 작으면 가스막과 액막의 저항력이 둘 다 중요하다. 표 15.4는 화학적 변수가 증진인자에 미치는 영향을 나타낸 것이다.

표 15.4 SO_2 세정기의 화학적 변수와 증진인자 (ϕ)에 미치는 영향

변수항목	ϕ에 미치는 영향
가스의 조성	SO_2의 농도가 증가할수록 ϕ는 감소 (보기 : pH 5.8에서) $\overline{P}_{SO_2}$, ppm / ϕ 500 / 10 1,000 / 7.5 2,000 / 5.8
전체 SO_3와 HSO_3 용액의 농도	$C_{SO_3^{2-}}$ 가 증가하면 ϕ는 증가 $C_{HSO_3^-}$ 가 증가하면 ϕ는 감소
pH	pH가 증가하면 ϕ도 증가 (주의 : 용액은 $CaSO_3$ 고체와 평형을 이루려는 경향이 있기 때문에, pH가 증가하면 $C_{HSO_3^-}$가 감소한다. 이와 같이, pH는 $C_{HSO_3^-}$에 영향을 준다.)
염기 첨가	염기가 증가하면 ϕ는 증가
완충액 첨가 (유기산)	완충액을 증가시키면 ϕ도 증가 (ϕ 값이 20~30이 되려면 adipic acid 10~15 millimol/L가 필요)

소량의 화학첨가제를 사용하여 SO_2의 세정효율을 크게 개선시킬 수 있다. 첨가제는 액상화학을 변화시켜 SO_2의 용해도를 증가시킨다. Adipic acid (또는 succinic acid와 glutaric acid를 섞은 adipic acid)는 매우 효과적이다. 예를 들어, Dalton (1992)에 의하면, 90% 효율을 보이는 석회석세정기에 단지 200 ppm 미만의 첨가제를 주입하여 95% 효율을 얻을 수 있었고, 500 ppm을 주입하여 99%까지 높일 수 있었다.

물리적 인자 (Physical Factor)

앞에서 논의한 화학적 인자 외에도 SO_2 흡수에 영향을 미치는 중요한 물리적 인자들이 있는데, 그 중 액/가스 (L/G) 비율이 가장 중요하다. 일반적으로 L/G 비율이 커지면, SO_2 흡수효율은 증가한다. 그러나 큰 L/G 비율은 큰 펌프 에너지를 필요로 하며, 흡수탑 안에서 압력손실도 증가하여 유지비가 많이 든다. 전형적인 L/G 비율의 범위는 40∼100 gal/1,000 acf이다. 적절한

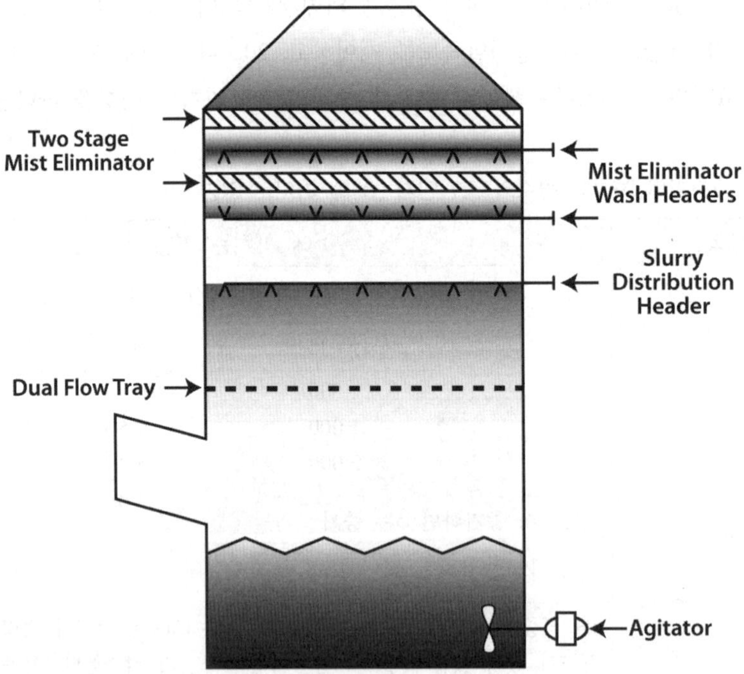

그림 15.7 이중흐름 단/살수탑 (dual-flow tray/spray) FGD 세정기의 단면도

출처 : Siemens Energy, Inc.

기/액 분포는 습윤 및 건조 지점이 번갈아 바뀌는 것을 방지하고, 물때를 방지하며, 기/액 접촉을 촉진시킨다. Siemens Energy 회사는 현대식 석탄화력발전소에 필요한 터빈, 보일러, 열교환기, 기타 모든 공해방지장치 등의 설계, 제조, 운영에 관해 기술하였다. 이 회사는 과도한 압력손실 없이 우수한 기/액 접촉을 제공하는 FGD 세정기에 대해 이중흐름 단/살수탑 ("dual-flow" tray/spray tower)을 개발하였다. 이 단 (tray)은 가스를 쉽게 통과시키지만, 세정률을 높일 수 있는 거품을 일으키는 다공판 (perforated plate) 형태이다. 이 세정기의 단면도가 그림 15.7에 있으며, 그림 15.8은 실제규모 FGD에 설치된 이중흐름단의 사진이다. 이 세정기는 매우 큰데, 높이가 130 ft이고, 직경이 50 ft (탑의 상단부위)이며, 유출수 저장조의 직경은 70 ft (탑의 하단부위)이다. 이 저장조의 높이는 60 ft 정도로 160만 gal 이상의 슬러리를 운용할 정도의 부피를 가지고 있다. 명목상 슬러리의 순환속도가 80,000～90,000 gpm일 때, 이 저장조에 약 20분 정도 체류한다.

석회석 FGD 세정기 (어떤 설계원칙이 흡수탑에 적용되더라도)에서, 양호한 가동을 위해 미세하게 분쇄된다 (325 mesh체를 90% 통과). 제 13장에서 논의한 바와 같이, 가스의 속도는 세정기의 직경과 압력손실에 영향을 준다. 부하점 (loading) 및 홍수점 (flooding)은 석회석세정기에서 문제가 될 수 있다. 적절한 pH 조절은 물때 방지에 도움이 된다. 즉, pH 6 미만에서 물때 생성량은 pH 6.2 이상일 때의 단지 5% 정도이다 (Henzel 등, 1981). 석회석 FGD 장치의 동력 소비량은 매우 커서 발전소 발전량의 3～6% 정도나 된다.

그림 15.8 대형 FGD 세정기 속에 설치된 이중흐름 단 (dual-flow tray)의 사진
출처 : Siemens Energy, Inc.

물질과 에너지 수지

Henzen 등 (1981)은 전형적인 고유황탄과 저유황탄을 동력원으로 사용하는 FGD 설비에 대하여, 에너지 사용량 추정과 물질수지 계산과 관련한 완벽한 예제를 제시하였다. 이 절에서는, 고유황탄을 사용하는 경우를 예제로 보여줄 것이다. 간단한 공정도가 그림 15.9에 있다. 3.7%의 황을 함유하며, 열량이 11,115 Btu/lb_m인 석탄이 있다. 총 500 MW를 생산하기 위해 시간당 210 톤의 석탄이 연소되고 있다. 이 예제에 대하여 이미 석탄에 대한 초기연소 계산이 완료되었다고 가정하자. 또한, 세정기에 유입되는 연도가스의 속도와 조성도 이미 알고 있다고 가정하자 (표 15.5 참조). 여러 자료들이 필요하고, FGD 설비의 물질수지를 수행하기 위해 여러 가정들이 필요하다 (표 15.6). 표 15.5와 15.6은 모두 계산에 필요한 설계기준이다. 다음 예제는 그 계산방법을 보여준다.

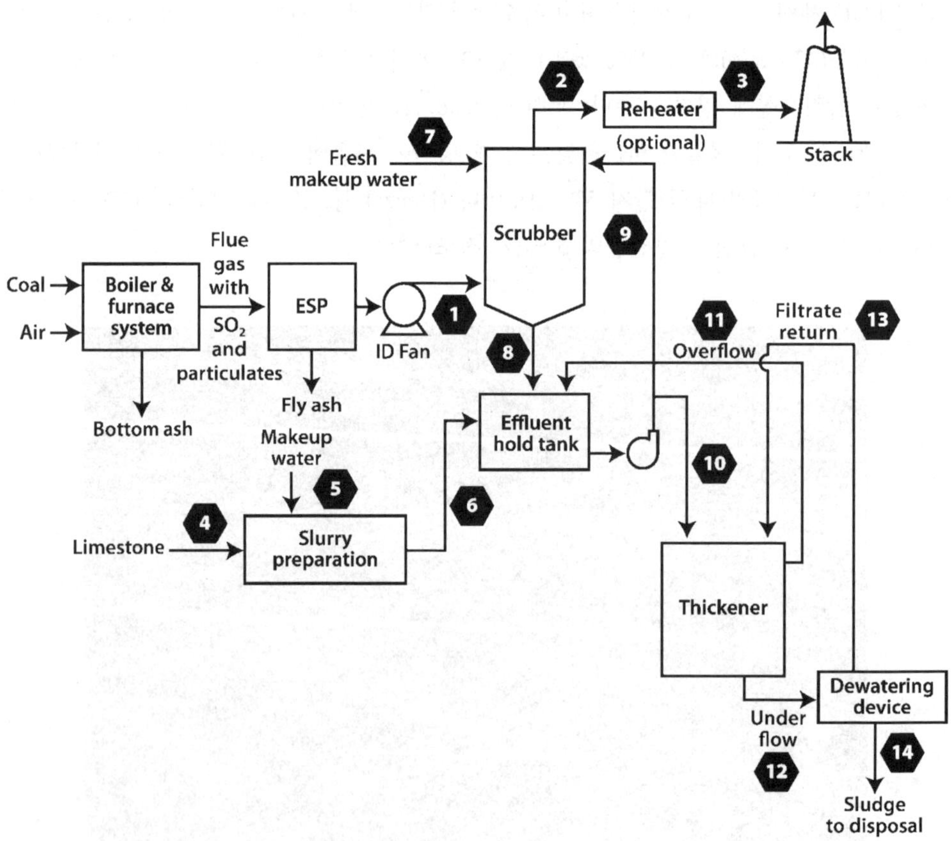

그림 15.9 물질수지 계산예제에 필요한 간단한 공정흐름도

출처 : Henzel 등, 1981.

표 15.5 FGD 설계 예제에 사용되는 연도가스의 특성

변 수	값
유속, acfm	1,615,600
유속, lb_m/hr	5,337,650

성 분	lb_m/hr	몰 백분율
입자상 물질	138	–
CO_2	942,500	11.76
HCl	432	0.01
N_2	3,746,000	73.45
O_2	324,000	5.57
SO_2	31,080	0.27
H_2O	293,500	8.94

변 수	값
SO_2 유입부하량	6.6 $lb_m/10^6$ BTU
분진부하량	0.03 $lb_m/10^6$ BTU
온 도	290 °F

표 15.6 설계기준을 위한 가정/자료

1. 연도가스의 유속과 조성은 일정하다.
2. 석회석의 조성은 94% $CaCO_3$, 1.5% $MgCO_3$, 4.5% 비활성 물질이다.
3. 모든 유입 황은 SO_2 형태로 존재한다 (즉, SO_3는 유입되지 않는다).
4. SO_2와 HCl 흡수를 위해 공급된 염기는 이론량의 1.10 배이다.
5. 석탄의 연소로 생성된 모든 HCl은 완전히 흡수된다.
6. 흡수된 SO_2의 20%는 황산염으로 산화되며, 나머지 80%는 아황산염으로 산화된다.
7. L/G 비율은 75 gal/1,000 acf로 고정되었다 (세정기에서 유출되는 포화가스의 유량기준으로).
8. 가스는 세정기에서 완전히 습윤상태로 되며, 세정기 밖으로 미스트를 배출하지 않는다.
9. 재가열의 사용이 고려된다. 만약 재가열 될 경우, 연도가스의 온도는 40 °F 증가된다고 가정한다.

예제 15.1 앞에서 논의된 공정에 대하여, 세정기에서 제거되어야 하는 SO_2의 양을 계산하라. 또한, 대기로의 배출량을 계산하라.

풀이 최근 NSPS 기준하에서, FGD 세정기의 효율은 90%이어야 한다 (1장 참조).

$$\text{흡수 } SO_2 = 31{,}080\ lb_m/hr \times 0.9 = 27{,}972\ lb_m\ SO_2/hr$$

$$\text{배출 } SO_2 = 31{,}080\ lb_m/hr \times 0.1 = 3{,}108\ lb_m\ SO_2/hr$$

예제 15.2 석회석 공급량을 계산하라.

풀이 석회석에 함유된 $CaCO_3$와 $MgCO_3$는 HCl 432 lb_m/hr와 SO_2 27,972 lb_m/hr를 중화시켜야 한다. 몰 농도를 기준으로, 시간당 요구되는 염기의 몰수는

$$SO_2 : \frac{27{,}972\,lb_m}{hr} \times \frac{1\,lbmol}{64.08\,lb_m\,SO_2} \times \frac{1\,lbmol\ 염기}{lbmol\,SO_2} = 436.65\,\frac{lbmol}{hr}$$

$$HCl : \frac{432\,lb_m}{hr} \times \frac{1\,lbmol}{36.5\,lb_m\,HCl} \times \frac{0.5\,lbmol\ 염기}{1\,lbmol\,HCl} = 5.92\,\frac{lbmol}{hr}$$

$$이론적\ 염기\ 요구량 = 436.52 + 5.92 = 442.4\,lbmol/hr$$

$$표\ 15.6에서\ 실제\ 염기량 = 1.10 \times 442.4 = 486.6\,lbmol/hr$$

구입한 석회석 100 lb_m 중에는, $CaCO_3$ 94.0 lb_m, $MgCO_3$ 1.5 lb_m, 비활성물질 4.5 lb_m을 함유하고 있으므로, 100 lb_m당 활성성분은 0.9392 lbmol $CaCO_3$와 0.0178 lbmol $MgCO_3$이다. 활용가능한 염기 중, $CaCO_3$는 0.9392 / (0.9392 + 0.0178) = 0.9815의 몰분율을 제공한다. 따라서, $CaCO_3$의 공급속도는 다음과 같이 계산된다.

$$\frac{486.6\,lbmol\ 염기}{hr} \times 0.9815 \times \frac{100.09\,lb_m\,CaCO_3}{lbmol\,CaCO_3} = 47{,}803\,\frac{lb_m\,CaCO_3}{hr}$$

마찬가지로 $MgCO_3$의 공급속도는

$$486.6 \times 0.0185 \times \frac{84.33\,lb_m\,MgCO_3}{lbmol\,MgCO_3} = 759\,\frac{lb_m\,MgCO_3}{hr}$$

공급된 총 염기는 구입 석회석의 95.5% (중량)에 해당하는 47,803 + 759 = 48,562 lb_m/hr이다. 따라서, 석회석의 공급속도는

$$48{,}562/0.955 = 50{,}850\,lb_m/hr$$

예제 15.3 연도가스의 습윤화 과정에서, 세정기 내에서 증발되는 물의 양을 산출하라. 또한, 세정기에서 배출되는 정화된 연도가스의 조성, 온도 및 부피속도를 계산하라.

풀이 습도표를 사용하여 세정기에서 배출되는 연도가스의 습도와 온도를 신속히 추정할 수 있다. 그러나 이 값들은 공기와 연도가스의 분자량에 대해 수정되어야 한다.

표 15.5로부터 유입습도는

$$\begin{aligned} H_{inlet} &= 293{,}500/(5{,}337{,}650 - 293{,}500 - 138) \\ &= 0.0582\,lb_m\,H_2O/lb_m\ dry\ gas \end{aligned}$$

건조상태의 유입 연도가스의 평균 몰 분자량은 30.5 lb_m/lbmol이고, 습도표에서 공기의 해당 습도는

$$H_{inlet(air\ basis)} = 0.0582 \times \frac{30.51}{28.97} = 0.0613$$

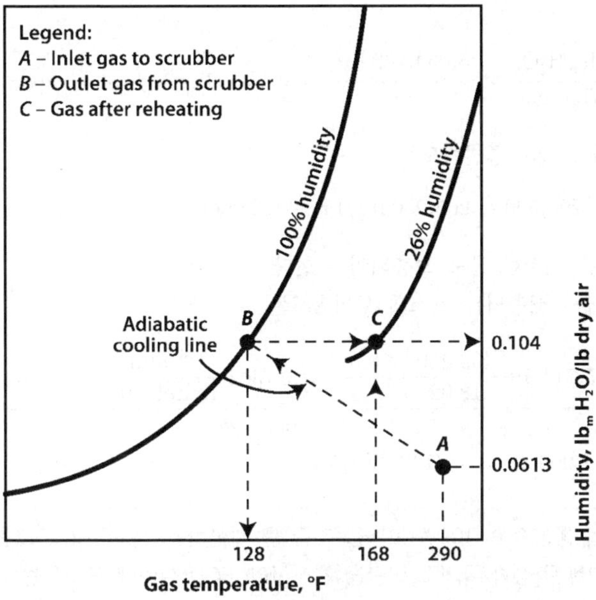

그림 15.10 예제 15.3을 위한 습도표 (psychrometric chart)

출처 : Henzel 등, 1981.

그림 15.10 (공기/물에 대한 습도표)은 유입가스 (점 A)와 세정기에서 일어나는 단열 포화상태를 표현한 것이다. 그림에서 점 B로부터, 출구의 가스온도는 128 °F이고 습도는 0.104 lb_m water / lb_m dry air이다. 재가열 공정은 일정한 절대습도 하에서 점 C에서 일어난다.

공기에서 연도가스까지 출구의 습도를 보정하기 위해서, 출구가스 (건조가스 기준)의 분자량이 필요하다. 세정기에서 배출되는 건조가스의 성분은 사실상 유입가스 성분과 같으나, 단지 흡수된 SO_2가 CO_2로 치환될 때와 HCl 전부가 제거될 때는 예외이다. 출구의 "정화"된 가스의 조성 (건조가스 기준)은 다음과 같다.

성 분	유속, lb_m/hr	유속, lbmol/hr	몰 백분율
N_2	3,746,000	133,690	80.67
O_2	324,000	10,125	6.11
SO_2	3,108	48.51	0.0293
CO_2	961,654	21,851	13.19
계	5,034,762	165,714.5	

앞의 표에서, 30.38이라는 분자량을 계산할 수 있었다. 보정된 출구의 습도는

$$H_{\text{outlet(flue gas basis)}} = 0.104 \times \frac{28.97}{30.38} = 0.0992\ \text{lb}_\text{m}\ \text{H}_2\text{O}/\text{lb}_\text{m}\ \text{dry gas}$$

출구의 수분속도는

$$\frac{0.0992\ lb_m\ H_2O}{lb_m\ dry\ flue\ gas} \times \frac{5{,}034{,}762\ lb_m}{hr} = 499{,}450\ lb_m/hr\ water\ vapor$$

따라서, 세정기 안에서 물의 증발속도는

$$499{,}450 - 293{,}500 = 205{,}950\ lb_m/hr = 412\ gpm$$

설비로 유입되는 물은 깨끗한 물로 보충되어야 한다.
마지막으로, 세정기에서 배출되는 가스의 부피속도는

$$Q = \frac{\left(165{,}714.5 + \dfrac{499{,}450}{18.02}\right)\dfrac{lbmol}{hr} \times 0.7302\ \dfrac{ft^3\text{-}atm}{lbmol\text{-}°R} \times 588\ °R \times \dfrac{1\ hr}{60\ min}}{1.005\ atm}$$

$$= 1{,}377{,}298\ acfm \quad (128\ °F에서)$$

예제 15.4 슬러지의 생성속도 (100% 고형물 기준)를 계산하라. 또한, 60% 고형물을 얻는다고 가정하고, 슬러지 안에 함유된 공짜 물의 소비량을 계산하라. FGD 설비에 요구되는 총 보충수의 유량속도를 계산하라.

풀이 슬러지 계산을 실행하기 위해서, 침전되는 각 화합물의 화학식을 알아야 하거나 가정하여야 한다. 또한, 여기에는 석회석에 함유된 미반응 $CaCO_3$와 비활성물질도 포함시켜야 한다. 간략하게, Henzel 등 (1981)에 의한 계산결과는 다음과 같다. 이 공정에서 생성된 $CaSO_3$와 $CaSO_4$는 수화된다 (hydration: 결정 속에 수화된 물을 가지고 있다). 이와 같은 생성물의 자세한 조성은 미리 알고 있어야 하며, 간단한 물질수지식으로는 구할 수 없다. 하지만 일단 알면, 물질수지 기법을 이용하여 모든 성분의 유속을 구할 수 있다.

폐기 고형슬러지

성 분	질량속도, lb_m/hr
$CaCO_3$	4,430
$CaSO_3 \cdot (1/2)H_2O$	35,837
$CaSO_4 \cdot CaSO_3 \cdot (1/2)H_2O$	18,403
$CaSO_4 \cdot 2H_2O$	2,986
비활성물질	2,290
	63,946

60% 고형슬러지 안에 함유된 공짜 물의 양

$$\frac{63{,}946\ lb_m}{hr} \times \frac{1}{0.60} \times 0.40 = 42{,}630\ lb_m/hr = 85\ gpm$$

총 보충수의 양은

습윤화에 필요한 물의 양	412 gpm
슬러지 폐기물	85 gpm
계	497 gpm

미스트 제거기 (mist eliminator)의 세정용수 유량을 200 gpm으로 결정하고, 보충수의 수지량은 석회석을 세정하는데 사용된다.

FGD 설비의 에너지는 송풍기, 펌프, 굴뚝가스 재가열기 등에서 주로 소비된다. 송풍기 동력은 부피속도와 압력손실에 의존하며 (표 15.7 참조), 펌프 동력은 슬러리 재순환속도 (L/G 비)에 의존한다. 굴뚝가스가 충분한 부력을 가지고 상승하여 대기 중에 분산되도록 굴뚝가스를 재가열할 수도 있다. 재가열은 많은 에너지를 소모하며 비용이 들기 때문에 일반적으로 사용되지 않는다. 그러나 재가열이 필요하다면, 에너지는 스팀 코일, 가열 히터 또는 연도가스를 우회시켜 얻을 수 있다. 재가열은 연도가스를 세정기 배출온도보다 40~50 °F 높게 하는 것이다. 1970년대 FGD 설비는 굴뚝에서 부식을 방지하고 굴뚝가스의 부력을 높이기 위해 재가열 방법을 채택하였다. 최근 미국에서의 설계는 주로 재가열이 없는 습식연돌법 (wet stack)을 채택하고 있다. 이 방법은 발전소에서 총괄열효율을 한 단계 높일 수 있고, 매년 수백만 달러 이상의 연료비를 절감할 수 있다. 또한, 재가열 장치의 자본비를 절약할 수 있으며 부식문제 역시 실제 감소하였다. 기타 모든 부수장치 [농축기 (thickener), 분쇄기, 운송장치 등]는 송풍기와 슬러리 재순환펌프에 필요한 동력의 약 20%를 소모하기 때문에, 상대적으로 적은 에너지를 소비한다.

표 15.7 전형적인 석회석 FGD 설비의 압력손실

구 성	압력손실, in. H_2O
SO_2 세정기:	
이동상 또는 단탑	6~8
살수탑*	2~3
미스트 제거기	0.3~1
재가열기	1
배관	2

* 비록 살수탑의 경우, 가스의 압력강하가 이동상이나 단탑 (tray tower)보다 낮지만, 살수탑에서는 높은 L/G 비와 살수 노즐의 높은 압력손실 때문에 동력비가 많이 든다.

예제 15.5 예제 15.1~15.4에 기술된 FGD 설비에서 요구되는 동력을 추정하라. 설비의 압력손실을 11 in. H_2O로 가정하라. 송풍기는 ESP와 세정기 (Q는 290 ℉와 0.98 atm에서 1,616,000 acfm) 사이에 놓여 있다. 40 ℉의 재가열이 필요하고 (T_{stack}=168 ℉), 열에너지는 90% 효율을 갖는 열교환기에서 주어진다고 가정한다. 슬러리 재순환펌프는 90 ft의 압력손실을 갖고, 슬러리의 비중은 1.09라고 가정한다. 또한, 기타 나머지 펌프와 기계장치는 송풍기와 재순환펌프에 의한 동력의 약 20%를 소비한다고 가정한다. 그리고 송풍기와 펌프는 70%의 기계적인 효율을 갖는다고 가정한다.

풀이 송풍기동력

$$P_F = \frac{0.0001575\ \text{hp}}{\text{in. H}_2\text{O-cfm}} \times \frac{1,616,000\ \text{cfm}}{0.7} \times 11\ \text{in. H}_2\text{O}$$

$$= 4,000\ \text{hp} = 2,983\ \text{kW}$$

슬러리 재순환펌프

$$L = \frac{75\ \text{gal}}{1,000\ \text{acf}} \times 1,377,300\ \text{acfm} = 103,300\ \text{gpm}$$

$$P_p = \frac{0.0002527\ \text{hp}}{\text{ft H}_2\text{O-gpm}} \times \frac{90\ \text{ft slurry} \times 1.09\ \text{ft H}_2\text{O/ft slurry} \times 103,300\ \text{gpm}}{0.7}$$

$$= 3,658\ \text{hp} = 2,729\ \text{kW}$$

기타 기계장치

$$P_o = 0.20 \times (4,000 + 3,658)\ \text{hp} = 1,532\ \text{hp} = 1,141\ \text{kW}$$

$$\text{총 전력} = 2,983 + 2,729 + 1,141 = 6,853\ \text{kW} = 6.85\ \text{MW}$$

6.58 MW 생산에 필요한 열에너지 (35% 효율)

$$Q_p = 6,853\ \text{kW} \times \frac{3,412\ \text{Btu/hr}}{\text{kW}} \times \frac{1}{0.35} = 6.682 \times 10^7\ \text{Btu/hr}$$

재가열에너지

$$Q_H = \frac{(5,034,762 + 499,450)\ \text{lb}_m/\text{hr} \times 0.25\ \text{Btu/lb}_m\text{-°F} \times 40\ \text{°F}}{0.9} = 6.15 \times 10^7\ \text{Btu/hr}$$

FGD 설비의 총 에너지 소비

$$Q_T = 6.68 \times 10^7 + 6.15 \times 10^7\ \text{Btu/hr} = 1.28 \times 10^8\ \text{Btu/hr}\ (\text{이중 재가열은 약 1/2})$$

35% 효율의 화력발전소에서 열공급 속도는

$$Q_i = \frac{500\ \text{MW}}{0.35} \times \frac{1,000\ \text{kW}}{1\ \text{MW}} \times \frac{3,412\ \text{Btu/hr}}{\text{kW}} = 4.87 \times 10^9\ \text{Btu/hr}$$

그러므로, FGD 설비는 총 구입에너지 (석탄)의 약

$$\frac{1.28 \times 10^8}{4.87 \times 10^9} \times 100\% = 2.6\%$$

를 소비한다. 만약 재가열기가 채택되지 않는다면 FGD설비는 총 구입에너지의 1.3%만을 소비한다.

앞의 예제에서 대형 FGD 설비에서 발전소 기술자들이 어떻게 석회석의 필요량, 용수 요구량, 슬러지 발생량을 계산하는지를 설명하였다. 이러한 물질수지 계산을 수행하는 능력은 공학도들에게 매우 중요하며, 설계뿐만 아니라 공장가동을 감시할 때에도 활용된다. 앞에 논의된 설계에 대해, 부분적으로 완결된 물질수지표가 표 15.8에 있다. 유체의 경로번호는 그림 15.9에 있는 번호와 동일하다. 각 독립장치 주변의 수지계산은 그림 15.9에 번호가 매겨진 모든 유체경로의 유속과 조성을 구하는데 필요하다. 모든 물질수지 계산을 완료한 후, 다음 단계는 각 장치의 주요 부분의 크기를 결정하는 것이다.

표 15.8 석회석 FGD 예제의 부분적 물질수지 결과
(500 MW급 발전소, 3.7% 황함유 석탄, 90% SO_2 제거)

가스의 흐름경로			
경로 번호*	1	2	3
흐름, 1,000 acfm	1,615.6	1,377.3	1,471.0
흐름, 1,000 lb_m/hr	5,328	5,534.4	5,534.4
온도, °F	290	128	168
SO_2, lb_m/hr	31,080	3,108	3,108
HCl, lb_m/hr	432	0	0
CO_2, 1,000 lb_m/hr	942.5	961.7	961.7
N_2, 1,000 lb_m/hr	3,746	3,746	3,746
O_2, 1,000 lb_m/hr	324	324	324
H_2O, 1,000 lb_m/hr	293.5	499.5	499.5
입자상 물질, lb_m/hr	138	138	138

액체와 고체의 흐름경로				
경로 번호*	4	5	7	14
흐름, gal/min	–	197	300	–
흐름, 1,000 lb_m/hr	50.9	98.5	150	106.6
$CaCO_3$, 1,000 lb_m/hr	47.8	0	0	4.43
$MgCO_3$, 1,000 lb_m/hr	0.8	0	0	–
$CaSO_3$ and $CaSO_4$ 화합물 1,000 lb_m/hr	0	0	0	57.2
비활성물질, 1,000 lb_m/hr	2.3	0	0	2.3
공짜 물 (free water), 1,000 lb_m/hr	0	98.5	150	42.6

* 그림 15.9의 경로번호를 참조하라.
출처 : Henzel 등, 1981.

15.4 수은의 제어

앞에서 언급한 것처럼, 습윤 연도가스 탈황으로 석탄화력발전소의 배출가스 속에 존재하는 일부 수은을 제거할 수 있다. 실제 제거효율은 산화상태로 존재하는 수은의 양에 대개 의존한다. 사실, 산화된 수은의 50~80%가 FGD 세정기에서 제거될 수 있다. 반면 원소형태의 어떤 수은도 제거되지 않는다 (Senior and Adams, 2006). 대기오염 방지설비에서 SCR (16장 참조)를 포함하면, SCR 속을 지나며 더 많은 수은을 제거할 수 있으며, FGD 설비로 더 양호한 포획이 가능하다. 만약 법규가 허용한다면, 기존 공장에 대한 방지전략은 FGD 설비 속에서 아마도 이와 같은 우연스런 포획공정을 활용하는 것이다. 보통 세정기 유입구에서 산화수은의 함량이 15~80%가 될 때, FGD 설비에 의한 총 제거효율은 20~60% 범위이다 (Senior and Adams, 2006). 일부 발전소에서는 이 정도의 최고 제거효율도 충분하겠지만, 많은 신설 발전소에서는 배출기준을 충족시키기에는 역부족이다. 이와 같이 습식세정기로 얻을 수 있는 제거효율보다 더 높은 효율이 필요한 경우, 여과집진기 상류의 연도가스 속에 활성탄을 주입하면 더 높은 제거효율을 얻을 수 있다 (예제 15.6 참조).

예제 15.6 440 MW급 석탄화력발전소에서 수은 185 ppb를 함유한 석탄을 연소하고 있다. 석탄의 연소속도는 300,000 lb/hr이고, 연도가스의 유속은 100만 scfm이다. 준수해야 할 수은의 배출기준은 총 에너지 GWh당 0.015 lb이다. 만약 습식세정기가 유입되는 수은의 40%를 제거할 수 있다면, 활성탄주입/여과집진기 설비에 요구되는 제거효율은 얼마인가?

풀이 화력발전소에 유입되는 수은의 양 (및 연도가스의 유속)은,

$$300{,}000\ \text{lb coal/hr} \times 185/10^9 = 0.0555\ \text{lb/hr Hg}$$

발전소의 전기에너지 총 출력량은

$$440\ \text{MWh}/1\ \text{hr} \times 1\ \text{GWh}/1{,}000\ \text{MWh} = 0.440\ \text{GWh/hr}$$

제어되지 않았을 때 수은 배출량은,

$$\frac{0.0555\ \text{lb/hr}}{0.44\ \text{GWh/hr}} = 0.126\ \text{lb/GWh}$$

요구되는 총량효율은,

$$1 - 0.015/0.126 = 88.1\%$$

만약 세정기과 유입되는 수은을 40% 제거한다면, 60%는 배출될 것이므로,

$$0.60 \times 0.126\ \text{lb/GWh} = 0.0756\ \text{lb/GWh}$$

활성탑 주입과 함께 여과집진기에 요구되는 효율은,

$$1 - 0.015/0.0756 = 80.2\%$$

15.5 가격

FGD 설비의 가격추정은 공장의 크기, FGD 공정형태, 프로젝트의 종류 (신규 또는 수정 여부에 따라), 석탄의 황함량, 요구되는 제거효율, 공장의 위치, 원료물질의 접근성과 가격 [중탄산소다석 (trona), 석회석, 철강, 콘크리트 등] 등 요인에 따라 크게 달라진다. 습식 석회석세정이 광범위하게 사용되기 때문에, 가격과 관련된 이 15.5절은 기술적인 면에 중점을 둔 것이다. Jahnig and Shaw (1981b)와 Radcliffe (1992)는 다양한 SO_2 제어설비에 대한 가격추정의 초기결과를 발표하였다. FGD 기술은 30년 전부터 개선되었으며, 가격도 크게 변하였다. 고정달러가치로 가격은 1980년대부터 하향하고 있지만 FGD 세정기는 아직도 석탄화력발전소에 대규모로 투자가 진행되고 있다 (수억 달러규모에 이르며, 발전소 총 자본투자비의 20% 정도를 차지한다).

Electric Power Research Institute (EPRI)와 EPA는 대형 석탄화력발전소의 가격추정을 위한 포괄적인 소프트웨어를 개발하였다. EPRI는 소유권을 가지고 있어 회원들만 이용이 가능하지만, EPA의 CUECost는 웹주소 (http://www.epa.gov/ttn/catc/products.html)에서 무료로 제공받을 수 있다. 더욱이 "EPA Control Cost Manual"의 제 6판 역시 같은 웹주소에서 얻을 수 있다. 한편, Srivastava와 Jozewicz (2001)는 그 당시 가격추정모델을 개발하기 위해 CUECost 알고리즘을 개선하였다. 일반적으로 강제산화 FGD (석회석) 설비의 추정가격은 \$180/kW ~ \$350/kW이다. 그러나, 가격추정 공식은 매우 빨리 구식으로 변했으며, 원자재 (철강, 콘크리트, 석회석 등) 가격도 과거 3~5년 사이에 크게 변하였다. 따라서 여기서 제공하는 정보도 커다란 차이가 있을 수 있으므로, 정확한 가격추정을 원한다면 판매자와 직접 접촉하는 것이 좋다.

미국 에너지정보국 (U.S. Energy Information Administration)은 미국 발전소 내 배연탈황설비의 평균가격을 도표화하였다. 이 자료는 습식 FGD 세정기를 건설하고 운영하는데 소요되는 실제가격에 기초하였다. 하지만 모든 크기에 대해, 또한 석탄의 황함량에 대해 평균화하였다. FGD 세정기의 평균 TIC는 약 \$125/kW이었으며, 평균 운영비와 유지보수비는 약 \$0.0011/kWh

이었다. 하지만, 2004년과 2005년 (자료가 발표된 마지막 해)에, TIC는 $143/kW로 상승하였고, 운영비와 유지보수비는 $0.0013/kWh이었다 (EIA, 2009c).

과거 3~5년 사이에 얼마나 가격이 빨리 상승하였는지를 살펴보는 예로서, Power (2007)라는 잡지는 EUCG가 49개 개별 프로젝트 (평균 발전용량 크기는 1,019 MW이었으며, 평균 운영계획 연도는 2008년이었다)에서 조사한 결과를 요약하였다. EUCG는 대형 발전회사들로 구성된 전문무역협회인데, 발전효율을 개선시키고 가격을 줄이기 위해 정보를 교환하는 업무를 맡고 있다. 평균 기준가격은 $243/kW이었다. 이 가격에는 FGD 흡수탑/반응기, 화학약품 준비설비, 폐기물처리 설비 등이 포함되어 있다. 또한 전부 포함된 가격 ("fully loaded cost": 잡지기사에는 충분히 설명되진 않았지만, 아마도 발전수익 손실, 자본비, 감가상각비, 경상비 등을 포함한 가격)은 $300/kW 이상으로 상승하였다. 만약 1,000 MW 급 발전소를 생각한다면, $300/kW이라는 가격은 FGD 설비의 총 자본투자비가 3억 달러라는 의미이다.

아주 최근에, EPA는 대기오염 방지기술의 일부 형태에 대해 자본비를 갱신하기 위해 통합계획모델 (IPM: Integrated Planning Model)을 사용하였다. 이 분석에 의하면 [2009년 ARRA (American Recovery and Reinvestment Act of 2009: 미국의 자본회수 및 재투자법)에 의해 수행됨], FGD를 포함한 일부 기술에 대한 가격은 이전에 추정한 값보다 50% 정도 상승하였다 (U.S. EPA, 2009). 이 작업이 2009년도에 끝났지만, EPA는 2006년 달러기준으로 발표하였다. 표 15.9는 공장크기의 함수로 습식 FGD 세정기에 대한 결과를 요약한 것이다 (규모의 경제를 보여주고 있다). 여기서 연소된 석탄은 100만 Btu당 5.0 lb SO_2 또는 3.0 lb의 SO_2를 함유하고 있다.

표 15.9 FGD 세정기의 가격 (2006년 달러기준) – EPA Base Case, 2009 ARRA

비용의 종류	석탄에서 SO_2 생성량 lb/MMBtu	발전소 발전용량, MW			
		300	500	700	1,000
자본비, $/kW	5.0	368	278	227	192
고정적 유지보수비, $/kW-yr	5.0	12	10	9	7
유동적 유지보수비, 0.001$/kW-yr	5.0	1.5	1.5	1.5	1.5
자본비, $/kW	3.0	248	209	189	179
고정적 유지보수비, $/kW-yr	3.0	9	6	5	4
유동적 유지보수비, 0.001$/kW-yr	3.0	2.6	2.6	2.6	2.6

주의 : 중간규모 발전소의 열효율 (열량=10,000 Btu/kWh)
고정적 자본비에는 세금, 보험, 감가상각이 포함됨
유동적 자본비에는 석회석, 물, 화학약품, 전기료가 포함됨
ARRA: American Recovery and Reinvestment Act of 2009.

연습문제

15.1 단지 $CaSO_3$만이 생성된다고 가정하고, 3.5%의 황 함유탄을 연소시키는 600 MW의 발전소에서, 90% 효율의 석회석 FGD 설비로부터 고형물의 함유율이 55%인 슬러지의 하루 생성량 (ton/day)을 계산하라. 이 발전소의 열효율은 35%이고, 석탄의 열량은 12,000 Btu/lb_m이다. 석회석의 조성은 $CaCO_3$가 95%이고 비활성물질이 5%라고 가정하라. 석회석의 실제 공급량과 이론계산량의 비율은 1.15이다.

15.2 문제 15.1을 석회 (CaO)를 사용하여 재계산하라. 단, 석회는 98%의 CaO와 2%의 비활성물질로 구성되었다고 가정하고, 공급비율 (실제량과 이론량의 비)은 1.03이다.

15.3 문제 15.1의 발전소의 Wellman-Lord FGD 설비에서 탄산나트륨의 전형적 보충속도를 lb_m/hr 단위로 계산하라.

15.4 연도가스 1,000,000 acfm을 처리하는 세정기 안에서 물의 증발속도 (gpm)를 계산하라. 연도가스는 5%의 상대습도를 가지며 240 °F, 1 atm에서 유입되고, 100%의 상대습도를 가지며 1 atm에서 배출된다. 유입 및 유출되는 연도가스의 분자량은 각각 30.5와 30.3이다 (건조가스 기준).

15.5 FGD 설비의 에너지 사용량을 계산하라. 세정기는 130 °F, 1 atm에서 1,000,000 acfm을 배출한다. 송풍기의 실제 압력상승은 10 in. H_2O이고, 1,200,000 acfm을 송풍한다. L/G 비는 65 gal/1,000 acf이다. 펌프는 75 ft of head로 이송하고, 슬러리의 비중은 1.10이다. 50 °F의 재가열이 요구된다. 필요하다면 적당한 가정을 설정하라.

15.6 미 광업국의 구연산 FGD 공정에 대해, 황을 판매하여 얻은 연간 총 수익을 계산하라. 이 공정은 40% 효율을 갖는 400 MW급 발전소에서 SO_2를 90% 제거한다. 석탄은 5% 황을 함유하고 열량은 20,000 kJ/kg이다. 황은 $150/metric ton의 가격으로 팔 수 있고, H_2S는 $160/metric ton의 가격으로 인근 정유소에서 구입한다. 또한, 황 판매의 총 순익으로 인한, 설비운영비의 순수 감소액을 mills/kWh 단위로 계산하라 (1 mill = 1$/1,000).

15.7 시간당 2,000,000 lb의 연도가스를 배출하는 발전소가 있다. 그 중 150,000 lb/hr는 수증기이고 15,000 lb/hr는 SO_2이다. 수분과 SO_2를 제외한 나머지 가스의 평균 분자량은 28이다.

(a) 연도가스에서 SO_2의 농도를 ppm(v)단위로 계산하라 (건조기준). 법규에 의하면, SO_2의 92%는 포집되어야 하고 석회석세정기가 이 작업을 수행해야 한다. 여기서 배출가스는 125 °F에서 수증기로 포화된다고 가정하라.

(b) 배출가스 중 SO_2의 농도를 ppm(v) (건조기준) 단위로 계산하라. 가스 중에는 HCl이 없다고 가정하라. 또한 석회석은 96% $CaCO_3$ (분자량 100)와 4%의 비활성물질을 함유한다고 가정하라. 공급되는 염기는 양론비의 1.12배이다.

(c) 석회석의 공급속도를 lb/hr 단위로 계산하라. 세정기에서 배출속도는 800,000 acfm이고 세정기의 압력손실은 10 in. H_2O이다. 세정기에 요구되는 송풍기 동력을 hp 단위로 계산하라.

15.8 석탄화력발전소에서 배출되는 수은에 대해 문헌을 찾고 간단한 보고서를 작성하라. 보고서에 다음 사항을 소개하라: 미국에서의 총 수은 배출량, 석탄 중 수은의 함량범위, 석탄화력발전소에서 배출되는 수은과 관련한 미국의 법규, 발전소 배출가스에 대한 수은의 제어방법 (대략적인 제어효율을 제시하라).

15.9 500 MW급 석탄화력발전소에서 열량이 12,000 Btu/lb인 석탄을 연소하고 있다. 석탄은 2.0% 황과 150 ppb의 수은을 함유하고 있다. 이 발전소의 열효율은 38%이고, 공기/연료비는 14 : 1 (질량기준)이다. 다음을 계산하라. (a) 석탄의 연소속도 (lb/hr), (b) 연도가스의 유속 (scfm), (c) 배출기준 (총 전기에너지 출력 MWh당 1.4 lb SO_2)을 만족시키기 위한 SO_2 제거효율, (d) 배출기준 (총 전기에너지 출력 MWh당 0.015 lb Hg)을 만족시키기 위한 Hg 제거효율.

15.10 500 MW급 석탄화력발전소의 FGD 세정설비에 대한 자본비를 2006년 달러기준으로 추정하라. 이 발전소에서 사용하는 석탄은 황 1.4%를 함유하고 있으며, 9,400 Btu/lb의 열량을 가지고 있다.

참고문헌

Armstrong, W.H., and Westmoreland, J. "The Carter Creek Gas Plant," Chemical Engineeing Progress, 81(2), February 1985.

Brown, G.N., Torrence, S.L., Repik. A.J., Stryker, J.L., and Ball, F.J. "SO_2 Recovery via Activated Carbon," Chemical Engineering Progress, 68(8), August 1972.

Clean Power from Coal: The Bureau of Mines Citrate Process. Washington. DC: U.S. Department of the Interior, 1978.

Dalton, S.M. "Evolution of Flue Gas Desulfurization Design－Recent Changes in the U.S.A.," a paper presented at the Symposium on Energy and Environment: Transitions in Eastern Europe, Prague, Czechoslovakia, April 1992.

Electric Power Research Institute, *Economic Evolution of FGD Systems,* Vol. Ⅱ*: Regenerable FGD Processes, High-Sulfur Coal*, CS－3342, Research Project 1610－1, Final Report, prepared by Stearn－Roger Engineering Corporation, Palo Alto, CA, December 1983.

Energy Information Administration, "Coal Consumption for Electricity Generation," Nov. 13, 2009a. Accessed December 2009 from http://www.eia.doe.gov/cneaf/electricity/epm/table2_1_a.html.

Energy Information Administration, "Number and Capacity of Fossil-Fueled Steam-Electric Generators with Environmental Equipment," Jan. 21, 2009b. Accessed December 2009 from http://www.eia.doe.gov/cneaf/electricity/epa/epat5p2.html.

Energy Information Administration, "Average Flue Gas Desulfurization Costs," Jan. 21, 2009c. Accessed January 2010 from http://www.eia.doe.gov/cneaf/electricity/epa/epat5p3.html.

Henzel, D.S., Laseke, B.A., Smith, E.D., and Swenson, D.O. *Limestone FGD Scrubbers: User's Handbook,* EPA-600/8-81-017. Washington, DC: U.S. Environmental Protection Agency, August 1981.

Jahnig, C.E., and Shaw, H. "A comparative Assessment of Flue Gas Treatment Processes, Part I Status and Design Basis," Journal of the Air Pollution Control Association, 31(4), April 1981(a).

Jahnig, C.E., and Shaw, H. "A comparative Assessment of Flue Gas Treatment Processes, Part Ⅱ Environmental and Cost Comparison," Journal of the Air pollution Control Association, 31(5), April 1981(b).

The McIlvaine Company., "FGD World Markets," as cited in an online article by Power Engineering, August 25, 2009. Accessed December 2009 from http://pepei.pennet.com/display_article/368178/ARTCL/none/INDUS/1/Chinese-to-add-358-000-MW-of-FGD-by-2020.

Power Magazine. "Features-Benchmarking: What's That Scrubber Going to Cost?" July 2007. Accessed January 2010 from http://findarticles.com/p/articles/mi_qa5392/is_200707/ai_n21292383/pg_2/?tag-content;col1.

Radcliffe, P. "FGD Economics," EPRI Journal 17(6), September 1992.

Senior, C., and Adams,B. "Dynamic Duo Captures Mercury," Power Engineering, February 2006. Accessed Dece mber 2009 from http://Pepei.pennet.com/display_article/249005/6/ARTCL/none/none/1/Dynamic-Duo-Captures-Mercury/

Srivastava, R.K. *Controlling* SO_2 *Emissions: A Review of Technologies*. EPA-600/R-00-093. National Risk Management Research Lab, Research Triangle Park, NC, October 2000.

Srivastava, R.K. and Jozewicz, W. "Flue Gas Desulfurization: The State of the Art," Journal of the Air and Waste Management Association, 51(12), December, 2001.

U.S. Environmental Protection Agency. *Sulfur Oxides Control Technology Series : Flue Gas Desulfurization-Wellman-Lord Process,* Technology Transfer Summary Report, EPA-625/8-79-001. Research Triangle Park, NC: 1979.

U.S. Environmental Protection Agency. *National Air Quality and Emissions Trends Report*, 1998, EPA-454/R-00-003, Research Triangle Park, NC, 2000.

U.S. Environmental Protection Agency. "Air Pollution Control Technology Fact Sheet - Flue Gas Desulfurization," EPA-452/F-03-034, 2003. Accessed December 2009 from http://www.epa.gov/ttn/catc/dir1/ffdg.pdf.

U.S. Environmental Protection Agency. "Updates to EPA Base Case 2009 ARRA Using the Integrated Planning Model (IPM) - Addendum," 2009. Accessed January 2010 from http://www.epa.gov/airmarkt/progsregs/epa-ipm/docs/IPMBC09DocAdd.pdf.

Chapter

16 질소산화물의 제어

Los Angeles 지역의 대기오염 피해는 시정장해, 농작물 피해, 눈의 자극, 불쾌한 냄새, 고무의 노화 등으로 요약할 수 있다. 이러한 영향은 탄화수소와 질소산화물의 대량 배출 때문이다. 질소산화물의 광화학적 반응은 탄화수소를 산화시키고, 그 다음 오존을 생성시킨다. A. J. Haagen-Smit, 1952.

16.1 머리말

1940년대 후반, Haagen-Smit와 공동연구자들은 질소산화물과 반응성 탄화수소가 관여한 반응으로 대기 중에 특정 스모그가 생성된다는 사실을 발견하였다. 이 발견 이후 광화학적 스모그를 제어하기 위한 초기 노력은 탄화수소의 배출을 저감하는데 집중되었으며, 당시에는 이 방법만이 할 수 있는 가장 쉬운 일이었다. 그러나 한편으로는 질소산화물의 배출량을 저감시키는 방향으로도 연구가 수행되었다. 수년간 연구는 계속되었고 질소산화물의 생성과 관련하여 더 많은 지식을 얻을 수 있었다. 이러한 지식은 질소산화물에 대한 혁신적 제어기술의 개발을 이끌었다. 최근에도 많은 도시지역에서 계속되는 광화학 스모그 현상으로 질소산화물의 제어에 대한 관심이 고조되고 있다.

질소산화물로 알려진 7가지는 NO, NO_2, NO_3, N_2O, N_2O_3, N_2O_4, N_2O_5이다. 이 중 NO (nitric oxide)와 NO_2 (nitrogen dioxide)는 대량으로 배출되기 때문에 가장 중요한 두 가지 대기오염물질이다. "NO_x"는 모든 질소산화물을 통칭하지만, 대기오염분야에서는 일반적으로 NO와 NO_2만을 의미한다. 미국에서는 매년 1,600만 톤 정도의 질소산화물이 배출되고, 이중 약 50%가 이동오염원 (mobile source)에서 배출된다. 이동오염원은 도로상 차량 (자동차, 트럭, 버스, 고속도로 차량 등)과 비-도로상 차량 (건설장비, 잔디 깎기 및 정원장비, 보트, 기타 레저장비 등)을 포함하며 18장에서 자세히 논의될 것이다. 고정오염원 (stationary source)에서는 2008년도를 기준으로 대략 500만 톤의 질소산화물이 배출되었으며, 약 35%는 대형 산업용 연소로, 약 60%는 전력용 연소로의 연료연소 결과로 생성되었다 (EPA, 2009). 표 16.1은 과거 38년 동안 미국에서의 NO_x 배출량을 보여주고 있다.

고정 연소오염원에서 배출되는 NO_x의 약 95%는 NO 형태로 배출된다. NO는 고온-NO_x (thermal NO_x) 또는 연료-NO_x (fuel NO_x)의 두 가지 반응기구 (mechanism)에 의해 생성된다 (U.S. EPA, 1983). 고온-NO_x는 연소에 사용된 공기 중, 질소와 산소의 반응으로 생성된다. 고온-NO_x의 생성속도는 온도에 대단히 민감하며, "화염"온도 (3,000~3,600 °F)에서 신속히 생성된다. 연료-NO_x는 연료 중 유기질소를 함유하는 연료 [주로, 석탄 또는 중유 (heavy oil)]의 연소에서 생성된다. 연료-NO_x의 생성은 국소 연소조건 (산소농도와 혼합형태 등)과 연료 중 질소함량에 따라 달라진다.

전력용 보일러는 NO_x를 대량 배출하므로, 우리는 몇 가지 전형적인 배출계수에 대해 간략하게 살펴볼 것이다. 연소방식에 따라 용광로 (furnace)/보일러에는 몇 가지 종류가 있다. 주 연소방식은 단일 벽/역류벽, 사이클론 방식 및 접선유입 연소방식 등이 있다. 또한, 재의 특성에 따라 용광로는 건조 하부로 (dry-bottom furnace) (고형 재의 제거) 또는 습식 하부로 (wet-bottom furnace) (용융 재의 제거)로 나눌 수 있다. 사이클론 방식 연소보일러는 주로 석탄을 연소하는 데 사용된다. 기타 보일러들은 석탄, 기름, 가스를 연료로 사용한다. 기름과 가스의 사용감소와 비싼 가격 때문에, 대부분 신형 전력용 보일러는 미분탄 (pulverized coal)을 연소시키려는 목적으로 설계되고 있다.

표 16.1 미국의 질소산화물의 배출경향 (1,000 톤/년)

오염원	1970	1980	1990	2000	2008
고정오염원 연료연소					
전기	4,900	7,024	6,663	5,330	3,006
산업	4,325	3,555	3,035	2,723	1,838
기타	836	741	1,196	766	727
산업공정					
화학 및 관련공정	271	213	168	105	67
금속공정	77	65	97	89	68
석유 및 관련공정	240	72	153	122	350
기타산업	187	205	378	479	418
이동오염원					
도로 이동오염원	12,624	11,493	9,592	8,394	5,206
비도로 이동오염원	2,652	3,353	3,781	4,167	4,255
기 타	770	359	464	424	404
총 합	26,882	27,080	25,527	22,599	16,339

출처 : National Inventory of Criteria Air Pollutant Emissions (http://www.epa.gov/ttn/chief/trends/index.html)

표 16.2 NO_x 배출계수의 일부 예 (제어장치가 없는 경우)

보일러의 종류	연료의 종류	배출계수[a] kg NO_x/Mg Coal
미분탄 (pulverized coal)	무연탄 (anthracite)	9
미분탄		
건식 하부	역청탄과 아역청탄	10.5 (7.5)[b]
습식 하부	역청탄과 아역청탄	17
사이클론 (분쇄탄)	역청탄과 아역청탄	18.5
미분탄	갈탄 (lignite)	6~7 (4)[b]
전력용 보일러		
접선유입 연소	잔유 (residual oil)	5[c]
수직 연소	잔유	12.6[c]
기타	천연가스	8.80[d]
산업용 보일러	잔유	6.6[e]
	증류유 (distillate oil)	2.4[c]
	천연가스	2.24[d]

a 총 질소산화물은 NO_2로써 표현된다.
b 괄호 안은 접선유입 연소 (tangentially fired)장치에 관한 것이다.
c 배출은 kg NO_2 / (연소된 기름 1,000 L)로 표현된다.
d 배출은 kg NO_2 / (연소된 가스 10^3 m^3)으로 표현된다.
e 산업용 보일러에서 NO_x 배출은 잔유의 질소함량에 의존한다.
출처 : U.S. EPA, 1991.

NO_x의 배출은 연료의 종류와 연소방식에 따라 다양하다 (NO_x 배출에 영향을 주는 계수는 16.2절에서 구체적으로 다룰 것이다). 방지시설이 부착되지 않은 상태의 배출계수에 대해, 일부 예를 표 16.2에 제시하였다. 그림 16.1은 출력의 함수로써 일부 석탄연소 발전보일러에서 배출되는 NO의 전형적인 농도범위를 표시한 것이다.

성공적인 NO_x 제어는 기본 생성원리를 이해하는데 달려있다. 이 장에서는 NO_x의 생성화학에 대해 간략하게 소개할 것이다. 그러나 NO_x의 제어는 아직도 연구가 활발히 진행 중이며, 자세한 반응생성기구는 정확히 알려지지 않고 있다. 과거에는 NO_x를 제어하기 매우 어려웠고 처리하는 데도 많은 비용이 들었다. 따라서 NO_x 제어의 방법과 기술은 비교적 새로운 분야이다. 여기서는 NO_x 제어에 관해서 포괄적으로 설명할 것이다.

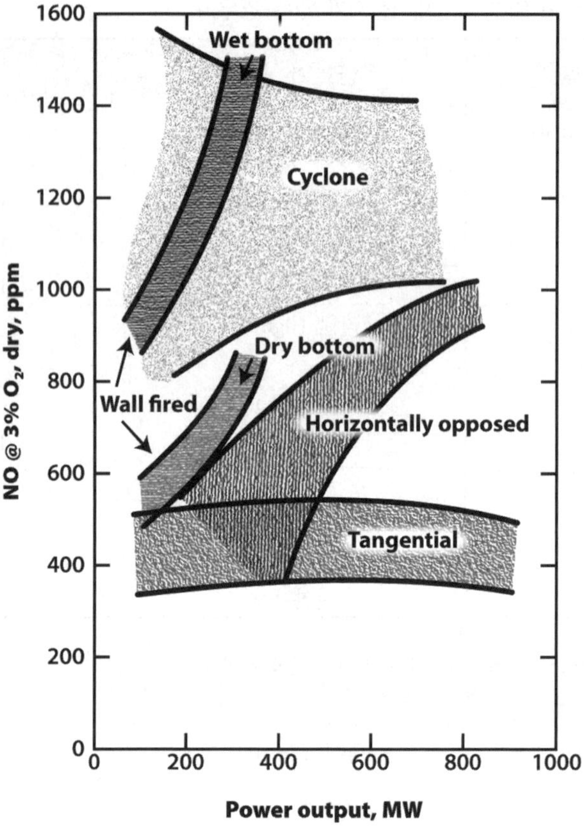

그림 16.1 석탄연소 보일러들의 전형적 (제어장치 없을 때) NO 연도가스 농도

출처 : U.S. EPA, 1983.

16.2 NO_x 생성화학

고온 - NO_x (Thermal NO_x)

열역학적 평형과 반응속도론에 관한 정보는 NO_x 생성을 이해하는데 중요하다. NO_x 생성을 설명할 수 있는 화학반응 모델이 Zeldovich (1946)에 의해서 개발되었다. Zeldovich 모델의 반응식은 다음과 같다.

$$N_2 + O \rightleftharpoons NO + N \tag{16.1}$$

$$N + O_2 \rightleftharpoons NO + O \tag{16.2}$$

반응식 (16.1)과 (16.2)는 다음 반응을 추가한다.

$$N + OH \rightleftharpoons NO + H \tag{16.3}$$

반응식 (16.1)과 (16.2)는 Zeldovich 모델에서 가장 중요한다. 제시된 식 (16.1)~(16.3)에서 C, H, O 사이의 연료 연소반응이 평형에 도달했다고 가정하고, 또한 O, H, OH의 농도가 평형식으로 설명될 수 있다고 가정한다.

만약, NO_x 생성 열역학만을 고려한다면, 화학양론적 관계식으로 논의를 시작할 수 있다.

$$N_2 + O_2 \rightleftharpoons 2NO \tag{16.4}$$

$$NO + \frac{1}{2}O_2 \rightleftharpoons NO_2 \tag{16.5}$$

반응식 (16.4)와 (16.5)에 대한 평형상수는 각각 다음과 같다.

$$K_{P_1} = \frac{(\overline{P}_{NO})^2}{\overline{P}_{N_2}\overline{P}_{O_2}} = \frac{(y_{NO})^2}{y_{N_2}y_{O_2}} \tag{16.6}$$

$$K_{P_2} = \frac{\overline{P}_{NO_2}}{(\overline{P}_{NO})(\overline{P}_{O_2})^{1/2}} = (P_T)^{-1/2}\frac{y_{NO_2}}{(y_{NO})(y_{O_2})^{1/2}} \tag{16.7}$$

여기서, K_P = 평형상수 (equilibrium constant)

$\overline{P}_i$ = 성분 i의 분압, atm

y_i = 성분 i의 몰분율

P_T = 전압 (total pressure), atm

표 16.3은 대기압에서 온도에 대한 평형상수 K_{P_1}, K_{P_2}의 자료이다.

표 16.3 NO와 NO_2 생성에 관한 평형상수

온 도		K_P	
K	℉	$N_2+O_2 \rightleftharpoons 2NO$	$NO+1/2\,O_2 \rightleftharpoons NO_2$
300	80	10^{-30}	1.4×10^6
500	440	2.7×10^{-18}	1.3×10^2
1,000	1,340	7.5×10^{-9}	1.2×10^{-1}
1,500	2,240	1.1×10^{-5}	1.1×10^{-2}
2,000	3,140	4.0×10^{-4}	3.5×10^{-3}
2,200	3,500	3.5×10^{-3}	2.6×10^{-3}

출처 : Joint Army, Navy, Air Force Thermochemical Tables, 1986.

예제 16.1 반응식 (16.4)만을 고려하여, 조성이 76% N_2, 4% O_2, 8% CO_2, 12% H_2O인 연도가스에 대해, 전압 1 atm, 온도 1,500 K일 때 NO의 평형농도를 계산하라.

풀이 표 16.3으로부터 1,500 K에서 반응 $N_2 + O_2 \rightleftharpoons 2NO$의 K_P 값은 1.1×10^{-5}이다.

$$\frac{(\overline{P}_{NO})^2}{\overline{P}_{N_2}\overline{P}_{O_2}} = 1.1 \times 10^{-5}$$

따라서,

$$(\overline{P}_{NO})^2 = 1.1 \times 10^{-5}(0.76)(0.04)$$

$$\overline{P}_{NO} = 5.78 \times 10^{-4} \text{ atm}$$

NO의 몰분율 $(\overline{P}_{NO}/P_T)$은 5.78×10^{-4}이며, NO의 평형농도는 578 ppm이다. NO의 농도는 전체에서 매우 작은 분율을 차지하기 때문에 가스의 조성을 수정할 필요는 없다. 그러나 대량의 NO가 생성된다면 반응물 (N_2와 O_2)의 농도는 하향 조정되어야 할 것이다.

표 16.4는 가열된 공기와 연도가스 (76% N_2와 3.3% O_2의 가정된 농도)에서 온도변화에 따른 NO와 NO_2의 계산된 평형농도를 나타낸 것이다.

표 16.4 공기와 연도가스 중 NO와 NO_2 생성에 관한 평형농도의 계산값 (ppm)

온 도		공 기		연도가스	
K	°F	NO	NO_2	NO	NO_2
300	80	3.4×10^{-10}	2.1×10^{-4}	1.1×10^{-10}	3.3×10^{-5}
800	980	2.3	0.7	0.8	0.1
1,400	2,060	800	5.6	250	0.9
1,873	2,912	6,100	12	2,000	1.8

주의 : 고려된 반응식은 $N_2 + O_2 \rightleftharpoons 2NO$, $NO + 1/2\ O_2 \rightleftharpoons NO_2$이다. 또한, 연료가스는 76% N_2와 3.3% O_2를 함유한다고 가정한다.
출처 : U.S. EPA, 1970.

표 16.3과 16.4로부터 다음과 같은 기대효과를 얻을 수 있다.

1. 화염지역의 온도 (3,000~3,600 °F)에서, 매우 높은 NO_x 농도 (6,000~10,000 ppm)가 관찰되며, NO/NO_2 비율은 500 : 1에서 1000 : 1까지의 범위를 가진다.
2. 연도가스의 출구온도 300~600 °F에서, 매우 낮은 NO_x 농도 (< 1 ppm)가 관찰되며, NO/NO_2 비는 1 : 10,000에서부터 1 : 10까지의 범위를 가진다.

실제 용광로에서는 위의 두 가지 경우를 관찰할 수 없다. 전형적인 연도가스 온도에서, 대형 석탄화력발전소에서 배출되는 NO_x의 농도범위는 300～1,200 ppm이고, NO/NO_2 비도 10 : 1에서 20 : 1이다. 이런 결과를 설명하기 위해서 평형 이외의 다른 인자를 고려해야 한다.

NO의 생성속도는 실제 NO_x 농도에 영향을 주는 중요한 인자이다. 반응식 (16.1)～(16.3)에 대한 속도상수값은 표 16.5에 주어졌다. 재연소 지역에서 O와 H 원자 및 OH 반응기가 평형상태의 값을 갖는다고 가정하고 이들 반응식을 살펴보면, NO 생성에 대한 이론적 속도 표현식을 유도할 수 있다. 반응속도는 질소와 산소 농도뿐만 아니라, 온도의 영향이 매우 중요한 함수가 된다.

표 16.5 NO_x 생성에 대한 Zeldovich 반응기구에 의한 속도상수

반응식	속도상수 k, m^3/mol-s
(1) $N_2 + O \underset{k_{-1}}{\overset{k_{+1}}{\rightleftharpoons}} NO + N$	$k_{+1} = 1.8(10)^8 e^{-38,370/T}$ $k_{-1} = 3.8(10)^7 e^{-425/T}$
(2) $N + O_2 \underset{k_{-2}}{\overset{k_{+2}}{\rightleftharpoons}} NO + O$	$k_{+2} = 1.8(10)^4 T e^{-4,680/T}$ $k_{-2} = 3.8(10)^3 T e^{-20,820/T}$
(3) $N + OH \underset{k_{-3}}{\overset{k_{+3}}{\rightleftharpoons}} NO + H$	$k_{+3} = 7.1(10)^7 e^{-450/T}$ $k_{-3} = 1.7(10)^8 e^{-24,560/T}$

주의 : T는 Kelvin 온도
출처 : Flagan과 Seinfeld, 1988.

반응식 (16.1)～(16.3)에 기초하여 NO와 N의 순수 생성속도를 표현하면,

$$r_{NO} = k_{+1}[N_2][O] - k_{-1}[NO][N] + k_{+2}[N][O_2] - k_{-2}[NO][O] + k_{+3}[N][OH] - k_{-3}[NO][H] \quad (16.8)$$

$$r_N = k_{+1}[N_2][O] - k_{-1}[NO][N] - k_{+2}[N][O_2] + k_{-2}[NO][O] - k_{+3}[N][OH] + k_{-3}[NO][H] \quad (16.9)$$

반응식 (16.1)은 매우 큰 활성에너지를 가지고 있기 때문에 대부분 반응은 연소반응이 완결된 후 일어난다 (하지만 이 시점은 가스가 뜨거운 화염지역을 벗어나기 이전이다). 따라서 우리는 O, H, OH의 농도가 평형상태 수준이라는 가정을 정당화할 수 있다. 또한 질소 자유원자는 NO 보다도 반응성이 매우 크기 때문에, 질소원자는 생성되는 속도만큼 빠르게 소모된다. 이를 '준정상상태 (quasi steady state)'라고 하며, 질소원자의 농도는 대부분 반응시간동안 거의 일정하다 ($[N]_{ss}$).

질소원자의 순수 생성속도 (r_N)를 0 (zero)로 놓는다면, 식 (16.9)는 $[N]_{ss}$에 대해 풀 수 있다.

$$[\mathrm{N}]_{ss} = \frac{k_{+1}[\mathrm{N_2}][\mathrm{O}] + k_{-2}[\mathrm{NO}][\mathrm{O}] + k_{-3}[\mathrm{NO}][\mathrm{H}]}{k_{-1}[\mathrm{NO}] + k_{+2}[\mathrm{O_2}] + k_{+3}[\mathrm{OH}]} \tag{16.10}$$

이 결과를 식 (16.8)에 치환하여, N_2, NO, O_2의 농도와 O, H, OH의 평형농도에 의존하는 r_{NO}로 표현할 수 있다.

$$\begin{aligned} r_{\mathrm{NO}} = {} & k_{+1}[\mathrm{N_2}][\mathrm{O}] - k_{-2}[\mathrm{NO}][\mathrm{O}] - k_{-3}[\mathrm{NO}][\mathrm{H}] \\ & + (-k_{-1}[\mathrm{NO}] + k_{+2}[\mathrm{O_2}] + k_{+3}[\mathrm{OH}]) \times [\mathrm{N}]_{ss} \end{aligned} \tag{16.11}$$

식 (16.11)에서 흥미로운 점은 NO의 초기 생성속도 (NO 농도가 작을 때)가 식 (16.1) 결과치의 두 배라는 점이다. 즉,

$$r_{\mathrm{NO}_{\mathrm{initial}}} = 2k_{+1}[\mathrm{N_2}][\mathrm{O}] \tag{16.12}$$

예제 16.2 온도 1,870 ℃인 탄화수소 화염에서 질소가스와 산소원자의 몰분율이 각각 0.75와 9.5×10^{-4}로 주어졌을 때, (a) NO의 초기 생성속도 (mol/m^3-s)를 구하고, (b) 만약 이 속도가 0.03초 동안 일정하게 유지될 때, 화염지역을 벗어나는 가스 중 NO 농도를 ppm 단위로 계산하라.

풀이 (a) T = 1,870 ℃ (2,143 K)에서,

$$k_{+1} = 1.8\times10^{8}e^{-38,370/2,143} = 3.015\ \mathrm{m^3/mol\text{-}s}$$

P = 1 atm으로 가정하면 가스의 몰밀도는

$$\rho_{\mathrm{M}} = P/RT = \frac{1\ \mathrm{atm}}{8.206\times10^{-5}\ \dfrac{\mathrm{m^3\text{-}atm}}{\mathrm{mol\text{-}K}} \times 2,143\ \mathrm{K}}$$

$$= 5.686\ \mathrm{mol/m^3}$$

따라서,

$$[\mathrm{N_2}] = 0.75\times5.686 = 4.26\ \mathrm{mol/m^3}$$

$$[\mathrm{O}] = 9.5\times10^{-4}\times5.686 = 0.0054\ \mathrm{mol/m^3}$$

NO의 초기 생성속도는,

$$r_{\mathrm{NO}} = 2\times3.015\times4.26\times0.0054 = 0.1388\ \mathrm{mol/m^3\text{-}s}$$

(b) 만약 초기속도가 0.03초 동안 유지된다면,

$$[\mathrm{NO}] = 0.1388\times0.03 = 4.16\times10^{-3}\ \mathrm{mol/m^3}$$

ppm으로 환산하면,

$$[NO] = \frac{4.16 \times 10^{-3}}{5.686} \times 10^6 = 732 \text{ ppm}$$

몇몇 연구자들은 (Bartok 등, 1972; Malte 등, 1975; Sarofim 등, 1973) 화염지역 (flame zone)의 NO 농도가 Zeldovich 반응기구에 의해 생성된 것보다 훨씬 높다는 것을 실험적으로 관찰하였다. 일부 연구자들은 이러한 "신속한" NO의 생성은 탄화수소 불꽃에 존재할지도 모르는 초평형 (super-equilibrium) 반응기의 농도 때문이라고 믿었다 (Bowman, 1975; Fenimore, 1971).

Fenimore (1971)는 40~100 ppm 범위에서 신속하게 생성된 NO (처음 0.005초 내에 생성된 NO)의 농도를 측정하였다. Duterque 등 (1981)은 반응조 내의 체류시간이 0.004초 이하인 매우 빠른 기상반응에서 시료채취가 어렵다고 보고하였다. 신속하게 생성된 NO는 과잉연료 연소지역에서는 매우 중요하다. 중간생성물인 HCN (hydrogen cyanide)은 질소 (N_2)가 "불꽃연소 (flame combustion)" 중 생성된 탄화수소 반응기의 공격을 받아 생성된 것 같다. HCN은 CN을 생성하기 위해 OH와 결합하고 CN은 NO로 산화된다. 또한, N 원자와 NH 반응기 역시 생성되며 화염속에서 NO로 산화된다 (Flagan and Seinfeld, 1988).

MacKinnon (1974)은 공기뿐만 아니라, N_2, O_2, Ar의 가열된 혼합물에 대해서도 실험적으로 연구하였다. 결과에 의하면, 1,600 ℃ 이하에서는 200 ppm 이하의 NO가 생성되었고, 1,800 ℃ 이상에서는 수 천 ppm의 NO가 생성되었으며, 약 1,950 ℃에서는 12,000~13,000 ppm의 고농도 NO가 생성되었다. 또한, MacKinnon은 3,615 °F ± 46 °F (1,990 ℃ ± 26 ℃)에서 최대 NO 농도를 관찰하였다. 3,700 °F 이상에서는, 분해반응 때문에 순수한 NO의 생성은 감소한다. NO 농도는 약 4~5초 동안에는 시간에 따라 급속히 증가되나, 그 이후로는 더 이상의 증가하지 않았다. MacKinnon은 실험결과를 바탕으로 NO 생성에 대한 수학적 속도식을 개발하였다. 그의 총괄모델은 온도, N_2와 O_2 농도, 그리고 시간의 함수로써 NO의 농도를 예측한다. 1 atm 하에서, 모델식은 다음과 같다.

$$C_{NO} = 5.2 \times 10^{17} \left[\exp(-72{,}300/T)\right] y_{N_2} y_{O_2}^{1/2}\, t \tag{16.13}$$

여기서, C_{NO} = NO 농도, ppm

y_i = 성분 i의 몰분율

T = 절대온도, K

t = 시간, s

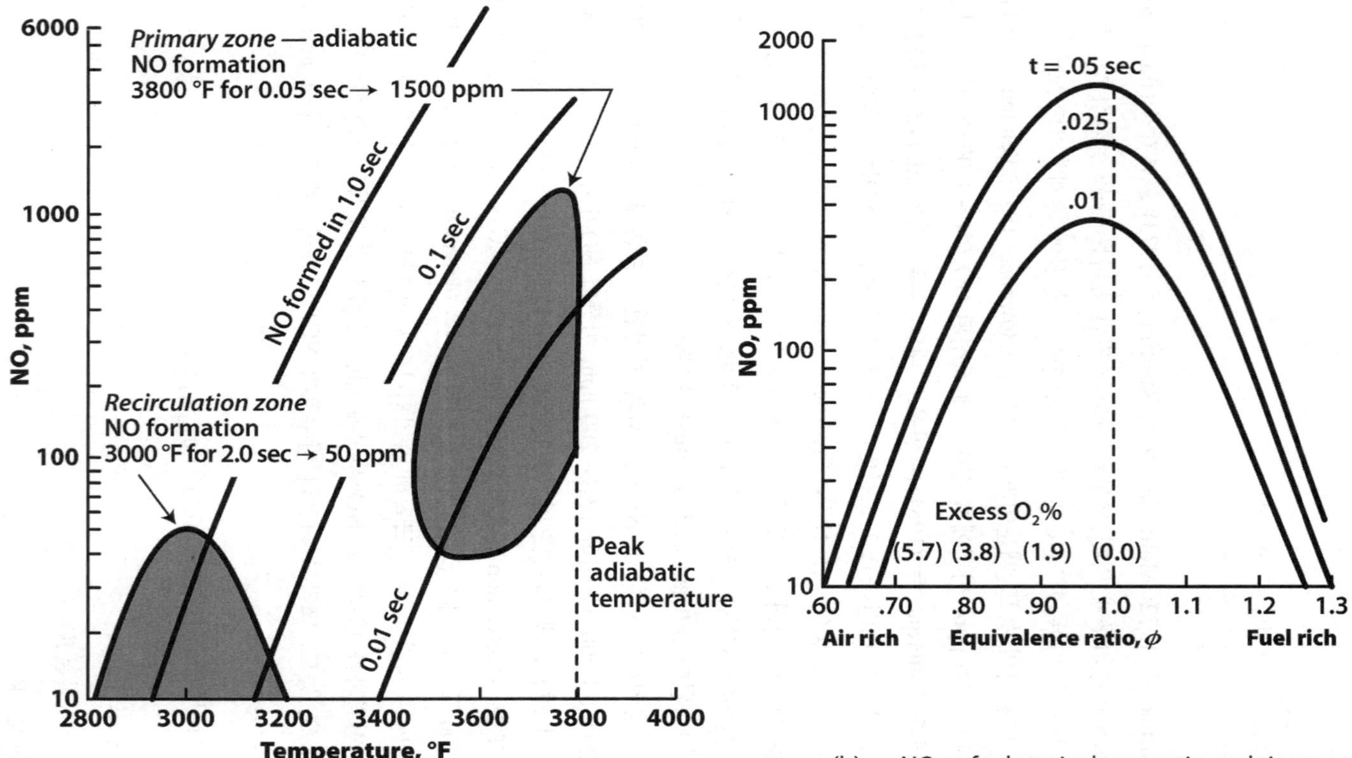

(a) NO vs time and temperature at stoichiometric fuel/air ratio (1:16:3)

(b) NO vs fuel equivalence ratio and time (stoichiometric A/F = 16.3, air preheat = 650 °F)

그림 16.2 천연가스 연소보일러에서, 시간, 온도, 연료/공기 비 등이 NO 생성에 미치는 모사영향

출처 : Breen 등, 1971.

실제 화염설비에서, H, C, OH, S, 기타 원자 및 반응기 (radical)의 존재는 NO 생성속도에 심각한 영향을 줄 수 있으며, 총괄모델은 정밀한 반응기구 모델과 대체될 수는 없다. 하지만 식 (16.13)만을 고려하여도, NO_x의 측정농도와 기대농도 사이의 차이를 충분히 (최소한 정성적으로) 설명할 수 있다. 해당 가스들은 짧은 시간동안 (약 0.5초) 화염지역에만 존재한다. 비록 실제 농도가 평형농도에 도달하지 못하더라도, 매우 빠른 반응속도 덕분에 감지할 정도의 NO_x양은 생성된다. 일단 가스들이 뜨거운 화염지역에서 벗어나면 급속히 냉각되어 반응속도는 수십에서 수백 배 감소되고, 처음 생성되었던 NO와 NO_2 농도 수준에 머문다.

출간된 자료 (U.S. EPA, 1970)에 의하면, 여러 온도범위에서 NO가 500 ppm 생성될 때까지 걸리는 시간을 비교하였다. 3,600 °F에서는 NO가 0.12초 내에 생성되었으며 3,200 °F에서는 1.1초, 2,800 °F에서는 16초가 걸렸다. NO에서 NO_2로의 산화는 NO가 생성될 때보다 온도에 덜 민감하다. 온도가 급속히 떨어지더라도 (가스가 가장 뜨거운 연소지역에서 멀어질 때), 두 반응속도는 서서히 감소하기 때문에 NO의 배출량은 본질적으로 생성된 양과 같다.

Breen 등 (1971)은 화력발전소의 보일러에서 NO 생성의 문제점을 소개하였다. 그들은 보일러 내에서 약 50개의 반응식을 모의실험하기 위해서 컴퓨터를 이용하였다. 또한, 시간, 온도, 연도가스의 재순환, 연소공기의 예열, 연료등가비 (fuel equivalence ratio) 등의 영향을 조사하였다. **연료등가비**, ϕ는 이론적 연료/공기비 (fuel/air ratio)의 배수이며, **양론비** (stoichiometric ratio)의 역수이다. 양론비는 '실제 **공연비**'가 과잉산소 없이 완전연소하는데 필요한 '이론 공연비'와 같을 때 1이 된다. Breen 등의 연구결과 일부를 그림 16.2에 제시하였다. 그림 16.2(a)는 천연가스 연소로에서 NO의 농도, 시간 및 온도의 관계를 나타낸 것이며, 그림 16.2(b)는 NO 농도에 대한 연료등가비의 영향을 보여준다.

식 (16.13)을 검토하면, 고온-NO_x의 제어와 관련한 전략을 세울 수 있다. 최고치의 온도는 감소되어야 하며, 또한 이 최고온도에서 가스의 체류시간은 감소되어야 하고, 최고온도 지역에서 산소농도는 감소되어야 한다. 이와 같은 공학적 방법들이 16.3절에서 논의될 것이다.

연료-NO_x (Fuel NO_x)

연료가 유기적으로 (organically) 결합된 질소를 함유하고 있을 때 [대부분 석탄과 잔유 (residual oil)처럼], 총 NO_x 생성량에 있어 연료에 함유된 질소의 역할은 매우 크다. N-C 결합은 질소분자의 N-N 결합보다 매우 약하다. 따라서 연료질소가 NO로 쉽게 산화된다는 사실은 놀라운 일이 아니다. 실험실의 실험 (Pershing 등, 1975)과 실규모의 실험 (Thompson and McElroy, 1976)에서, 연료에 함유된 질소가 총 NO_x의 50% 이상을 차지한다고 밝힌 바 있다. 연료질소 산화의 속도반응기구 (kinetic mechanism)는 현재 활발하게 연구가 진행되는 분야이다.

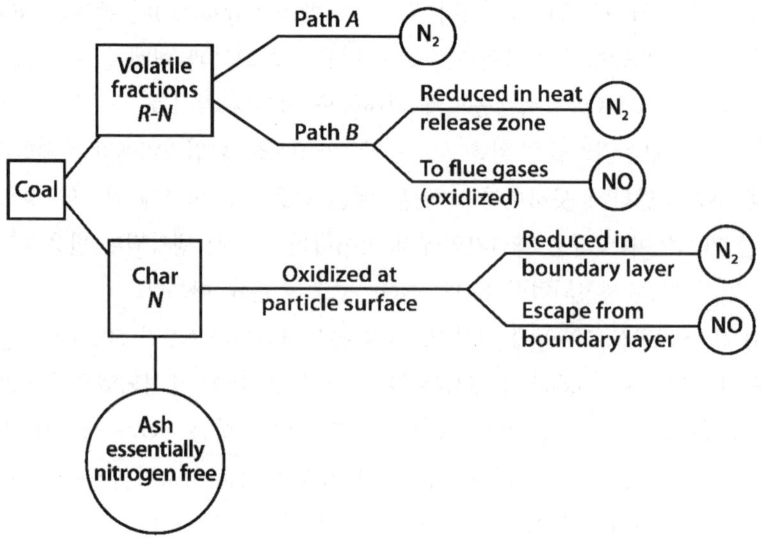

그림 16.3 석탄에 함유된 질소의 소멸과정

출처 : Heap 등, 1976.

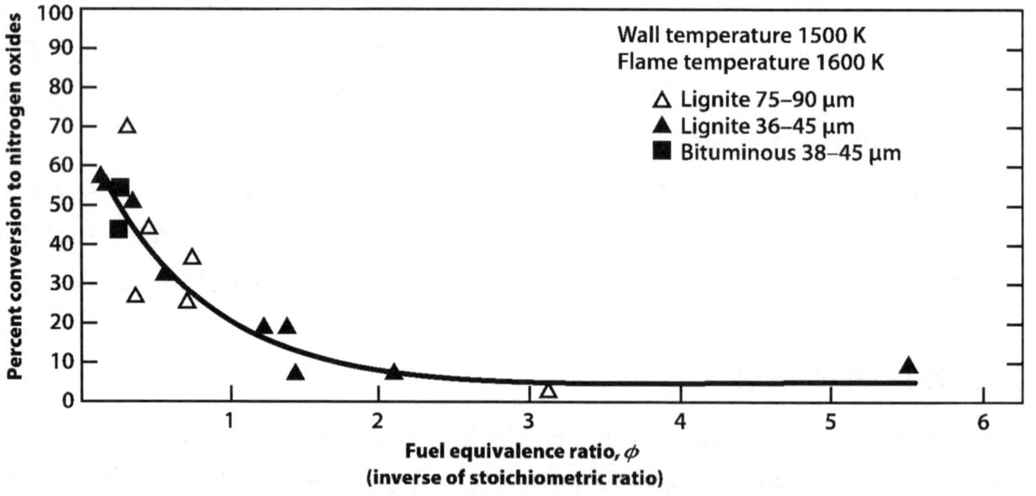

그림 16.4 연료질소의 NO_x로의 전환 [미분탄 (pulverized coal)의 경우]

출처 : Pohl and Sarofim, 1976.

모든 유기질소가 NO_x로 전환되는 것은 아니다. 대부분 미국산 석탄의 질소함유율은 0.5～2% 정도이며, 반면, 잔유의 질소함량은 0.1～0.5%이다. 석탄과 잔유에 대해서, 연료질소에서 NO_x로의 전환율은 10～60% 사이로 보고되었다 (U.S. EPA, 1983). 연료질소의 소멸경로가 그림 16.3에 제시되어 있다.

연료질소에서 NO로의 산화는 공연비에 크게 의존한다. 그림 16.4의 자료는 연료등가비 ϕ의 함수로써 연료질소에서 NO_x로의 전환율을 도식한 것이다. [18.2절에서 보듯이 등가비는 양론비의 역수이다.] 연료등가비는 숯에 잔류한 질소보다는 차라리 휘발성 R-N 분율 (R은 유기탄소 부분을 표시함)의 산화에 주로 영향을 준다. 연료와 공기와의 혼합정도도 연료질소의 NO 전환율에 큰 영향을 준다 (혼합도가 클수록 큰 전환율을 갖는다).

온도의 작은 변화는 연료질소로부터 NO_x 생성에 영향을 주는 것 같지 않다 (Pershing, 1976). 즉 온도에 매우 민감한 고온-NO_x의 생성과는 대비된다.

예제 16.3 어떤 유동상 (fluidized-bed) 연소장치에서 공연비가 양론비의 2배라는 점을 이용하여, 1,600 K에서 질소 2% (무게기준)를 함유한 석탄 1,000 kg/hr을 연소시키고 있다. 그림 16.4를 이용하여 (고온-NO_x 생성은 무시), 질소산화물의 질량배출속도 $\dot{M}_{NO_x}$을 평가하라.

(a) NO로 배출속도를 표현하라.

(b) NO_2로 배출속도를 표현하라.

풀이 (a) 연료등가비는 화학양론비의 역수이고, 이것은 1/2과 같다. 그림 16.4에서 연료질소의 35%가 NO로 전환된다고 추정할 수 있다. 따라서 NO로 표현하여 질량 배출속도는

$$\dot{M}_{NO_x} = 0.35 \times 0.02 \times 1{,}000\ \frac{\text{kg}}{\text{hr}} \times \frac{30\ \text{kg NO}}{14\ \text{kg N}} = 15\ \frac{\text{kg NO}_x\,(\text{as NO})}{\text{hr}}$$

(b) NO_2로 표현하면, 질량 배출속도는

$$\dot{M}_{NO_x} = \frac{15\ \text{kg NO}_x\,(\text{as NO})}{\text{hr}} \times \frac{46\ \text{kg NO}_2}{30\ \text{kg NO}} = 23\ \frac{\text{kg NO}_x\,(\text{as NO}_2)}{\text{hr}}$$

16.3 NO_x 제어 : 고정오염원

NO_x 제어의 두 가지는 연소방식의 변환과 연도가스의 처리기술이다. 연소방식의 변환은 실제 연소 시, NO_x의 생성을 제한할 때 이용된다. 연도가스 처리기술은 NO가 생성된 후, 연도가스로부터 NO_x를 제거할 때 응용된다. 비록 연도가스 처리설비는 일본에서 상업적으로 널리 이용되었지만 (Parkinson, 1981), 미국의 연구자들은 연소제어만으로도 현재의 EPA 기준을 만족시키는데 충분하다고 믿고 있다. 1990년대 연구에 의하면, 연소방식을 변경하여 실제규모 발전소에서 NO_x 배출량을 30～50% 정도 줄일 수 있었다 (Kokkinos 등, 1992). 최근 연소방식을 변환하는 방안은 더욱 정교해졌으며, 여러 기술을 조합하여 NO_x는 50～70%까지 저감되고 있다 (Exothermic Engineering, 2007).

연소방식의 변경

이 장의 16.2절에서 언급하였듯이, 고농도 NO_x 생성에 기여하는 몇 가지 인자가 있다, 연소제어법 역시 NO_x 생성량을 감소시킬 수 있다.

1. 화염지역의 최고치의 온도를 감소시킨다.
2. 화염지역에서 가스의 체류시간을 감소시킨다.
3. 화염지역에서 산소농도를 감소시킨다.

연소공정에 있어서 위와 같은 변환은 (1) 기존의 화로에서 가동조건을 변경하거나, (2) 새로 설계된 (낮은 NO_x 배출기준으로) 연소로 또는 화로를 구입설치하여 얻을 수 있다.

공정변경과 새로운 연소로/화로의 설계는 다음과 같은 3가지 전략에 따른다 (U.S. EPA, 1983).

1. 최고온도의 감소 방안
   - 연료비가 풍부한 1차화염구역 (primary flame zone)을 이용한다.
   - 화염 냉각속도를 증가시킨다.
   - 희석으로 단열 화염온도를 감소시킨다.
2. 화염구역의 가장 고온인 부분에서 가스체류시간을 감소시키는 방안
   - 화염구역의 형태를 변경시킨다.
   - 앞의 방안 1에 나열한 방법을 이용한다.
3. 1차화염구역 내의 산소함량을 감소시키는 방안
   - 총괄과잉공기속도를 감소시킨다.

- 연료와 공기와의 혼합비를 조절한다.
- 연료비가 풍부한 1차화염구역을 이용한다.

가동조건의 변경

1980년대에 집중된 연구개발 덕분으로, 새로운 연소로나 용광로를 구입하지 않고 NO_x 생성을 감축시키는 성공적 방안들이 출현하였다. 이 방안들은 다음과 같다.

1. 저과잉공기 연소법 (low-excess-air firing: LEA)
2. 비양론적 연소법 (off-stoichiometric combustion: OSC), 때로는 overfire air (OFA)로 부름.
3. 연도가스 재순환법 (flue gas recirculation: FGR)
4. 가스 재연소법 (gas reburning)
5. 연소속도 감축법 또는 공기예열 감축법
6. 물주입법 (water injection)

저과잉공기 연소법 (LEA) : 연소법은 매우 간단하지만 효과적인 기술이다. 50년 전에는 50~100% 과잉공기로 용광로를 가동하는 것이 일반적이었다 [과잉공기는 양론적으로 (이론적으로) 100% 연소에 필요한 공기량을 초과하는 공기량이나. 50% 과잉공기는 양론비의 1.5배이며, 등가비로는 0.667에 해당한다]. 연료비가 상승하여, 과잉공기 (EA)비는 돈을 절약하기 위해 15~30% 정도로 감소되었다. 공기의 과잉정도가 실용적 한계라고 간주하였다. 왜냐하면, 과잉공기가 양호한 연소상태를 제공하지만 용광로를 광범위하게 제어감시하지 않았기 때문이다. 공기와 연료의 다소 불완전한 혼합 때문에, 양호한 연료사용을 위해, 또한 연기 생성을 막기 위해, 항상 어느 정도의 과잉공기가 필요하다. 최근에는 발전된 기자재 덕분으로 용광로를 자동연속으로 감시할 수 있으며, 과잉공기의 양을 조절할 수 있다. 따라서 과잉공기비도 한계점인 15~30% 이하로 줄일 수 있다. EPA 자료에 의하면, 각종 연료를 이용하여 여러 가지 보일러를 실험한 결과, 과잉공기비를 평균 20%에서 14%로 감소시켜, NO_x 배출량을 평균 19% 저감 (495 ppm에서 408 ppm으로; 이 두 수치는 3% O_2 존재 하에 건조 연도가스로 보정한 값이다)할 수 있었다 (Lim 등, 1980).

비양론적 연소법 (off-stoichiometric combustion, OSC) : 이 연소법 [때로는 단계연소법 (staged combustion) 또는 최상단 공기연소법 (overfire air: OFA)으로 부른다]은 둘 또는 그 이상 단계별로 연료를 연소시킨다. 처음 또는 1차화염구역은 연료비(율)가 높은 지역이며, 다음 또는 2차화염구역은 연료비가 낮은 지역이다. 일반적으로 1차공기는 필요한 총 공기량의 70~90% 정도이며 버너 (burner)에서 연료와 직접 혼합되고, NO_x 생성이 최소화되는 저산소 - 저농도 연소지역을 만든다. 나머지 공기는 한 두 단계 위의 1차연소구역에 유입되는데, 연소가 완료되는 더 넓은 공간 (또한 상대적으로 낮은 온도구역)을 만든다. OFA 법은 NO_x 제어기술로써 최근 116

개 미분탄 화력발전소에서 사용하고 있으며, 175개 발전소에서는 기타 다른 기술과 조합하여 사용하고 있다 (IEA Clean Coal Centre, "Air Staging", n.d.). 버너를 개조할 필요 없이 특수 설계하여, OSC는 (1) 일부 버너에서는 연료비를 높게, 나머지 버너에서 낮게 연소시켜서, (2) 버너의 일부를 가동중지 시키고, 용광로 안에 공기만 유입시켜서, (3) 연료비가 큰 모든 버너를 가동시키고, 화염구역 최상단에 나머지 공기를 들여보내서 (최상단 공기연소법: overfire air: OFA) 성취할 수 있다. 석탄, 기름 또는 가스로 가동되는 31개 보일러 실험에서, 앞의 방법 (2)를 이용하여 NO_x 배출량을 평균 34% 저감시켰다 (Lim 등, 1980). 이 방법은 연도가스의 세밀한 감시를 통해 CO, 연기 및 석탄찌꺼기 등의 배출을 막아야 한다. 최상단 공기연소법과 저-NO_x 연소법을 조합한 방법이 NO_x 저감을 위해 빈번하게 사용된다. 하지만, 최선의 결과를 얻기 위해 어떤 구조배열법이 효과적인지는 (즉 어디로 공기를 유입시킬지 또는 얼마나 공급할지 등) 철저히 분석하여야 한다 (Exothermic Engineering, 2007).

연도가스 재순환법 (flue gas recirculation, FGR)은 간단히 연도가스의 일부를 화로로 다시 되돌려 보내는 방법이다. 보통, 이코노마이저 (economizer: 보일러의 연료절감 장치, 즉 보일러의 유입수 예열장치) 출구에서 배출된 연도가스를 사용하며, 이에 따라 용광로의 공기온도와 산소농도가 동시에 감소된다. 개조된 FGR 응용장치는 매우 비쌀 수 있다. 새로운 대형 덕트가 필요할 뿐 아니라, 송풍기, 공기조절장치, 제어장비 등 대규모 개조가 필요하다. 또한, 화로를 통과하는 추가가스와 연도가스는 운영과 유지보수 차원에서 문제가 될 수 있다. 일반적으로, FGR은 기존 화로보다 신설되는 설비에 적용된다.

가스 재연소법 (gas reburning)은 천연가스 또는 기타 연료를 주 버너 상단에 위치하는 보일러에 주입하는 방법으로, 이때 연료의 주입속도는 총 주입열량의 10~25% 정도이다(Kokkinos, 1992). 이 방법은 1차연소구역 상단에 위치하는 보일러 중앙에 연료비가 풍부한 '재연소구역'을 만든다. NO_x를 함유한 연소가스는 1차연소구역에서 재연소구역으로 이송되며 연료비가 충분한 환경에서 재연소가스와 혼합한다. 재연소되는 연료는 완전한 불꽃을 형성하지는 않지만, 해당구역 전체에서 일정하게 연소된다. 탄화수소 반응기 (연료비가 풍부한 연소과정에서 생성되는 중간산물)는 NO와 반응하며, 화학적으로 NO_x를 질소분자까지 환원시킨다. 연소공정은 재연소구역 상단에 위치한 '연소종결구역 (burnout zone)'에서 완결된다. 이 구역에서는 잔류 탄화수소와 CO의 산화과정을 끝내기 위해 신선한 공기를 주입한다.

EPRI가 수행한 실험실 규모 및 실제규모의 실험에 의하면, 재연소법은 CO 배출을 증가시키지 않으면서 NO_x를 40~60% 정도 줄일 수 있었다 (Kokkinos, 1992). 더 최근자료에 의하면, 가스 재연소법을 저-NO_x 버너와 함께 사용할 때 NO_x를 50~70% 정도 줄일 수 있었다 (U.S. Department of Energy, 2001). 이 기술은 완결되는 재연소공정과 연소종결 공정에서 1.5초 정도의 충분한 체류시간 (residence time)을 제공할 수 있는, 높이가 높은 보일러에만 적용할 수 있다. 재연소법은 사이클론 형태의 석탄연소 보일러에 적합한 1차NO_x 제어기술이다.

공기예열 감축법 (reduced air preheat)은 화염구역에서 최고온도의 수준을 낮추어 고온-NO_x를 감소시키는 방법이다. 그러나 열회수 방안 등의 후속조치가 뒤따르지 않으면, 총 에너지 측면에서 실질적인 손실을 가져온다. **연소속도 감축법** (reduced firing rate) 역시 유사한 결과를 얻을 수 있다. 연소속도를 감축시켜 단위부피당 열방출량 (연소강도)을 감소시킨다. 일반적으로 연소속도의 감축은 고온-NO_x의 생성을 감소시키지만 몇 가지 문제점이 있다. 연소용량을 감소시키는 것과 같은 뚜렷한 결점 이외에도, 저부하 상태에서 가동되기 때문에 연기와 CO를 제어하기 위해 과잉공기를 더 투입하여야 한다. 또한 운영의 융통성도 떨어진다.

물 주입법 (또는 **스팀 주입법** : steam injection)은 화염온도를 낮추는 효율적인 방법으로 고온-NO_x를 저감시킨다. 물의 주입은 가스 터빈에서 매우 효율적이다. 즉, 연소공기의 2% 속도로 물을 주입할 때, 약 80%의 NO_x를 감소시킬 수 있다 (Crawford 등, 1977). 가스 터빈에 대한 에너지 손실은 출력의 1% 정도이지만 전력용 보일러에서는 10% 정도까지 올릴 수 있다.

저-NO_x 버너법 (low-NO_x burner)

구형 미분탄 버너에서는 공기와 석탄분진을 미리 혼합하여 용광로 속 1개 유입구로 불어넣어 연소시켰다. 이에 따라 공연비를 조절할 능력에 한계가 있었다. 새로운 저-NO_x 버너는 NO_x 저감을 위해 개조된 장치 중 가장 일반적인 장치이다. 이 버너는 새로 건설되는 화력발전소에 효율적일 뿐만 아니라, 개조계획이 있는 기존설비에도 쉽게 응용할 수 있다. 기본적으로 저-NO_x 버너는 연료와 공기의 혼합을 제어하여 NO_x 생성을 제어한다. 신형 버너는 공연비 혼합을 위한 노즐 1개와 공기를 위한 2개 유입구를 가지고 있다. 이에 따라 장치운영자는 공연비를 조절할 수 있는 제어력을 갖게 되어, 1차구역에는 양론비 이하로, 그 외 구역에는 과잉공기를 공급할 수 있다. 더 크게 더 많은 분지화염 (branched flame)을 만들면, 화염온도 최고치는 낮아지고 결과적으로 NO_x 생성이 줄어든다. 현대식 저-NO_x 버너에는 연료비가 높은 가장 안쪽의 연소구역을 포함한 3개 연소구역 또는 3단계 연소구역이 존재한다 (IEA, “Low-NO_x Burners”, n.d.). 가끔 최상단 공기연소 (overfire air: OFA) 방법이 배출량을 더욱 줄이기 위해 저-NO_x 버너와 함께 사용된다. 최종성능은 전산 모델링, 현장시험, 상세한 버너와 OFA 유입구의 조절제어 등을 조합하여 얻을 수 있다. 한 사례연구의 경우, NO_x는 기준사례의 75%까지 줄일 수 있었다 (Exothermic Engineering, 2007).

버너 제작자들은 연료/공기혼합비를 조절하기 위해 각기 다른 하드웨어를 사용하지만, 모든 설계는 앞에 기술한 LEA와 OSC 두 가지 방안을 실질적으로 자동화하고 있다. 실험에 의하면, 저-NO_x 버너는 종전의 구형버너와 비교하여 NO_x 배출을 40～60% 정도 감소시킨다. 일부 저-NO_x 버너의 일반적 구조 특성을 그림 16.5에서 볼 수 있으며, 그림 16.6은 버너의 사진이다.

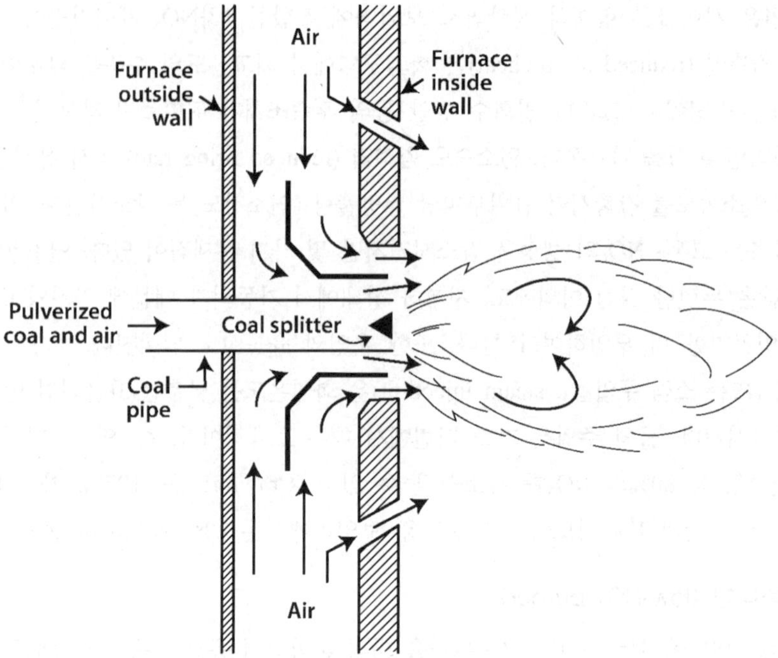

그림 16.5 저-NO_x 미분탄 (pulverized coal) 버너의 구성도

그림 16.6 450 MW급 미분탄 보일러에 사용되는 저-NO_x 버너의 작업장
출처 : Siemens Energy, Inc.

전력산업에서 저-NO_x 버너의 경쟁력은 매우 높다. 사실 저-NO_x 버너는 현재 공정설계분야에서 새로운 표준이 되고 있다. 그러나 석탄화력발전에 의한 NO_x의 약 85%가 1971년 이전에 건설된 발전소에서 배출된다. 이런 노후 발전소는 현재 규제되고 있지 않지만, 이 발전소의 대부분은 저-NO_x 버너로 개조될 수 있어 미국의 NO_x 감축에 도움이 될 것이다. 저-NO_x 버너의 사용은 석탄발전소에 한정되지 않는다. 초저농도 NO_x 버너를 천연가스 발전소에 적용하기 위해 개발되고 있으며, 30 ppm에서 9 ppm 이하로, 또는 배출량의 70%를 줄이고 있다 (Coen Company, 1999).

버너의 배치간격은 NO_x 생성에 영향을 준다. 대형 발전소 보일러에는 보통 전면벽에 15～20개의 버너가 있다. 촘촘한 간격 때문에 모든 화염은 합쳐지며, 이때 고온현상이 나타난다 (따라서, 더 많은 NO_x가 생성됨). 특히, 이러한 현상은 배치된 버너의 중앙부에서 일어난다. 최근 설계에서는 버너 사이의 간격이 넓어졌다. 이 방안은 화염간의 상호작용을 줄이고 각 화염의 복사냉각을 촉진시킨다.

용광로 자체가 대규모로 설계되고 있다. 크기가 큰 용광로는 버너 사이의 간격을 넓게 할 때처럼 NO_x 생성을 방해한다. OSC 버너를 사용할 때, 더욱 커진 내부공간은 완전연소에 필요한 충분한 시간을 제공한다. 또한, 저온의 화염에서 같은 양의 열전달을 얻기 위해, 더 많은 수벽도관 (waterwall tubes)을 설치할 수 있다. 마지막으로, 공기와 연료의 난류혼합비를 감소시켜 NO_x (특히 연료 - NO_x)의 생성을 방해한다.

신설 석탄화력발전소에 대한 허용제한치가 과거 20년 동안 꾸준히 감소하였으며, 동시에 기술은 꾸준히 발전하였다. 예를 들어, 신설 발전소 허가에서 NO_x 제한치는 1990년대 중반 0.17 lb/MMBtu에서 2000년대 초반 0.08 lb/MMBtu로 감소하였다 (Bielawski 등, 2001). EPA의 신설오염원운영기준 (NSPS)인 1.0 lb/MWh는 약 0.1 lb/MMBtu에 해당한다 (열속도 10,000 Btu/kWh에서). NO_x 배출량을 0.135 lb/MWh까지 줄일 수 있는 첨단 발전소는 단지 12 ppm NO_x를 배출하는 것과 같다는 점에 주목하라.

예제 16.4 특정 석탄을 300,000 lb/hr로 연소하는 440 MW급 석탄화력발전소를 설계하고 있다. 물질수지 계산과 연소모델링 (일반 버너 사용)에 의하면, 연도가스의 속도는 100만 scfm이 될 것이고, 보일러에서 유출되는 가스의 농도는 NO 1,100 ppm, NO_2 90 ppm이 될 것이다. NSPS (신설오염원운영기준)을 만족시키기 위해 요구되는 NO_x의 총괄감축백분율을 계산하라. 만약 저-NO_x 버너와 OFA 방식이 조합되어 사용될 경우, NO_x 생성이 55% 줄어든다고 가정하면, 설계될 SCR 설비에 요구되는 저감효율은 얼마나 되는가?

풀이 제 1장에서 NO_x 제어를 위한 NSPS의 허용배출량은 1.0 lb of NO_x/MWh of gross energy output이다. 이 기준은 NO_x는 NO_2 등가로 표현한 것이다. 이 문제를 풀기 위해 우선 연도가스 중 NO와

NO_2의 몰유속을 계산하라.

$$1(10)^6\,\text{scfm} \times \frac{(1{,}100+90)\ \text{ppm}}{10^6} \times \frac{1\ \text{lbmol}}{386\ \text{ft}^3} \times \frac{60\ \text{min}}{1\ \text{hr}} = \frac{185\ \text{lbmol NO}_x}{\text{hr}}$$

NO와 NO_2의 몰수를 더할 수 있다 (각각 N 1 mol씩을 가지고 있기 때문). NO_2로 표현하면, 예상 NO_x 배출속도는,

$$\frac{185\ \text{lbmol}}{\text{hr}} \times \frac{46\ \text{lb}}{\text{lbmol}} = \frac{8{,}509\ \text{lb}}{\text{hr}} \quad \text{as NO}_2$$

발전소에서 총 전기에너지 출력속도는 440 MW이다. 따라서 제어되지 않은 NO_x 배출비는

$$\frac{8{,}509\ \text{lb/hr}}{440\ \text{MW}} = \frac{19.34\ \text{lb}}{\text{MWh}}$$

요구되는 총괄효율은,

$$1 - \frac{1}{19.34} = 95.2\%$$

만약 저-NO_x 버너와 OFA가 NO_x 생성을 55% 막는다면, 45%가 남아 있을 것이다.

$$0.45 \times \frac{19.34\ \text{lb}}{\text{MWh}} = \frac{8.70\ \text{lb}}{\text{MWh}}$$

SCR에서 요구되는 저감효율은,

$$1 - \frac{1.0}{8.70} = 88.5\%$$

연도가스처리기술 (Flue Gas Treatment Techniques)

NO_x 제거를 위한 연도가스처리법 (FGT)은 연소방식의 제어보다 더 높은 제거효율이 필요할 때 유용하다. 또한, 연도가스처리는 질산공장에서 NO_2를 제어하는 경우와 마찬가지로, 연소방식을 개조할 수 없을 때 사용한다. 최근 수년 전까지 FGT는 미국보다 일본에서 두각을 나타냈으며 현재 공정의 대부분은 일본에서 개발된 것이다. FGT 기술은 크게 건식 또는 습식으로 구분되는데, 건식기술은 촉매환원법, 무촉매환원법, 흡착법 등으로 세분되며 습식기술에는 흡수법이 있다.

촉매환원법 (catalytic reduction)

가장 발달된 FGT법은 선택적 촉매환원법 (selective catalytic reduction: SCR)이다. SCR에서 NO_x 화학종은 N_2로 최종 환원된다. 비선택적 촉매환원법 (NSCR)을 사용할 수 있지만 SCR보다 바람직하지 않다. 왜냐하면 NO_x 뿐만 아니라 자유산소가 환원제로 소모되기 때문이다. 2007년도를 기준으로 미국에서 석탄화력발전소의 약 1/3만이 SCR 설비를 설치했지만, 이 비율은 2010년까지 50%, 2020년까지 100%로 증가할 것으로 예견된다 (Environmental Expert, 2007). 모든 신설공장은 앞으로 5~10년 이내에 SCR을 설치할 것이다 (대다수 기존 공장은 개조할 것이다). 중국은 현재 발전용량으로 30,000 MW에 해당하는 발전소에 SCR을 설치했거나 건설 중이며, 더 많은 SCR을 설치할 예정이다 (Environmental Expert, 2007). 전 세계적으로 기후변화에 대한 우려로 CO_2 세정에 관심이 높아져 SCR에 대한 수요는 더욱 증가할 것이다. 이는 CO_2 세정기술이 매우 높은 NO_x 제거수준을 요구하기 때문이다.

적합한 촉매와 더불어, NH_3, 요소 (urea), H_2, CO, 심지어 H_2S도 환원가스로 사용될 수 있지만, 가장 보편적으로 사용되는 물질은 NH_3이다. 무수 NH_3는 특히 대형 발전소에서 가격대비 효율이 좋은 약품이다. 하지만 무수 NH_3는 독성물질이며 유해물질로 규제되고 있다. 안전에 민감한 인구밀집지역에서는 수용성 NH_3 또는 요소를 대신 사용할 수 있다. 촉매는 타이타늄과 바나듐산화물의 혼합물이며, 알갱이 모양 (pellet) (가스연소장치에서), 벌집모양 (honeycomb) (연도가스 중에 분진을 함유하는 석탄 또는 기름 연소장치에서)으로 제작된다. 최근 수은 (Hg)은 많은 SCR 촉매상에서 산화된다. SO_2의 산화는 원치 않지만 (FGD 세정기에서 SO_3 박무는 SO_2보다 제거되기 어렵기 때문), Hg의 산화는 이득이 되는데, 이는 FGD 세정기가 산화수은을 제거할 수 있기 때문이다. 따라서 SO_2의 산화를 감소시키면서 Hg의 산화를 증가시키는 촉매제조 연구가 진행되고 있다. 이들 양론적 반응식은 다음과 같다 (U.S. EPA, 1983).

$$4NO + 4NH_3 + O_2 \rightarrow 4N_2 + 6H_2O \tag{16.14}$$

$$2NO_2 + 4NH_3 + O_2 \rightarrow 3N_2 + 6H_2O \tag{16.15}$$

SCR 촉매의 활성과 선택성에 대한 최적온도 범위는 300~400 ℃ (600~800 °F)이다. 그림 16.7에서 보듯이, NH_3가 기화되어 이코노마이저 (보일러 유입수 예열장치)의 유출가스에 주입된다. SCR 장치는 보통 80~90%의 NO_x를 감축시킨다. 한편, 촉매의 오염현상은 석탄화력발전소에서는 매우 심각한 일이다.

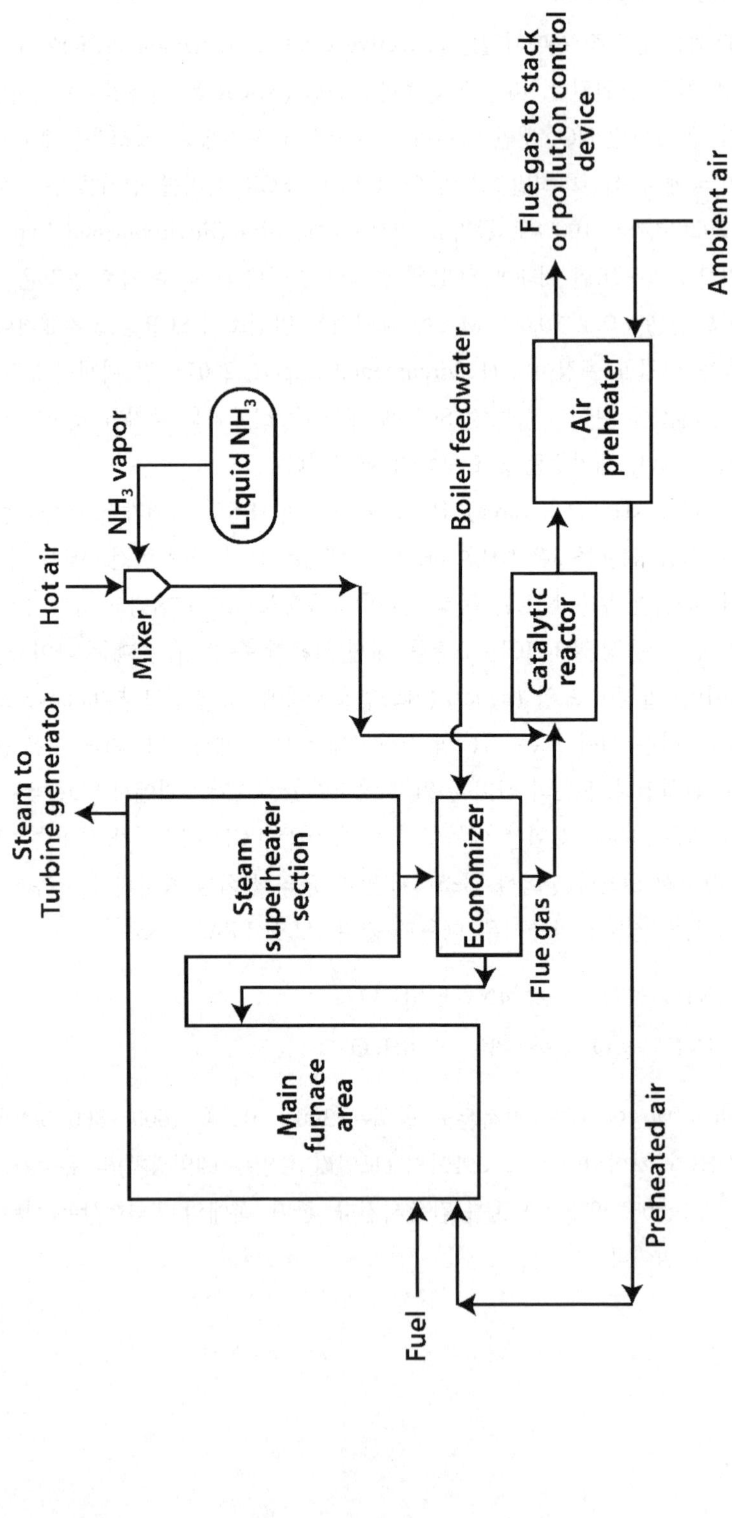

그림 16.7 NO_x 제어를 위한 선택적 촉매환원법의 공정흐름도

SCR 설비의 설계 시 고려사항

석탄화력발전소에 설치된 SCR 설비는 대규모이지만 개념적으로는 매우 간단하며, 촉매로 인해 자본투자비는 매우 많이 든다. 본질적으로 SCR 설비는 다음 항목을 포함하고 있다. (1) 가스의 유속을 낮추기 위해 덕트 속에 넓은 공간, 그리고 가스가 촉매와 접촉할 수 있는 공간; (2) NH_3를 하역하고 저장할 수 있는 장소; (3) NH_3를 휘발시키고 촉매와 접촉할 수 있도록 연도가스 속에 주입시키는 장치; (4) 넓은 면적에 지탱되고 있는 여러 단의 촉매층 또는 촉매상; (5) 촉매상 하단부에 SCR에서 떨어져나간 분진재를 담을 수 있는 분진퇴적함 (hopper). 일본에서 4개의 550 MW급 발전소에 대한 자세한 SCR 설비의 설계와 설치사례가 Tonna and Uysal (1998)에 의해 발표되었다. 위에 서술한 각 장치요소들은 다음 사례연구에서 중형 석탄화력발전소와 관련하여 논의될 것이다.

신설오염원운영기준을 만족시키기 위해, SCR이 설치된 440 MW급 석탄화력발전소의 설계를 생각해보자. 보일러에서 방출된 연도가스가 스팀 과열기와 보일러 공급수 이코노마이저를 통과한 후, 190만 acfm (1 atm, 700 °F에서)으로 흐르고 있다. 정상적으로는 재를 가스 속에 부유시키기 위해서 대략 한 변이 25 ft인 정방형 덕트 (약 2,000 ft/min 유속 제공)가 필요하다. 하지만 이 속도는 SCR에서는 매우 빠르기 때문에, 덕트는 50 ft × 60 ft로 넓게 하여 유속을 낮추고 벌집형태의 촉매층을 설치한다. 공기는 촉매상을 통과하여 하향한다.

NH_3 (무수 또는 수용액 상태)를 매달 서너 번에 걸쳐 기차에서 하역하고, SCR에 주입하기 전에 탱크에 저장할 수 있는 공간을 확보하여야 한다. 만약 무수 NH_3를 사용한다고 가정하고, 한 달에 3번씩 기차로 운송하고 2개의 45,000 gal 크기의 압력용기에 보관한다고 가정하자. NH_3는 대기 온도에서 압력이 가해진 액체상태로 보관된다. NH_3를 증발시키기 위해 3개의 85 kW 전기증발기가 필요하다. 또한 NH_3는 SCR의 상류점에 주입되기 전에 공기와 희석되어 5% 정도로 된다. NH_3 주입은 촉매층 상단부분 덕트 속에서 일어나며, 연도가스 / NH_3 혼합물은 고정혼합기 (static mixer) 속을 통과하는데, 이때 정밀하게 조정된 주입관은 필요하지 않다. 따라서 시간과 돈을 절약할 수 있으며 쉽게 막히지 않을 몇 개의 대형 주입노즐을 사용해도 좋다. NH_3 탱크 속 압력은 NH_3 증기를 설비 속으로 밀어낼 만큼, 또한 연도가스 속으로 밀어낼 만큼 충분하다.

SCR의 하우징은 높이가 50 ft 정도이며, 이 속에는 공기를 직선화시키는 날개 (air-straightening vanes), 고정혼합기 세트, 4개의 촉매층 (3개는 촉매로 채워져 있고, 1개는 비어있는 비상용), 바닥에는 12 ft 높이의 분진퇴적함이 있다. 또한 촉매상에 붙은 재를 주기적으로 털어내고, 넓은 덕트 속으로 떨어내는 음파경적 (sonic horn)이 있다. 공기 직선화 날개는 공기흐름을 균등하게 분포시키는 중요한 역할을 하며, 고정혼합기는 연도가스가 촉매층을 통과하기 이전에 NH_3와 골고루 혼합되도록 한다. 날개와 혼합기는 많은 설비장치 중 SCR 성능에 핵심적인 역할을 한다 (Watson, 2009).

촉매는 압출형 벌집모양 속에 이산화타이타늄 (TiO_2) 위에 지지된 전형적인 오산화바나듐 (1~5% V_2O_5) 촉매이다. 삼산화텅스텐 (WO_3)은 SO_2의 산화경향을 줄이기 위해, 또한 촉매의 열적 안정도를 향상시키기 위해 첨가된다 (Spivey, 1992). 촉매의 일반적 수명은 약 2년이지만, 기술적 결함 없이 5번 정도 재생할 수 있다. 각 촉매상의 높이는 3 ft이고, 지지구조물을 설치하기 위해 상과 상 사이의 간격을 2 ft 둔다. 촉매는 모듈식으로 조립된 상자덩어리 형태로 출하된다. 지지구조물은 탄소섬유 또는 철강 mesh bed, I-자형 철골로 만들어지며, 모든 구조물은 궁극적으로 4개의 강철 기둥으로 지탱된다. 그림 16.8은 새로 설치된 촉매상의 상단층을 보여주고 있다.

촉매의 관리에는 SCR 출구에서 NH_3 슬립 (마지막 촉매상에서 유출되는 미반응 암모니아가 누출되는 현상)과 NO_x를 감시하는 작업이 포함된다. 대부분 설비에서는 NH_3 슬립의 양을 2 ppm 이하로 유지하려고 노력한다. 만약 NH_3 농도가 이 한계점에 도달하거나 초과한다면, 촉매상 중 하나를 교체해야 한다는 의미이다. 촉매상이 4개 있다면, 초기에는 3개 상에만 촉매를 채우고, 남아 있는 1개 촉매상에는 재생과정에 들어갈 때 촉매를 다시 설치하여, 3개 촉매상이 항상 운전에 참여할 수 있게 한다. 만약 4번째 촉매상이 NO_x 제거효율을 더욱 높이기 위해 필요하다면, 이 경우 추가로 재건축할 필요는 없다.

그림 16.8 설치 중에 있는 SCR 촉매상의 상단층 사진

출처 : Turner EnviroLogic, Inc., Deerfield Beach, FL.

예제 16.5 한 화력발전소가 연도가스 중에 800 ppm의 NO_x 농도를 유지하며 가동되고 있다. 연도가스의 유속은 1 atm, 300 ℃에서 2.0×10^6 acfm이다. SCR 설비가 75% NO_x 제거를 위해 설계된다면, 필요한 암모니아의 양론적인 양을 kg/day 단위로 계산하라.

풀이 100% NO를 가정한다면, NO 1 mol당 NH_3는 1 mol이 요구된다. 따라서,

$$\dot{M}_{NO} = \frac{(1\text{ atm})(2.0 \times 10^6\text{ ft}^3/\text{min})}{(1.314\text{ atm-ft}^3/\text{lbmol-K})(573\text{ K})} \times 800 \times 10^{-6} = 2.12\ \frac{\text{lbmol}}{\text{min}}$$

$$\dot{M}_{NH_3} = 0.75 \times \frac{2.12\text{ lbmol}}{\text{min}} \times \frac{17\text{ lb}_m}{\text{lbmol}} \times \frac{1\text{ kg}}{2.205\text{ lb}_m} \times \frac{1{,}440\text{ min}}{\text{day}}$$

$$= 17{,}700\ \frac{\text{kg NH}_3}{\text{day}}$$

선택적 무촉매환원법 (selective noncatalytic reduction: SNR)

900~1,000 ℃ 온도에서, NH_3는 촉매 없이 NO_x에서 N_2로 환원된다. NH_3 : NO_x 몰농도의 비율이 1 : 1에서 2 : 1인 경우, 약 40~60%의 NO_x를 감소시킬 수 있다 (U.S. EPA, 1983). 만약 40~60% 정도의 NO_x 감축이 필요하다면, 조작의 간단함과 낮은 가격 때문에 SNR은 SCR보다 더 유용하다. SNR의 잠재적 문제점은 고온의 연도가스와 NH_3의 불완전한 혼합과 부적절한 온도제어 등이다. 온도가 너무 낮으면 미반응 암모니아가 배출될 것이고, 온도가 너무 높으면 NH_3는 NO로 산화될 것이다.

흡착법 (adsorption)

NO_x와 SO_x의 동시제어와 관련하여 몇 가지 건식흡착기술이 제안되었다. 설비의 한 방안으로, NO_x를 N_2로 환원시키고, 동시에 SO_2를 H_2SO_4로 산화시키기 위하여 NH_3를 주입하는 활성탄법을 사용한다. 활성탄은 220~230 ℃ 범위에서 가동되어야 하며, H_2SO_4를 제거하기 위해 재생되어야 한다. 농축 SO_2를 생성하기 위한 고온재생 (thermal regeneration) 방법은 산세정 방법보다 경제적으로 적합한 것 같다 (U.S. EPA, 1983). 만약 연료 중에 황을 함유하지 않는다면, 활성탄은 단지 NO_x 제거를 위한 촉매역할만 한다.

기타 흡착설비는 산화구리 촉매를 사용한다. 구리산화물은 SO_2를 흡착하여 황산구리를 생성한다. 구리산화물과 황산구리는 모두 NO_x의 NH_3로의 선택적 환원에 양호한 촉매들이다. 촉매상은 수소로 재생되고, 농축된 SO_2로부터 원소 황이나 H_2SO_4를 생산할 수 있다. 이와 같은 공정은 일본에서 40 MW급 기름연소 보일러에 설치되었고, 70% NO_x 제거와 함께 90% SO_x 제거효율을 보였다 (U.S. EPA, 1983).

습식흡수법 (wet absorption)

습식흡수 또는 습식세정은 보통 NO_x뿐만 아니라 SO_x도 제거한다. NO_x 습식흡수의 주요 단점은 NO의 용해도가 낮다는 점이다. 사실상, NO는 물에 흡수되기 전에 연도가스 속에서 NO_2로 산화되어야 한다.

Counce와 Perona (1983)는 NO_x - HNO_x - H_2O 설비를 설명하기 위해 실험자료와 함께 자세한 이론적 모델을 발표하였다. 이들은 모델을 개발하기 위해 화학반응속도, 질량전달속도, 평형자료 등을 조합하였다. 이 모델은 NO_x 전 농도범위 (분압 0.01～0.1 atm)에서 실험결과와 일치하였다. 이 모델의 반응식은 아래와 같다.

기상 : $$NO + 1/2\,O_2 \rightarrow NO_2 \tag{16.16}$$

$$2NO_2 \rightleftharpoons N_2O_4 \tag{16.17}$$

$$NO + NO_2 \rightleftharpoons N_2O_3 \tag{16.18}$$

$$NO + NO_2 + H_2O \rightleftharpoons 2HNO_2 \tag{16.19}$$

액상 : $$N_2O_3 + H_2O \rightarrow 2HNO_2 \tag{16.20}$$

$$N_2O_4 + H_2O \rightarrow HNO_2 + HNO_3 \tag{16.21}$$

$$2NO_2 + H_2O \rightarrow HNO_2 + HNO_3 \tag{16.22}$$

$$3HNO_2 \rightleftharpoons HNO_3 + H_2O + 2NO \tag{16.23}$$

Counce와 Perona는 연소오염원의 연도가스 농도보다 높은 기상 NO_x 농도에서 실험을 수행하였다. 보통 연도가스 농도에서, NO를 효율적으로 흡수하기 위해서는 화학적 개선이 필요하다. 화학적 개선기술의 한 방안은 NO를 NO_2로 기상 산화한 후, NaOH 세정액에 NO_2를 흡수시키는 방법이다. 또 다른 기술은 NO를 NaOH 세정액에 흡수한 후, 액상에서 산화시키는 방법이다.

Uchida 등 (1983)은 수용성 $KMnO_4$/NaOH와 Na_2SO_3/$FeSO_4$용액에 NO를 흡수시키는 연구를 수행하였다. 수용성 $KMnO_4$/NaOH용액 내 NO 흡수에 대한 기본 화학식은 다음과 같다.

높은 pH에서

$$NO + MnO_4^- + 2OH^- \rightarrow NO_2^- + MnO_4^{2-} + H_2O \tag{16.24}$$

낮은 또는 중성 pH에서

$$NO + MnO_4^- \rightarrow NO_3^- + MnO_2 \tag{16.25}$$

Uchida 등 (1983)의 보고에 의하면, 반응식 (16.25)는 고형 MnO_2를 생성하며, MnO_2는 용액 표면에 뜨고 가스의 전달속도를 감소시킨다. 따라서 비실용적이다.

$Na_2SO_3/FeSO_4$용액 내 NO 흡수는 아래 반응식으로 진행된다.

$$FeSO_4 + NO \rightleftharpoons Fe(NO)SO_4 \tag{16.26}$$

$$Fe(NO)SO_4 + 2Na_2SO_3 + 2H_2O \rightarrow Fe(OH)_3 + Na_2SO_4 + NH(SO_3Na)_2 \tag{16.27}$$

Uchida 등 (1983)은 399 ppm, 900 ppm, 1,790 ppm의 NO 농도에서 반복적으로 실험하였다. 이 수치들은 전형적인 연도가스 농도이다. 그들은 $KMnO_4/NaOH$용액에서 NO의 흡수속도는 1~10 mol/s-cm^{2}이며, $Na_2SO_3/FeSO_4$용액에서 NO의 흡수속도는 1~4 mol/s-cm^{2}이라는 사실을 발견하였다. 미래에, 습식세정기술은 널리 쓰이거나 또는 반대가 될 수 있다. 하지만, 만약 습식 SO_x 세정이 특정지역에서 실용적이라면, NO_x 동시세정을 고려하는 것도 당연히 실용적이라는 점을 명심하라.

연도가스 속에서 NO는 NO_x로 산화되어 용해도가 증가하며 쉽게 세정된다는 점을 앞에서 언급하였다. 이 작업을 위한 많은 연구가 수행되었다. 일부 연구자들은 연도가스 내 NO 및 기타 오염물질의 산화제로서 H_2O_2를 주입하는 연구를 수행하였다 (Kasper 등, 1996; Zamansky 등, 1996; Collins 등, 2001). 이 과정에서 액체 H_2O_2가 뜨거운 연도가스에 분사되고, H_2O_2는 OH 반응기로 나눠져 NO에서 NO_2와 HNO_3로 산화되는 반응기 연쇄반응이 일어난다. 다음은 이 과정의 핵심 반응식들이다 (Lee 등, 1990; Chao, 1994; Zamansky 등, 1996).

$$H_2O_2 \rightleftharpoons 2OH \tag{16.28}$$

$$OH + NO \rightleftharpoons HNO_2 \tag{16.29}$$

$$OH + NO_2 \rightleftharpoons HNO_3 \tag{16.30}$$

$$OH + SO_2 \rightleftharpoons HSO_3 \tag{16.31}$$

$$OH + H_2O_2 \rightleftharpoons HO_2 + H_2O \tag{16.32}$$

$$HO_2 + NO \rightleftharpoons NO_2 + OH \tag{16.33}$$

$$HO_2 + SO_2 \rightleftharpoons SO_3 + OH \tag{16.34}$$

$$OH + HO_2 \rightleftharpoons H_2O + O_2 \tag{16.35}$$

이 연속반응의 최적온도는 500 ℃이다. Collins 등 (2001)에 의하면, 실험실 규모 반응조에서 H_2O_2/NO_x의 몰비 (mole ratio) 1.0을 이용할 경우, NO가 약 90% 효율로 생성물로 변환되었다. 이 몰비는 SCR과 비교하여 가격 경쟁력이 있는 수준이다 (Haywood 등, 1998).

16.4 가격

NO_x 제어설비의 가격산정은 과거 20년 동안 큰 변화가 있었다. 1980년대 후반, 저-NO_x 버너의 자본비는 \$10/kW 범위였으며 (Kokkinos 등, 1992), 가스재연소 개조설비는 \$30/kW 범위였고, SCR 설비는 일반적으로 \$100/kW 이상이었다 (Moore, 1984). 최근 NO_x 제어 프로젝트를 살펴보면, 신설 발전소를 건설하기보다는 기존 발전소를 개조하여 건설하는 작업이 주로 진행되고 있다. 일반적으로 설비의 개조는 신축하는 것보다 더 많은 비용 (20~30% 이상)이 드는데, 이는 새로운 장치를 기존 장치 속에 수용해야 하기 때문이다.

1990년대 후반, 가격은 큰 하향추세를 보였다. EPA (1999)가 추정한 SCR 설비의 가격은 \$70/kW 범위였다. EPA (2002)는 2002년 SCR 개조에 소요되는 자본비를 추정하기 위해 다음과 같은 가격공식을 제시하였다.

$$C = 75\left(\frac{300,000Z}{A}\right)^{0.35} \tag{16.36}$$

여기서,

$$Z = \left(\frac{B}{1.5}\right)^{0.05} \times \left(\frac{\eta}{100}\right)^{0.4} \tag{16.37}$$

여기서, C = 자본비, \$/kW (2000년 달러기준)
75 = 석탄화력발전소의 기준크기 (300,000 kW)인 SCR의 자본비, \$/kW
B = SCR 유입구에서의 NO_x 농도, lb/MMBtu
η = NO_x 제거효율, %
A = 발전소 용량, kW

이 공식을 통해 SCR 개조설비의 자본비 추정범위는 \$50/kW~\$110/kW이다. 그 당시 개조설비의 사례와 매우 양호한 수준에서 비교될 수 있었다. 더 최근인 2006년도에는 SCR에 대한 가격이 Energy Information Administration (EIA)에 의해 추정되었는데, 가격범위는 \$98/kW~\$124/kW이었다 (Institute for Energy Research, 2009). 여기서 발전용량 kW당 가격은 발전소의 크기가 증가함에 따라 감소한다는 점에 유의하라.

과거 수년간 NO_x 제어설비 가격에 영향을 주는 몇 개 인자가 있다. 즉 더욱 개선된 저-NO_x 버너의 발전, SCR 설비의 설계와 운영의 개선, 배출규제로 인한 수요의 급속한 증가, 다른 나라의 환경에 대한 우려 증가, 표준 건축방법의 발전 등이 포함된다. SCR과 관련한 위험도는 매우 낮으며, 가격은 상당히 비싸지만 안정되고 있다. SCR 설비의 실제가격 (개조 및 신설 포함)은 지난 수년간 크게 높아졌으며, 2002년도부터 혹은 2005년 가격추정 자료조차도 더 이상 유효하지 않다 (Peltier, 2009). 실제 설계가격의 사례에 의하면, 85~95%의 NO_x 제거효율을 보이는 전형적 SCR 개조설비의 평균가격 (2006~2008년 평균)은 $162/kW로서, EIA 추정치보다 약 65% 높다 (Peltier, 2009).

2007년도에 미주리주 Asbury시에 위치한 Empire District Electric Company (EDEC)는 212 MW급 석탄화력발전소에 설치될 SCR 개조계획을 세웠다. 이 계획은 1년 정도 걸렸으며, NO_x 배출량을 약 90% 감축하도록 설계되었다. 자본비는 약 3,000만 달러였으며 (약 $142/kW), 연간 운영비는 연간 약 200만 달러로 예상하였다 (EDEC, 2008). 2008년도에는, 뉴멕시코 주의 한 1,800 MW급 석탄화력발전소에 대형 SCR 개조계획이 완성되었다 (PNM Company, 2009). 저-NO_x 버너가 NO_x 배출량을 약 35% 감축하도록 선정되었다. 또한, BART (best available retro-fit technology: 최선의 개조기술) 분석이 수행되었으며, 이 분석에는 4개 대형 발전소에 위치한 4개 SCR 설비의 추정가격과 함께 자세한 내역을 포함하고 있다. 총 설치비 (4개 장치 모두 포함)는 약 7억4,000만 달러 또는 $400/kW로 추정되었다 (New Mexico Environment Dept, 2007). BART 분석에는 건축 융자금에 대한 이자, 정전기간 동안 전력손실비, 1억8,000만 달러에 해당하는 자본회수비 등의 추가비용이 포함되었다. 따라서 더욱 현실적인 총 설치비는 2007년 달러기준으로 약 $310/kW가 될 것이다. 여기서 1,000 MW급 발전소의 경우, $300/kW라는 비용은 3억 달러에 상당한다는 점에 유의하라.

Peltier (2009)는 EUGC (전력설비회사들로 구성된 대형협회)가 발행한 POWER라는 잡지에서 얻은 가격정보를 제시하였는데, 700 MW급 발전소에 설치된 (22개 설비를 기준으로) SCR의 평균가격은 약 $125/kW (2004년 달러기준)이었다. 2004년 기준을 2007년도 가격으로 (이 기간 동안에는 많은 원자재 가격이 크게 상승하였다) 환산한다면, 700 MW급 발전소에 설치된 전형적 SCR 설비의 평균 총 설치비는 $185/kW로 추정된다. 전체 EUGC 자료는 300개 이상의 석탄화력발전소에 기반을 둔 대형 DB이다. 이 결과를 표 16.6에 요약하였다.

석탄화력발전소에 설치된 저-NO_x 버너의 가격추정 범위는 $20~$40/kW이며, 발전소의 전체 크기에 따라 큰 차이를 보인다. SCR 설비의 가격은 크기와 NO_x 제거효율에 따라 다르다. NO_x 제거효율이 높을수록 가격은 높아지는데, 이와 관련된 자료는 표 16.6에 제시하지는 않았다.

대개의 경우, 저-NO_x 버너 (30~55% 제거)와 SCR을 조합한 방안은 최소한의 총 비용을 가지고 총괄 NO_x 제거효율 목표를 달성하고자 할 때 사용된다. 예를 들어, 만약 기존 오래된 보일러에서 배출되는 NO_x 배출량이 1.0 lb/MMBtu이고 총괄 목표가 0.10 lb/MMBtu이라고 가정하면, SCR만 사용할 경우 제거효율은 90%가 되어야 한다. 만약 저-NO_x 버너가 유출되는 NO_x 배출량을 0.60 lb/MMBtu까지 줄일 수 있다면, SCR 설비는 단지 83%의 효율을 보여야 한다. 이러한 경우 자본비를 크게 줄일 수 있으며, 또한 연간 운영비 (암모니아 사용량 감소 및 촉매사용연한 증가)를 크게 줄일 수 있다. 표 16.7은 NO_x 제어설비, 효율, 가격 등을 보여주고 있으며, 표 16.8은 SCR 설비에 대한 연간 운영비의 명세를 보여주고 있다.

표 16.6 석탄화력발전소에 설치된 SCR 설비*의 추정가격 (2004년 달러기준)

공 정	발전소 크기, MW			
	<300	301~600	601~900	>900
	가격, $/kW			
건설노임	92.8	57.1	65.9	54.5
장치 및 재료	52.4	75.2	38.7	47.5
기술비 및 건설비	21.7	15.6	19.7	16.4
합 계	166.9	148.0	124.3	118.4

* 평균 NO_x 제거효율은 85~95%이다.
출처 : Marano and Sharp, 2006; Peltier, 2009.

표 16.7 일부 NO_x 제어설비의 추정가격 (2008년 달러기준)

설 비	NO_x 제거효율 %	총 설치비 $/kW	연간 운영비 mills/kWh
LNB + OFA, 300 MW	40~60	25~45	0.07~0.10
LNB + OFA, 700 MW	40~60	20~40	0.06~0.09
SNCR, 300 MW	35~50	30~40	0.7~0.8
SNCR, 700 MW	35~50	25~35	0.7~0.8
SCR, 300 MW	80~95	185~300	0.9~1.1
SCR, 700 MW	80~95	150~250	0.9~1.1

참고 : 1 mill = 1/1,000달러
LNB = low-NO_x burners; OFA = overfire air;
SNCR = selective noncatalytic reduction; SCR = selective catalytic reduction.

표 16.8 대형 SCR 장치의 연간 직접운영비의 예시

가격 항목	가격, $	가격, %
운영노임	125,000	2
유지보수 노임 및 자재	2,244,000	44
연간 배출량 시험 및 시료채취	50,000	1
암모니아	911,000	17
전기료 (ID 송풍기 및 보조장치)	1,496,000	28
촉매교체비 (연간 환산)	426,000	8
합 계	5,252,000	100

참고 : 세금, 보험, 감가상각 (자본비 회수) 등 간접운영비는 이 표에 포함되지 않았다. 자본비가 매우 많이 든 설비의 경우 간접운영비가 직접운영비를 큰 폭으로 초과할 수 있다.
출처 : New Mexico Environment Dept, 2007.

연습문제

16.1 반응식 (16.4)만을 고려하여, 1,500 K, 1 atm에서 조성이 77% N_2, 8% O_2, 6% CO_2, 9% H_2O인 연도가스에 대한 NO의 평형농도를 계산하라 (ppm).

16.2 연도가스의 온도가 2,000 K이고, 압력이 1 atm일 때 문제 16.1을 재계산하라.

16.3 2,000 K에서 조성이 75% N_2, 1% O_2, 8% CO_2, 16% H_2O인 연도가스에 대하여 문제 16.1을 다시 풀어라.

16.4 효율이 40%이고 400 MW의 전기를 생산하는 미분탄 보일러에서, 제어되지 않은 NO_x의 총 배출속도를 추정하라 (kg/min). 무연탄의 열용량은 26,000 kJ/kg이다. 또한, NSPS를 만족시키는데 필요한 NO_x의 저감 백분율을 구하라.

16.5 공연비가 양론비의 1.5배인 점을 이용하여, 1,400 K에서 1.5%의 질소를 함유한 석탄이 연소될 때, NO_x의 농도 (ppm)와 질량 배출속도 (NO로 표현된 kg/hr)를 계산하라. 단지 연료 - NO_x만을 고려하고 NO만이 생성된다고 가정하라. 석탄의 연소속도는 600 kg/hr이고, 연도가스 (평균 분자량 27.5)는 13,000 kg/hr 속도로 생성된다.

16.6 문제 16.5에서 NO_2를 기준으로 결과를 기술하라.

16.7 300 ℃, 1 atm에서, 10,000 actual m^3/min인 연도가스를 NO 900 ppm에서 250 ppm으로 감소시키는데 필요한 암모니아의 화학양론적 양을 계산하라. 단위를 kg NH_3/day로 표현하라.

16.8 NO 1,100 ppm을 250 ppm으로 감소시킬 때, 문제 16.7을 다시 계산하라.

16.9 한 연료기름의 조성이 $C_{11}H_{20}N$의 화학식으로 표현될 때, CO_2, H_2O, NO로 완전연소하는데 필요한 공기의 화학양론적 양을 계산하라 (고온-NO는 생성되지 않는다고 가정한다). 결과를 kg air/kg fuel 단위로 나타내라.

16.10 문제 16.9에서, 사용된 실제 공기량이 이론량의 1.15배일 때, 연도가스 중 NO의 농도를 계산하라, 결과를 μg/m^3으로 표현하라.

16.11 보일러 설계에 있어서, 안정된 화염이 1,927 ℃에서 존재하고 N_2와 O_2의 초기 몰분율이 각각 0.73과 0.05로 주어졌을 때 (연료의 완전연소 이후를 의미하는 것이지, NO_x의 생성 이전을 의미하는 것은 아니다) 다음을 계산하라.

(a) NO의 평형농도 (ppm)를 계산하고, 화염가스에서 N_2와 O_2의 최종 몰분율을 계산하라.

(b) 만약 화염에서 산소원자의 몰분율이 1.0×10^{-3}이라면, NO의 초기 생성속도를 계산하라 (mol/m^3-s). 이때 Zeldovich 반응식만을 고려하라.

(c) 문제 b에서 계산된 초기 생성속도를 가정하고, 0.02초로 유지될 때, 이 시간 이후에 가스가 화염구역을 벗어난 후, 배출가스 중 NO의 농도 (ppm)를 계산하라.

16.12 문제 16.11의 보일러가 설치된다고 가정하자. 보일러에서 유출되는 NO의 실제 농도가 1,400 ppm이라면, 어째서 이 값이 문제 16.11의 a 및 c와 차이가 있는지 정성적으로 설명하라.

16.13 교과서의 식 (16.13)을 사용하여 문제 16.11의 c를 재계산하라. 또한 N_2와 O_2의 초기 몰분율을 사용하여 이를 재계산하라. 답에서 큰 차이가 나는 이유는 무엇이라고 생각하는가?

16.14 만약 SCR을 통과하는 연도가스가 120만 scfm 속도로 흐르고, NH_3 슬립이 2 ppm이라면, 매일 공기 중으로 방출되는 잠정적 NH_3의 양을 계산하라. 만약 이 발전소가 습식 FGD 세정기를 가지고 있다면, 실제 NH_3 방출량에 어떤 영향을 주겠는가?

16.15 만약 보일러로 부터 연도가스가 20 ft×20 ft인 덕트를 통과하며 150만 scfm 속도로 흐르고 있다. 연도가스는 계속해서 40 ft×50 ft인 SCR 속으로 흐르고 있다. 덕트 속에서 평균 가스속도를 계산하라. 또한 SCR 속에서 표면 가스속도를 계산하라. 만약 SCR이 3개의 촉매층을 가지고 있고, 층의 높이가 각각 2 ft라면, 공간속도는 얼마인가?

참고문헌

Bartok, W., Engleman, V.S., Goldstein R., and Del Valle, E.G. "Basic Kinetic Studies and Modeling of NO Formation in Combustion Processes," American Institute of Chemical Engineers Symposium Series, 126(68), 1972.

Bielawski, G.T., Rogan, J.B. and McDonald, D.K. "How Low Can We go? - Controlling Emissions in New Coal Fired Power Plant," a paper presented at the U.S. EPA/DOE/EPRI Combined Power Plant Air Pollutant Control Symposium: "The Mega Symposium," Chicago, IL, August 2001.

Bowman, C.T. "Non-Equilibrium Radical Concentration in Shock-Initiated Methane Oxidation," 15th Symposium (International) on Combustion. Pittsburgh, PA: The Combustion Institute, 1975.

Breen, B.P., Bell,. A.W., De Volo, N.B., Bagwell, F.A., and Rosenthal, K. "Combustion Control for Elimination of Nitric Oxide Emissions from Fossil-Fuel Power Plants," 13th Symposium (International) on Combustion. Pittsburgh, PA: The Combustion Institute, 1971, p.391.

Chao, Der-Chen, Kinetic Modeling of the H_2O_2 or O_3 Enhanced Incineration of NO and/or CO, MS Thesis University of Central Florida, 1994.

Coen Company. "Sacramento Power Plant Showcases New Advanced Ultra Low NO_x Burner," December 8, 1999. Accessed December 2009 from http://www.coen.com/i_html/pr_ulnsac.html

Collins, M.M., Cooper, C.D., Dietz, J.D., Clausen, C.S., and Tazi, L., "Pilot Scale Evaluation of H_2O_2 Injection to Control NO_x Emissions," ASCE Journal of Environmental Engineering, 127 (4), April 2001, pp.329～336.

Counce, R.M., and Perona, J.J. "Scrubbing of Gaseous Nitrogen Oxides in Packed Towers," Journal of the American Institute of Chemical Engineers, 29(1), January 1983, pp.26～32.

Crawford, A.R., Manny, E.H., and Bartok, W. "Field Testing: Application of Combustion Modifications to Power Generating Combustion Sources," in Proceedings of the Second Stationary Sources Combustion Symposium. Vol. Ⅱ : Utility and Large Industrial Boilers, EPA－600/7－77－073b. Washington, DC: U.S. Environmental Protection Agency, 1977.

Duterque, J., Avegard, N., and Borghi, R. "Further Results on NO_x Production in Combustion Zones," Combustion Science and Technology, 25, 1981, p. 85.

Empire District Electric Company (EDEC). "Asbury SCR," 2008. Accessed January 2010 from http://www.empiredistict.com/Environmental/AsburySCR.aspx

Environmental Expert.com. "China Will Help Drive the NO_x Control Market to $5 Billion/Year," October 2007. Accessed December 2009 from http://www.environmental-expert.com/resuteachpressurelease.aspx?cid=5122&codi=21365

Feinmore, C.P., J., "Formation of Nitric Oxide in Premixed Hydrocarbon Flames," 13th Symposium (international) on Combustion. Pittsburgh, PA: The Combustion Institute, 1971, p.373.

Flagan, R.C. and Seinfeld, J.H. *Fundamentals of Air Pollution Engineering.* Englewood Cliffs, NJ: Prentice Hall, 1988.

Haagen-Smit, A.J. "Chemistry and Physiology of Los Angeles Smog," Industrial and Engineering Chemistry, 44(6), June 1952.

Heywood, J., and Cooper, C.D. "The Economic Feasibility of Using Hydrogen Peroxide for the Enhanced Oxidation and Removal of Nitrogen Oxides from Coal-Fired Power Plants" Journal of the Air and Waster Management Association, 48 (3), 1998, pp.238～246.

Heap, M.P., Tyson, T.J., Carver, G.P. Martin, G.B, and Lowers, T.M. "The Optimization of Burner Design Parameters to Control NO_x Formation in Pulverized Coal and Heavy Oil Flames," Proceedings of the Stationary Source Combustion Symposium. Vol. Ⅱ: Fuels and Process Research and Development, EPA－600/2－76－152b. Washington, DC: U.S. Environmental Protection Agency, 1976.

IEA Clean Coal Centre. "Air Staging for NO_x Control (overfire air two-stage combustion)," n.d. Accessed December 2009 from http://www.iea-coal.uk/site/ieacoal/databases/ccts/air-staging-for-nox-control-overfire-air-and-two-stage-combustion

IEA Clean Coal Centre. "Low-NO_x Burners," n.d. Accessed December 2009 from http://www.iea-coal.uk/site/ieacoal_old/clean-coal-technologies-pages/low-nox-burners?

Institute for Energy Research (IER). "The Facts about Air Quality and Coal-Fired Power Plants," June 1, 2009. Accessed January 2010 from http://www.instituteforenergyresearch.org/2009/06/01/the-facts-about-air-quality-and-coal-fired-power-plants/

Joint Army, Navy, Air Force Thermochemical Tables (3rd ed.), Washington, DC: American Chemical Society, 1986.

Kasper, J.M., Clausen, C.A., and Cooper, C.D. "Control of Nitrogen Oxide Emissions by Hydrogen Peroxide-Enhanced Gas-Phase Oxidation of Nitric Oxide," Journal of the Air and Waste Management Association, 46, 1996, pp.127～133.

Kokkinos, A, "Reburning for Cyclone Boiler Retrofit NO_x Control," EPRI Journal, December 1992.

Kokkinos, A. Cichanowicz, J.E., Eskinazi, D., Stallings, J., and Offen, G. "NO_x Control for Utility Boilers: Highlight of the EPRI July 1992 Workshop," Journal of the Air Pollution Control Association, Detroit, 42(11), November 1992, p.1498.

Lee, Y.J., Pennline, H.W., and Markussen, J.M. *Flue Gas Cleanup with Hydroxyl Radical Reactions*, DOE/PETC/TR-90/6, February, 1990.

Lim, K.J., Waterland, L.R., Castaidini, C., Chiba, Z., and Higginbotham, E.B. *Environmental Assessment of Utility Boiler Combustion Modification NO_x Controls.* Vol. 1, Technical Results, EPA－600/7－80－075a. Washington, DC: U.S. Environmental Protection Agency, 1980.

MacKinnon, D.J. "Nitric Oxide Formation at High Temperatures," Journal of the Air Pollution Control Association, 24(3), March 1974.

Malte, P.C., Pratt, D.T. "Measurement of Atomic Oxygen and Nitrogen Oxides in Jet-Stirred Combustion," 15th Symposium (International) on Combustion, Pittsburgh, PA: The Combustion Institute, 1975.

Marano, M., and Sharp, G. "Estimating SCR Installation Costs," POWER Magazine, February 15, 2006. Accessed January 2010 from http://powermag.com/coal/Estimating-SCR- installation-costs_506_p2/html

Moore, T. "The Retrofit Challenge in NO_x Control." Electric Power Research Institute Journal, November 1984, pp.26～33.

New Mexico Environment Department (NMED). "PNM SJGS BART Analysis - Cost Analysis," July 11, 2007. Accessed January 2010 from http://www.nmenv.state.nm.us/aqb/reghaz/documents/07112007

Parkinson, G. "NO_x Controls: Many New System Undergo Trials," Chemical Engineering, March 9, 1981, pp.39～43.

Peltier, R. "Air Quality Compliance: Latest Costs for SO_2 and NO_x Removal (effective coal clean-up has a higher－but known－price tag)," Master Resource, June 13, 2009. Accessed January 2010 from http://www.masterresource.org/2009/06/air-quality-compliance-latest-costs-for-so2-and-nox-removal-effective-coal-clean-up-has-a-higher-but- known-price-tag/

Pershing, D.W. *Nitrogen Oxide Formation in Pulverized Coal Flames*, Ph.D. Dissertation, University of Arizona, 1976.

Pershing, D.W., Martin, G.B., and Berkau, E.E. "Influence of Design Variables on the Production of Thermal and Fuel NO from Residual Oil and Coal Combustion," American Institute of Chemical Engineers Symposium Series, 148(71), 1975.

PNM Company. "Environmental Upgrades at San Juan Generating Station," PNM Company brochure, 2009. Accessed January 2010 from http://www.pnm.com/systems/docs/sj-enviro-upgrades.pdf.

Pohl, J.H., and Sarofim, A.F. "Fate of Coal Nitrogen During Pyrolysis and Oxidation," *Proceedings of the Stationary Source Combustion Symposium. Vol. I: Fundamental Research*, EPA-600/2-76-152a, Washington, DC: U.S. Environmental Protection Agency, 1976.

Sarofim, A.F., and Pohl, J.H. "Kinetics of Nitric Oxide Formation in Premixed Laminar Flames," 14th Symposium (International) on Combustion. Pittsburgh, PA: The Combustion Institute, 1973.

Spivey, J. *Catalysis - A Specialist Periodical Report (Catalysis)*. New York: Science and Behavior Books, 1992.

Thomson, R.E., and McElroy, M.W. *Effectiveness of Gas Recirculation and Staged Combustion in Reducing* NO_x *in a 560 MW Coal-Fired Boiler*, Electric Power Research Institute FP-257, National Technical Information Service PB 260582, 1976.

Tonn, D.P., and Uysal, T.A. "2200-MW SCR Installation on New Coal-Fired Project," a paper presented at the Institute of Clean Air Companies ICAC Forum '98, Durham, North Carolina, March 18-20, 1998. Accessed December 2009 from http://www.babcock.com/library/pdf/br-1654.pdf.

Uchida, S., Kobayashi, T., and Kageyama, S. "Absorption of Nitrogen Monoxide into Aqueous $KMnO_4$/NaOH and Na_2SO_3/$FeSO_4$ Solutions," Industrial and Engineering Chemistry : 22(2), 1983, pp. 323~329.

U.S. Department of Energy. "Evaluation of Gas Reburning and Low-NO_x Burners on a Wall-Fired Boiler-A DOE Assessment," DOE/NETL-2001/1143, National Energy Technology Laboratory, Morgantown, WV and Pittsburgh, PA, 2001.

U.S. EPA. *Control Techniques for Nitrogen Oxide Emissions from Stationary Sources*, Pub. AP-67. Washington, D.C: National Air Pollution Control Administration, 1970.

U.S. EPA. *Control Techniques for Nitrogen Oxide Emissions from Stationary Source* (revised 2nd ed.). EPA-450/3-83-002. U.S. Environmental Protection Agency, Research Triangle Park, NC, 1983.

U.S. EPA, *National Air Pollution Emission Estimates, 1940~1990*, EPA-450/4-91-026. U.S. Environmental Protection Agency, Research Triangle Park, NC, 1991.

U.S. EPA, *Nitrogen Oxides(NO_x), Why and How They are Controlled*, EPA-456/F-99-006R. Research Triangle Park, NC, 1999, pp.32~33

U.S. EPA, *National Air Quality and Emissions Trends Report, 1998*, EPA-454/R-00-003, Research Triangle Park, NC, 2000.

U.S. EPA, "Cost of Selective Catalytic Reduction (SCR) Application for NO_x Control on Coal-Fired Boilers," EPA/600/SR-01/087, National Risk Management Research Laboratory, Cincinnati, PH, January 2002.

U.S. EPA, "Assessment of Anticipated Visibility Improvements at Surrounding Class I Areas and Cost Effectiveness of Best Available Retrofit Technology for Four Corners Power Plant and Navajo Generating Station: Advanced Notice of Proposed Rulemaking," August 28, 2009. Accessed January 2010 from http://www.epa.gov/EPA-AIR/2009/August/Day-28/a20826.htm

Zamansky, V.M., Ho, L., Maly, P.M., and Seeker, W.R. "Gas Phase Reactions of Hydrogen Peroxide/Methanol Mixtures with Air Pollutants," The 26th International Symposium on Combustion. Pittsburgh, PA: The Combustion Institute, 1996, pp.2125~2132.

Zeldovich, J. "The Oxidation of Nitrogen in Combustion and Explosions," Acta Physicochimica., URSS, 21(4), Moscow, 1946.

Chapter

17 증기제어 문제

세상에서 인내심과 바꿀 수 있는 것은 아무 것도 없다. 재능도 아닐 것이다; 재능을 가진 사람이 성공하지 못하는 일은 허다하다. 천재성도 아닐 것이다; 보상 받지 못하는 천재성은 웃음거리나 마찬가지이다. 교육도 아닐 것이다; 세상에는 교육받은 무책임한 사람들로 가득하다. 끈기와 결단력만이 전능한 힘이다.

Calvin Coolidge

17.1 머리말

11~16장에서, 가스의 배출제어에 관한 유용한 기술을 공부하였다. 이 장에서는 플라스틱 필름 인화작업에서 배출된 용매를 제어하기 위해, 4가지 선택가능한 설비의 설계과정을 통하여 이를 단계적으로 설명하고 앞의 제반 기술들을 종합할 것이다. 이 문제는 9장에 제시된 분진제어 문제보다 더욱 복잡하고 다각도로 해석할 수 있기 때문에, 「조」를 구성하여 접근하여야 한다. 교수는 이 문제를 한 학기 숙제로서 3명 내지 4명의 학생을 한 조로 구성하고, 기간은 8주 정도 주는 것이 적당하다.

17.2 문제 제시

이 문제의 설명은 다섯 장의 부처간 메모 (interoffice memos) 형식으로 서술되어 있다. 이 메모는 공정설계 중 발생되는 정보의 흐름에 대해 설명하고 있다. 첫째 메모는 설계그룹 1~4에게 4가지 대안책을 제시하고 있다. 이들 메모를 소개한다.

Clemson Printing Company
Interoffice Memorandum
May 10, 2010

수신 : 설계그룹 1, 2, 3, 4
발신 : F.C. Smith, 공정관리부장
제목 : Newry 공장의 용매 배출제어 건

South Carolina 주정부의 환경관리청은 최근 환경정책과 지방자치단체의 법률적 조항에 의거하여, 우리 Newry 공장에서 배출되는 용매에 대해 2011년 12월 31일까지 95% 삭감해야 한다고 통보하였다. 이러한 기준을 만족시키기 위해, 우리는 즉시 이 공장에 대해 제어설비의 예비설계 평가작업을 개시하여야 한다.

우리 본사 환경부서는 4가지 공정을 조사하고, 이들 공정을 각기 공정 A, 공정 B, 공정 C, 공정 D로 분류하였다. 공정 A, B, C는 확정된 탄화수소 증기제어법을 사용하여야 하며, 이들 공정들은 95% 감축기준을 만족하도록 설계하여야 한다. 반면, 공정 D는 악취 및 기타 VOC에 대해 이미 기술 검증이 수행된 바 있으나, 우리 공장이 배출하는 일부 탄화수소를 처리하기에는 무리가 있었다. 그럼에도 이 공정은 운영비가 매우 저렴하기 때문에 채택될 가능성도 있다. 우리 기술부서는 이들 기술을 평가하고 비교하는 업무를 부여받았으며, 가장 적합한 공정 중 하나를 Newry 공장에 추천할 수 있도록 명확한 근거를 제시하여야 한다. 설계그룹 1은 공정 A를 조사하고, 설계그룹 2, 3, 4는 각각 공정 B, C, D를 맡아 조사하여야 한다.

공정 A는 고정상 활성탄 흡착설비이다. 이 설비는 회수용매를 상업적으로 구입할 회사로 운반할 때까지 저장할 수 있는 탱크를 가지고 있다. 공정 B는 열회수 장치를 갖춘 고온소각설비이다. 공정 C는 열회수 장치를 갖춘 촉매 증기산화설비이다. 여기서 "열회수" 과정은 유입공기를 예열하거나, 물을 덥히고 또는 스팀을 발생시키는 설비를 포함해도 좋다. 공정 D는 생물여과장치로서 탄화수소를 분해하는 설비이다. 본사 환경부서는 우리 회사에서 고농도로 방출되는 특정 증기용매 처리에 생물여과장치가 부적합하다는 것을 이미 알고 있다. 또한, 이 설비가 특정 화합물을 처리할 때 넓은 부지를 필요로 한다는 것도 알고 있다. 그럼에도 불구하고 생물여과장치에 대한 대안도 철저히 검토하기를 희망하고 있다.

본인은 2011년 1월 31일까지 경영진에게 보낼 설계추천 최종보고서를 작성하여야 한다. 따라서 여러분의 예비설계보고서가 2010년 12월 1일까지 완료되기를 기대한다. 나는 (이 메모의 사본을 통해) Newry 공장의 설비부장인 David Jones를 통해, 여러분에게 인화공정의 최근 배출량 조사자료 및 환기구의 위치와 제어설비의 선정위치가 표시된 도면을 보내도록 하겠다. 만약 더 넓은 공간이 필요할 경우 (즉, 대형 생물여과장치가 선정된다면), 제어설비 인근부지를 에이커당 50,000달러에 추가로 구입할 수도 있음을 본사 환경부서가 우리에게 알려왔다. 추가 정보가 필요할 경우, 우리 연구부서와 경제부서에 자유롭게 연락하라.

최근에 보완된 보고서식 지침서를 첨부한다. 연구계획의 성공을 기원한다.

F.C. Smith, 공정관리부장

참조 : David Jones, 설비부장, Newry 공장
첨부 : Memo 일시 3/25/10. 기술보고서식 지침서

Clemson Printing Company
Interoffice Memorandum
March 25, 2010

수신 : 모든 설계그룹
발신 : 공정부장
제목 : 표준 설계보고서 작성서식

다음은 모든 예비가격추정 보고서의 작성요령이다.

1. 실행요약문 : 결론과 최종 추천안을 포함한 연구결과와 계획이 간략하게 기술되어야 한다. 요약문은 2쪽을 초과할 수 없고, 그 상태로 전송될 수 있도록 작성하여야 한다.
2. 서론 : 연구배경과 목적을 포함하여 문제점을 간단하게 서술한다.
3. 기술정보 : 유속, 농도 및 장치의 크기 등을 구체적으로 표시한 도표를 이용하여 추진과정을 서술한다. 장치의 설명과 가격, 자본비의 추정 (±25%) 및 운영비 등을 요약한다. 투자회수비의 추정을 포함하여 경제성 평가를 간단하게 논의한다.
4. 결론 및 추천
5. 부록 : 계산, 그래프, 모든 가정에 대한 설명.

F. C. Smith

Clemson Printing Company

Newry Plant

Newry, SC 29633

May 12, 2010

수신 : 설계그룹 1, 2, 3, 4, 본사 공학부

발신 : Dave E. Jones, 설비부장

주제 : 인화공정에 대한 배출량 조사와 환기구 배치도면

첨부된 도표는 최근 VOC 배출량 조사결과를 요약한 것이다. 이 연구과제에 덧붙여, 각 인쇄기에 대한 가동자료를 검토한 결과, 평균적으로 60% 가동되지만 모든 인쇄기는 동시에 가동된다 (1주일 7일 245시간 가동조건). 전체 공장은 1년에 3주간 가동이 중지된다.

환기 지점은 첨부된 도면에서 볼 수 있다. 각 환기구는 지붕 끝에서 6 feet 올라가고, 지붕의 높이는 지상에서 25 feet이다. 각 환기구는 자동적으로 개폐되는 공기조절장치 (damper)가 있다. 배출제어 설비의 위치도 역시 첨부되었다. 본사 환경부서가 추가 부지매입의 가능성에 대해 언급한 바 있음을 명심하라. 이 부지는 가장 가까운 위치에 있으며 확보가능하다. 가장 가까운 인쇄기 환기구로부터 제어설비까지 200 feet의 덕트가 필요하다.

그 밖의 추가정보가 필요하다면, 본인에게 연락하기 바란다.

Dave E, Jones

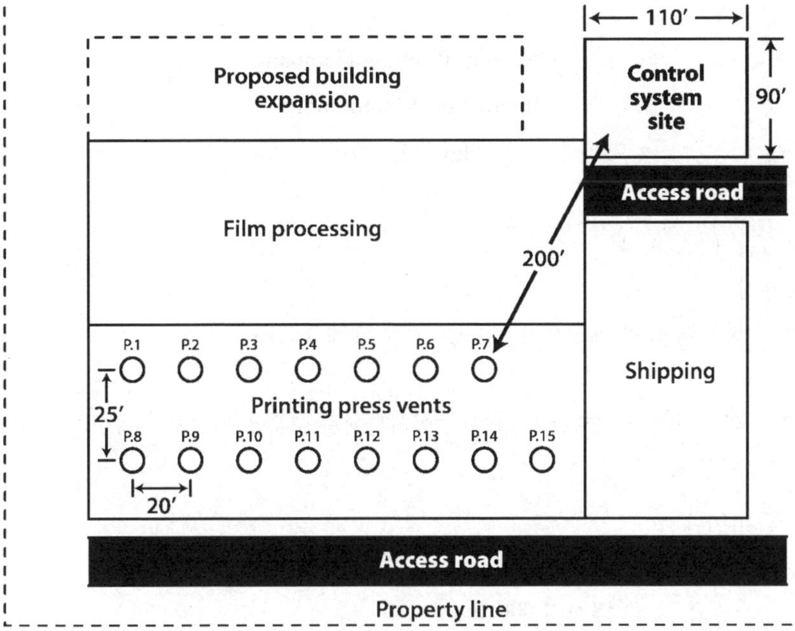

그림 17.1 인쇄기 환기구와 제어설비의 위치

표 17.1 인쇄 지역에서의 휘발성유기물의 배출량

인쇄기 No.	배출온도 °F	유량 acfm	헥산 lb_m/hr	헵탄 lb_m/hr	계 lb_m/hr
1	100	3,520	4.0	6.9	10.9
2	125	6,020	10.1	14.4	24.5
3	115	3,070	3.1	6.1	9.2
4	100	5,815	14.0	14.1	28.1
5	90	4,820	8.0	9.5	17.5
6	102	3,060	2.0	4.9	6.9
7	95	3,390	7.5	5.9	13.4
8	115	4,310	3.5	6.1	9.6
9	115	3,010	5.0	5.3	10.3
10	105	4,830	11.7	10.0	21.7
11	80	7,540	10.3	15.2	25.5
12	100	1,720	4.1	5.9	10.0
13	99	5,810	8.9	8.2	17.1
14	105	5,340	10.1	8.0	18.1
15	90	8,870	13.2	13.9	27.1
합 계		71,125	115.5	134.4	249.9

Clemson Printing Company
Interoffice Memorandum
May 15, 2010

수신 : 설계그룹 1, 2, 3, 4
발신 : 경제부장
제목 : Newry 공장의 용매 배출제어 계획을 위한 경제성 기준

다음 자료는 위의 제목과 관련한 연구에서, 여러분에게 도움을 주고자 제공한다. 자료는 연구년도에 맞게 조정되었다.

기준년도 : 2010년
설비비용 : 연 료 – $8.00/10^6 Btu
스 팀 – $8.50/1,000 lb_m
전 기 – 9.0 cent/kWh
냉각수 – $0.25/1,000 gal (사용: 85 °F, 회수: 115 °F)
폐수처리 – 30 cent/lb_m (COD: 화학적 산소요구량)
가동인건비 : $25.00/hr
회수된 혼합용매의 가치 : $1.95/gal
자본비 : 감가상각 (공해방지 계획에 대한) – 8년, 직선식 사용
세금과 보험 – 총 자본투자비의 2%
유지비 (노임 + 재료비) – 총 자본투자비의 7%
세금전 투자회수 (가능하다면) – 20%
혹은 자본비에 대한 이자 (있다면) – 8%

John E. Cash

Clemson Printing Company

Interoffice Memorandum

May 14, 2010

수신 : 공정부, 설계그룹 1, 2, 3, 4

발신 : 공학연구부장

제목 : 인쇄잉크 용매 증기제어

이 메모는 제목과 관련하여 여러분이 최근에 요청한 정보에 대한 회신이다. 우리 그룹은 이러한 배출을 제어하는 한 방법으로써, 활성탄흡착법과 인쇄잉크의 용매증기 소각법에 관심을 가지고 있다. 다음은 여러분이 요청한 XYZ 활성탄의 헥산과 헵탄의 흡착 정보이다.

40 ℃ 공기에서 용매제거 : 급경사의 비약곡선 (breakthrough curve)에서, 99.99%

40 ℃에서 용매의 용량 : 재생 상 (bed)에서 0.08 g/g 활성탄

재생 스팀 : 0.3 kg 스팀/kg 활성탄

활성탄 가격 : $5.00/kg

활성탄 수명 : 4년

재생공정에는 스팀이나 뜨거운 질소를 사용한다. 하향 분리공정은 각각의 경우 다를 수 있다. 만약 여러분이 활성탄을 재생한 후, 스팀과 용매 증기를 응축시킬 계획이 있다면, 40 ℃에서 헥산과 헵탄의 용해도는 각각 0.004와 0.005 몰%임을 염두에 두라.

노르말 헥산과 헵탄의 소각을 통해 얻은 우리의 경험에 의하면, 여러분이 95%의 제거효율을 얻으려면 다음과 같은 조건에서 설계하여야 한다.

	고온소각	촉매소각
가동온도	1,600 °F	750 °F
체류시간	0.60 s	0.60 s
열손실	10%	5%
압력손실 (열회수 포함)	8.0 in. H_2O	10.0 in. H_2O
열전달계수		
공기/공기	8 Btu/hr-ft^2-°F	8 Btu/hr-ft^2-°F
공기/물	10 Btu/hr-ft^2-°F	

여러분의 예비비용의 추정을 위해서, 공기/공기 열교환장치의 설치비는 $25/ft^{2}이고, 공기/물 교환장치는 $35/ft^{2}의 비용이 든다고 가정한다.

Tom A. Edison

17.3 설계유속의 결정

이 문제에서는, 시간에 따라 변하는 배출가스의 유속과 농도에 대해 설계할 필요가 있다. 모든 인쇄기가 항상 가동될 확률은 매우 희박하므로, 설비는 예상되는 최대유량에 대하여 합리적으로 설계되어야 한다 (모든 인쇄기가 일시에 가동되지는 않는다). 최대유량 추정치는 주어진 시간에 가동되는 모든 인쇄기의 유량을 합하여 얻을 수 있으며, 그 시간에 해당 인쇄기가 가동된다는 확률에 기초를 둔다. 각 인쇄기의 상태는 가동 중이건 아니건, 0과 1.0사이의 무작위 숫자를 생성하여 (난수생성) 결정한다. 만약 이 숫자가 인쇄기의 가동되는 시간 분율과 같거나 적다면 (이 경우에는 0.6), 그 인쇄기는 가동 중인 것으로 인식되고 해당 유량이 합산된다. 이 합산과정을 100번 이상 반복하고, 계산된 최대 유량과 용매 배출량은 일어날 수 있는 각각의 최대 가능한 값이 된다. 예를 들어, 표 17.2에 제시한 전산프로그램을 이용하여 가동빈도가 0.6일 때, 최대 유량과 용매 배출량을 계산할 수 있다. 만약 각 인쇄기의 개별 가동빈도 (operating frequency)를 알고 있다면, 계산 값은 더 신뢰성을 갖는다.

모든 그룹에 대한 일반적 요구사항:

1. 특정 가동빈도에 대하여, 처리되는 총 배출량과 용매 배출량을 추정하라.
2. 배출가스를 제어설비까지 운송하는데 필요한 배관 공정도를 마련하고, 송풍기의 위치도 표시하라.
3. 2010년 5월 12~15일자 부서간 메모에 제시된 정보를 근거로, 각 제어사양에 대해 요구되는 송풍기의 출력을 추정하라.

문제:

1. 배출가스의 평균온도와 관련해서, 만약 가정이 있었다면 무엇인가?
2. 송풍기에서 어느 정도의 정압상승 (static pressure rise)이 요구되는가?
3. 여분의 송풍기 설치가 필요한가?
4. 원형 또는 사각형 덕트가 꼭 명시되어야 하는가?

이 점에서, 각 설계그룹은 자본비와 운영비의 최종 추정치를 얻기 위해 분리된 개별 문제에 대해 작업한다. 다음은 활성탄 설비와 두 개의 소각설비에 필요한 '요구사항'을 요약한 것이다.

표 17.2 독립된 오염원의 수에서 100개 중 1개의 최대 혼합유량을 추정하기 위한 FORTRAN 프로그램

```
      DIMENSION PRESS (25), FLOW (25), SOLV (25)
      READ (5,* ) NP, PCTON
      DO 5 I = 1, NP
      READ (5,* ) FLOW (I), SOLV (I)
   5  CONTINUE
C
C     NP = NUMBER OF PRESS, PCTON = % ON, FLOW = ACFM,
C       SOLV = SOLV RATE,
C     TEST1 = -1.
      TEST2 = -1.
      N = 34589
      DO 15 J = 1,100
      TOTFLO = 0.0
      TOTSOL = 0.0
      DO 10 I = 1, NP
      CALL RAND (N, L, FLAG)
      N = L
      PRESS(I) = 0.0
      IF (FLAG .LE. PCTON) PRESS(I) = 1.0
      TOTFLO = TOTFLO + PRESS(I)*FLOW(I)
      TOTSOL = TOTSOL + PRESS(I)*SOLV(I)
  10  CONTINUE
      IF (TOTFLO .GE. TEST1) TEST1 = TOTFLO
      IF (TOTSOL .GE. TEST2) TEST2 = TOTSOL
  15  CONTINUE
      WRITE (6,20) TEST1, TEST2
  20  FORMAT (1H1, ////, 5X, 'MAX. FLOW RATE (ACFM) =
     1  ', F10.1, 5X,
     2  'MAX. SOLVENT RATE (POUNDS/HR) = ', F10.1)
      STOP
      END
      SUBROUTINE RAND (N, L, FLAG)
      L = N*1220703125
      IF (L) 1, 2, 2
    1 L = 214748647 + 1 + L
    2 FLAG = L
C
C     2147483647 = 2**31
C
      FLAG = FLAG*0.4656613E-9
      N = L
      RETURN
      END
```

17.4 활성탄 흡착설비

첫 번째 요구사항:

1. 회수용매의 저장 및 하역에 필요한 시설을 포함한 고정상 활성탄 흡착설비의 예비공정도를 준비하라.
2. 1, 2, 3시간 재생주기를 바탕으로 필요한 총 활성탄의 질량을 추정하라.
3. 가장 경제적인 상 (bed)의 크기와 재생주기를 결정하라.
4. 스팀 필요량을 계산하라.
5. 설비에 대한 최종 질량수지식을 세워라.
6. 증기응축기와 decanter의 크기를 결정하라. Decanter의 크기는 체류시간 30분을 기준으로 하라.
7. 냉각공기를 공급하는데 필요한 송풍기의 크기를 결정하라.
8. 회수용매의 저장조와 이송 펌프의 크기를 결정하라.

문제:

1. 만약 두 개 이상의 활성탄 탑을 사용한다면, 이들을 직렬 또는 병렬로 연결해야 하는가?
2. 어떤 화재방지 시설이 필요한가?
3. 이 설비는 건물 내에 설치되어야 하는가?
4. 건설에 필요한 특수자재가 있는가?

두 번째 요구사항:

1. 활성탄 설비, 덕트 배관 및 송풍기, 회수용매의 저장과 하역시설의 설치비를 추정하라.
2. 이 설비의 총 가격을 추정하라.

세 번째 요구사항:

1. 활성탄 설비의 가변적 운영비를 추정하라.
2. 고정비를 추정하라.
3. 회수용매에 대한 연간 이득을 추정하라.
4. 이 설비의 연간 총 운영비용을 계산하라.
5. 회수용매의 가치에 대한 총 AOC의 민감도는 어느 정도인가 (즉, 회수용매의 가치가 gal당 50 cent 또는 0 cent까지 떨어진다면)?

17.5 고온 소각설비

첫 번째 요구사항:

1. 열회수장치를 갖는 고온 소각설비의 예비공정도를 그려라.
2. 소각로 배출열을 30, 50, 70% 회수하는 유입공기 예열기에 대한 가동조건을 추정하라.
3. 경험적으로, 6, 8, 10 in. H_2O의 압력손실에서 30, 50, 70%의 열회수를 기대한다. 예열기의 크기를 결정하라. 이때, 예열기는 투자회수비의 요구조건을 충족시켜야 한다.
4. 소각로에 필요한 연료가스량을 계산하라.
5. 소각로에 대한 물질수지식을 세워라.
6. 소각로의 설계내역서를 준비하라.
7. 예열기의 설계내역서를 재검토하라.
8. 소각로 굴뚝의 지름과 높이를 결정하라.
9. 소각로와 모든 덕트 배관을 보여주는 최종 공정도를 준비하라. 모든 유체경로에 대해 각각의 조성과 온도를 명시하라.

문제:

1. 공기예열장치에 적절한 건축자재는 무엇인지 추천하라.
2. 예열장치 나음에 2차열회수장치 (열수 생산을 위한)가 필요한가?

두 번째와 세 번째 요구사항:

이 요구사항은 활성탄 흡착설비의 요구사항과 같다. 용매회수 측면에서는 이득이 없지만, 열수생산에서는 이득이 있을 수 있다.

17.6 촉매 소각설비

촉매 소각설비에 대한 요구사항은 고온 소각설비와 같다. 촉매수명과 교체비용은 추정되어야 한다. 이 응용에서, 표준 촉매수명은 4년으로 가정하고, 촉매의 양과 가격은 11장에서 언급한 것처럼 추정할 수 있다.

17.7 생물여과설비

첫 번째 요구사항:

1. 모든 유출입 과정을 보여줄 수 있는 생물여과설비의 예비도면을 그려라.
2. 생물여과장치에서의 배출량과 함유된 용매의 유량을 계산하라.
3. 살수탑 (가습장치)과 여과장치에서의 유출입 액체량을 계산하라.
4. 살수탑과 생물여과장치의 크기를 결정하라.
5. 요구되는 송풍기와 펌프의 용량을 결정하라.
6. 이 설비에 대한 최종 물질수지를 작성하라.

문제:

1. 건설할 때 특별한 자재가 필요한가?
2. 계절별 기온의 변화가 여과장치의 운영에 심각한 영향을 주는가 (특히 제거효율에)?

두 번째와 세 번째 요구사항:

이 요구사항들은 소각설비에 제시한 내용과 기본적으로 같다. 살수탑에서 흘러나온 물의 처리비용과 생물여과장치에서의 침출수 처리비용이 추가로 부과될 것이다. 만약 추가로 공장부지가 필요하다면 여과장치에 필요한 부지보다 25% 넓게 구입해야 한다. 이는 여과장치 사방면으로 출입이 가능해야 하고, 공장부지 경계에 완충지역이 필요하기 때문이다.

17.8 요약

각 설계그룹은 F.C. Smith로부터 발송된 2010년 3월 25일자 메모의 서식에 따라 예비 설계보고서를 준비해야 한다. 여러분의 보고서는 최고 경영진에게 여러분의 연구결과를 "판다"라는 생각을 가져야 한다. 명확하고 간결하게 작성하고, 공정흐름도를 자주 인용하라.

Chapter

18 이동오염원

나는 수많은 시민들을 위해 자동차를 만들 것이다. 이 자동차는 현대공학이 고안할 수 있는 가장 간단한 설계를 마친 후, 최상의 자재와 최고의 기술진에 의해 제작될 것이다. 그럼에도 웬만한 봉급쟁이도 자동차를 소유할 정도로 싼 가격이 될 것이다. 이들은 가족과 함께 신의 은총 속에서 즐거운 시간을 갖게 될 것이다.

Henry Ford, 1908.

18.1 머리말

승용차, 트럭, 버스, 오토바이, 비행기, 배, 기차, 불도저, 트랙터 등, 간단히 말해 움직이며 대기오염물질을 방출하는 모든 대상을 **이동오염원** (mobile source)이라 한다. 대부분의 오염물질은 도로상을 운행하는 차량 (on-road vehicle을 말하며, 이동오염원에는 non-road vehicle도 포함한다)에서 배출되지만, 비행기, 선박, 건설장비, 잔디 깎기와 정원장비, 모터보트와 제트스키 등에서의 배출량도 무시할 수 없다. 비록 미국이 다른 나라와 비교하여 1인당 차량 보유대수가 많지만 이동오염원에 의한 오염은 미국에 국한한 것은 아니다. 전 세계 대도시는 자동차로 붐비고 있으며 도시의 대기질은 심각해지고 있다. 2008년도 미국에서는 일산화탄소 (CO)의 약 75%가 이동오염원에서 배출되었으며, 이중 약 68%가 도로상 차량에서 배출되었다 (U.S. EPA, 2009). 하지만 일부 도시의 CO 배출에서 이동오염원이 차지하는 기여도는 95% 이상이었다 (U.S. EPA, 2000). 그림 18.1과 같은 광경은 이미 세계적으로 매우 흔한 일이 되었고, Henry Ford의 미래에 대한 시각은 다소 짓궂은 농담같이 들린다.

세계적으로 도로상의 차량과 같은 이동오염원의 보급 확산으로, 대기오염 제어분야는 근본적으로 바뀌었다. 이러한 변화는 몇 가지 기본적 이유가 있다. 첫째, 소형이며 널리 퍼져있고 이리저리 움직이며, 수적으로도 많은 이동오염원은 **고정오염원** (stationary source)보다 규제하고 제어하는데 어려움이 많다. 둘째, **오염배출원** (source: 이 경우 도로상의 차량)이 **수용체** (receptor: 이 경우 도시지역 거주자 및 근무자) 위치와 매우 가깝다. 셋째, 전 세계 모든 지역에서 승용차는 경제적 지위의 상징이 되었고, 운전은 수 억 시민들의 생활 일부가 되었다.

그림 18.1 출퇴근시간의 교통체증. 이 광경은 전세계 어느 곳에서도 볼 수 있지만, 이 사진은 플로리다주 마이애미의 광경이다. 출처 : Miami Herald, Miami, FL.

자동차 제조회사가 책임을 지는 법률적 규제가 이동오염원 오염제어의 첫 시도였다. 지난 30년 동안, 신형 차량에 대한 규제만으로는 대기를 충분히 청정하게 유지할 수 없다고 인식하게 되었다. 최근의 제어전략은 운행 중인 차량의 관리, 연료의 질과 성분, 개인적인 운전습관까지도 주정부와 지방자치정부의 법규에 포함하고 있다. 지난 30년 동안 공해방지기술과 규제전략은 거의 미국에서 개발되었다. 다행스럽게도, 진일보한 방법들이 다른 선진국들에서 채택되고 있다. 하지만 불행하게도, 차량당 배출량이 빠른 속도로 감소하더라도 차량의 폭발적인 증가와 이용으로 이러한 저감효과가 상쇄되었다.

주어진 지역에서 주어진 기간 동안, 고속도로상 차량에서의 배출량은 배출계수 (EF: emission factor: gram/VMT)에 해당지역과 기간 동안의 차량운행거리 (VMT: vehicle mile traveled)를 곱하여 산출한다. 더 자세히 논의하겠지만, 도로상 모든 차량의 평균 배출계수는 EPA 전산모델로 추정한다. 이 모델은 많은 변수에 의존하여 배출계수를 추정하는데, 이들 변수에는 차량의 종류와 연령, 출고연도, 연료특성, 대기온도 등을 포함한다. 평균 EF는 1970년 이래 계속 작아지고 있는데, 이는 새로운 모델일수록 더 우수한 공해제어 설비를 장착하기 때문이다. 일반적으로 VMT 자료는 주정부의 교통부서 또는 지역의 교통공학자들에 의해 측정되거나 추정치를 사용한다. 다음 예제는 이러한 계산 과정을 보여주고 있다.

예제 18.1 플로리다주 오렌지 카운티(군)에서, 2008년도 도로상 차량의 CO 배출계수는 10.3 g/mile이었으며, 차량운행거리는 2.09×10^{10} mile이었다. 오렌지 카운티에서 도로상 차량에서 배출된 2008년도 총 CO 배출량은 얼마인가? 또한 1980년에서 2008년까지 CO의 배출계수가 81에서 10.3 g/veh-mile로 약 85% 감소하였다. 하지만 같은 기간 차량운행거리는 약 3배 증가하였다. 오렌지 카운티 전역에 걸쳐 CO의 배출량은 증가하였나? 또는 감소하였나? 그 증감량을 계산하라.

풀이

$$\text{Total CO} = \frac{10.3\text{ g}}{\text{mile}} \times 2.09(10)^{10}\text{ mile} \times \frac{1\text{ lb}}{454\text{ g}} \times \frac{1\text{ ton}}{2{,}000\text{ lb}}$$
$$= 237{,}000\text{ ton in 2008}$$

$$\text{배출량}_{2008} = \text{배출량}_{1980} \times (\text{EF}_{2008}/\text{EF}_{1980}) \times \text{VMT}_{\text{growth}}$$
$$= \text{배출량}_{1980} \times (10.3/81) \times 3.0$$
$$= \text{배출량}_{1980} \times 0.38$$

즉, 배출량은 운행거리가 증가했음에도 불구하고 1980년보다 크게 감소하였다.

18.2 문제의 심각성

제 1장에서 살펴보았듯이, 자동차는 모든 1차오염물질을 배출하고 도시지역의 오존생성에 크게 기여한다. 미국에서 차량에 의한 주요 대기오염물질은 일산화탄소 (CO), 질소산화물 (NO_x), 휘발성유기화합물 (VOC) 등이다. 이산화황 (SO_2)과 입자상 물질 (PM)의 배출은 그다지 중요하지 않은데, 이는 고도의 연료 탈황처리, 전체차량 중 경유차량이 차지하는 비중의 감소, 상대적으로 양호한 차량운행 조건 등의 이유 때문이다. 미국의 일부 도시를 포함하여, 다른 나라에서는 차량에서 배출되는 SO_2와 PM의 오염이 심각하다. 지난 35년 동안 미국에서 Pb의 배출량은 EPA에 의한 강제적인 유연휘발유 사용불가조치로 현저하게 감소하였다. 다른 나라에서 납의 배출은 여전히 심각한 문제로 남아 있다. 1980년과 2008년도 미국의 이동오염원 배출량이 표 18.1에 제시되어 있다.

Faiz 등 (1992)에 의하면, 2차세계대전이 끝난 후 전 세계적으로 매우 큰 자동차 수요 움직임이 있었다. 1970년 이후 소득이 늘어난 개발도상국에서 가장 빠른 차량 증가속도가 조사되었다. 승용차, 트럭, 버스와 같은 차량의 전 세계 총 생산대수는 1950년도에 1천만 대 수준에서 1990년도 5천만 대, 2008년도 7천만 대로 증가하였다 (이 중 거의 절반이상은 도요타, 제너럴모터스, 폭스바겐, 포드, 혼다, 닛산 등 6개 회사에서 제작되었다). 더욱이 수백만 대의 모터사이클, 모터스쿠터, 삼륜차 등이 대부분 아시아에서 생산되었다. 역사적으로 승용차와 트럭을 대량 생산하는 국가는 일본, 미국, 독일이다. 2009년도 이들 세 국가는 790만대, 570만대, 520만대를 각각 생산하였다. 최근 한국 (350만대)과 인도 (260만대)가 여기에 동참하고 있으나, 전 세계 차량생산의 선두를 달리는 국가는 중국으로 2009년도에 1,380만대가 생산되었다 (OICA, 2010). 2008년도에 전세계에서 운행되고 있는 차량의 총 대수는 8억5천만 대 (모터사이클과 삼륜차 1억대 포함)로 추정되고 있다. 앞으로 10년 동안, 중국, 인도 및 비-서방국가에서 지속적인 경제성장이 기대되고 있어 차량소유자들이 상당히 증가할 것이다. 비록 개발이 덜된 국가들은 정교한 공해방지기술을 적용할 여력이 없지만, 소수의 다국적 기업들이 전 세계 대부분 차량을 생산하고 있다는 사실은 차량공해를 저감시키려는 국제적 공조노력에 희망을 주고 있다.

지난 50년간 전 세계에서 차량의 증가속도 (약 10배 이상)는 인구의 증가속도 (2배)를 훨씬 능가한다. 국제연합 (UN)의 전망에 따르면, 이러한 경향은 앞으로도 계속될 것이다. 이러한 차량증가 경향을 보이는 몇 가지 이유가 있다. 특히 개발도상국가에서 도시화의 가속화, 실질소득의 증대, 차량가격의 실질적 감소, 사회적 지위향상에 대한 욕망, 독립성 추구 등의 이유를 들 수 있다 (Faiz 등, 1992).

표 18.1 미국에서 1980년과 2008년도의 이동오염원에 의한 대기오염물질 배출량

오염원 분류항목	오염물질 배출량, 백만 톤/년											
	CO		VOC		NO_x		PM-10		SO_x		납[1]	
	1980	2008	1980	2008	1980	2008	1980	2008	1980	2008	1980	2008
이동오염원												
도로상 차량	143.8	38.9	13.9	3.4	11.5	5.2	0.4	0.3	0.5	0.1	60.5	0.0
휘발유 차와 오토바이	98.7	20.4	9.1	1.7	6.6	1.7	0.1	0.1	0.1	0.0	47.2	0.0
휘발유 픽업과 SUV	29.2	13.5	2.7	1.2	1.6	1.1	0.1	0.0	0.1	0.0	11.7	0.0
휘발유 중량트럭	15.3	4.7	1.7	0.4	0.6	0.3	0.0	0.0	0.0	0.0	1.6	0.0
경유 (차량, 트럭, 버스)	0.6	0.3	0.4	0.1	2.7	2.1	0.2	0.2	0.3	0.1	0.0	0.0
비행기	1.3	1.0	0.4	0.2	0.2	0.2	0.0	0.0	0.0	0.0	0.9	0.1
기차	0.3	0.1	0.0	0.0	0.5	0.7	0.0	0.1	0.0	0.1	na	na
선박	0.3	0.1	0.0	0.0	0.4	0.8	0.0	0.0	0.1	0.1	na	na
기타 비도로상 탈 것[2]	14.3	18.0	2.2	2.6	3.4	4.2	0.3	0.2	0.3	0.5	3.3	0.1
총 이동오염원	160.0	58.1	16.5	6.2	16.0	11.1	0.7	0.6	0.9	0.8	64.7	0.2
총 오염원[3]	185.4	77.7	31.1	15.9	27.1	16.3	7.0	17.4	25.9	11.4	74.2	3.8
이동오염원 백분율	86%	75%	53%	39%	59%	68%	10%	3%	3%	7%	87%	5%

1 납에 대한 단위는 천톤/년
2 기타 비도로상 분류항목에는 건설장비, 잔디 깎기 및 정원기구, 레저용 보트, 산업용 및 상업용 탈것을 포함한다.
3 PM-10에 대한 총계에는 포장 및 비포장도로, 나대지, 건설부지 등에서의 불특성 비산먼지는 포함되지 않았다.
na = 자료 없음
출처 : U.S. EPA, 2009; Davis 등, 2009.

비록 차량의 수는 전 세계적으로 증가하고 있지만, 차종별 증가 양상은 지역별로 매우 큰 차이를 보인다. OECD 국가들은 비-OECD 국가보다 승용차, 트럭, 버스를 훨씬 많이 보유하고 있지만, 이륜차와 삼륜차의 수는 거의 비슷하다. 여기서 OECD는 경제협력개발기구 (Organization for Economic Cooperation and Development)를 의미한다. 또 OECD에는 대부분 서유럽국가, 캐나다, 미국, 일본, 호주, 뉴질랜드 등이 포함되며, 비-OECD 국가는 때로 개발도상국으로 불리고 있다. 일부 아시아 국가들은 미국이나 유럽보다 트럭과 버스의 보유율이 훨씬 많다. 아시아와 같은 지역에서는 비록 차량수가 미국보다는 매우 적지만, 미국보다 더 많은 이륜차와 삼륜차를 보유하고 있다. 사실, 태국, 인도, 말레이시아 등 아시아 3개국에서 1988년도에 운행 중인 이륜차와 삼륜차는 1천만 대 이상이었으며, 그 수는 계속 증가하고 있다 (Faiz 등, 1992).

개발도상국에서 나타나는 이러한 차량증가 현상은 각 국가 도심지에서 발생하는 심각한 대기오염 문제와 관련이 있다. 비-OECD국가에서 운행 중인 차량의 중요한 특성은 다음과 같다.

1. 대부분의 이륜차와 삼륜차는 오염도가 심한 2-행정기관 (two stroke engine)을 장착했다.
2. 개발도상국 차량들은 OECD 국가와 비교하여 노후차량이 많으며, 유지보수가 양호하지 않다.
3. 비 OECD국가에서는 공해방지장치를 장착하지 않은 버스나 트럭의 수가 많다.
4. 개발도상국에서는 저질연료가 판매되고 있어 더 많은 오염물을 배출한다.

이런 저런 이유로, 뭄비는 도심지에서 차량배출로 인해 일부 오염물질은 고농도를 보이고 있다. 이러한 현상은 많은 개발도상국에서 매우 심각한 문제가 되고 있다.

전 세계 3대 최다인구 국가는 중국, 인도, 미국이다. 더욱이 중국과 인도는 가장 빠른 경제성장을 보이고 있다. 표 18.2는 이들 국가의 비교표이다.

표 18.2 인구가 최다인 3개 국가 비교 (2007년 기준)

항 목	미 국	중 국	인 도
인구, 백만	302	1,320	1,120
1,000명당 차량수	844	30	12
총 차량수, 백만 대	247	40	14
차량운행거리 (VMT), 조 mile	3.0	na	na
연간 차량당 운행거리, mile	11,500	na	na
VMT의 연평균 증가율, %	2.0	12	17

* 이 표에서 차량은 도로상을 운행하는 개인용차량, 관용차량, 상용차량, 트럭, 버스, 모터사이클 등을 포함한다. 건설용과 농업용은 포함하지 않았다.

출처 : 여러 문헌에서 발췌하였음. na = 자료없음.

예제 18.2 한 차량에서 연료 1 gal을 연소할 때 CO_2 20 lb가 배출된다고 가정하고, 또한 미국의 평균 차량연비가 20 mile/gal이라고 가정할 때, 미국에서 2007년과 2017년도의 CO_2 배출량을 추정하라. 중국과 인도의 차량은 소형이며 (따라서 연비가 더 좋다), 미국처럼 운행거리가 길지 않다. 하지만 차량소유자들의 증가속도는 매우 빠르다. 표 18.2를 사용하고 합리적인 가정 하에, 중국과 인도에서의 2007년과 2017년도의 CO_2 배출량을 추정하라. 또한 이들 국가의 CO, VOC, NO_x 배출량에 대해 논하라. 이 경우 계산과정을 보일 필요는 없다.

풀이 미국의 경우, 2007년도 CO_2 배출량은,

$$\frac{3.0(10)^{12}\text{ mile/yr}}{20\text{ mile/gal}} \times \frac{20\text{ lb CO}_2}{\text{gal}} \times \frac{1\text{ ton}}{2{,}000\text{ lb}} = 1.5(10)^9\text{ ton/yr}$$

2017년도에, 연비의 변화가 없다고 가정하고, 연간 성장률을 2%라고 가정하라.

$$1.5(10)^9\text{ ton/yr} \times 1.02^{10} = 1.8(10)^9\text{ ton/yr in 2017}$$

중국과 인도에서 차량과 연간운행거리를 대략 추정하자. 우선 평균 연비를 30 mile/gal, 연평균 운행거리를 4,000 mile/yr로 가정하자. 따라서 2007년 중국의 경우,

$$4.0(10)^7\text{ vehicle} \times \frac{4{,}000\text{ mile/yr}}{30\text{ mile/gal}} \times \frac{20\text{ lb CO}_2}{\text{gal}} \times \frac{1\text{ ton}}{2{,}000\text{ lb}} = 5.3(10)^7\text{ ton/yr in 2007}$$

2017년까지 10년 동안 연간 12% 성장한다고 전망하면,

$$5.3(10)^7\text{ ton/yr} \times 1.12^{10} = 1.6(10)^8\text{ ton/yr in 2017}$$

2007년 인도의 경우,

$$1.4(10)^7\text{ vehicle} \times \frac{4{,}000\text{ mile/yr}}{30\text{ mile/gal}} \times \frac{20\text{ lb CO}_2}{\text{gal}} \times \frac{1\text{ ton}}{2{,}000\text{ lb}} = 1.9(10)^7\text{ ton/yr in 2007}$$

2017년까지 10년 동안 연간 17% 성장한다고 전망하면,

$$1.9(10)^7\text{ ton/yr} \times 1.17^{10} = 9.0(10)^7\text{ ton/yr in 2017}$$

차량수의 급속한 증가에도 불구하고, 중국과 인도에서의 CO_2 배출량은 미국보다 10배 이상 작다. 그러나 CO, NO_x, VOC와 같은 전형적 오염물질과 관련하여, 중국과 인도의 배출계수는 미국의 차량보다 10배 이상 클 것이다. 따라서 앞으로 10년 후 이들 국가에서의 오염 배출량은 미국과 거의 같을 것이다.

비-도로상 오염원

비-도로상 오염원에서 배출되는 CO, VOC, NO_x의 양이 미국의 연간 총 배출량에서 차지하는 비중이 매우 크다는 것을 주의 깊은 독자들은 파악했을 것이다. 도로상에서 배출되는 CO는 대부분 도시에서 규제 순위가 낮을 정도로 양호하게 제어되고 있다. VOC와 NO_x는 아직까지도 오존생성의 잠재성 때문에 우려가 되는 오염물질이므로, 이들 오염물질에 대한 더 많은 논의가

진행될 것이다. 비-도로상 오염원은 다음과 같다.

- 건설 및 광산 장비 (불도저, 굴착기, 트랙터, 굴삭기, excavator 등)
- 잔디 및 정원 장비 (leaf blower: 낙엽 불어내는 기계, lawn mower: 잔디 깎는 기계, edger: 잔디밭과 도로/인도사이 경계지점 다듬는 기계, trimmer: 잔디 또는 울타리 다듬는 기계, 전기톱 등)
- 산업 장비 (지게차, 발전기, 압축기 등)
- 상업 장비 (공기압축기, 발전기 세트, 펌프 등)
- 레저 장비 (ATV: all-terrain vehicle: 오픈 소형차, 골프 카트, dirt bike: 비포장도로 오토바이, 스노모빌 등)
- 철도 장비 (철로 보수장비, 기관차는 포함 안 됨)
- 항해 장비 (선외/선내 엔진, 제트스키, 대형 외항선은 포함 안 됨)
- 벌목 장비 (전기톱, 트랙터, 산림장비 등)
- 공항 장비 (공항 지상보조 장비, 항공기는 포함 안 됨)
- 농업 장비 (농업용 잡초기/트랙터, 수확용 기계, 관개용 기계, 분무 기계 등)

EPA는 대형 선박, 기관차, 항공기 등을 "움직이는" 점오염원 ("moving" point source)으로 간주하므로 비-도로상 오염원 목록에 포함시키지 않았다.

표 18.3 2007년도 미국의 VOC 및 NO_x의 이동오염원 기여도

오염원 항목	VOC 배출량, %	NO_x 배출량, %
승용차, SUV, 경량트럭	18	16
대형 반트럭, 버스	2	17
부분합계, 도로상 이동오염원	20	33
잔디 및 정원 장비	5	<1
보트 및 개인선박	4	<1
비포장도로 오토바이, ATV, 스노모빌	4	<1
산업 및 상업 장비	<1	1
농업 및 건설 장비	<1	8
부분합계, 비-도로상 이동오염원	15	10
선박 및 유람선	<1	10
항공기	<1	<1
기관차	<1	5
점오염원	16	37
면오염원 + 기타	46	3
총계 : 2007년도 미국 배출량, 100만 톤	18.4	17.0

출처 : U.S. EPA, 2008a. (http://www.epa.gov/otaq/about/420r08011.pdf)
U.S. EPA, 2009. (http://www.epa.gov/ttn/chief/trends/index.html)

표 18.4 2008년도 플로리다 중부지역*의 VOC 및 NO_x의 이동오염원 기여도

오염원 항목	VOC 배출량, 천 톤	NO_x 배출량, 천 톤
승용차, SUV, 경량트럭	21.5	17.3
대형 반트럭, 버스	2.0	20.4
부분합계, 도로상 이동오염원	23.5	37.7
잔디 및 정원 장비	5.3	1.0
보트 및 개인선박	6.3	0.5
레저 장비	1.2	0
건설, 광업, 농업 장비	1.0	6.9
산업 및 상업 장비	1.4	1.7
부분합계, 비-도로상 이동오염원	15.2	10.1
총계 : 2008년 배출량 (점, 선, 면 오염원), 천 톤	78.1	61.2

* (3개 카운티 - Orange, Seminole, and Osceola)
출처 : Redford, 2009 및 기타 UCF 지료

2007년도 미국의 이동오염원의 VOC와 NO_x 배출백분율이 항목별로 표 18.3에 제시되었다. 도로상 오염원이 VOC의 20%, NO_x의 33%를 기여하지만, 비-도로상 오염원은 또 다른 15%와 10%를 각각 배출한다. 미국 내 특정지역에서는 이동오염원이 총 지역배출량에서 커다란 비중을 차지한다. 예를 들어, 플로리다 중부지역은 차량, 관광객, 호수, 경작지는 많지만 중공업은 많지 않다. 이 지역의 이동오염원 (도로상 및 비-도로상 포함)은 지역 VOC 배출량의 50%, 지역 NO_x의 78%를 차지한다. 도로상 차량은 VOC와 NO_x 모두 상당량 배출한다. 반면 비-도로상 잔디와 정원장비 및 유람선은 VOC를 많이 배출하며, 건설장비는 가장 중요한 NO_x 배출원이다. 표 18.4는 플로리다 중부지역의 배출량 자료를 보여주고 있다.

18.3 이동오염원에서 엔진의 특성

이동오염원의 핵심은 내연기관 (internal combustion engine)이다. 대부분의 차는 4-행정 휘발유 내연기관 (그림 18.2)에서 동력을 얻고 있다. 이 기관에서 공기와 휘발유의 혼합기체는 흡입행정 (intake stroke: 여기서 1-행정은 피스톤이 실린더의 길이만큼 위 또는 아래로 움직이는 거리) 동안 실린더 내로 주입되고, 점화플러그에서 불꽃점화되기 이전에 **압축행정** (compression stroke)에 의해 수 기압으로 압축된다. 연료는 순간적으로 (폭발적으로) 연소하고, 매우 짧은 순

간 대량의 열을 방출한다. 이 열은 급속히 기체를 팽창시키며 **폭발행정** (power stroke) 동안에 피스톤을 하향시킨다. 이와 같이 피스톤이 두 번째로 하향한 후, 피스톤은 크랭크축에 의해 다시 상향한다. 이 때 네 번째 행정인 **배기행정** (exhaust stroke)에 의해 배기밸브를 통해 배가스가 실린더 밖으로 배출된다. 이러한 과정이 운전 중 각 실린더에서 분당 수백 번씩 반복된다.

휘발유 연소반응은 매우 빨리 일어나며 완전연소된다. 하지만 어느 정도 연소가 완전하지 않을 때 CO와 VOC (미연소 탄화수소 또는 부분산화된 연료의 일부)가 배출된다. 100% 완전연소를 방해하는 몇 가지 요인이 있다. 즉, 실린더 벽면에 의한 냉각, 공기와 연료의 불완전한 혼합, 차량운전조건 (가속과 적재 정도), 엔진의 관리미흡 등에 영향을 받는다.

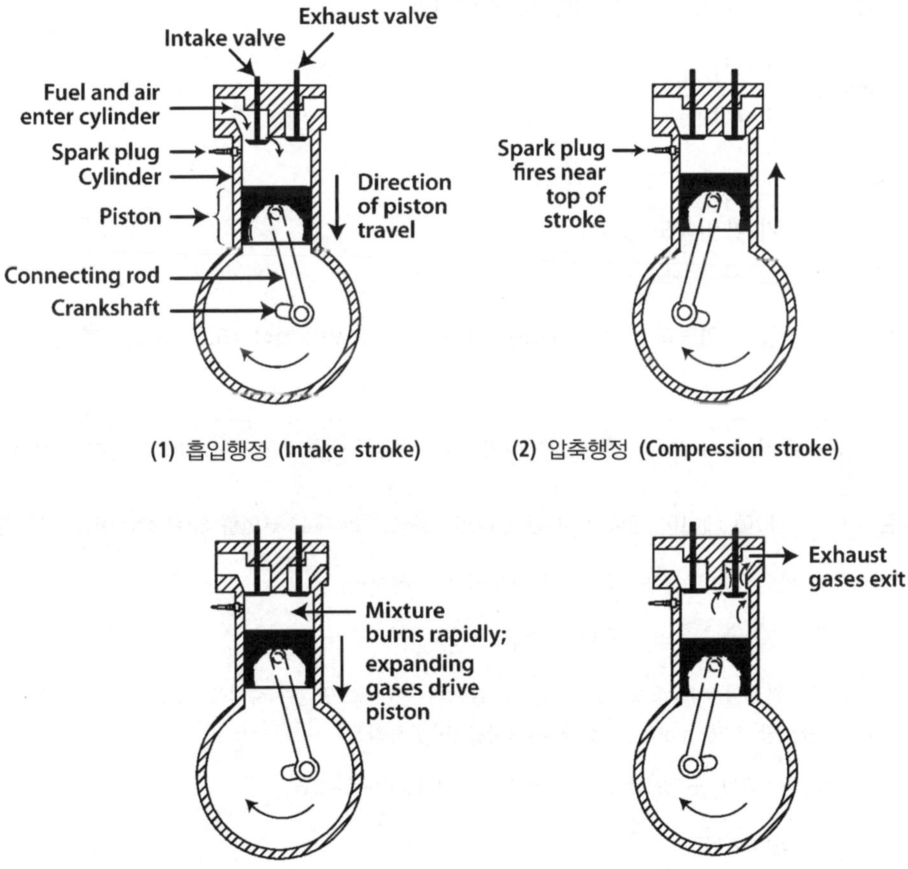

(1) 흡입행정 (Intake stroke) (2) 압축행정 (Compression stroke)

(3) 폭발행정 (Power stroke) (4) 배기행정 (Exhaust stroke)

그림 18.2 4-행정 내연기관

휘발유 (보통 10여 가지 탄화수소의 혼합물)가 최종산물로 변환되는 (수백 가지 개별 화학 반응에 의해) 반응기구의 세부적인 지식이 없다고 하고, 총괄양론식만을 고려해보자. 이러한 목적을 위해서 일단 휘발유를 옥텐 (octene)이라고 가정하자. 또한 이론공기로 완전연소된다고 가정하고 질소를 비활성 가스로 가정한다면, 반응식은 다음과 같다.

$$C_8H_{16} + 12O_2 + 45.1N_2 \rightarrow 8CO_2 + 8H_2O + 45.1N_2 \tag{18.1}$$

식 (18.1)은 반응물의 몰비 (molar ratio)를 직접적으로 보여준다. 하지만 일반적으로 공연비 (AFR: air-to-fuel ratio)를 이용하여 간단히 설명할 수 있다. 반응식 (18.1)에서 양론적 (또는 이론적) 공연비는 14.7이다. 이 숫자는 증류된 탄화수소 연료의 대표값이다. 양론비 (SR: stoichiometric ratio)는 실제 AFR을 이론 AFR로 나눈 값으로 정의된다.

$$SR = \frac{(A/F)_{실제}}{(A/F)_{이론}} \tag{18.2}$$

여기서, SR = 양론비

A = 공기 흡입속도, g/s

F = 연료 사용속도, g/s

이때, SR < 1인 혼합을 연료과잉 (fuel rich), SR > 1일 때 연료희석 (fuel lean)이라 한다.

예제 18.3 (a) 휘발유에서 발견되는 방향족 화합물 중 하나인 벤젠의 연소에 필요한 양론적 공연비를 계산하라.

(b) 양론비 (SR) 1.10에 대하여, 연소된 벤젠 1 kg당 생성된 배가스 부피를 STP 상태에서 계산하라.

풀이 (a) 우선 확인된 반응물과 생성물의 반응식을 작성하라.

$$C_6H_6 + O_2 + N_2 \rightarrow CO_2 + H_2O + N_2$$

다음, 탄소원자를 시작으로 수소, 산소, 질소의 순서로 양론수지식을 세워라, 공기 중에는 1 mol의 산소당 3.76 mol의 질소가 존재함을 명심하라.

$$C_6H_6 + 7.5O_2 + 28.2N_2 \rightarrow 6CO_2 + 3H_2O + 28.2N_2$$

양론적 공연비 AFR는

$$AFR = \frac{(7.5 \text{ mole } O_2 \times 32 \text{ g/mole}) + (28.2 \text{ mole } N_2 \times 28 \text{ g/mole})}{1 \text{ mole 벤젠} \times 78 \text{ g/mole}}$$

$$= 13.2 \text{ g 공기/g 벤젠}$$

(b) 당량비 1.10에 대하여 반응수지식을 재작성하면,

$$\begin{array}{llllllllll} C_6H_6 & + 8.25\,O_2 & + 31.0\,N_2 & \rightarrow & 6\,CO_2 & + 3\,H_2O & + 31.0\,N_2 & + 0.75\,O_2 \\ 78\ g & 264\ g & 868\ g & & 264\ g & 54\ g & 868\ g & 24\ g \end{array}$$

이 경우, 78 g의 벤젠당, 1,132 g의 공기와 1,210 g의 배가스가 있다, 왜냐하면 이 반응식에서 40.75 mol의 기체가 생성되기 때문에 생성된 기체의 부피는 다음과 같다.

$$V = \frac{40.75\,\text{mole 기체}}{0.078\,\text{kg 연료}} \times \frac{24.45\,\text{L}}{\text{mole}} \times \frac{1\,\text{m}^3}{1{,}000\,\text{L}} = \frac{12.77\,\text{m}^3}{\text{kg 연료}}$$

여기서 상수 24.45 L/mole은 표준상태 (25 ℃, 1 atm)에서 몰부피이다.

공연비 (AFR)는 내연기관의 효율적 운전을 위해 중요한 계수이다. 양론비보다 작은 운전에서는 (즉, SR < 1일 때), 연료의 완전연소에 필요한 산소가 부족하여 CO와 VOC 배출이 증가한다. SR이 1에 접근함에 따라 CO와 VOC 배출은 감소한다. 하지만 혼합가스에서 연료가 부족한 경우 (즉, SR > 1일 때), 엔진은 거칠게 작동한다. SR값이 큰 값을 갖더라도, 연소는 불안정해지고 CO와 VOC 배출은 다시 증가하게 된다.

위에서 언급한 것처럼, 엔진은 SR = 1에서 운전되어야 할 것처럼 보인다. 하지만 연소가스의 온도는 이론연소점에서 최고가 된다. 이미 16장에서 배웠듯이, NO의 생성은 온도의 함수이다. 식 (18.1)에서 공기 중 질소는 비활성으로 실린더 내의 반응에 참여하지 않는다고 가정했지만, 실제로는 일부 N_2와 O_2는 반응하여 NO를 생성하고, 방지장치가 없는 휘발유 엔진에서 NO 배출은 매우 심각하다.

NO의 생성은 과잉산소가 존재하는 고온에서 최대가 됨을 기억하라. 이러한 상황은 공연비가 15~16 사이일 때 발생한다. 그림 18.3은 4-행정 휘발유 내연기관에서 공연비의 변화에 따른 배출가스 중 3가지 주요 오염물질의 농도변화를 보여주고 있다.

2-행정 휘발유 내연기관은 흡배기 행정이 분리되어 있지 않으며, 압축과 폭발행정만으로 운행된다. 4-행정기관에서는 피스톤이 매 2회 상향할 때 플러그가 점화되지만, 2-행정기관에서는 피스톤이 상향할 때마다 매번 점화된다. 또 다른 차이점으로는 소형이며 엔진 작동부위의 윤활을 위하여 연료통에서 연료와 윤활유가 함께 혼합되어 공급된다는 점이다. 물론 윤활유는 연료와 비교하여 완전연소되기 어렵다.

2-행정기관의 주기 (cycle)는 연료/공기의 혼합가스가 점화하면서 시작한다. 혼합가스의 연소는 가스를 팽창시켜 피스톤을 아래로 내려 보내고 그 폭발력이 크랭크축에 전달된다. 피스톤이 하향하는 동안, 배기부가 열리고 배가스는 실린더 밖으로 밀려나간다. 다음, 피스톤이 계속 하향하면서 흡기부가 열리고 새로운 공기/연료 혼합가스가 실린더 내로 흡인된다. 다음, 피스톤이 상향하면서 흡배기부가 모두 밀폐된 상황에서 혼합가스는 압축되며, 상사점에 이르러 불꽃점화와 함께 폭발행정이 일어난다.

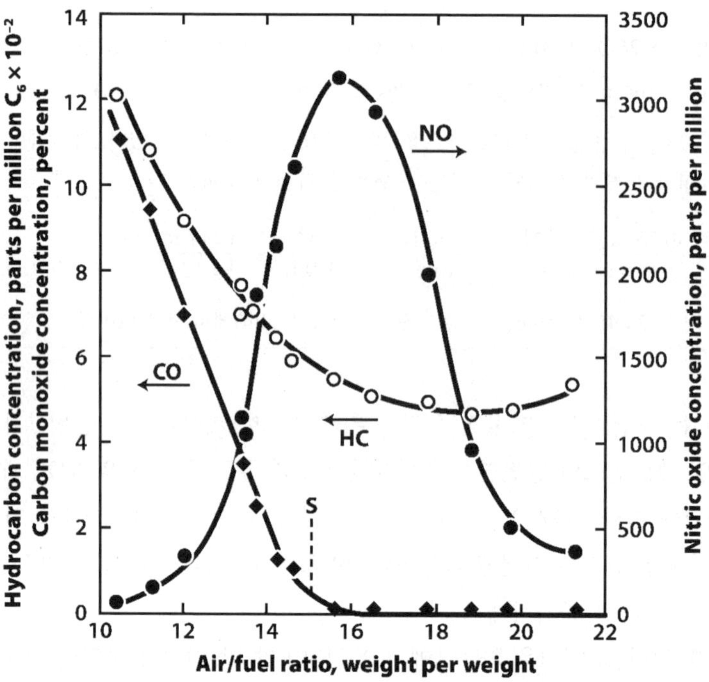

그림 18.3 탄화수소, CO, NO 배출량과 공연비와의 관계
출처 : Agnew, 1968.

2-행정기관은 4-행정기관보다 몇 가지 뚜렷한 경제적 이점이 있다. 이 기관은 소형이며 경량이고 저렴하며, 가동이 단순하고 유지가 간편하다. 따라서 2-행정기관은 소형 오토바이, 모터스쿠터, 삼륜차에 쓰이고 있으며, 특히 개발도상국에서 널리 사용되고 있다. 하지만 이 기관의 뚜렷한 경제적 이점 속에는 대기오염과 관련된 편익이 전혀 포함되지 않았다.

2-행정기관은 4-행정기관과 비교하여 단위연료당 더 많은 대기오염물질을 배출한다. 평균적으로 CO와 VOC를 약 75~750% 더 많이 배출한다. 2-행정기관에서의 NO_x 배출량은 다소 적지만, 검댕이나 미연소 유적 (oil droplet)과 같은 분진배출량은 1,000% 이상 많다.

과거에는 2-행정기관이 잔디 깎기, 모터보트 엔진 등에 많이 사용되었다. 더욱이 2-행정기관의 간편성과 저렴한 비용 때문에 손으로 작동하는 소형장비 (잔디 다듬기계, 전기톱 등)가 보편적으로 사용되었다. 미국에서 과거 10년간 시행되고 있는 규제 (Tier1에서 Tier4)에 의하면, 비-도로상 장비의 제작자는 다양한 기존 모델과 비교하여 배출량을 크게 줄일 수 있는 신형엔진을 생산하여야 한다. 대형화된 잔디 깎기 차량과 모터보트의 대부분 신형모델들은 더 높은 효율과 더 청정해진 4-행정기관으로 교체되고 있다. 또한 최근 공포된 EPA의 규제법에 의하면, 보트, 잔디 및 정원 장비들에 더 낮은 배출량을 요구하고 있으며 (U.S. EPA, 2008b), 신형 보트엔진에는 2011년까지, 신형 잔디 깎기 차량에는 2012년까지 촉매전환장치를 장착하도록 요구하고 있다.

대부분 소형 2-행정기관을 장착한 이륜차와 삼륜차는 아시아에서 아주 보편적으로 사용되고 있다. 동유럽의 일부 도시에서도 보편적이다. 이유 중의 하나는 이들 소형엔진의 값이 싸다는 점이며, 또 다른 하나는 많은 비-OECD 국가의 도심이 거리가 좁고 붐벼서 소형 차량을 이용하는 것이 시민들에게 실용적이기 때문이다. 심지어 일본과 대만과 같은 산업화된 아시아 국가에서도 2-행정기관을 장착한 소형차량을 많이 볼 수 있다.

말레이시아는 아시아에서 전형적인 도시화된 국가이다. 이 나라에서는 오토바이가 중요한 교통수단이 되고 있다. 1980년도 말레이시아 반도에 약 1백만 대의 오토바이가 등록되었다 (Barwell, 1985). 이 숫자는 인구 100명당 10대 정도를 의미하며, 인구 100명당 5대인 승용차 보유정도와 비교된다. 오토바이는 시골지역에서도 널리 퍼져있는데, 시골사람 전 가족이 일주일마다 도시를 방문하거나, 또는 고무를 팔기 위해 지역 집하장으로 대량 운송할 때 주로 사용된다. 물론 이러한 과적운행은 오염물질 배출량을 크게 증가시킨다. 2009년 현재 말레이시아는 인구 1,000명당 305대의 등록된 차량을 보유하고 있다 (Malaysia Automotive Association, 2010). 약 2,850만명의 인구 (수도인 쿠알라룸푸르 주변 도시지역에 약 700만명 정도가 거주)를 가지고 있으며 약 870만대의 차량을 보유하고 있다 (그중 약 400만대는 수도에 있다). 이들 차량의 상당수가 오염방지장치가 없다. 따라서 의심할 여지없이 개발도상국의 도심지에서는 아직 대기오염문제가 심각하다.

운송에 널리 쓰이고 있는 두 가지 다른 형태의 엔진에 대해 간단히 논의하겠다. 디젤엔진 (경유엔진)은 대용량의 화물을 운반하는 트럭이나 버스에 이용되며, 때로는 승용차에 이용되기도 한다. 또한 기차와 배와 같은 비-도로상 교통수단에도 이용된다. 2-행정, 4-행정 휘발유 엔진과는 달리, 디젤엔진은 불꽃점화장치가 필요 없다. 디젤엔진에서 공기/연료 혼합물은 휘발유 엔진보다 상당히 높은 고압으로 압축되어, 연료의 자동점화온도에 도달할 때까지 온도가 상승한다. 연료가 연소되는 폭발행정 동안 피스톤은 하향한다.

디젤은 증류된 연료이다. 휘발유처럼 탄화수소 혼합물이지만 휘발유보다는 약간 더 무겁고 휘발성은 작다. 하지만 디젤엔진의 운전 공연비 (AFR)는 15～100 범위로써 휘발유 엔진보다 훨씬 희박하다 (Wark 등, 1998). 따라서 디젤엔진의 CO와 VOC 배출량은 휘발유 엔진보다 훨씬 적다. 반면 디젤엔진의 고온고압으로 NO_x의 배출량은 상당히 많다. 더욱이 냄새와 분진은 디젤엔진에서 큰 문제점이 되고 있다. 검은 매연은 과적일 때 생성되며, 특히 정지상태에서 가속발진 할 때 주로 생성된다. 검은 매연은 주로 미연소 탄소 또는 검댕 (soot)이며 엔진의 과부하 상태를 의미한다. 이때도 CO와 VOC가 다량 배출된다. 무색 또는 소량의 회백색 연기는 디젤엔진의 정상가동을 뜻한다. 1980년대에, 디젤의 최대허용 황함량은 0.5% (5,000 ppm)이었다. 황함량은 1990년대 초반에 0.05% (500 ppm)으로 낮아졌고, 2000년대 초반에는 초저황 수준 (15 ppm)이 되었다. 연료 중 황은 배기구 배출제어설비를 빠르게 막히게 하는 분진 (연기) 생성에 크게 기여하기 때문에 매우 중요하다. 현재 도로상 신형 디젤엔진은 매우 청정하게 연소되고 있으며, NO_x (촉매전환장치로 제어가능) 이외의 오염물질을 거의 배출하지 않는다.

교통수단에 널리 사용되고 있는 또 다른 형태의 엔진은 도로상에서는 볼 수 없다. 즉 현재 항공기에서 사용되고 있는 **터보제트엔진** (turbo jet engine)이 있다. 제트엔진에서 사용되는 연료(휘발유와 경유 중간정도의 무게이며 석유와 같은 탄화수소 혼합물)는 완전연소될 정도로 충분히 공기와 혼합되어 연소실의 전반부로 분사된다. 완전연소를 위해 분리구역에서 과잉공기가 허용된다. 이 엔진에는 피스톤이 없지만, 고온의 팽창된 기체는 연소실 (이 곳에서 더 많은 과잉공기와 혼합된다)을 통과하며 터빈부로 유입된다. 최종적으로 가스는 엔진의 후미부로 고속 방출되어, 비행기는 앞으로 전진하게 된다.

연간 배출량 측면에서 제트엔진에 의한 오염은 도로상 차량에 의한 오염보다는 상대적으로 작다. 하지만 매연에 의한 시정감소와 공항에서의 운항증가로 항공기에 의한 대기오염 배출이 많은 주목을 받고 있다. 공항 역시 승용차, 버스, 택시, 수송트럭 등의 도로상의 이동오염원을 다수 유인하고 있다. 공항과 관련된 모든 오염원의 오염배출을 이해하고 제어하는 일은 지역대기질 관리차원에서 중요하다.

Wayson과 Bowlby (1988)에 의하면, 공항은 보통 자동차, 비행기, 지상근무 차량, 연료저장 및 취급설비, 소규모 연소배출원 (화로 및 보일러 등), 기타 항공기 관련 관리보수 작업 (부품도금, 기름제거용 용매, 도색) 등과 같은 6가지 형태의 대기오염원을 가지고 있다. 대형 항공기 1대는, 표 18.5에서 보듯이, 다량의 대기오염물질을 배출한다. 하지만 항공기는 공항 경계선 내에서 배출하는 총량의 절반 이하를 배출한다는 사실에 주의해야 한다. 지상근무 차량, 대중교통차량, 개인 승용차가 항공기 이상으로 공항근처 고농도 CO에 영향을 준다.

표 18.5 제트엔진을 장착한 항공기로부터의 오염배출량

항공기종	엔 진	상 태	연료량 (lb/hr)	비행기 1대당 배출속도, lb/hr					
				CO	NO_x	VOC	SO_x	분진	CO_2
A330-200	PW4168A	공회전 시	4,674	10.4	18.3	0.5	1.8	0.2	4,284
(Airbus)	Talon II	이륙 시	29,193	64.8	114.1	3.2	11.0	1.1	26,754
	(비행기당	급상승 시	20,528	45.6	80.2	2.3	7.7	0.8	18,813
	엔진 2개)	진입 시	4,108	9.1	16.1	0.5	1.5	0.2	3,765
B767-300ER	PW4060	공회전 시	3,731	10.6	16.6	1.3	1.4	0.2	3,495
(Boeing)	배출감소	이륙 시	23,671	67.3	105.1	8.5	9.1	1.1	22,174
	(비행기당	급상승 시	17,367	49.4	77.1	6.3	6.7	0.8	16,269
	엔진 4개)	진입 시	4,509	12.8	20.0	1.6	1.7	0.2	4,224
DC-10	JT9D-59A	공회전 시	1,925	24.7	14.4	6.8	1.3	0.3	3,180
	(비행기당	이륙 시	21,381	274.4	159.9	75.1	14.5	3.1	35,327
	엔진 3개)	급상승 시	17,930	230.1	134.1	62.9	12.1	2.6	29,625
		진입 시	4,077	52.3	30.5	14.3	2.8	0.6	6,737

18.4 차량배출과 배출제어

차량에서 생성되는 대기오염물질의 배출에 크고 작은 영향을 주는 많은 인자가 있다. 이러한 인자는 임의로 다음과 같이 분류될 수 있다. (1) 엔진설계와 운전특성, (2) 운전자의 운전과 정비 습관, (3) 연료의 조성, (4) 부착된 오염방지기술, (5) 환경조건 등이다. 각 인자의 특성을 다음 단락에서 간략히 논의할 것이다.

엔진 설계특성에서 오염배출에 가장 큰 영향을 주는 인자는 공연비 (AFR: air to fuel ratio)이다. 촉매전환장치 (catalytic converter)가 장착된 현대 차량에서는 정밀하게 제어되고 연료가 약간 과잉인 상태 (SR = 0.98 ~ 0.99)에서 연소된다. 이로써 과잉 NO_x 생성을 막을 수 있고 과도한 CO와 VOC가 생성되지 않는다. 이러한 전반적인 목적을 염두에 두고, 적정한 총괄공연비 (macromixture 또는 overall AFR)를 얻기 위한 "연료의 유속 제어방법"과 실린더 내 어느 지점에서든 균질한 총괄공연비를 얻기 위한 "공기/연료의 혼합방법"은 매우 중요하다. 다년간 총괄공연비는, 양호하지는 않지만, 기화기 (carburetor)로 제어되었다. 오늘날 바람직한 총괄공연비는 연료분사장치 (fuel injector)에서 얻고 있는데, 연료/공기의 분사속도는 다양한 운전조건에서 연소혼합의 최적화를 위하여 컴퓨터로 감시되고 조정된다. 유입되는 공기와 연료를 소용돌이치게 하기 위한 연소실 설계로, 반응물질의 미세혼합을 향상시키고 CO와 VOC의 생성을 최소화시킨다.

비교적 오래된 방법이긴 하지만 재래식 내연기관을 변형시킨 **다단점화엔진** (SCE: stratified charge engine)이 있다. 이 엔진은 2단연소 (발전소에서의 2단연소과정은 16장에서 언급한 바 있다) 개념을 도입한 것이다. SCE는 각 실린더에 2개의 연소실을 갖는 것을 제외하고 4-행정기관과 거의 비슷한 구조를 가지고 가동된다. 첫 번째 소형 연소실에서는 과잉 연료혼합물이 불꽃에 의해 점화된다. 불길은 크게 번지고 두 번째의 대형 연소실 내의 희박한 연료혼합물을 점화시킨다. 기체는 팽창하여 피스톤을 움직인다. 예상했듯이, 2단계 연소는 이론연소의 고온을 피하여 과잉 NO_x 생성을 막을 수 있으며, 완전연소를 통하여 CO와 VOC 배출량을 줄일 수 있다.

최근 혁신적 엔진에는 보조 **희박연료연소엔진** (extra-lean-burn engine)이 있다, 이 엔진에서, 표준 실린더 내의 연소는 플러그 주변에서만 **연료혼합비**가 크며, 실린더 내의 기타 공간에서는 큰 **공기혼합비**를 유지한다. 이 방법은 연소실 설계를 통해 흡입시기와 소용돌이의 형태를 변화시켜 달성할 수 있다 (Grable, 1993). 두 개 연소실과 관련된 기계적 문제점 없이 다단점화엔진의 개념을 모방한 이 엔진은 최근 일부 차량에서 응용되고 있다. 이 엔진은 25 이상의 높은 공연비를 이용하여 CO와 VOC 배출을 크게 감소시키고 있다. 높은 운전비율과 더불어, 이 엔진은 출력대비 높은 기계적 효율을 보이며, 낮은 회전수에서 가동되어 연료소모량을 크게 줄일 수 있다. 희박연료연소엔진은 표준엔진보다도 정밀한 연료분사제어가 필요하다. 따라서 재래식 산소 감지기 대신 직접 산소/연료 감지기를 사용하고 있다. 모든 희박연료연소엔진이 그러하듯이, NO 생성량의 증가가 결점이다.

오염배출에 영향을 주는 또 다른 중요한 엔진설계인자는 **압축비** (compression ratio)이다. 압축비가 클수록 큰 출력을 얻을 수 있지만, 높은 온도가 생성되어 NO 배출량은 더욱 증가한다. 연소실에서의 표면적/부피비 (surface-to-volume ratio) 역시 오염배출에 영향을 준다. 실린더 부피 대비 벽면의 면적이 클수록, 가스의 조기 냉각이 커지며 벽면에서의 연소반응이 완만하게 진행되어 CO와 VOC의 배출량이 증가하게 된다.

피스톤 행정과 관련한 **불꽃점화** (spark) **시기**는 중요한 엔진가동 인자이다. 정상적인 불꽃점화는 최대 성능을 얻기 위해 상사점 (top dead center) 이전 약 20° 부근에서 일어난다. 하지만 상사점 이후로 점화를 지연시켜 VOC와 NO 배출을 50% 이상 감소시킬 수 있다.

또 다른 엔진 구조변경의 한 형태는 **배가스 재순환방법** (EGR: exhaust gas recirculation)이다. 이 방법은 배가스의 일부를 공기흡입 분지관 (intake manifold)으로 재순환시키는 것이다. 공기와 혼합된 배가스는 실린더로 유입되어 실린더 내의 연소가스를 희석하고 냉각시킨다. EGR은 NO_x의 생성량을 줄일 수 있는 매우 효과적인 방법이다.

일반적으로 2-행정기관에서 연료와 공기의 혼합정도는 제어가 양호한 대형엔진보다는 불량하다. 이러한 불량한 혼합 때문에 실린더 내부에 연료과잉 부위가 다수 형성되어, 고농도 CO와 VOC가 배출된다. 이들 2-행정기관은 오염방지장치를 부착하기에는 너무 소형이다. 모든 경우, 배기 중 미연소된 기름 미스트가 공해방지장치를 오염시킨다.

디젤엔진의 구조설계는 오염배출물－특히 검댕 (soot)－에 영향을 준다. 검댕은 미세한 탄소 입자로써 표면에 무거운 탄화수소를 흡착하고 있다. 비록 총괄공연비가 적정하다고 해도, 불량한 미시혼합으로 인해 연료과잉 부위가 형성되면 검댕은 상당량 생성될 수 있다.

분명히, 엔진설계가 아무리 잘 되었더라도 **차량은 올바르게 운행되고 정비되어야 한다**. 그렇지 않다면 오염배출량은 설계치보다 증가할 것이다. 올바른 운행이란 분별 있는 운전을 의미하며, 과적하지 않고, 적합한 연료를 사용하며, 적절한 오일/연료비를 사용 (이 경우는 2-행정기관에 준함)하는 것을 의미한다. 올바른 정비에는 적절한 점화시기 조절, 정기적 오일교환, 점화플러그의 청결유지, EGR 밸브의 기능유지, 적절한 타이어 공기압 유지 등을 포함한다.

연료의 조성은 오염물질의 배출량과 밀접한 관련이 있다. 일단 확실한 변수는 연료에 포함된 불순물의 수준이다. 황은 최소한 2가지 이유에서 바람직하지 않다. 첫째는 연료 중 황은 규제오염물질인 SO_2를 직접 생성하기 때문이고, 두 번째는 황이 자동 촉매전환장치 내의 촉매에 일시적인 독성을 주어 CO와 VOC 배출량 증가에 기여하기 때문이다. 또한 앞에서 언급한 것처럼, 경유 중 황은 분진 (특히 연기) 생성에 크게 기여한다.

미국에서 휘발유와 경유를 포함한 차량연료는 다른 나라와 비교하여 엄격한 수준에서 정유되고 있다. 정유과정의 첫 단계는 수소탈황공정 (hydrodesulfurization)이다. 이 공정에서 유기황은 수소와 반응하여 각종 탄화수소 화합물 및 생성물에서 제거된다. 이 정유과정 덕분에 미국 연료는 다른 나라의 연료보다 황의 함량이 적고, 차량에서 SO_x를 덜 배출한다.

납 역시 휘발유에서 "불순물"로 간주된다. 이 납은 옥탄가를 높이기 위해서 정유공장의 휘발유 최종 혼합과정에서 첨가된다 (휘발유 1 gal당 2～3 g의 4-에틸 납을 첨가하여 옥탄가를 향상시킬 수 있다). 앞에서 언급했듯이, 미국에서 1975년과 1995년 사이 휘발유 중 납의 함량을 줄이려는 일관된 정책 덕분에, 도시 대기 중 납의 농도는 급격히 감소하였다. 하지만 납의 감소와 병행하여, 정유회사는 최종 옥탄가를 높이기 위해 더 많은 방향족 및 올레핀 화합물을 첨가하고 있다. 이 때문에 더욱 많은 대기독성물질 (air toxic)이 공기 중으로 방출되고 있으며, 배출된 VOC는 광화학적 활성도를 높인다. 더욱이 방향족은 알칸족보다도 검댕 생성을 쉽게 한다.

휘발유의 중요한 특성 중의 하나는 Reid Vapor Pressure (RVP: Reid 증기압)로 측정되는 휘발도 (volatility)이다. 부탄을 휘발유 혼합물에 첨가할 때 RVP는 최종 한계치까지 상승한다. 이런 이유로 추운 겨울에 시동을 쉽게 걸기 위해 부탄을 종종 첨가하기도 한다. RVP가 클수록 연료는 증발하기 쉽다. RVP가 클수록 차량을 운행할 때, 주유할 때, 저유소에서 기름을 채울 때, 더 많은 VOC가 배출된다. 최근 EPA 훈령으로 과거보다 낮은 RVP 휘발유를 사용하고 있으며, 특히 오존농도가 최대가 되는 여름에 낮은 RVP를 사용하고 있다.

1980년대 중반이후, 휘발유 대체물질로서 메탄올과 에탄올과 같은 산소화연료 (oxygenated fuel)가 집중적인 관심을 받고 있다. 이러한 연료는 CO와 VOC를 덜 배출한다. 우리는 이 장의 후반부에서 이들 연료에 대해 자세히 공부할 것이다.

공해방지장치의 부착으로 차량의 최종 배출량은 실질적으로 감축될 수 있었다. 지난 40년간 가장 확실한 기술은 엔진 배가스를 처리하는 촉매전환장치이다. 이 방법은 CO와 VOC를 산화시켜 CO_2와 H_2O와 같은 최종산물로 처리하는 기술이며, NO_x를 화학적으로 환원시켜 N_2와 O_2로 전환시키는 기술이다. 원래 이 기술은 과잉연료로 가동되는 엔진에 적용되었으며, NO_x 제어를 위해 배가스를 우선 환원 촉매층에 통과시킨다. 또한 여분의 공기를 배기장치로 주입시키고, 이 배가스를 산화 촉매층에 통과시킨다. 하지만 이와 같은 설계는 연료를 많이 소비하기 때문에 사용되지는 않았다. 알루미늄을 담체로 하여 백금과 로듐 (rhodium)을 촉매로 사용하는 **삼원촉매전환장치** (3-way catalytic converter)는 하나의 장치로 동시에 여러 작업을 수행할 수 있다. 이 장치는 공연비 (AFR)와 배가스 내의 산소를 실시간으로 감지하기 위해 정밀 컴퓨터 제어장치가 필요하다. 그림 18.4에서 삼원촉매전환장치가 올바르게 작동하기 위해서는 공연비의 엄격한 제어가 필요하다는 사실을 보여주고 있다. 사실상 대형 트럭과 승용차를 포함한 현대의 모든 차량은 공연비, 점화시기, EGR 속도, 공회전 속도, 기타 가동인자를 통제할 수 있는 컴퓨터를 장착하고 있다.

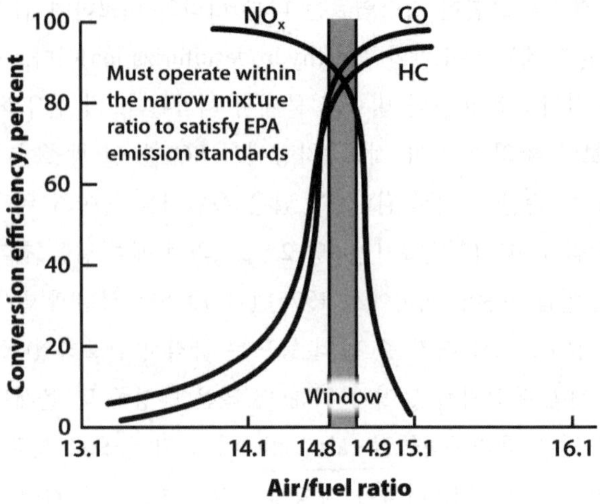

그림 18.4 공연비가 삼원촉매장치의 전환효율에 미치는 영향
출처 : Niepoth 등, 1978.

아직 설명하지 않은 2가지 장치로는 '활성탄 캐니스터 (carbon canister)'와 '양압 크랭크케이스 환기 (PCV: positive crankcase ventilation) 밸브'가 있다. 활성탄 캐니스터는 차량이 정지한 후 뜨거운 엔진에서 방출되는 증기상태의 VOC를 포집하는 소형 활성탄 흡착장치이다. 그 이전에는 휘발유 증기가 그대로 대기 중으로 방출되었다. 차량이 운행될 때는 흡인된 공기가 활성탄 장치를 통과하며 흡착된 VOC를 탈착시킨다. 이 때 탈착된 VOC는 다시 실린더 내로 유입되어 연소된다. PCV 밸브는 윤활유 증기와 박무가 차있는 크랭크케이스에 공기를 통과시켜 실린더 내로 유입시키고 연소시키는 기능을 한다.

디젤차량에 현재 사용되고 있는 장치는 '포집형 산화장치 (trap oxidizer)'이다. 이 장치는 촉매전환장치와 분진 여과장치를 조합한 것이다. 검댕과 기타 디젤 배출물은 일단 포집되고 그 후에 산화된다.

오염방지장치가 설치된 차량을 함부로 개조하는 행위 (tempering)는 첨단 설계장치를 무용지물로 만들 수 있다. 여기에는 활성탄 캐니스터를 떼어내는 행위, EGR 밸브를 막는 행위, 산소감지기를 떼어내는 행위, 촉매전환장치를 제거하는 행위, 연료주유구 차단장치를 제거하는 행위 등을 포함한다. 함부로 장치를 개조한 차량은 그렇지 않은 차량과 비교하여 700% 이상의 오염물질을 더 배출한다.

EPA 연구에 의하면, 1980년대에 미국 내 장치의 불법개조율은 약 20~25% 정도였다. 플로리다주 환경보호부에서 수행된 연구에 의하면 (Nichols, 1992), 플로리다 중부지역에서도 비슷한 수치를 보였다. 오늘날 불법개조율은 매우 낮은데, 이는 아마도 공해방지장치가 새롭고 문제가 많았던 1980년대보다 요즘 차량의 운행상태가 양호하기 때문일 것이다. 또한 현대 차량들은 컴퓨터로 제어되기 때문에 불법개조가 오히려 차량운행을 나쁘게 할 수 있다.

무연휘발유에 적합하게 설계된 차량에 유연휘발유를 주유하는 행위 역시 1970년대에서 1980년대에 문제가 된 불법주유의 한 양상이다. 단지 휘발유 1 gal당 몇 푼을 아끼기 위해 상당수의 운전자가 주유구의 차단막을 뜯어내고 촉매전환장치가 부착된 차량에 유연휘발유를 주유하였다. 이런 행위는 도시대기 중 입자상 납 농도에 직접적인 영향을 주었으며, 수십만 개의 촉매전환장치를 영구적으로 폐품화시켰다. 유연휘발유를 10번 정도만 주유해도 촉매의 오염물질 제어능력은 상실된다. 다행하게도 유연휘발유는 미국에서 사라졌으며 다른 나라들도 같은 길을 걷고 있다.

기온 및 압력과 같은 **환경조건**은 차량의 오염물질 배출에 큰 영향을 미친다. 언급한 것처럼, 엔진은 정확한 공연비 (AFR) 상태에서 최상으로 가동한다 (공연비는 질량비임을 명심하라). 엔진은 부피비에 입각하여 액체연료와 공기를 소모한다. 기온에 따라 밀도가 변화하며 (공기가 액체연료보다 변화가 크다), 연료질량에 대한 공기질량 역시 부피흐름 속도가 일정하더라도 변화하게 된다. 뿐만 아니라 추운 기온은 엔진의 예열 (warm-up) 시간을 늘리고, 이때 차가운 실린더 표면은 연소반응을 더디게 하여 오염배출량을 증가시킨다. 더욱이 새 차는 75 °F 실내에서 EPA 배출기준 준수여부를 검사하기 때문에, 차량제자자들은 엔진과 공해방지설비가 75 °F에서 최소 배출량을 갖도록 차량을 최적화하는 경향이 있다. 실제로 배출량은 75 °F보다 높거나 낮을 때 증가하는 경향이 있다. 기온과 더불어 습도, 운량 (cloud cover), 일사량과 같은 기상인자도 에어컨 사용에 영향을 줄 수 있다. 에어컨은 엔진에 커다란 부하를 주며 오염배출량을 증가시킨다.

언급되어야 할 또 다른 온도효과는 엔진의 가동온도이다. 오염배출량은 시동 후 (엔진이 냉각되어 촉매장치가 가동온도에 진입하기 이전) 첫 2~6분 동안 매우 많다.

대기압은 공기밀도에 직접적으로 영향을 미치지만 연료의 밀도에는 영향을 주지 않는다. 공기밀도의 영향은 고도변화가 심할 때 더 크게 나타난다. 자동차는 해수면 밀도인 표준공기에 맞춰 설계되지만, 덴버나 멕시코시티와 같은 도시의 공기밀도는 상당히 희박하다. 이들 도시의 공기에는 해수면과 비교하여 산소량이 20% 정도 (질량기준) 적다. 기압 감소로 인한 또 다른 주요 영향은 각종 격막 (diaphragms), 제동기 (dashpot), 엔진의 성능을 감시하고 제어하는 감지장치 (sensor) 등의 이상작동이다.

예제 18.4 특정등급의 휘발유를 연소하는 특정차량의 설계 공연비 (AFR)가 14.7이다 (1.20 kg/m^{3}의 공기밀도를 기준). 만약 동일한 차량이 어떤 보정 없이 멕시코시티에서 운행될 때, 즉 단위연료당 동일한 부피의 공기를 사용할 때, 실제 AFR을 계산하고 양론비 (SR)를 계산하라 (단, 멕시코시티는 해발 2,240 m 고도에 위치하며 공기밀도는 1.00 kg/m^{3}이다).

풀이 연소연료 1 kg을 기준으로 한다. 해수면에서 AFR = 14.7로 흡입된 공기의 부피는,

$$1\ \text{kg 연료} \times \frac{14.7\ \text{kg 공기}}{1\ \text{kg 연료}} \times \frac{1\ \text{m}^3\ \text{공기}}{1.20\ \text{kg 공기}} = 12.24\ \text{m}^3$$

멕시코시티에서, 이 부피의 공기질량은,

$$12.24\ \text{m}^3 \times \frac{1.00\ \text{kg 공기}}{1\ \text{m}^3\ \text{공기}} = 12.24\ \text{kg 공기}$$

실제 AFR과 SR은,

$$\text{AFR} = 12.24\ \text{kg 공기/kg 연료}$$
$$\text{SR} = 12.24/14.7 = 0.83 \quad \text{(이론치보다 17\% 적다.)}$$

이 차량의 기화기 (carburetor) 또는 연료분사기는 교체되어야 한다.

특정 연도에 도로상을 주행하는 차량들은 각종 차종 (승용차, 트럭, 버스 등)으로 뒤섞여 있으며 각종 연료 (휘발유, 경유 등)를 사용하고 있다. 더욱이 차량 역시 다양하다. 어떤 승용차들은 최신 모델이며, 나머지 대다수는 최근 10년 이전에 제작된 차량일 것이다. 또한, 나머지 극히 일부는 20년 이상이 된 차량일 것이다. 미국에서는 매년 많은 사람들이 새 차로 교환한다. 이 결과 자유시장 경제의 연쇄반응 효과에 의해, 매년 가장 오래된 차량의 일부가 폐차되고 일부는 최신 모델로 교체되어, 제작연도별로 차량수는 일정한 비율을 유지하고 있다. 물론 최신모델 차량은 가장 엄격한 배출기준을 만족시키고 있으며, 적절하게 유지보수가 되고 운행되며, 최소량의 오염물질을 배출할 것이다.

미국에서 신형 승용차 및 경량차량 (LDV: light duty vehicle)의 배출기준의 변천과정이 표 18.6에 제시되었다. 또한 중량차량 (HDV: heavy duty vehicle)에 관한 기준치는 표 18.7에 제시되었다. EPA는 1998년도에 연방 저배출차량계획 (national low emission vehicle program)을 시행하였다. 이 계획에 의해, 제작자는 모든 차량모델에 대한 성가신 규제를 피하기 위해 특정모델에 대해 자발적으로 배출량을 줄였다. 또한 이 계획을 통해 차량제작자는 모든 주 (캘리포니아주는 이미 더욱 엄격한 규제를 채택하였기 때문에 예외)에서 공히 인증될 수 있는 차량을 생산하게 되었으며, 50개 주 각각에 대해 서로 다른 기준을 준수할 필요가 없어졌다. LEV 기준은 표 18.6에 제시된 1994+ 수치보다 낮지 않았지만, 50,000 mile과 100,000 mile에서 기준을 충족시켜야 했다. 또한 이 규제는 LEV 수준의 약 50% 정도 삭감량에 해당하는 ULEV (ultra LEV) 기준을 설정하였다.

표 18.6 미국의 신형 경량차량에 대한 배출기준의 변천과정[a]

연 도	신형 차량에 대한 배출기준 [g/min (gpm) 또는 지정단위]			
	일산화탄소	탄화수소	질소산화물	분 진
제어 이전	3.4%[b]	850 ppm	1,000 ppm	–
1968~69	2.0%	350 ppm	–	–
1970~71	23	2.2	–	–
1972[c]	39	3.4	–	–
1973~74	39	3.4	3.0	–
1975~76	15	1.5	3.1	–
1977~79	15	1.5	2.0	–
1980	7.0	0.41	2.0	–
1981	3.4	0.41	1.0	–
1982~86	3.4	0.41	1.0	0.60[d]
1987~93	3.4	0.41	1.0	0.20[d]
1994+	3.4 (10.0)[e]	0.41	0.4	0.08[f]
1998+ (ULEV)[g]	1.7	0.075	0.2	0.08

주의 : a 1975년 이전의 연방시험법은 다양했다. 1975년 이후의 시험법인 CVS-75는 고온과 저온 시동을 포함하는 일정부피의 시료검사법이다.
b %=부피비에 의한 백분율; ppm=백만분의 일
c 이 연도에 검사법에 변화가 있었다; 기준치의 뚜렷한 완화는 사실이 아니다.
d 단지 디젤에만 적용
e 이 추가된 기준은 20 °F에서의 기준이며 75 °F에서는 3.4 g/mile이 그대로 적용된다.
f 모든 LDV에 대하여
g ULEV=ultra low emission vehicle; 배출량은 LEV의 1/2 정도이다.
출처 : U.S. EPA.

표 18.6에서 기준치는 배출계수 (EF: emission factor)로 표시되어 있다. 일반적으로 배출계수란 특별히 정의된 활동에 대해 오염물질의 평균 배출량을 표시하는 수단이다. 평균 차량에 대하여 배출계수는 해당 차량이 규정된 방법으로 운행될 때 특정오염물질의 평균 배출량을 의미한다. LDV에 대한 EF는 보통 운행거리 (mile)당 오염물질의 질량 (gram)으로 표시하며, HDV는 출력 (bhp-hr: brake horsepower-hour)당 오염물질의 질량으로 표시한다. 또한 공회전시 EF는 모두 gram/min으로 표시한다. 중고차에 대한 EF는 현재의 배출량을 단일화시키는 편리한 척도이다. 신차에 대한 EF는 새로 제작된 일부 차종에 한해 측정되며, 제작사가 신차운행에 대한 EPA의 배출기준을 준수하는 지의 여부를 판단할 때 사용된다 (배출기준은 배출계수와 단위가 같다).

표 18.7 미국의 신형 중량차량에 대한 배출기준의 변천과정[a]

연 도	배출기준 [g/brake horsepower-hour (g/bhp-hr)]						
	HDGV[a]			HDDV[b]			
	CO	HC	NO_x	CO	HC	NO_x	PM
제어 이전	155	10.9	6.71	−	−	−	−
1974~78	40	−	−	40	−	−	−
1979	25	1.5	−	25	1.5	−	−
1980~83	25	1.5	−	25	1.5	−	−
1984	25	1.5	−	25	1.5	10.7	−
1985~86	37.1	1.9	10.6	15.5	1.3	10.7	−
1987[c]	37.1	1.9	10.6	15.5	1.3	10.7	−
	14.4	1.1	10.6	−	−	−	−
1988~90[c]	37.1	1.9	6.0	15.5	1.3	6.0	0.6
	14.4	1.1	6.0	−	−	−	−
1991~93[c]	37.1	1.9	5.0	15.5	1.3	5.0	0.10[d]
	14.4	1.1	5.0	−	−	−	0.25[e]
1994+[c]	37.1	1.9	5.0	−	−	−	−
	14.4	1.1	4.0	15.5	1.3	5.0	0.10[f]
2004+	14.4	0.33	1.0	15.5	−	2.4	0.10
2007+	14.4	0.14	0.20	−	0.14	0.20	0.01

주의 : a HDGV=중량 휘발유차량
b HDDV=중량 디젤차량
c HDGV에 대한 높은 기준치는 차량중량이 14,000 lb 이상 되는 차량을 기준
d 도시버스
e 도시버스를 제외한 모든 HDDV
f 모든 HDDV
출처 : U.S. EPA에서 발췌.

이러한 신차 운행기준은 표준화된 시험방법 − 연방시험방법 (FTP: Federal Test Procedure) − 에 기초를 두고 있다. FTP는 평균적인 도시에서의 운전 패턴을 모사한 시험절차이다. 즉, FTP는 도시지역에서 흔히 볼 수 있는 정지/출발과 같은 운전 성향을 모사하여 차대동력계 (dynamometer) 상에서 무수한 가속과 감속주기를 반복 시행하는 수요자 중심의 검사법이다 (이 시험법은 1970년대 초반 Los Angeles를 기준으로 한 것이다). 미국의 FTP는 캐나다, 멕시코, 한국, 대만 등 여러 나라에서 채택되어 사용되고 있다. 일본과 EU (European Union)는 자체 표준화된 시험법을 가지고 있다. 이 시험법은 FTP와 유사하나 자국의 도시특성을 반영하고 있다.

만약 도로상에서 운행되는 다수의 표본차량에 대한 배출량을 평균화 한다면, **운행평균 배출계수** (fleet average emission factor)를 구할 수 있다. 운행평균 EF는 평균차량당 g/mile 단위로 표

시되며, 도로상, 교차로, 주차장 등에 위치한 차량의 총 배출량을 추정할 때, 또는 이들 시설물 근처의 농도를 추정할 때 유용하게 사용된다. 이 EF를 사용한다면, 도로상에 운행되는 차종과 관계없이 숫자만 파악하면 된다.

EF의 수치에 영향을 주는 인자에는 차종 (vehicle type)과 차령 (vehicle age)이 있다. 중량차량은 경량차량과 비교하여 배출량이 다르기 때문에 차종의 영향이 뚜렷하게 나타난다. 최신 공해방지 장치가 장착되어 설계가 잘된 차량, 유지관리가 적절히 되고 있는 차량, 청정연료를 사용하는 차량에 대해서도 차령은 중요한 인자가 된다. 시간이 지날수록, 차량의 기계장치는 마모하여 배출량은 증가하게 된다. 이와 같은 자연노후 현상은 매년 차량당 평균 배출량을 증가시킨다.

예제 18.5 어떤 도시에서 각종 차량이 골고루 섞여 있다. 이 도시에 승용차가 90%, 트럭이 10% 운행되고 있다고 가정하자. 다음 도표는 신형차량에 대한 배출계수 (EF: 특정 속도, 특정 온도에서만 사용가능), 노후속도계수 (EF에 곱하여 사용가능), 운행거리 (VMT: vehicle miles traveled) 분율 등을 차령에 따라 보여주고 있다. 1992년도 이 도시에서의 운행평균 배출계수를 구하라 (단, 특정 속도 및 온도에서 구하라).

예제 18.5를 위한 자료

모델년도	승용차			트 럭		
	새 EF (g/mile)	노후인자	VMT 분율	새 EF (g/mile)	노후인자	VMT 분율
1992	12.0	1.07	0.112	25.0	1.09	0.109
1991	12.0	1.12	0.142	25.0	1.13	0.105
1990	12.0	1.16	0.130	35.0	1.17	0.103
1989	12.0	1.20	0.121	35.0	1.21	0.099
1988	15.0	1.23	0.108	50.0	1.25	0.095
1987	15.0	1.26	0.094	50.0	1.29	0.087
1986	15.0	1.28	0.079	50.0	1.32	0.082
1985	24.0	1.30	0.063	50.0	1.35	0.072
1984	24.0	1.32	0.047	80.0	1.38	0.062
1983	24.0	1.34	0.032	80.0	1.41	0.051
1982	30.0	1.35	0.025	80.0	1.44	0.040
1981	30.0	1.36	0.020	80.0	1.46	0.031
1980	35.0	1.37	0.015	95.0	1.48	0.024
1979	35.0	1.38	0.006	95.0	1.50	0.017
1978	50.0	1.39	0.003	95.0	1.52	0.011
1977	50.0	1.40	0.002	95.0	1.53	0.007
1976	50.0	1.41	0.001	95.0	1.54	0.005

풀이 승용차에 대해서, 각 연도의 첫 세 열을 곱하고 (1992년도의 예를 들면, 12.0×1.07×0.112 = 1.438), 다음에 모든 연도의 결과를 합산한다. 승용차에 대한 운행평균 EF로써 19.9 g/mile이 계산된다. 트럭에 대해서도 마찬가지이다. 트럭의 운행평균 EF는 66.1 g/mile이다. 따라서 총괄운행평균 EF는,

$$(0.9 \times 19.9) + (0.1 \times 66.1) = 24.5 \text{ g/mile}$$

만약 EF에 영향을 주는 모든 정확한 변수값을 추정할 수 있다면, 미래의 특정 연도에 대해 해당 EF를 반영할 수 있다. EF는 g/mile로 표현되기 때문에 차량의 평균속도와 밀접한 관련이 있다. 평균속도가 느릴수록 긴 공회전 시간을 요구하고, 잦은 출발/정지는 배출량의 증가를 가져온다. 그 밖의 주요 요인에는 지역의 차종분포 백분율, 모델년도에 입각한 차령, 지역의 기온, 지역의 고도, 저온시동의 확률 및 불법개조율 등이 있다.

예제 18.6 한 차량이 20~40 mph로 운행하는 동안, 6.0 g/min으로 CO를 배출하고, 공회전할 때는 4.0 g/min으로 배출한다. 가속과 감속을 무시하고 3 mile 거리를 운행할 때 평균 배출계수(g/mile)를 다음 두 경우에 대하여 계산하라. 또한, 각 경우 평균 주행속도를 계산하라.

(경우 1)

원활한 소통 : 주행속도 = 30 mph, 총 정지시간 = 2 min

(경우 2)

교통정체 : 주행속도 = 20 mph, 총 정지시간 = 5 min

풀이 (경우 1)

$$\text{주행시간} = \frac{3 \text{ mile}}{30 \text{ mph}} \times \frac{60 \text{ min}}{1 \text{ hr}} = 6 \text{ min}$$

$$\text{EF} = [(6 \text{ min} \times 6.0 \text{ g/min}) + (2 \text{ min} \times 4.0 \text{ g/min})] / 3 \text{ mile} = 14.7 \text{ g/mile}$$

$$\text{평균 주행속도} = \frac{3 \text{ mile}}{8 \text{ min}} \times \frac{60 \text{ min}}{1 \text{ hr}} = 22.5 \text{ mph}$$

(경우 2)

$$\text{주행시간} = \frac{3 \text{ mile}}{20 \text{ mph}} \times \frac{60 \text{ min}}{1 \text{ hr}} = 9 \text{ min}$$

$$\text{EF} = [(9 \text{ min} \times 6.0 \text{ g/min}) + (5 \text{ min} \times 4.0 \text{ g/min})] / 3 \text{ mile} = 24.7 \text{ g/mile}$$

$$\text{평균 주행속도} = \frac{3 \text{ mile}}{14 \text{ min}} \times \frac{60 \text{ min}}{1 \text{ hr}} = 12.9 \text{ mph}$$

이미 앞에서 언급했듯이, 도로상 차량의 배출량은 많은 변수에 의존한다. 배출량을 정확히 추정하기 위해서는 배출량에 영향을 미치는 모든 인자들을 고려하여야 한다. 오랜 동안 EPA는 운행평균 EF를 추정하기 위해 방대한 조사와 모델링 작업을 수행한 바 있다. EPA는 지역적으로 사용자가 입수가능한 자료에 대해서는 변수를 변경할 수 있고, 그 외 자료에 대해서는 전국 평균값을 고정값 (default value)으로 사용하는 전산프로그램을 개발하였다. 이 프로그램의 2009년 12월도 EPA 공식판 (version)이 MOBILE-6이다. 이 프로그램은 2002년에 처음 배포되었다. MOBILE-6은 이전 모델과 비교하여 포맷과 입력자료의 요구사항이 크게 변하였다. 또한 EF에 대해 약간 다른 결과를 주었지만 (Keely and Cooper, 2002), 이 EF 모델의 기본원리는 동일하다.

MOBILE-6는 축적된 자료를 기반으로 개발되었다. 이 모델은 CO, VOC, NO_x, 분진, CO_2, 각종 독성대기물질 (benzene, acrolein, HCHO 등)의 배출계수를 계산한다. 과거 및 미래의 다년간 운행평균 EF (또한 차종별 EF 포함)를 추정할 수 있다. 여기서 미래 EF는 운행 중 미래에 혼합될 차종을 가정하여 추정된다. EF는 다음과 같은 변수에 의존한다.

- 차종 (소형 승용차, SUV, 중량트럭 등)
- 차령 (모델년도, 최신형 차량은 포함되며, 아주 오래되고 오염이 극심한 차량은 운행에서 제외한다.)
- 차량검사/유지보수 프로그램 (더 양호한 형태로 유지)
- 운전조건 (속도, 공회선, 가속, 직재)
- 도로종류 (고속도로, 간선도로, 지선도로, 진입도로)
- 연료 (휘발유, 경유, RVP, 산소함량, 황함량)
- 대기조건 (온도, 습도, 태양강도, 고도)

MOBILE-6는 대형 데이터베이스 (DB)를 가지고 있다. 이 자료는 승용차, 트럭, 오토바이 등에 대한 수많은 현장측정과 실험실 측정연구의 결과물인데, 각 연구에는 차령, 차종, 차량모델, 운전조건, 도로 및 대기조건 등을 포함하고 있다. 배출모델을 사용하기 위해서는, 교통에 영향을 주는 독립변수들의 수백만 가능한 경우의 수를 수용하고, 이들 모든 자료를 함께 조합하는 것이 절대적으로 필요하다. 배출량은 상당한 정확도과 매우 높은 정밀도를 가지고 추정되기 때문에, 도로 프로젝트의 잠정적 영향을 평가할 수 있으며, 미래의 대기질을 보호하기 위한 제어전략을 세우는데 도움을 받을 수 있다. 이 책의 최종 집필이 완료되어가는 2009년 12월, EPA는 가장 최근 EF 모델이며, 궁극적으로 MOBILE-6 모델을 대체할 MOVES를 선보였다. 이 모델은 외형상으로는 MOBILE-6 모델과 커다란 차이가 있으나, 실질적으로는 거의 같으며 미국에서의 차량운행 배출계수를 추정할 때 사용한다.

MOBILE6 OUTPUT (EDITED)

Minimum Temperature: 50.0 (F) **Maximum Temperature:** 75.0 (F) **Month:** Jan.
Nominal Fuel RVP: 9.0 psi **Weathered RVP:** 9.0 psi **Altitude:** Low
100% of VMT has been assigned to the arterial/collector roadway type for all hours of the day and all vehicle types.
Absolute Humidity: 75. grains/lb **Fuel Sulfur Content:** 300. ppm **Exhaust I/M Program:** No
Evap I/M Program: No **ATP Program:** No **Reformulated Gas:** No

Vehicle Speed: 15 miles/hr

Calendar Year: 1980

Vehicle Type:	LDGV	LDGT12	LDGT34	LDGT	HDGV	LDDV	LDDT	HDDV	MC	All Veh
GVWR:		<6000	>6000	(All)						
VMT Distribution:	0.6763	0.1478	0.0755		0.0365	0.0079	0.0122	0.0347	0.0092	1
Composite Emission Factors (Gm/Mile):										
Composite VOC:	8.98	10.28	16.41	12.35	20.22	1.41	2.52	8.25	8.82	9.98
Composite CO:	78.10	86.57	127.57	100.43	248.44	2.77	4.09	24.74	32.20	85.52
Composite NO_x:	5.99	5.71	7.00	6.15	6.53	1.88	3.33	37.54	0.59	7.03

Calendar Year: 2000

Vehicle Type:	LDGV	LDGT12	LDGT34	LDGT	HDGV	LDDV	LDDT	HDDV	MC	All Veh
GVWR:		<6000	>6000	(All)						
VMT Distribution:	0.4941	0.2831	0.0967		0.0357	0.0012	0.0016	0.0814	0.0062	1
Composite Emission Factors (Gm/Mile):										
Composite VOC:	2.30	2.66	4.06	3.02	4.51	1.13	1.42	1.39	2.73	2.58
Composite CO:	19.62	25.25	39.43	28.86	53.77	2.51	2.48	7.66	20.69	23.34
Composite NO_x:	1.49	1.65	2.12	1.77	4.48	1.90	1.85	18.09	1.04	3.05

Calendar Year: 2020

Vehicle Type:	LDGV	LDGT12	LDGT34	LDGT	HDGV	LDDV	LDDT	HDDV	MC	All Veh
GVWR:		<6000	>6000	(All)						
VMT Distribution:	0.2790	0.4400	0.1500		0.0363	0.0003	0.0022	0.0872	0.0050	1
Composite Emission Factors (Gm/Mile):										
Composite VOC:	0.49	0.60	1.00	0.70	0.74	0.09	0.31	0.46	2.68	0.63
Composite CO:	7.70	7.95	10.90	8.70	13.29	0.94	0.69	0.87	20.69	7.95
Composite NO_x:	0.30	0.40	0.77	0.50	0.52	0.07	0.28	1.81	1.04	0.56

Vehicle Speed: 30 miles/hr

Calendar Year: 1980

Vehicle Type:	LDGV	LDGT12	LDGT34	LDGT	HDGV	LDDV	LDDT	HDDV	MC	All Veh
GVWR:		<6000	>6000	(All)						
VMT Distribution:	0.6763	0.1478	0.0755		0.0365	0.0079	0.0122	0.0347	0.0092	1
Composite Emission Factors (Gm/Mile):										
Composite VOC:	6.61	7.82	12.52	9.41	9.85	0.95	1.70	4.86	6.14	7.18
Composite CO:	65.99	74.80	111.14	87.08	120.02	1.71	2.55	12.21	20.35	69.11
Composite NO_x:	5.40	5.13	6.22	5.50	7.44	1.49	2.64	29.51	0.69	6.23

Calendar Year: 2000

Vehicle Type:	LDGV	LDGT12	LDGT34	LDGT	HDGV	LDDV	LDDT	HDDV	MC	All Veh
GVWR:		<6000	>6000	(All)						
VMT Distribution:	0.4941	0.2831	0.0967		0.0357	0.0012	0.0016	0.0814	0.0062	1
Composite Emission Factors (Gm/Mile):										
Composite VOC:	1.71	1.97	3.09	2.26	2.45	0.80	1.00	0.82	2.02	1.87
Composite CO:	17.11	22.44	34.96	25.63	25.98	1.66	1.64	3.78	11.85	19.50
Composite NO_x:	1.26	1.40	1.83	1.51	5.10	1.51	1.47	15.00	1.23	2.61

Calendar Year: 2020

Vehicle Type:	LDGV	LDGT12	LDGT34	LDGT	HDGV	LDDV	LDDT	HDDV	MC	All Veh
GVWR:		<6000	>6000	(All)						
VMT Distribution:	0.2790	0.4400	0.1500		0.0363	0.0003	0.0022	0.0872	0.0050	1
Composite Emission Factors (Gm/Mile):										
Composite VOC:	0.36	0.44	0.76	0.52	0.48	0.06	0.21	0.27	1.97	0.46
Composite CO:	6.63	6.92	9.48	7.57	6.42	0.59	0.43	0.43	11.85	6.65
Composite NO_x:	0.25	0.34	0.66	0.42	0.59	0.05	0.23	1.43	1.23	0.47

그림 18.5 MOBILE-6의 출력자료 (일부만 제시)

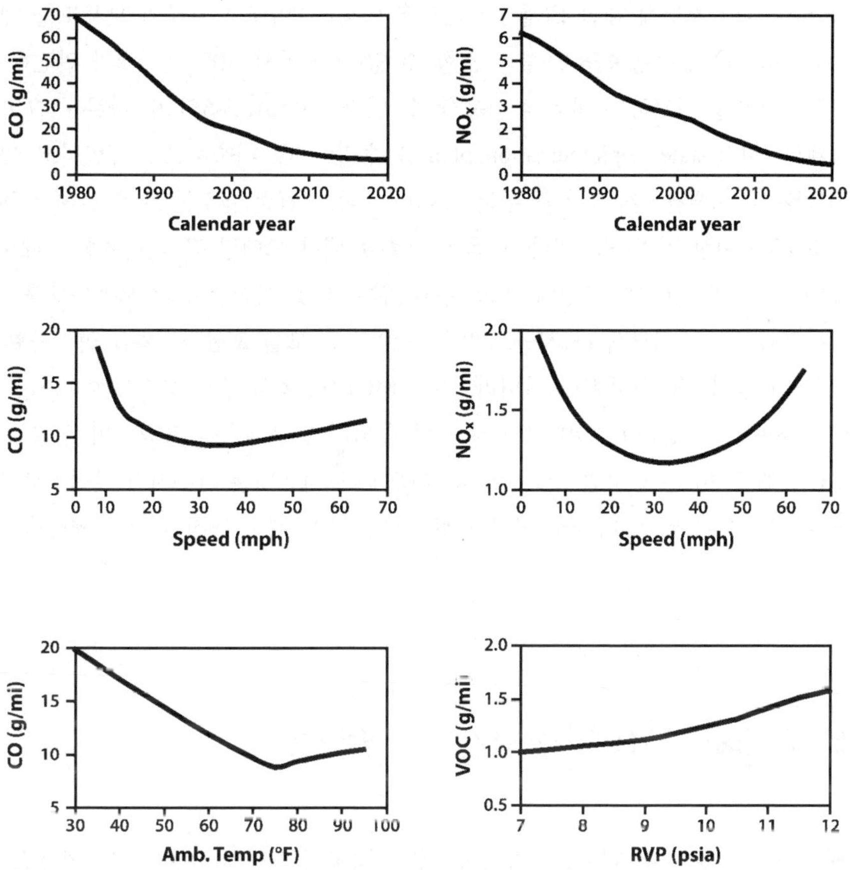

그림 18.6 미국의 경량차량에 대한 운행평균 배출계수와 일부 독립변수의 일반적 거동

우리는 또 다른 용도로 EF를 개발하기 위해 MOBILE-6를 사용할 수 있다. 배출목록 (emission inventory) 또는 대기농도를 계산하기 위해 (분산모델과 관련 – 20장 참조) 프로젝트급 분석에 사용한다. 예를 들어, 오존연구를 할 경우, 우리는 여름철 (과거 오존 에피소드 기간 동안, 도시지역의 시간과 장소의 함수로서) 특정지역의 특정날짜에 대해 이동오염원에 대한 정확한 정보가 필요하다. 연간 배출량자료에서, 우리는 미국 내 또는 주정부 내 모든 도로상에서의 평균운행과 관련한 NO_x와 VOC의 배출량을 원한다. 프로젝트급 CO 분석에서는 우리는 특정 교차로, 요금소, 도로 시설물을 통과하는 차량의 배출량만을 원한다.

MOBILE-6에서 얻은 간단한 출력결과가 그림 18.5에 있다. 이 그림은 3개 다른 연도에 대한 2개 다른 차량속도의 모델결과와 포맷을 보여주고 있다. 그림 18.6은 수많은 모델수행 결과를 도식한 것으로 중요 변수에 대한 EF의 거동을 보여주고 있다. EF는 제작년도, 속도, 온도 (및 기타 제시되지 않은 변수)의 함수이다.

MOBILE-6은 과거 차량에 대한 EF를 추정할 뿐 아니라, 미래형 차량의 분포도를 예측할 수 있고 2050년까지의 미래 운행평균 EF를 추정할 수 있다. 따라서 미래 대기질과 관련한 서로 다른 제어전략의 영향을 비교하는 과업에 사용할 수 있다. MOBILE-6의 또 다른 주요한 역할은 주정부실행계획 (SIP: state implementation plan)을 수립할 때, 배출자료를 개발하고 예산을 세우는 정책입안자와 규제자에게 도움을 주는 것이다. 이동오염원은 모든 주에 걸쳐 VOC, NO_x, CO 배출량의 40% 이상 기여하고 있다. 더욱이 오존에 대한 모델링 작업을 수행할 때 (19장 참조), 이동오염 배출량의 상세한 추정치 (도심지 내 위치별 및 시간별로)는 오존농도를 시간단위로 추정하는 광화학적 수치모델 (도시규모 또는 광역규모 모델 포함)의 핵심 입력자료가 된다.

위에서 설명한 광역규모 모델뿐만 아니라, 비록 MOBILE-6의 주요 용도는 아니지만, 미시규모 모델에도 사용될 수 있다 (MOBILE-6은 차량 출발시 배출계수를 포함하여 평균주행 EF를 제공한다). CO 배출계수는 도로변 CO 농도를 추정할 때 사용되는 가우시안 분산모델 (20장 참조)의 입력자료가 될 수 있다. 따라서 신설 도로계획을 세울 때 잠정적 대기질 영향을 평가하는데 도움을 준다.

18.5 자동차 대기오염제어의 기타 방안들

일단 차를 사면, 차량 소유자는 오염방지장치를 포함하여 적절한 유지와 관리책임을 갖게 된다. 하지만 이동오염원의 법적 규제는 주정부와 지방정부의 책임이다. 1980년대 초반 이후, 주정부 및 지방정부의 조직적인 노력이 해당지역의 대기질 기준을 달성하는데 반드시 필요하다는 점을 인식하게 되었다. 청정공기개정법 하의 주정부는 EPA의 승인을 얻어, 주정부실행계획을 세웠다. SIP는 대기질 기준을 유지하고 달성하는데 필요한 주정부와 지방정부 차원의 단계적 조치를 구체화시킨 것이다. 이동오염원과 관련하여 이 조치는 크게 3가지 항목으로 분류할 수 있다. 즉, 검사와 정비계획, 교통통제조치, 자동차 연료대체 등이다.

검사와 정비계획 (I/M program: inspection and maintenance program)에는 최소 오염기준을 만족시키기 위한 차량의 정기검사를 포함하고 있다. 최소 기준은 고의적으로 높게 설정되지만 오염유발 차량은 통과할 수 없다. 검사소는 주정부의 감독 하에 민간 계약자에 의해 운영된다. 시민들은 매년 검사필증을 교부받아야 하며 갱신하여야 한다. 주요 공해방지장치를 검사하며 배기구 배출량을 조사한다. 이 계획에 의해, 엔진이 적절히 작동하지 않는 차량 또는 다량 배출 등 기타 문제점을 가진 차량을 적발한다. 배출한계치를 초과하는 차량은 문제점을 시정하여야 하며, 운행필증 (operating permit: sticker)을 받기 위해 재검사된다. I/M 계획은 거리에서 평균

100배 이상 배출하는 오염차량을 적발하고 폐차시켜, 운행 중 배출을 줄이는데 큰 효과가 있다. 또한 불법 개조를 감소시키는 데에도 큰 효과가 있다.

양호한 I/M 계획은 다음과 같은 항목을 포함하고 있다.

1. 알맞게 표준화된 배기구 검사절차
2. 법률의 완전준수를 위한 효율적 시행
3. 진단과 수리 자격증을 가진 기술자 확보와 계속적인 기술자 연수
4. 차령에 따라 상이하지만 효율적인 기준설정
5. 권리포기와 면제의 최소화
6. 주정부 법무기관에 의한 주기적 평가와 검토

I/M 계획은 오늘날보다 1980년대와 1990년대에 더 효과적이었다. 이 당시에는 제어가 전혀 안된 1980년대 이전 차량들이 상당 부분을 차지하였다. 2000년대에 가서야 이들 노후차량은 교체되었고, 현재 운행 중인 대부분 차량은 양호한 엔진과 양호한 배출제어장치를 가지고 있다. 최근에는 몇 안 되는 대량 오염배출차량을 적발하기 위해 모든 차량을 검사하는데 많은 비용이 든다는 점에서, I/M 계획은 비용대비 비효율적이 되고 있다.

교통통제조치 (TCM: transportation control measures)와 교통관리기술은 도시지역 대기오염을 저감시키는데 매우 효과적이다. 이들 계획은 일명 교통개선계획 (Transportation Improvement Plan)이라 불리는 문서에 포함되어 있다. 교통통제조치와 교통관리기술은 운행 차량수의 감소와 교통의 원활한 소통이라는 결과를 가져온다. 모든 경우에 있어 배출량과 농도는 감소된다. 1990년도 청정공기개정법의 108(f)항에 의거하여, EPA는 교통부의 협조하에 “교통통제조치로 인한 주요 오염물질과 원인물질의 잠재적 배출감소와 공식화에 관한” 정보를 확보해야 한다. 이 조항에 기재된 교통통제조치의 16가지 내용이 표 18.8에 있다. 세계적으로 사용되고 있는 모든 조치들은 장황하지만 이들 조치는 다음과 같은 단계를 가지고 있다. 대중교통수단 [버스증차, 버스전용노선 (exclusive bus lanes)], 환승주차장 (park-and-ride lots), 경제적 조치 – 할증과 벌금 (주차료 인상, 카풀 보조금, 휘발유세 인상, 통행세), 법률적 조치 (주차금지, 차량진입 금지구역, 휘발유 배급제, 번호판 홀짝수 제한운행). 미국에서는 대중교통정책보다는 경제적 및 법률적 조치가 효과적이다. 다른 나라에서는 대중교통정책이 선호되고 있지만, 기타 조치들도 강구되고 있다. 예를 들어, 1990년대 초 암스테르담 시의회는 모든 자가용 차량이 도심지에 진입할 수 없도록 의결하였다. 2000년 2월 이태리 정부는 일요일에 로마를 비롯한 150개 도시 시내에서 자가용 차량의 운행을 금지시켰다. 로마에서 일요일에는 대중교통은 공짜이다.

표 18.8 교통통제조치

1. 단거리 여행축소
2. 차량사용 제한/제약
3. 고용주 주관 교통관리
4. 대중교통수단의 개선
5. 주차관리
6. 환승주차/외곽주차
7. 융통성 있는 근무시간
8. 교통량 흐름개선
9. 지역별 합승에 혜택부여
10. 다인승 운송수단
11. 주요업무 중심지에 관한 조치
12. 특별행사에 관한 조치
13. 자전거 타기와 보행계획
14. 자동차 공회전에 관한 조치
15. 저온시동에 관한 조치
16. 1980년 이전 차량의 자발적 폐차

교통관리는 도로상의 차량흐름 제어뿐 아니라, 교통수요 관리도 포함한다. 차량흐름을 제어하는 기술은 교통신호의 주기, 교차로에서의 교통흐름의 개선, 도로확장, 안전한 좌회전 차선의 확보, 상시진행 우회전 차선의 확보, 한 쌍의 일방통행로 확보, 다인승 차량 전용차선 지정, 트럭 전용차선 지정, 트럭 진입금지로 지정 등이 있다. 이 모든 조치는 혼잡을 줄이고 원활한 소통을 유도하며, 자연스런 차량흐름을 만들 수 있다. 전술했듯이, 평균 차량속도가 증가할수록 차량 배출계수는 감소한다.

교통수요는 시차근무제를 권장하여 변경시킬 수 있다. 시차근무제는 붐비는 시간을 피할 수 있고 도로이용률을 개선시킬 수 있다. 주 4일 근무 (업무에 따라 서로 다른 날짜에 근무하는)는 교통수요를 분산시킬 수 있다. 결국, 주거지와 직장이 가까울수록 총 운행거리는 감소한다.

자동차 연료대체에는 휘발유의 개질, 대체 및 비탄화수소 연료의 사용 등을 포함한다. 현재 휘발유 개질측면에서 가장 성공한 사례는 1970년과 1994년 사이에 99%의 납을 감소시킨 미국의 무연휘발유 정책이다. 최근 휘발유에서 최대 허용가능한 RVP의 감소로 VOC 배출은 효율적으로 감소하였으며, 특히 고농도 오존이 발생하는 여름에 주유소와 저유소에서의 증발손실도 감소하였다. 앞에서 언급한 것처럼, 최근 경유의 최대허용 황함량이 97% 감축 (500 ppm에서 15 ppm으로)되어 디젤차량에서 SO_2가 매우 낮은 배출량을 보이고 있으며, 촉매전환장치 덕분으로 NO_x의 배출량도 크게 줄었다.

표 18.9 차량 연료의 물리적 특성

특 성	연 료					
	메 탄	프로판	메탄올	에탄올	가솔린	디 젤
끓는점, ℃	−162	−42	65	79	35∼200	120∼350
에너지함량 (LHV)*, KJ/g	50	46	20	27	44	42
액체밀도, kg/L	0.42	0.51	0.79	0.78	0.72∼0.78	0.84∼0.88
옥탄가, (RON+MON)* / 2	120	105	99	97	87∼93	∼25

* LHV = 저-발열량 (lower heating value); RON = 리서치법 옥탄가 (research octane number); MON = 모터법 옥탄가 (motor octane number)

최근 **산소화연료** (oxygenated fuel)는 큰 관심을 끌고 있다. 연료분자 사이에 한 개 이상의 산소원자를 함유한 이 연료의 장점은 사슬형 휘발유와 비교할 때 확실하게 CO를 저감시킬 수 있다. 휘발유에 중량비로 3%의 산소를 혼합시켜 30%의 CO 저감효과를 얻을 수 있다. VOC 배출량 역시 다소 감소하지만, 오존 생성과 관련이 있는 NO_x 배출량은 오히려 약간 증가한다. Methanol, ethanol, tertiary butyl alcohol 또는 methyl tertiary butyl ether (MTBE) 등이 혼합된 휘발유는 일부 미국 도시에서 계속적으로 검사되고 있으며, 일부는 성공적으로 사용되고 있다. 하지만 일부 사례에 의하면, MTBE는 지하수 오염과 관련이 있다. 덴버와 같은 미국의 일부 도시에서는 겨울철에만 이들 연료를 사용하고 있다. 최근 정부의 조치로 휘발유 속에 에탄올을 광범위하게 혼합 사용하고 있다. 이 계획에 대한 정부의 확실한 정치적 목적 중 하나는 온실가스 배출량을 저감하는 것이며, 또 하나는 외국 기름에 대한 의존도를 줄이자는 것이다. 저자 입장에서 에탄올 함유 휘발유가 이러한 목적에 도움이 되는지 확실하지 않다.

휘발유의 대체물질 또는 **대체연료** (alternative fuel)는 압축 천연가스, 액화 석유가스, 순수 메탄올 또는 에탄올 등이 있다. 이들 연료와 기존 연료의 물리적 성질을 표 18.9에 제시하였다. 표에서 보듯이 알코올은 순수 탄화수소 연료와 비교하여 단위질량당 에너지 발생량이 매우 낮다. 메탄과 프로판은 단위질량당 큰 에너지를 방출하지만 액체 상태를 유지하기 위해 압축과 냉각이 필요하다. 그럼에도 불구하고, 현재 이들 연료는 휘발유의 훌륭한 대체물질 또는 보조연료로서 인정받고 있다.

각 연료는 휘발유와 비교하여 장·단점을 가지고 있다. **압축천연가스** (CNG: compressed natural gas)와 **액화석유가스** (LPG: liquefied petroleum gas)는 CO와 VOC를 50% 정도 덜 배출한다. 더욱 중요한 점은 광화학적으로 활성인 VOC를 거의 생성하지 않으며 벤젠과 같은 대기독성물질을 생성하지 않는다는 점이다. 한편, 단점은 연료의 저장과 취급, 연료의 주입과 관련이 있다. **알코올**은 CO를 적게 생성하고 광화학적으로 활성인 반응물을 거의 생성하지 않지만, HCHO의 배출은 매우 많다. 알코올의 다른 단점은 취급문제이다. 즉 메탄올은 고무와 가스킷 재질을 용해시키고, 피부를 통해 흡수될 수 있다. 알코올의 또 다른 단점은 단위부피당 에너지 방출량이 작아 차량의 운행거리가 짧다. 모든 대체연료는 휘발유와 비교하여 급유소가 태부족이라는 단점을 함께 가지고 있다. 비록 "청정"연료라고 불리는 이들 연료가 아직 완전히 휘발유로 대체될 여건은 아니지만, 버스, 배달 트럭, 시정부 공무차량 등의 차량은 급유 측면에서는 유리하다.

생물디젤 (biodiesel)은 원유디젤과 거의 같지만, 원유 대신에 식물 또는 동물지방에서 제조된다. 생물디젤유는 강염기 존재하에 천연기름 또는 지방 사이에 메탄올을 첨가한 에스테르 교환반응 (trans-esterification reaction)으로 생성된다. 재생가능한 생물연료이며, 평지 씨 (rape seed), 콩, 야트로파 (jatropha: 남미산 등대풀과 관목의 일종), 조류 (algae), 패스트푸드 가게의 튀김용 폐기름, 기타 등에서 만들어진다. 저자의 관점에서 식량자원과 경쟁하지 않고 대량생산할 수 있는 "조류"가 가장 미래 전망이 좋다고 생각한다.

기름제조 공정이 끝난 후, 생물디젤은 원유디젤과 거의 똑같으며, 많은 기존 디젤엔진에 이 연료만 주입하면 그대로 사용할 수 있다. 하지만 2008년도에 엔진제작자들의 우려 때문에, 대부분 생물디젤유는 생물디젤 20%와 원유디젤 80%를 혼합하여 (일명 B20) 판매되고 있다. 현재 미국 내 수많은 관용차량, 도시버스, 학교버스가 B20을 사용하고 있다. 에탄올과 다르게, 생물디젤은 순익 에너지를 생산하며 석유기반 차량연료 대체에 중요한 역할을 할 수 있다.

비탄화수소 연료에는 수소, 전기자동차, 태양력 자동차를 포함한다. **수소**는 많은 장점을 가지고 있다. 즉 CO, CO_2와 탄화수소를 전혀 생성하지 않으며, 연소될 수 있는 모든 연료 중 단위질량당 가장 많은 에너지를 방출한다. 하지만 수소가 상용화되어 휘발유의 대체연료로 사용되기에는 극복해야 할 많은 기술적 및 안전상의 문제점이 있다. 태양력 자동차는 아직 실험단계이고, 단지 전기자동차가 현재 실용성 측면에서 관심을 끌고 있다.

철로나 동력공급선을 요구하는 전기자동차는 전차처럼 수십 년 전부터 사용되고 있다. 오늘날 이런 주변장치가 필요 없는, 전기자동차에 대한 관심이 매우 높다. 배터리를 사용하는 승용차와 경량 밴이 개발되고 있으며 상업적으로 판매되고 있다. 이들 차량은 도로상에 전혀 오염물을 배출하지 않으며 매우 조용하다. 물론 배터리 재충전에 필요한 전기생산과 관련하여, 화석연료를 연소하는 화력발전소에서 대기오염물질이 방출된다. 하지만 이들 고정오염원에서의 대기오염은 일반적으로 제어가 용이하며 도시에서 멀리 떨어져 있다. 현재, 배터리 장착 차량은 제한된 운행거리 (80~150 mile), 긴 충전시간 (6~8시간), 비싼 가격 등이 제한점이다.

최근 더욱 저렴한 비용으로 개발되고 있는 차량은 휘발유와 전기를 결합한 **하이브리드 차량** (hybrid car)이다. 오늘날 이들 차량은 매우 양호한 연비를 제공하며, 공회전을 할 때에도 오염물을 전혀 방출하지 않는다. 이들 차량은 신호등에 걸려 정지할 때에는 휘발유 엔진의 기능을 자동적으로 끊고, 평소 운행을 할 때에는 전기모터를 사용한다. 단지 운전자가 가속을 할 때 또는 전기모터보다 큰 힘을 필요로 할 때, 가솔린 엔진이 자동적으로 재가동된다. 브레이크를 밟을 때 정지에너지를 포획하여 배터리를 충전하는데 사용한다.

연습문제

18.1 1980년에서 2000년 사이에 어떤 광역도시의 인구와 차량수가 2배 되었다. 또한 개인당 평균 주행거리는 20% 증가했다. 그림 18.5의 EF를 사용하여 2000년도 이동오염원으로부터 배출된 오존 원인물질 (VOC와 NO_x)의 연간 배출량을 추정하라. 1980년 수준의 몇 % 정도인가? (단, 평균속도는 30 mph이다.)

18.2 문제 18.1에서, 동일한 기간 중에 한 개발도상국가의 도심지에서 증가속도가 동일하게 관찰되었다. 이 나라에서 EF의 연도별 감소는 없었다. 오존 원인물질의 배출량을 2000년 수준에서 추정하라. 1980년도 수준 대비 %를 구하라.

18.3 문제 18.1을 다음 가정 하에서 풀어라, 가정: 차량증가로 인하여 시 전역의 차량속도가 평균 30 mph에서 15 mph로 감소하였다.

18.4 표 18.1에서 1980~2008년 사이의 미국 도로상 차량에서 배출되는 3가지 오염물질의 증감 백분율을 계산하라.

18.5 표 18.2의 자료를 사용하라. 만약 미국차량의 평균 VOC EF가 1.5 g/mile이고, 중국과 인도에서는 20 g/mile이라면, 중국과 인도의 차량에서 배출되는 연간 총 VOC 배출량을 미국과 비교하여 추정하라.

18.6 만약 중국의 1인당 차량수가 미국과 같다면, 2007년 중국에서 배출되는 연간 총 CO_2는 얼마인가?

18.7 표 18.3의 자료를 참고하라. 다음 문제에서와 같이 미국에서 VOC와 NO_x가 배출된다고 할 때, 연간 배출량을 추정하라. (a) 잔디 및 정원 장비, (b) 레저 차량 (보트와 개인선박, ATV, dirt bike 포함), (c) 농업 및 건설 장비. 2007년도 기준으로, 백만 톤 단위로 계산하라.

18.8 경유의 화학식을 $C_{15}H_{30}$로 가정하고, 공기의 조성을 79% N_2와 21% O_2로 가정할 때, 이론적 공연비 (AFR)를 계산하라.

18.9 휘발유의 화학식을 C_7H_{13}로 가정하라. 문제 18.8에서 주어진 공기조성을 이용하여 이론적 공연비 (AFR)를 계산하라.

18.10 문제 18.9의 조건 하에서, 휘발유 1 kg당 배출가스의 부피를 계산하라 (표준상태에서 m^3 단위로). 액체 휘발유의 밀도가 0.75 kg/L일 때, [표준상태에서의 배출가스 (m^3)/연소된 휘발유 (L)]의 비를 계산하라.

18.11 55 mph 속도로 고속도로를 주행하는 차량이 80 g과 10 g/연료 (L)의 비율로 CO와 NO를 각각 배출하고 있다. 이 자동차가 휘발유 1 gal으로 20 mile을 주행한다고 가정할 때, CO와 NO 배출계수를 g/mile 단위로 계산하라.

18.12 문제 18.10에서 요구된 배출가스의 속도가 AFR = 14.0에서 9.3 std-m^3/L이고, AFR = 14.9에서는 10.2 std-m^3/L라고 가정하라. AFR = 14.9는 그림 18.3상에서 양론적 수치를 의미하여 S로 표시하였다. 그림 18.3을 사용하여 배출가스 중 CO와 NO 배출농도를 추정하고, 이 두 가지 공연비에 대하여 CO와 NO의 질량배출량 [g/휘발유 (L)]을 추정하라.

18.13 (a) 메탄올, (b) 에탄올, (c) 메탄, (d) 수소에 대하여 이론적 (양론적) AFR을 계산하라.

18.14 중량비로 60%인 휘발유 (C_7H_{13})와 40%의 메탄올 (CH_3OH)을 혼합하였다. 양론적 AFR을 계산하라.

18.15 양론비 (SR)가 (a) 0.90, (b) 1.10, (c) 1.30일 때, 연료 (C_6H_{14})의 실제 AFR을 계산하라.

18.16 대체연료 차량이 C_3H_7OH를 연소한다고 가정하자.

(a) 이 연료의 양론적 연소와 관련하여 화학반응 수지식을 세워라. 또한 이 연료에 필요한 양론적 공연비를 계산하라.

(b) 이 연료 중 탄소원자의 0.25%가 CO_2 대신 CO를 발생시킨다고 가정하라. 하지만 유입되는 공기량은 (a)에서 세운 양론식의 양과 같다. 차량 배출가스 내 CO 농도를 ppm 단위로 계산하라.

18.17 순수 에틸알코올 (C_2H_5OH)을 연료로 사용하는 차량이 있다.

(a) 양론적 공연비 (질량비)를 계산하라.

(b) 이 차량이 30 mile/hr 속도로 운행하고 연비가 15 mile/gal이라고 가정하라. 또한 에틸알코올의 밀도가 6.5 lb/gal이라고 가정하라. 연소시 5% 과잉공기를 주입시킬 때 필요한 공기의 부피속도를 scfm (std ft^3/min) 단위로 계산하라.

18.18 이동오염원의 배출량 추정작업이 SIP를 개정할 때 필요하다. 한 동네에서 2020년도에 10만대의 차량이 운행된다고 가정하라. 또한 각 차량이 평균 9,000 mile/yr을 운행하고 평균속도가 30 mph라고 가정하라. CO, VOC, NO_x의 연간 배출량을 ton/yr 단위로 계산하라. 그림 18.5의 배출계수를 활용하라.

18.19 카풀제도는 배출량을 효율적으로 저감할 수 있다. 2020년도 한 도시에서 25만 명의 시민이 출근할 때, 차량의 평균속도가 30 mph이고 매번 10 mile을 카풀 한다면, 감축할 수 있는 연간 VOC 배출량을 계산하라. 만약 시민들이 카풀을 안 할 경우, 자가운전을 하면, 125,000대 LDGV; 75,000대 LFGT-12; 50,000대 LDGT-34의 차량들이 도로에 혼합된다고 가정하라. 시민들은 매년 250일 정도 근무한다. 만약 카풀을 할 경우, 시민의 5%가 2명씩 차를 함께 탄다고 가정하고, 이 때 차량 혼합비는 위와 같다고 가정하라. 그림 18.5의 배출계수를 사용하라.

18.20 경유와 휘발유의 특성에 대해 연구하라. 또한 각 연료에 대해 CO_2 배출계수를 (lb CO_2/연료 gal) 단위로 유도하라.

참고문헌

Agnew, W.G. Research Publication GMR-743. Warren, MI: General Motors Corporation, 1968.

Barwell, G.A. *Rural Transport in Developing Countries*, Boulder, CO: Westview Press, 1985.

Davis, S.C., Diegel, S.W., and Boundy, R.G. "Transportation Energy Data Book, Edition 28," U.S. Department of Energy, Oak Ridge National Laboratory, ORNL-6984, 2009. Accessed December 2009 from www.cta.ornl.gov/data

Faiz, A., Weaver, C., Sinha, K., Walsh, M., Carbajo, J. *Air Pollution from Motor Vehicles*. Washington, DC: The World Bank, 1992.

Grable, R. "Honda Civic VX," Motor Trend, January 1993.

Keely, D.K. and Cooper, C.D. "Using MOBILE6 to Get Emissions Factors for a Microscale CO Analysis," a paper submitted for presentation at the 96th Annual Conference of the Air and Waste Management Association, Baltimore, MD, June 2002.

Malaysia Automotive Association. "Summary of Sales and Production Data." Accessed May 2010 from http://www.maa.org.my/infor_summary.htm

Nichols, L.A. "Used Car Lots Tampering Inspection－Central Florida District," an informal report to the Florida Department of Environmental Regulation, June 1992.

Niepoth, G.W., Gumbleton, J.J., and Haefner, D.R. *Closed Loop Carburetor Emission Control Systems*. Warren, MI: General Motors Corporation, June 1978.

Organisation Internationale des Constructeurs d'Automobile (OICA). "2009 Production Statistics." Accessed May 2010 from http://oica.net/category/production-statistics/

Radford, M.T. "A Study of Central Florida Nonroad VOC and NO_x Emissions and Potential Actions to Reduce Emissions," M.S. thesis, University of Central Florida, Orlando, Florida 2009.

U.S. Environmental Protection Agency. *National Air Quality and Emissions Trends Report, 1998*, EPA-454/R-00-003, EPA-450/4-91-023, Research Triangle Park, NC, March 2000.

U.S. Environmental Protection Agency. "2007 Progress Report-Vehicle and Engine Compliance Activities," EPA-040-R-08-011, Office of Transportation and Air Quality, Washington, DC, October 2008a. Also available online at http://www.epa.gov/otaq/about/420r08011.pdf

U.S. Environmental Protection Agency. "EPA Finalizes Emission Standards for New Nonroad Spark-Ignition Engines, Equipment, and Vessels," September 2008b. Accessed December 2009 from http://www.epa.gov/otaq/regs/nonroad/marinesi-equipld/420f008013.htm

U.S. Environmental Protection Agency. "1970-2008 Average Annual Emissions－All Criteria Pollutants in MS Excel," June 2009. Accessed December 2009 from http://www.epa.gov/ttn/chief/trends/index.html

Wark, K. and Warrner, C.F. *Air Pollution, It's Origin and Control*, (3nd ed.). Upper Saddle River, NJ: Prentice-Hall, 1998.

Wayson, R.L. and Bowlby, W. "Inventorying Airport Air Pollutant Emissions," American Society of Civil Engineers, Journal of Transportation Engineering, 114 (1) January. 1988.

Chapter

19 대기오염과 미기상학

굴뚝으로부터 연기는 수직으로 상승하지만 다시 굽이 돌아 지면으로 퍼질 것이다. 도랑과 연못의 악취가 코를 자극하면, 비와 폭풍우가 곧 몰아칠 것이다.

오래된 기후 속담

19.1 머리말

기상학은 대규모 대기순환운동으로 초래된 기상변화를 예측하는 학문이다, 기상학적 원리와 거시 (macro) 및 미시 (micro) 규모의 순환운동에 관한 지식은 효과적으로 대기오염을 제어할 수 있는 중요한 수단이 된다. Faith (1959)는 대기오염 문제를 일으키는 필수요건을 다음과 같이 나열하였다.

1. 대기 중으로 오염물질의 배출이 있어야 한다.
2. 배출된 오염물질은 제한된 공간에 갇혀야 한다.
3. 오염된 공기는 인간의 복지생활에 방해가 되어야 한다.

필수요건 2는 오염물질의 분산 (dispersion)과 혼합 (mixing)을 제한하는 불리한 기상조건을 갖는 기간 중에 발생한다. 우리는 기상을 통제할 수 없기 때문에, 이러한 기상상태에서는 오염문제가 발생하지 않도록 오염물질 배출을 제어해야 한다. 그림 19.1의 사진은 대기역전 (inversion) 현상으로, 제한된 공간 내에 오염배출물이 축적된 결과를 보여주고 있다. 이 장에서는 대기순환운동과 이에 따른 오염물질의 제어에 대해 공부할 것이다.

그림 19.1 도시 상공의 대기역전, 이 사진은 Connecticut주의 Hartford의 사진으로 약 6 mile 떨어진 Talcott Mountain Science Center에서 찍은 것이다. 고온 스팀은 역전층을 뚫을 수 있었으나, 3~4분 안에 흩어지고 말았다. 이 사진은 추운 날 오전 8시 경에 찍은 것으로 12시 경에는 스모그로 인하여 도시 전경이 시야에서 완전히 사라졌다.

19.2 일반적 대기순환운동

만약 지구 표면이 완전히 매끄럽고 균일한 조성을 가지고 있다면, 평균 지표풍 (surface wind)은 그림 19.2에서 보는 것과 거의 같다. 이 그림은 고도에 따른 대기의 일반적 순환운동을 보여주고 있다. 적도지역에서 공기는 가열되어 마찰층 (friction layer: 3,000 ft) 위로 상승한다. 공기가 북쪽으로 향할 때, 지구의 자전현상으로 공기는 서쪽으로 비껴나가게 된다. 북위 및 남위 30° 지역에서 공기의 축적은 고기압 지대를 형성한다. 이러한 고기압 지역의 지표풍은 30° N에서 50° N 지역에 남서풍을 만든다. 극지방 고기압 지역의 북풍은 남서풍으로 바뀌고, 50~70° N 지역에 각종 바람을 동반한 폭풍대를 형성한다.

많은 지역에서 실제 지표풍은 지구표면이 매끄러울 때에는 예측된 바람과 거의 비슷한 양상을 보이지만, 여러 인자들로 인해 엉뚱한 방향으로 지면풍이 형성된다. 공기의 지표면 순환운동에 영향을 주는 주요 인자들은 다음과 같다.

1. 지형 (topography)
2. 지면가열의 일별, 계절별 변화
3. 지면피복과 인접한 대규모 수역 (water body)으로 인한 지면가열의 변화.

산악지역은 대기순환운동에 커다란 영향을 주며, 단지 수백 마일의 폭을 갖는 지역에서도 급격한 기후변화를 확인할 수 있다. 바다와 인접한 육지는 빠르게 가열·냉각되어 (바다의 일정한 온도와 상대적으로 비교하여) 지표풍의 일별, 계절별 변화를 가져온다. 지면의 피복도에 따라, 즉 눈 덮인 지역, 식물로 덮인 지역, 사막지역까지 온도는 다양하게 변한다.

6,000 ft 이상의 고도에서는 순환운동의 형상이 매우 균일하다. 북반구에서 공기는 일반적으로 북쪽으로 흐르는데, 아열대지방의 높은 고도 및 고기압 지역에서 극지방의 저기압 지역으로 향한다. 그러나 이 방향은 지구의 자전 때문에 서쪽에서 동쪽 방향으로 전향된다. 일반적으로 서쪽으로 향한 순환운동은 미국을 가로지르는 극지방 한랭공기의 침투로 크게 변한다.

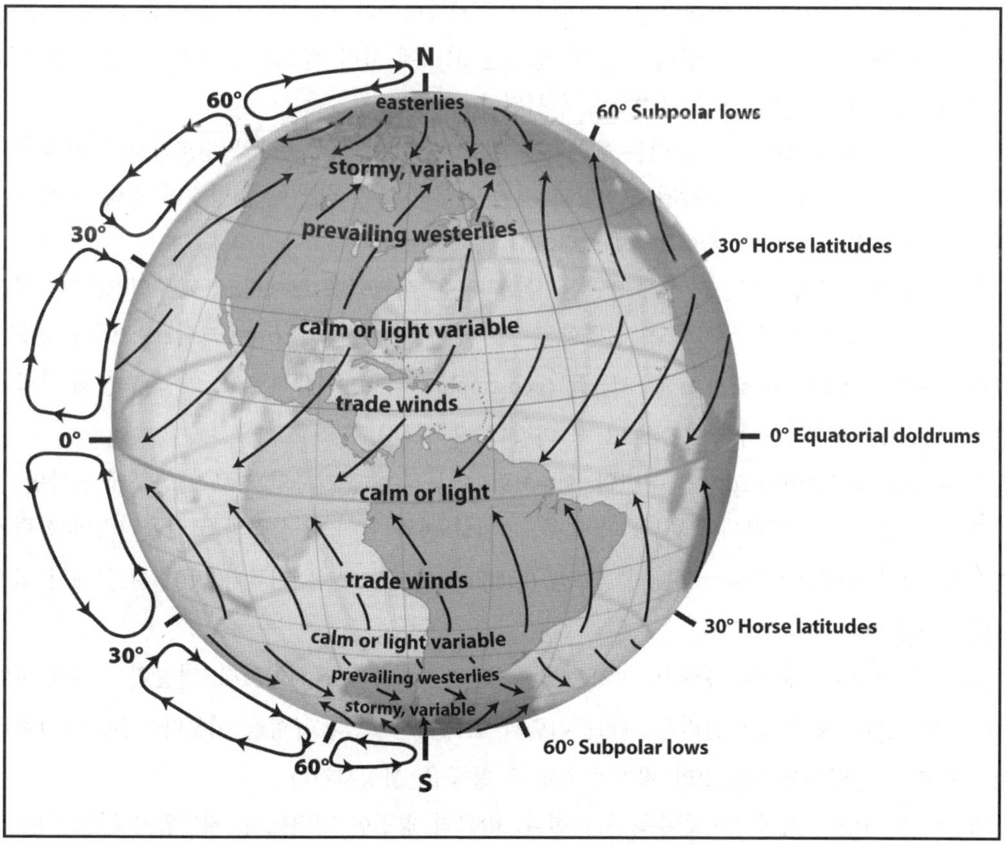

그림 19.2 지표면이 매끄럽고 균일한 조성을 가질 경우의 일반적 대기순환운동
출처 : Petterssen, 1958.

지구규모의 순환운동을 설명하기 위해서는, 풍속과 풍향을 결정하는 각종 힘의 상호작용을 논의하여야 한다. 고려할 주요 힘에는 기압경도력 (pressure gradient force), F_P; 전향력 (deflective force 또는 deviation force) 또는 코리올리력 (Coriolis force), F_D; 마찰력 (friction force), F_F; 원심력 (centrifugal force), F_C 등이 있다. 공기운동의 추진력은 공기를 고기압에서 저기압으로 향하게 하는 기압경도력이다. 기압경도가 만든 공기흐름의 속도와 방향은 다음에 설명할 여러 힘으로 바뀌게 된다.

코리올리력은 지구자전으로 생기며, 북반구에서는 오른쪽으로 (사람이 바람을 등지고 서있을 때 오른쪽 방향), 남반구에서는 왼쪽으로 공기의 흐름이 비껴 (전향하여) 나간다. 이 힘을 시계 반대방향 (북극에서 내려다 볼 때 지구회전 방향)으로 회전하는 원추를 생각하면 시각화할 수 있다. 만약 회전하는 원추의 상단부에 약한 기류가 유입되면, 이 기류는 원추의 하단부로 향하며, 기류의 경로는 원추면의 한 점에 대하여 오른쪽으로 치우친다. 따라서 북반구에서는 북풍은 북동풍이 될 때까지 휘어지며, 남풍도 결국 남서풍이 된다.

마찰력은 바람의 방향과 반대방향으로 작용하는 저항력이다. 이 힘은 풍속이 증가할수록 또한 지면의 거칠도가 클수록 증가한다. 마찰의 영향은 고도에 따라 빠르게 감소되며, 약 3,000에서 4,000 ft 이상의 고도에서는 기본적으로 무시된다.

한 공기군 (air parcel)에 작용하는 **원심력**은 이 공기 덩어리의 속도와 경로곡률에 비례한다. 따라서 이 힘은 공기가 잘 발달된 고기압과 저기압 부근을 순환할 때 영향력이 있다. 원심력은 회전중심에서 멀어지는 방향으로 작용한다.

기압경도력과 코리올리력 사이의 간단한 상호작용은 마찰력을 무시하고, 기류의 경로를 직선으로 가정하여 (원심력을 무시하고) 설명할 수 있다. 이 경우 F_D와 F_P는 그림 19.3에서 보듯이 거의 균형을 이룬다. 이 결과 u_g를 **지균풍** (geostrophic wind)이라 부르고, 가끔은 실제 바람과 거의 같으며, 특히 고도가 높을수록 실제 바람과 유사하다.

잘 발달된 저기압이나 고기압 주변의 기류처럼, 이동하는 공기군의 경로가 심하게 휜다면 원심력 F_C를 반드시 고려하여야 한다. 이 경우, 그림 19.4와 같이, 원심력과 코리올리력의 합력은 기압경도력과 균형을 이룬다. 이때의 **경도풍** (gradient wind), u_g는 기류가 많이 휜 곳에서 실제 바람과 비슷하다.

표면마찰력 F_F가 풍향과 풍속에 미치는 영향을 그림 19.5에 표시하였다. 마찰력은 실제 바람 u와 항상 반대방향이다. 마찰력은 코리올리력과 합해져서 F_P와 균형을 이룬다. 이때 마찰력의 순수 영향은 등압선을 가로질러 저기압 쪽으로 풍향을 생성시킨다.

마찰력은 지면의 거칠기가 클수록 증가한다. 비교적 평평한 지면에서, 저기압으로 향하는 전향각도는 평균 20~25°이고, u는 u_g의 65~75%가 된다. 평탄하지 않은 지면에서의 전향각도는 40°가 되고, u는 u_g의 35%로 감소된다.

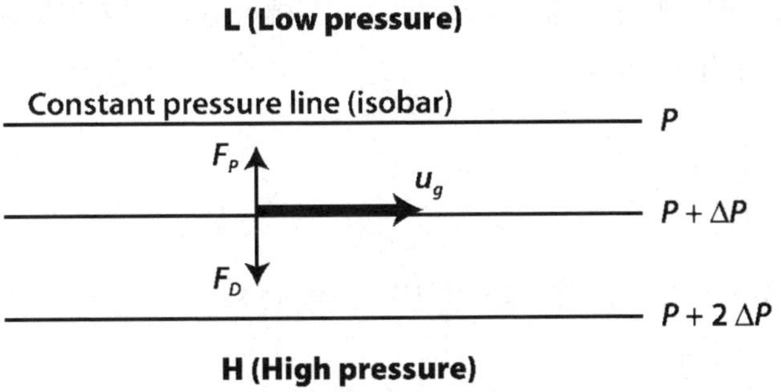

그림 19.3 기압경도력과 전향력의 힘의 균형에 의해 생성된 지균풍

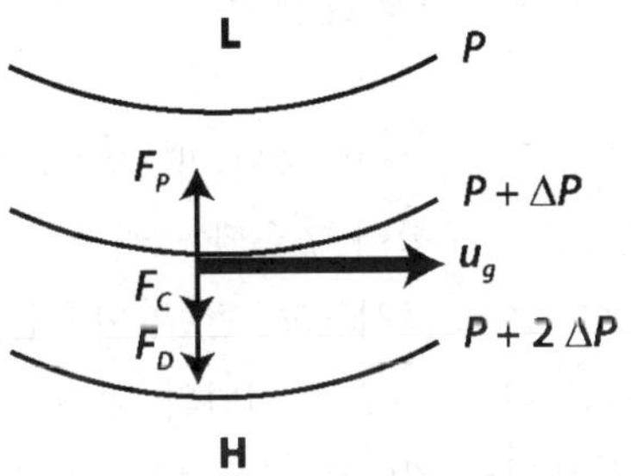

그림 19.4 원심력과 진향력의 힙력과 기입경도력과의 균형으로 생성된 경도풍

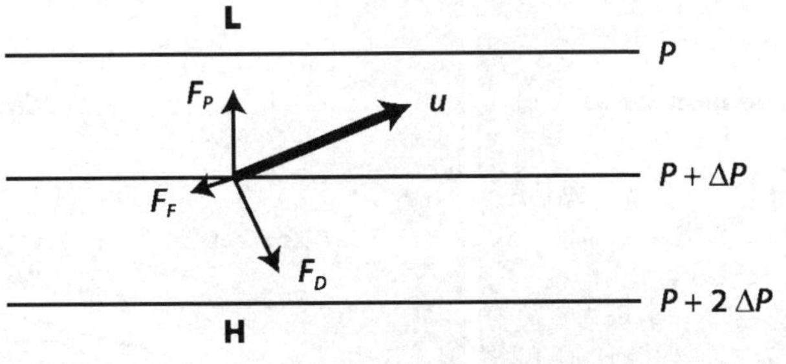

그림 19.5 마찰력이 풍향과 풍속에 미치는 영향

풍속은 일반적으로 고도에 따라 증가하고, 낮은 고도에서는 그 증가정도를 아래와 같은 멱법칙 (power law)으로 구할 수 있다.

$$\frac{u_2}{u_1} = \left[\frac{z_2}{z_1}\right]^p \tag{19.1}$$

여기서, u_2, u_1 = 높고 낮은 두 개 고도에서의 풍속, m/s

z_1, z_2 = 고도, m

p ≒ 매우 안정할 때 0.35

p ≒ 매우 불안정할 때 0.15

풍향은 정상적으로 고도에 따라 시계방향으로 변한다. 시계방향으로의 변화를 순류 (veering)라고 하고, 시계 반대방향으로의 변화를 역류 (backing)라고 한다. 풍향이란 바람이 불어오는 쪽의 방향이다.

한랭전선과 온난전선의 절단면이 그림 19.6에 있다. 따뜻한 습윤공기는 차가운 건조공기 위로 상승하며, 이때 이루어진 냉각현상으로 구름이 형성되고 비가 내린다. 차가운 공기의 이동 전면은 한랭전선 (cold front)으로 ▽▽▽로 표시되고, 반면, 따뜻한 공기의 이동 전면은 온난전선 (warm front)으로 ⌒⌒⌒로 표시된다. 온난전선 전면의 강수는 수백 마일에 걸친 넓은 범위를 가지며 비교적 오래 지속된다. 한랭전선 지역은 보통 50 mile을 넘지 않을 정도로 매우 좁다. 한랭전선을 동반한 기상은 보통 폭풍우 또는 높은 고도에서 거센 바람을 동반한다. 전선 (front) 및 폭풍과 관련이 있는 기상조건은 대기오염물질을 분산시키는데 충분한 혼합조건을 제공한다.

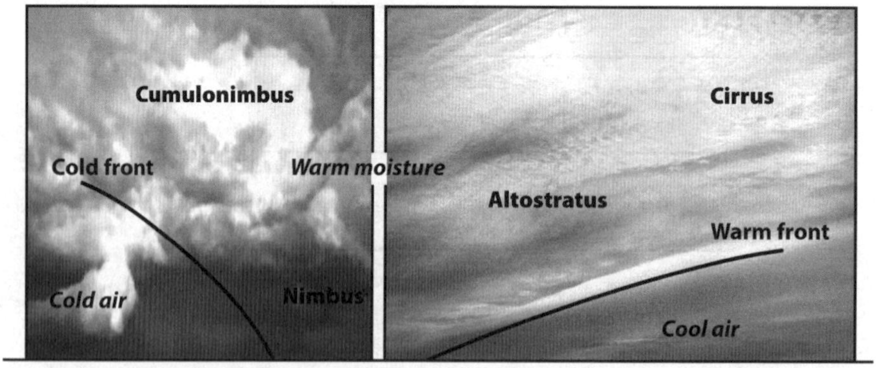

그림 19.6 한랭전선과 온난전선의 절단면에서 나타나는 전형적 구름의 종류

19.3 국지 순환운동의 영향

두 가지 국지 순환운동은 불균일한 지표면의 가열과 냉각 때문에 발생한다. 이 두 가지 순환운동이 해륙풍 (land-sea breeze)과 산곡풍 (mountain-valley wind)이다. 이와 같은 국지풍 (local wind)은 공장의 위치선정과 배출제어 문제를 고려할 때 중요하다.

해륙풍

해륙풍의 운동기작을 그림 19.7에 제시하였다. 낮 동안에는 육지가 빨리 가열되며, 그 상공의 공기를 가열한다. 반면, 물의 온도는 상대적으로 일정하다. 가열된 지상 공기는 상승하고, 수면 위보다 낮은 기압을 형성한다. 그 결과 기압경도 (pressure gradient)는 바다에서 육지로 향하는 지상기류를 형성한다 (해풍). 처음에는 기류가 육지 위에 형성되지만, 기류가 발전하면서 코리올리력이 점차 증가하여 풍향이 바뀌며 육지와 평행으로 불어나간다. 일몰 후에는, 몇 시간 동안 복사냉각에 의해 육지는 바다의 온도와 비교하여 냉각된다. 이때, 풍향은 반대 방향으로 바뀌어 육지에서 바다로 불어나간다 (육풍).

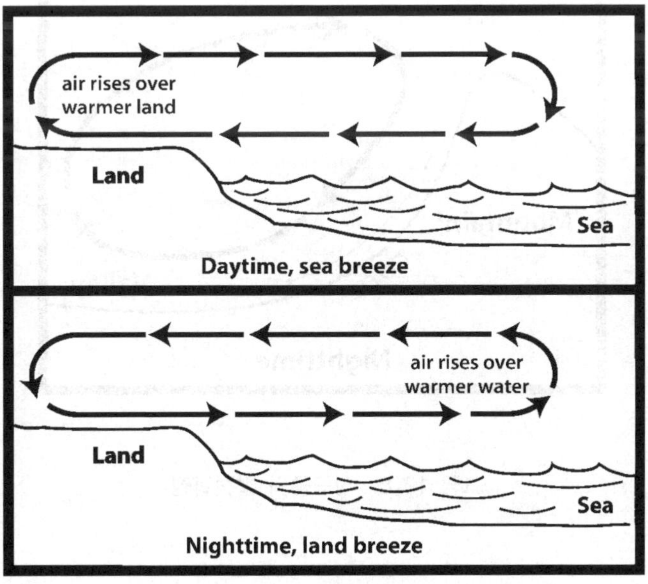

그림 19.7 해륙풍의 발전과정

산곡풍

그림 19.8에는 계곡과 인접한 산의 경사면에 불균질한 가열과 냉각으로 기류가 발전하는 과정을 보여주고 있다. 낮 동안에는 산의 경사면 주변공기가 빠르게 가열되면서 상승한다. 이 공기는 더 차가운 계곡으로 침강하고, 계곡에서 산 정상 쪽으로 바람이 분다. 밤에는 산의 경사면에 있는 찬 공기가 계곡 쪽으로 불어 나간다.

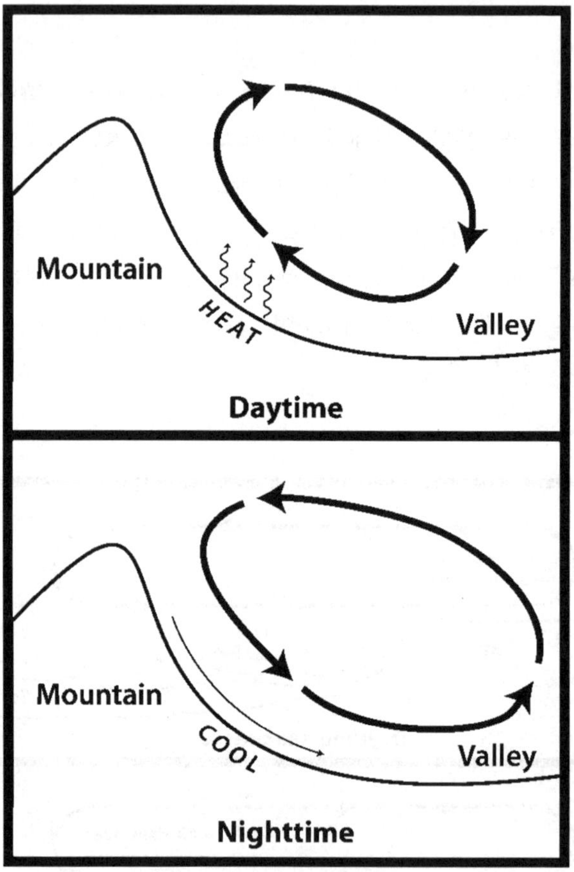

그림 19.8 산곡풍의 발전과정

바람장미와 저농도 오염물의 분산

특정지역에 대하여, 바람의 평균자료를 효과적으로 표시하는 방법은 **바람장미** (wind rose)를 이용하는 것이며, 그림 19.9와 같다. 이 그림에서, 평균 풍향은 16개 방위 중 하나로 표시하며, 각 방위각은 북쪽에서부터 22.5° 간격으로 등분할되어 있다.

각 방위에 표시된 막대의 길이는 해당 방향에서 불어오는 바람의 시간 백분율 (빈도)을 나타낸다. 풍향은 계속 변하므로, 특정 방위에 대한 빈도는 실제적으로는 풍향의 양쪽 11.25° 사이의 바람을 포함한다. 주어진 풍속 범위에서 시간 백분율은 풍향표시 막대의 두께로 표현된다. 그림 19.9를 참고하면, 평균 풍향은 남서풍이 19%이며 그 중 16~30 mph의 속도를 가진 바람이 7%를 차지한다.

바람장미는 국지적 분진의 분산정도를 추정하는데 도움을 준다. 그림 19.10은 오염원 주위에서 강하분진의 농도수준과 동기간 중의 바람장미도를 보여주고 있다. 이 경우 바람장미는 바람이 부는 쪽으로 수정되었다.

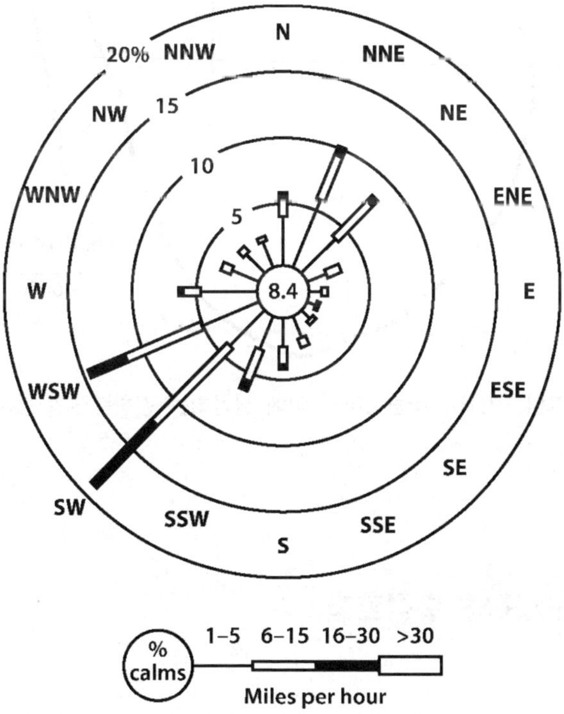

그림 19.9 풍속과 풍향의 빈도를 보여주는 바람장미도

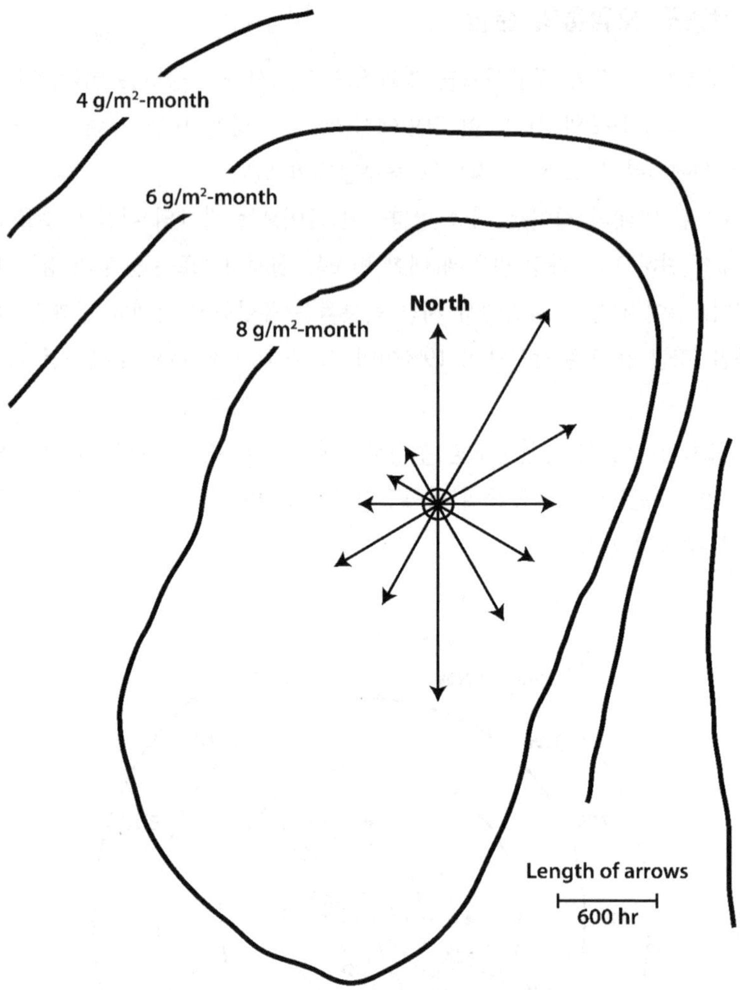

그림 19.10 바람장미와 이에 상응하는 강하분진의 형태

19.4 대기안정도와 수직혼합

누구나 낙엽을 태우거나 고기를 구울 때, 연기가 몇 ft 수직으로 상승하다가 눈에 보이지 않는 어떤 장벽에 부딪혀 수평으로 퍼져 나가는 것을 본 적이 있다. 이러한 현상은 맑고 비교적 바람이 없는 늦은 오후에 더욱 뚜렷하게 나타난다. 여러분은 높은 굴뚝의 연기도 위의 현상과 유사하게 거동하는 것을 본 적이 있을 것이다. 이러한 관찰을 통해 어떤 조건하에서는 대기의 더 낮은

저층이 수직혼합을 방해한다는 것을 알 수 있다. 수직혼합을 방해하는 정도를 **안정도** (stability) 라고 한다. 공기의 수직운동을 방해하고 역수직혼합 (adverse vertical mixing)을 일으키는, 눈에 보이지 않는 이 장벽이 바로 온도의 수직분포가 변화하는 지점이다. 몇 가지 기본 열역학 법칙이 수직 안정도와 온도의 관계를 설명하는데 이용된다.

정수역학식 (Hydrostatic Equation)

그림 19.11에서처럼, 공기의 기둥을 생각해 보자. 만일 이 공기군 (air parcel)에 수직으로 가한 모든 힘의 합력이 "0"이라면, 부피가 $A\,dz$인 공기군은 정지해 있을 것이다. 아래로 작용하는 힘을 "−" 부호로 표시한다. 힘은 압력에 면적을 곱한 값이므로 아래와 같은 관계식을 쓸 수 있다.

$$PA - (P + dP)A - g\rho A\,dz = 0 \tag{19.2}$$

여기서, P = 압력, Pa

A = 면적, m^2

g = 중력가속도, m/s^2

ρ = 밀도, kg/m^3

z = 고도, m

처음 두 항은 공기군 상하면에 작용하는 압력차를 나타내고, 세 번째 항은 공기군 내 공기질량에 의한 중력을 나타낸다.

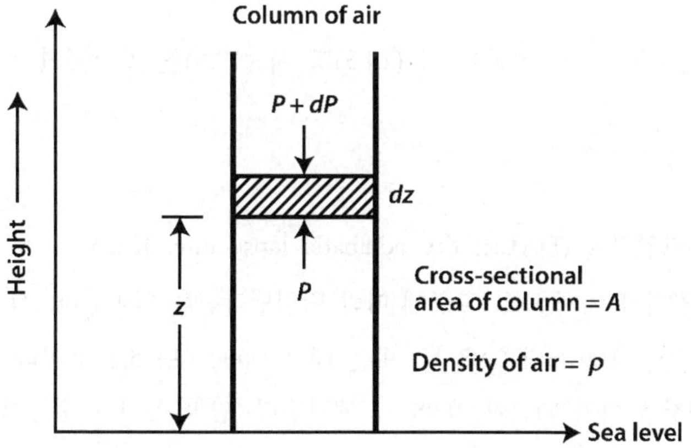

그림 19.11 정수역학적 평형조건

식 (19.2)에서 면적 A를 소거하면 다음과 같다.

$$dP = -g\rho dz \tag{19.3}$$

식 (19.3)은 대기압이 고도에 따라 감소한다는 사실을 설명한다. 공기는 압축성 유체 (compressible fluid)이므로, 고도에 따른 ρ의 변화는 식 (19.3)을 적분하기 위해 필요하다.

공기의 수직운동 중 단열가열과 냉각

단열과정 (adiabatic process)은 열의 유출입이 없는 과정이다. 지표면에서 떨어진 한 공기군은 주변과 충분히 격리되어 있기 때문에, 공기군의 압축과 팽창은 단열로 가정해도 무방하다.

비유동시스템 (nonflow system)에 대한 열역학 제1법칙은 다음과 같다.

$$dH = C_p dT - VdP \tag{19.4}$$

여기서, dH = 단위질량당 열의 증가, J/kg

C_p = 정압비열 (specific heat), J/kg-K

dT = 증감된 온도변화, K

V = 비적 (specific volume), m^3/kg

dP = 증감된 압력변화, Pa

만약, 한 공기군의 건조공기가 단열조건 (열의 손실과 이득이 없는) 상태에서 수직으로 상승한다면, 식 (19.4)는 다음식이 된다.

$$C_p dT = VdP \tag{19.5}$$

$\rho V = 1$이므로, dP를 소거하기 위하여 식 (19.3)과 식 (19.5)를 결합하면,

$$-\frac{dT}{dz} = \frac{g}{C_p} = \gamma_d \tag{19.6}$$

여기서, γ_d = 건조단열감률 (DALR: dry adiabatic lapse rate, K/m)

식 (19.6)은 건조공기가 γ_d 속도로 고도에 따라 단열냉각됨을 의미한다. 식 (19.6)으로 계산된 건조단열감률 (DALR)은 100 m당 0.98 ℃, 또는 대략 1,000 ft당 5.4 °F이다. 즉, 100 m 상승하는 공기군은 단열팽창을 하기 때문에, 0.98 ℃ 냉각된다. 만약 공기가 수증기로 포화되고, 공기 중의 포화수증기의 양을 건조공기당 수증기량 (kg H_2O/kg dry air), H_s로 표시한다면, 식 (19.4)를 다음과 같이 표현할 수 있다.

$$-\Delta H_v dH_s = C_p dT - VdP \tag{19.7}$$

여기서, ΔH_v = 증발잠열 (latent heat), J/kg

dH_s = 응축으로 인한 수분함량 변화, kg H_2O/kg dry air (응축일 경우, $dH_s < 0$)

식 (19.7)과 식 (19.3)을 결합하여 dP를 소거하면, 다음과 같은 습윤단열감률 (wet adiabatic lapse rate) γ_s의 관계식을 구할 수 있다.

$$-\frac{dT}{dz} = \gamma_s = \gamma_d + \frac{\Delta H_v dH_s}{C_p dz} \tag{19.8}$$

식 (19.8)에서, 공기가 상승함에 따라 응축이 일어나고 H_s는 감소하며 느린 냉각속도를 갖게 되어 건조공기보다 작은 감률을 갖는다. 매우 찬공기에서는 H_s는 작고, γ_s는 γ_d에 접근한다. 습윤단열감률은 거의 1,000 ft당 3 °F이고 실제대기 감률 γ은 1,000 ft당 평균 약 3.5 °F이다.

예제 19.1 상층대기의 감률을 측정하였더니, 100 m당 1.0 ℃로 일정하였다. 만약, 해면온도와 해면기압이 각각 15 ℃, 1 atm이고 대기를 이상기체로 간주하면, 해면기압이 1/2이 될 때 고도는 얼마인가?

풀이 식 (19.3), 이상기체방정식, 식 (19.6)을 사용하라. 이상기체에 대하여, $\rho = P(MW)/RT$이므로, 식 (19.3)은 다음과 같다.

$$\frac{dP}{P} = -\frac{g(MW)}{RT}dz$$

온도 T는 높이에 따라서 일정한 속도로 변화하므로

$$T = (15+273) - \frac{1.0 \times z}{100} = 288 - 0.01z$$

위 식에 대입하면

$$\frac{dP}{P} = -\frac{g(MW)}{R}\frac{dz}{288-0.01z}$$

P=0.5에서 P=1.0까지, z=0에서 z까지 적분하면 (여기서 우항의 부호와 좌항의 적분 경계치가 바뀐 것에 주의하라)

$$\int_{0.5}^{1.0}\frac{dP}{P} = +\frac{g(MW)}{R}\int_0^z \frac{dz}{288-0.01z}$$

R = 8,314 J/kgmol-K

MW = 29 kg/kgmol

$$\ln\left[\frac{1.0}{0.5}\right] = \frac{9.81 \times 29}{8{,}314 \times 0.01}\ln\left[\frac{288}{288-0.01z}\right]$$

$$0.693 = 3.42 \ln\left[\frac{288}{288-0.01z}\right]$$

$$\ln\left[\frac{288}{288-0.01z}\right] = 0.2026$$

$$288 = 352.7 - 0.0122\,z$$

$$z = 5{,}303 \text{ m}$$

감률이 수직안정도에 미치는 영향

수직안정도는 실제 감률 (lapse rate)과 직접적인 관계가 있으며, 다음과 같다.

감 률	안정도 조건
$\gamma > \gamma_d$	불안정
$\gamma = \gamma_d$	중 립
$\gamma < \gamma_d$	안 정

이 안정도 조건은 그림 19.12에 도식되었다. 공기군은 수직으로 운동할 때 항상 단열적으로 냉각되거나 가열된다 (DALR에 의하면). 반면 주변공기의 실제온도 프로파일은 단열 프로파일과 상당히 다르다는 것을 명심하라. **불안정조건** 동안에는 위로 상승하는 공기군은 주변공기보다 천천히 냉각되며 부력에 의하여 위쪽으로 가속된다. 하강하면 공기군은 서서히 가열되고 아래쪽으로 가속된다. $\gamma = \gamma_d$ (**중립조건**)일 때, 상하운동은 주변공기와 같은 속도로 공기군의 온도를 변화시키고, 이 때 부력은 작용하지 않는다. **안정조건** 동안에는, 상승운동은 주변공기보다 차가운 공기군을 생성시키므로, 공기군은 본래 고도로 돌아간다. 하강운동은 공기군을 가열하고 이 공기군은 본래 고도로 상승한다. 안정조건 하에서는 공기의 수직운동은 단열가열과 냉각에 의하여 실제로는 습기를 가지며, 불안정조건일 때는 반대가 된다.

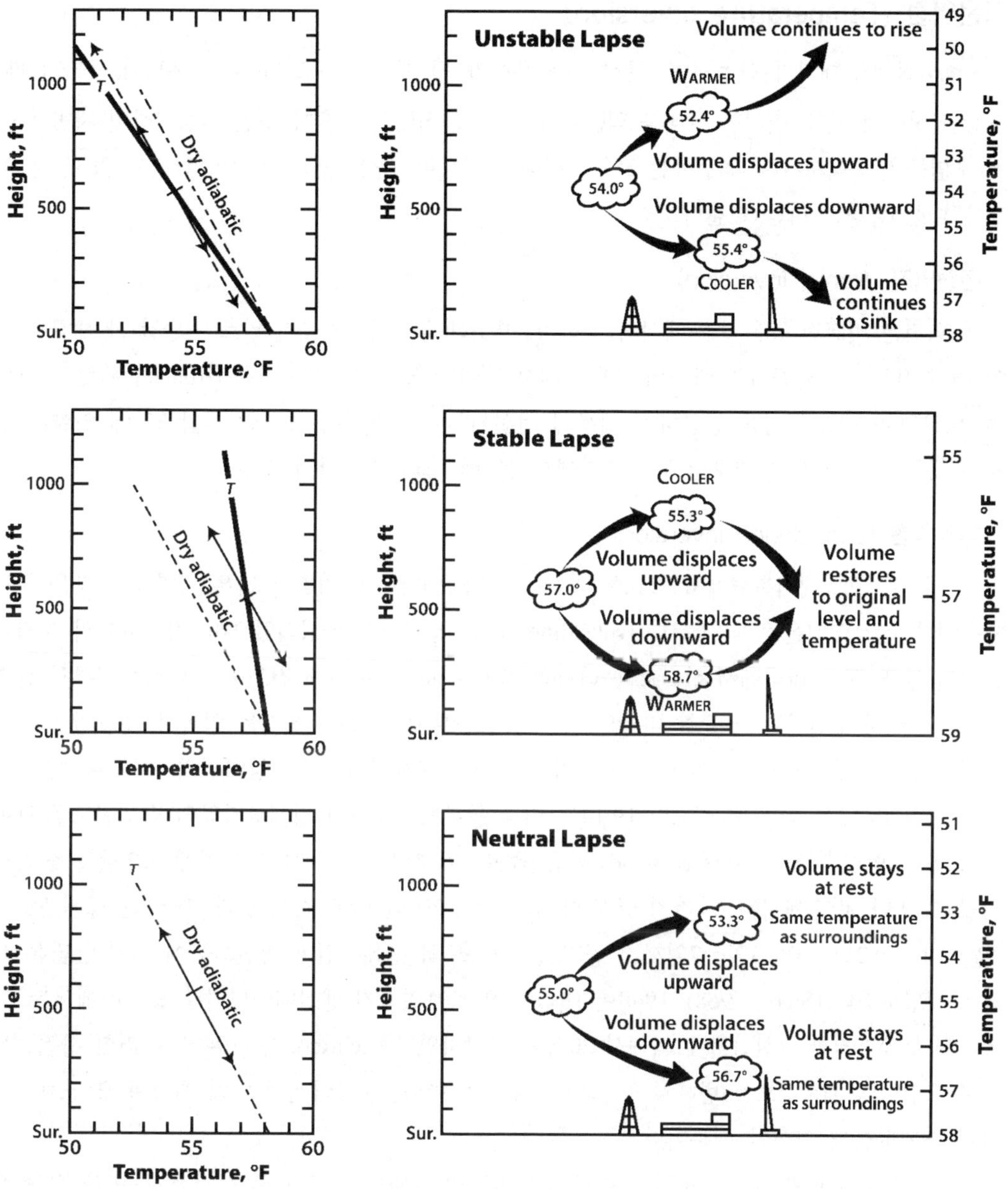

그림 19.12 실제 감률이 수직안정도에 주는 영향

출처 : American Industrial Hygiene Association, 1960.

기온역전 (Temperature Inversion)

$\gamma < \gamma_d$일 때, 대기가 안정되며, 특히 γ가 음수가 될 때 (즉, 고도에 따라 온도가 증가할 때) 가장 안정하게 된다. 이러한 상태를 역전이라고 하고, 최대의 역혼합 조건을 형성하여 지면 부근의 오염물을 축적시킨다. 역전에는 3가지 형태가 있으며 기상조건과 밀접한 관련이 있다. 각 역전에 대한 설명은 다음과 같다.

전선역전 (frontal inversion)

이 역전은 비교적 높은 고도에서 발생하며, 따뜻한 공기가 찬 공기 위로 지나갈 때 발생한다. 이 때 역전은 두 개 공기층 사이의 혼합층에서 일어난다. 이 역전은 전선 (front)과 관련이 있으며, 비교적 미약한 바람을 동반하기 때문에 전선지역에 존재하는 충분한 혼합조건에 영향을 주지는 못한다. 따라서 대기오염제어 측면에서 볼 때 그리 중요하지 않다.

침강역전 (subsidence inversion)

이 역전은 오염제어측면에서 중요한 역할을 한다. 왜냐하면 며칠간 넓은 지역에 영향을 주기 때문이다. 침강역전은 "가라앉는다 (subsiding)"라는 용어에서 파생되었으며, 정체고기압 지역과 관련이 있다. 또는 바다에서 산으로 둘러싸인 육지 위로 부는 한랭 건조공기의 상승기류와 관련이 있다. 전자의 경우는 가을철 미국의 동부나 남동부에서, 또는 초겨울 영국과 유럽의 일부지역에서 빈번하게 일어난다. 후자는 LA분지에서 가끔 발생한다. 이 침강역전의 운동기작에 대해서는 그림 19.13을 참고하라. 그림 19.14는 미국 동부지역에서의 정체고기압의 발생빈도를 보여주고 있다. 약한 지표풍 (surface wind)을 동반하는 이 침강역전은 넓은 지역에 오염물질을 축적시킬 수 있다. 런던에서는 두 가지 급성 에피소드로 고통을 받은 적이 있다. 1952년 12월 5일~9일까지, 1962년 12월 3일~7일까지 공기 중 고농도의 부유분진과 황산화물에 의하여 많은 사람이 사망하였다 (Stern, 1968). 1948년 10월 27일~31일까지 펜실베이니아주 도노라에서는, 고농도의 부유분진과 황산화물에 의해서 20명이 사망하였다 (Schrenk 등, 1949). 이러한 사건들은 비록 오염물의 배출강도는 변하지 않았지만, 대기상층부의 침강역전에 의해 배출된 오염물이 한정된 대기공간에 갇혔기 때문이다.

LA는 1950년대 초반부터 광화학 스모그로 악명이 높았다. 이것은 침강역전, 주변을 감싼 산지, 미약한 해안풍 등이 조합하여, 수많은 자동차에서 배출된 오염물이 한정된 대기공간에 축적되었기 때문이다. 대기 중에 축적된 탄화수소와 질소산화물은 반응하여, 눈에 통증을 주고 식물에도 유해한 푸르스름한 연무 (haze)를 생성하였다. 광화학적 스모그는 19.5절에서 자세히 논의될 것이다.

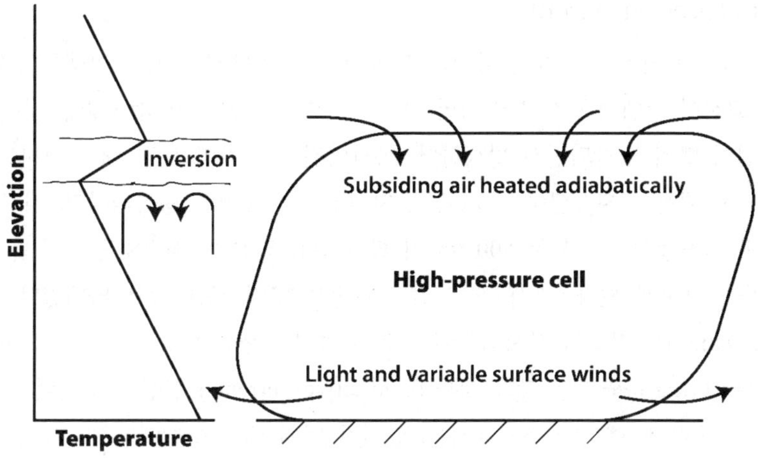

그림 19.13 침강역전의 형성

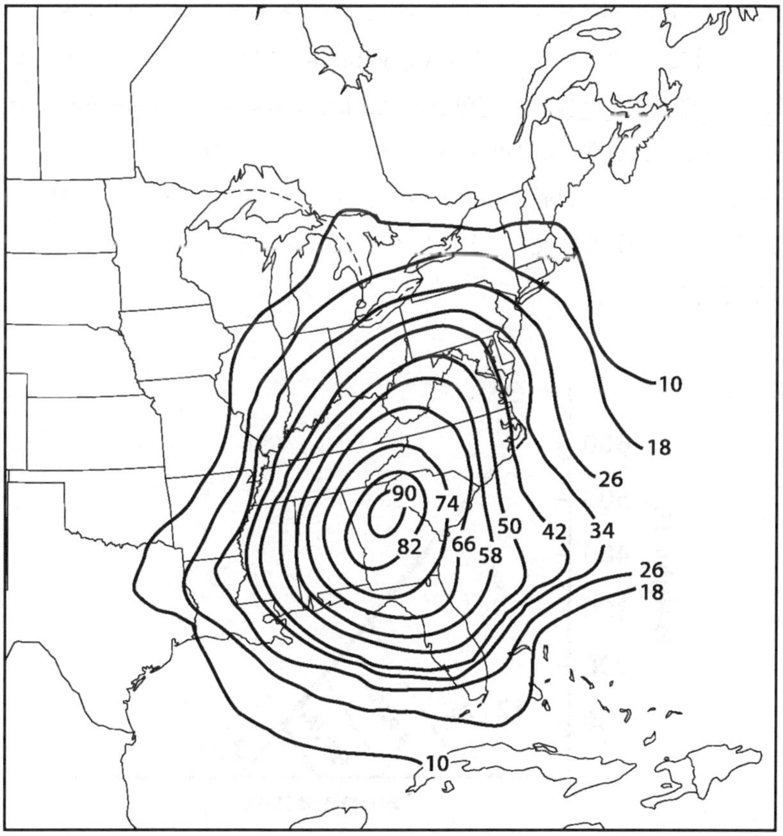

그림 19.14 미동부지역의 정체고기압 빈도수. 1936~1965년 사이에 4일 이상 연속적으로 발생한 빈도수를 표시한 그림 출처 : Kershover, 1967.

복사역전 (radiation inversion)

복사역전은 비교적 낮은 고도에서 발생하고, 수백 ft 상공에서는 거의 발생하지 않으며, 다른 역전현상과 비교하여 상대적으로 빨리 사라진다. 복사역전은 맑고 바람이 없는 날씨에 복사냉각에 의해 지표면이 빨리 냉각되면서 발생한다. 복사역전은 땅거미가 질 때 시작하고, 다음날 아침 지면이 가열될 때까지 지속된다. 초기에는, 지면부근의 공기만 냉각되지만, 시간이 경과할수록 냉각된 층과 역전층의 상단부는 500 ft까지 확장된다. 역전층 아래에 있는 굴뚝 배출물은 매우 얇은 층 안에 갇히게 된다. 복사역전의 발전과정을 그림 19.15에 나타내었다.

훈증형 (fumigation)은 강력한 복사역전이 지표면 가열로 인하여 소멸될 때, 즉 이른 아침부터 오전 중에 발생한다. 굴뚝연기는 강한 대류 (convective currents) 현상에 의하여 굴뚝에서 수백 m 지표면으로 이동한다. 이러한 조건에서는, 단시간 내에 대기오염물의 농도가 상승한다 (그림 19.16을 참고하라). 복사역전은 연중 자주 발생하며, 특히 고기압이 정체하는 동안에 심하게 나타난다. 따라서 복사역전은 높은 고도에서 침강역전이 발생하는 동안 오염물질의 분산을 더욱 악화시킬 수 있다. 지표면 피복도는 복사냉각 속도에 큰 영향을 준다. 왜냐하면, 평지가 더욱 빨리 냉각되기 때문이다. 비가 온 후, 증발 (evaporation)은 냉각속도를 더욱 빠르게 진행시키며, 안개가 낀 날은 느리게 진행된다. 복사역전은 도시지역에서는 드문 현상이다. 이는 대도시의 "열섬효과 (heat island effect)" 때문이다. 즉, 대도시에서는 콘크리트와 아스팔트가 많은 열을 보유하고 있으며 많은 소규모 열원 (차량, 에어컨, 가게들, 등)이 존재하기 때문이다. 따라서 도심 상공의 공기는 냉각되지 않으며, 도심에서 조금 떨어진 곳의 대기도 "중립"조건 이상으로 좀처럼 안정되지 않는다.

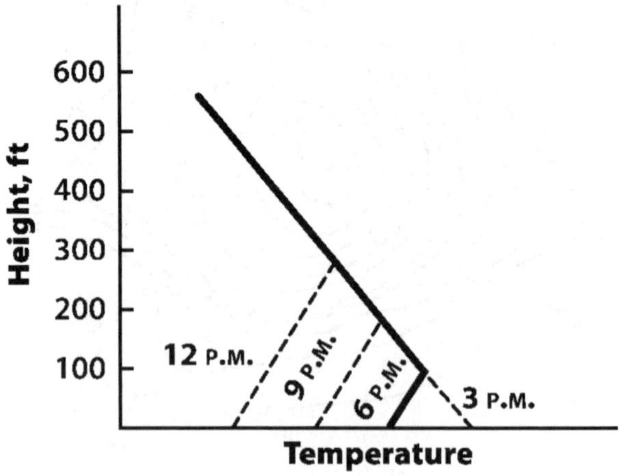

그림 19.15 복사역전의 발전과정

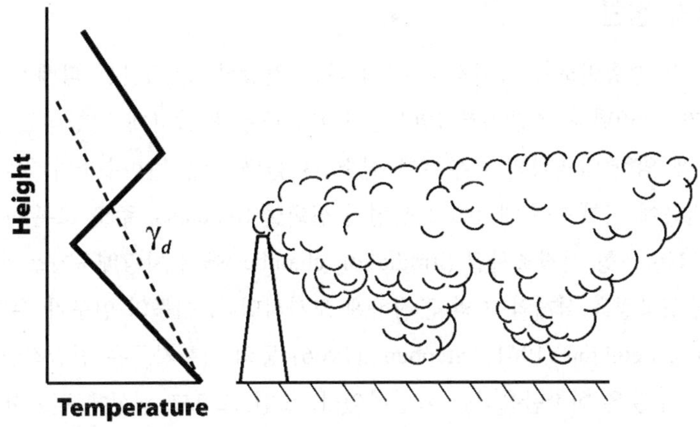

그림 19.16 복사역전층의 파괴과정 중 형성된 훈증형 연기

그림 19.16은 최대혼합고 (MMH: maximum mising height)의 개념을 설명한 것이다. MMH는 수직혼합이 멈추는 지상고도이다. 그림 19.16에서 보듯이, DALR과 실제 기온선이 만나는 점의 고도이다. 이 높이 아래에서는 수직혼합이 진행되며, 이 높이 위에서는 수직혼합이 제한된다. MMH는 특정 지표면에서 초기온도와 특정 실제온도선에 입각하여 도식적으로 또는 산술적으로 구할 수 있다.

19.5 광화학과 스모그

2차세계대전이 끝나고 몇 년이 지난 후, 자동차와 휘발유가 다시 풍부해졌을 때, Los Angeles (LA) 분지에 살고 있던 주민들은 신체에 자극적인 대기오염현상을 경험하였다. 스모그라는 용어는 당시 특정 기상조건하에서 늦은 아침부터 오후 중반까지 분지에 덮인 푸르누르스름하게 빛나는 오존을 함유한 연무 (haze)를 묘사하는데 사용되었다. 원래 스모그라는 말은 영국에서 부유분진과 황산화물이 고농도로 존재하는 동안, 공기 중 "smoke와 fog"를 총칭하는 의미로 사용되었다. 우리는 영국과 LA 스모그 사이에 유사성이 거의 없음을 알고 있지만, LA에서의 현상도 스모그라고 부르고 있다 (더 정확히 말하면 광화학 스모그 현상이다). LA는 이미 스모그의 대명사로 잘 알려져 있지만, 사실 차량운행이 많은 전 세계 거의 모든 대도시에서도 온난정체성 기상조건 중에 이러한 현상을 경험하고 있다.

광화학 스모그의 원인

광화학 스모그의 발생빈도가 증가하고 이에 따른 건강상 및 재산상 피해가 증가함에 따라, 이에 관한 연구가 1950년대 초반부터 1960년대까지 매우 활발하게 진행되었다. Haagen-Smit (1952)는 스모그에 의한 악영향의 대부분이 질소산화물과 각종 탄화수소가 참여하여 광화학적으로 초기화된 반응에 의한 저층대기에서 생성된 산화물 (oxidants: 주로 오존) 때문이라고 최초로 보고하였다. 그는 대형 환경조사실 (irradiation chamber)에서 차량배출가스에 가시광선을 조사하여 스모그 생성과정을 실제와 거의 근접하게 모사하였다. 이들의 연구가 수행된 후 10년 동안, Schuck (1957), Leighton (1961), Stephens (1966) 등의 과학자들은 전반적인 스모그 생성과정을 밝혀냈으며, 수많은 화학반응식을 확인하였다. 또한 스모그 생성에 필요한 대기조건과 오염정도를 확인하였다.

스모그 생성에 영향을 크게 미치는 주요 화학물과 대기 변수간의 정성적 관계식을 Stern 등 (1973)은 다음과 같이 요약하였다.

$$\text{PPL} = \frac{(\text{ROG})\times(\text{NO}_x)\times(\text{광도})\times(\text{온도})}{(\text{풍속})\times(\text{역전층 높이})} \tag{19.9}$$

여기서, PPL = 광화학 오염도

ROG = 반응성 유기가스의 농도

NO_x = NO_x 농도

그 이후 Brown (1992)은 광화학적으로 대기질에 영향을 주는 인자에 대해 검토하였다. 중요인자의 목록은 표 19.1과 같다.

식 (19.9)는 정성적 수식임을 명심하라. 대도시 대기 중에서 반응성 원인물질의 배출량, 운송, 광화학반응 등을 정량화하는 작업과 이 과정을 시공간적으로 해결하려는 노력 등이 지난 30년 이상 모델링의 주요 목표가 되었다.

표 19.1 광화학 대기질에 영향을 주는 주요 인자

- NO_x와 VOC 배출량 (두 가지 모두 인위적 및 생물학적으로 배출)의 시공간적 분포
- 배출된 VOC의 조성
- 바람장 (wind field)의 시공간적 변화
- 대기안정도와 혼합도를 포함한 경계층의 동력학
- NO_x, VOC, 기타 화학종의 화학반응
- 태양 일사량과 온도의 낮 동안의 변화
- 건식침적 (dry deposition)에 의한 오존과 원인물질 (precursor)의 소멸
- 연구지역의 풍상 및 지상에서의 NO_x, VOC, 기타 오염물질의 배경농도

EPA가 최근 선호하는 모델에는 대용량 전산프로그램인 Urban Airshed Model (UAM) (Morris 등, 1990)이 있다. UAM은 3차원 광화학 격자모델 (grid model)로서, 대기 중 오염물질의 농도에 영향을 주는 물리화학적 과정을 모사하여, 오존을 비롯한 기타 화학적으로 반응성이 큰 오염물질의 농도를 계산할 목적으로 개발되었다. UAM의 기반은 **화학종 연속방정식** (species continuity equation)이다. 이 식은 공기부피를 기초로 한 질량수지식이며, 다음과 같이 배출량, 운송, 확산, 화학반응, 소멸과정 등을 수학적으로 표현하였다.

$$\frac{\partial c_i}{\partial t} + \frac{\partial (uc_i)}{\partial x} + \frac{\partial (vc_i)}{\partial y} + \frac{\partial (wc_i)}{\partial z} = \frac{\partial}{\partial x}\left[K_H \frac{\partial c_i}{\partial x}\right] + \frac{\partial}{\partial y}\left[K_H \frac{\partial c_i}{\partial y}\right] + \frac{\partial}{\partial z}\left[K_v \frac{\partial c_i}{\partial z}\right] + R_i + S_i - L_i \tag{19.10}$$

여기서, c_i = 화학종 i의 농도, μg/m^3

u, v, w = 수평·수직방향의 풍속성분, m/s

K_H, K_v = 수평·수직방향의 난류확산계수, m^2/s

R_i = 단위부피내 화학반응으로 인한 오염물 i의 순 생성속도 (net production rate), μg/s-m^3

S_i = 단위부피내 오염물 i의 순 배출속도 (net emission rate), μg/s-m^3

L_i = 단위부피당 지표흡수과정에 의한 오염물 i의 순 제거속도 (net removal rate), μg/s-m^3

UAM은 식 (19.10)을 풀기 위해 유한차분 (finite difference) 수치해석기법을 도입하였다. 이 모델은 복잡하며 배우기도 어렵고 해박한 컴퓨터 지식을 필요로 하지만, 도시지역 내의 오존오염을 분석하는데 매우 유용하다. UAM은 다량의 정밀한 입력자료 (특히 배출자료)를 확보하는데 많은 시간이 필요하지만, 매우 우수한 모사결과를 얻을 수 있다. 예로서, 그림 19.17은 플로리다주 올란도 지역에서, UAM 모사로 계산된 중부지역 세 곳의 오존농도를 대기오염감시망의 시간별 실제자료와 비교한 것이다 (Cooper 등, 1993).

UAM에 관한 상세한 논의는 이 책의 범위를 벗어난다. 하지만 우리는 식 (19.9)와 표 19.1의 영향인자의 중요성을 평가함으로써 일반적인 광화학 과정을 살펴볼 수 있다. 또한 스모그 중 2차오염물질을 생성한다고 생각되는 일련의 대기화학반응을 살펴보고 논의할 것이다. 비록 여러 가지 산화물질이 생성되지만, 주된 관심의 대상은 오존이다.

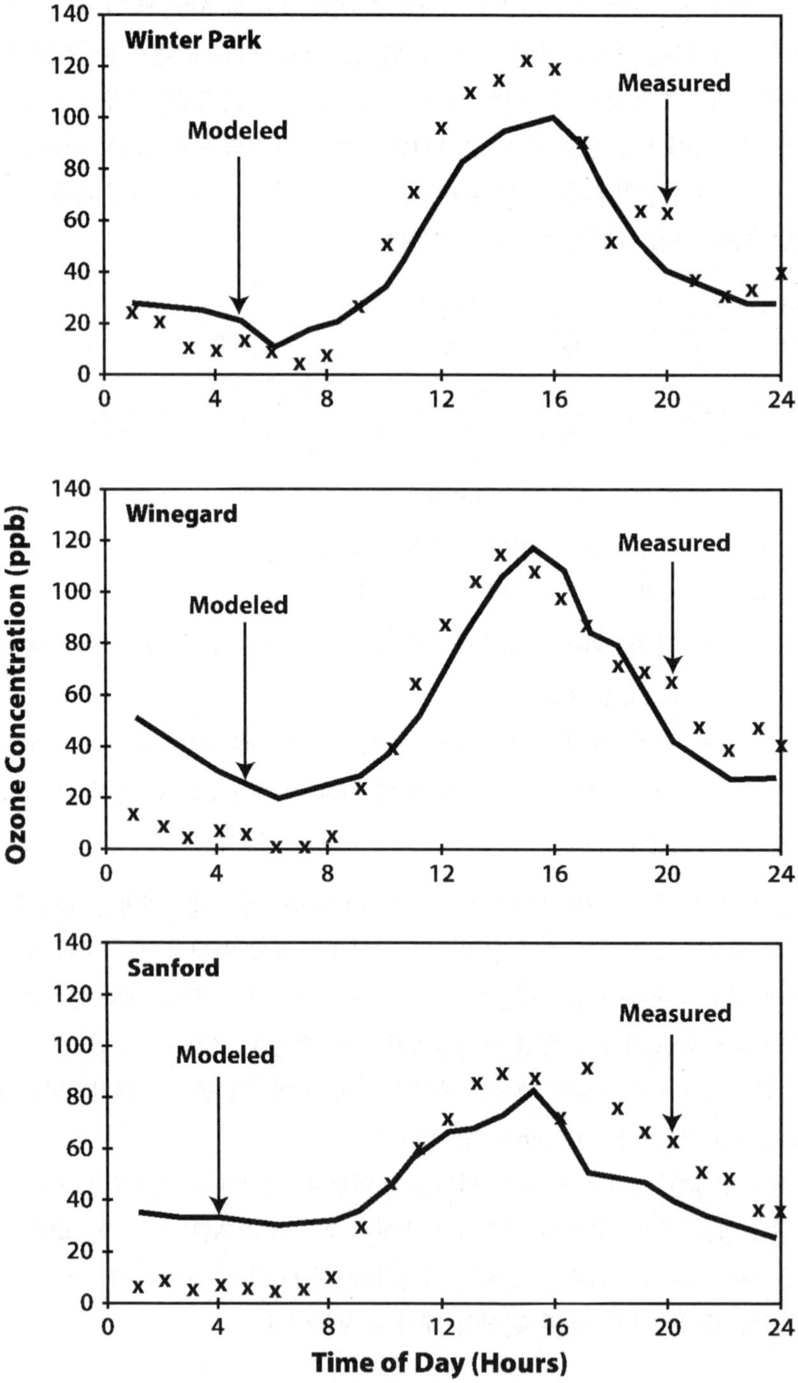

그림 19.17 Urban Airshed Model (UAM)의 결과 – 플로리다 중부지방에서 1990년 8월 7일 오존에 대한 모델링 결과치와 측정치와의 비교 출처 : Cooper 등, 1993.

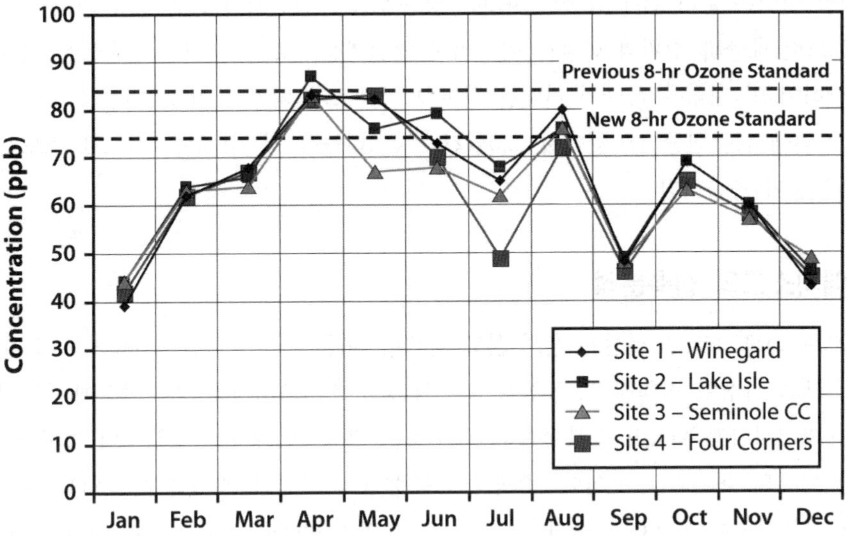

그림 19.18 2007년도 플로리다 중부지역의 8시간 최대오존농도

식 (19.9)에서 스모그 생성은 반응성 유기가스와 질소산화물의 농도뿐만 아니라, 이들 혼합물을 여기시키는 일사량과 깊은 관련이 있음을 알 수 있다. 식 (19.9)의 분모는 모든 대기오염문제, 즉 배출된 오염물이 한정된 부피 내에 갇혀 있다는 두 번째 필수요건 (이 장의 머리말 참조)을 간단히 표현한 것이다. 이 경우 필수요건 2는 정체된 대기상태를 의미한다. 이 상태에서 스모그 과정이 일어나고 초기화를 위해 반응물질의 농도는 햇빛이 충분한 가운데 유지되어야 하며, 공기는 갇혀 있어야 한다. 온도 역시 반응속도에 영향을 미치기 때문에 중요한 인자가 된다. 이미 오래전에 알려진 사실이지만, 광화학 반응은 기온이 15 ℃ 이하일 때에는 실질적으로 중단된다 (Alley and Ripperton, 1962).

일반적으로 오존은 여름철 오염물질로 간주되지만, 플로리다 중부지역의 자료에 의하면, 오존의 최대농도 에피소드는 3월에서 5월 중에 일어난다. 예를 들어, 그림 19.18은 이 지역 4개 측정망에서의 하루 중 최대 오존농도 (2007년 1년간 농도자료)를 보여준다. 이와 같이 생각보다 빨리 일어난 이 에피소드 기간은 일사량이 많고 비교적 높은 기온을 보이는 기간이지만, 강수량이 많지 않은 기간이다. 비록 6월과 9월 사이의 기온은 4월과 5월보다는 높지만, 빈번한 강수와 때로는 오후시간대 폭우로 공기 중 오존농도의 축적을 방해한다.

광화학 스모그를 일으키는 일련의 복잡한 화학반응식의 골격만 가지고도, 초기의 과학자들은 어째서 LA 지역에서 스모그 현상이 빈번하게 발생했는지 알 수 있었다. 인구밀도가 높은 LA 분지는 삼면이 8,000 ft 높이의 산들로 둘러싸여 있다. 수백만 대의 자동차와 각종 산업오염원들이 다량의 다양한 반응성 유기가스와 질소산화물을 공기 중에 배출하였다. 비교적 정체성인 서부의 고기압 지역은 분지 위에 동풍인 차가운 상층공기를 침강시켜 그림 19.13과 같은 역전층을 형성한다. 느린 해풍과 주위의 산들로 어우러진 역전현상으로, 배출된 오염물들은 한정된 공간에 쉽게 갇히어 이 지역은 하나의 거대한 광화학 반응조가 되었다. 또한 태평양 고압대의 영향으로, 이 지역에서는 연중 180일에서 220일간 맑은 하늘을 볼 수 있을 정도로 스모그 형성에 필요한 태양광이 충분하다.

스모그 에피소드의 심층분석

일반적으로 스모그가 낀 날들은 흔히 밝고 맑으며, 이른 아침의 온도가 60～75 °F이다. 그림 19.19는 스모그 과정이 진행될 때 NO_x와 오존의 농도를 보여주고 있다. 야간에, 즉 대략 오후 7시에서 새벽 5시까지 NO_x와 탄화수소 (탄화수소는 그림 19.19에는 표시되어 있지 않다)의 농도는 일반 도시의 대기질 수준이다. 출퇴근 교통량이 최고점인 08시쯤에는 NO와 탄화수소의 농도가 급격히 상승한다. NO와 탄화수소의 농도가 먼저 증가하는데, 이는 오염원에서 직접 배출되기 때문이다. 잠시 시간이 경과한 후 NO_2 농도가 대기 중 화학반응으로 증가하게 된다. 태양이 뜨자마자, 즉 광화학 반응이 시작하면서 NO 농도는 급속히 감소되기 시작하며, 산화물 (주로 오존)의 농도는 비슷한 속도로 반비례하여 증가한다. 09시를 지나서는 광화학 반응이 본격적으로 일어난다. 공기 중 오존의 자극적 냄새가 감지되며, 사람들은 눈물을 흘리고 눈은 충혈된다. 또한 도시의 대기는 갈색의 에어로졸 연무로 인하여 퇴색되기 시작하며 11시에서 12시 (정오)까지 이런 현상은 빠르게 진행된다. 대부분 사람들은 대략 정오부터 15시까지 불편한 시간을 보내게 된다.

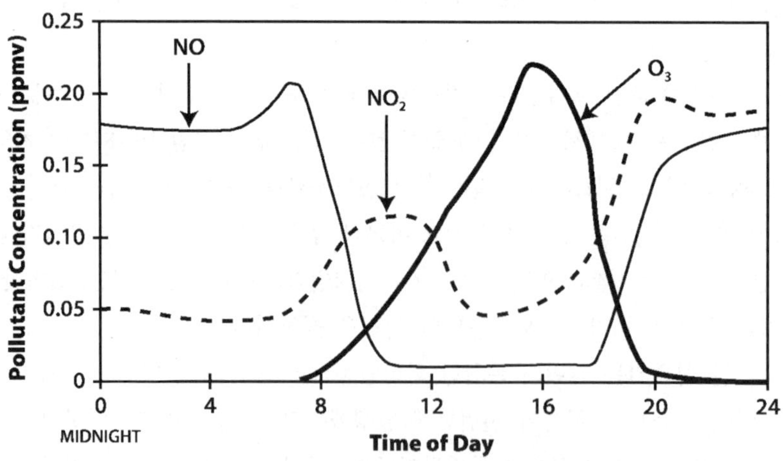

그림 19.19 1962년 미주리주 세인트루이스에서 광화학 스모그 에피소드가 일어났던 날 하루 동안의 NO_x와 O_3 농도의 변화 출처 : U.S. EPA, 1962.

16시를 지나면서 햇빛의 강도가 떨어지며 광화학 반응은 실질적으로 종료된다. 산화물의 농도는 생성속도가 0으로 되면서 급감하게 된다. 24시 (자정)를 지나 질소산화물과 탄화수소의 농도는 다시 일반 대기의 배경농도 수준으로 회복되며 (정체공기 조건하에서), 다음날 계속될 스모그 생성반응에 참여할 준비를 한다.

광화학 스모그 화학

스모그 생성에 관여하는 화학반응식을 하나씩 확인하는 작업은 매우 어렵다. 또한 50년간 연구가 계속 수행되어 왔으나 아직도 완벽하지 않다. 다음 논의는 최근까지 알려진 광화학반응 과정을 포괄적으로 살펴본 것이다. 광화학반응과 스모그의 영향을 상세히 알고자 하는 독자는 Guderian (1985)의 문헌을 참조하라.

일단 반응의 광화학적 성질을 이해하면, 스모그 반응에 참여하는 모든 반응물들 중, 광화학해리 (photochemical dissociation)에 필요로 하는 충분한 에너지를 제공하는 파장대의 빛을 오직 NO_2만이 흡수하는 것을 알 수 있다. 광양자 (light photon)는 $h\nu$로 표현할 수 있으며, 여기서 h는 Planck 상수이고 ν는 빛의 진동수이다. 양자에너지는 진동수와 비례관계에 있다.

$$\nu = c/\lambda \tag{19.11}$$

여기서, c = 빛의 속도

λ = 빛의 파장

$$h\nu = hc/\lambda \tag{19.12}$$

NO_2 1 gmol을 해리하는데 필요한 에너지는 6.0225×10^{23}개의 양자에 의해 운반되는 양이며, 이 에너지양은 1 Einstein과 같다. c와 h의 값을 치환하면, 다음 식을 얻을 수 있다.

$$E = 2.859 \times 10^5/\lambda \tag{19.13}$$

여기서, E = 해리에너지, kcal/gmol

λ = 빛의 파장, Å

NO_2의 해리에너지는 대략 72 kcal/gmol이다 (Perkins, 1974). 식 (19.13)에서 이 정도 에너지의 파장은 대략 4,000 Å 또는 이하인 광선이다. NO_2는 사실상 파장이 약 4,500 Å 또는 그 이하인 파장에서 빛을 흡수한다. 더욱이 성층권 오존에 의한 흡수현상으로 지표면에는 매우 약한 자외선 (λ < 3,000 Å)만이 도달한다. 이 말은 3,000~4,000 Å 범위의 흡수 에너지만으로도 지표면 NO_2가 해리된다는 의미이다. 사실상 3,000~3,700 Å 범위의 에너지를 흡수하는 NO_2 분자는 90% 해리된다 (Seinfeld, 1975).

NO_2의 광분해과정

앞에서 언급했듯이, 광화학 스모그 반응의 시작은 초기 NO_2 농도와 햇빛 강도와 관련이 있다. NO_2 광분해로 생성된 산소원자는 매우 반응성이 크고, 급속히 O_2와 결합하여 O_3을 생성한다. NO가 존재할 때, O_3은 바로 분해되어 NO_2를 생성시킨다. NO_2의 광분해과정은 다음과 같은 3개 반응식으로 요약할 수 있다.

$$NO_2 + h\nu \rightarrow NO + O \quad (19.14)$$

$$O + O_2 \rightarrow O_3 \quad (19.15)$$

$$O_3 + NO \rightarrow NO_2 + O_2 \quad (19.16)$$

그러므로 O_3을 생성하기 위해서는 NO_2가 존재하여야 하며, 반면 NO_2 광분해 순환과정 자체만으로는 O_3을 생성할 수 없고 O_3의 축적현상도 설명할 수 없다.

식 (19.14)~(19.16)에서 O_3이 축적되기 위해서는, O_3이 파괴되지 않고 NO → NO_2로 전환될 수 있는 또 다른 반응경로가 추가로 필요하다는 것을 알 수 있다. 이러한 전환경로는 반응성 유기가스 (ROG: reactive organic gases)가 관여한 광화학 산화반응으로 설명할 수 있다. ROG (주로 올레핀계 탄화수소, 방향족 탄화수소, 알데하이드 등)는 다양한 오염원에서 공기 중으로 배출된다. 산소원자와 O_3이 함께 이들 물질과의 반응하여 무수한 반응성 자유반응기 (free radical)를 생성한다.

$$ROG + O + O_3 \rightarrow R\cdot + R\dot{C}O + RO\cdot + OH\cdot \quad (19.17)$$

여기서, R은 유기물 그룹을 의미하며, 간단히 H가 될 수도 있다.

ROG (때때로 탄화수소를 의미하기도 하지만, 모든 탄화수소가 반응성은 아니다)의 주요 반응은 RO_2 반응기 (peroxy radical)를 생성하기 위해 OH·와 반응하는 것이다. RO_2·는 급속히 NO와 반응하며, 이 반응식은 또 다른 NO → NO_2 전환경로를 보여준다.

$$RO_2\cdot + NO \rightarrow RO\cdot + NO_2 \quad (19.18)$$

이 NO → NO_2 전환경로는 오존을 순 이득방향으로 축적시키는 반응식이므로 매우 중요한 역할을 한다. 그림 19.20은 이 과정을 보여준다.

자유반응기는 계속하여 더 많은 ROG와 산성가스와 반응하여, 연쇄반응의 전개단계와 종결단계 등 스모그 생성과정에 참여한다. 이들 반응을 다음과 같이 표현할 수 있다.

$$ROG + OH\cdot \rightarrow R\cdot + R\dot{C}O + H_2O \quad (19.19)$$

$$R\cdot + O_2 \rightarrow RO_2\cdot \quad (19.20)$$

$$R\dot{C}O + O_2 \rightarrow R\overset{\overset{\displaystyle O}{\|}}{C}OO\cdot \tag{19.21}$$

여러 반응에서 생성된 RO_2 반응기는 오존을 소모하지 않고 다음 식과 같이 NO_2를 제거할 수 있다.

$$RO_2\cdot + NO_2 \rightarrow ROONO_2 \tag{19.22}$$

$$R\overset{\overset{\displaystyle O}{\|}}{C}OO\cdot + NO_2 \rightarrow R\overset{\overset{\displaystyle O}{\|}}{C}OONO_2 \tag{19.23}$$

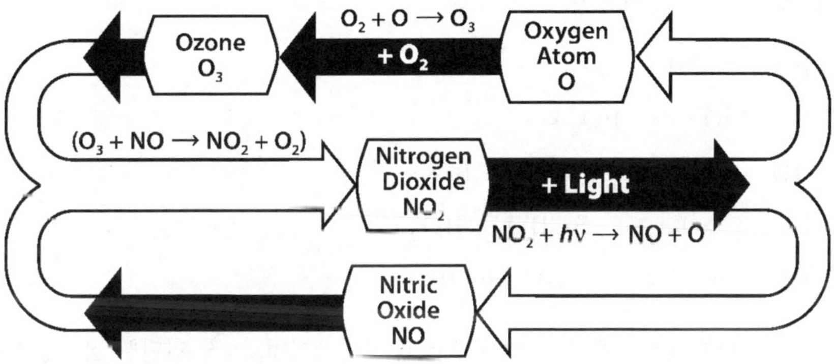

(a) 유기물 없이 **NO_2, NO** 및 **O_3**이 참여한 정상상태 반응

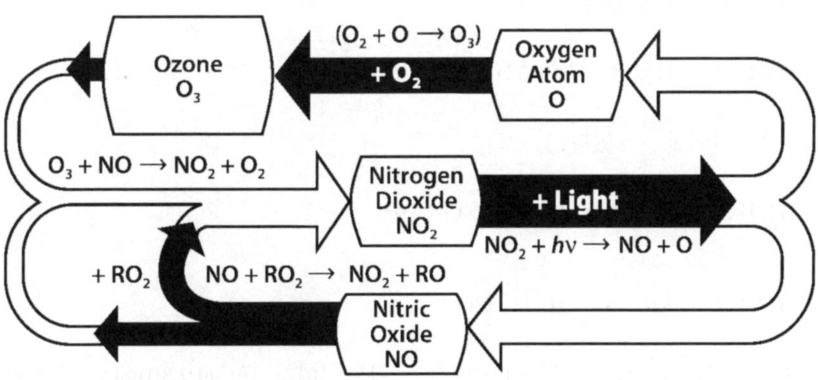

(b) 유기물을 포함한 오존 축적반응

그림 19.20 NO_2 광분해 순환과정 (오존의 순 축적과정을 가능하게 하는, NO에서 NO_2로의 전환과정의 유무에 따라) 출처 : Morris 등, 1990.

탄화수소 산화과정의 순환

탄화수소는 최종적으로 이산화탄소 (CO_2)와 물 (H_2O)을 생성하며 대기 중에서 산화된다. 이 과정의 중간단계에는 탄화수소의 모체 또는 부분적으로 산화된 중간생성물이 수산기 (hydroxyl radical)의 공격을 받아 진행되는 순환반응을 포함한다. 반응성 탄화수소의 두 가지 기본적인 특징은 (1) RO_2기를 생성하기 위한 수산기와의 반응, (2) 수소를 함유한 반응기를 생성하는 광분해 반응 등이다. 첫 번째 반응은 보통 모든 유기성 분자를 포함하지만, 두 번째 반응은 일반적으로 카보닐 결합 (C=O)을 가진 산소함유 중간생성물 (oxygenated intermediates)을 포함한다.

식 (19.7)의 수산기 생성과정은 총괄반응에서 매우 중요한 단계인데, 이는 이 중간생성물이 NO 두 분자를 산화시키고 탄화수소 한 분자를 제거하는 연속반응에서, 쉽게 탄화수소와 반응하기 때문이다. 이 과정은 다음과 같다.

$$\mathrm{ROG + OH\cdot \;\rightarrow\; R\cdot + H_2O} \tag{19.24}$$

$$\mathrm{R\cdot + O \;\rightarrow\; RO_2\cdot} \tag{19.25}$$

$$\mathrm{RO_2\cdot + NO \;\rightarrow\; NO_2 + RO\cdot} \tag{19.26}$$

$$\mathrm{RO\cdot + O_2 \;\rightarrow\; RCHO + HO_2\cdot} \tag{19.27}$$

$$\mathrm{HO_2\cdot + NO \;\rightarrow\; NO_2 + OH\cdot} \tag{19.28}$$

폼알데하이드 (HCHO)는 위 반응에서 안정된 중간체이며, 가장 간단한 유기분자이기도 하다. 또한 탄화수소의 반응성 (스모그 생성가능성)을 표현한 상기 두 가지 기본 특성을 공유하고 있다. 이와 같이 HCHO 화학식은 대기화학의 모든 반응기구에서 기본이 된다. 대기 중 HCHO는 다음과 같이 수산기와 반응할 수 있다.

$$\mathrm{HCHO + OH\cdot \;\rightarrow\; H\dot{C}O + H_2O} \tag{19.29}$$

또한 광분해도 일어날 수 있다.

$$\mathrm{HCHO} + h\nu \;\rightarrow\; \mathrm{H + H\dot{C}O} \tag{19.30}$$

또는

$$\mathrm{HCHO} + h\nu \;\rightarrow\; \mathrm{H_2 + CO} \tag{19.31}$$

여기서, $h\nu$는 빛의 흡수를 의미하며 이 경우 자외선이다. 식 (19.30)에서 생성된 수소원자는 $HO_2\cdot$를 생성하기 위해 O_2와 즉시 결합한다.

$$\mathrm{H + O_2 \;\rightarrow\; HO_2\cdot} \tag{19.32}$$

식 (19.29)와 (19.30)에 의해 포밀 반응기 (formyl radical: $H\dot{C}O$)가 생성되며, 매우 빠른 속도로 O_2와 반응한다.

$$H\dot{C}O + O_2 \rightarrow HO_2\cdot + CO \quad (19.33)$$

식 (19.32)와 (19.33)에서 생성된 과산화기 (peroxy radical: $HO_2\cdot$)는 NO를 NO_2로 쉽게 산화시킨다. 따라서 이미 앞에서 언급했듯이, 오존생성에 필수적인 NO → NO_2 전환과정을 거쳐 OH·를 생성한다. 또한, 반응식 (19.33)에서 생성된 CO는 스모그 생성과정에 참여할 수 있으며, 마치 과산화기를 생성시키는 유기성 분자처럼 행동하여 NO를 NO_2로 산화시킨다:

$$OH\cdot + CO \rightarrow H + CO_2 \quad (19.34)$$

$$H + O_2 \rightarrow HO_2\cdot \quad (19.35)$$

$$HO_2\cdot + NO \rightarrow NO_2 + OH\cdot \quad (19.36)$$

문헌상으로는 수백 가지의 유기가스들이 도시 대기에서 관측된다. 다양한 유기가스들은 오존생성 가능성 (반응성) 차원에서 서로 매우 다르다. Glasson and Tuesday (1970)는 치환되지 않는 내부 올레핀족 화합물이 광화학적으로 가장 반응성이 크며, 반면 메탄과 에탄과 같은 파라핀족 화합물은 비반응성이라고 보고하였다. 또한, 중간정도의 반응성을 가진 화합물로는 비치환성 olefin, cyclopentene, cyclohexene, 일부 치환된 벤젠족 등이 있다. 대부분의 경우, 항상 그런 것은 아니지만, VOC의 반응성은 수산기와의 반응속도를 실험적으로 측정하여 비교 설명할 수 있다. 특히, 조사실 (radiation chamber)의 실험과정에서 소멸되는 반응성 물질의 반응속도와 관련이 있다. 하지만, 일부 VOC [고분자 지방족 (aliphatics)]에 대해서는, OH· 반응속도상수가 오존생성 잠재성을 표시하는 유용한 지표가 아니며 (Morris 등, 1990), 더욱 복잡한 실험/모델링 기법이 도입되어야 한다.

NO_x와 반응기의 소멸반응

연쇄반응의 종결단계는 질산을 생성하는 NO_2와 수산기 사이의 반응이다.

$$OH\cdot + NO_2 \rightarrow HONO_2 \quad (19.37)$$

이 반응으로 수산기와 NO_2 분자가 함께 소멸된다.

앞 쪽에 기술된 반응식들은 광화학 스모그의 생성을 화학적으로 설명하는데 충분하다. 오존, 알데하이드, peroxyacetyl nitrate (PAN)와 같은 관측된 물질의 생성경로가 밝혀졌고, 필요한 광화학적 초기과정이 모델링되었다.

스모그 동안에 생성된 분진연무 (aerosol haze)의 경로에 관한 연구는 다소 추측에 근거한다. 1960년대 초반 신시내티의 Taft Engineering Center에서 수행된 연구에 의하면, 스모그 실

(smog chamber) 실험 중 생성된 분진의 양은 반응혼합물에 첨가되는 SO_2의 양에 따라 크게 증가하였다. 또 다른 연구에 의하면, 오존과 NO_2의 최대 농도는 SO_2가 첨가될 때 감소하였다. 스모그 에피소드 동안 여지에 채취된 시료를 분석하였을 때, 황산염 (sulfate)의 농도가 매우 높았다. SO_2는 SO_3로 산화되어 황산염으로 변환되었다고 생각된다. 이 산화과정은 O_3와 peroxy radical을 포함한 스모그 반응의 중간생성물 및 최종생성물에 의해 진행될 수 있다. 또한 SO_2는 광분해와 산소원자와의 반응에 의해 SO_3로 산화될 수도 있으며, 이 SO_3는 액적 (liquid droplet)에 흡수되어 H_2SO_4로 변환된다. 액적에 직접 흡수된 SO_3는 도시 대기에 존재하는 일부 금속이온의 촉매작용에 의해 SO_3로 변환이 촉진된다. 대기 중 분진에 대한 유체역학이 복잡한 이유는 스모그 기간 중 분진의 생성과 관련된 무수한 화학반응 가능성이 존재하기 때문이며, 도전해 볼 만한 연구분야이기도 하다.

스모그의 영향

눈과 기관지 염증과 같은 일시적인 생리적 영향은 앞에서 언급하였다. 특정오염물질이 인간, 동・식물, 재료 및 건축물에 미치는 장기적 영향의 심각성을 평가하는 일은 비용절약형 제어방법을 제시할 때 기본이 된다. 스모그의 경우 단지 단기영향이지만, 실제 영향을 받고 있는 대다수의 시민들에게는 시정감소와 함께 눈과 기관지 염증 등과 같은 현상만으로도 문제해결을 위한 조치가 필요한 충분한 사유가 된다.

스모그의 장・단기 영향이 뚜렷하게 밝혀지지 않았기 때문에, 스모그가 인간의 건강에 미치는 영향을 금전적으로 추정하기는 어렵다. 저농도 오존에 장기간 노출되었을 때 폐가 조로 증상을 보인다는 사실은 확실하다. 오존 노출은 호흡계를 자극하고 폐세포에 염증과 피해를 주어 폐기능을 약화시킨다. 오존은 천식을 악화시키고 폐기종과 기관지염 등 만성 폐질환을 악화시킨다 (U.S. EPA, 1999). EPA는 대기환경기준을 여러 번에 걸쳐 개정하였다. 기준은 매번 인간 건강을 위해 강화되고 있으며 방어적이 되고 있는데, 1979년 0.12 ppm (1 hr 기준)에서 1997년 0.084 ppm (8 hr 기준), 2008년 0,075 ppm (8 hr 기준)으로 강화되고 있다. 하지만 가장 최근의 기준도 EPA의 과학자문위원들이 추천한 보호기준 수준은 아니다. 일부 그룹은 기준치인 0.075 ppm도 충분히 엄격하지 않다고 주장한다. 이 책을 집필하는 시점에도, EPA는 2010년 8월에 최종 공포하려는 기준을 공식적으로 재고하고 있었다 (U.S. EPA, 2009).

산림, 농산물 및 개인의 재산에 대한 피해를 금전으로 환산하려는 일부 노력들이 있었다. EPA에 의하면, 오존 하나만으로 농작물에 주는 연간 피해액이 최소 5억 달러라고 추정하였다 (U.S. EPA, 2003). 비교적 닳지 않는 장거리용 타이어를 개발할 때, 대부분 차량의 타이어 내구연한은 타이어 바닥면의 마모보다 공기 중 산화물에 의한 타이어 벽면의 노화에 달려 있다. 스모그 피해의 또 다른 사례로는 페인트의 변색과 갈라짐, 금속의 부식 가속 등이 있다.

광화학 스모그의 제어

지금까지 스모그를 제어하는 방법은 원인물질 (ROG와 NO_x)의 배출량을 저감시키는 방법이었다. 스모그 실 (smog chamber) 실험은 NO_x와 탄화수소 농도의 감소가 오존농도에 미치는 영향을 조사하는데 사용되어 왔다. NO_x를 일정하게 유지하면서 ROG를 감소시킬 때, 오존의 생성속도는 항상 느렸으며 오존의 최고값 역시 낮았다. 또한 ROG를 일정하게 유지하면서 NO_x를 감소시킬 때, 오존의 생성속도는 가속화되었고 오존의 최고값은 ROG와 NO_x 비에 따라 등락을 보였다.

이와 같이, ROG 제어는 결코 해롭지 않은 반면, NO_x 제어는 특히 도심지에서 해로울 수 있다 (Dimitriades, 1989). ROG와 NO_x의 감축을 조합하는 방안은 광화학 스모그 화학반응 시기에 변화를 주지 않지만 (NO_x 감소로 인한 반응속도의 가속현상과 ROG 감소로 인한 둔화현상), 일반적으로 오존농도의 최고치는 감소될 것이다 (Seinfeld, 1988). Seinfeld는 수산기에 대한 ROG와 NO_x의 경쟁현상을 검토하여 이 같은 사실을 입증하였다. 대략적인 속도상수는 다음과 같다.

$$\mathrm{ROG} + \mathrm{OH}\cdot \rightarrow \mathrm{RO_2} \qquad 3{,}110\ \mathrm{ppm^{-1}\,min^{-1}}$$

$$\mathrm{NO_2} + \mathrm{OH}\cdot \rightarrow \mathrm{HNO_3} \qquad 17{,}000\ \mathrm{ppm^{-1}\,min^{-1}}$$

따라서 ROG와 NO_x 비가 5～6 사이일 때, 두 화학종은 OH·와의 반응속도가 같게 된다. 만약 이 비율이 6보다 훨씬 크다면, NO_2로 산화될 수 있는 NO가 부족하여 오존생성은 NO_x의 양으로 제어된다. 이 범위 안에서, NO_x가 감소한다면 오존의 최고값은 감소한다. 반면, ROG/NO_x 비가 5 이하이면, NO_x의 가용성이 오존 생성속도를 ROG 양에 의존한다. NO는 RO_2·와 반응하는 것보다 더 빠른 속도로 오존을 소모시킨다. 또한, NO_2는 OH·와 반응하여 질산을 생성한다. NO_x를 감소시킴으로서, 오존 생성속도는 증가하고 오존의 최고 농도는 증가한다.

오존은 매우 반응성이 큰 오염물질이고, 오존을 생성시킨 동일한 오염물질에 의해 제거될 수 있다. 오존의 생성식은 무수히 많고 또한 매우 복잡하다. 이는 오존농도가 원인물질의 제어와 선형적인 관계가 아니기 때문이다. 도시의 오존 오염문제를 해결하는 열쇠는 원인물질과 오존과의 시·공간적 관계를 정량적으로 파악하는 것이다. 대기 중 오존의 생성과정을 깊숙이 공부할 필요가 있다 (Dimitriades, 1989).

2003년～2005년도의 대기질 측정자료에 의하면 (U.S. EPA, 2007), 측정망을 갖춘 639개 카운티 중 104개 카운티가 8-hr 오존기준인 0.084 ppm을 초과하였고, 기준이 0.075 ppm일 경우 398개 카운티가 초과하였다. 만약 기준이 0.070 ppm으로 강화된다면 총 533개 카운티가 기준을 초과할 것이다. VOC, NO_x, 기타 광화학 스모그의 원인물질 제어는 1990년 청정공기개정법 (CAAA: Clean Air Act Amendments)의 주요 사항이다. 더욱 낮아진 차량 배출기준과 더불어 더욱 엄격해진 연방법의 시행도 교통이 붐비는 지역의 스모그 제어에는 충분하지 않은 것 같다.

아마도 오염이 심한 대부분의 지역에서는 궁극적으로 다음과 같은 강력한 제어전략을 한 개 이상 추진해야 할 것이다.

1. 고농도 스모그 잠재기간 중 차량운행금지
2. 전기자동차나 저-배출연료 연소장치를 갖춘 차량만 특정도시에서 운행할 수 있도록 제한
3. 기존 대중교통수단의 정비점검
4. 카풀제도 시행
5. 다인승 차량 전용차선제 시행
6. 주유소에서 2단계 증기회수 시행
7. 낙엽을 불어내는 장비사용 금지 (과연 이 장비가 유용한가?)
8. 휘발유 동력 잔디 깎기 및 기타 정원장비 사용 축소
9. 반-공회전 계획의 공격적 시행
10. 트럭의 운행속도 제한 (NO_x 배출감소를 위해)
11. 건설장비 및 버스에 촉매전환장치 장착시행

모든 경우에 있어, 앞으로 20년 동안 광화학 스모그를 제어하기 위해서는 많은 사람들의 노력이 필요하며 많은 비용이 투자되어야 한다.

19.6 미기상학과 대기오염

대기오염제어를 위해 미기상학을 응용하는 일은 이제 일반화 되었다. 모든 다각적인 응용방안은 문제해결을 위한 두 번째 필수요건 (이 장의 머리말 참조)과 직・간접적으로 관련이 있다.

대기오염의 측정

대기오염의 측정목적에 따라 이동식 또는 고정식 측정장치를 이용한다. 어떤 경우이든 시료채취장소는 평균 풍향에 의하여 결정된다. 시료의 보정과 전산모델링에 필요한 기타 미기상학 자료로는 온도, 운량 (cloud cover), 풍향, 풍속, 감률 (lapse rate) 등이 있다. 국지온도는 가정난방이 총 오염물 배출량에 미치는 기여도를 추정할 때 사용될 수 있다.

공장부지의 선정

한 지역의 대기오염 기후학은 공장부지를 선정할 때 중요한 고려사항이다. 특히, 평균 풍속과 풍향자료는 중요하다. 계절별 바람장미 (wind rose)는 오염물질의 분산형태를 대략적으로 평가하기 위해 준비하여야 한다. 전선성 기상상태를 제외한, 평균 바람을 기초로 한 바람장미는 특히 도움이 된다. 정체성 기상기간의 빈도조사도 고려하여야 한다. 지형과 국지풍 (해륙풍과 산곡풍)의 영향은 분산형태와 인근 주거지역과 산업지역을 연관하여 조사하여야 한다.

잠정적 공장부지에 필요한 기상자료는 North Carolina주 애쉬빌에 소재한 미국립 기상자료센터 (National Climatological Data Center)에서 얻을 수 있다. 이 센터는 특정 기상자료의 요약과 빈도수 조사연구를 계약에 의해 수행하고 있다. 한편, 휴대용 측정장비의 보급으로 현장에서 측정자료를 쉽게 얻을 수 있다. 또한 예정된 신설 화력발전소 또는 대형공장의 실제 현장부지에서, 휴대용 기상장비로 일 년 이상 연속측정한 기상자료도 쉽게 볼 수 있다. 시간별 자료는 분산모델링 (20장 참고)에 사용된다. 분산모델을 통해 예정된 공장이 미래 주변지역에 미칠 자세한 영향을 평가할 수 있으며, 제안된 신설 공장의 승인여부를 규제담당자가 최종적으로 결정할 때도 이용된다.

배출속도

배출허용속도 (allowable emission rate)는 여러 가지 요인에 의존한다. 이 요인에는 우선 오염배출원이 기준달성지역 (attainment area) 또는 미달성지역 (non-attainment area) 중 어디에 위치하고 있는지를 포함한다. 배출속도는 열악한 분산조건이 계속되는 동안에도 문제가 발생하지 않도록 제어되어야 한다. 이 의미는 분산이 잘 이루어지지 않는 기상 빈도자료도 필요하다는 것이다. 또한, 더 많은 배출물이 배출되는 공장의 가동 초기시점 또는 유지・보수시점도 고려하여야 한다.

굴뚝설계

기상학적 요인은 높은 굴뚝을 설계할 때 고려해야 할 주요 사항이다. 제 20장에서 자세한 설계과정을 다루겠지만, 여기서는 필요한 기상변수만을 나열하겠다. 기상변수에는 굴뚝높이에서의 평균풍속, 평균온도, 평균혼합조건 (안정도), 평균감률 등이 있다. 굴뚝높이를 결정할 때에는 역전층의 평균고도와 빈도수를 고려하여야 한다. 발전소와 같은 주요 배출원에서는, 굴뚝높이가 가장 빈번히 발생하는 역전층 높이보다 높아야 한다. 또한, 평균 기온, 풍속, 안정도뿐만 아니라, 이러한 요소들의 조합으로 일어날 수 있는 최악의 경우도 고려해야 한다. 기상조건이 최악일 때, 즉 오염물이 계속 축적될 때, 대기오염물질의 농도는 최고가 될 것이고 예견될 수 있는 최악의 경우에 대비하여 설계하여야 한다.

일반적으로 이런 최악의 시나리오는 EPA가 승인한 분산모델 (ISCST, AERMOD, CALPUFF – 부록 D 참조) 등을 사용하여 배출원의 운영허가를 신청할 때 확인할 수 있다. 이들 분산모델로서 풍하거리 (downwind distance)에 위치한 수백 곳의 농도를 동시에 추정할 수 있다. 앞에서 설명한 바와 같이, 굴뚝높이에 대한 초기평가는 예년의 기상자료를 분석하여 수행한다. "공장부지에서 1∼5년간 측정한 실제 시간별 기상자료"와 더불어, 굴뚝높이와 설계상 배출속도가 분산모델의 입력자료로 사용된다. 만약 풍하지역의 지면농도가 대기환경기준 (NAAQS)을 초과하지 않는다면 공장은 건축승인을 받을 것이다. 분산모델은 다음 장의 제목이기도 하다.

연습문제

19.1 이 장의 서두에 제시한 두 가지 기후 속담의 근거를 설명하라.

19.2 플로리다주 올란도의 1970년도 기상자료에 가지고 연간 바람장미를 완성하라.

풍 향	관측 시간수				
	풍속, Knot				
	1~3	4~6	7~10	>10	합 계
N	295	393	412	157	1,257
NE	323	306	212	65	906
E	296	388	465	102	1,251
SE	160	237	167	56	620
S	218	325	255	122	920
SW	112	196	162	69	539
W	174	266	221	141	802
NW	105	159	193	94	551
합계	1,683	2,270	2,087	806	6,846
무풍일수					1,914
					8,760

19.3 예제 19.1을 FPS (foot-pound-second) 단위로 재계산하라.

19.4 그림 19.12의 안정 감률조건을 참조하라. 공기군의 온도가 57.0 °F에서 55.3 °F로 냉각될 때 얼마나 수직상승하겠는가?

19.5 기온감률을 측정하였더니 1,000 ft당 3.8 °F이었고 지표면 온도는 60 °F이었다. 만약, 지면에서 이 공기군이 태양 복사에 의해 65 °F로 가열되어 부력에 의해 수직으로 가속상승한다면, 어느 높이에서 중립안정도가 얻을 수 있는가?

19.6 만일 습윤단열감률이 1,000 ft당 3.1 °F이라면, 1,000 ft당 수분함량의 변화량을 계산하라.

19.7 Los Angeles 스모그 문제가 저속인 해풍과 빈번한 대기역전 때문에 발생한다면, 이러한 발생조건을 없앨 수 있는 각종 "해결책"들이 제시될 수 있다. 현실적인 해결방안은 아니지만 다음과 같은 두 가지 방안이 있다. 첫째, 풍속을 높이기 위해 해안가에 대형 「바지」선을 띄우고 배에 대형 송풍기를 설치하는 방안, 둘째, 공기 순환을 돕기 위해 산에 대형 터널을 뚫는 방안이 있다. 또 다른 방안으로는 역전층 위에 물을 뿌려 역전층을 없애는 방안이다. 즉, 물이 증발되면 따뜻한 역전층은 냉각될 것이고 수직혼합이 향상될 것이다. 이 때 LA 분지를 덮고 있는 500 ft 두께의 공기층을 5.0 °F 정도 떨어뜨리는데 소요되는 물의 양을 백만 gal 단위로 계산하라. LA 분지지역은 약 2,400 평방 mile이다.

19.8 고도 z_0의 공기군 (air parcel)이 갑자기 아래 방향으로 힘을 받고 있다. 지역 대기의 기온 감률은 1,000 ft당 6.5 °F이다. 이 공기군의 거동을 그림으로 간단히 도식하고 짧게 설명을 덧붙여라. 이 지역의 대기층이 안정한지, 중립인지, 불안정한지를 판단하라.

19.9 그림 19.7은 육지와 수직방향으로 부는 해풍의 방향을 도식한 것이다, 미국 동부의 해안을 가정하라. 남북으로 놓여있는 해안에서, 기압경도는 동쪽에서 서쪽으로 향하고 있다. 마찰력과 코리올리력을 고려할 때, 어떤 방향에서 실제 해풍이 불어올까?

19.10 특정지역에서 대기감률 (atmospheric lapse rate: γ_{actual})이 지면에서 2,000 m까지 0이다. 다음과 같은 정수역학적 수식에서 고도에 대한 대기압 관련 수식을 유도하라.

$$\frac{dP}{dz} = -g\rho$$

유도된 수식으로부터 1,200 m 고도의 기압을 mb 단위로 계산하라. 이때 지표면의 기온을 15 ℃, 지표면에서의 기압을 1,000 mb로 가정하라.

19.11 대기가 −0.2 ℃/100 m로 안정되어 있다. 지면온도가 15 ℃이다. 온도가 25 ℃인 공기군이 지면에서 방출되었다. 최대혼합고 (MMH: maximum mixing height)를 m 단위로 계산하라.

19.12 대기가 0.0 ℃/100 m로 안정되어 있다. 지면온도가 25 ℃이고 지면의 기압이 1.00 atm이다. 고도 2,000 m에서의 기압은 얼마인가?

참고문헌

Alley, F.C. and Ripperton, L.A. "The Effect of Temperature on Photochemical Oxidant Production," Journal of the Air Pollution Control Association, 12, 1962, p.464.

American Industrial Hygiene Association, *Air Pollution Manual*, Detroit, MI: American Industrial Hygiene Association, 1960.

Brown, K.A. "Application and Initial Assessment of the Urban Airshed Model (Base Case Scenario) for the East Central Florida Region," master's thesis, Civil and Environmental Engineering Department, University of Central Florida, Orlando, FL, 1992.

Cooper, C.D., Wayson, R.L., Brown, K., Moramganti, R., and Muthineni, V. "Central Florida Ozone Study." a final report to the Florida Department of Engineering Department of Environmental Regulation. Orlando, FL : Civil and Environmental Engineering Department, University of Central Florida, 1993.

Dimitriades, B. "Photochemical Oxidant Formation: Overview of Current Knowledge and Emerging Issues." *Atmospheric Ozone Research and Its Policy Implications*, Amsterdam, Netherlands: Elsevier, 1989.

Faith, W.L. *Air Pollution Control*. New York: Wiley, 1959.

Glasson, W.A. and Tuesday, C.S. "Hydrocarbon Reactivities in the Atmospheric Photooxidation of Nitric Oxide," Environmental Science and Technology, 4, 1970, p.916.

Guderian, R. *Air Pollution by Photochemical Oxidants*. New York: Springer-Verlag, 1985.

Haagen-Smit, A.J., "Chemistry and Physiology of Los Angeles Smog," Industrial and Engineering Chemistry, 44, 1952, pp.1342-1346.

Kershover, J. *Climatology of Stagnating Anticylones East of the Rocky Mountains*, 1936～1965, USPHS 999-AP-34, National Center for Air Pollution Control, 1967.

Leighton, P.A. *Photochemistry of Air Pollution*. New York: Academic Press, 1961.

Lippman, M. "Health Effects of Ozone－A Critical Review," Journal of the Air Pollution Control Association, 39, 1989, pp.672-695.

Morris, R.E., Myers, T.C., Carr, E.L., Causley, M.C., Douglas, S.G., fieber, J.L., Gardner, L., Jimenez, M., and Haney, J.L. *User's Guide for the Urban Airshed Model*, Vol－V. Research Triangle Park, NC: U.S. Environmental Protection Agency, 1990.

Perkins, H.C. *Air Pollution*. New York: McGraw-Hill, 1974.

Petterssen, S. *Introduction to Meteorology*. New York: McGraw-Hill, 1958.

Schrenk, H.H., Heimann, H., Clayton, G.D., Gafefer, W.M., and Wexler, H. United States Public Health Service Bulletin No. 306, 1949.

Schuck, E.A. "Eye Irritation from Irradiated Auto Exhaust," a report to the Air Pollution Foundation, Report No.18, Los Angeles, CA, 1957.

Seinfeld, J.H. *Air Pollution－Physical and Chemical Fundamentals*. New York: Mcgraw-Hill, 1975.

Seinfeld, J.H. "Ozone Air Quality Models: A Critical Review," Journal of the Air Pollution Control Association, 38, 1988, pp.616-641.

Spensley, J.W. "An Overview of the Clean Air Act Amendments of 1990," Shepard's Clean Air Act Reporter, 1(3), May 1992.

Stephens, E.R. "Reactions of Oxygen Atoms and Ozone in Air Pollution," International Journal of Air and Water Pollution, 10, 1966, p.649.

Stern, A.C., Ed., *Air Pollution*, Vol. I (2nd ed.) New York: Academic Press, 1968.

Stern, A.C., Boubel, R.W., Turner, D.B., and Fox, D.L. *Fundamentals of Air Pollution* (2nd ed.). Orlando, FL: Academic Press, 1984.

U.S. Environmental Protection Agency. *A Regional Air Pollution Study for St. Louis, Missouri*, Research Triangle Park, NC, 1962.

U.S. Environmental Protection Agency. *Ozone and Your Health,* EPA-452/F-99-003, September 1999. Accessed May 2010 from http://www.epa.gov/air/ozonepollution/pdfs/health.pdf

U.S. Environmental Protection Agency. *Ozone－Good Up High, Bad Nearby,* EPA-451/K-03-001, June 2008. Accessed May 2010 from http://www.airnow.gov/index.cfm?action=goodup.page1

U.S. Environmental Protection Agency. *Ground-Level Ozone*, Office of Air Quality Planning and Standards, Research Triangle Park, NO, June 2007. Accessed May 2010 from http://www.epa.gov/groundlevelozone/pdfs/20070621_maps.pdf

U.S. Environmental Protection Agency. *Fact Sheet - EPA to Reconsider Ozone Pollution Standard,* 2009. Accessed December 2009 from http://www.epa.gov/air/ozonepollution/pdfs/O3_ Reconsideration_FACT%20 SHEET_091609.pdf

Chapter

20 분산모델

대기운동으로 오염물질의 운송과 희석이 지속적으로 이루어지고 있다. 모든 인간, 특히 도시와 산업지역에 거주하는 대부분 사람은 그 지역에 떨어지는 오염물질을 날려보내고 희석시키는 공기의 역할에 크게 의지하고 있다. 이른바 "대기오염" 은 멀리 날려보내고 희석할 수 있는 공기의 능력 이상으로 오염물질들이 과도하게 배출될 때 발생한다. 따라서 우리는 운송과 희석에 관한 대기의 운동기작을 이해할 필요가 있다.

F.A. Gifford, 1975.

20.1 머리말

대기 중에 오염물질을 배출하는 일은 습관적인 처리방안 중 하나이다. 인류가 처음 불을 발견하고 집에 가져 왔을 때 굴뚝도 분명히 발명했을 것이다. 그렇지 않다면, 동굴 내 배기가 되지 않아 연기의 영향을 즉시 체험했을 것이다. 국소지역의 공기가 이미 오래 전에 완전히 못쓰게 되지 않은 것은 대기의 자정능력 때문이다. 중요한 자정특성 중의 하나는 고농도의 가스상 오염물질을 분산시키는 능력이다. 물론, 오염물질의 분산능력은 무한하지 않으며, 그 지역의 기상과 지형 조건에 따라 개선될 수도, 악화될 수도 있다. 따라서 산업혁명이 시작된 이래, 에너지 소비량은 기하급수적으로 증가하였으며 사람들은 공기의 무차별적 남용을 막기 위해, 더 많은, 더 좋은 오염방지장치가 필요하다는 점에 공감하였다. 그러나 우리는 아직도 대부분 오염물질의 최종 처리를 대기의 분산력에만 맡기고 있다.

제 1장에서 언급했듯이, 역사는 특정지역에 오염물이 고농도로 축적될 때, 각종 위해한 영향들이 나타난다는 것을 가르쳐 주었다. 어떤 지역에 오염물이 축적되는 것은 배출속도, 분산속도, 생성 또는 소멸속도 (화학적 반응에 의한)의 함수이다. 오염물질의 분산은 풍속, 풍향, 대기안정도 (수직방향으로 혼합되지 않으려는 경향)와 같은, 그 지역 기상조건에 거의 전적으로 의존하고 있다. 만약 바람이 강하게 불거나 대기의 수직혼합이 잘 일어난다면, 오염물질은 큰 용량의 공기 속으로 빠르게 분산되어, 결국 낮은 농도가 될 것이다. 만약 바람이 비교적 약하게 불고 역전층이 형성된다면 오염물질의 농도는 증가할 것이다. 대기의 분산과정을 모델링하고, 신설될

오염원에서 배출되는 오염물질농도를 추정하는 능력은 **대기오염공학** (air pollution engineering)에서 중요한 부분이다.

최근 모델응용에서 많은 발전이 있었고 정교하게 개발되었지만, 분산모델의 정확성은 아직도 다소 한계가 있다. 그럼에도 우리가 이 한계성을 바로 인식하는 한, 모델을 성공적으로 이용할 수 있다. "왜 모델링을 수행해야 하는가? 왜 대기질을 간단히 측정하지 않는가?"에 대한 의문이 있을 수 있다. 분명히 우리는 오늘날 매우 정밀한 기자재를 가지고 있으며, 또한 차량과 대형 산업오염원에서 총체적 배출로 야기된 대기농도를 측정할 수 있는 장비와 인력을 동원할 수도 있다. 더욱이, 우리는 모델이 불완전하다는 것을 알고 있으며 모델링에 비용과 시간이 많이 들고, 부정확한 결과도 필연적이라는 것도 알고 있다. 왜 이러한 불확실성을 피하지 않는 것일까? 또한, 왜 현실세계 (real world)를 평가하려 않는 것일까?

많은 단점에도 불구하고 모델링은 필수적이다. 왜 모델링을 수행하여야 하는지, 또한 왜 대안이 없는 지에 대한 몇 가지 이유가 있다. 첫째, 우리는 미래에 건설될 설비의 영향을 계측할 수 없다. 우리는 운영하려는 설비의 영향을 합리적으로 추정할 방법이 필요하다. 모델링은 이러한 작업을 우리에게 가능하게 한다. 둘째, 종합적인 측정계획은 모델링보다 대략 1,000배 이상의 비용이 든다. 마찬가지로 측정도 역시 많은 오류를 가지고 있다. 셋째, 모델링은 다수의 오염원이 존재할 때, 또한 단지 한 개 오염원에 대한 잠정적 영향만을 분리평가하기를 바랄 때 사용할 수 있는 유일한 실용적인 접근방안이다. 최종적으로, 모델링이 100% 정확도를 갖지는 못하지만, 정확하며 재현가능하다. 따라서 모델링은 다양한 대안책을 평가하고 비교할 수 있는 공정하며 재현가능한 도구인 것이다. 하지만 모델링의 한계에 유의하여야 하며, 모든 모델링 연구결과를 해석할 때마다 현명한 판단을 내려야 한다. 산업체 또는 일반 대중에게 극도로 많은 비용이 소요되는 정책과 결정을 세울 때는 더욱 그러하다. 이러한 점에서 모델링과 더불어 실제 대기질을 측정하는 것이 매우 중요하다. 측정은 모델의 진실성을 밝힐 수 있는 실제 자료를 제공한다.

20.2 분산의 물리적 해설

분산은 어떻게 일어나는가? 개방된 대기에서 정상풍 (steady wind) 속으로 연속적으로 배출되는 오염물질은 처음에는 위로 상승하지만, 그 다음에는 수평으로 휘고 평균바람을 따라 이동할 것이다. 이 바람은 오염물질을 희석시키고 오염원 (source)으로부터 멀리까지 운반할 것이다. 오염물질의 연기는 연기의 중심선 (centerline)에서 수직과 수평방향으로 퍼지거나 분산될 것이다. 연기의 휘는 모양, 실제굴뚝의 높이 (h), 연기의 상승(Δh), 유효굴뚝높이 (effective stack height,

H) 등이 그림 20.1에 도식되었다. 이 분산과정은 놀라운 일이 아니며, 물질이 고농도에서 저농도로 이동되는 당연한 자연현상이다. 흰 연기가 퍼지는 것은 단순한 분자확산 (molecular diffusion) 이외의 기타 여러 인자들의 영향을 받는다.

난류상태의 모든 유체는 **소용돌이** (eddy)를 포함하고 있으며, 이는 평균적 흐름 중에서 일어나는 일종의 거시적이고 무작위적인 파동현상이다. 소용돌이는 좁은 연기의 일부 자리를 차지하고, 농축된 오염물질 덩어리와 연기에서 멀리 떨어진 청정공기 덩어리를 신속하게 교환시킨다. 다양한 크기를 갖는 소용돌이의 복합적 영향으로 연기는 넓게 희석된다. 물론, 소용돌이 움직임은 수직과 수평방향으로도 작용한다.

대기 중 소용돌이는 열적 영향과 기계적 영향 두 가지에 의해 생성된다. 태양에너지는 지표면에 흡수된 후 열로 변환된다. 이 열에너지는 전도/대류에 의해 공기로 전달되며 열적 소용돌이 (thermal eddy)를 생성하며 지표면 근처의 공기를 상승시킨다. 태양 일사량이 클수록, 더 많은 소용돌이가 발생한다. 기계적 소용돌이 (mechanical eddy)는 공기가 거친 지표면을 통과할 때 전단력 (shear force) 때문에 생성된다. 나무나 건물이 있는 거친 지표면은 눈이나 얼음이 덮인 매끄러운 지표면보다 더 많은 소용돌이를 생성한다. 마찬가지로 강한 바람은 더 많은 소용돌이를 생성한다.

연기가 퍼지는 또 다른 이유는 바람의 무작위적 변위 (random shifting) 때문이다. 특정지역에서 오염물질의 농도는 '평균화 시간 (averaging time)'이라 불리는 시간 동안 측정된다. 그러나 측정시간 동안 바람의 방향은 변할 수도 있고, 오염물질은 시료감지기 쪽으로 더 많이 또는 더 적게 향할 것이다. 평균화 시간이 길수록, 무작위적 변위는 더 많이 일어날 것이다. 이러한 변위가 연기를 더 넓게 퍼지게 할 것이다.

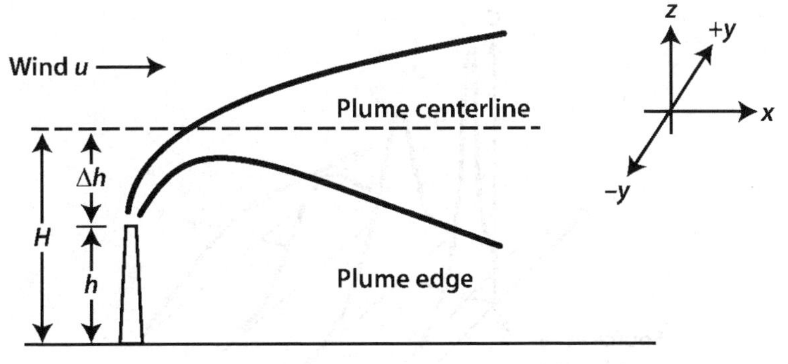

그림 20.1 휘어진 연기의 퍼짐 현상

소용돌이와 바람의 변동 때문에, 연기는 순간기준보다는 평균시간을 기준으로 고려되어야 한다. 바람이 x방향으로 비교적 일정한 평균속도 u로 지속된다고 하자 (하지만 풍향과 풍속은 항상 변동이 있다는 점을 명심하라). Williamson (1973)이 언급했듯이, 오염원에서 떨어진 거리 x_0에서, 오염물의 평균시간 농도는 $\pm y$방향으로 정규분포가 된다. 하지만 x_0에서 순간농도의 (y방향의) 분포는 그림 20.2에서 보듯이 큰 차이가 있다. 거리 x_0가 증가할수록 오염물질은 y와 z방향으로 더욱 퍼지면서 최대농도는 감소한다 (그림 20.3 참조). 그림 20.3은 y방향의 연기농도 분포 (연기높이에서)를 도식한 것이다. 최대농도는 x가 증가할수록 점진적으로 감소하면서 수평방향으로의 퍼짐현상도 증가한다. 뒤에 논의하겠지만, 지표면의 중심선 농도는 이와는 다르다.

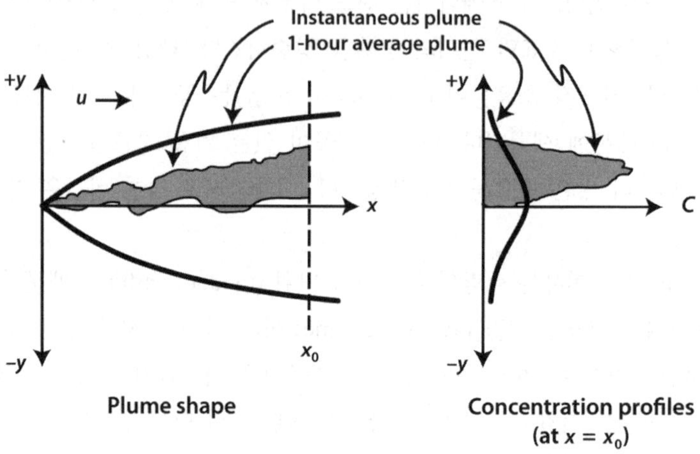

그림 20.2 순간연기와 1시간 평균 연기의 농도분포도

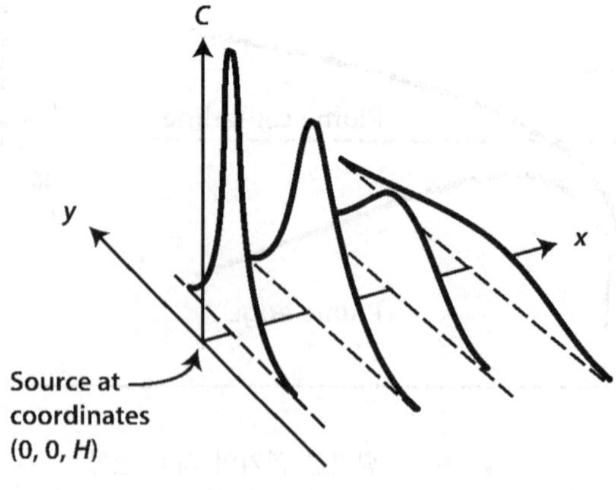

그림 20.3 오염원에서 떨어진 거리의 함수로 표시된, 풍하지역에서의 농도분포도

수직방향으로도 유사한 연기의 퍼짐현상이 일어나는데, 이 역시 결과적으로는 또 다른 정규분포를 만든다. 따라서 이와 같은 오염물질의 분포를 **이중정규분포** (binormal)라고 부른다. 이러한 거동을 모델링하기 위해서는 일정한 바람과 소용돌이 확산만을 고려하여 수식을 개발해야 한다. 이 접근법에 입각하여, 물질수지식을 고려하면 2차편미분 방정식을 유도할 수 있다. 이 방정식의 특수해 중의 하나가 Fick의 **확산방정식** (Fickian diffusion equation)이며, 이 식으로 이중정규분포를 갖는 오염물질의 농도를 추정한다.

대기의 분산문제에 응용되는, Fick의 확산방정식의 유도는 다른 문헌 (Wark 등, 1998; Williamson, 1973)을 참고하라. 그러나 평균 소용돌이 확산과 완전히 정상풍을 가정한 이 모델은 실제 상황을 모사할 수 있는 유일한 방안이다. 또 다른 유용한 접근법은 분산과정의 통계적 성질에 기초를 두고 있다. 이 모델을 흔히 **가우시안 분산모델** (Gaussian dispersion model)이라 부르며 다음 절에서 논의된다.

20.3 가우시안 모델

가우시안 분포나 정규분포 (normal distribution)는 확률적 통계학에 바탕을 둔다. 가우시안 분포 (Gaussian distribution)의 일부 성질에 관한 간략한 설명이 부록 C에 있다. 앞 절에서, 오염물질의 평균화시간 농도분포가 연기의 중심선을 기준으로 이중정규분포라는 점을 언급하였다. 이러한 거동은 Pasquill (1961)에 의해 개발된, '이중가우시안 공식 (double Gaussian equation)'으로 설명할 수 있다. 이 모델식 (높은 오염원에서 배출된 무반응성 가스상 오염물의 분산을 추정하는)은 아래에 제시되어 있으며, 이 수식은 오염원에서 떨어진 거리에 위치한 한 지점 (x, y, z)에서 정상상태의 농도를 추정하는데 이용된다.

$$C = \frac{Q}{2\pi u \sigma_y \sigma_z} \exp\left[-\frac{y^2}{2\sigma_y^2}\right]\left\{\exp\left[-\frac{(z-H)^2}{2\sigma_z^2}\right] + \exp\left[-\frac{(z+H)^2}{2\sigma_z^2}\right]\right\} \tag{20.1}$$

여기서, C = 점(x, y, z)에서 정상상태 농도, μg/m^3

Q = 배출속도, μg/s

σ_y, σ_z = 수평, 수직방향의 퍼짐정도를 표시하는 분산매개변수, m
(거리 x와 대기안정도의 함수)

u = 굴뚝높이에서의 평균풍속, m/s

y = 연기중심선부터의 수평거리, m

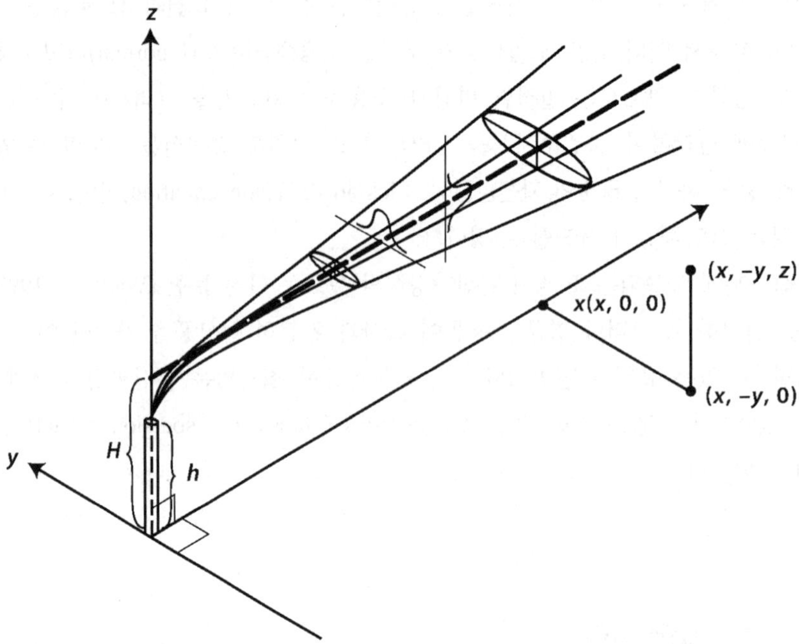

그림 20.4 수평 및 수직의 이중가우시안 분포를 보여주는 좌표계
출처 : Turner, 1970.

z = 지표면으로부터 수직거리, m

H = 유효굴뚝높이 ($H = h + \Delta h$, 여기서 h=실제 굴뚝높이, Δh=연기의 상승높이, m)

식 (20.1)이 표현하는 연기의 이중가우시안 분포도가 그림 20.4에 있다.

식 (20.1)에는 지수 z를 포함한 두 개의 지수항이 있다. 하나는 $(z-H)$, 또 하나는 $(z+H)$이다. 이 두 개 지수항은 오염물질이 땅 밑으로 분산될 수 없음을 의미한다.

식 (20.1)에서 두 번째 z 지수항이 없다면 아래와 같다.

$$C = \frac{Q}{2\pi u \sigma_y \sigma_z} \exp\left[-\frac{y^2}{2\sigma_y^2}\right] \exp\left[-\frac{(z-H)^2}{2\sigma_z^2}\right] \tag{20.2a}$$

위 식은 배출원이 $y=0$, $z=H$일 때의 "실제" 이중가우시안 공식이다. 식 (20.2a)에 묘사된 상황은 그림 20.5(a)에 도식되어 있고, 이는 오염물이 지하를 포함한 $\pm z$방향으로 무한하게 분산함을 보여주고 있다. 실제 이러한 현상은 불가능하기 때문에, 위의 모델은 지하의 허상오염원(image source) ($-H$에서 배출)을 합산하여 보정할 필요가 있다. 즉, 지상농도에 "손실"된 지하농도와 같은 양을 합산하면 가능하다. 허상오염원에 대한 수식은

$$C = \frac{Q}{2\pi u \sigma_y \sigma_z} \exp\left[-\frac{y^2}{2\sigma_y^2}\right] \exp\left[-\frac{(z+H)^2}{2\sigma_z^2}\right] \tag{20.2b}$$

식 (20.2a)와 식 (20.2b)를 더하면 식 (20.1)이 된다. 이는 그림 20.5(b)에 표현되어 있다.

편의상, 우리는 연기가 지표면에서 반사 (reflection) 된다고 말한다. 만약, 연기가 수면위에서 분산되고 수용성이 큰 가스를 함유한다면, 반사를 가정한다는 것은 합당하지 않다. 그러나 일반적으로, CO, VOC, SO_x, NO_x와 같은 오염물질은 지면에서 반사된다.

식 (20.1)에서 지적된 몇 가지 사항을 염두에 둘 필요가 있다.

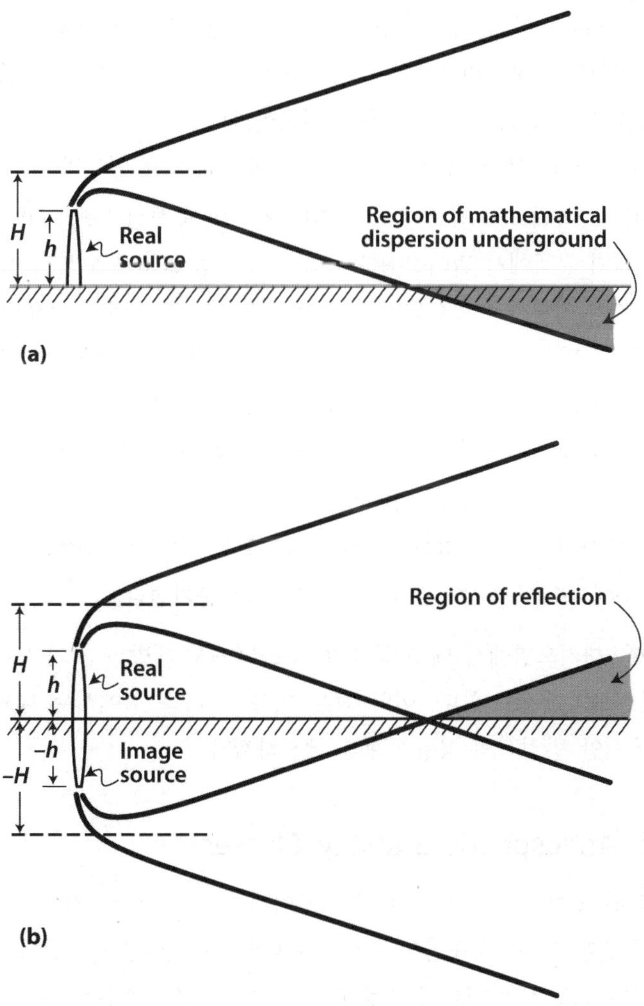

그림 20.5 (a) 오염물질의 지하로의 수학적 분산, (b) 허상오염원에 의한 반사

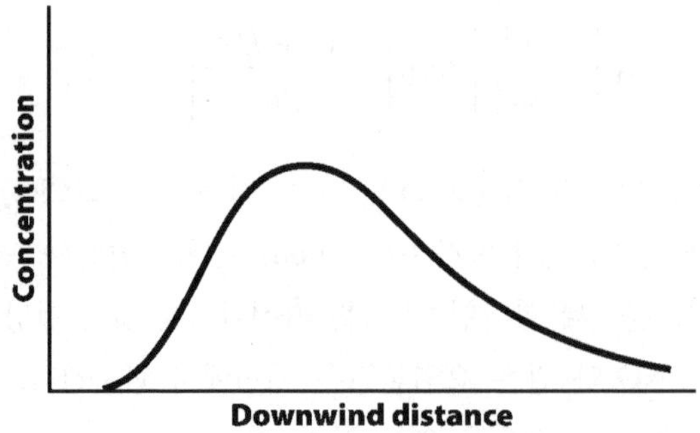

그림 20.6 풍하거리 (downwind distance)와 지표면 중심선 농도와의 관계

1. 풍하거리 (downwind) 어느 위치에서든, 농도는 오염원의 강도 Q와 비례한다.
2. 지표면 ($z=0$)에서의 풍하거리 농도는 일반적으로 풍속과 반비례한다 (완전히 반비례가 될 수 없는 복잡한 유형에서는 H도 풍속에 의존한다).
3. 풍하거리 (x)가 증가할수록 σ_y와 σ_z도 증가하기 때문에, 높은 연기의 중심선 농도 (centerline concentration)는 지속적으로 감소한다. 그러나 지면의 중심선 농도는 0에서 시작하여 최고치까지 증가하다가 굴뚝에서 멀어질수록 감소한다. 그림 20.6에 도식된 것처럼, 이런 현상은 오염물질이 초기에 지면까지 확산되기 전에 약간의 시간과 거리를 필요로 한다. 오염물질이 지면에 도달할 때 반사가 일어나며 지면농도는 급속히 상승한다. 최종적으로 오염물질이 위로, 바깥으로 분산될수록, 지면농도는 감소하기 시작한다.
4. 분산매개변수 σ_y와 σ_z는 대기의 난류 (불안정)가 증가할수록 증가한다. 따라서 불안정한 상태는 풍하방향의 평균 농도를 감소시킨다.
5. 식 (20.1)에서 계산된 지면의 최대농도는 유효굴뚝높이가 증가할수록 감소한다. 최대농도가 일어나는 곳에서 굴뚝까지의 거리는 H에 따라 증가한다.

가우시안 분산식은 대기오염에서 매우 중요하다. EPA에서 개발된 거의 모든 대기분산모델의 전산프로그램은 이 식을 기초로 한다. 이와 같은 이유로, 다음 절에서는 대기안정도와 관련한 간략한 논의와 가우시안 방정식의 응용실례를 제시하겠다.

대기안정도 등급 (Atmospheric Stability Classes)

제 19장에서 논의된 것처럼, 수직혼합이 잘 이루어지면 공기가 불안정하다고 말한다. 이런 현상은 미풍을 동반한 강한 일사 (지표면에 조사되는 태양 복사열)때 일어난다. 태양 에너지를 흡수하면서 지면은 가열되고, 지면 근처 공기층도 가열된다. 더운 공기는 상승하며 수직혼합이 진행된다. 반면, 안정된 대기는 지면이 공기보다 냉각될 때 형성된다 (예를 들어, 맑은 날씨를 갖

는 추운 밤에). 이 때, 지면 가까운 공기층은 냉각되고 수직혼합은 일어나지 않는다. 분산매개변수 σ_y와 σ_z는 풍하거리 뿐만 아니라 대기안정도의 강한 함수이기 때문에, 이들 변수를 논의하는 것이 중요하다.

분산변수를 정량적으로 추정하는 방법은 Pasquill (1961)이 소개한 바 있고, Gifford (1961)가 편리하게 개발하였다. Pasquill-Gifford의 분산 추정방법은 미국 공중보건성 (Public Health Service) (Turner, 1970)에서 채택되었고, 그 이후 널리 이용되고 있다.

그림 20.7과 20.8에 도식적으로 표현된 상관식들은 실제 분산자료를 이론적 법칙에 적용하기 위해 개발되었다. 실험은 평평하고 개방된 지형에서 이루어졌으며, 배출속도와 풍속에 따라 단기 (10분) 평균화 농도가 측정되었다. 그래프에서, x값이 1,000 m 이상 되는 분산변수의 값은

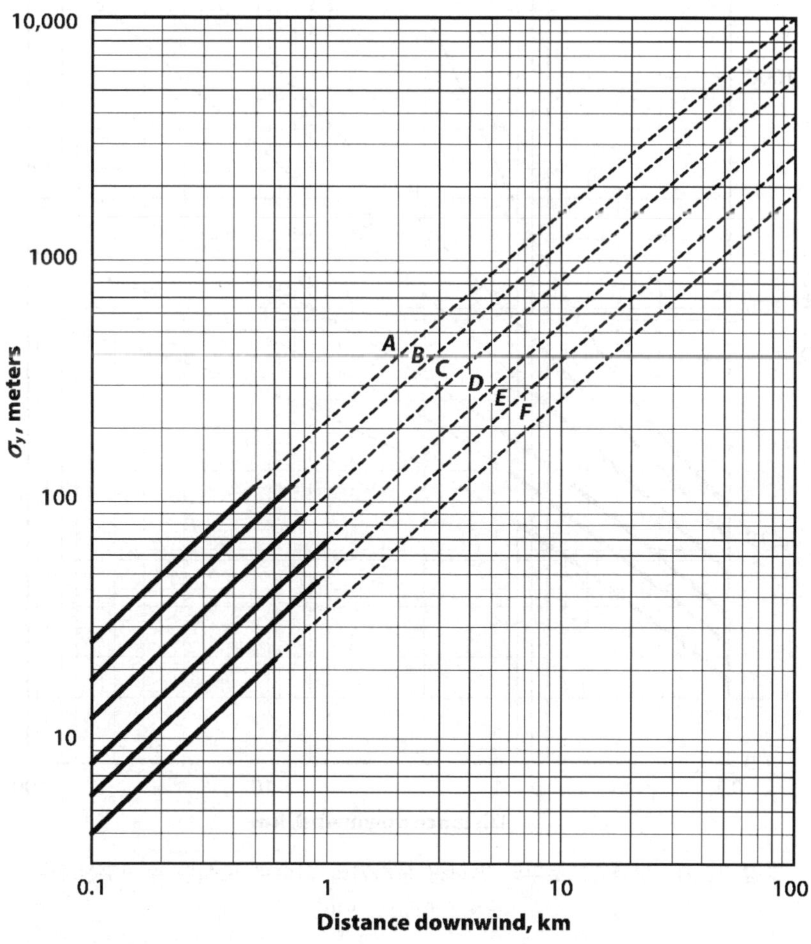

그림 20.7 오염원으로부터 떨어진 풍하거리의 함수로 도식된 수평분산계수

출처 : Turner, 1970.

그래프를 연장시켜 외삽 (extrapolation)하여 작성하였다. 이들 곡선이 개발되었던 당시 상황이 큰 제한성을 가지고 있었기 때문에, 가우시안 모델을 사용한 농도추정은 실제값과 비교하여 ±50% 이상의 정확도를 기대하지 말아야 한다.

편의상, 대기안정도는 A부터 F까지 임의로 정한 6개 등급으로 분류한다. 여기서 A등급이 가장 불안정한 등급이다. Turner (1970)는 태양의 각도, 운량의 정도, 지표면의 풍속을 기준으로 대기안정도 등급을 분류하였다. 이 방식은 표 20.1에 요약되었다. 독자는 도표 아래 부분의 주석을 주의 깊게 검토해야 한다.

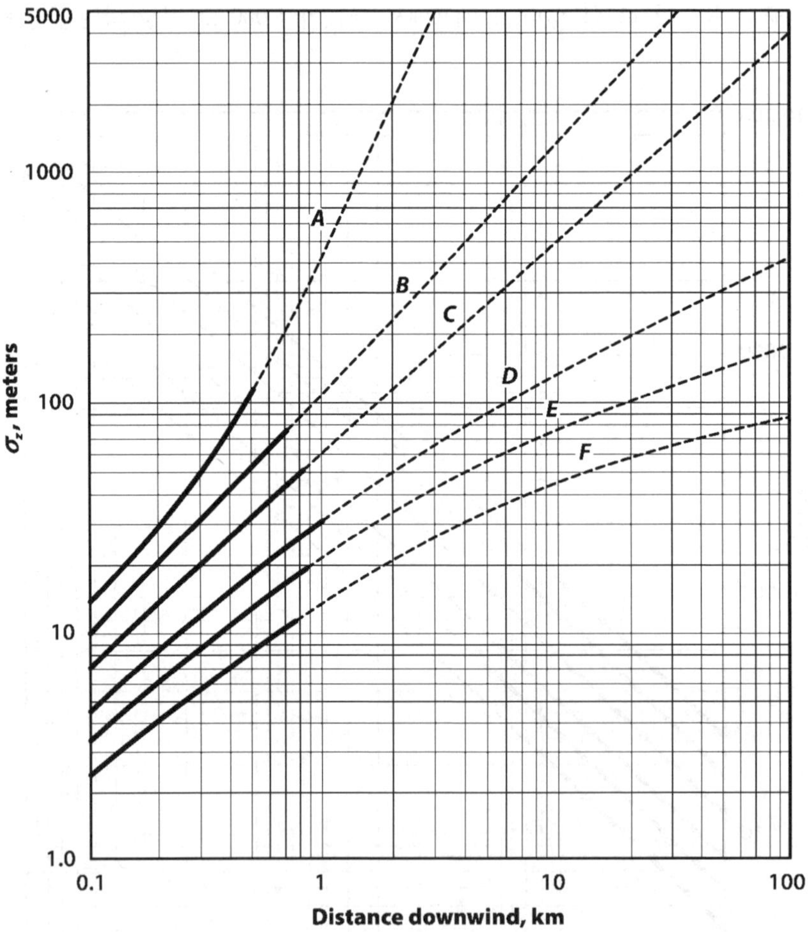

그림 20.8 오염원으로부터 떨어진 풍하거리 함수로 도식된 수직분산계수

출처 : Turner, 1970.

표 20.1 안정도 분류*

지표풍속[a] m/s	낮 일사량			밤 운 량[e]	
	강[b]	중[c]	약[d]	흐림 (≥4/8)	맑음 (≤3/8)
<2	A	A~B[f]	B	E	F
2~3	A~B	B	C	E	F
3~5	B	B~C	C	D	E
5~6	C	C~D	D	D	D
>6	C	D	D	D	D

a 지표풍속은 10 m 높이에서 측정되었다.
b 맑은 여름 날 태양각도가 수평선에서 60° 이상일 때
c 몇 개의 조각구름이 있는 여름 낮, 또는 태양각도가 수평선에서 35~60°인 맑은 날
d 가을 오후, 또는 구름 낀 여름 낮, 또는 태양각도가 15~35°인 맑은 여름 낮
e 흐린 정도는 하늘에 구름이 덮인 분율 (운량)로 표시
f A~B, B~C 또는 C~D 조건에서, 각각 구한 값의 평균
* A=아주 불안정　D=중립
B=중간 불안정　E=조금 안정
C=조금 불안정　F=안정
풍속에 관계없이, D등급은 흐린 상태의 낮 또는 밤으로 가정한다.
출처 : Turner, 1970.

안정도 등급을 결정할 때 가장 널리 사용되는 방법은 아직도 Pasquill-Gifford (P-G) 방법이다. 하지만 다음과 같은 다른 방법들이 있다: 수평방향의 바람변동에 대한 표준편차법, 기온경도법 (temperature gradient method), Richardson/Businger Gradient Number법, Bulk Richardson Number (BRN)법, Monin-Obukhou (M-O) length법, 풍속비율법 등이 있다 (Mohan and Siddiqui, 1998). 이 방법론 중 일부는 안정도를 정량화 한다는 관점에서 유용성을 제공한다. 하지만 이 방법들은 해당 안정도 등급에 따라 정확도와 정밀도 측면에서 커다란 차이가 있다. 일반적으로 일 년 전체에 대해 유효성 있는 기상자료를 검토하면, 안정도가 '중립'인 상태가 가장 보편적인 등급이다.

Mohan and Siddiqui (1998)는 188시간 동안 관측한 기상자료를 P-G 안정도 등급에 따라 분류하였다. A부터 F까지 각 등급별 사건수는 각각 20, 36, 46, 46, 11, 29건이었다. 앞에 소개한 방법론을 P-G 결과와 비교한 결과, M-O length법은 모든 안정도 등급에 걸쳐 가장 우수한 상관성을 보여주었다. BRN법은 극단 등급 (즉, A등급과 F등급)에서 P-G 결과를 잘 모사하였지만, 중립조건과 부분 중립등급 (C, D, E등급)에 대해서는 과대평가하는 경향을 보였다. 따라서 일반적인 중립조건 또는 중립에 가까운 등급에 대해서는 M-O length법을 사용하는 것이 더 적절하다. Mohan and Siddiqui의 비교연구는 P-G 방법론이 정확하게 등급을 추정한다는 절대적 가정

을 전제로 수행한 것이다. 풍속을 측정할 때의 작은 오차, 운량과 일사량을 판단할 때 관측자마다 조금씩 다른 차이, 해당지역의 지형과 기후와 관련된 현장위주 변수에 대한 관측자 간의 견해차이 등으로, P-G법을 사용할 때 관측자 간에 보통 한 등급 정도의 편차가 있을 수 있다.

흔히 그림 20.7과 20.8을 이용하여 변수의 값을 읽을 때, 사람마다 동일한 결과를 얻기 어렵다. 더구나, 그래프를 이용한 도식적 해석은 전산프로그램에 이용하기 불편하다. 따라서 Martin (1976)은 이들 곡선에 대한 수식을 개발하였다. 일반식은 다음과 같다.

$$\sigma_y = ax^b \tag{20.3}$$

$$\sigma_z = cx^d + f \tag{20.4}$$

여기서, a, b, c, d, f는 거리 x 및 안정도 계급에 의존하는 상수이다 (x는 km 단위이다). 식 (20.3)과 (20.4)의 상수값이 표 20.2에 있다. 다음 예제는 앞에 논의된 내용들의 일반적 사용법을 보여주고 있다.

표 20.2 풍하거리와 대기안정도의 함수로써 대기 분산매개변수를 계산하기 위한 수식의 상수값

안정도	a	b	x < 1 km			x > 1 km		
			c	d	f	c	d	f
A	213	0.894	440.8	1.941	9.27	459.7	2.094	−9.6
B	156	0.894	106.6	1.149	3.3	108.2	1.098	2.0
C	104	0.894	61.0	0.911	0.0	61.0	0.911	0
D	68	0.894	33.2	0.725	−1.7	44.5	0.516	−13.0
E	50.5	0.894	22.8	0.678	−1.3	55.4	0.305	−34.0
F	34	0.894	14.35	0.740	−0.35	62.6	0.180	−48.6

출처 : Martin, 1976.

예제 20.1 실제 굴뚝높이 80 m에서 110 g/s의 속도로 NO가 배출되고 있다. 80 m에서 풍속이 5 m/s이고, 흐린 아침이었다. 연기의 상승높이는 20 m이다. (a) 풍하거리가 굴뚝에서부터 2.0 km일 때 지면에서의 중심선 농도를 구하라. (b) 같은 거리 x에서 중심선으로부터 100 m 떨어진 곳의 농도를 구하라.

풀이 표 20.1에 의하면, 흐린 날의 안정도 등급은 D이다. 식 (20.3)과 식 (20.4)에서 σ_y = 126 m, σ_z = 51 m이다. 식 (20.1)에 알맞은 모든 값을 대입하면 다음과 같다.

(a) $$C = \frac{110 \times 10^6}{2\pi(5)(126)(51)} \exp\left(-\frac{1}{2}\frac{0^2}{126^2}\right)\left[\exp\left(-\frac{1}{2}\frac{(-H)^2}{51^2}\right) + \exp\left(-\frac{1}{2}\frac{(+H)^2}{51^2}\right)\right]$$

$$= 545(1)(2)\exp\left[-\frac{1}{2}\frac{100^2}{51^2}\right] = (545)(0.292) = 159\ \mu g/m^3$$

(b) $y = 100$에서, 기타 항은 모두 (a)와 동일하다.

$$C = 159\exp\left[-\frac{1}{2}\frac{100^2}{126^2}\right] = 159(0.73) = 116\ \mu g/m^3$$

제 19장에서, 높이에 따른 풍속의 변화를 추정하는 법칙을 소개하였다. 편의상, 이 수식을 다시 반복하면,

$$\frac{u_2}{u_1} = \left[\frac{z_2}{z_1}\right]^p \tag{19.1}$$

여기서, z_1, z_2 = 1과 2지점의 높이

u_1, u_2 = z_1과 z_2에서의 풍속

p = 지수

지수 p는 대기안정도 등급과 표면의 거칠도에 따라 변한다. "거친"표면 (전형적인 도시나 준도심지역)에 대하여, EPA (1995)는 표 20.3과 같은 지수값을 제시하였다. 평평하고 개방된 교외지역, 호수, 바다와 같이 표면이 매끈한 곳에서는 지표풍 (surface wind)과 지균풍 (geostrophic wind) 사이에 큰 차이가 없다. 식 (20.1)을 사용하기 위해서는, 풍속은 H에 맞게 보정되어야 한다. 하지만 보수적으로 EPA는 u를 h에 보정할 것을 추천하고 있다. 예제 20.2는 식 (19.1)과 (20.1)의 사용법을 예시하고 있다.

표 20.3 풍속모델 (power law)의 지수

안정도 등급	지수 (p)	
	거친 지면 (도시)	평탄한 지면 (시골)
A	0.15	0.07
B	0.15	0.07
C	0.20	0.10
D	0.25	0.15
E	0.30	0.35
F	0.30	0.35

출처 : U.S. EPA, 1995.

예제 20.2 예제 20.1의 자료를 이용하라. 단, 지상 10 m에서의 풍속은 4 m/s이고, 시간은 뜨거운 여름날 오후이다. $x=2.0$ km에서의 지표면의 중심선 농도를 구하라.

풀이 표 20.1에서, 안정도 등급은 B라고 추정된다. 이 추정은 풍속과 강한 일사량을 기준으로 결정되었다. 굴뚝높이에서 풍속을 계산하기 위해서 식 (19.1)을 사용하였다. 안정도 계급 B에 대한 p의 값은 0.15이다. 식 (19.1)에서 80 m에서의 풍속은

$$u = 4\left[\frac{80}{10}\right]^{0.15} = 5.5\ \mathrm{m/s}$$

그림 20.7과 20.8에서 σ_y는 300 m이고, σ_z는 230 m이다. 식 (20.1)에 대입하면

$$C = \frac{110\times10^6}{\pi(5.5)(300)(230)}(1)\exp\left[-\frac{1}{2}\frac{100^2}{230^2}\right]$$
$$= 92.3(.91) = 84\ \mu\mathrm{g/m^3}$$

식 (20.3)과 (20.4)를 사용하여 σ_y와 σ_z을 구할 경우, 각각 290 m와 234 m이다. 이 수치를 이용할 경우 최종 답은 86 μg/m^{3}이다.

농도와 평균화 시간

그림 20.7과 20.8 [또는 식 (20.3)과 (20.4)]의 σ_y와 σ_z값을 식 (20.1)에 대입하여 추정한 농도는 10분 평균화 농도이다 (비록, EPA는 보수적 관점에서 전산모델에서는 1 hr 평균화 농도를 사용하고 있지만). 앞서 논의한 바와 같이, 장시간 평균화 농도는 단시간 평균화 농도보다 항상 작게 추정된다. 이는 난류확산과 기류의 변화 때문이다. 10 min에서 5 hr 사이의 평균화 농도에 대해, Hino (1968)는 두 개 평균화 시간점에 대한 보정식을 개발하였다.

$$C_t = C_{10}\left[\frac{10}{t}\right]^{0.5} \tag{20.5}$$

여기서, t = 평균화 시간, min

C_t = 평균화 시간 t에서의 농도

10분 이하의 평균화 시간에서는, 식 (20.5)의 지수는 0.5 대신 0.2가 더 적합하다 (Nonhebel, 1960). 기타 연구자들은 대기의 안정도에 따라 지수가 변한다고 보고하였다. 한 예로, 텍사스주 대기관리국 (Texas Air Control Board)에서는 등급 F～A에 대하여, 0.05～0.675까지의 지수값을 사용하고 있다.

최대 지면농도의 추정

지면농도의 최대치는 항상 중심선 상에서 얻을 수 있다. Turner (1970)는 최대농도 (C_{max})와 최대농도를 보이는 거리 (x_{max})를 도식적으로 추정하였다. C_{max}와 x_{max}는 안정도 등급, 유효굴뚝높이, 풍속과 배출량에 의존한다.

그림 20.9는 x_{max}대 $(Cu/Q)_{max}$의 관계를 표현한 Turner의 결과물이다. 실선은 각종 안정도 등급을 표현하고, 실선상의 숫자들은 유효굴뚝높이를 나타낸다. 일반적으로 대기안정도 등급, 유효굴뚝높이, 풍속, 배출속도 등을 알고 있으므로, 이 그림을 이용하여 C_{max}와 x_{max}를 추정할 수 있다.

안정도 등급과 유효굴뚝높이의 변화에 따른 C_{max}와 x_{max}의 정성적 변화를 더욱 잘 이해하기 위해서, 그림 20.10을 참조하라. 안정도가 불안정에서 안정으로 변화할 때, x_{max}가 증가함에 따라 C_{max}는 약간 감소하는 것을 알 수 있다. 또한, 비교적 고농도인 지역에서는 안정조건하에서 더욱 폭이 넓어진다는 것을 알 수 있다. H의 증가는 C_{max}의 급격한 감소를 초래하며, 반면 x_{max}는 약간 증가한다. 그러나 배출원에서 멀리 떨어진 곳의 농도는 굴뚝높이와 관계없이 동일한 농도값으로 수렴한다.

그림 20.9의 그림은 Ranchoux (1976)에 의해 다항식으로 표현되었다.

$$(Cu/Q)_{max} = \exp\left[a + b\ln H + c(\ln H)^2 + d(\ln H)^3\right] \tag{20.6}$$

여기서, a, b, c, d는 표 20.4에 제시된 안정도 등급에 준하는 상수들이다. 식 (20.6)에서 H는 반드시 m 단위로, $(Cu/Q)_{max}$는 m^{-2}의 단위로 표시되어야 한다.

C_{max}와 x_{max}를 직접 계산하는 방법 중의 하나는 식 (20.1)을 반복해서 사용하는 것이다. 물론 이 방법은 프로그래밍이 가능한 계산기나 컴퓨터를 사용하여야 한다. 일반적으로, x의 간격을 충분히 크게 잡아주면 그 범위 내에 최대치가 존재한다. 식 (20.1)을 이용하여 양쪽 구간 끝에서의 농도를 구한다. 그러면 최대농도가 아주 작은 구간 x 내에 존재할 때까지, 이 간격은 점진적으로 좁아진다. 주어진 x, Q, u, y, H 및 안정도 등급으로부터, 지면농도를 계산할 때 사용되는 식 (20.1), (20.3), (20.4)를 FORTRAN 프로그램화하여 부록 D에 제시하였다. 또한 이 프로그램에는 탐색간격을 좁힐 수 있는 효율적 방법 중의 하나로 'Golden Section' 탐색법을 소개하고 있다. 이 방법으로 C_{max}와 x_{max}를 계산할 수 있다.

최근 20년 동안 스프레드시트를 이용한 개인용 컴퓨터의 폭발적 증가로, 최대농도를 구할 수 있는 아주 손쉬운 방법 (주먹구구 방식)이 있다. 우선 $x=0$에서 시작하여 식 (20.1)을 풀고 x를 조금씩 (100 m씩) 증가시키며 식 (20.1)을 반복 수행하라. 이 과정을 농도가 최대점을 보이다가 이후 다시 줄어들 때까지 반복하라.

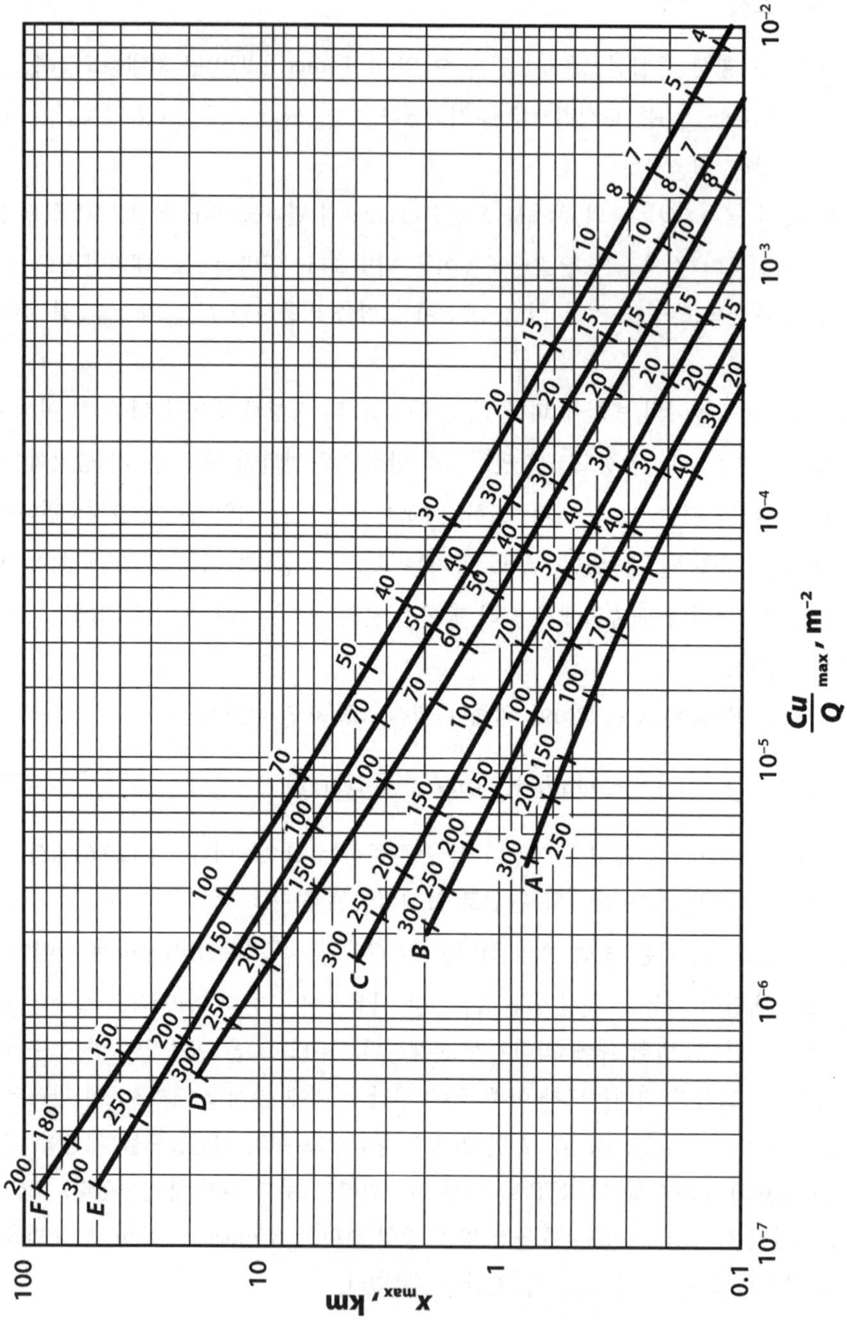

그림 20.9 안정도 (실선)와 유효굴뚝높이 (미터 단위로 표시)의 함수로 표시된 최대치 (Cu/Q)와 최대농도를 갖는 거리 (x_{max}) 출처 : Turner, 1970.

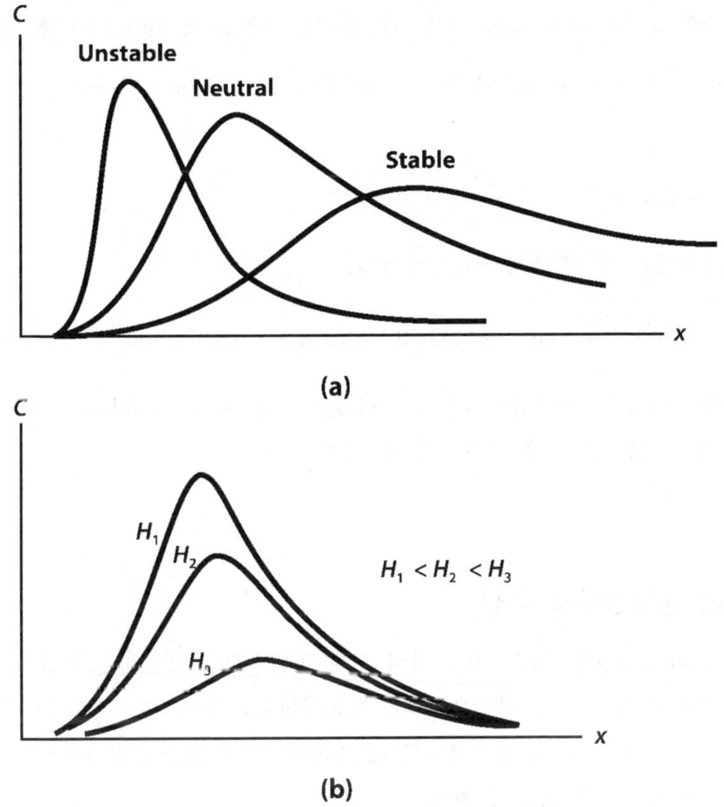

그림 20.10 풍하거리와 (a) 대기안정도 (*H* 일정), (b) 유효굴뚝높이 (안정도 일정) 등의 함수로써 표현된 지면 중심선 상의 농도 거동

표 20.4 대기안정도의 함수로써, 높이 *H*로부터 $(Cu/Q)_{max}$을 추정하는데 사용되는 상수값

안정도	상 수			
	a	b	c	d
A	−1.0563	−2.7153	0.1261	0
B	−1.8060	−2.1912	0.0389	0
C	−1.9748	−1.9980	0	0
D	−2.5302	−1.5610	−0.0934	0
E	−1.4496	−2.5910	0.2181	−0.0343
F	−1.0488	−3.2252	0.4977	−0.0765

출처 : Ranchoux, 1976.

예제 20.3 주어진 조건이 예제 20.1과 같을 때, 지면의 최대농도와 이때의 거리를 계산하라.

풀이 안정도 등급 D와 $H=100$ m에 대하여, 표 20.9에서, $x_{max}=3$ km, $(Cu/Q)_{max}$는 8.1×10^{-6} m^{-2}이다. 따라서,

$$C_{max} = 8.1\times10^{-6}\frac{110\times10^6}{5} = 178\ \mu g/m^3$$

식 (20.6)을 이용하여도 비슷한 결과가 나와야 한다.

$$C_{max} = \frac{110\times10^6}{5}\exp[-2.5302-1.561\ln 100-0.0934(\ln 100)^2] = 183\ \mu g/m^3$$

부록 D의 컴퓨터 프로그램을 이용하면, C_{max}는 184 μg/m^3, 거리는 2.9 km이다. 스프레드시트를 이용한 주먹구구 방식을 사용해도 같은 값을 얻을 수 있다.

역전조건하에서 풍하농도의 추정

역전층 (inversion layer)은, 그림 20.11에서 보는 바와 같이, 오염물질이 수직상승 방향으로 분산되는 것을 막는 뚜껑과 같은 역할을 한다. 지표면에서와 같이 역전층도 오염물질을 반사시킨다고 가정하자. 따라서 두 개의 반사면 때문에, 무한한 수의 허상이 요구된다. 이와 같은 조건에서 이 연기에 대한 수식은 다음과 같다.

$$C = \frac{Q}{2\pi u\sigma_y\sigma_z}\left[\exp\left(\frac{-y^2}{2\sigma_y^2}\right)\right]\times \sum_{-\infty}^{+\infty}\left\{\exp\left[-\frac{(z-H+2jL)^2}{2\sigma_z^2}\right]+\exp\left[-\frac{(z+H+2jL)^2}{2\sigma_z^2}\right]\right\} \tag{20.7}$$

여기서, L = 지면에서 역전층까지의 높이, m. 실제로는 식 (20.7)에서 적당한 수렴치를 얻기 위해 -2부터 $+2$까지의 가산지수 (summation index), j를 변화시킨다.

지표면 근처의 역전층이 파괴되는 동안, 연기는 **훈증형** (fumigation)이 될 수 있다. 훈증이란 불안정한 경계층이 부채형 (fanning) 연기로 발전하고, 지면에서 연기까지의 전체 높이에서 이 연기의 수직혼합이 빨리 진행되는 상황을 의미한다. 이런 조건하에서 훈증형 연기의 풍하농도를 예측할 수 있는 수식은 다음과 같다.

$$C = \frac{Q}{(2\pi)^{1/2}u\sigma_y H}\exp\left[-\frac{1}{2}\frac{y^2}{\sigma_y^2}\right] \tag{20.8}$$

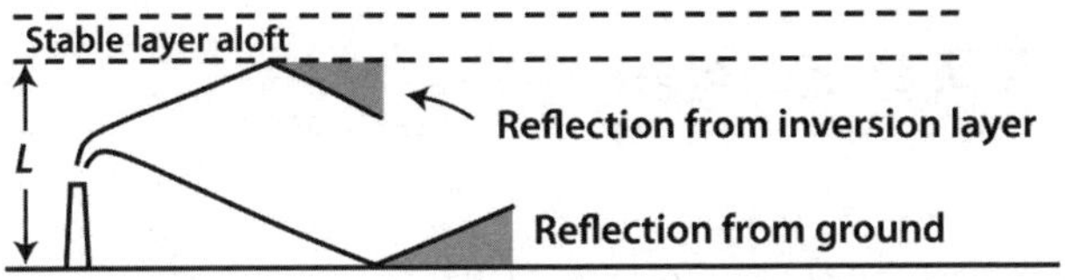

그림 20.11 역전상태하의 연기 분산모양

Turner (1970)는 만약 x가 배출원에서 충분히 멀리 떨어졌다면, 또한 만약 L이 H로 치환된다면, 역전층 (높이 L) 사이에 걸려 있는 연기에 대해서도 식 (20.8)은 유용하다고 보고하였다. 여기에서 "충분한"거리란 연기가 역전층과 만나는 거리의 두 배에 해당하는 거리를 말한다. 만약 역전층과 만나는 거리를 x_L라고 한다면, 이 거리에 대한 σ_z는 다음과 같다 (Turner, 1970).

$$\sigma_z = 0.47(L - H) \tag{20.9}$$

x_L은 그림 20.8에서 결정할 수 있다.

역전층과 처음 만나는 지점에서는 다중반사 (multiple reflection) 효과가 일어나지 않는다. 식 (20.1)은 분명히 이 지점까지의 거리에서만 유용하다. 만약, $x > 2x_L$이라면, (H 대신 L을 대입하여) 식 (20.8)을 사용할 수 있다. 따라서 이 거리 범위에서는 식 (20.7)도 사용할 수 있다. 만약 $x < x_L$이라면 식 (20.1)을 사용하라; 만약 $x > 2x_L$이라면 식 (20.8)을 사용하라; 만약 $x_L < x < 2x_L$이라면 x_L과 $2x_L$에서 구한 농도를 내삽 (interpolation)하여 구할 수 있다.

가우시안 방정식이 유효하지 않을 때가 있다. 두 가지 경우가 있다. 즉 산을 관통하는 긴 터널에서 분산하는 경우와 역전층에 갇힌 좁은 골짜기에서 분산하는 경우이다. 이러한 경우에는 간단한 상자모델 (box model) 접근법이 일반적으로 이용된다. 간단한 상자모델은 질량수지식을 세워 쉽게 유도할 수 있으며, 그 밖의 자세한 문헌 (Cooper 등, 2000)을 참고할 수 있다. 상자모델에서 상자의 높이와 폭은 실제 인자로 설정하고, 풍향에 따라 상자의 길이를 조절한다. 상자 속에 완전혼합 조건을 가정하면, 출구농도는 식 (20.10)과 같다.

$$C = C_i + \frac{\Sigma Q_j}{u H W} \tag{20.10}$$

여기서, C = 상자에서 유출되는 오염물질의 보수적 농도, μg/m^3

C_t = 상자에 유입되는 오염물질의 농도, μg/m^3

Q_j = 상자 내 j^{th} 오염원에서 배출되는 오염물질 배출량, μg/s

u = 풍속, m/s

H = 상자의 높이, m

W = 상자의 폭, m

20.4 높은 굴뚝과 연기상승

지면 중심선 상의 농도에 대해 식 (20.1)을 고려하면,

$$C = \frac{Q}{\pi u \sigma_y \sigma_z} \exp\left[-\frac{H^2}{2\sigma_z^2}\right] \tag{20.11}$$

식 (20.11)에서 모든 변수항을 상수로 간주할 때, 임의의 한 지점 x에서의 농도는 H가 증가할수록 급속히 감소함을 알 수 있다. Wark 등 (1998)에 의하면, $C_{\max}$는 대개의 경우 H^2에 따라 감소한다.

이와 같은 이유로 굴뚝을 높게 설계한다. 굴뚝설계의 목적은 모든 기상조건하에서 최대 지면 농도가 특정기준을 초과하지 않도록 충분히 높게 하는 것이다. 물론 너무 높게 굴뚝을 세우는 것도 불필요하게 비용을 낭비하게 되며, 따라서 정량적인 설계가 필요하다. 아직까지도 높은 굴뚝의 총체적 가치에 대한 논쟁이 있다는 점을 명심해야 한다. 왜냐하면, 굴뚝을 높게 해도 배출량은 감소되지 않기 때문이다. 만약 굴뚝을 높게 하면서 질량배출량을 증가시키면, 높은 굴뚝을 세워 국지농도를 감소시키려는 주목적이 퇴색한다는 점을 명심해야 한다.

계속 진도를 나가기 전에, 높은 굴뚝 (tall stack)은 낮은 굴뚝 (short stack)과 차이가 있음을 강조할 필요가 있다. 높은 굴뚝은 주변의 가장 높은 건물보다 2.5배 이상 되는 높이를 의미한다. 이때 굴뚝가스는 강한 부력과 출구속도 (예상 최대평균풍속의 1.5배 이상)를 가지며, 연기는 높게 상승한다. 또한, 높은 굴뚝은 대량의 열배출속도 (10 MW 또는 그 이상)를 갖는 용광로에 세워진다. 반면, 낮은 굴뚝은 높이가 50 m 미만인 굴뚝이다. 이 굴뚝은 약한 부력을 갖지만 반면에 굴뚝가스의 속도가 빠를 수 있다. 또한 연기상승 높이가 낮다. 이러한 굴뚝은 소규모 용광로나 공장 등의 소형 오염원에서 볼 수 있다. 높은 굴뚝에서의 배출문제는 비교적 잘 연구되었고, 가우시안 모델과 이를 변형한 모델로 비교적 정확하게 예측할 수 있다. 낮은 굴뚝에서의 배출연구는 활발하지 않았고, 지형 및 건물과의 상호작용 때문에 가우시안 모델을 적용할 때 큰 편차를 보인다. 표 20.5와 20.6 (Schnelle, 1976)은 높은 굴뚝과 고층 건축물에 대한 자료이다.

표 20.5 고층 구조물의 높이

굴 뚝	ft	빌 딩	ft
Inco Smelter (Sudbury, Ontario)	1,250	부르즈 칼리파 (두바이)	2,720
Am. Electric Power Mitchell Plant	1,206	CN Tower (토론토)	1,815
TVA - Cumberland Plant	1,000	엠파이어 스테이트 건물	1,250
TVA - Paradise Plant	800	에펠탑	984
TVA - Gallatin Plant	500	워싱턴 기념비	555

출처 : Schnelle, 1976.

표 20.6 Inco Copper Smelter Stack, Sudbury, Ontario

높 이	1,250 ft
상단부 및 하단부의 직경	52 ft (상단부), 116 ft (하단부)
상단부의 내경	50 ft
굴뚝의 가스속도	65~70 ft/s

출처 : Schnelle, 1976.

설계절차

최근 높은 굴뚝의 설계는 컴퓨터를 사용하고 있다. 컴퓨터는 굴뚝 설계자에게 대용량 기상자료의 처리를 돕는 도구이며, 주어진 설계조건하에서 예상농도를 신속하게 계산해주는 도구이다. 많은 유용한 전산프로그램이 존재한다. 부록 D에서는 U.S. EPA가 사용하는 프로그램의 목록과 이에 대한 간략한 설명이 있다. 하지만 굴뚝설계의 기본적 절차를 이해할 필요가 있다.

1. 기상자료를 분석한다.
2. 기상학에 기초한 예비 위험평가를 수행한다.
3. 최악의 기상조건을 고려하여, 물리적 굴뚝변수 (높이와 직경), 연기상승 모델, 공장의 위치 등을 시험한다.
4. 국지지형의 영향을 고려한다.
5. 현실적으로 타당한지의 여부를 검토한다.

유효굴뚝높이 H는 2가지 요소로 구성된다: 실제 굴뚝높이 h 및 연기의 상승높이 Δh이다. 물론 굴뚝높이는 완전히 자유로운 설계항목이지만, 어떤 경우에는 실제 굴뚝높이보다 더 높을 수 있다. 연기상승의 이점을 고려하지 못하면, 굴뚝을 과대하게 설계할 수 있으며 불필요하게 비용을 낭비할 수도 있다.

연기상승 (Plume Rise)

수직으로 방출되는 고온가스 연기는 운동량과 부력을 가지고 있다. 연기가 굴뚝에서 멀어질수록 연기는 수직 운동량을 신속히 상실한다 [저항력과 주변공기의 동반현상(entrainment) 때문에]. 수직 운동량이 감소함에 따라 연기는 평균 풍향쪽으로 방향을 바꾼다. 그러나 부력의 영향은 이 순간까지도 남아있어 연기가 휘어진 후에도 한 동안 상승한다.

부력 항은 굴뚝가스의 밀도가 공기보다 작기 때문에 발생하며, 가스의 온도나 조성과 관련이 있다. 이 두 가지 경우, 연기는 공기 중에 분산되어 주변공기와 계속 섞이고 희석된다. 바람의 세기, 굴뚝 끝에서 배출되는 연기의 열적 부력과 운동량, 대기안정도 등급에 의존하여, 연기는 신속히 휘거나 또는 전혀 휘지 않을 수 있다. 그림 20.12는 2개의 동일한 440 MW급 화력발전소 (각각 습식 FGD 세정기를 설치한)에서 배출되는 "스팀연기 (steam plume)" 사진이다. 고온의 습윤가스가 차가운 공기와 만날 때, 수증기는 응축되고 연기는 가시화된다. 그림 20.12a는 굴뚝에서의 연기를 보여주고 있으며, 냉각탑에서의 연기도 함께 보여주고 있다. 이 사진에서 풍속은 느리며, 연기는 굴뚝높이보다 높게 상승한다. 그림 20.12b는 바람이 많이 부는 날 굴뚝 밑에서 찍은 사진인데, 위 사진과 매우 다른 연기모양을 보여주고 있다. 각 굴뚝의 높이는 550 ft이며 내부직경은 22 ft이다. 냉각탑의 높이는 450 ft이다.

굴뚝연기가 수평바람을 맞으며 상승하는 현상을 모델링하는 작업은 복잡한 수학적 문제이다. 연기상승은 온도, 분자량, 출구속도 등과 같은 굴뚝가스 인자뿐만 아니라, 풍속, 기온, 안정도 조건 등과 같은 기상인자에도 영향을 받는다.

연기상승 공식을 제시하기 전에, 오염배출원과 기상인자의 함수로써 Δh를 계산하는데, 각종 경험적 및 이론적 방법이 존재한다. Briggs (1975)가 지적하였듯이, 많은 모델들은 서로 일치하지 않으며 추정값과 관측값 사이에 차이가 있다. 그림 20.13은 일부 모델을 비교한 것이다. Δh는 풍속과 반비례 관계에 있으며 열배출속도와는 비례관계에 있다.

Briggs (1975)는 "틀림없이, 많은 공학자들은 10배 또는 그 이상 차이를 보이는 각종 Δh 계산식을 확인한 후 좌절감을 느낀다"라고 말한 바 있다. 하지만 우리는 연기상승에 대해 설명할 필요가 있으며, 몇 개 잘 알려진 방법들에 대해서 논의할 것이다.

연기상승 모델간의 비교와 실제 관측치와의 차이가 보고된 적이 있다 (Carson and Moses, 1969; Thomas 등, 1970). 자세한 사항은 문헌을 참고하기 바란다.

(a)

(b)

그림 20.12 (a) 미풍에서 중풍 조건일 때, 대형화력발전소의 굴뚝에서 배출되는 스팀연기 (좌측)와 냉각탑의 연기 사진, (b) 바람이 다소 강하게 불 때, 다른 각도에서 찍은 사진. 굴뚝시료 채취를 위한 사다리와 플랫폼을 볼 수 있다. 출처 : Mr. Oscar Duarte.

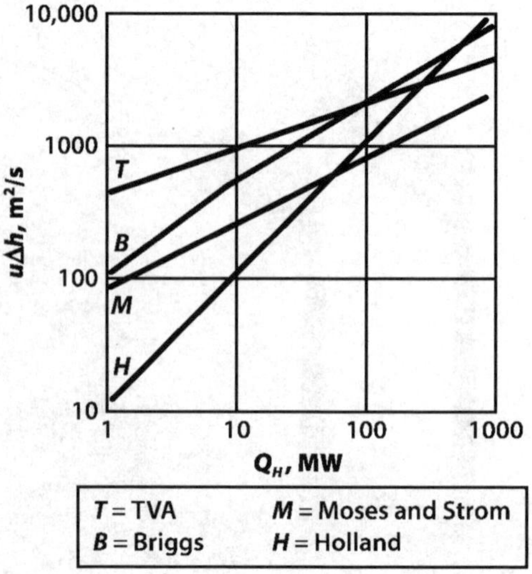

그림 20.13 각종 연기상승 모델의 비교

출처 : Briggs, 1975.

잘 알려진 연기상승 공식 중의 하나는 Holland 공식 (1953)이다. 이 식은 한때 EPA가 사용을 추천한 바 있다. 이 식은,

$$\Delta h = \frac{v_s d_s}{u}\left[1.5 + 2.68 \times 10^{-3} P_a\left(\frac{T_s - T_a}{T_s}\right)d_s\right] \tag{20.12}$$

여기서, v_s = 굴뚝가스의 속도, m/s

u = 굴뚝높이에서의 평균풍속, m/s

d_s = 굴뚝의 내경, m

P_a = 대기압, mb

T_s = 굴뚝가스의 온도, K

T_a = 기온, K

Holland 공식의 마지막 항은 열배출속도와 직접적으로 관련이 있다 (Wark 등, 1998). 따라서 식 (20.12)는 다음과 같이 표현된다.

$$\Delta h = 1.5\frac{v_s d_s}{u} + \frac{9.6 Q_H}{u} \tag{20.13}$$

여기서, Q_H = 열배출속도 (heat emission rate), MW

식 (20.12) 또는 (20.13)에 묘사된 Holland 공식은 중립상태에서 유효하고, 대기안정도가 중립

이 아닐 때는 보정하여 사용한다 (Holland, 1953). 권장되는 보정계수들은 A 또는 B 안정도일 때는 1.2 또는 1.1을 곱하고; E 또는 F 안정도일 때는 0.9 또는 0.8을 각각 곱한다.

양호한 결과를 제공하는 또 다른 모델로는 Concawe 공식이 있다 (Thomas 등, 1970).

$$\Delta h = \frac{101.2(Q_H)^{0.444}}{u^{0.694}} \tag{20.14}$$

Briggs의 연기상승 모델 (1969, 1970, 1972)은 최근 EPA에서 권장하는 모델이다. Briggs의 모델은 모든 EPA 전산프로그램에서 사용되고 있는데, 대량의 고온 연기에 대해서 매우 양호한 결과를 제공한다.

Briggs는 열적 부력 (thermal buoyancy) 때문에, 연기는 바람에 의해 수평방향으로 휘더라도 계속 상승한다고 주장하였다. 따라서 그의 공식은 부력속 F_B (buoyance flux), 풍속, 풍하거리의 함수로 Δh를 추정한다. 여기서, 부력속은 일반적으로 열적 부력에 좌우한다. 충분히 긴 이동시간, 또는 충분히 긴 풍하거리에서 연기는 최종 상승고도에 도달한다.

Briggs 모델에서는 대기안정도에 의존하는 여러 수식이 동원된다. 첫째로, 중립 혹은 불안정한 조건에서는 최종 연기상승이 이루어지는 지점까지의 풍하거리는 x_f이고, 여기서

$$x_f = 119(F_B)^{2/5} \quad : \quad F_B \geq 55\ \mathrm{m^4/sec^3}\text{일 때} \tag{20.15}$$

$$x_f = 49(F_B)^{5/8} \quad : \quad F_B < 55\ \mathrm{m^4/sec^3}\text{일 때} \tag{20.16}$$

연기상승 (풍하거리 x의 함수로써)은 아래와 같이 계산된다.

$$\Delta h = \frac{1.6(F_B)^{1/3}}{u}(x_f)^{2/3} \quad : \quad x \geq x_f\text{일 때} \tag{20.17}$$

$$\Delta h = \frac{1.6(F_B)^{1/3}}{u}(x)^{2/3} \quad : \quad x < x_f\text{일 때} \tag{20.18}$$

부력속 F_B는 Briggs (1975)에 의해서 다음과 같이 제시되었다.

$$F_B = g\left[1 - \frac{MW_s}{28.9}\right]\left[\frac{T_a}{T_s}\right]\frac{v_s d_s^2}{4} + 8.9\left[\frac{P_0}{P_a}\right]Q_H \tag{20.19}$$

여기서, F_B = 부력속 (flux), m⁴/s³

g = 중력가속도, 9.8 m/s²

MW_s = 굴뚝가스의 분자량

P_0 = 표준 해면기압, mb

만약 연소오염원인 경우, MW_s가 대략 28.9라면 식 (20.19)의 첫째 항은 무시되며, F_B는 8.9 $(P_0/P_a)Q_H$항만 가지고 쉽게 구할 수 있다 (Briggs, 1975).

안정조건에서 일단 안정도계수 (stability parameter) S는 아래 식으로 구할 수 있다.

$$S = \frac{g}{T_a}\left[\frac{\Delta\theta}{\Delta z}\right] \tag{20.20}$$

여기서, $\left[\frac{\Delta\theta}{\Delta z}\right]$ = 온위구배 (potential temperature gradient), K/m

S = 안정도계수, s^{-2}

만약 온위구배에 관한 자료확보가 어렵다면, 안정도 등급 E에 대해서는 0.02 K/m를 사용하고; 등급 F에 대해서는 0.035 K/m를 사용하라. 다음, 연기상승은 아래 두 식 중 하나로 구할 수 있다.

$$\Delta h = 2.6\left[\frac{F_B}{uS}\right]^{1/3} \quad : \quad u \geq 1.5\ \text{m/s} \text{일 때} \tag{20.21}$$

혹은,

$$\Delta h = 5F_B^{0.25}S^{-0.375} \quad : \quad u < 1.5\ \text{m/s} \text{일 때} \tag{20.22}$$

안정조건에서 최종 연기상승은 풍속과 관계없이, 식 (20.21) 또는 식 (20.22)에서 계산된 Δh 중 작은 값을 사용한다.

예제 20.4 안정도 등급 D에서, 발전소 굴뚝의 최종 연기상승값을 계산하라. 주어진 정보는 아래와 같다.

v_s = 20 m/s　　P_a = 1,000 mb

d_s = 5 m　　T_a = 280 K

u = 6 m/s　　T_s = 400 K

Q_H = 40,000 kJ/s　　MW_s = 28.9 g/gmol

Holland 공식, Concawe 공식, Briggs의 방법을 사용하라.

풀이 Holland 공식 (20.13)을 사용하면, 40,000 kJ/s = 40 MW임을 알고,

$$\Delta h = \frac{1.5(20)5}{6} + \frac{9.6(40)}{6} = 89\ \text{m (Holland)}$$

식 (20.14)로부터,

$$\Delta h = \frac{101.2(40)^{0.444}}{6^{0.694}} = 150 \text{ m (Concawe)}$$

Briggs의 방법을 이용하기 위해, 우선 부력속 (buoyancy flux)을 계산한다. 식 (20.19)에서 첫째 항은 0이 된다.

$$F_B = 8.9\left[\frac{1{,}013}{1{,}000}\right]40 = 360.6$$

다음, F_B가 55보다 크기 때문에 식 (20.15)를 사용하여 x_f를 계산하면

$$x_f = 119(360.6)^{0.4} = 1{,}254 \text{ m}$$

마지막으로, 식 (20.17)을 사용해서 최종 연기상승을 구할 수 있다.

$$\Delta h = \frac{1.6(360.6)^{0.333}}{6}(1{,}254)^{0.667} = 221 \text{ m (Briggs)}$$

위의 세 가지 방법을 이용하여 추정된 연기상승값 사이에는 큰 차이가 있다. 실제 굴뚝높이가 100 m인 굴뚝에 대해, Briggs 공식을 이용하여 구한 유효굴뚝높이는 Holland 공식으로 구한 값보다 70% 정도 더 크다.

임계풍속

x_{max}에서 C_{max}를 구하는 식 (20.11)을 생각하자. 식 (20.11)에서 지수항의 앞 항은 u에 반비례한다. 그러나 앞 절에서도 Δh (즉, H)는 u에 반비례한다. 따라서 지수항은 u가 증가함에 따라 증가하며, 반면에 지수항의 앞부분은 감소하게 된다. 그 결과 최대농도 C_{max}는 특정 풍속 u_c일 때 존재하는데, 이 풍속을 **임계풍속** (critical wind speed)이라고 한다. 만약 여러 풍속에 대하여 C_{max}를 구하고 풍속에 대해 C_{max}를 도식한다면, 이 그림은 최대값을 갖는 부드러운 곡선이 된다. 임계풍속은 안정도와 사용된 특정 연기상승 모델에 영향을 받는다. 컴퓨터를 사용하는 것이 최선의 방법이다.

예제 20.5 Q=110 g/s, 안정도 계급=D, h=100 m, MW_s=28.9, P_a=1,000 mb, Q_H=100 MW일 때, Briggs 연기상승 공식을 사용하여 풍속의 함수로써 C_{max}를 계산하고, 임계풍속, 최대 C_{max} 및 이 때의 거리를 구하라.

풀이 이 문제를 해결하기 위해, 굴뚝높이에서 풍속을 교정하였고, Briggs 연기상승 공식을 구하기 위해 전산프로그램을 이용하였다. 다양한 지표면 풍속이 이용되었다. 그 결과는 다음과 같다.

u_{10}, m/s	u_h, m/s	C_{max}, $\mu g/m^3$	x_{max}, km	H, m
1.0	1.4	10.3	48	512
2.0	2.8	20.3	18.5	306
3.0	4.2	26.5	11.7	237
4.0	5.6	29.9	8.9	203
5.0	6.9	31.5	7.4	182
6.0	8.3	32.1	6.5	169
7.0	9.7	32.1	5.9	159
8.0	11.1	31.7	5.4	152
10.0	13.9	30.3	4.8	141

위의 결과로부터, D 안정도에 대한 굴뚝높이에서의 임계풍속은 8.3과 9.7 m/s 사이에 있으며 6~6.5 km 거리에서 C_{max}는 32 $\mu g/m^3$이다.

굴뚝설계 시 고려할 기타사항들

공기가 구조물을 지나갈 때, 구조물의 후면에 저기압 영역이 형성되며 소용돌이와 교란이 생긴다. 만약 이 구조물의 크기가 크다면 공기의 흐름은 구조물의 양쪽 측면 혹은 상단부에서 교란된다. 건물과 굴뚝에 나타나는 전형적 교란현상이 그림 20.14에 도식되어 있다. 만약 이런 영향을 설계자가 감안하지 않는다면, 연기는 침하 (downwash)된다.

건물에 의해 생성되는 난류영역은 건물높이 h_B의 2배이며, 풍하거리는 건물높이의 5~10배까지 확장된다 (Turner, 1970). 굴뚝높이를 결정하는, 잘 알려진 경험적 방법으로는 굴뚝주변에 위치한 건물 중 가장 높은 건물높이의 최소 2.5배로 설계하는 것이다.

굴뚝 후면에서 일어나는 연기의 침하현상 (공동현상)은 연기유출속도가 굴뚝높이에서의 예상 최대풍속보다 1.5배 이상 빠르도록 굴뚝직경을 작게 하면 피할 수 있다. 또한, 굴뚝의 설치자본비는 직경을 축소하여 줄일 수 있다. 하지만 굴뚝에서의 압력손실은 가스유속의 제곱에 비례하므로 송풍기 동력비는 증가하게 된다.

굴뚝에서의 연기 침하현상은 굴뚝에 기계적 장치를 보완설치하여 감소시킬 수 있다. 그 중 한 장치가 굴뚝 끝 둘레에 장치하는 평면원판 (flat disk)이다. 원판의 직경은 굴뚝 상단부 직경의 3배이다 (Schnelle, 1976). 그 밖의 또 다른 장치로는 굴뚝 후면의 저기압 구역을 줄이기 위해, 굴뚝 외곽에 설치하는 회전날개가 있다. 이러한 날개장치를 그림 20.15에서 볼 수 있다. 다음 예는 굴뚝설계의 절차를 보여주고 있다.

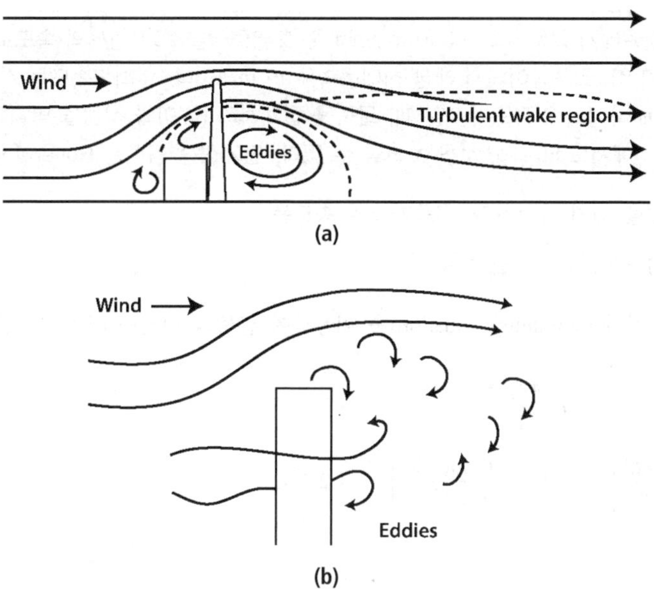

그림 20.14 (a) 건물과 (b) 굴뚝으로 인한 유체의 교란현상

그림 20.15 여섯 개의 철제굴뚝에 회전날개를 설치한 대형 화력발전소의 전경. 그림의 왼쪽 끝에 전기집진기가 있다.

예제 20.6 한 오염원에서 굴뚝가스 6,000 m^3/min 중 오염물질을 20.0 g/s의 속도로 배출하고 있다. (P=1 atm, T=390 K). 굴뚝높이에서 예상 최대풍속은 15 m/s이다. 열배출속도는 7 MW이다. 풍속이 8 m/s (모든 높이에서)이고 안정도가 D일 때, 굴뚝을 설계하라 (높이와 직경을 명시하라). 단, 지면농도가 풍하 방향 어디에서도 50 μg/m^3을 초과할 수 없다. 연기상승 공식은 Holland 공식을 이용하라.

풀이 굴뚝의 내경을 먼저 계산하자. 굴뚝가스의 속도는

$$v_s = 1.5 \times 15\ \mathrm{m/s} = 22.5\ \mathrm{m/s}$$

v_s으로부터, 연속방정식 (continuity equation)을 이용하여 굴뚝의 직경을 구할 수 있다.

$$Q = v_s \times A_s = v_s \frac{\pi d_s^2}{4}$$

$$d_s = \left[\frac{4Q}{\pi v_s}\right]^{1/2} = \left[\frac{4 \times 6{,}000/60}{\pi \times 22.5}\right]^{1/2} = 2.4\ \mathrm{m}$$

이 문제조건에서

$$\left[\frac{Cu}{Q}\right]_{\max} = \frac{50 \times 8}{20.0 \times 10^6} = 2.0 \times 10^{-5}\ \mathrm{m}^{-2}$$

그림 20.9로부터, $(Cu/Q)_{\max}$의 값과 D 안정도 선과의 교차점에서 H와 $x_{\max}$값을 구한다.

$$H = 68\ \mathrm{m}$$
$$x_{\max} = 1.7\ \mathrm{km}$$

Holland 공식으로부터,

$$\Delta h = \frac{1.5 \times 22.5 \times 2.4}{8} + \frac{9.6}{8} \times 7 = 18.5\ \mathrm{m}$$

따라서,

$$h = H - \Delta h = 49.5\ \mathrm{m}$$

따라서, 굴뚝 끝의 내경은 2.4 m이고 높이는 50 m이다.

굴뚝의 가격

굴뚝의 가격을 추정하기 위해, 낮은 굴뚝 (약 120 ft 이하)과 높은 굴뚝 (1,000 ft 초과 가능)으로 임의로 분류하자. 낮은 굴뚝은 실질적으로는 여러 방법으로 지탱되고 있는 (자체구조물로, 외부 구조물에 의해, 또는 당김 줄로) 수직 덕트이다. 철제, FRP, 벽돌 등으로 만들며, 굴뚝 안쪽에 다른 재질로 마감재를 입힐 수도 있다 (굴뚝가스의 온도, 수분함량, 화학적 성질에 의존한다). 높은 굴뚝은 독립된 구조물로 강풍에 견딜 정도로 튼튼해야 하기 때문에 설계 구조차원에서 많은 주의가 필요하다. 높은 굴뚝은 일반적으로 튼튼한 기초, 사다리, 시료채취 플랫폼, 점검 문,

항공기 경고등 등과 같은 시설물을 가지고 있다. 높은 굴뚝은 상단부보다 하단부의 크기가 매우 크다 (표 20.6 참조).

낮은 굴뚝의 가격은 굴뚝높이, 굴뚝 직경, 건축자재 등 3가지 주요 인자에 의해 결정된다. EPA는 다음과 같은 간단한 가격 추정식을 개발하였다.

$$C = aD^b \tag{20.23}$$

여기서, C = 구매가격, 1993년 달러기준, $/ft of stack height

D = 굴뚝직경, in.

a, b = 표 20.7에 주어진 계수

높은 굴뚝의 경우 여러 추가 시설물을 보유하기 때문에 가격이 비싸다. 낮은 굴뚝이 수천 달러 수준이라면, 높은 굴뚝은 수백만 달러 수준이다. 높은 굴뚝의 가격은 낮은 굴뚝보다 입지의 영향을 많이 받는다. 하지만 Vatavuk (1990)은 유명한 굴뚝 건축가로부터 높은 굴뚝에 대한 자료를 얻은 후, 다음과 같은 가격추정 공식을 개발하였다.

$$C = aH^b \tag{20.24}$$

여기서, C = 총 설치비, 1988년 달러기준, 백만 달러

H = 굴뚝높이, ft

a, b = 표 20.8에 주어진 계수 (굴뚝 직경과 안쪽 마감재의 함수)

만약 높은 굴뚝의 직경이 표 20.8의 범위 속에 있다면, 독자들은 더 크거나 작은 직경의 굴뚝가격을 내삽하여 구할 수 있다.

표 20.7 낮은 굴뚝에 대한 가격 추정계수

건축자재	수식의 계수*		응용범위	
	a	b	D, in.	H, feet
PVC[1]	0.393	1.61	12~36	< 10
판 - CS, 코팅[2]	3.74	1.16	6~84	20~100
판 - 304 SS[3]	12.0	1.20	6~84	20~100
박판 - 아연도금 CS[4]	2.41	1.15	8~36	< 75
박판 - 304 SS[5]	4.90	1.18	8~36	< 75

* 식 (20.23)과 관련한 계수

1 polyvinyl chloride

2 탄소강판, 페인트 한 겹 코팅

3 스테인리스스틸 강판, type 304

4 탄소강 박판, 아연도금

5 스테인리스스틸 박판, type 304

출처 : Vatavak, 1996.

표 20.8 높은 굴뚝에 대한 가격 추정계수[1]

굴뚝내부 마감재	굴뚝직경, ft	가격계수[2]	
		a	*b*
철강[3]	15	0.0120	0.811
	20	0.0108	0.851
	30	0.0114	0.882
	40	0.0137	0.885
벽돌[4]	15	0.00602	0.952
	20	0.00562	0.984
	30	0.00551	1.027
	40	0.00633	1.036

1 주의 : 범위 (200~600 ft)를 벗어난 굴뚝에는 외삽하지 마라.
2 식 (20.24)에 사용되는 계수
3 탄소강 마감재 (상단부에 316 L 스테인리스스틸재료 사용)
4 내산, 내화벽돌 마감재
출처 : Vatavak, 1990.

낮은 굴뚝의 경우, 식 (20.23)은 구매가격을 계산하는 공식임에 유의하라. 총 설치비를 얻기 위해서는 이 값에 1.5배를 곱해야 한다. 반면, 높은 굴뚝의 경우, 식 (20.24)는 TIC를 직접 구할 수 있다. 식 (20.23) 또는 (20.24)는 굴뚝의 가격을 추정하는데 사용되며, 그 결과치는 최근 연도 가격으로 갱신되어야 한다 (2장 참조).

20.5 분산모델을 위한 전산프로그램 (점오염원)

대기분산모델링은 개방된 대기로 희석되고 분산되는 오염물질의 거동을 수학적 또는 통계학적으로 표현하려는 노력의 일환이다. 비록 지금까지 수많은 모델들이 각기 성공여부와 관계없이 연구되어 왔으나, 오늘날 가장 많이 사용되는 모델은 가우시안 모델이다. 가우시안 기본수식에 많은 수정이 가해져서, 고층 역전, 선·면오염원 (line and area source) 및 지형에 대해서도 설명이 가능하게 되었다. 하지만 분산매개변수들은 단지 제한된 조건에서 경험적으로 결정되었기 때문에, 가우시안 접근법은 결코 완벽하지 않다. 그럼에도 불구하고 이 접근법은 2가지 주요 장점이 있다. (1) 이해하기 쉽고, 응용하기 쉽다. (2) 수학적으로 비교적 간단하고, 전산프로그램에 적용하기 쉽다.

한 가지 주의할 점 : 자료를 올바른 포맷으로 입력할 때만 프로그램은 해답을 제공한다. 그러나 결과가 용지에 멋지게 출력된다고 해서, 그 값이 옳다고 확신해서는 안 된다. 사용하고 있는 프로그램에 가정과 제한이 있다는 점을 명심하라. 또한, 프로그램이 제시한 사용목적 이외의 문제를 해결할 생각을 버려라.

지난 40년 동안 EPA는 가우시안 식에 기초한 많은 전산프로그램을 개발하였다. 이 프로그램에 관심 있는 사람은 누구나 NTIS (National Technical Information Service)에서 구입할 수 있다. 또한 EPA 전자게시판 (Electronic Bulletin Board)으로부터 많은 모델들을 직접 다운로드하여 사용할 수 있다. 부록 D에는 이 프로그램들의 목록이 제시되어 있다. 모든 프로그램들은 FORTRAN 용어로 작성되어 있으며, Briggs 연기상승 공식을 사용하고 있고, 다양한 기상자료를 요구하고 있다.

EPA 모델이외에도 많은 모델이 있다. 대규모 사업계획을 수행하기 이전에 주정부 및 지방정부의 도움을 받는 것이 현명하다.

20.6 이동오염원과 선오염원 모델

제 18장에서 언급하였듯이, 이동오염원은 CO, NO_x, VOC를 대량 방출한다. 승용차와 같은 소형차량 [경량차량: light-duty vehicles (LDV)]은 이동오염원 중 가장 대수가 많은 그룹이다. 이들은 위에 제시한 오염물질을 상당량 배출하고 있다. 트럭과 같은 대형차량 [중량차량: heavy-duty vehicles (HDV)]은 LDV보다 더 큰 배출속도로 NO_x를 방출한다. 비록 HDV가 전 차량의 10% 정도이지만 LDV만큼 NO_x를 배출한다.

오염물질의 배출량은 차종, 차령, 운전습관, 오염물질 제어장치, 유지보수의 정도, 기타 요인에 따라 달라진다. 차량배출을 모델링할 때 발생하는 문제점 중의 하나는 **운행평균 배출계수** (fleet averaged emission factor)를 구하는 일이다. 운행평균 배출계수는 현재 또는 미래에 대해 계산되며, 차령, 엔진의 노후정도, 제어장치의 효율, 운전주기, 기타 변수 등을 고려해야 한다. EPA 모델 MOBILE-6은 특정변수에 대한 배출계수를 계산하는데 사용할 수 있다.

일단 배출계수가 결정되며, 선오염원 분산모델을 쉽게 이용할 수 있다. 차량이 도로상에 균일하게 분포되어 운행된다고 가정한다. 양호한 결과를 제공하는 모델 중 하나는 CALINE3 (Benson, 1979)이다. CALINE3은 일련의 유한길이를 갖는 선오염원을 연결하여 도로를 모델링하며, 도로와 평행으로 부는 바람뿐만 아니라 수직바람도 허용한다. 따라서 굽은 길, 교차로, 기타 복잡한 도로도 평가할 수 있다. 이와 같은 **유한길이의 선오염원** (FLLS: finite length line source)과 같은 접근방법은 과거의 무한길이의 선오염원 모델보다 훨씬 정확하다. 이 방법에 대한 간략한 논의는 다음과 같다.

그림 20.16에 제시된 FLLS을 생각하자. 일정 평균배출속도 q는 μg/m-s 단위를 갖는 FLLS로 정의된다. x축은 바람과 평행하며 수용체 (receptor)를 통과한다. y축은 FLLS와 같은 선상에 있다. 따라서 바람과는 수직이다 (만약 도로가 수직이 아니라면, 일련의 작은 FLLS을 바람과 수직으로 그릴 수 있다. 다음 절에 예제로 설명할 것이다).

도로상의 미분량 (differential element: 일종의 점오염원으로 다룰 수 있다)에 의한 수용체에서 농도의 미분량은 다음과 같다.

$$dC = \frac{q\,dy}{2\pi u\sigma_y\sigma_z}\exp\left(-\frac{y^2}{2\sigma_y^2}\right)\left[\exp\left(-\frac{(z-H)^2}{2\sigma_z^2}\right)+\exp\left(-\frac{(z+H)^2}{2\sigma_z^2}\right)\right] \tag{20.25}$$

주의 사항 : 차량으로 인한 난류의 증가 때문에, σ_y와 σ_z의 함수는 도로상에서 분산모델링을 수행할 때 반드시 수정하여야 한다. 이에 대한 자세한 논의는 이 교과서의 범위를 벗어난다. 수정에 관한 자세한 내용은 Benson (1979)을 참고하라.

σ_y와 σ_z는 y에 대해 상수이기 때문에, 식 (20.25)는 FLLS에 대해 적분할 수 있고, 다음과 같다.

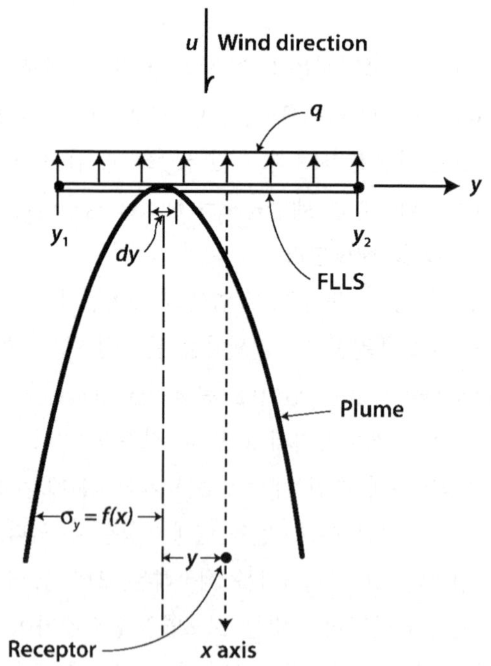

그림 20.16 유한길이 선오염원 (FLLS) 모델

$$C = \frac{K}{2\pi\sigma_y}\int_{y1}^{y2}\exp\left[\frac{-y^2}{2\sigma_y^2}\right]dy \tag{20.26}$$

여기서,

$$K = \frac{q}{u\sigma_z}\left\{\exp\left[\frac{-(z-H)^2}{2\sigma_z^2}\right]+\exp\left[\frac{-(z+H)^2}{2\sigma_z^2}\right]\right\} \tag{20.27}$$

상수 K에서 $2\pi\sigma_y$를 남겨놓은 이유는 간단하다. 변수 B를 다음과 같이 정의하자.

$$B = \frac{y}{\sigma_y} \tag{20.28}$$

그리고 y 대신 식 (20.26)에 대입하면,

$$C = \frac{K}{2\pi\sigma_y}\int_{B_1}^{B_2}\exp\left(-\frac{B^2}{2}\right)dB\,\sigma_y \tag{20.29}$$

식 (20.29)는 아래와 같이 된다.

$$C = \frac{K}{\sqrt{2\pi}}\frac{1}{\sqrt{2\pi}}\int_{B_1}^{B_2}\exp\left(-\frac{B^2}{2}\right)dB \tag{20.30}$$

혹은,

$$C = \frac{K}{\sqrt{2\pi}}(G_2 - G_1) \tag{20.31}$$

여기서, G_2, G_1 = B_2와 B_1에서 추정되는 가우시안 분포함수

가우시안 분포함수는 부록 C에 간략하게 논의하였다. 따라서 식 (20.31)은 FLLS 문제를 해결하는데 이용할 수 있다. 만약 도로가 몇 개의 FLLS로 모델링된다면, 모든 FLLS의 수용체에 대한 기여도 (contribution)는 총 농도를 구하기 위하여 합산된다. 이 방법은 다음 예제에서 설명된다.

예제 20.7 도로의 지형도와 수용체의 위치가 그림 20.17에 있고, 자료는 아래와 같다. 수용체 위치에서 예상되는 CO의 지면농도를 계산하라. 두 개의 유한길이 선오염원에 대해 그림과 같이 두 개의 굴절부위를 사용하라. 각 FLLS의 배출속도는 일정하다고 가정한다. CO 배출인자=15 g/km, 안정도=D, u=1.0 m/s, H=0 m, 교통량은 시간당 6,000대이다. x=50 m에서 σ_y=20 m, σ_z=12 m이며, x=67.5 m에서 σ_y=22 m, σ_z=14 m로 가정한다.

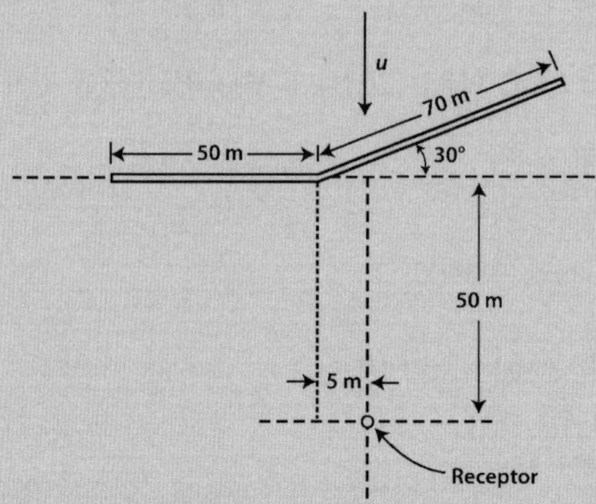

그림 20.17 예제 20.7을 위한 그림

풀이 우선 도로상에서 균일한 배출속도를 계산한다.

$$q = \frac{15\text{ g}}{\text{km-대}} \times \frac{6{,}000\text{ 대}}{\text{hr}} \times \frac{1\text{ hr}}{3{,}600\text{ s}} \times \frac{1\text{ km}}{1{,}000\text{ m}} \times \frac{10^6\,\mu\text{g}}{1\text{ g}} = 25{,}000\,\mu\text{g/m-s}$$

다음, 바람과 수직인 FLLS 절단부는 두 절단부의 중간지점을 통과하게 그린다. 그림 20.18과 같이 그린다. $FLLS_1$의 길이는 50 m이고, $FLLS_2$는 70 cos 30° = 60.6 m가 된다. 거리 d는 70/2 × sin 30° = 17.5 m이다. $FLLS_2$의 배출속도는

$$q' = 25{,}000 \times 70\text{ m}/60.6\text{ m} = 28{,}867\,\mu\text{g/m-s}$$

y_1, y_2, y_3의 좌표점 (수용체에 의해 정의된 x축에 대해)은 각각 −55.0, −5.0, +55.6이다. $FLLS_1$과 $FLLS_2$로부터 수용체까지의 거리 x는 각각 50 m, 67.5 m이다. 이 거리에서 σ_{y1}과 σ_{y2}는 각각 20 m와 22 m이며, σ_{z1}과 σ_{z2}는 각각 12 m와 14 m이다.

$FLLS_1$을 고려해 보자:

$$B_1 = \frac{y_1}{\sigma_{y1}} = \frac{-55}{20} = -2.75 \qquad B_2 = \frac{-5.0}{20} = -0.25$$

z=0, H=0일 때, 식 (20.27)로부터

$$K_1 = \frac{25{,}000}{1.0 \times 12}(1.0 + 1.0) = 4{,}167$$

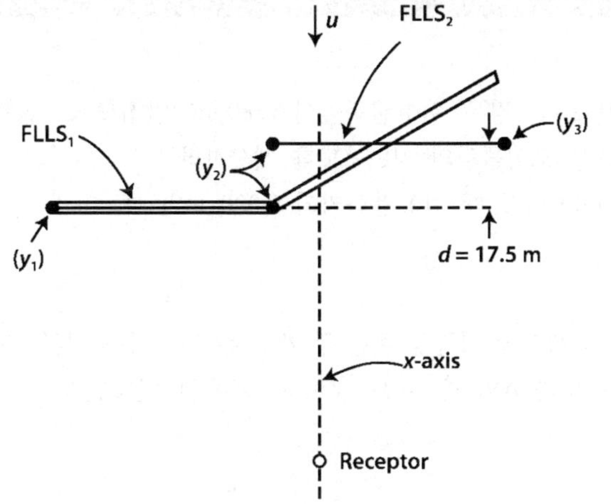

그림 20.18 예제 20.7을 위한 보조그림

식 (20.31)과 부록 C의 도표에서 $FLLS_1$에 인한 수용체에서의 농도는

$$C = \frac{4{,}167}{\sqrt{2\pi}}[G(-0.25) - G(-2.75)] = 1{,}662[0.4013 - 0.0030] = 662\ \mu g/m^3$$

다음, $FLLS_2$를 고려해 보자:

$$B_1 = \frac{y_2}{\sigma_{y2}} = \frac{-5.0}{22} = -0.227 \qquad B_2 = \frac{55.6}{22} = 2.53$$

식 (20.27)로부터,

$$K_2 = \frac{28{,}867}{1.0 \times 14}(1.0 + 1.0) = 4{,}124$$

식 (20.31)에서

$$C = \frac{4{,}124}{\sqrt{2\pi}}[0.9943 - 0.4102] = 961\ \mu g/m^3$$

수용체에서 총 농도는 $662 + 961 = 1{,}623\ \mu g/m^3$ 혹은 1.42 ppm이 된다.

연습문제

20.1 배출속도가 200 g/s인 경우, 유효굴뚝높이가 80 m, 안정도 C, 굴뚝높이에서의 풍속은 8 m/s이다. 비반응성 오염물질의 지면농도를 계산하라:
(a) 풍하거리 1,000 m일 때, (b) 풍하거리 5,000 m일 때

20.2 대기 중 소용돌이 형성에 영향을 주는 두 개의 주요 인자를 거론하고, 이에 대해 간략하게 논하라. 대기안정도가 A일 때, 어느 것이 더 주요한 인자인가?

20.3 어느 맑은 밤, 지면풍속이 2 m/s이고 비반응성 오염물질이 지면에서 ($H=0$) 50 g/s로 배출된다. 지면농도를 계산하라: (a) 풍하거리 500 m, (b) 풍하거리 1,000 m

20.4 어느 더운 여름날 정오에 지면풍속이 4 m/s이다. SO_2가 400 g/s 속도로 90 m 굴뚝높이에서 거친 지형으로 배출되고 있다. 연기상승이 60 m일 때, 지면농도를 계산하라.
(a) 풍하거리 3,000 m 지점
(b) 풍하거리 3,000 m에서 옆으로 100 m 떨어진 지점
(c) 풍하거리 3,000 m에서 옆으로 500 m 떨어진 지점

20.5 아래에 주어진 그림은 오염원과 주변에 대한 측면도와 평면도이다. 배출속도 165.0 g/s, 안정도 D, 거친 지형, 풍속 7 m/s (10 m 높이에서)일 때, 직접적인 풍하거리가 아닌 배출원으로부터 2,002 m 떨어진 수용체 A에서의 지면농도를 계산하라. 연기상승은 50 m로 가정하라.

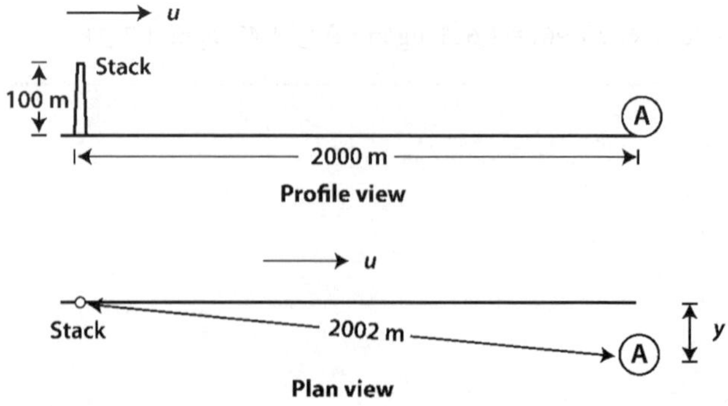

20.6 매끄러운 지형, 풍속이 3 m/s일 때 문제 20.5를 재계산하라.
(a) 안정도 B일 때
(b) 안정도 F일 때

20.7 만약 한 풍하지점에서 10분간 평균화농도가 75 μg/m^{3}로 측정되었다면, 20분간 평균화 농도는 얼마가 되겠는가?

20.8 문제 20.1의 자료에 대해서, 그림 20.9를 이용하여 지면 최대농도와 이때 풍하거리를 추정하라.

20.9 식 (20.6)을 이용하여 문제 20.8의 답을 검토하라.

20.10 유효높이 150 m, 배출속도 800 g/s, 굴뚝높이에서의 풍속 8 m/s, 안정도 D일 때, 다음과 같은 풍하거리에서 지표면의 중앙선 농도를 계산하라.
(a) 500 m (b) 1,000 m (c) 2,000 m (d) 4,000 m
(e) 7,000 m (f) 10,000 m (g) 15,000 m

20.11 문제 20.10에서 $C_{\max}$와 $x_{\max}$를 구하라. 그림 20.9를 이용하라.

20.12 개인용 컴퓨터로 문제 20.10을 풀기 위해 spread sheet를 작성하라. 또한 굴뚝에서 거리 x의 함수로 지표면 중앙선의 농도를 부드러운 곡선으로 도식하라.

20.13 풍속 6 m/s, 굴뚝 출구속도 20 m/s, 굴뚝직경 4 m, 열배출속도 15 MW, 대기압 950 mb일 때, 다음 공식을 사용하여 중립상태에서 최종 연기상승을 계산하라. (a) Holland 공식, (b) Concawe 공식, (c) Briggs 방법. 단, 굴뚝가스의 분자량은 28.9이다.

20.14 안정도 E, 풍속 3 m/s일 때, 문제 20.13을 다시 풀어라. 기온은 280 K이다.

20.15 안정도가 B 또는 C인 경우 식 (20.3)과 (20.4)의 지수는 거의 1이다. 다음 식을 가정하자.

$$\sigma_y = ax \quad \text{및} \quad \sigma_z = cx$$

여기서, a와 x값은 표 20.2에서 구할 수 있다. 식 (20.1)로부터, $(Cu/Q)_{\max}$와 $x_{\max}$에 대한 표현식을 유도하라. 힌트 : $y=0$으로 두어라. 식 (20.1)에 σ_y와 σ_z를 대입하고, x에 대해 미분하라. 다음, $dC/dx=0$이라 두고 H로 $x_{\max}$를 구하라. 그리고 $(Cu/Q)_{\max}$를 구하기 위해, a, c 및 H을 다시 대입하라.

20.16 위의 문제의 답은 $x_{\max} = 0.707H/c$, $(Cu/Q)_{\max} = 0.234c/(aH^2)$이다. 이 관계식을 이용하여 문제 20.8을 풀어라.

20.17 1 atm, 400 K에서 1,200 m^3/min의 유량으로 가스를 배출하는 철제굴뚝 (steel stack)에 대해, 굴뚝높이에서의 예상 최대풍속이 12 m/s일 때 굴뚝내경을 계산하라.

20.18 304-stainless steel plate 굴뚝의 높이가 20 m이고 직경이 1.5 m일 때, 2008년도 기준으로 설치비를 추정하라.

20.19 탄소강 굴뚝을 세울 때, 2008년도를 기준으로 설치비를 추정하라. 굴뚝높이는 500 ft이고 내경은 25 ft이다.

20.20 연기상승에 대해 Concawe 수정공식을 사용할 때, 지면농도가 200 μg/m^3가 되도록 굴뚝의 실제높이를 구하라. 이 오염배출원은 열손실 속도가 20 MW이며 1,000 g/s로 배출한다. 안정도는 중립이며 풍속은 20 m/s이다.

20.21 다음 조건을 만족시키는 굴뚝을 설계하라. 이 때, 실제 높이와 직경을 결정하라. Q_H = 20 MW, 총 가스배출속도 = 20,000 m^3/min, P = 1,000 mb, T = 410 K, 굴뚝가스 중 SO_2 농도 = 2,000 ppm, 지면 최대농도 = 500 μg/m^3, 안정도 = D일 때 임계풍속 (모든 높이에서 일정) = 9 m/s, 혹은 안정도 = C일 때 임계풍속 = 5 m/s. 예상 최대풍속 = 15 m/s이다. 단순화를 위해, Concawe 연기상승 공식을 사용하라. 안정도 C 또는 D는 제한적 안정도가 된다고 가정하라.

20.22 아래 그림과 같이 도로의 단면과 수용체의 위치가 주어졌다. 수용체 위치에서 예상되는 지면의 CO 농도를 계산하라. CO의 배출속도 = 10,000 μg/m-s, 안정도 = E, u = 2 m/s, H = 0 m이다. 안정도 E에서, x = 30 m일 때, σ_y = 12 m, σ_z = 8 m이다.

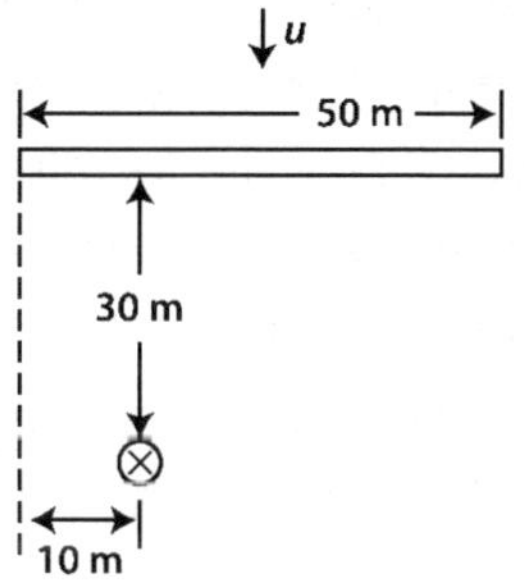

20.23 내경이 1.5 m이고 높이가 30 m인 굴뚝에서 50 g/s 속도로 SO_2가 배출된다. 굴뚝가스의 유속은 15 m/s이며, Q_H = 0.5 MW이다. 안정도 D에서, 임계풍속을 계산하라.

(a) Holland 연기상승 공식을 사용하라.

(b) Concawe 연기상승 공식을 사용하라.

20.24 7월 구름 낀 어느 정오에 지표풍의 풍속이 3 m/s이다. 안정도 등급은?

20.25 높이가 90 m인 굴뚝에서 비반응성 오염물질이 40 g/s의 속도로 방출되고 있다. 굴뚝에서 5,000 m 떨어진 풍하지역에서의 지면농도를 산출하라. 굴뚝은 시골 교외지역에 위치하며 주변은 광활한 목장으로 둘러싸여 있다. 대기안정도 등급은 D이다. 지면풍속은 4.0 m/s이다. 연기상승은 40 m이다. 농도를 μg/m^3 단위로 계산하라.

20.26 높이가 매우 낮은 소형 굴뚝에서 배출되는 연기상승을 추정할 때 영향을 주는 3가지 인자는 무엇인가?

20.27 비반응성 오염물질을 55 g/s 속도로 방출하는 굴뚝이 있다. 굴뚝높이는 85 m이며, 주변이 수mile 목장으로 둘러싸인 시골에 위치하고 있다. 연기는 35 m 상승한다. 11월 오후 하늘에 구름이 껴있으며 풍속 (10 m 높이에서)은 6 m/s이다. (a) 굴뚝에서 5,000 m 떨어진 풍하지점에서 지면에서의 중심선 농도를 $\mu g/m^3$ 단위로 계산하라. (b) 굴뚝에서 5,000 m 떨어진 풍하지점 옆으로 200 m 떨어진 지면에서의 농도를 $\mu g/m^3$ 단위로 계산하라.

20.28 비반응성 오염물질을 20 g/s 속도로 방출하는 90 m 높이의 굴뚝이 있다. 이 굴뚝은 도시에서 10 km 떨어진 풍상지역에 위치하고 있다. 동일한 오염물질이 도시 속 3개의 공장에서 방출되고 있는데, 각 공장은 같은 오염물질을 60 g/hr 평균속도로 배출하고 있다. 도시상공에 높이 150 m인 역전층이 형성되어 있다. 이 도시의 모양은 대략 직경이 12 km인 원형이고, 양쪽이 급경사인 골짜기 속 (골짜기 길이 15 km)에 자리 잡고 있다. 바람이 대형 굴뚝에서 도시 쪽으로 3 m/s 속도로 불고 있으며 안정도 등급은 E이다. 도시로부터 풍하지역으로 바로 빠져나간 공기 중 오염물질의 농도를 추정하라.

참고문헌

Benson, P.E. *Caline 3 – A Versatile Dispersion Model for Predicting Air Pollutant Levels Near Highways and Arterial Streets,* California Department of Transportation FHWA-CA-79-23, Sacramento, CA, November 1979.

Briggs, G.A. *Plume Rise.* AEC Critical Review Series, TID-25075, National Technical Information Service,. Washington, D.C., 1969.

Briggs, G.A. Some Recent Analyses of Plume Rise Observations, a paper presented at the 1970 International Air Pollution Control Conference, Washington, DC, 1970.

Briggs, G.A. "Discussion of Chimney Plumes in Neutral and Surroundings," Atmospheric Environment, 6(1), 1972.

Briggs, G.A. "Plume Rise Predictions," Lectures on Air Pollution and Environmental Impact Analyses, American Meteorological Society, 1975.

Carson, J.E., and Moses, H. "The Validity of Several Plume Rise Formulas," Journal of the Air Pollution Control Association, 19(11), 1969.

Cooper, C.D., Dietz, J.D., and Reinhart, D.R. *Foundations of Environmental Engineering*. Long Grove, IL. Waveland Press, 2000.

Gifford, F.A. "Uses of Routine Meteorological Observations for Estimating Atmospheric Dispersion," Nuclear Safety, 2(4), 1961.

Gifford, F.A., "Atmospheric Dispersion Models for Environmental Pollution Applications," Chapter 2 in *Lectures on Air Pollution and Environmental Impact Analysis*, Boston: American Meterological Society, 1975.

Iino, M. "Maximum Ground–Level Concentration and Sampling Time," Atmospheric Environment, 2(3), 1968.

Holland, J.Z. *A Meteorological Survey of the Oak Ridge Area*, Report ORO–99. Washington, DC: Atomic Energy Commission, 1953.

Martin, D.O. "The Change of Concentration Standard Deviation with Deviation with Distance," Journal of the Air Pollution Control Association, 26(2), 1976.

Mohan, M., and Siddiqui, T.A. "Analysis of Various Schemes for the Estimation of Atmospheric Stability Classification." Atmospheric Environment, 32(21), pp.3775-3781, November 1998.

Nonhebel, G. Journal of the Institute of Fuel, 33(4), 1960.

Pasquill, F. "The Estimation of the Dispersion of Windborne Material," Meteorological Magazine, 90(1063), 1961.

Ranchoux, R.J.P. "Determination of Maximum Ground Level Concentration," Journal of the Air Pollution Control Association, 26(11), 1976.

Schnelle, K.B., Jr. *The Engineer's Guide to Air Pollution Meteorology*, Lecture notes for an AICHE Advanced Seminar, American Institute of Chemical Engineers, New York, 1976.

Thomas, F.W., Carpenter, S.G., and Colbaugh, W.C. "Plume Rise Estimates for Electric Generating Stations," Journal of the Air Pollution Control Association, 20(3), 1970.

Turner, D.B. *Workbook of Atmospheric Dispersion Estimates*, Washington, DC: U.S. Environmental Protection Agency. 1970.

U.S. Environmental Protection Agency. "Guideline for Determination of Good Engineering Practice Stack Height" (Technical Support Document for the Stack Height Regulations) (Revised), EPA-450/4-80-023R, OAQPS, Research Triangle Park, NC, June 1985. (Also available at http://www.epa.gov/scram001/guidance/duide/gep.pdf)

U.S. Environmental Protection Agency. *User's Guide for the Industrial Source Complex (ISC-3) Dispersion Models. Vol II, Description of Model Algorithms.* EPA-454/B-95-003b. Research Triangle Park, NC, June 1995.

Vatavuk. W.M. *Estimating Costs of Air Pollution Control*. Chelsea, MI: Lewis Publishers,1990.

Vatavuk, W.M., "Hoods, Ductwork, and Stacks," Chapter 10 in *OAQPA Control Cost Manual (5th ed.)*. EPA 454/B-95-001. Research Triangle Park, NC, February, 1996.

Wark, K., and Warner, C.F., and Davis, W.T. *Air Pollution, Its Origin and Control* (3rd ed.). Upper Saddle River, NJ: Prentice-Hall, 1998.

Williamson, S.J. *Fundamentals of Air Pollution*, Reading, MA: Addison-Wesley, 1973.

Chapter

21 실내공기질과 제어

비산업분야 실내공기질과 관련한 조항이 조례 또는 법률로 규정될 때를 알 수 있을까? 핵심 화학종 또는 총 VOC의 규제 상한선은 미래 어느 날 발효될 것이다. 그때를 대비하여, 저농도 VOC 화합물이 건강에 미치는 영향과 실내공기질 개선방안을 공부하는 것이 현명하다. Franklin D. Aldrich, M.D., Ph.D., 1992.

21.1 머리말

지금까지 우리는 실외대기질에 중점을 두고 공부하였다. 하지만 21세기에는 대다수 인구가 (특히 선진국에서는) 실내 (가정, 공장, 상업용 사무실 빌딩, 가게, 공항, 호텔, 장소이동 중 차량 내부 등)에서 생활하고 생업에 종사할 것이다. 이러한 모든 것을 고려할 때, 많은 사람들은 하루 평균 20시간 이상을 실내에서 생활할 것이다. 그들이 호흡하는 실내공기질은 단기적으로는 건강측면에서, 장기적으로는 복지측면에서 직접적인 영향을 줄 것이다.

실내공기질 (IAQ: indoor air quality)은 많은 환경기술자와 산업위생 전문가의 핵심영역을 표현한 용어이다. 즉, 이 분야는 실내공기환경의 중요성이 부각되어 최근 수년간 발전하고 있는 전문분야이다. 건물내부의 열악한 공기질에 노출될 가능성은 비단 산업근로자에만 국한된 것이 아니다. 사실상 최근 수년 간 뉴스를 보면, 건물증후군 (SBS: sick building syndrome)을 보이는 많은 건물과 호텔들이 있다. 이 결과 건물소유자와 관리자를 상대로 수많은 법적 소송이 진행되고 있다. 미국 EPA는 열악한 IAQ로 매년 직접적 의료비로 10억 달러 이상이 지급된다고 추정하고 있으며, 약 600억 달러에 달하는 생산성이 상실된다고 추정하고 있다 (Hays 등, 1995).

가정과 사무실에서, 난방, 환기 및 공기조화기 (HVAC: heating, ventilation, and air condition -ing)를 가동하고, 물을 끓이고, 컴퓨터, 사무기기, 가전제품을 사용할 때, 또한 상업용 및 주거용 건물들은 필요에 의해 막대한 에너지를 사용하고 있다. 2008년도에 미국의 총 에너지 사용량의 40%가 이러한 용도로 사용되는데, 이 규모는 교통수단이 차지하는 양보다 많다 (EIA, 2010). 1973~1974년의 에너지 위기와 갑작스런 에너지 가격의 상승으로, 건물을 "밀폐"하려는 노력과 에너지 효율을 높이려는 노력이 계속되고 있다. 건물을 밀폐한다는 의미는 공기의 유입 (또는 유출)을 줄인다는 말이다. 밀폐를 통해, 단순히 건물을 통과하는 대용량의 공기를 외부로 내보내, 냉난방을 하지 않고 에너지를 절약할 수 있다. 이러한 밀폐행위가 에너지 보존에 효과적이기는 하지만, 실내공기질에는 바람직하지 않다. 건물의 외부공기 유입량이 적을수록 실내오염물질의 농도는 증가하고, 때로는 내부 거주자에게 심각한 건강상의 문제를 일으킨다.

실내공기는 다음과 같은 두 가지 이유로 실외대기와 차별화된다. 우선, 법률적으로, 실내공기는 개인의 사유공간에 속하기 때문에 실외대기와 같은 연방규제를 받지 않는다. 둘째, 기술적으로, "같은" 공기가 실내/외 사이에서 교환되지만, 오염물질, 오염원 및 오염물의 분산과정은 실외보다 실내에서 커다란 차이를 보인다. 더욱이 대부분 건물내부에서는 오염물질이 소멸될 뿐만 아니라 막대한 양이 생성된다. 따라서 일부 오염물질의 농도는 실외보다 실내가 낮지만, 일부 오염물질은 실외보다 실내에서 월등히 높다.

일반적인 실내공기 오염물질은 잘 알려진 규제오염물질 (criteria pollutants: PM-2.5, O_3, NO_2 및 CO)과 각종 VOC를 포함하고 있다. 실내공기 오염물질의 또 다른 중요한 사례로는 산업공정에서 방출되는 가스와 먼지가 있으며, 요리할 때 식용유와 연기, 담배연기, 라돈, 폼알데하이드, 곰팡이, 꽃가루, 동물의 각질 등이 있다. VOC는 세제, 용매, 페인트, 향수, 비누, hair spray 등이 휘발할 때 방출된다. 또한, 사무용 기자재 (복사기 및 팩스 등)에서 방출되며, 책상, 의자, 커튼, 카펫 등과 같은 자재에서 방출된다. VOC는 곰팡이류의 호흡부산물에서 생성되며 사람의 신진대사과정에서도 생성된다.

산업장의 작업환경과 관련된 문제는 사무건물이나 가정에서의 경우와는 매우 다르다. 오염물질의 종류와 오염원, 배출량, 오염원의 위치, 건물의 연령 (새 것이 항상 좋은 것이 아니다라는 점을 명심하라), 건물의 설계와 건축, 환기시스템의 설계와 유지보수, 공기오염방지장치의 사용 여부 등에 따라 오염물질의 농도는 크게 달라진다.

이 장은 매우 심각한 실내공기 오염물질에 관한 일부 정보만을 제공할 것이다. 즉, 어디서 오염물질이 방출되는지, 어떻게 실내공기에 축적되는지, 어떻게 IAQ를 예측하고 제어할 것인지를 공부할 것이다. 또한 산업용 공장보다는 주거용 및 상업용 건물에 중점을 둘 것이다. 왜냐하면 산업체 작업장 공기는 이미 규제, 감시 및 제어되고 있기 때문이다.

21.2 관심대상 오염물질

실내공기 오염물질을 다룰 때, 대기환경기준 (NAAQS)은 자동으로 적용되지 않는다. 왜냐하면 이 기준은 일반대중의 실외노출에 입각하여 개발되었기 때문이다. NIOSH (National Institute for Occupational Safety and Health)는 많은 실내공기 오염물질에 대하여 허용가능한 노출한계치 (PEL: permissible exposure limits)를 설정하고 있다. PEL은 작업장 노출 (하루 8시간, 주 5일 기준)과 관련하여 최대 추천농도치를 명시하고 있다. 마찬가지로 ACGIH (American Congress of Government and Industrial Hygienists)는 시간가중평균 한계치 (TWA-TLV: time weighted average threshold limit values)를 개발하였는데, 이 한계치는 작업장에 대한 지침농도 (guideline concentration)이다. PEL과 TWA-TLV는 거의 비슷한 값을 갖지만, 일반적으로 NAAQS보다는 높은 값을 갖는다 (표 21.1 참조). 이는 이들 기준치가 작업장을 대상으로 하기 때문이고, 관례적으로 고농도에 견딜 수 있는 건강한 성인 근로자가 작업장 공기를 호흡한다고 가정하기 때문이다. 하지만, 현대사회에서는 소매점과 상업용 건물에서 IAQ는 모든 사람에게 적용된다고 인식하고 있다. 따라서 PEL과 TWA-TLV는 단지 IAQ의 시발점일 뿐이다.

많은 종류의 오염물질이 실내공기에서 발견되고 있다. 일반적으로 이들 오염물질은 5개 그룹으로 나눌 수 있다. 즉, VOC, 무기가스, 분진, 라돈, 생물기원 오염물질로 나눈다. 약 900개 이상의 개별 오염물질이 발견되었지만 (Hays 등, 1995), 이중 극히 일부 오염물질만이 일반화 되었고, 다른 오염물질보다 매우 높은 위해도를 보인다. 이 절에서는 가장 중요한 일부 실내오염물질에 대하여 간단히 공부할 것이다. 표 21.2는 일부 오염물질과 그 오염원을 나열한 것이다.

표 21.1 세 가지 규제오염물질에 대한 PEL과 NAAQS의 비교

오염물질	8 hr PEL	NAAQS
O_3	0.1 ppm	0.075 ppm (8 hr)
NO_2	5.0 ppm	0.053 ppm (연간)
CO	50 ppm	35 ppm (1 hr), 9 ppm (8 hr)

표 21.2 실내공기 오염물질과 그 오염원에 대한 일부 예

오염물질	오염원
VOC	페인트, 시너, 향수, 헤어스프레이, 가구 광택제, 세제 용매, 카펫 염료, 풀, 드라이클리닝한 의복, 방향제, 양초, 비누, 목욕오일, 곰팡이류, 담배연기
HCHO	파티클보드, 합판, 베니어판, 접착제, 카펫, 단열재, 연료연소, 담배연기
CO, CO_2, NO_x	가스난로 및 조리기, 양초, 벽난로, 나무연소 난로, 석유 난방기, 인체 호흡, 담배연기
분진	벽난로, 나무연소 난로, 양초, 담배연기, 요리
라돈	토양에서 방출, 음용수에서 방출
생물기원 오염물질	애완동물, 화초, 곤충, 곰팡이류 (곰팡이 및 진균류), 인간, 베게, 침대보, 젖은 물건, 공기조화냉동기, 가습기

VOC (폼알데하이드 포함)

수많은 VOC가 실내에서 발견되고 있다. 이들 오염물질은 다양한 오염원에서 방출된다 (표 21.3 참조). 표 21.4에서 보듯이, 인간 그 자체도 각종 VOC (의류, 탈취제, 헤어스프레이, 향수, 생리작용으로부터)를 직간접적으로 방출하고 있다.

폼알데하이드 (HCHO)는 VOC의 한 종류이며, 가장 일반적인 오염물질 중의 하나이고, 건물 내부에서 발견되는 오염물질 중 가장 심각한 오염물질이다. HCHO는 각종 합판, 접착제, 발포성 단열재, 카펫, 합판패널, 파티클보드로 만든 선반 및 가구 등의 새 자재에서 방출된다. 다양한 건축자재와 가구에서 방출되기 때문에 신축건물이나 신축가옥 (특히 조립식 및 이동식 가옥)에서 문제가 되고 있다. 표 21.5는 HCHO의 배출량을 보여주고 있다.

HCHO는 모든 탄소성 연료가 불완전연소 할 때 방출되는 오염물질 중 비교적 안정한 생성물이다. 따라서 HCHO는 나무연소 난로, 벽난로, 천연가스 난로, 온수 히터, 약간씩 새는 기름 또는 석탄 화덕에서 방출된다. 담배 역시 HCHO를 방출한다.

실내에서 감지될 정도의 HCHO의 농도 (0.01～2.0 ppm)에서 인간이 받을 수 있는 건강영향은 눈의 자극이다. 만약 농도가 5～30 ppm까지 올라가면, 하기도와 폐가 자극을 받는다. 가정과 사무실의 농도범위는 0.02～0.3 ppm이다. 한편, 일부 신축이동식 가옥에서는 1～2 ppm까지 측정되기도 한다 (Godish, 1985). 더욱이 HCHO의 농도는 실내온도가 올라갈수록, 실내습도가 올라갈수록 크게 증가한다고 보고되었다 (대부분 경우, 이들 실내환경 변수는 가구, 카펫, 벽판 등에서의 HCHO 방출량에 영향을 받는다).

표 21.3 실내 VOC 및 오염원의 일부 예

오염물질	오염원
HCHO	카펫, 합판, 파티클 보드, 합판가구, 단열재, 풀, 연료연소, 담배연기
Mono-, di-, tri- Chloromethane	용매, 에어로솔 스프레이, 온수샤워[1]
Carbon Tetrachloride	잉크 펜, 사진 장비, 테이프, 용매, 고무제품
Styrene	복사기, 플라스틱, 합성고무제품, 수지
Trimethylbenzene	벽지, needle felt, 접착제, 바닥 광택제
Hexane	연료, 에어로솔 추진제, 향수, 세제, 페인트, 용매
Methanol	창문 세제, 페인트와 시너, 화장품, 접착제, 인간 호흡

1 주의 : 수돗물 염소처리로 상수관 내 염화탄화수소의 지연생성을 초래한다.

표 21.4 인체에서 방출되는 실내공기 오염물질[1]

화학물질	공기 중 농도 (ppb)[2]	추정배출량 (mg/hr/person)
Acetone	20.6	2.1
Acetaldehyde	4.2	0.26
Acetic acid	9.9	0.83
Amyl alcohol	7.6	0.91
Butyric acid	15.1	1.9
Diethyl ketone	5.7	0.87
Methanol	54.8	3.1
Phenol	4.6	0.40
Ammonia		1.3
Carbon monoxide		48,400
Carbon dioxide		642,000

1 Hine 등 (1993)의 문헌에 발표된 Wang (1975)자료 인용
2 389명이 수강하는 대형 강의실에서의 농도

표 21.5 폼알데하이드의 방출량

대상물질	방출량 (μg/m^2-day)
섬유판 (fiberboard)	17,600~55,000
경질목재 합판패널 (hardwood plywood paneling)	1,500~36,000
파티클보드 (particle board)	2,000~25,000
요소 폼알데하이드 단열재	1,200~19,200
연질목재 합판	240~720
제지류	260~680
카펫	0~65
담배연기	1,300 μg/개피 (측류)
이동식 석유난로	660~4,600 μg/hr
가스난로/조리기	8,000~28,000 μg/hr

출처 : Hines 등, 1993.

무기가스 - 연소생성물

연소오염원에서 방출되는 두 가지 규제오염물질은 CO와 NO_x이다. 만약 연소생성물을 제어하는 환기장치가 없다면 고농도로 농축될 수 있다. CO와 NO_x의 일반적 오염원에는 가스난로, 나무연소 난로, 석유 히터, 벽난로 등이 있다. 일부 CO의 실내 최고농도는 승용차, 트럭, 버스가 막히는 교통 혼잡시간대에 나타난다. 예를 들어, 상업용 차량 운전자는 8시간 NAAQS를 훨씬 초과하는 농도에 노출될 수 있다. 또한, 도로높이에 위치하거나 주차장 근처에 위치한 상업용 건물이 외부공기를 유입할 때, 건물내부의 CO 및 NO_x는 급상승할 수 있다.

CO의 인체에 미치는 건강영향은 1장에서 논의한 바 있다. 하지만, 여기서는 간략하게 검토할 것이다. CO는 산소와 결합하는 헤모글로빈 (Hb)에 쉽게 흡수된다. Hb는 CO에 노출될 때 흡수 정도를 carboxy-hemoglobin (COHb)으로 표시한다. 정상적인 신진대사과정에서는 혈중 0.5~1.0%의 COHb의 농도를 갖는다. 공기 중 20 ppm의 CO에 지속적으로 노출될 때 4~5시간 내에 3% COHb의 농도를 보인다. 이 수준은 건강한 사람이 통계적으로 유의할 정도의 영향을 받는 최저 수준이다. 5~17%의 COHb 농도에서는 시각적 인지능력, 행동과 정신적 기민성이 명백하게 떨어지기 시작한다 (즉, 학교에서 수학능력이 떨어지고 차량 운전능력이 떨어진다). 매년 많은 사람들이 CO 중독으로 사망한다는 점에 유의해야 한다. 이는 석유난로의 부적절한 가동, 불완전한 화덕, 밀폐된 차고에서 차량의 공회전 방치, 창문근처에서 가동되는 이동식 휘발유 발전기, 환기되지 않는 공간에서 석탄그릴 사용 등으로 실내에서 CO 농도가 농축되었기 때문이다. 수천 ppm를 초과하는 CO 농도에 노출되면 갑작스런 죽음을 초래할 수 있다.

NO와 NO_2가 건강에 미치는 영향을 보여주는 자료는 다소 한정되어 있다. 하지만, NO는 혈중 산소와의 결합을 방해하여 CO와 유사한 거동을 보인다. NO의 3 ppm 노출은 10~15 ppm의 CO 노출과 비교될 수 있다 (Hays 등, 1995). NO_2는 부식성이 있으며 폐 깊숙이 자극을 주며, 물에 흡수될 때 가수되어 질산이 된다. 0.5 ppm 정도의 낮은 농도에서도 천식환자에게는 큰 영향을 준다 (Hays 등, 1995).

호흡성 분진 (담배연기 포함)

“연기 (Smoke)”는 불완전연소의 가시적 지표가 되는데, 보통 미세분진 (PM-2.5)과 각종 가스상 오염물질을 포함하고 있다 (연소오염원에서 가시적인 연기가 배출되지 않는다고 할지라도, 배출가스 중에는 많은 오염물질들이 존재한다는 점을 기억하라). 담배, 시가, 파이프 등의 연기 속에는 CO, 암모니아, HCN (hydrogen cyanide), HCHO (모두 가스상); 타르, 니코틴, benzo-a-pyrene, 특정 중금속 (카드뮴 등), 페놀류, fluoranthene (모두 PM-2.5) 등 수많은 오염물질을 포함하고 있다. 이들 오염물질 중 대부분은 발암물질로 알려졌거나 의심을 받는 물질들이다. 전 세계적으로 21세기 들어 매년 5백만 명 정도가 담배로 인해 사망한다. 미국에서는 흡연으로 매년 40만 명 정도가 사망하며, 중국에서는 120만 명 정도가 사망한다. 흡연자들은 자발적으로 폐를 오염시키지만, 흡연자와 함께 실내를 공유하는 비흡연자는 선택의 여지가 없다. 가정, 식당, 사무실, 쇼핑센터 내의 공기를 통해 순환하는 담배연기는 표면 (커튼 등)에 침착될 수 있으며 오랜 기간 냄새를 풍긴다. 다행스럽게도 미국정부의 대국민 금연홍보 활동은 성공한 것 같다. 또한 지방정부와 주정부는 대다수 건물에 금연규제를 시행하고 있다. 흡연은 미국에서 줄어드는 추세이지만, 전 세계 많은 국가에서는 증가하고 있다 (흡연관련 사망자도 증가하고 있다).

촛불, 나무연소 난로, 벽난로 등의 연소오염원에서는 다양한 오염물질, 그 중에는 유해오염물질을 방출한다. 나무를 태울 때 다환방향족 탄화수소 (PAH: polycyclic aromatic hydrocarbons)와 미량금속 등이 방출된다 (나무연소 오염원에 따라 다르지만). PAH는 두 개 이상의 벤젠고리를 가진 수많은 화합물을 총칭하며 발암물질이다. 기타 실내에서 발견되는 분진에는 먼지 (dust), 외기에서 유입되는 꽃가루, 석면섬유, 동물 피부각질, 곰팡이 포자, 진드기, 목화섬유, 죽은 벌레 조각, 머리카락, 집안먼지, 살충제, 납함유 페인트 조각 등이 있다. 비연소성 분진과 관련된 문제는 장소에 따라 다양하다. 더욱이 그 영향은 노출된 사람의 민감도에 따라 크게 다르다.

라돈

라돈가스는 라듐 [우라늄의 붕괴산물 (decay product)]의 붕괴산물이며, 전 세계 바위와 토양에서 발견된다. 비록 라돈은 화학적으로 비활성이지만, 라돈의 붕괴산물 (즉, 폴로늄, 납, 비스무트)은 활성적이다. 이들 원소는 폐 속에 머물며 시간이 경과함에 따라 알파선을 방출한다. 라돈가스는 토양의 기공을 통해 위로 이동하며, 가옥과 건물이 이동경로 상에 존재한다면 비교적 많은 양의 가스가 실내로 유입될 수 있다. 가스는 유입저항이 적은 경로 (즉, 가옥 하부 콘크리트 슬래브 내의 틈, 기공이 많은 지하실 벽면과 바닥면, 바닥과 벽 사이의 느슨한 연결부위)를 통해 유입된다. 미국 EPA는 고농도 라돈이 출현할 수 있는 전국지도 (radon map)를 관리하고 있다. 다음 웹 주소를 방문하라: www.epa.gov/radon/zonemap.html

라돈의 농도는 가이거 (Geiger) 계수기로 측정되며, pico-Curie/m^3 (pCi/m^3)로 보고된다. 1 Curie (Ci)는 IAQ 작업을 수행하기에는 너무 큰 방사능 단위이므로, pCi (10^{-12} Ci) 단위를 사용한다. 미국 내에서 라돈의 토양농도는 장소에 따라 다르며 다양한 값을 갖는다. 대개 0.1～100 pCi/m^2-s 범위이며 대략 1.0 pCi/m^2-s가 가장 일반적인 농도이다.

라돈의 건강에 미치는 주요 영향은 라돈 그 자체 또는 그 붕괴산물 (낭핵종) (decay products 또는 daughter products)의 방사능으로부터 야기되는 폐암이다. 미세입자에 흡착되고 폐 속에 침적된 붕괴산물은 체내 약한 부위에서 방사선을 방출한다. 많은 가정의 실내공기 중 라돈농도는 1,500 pCi/m^3 또는 1.5 pCi/L의 값을 갖는다. 이 수준에서 폐암에 대한 위해는 1년에 가슴 X-ray를 75회 찍는 정도와 같다. 미국 EPA에서는 라돈농도가 4 pCi/L 이상인 가정에 대해, 라돈수위를 낮추도록 치유조치를 제시하고 있다. 미국에서 라돈에 의해 1년에 약 7,000~30,000명 (전체 폐암사망자의 약 5~20%)이 폐암으로 사망한다고 추정하고 있다 (EPA, 1997).

생물기원 오염물질 (곰팡이류 및 알러전 포함)

생물기원 실내공기 오염물질에는 곰팡이류, 알러전 (allergens: 알레르기를 일으키는 물질), 바이러스, 박테리아, 원생동물, 식물포자, 애완동물의 피부각질, 애완동물의 오줌에서 배출된 저분자 단백질, 벌레에서 떨어져 나간 몸체조각과 배설물 등을 포함한다 (Brooks and Davis, 1992). 중앙냉방을 하는 건물에서 덕트의 안쪽 벽 (특히 첫 10 feet 되는 곳, 또는 이슬점에 도달하고 습도가 100%에 가까운 곳)은 곰팡이와 박테리아의 온상이 될 수 있다. 이러한 문제점은 따뜻하고 습한 지역에서 특히 악화될 수 있으며, 1970년대 중반 에너지 위기 이래 에너지 절약차원에서 진행되어온 빌딩설계와 건축방식의 변화로 악화되고 있다.

습한 공기를 냉각시키는 동안 수분은 응축된다. 과거의 냉방방식은 공기를 쾌적환경 이상으로 과도하게 냉각시켜 대부분의 수분을 제거하였다. 이에 따라 실내공기는 원하는 온도로 재난방되었다. 현대의 냉방방식에서는 과도한 냉방과 재난방 과정이 모두 사라져서 에너지를 크게 절약할 수 있었다. 하지만 건물로 유입되는 냉각공기 속에는 과거보다 높은 습기를 함유하게 되었고, 덕트 내부는 습기로 가득 차게 되었다. 따라서 곰팡이, 진균류, 박테리아, 기타 미생물들의 완전한 서식처가 되었다.

현대의 HVAC 시공에 도입된 또 다른 에너지 절약방식은 재순환공기의 양을 늘린 것이다 (즉 외기의 양을 줄였다). 이러한 현대식 냉방방식의 변화는 IAQ 문제를 가져왔으며 기존 문제를 더욱 악화시켰다. 건물증후군과 관련된 수많은 조사에 의하면, HVAC 설비를 검사한 결과, 가정 및 상업용 건물의 냉방기 덕트 내벽에 제곱 inch당 수백만 개의 진균포자를 발견하였다. 이러한 곰팡이와 그 포자, 또는 가스상 대사물질로 알레르기가 발생할 수 있다.

가장 악명 높은 IAQ 에피소드 중의 하나는 1976년 필라델피아에서 미국재향군인회 (The American Legion)가 진행될 때 발생한 사건이다. 당시 182명이 질병에 걸렸으며 29명이 폐렴유사 (pneumonia-like) 질병으로 사망하였다. 원인은 박테리아 때문이었는데, 이 박테리아는 많은 방문객이 체류한 호텔의 냉방장치 냉각탑에 서식했던 것으로 조사되었다. 이 박테리아는 당시 이 단체의 이름을 따서 Legionella pneumophila라고 명명되었고, 이 질병을 **레지오넬라 질병** (Legionnaire's disease)이라 한다. 이 박테리아는 호흡기 질환의 주범이며, 병원에서 발견되는 모든 폐렴 유병사례의 1~13%가 이 박테리아 때문이다. 이 박테리아는 체외 물 속에서 1년 이상 생존할 수 있다. 실내공기에서 legionella의 오염원은 목욕통, 가습기, 증발기, 온수 히터, 화재 살수기, 분수, 대부분 건물의 냉각탑 등이다.

알러전이라는 명칭은 일부 사람들에게 알레르기 반응을 일으키는 각종 물질을 총칭한다. 알레르기 반응은 크게 부풀려지거나 부적절한 면역반응의 하나로서 숙주에게 물리적 피해를 주는 면역반응이다. 알러전은 박테리아, 진균류, 곰팡이 포자, 꽃가루, 조류 등과 같은 생물성 그룹과 집안 먼지, 벌레의 몸체 조각, 동물의 피부각질, 죽은 진균류, 박테리아 세포, 진드기 및 바퀴벌레 배설물과 같은 비생물성 그룹으로 나눌 수 있다. 공기 중 알러전에 의한 질병으로는 알레르기성 비염 (코 점막의 급성 염증, 가려움 증, 눈물, 재채기 등), 알레르기성 천식 (헐떡이는 숨, 거친 호흡, 재채기 등) 및 과민성 폐렴 (인플루엔자와 유사한 증상) 등이 있다.

21.3 오염원 제어와 환기

미국 EPA (1997)에 따르면, 실내공기질 (IAQ)을 제어하기 위해서는 다음과 같은 세 가지 주요 전략을 통합하고 포함시켜야 한다.

1. 실내공간 내 오염물질의 근원을 제어하라.
2. 오염물질을 희석하고, 환기를 통해 건물 밖으로 제거하라. 또는,
3. 재순환공기 또는 보충공기 중 오염물질을 포획하거나 파괴시켜 공기를 정화하라.

오염원의 제어

실내공간 내 오염배출량을 줄이는 것이 IAQ 개선의 첫째 전략이다. 실내오염물질의 제어에는 건물에서 오염의 주체가 되는 오염물질 제거, 오염물질을 생성하는 활동 축소, 오염원과 격리 등의 방법이 있다. 이러한 격리 방법은 후드 (hood), 공기막 (air curtains), 공기가압 (air pressurization)과 같이 격리막을 설치하거나, 오염원의 조업시간을 제어하여 (즉 야간교대 시간대에 청소 등) 수행할 수 있다. 분명히 건물의 설계 및 건축단계에서 오염원 제어방법을 고려하는 것도 중요하지만, 오염원 제어가 건물증후군 치유의 핵심이 된다. 적절한 건축자재의 선택, 실내 연소 오염원의 축소, 알러전 오염원의 제거 등은 모두 오염농도를 저감시키는 적절한 방법이며 효과적인 방법이다. 덕트 청소, 오염된 벽지와 카펫 등의 철거, 냉각탑에서 미생물의 성장제어는 빌딩증후군을 제어하는데 매우 중요하다. 하지만 오염원 제어만으로는 양호한 IAQ를 보장하기에 충분하지 않다.

환기

환기는 유입되는 외부공기 (외기: outside air)를 내부공기 (내기: inside air)와 교환하여 내부공기를 외부로 방출하는 것으로 정의할 수 있다. 이 과정을 간단히 '공기교환 (air exchange)'이라 부르며, IAQ에서 가장 중요한 제어인자 중의 하나이다. ASHRAE (The American Society of Heating, Refrigeration and Air Conditioning Engineers)는 건물설계자들을 위해 다양한 실내공간에서 인간의 쾌적한 환경에 맞는 최소환기량 (minimum ventilation rates)을 설정할 수 있도록 지침서를 출간하고 있다 (ASHRAE, 2007). 예를 들어, 이발소, 식당, 빨래방 (coin-laundry)에서는 7.5 cfm/person (cfmpp); 호텔/모텔 객실, 사무실에서는 5 cfmpp; 헬스클럽 (에어로빅 및 체력단련실), 미용실과 손톱방에서는 20 cfmpp를 지침치로 추천하고 있다. 이렇게 추천된 환기량은 매년 바뀔 수 있다. 예를 들어, 어떤 지침치는 1950년에 10 cfmpp이었으나, 1975년에 5 cfmpp로 떨어졌고, 1989년에는 다시 15 cfmpp로 상승하였다 (Hines 등, 1993). 일반적으로 환기량의 증가는 SBS를 치유하는 해결책으로 추천하고 있고, 실내에서 발생되는 오염물질의 농도를 희석하는데 효과적일 수 있다. 하지만, 실외농도가 실내보다 높다면, 환기량의 증가가 특정오염물질의 실내농도를 증가시킬 수도 있다 (한 예로써 건물이 주차장과 가까이 있을 때 CO 농도).

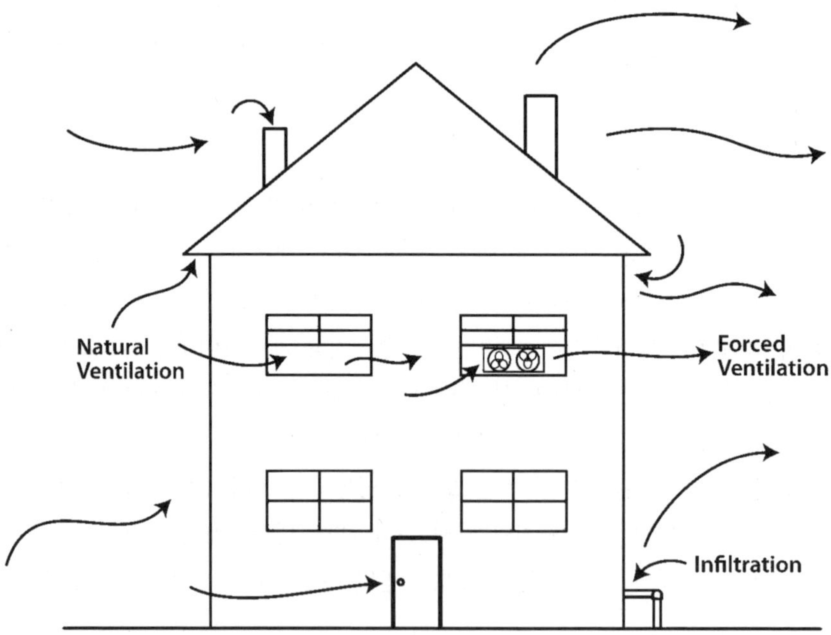

그림 21.1 환기와 공기침투의 유형

건물에서 공기교환은 세 가지 방법으로 이루어진다. 즉, **강제환기** (forced ventilation), **자연환기** (natural ventilation), **공기침투** (infiltration) 등이 있다. 강제환기는 공기를 교환하기 위해 송풍기를 사용하지만, 자연환기는 열린 창문이나 문을 통해 자연적으로 공기를 교환한다. 공기침투는 모든 창문과 문이 닫혀 있다고 해도 일어나는 공기의 교환을 의미한다. 공기는 건물의 틈과 구멍으로 침투한다. 즉, 문과 창문 주위의 갈라진 틈, 파이프나 전기배관 주위의 틈, 부엌과 침실의 배기관, 마루 벽의 연결부위, 몰타르 연결부위, 기타 틈으로 침투한다. 그림 21.1은 환기와 공기유입의 유형을 도식한 것이다.

건물로 유입되는 외기는 실내의 쾌적한 조건을 충족시키기 위해 난방 또는 냉방되어야 하는데, 이러한 에너지 사용으로 비용이 든다. 1970년대 중반이후, 침투공기량을 줄이고 에너지를 절약하기 위한 많은 노력들이 있었다. 건물이 완전히 밀폐되도록 설계한다고 해도 공기침투량은 높은 비율을 차지하며, 심각한 '과다' 에너지 사용의 책임이 있다. 일부 추정에 의하면, 미국에서 실내에 공기침투로 인한 에너지 손실이 총 에너지 사용량의 10%로 추정되며, 1년에 100억 달러 정도로 추정된다 (Masters, 1998).

공기정화

에너지 비용의 증가로 건물을 밀폐하려는 경향이 계속되고 있다. 동시에 SBS와 관련된 소송으로 증가된 손실비용을 줄이기 위해 건물소유자는 실내공기 오염제어에 더욱 노력하고 있다. 공기정화는 외기 (예를 들어, 대기 중에 꽃가루가 많이 존재한다면) 뿐만 아니라, 재순환공기 (실내에서 발생한 오염물질을 제거하기 위해)에 대해 효율적일 수 있다. 주요 공기정화 전략은 이 교과서에 이미 제시된 원리를 이용하는 것이다. 분진제어와 관련한 가장 일반적인 제어방법으로는 여과법 또는 전기집진법이 사용되며, VOC 제어를 위해서는 흡착법 [활성탄, 분자체 (molecular sieve), 실리카겔] 또는 촉매산화법이 사용된다.

21.4 실내공기질을 위한 물질수지 모델

실내공기 오염물질의 농도는 간단한 수학모델로 추정할 수 있다. 주요 변수는 배출량과 환기량이다. 일부 건물에서 기류 (airflow)는 매우 단순하다. 따라서 건물전체를 단순히 잘 혼합된 하나의 방으로 간주할 수 있다. 또 다른 상황하에서는 이런 많은 방들이 직렬 또는 병렬로 연결된 것처럼 건물을 모델링 할 수도 있다. 우선, 공기가 잘 혼합된 방 하나를 대상으로 한 단순모델에 대하여 (즉, 공기가 유출입되는 상자에 대하여), 이 물질수지식을 **'상자모델 (box model)'**이라고 부르며 다음과 같은 수식으로 표현할 수 있다.

$$\frac{V\,dC_i}{dt} = QC_o + S - QC_i - kC_iV \tag{21.1}$$

여기서, V = 방의 부피, m^3

C_i = 오염물질의 실내농도, $\mu g/m^3$

C_o = 외기에서의 오염물질 농도, $\mu g/m^3$

Q = 환기량, m^3/hr

S = 방 내부오염원의 배출량, $\mu g/hr$

k = 소멸 반응속도상수 (여기서는 1차반응으로 가정한다.), hr^{-1}

식 (21.1)을 다음과 같이 다시 쓸 수 있다.

$$\frac{dC_i}{dt} + \left(\frac{Q}{V} + k\right)C_i = \frac{Q}{V}C_o + \frac{S}{V} \tag{21.2}$$

$(Q/V+k)^{-1}$항은 이 시스템에 대한 특성시간 또는 시간상수이고 τ로 주어진다. 식 (21.2)의 일반해는 다음과 같다.

$$C_i = \left[C_0 - \tau\left(\frac{Q}{V}C_o + \frac{S}{V}\right)\right]\left[\exp\left(-\frac{t}{\tau}\right)\right] + \tau\left(\frac{Q}{V}C_o + \frac{S}{V}\right) \tag{21.3a}$$

여기서, C_0 = 시간 0일 때, 방에서의 초기농도

식 (21.3a)는 식 (21.3b)로 다시 쓸 수 있다. 식 (21.3b)는 수치해를 얻을 때 편리하며, 특히 방에서의 초기농도 (C_0)가 0일 때 편리하다.

$$C_i = \tau\left(\frac{Q}{V}C_o + \frac{S}{V}\right)(1 - e^{-t/\tau}) + C_0e^{-t/\tau} \tag{21.3b}$$

식 (21.3b)는 다음과 같이 단순화 할 수 있다.

$$C_i = C_{iss}(1 - e^{-t/\tau}) + C_0e^{-t/\tau} \tag{21.4}$$

여기서 C_{iss} = 식 (21.1)의 정상상태 해 (steady-state solution), 또는 식 (21.3b)의 첫째 항

Q/V를 '공기교환율'이라 부르며 (공기교환은 이미 앞에서 언급한 바 있으며, 이를 수식화한 것이다), 단위는 hr^{-1}이지만, 시간당 교환되는 방부피의 배수라고 간주할 수 있다. 공기교환율은 건물과 방의 환기정도를 표시하는 일반적인 척도이다.

정상상태의 해는 다음과 같다.

$$C_{iss} = \frac{\left(\frac{Q}{V} C_o + \frac{S}{V}\right)}{\frac{Q}{V} + k} \tag{21.5}$$

또는,

$$C_{iss} = \left(\frac{A C_o + S/V}{A + k}\right) \tag{21.6}$$

여기서, $A = Q/V$는 공기교환율, 시간당 공기교환량

식 (2.16)을 검토할 때, 오염원의 배출량 또는 화학반응에 의한 파괴량과 관계없이, 공기의 교환율이 증가할수록 실내농도는 외기 농도에 수렴함을 알 수 있다. 반면 A가 0을 향해 감소할수록 실내농도는 오염원의 배출량과 반응속도상수에 의존한다.

대부분 현대식 사무건물이나 호텔과 같이, 강제 환기설비를 갖춘 건물에서는 보충공기량이 침투공기량과 비교하여 높은 비율을 갖는다. 보충공기량은 ASHRAE의 지침에 의거하여, 또는 건물설계과정에서 관련기준에 의거하여, 건축가 및 공학자들에 의해 결정된다. 일단 보충공기량이 결정되면 외기를 흡입하는 보충공기용 송풍기의 크기를 결정할 수 있고, 냉방기 및 덕트설비도 설계할 수 있다. ASHRAE 지침서 (이 지침서는 건축규정 또는 기준으로 종종 채택된다)는 다양한 형태의 방에 대한 추정 공실율과 그 함수를 제공하고, 또한 필요한 최소 보충공기량을 제시한다. 예를 들어, 요구되는 외기는 (1) 사무실, 교회, 법원의 경우 5 cfmpp, (2) 박물관과 몰 등 공용지역의 경우 7.5 cfmpp, (3) 대학교/대학 실험실의 경우 10 cfmpp이다 (ASHRAE, 2007).

강제 환기설비가 없는 건물의 경우, 전적으로 자연환기와 공기침투에 의존한다. 이러한 공기교환 방식은 북부기후지역에 위치한 대다수 가정에서와 같이 중앙 냉방장치가 없는 건물에서 이루어진다. 물론 겨울에는 이들 집주인들이 창문을 닫기 때문에 공기교환은 급격히 감소한다. 표 21.6은 닫힌 창문을 통해 가정으로 침투되는 공기량을 추정한 지침자료이다.

표 21.6 밀폐된 창문을 가진 가정집의 공기침투속도

방의 구조도	공기교환율 (ach: air exchange rate)
창문 또는 외부 문이 없는 경우	0.5
1개 벽면에 창문 또는 외부 문이 있는 경우	1.0
2개 벽면에 창문 또는 외부 문이 있는 경우	1.5
3개 벽면에 창문 또는 외부 문이 있는 경우	2.0

출처 : Nevers, 2000.

예제 21.1 앉아 쉴 방이 있는 매우 쾌적한 country club (스포츠레저 시설을 갖춘 사교클럽)이 있다. 이 방은 견목 합판패널을 새로 벽에 붙였다. 이 패널들은 하루 20,000 $\mu g/m^2$ 속도로 HCHO를 방출하며, 새로 합판을 붙인 벽면적은 900 ft^2이다. 이 HCHO는 1차반응식에 따라 CO_2로 붕괴되며, 이때 1차속도상수는 0.4/hr이다. 방의 규격은 길이 25 ft, 너비 20 ft, 높이 10 ft이다. 평균 환기율은 1.5 air change/hr이며 외기농도는 0이다.

(a) 이 클럽은 벽면공사를 마친 후 즉시 이 방을 회원들에게 방을 개방했다고 가정하라. 회원에게 노출된 HCHO의 최대농도는 얼마인가?

(b) 방에서 초기 HCHO 농도가 0이라고 가정하라. 정상상태 (최대)농도의 95%에 도달하는 시간은 얼마인가?

(c) 이 결과를 가지고 무엇을 제안할 것인가?

풀이 (a) 정상상태에서 식 (21.6)을 응용한다. 즉,

$$C_{i\,ss} = \left(\frac{AC_o + S/V}{A+k}\right)$$

배출량은

$$S = 900\ \mathrm{ft}^2 \times \frac{20.0\ \mathrm{mg}}{\mathrm{day\text{-}m}^2} \times \frac{1\ \mathrm{m}^2}{10.76\ \mathrm{ft}^2} \times \frac{1\ \mathrm{day}}{24\ \mathrm{hr}}$$
$$= 69.7\ \mathrm{mg/hr}\ \text{(HCHO 배출량)}$$

방의 공간부피는 5,000 ft^3이다. C_o가 0 (zero)이므로,

$$C_{i\,ss} = \frac{S/V}{A+k} = \frac{69.7/5{,}000}{1.5+0.4}$$
$$= 0.00734\ \mathrm{mg/ft^3} \times 35.32\ \mathrm{ft^3/m^3} = 0.259\ \mathrm{mg/m^3}$$

이 농도를 환산하면 0.21 ppm이 된다. 이 정도는 회원들의 눈과 호흡기에 심각한 자극을 주기에 충분한 농도이다 [그동안 회원들은 시가 (cigar) 흡연 때문이라고 생각하였다].

(b) 정상상태 농도의 95%에 도달하는 시간을 추정하기 위해, 우리는 어떻게 배출량 함수가 거동하는지 알아야 한다. 간단한 접근법은 배출량이 한 고정점에서 갑자기 증가한다고 가정하는 것이다 (이른바 step 상승). $C_0 = C_o = 0$에 대해 식 (21.3b)는 다음과 같이 축소된다.

$$C_i = \frac{S/V}{A+k}\left(1-\exp\left[-\frac{t}{\tau}\right]\right) = C_{i\,ss}\left(1-\exp\left[-\frac{t}{\tau}\right]\right)$$

또한,

$$\tau = 1/(1.5+0.4) = 0.526\ \mathrm{hr}$$

$C_i/C_{i\,ss} = 0.95$일 때, t에 대해 풀면

$$C_i/C_{i\,ss} = 0.95 = 1-\exp(-t/0.526)$$
$$\ln(1-0.95) = -t/0.526$$

$$t = 0.526 \times 2.996 = 1.58 \text{ hr}$$

(c) 이러한 경우 가장 간단한 최선책은 이 방을 건물의 나머지 다른 공간과 격리 밀폐시키고 합판패널이 "치유"될 때까지, 즉 HCHO의 배출속도가 현저히 감소될 때까지, 외기로 충분히 환기시키는 것이다.

Nevers (2000)가 지적한 것처럼, 실내공기질 모델은 식 (21.1)에 설명한 것보다는 현실적으로 (더욱 복잡하게) 개발할 수 있다. 그림 21.2에 개괄적으로 도식된 그림은 공기침투, 처리과정을 포함한 강제환기, 개별적으로 기류를 처리할 수 있는 재순환공기 등을 포함한 건물을 보여준다. 여기서 건물 내 공기는 완전히 혼합된다고 가정한다. 이 모델 역시 현실적으로는 더 많은 방이 있을 수 있고, 공기가 동시에 한 방에서 특정한 방으로 이송될 수 있으며, 각 방들이 각기 다른 배출량과 다른 농도를 가질 수 있기 때문에 실제건물과 비교해서는 여전히 단순화된 모델이다.

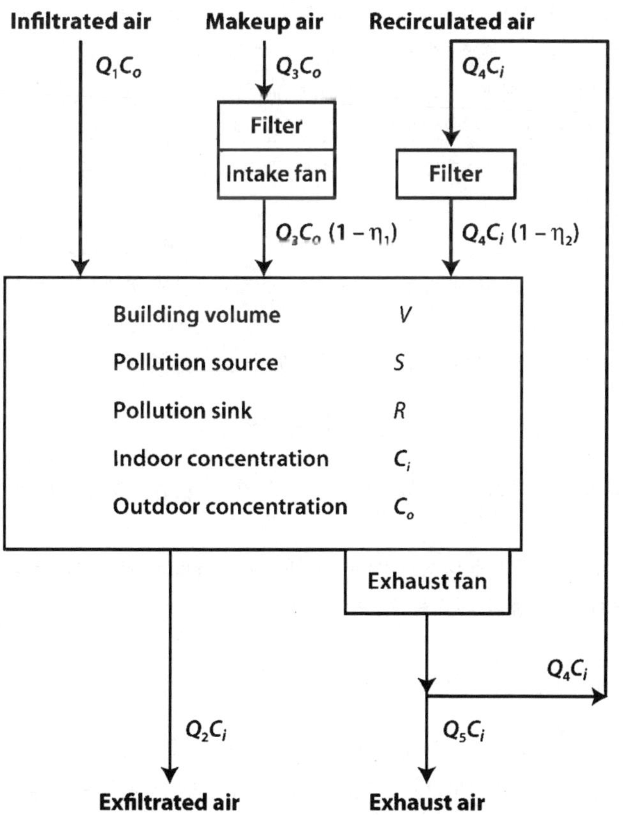

그림 21.2 실내공기질 모델에 관한 계통도
출처 : Nevers, 2000.

그림 21.2에 제시한 공정을 다음과 같은 물질수지식으로 표현할 수 있다.

$$V\frac{dC_i}{dt} = Q_1C_o + Q_3C_o(1-\eta_1) + Q_4C_i(1-\eta_2) - (Q_2+Q_4+Q_5)C_i + S - R \quad (21.7)$$

여기서, 모든 변수는 앞에서 정의되었고, 그림 21.2에서도 동일하게 표현되었다.

식 (21.7)에서 η_1과 η_2는 그림에서 제시된 "여과기 (filter)"의 제거효율을 의미한다. 더욱이 여과기의 의미가 폭넓게 사용된다면, 여과기는 분진여과뿐만 아니라 활성탄 흡착장치 또는 촉매산화장치를 의미할 수 있으므로, 다양한 오염물질이 이 여과기에서 제거될 수 있다.

식 (21.7)과 같은 복잡한 식을 풀기 위해 수치해석 방법이 실용적 해법으로서 자주 사용된다. 개인용 컴퓨터의 광범위한 보급으로 공학자들은 spreadsheet와 같은 간단한 해법으로 문제를 비교적 빨리 해결할 수 있다. 다음 예제를 참고하라.

예제 21.2 어떤 집주인이 매일 45분간 가스난로를 사용한다. 이 난로를 가동 중에는 시간당 12 ft^3의 천연가스를 소비한다 (가스 1 ft^3당 1,000 kJ의 에너지를 가지고 있다). 이러한 종류의 난로에서 NO_2 배출량은 15 μg/kJ이다. 부엌에서의 공기침투량은 4,000 ft^3/hr이고, 대기 중 NO_2의 농도는 40 $\mu g/m^3$이다. 부엌의 크기는 15 ft×20 ft×8 ft (높이)이다. 이 집에는 냉방기가 없으므로 당연히 공기의 재순환은 없다. 이 난로는 독립된 후드를 가지고 있으며 (집주인이 잊지 않고 스위치를 켰을 때), 500 ft^3/hr 속도로 배기하는 송풍기를 가지고 있다. 송풍기가 가동될 때 공기의 침투량은 총 4,500 ft^3/hr까지 증가한다. NO_2의 반응속도는 0이고, 방안에는 NO_2의 기타 다른 오염원도 없고 소멸처도 없다.
부엌에서 NO_2의 농도와 시간과의 관계를 그래프로 도식하라. 난로가 가동될 때부터 3시간 동안의 농도를 추적하라. 송풍기가 가동될 때 (주의 : 송풍기는 첫 45분 동안만 가동된다)와 가동되지 않을 때 두 개의 농도선을 그려라. 이 문제를 spreadsheet를 이용하여 해결하라.

풀이 우선 스토브가 가동될 때 NO_2의 배출량을 계산하라.

$$\frac{12.0\ \text{ft}^3\ \text{gas}}{\text{hr}} \times \frac{1\ \text{hr}}{60\ \text{min}} \times \frac{1{,}000\ \text{kJ}}{\text{ft}^3} \times \frac{15\ \mu\text{g}}{\text{kJ}} = 3{,}000\ \mu\text{g NO}_2/\text{min}$$

수치해를 구하기 위하여, 유한 미분방정식 (finite difference equation)으로서 물질수지식 (21.7)을 재작성하고 풀이를 시작한다. 이용되지 않는 변수항을 소거하면,

$$V\frac{\Delta C_i}{\Delta t} = Q_1C_o + S - Q_2C_i - Q_5C_i$$

Δt를 1분으로 정의하고, 실내 초기농도 ($t=0$에서)를 외기농도로 설정하여(즉, $C_{i0} = C_o$), 다음 쪽 그림 21.3과 같이 spreadsheet를 작성한다. 그리고 줄 (row)의 일부를 단순 복사하고 계산된 C_i가 일정한 값에 도달할 때까지, 또는 3시간 한계값에 도달할 때까지 그 결과를 지켜본다. 한편, 45분 후에 난로가 꺼진다는 것을 기억하라 [S는 $t=45$일 때 0 (zero)이 된다]. 또한 송풍기가 가동되는 경우, 오염원의

항목이 600 μg/m^{3}까지 감소된다고 모델링 한다 (미환기량의 20%가 부엌으로 유입된다). NO_2의 농도와 시간과의 관계를 도식한 그림 21.4를 참고하라.

	A	B	C	D	E	F	G	H	I
1									
2	**Example Problem 21.2 Spreadsheet solution for gas stove—with and without fan**								
3–4	**Define initial conditions**			C_{zero} =	40	μg/m^3	C = concentration		
4–5	**and convert units**			t_{zero} =	0	minutes	C_i = concentration inside		
5–6	infiltration	4000 ft^3/hr		Q_1 =	1.888	m^3/min	C_o = concentration outside		
6–7	fan	500 ft^3/hr		Q_5 =	0.236	m^3/min	t = time		
7–8	emissions			S =	3000	μg/min	Q = volumetric flow rate		
8–9	room	2400 ft^3		V =	67.969	m^3	S = emissions rate of pollutant		
9–10	**Define simulation parameters**			Δt =	1	minute	V = volume		
11–12	**Equation to be solved**			$V \times \Delta C / \Delta t = Q_1 \times C_o + S - Q_2 \times C_i - Q_5 \times C_i$					
12–13				$\Delta C / \Delta t = Q_1 / V \times C_o + S/V - (Q_2 + Q_5) / V \times C_i$					
14	**Method**	Start with $C_{old} = C_{i,zero} = C_o$; calculate $\Delta C / \Delta t$ from equation;							
15		Note that $\Delta C = C_{new} - C_{old}$							
16		multiply by Δt & add to C_{old} to get C_{new}					**Note:** fan on for		
17		Copy C_{new} into next row cell for C_{old} and repeat					only 45 minutes		
18	**Results for case with vent fan off**					**Results for case with vent fan on**			
19	**Time (t)**	**C_{old}**	**$\Delta C / \Delta t$**	**C_{new}**		**Time (t)**	**C_{old}**	**$\Delta C / \Delta t$**	**C_{new}**
20	0	40.00	44.138	84.14		0	40.00	8.828	48.83
21	1	84.14	42.911	127.05		1	48.83	8.552	57.38
22	2	127.05	41.719	168.77		2	57.38	8.284	65.66
23	3	168.77	40.561	209.33		3	65.66	8.026	73.69
24	4	209.33	39.434	248.76		4	73.69	7.775	81.46
25	5	248.76	38.339	287.10		5	81.46	7.532	89.00
26	6	287.10	37.274	324.38		6	89.00	7.296	96.29
27	7	324.38	36.238	360.61		7	96.29	7.068	103.36
28	8	360.61	35.232	395.84		8	103.36	6.847	110.21
29	9	395.84	34.253	430.10		9	110.21	6.634	116.84
30	10	430.10	33.301	463.40		10	116.84	6.426	123.27
31	11	463.40	32.376	495.78		11	123.27	6.225	129.49
32	12	495.78	31.477	527.25		12	129.49	6.031	135.52
33	13	527.25	30.603	557.86		13	135.52	5.842	141.37
34	14	557.86	29.753	587.61		14	141.37	5.660	147.03
35	15	587.61	28.926	616.53		15	147.03	5.483	152.51
36	16	616.53	28.123	644.66		16	152.51	5.312	157.82
37	17	644.66	27.341	672.00		17	157.82	5.146	162.97
38	18	672.00	26.582	698.58		18	162.97	4.985	167.95
39	19	698.58	25.844	724.42		19	167.95	4.829	172.78
40	20	724.42	25.126	749.55		20	172.78	4.678	177.46
41	21	749.55	24.428	773.98		21	177.46	4.532	181.99
42	22	773.98	23.749	797.73		22	181.99	4.390	186.38
43	23	797.73	23.090	820.82		23	186.38	4.253	190.63
44	24	820.82	22.448	843.26		24	190.63	4.120	194.75
45	25	843.26	21.825	865.09		25	194.75	3.991	198.75

그림 21.3 예제 21.2의 spreadsheet 해 (초기 25분간)

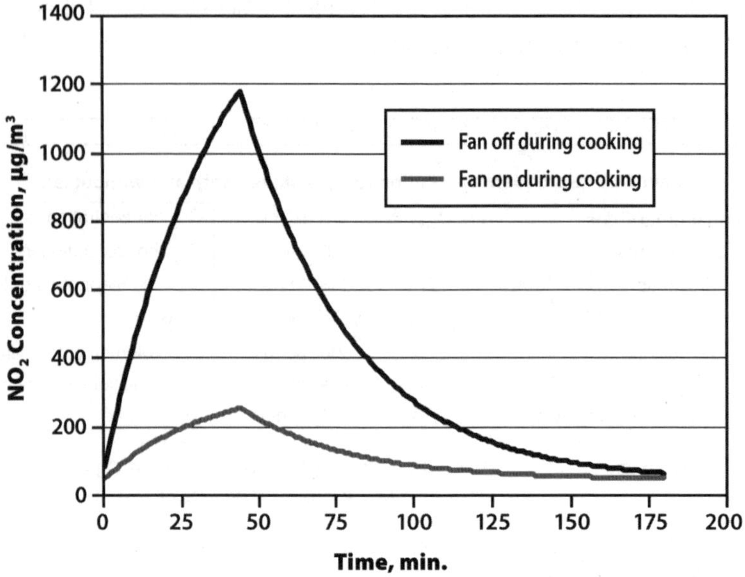

그림 21.4 예제 21.2의 NO_2 농도와 시간과의 관계를 도식한 그래프

21.5 IAQ 문제의 실제해법

IAQ 문제를 해결하는 3가지 접근법으로 배출량을 감소시키고, 환기량을 증가시키며, 또는 공기정화장치를 설치하는 것이라고 앞에서 언급하였다. 이를 수학적으로 확인해 주는 수식이 식(21.7)이다. 정상적인 경우, 과거에 가장 자주 사용되었던 해법은 환기량을 증가시키는 것이다. 오염원 제어법은 이미 21.3절에서 언급하였으며, 응용이 가능하고 경제성이 있을 때만 사용한다. 처리장치가 광범위하게 응용되지 못하고 있다는 사실은 주로 비용이 비싸기 때문이다. 하지만, 어떤 경우에는 비용은 전혀 문제가 되지 않으며 방지장치가 필수인 경우가 있다. 우주선이나 잠수함을 생각해 봐라!

비록 광범위하게 응용되고 있지만, 환기량의 증가는 에너지 비용의 증가를 가져오므로 장기적 해법으로는 권장되지 않는다 (결국 환기는 '희석법'일 뿐이다). 하지만, 간편한 방법이므로 가장 빈번히 응용되고 있다. 증가된 환기량과 관련한 비용은 쉽게 추정할 수 있다. 적합한 수식들을 이미 4장과 8장에서 제시한 바 있지만, 여기서는 더 간단한 형태로 다음과 같이 요약한다.

$$w_F = \frac{0.0001174\, Q \Delta P}{\eta} \tag{21.8}$$

여기서, w_F = 송풍기 모터의 일률 (동력), work rate (power), kW

Q = 기류속도, cfm

ΔP = 공기운송으로 인한 압력손실, in. H_2O

η = 송풍효율 (보통 0.65~0.8)

$$C_m = w_F\, t\, C_e \tag{21.9}$$

여기서, C_m = 연간 공기이송 비용, \$/yr

t = 공기취급 가동시간, hr/yr

C_e = 전기단가, \$/kWh

비용 C_m은 단지 공기의 이송과 관련이 있다. 공기의 냉방 (또는 난방) 비용은 이보다는 비싸다. 건물을 냉방 (또는 난방)하는 총 비용은 외기온도 (T_o)와 실내온도 (T_i) 차이, 건물에 유입되는 태양 에너지, 내부 열부하량, 건물의 단열정도, 냉난방기의 효율 등에 크게 의존한다. 건축가와 HVAC 시공자는 소규모 가정에서부터 대규모 상업용 건물까시 열부하량 및 냉방비용을 추정할 수 있는 간편한 방법을 가지고 있다. 하지만, 열역학적 원리를 사용하여, 보충공기의 냉난방과 관련된 증액비용을 산출할 수 있다. 공기의 냉난방비용은 다음 식 (21.10)로 계산할 수 있다.

$$C_{h/c} = \frac{k\, C_p\, \rho\, Q\, |\Delta T|\, C_e}{\eta} \tag{21.10}$$

여기서, $C_{h/c}$ = 보충공기의 냉난방비용, \$/min

k = 단위환산계수, 0.000293 kWh/Btu

C_p = 공기의 비열, Btu/lb-°F

ρ = 공기의 밀도, lb/ft^3

Q = 기류, cfm

$|\Delta T|$ = $T_i - T_o$의 절대값, °F

C_e = 전기단가, \$/kWh

η = 장치의 효율, 무차원

만약, (1) 전기 냉난방 펌프에 대해 일반적 효율을 가정한다면, (2) 공기의 비열과 밀도를 평균값으로 가정한다면, (3) min을 hr로 환산한다면, 식 (21.10)은 다음과 같이 간단히 표현할 수 있다.

$$C_{h/c} = 4.5(10)^{-4} Q|\Delta T| C_e \tag{21.11}$$

여기서, $C_{h/c}$ = 보충공기의 냉난방비용, $/hr

식 (21.11)은 대략적인 비용공식임을 명심하라.

만약 오염물질이 어디서 생성된 지를 정확히 안다면, 또한 어떻게 환기하고 어디로 환기시킬 지를 안다면, 건물 내 국소배기법이 가장 효과적일 수 있다. 예를 들어, 가정용 또는 상업용 시설물에서 요리 중 오염배출물을 제어하기 위해서는 후드와 배기송풍기를 조리기 바로 위에 설치한다. 음식점에서는 식당과 부엌을 격리시키는 것이 필수이다. 배기 송풍기는 전체 건물과 비교하여 단지 소량의 공기를 처리하지만, 이 송풍기는 특정 오염배출물을 90% 이상 포획하고 제거할 수 있다. 전기도금 산업에서는 후드와 배기구를 도금탱크 근처에 설치하여 다양한 오염물질로부터 작업장을 오염 없이 보전할 수 있다. 또 다른 보기로서 만약 라돈이 가정의 지하실에서 유입되는 문제가 발생한다면, 지하실을 격리시키고 그림 21.5와 같이 지속적으로 환기시켜야 한다.

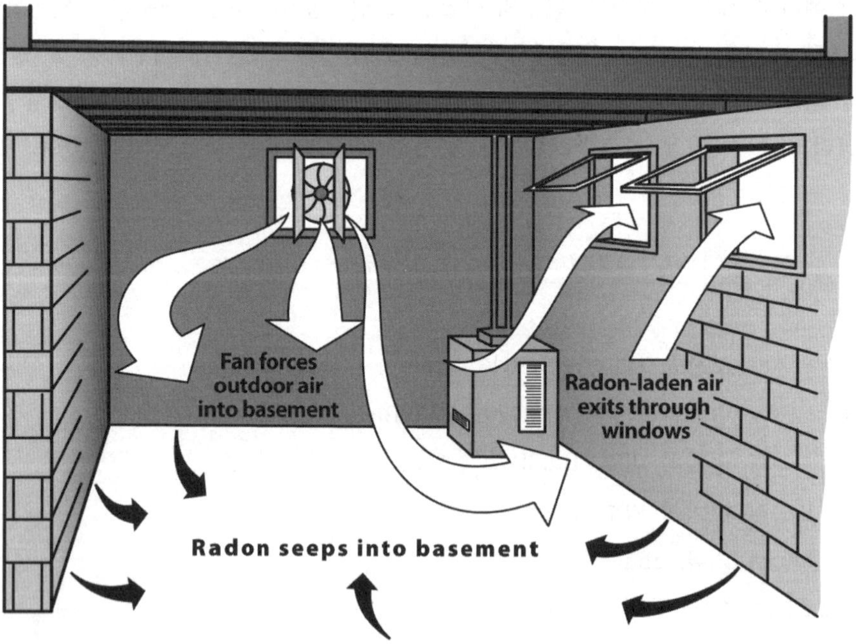

그림 21.5 가옥의 거주공간에 침투하는 라돈을 제어하는 한 가지 방법
출처 : Cooper 등, 2000.

물 피해 때문에 발생하는 곰팡이 문제에 대해서는 격리, 대체, 수리, 청소, 소독 등의 홍보가 필수적이다 (다음 사례연구를 참조하라). 최근 흡연과 관련된 IAQ 문제는 건물 내 금연조치로 쉽게 해결할 수 있다. 모든 IAQ 문제는 문제 사안별로 독특하며, 경제적으로 문제를 해결하기 위해서는 주의 깊은 조사, 분석, 설계 및 시행이 필요하다.

21.6 사례연구

사례 1 : 물 피해를 본 호텔 출처 : Hewitt, 1999.

1998년 늦은 9월, 강력한 허리케인 Georges가 플로리다주의 Keys로 상륙하였다. 바닷가에 위치한 5층짜리 한 호텔이 심각한 구조적 피해를 받았으며, 조류와 비바람을 타고 호텔 내부로 물이 스며들었다. 허리케인 이후 따뜻한 기후 때문에 호텔 객실 내 미생물 활동은 며칠간 왕성했으며, 10일 후 넓게 확산되었다. 이러한 미생물 활동의 성질과 정도를 고려하여 환경문제 상담자가 노움을 주기 위해 호텔에 머물렀다.

호텔을 평가한 결과, 허리케인의 강한 비바람 영향과 더불어, 설계 결함과 부실한 관리 때문에 객실이 침수되었다고 결론지었다. 또한 전력차단으로 온도와 습도조절이 불가능했으며, 객실은 과잉습기로 곰팡이, 진균류, 박테리아 성장에 이상적인 환경을 제공하였다.

미생물 오염의 포괄적 치유책으로서, 과잉습기가 실내공간에서 제거되었으며 객실 내 적절한 습도가 유지되었다. 바다를 향한 호텔 건물외벽의 경우, 외벽 전체를 철거하고 재건축하였다. 제습제가 사용되었으며 제습기를 건물전체에 설치하였다. 모든 객실의 상대습도가 40% 이하로 떨어지고 사흘 연속 이 수준으로 습도가 유지되었을 때, 비로소 호텔 내부 깊숙이까지 말리는 건조공정이 종료되었다.

건조공정이 완료된 후, 미생물 성장의 모든 근원을 없애고 호텔객실의 위생을 담당할 미생물 치유전문가를 채용하였다. 공기 중 또한 지면의 미생물로부터 노출을 줄이기 위해 고용인은 개인 보호장비와 방지설비를 활용하였다. 오염근원이 제거된 후에는 객실에 미생물 퇴치제가 살포되었다.

공기 중 미생물의 채취 (생물성 유기물 및 비생물성 분진을 포함), 지면의 미생물 채취, 가시적 검사 등을 조합한 방법들이 미생물 정화작업의 종료를 최종 결정할 때까지 계속 진행되었다. 여러 가지 이유에서 가시적 검사와 지면채취방법이 가장 효과적인 지표로 확인되었다. 이 사례연구를 통해, 재난으로 인한 침수 후 설비의 완전건조가 중요하다는 것을 알게 되었다. 광범위한 미생물 성장과 오염은 부적절한 건조공정의 결과물이 될 수 있다.

사례 2 : 물 피해의 또 다른 사례 출처 : Vance, 1999.

미국 남서부의 건조지역에 위치한 한 호텔이 문을 닫아야 할 상황에 놓였다. 왜냐하면 투숙객들이 눈의 가려움, 알레르기성 비염, 짧은 호흡, 반응성 기관지 질환 등을 호소하였기 때문이다. 이 지역에는 6개월 전에 홍수가 있었으며 호텔은 물 피해를 입었다. 피해구역은 복구 중이었지만, 이 호텔은 이때까지도 투숙객을 받았다.

이 호텔이 미생물 오염과 관련이 있는지를, 또한 물 피해가 직접적으로 홍수, 건물의 연령, 구조적 결함 등과 관련이 있었는지를 결정하기 위해 조사가 시작되었다. 조사결과는 보험회사와 호텔에게는 매우 중요하다. 왜냐하면 결과에 따라 궁극적으로 누가 수리비를 부담해야 할지 결정되기 때문이다.

현장조사 중, 일부 객실에서 다양한 곰팡이류, 벌레, 진드기, 곤충 등이 벽지 뒷면과 카펫 아래에서 발견되었다. 이에 따라 미생물 감염과 관련하여 침대, 문지방, 연결부위, 천장 등이 검사되었다. 잠정적으로 일반 곰팡이류를 포함하여 독성 곰팡이류가 고농도로 조사되었다.

최종적으로 감염은 광범위하게 확산된 것으로 확인되었다. 호텔은 일정기간 동안 문을 닫았고 많은 객실은 철거되고 완전히 재건축되었다. 비록 미생물 성장과 피해가 어느 정도 그 이전부터 진행되어 왔었고, 홍수로 얼마나 직접적으로 물 피해가 있었는지 정확하게 판단할 수는 없었지만, 타협이 이루어졌다. 따라서 호텔 수리비는 호텔주인과 보험회사가 분담하였다.

연습문제

21.1 미국의 한 흡연 술집에서 40명의 손님이 일정시간마다 담배를 핀다고 가정하라. 이들은 시간당 평균 2개비의 담배를 피운다. 술집 내부공간은 9,000 ft^3이다. HCHO의 농도가 0.03 ppm을 초과하지 않도록 보충공기의 환기량을 계산하라.

21.2 표 21.4의 메탄올 자료를 이용해서, 대형 강의실 (lecture hall)의 환기량을 cfm 단위로 계산하라. 강의실은 ASHRAE 지침치를 만족하는가?

21.3 한 식당의 좌석규모가 150석이고 흡연이 허용된다고 가정하라. 이 식당에서 필요한 환기량(단지 보충공기량만)을 산출하라. 또한 식당 주인이 바뀌고 새 주인이 금연조치를 취했을 경우, 필요한 보충공기량은 얼마인가? 지침에 의하면, 흡연의 경우 12.5 cfmpp, 비흡연의 경우 7.5 cfmpp를 요구한다.

21.4 문제 21.3의 식당에서, 추정된 압력손실이 3.5 in. H_2O일 때, 금연조치로 매주 절약할 수 있는 금액은 얼마인가? 이 문제에서 냉방비용은 고려하지 말고 단지 공기량 감소에 입각하여 절약금액을 산출하라. 식당은 오전 9시부터 오후 11시까지 1주 7일간 계속 영업한다고 가정하라. 또한 전기료를 10 cent/kWh로 가정하라.

21.5 앞 문제의 식당에서, 매주 절약할 수 있는 냉방비용을 추정하라. 내부 실내와 외기 온도차를 15도로 가정하라. 또한 전기료를 10 cent/kWh로 가정하라.

21.6 플로리다주 올란도에 대형 극장식당이 있다고 가정하라. 이 금연식당의 좌석규모는 500석이다. 하지만, 공연 중 타오르는 횃불 연기 때문에 강제환기 추천치의 150%로 환기가 이루어진다. 또한 공기침투량은 총량의 15% 정도이다. 매일 밤 공연은 매진이었으며 극장은 오후 4시부터 10시까지, 1주 7일 밤마다 영업한다고 가정하라.

(a) 이 건물에 필요한 보충공기 환기율을 cfm 단위로 계산하라.

(b) 이 공기를 식당으로 이송하는데 필요한 연간 비용을 추정하라 (이 때 압력손실을 4 in. H_2O로 가정하라).

21.7 올란도의 늦은 오후와 초저녁의 7월 중 평균 외기온도는 90 °F이다. 문제 21.6의 식당에서 보충공기가 60 °F로 냉각되어 식당내부로 공급된다고 가정하라. 보충공기로 인한 7월달 냉방비용을 산출하라.

21.8 고농도의 라돈 (9.5 pCi/m^2-s) 지역에 한 낡은 가옥이 있다. 콘크리트 슬래브에는 비닐 방지벽도 없었다. 라돈의 90%가 슬래브를 통과하여 집 내부로 유입된다고 가정하라. 이 가옥의 바닥면적은 2,500 ft^2이고 밀폐 공간은 20,000 ft^3이며, 평균 1.5 ach (air changes/hr)이다. 라돈의 붕괴상수는 7.6×10^{-3}/hr이다. 대기 중 라돈의 농도는 무시하고 정상상태일 때 실내라돈의 농도를 계산하라.

21.9 일산화탄소의 중독 위험성을 모르는 한 사람이 비상식적으로 숯불 그릴을 그의 소형 아파트 (6,000 ft^3) 내로 가져왔다. 마침 폭우가 몰아쳤기 때문에 모든 창문을 닫았다. 이 때 환기율은 단지 0.75 ach이었다. 외기 및 초기 실내공기 중 CO 농도는 0이다. 1시간 후 CO 농도는 190 mg/m^3이었다. 숯불 그릴의 CO 방출량을 mg/min 단위로 계산하라. 2시간 후 CO의 농도는 얼마인가?

21.10 문제 21.9와 면적과 환기율이 같은 아파트를 가정하라. 또한 CO의 방출량이 4 g/min으로 가정하라. 시간의 함수로 실내 CO 농도를 계산하기 위한 spreadsheet를 작성하라. 시간에 따라 아파트 내 CO 농도가 어떻게 변화하는지 그림으로 도식하라. CO 농도가 NAAQS 40 mg/m^3에 도달할 때까지 걸리는 시간은 얼마인가? 사망에 도달할 수 있는 농도 800 mg/m^3까지 걸리는 시간은 얼마인가?

21.11 식 (21.11)을 유도할 때, "에어컨/온열 펌프의 전형적 효율"에 사용되는 근사값은 얼마이었나?

21.12 문제 21.9에 설명한 같은 사람이 다행스럽게도 이 숯불 사건에서 살아남았다. 하지만 그 다음 주 불행하게도 기름보일러에서 연소가스가 새어나왔다. 25 g/min 속도로 CO가 아파트 내로 새어나왔다. 다행스럽게도, 숯불 사건 이후 그는 CO 감지기를 샀지만, 불행하게도 알람 경고음 장치를 켜지 않았다. 하지만 또 다행스럽게도, 무음의 알람신호는 소방서로 보내졌고 연소가스가 새어나오기 시작한 후 45분만에 소방대원들이 도착하였다. 그들은 창문을 깨고 이 (행운/불운한) 사람을 구출할 수 있었다. 연소가스가 새어나오기 시작한 후 첫 45분 동안, 시간의 함수로서 아파트 내 CO의 농도를 도식하기 위한 spreadsheet를 작성하라. 또한 그 후 45분간의 그림을 연속해서 도식하라. 소방대원이 도착하여 창문을 깼을 때, 아파트의 환기율이 2.5 ach까지 급속히 상승했다고 가정하라. 또한 소방대원들은 도착하자마자 당연히 기름보일러를 껐다.

참고문헌

ASHRAE STANDARD, *Ventilation for Acceptable Indoor Air Quality*, ASHRAE 62. 1-2007, American Society of Heating, Refrigeration, and Air Conditioning Engineers, Atlanta, GA, 2007.

Brooks, B.O. and Davis, W.F. *Understanding Indoor Air Quality*, Boca Raton, FL: CRC Press, 1992.

Cooper, C.D., Dietz, J.D., and Reinhart, D.R. *Foundations of Environmental Engineering*, Prospect Heights, IL: Waveland Press, 2000.

de Nevers, N. Air *Pollution Control Engineering* (2nd ed.). Long Grove, IL: Waveland Press, 2000.

Energy Information Administration (EIA). "Annual ENergy Review 2008." Accessed January 2010 from http://www.eia.doe.gov/emeu/aer/consump.html

Godish, T. *Air Quality*, Chelsea, MI: Lewis Publishers, 1985.

Hays, S.M., Gobbel, R.V., and Ganick, N.R. *Indoor Air Quality - Solutions and Strategies*, New York: McGraw Hill, 1995.

Hewitt, J.M. "Moisture and Microbial Remediation in a Hurricane Damaged Hotel in Key West, FL," a paper presented at the Florida Section, AWMA Annual Conference, Orlando, FL, September, 1999.

Hines, A.L., Ghosh, T.K., Loyalka, S.K., and Warder, Jr., R.C. *Indoor Air Quality and Control*, Englewood Cliffs, NJ: Prentice Hall, 1993.

Masters, G.M. *Introduction to Environmental Engineering and Science* (2nd ed.) Englewood Cliffs, NJ: Prentice Hall, 1998.

U.S. Environmental Protection Agency, *An Office Building Occupant's Guide to Indoor Air Quality*. EPA-402-K-97-003 (available on the web: www.epa.gov/iaq/pubs/occupgd). Office of Air and Radiation, October 1997.

Vance, P.H. "Is your building Bugged?" a paper presented at the Florida Section AWMA Annual Conference, Orlando: FL, September 1999.

Chapter

22 이산화탄소 제어

우리는 공기 중으로 "탄광" 을 휘발시킬 정도의 속도로 석탄을 태우고 있다. 따라서 궁극적으로 대기의 투명도는 틀림없이 변할 것이다.

Svante Arrhenius, 1896.[1)]

22.1 머리말

제 1장에서 지적한 것처럼, 지구기후변화 (GCC: global climate change)는 인류가 직면한 가장 중요한 문제이다. GCC는 특정가스가 대기로 유입된 결과물로서 이들 가스는 적외선 (IR: infrared radiation)을 흡수하고 지구 생물권 (biosphere) 속에 과도한 열에너지를 보유하게 만들었다. 몇몇 가스들 [이산화탄소 (CO_2), 메탄 (CH_4), 아산화질소 (nitrous oxide: N_2O), 염화불화탄소 (chlorofluorocarbons: CFC), 수소염화불화탄소 (hydrochlorofluorocarbons: HCFC)]은 중요한 기여자들이다. 위의 마지막 3개 가스들은 단위kg당 CO_2보다 IR을 더 잘 흡수한다. 예를 들어, 메탄가스는 지난 100년간 CO_2보다 GCC 잠재력이 25배 크다 (Forster 등, 2007). 즉, 1 ton의 CH_4가 25 ton의 CO_2와 같은 영향력을 갖는다 [또는, 25 ton CO_2 등가량이다 ("CO_2e"로 표기)]. 하지만 전 세계적으로 다른 가스들보다 CO_2 배출량이 월등히 많기 때문에, CO_2는 계속 지구기후변화의 주된 관심물질이 되고 있다. 더 많은 정보가 다음 절에서 논의될 것이다.

1) Pilson에 의하면(2006), 많은 사람들이 유명한 스웨덴 화학자인 Svante Arrhenius가 이 말을 했다고 믿고 있지만, 사실 아레니우스가 이 문장 전체뿐만 아니라, 유명한 문구인 "탄광을 공기 중으로 휘발시킨다"는 표현도 그가 언급했다는 어떠한 흔적도 없다. 그의 1896년도 논문에서, 공기 중으로 상당량 이산화탄소가 추가되어, "대기 투명도의 변화"를 가져왔다고 기술한 적은 있다.

지구기후변화는 거의 상상할 수 없는 엄청난 현상 중 하나이다. 용어 자체가 모든 것을 말해 준다. 즉 지구의 기후를 변화시킬 정도로 막강하다. 비록 지구가 수억 년 동안 수없이 완전히 다른 기후 속에서도 살아남았지만, 항상 평화로웠던 것은 아니다. 여러 지질시대를 겪으면서 극도로 덥거나 춥거나 건조하거나 습한 기간이 있었으며, 극도로 변화하는 기간사이의 과도기에는 수많은 형태의 생명체가 대량으로 멸종하기도 했다. 오늘날 약 70억 명이 살고 있는 지구상에서 이러한 극심한 지구기후의 변화를 또 다시 경험하지 말아야 한다. 이러한 변동은 분명히 농업, 경제, 사회적 제도에 막대한 변혁을 가져올 것이며 아마도 수많은 사람이 생명을 잃을 것이다.

그림 22.1 (1장의 그림 1.3 반복)은 지난 130년간 육상과 해상의 온도편이 (temperature anomaly)를 보여주고 있다. 평균 지구온도편이 (average global temperature anomaly: AGTA)란 전 세계 수백 곳에서 측정된 과거의 기준평균온도 [다년간의 기저기간 (baseline period)을 포함한]와 주어진 특정연도 온도 간의 수천 개 온도차이 자료를 평균한 값이다. 여러 측정소에서 온도 차이를 추적하고 그 평균값을 구하면 더욱 더 정확해진다고 생각한다. 예를 들어, 특정지역에서 여름철 한 달간의 온도는 평균온도보다 따뜻할 것이다 (계곡의 한 지점에서도 마찬가지이며, 산꼭대기 부근에서도 마찬가지일 것이다). 물론 두 지점에서의 절대온도는 매우 다를 것이다. 온도편이를 사용하면, 두 지점에서의 온도 거동이 더 양호하게 반영될 것이다.

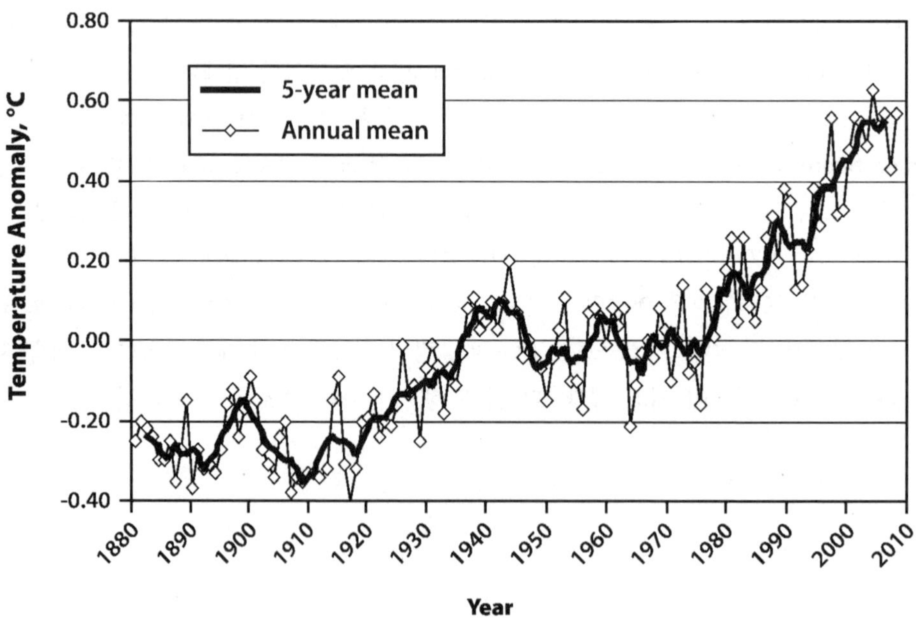

그림 22.1 지구의 육지와 바다에서의 온도편이 (℃)

출처 : http://data.giss.nasa.gov/gistemp/graphs/

지구의 온도가 상승하고, 더욱 빨리 상승하고 있다는 점은 의심할 여지가 없는 듯하다. 온도 상승의 영향으로는 해수면의 상승, 더 빈번하고 강력한 폭풍, 바람과 강수패턴의 변화, 미생물과 벌레의 빠른 성장, 빙하의 녹음, 수많은 생물종의 서식지 상실 등이 있다. 지구의 기온상승 원인은 무엇인가? 그림 22.2 (1장의 그림 1.4 반복)는 대기 중 CO_2의 과거 농도경향을 보여주고 있는데, 지난 50년간 CO_2 농도가 빠른 속도로 증가하는 것을 분명히 확인할 수 있다. 그림 22.3은 같은 그림 위에 온도편이와 CO_2 농도를 함께 보여주고 있다. 이 그림은 장기간 자료를 통해, (1) 두 변수 사이의 상관성이 매우 크다는 것을 보여주며, (2) 지난 세기 중에 얼마나 넓고 얼마나 빠른 변화가 있었는지에 대해 몇 가지 시사점을 제시한다. 그림 22.3에서와 같이, 현재의 온도는 지구가 최근 수십만 년 동안 겪었던 온도 범위의 마지막 끝지점에 있지만, 최근 CO_2 농도는 과거 어떤 기간과 비교해도 매우 높게 상승하고 있다.

과학적이고 경험적인 증거에도 불구하고, 많은 사람들이 CO_2 농도와 지구기온과의 인과관계에 대해 계속 의문을 품고 있다 (예를 들어, RealClimate.org, 2007 참조). 상승하는 CO_2 농도가 온도를 따라 가는가? 또는 온도가 따라 가는가? 만약 전자가 옳다면, 어느 정도 변화가 증폭되었는가? 만약 CO_2 농도가 온도를 상승시킨다면, 지체시간은 얼마나 되는가? 온도는 과거에 그랬던 것처럼 미래에도 다시 떨어질 것인가? 또는 지구의 기온은 전례 없는 수준으로 계속 상승할까? 이와 같이 극도로 중요한 의문점에 대해 우리는 아무런 해답도 현재 가지고 있지 않다.

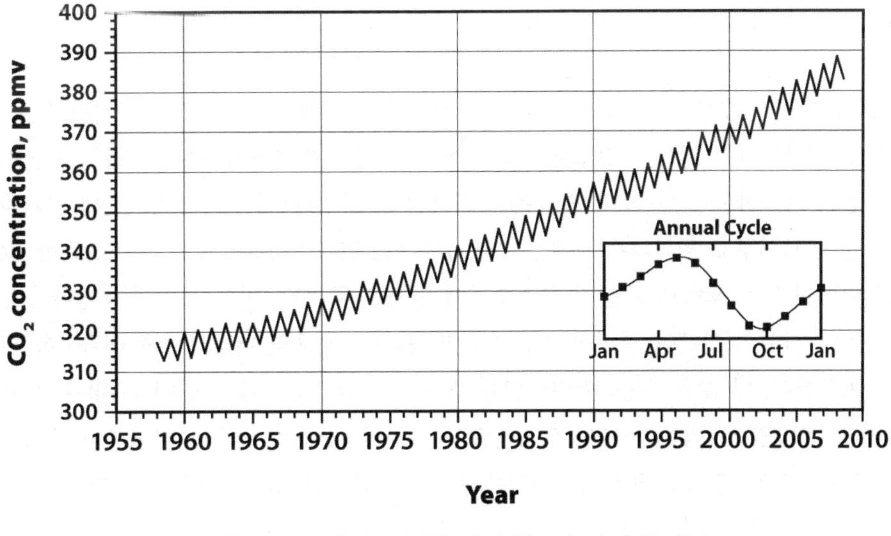

그림 22.2 과거 50년간 대기 중 CO_2 농도의 상승

주의 : 대기 중 CO_2 농도는 ppmv 단위로 표시되었다.

출처 : Tans, P. "Trends in Atmospheric Carbon Dioxide." National Oceanic & Atmospheric Administration, Earth System Research Laboratory, n.d. Accessed March 210 from http://www.esrl.noaa.gov/gmd/ccgg/trends.

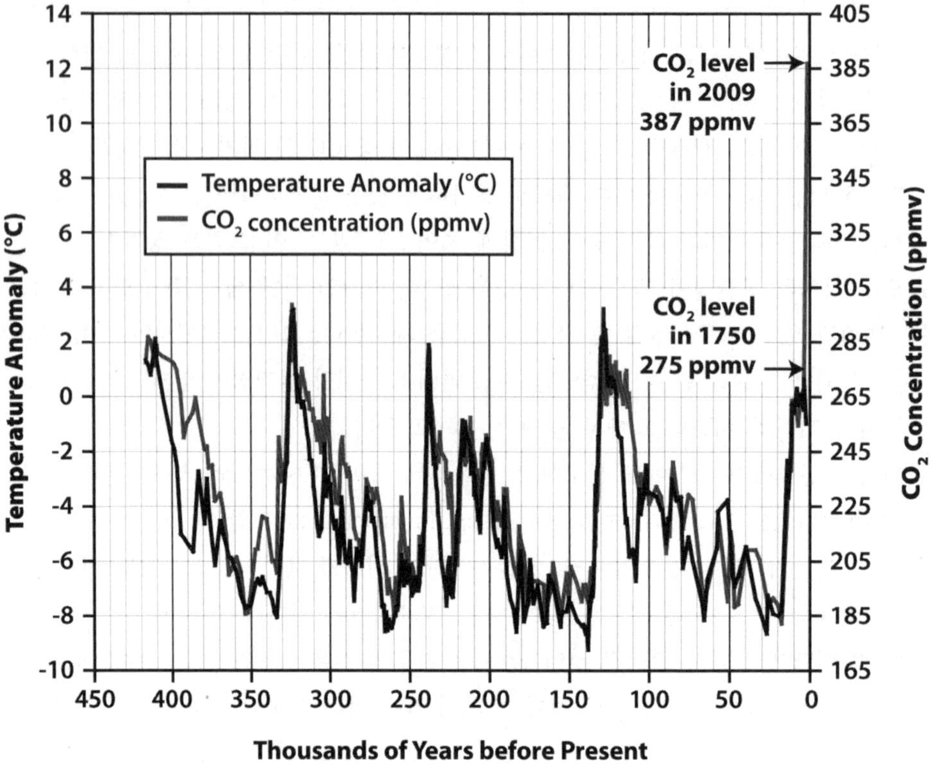

그림 22.3 Vostok의 빙핵 자료에서 얻은 온도와 CO_2의 거동

지구기후변화의 영향에 대해 만연하고 있는 각종 추측 속에서도, 이 현상에 기여하는 가스들을 확인하고 정량화하는 일은 무엇보다 중요하다. 공학적인 관점에서, 우리는 문제를 풀기 전에 문제점을 먼저 파악하여야 한다. 표 22.1은 이러한 현상에 참여하는 주요 가스들의 과거와 현재의 농도수준을 보여주고 있다. 이 표에는 수증기가 포함되지 않았다. 수증기는 강력한 IR 흡수제이지만 어떻게 인간 활동이 수증기 물질수지에 영향을 주는지, 비록 준다해도 명확하지 않다. 온도와 증기압 사이의 관계를 상식적 수준에서 파악하면, 지구의 대기가 따뜻해질수록 더 많은 수증기를 보유한다. 더 많은 수증기는 더 많은 IR을 흡수한다 (즉 대기 중에 더 많은 열을 보유)는 의미이지만, 반면 더 많은 구름을 생성시키기 때문에 (구름은 햇빛을 반사하여 대기로 유입되는 에너지를 감소시킨다), GCC에 미치는 수증기의 궁극적 영향은 불확실하다.

비록 많은 가스들이 IR 에너지를 흡수하지만, CO_2는 현재의 온난화 경향에 가장 책임이 큰 가스이다. 앞에 언급한 것처럼, 표 22.1에 제시된 나머지 가스들은 CO_2보다 더 강력하게 IR을 흡수하지만, CO_2 배출량은 나머지 모든 가스를 합한 것보다도 훨씬 많다. 오늘날 CO_2 배출량은 GCC와 관련이 있는 모든 가스 "CO_2e" 배출량의 80% 이상을 차지한다 (그림 22.4 참조). 더욱이 그림 22.5를 보면, CO_2 배출량 증가속도는 대기 중 농도의 증가속도보다 월등히 빠르다. 이로 인해, 결국 가까운 미래에 CO_2의 대기 중 농도가 급상승한다는 의미인가? 또는 지구가 더 많은 과잉 CO_2를 흡수할 여력이 있다는 의미인가?

표 22.1 지구기후변화에 영향을 주는 대기권 가스

가 스	산업혁명 이전	현재 농도	과거 300년간 농도 증가, %	온난화 기여율 %
이산화탄소 (CO_2)	280 ppm	390 ppm	37	66
메탄 (CH_4)	700 ppb	1,745 ppb	149	21
아산화질소 (N_2O)	270 ppb	314 ppb	19	6
CFC	0	533 ppt	무한	7

출처 : Denman 등, Intergovernmental Panel on Climate Change (IPCC), 2007.

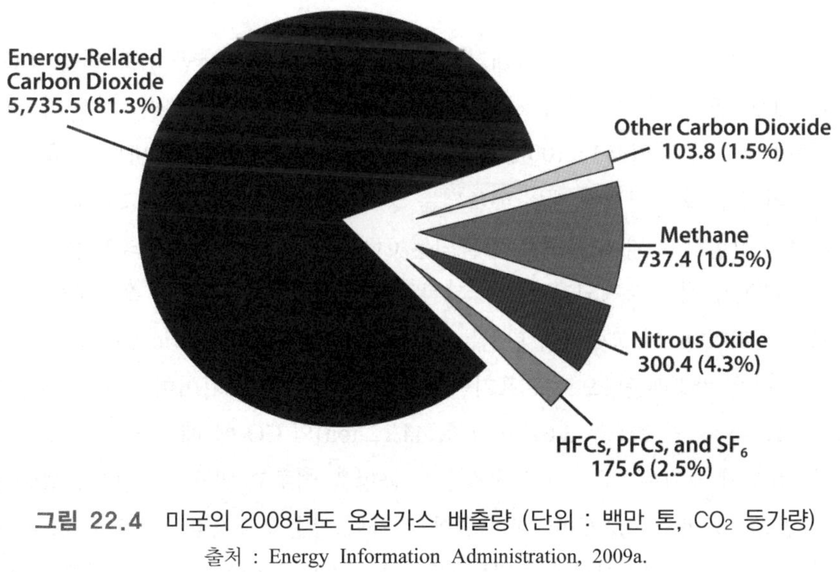

그림 22.4 미국의 2008년도 온실가스 배출량 (단위 : 백만 톤, CO_2 등가량)

출처 : Energy Information Administration, 2009a.

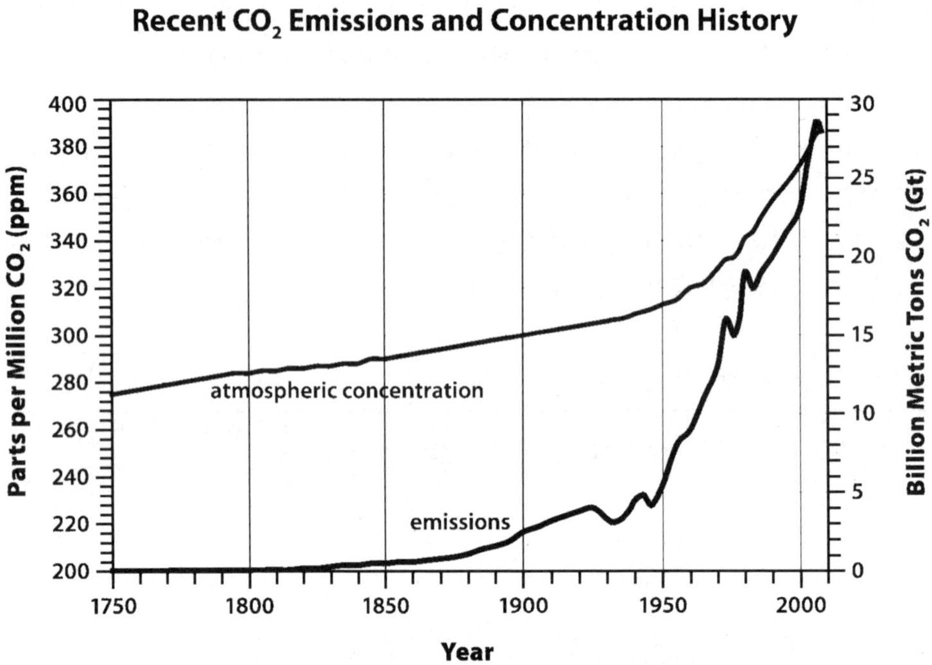

그림 22.5 CO_2 배출량과 대기 중 CO_2 농도의 증가양상
출처 : Energy Information Administration, 2008a.

CO_2 배출원은 많지만, 또한 소멸처 (대기로부터 CO_2를 제거하는 공정)도 많다. CO_2는 대기와 육지 사이에서, 또한 대기와 바다 사이에서 쉽게 교환된다. 사실 바다 속에 저장된 탄소의 양은 대기 중에 저장된 양의 50~100배에 달하며, 특정 연도에 대기와 바다와 육지 사이에서 교환되는 탄소의 양은 화석연소를 태워 배출되는 양의 약 30배에 달한다. 그럼에도 현재 이러한 시스템은 균형을 상실하고, 대기 중으로 방출되는 CO_2 배출량이 대기로부터의 흡수량보다 많다(즉 대기 중에 CO_2가 계속 축적되고 있다). 그림 22.6은 지구의 하부구조 속의 CO_2 유출입량과 축적량을 표현한 것이다. 이 그림에서 단위는 Gt이며, 1 Gt = 10억 metric ton (10^9 ton = 10^{15} g)이다. CO_2 배출량은 탄소배출량으로도 표기될 수 있다. 이 둘은 등가이며 단지 분자량에서만 차이가 있다. 1 metric ton의 탄소는 3.67 ton (즉, 44/12 ton)의 CO_2에 해당한다. 그림 22.6에 의하면, 자연기원 탄소의 교환은 어느 정도 물질수지 균형을 이루고 있으나, 에너지 생산과 산업공정의 결과로 인공기원 탄소 7.2 Gt이 대기 중에 추가로 방출되고 있다. 이 양은 26.4 Gt의 CO_2에 해당한다. 현시대에서 대기에서 유출되는 CO_2보다 더 많은 CO_2가 대기로 유입되고 있다. 따라서 우리는 인위적으로 생성되는 CO_2를 막거나, 또는 우리가 만든 CO_2를 대기 중으로 내보내기 전에 포획하여야 한다.

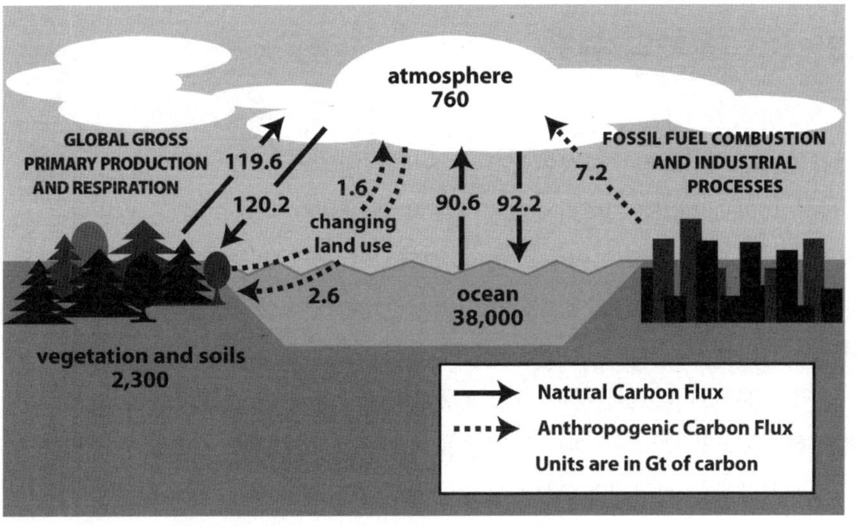

그림 22.6 지구에서 탄소의 물질순환

출처 : Energy Information Administration, 2008a.

예제 22.1 대기권에서 공기의 질량은 약 5.1×10^{21} g이다. 만약 대기 중 CO_2의 농도가 다음 해에 1.5 ppm 상승한다면, 대기 중으로 유입되는 탄소의 양을 계산하라.

풀이 공기의 평균 분자량 = 29.0 g/mole이므로, 대기권 내 가스의 총 몰수는,

$$\frac{5.1\times10^{21}\text{ g}}{29\text{ g/mole}} = 1.8\times10^{20}\text{ mole}$$

대기로 부가된 CO_2의 몰수는,

$$1.8\times10^{20}\text{ moles}\times1.5\text{ ppm}\times\left[\frac{10^{-6}}{\text{ppm}}\right] = 2.7\times10^{14}\text{ mole}$$

따라서 부가된 탄소의 양은,

$$2.7\times10^{14}\text{ mole CO}_2\times\frac{12\text{ g C}}{\text{mole CO}_2} = 3.2\times10^{15}\text{ g C}\ \ (= 3.2\text{ Gt as C})$$

22.2 CO_2 문제의 규모

앞의 그림 22.4는 미국에서 화석연료의 연소가 CO_2의 주요 오염원이라는 사실을 보여준다 (전 세계 다른 나라도 마찬가지이다). 그림 22.7은 2008년도 미국의 CO_2 배출량을 연료종류별 및 에너지 소비부문별 함수로 보여주고 있다. 보다시피, 가장 비중이 큰 두 개 부문은 (1) 석탄 연소에 의한 전력생산, (2) 휘발유와 경유 등 액체연료의 연소에 의한 교통수단이다 (U.S. EPA, 2010). 여기서 전력생산은 최종 소비부문이 아니라는 점을 명심하라. 전기는 판매되어 주로 주거, 상업, 산업 부문으로 나뉘어 분배되며, 교통부문에서는 예를 들어, 전동차와 전차 등에 약간 사용되며, 또한 가스 및 수도 등 파이프 운송을 위한 펌프작업에도 사용된다. 만약 생산된 전기를 최종 수요부문에 분배하고 2008년도 수치로 환산하면, 거주부문, 상업부문, 산업부문, 교통부문에 각각 1.2, 1.1, 1.6, 1.9 Gt이 할당된다 (EIA: Energy Information Administration, 2009c). 2008년도와 2009년도 미국에서의 총 에너지 사용량은 전 세계에 걸친 경기침체로 감소하였다. 2008년도 모든 에너지원에서 배출된 CO_2는 전년도보다 2.8% 감소하여, 5.8 Gt CO_2가 감소하였다 (EIA, 2009c).

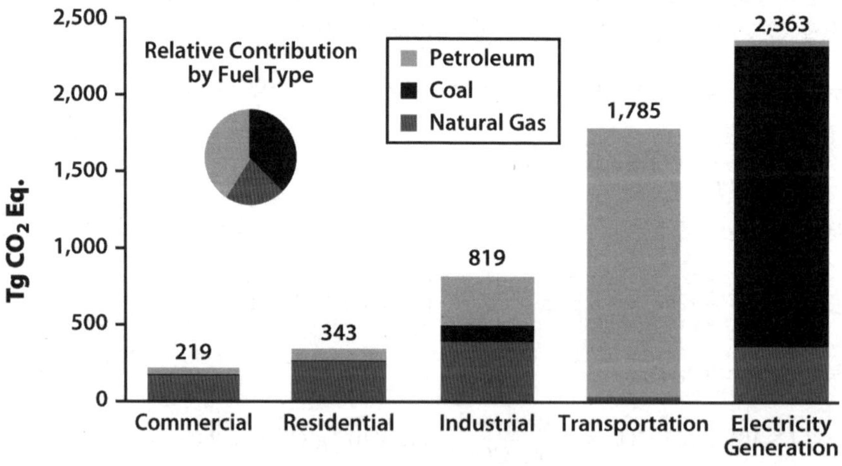

그림 22.7 2008년도 미국의 연료소비 부문별 및 연료별 CO_2 배출량

주의 : 1 teragram = 1 million metric ton

출처 : U.S. EPA, 2010.

표 22.2 다양한 석탄의 에너지 및 탄소함량

석탄종류	에너지함량, Btu/lb	탄소함량
무연탄	14,000~15,000	86~97
역청탄	10,000~14,000	45~86
아역청탄	8,000~13,000	35~45
갈 탄	4,000~8,000	25~35

출처 : American Coal Foundation, U.S. Energy Information Administration 등.

전력생산을 위한 석탄연소는 미국을 포함한 전 세계 CO_2의 핵심적인 기여자이기 때문에, 사용되는 석탄의 종류를 잠깐 살펴볼 필요가 있다. 석탄은 4가지 종류 또는 4가지 등급으로 분류된다 (숙성연령 또는 연수에 따라): 무연탄 (anthracite), 역청탄 (bituminous), 아역청탄 (sub-bituminous), 갈탄 (lignite)등이다. 미국에서 연소되는 석탄의 대부분 (거의 90%)은 역청탄 또는 아역청탄이다. 무연탄은 펜실베이니아주에서; 역청탄은 동부지역 전역에서; 아역청탄은 서부에서; 갈탄은 텍사스에서 주로 발견된다. 일반적으로 동부탄은 서부탄보다 황함량이 높다. 미국에서는 2008년도에 494개의 석탄화력발전소가 운영되고 있으며, 전기를 판매하고 있다. 반면 105개의 또 다른 산업용 및 상업용 석탄발전소가 자가소비를 위해 전기를 생산하고 있다 (EIA, 2010). 2009년도 미국에서 전력생산을 위해 연소된 총 석탄사용량은 약 9억 7,500만 톤 (경기침체로 2002년 이래 10억 톤 미만으로 떨어진 적은 처음이다). 이 4개 등급의 에너지 및 탄소함량이 표 22.2에 있다. 여기서 가장 널리 사용되는 석탄 (역청탄과 아역청탄)이 넓은 함량범위를 가지고 있음에 유의하라.

예제 22.2 2008년도에, 미국에서 전력생산을 위해 연소된 석탄의 양은 약 10억 톤이다. 같은 해, 차량에서 연소된 휘발유와 경유의 양은 각각 920만, 390만 barrel/day이다 (1 barrel = 42 gal). 전력생산용 석탄의 연소로 인한 CO_2 배출량과 차량에서의 배출량을 비교하라. 해답을 Gt CO_2 단위와 Gt C 단위로 제시하라. 이 문제에서 석탄의 탄소함량을 65%로 가정하라. 가솔린의 평균 밀도는 6.2 lb/gal 이며, 경유는 7.1 lb/gal이다. 또한 이들 액체연료의 탄소함량은 대략 86%이다.

풀이 우선 석탄연소로부터의 배출량을 계산하라. 배출계수는 다음과 같이 유도된다.

$$\frac{0.65 \text{ ton C}}{1 \text{ ton coal}} \times \frac{44 \text{ ton } CO_2}{12 \text{ ton C}} = \frac{2.38 \text{ ton } CO_2}{\text{ton coal}}$$

탄소 ton/석탄 ton 단위로 계산하면, 0.65 ton C/ton coal이 된다. 또한, 2.38 ton CO_2/ton coal은 216 lb CO_2/million Btu에 해당한다 (석탄의 열함량이 11,000 Btu/lb로 가정할 때). 이 값은 미국 에너지부 (DOE)가 발표한 배출계수 자료와 비교하여 합당한 수준이다. 참고로 DOE의 석탄에 대한 CO_2 배출계수는 205~227 lb CO_2/million Btu이다 (Hong and Slatick, 1994).

$$1.0(10)^9\text{ ton coal} \times \frac{2.38\text{ ton CO}_2}{\text{ton coal}} = 2.38(10)^9\text{ ton CO}_2\quad \text{또는}\quad 0.65(10)^9\text{ ton C}$$

탄소 Gt 단위로 계산하기 위해, 우선 1 Gt=10억 ton을 기억하라. 또한, 1 short ton=2,000 lb이며, 1 metric ton (또는 long ton)=2,205 lb임을 기억하라. 1 metric ton을 1 tonne으로 부르며, 1 tonne=1.102 ton이며, 1 ton=0.907 tonne이다. 간단히 short ton은 FPS 단위계에서 사용되며, long ton은 SI 단위계에서 사용된다. 따라서,

$$0.65(10)^9\text{ ton C} \times \frac{1\text{ tonne}}{1.102\text{ ton}} \times \frac{1\text{ Gt}}{10^9\text{ tonne}} = 0.59\text{ Gt C}$$

이제 휘발유와 경유에 대한 CO_2 배출량을 계산하자.

휘발유:

$$\frac{9.2(10)^6\text{ barrel}}{\text{day}} \times \frac{365\text{ day}}{\text{yr}} \times \frac{42\text{ gal}}{\text{barrel}} \times \frac{6.2\text{ lb}}{\text{gal}} \times 0.86 \times \frac{44\text{ CO}_2}{12\text{ C}} \times \frac{1\text{ ton}}{2{,}000\text{ lb}}$$
$$= 1.38(10)^9\text{ ton CO}_2$$

경유:

$$\frac{3.9(10)^6\text{ barrel}}{\text{day}} \times \frac{365\text{ day}}{\text{yr}} \times \frac{42\text{ gal}}{\text{barrel}} \times \frac{7.1\text{ lb}}{\text{gal}} \times 0.86 \times \frac{44\text{ CO}_2}{12\text{ C}} \times \frac{1\text{ ton}}{2{,}000\text{ lb}}$$
$$= 6.7(10)^8\text{ ton CO}_2$$

휘발유와 경유에서 배출되는 총량 = $2.05(10)^9$ ton CO_2

이것을 Gt C 단위로 환산하면,

$$2.05(10)^9\text{ ton CO}_2 \times \frac{0.907\text{ tonne}}{1\text{ ton}} \times \frac{1\,(10)^{-9}\text{ Gt}}{\text{tonne}} \times \frac{1\text{ Gt C}}{3.67\text{ Gt CO}_2} = 0.51\text{ Gt C}$$

위의 두 답을 비교하면, 미국에서는 전력생산을 위한 석탄연소로 0.59 Gt C (2.2 Gt CO_2)가 배출되며, 차량연료사용으로 0.51 Gt C (1.9 Gt CO_2)가 배출된다.

물론, 미국이 석탄과 석유를 태우는 유일한 국가는 아니다. 2008년도 세계 석탄소비량은 72.4억 톤이었으며, 중국은 미국 소비량의 2배를 사용하고 있다 (EIA, “Independent”, n.d.). 따라서 미국만이 막대한 양의 CO_2를 배출하는 국가가 아니며, 유럽, 러시아, 중국, 인도 역시 다량으로 배출하고 있다. 표 22.3에서 보듯이, 중국은 현재 CO_2를 가장 많이 배출하는 국가이다.

지난 10년간 (2001~2010), 중국의 경제성장 속도는 극도로 빠르다: 2008~2009년 전 세계의 경제침체에도 불구하고 연평균 10% 이상으로 고도성장을 하고 있다. 산업전문가들이 추정하기를, 중국은 일주일에 1,000 MW급 발전소를 한 곳 짓는 속도로 신형 석탄화력발전소를 건설하고 있다. 다음 예제를 참고하라.

예제 22.3 2007년도에 중국에서 건설된 신형 화력발전소에서 연소되는 석탄의 양과 CO_2 배출량을 계산하라. 중국산 석탄의 평균 열함량을 7,000 kcal/kg으로 가정하라.

풀이 우선 2007년도 중국에서 새로 추가된 발전용량을 계산하면,

$$1{,}000\text{ MW 발전소} \times \frac{1\text{ 발전소}}{\text{week}} \times \frac{52\text{ week}}{\text{yr}} = 52{,}000\text{ MW 발전용량}$$

하지만, 발전용량은 전력생산량과 동일하지 않다. 기술자들은 보통 문제해결을 위해 가정을 세운다. 이 경우, 우리는 이미 모든 종류의 연소된 석탄이 단일 열함량 값을 갖는다고 가정하였다. 한편, 연료사용량을 계산하기 위해서는 이러한 발전소들의 평균 가동률과 효율을 가정하여야 한다. 평균 가동률을 85%, 평균 효율을 35%라고 가정하고, 열 유입속도와 석탄의 주입속도를 계산하자.

$$52{,}000\text{ MW 용량} \times 0.86\text{ 가동률} \times \frac{1}{0.35} = 126{,}286\text{ MW (요구되는 열 유입량)}$$

$$126{,}286\text{ MW} \times \frac{1{,}000\text{ kW}}{1\text{ MW}} \times \frac{1\text{ kJ/s}}{1\text{ kW}} \times \frac{0.239\text{ kcal}}{1\text{ kJ}} \times \frac{1\text{ kg coal}}{7{,}000\text{ kcal}} \times \frac{3.154(10)^7\text{ s}}{1\text{ yr}}$$

$$= 1.36(10)^{11}\text{ kg/yr (석탄 주입량)}$$

또한 석탄의 탄소함량을 70%로 가정하면,

$$\frac{1.36(10)^{11}\text{ kg coal}}{\text{yr}} \times \frac{0.70\text{ kg C}}{\text{kg coal}} \times \frac{44\text{ kg } CO_2}{12\text{ kg C}} \times \frac{1\text{ tonne}}{1{,}000\text{ kg}} = \frac{3.49(10)^8\text{ tonne } CO_2}{\text{yr}}$$

또는 0.35 Gt CO_2 (2007년 중국에서 건설된 신형 화력발전소에서의 배출량)

표 22.3 CO_2를 가장 많이 배출하는 국가들 (2008)

국가 또는 지역	CO_2 배출량, Gt/yr
중 국	6.5
미 국	5.8
유럽연합	4.2
러시아	1.7
인 도	1.5
일 본	1.2
나머지 국가들	9.5
전 세계	30.4

출처 : EIA, "Independent Statistics and Analysis", n.d.

표 22.3에 나타나 있듯이, 현재 많은 국가들이 CO_2를 상당량 배출하고 있다. 분명히 어떤 단일국가도 지구문제를 혼자 해결할 수는 없다. 기후문제를 성공적으로 완화시키기 위해서는 국제적 협동과 기술공유가 필요하다. 우리의 논점을 CO_2 제어로 넘어가기 전에, 전 세계 에너지 소비에 대해 간략히 논의하고 이 절을 마감하겠다. 여러분들의 의욕을 꺾으려는 것이 아니고, 화석연료 연소로부터 CO_2 배출을 조금이라도 줄일 수 있는 구석이 있는지에 대해, 우리들 앞에 놓여있는 수많은 일들을 한번 넓게 생각해 보자는 뜻이다. 표 22.4는 세계의 에너지 소비량을 연료별로 보여주고 있다. 여기서 화석연료가 차지하는 비중에 주목하라. 석탄, 석유, 가스가 차지하는 비중은 전 세계 필요한 총 에너지의 약 80%이다. 다만 희망적인 것은 최근에 재생에너지원의 성장속도가 매우 빠르다는 것이다.

앞에서 언급했듯이, CO_2는 전형적 오염물질보다 수십 배 빠르게 배출되고 있다. CO_2 배출을 제어하기 위해서는, 의심할 여지없이, 수많은 전략적 방법과 기술이 요구된다. 한 가지 방법만으로는 해결할 수 없다. 다음 절에는 CO_2 예방, 연도가스에서 포획, 포획된 CO_2 운송, 최종 처리 등에 대한 전략과 기술을 검토할 것이다. 우리는 다음에 기술된 모든 것 (그 이상으로)이 앞으로 수십 년에 걸쳐 필요하다고 확신한다.

표 22.4 전 세계 에너지원별 소비량 (단위 : 1,000조 Btu)

에너지원	2000	2002	2004	2006	2008	2008년도 전체대비, %
석 유	142.0	144.2	152.4	153.8	157.1	31.7%
천연가스	84.7	91.4	96.9	102.6	109.0	22.0%
석 탄	93.5	96.2	110.6	121.7	132.2	26.7%
원자력	23.4	24.4	25.0	25.4	24.8	5.0%
수 력	24.0	23.9	25.4	27.4	28.7	5.8%
재생에너지	24.8	26.4	27.2	31.2	44.0	8.9%
전 체	392.5	406.5	437.6	462.0	495.8	

출처 : BP, 2009; EIA, 2009b; 기타.

22.3 CO_2 예방

CO_2 배출을 예방하는 전략에는 절약관리 (전기에너지와 차량연료, 상업 및 산업체와 각 개인 소비자에 의한 절약 등), 대체연료와 재생연료, 초임계 미분탄연소, 종합가스화 복합사이클 (IGCC: integrated gasification combined cycle), 산소 - 연료 연소 (oxy-fuel combustion) 등이 있다. 더 진도를 나가기 전에, 석탄화력발전소는 CO_2 배출에 크게 기여하기 때문에, 간단히 미분탄 (PC: pulverized coal) 발전소의 운전에 대해 검토하기로 하자. 그림 22.8 (2장의 그림 2.4 반복)은 다음 설명될 공정을 이해하는데 도움이 된다.

대용량 석탄 덩어리가 철도나 바지선에 의해 발전소로 선적된다. 발전소에서는 이 석탄을 분쇄기로 보내 고운 분말로 미분화하고, 대형 보일러 속으로 불어넣어 대형 화구에서 연소시킨다. 석탄연소로 방출된 열에너지를 물 (보일러 내벽에 배열된 강관 속을 흐르는 물)이 흡수하여 스팀으로 전환된다. 스팀과 끓는 물은 대형 가압드럼 (pressurized drum) 속으로 흐르는데, 여기서 스팀과 물이 분리된다. 스팀은 대형 터빈발전기로 보내지기 전에 과열 (superheat)을 얻기 위해 또 다른 강관 속을 흐른다. 고압의 스팀은 터빈날개를 회전시킨다. 따라서 스팀의 고온, 고압 에너지는 터빈의 회전으로 기계에너지로 변환된다. 터빈은 발전기와 연결되어 있기 때문에, 기계에너지는 즉시 전기에너지로 변환된다. 스팀은 터빈 속을 흐르며 압력과 온도가 낮아지고 터빈 출구에서 유출될 때 물로 응축된다. 고순도의 물 값은 비싸므로 다시 고압으로 펌핑하여 보일러 속으로 순환시킨다. 고온의 연도가스는 보일러에서 빠져나와 연이어 설치된 다양한 열교환장치를 통과하며, 최종적으로 공해방지장치 속으로 유입된다.

절약관리

전 세계 현존하는 석탄화력발전소의 평균 총괄열효율은 30~35% 사이이다. 다시 말해, 설계기술자와 공정관리자들이 공정효율을 높이고자 최선을 다했지만, 연료로부터 얻은 유입에너지의 단지 30~35%만이 전기에너지로 변환된다. 연료에너지의 대부분은 폐열로서 폐기되어 사라진다. 결국 전기에너지를 얻기 위해 3배 이상의 연료에너지가 소모된다. 따라서 만약 소비자가 1 kWh의 전기를 절약하면, 즉 일부 조명을 끈다거나 여름에 온도를 약간 높여 (겨울에는 약간 낮춰) 온도조절장치를 조정한다면, 우리는 연소될 연료 2 kWh를 절약할 수 있다. 대부분 석탄의 열함량이 2~5 kWh/lb이므로, 연료 3 kWh를 절약한다는 의미는 약 1 lb의 석탄연소를 줄일 수 있다는 뜻이다. 또한 석탄 1 lb의 연소를 줄인다는 의미는 대기 중으로 방출되는 2.5 lb의 CO_2를 막을 수 있다는 뜻이다. 이제 가정의 소비자보다 더 많은 전기를 사용하는 산업 및 상업 활동을 고려할 때, 모든 부문에서 에너지를 절약할 수 있다. 전 세계에서 사용되는 총 전력을

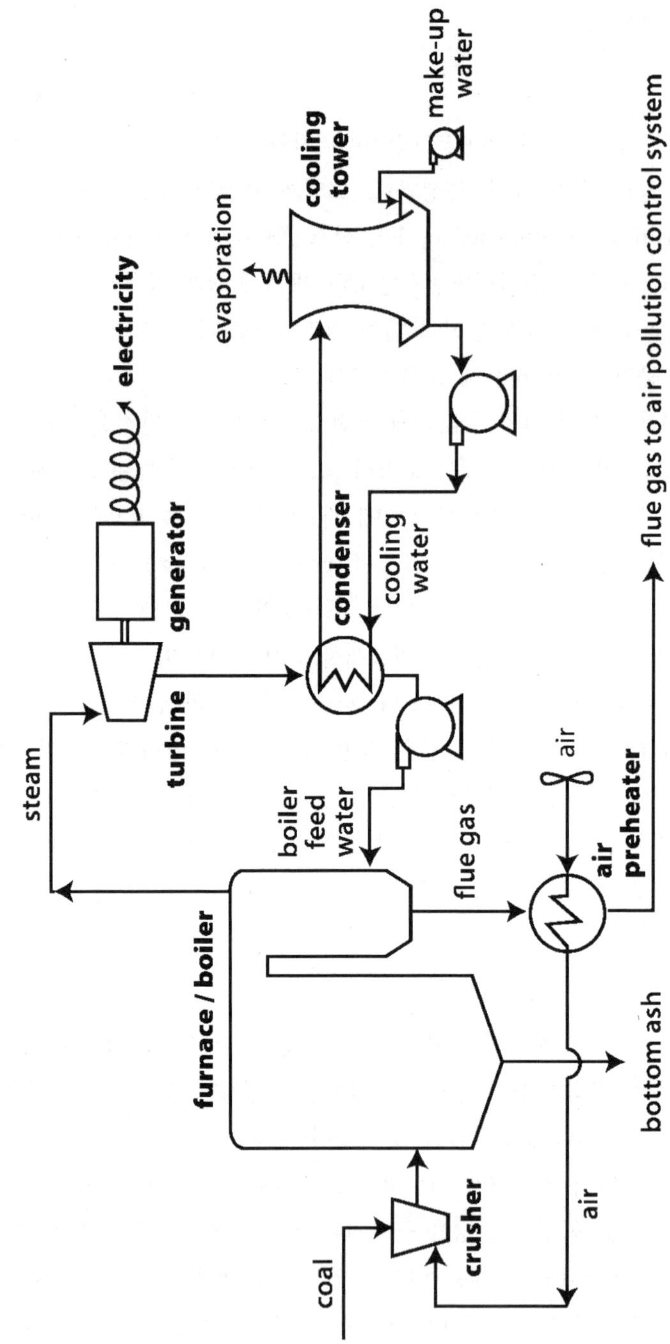

그림 22.8 석탄화력발전소의 간단한 공정흐름도

모두 합치면 약 20조 kWh 정도로 추정된다 (EIA, 2009b). 따라서 전 세계가 5%의 전기를 절약한다면, 우리는 1조 (1×10^{12}) kWh의 전기를 절약할 수 있으며, 3조 kWh에 해당하는 연료의 연소를 피할 수 있다. 석탄 1 lb가 3 kWh의 열함량을 갖는다고 가정하면, 절약활동만으로 약 1조 lb의 석탄을 아낄 수 있고 0.3 Gt의 탄소배출을 막을 수 있다.

마찬가지로, 차량 여행의 수와 거리를 줄이거나 카풀을 하여 휘발유와 경유를 절약하면, 소비자는 돈을 아낄 뿐만 아니라, 막대한 CO_2 배출을 추가로 줄일 수 있다. 예를 들어, 전 세계는 차량연료를 매년 약 8×10^{11} gal을 사용한다. 만약 차량연료 소비량을 약 10% 줄일 수 있다면, 전 세계적으로 CO_2 배출량을 매년 약 800,000,000 metric ton (0.8 Gt)을 줄일 수 있다.

대체연료

화석연료로부터 CO_2 배출을 예방하는 또 다른 방법은 대체에너지원을 이용하는 것이다. 우리는 표 22.4에서 화석연료가 전 세계 에너지에서 차지하는 비중이 가장 높은 것을 알 수 있다. 대체연료 (재생가능 연료)는 약 9%를 차지한다. 미국에서는 대체연료가 차지하는 비중이 더 작다. 하지만 풍력과 태양에너지의 생산량은 빠르게 증가하고 있으며, 이들 재생가능한 에너지원이 앞으로 20년 안에 커다란 기여를 할 것이라는 점에서 전망은 낙관적이다. 미국에서 전통적인 에너지원으로 수력에너지를 꼽는다면, 대체에너지원에는 바람, 태양, 생물량 (biomass: 매립지 가스 포함), 시열 능이 있다. 이 중에서 가장 큰 몫은 생물량이 차지하는데, 2007년도에 약 82% 정도였다 (EIA, 2007). 비록 생물량 (biomass)은 탄소에 근간을 두지만, 생물량은 성장하면서 대기로부터 탄소를 뺏으며, 연소될 때 같은 양이 탄소를 대기 중으로 돌려보낸다. 따라서 대기로의 탄소의 순 증감은 실질적으로 없다. 바람과 지열이 대체연료에서 차지하는 기여율은 2007년도에 각각 8% 정도이지만, 태양에너지는 단지 2%를 차지한다. 총 에너지 소비량에서 이들 3가지 대체연료가 차지하는 백분율은 1% 미만이다 (2007년도 기준). 풍력 프로젝트는 많은 자본비가 필요하다. 대형 풍력터빈의 높이는 지상 200~300 ft이며, 발전기 하우징은 학교버스 크기만큼이나 크다. 일반적으로 터빈 한 대에서 약 1~2 MW의 전기를 생산한다. 풍력발전지역 (wind farm)은 한 장소에 많은 타워를 설치할 수 있는 외딴 지역에 위치한다. 따라서 수요가 있는 곳에 송전하기 위해서는 비싼 송전선을 설치하여야 한다. 이러한 기반시설 건설에 소요되는 비용이 신규 풍력 프로젝트의 장해요인이 된다. 2009년 9월, 노르웨이의 한 에너지 회사가 남서부 해안에서 6 mile 떨어진 바다에, 세계에서 처음으로 수상 플랫폼 풍력터빈을 설치하였다. 특히 연안 설비의 경우, 송전선은 대체에너지원의 보급에 중요한 고려사항이 된다.

효율개선

소비자만이 절약해야 하는 유일한 주체가 아니라는 점을 다시 반복한다. 다수의 산업체 고객을 포함하여, 소매점 및 기타 상업활동은 엄청난 전기를 구입하고 사용하고 있다. 또한 그들은 활동을 더욱 효율적으로 수행할 방안을 찾고 있다. 사실, 발전소 그 자체도 에너지를 효율적으로 생산할 수 있다. 만약 화석연료 화력발전소의 평균 열효율을 32%에서 45%로 올릴 수 있다면, CO_2 배출량은 얼마나 감소하겠는가? (답은 예제 22.4에 있다.) 진짜 질문은, 신규 발전소를 훨씬 더 효율적으로 건설하기 위해 어떤 기술이 필요한가? 이것이 다음 절의 주제이다.

예제 22.4 전 세계 모든 화력발전소의 전력생산 효율이 갑작스럽게 45%가 되었을 때, CO_2 배출 저감량을 한 자리수로 계산하라.

풀이 이 문제를 풀기 위해서는 많은 가정이 필요하다. 우선 이전 문장에서 주어진 수치가 정확하다고 가정하라. 전 세계 전력 (2010년 기준으로 20조 kWh)의 약 70%가 화석연료 연소로 생산된다고 가정하라. 모든 화석연료는 석탄으로 대표된다고 가정하고, 석탄의 열함량은 3 kWh/lb이며 탄소함량을 65%로 가정하라. 현재 발전소의 평균 열효율을 32%라고 가정하고, 전기에 대한 수요는 변함이 없다고 가정하라.

기본사례에 대하여 (32% 효율), 전 세계 전력수요의 70%를 발전할 때 생성되는 CO_2 배출량은,

$$\frac{2.0(10)^{13}\,\text{kWh}}{\text{yr}} \times 0.70 \times \frac{1}{0.32} \times \frac{1\,\text{lb coal}}{3\,\text{kWh}} \times \frac{0.65\,\text{lb C}}{1\,\text{lb coal}} \times \frac{44\,\text{lb CO}_2}{12\,\text{lb C}} \times \frac{1\,\text{tonne}}{2{,}205\,\text{lb}}$$

$$= \frac{1.6(10)^{10}\,\text{tonne}}{\text{yr}}\,\text{CO}_2$$

새로운 사례에 대하여 (45% 효율), CO_2 배출량은,

$$\frac{2.0(10)^{13}\,\text{kWh}}{\text{yr}} \times 0.70 \times \frac{1}{0.45} \times \frac{1\,\text{lb coal}}{3\,\text{kWh}} \times \frac{0.65\,\text{lb C}}{1\,\text{lb coal}} \times \frac{44\,\text{lb CO}_2}{12\,\text{lb C}} \times \frac{1\,\text{tonne}}{2{,}205\,\text{lb}}$$

$$= \frac{1.11(10)^{10}\,\text{tonne}}{\text{yr}}\,\text{CO}_2$$

따라서, 13%P 만큼 전력생산효율이 증가하면, 연간 CO_2 배출량은 $0.49(10)^{10}$ tonne CO_2 (4.9 Gt CO_2), 또는 1.3 Gt C를 줄일 수 있다.

전형적인 미분탄 발전소의 효율은 얼마나 높은 스팀온도 (T)와 압력 (P)을 얻을 수 있는지에 따라 열역학적인 한계가 있다. T와 P의 상한은 보일러 관과 터빈날개의 재질인 강철의 강도로 결정된다 (정상적인 철강은 고온 및 고압에서 물러지고 상당히 취약해진다). 계속 진행 중에 있는 연구에 의하면, 더욱 경이로운 강철합금이 개발되고 있으며 상한점은 더 올라갈 수 있다 (Viswanathan 등, 2006).

초임계 미분탄 발전소

"초임계 (SC: supercritical)"과 "극초임계 (USC: ultra-supercritical)" 발전소라는 용어는 종래의 발전소보다 더 높은 온도와 더 높은 압력에서 운영되는 미분탄 발전소를 지칭하는 것이다. 물의 임계점은 374 ℃와 3,206 psia이며, 이 조건하에서는 액체와 증기의 상태가 구별되지 않는다. 이 임계점을 초과하는 온도와 압력에서, 스팀은 초임계 상태가 되며 더 높은 열효율을 얻을 수 있다. 오늘날 몇 개 초임계 발전소들이 전 세계 각지에서 가동되고 있다. 표 22.5는 종래의 발전소들과 SC 및 USC 발전소를 서로 비교한 것이다.

스팀의 압력과 온도는 종래 발전소보다 매우 높으며, 더 튼튼하고, 두꺼운 관 (tube)과 반응조 (vessel)를 가지고 있다. 강합금이 이와 같은 혹독한 조건에 대처하기 위해 개발되고 있다 (Viswanathan 등, 2006). 이러한 설계요구사항은 SC와 USC 발전소의 건설비용을 증가시킨다. 하지만 Nalbandian (2009)이 지적했듯이, 이들 발전소에는 상당한 비용절감 혜택이 있다. 유체가 초임계 상태에 있고 균질한 특성을 보이기 때문에, 물과 스팀을 분리할 필요가 없으며 보일러의 증기배출 (boiler blowdown)도 필요 없다. 또한 고효율을 얻을 수 있어 같은 출력을 보이는 발전소보다 석탄의 사용량이 적다. 따라서 연도가스 하류지역에 위치하는 대기오염 방지장치의 크기가 축소되어 비용이 덜 들고, 발전소의 운영비도 줄일 수 있다 (연료를 덜 구입할수록, SO_2와 NO_x 세어에 필요한 석회석과 암모니아도 덜 필요하다). 총체적으로 Nalbandian (2009)이 추정하기를, 2000년도 달러기준으로, 신규 SC 미분탄 발전소의 총 설치비는 약 $900/kW (총 출력 기준)이며, 이 비용에는 연도가스 탈황비용과 선택적 촉매저감 비용이 포함되어 있다. 따라서 총 비용은 종래의 미분탄 발전소보다 크게 비싸지는 않다. 하지만 만약 CO_2 포획공정이 요구된다면 추가 비용에 소요된다.

예제 22.4에서 보듯이, SC 및 USC 미분탄 발전소에서 CO_2 저감은 더 높은 효율을 보인다. Booras and Holt (2004)는 CO_2 배출량과 저감백분율 사이의 관계를 발전소 열효율의 함수로 도식한 흥미로운 그래프를 제시하였다 (그림 22.9 참조).

표 22.5 현대의 3가지 형태의 석탄화력발전소에 대한 전형적 가동조건

발전소 형태	스팀 온도, ℉	스팀압력, psia	열효율, %
전통적 기존 발전소	950～1,100	2,000～2,400	32～37
초임계 발전소 (SC)	1,200～1,350	3,000～4,500	38～43
극초임계 발전소 (USC)	1,350～1,500	4,500～6,000	44～49

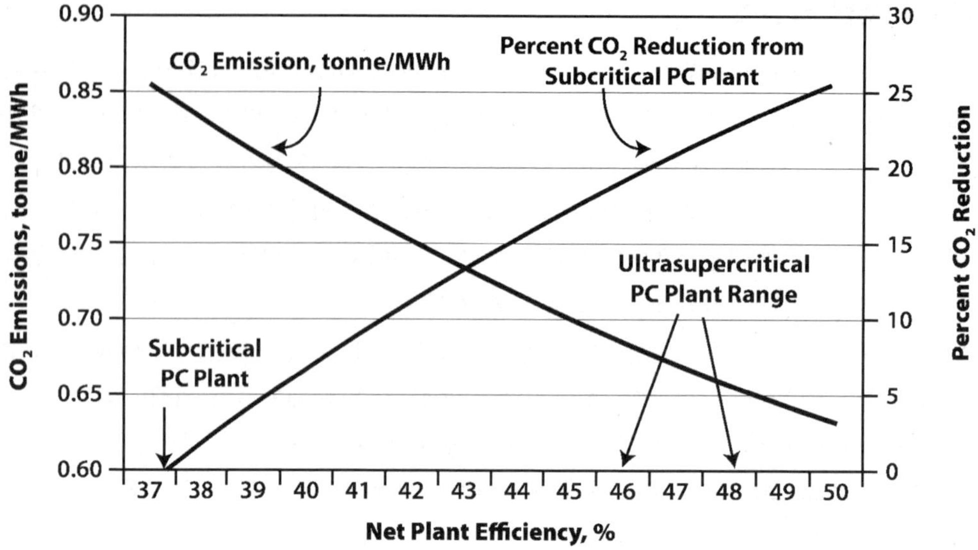

그림 22.9 미분탄 발전소 효율이 CO_2 배출량에 미치는 영향

출처 : Booras & Holt, 2004.

종합가스화 복합사이클 발전소

종래의 화력발전소들이 상대적으로 열효율이 나쁜 이유 중 하나는 이들 발전소가 Rankin 사이클에 의존하여 가동되기 때문이며, 이에 따라 많은 열을 주변환경 속으로 방출하여야 한다. 두 개 이상의 열역학적 사이클을 복합하여 총괄효율을 개선할 수 있다. 대다수 현대식 천연가스 발전소는 최근 복합사이클 방식으로 설계되고 있다 (즉, 전력을 생산하기 위해 가스터빈과 스팀 터빈을 조합하여). 천연가스는 실제 대형제트엔진 (가스터빈) 속에서 연소되며 고온 가스는 스팀의 가능한 온도보다 훨씬 고온에서 터빈으로 유입된다. 유체가 가스터빈을 통과한 후 큰 전력이 생산되며, 이때까지도 열을 보유한 폐가스는 열회수 스팀발전기 (HRSG: heat recovery steam generator)로 보내지는데, 여기서는 더 많은 전력을 생산하기 위해 (스팀터빈을 돌리는) 스팀을 생산한다. 복합사이클은 열을 전기로의 변환효율을 높여준다.

똑같은 원리가 종합가스화 복합사이클 (IGCC: integrated gasification combined cycle) 발전소의 고체연료에 사용되고 있다. 모든 불순물을 함유한 고체연료 (석탄, 석유 코크스, 생물량 연료 등)는 우선 가스화 반응조에서 합성가스 (syngas)로 변환된다. 공기 또는 산소가 가스화장치 속에서 사용된다. 만약 산소가 필요하다면, 비용을 들여 공기분리 장치를 전단에 설치하여야 한다. 하지만 산소를 사용하면 질소 (합성가스를 희석시킴)가 거의 없는 합성가스를 생산할 수 있으며, 하류지점에서 가스정화비용을 상당히 줄일 수 있다. 합성가스는 분진과 황화합물을 제거하기 위해 처리된 후, 연소터빈으로 보내진다. 그림 22.10은 이 과정을 보여주고 있다.

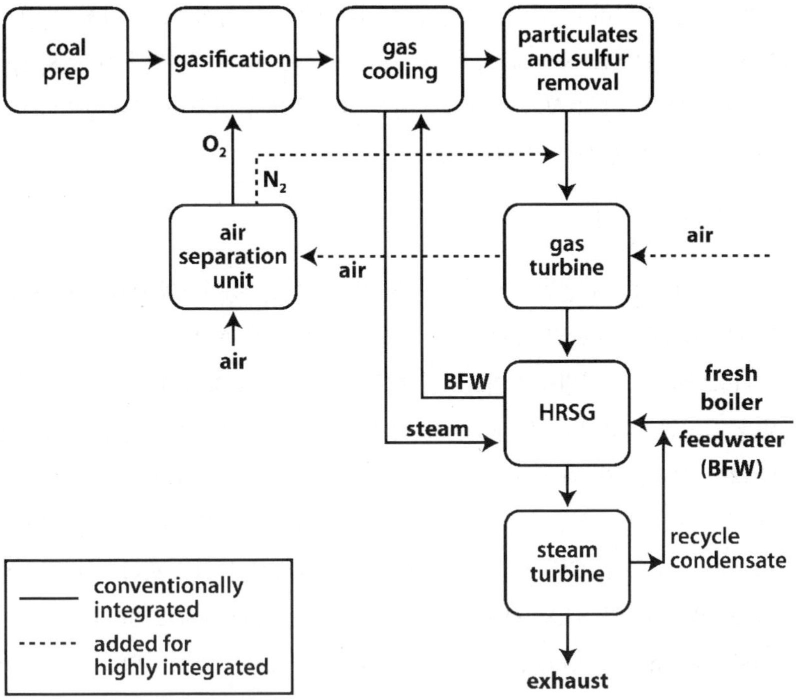

그림 22.10 IGCC 발전소의 공정흐름도

천연가스 (대부분 메탄가스임)와 달리, 합성가스는 대부분 H_2와 CO로 구성되어 있다. 또한 천연가스와는 다른 형태로 연소된다. 합성가스는 가스터빈을 설계할 때 개조를 요구한다. 예를 들어, 터빈 속의 연소온도를 낮추기 위해, 또한 터빈의 재질을 보호하고 고온-NO_x (thermal NO_x)의 생성을 줄이기 위해, 질소를 가스터빈 속으로 다시 혼합시켜야 한다 (그림 22.10 참조).

2006년 현재, 4개의 대형 석탄기반 IGCC 시범발전소가 운영되고 있다. 2개는 유럽에 위치하며 2개는 미국에 위치하는데 (EPRI, 2008), 각 발전소는 약간 다른 가스화 기술과 가스정화설비를 사용하고 있으며, 다양한 열회수 종합설비를 사용하고 있다. 하지만, 4개 발전소 모두 가스화장치와 발전부문 사이에 위치한 스팀설비에는 비슷한 종합설비를 사용하고 있다. 비록 그림에는 없지만, 현대식 IGCC 발전소는, 황제거장치 이후 가스터빈 이전에, 수은제거장치를 가지고 있다. 일반적으로 황-첨착 활성탄을 사용하는 흡착공정이 이러한 목적에 이용되고 있다 (EPRI, 2008).

앞서 언급한 것처럼, 오염물질의 대부분은 가스터빈에서 연소되기 전에 합성가스에서 제거된다. 산소를 기반으로 하는 IGCC는 매우 청정한 연도가스를 제공한다. 하지만, 합성가스는 그 속에 상당한 CO가스를 함유하기 때문에, 연도가스 중에 상당량의 CO_2가 남아 있다. 변형된 IGCC 설비의 하나는 CO를 CO_2로 전환하기 위해, 하나 이상의 수성가스 이동반응조 (water gas shift reactor)를 설비에 추가 설치하고 있다. 연이어 전환된 CO_2는 합성가스 (이제 거의 수소만으로 순수하게 됨)가 연소되기 바로 직전에 제거된다. [이 공정을 때로는 "연소전 포획 (pre-combustion capture)"이라고 부른다.] 수성가스 이동반응은 잘 알려져 있으며, CO를 CO_2로 전환할 뿐만 아니라, 동시에 스팀을 수소로 전환한다.

$$CO + H_2O \rightleftarrows H_2 + CO_2 \tag{22.1}$$

단일 이동반응조는 CO를 80% 전환시킬 수 있다. 만약 더 높은 탄소제거효율이 요구된다면, 더 많은 이동반응조가 필요하다. 한편, CO_2는 이동반응조에서 유출된 후 흡수장치에서 제거된다. 여기서 보여준 이동반응은 발열반응이며, 열의 대부분은 예열보일러의 공급수 또는 과열스팀에 회수된다. 하지만 이러한 이동은 합성가스의 에너지함량을 감소시키며, 이에 따라 터빈발전기에서 같은 전기출력을 유지하기 위해서는 더 많은 합성가스가 생성되어야 한다.

IGCC 설비에서 조차, 탄소를 포획하기 위해서는 비용과 에너지 면에서 실질적인 손실이 있다. 한 연구에 의하면, 중형 IGCC 발전소 (400~800 MW)에서 탄소포획 설비를 추가하면, 자본비는 약 \$1,365/kW에서 약 \$1,840/kW로 증가하며, 총괄열에너지도 약 43%에서 약 35%로 감소한다 (United Nations Environment Programme, 2008). 전기비는 약 \$0.051/kWh에서 약 \$0.066/kWh로 인상되거나, 약 30% 증가한다. 600 MW급 발전소에서, 자본비는 거의 9억 5천만 달러까지 증가하며, 600 MW급 용량을 유지하기 위해서는 석탄의 주입속도가 23% 증가한다 (총괄열효율에서 감소된 것을 보완하기 위해). 포획된 CO_2의 tonne당 비용으로 환산하면, 약 \$32/tonne이 된다.

산소 - 연료 연소

공기를 사용하여 석탄 또는 화석연료를 태울 때, 당연히 연소에 필요한 산소뿐만 아니라 다량의 질소를 포함한다. 연소온도까지 질소의 온도를 올리는 것은 많은 열을 필요로 한다. 또한, 질소를 대기오염 방지설비까지 운송시키기 위해서는, 순수한 산소로 연소시킬 때 필요한 자본비와 운영비보다 월등히 많은 비용을 요구한다. 산소 - 연료 연소 (oxy-fuel combustion)란 공기보다는 산소로 연료를 연소시키는 공정을 의미한다. 물론, 이 공정은 공기분리장치가 필요하지만 연도가스의 부피는 크게 줄어들고 CO_2 농도는 크게 증가한다. 기존 자재에 대해 너무 높을 수도 있는 화염온도를 유지하기 위해, CO_2 농도가 높은 일부 연도가스를 연소장치로 다시 돌려보내는 순환공정이 사용된다.

연구자들은 Graz 사이클에 대해 보고하였는데 (Sanz 등, 2008), 이 사이클은 40 bar에서 화석연료의 산소연소 공정과, 뒤이어 저압에서 CO_2의 분리공정을 포함하고 있다. 이 사이클로 효율이 52%에서 55%로 증가했다고 주장하지만, 공기분리장치에 드는 에너지 손실과 CO_2 포획으로 인한 손실을 포함시키지 않았다. Graz 사이클의 이론적 이점은 연소생성물이 단지 CO_2와 H_2O이기 때문에, CO_2가 쉽게 분리되고 운송저장소까지 압축하기 쉬운 CO_2 유체가 생성된다는 점이다. 실제 가동되는 발전소에서는 CO_2를 운송하기 전에, 가스 중에 있을 수 있는 불순물을 제거하여야 한다.

22.4 CO_2 포획

세계적으로 엄청난 양의 전기를 사용하고 있기 때문에, 화석연료에 의한 전력생산은 미래에도 오랜 동안 CO_2의 주요 오염원 역할을 할 것이다. 의욕적으로 절약하려는 노력과 과감하게 재생가능한 연료 (풍력과 태양력 등)로 전환하려는 노력과 함께, 우리는 CO_2가 대기로 배출되기 전에 포획하는 방법을 설계하여야 하며, 또는 대기에서 CO_2를 제거하는 방법을 개발하여야 한다. 미래에, 탄소 포획과 격리 (CCS: carbon capture and sequestration) 공정은 주요 기술적 결실로 인정받을 것 같다. 이전에 언급했듯이, CCS에는 연소 연도가스로부터 CO_2 포획, CO_2 정화, 정화된 CO_2의 안전처리 장소로의 운송, 최종적으로 CO_2를 수천 년 동안 격리시킬 수 있는 지하 또는 해양 저장소로의 처리 등의 방안이 있다. 이 절에서는, 습식세정, 건식흡착, CO_2의 생체 내 합입 (biogenic incorporation) 등을 포함한 탄소포획의 주요 전략과 기술에 대해 간단히 검토할 것이다. 우리는 이 장의 마지막 절에서 CO_2의 운송과 격리에 대해 공부할 것이다.

CO_2의 습식세정

가스흡수와 관련한 자세한 내용은 13장에 있지만, 여기서는 간략하게 검토하겠다. 흡수될 성분을 함유한 가스는 탑의 하단부로 유입된다. 액체 용매 (주로 물)는 가스가 탑 내에서 상향하는 동안 하향한다 (그림 13.1 참조). 두 유체가 가까이 접촉하면서 용해성 가스 (이 경우는 CO_2)는 가스에서 액체로 이동한다. 설비를 설계할 때에는 액체 속에서 가스의 용해도, 가스의 유속, CO_2의 유입농도, 가동온도와 압력, 요구되는 CO_2의 제거정도, 비용문제 등 많은 요소들을 고려해야 한다. 비록 대부분 설비는 대기압에서 가동되지만, 모사연구에 의하면, 고압에서 흡수될 때 극적인 개선이 있었다. 한 예로 CO_2의 제거효율은 압력을 1 atm에서 3 atm으로 올렸을 때 65%에서 97%까지 증가하였다 (Kim and Kim, 2004).

CO_2를 흡수할 경우, 아민 수용액이 효과적인 것으로 증명되었다. 아민은 암모니아와 닮은 분자구조를 갖는 유기화합물이다. 수용액 속에서 아민은 약염기이며, 약산 (예를 들어, 수용성 CO_2)에 중화되어 수용성 염을 생성한다. 다음 식과 같이 반응한다 (여기서 R은 유기물 그룹을

대표한다).

$$2RNH_2 + CO_2 + H_2O \leftrightarrow (RNH_3)_2CO_3 \quad (22.2)$$

$$(RNH_3)_2CO_3 + CO_2 + H_2O \leftrightarrow 2RNH_3HCO_3 \quad (22.3)$$

$$2RNH_2 + CO_2 \leftrightarrow RNHCOONH_3R \quad (22.4)$$

아민은 수십 년 동안 정유산업에서 가스상 탄화수소로부터 오염물질 (H_2S 또는 CO_2)을 흡수하는데 사용되었다. 시장에서 가장 일반적으로 많이 사용되는 아민은 monoethanolamine (MEA)이며, 나머지 다른 아민류 역시 사용되고 있다 (표 22.6 참조). 아민류는 항상 다양한 농도의 수용액으로 사용되며, 흡수력은 아민의 종류와 농도에 따라 다르다. 또한 여러 아민을 함께 혼합하여 사용하기도 한다. 최근 tertiary MDEA가 재생 (regeneration)될 때 에너지가 비교적 적게 들고 CO_2 흡수력이 비교적 높기 때문에 인정받고 있다. 하지만 MEA and/or DEA를 조합하여 혼합한 아민이 최상의 성능을 보이고 있다 (Reddy 등, 2008).

하지만 아민이 비싸기 때문에, 또한 CO_2가 값이 비싼 제품이 아니기 때문에 (그리고 대량으로 흡수되어야 하기 때문에), 흡수설비들은 아민의 손실을 최소로 줄이면서 재생되도록 설계하여야 한다. 아민을 거의 무한정 재사용할 수 있는 방법과 비용은 제어될 수 있다. 이에 따라 두 개 탑을 사용하는 설비가 운영되고 있는데 (그림 22.11 참조), 한 개 탑은 상당히 저온에서 CO_2를 포획하기 위해 사용되며, 두 번째 탑은 고온에서 아민 용매를 재생하기 위해 사용된다. 첫 번째 탑은 전체 연도가스 (여기서 CO_2의 농도는 묽다)를 처리하므로 두 번째 탑보다 크기가 크다. 두 번째 탑에서 회수된 CO_2는 일반적으로 순도가 높다. 재생공정은 에너지가 많이 들기 때문에, 또한 장치가 대형이므로 아민 설비들은 가격이 비싸다. 가능한 많은 열을 회수할수록 큰 혜택이 있으므로, 열교환장치의 효율적인 구성이 이 공정의 핵심이다.

표 22.6 CO_2 포획에 사용되는 다양한 아민류

아민 명칭	약 자	분자구조	분자량
Monoethanolamine	MEA	$H_2NC_2H_4OH$	61.1
Diethanolamine	DEA	$HN(C_2H_4OH)_2$	105.1
Methyldiethanolamine	MDEA	$CH_3N(C_2H_4OH)_2$	119.2
Diglycolamine	DGA	$HN(C_2H_4OH)_2$	105.1
Diisopropanolamine	DIPA	$HN[(CH_3)(CH_2)CHOH]_2$	133.2

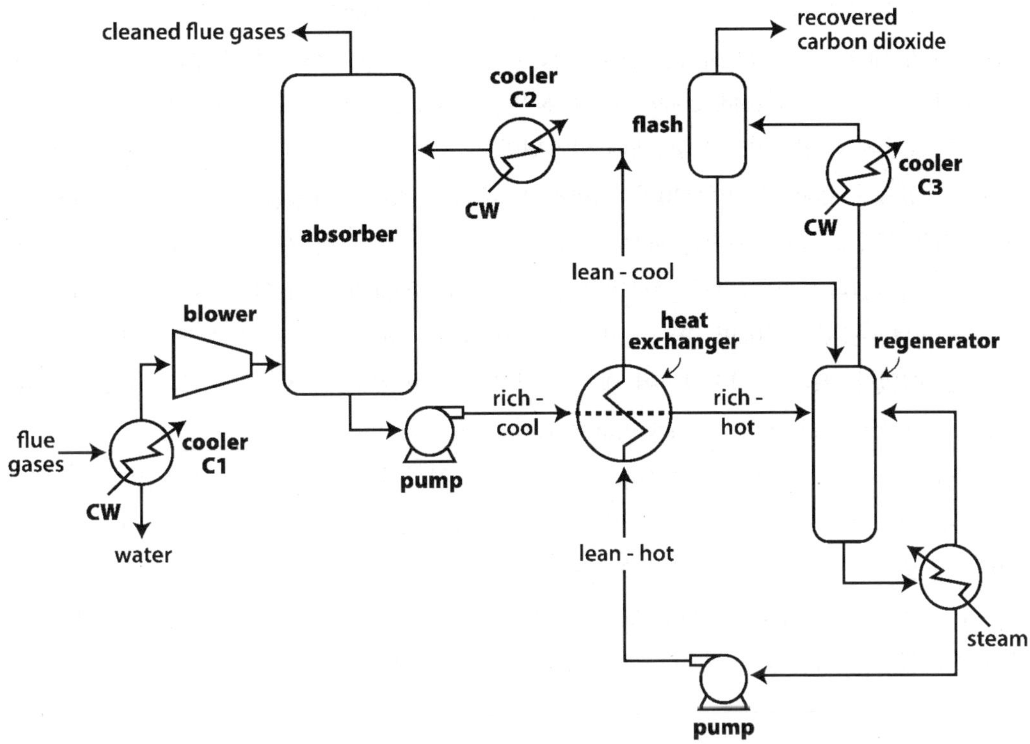

그림 22.11 CO_2 제어를 위한 아민 흡수설비와 재생설비에 대한 공정흐름도

아민은 산소에 민감하며, 고농도를 함유한 연도가스에 의해 유기산 (organic acid)으로 비가역적으로 산화될 수 있다. 이러한 산화를 막기 위해 억제장치가 필요하다. 더욱이 연도가스는 아민 흡수탑에 유입되기 전에 일련의 대기오염 방지장치를 통과하여야 한다. 특히 거의 모든 SO_2는 양호한 아민 활용을 위해 제거되어야 한다. 아민과 함께 생성된 황염 (sulfur salt)은 재생할 수 없으므로 아민은 영구적으로 손실된다.

이 분야에서 한 가지 첨단기술을 소개하면, 저온 암모니아 설비를 사용하는 것이다. 비록 암모니아가 매우 위험한 가스이지만, 유럽의 거대 엔지니어링 회사인 Alstom은 CO_2 포획에 효과적인 방안으로서 저온 암모니아 공정을 판매하고 있다 (Sonnois, 2009). 이 공정에서 연도가스는 약 40 °F에서 저온 암모니아와 접촉한다. CO_2는 암모니아와 반응하여 $(NH_4)_2CO_3$와 NH_4HCO_3를 생성하며, 이 둘은 고체이다. 이 고체는 저온 암모니아에서 분리되며, 나중에 온도를 올려 분리용기 속에서 재생할 수 있다. 분리공정은 고압 (약 300 psi)에서 일어나며, 이 때 고압조건은 거의 모든 암모니아를 유지하는데 도움이 된다. 생성된 CO_2의 순도는 300 psi에서 99% 이상이다. 한편, CO_2를 파이프라인으로 운송하기 위해서는 약 5 : 1의 압축비가 필요한데, 이 압력 상태는 그 부분에서 상당한 비용을 절감하게 한다. 2009년 현재, Alstom

은 여러 개의 저온 암모니아 실험공장을 가동하고 있다 (Sonnois, 2009).

Alstom의 대규모 상업용 시범설비가 West Virginia주 New Haven에 소재한 대형 석탄화력 발전소에 건설 중이다 (Wald, 2009). 1,300 MW급의 이 발전소는 American Electric Company (AEC)가 소유하고 있는데, 1980년대에 완공되었고 우려하기 전까지 CO_2 포획과 관련하여 잘 운영되고 있었다. 2009년 10월 30일, 연방정부, 주정부, AEC, Alstom의 간부들은 공식적으로 개조계획을 세우고, CO_2 포획을 90% 달성하고 격리시키기 위해 저온 암모니아 공정을 도입하기로 결정하였다. 시범규모의 프로젝트에서는 매년 100,000 tonne의 CO_2를 포획하고 저장할 수 있었다 (Alstom, 2009). 흥미롭게도 포획된 CO_2는 발전소 바로 그 현장 지하 깊숙이 주입될 예정이었다. 포획과 저장설비에 대한 동영상을 AEP 웹주소에서 볼 수 있다 (http://www.aep.com/environmental/climatechange/carboncapture/).

가격을 억제하려는 노력에도 불구하고, 탄소포획과 격리에 대한 자본비와 운영경비 (대부분은 "포획")는 너무 비싸서, 전기료가 약 50% 이상 인상될 것으로 추정하였다 (Feron and Hendricks, 2005). 앞 문장에서 언급한 AEP 프로젝트의 경우, CCS 설비가 필요로 하는 동력은 해당 발전출력의 15~30%를 차지한다 (Wald, 2009). 예제 22.5는 아민세정기를 사용하는 대형 석탄발전소에서, CO_2를 세정하는데 필요한 자재의 양과 장치를 보여주고 있다.

예제 22.5 한 발전소에서 탄소함량 75%인 석탄을 4,000 ton/day 속도로 연소하고 있다. 이 발전소의 공기/연료비는 18 : 1이다. CO_2 저감목표는 90%이며, 아민세정기를 사용하고 있다. 세정탑에서 최대 설계 표면가스속도는 15 ft/s이다 (탑의 온도 120 °F에서). CO_2의 하루 제거속도를 계산하라. 또한 탑 하나만 필요할 때, 아민 흡수탑의 직경을 계산하라.

풀이 포획되는 CO_2 양을 질량수지식으로 계산하면,

$$M_{CO_2} = \frac{4{,}000 \text{ ton coal}}{\text{day}} \times \frac{0.75 \text{ ton C}}{1 \text{ ton coal}} \times \frac{44 \text{ ton } CO_2}{12 \text{ ton C}} \times 0.90 = \frac{9{,}900 \text{ ton } CO_2}{\text{day}}$$

연도가스의 흐름은 공기/연료비 (AFR)로부터 계산된다. 생성된 연도가스는 공기와 석탄의 질량에서 계산된다 (여기서 재는 무시한다).

$$M_{gas} = \frac{4{,}000 \text{ ton coal}}{\text{day}} \times \frac{(18+1) \text{ ton 연도가스}}{1 \text{ ton coal}} \times \frac{1 \text{ day}}{86{,}400 \text{ s}} = \frac{0.880 \text{ ton 연도가스}}{\text{s}}$$

120 °F에서 연도가스의 밀도가 공기와 같다고 가정하고 계산하면,

$$Q = \frac{0.880 \text{ ton gas}}{\text{s}} \times \frac{2{,}000 \text{ lb}}{1 \text{ ton}} \times \frac{1 \text{ ft}^3}{0.0684 \text{ lb}} = \frac{25{,}730 \text{ ft}^3}{\text{s}}$$

단면적은,

$$A = \frac{25,730\ \text{ft}^3/\text{s}}{15\ \text{ft/s}} = 1,715\ \text{ft}^2$$

직경은,

$$D = \sqrt{\frac{4A}{\pi}} = 46.7\ \text{ft}^2$$

(여기서 설계를 용이하게 하기 위해 끝자리수를 정리하면 직경은 대략 48 ft가 되며, 이로 인해 흡수탑에서는 약간 낮은 속도를 얻을 것이다.)

생물학적 포획

CO_2의 생물학적 포획은 광합성 유기물들이 CO_2를 고정 (fix)하는 과정이다. (CO_2 "고정"이란 공기 중 CO_2를 흡수하고 이것을 고형 탄소화합물로 전환하는 과정이다.) 광합성은 식물이 햇빛을 이용하여, 물과 CO_2로 새로운 식물체를 만드는 과정이라고 일찍이 배운 적이 있다. CO_2를 포획할 뿐만 아니라, 이 과정은 에너지를 "포획"하고, 태양에너지를 유기화합물의 화학에너지로 바꾸어 생물권 내 전체 먹이사슬의 기본이 되며, 연료로 연소될 때 열에너지를 제공한다.

일부 육상재배식물 [옥수수, 유채씨, 야트로파 (jatropha), 콩 등]은 생물디젤 (biodiesel)을 생산하는 에너지 작물로 재배한다. 생물디젤은 메탄올과 가성소다와 에스테르 교환반응을 통해 천연 지질 (lipid: 동식물에서 발견되는 지방 또는 기름)에서 제조된 액체연료이다. 최소한의 공정을 마친 후, 생물디젤유는 차량의 석유디젤과 바로 교체될 수 있다. 하지만 에너지 작물 재배에 필요한 광대한 토지는 식용작물 재배와 경쟁할 것이며, 식품가격을 올릴 것이다. 또한 육상식물의 에너지 순 수율 (net energy yield: 연료 중 에너지함량을 생산에 필요한 에너지로 나눈 값)은 낮다: 콩으로 만든 생물디젤은 약 2.0이며, 옥수수로 만든 에탄올은 약 1.25이다 (Hill 등, 2006). 유채씨는 높은 수율을 보이지만 (약 100 gal/acre), 그렇다고 해도, 오늘날 경제규모에 사용되는 모든 디젤유를 교체하기 위해서는 광대한 토지가 필요하다: 한 추정에 의하면, 미국 전체면적의 약 50%가 필요하다 (Schneider, 2006).

이러한 육상재배의 한계성 때문에, 미세조류 (microalgae)를 이용한 공학적 생물 CO_2 포획이 수년간 주목을 받았다. 미국 DOE는 기름을 생산하는 경제적인 방법을 찾고자 1978년부터 1996년까지, 미세조류를 이용하는 한 협동연구를 후원하였다 (Sheehan 등, 1998). 하지만, 1990년대 중반에 저유가 시기가 한동안 계속되어, 당시 이 조류공정은 경쟁력이 없었기에 연구활동은 중단되었다. 미세조류는 나무보다 CO_2를 약 10배 고정하며, 육상 에너지 작물보다 효율적으로 태양광을 이용할 수 있다 (Herzog 등, 1997). 한 예로서, 여러 작물에서 기대되는 생물연료의 수율을 표 22.7에 제시하였다.

표 22.7 다양한 에너지 작물의 수율

에너지 작물	생산되는 생물연료	생물연료 수율 kg/hectare-yr
옥수수	에탄올	145
콩	생물디젤	375
유채씨	생물디젤	800
야자유	생물디젤	5,000
미세조류	생물디젤	50,000~100,000*

* 주의 : 미세조류의 잠재 수율은 공급원에 따라 다양하다.
출처 : Skjanes 등, 2007; 기타.

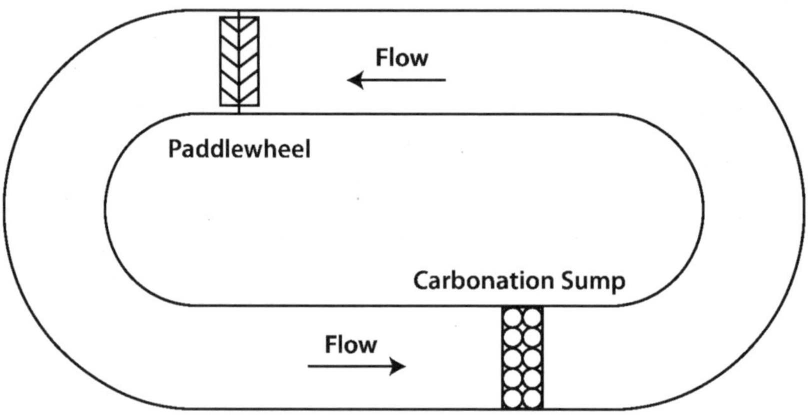

그림 22.12 개방형 연못설비의 단면도
출처 : Stepan 등 (2002)에서 발췌.

미세조류는 유기물의 방대한 집합체로 구성되어 있다: 일부는 해수에서 일부는 담수에서 생존한다. 일부 품종은 생물디젤과 유용한 화합물로 쉽게 공정화시킬 수 있기 때문에, 지방과 기름의 높은 생산수율을 보인다. 더욱이 수확, 운송, 조류의 공정화 비용은 많은 육상작물과 비교하여 경제적이다 (Satin, 2006). 미세조류를 이용하는 2가지 주요 접근법이 있다: 즉, 개방된 연못 또는 폐쇄된 순환설비 (광생물 반응조) 등인데, 각 방법론은 다음 문장에서 논의한다.

개방 연못설비는 일반적으로 타원형 모양의 규모가 큰 얕은 연못으로 설계되며, 연못에는 물의 흐름을 일정하게 유지하기 위해 대형 외륜 (paddle wheel)을 설치하고 있다 (그림 22.12 참조). 발전소 연도가스에서 포획된 CO_2를 연못 속으로 거품화하여 유입시키면, 미세조류는 CO_2가 풍부한 물속에서 빠르게 성장한다. 연못은 운영하기 쉽고 자본비와 운영비가 낮다 (Andersen, 2005). 모든 조류는 단백질, 탄소화물, 지질, 핵산 등으로 구성되며, 일부 조류 품종은 건조 중량기준으로 지질을 40% 정도 함유한다. 화학원소 기준으로 조류는 약 50%의 탄소

(건조기준)를 함유한다. 조류는 영양성분과 기타 환경에 따라 다르지만, 개방연못에서 하루에 15 ~50 g/m^{2}의 속도로 성장할 수 있다 (Stepan 등, 2002). 따라서 조류는 약 250 kg/hectare-day (220 lb/acre-day) 속도로 탄소를 포획할 수 있다. 일반적인 CO_2를 소비하는데 필요한 부지면적은 최소 1 acre/MW에서 30 acre/MW 그 이상이라고 보고되고 있어, 매우 차이가 큰 다양한 주장들이 존재한다. 하지만 우리는 아래 예제와 같이 우리의 추정치를 제시한다.

예제 22.6 필요한 모든 가정을 세우라. 500 MW급 석탄화력발전소에서 배출되는 CO_2를 80% 제어하기 위해, 조류 (algae) 농장에 필요한 부지면적을 계산하라.

풀이 석탄의 탄소함량, 에너지함량, 발전소의 효율 등을 가정하라. 이 발전소에서 하루 배출되는 탄소의 양을 추정하면,

$$500\ \text{MW} \times \frac{1}{0.35} \times \frac{1{,}000\ \text{kW}}{\text{MW}} \times \frac{24\ \text{hr}}{\text{day}} \times \frac{1\ \text{lb coal}}{3\ \text{kWh}} \times 0.65 = 7.43(10)^6\ \text{lb C/day}$$

이 탄소의 80%를 포획하기 위해, 조류는 약 50%의 탄소를 함유한다고 가정하면, 조류 생체량은 다음과 같은 속도로 성장하여야 한다.

$$\frac{7.43(10)^6\ \text{lb C}}{\text{day}} \times 0.80 \times \frac{1\ \text{lb 조류}}{0.5\ \text{lb C}} = \frac{1.19(10)^7\ \text{lb 조류}}{\text{day}}$$

만약 조류가 50 g/m^2-day 속도로 성장한다면,

$$\frac{1.19(10)^7\ \text{lb/day}}{50\ \text{g/m}^2\text{-day}} \times \frac{454\ \text{g}}{1\ \text{lb}} \times \frac{1\ \text{ha}}{10^4\ \text{m}^2} \times \frac{2.47\ \text{Ac}}{\text{ha}} = 26{,}600\ \text{acre}$$

그렇지 않고, 220 lb/acre-day 수치를 바로 이용하면, 다음과 같은 답을 얻을 수 있다.

$$\frac{7.43(10)^6\ \text{lb C}}{\text{day}} \times \frac{0.80}{220\ \text{lb/acre-day}} = 27{,}000\ \text{acre}$$

이 추정치는 약 54 Ac/MW에 해당한다.

최소 한 개 이상의 개방연못 설비가 오늘날 가동되고 있다. 다음은 National Energy Technology Laboratory (NETL)가 후원한, 하와이의 Kona에 소재한 상업용 설비에 대한 내용이다 (Pedroni 등, 2009). Cyanotech 회사의 설비는 발전소 부지에서 연도가스 CO_2를 사용하여 67개의 타원형 연못에서 조류를 배양하였다. 이 발전소는 생물디젤로 가동되기 때문에, 실질적으로 화석연료로부터 배출된 온실가스의 순 배출은 없다. 향류식 흡수탑에 의해 연도가스로부터 CO_2가 포획되는데, 흡수탑 속에는 조류 그 자체 수확물에서 나온 폐배양 담체의 슬러리를 사용하였다.

얕은 연못은 햇빛을 차단하기에 효율적이지만, 많은 노출된 문제점이 있다. 예를 들어 주입된 다량의 CO_2가 대기 중으로 빠져나오며, 대용량 물 속에 부유하는 미세유기물을 수확하는 것도

까다롭다. 또 다른 문제점은 미세조류의 생물학과 직접 관련이 있다. 개방연못은 바람직하지 않은 생물군인 원생동물, 경쟁관계에 있는 미세조규, 곤충의 유충 등에 쉽게 오염될 수 있다. 또한 특정한 조류 품종만이 양호한 지질 (lipid) 생산자가 되며, 스트레스를 받을 때만 (질소와 실리콘의 농도가 낮을 때) 생산자가 된다. 정상적인 조건에서는, 조류는 그 자체 세포증식량을 크게 증가시키는 경향이 있지만, 지질은 생산하지 않는다. 그러나 지질을 생산하기 위해 스트레스를 주면, 조류는 약해지고 토착조류와 경쟁할 수 없게 된다. 반면 토착조류는 기름을 생산하는 품종을 누르고 급속히 성장한다. 이러한 스트레스 반응에 대한 자연적 변동 때문에 지질 생산을 제어하기가 어렵다.

일부 연구자들은 폐쇄형 생물반응조를 사용하여 이러한 생물학적 문제를 해결하려고 노력하였다. 폐쇄형 생물반응조는 성장조건을 양호하게 제어할 수 있으며, 토착조류와 동물성 플랑크톤 초식동물에 의해 오염되는 것을 막을 수 있다. 예를 들어, GreenFuel Technologies 회사는 다수의 경사진 유리시험관 속에 물과 조류를 순환시키고, 발전소의 CO_2를 공급하였다. 이 회사는 2000년대 중반 이후에 상업용 시범설비를 설치하였다. 그 중 하나는 아리조나주 알링톤에 소재한 1,040 MW급 발전소 (Arizona Public Service 소유)에 설치한 대형장치이다. 또 다른 하나는 미국 걸프만 근처의 개방지에서 해수와 조류로 가득 찬 수천 개의 긴 플라스틱 관을 늘어놓고, 그 속에 인근 정유공장과 화학공장에서 배출된 CO_2를 공급하였다. 이러한 특정 품종의 조류로부터 에탄올을 생산하였다 (Algenol Biofuels, 2009). 폐쇄형을 사용할 경우 자본비와 운영비가 높은 경향이 있으나, 조류의 성장속도가 빠르다는 장점이 있다 (80 g/m^2-day). 궁극적으로 모든 폐쇄형 설비의 경제성은 CO_2의 신용거래량과 생물연료의 생산량에 의존할 것이다. 전 세계에서 가장 큰 에너지 회사들은 조류/연료 프로젝트에 투자하고 있다. 2009년 7월, Exxon Mobil은 파트너인 Synthetic Genomics와 함께 조류로부터 생물디젤을 생산하는 연구와 개발에 6억 달러를 투자한다고 발표하였다 (Howell, 2009). 또 다른 대형 정유회사 (Shell, Chevron, BP)도 비슷한 투자계획을 발표하였다.

생물공정은 이 책의 저자들에게 많은 매력을 갖게 만든다. 미세조류는 CO_2를 소비하여 연료를 생산하는 자연적 공정으로서 태양에너지를 이용한다. 다른 공해제어문제에서 보듯이, 공학적인 생물설비는 가격대비 효과적임이 이미 증빙되었다 [예를 들어, 생물여과장치 (14장 참조), 활성슬러지 공정, 매립지 생물반응조 등]. 이 책을 집필하는 순간조차, 유전공학은 빨리 발전하고 있다. 우리는 비용 효율적 차원에서 방대한 CO_2를 고체 또는 액체연료로 전환시키는 생물공학 기원 박테리아 또는 미세조류를 조만간 볼 것이다. 사실, 앞에 언급한 모든 정유회사는 천연기원 조류보다 기름을 더 빨리 더 많이 생산하는 유전적으로 변형된 유기물을 개발하려고 노력하고 있다. 사실, 최근 뉴스에 의하면, 유전과학자들은 액상 농폐기물로부터 (실험실에서), 또한 생물디젤 형태의 분자배설물로부터, 당분과 셀룰로오스를 소화하는 E. Coli 박테리아를 변형하는데 성공했다. 기름은 표면에 부유하고 쉽게 분리되기 때문에, 기름을 얻기 위해 박테리아 세포를 파괴할 필요는 없다. 따라서 이 공정은 발전할 가능성이 있다.

CO_2를 포획하는 또 다른 방법

CO_2를 포획하는 또 다른 방법에는 건식흡착법, 막분리법, 극저온증류법 등이 있다. CO_2의 건식흡착에 사용하는 재질로는 활성탄, 제올라이트, 다공성 폴리머 (Caskey 등, 2008), 분자 바스켓 [molecular basket: Xu 등 (2005)] 등이 있다. 어떤 재료를 사용하든, 흡착공정은 흡착제의 재생공정에 맞추어 설계하여야 한다. 진공스윙흡착 (VSA: vacuum swing adsorption)은 압력스윙흡착 (PSA: pressure swing adsorption)이라고도 부르는데, 이 공정은 고압하에 CO_2를 흡착하고, 진공하에 흡착제를 재생하는 잘 알려진 방법이다. PSA의 장점은 에너지 필요량이 적으며 공정설계가 상대적으로 간단하다는 점이다 (Zhang 등, 2008; Park 등, 2002). 한편, CaO는 잠재적 흡착제로 광범위하게 연구되고 있다 (Manovic 등, 2007; Senthoorselvan 등, 2009). CO_2를 포획하기 위한 (저온 CO_2도 포함) CaO의 사용은 $CaCO_3$를 생성하는 자발적인 화학적 흡착반응에 의존한다. 이 후 CaO를 재생하기 위해, 또한 농축된 CO_2를 얻기 위해, 열과 스팀을 사용하면 반응은 역으로 진행되어 $CaCO_3$에서 갈라진다. 하지만 이 책 저자들 생각으로는, 이 공정은 에너지를 과도하게 소모하므로 비용이 매우 비쌀 것이다.

22.5 CO_2 운송과 격리

CO_2를 흡수하거나 흡착한 후에는, 흡수제/흡착제는 농축된 CO_2를 얻기 위해 재생되어야 한다. 이후 CO_2는 조절되어야 하며 (물, 휘발성 물질 및 기타 불순물 제거), 안전하게 처리하기 위해 특정 장소로 운송되어야 한다. 실제 대량의 CO_2를 운송하는 실행 가능한 두 가지 방법이 있다. 즉, 파이프라인 운송과 대형선박 운송이다. 격리 (sequestration)를 위한 두 가지 방법은 이미 문헌에서 잘 논의된, 지하주입법과 해양심층처리법이 있다. 하지만 현재 시점에서 저자 생각으로는, 바다에 격리하는 방법은 너무 위험해서 실행이 불가능하다고 생각한다. 두 가지 주요 운송법을 논의하기 이전에, CO_2의 상(phase)과 관련하여 잠시 논의하자. 이산화탄소는 가스, 액체, 고체, 초임계유체 상태로 존재한다. 상태도 (phase diagram)가 그림 22.13에 있다. 삼중점 (triple point)은 −56 ℃와 5.2 atm이며, 임계점 (critical point)은 31 ℃와 73 atm에서 일어난다. 임계압력과 온도를 초과하면, CO_2는 초임계유체 상태로 존재한다.

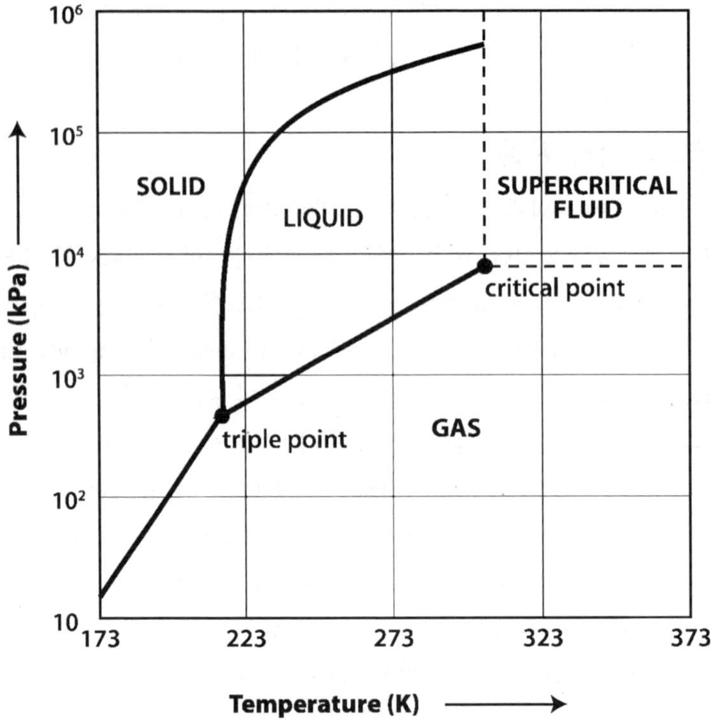

그림 22.13 CO_2의 상태도

CO_2의 밀도가 작기 때문에 가스상 CO_2 상태로 운송하는 것은 비경제적이다. 따라서 CO_2를 액체 또는 초임계 상태로 변환할 필요가 있다. 그림 22.14는 압력과 온도의 함수로 밀도와 물질 상태 사이의 관계를 보여주고 있다. 그림에서 보듯이, 삼중점 (저온, 보통 압력 위치) 가까이에 있는 액체 CO_2 (LCO2)는 임계점 (대기온도, 고압위치) 가까이에 있는 초임계 CO_2 (SCO2)보다 밀도가 거의 2배 이상 크다. 따라서 만약 LCO2 상태로 운송하면, 같은 부피로 두 배 중량의 CO_2를 운송할 수 있다 (파이프라인 또는 선박 운송시). 그러므로 운송하는 중에 LCO2에 대해 적절한 온도와 압력을 유지할 수 있다면, LCO2로 운송하는 것이 경제적으로 유리하다. 대형선박은 파이프라인보다 시설이 잘 갖춰져 있다. 사실 액화천연가스 (LPG: liquefied natural gas)를 운반하는 선박은 LCO2 운반용으로 개조될 수 있다 (Aspelund 등, 2006). 선박이 어떤 한 장소로 LNG를 운반하고 하역한 후, LCO2를 그 장소에서 채우고 원지점으로 다시 돌아올 수 있다. 이상적으로는 LCO2를 배에서 하역하고 LNG 생산지 근처에 격리시킬 수 있다. 이 방법은 가스정이 근처에 있다면, 천연가스의 생산수율을 개선 (석유회수 증진법과 마찬가지로)시킬 잠재력이 있다. 반면, 파이프라인 운송은 LCO2 또는 SCO2에 대해서 설계될 수 있다. 나중에 설명하겠지만, 각 운송법은 각기 장·단점을 가지고 있다.

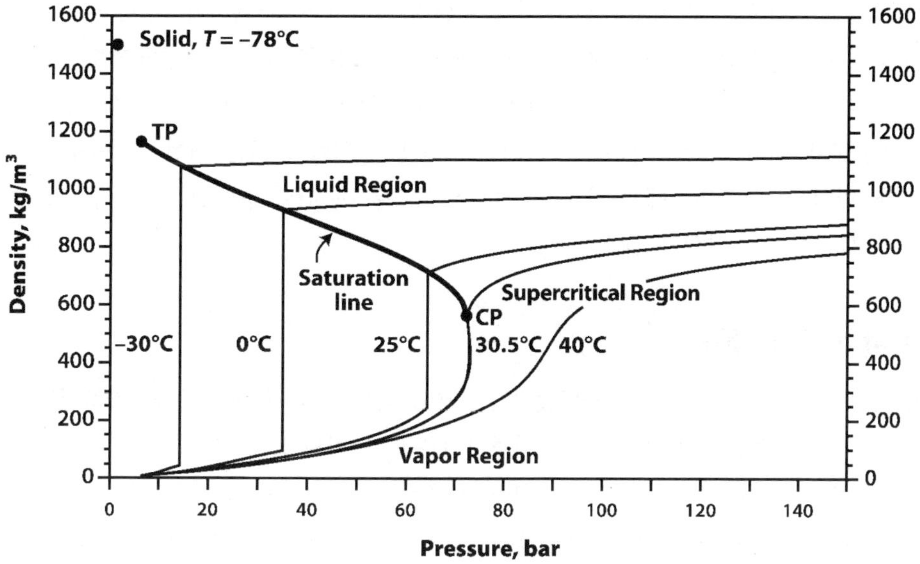

그림 22.14 CO_2에 대한 압력-밀도 상태도

출처 : Aspelund 등, 2006.

CO_2의 선박운송

삼중점 근처의 LCO2는 압력과 온도가 조금만 변화해도 증기나 고체로 변화된다는 사실 때문에, 압력은 5.2 atm보다 약간 높게 유지되어야 한다. 대기압 상태에서 CO_2를 운송하는 것은 현실적이 아니다. 저온과 보통 압력 정도의 상태가 적절할 것 같다. Aspelund 등 (2006)은 LCO2의 최적 운송은 6.5 bar와 −56 ℃를 유지하는 준-가압 선박에서 실현되어야 한다고 주장하였다. 비록 LCO2가 그 상태를 잘 유지하더라도, 선박에는 압력과 저온을 유지하기 위해 설치된 압축기 속에 어떠한 액체와 고체도 유입되지 않도록, 증기/액체 분리드럼과 기타 장치를 선박에 설치하여야 한다. 한편, 물과 산소도 문제를 일으킬 수 있다. 이 둘은 50 ppm 이하로 제거되어야 한다 (Aspelund and Jordal, 2007).

해양운송의 총 비용은 많은 변수의 함수가 되는데, 여기에는 자본비 (선박 가격, 목적지 항만에서의 선적과 하역 설비, 저장탱크, 압축기와 펌프)와 운영비 (임금, 연료비, 항만비용, 유지관리비 등)를 포함한다. Doctor 등 (2005)은 일 년에 CO_2 500만 톤을 옮기는데 드는 비용을 추정하였다. 1만~3만 톤을 운송하는 선박의 가격은 $3,400만~$8,500만 달러가 각각 든다고 추정하였고, 한 방향 운항거리 7,600 km를 운항하고 연간 총 톤수를 운송하는데 17척의 배가 필요하였다. 연간 비용은 2004년도 달러기준으로 1억 8,800만~3억 달러 범위였으며, 원단위로는 $34~$55/tonne이었다. 선박운송과 관련한 주요 위험은 LCO2의 순간적인 대량 누출로 인한 사고다. 이러한 누출사고는 아직 없었지만, 장시간 환경에 미치는 결과는 기름누출 사고보다는 나쁘지 않을 것으로 예상한다. 바닷물과 상호작용하면, LCO2는 수화물을 형성하거나 얼음을 형성할 수 있으며, 또는 커다란 온도구배 (temperature gradient)로 강력한 해류를 생성할 수 있다. 일부는 바닷물에 용해되지만, 대부분은 기화되어 생명에 위협이 되는 대형 가스구름을 생성할 수도 있다. 만약 항구 가까이에서 사고가 난다면, 구름은 육지로 이동하며 흐트러지지 않고 머물러 많은 생명체들은 질식사 할 수 있다.

CO_2의 파이프라인 운송

선박운송은 당연히 바다에서 사용되겠지만, 파이프라인은 육지 또는 물을 가로질러 운송에 사용된다. 하지만, 상당한 거리의 수중 파이프라인은 매우 비싸므로, 여기서는 고려하지 않는다. 오늘날 수많은 파이프라인이 CO_2 운송에 이미 사용되고 있으나 (주로 석유회수 증진을 위한 목적으로), 대부분은 소규모이며 짧은 거리이다. 파이프라인은 LCO2 또는 SCO2를 운송할 수 있다. LCO2의 장점은 밀도가 크다는 점이며 (단위부피당 더 큰 질량을 운송), 더 낮은 압축비를 가지고 있고 (압력손실이 낮다는 의미), 펌프가 압축기 대신에 사용된다. 반면, CO_2를 액체로 유지하기 위해서는 저온이 요구되는데, 이에 따라 통로에 특수한 단열처리장치와 중간 냉각장치가 요구된다. 또한, 지형에 따른 압력변화는 액체로부터 기체 또는 고체로 갑작스런 상변화를 일으켜 매우 심각한 문제를 초래할 수 있다.

안전한 파이프라인 운송에 필요한 압력은 보통 선박운송에 필요한 압력보다 높다. 일반적으로 압력은 80～150 bar 범위이다 (McCoy 등, 2008). 이 압력은 임계압력인 73 bar보다 높기 때문에 유체의 상태는 온도에 의해 결정된다. 온도가 31 ℃보다 높으면, CO_2는 초임계상태가 된다. 초기에는 SCO2 내에 큰 폭의 온도상승을 피하기 위해 단계적으로 가압하여야 한다. CO_2의 1 tonne당 1 bar에서 150 bar까지 압축하는데 약 125 kWh의 에너지가 필요하다.

대규모 파이프라인 운송에 드는 비용은 천연가스 및 기타 탄화수소의 파이프라인 운송과 관련한 많은 실험자료를 통해 외삽하여 추정할 수 있다. 16 in. 직경, 100 km의 파이프라인에 대한 비용은 약 3,500만 달러 (2004년 달러기준)라고 추정된다 (McCoy, 2008). 한 연구에 의하면, 운영비는 \$1～\$12/tonne이었다 (Zhang 등, 2006). 규모의 경제에 입각하여 규모가 클수록 tonne당 가격은 급속히 감소한다. 예를 들어, 연 100만 tonne에서 연 2,000만 tonne 또는 그 이상을 처리한다면, tonne당 가격은 약 80% 줄어든다.

지층 속에 CO_2 격리

일단 포획되고 최종처리 장소로 운송되면, CO_2는 몇 가지 형태의 지층 (폐탄광, 석유 및 가스 매장층, 깊은 소금층, 화산 현무암층 등) 속에 격리될 수 있다. 지층 속에서 CO_2의 기화를 막기 위해, 지층 속의 압력은 임계압력 (73 atm)보다 커야하는데, 이는 깊이가 800 m 이상이 되어야 한다는 의미이다 (Metz 등, 2005). 유층 또는 가스층으로의 CO_2 주입은 수십 년 동안 탄화수소의 회수증진을 위해서 응용되었다. 예를 들어, 뉴멕시코와 텍사스의 Permian Basin 유전지대에서는 30년 이상 약 3,000만 tonne을 주입하였다 (Nicot and Duncan, 2008). CO_2는 지층 내 바위의 작은 기공 속에 들어있는 기름을 대체하고 밀어낸다. 이로 인한 기름과 가스의 생산수율 증가는 CO_2의 처리비용보다 이득이 된다. 따라서 장소가 용이하다면, 고갈된 또는 아직 가동 중인 가스전 또는 유전을 사용하는 것이 우선순위 첫 번째이다.

소금물층 (saline aquifer)은 탄산염암, 현무암, 사암과 같은 기공성 암석의 지하 깊은 층이며 소금물로 가득 차 있고, 불투수성 바위로 덮여있다. "모자암 (caprock)"이라고 불리는 이 층은 기름 또는 가스가 비슷한 지층으로의 이동을 효과적으로 차단한다는 것이 입증되었기 때문에 수천 년 동안 CO_2를 저장하기에 충분하다. "기후변화에 관한 정부간 협의체 (IPCC: intergovern-mental Panel on Climate Change)"는 잘 선정되고, 잘 가동되는 소금층을 1,000년간 1% 미만의 CO_2를 손실할 정도로 훌륭한 격납장소라고 평가하였다 (Metz 등, 2005). CO_2를 다음과 같은 4가지 기전 (mechanism) 중 하나 이상을 이용하여 구속시킬 수 있다.

- 층위학적 (stratigraphic) 또는 구조적 구속 (불투수성 바위 층 사이에 고립시킴)
- 용해도 구속 [안정된 수상 (aqueous phase) 속에 용해시킴]
- 무기물 구속 (고체화합물로 만들기 위해 칼슘 또는 기타 무기물과 반응시킴)
- 수력학적 구속 (매우 느린 유속의 수층 속에 용해시킴)

폐탄광이나, 너무 얕아서 또는 너무 깊어서 경제적으로 채탄하기 어려운 석탄층은 CO_2 처리에 사용할 수 있는 지하층의 또 다른 형태이다. 석탄층은 기공이 많을 뿐 아니라 석탄자체가 CO_2와 친화력이 있기 때문에, 탄층은 CO_2를 상당량 흡수하고 저장한다. 이와 유사하게, 현무암은 기공이 많고, CaO, MgO, FeO의 함량이 높기 때문에, CO_2와 무기질 간에 친화력이 있다. 어떤 종류의 저장고를 선택하더라도, 의심할 여지없이, 모든 프로젝트에는 법률적 단계가 있다. 2008년 7월, 미국 EPA는 CO_2의 지질학적 격리에 관한 첫 번째 법률을 입법예고하였다. 제안된 법률에 의하면, 새로운 종류의 주입우물 (injection well)은 안전한 음용수법의 지하주입제어 (UIC: Underground Injection Control) 프로그램 영향 하에 건설될 것이다. 법률은 다음과 같은 사항을 요구한다.

- 주입 전 또는 주입 중 내부 및 외부의 기계적 완벽을 기하기 위해, 초기부터 주기적인 모니터링을 수행하여야 한다.
- 주입우물은 최소 기준에 따라 건설되어야 한다.

- 주입우물은 CO_2가 다른 물질을 음용수 층 속으로 밀어내지 않고 주입될 수 있는 곳에 위치해야 한다.
- 주입이 끝난 후에는, 사후 모니터링을 50년간 수행하여야 한다.

CO_2의 해양격리

주목을 받을 수 있는 또 다른 형태의 CO_2 장기간 처리방법은 해양격리이다. 이 방안이 흥미로운 이유는 바다가 이미 방대한 양의 CO_2를 저장하고 있으며, 바다는 넓고, 또한 바다는 장기간 CO_2의 영원한 흡수잠재성을 제공하기 때문이다. 해수 중에 "CO_2 호수"를 만들기 위해, 또는 해수 속으로 CO_2를 용해시키기 위해, CO_2를 주입하는 방안은 해양의 비료화법, 수중 CO_2 호수를 만들기 위해 파이프라인을 통한 직접주입법, 운항 선박으로부터 직접주입법 등이 있다.

해양 비료화는 철분, 질소, 또는 영양분을 바다의 넓은 지역에 살포하는 개념이다. 비료화는 조류의 성장을 촉진시키고, 증량된 조류는 그렇지 않을 때보다 상당량의 CO_2를 고정한다. 증량된 조류의 일부는 작은 생명체와 어류의 성장을 증가시키며, 일부는 죽어서 밑에 가라앉아 그 자체의 탄소도 함께 빼어간다. 외해에 설치한 실험실 규모의 실험에 의하면, 바다에 살포된 철분 1톤당 200톤의 탄소를 격리시켰다 (Powell, 2007). 한 방법은 철분 분말을 직접 바다에 추가하였고, 또한 방법은 옅은 슬러리 형태로 Fe_2SO_4를 추가하였다. 어떤 경우이든 철분 비료화를 선택한 해양영역은 조류대증식 (algal bloom)을 유지하기 위해 또 다른 영양분도 충분해야 한다. 이들 영역을 "고영양 - 저염록소 (HNLC: high-nutrient, low-chlorophyll) 지역"이라 부른다. 남부해양 대부분 지역이 이상적이라고 거론되고 있다. 어떤 방법이든, 철분은 기타 생물군의 성장을 촉진시키는 조류대증식에 비료로 되기에 충분히 오랫동안 해면에 머문다. 더 효과적이 되기 위해서는 대기 중 제거된 탄소를 궁극적으로 해양 밑바닥으로 보내야 한다. 조류를 먹고 사는 다양한 생물군의 농축된 배설물 알갱이는 해양표면에서 바닥에 이르기까지 중요한 탄소운송기작으로 언급된다 (Powell, 2007).

탄소격리 방안 중 CO_2를 바다로 직접주입하는 방법은 연구가 가장 많이 된 분야 중 하나이다. 직접주입은 해안가의 파이프라인을 통하거나, 견인된 긴 파이프를 통해 선박에서 액체 CO_2를 펌핑하여 수행된다. 직접주입을 통해, CO_2는 "액적 연기 (droplet plume)" 형태로 분산되는데, 액적 연기는 결국 해수 속으로 용해된다. 또는 주입된 CO_2는 해양 밑바닥에 짙은 액체 "호수"로서 남는다. 어떤 경우이든, LCO2가 갑작스럽게 증기로 빠져나오지 못하도록 1,000 m 이상 되는 깊이에 주입하여야 한다. 분명히 해양주입은 잠재적으로 심각한 결과를 초래할 수 있다. 즉, 해양 생명체에 단기적인 영향을 줄 수 있고, 해수 산성화 증가에 장기적인 영향을 줄 수 있다.

직접적 해양주입과 관련한 많은 모델링 연구가 있었다. 아직 어떻게 CO_2가 바다에 방출된 후 분산되고 반응하는지에 관해 많은 의문이 남아 있다. 일부 연구에서는 대량 CO_2 주입 후 어떤 분포를 보이는지를 모사하기 위해, 크고 복잡한 수치모델을 개발하였다 [일반적으로 해양종합순환모델 (Ocean General Circulation Model)이라 부른다]. 이러한 모델로 해류, 심층순환, 경계층 과정 및 수동력학을 설명할 수 있다. 하지만 이들 모델은 현재 상대적으로 단기간 (10년 정도)에 대해 모델링 할 수 있으며, 새롭고 더 완성된 모델 (해양생명 생화학, 산성화, 물질전달 등을 포함한 모델)은 수백 년 후의 잠정적 영향을 평가하여야 한다.

지층에 장기간 저장하는 비용을 추정하는 일은 현재 확정적인 것이 전혀 없다. 특히 장기간 모니터링에 대한 가능한 법률적 규제가 변수로 주어진다면 더 확정적이 아니다. 한 연구에 의하면, 이러한 해양저장 (storage)에는 \$1～\$30/tonne의 비용이 든다고 추정한다 (Metz 등, 2005). 하지만 해양처리 (disposal)에 대한 비용은 매우 비싸다. 같은 연구에 의하면, 해양처리에는 5～50배 더 많은 비용이 든다. 여론에 따르면, 이 시대에는 해양처리가 지층처리보다 바람직하지 않다는 쪽으로 기울 것 같다 (Tokushige 등, 2007).

22.6 요약

이 장에서 우리는 지구기후변화와 이산화탄소의 제어와 관련한 실상과 주제에 대해 짤막하게 검토하였다. 우리는 전 세계 에너지 사용량과 어떻게 이것이 과잉 CO_2의 대량배출을 초래하는 화석연료와 연관이 있는지를 검토하였다. 우리는 CO_2 배출을 막기 위해 (에너지절약, 대체연료, 효율개선 또는 개선된 전력생산기술 등에 의한), CO_2를 포획하기 위해 (화학적 또는 생물학적으로), CO_2를 운송하기 위해 (액체 또는 초임계 유체로서), CO_2를 처리하기 위해 (깊은 지층 또는 해양 속에), 최근에 사용되는 기술들과 미래에 제안된 기술들을 설명하였다. 목적은 독자들에게 문제규모에 대해 인식을 갖게 하고, 문제점을 소개하여 현재 진행 중에 있고 또한 제안된 방법들에 대해 관심을 갖게 하는 것이다. 우리는 CO_2 배출문제를 "해결"하기 위해, "새로운" 기술에 대한 미래의 요구사항이 궁극적으로는 물질과 에너지 수지라는 기본분석도구를 바탕으로, 비용 대비 효율적이어야 한다는 점을 기억해 주기 바란다.

우리는 이 장에서 이들 주제의 겉 만 조금 다뤘다는 것을 알고 있다. 지금은 새롭고, 혁신적인 기술과 지식이 매일 발전하는 흥미진진한 시기이다. 우리의 기술, 물질, 전산모델, 기타 도구들은 쉼 없이 개선되고 있다. 정부의 정책과 협력은 이러한 주제를 논의할 때 극도로 중요하다. 도전은 한 회사나 국가가 나서서 해결하기에는 벅찬 일이다. 우리는 독자들이 이 주제에 대한 정보를 계속 습득하고, 사회가 요구하는 기술력 발휘에 공헌하기 위해 노력하며, 미래 10～20년간 분명히 발생할 정책토론과 정책결정에 적극 참여하기를 촉구한다.

연습문제

22.1 미국의 매립장에서는 대기 중으로 매년 150만 tonne의 메탄을 방출한다. 연간 매출량을 CO_2 등가량으로 환산하여 계산하라.

22.2 최근 스페인의 연간 전력생산량은 약 300 GWh이고, 석탄 연소량은 총량의 약 27%를 차지한다. 적절한 가정을 세우고, 스페인 화력발전소에서 석탄연소로 배출되는 연간 탄소배출량을 tonne 단위로 추정하라. 하지만 풍력과 태양에너지는 스페인 전력생산량의 거의 10%를 차지한다. 스페인에서 풍력과 태양력을 사용하지 않을 때 연간 탄소배출량을 추정하라.

22.3 오늘 날 전 세계에는 약 9억 대의 차량이 있다. 평균 차량운행거리를 16,000 km/yr라고 가정하고 평균 연비를 5 km/L로 가정하라. 또한 연료의 밀도를 0.7 kg/L, 연료의 탄소함량을 83%로 가정하라. 이들 모든 차량에서 배출되는 탄소배출량을 Gt 단위로 계산하라.

22.4 1958년부터 2008년까지 50년간 대기 중으로 배출한 탄소량은 얼마인가? Gt 단위로 계산하라. 이 기간 동안 대기 중 CO_2 농도는 315 ppm에서 387 ppm으로 증가하였다.

22.5 갈탄에 대한 CO_2 배출계수를 개발하라. 표 22.2에서 중간 범위를 가정하라. 이때 배출계수를 tonne C/tonne coal 단위와 tonne C/million Btu 단위로 계산하라. 또한 35% 효율을 갖는 발전소에 대해 tonne C/MWh 단위로 배출계수를 추정하라.

22.6 대형 아민세정기와 관련하여 예제 22.5를 참고하라. 세정기의 높이를 100 ft로 가정하라. 또한 L/G비를 SO_2 세정기의 비율 (약 75 gal/1,000 scf)과 같다고 가정하라. 아민용액을 탑 상부까지 펌핑하는데 필요한 에너지를 계산하라. 또한 압력손실 10 in. H_2O로 가스를 운송하는데 필요한 송풍기 에너지를 계산하라.

22.7 예제 22.5를 참고하라. 여기서 포획된 CO_2는 9,900 ton/day이다. 발전소에서 30 mile 떨어진 지하 주입우물까지 CO_2를 운송하는데 필요한 파이프라인의 직경을 in. 단위로 구하라. 우선, CO_2가 초임계유체 상태 (80 bar, 30 ℃)로 운송된다고 가정하라. 다음, CO_2가 액체 상태 (80 bar, 0 ℃)로 운송된다고 가정하라. 마지막으로, 두 경우 모두 파이프라인 속의 유속을 4.0 m/s로 가정하라.

22.8 위의 문제에서 같은 양의 CO_2 총 톤수에 대해, 액체 CO_2를 운송하는데 필요한 연간 선박(이 배는 준-압력 선박으로 CO_2는 약 20 bar, −30 ℃이다)의 수를 계산하라.

22.9 400 MW급 석탄화력발전소에서, 열함량 : 11,000 Btu/lb, CO_2 배출계수 : 2.10 lb CO_2/lb coal인 석탄을 연소하고 있다. 발전소의 총괄열효율은 40%이다. 또한 발전소 부지에 면적이 12,000 acre인 조류 연못을 가지고 있다. 평균적으로 조류의 성장속도는 30 g/m^2-day이다. 조류 연못에서 포획되는 발전소 CO_2는 몇 %인지 추정하라.

22.10 만약 미국에서 한 가족이 절약할 수 있는 전기가 200 kWh/month라면, 한 가족이 막을 수 있는 CO_2량은 1년에 얼마나 되는가? 필요한 모든 가정을 세워라.

22.11 만약 미국에서 한 가족이 카풀을 해서 줄일 수 있는 운전거리가 2,000 mile/yr라면, 한 가족이 막을 수 있는 CO_2량은 1년에 얼마나 되는가?

22.12 만약 미국 전체 승용차량 (승용차, SUV, 픽업트럭 포함)의 연비가 20 mpg에서 27 mpg로 개선된다면, 막을 수 있는 CO_2량은 1년에 얼마나 되는가? 미국에 약 2억 대의 승용차량이 있다고 가성하라. 또한, 평균운행거리를 12,000 mile/yr로 가정하라

22.13 대기로부터 1 Gt의 탄소를 제거하기 위해 해양에 살포할 철분의 양은 얼마인가? Tonne 단위로 계산하라.

22.14 이 책에 소개된 기술적 주제를 하나 선택하고 연구하라. 발견한 사실을 요약한 내용에 대해 약 5쪽 이내 분량으로 간단한 논문을 작성하라.

22.15 지구기후변화와 관련된 정책적 주제를 하나 선택하고 그 정책과 관련이 있는 국회의원을 찾아라. 그의 정책에 대한 당신의 의견을 담은 편지를 써라. 우표와 주소가 적힌 봉투를 편지와 함께 제출하라. 교수가 편지를 검토한 후, 국회의원에게 발송할 것이다.

참고문헌

Algenol Biofuels. Corporate Presentation, September 2009. Accessed May 2010 from http://www.algenolbiofuels.com/Algenol%20101%20Sept%202009.pdf

Alstom. "AEP and Alstom Commission First of Its Kind Carbon Capture and Sequestration (CCS) Project," October 2009. Accessed May 2010 from http://www.alstom.com/home/news/news/business_news/61602.EN.php?languageId=EN&dir=/home/news/news/business_news/&idRubriqueCourante=23133

American Electric Power Company. "Carbon Capture and Storage," n.d. Accessed September 2009 from http://www.aep.com/envrionmental/climatechange/carboncapture/

Andersen, R.A. *Algal Culturing Techniques*. Elsevier Academic Press, 2005.

Aspelund, A., and Jordal, K. "Gas Conditioning: The Interface between CO_2 Capture and Transport," International Journal of Greenhouse Gas Control, 1(3), July 2007, pp 343-354.

Aspelund, A., Molnvik, M.J., and De Koeijer, G. "Ship Transport of CO_2: Technical Solutions and Analysis of Costs, Energy Utilization, Energy Efficiency and CO_2 Emissions," Chemical Engineering Research & Design, 84(9), 2006, pp. 847-855.

Bielo, D. "Bacteria Transformed in Biofuel Refineries," Scientific American, January 27, 2010. Accessed February 2010 from http://www.scentificamerican.com/article.cfj?id=bacteria-transformed-into-biofuel-refineries

Booras, G., and Holt, N. "Pulverized Coal and IGCC Plant Cost and Performance Estimates." Paper presented at Gasification Technologies Conference 2004, Washington, DC, October 3-6, 2004.

British Petroleum (BP). "BP Statistical Review of World Energy June 2009." Accessed September 2009 from http://www.bp.com/liveassets/bp_internet/globalbp/globalbp_uk_english/report_and_publications/statistical_energy_review_2008/STAGING/local_assets/2009_downloads/statistical_review_of_world_energy_full_report_2009.pdf

Caskey, S.R., Wong-Foy, A.G., and Matzger, A.J. "Dramatic Tuning of Carbon Dioxide Uptake via Metal Substitution in a Coordination Polymer with Cylindrical Pores," Journal of the American Chemical Society, 130 (33), 2008, pp. 10870-10871.

Denman, K.L., Brasseur, G., Chidthaisong, A., Ciais, P., Cox, P.M., Dickinson, R.E., Hauglustaine, D., Heinze, C., Holland, E., Jacob, D., Lohmann, U., Ramachandran, S., da Silva Dias, P.L., Wofsy, S.C., and Zhang, Z. "Couplings Between Changes in the Climate System and Biogeochemistry." In Climate Change 2007: *The Physical Science Basis. Contribution of Working Group I to the Fourth Assessment Report of the Intergovernmental Panel on Climate Change*, Cambridge University Press, Cambridge, UK, and New York: 2007. Accessed February 2010 from http://www.ipcc.ch/pdf/assessment-report/ar4/wg1/ar4-wg1-chamter7.pdf

Doctor, R., Palmer, A., Coleman, D., Davison, J., Hendriks, C., Kaarstad, O., Ozaki, M., and Austell, M. IPCC *Special Report on Carbon Dioxide Capture and Storage*, Intergovernmental Panel on Climate Change, Cambridge University Press, 2005.

Electric Power Research Institute. *Advanced Coal Power Systems with CO_2 Capture: EPRI's Coal Fleet for Tomorrow Vision*. Palo Alto, CA: Electric Power Research Institute, 2008.

Energy Information Administration (EIA). "Independent Statistics and Analysis," U.S. Dept. of Energy, n.d. Accessed February 2010 from http://www.eia.doe.gov/emeu/international/contents.html

Energy Information Administration (EIA). "U.S. Energy Consumption by Energy Source, 2002 - 2006," U.S. Dept. of Energy, May 2007. Accessed September 2009 from http://www.eia.doe.gov/eneaf/solar.renewables/page/prelim_trends/pretrends.pdf

Energy Information Administration (EIA). "Greenhouse Gases, Climate Change and Energy," U.S. Dept. of Energy, May 2008a. Accessed September 2009 from http://www.eia.doe.gov/bookshelf/brochures/greenhouse/Chapter1.htm

Energy Information Administration (EIA). "World Carbon Dioxide Emissions from the Use of Fossil Fuels,"

International Energy Annual 2006, U.S. Dept. of Energy, June-December 2008b. Accessed September 2009 from http://www.eia.doe.gov/iea/carbon.html

Energy Information Administration (EIA). "Emissions of Greenhouse Cases in the United States 2008." U.S. Dept. of Energy, DOE/EIA-0573, December 2009a.

Energy Information Administration (EIA). "International Energy Outlook 2009," Report#DOE/EIA-0484, U.S. Dept. of Energy, May 2009b. Accessed September 2009 from http://www.eia.doe.gov/oiaf/ieo/world.html

Energy Information Administration (EIA). "U.S. Carbon Dioxide Emissions from Energy Sources: 2008 Flash Estimate," U.S. Dept. of Energy, May 2009c. Accessed February 2010 from http://www.eia.doe.gov/oiaf/1605/flash/pdf/flash.pdf

Energy Information Administration (EIA). "Count of Electric Power Industry Power Plants, by Sector, by Predominant Energy Sources with Plant," Electric Power Annual, January 2010. Accessed February 2010 from http://www.eia.doe.gov/cneaf/electricity/epa/epa+5p1.html

Feron, P.H.M., and Hendriks, C.A. "CO_2 Capture: Process, Principles, and Costs," Oil & Gas Science and Technology - Rev. IFP, 60(3), 2005, pp. 451-459.

Forster, P., Ramaswamy, V., Artaxo, P., Berntsen, T., Betts, R., Fahey, D.W., Haywood, J., Lean, J., Lowe, D.C., Myhre, G., Nganga, J., Prinn, R., Raga, G., Schultz, M., and Van Dorland, R. "Changes in Atmospheric Constituents and in Radiative Forcing." *In Climate Change 2007: The Physical Science Basis. Contribution of Working Group I to the Fourth Assessment Report of the Intergovernmental Panel on Climate Change.* Cambridge University Press Cambridge, UK, and New York, 2007.

GreenFuel Technologies. Accessed September 2009 from www.greenfuelonline.com/index.htm

Herzog, H., Drake,e., and Adams, E. "CO_2 Capture, Reused and Storage Technologies for Mitigating Global Climate Change." Energy Laboratory, Massachusetts Institute of Technology, 1997.

Hill, J., Nelson, E., Tilman, D., Polasky, S., and Tiffany, D. "Environmental, Economic, and Energetic Costs and Benefits of Biodiesel and Ethanol Biofuels." Proceedings of the National Academy of Science, 103(30, July 2006. 11206-11210.

Hong, B.D., and Slatick, E.R., "Carbon Dioxide Emission Factors for Coal," Quarterly Coal Report, January-April, 1994, DOE/EIA-0121 (94/Q1), Washington, DC, August, 1994.

Howell, K. "Some See Exxon Investments into Alt Energy Signaling 'Paradigm Shift' for Big Oil," The New York Times, July 16, 2009.

Kim, S., and Kim, H.T. "ASPEN Simulation of CO_2 Absorption System with Various Amine Solutions," American Chemical Society, Division of Fuel Chemistry, 49(1), 2004, pp. 251-252.

Manovic, V., and Anthony, E.J. "Steam Reactivation of Spent CaO-Based Sorbent for Multiple CO_2 Capture Cycles," Environmental Science and Technology, 41(4), January 2007, pp. 1420-1425.

McCoy, S.T. "The Economics of CO_2 Transport by Pipeline and Storage in Saline Aquifers and Oil Reservoirs," Engineering & Public Policy. Pittsburgh, PA: Carnegie Mellon University, 2008.

McCoy, S.T., and Rubin, E.S. "An Engineering-Economic Model of Pipeline Transport of CO_2 with Application to Carbon Capture and Storage," International Journal of Greenhouse Gas Control, 2, 2008, pp. 219-229.

Metz, B., Davidson, O., de Coninck, H., Loos, M., and Meyer, L. IPCC Special Report on Carbon Dioxide Capture and Storage. Cambridge University Press, 2005.

Nalbandian, H. "Performance and Risks of Advanced Pulverized-Coal Plants," Energeia, 20, 2009, pp. 1-3.

Nicot, J.P., and Duncan, I.J. "Science-Based Permitting of Geological Sequestration of CO_2 in Brine Reservoirs in the U.S.," *Environmental Science and Policy*, 11(1), 2008, pp. 14-24.

Park, J.H., Beum, H.T., Kim, J.N., and Cho, S.H. "Numerical Analysis on the Power Consumption of the PSA Process for Recovering CO_2 from Flue Gas," Industrial and Engineering Chemistry Research, 41(16), July 2002, pp. 4122-4131.

Pedroni, P., Davison, J., Beckert, H., Bergman, P., and Benemann, J. "A Proposal to Establish an International Network on Biofixation of CO_2 and Greenhouse Gas Abatement with Microalgae," Journal of Energy and Environmental Research, 1(1), July 2009.

Pilson, Michael E.Q. "We Are Evaporating Our Coal Mines into the Air," AMBIO: A Journal of the Human Environment, 35 (3), May 2006, pp. 130-133.

Powell, H. "Fertilizing the Ocean with Iron," Oceanus, Nov. 13, 2007. Woods Hole Oceanographic Institution. Accessed September 2009 from http://www.whoi.edu/oceanus/viewArticle.do?id=34167

RealClimate.org. "The Lag between Temperature and CO_2," 2007. Accessed September 2009 from http://www.realclimate.org/index.php/archives/2007/04/the-lag-between-temp-and-co2/

Reddy, S., Dennis, J., and John, G. "Flour's Econamine FG PlusSM Technology for CO_2 Capture at Coal-Fired Power Plants." Paper presented at "Power Plant Air Pollutant Control 'Mega' Symposium," Air & Waste Management Association, Baltimore, August 2008.

Sanz, W., Jericha, H., Bauer, B., and Gottlich, E. "Qualitative and Quantitative Comparison of Two Promising Oxy-Fuel Power Cycles for CO_2 Capture." Journal of Engineering for Gas Turbines and Power, 130(30, May 2008.

Satin, M. "Microalgae." The Agro-Industries and Post-Harvest Management Service (AGSI), 2006. Accessed April 2009 from http://www.fao.org/ag/ags/Agsi/MICROALG.htm

Schneider, D. "Grow Your Own?" American Scientist, 94(5), September-October 2006. Accessed May 2010 from http://www.americanscientist.org/issues/pub/2006/9/grow-your-own

Senthoorselvan, S., Gleis, S., and Hartmut, S. "Cyclic Carbonation Calcinations Studies of Limestone and Dolomite for CO_2 Separation from Combustion Flue Gases," Journal of Engineering for Gas Turbines and Power, 131(1), 2009.

Sheehan, J., Dunahay, T., Benemann, J.R., and Roessler, P. "A Look Back at the U.S. Department of Energy's Aquatic Species Program: Biodiesel from Algae," NREL/TP-580-24190, U.S. Dept. of Energy, 1998. Accessed May 2010 from http://www.nrel.gov/docs/legosti/fy98/24190.pdf

Skjanes, J., Lindblad, P., and Muller, J. "BioCO_2 - A Multidisciplinary, Biological Approach Using Solar Energy to Capture CO_2 While Producing H_2 and High Value Products," Biomolecular Engineering, 24 (4), October 2007, pp. 405-413.

Sonnois, L. "Chilled Ammonia CO_2 Capture System," Presentation at Research Experience in Carbon Sequestration Program, Albuquerque, NM, July 2009. Accessed September 2009 from http://recsco2.org/09pro-grampresentations/AlstomChilled.pdf

Stepan, D.J., Shockey, R.E., Moe, T.A., and Dorn, R. "Subtask 2.3: Carbon Dioxide Sequestering Using Microalgal Systems," Final Report, no. 2002-EERC-02-03, U.S. Dept. of Energy, February 2002.

Tokushige, K., Akimoto, K., and Tomoda, T. "Public Acceptance and Risk Benefit Perception of CO_2 Geological Storage for Global Warming Mitigation in Japan," Mitigation and Adaptive Strategies for Global Climate Change, 12(7), August 2007, pp. 1237-1251.

United Nations Environment Programme (UNEP) and the World Meteorological Organization (WMO). IPCC Technical Paper IV, Climate Change and Water, Intergovernmental Panel on Climate Change, June 2008.

U.S. Environmental Protection Agency. 2010 U.S. Greenhouse Gas Inventory Report, EPA#430-R-10-006, April 2010. Accessed June 2010 from http://epa.gov/climatechange/emissions/usinventoryreport.html

Viswanathan, R., Coleman, K., and Rao, U. "Material for Ultra-Supercritical Coal Fired Power Plant Boilers," International Journal of Pressure Vessels and Piping, 83 Nov. - Dec. 2006, pp. 778-783.

Wald, M.L. "Retrofitted to Bury Emissions, Plant Draws Attention," The New York Times, September 21, 2009, Section A1.

Xu, X., Song, C., Miller, B., and Scaroni, A. "Adsorption Separation of Carbon Dioxide from Flue Gas of Natural Gas Fired Boiler by Novel Nanoporous 'Molecular Basket' Adsorbent," *Fuel Processing Technology*, 86(14-15), 2005, pp. 1457-1472.

Zhang, J., and Webley, P.A. "Cycle Development and Design for CO_2 Capture from Flue Gas by Vacuum Swing Adsorption," *Environmental Science Technology*, 42(2), December 2008, pp. 563-569.

Zhang, Z.X., Wang, G.X., Massarotto, P., and Rudolph, V. "Optimization of Pipeline Transport for CO_2 Sequestration," *Energy Conversion and Management*, 47(6), April 2006, pp. 702-715.

Appendixes

부 록

지식에는 두 종류가 있다.
하나는 자신이 스스로 아는 것이며, 또 하나는 어디에 정보가 있는지를 아는 것이다.

Samuel Johnson, 1775.

부록 A : 단위환산계수

부록 B : 공기 및 기타 물질의 성실

부록 C : 가우시안 분포의 특성

부록 D : 컴퓨터 프로그램

부록 E : 환경공학기술사 시험에 대비한 대기관련 실전문제 (해답포함)

부록 F : 연습문제 해답

부록 A 단위환산계수

Column A의 1 unit = Row B의 값

사용법 예 : 1 lb_m = 453.6 g; 1 kg = 2.205 lb_m

표 A.1 질량

Column A	Row B					
	lb_m	g	gr	kg	ton	tonne
lb_m	1.0	453.6	7,000	0.4536	0.00050	0.000454
g	0.002205	1.0	15.43	0.001	$1.10(10)^{-6}$	$1.0(10)^{-6}$
gr	0.000143	0.0648	1.0	$6.48(10)^{-5}$	$7.14(10)^{-8}$	$6.48(10)^{-8}$
kg	2.205	1,000	$1.54(10)^4$	1.0	0.0011	0.001
ton	2,000	$9.07(10)^5$	$1.40(10)^7$	907	1.0	0.907
tonne (metric ton)	2,205	$(10)^6$	$1.54(10)^7$	1,000	1.102	1.0

표 A.2 길이

Column A	Row B					
	m	ft	in.	μm	km	mile
m	1.0	3.281	39.37	10^6	0.001	$6.21(10)^{-4}$
ft	0.3048	1.0	12	$3.05(10)^5$	$3.05(10)^{-4}$	$1.894(10)^{-4}$
in.	0.0254	0.0833	1.0	$2.54(10)^4$	$2.54(10)^{-5}$	$1.578(10)^{-5}$
μm	10^{-6}	$3.28(10)^{-6}$	$3.94(10)^{-5}$	1.0	$1.0(10)^{-9}$	$6.22(10)^{-10}$
km	1,000	3,281	$3.94(10)^4$	$1.0(10)^9$	1.0	0.6215
mile	1,609	5,280	$6.336(10)^4$	$1.61(10)^9$	1.609	1.0

표 A.3 면적

Column A	Row B					
	ft^2	m^2	Ac	Ha	$mile^2$	km^2
ft^2	1.00	0.0929	$2.29(10)^{-5}$	$9.29(10)^{-6}$	$3.587(10)^{-8}$	$9.29(10)^{-8}$
m^2	10.76	1.00	$2.47(10)^{-4}$	0.0001	$3.86(10)^{-7}$	$1.00(10)^{-6}$
Acres (Ac)	43.560	4,047	1.00	0.4047	0.001562	0.004047
Hectares (Ha)	$1.076(10)^5$	10,000	2.2471	1.00	0.003861	0.01
$mile^2$	$2.788(10)^7$	$2.59(10)^6$	640	259	1.00	2.59
km^2	$1.076(10)^7$	$1.00(10)^6$	247.1	100	0.386	1.00

표 A.4 부피

Column A	Row B			
	ft^3	L	gal	m^3
ft^3	1.0	28.32	7.481	0.02832
L	0.03531	1.0	0.2642	0.001
gal	0.1337	3.785	1.0	0.003785
m^3	35.31	1,000	264.2	1.0

표 A.5 힘

Column A	Row B			
	N	lb_f	$kg\text{-}m/s^2$	$lb_m\text{-}ft/s^2$
N	1.0	0.2248	1.0	7.232
lb_f	4.448	1.0	4.448	32.17
$kg\text{-}m/s^2$	1.0	0.2248	1.0	7.232
$lb_m\text{-}ft/s^2$	0.1383	0.03108	0.1383	1.0

주의 : 1 dyne = 10 μN, 1 N = 1 $(kg\text{-}m)/s^2$

표 A.6 압력

Column A	ROW B					
	atm	psi	mmHg	in. H_2O	mbar	Pa (N/m^2)
atm	1.0	14.70	760	406.8	1,013	101,300
psi	0.068	1.0	51.7	27.67	68.9	6,891
mmHg	$1.316(10)^{-3}$	0.0193	1.0	0.535	1.333	133.3
in. H_2O	0.002458	0.03614	1.868	1.0	2.49	249
mbar	$9.87(10)^{-4}$	0.0145	0.750	0.4016	1.0	100
Pa	$9.87(10)^{-6}$	$1.45(10)^{-4}$	0.0075	0.00402	0.01	1.0

주의 : 1 Pa = 1 N/m^2

표 A.7 에너지

Column A	Row B					
	Btu	kJ	cal	ft-lb_f	kWh	L-atm
Btu	1.0	1.055	252	778	$2.93(10)^{-4}$	10.41
kJ	0.948	1.0	239	737.5	$2.778(10)^{-4}$	98.62
cal	0.00397	0.004184	1.0	3.087	$1.163(10)^{-6}$	0.0413
ft-lb_f	0.001285	0.001356	0.3239	1.0	$3.766(10)^{-7}$	0.01338
kWh	3,412	3,600	$8.60(10)^5$	$2.66(10)^6$	1.0	$3.55(10)^4$
L-atm	0.0961	0.01014	24.22	74.74	$2.82(10)^{-5}$	1.0

주의 : 1 J = 1 N × m

표 A.8 동력

Column A	Row B				
	W	kW	ft-lb_f/s	hp	Btu/hr
W	1.0	0.001	0.737	0.00134	3.412
kW	1,000	1.0	737.6	1,341	3,412
ft-lb_f/s	1.356	0.001356	1.0	0.001818	4.63
hp	745.5	0.7455	550	1.0	2,545
Btu/hr	0.293	$2.93(10)^{-4}$	0.216	$3.93(10)^{-4}$	1.0

표 A.9 속력

Column A	Row B			
	ft/s	m/s	mile/hr	ft/min
ft/s	1.0	0.3048	0.6818	60.0
m/s	3.281	1.0	2.237	196.8
mile/hr	1.467	0.447	1.0	88.0
ft/min	0.01667	0.00508	0.01136	1.0

표 A.10 점도

Column A	Row B			
	cp	g/cm-s	lb_m/ft-hr	kg/m-hr
cp	1.0	0.01	2.42	3.61
g/cm-s	100	1.0	242	361
lb_m/ft-hr	0.413	0.00413	1.0	1.492
kg/m-hr	0.277	0.00277	0.670	1.0

부록 B 공기 및 기타 물질의 성질

표 B.1 최근 대기 중 가스의 농도 (건조공기 기준)

가 스	농 도 (단위)[a]	
질 소	78.09	%
산 소	20.94	%
아르곤	0.93	%
이산화탄소	370	ppm
네 온	18	ppm
헬 륨	5.2	ppm
메 탄	1.7	ppm
크립톤	1.0	ppm
수 소	500	ppb
N_2O	300	ppb
제 논	80	ppb
규제오염물질[b]		
CO	100	ppb
O_3	20	ppb
NO_2	1	ppb
SO_2	200	ppt
기타 가스		
암모니아	10	ppb
프레온 (CFC-11)	230	ppt
H_2S	200	ppt
***		

a 단위는 모두 부피기준이다.
b 여기 주어진 값은 대략적인 시골에서의 배경농도이다. 당연히 도시지역의 농도는 이보다 높다.
*** 도시지역에서는 상대적으로 안정한 각종 무기 및 유기가스 등이 다양한 농도로 존재한다.
출처 : 표의 각 숫자는 각종 문헌에서 발췌한 것이다.

표 B.2 공기의 특성

Temp., °F	Specific Heat at Constant Pressure(C_p), Btu/lb$_m$ °F	Absolute Viscosity(μ), lb$_m$/hr-ft	Thermal Conductivity (k), Btu/hr-ft-°F	Prandtl No. ($C\mu/k$) (Dimensionless)	Density (ρ)[a], lb$_m$/ft^3
0	0.240	0.040	0.0124	0.77	0.0863
20	0.240	0.041	0.0128	0.77	0.0827
40	0.240	0.042	0.0132	0.77	0.0794
60	0.240	0.043	0.0136	0.76	0.0763
80	0.240	0.045	0.0140	0.77	0.0734
100	0.240	0.047	0.0145	0.76	0.0708
120	0.240	0.047	0.0149	0.76	0.0684
140	0.240	0.048	0.0153	0.76	0.0662
160	0.240	0.050	0.0158	0.76	0.0639
180	0.240	0.051	0.0162	0.76	0.0619
200	0.240	0.052	0.0166	0.76	0.0601
250	0.241	0.055	0.0174	0.76	0.0558
300	0.241	0.058	0.0182	0.76	0.0521
350	0.241	0.060	0.0191	0.76	0.0489
400	0.241	0.063	0.0200	0.76	0.0460
450	0.242	0.065	0.0207	0.76	0.0435
500	0.242	0.067	0.0214	0.76	0.0412
600	0.242	0.072	0.0229	0.76	0.0373
700	0.243	0.076	0.0243	0.76	0.0341
800	0.244	0.080	0.0257	0.76	0.0314
900	0.245	0.085	0.0270	0.77	0.0295
1,000	0.246	0.089	0.0283	0.77	0.0275
1,200	0.248	0.097	0.0308	0.78	0.0238
1,400	0.251	0.105	0.0328	0.80	0.0212
1,600	0.254	0.112	0.0346	0.82	0.0192
1,800	0.257	0.120	0.0360	0.85	0.0175
2,000	0.260	0.127	0.0370	0.83	0.0161

a ρ taken at Pressure of 29.92 in. of mercury.
출처 : Air Pollution Engineering Manual, 1973.

표 B.3 수중가스에 대한 헨리상수

Where $\overline{P_a} = H_a x_a$
$\overline{P_a}$ = 기상에서 용질 a의 분압, atm
x_a = 액상에서 용질 a의 몰분율, 몰분율
H_a = 헨리상수, atm/몰분율

온도, ℃	$H_a \times 10^{-4}$, atm/몰분율									
	Air	CO_2	CO	C_2H_6	H_2	H_2S	CH_4	NO	N_2	O_2
0	4.32	0.0728	3.52	1.26	5.79	0.0268	2.24	1.69	5.29	2.55
10	5.49	0.104	4.42	1.89	6.36	0.0367	2.97	2.18	6.68	3.27
20	6.64	0.142	5.36	2.63	6.83	0.0483	3.76	2.64	8.04	4.01
30	7.71	0.186	6.20	3.42	7.29	0.0609	4.49	3.10	9.24	4.75
40	8.70	0.233	6.96	4.23	7.51	0.0745	5.20	3.52	10.4	5.35
50	9.46	0.283	7.61	5.00	7.65	0.0884	5.77	3.90	11.3	5.88
60	10.1	0.341	8.21	5.65	7.65	0.103	6.26	4.18	12.0	6.29
70	10.5		8.45	6.23	7.61	0.119	6.66	4.38	12.5	6.63
80	10.7		8.45	6.61	7.55	0.135	6.82	4.48	12.6	6.87
90	10.8		8.46	6.87	7.51	0.144	6.92	4.52	12.6	6.99
100	10.7		8.46	6.92	7.45	0.148	7.01	4.54	12.6	7.01

주의 : 이 표의 사용방법 - 표의 값을 취하고 그 값에 10^4을 곱하여 H_a를 얻는다. 예를 들어, 20 ℃에서 H_2S의 헨리상수는 483 atm/몰분율이다.

출처 : Foust 등, 1960.

표 B.4 NH_3 및 SO_2의 물에 대한 용해도

Mass NH_3 Per 100 Masses H_2O	(a) Ammonia NH_3 분압, mmHg						
	0 ℃	10 ℃	20 ℃	30 ℃	40 ℃	50 ℃	60 ℃
100	947						
90	785						
80	636	987					
70	500	780					
60	380	600	945				
50	275	439	686				
40	190	301	470	719			
30	119	190	298	454	692		
25	89.5	144	227	352	534	825	
20	64	103.5	166	260	395	596	834
15	42.7	70.1	114	179	273	405	583
10	25.1	41.8	69.6	110	167	247	361
7.5	17.7	29.9	50.0	79.7	120	179	261
5	11.2	19.1	31.7	51.0	76.5	115	165
4		16.1	24.9	40.1	60.8	91.1	129.2
3		11.3	18.2	29.6	45.0	67.1	94.3
2			12.0	19.3	30.0	44.5	61.0
1					15.4	22.2	30.2

Mass SO_2 Per 100 Masses H_2O	(b) Sulfur Dioxide SO_2 분압, mmHg							
	0 ℃	7 ℃	10 ℃	15 ℃	20 ℃	30 ℃	40 ℃	50 ℃
20	646	657						
15	474	637	726					
10	308	417	474	567	698			
7.5	228	307	349	419	517	688		
5.0	148	198	226	270	336	452	665	
2.5	69	92	105	127	161	216	322	458
1.5	38	51	59	71	92	125	186	266
1.0	23.3	31	37	44	59	79	121	172
0.7	15.2	20.6	23.6	28.0	39.0	52	87	116
0.5	9.9	13.5	15.6	19.3	26.0	36	57	82
0.3	5.1	6.9	7.9	10.0	14.1	19.7		
0.1	1.2	1.5	1.75	2.2	3.2	4.7	7.5	12.0
0.05	0.6	0.7	0.75	0.8	1.2	1.7	2.8	4.7
0.02	0.25	0.3	0.3	0.3	0.5	0.6	0.8	1.3

출처 : Foust 등, 1960.

표 B.5 공기 및 물속에서의 질량 확산도

(a) 기체 at 25 ℃, 1 atm in air		
물질명	D, cm^2/s	$(\mu/\rho D)^*$
Ammonia	0.229	0.67
Carbon dioxide	0.164	0.94
Hydrogen	0.410	0.22
Oxygen	0.206	0.75
Water	0.256	0.60
Carbon disulfide	0.107	1.45
Ethyl ether	0.093	1.66
Methanol	0.159	0.97
Ethyl alcohol	0.119	1.30
Propyl alcohol	0.100	1.55
Butyl alcohol	0.090	1.72
Amyl alcohol	0.070	2.21
Hexyl alcohol	0.059	2.60
Formic acid	0.159	0.97
Acetic Acid	0.133	1.16
Propionic acid	0.099	1.56
i-Butyric acid	0.081	1.91
Valeric acid	0.067	2.31
i-Caproic acid	0.060	2.58
Diethyl amine	0.105	1.47
Butyl amine	0.101	1.53
Aniline	0.072	2.14
Chlorobenzene	0.073	2.12
Chlorotoluene	0.065	2.38
Propyl bromide	0.105	1.47
Propyl iodide	0.096	1.61
Benzene	0.088	1.76
Toluene	0.084	1.84
Xylene	0.071	2.18
Ethylbenzene	0.077	2.01
Propylbenzene	0.059	2.62
Diphenyl	0.068	2.28
n-Octane	0.060	2.58
Mesitylene	0.067	2.31

* 표 속의 $(\mu/\rho D)$항은 공기가 충분히 함유된 혼합물에 대해 평가한 것이다.

출처 : Foust, 1960.

표 B.5 (계속)

(b) 액체 at 20 ℃, 묽은 용액			
용질	용매	$D \times 10^5$ $(cm^2/s) \times 10^5$	$\left(\frac{\mu}{\rho D}\right)^*$
O_2	Water	1.80	558
CO_2	Water	1.77	670
N_2O	Water	1.51	665
NH_3	Water	1.76	570
Cl_2	Water	1.22	824
Br_2	Water	1.20	840
H_2	Water	5.13	196
N_2	Water	1.64	613
HCl	Water	2.64	381
H_2S	Water	1.41	712
H_2SO_4	Water	1.73	580
HNO_3	Water	2.60	390
Acetylene	Water	1.56	645
Acetic acid	Water	0.88	1,140
Methanol	Water	1.28	785
Ethanol	Water	1.00	1,005
Propanol	Water	0.87	1,150
Butanol	Water	0.77	1,310
Allyl alcohol	Water	0.93	1,080
Phenol	Water	0.84	1,200
Glycerol	Water	0.72	1,400
Pyrogallol	Water	0.70	1,440
Hydroquinone	Water	0.77	1,300
Urea	Water	1.06	946
Resorcinol	Water	0.80	1,260
Urethane	Water	0.92	1,090
Lactose	Water	0.43	2,340
Maltose	Water	0.43	2,340
Glucose	Water	0.60	…
Mannitol	Water	0.58	1,730
Raffinose	Water	0.37	2,720
Sucrose	Water	0.45	2,230
Sodium chloride	Water	1.35	745
Sodium hydroxide	Water	1.51	665

* 이 자료는 다음에 근거한다. 즉 20 ℃ 묽은 용액에서 물의 $\mu/\rho=0.01005$ cm^2/s, 벤젠의 $\mu/\rho=0.00737$ cm^2/s, 에탄올의 $\mu/\rho=0.01511$ cm^2/s이다.

출처 : Foust 등, 1960.

표 B.6 기상에서 VOC에 대한 표준연소열 (25 ℃에서 생성물은 H_2O (g)와 CO_2 (g)이다.)

화합물	분자식	*MW*	ΔH_c, kJ/kg
n-Alkanes			
Methane	CH_4	16.0	50,150
Ethane	C_2H_6	30.1	47,440
Propane	C_3H_8	44.1	46,350
n-Butane	C_4H_{10}	58.1	45,730
n-Pentane	C_5H_{12}	72.2	45,320
n-Hexane	C_6H_{14}	86.2	45,090
n-alkanes above C_6	C_nH_{2n+2}	*MW*	$\frac{[3.8868(10)^6+6.147(10)^5(n-6)]}{MW}$
1-Alkenes			
Ethylene	C_2H_4	28.1	47,080
Propylene	C_3H_6	42.1	45,760
1-Butene	C_4H_8	56.1	45,300
1-Pentene	C_5H_{10}	70.1	45,020
1-Hexene	C_6H_{12}	84.2	44,780
1-alkenes above C_6	C_nH_{2n}	*MW*	$\frac{[3.7704(10)^6+6.147(10)^5(n-6)]}{MW}$
기타화합물			
Acetylene	C_2H_2	26.0	48,290
Benzene	C_6H_6	78.1	40,580
1,3-Butadiene	C_4H_6	54.1	44,540
Cyclohexane	C_6H_{12}	84.2	43,810
Ethylbenzene	C_8H_{10}	106.2	41,310
Methylcyclohexane	C_7H_{14}	98.2	43,710
Styrene	C_8H_8	104.2	40,910
Toluene	C_7H_8	92.1	40,950
Carbon monoxide	CO	28.0	10,110
Hydrogen	H_2	2.016	120,900
Ethanol	C_2H_5OH	46.1	25,960
Methanol	CH_3OH	32.0	18,790
Water (liq. to gas)	H_2O	18.0	2,445
Hydrogen sulfide	H_2S	34.08	12,500
Sulfur (to SO_2)	S	32.08	9,300

출처 : Smith와 Van Ness, 1959.

표 B.7 가스의 비-엔탈피 (Specific Enthalpy). 단위는 Btu/lb_m이다. (기준온도 60 ℉)

온도, ℉	CO_2	N_2	H_2O[a]	O_2	Air
100	5.8	6.4	17.8	8.8	9.6
150	17.6	20.6	40.3	19.8	21.6
200	29.3	34.8	62.7	30.9	33.6
250	40.3	47.7	85.5	42.1	45.7
300	51.3	59.8	108.2	53.4	57.8
350	63.1	73.3	131.3	64.8	70.0
400	74.9	84.9	154.3	76.2	82.1
450	87.0	97.5	177.7	87.8	94.4
500	99.1	110.1	201.0	99.5	106.7
550	111.8	122.9	224.8	111.3	119.2
600	124.5	135.6	248.7	123.2	131.6
700	150.2	161.4	297.1	147.2	156.7
800	176.8	187.4	346.4	171.7	182.2
900	204.1	213.8	396.7	196.5	211.4
1,000	231.9	240.5	447.7	221.6	234.1
1,100	260.2	267.5	499.7	247.0	260.5
1,200	289.0	294.9	552.9	272.7	287.2
1,300	318.0	326.1	606.8	298.5	314.2
1,400	347.6	350.5	661.3	324.6	341.5
1,500	377.6	378.7	717.6	350.8	369.0
1,600	407.8	407.3	774.2	377.3	396.8
1,700	438.2	435.9	831.4	403.7	424.6
1,800	469.1	464.8	889.8	430.4	452.9
1,900	500.1	493.7	948.7	457.3	481.2
2,000	531.4	523.0	1,003.1	484.5	509.5
2,100	562.8	552.7	1,069.2	511.4	538.1
2,200	594.3	582.0	1,130.3	538.6	567.1
2,300	626.2	612.3	1,192.6	566.1	596.1
2,400	658.2	642.3	1,256.8	593.5	625.0
2,500	690.2	672.3	1,318.1	621.0	654.3
3,000	852.3	823.8	1,640.2	760.1	802.3
3,000	1,017.4	978.0	1,975.4	901.7	950.3

a H_2O에 대한 도표화된 이 엔탈피값은 가스시스템을 대변한다. 이 엔탈피는 증발잠열을 포함하지 않는다. 필요하다면, 60 ℉에서의 증발잠열 (1,059.1 Btu/lb_m)의 사용을 추천한다.

출처 : Danielson, 1973.

표 B.8 포화증기와 물의 엔탈피

T, °F	P, atm	엔탈피, But/lbm 포화 용액	ΔH_v	포화 증기	T, °F	P, atm	엔탈피, Btu/lbm 포화 용액	ΔH_v	포화 증기
32	0.0060	0	1,075.1	1,075.1	102		69.96	1,035.2	1,105.2
34		2.01	1,074.0	1,076.0	104		71.96	1,034.1	1,106.1
36		4.03	1,072.9	1,076.9	106		73.95	1,033.0	1,107.0
38		6.04	1,071.7	1,077.7	108		75.94	1,032.0	1,107.9
40	0.0083	8.05	1,070.5	1,078.6	110	0.0867	77.94	1,030.9	1,108.8
42		10.06	1,069.3	1,079.4	112		79.93	1,029.7	1,109.6
44		12.06	1,068.2	1,080.3	114		81.93	1,028.6	1,110.5
46		14.07	1,067.1	1,081.2	116		83.92	1,027.5	1,111.4
48		16.07	1,065.9	1,082.0	118		85.92	1,026.4	1,112.3
50	0.0121	18.07	1,064.8	1,082.9	120	0.115	87.91	1,025.3	1,113.2
52		20.07	1,063.6	1,083.7	122		89.91	1,024.1	1,114.0
54		22.07	1,062.5	1,084.6	124		91.90	1,023.0	1,114.9
56		24.07	1,061.4	1,085.5	126		93.90	1,021.8	1,115.7
58		26.07	1,060.2	1,086.3	128		95.90	1,020.7	1,116.6
60	0.0174	28.07	1,059.1	1,087.2	130	0.151	97.89	1,019.5	1,117.4
62		30.06	1,057.9	1,088.0	132		99.89	1,018.3	1,118.2
64		32.06	1,056.8	1,088.9	134		101.89	1,017.2	1,119.1
66		34.06	1,055.7	1,089.8	136		103.88	1,016.0	1,119.9
68		36.05	1,054.5	1,090.6	138		105.88	1,014.9	1,120.8
70	0.0247	38.05	1,053.4	1,091.5	140	0.196	107.88	1,013.7	1,121.6
72		40.04	1,052.3	1,092.3	142		109.88	1,012.5	1,122.4
74		42.04	1,051.2	1,093.2	144		111.88	1,011.3	1,123.2
76		44.03	1,050.1	1,094.1	146		113.88	1,010.2	1,124.1
78		46.03	1,048.9	1,094.9	148		115.87	1,009.0	1,124.9
80	0.0345	48.02	1,047.8	1,095.8	150	0.253	117.87	1,007.8	1,125.7
82		50.02	1,046.6	1,096.6	152		119.87	1,006.7	1,126.6
84		52.01	1,045.5	1,097.5	154		121.87	1,005.5	1,127.4
86		54.01	1,044.4	1,098.4	156		123.87	1,004.4	1,128.3
88		56.00	1,043.2	1,099.2	158		125.87	1,003.2	1,129.1
90	0.0475	58.00	1,042.1	1,100.1	160	0.322	127.87	1,002.0	1,129.9
92		59.99	1,040.9	1,100.9	162		129.87	1,000.8	1,130.7
94		61.98	1,039.8	1,101.8	164		131.88	999.7	1,131.6
96		63.98	1,038.7	1,102.7	166		133.88	998.5	1,132.4
98		65.98	1,037.5	1,103.5	168		135.88	997.3	1,133.2
100	0.0646	67.97	1,036.4	1,104.4	170	0.408	137.89	996.1	1,134.0

표 B.8 (계속)

T, °F	P, atm	엔탈피, But/lb$_m$ 포화 용액	ΔH_v	포화 증기	T, °F	P, atm	엔탈피, Btu/lb$_m$ 포화 용액	ΔH_v	포화 증기
172		139.89	995.0	1,134.9	212	1.000	180.07	970.3	1,150.4
174		141.89	993.8	1,135.7	215		183.10	968.3	1,151.4
176		143.90	992.6	1,136.5	220	1.170	188.14	965.2	1,153.3
178		145.90	991.4	1,137.3	225		193.18	961.9	1,155.1
180	0.511	147.91	990.2	1,138.1	230	1.414	198.22	958.7	1,156.9
182		149.92	989.0	1,138.9	235		203.28	955.3	1,158.6
184		151.92	987.8	1,139.7	240	1.699	208.34	952.1	1,160.4
186		153.93	986.6	1,140.5	245		213.41	948.7	1,162.1
188		155.94	985.3	1,141.3	250	2.029	218.48	945.3	1,163.8
190	0.635	157.95	984.1	1,142.1	255		223.56	942.0	1,165.6
192		159.95	982.8	1,142.8	260	2.411	228.65	938.6	1,167.3
194		161.96	981.5	1,143.5	265		233.74	935.3	1,169.0
196		163.97	980.3	1,144.3	270	2.848	238.84	931.8	1,170.6
198		165.98	979.0	1,145.0	275		243.94	928.2	1,172.1
200	0.784	167.99	977.8	1,145.8	280	3.346	249.06	924.6	1,173.7
202		170.01	976.6	1,146.6	285		254.18	921.0	1,175.2
204		172.02	975.3	1,147.3	290	3.916	259.31	917.4	1,176.7
206		174.03	974.1	1,148.1	295		264.45	913.7	1,178.2
208		176.04	972.8	1,148.8	300	4.560	269.60	910.0	1,179.7
210	0.961	178.06	971.5	1,149.6	350	9.160	321.64	871.0	1,192.6
					400	16.824	374.97	826.2	1,201.2

표 B.9 물의 특성

온도 °F	밀도 lb$_m$/ft^3	점도 cp	증기압 psi	표면장력 dyne/cm
40	62.43	1.55	0.122	75.0
50	62.42	1.31	0.178	74.2
60	62.37	1.13	0.256	73.5
70	62.30	0.98	0.363	72.0
80	62.22	0.86	0.507	71.7
90	62.11	0.76	0.698	70.8
100	62.00	0.68	0.949	69.9
120	61.71	0.56	1.69	68.1
200	60.13	0.30	11.53	60.1

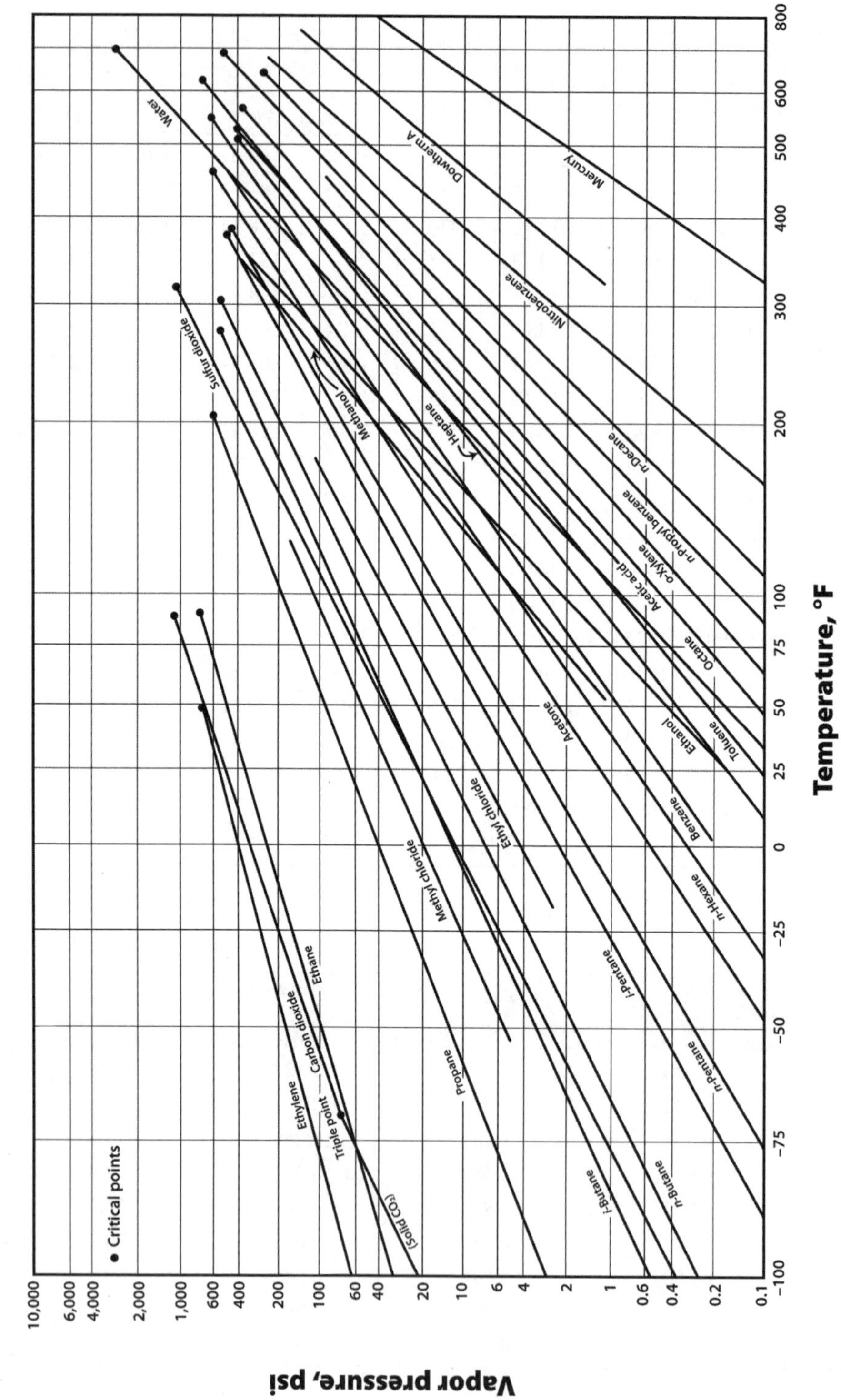

그림 B.1 일부 액체의 증기압

출처 : Foust 등, 1960.

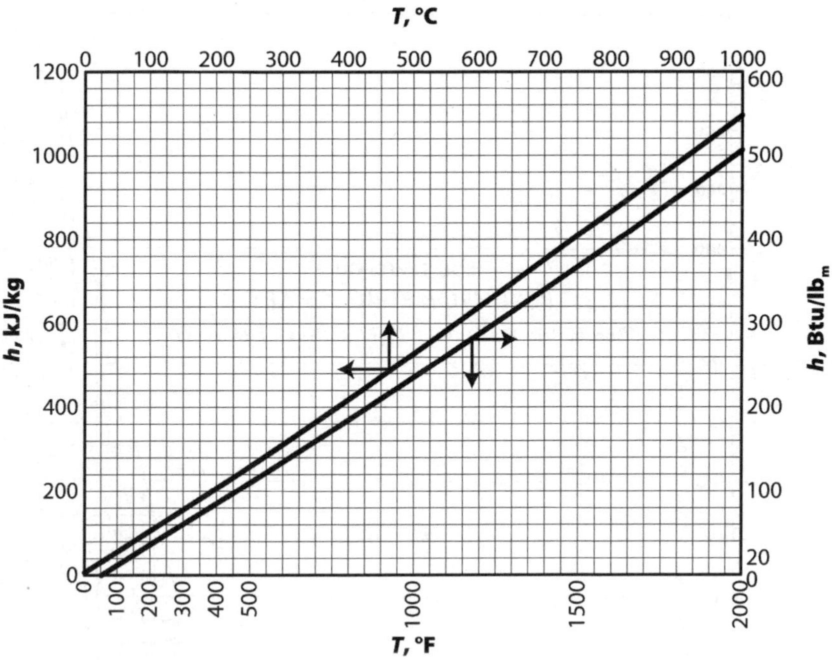

그림 B.2 공기의 비-엔탈피 (specific enthalpy) (기준온도 60 °F)
(FPS 단위계로 기준온도 60 °F, SI 단위계로 기준온도 0 °C)

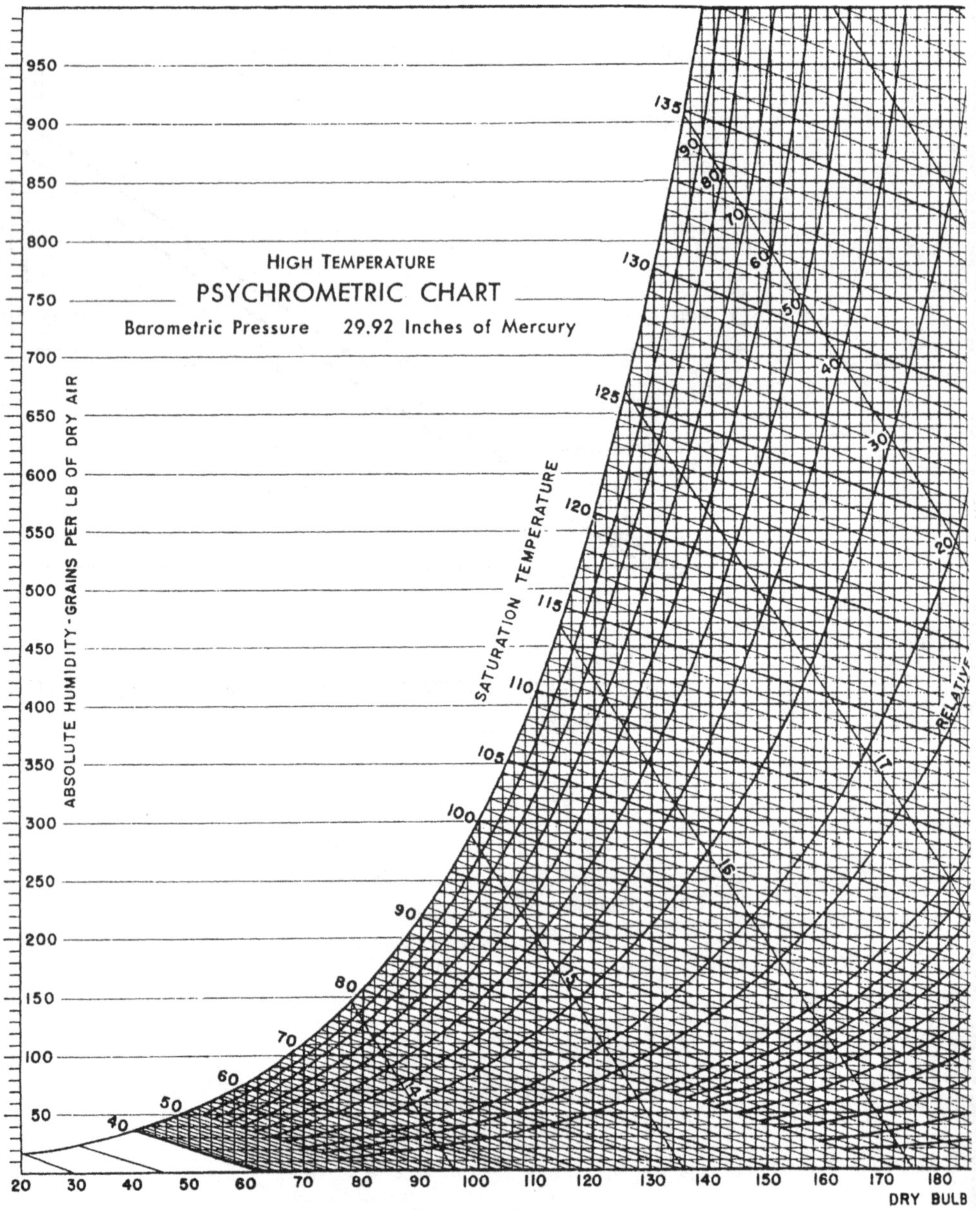

그림 B.3 고온에서의 습도표 출처 : Carrier Corporation.

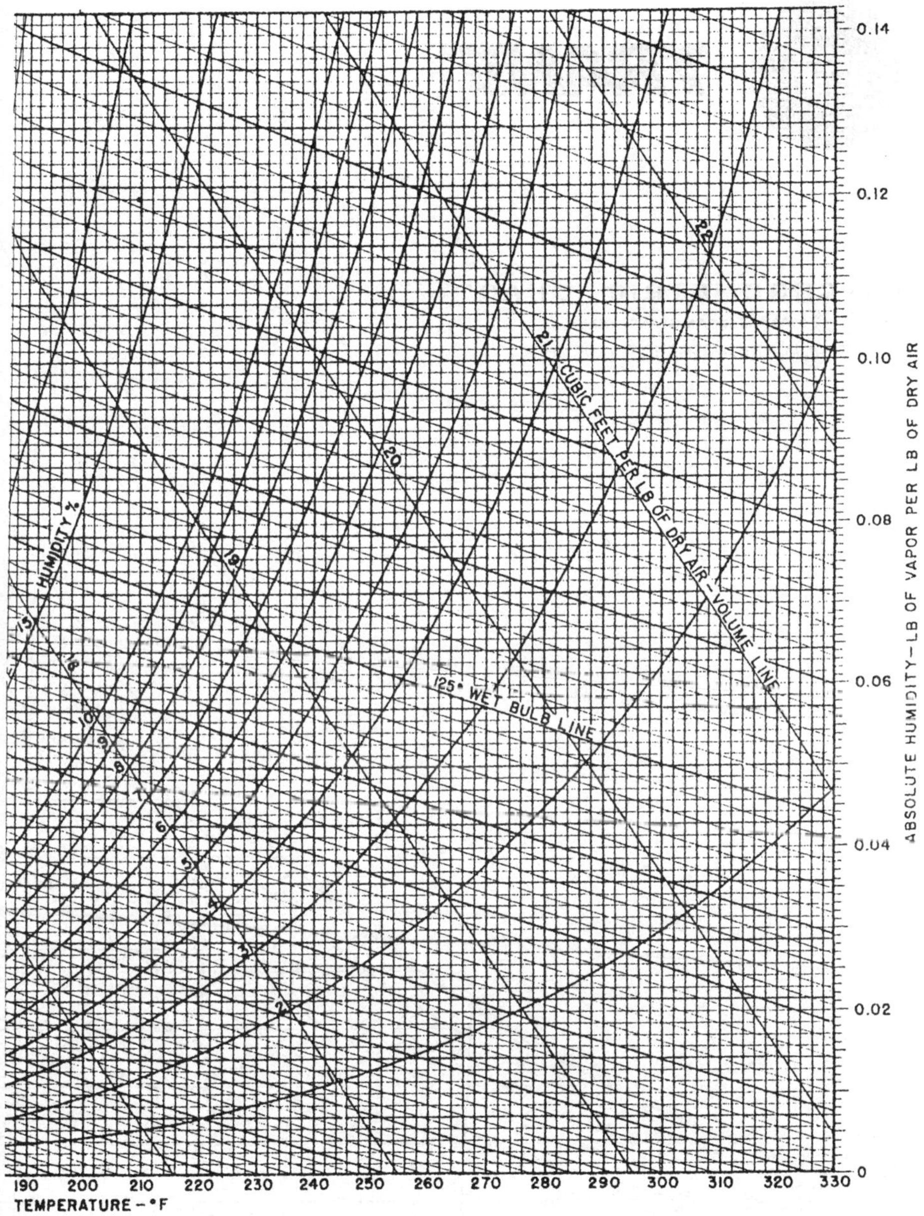
ABSOLUTE HUMIDITY—LB OF VAPOR PER LB OF DRY AIR
0.14
0.12
0.10
0.08
0.06
0.04
0.02
0
TEMPERATURE—°F
190
200
210
220
230
240
250
260
270
280
290
300
310
320
330
HUMIDITY %
125° WET BULB LINE
CUBIC FEET PER LB OF DRY AIR—VOLUME LINE
21
22
20
19
18
10
9
8
7
6
5
4
3
2

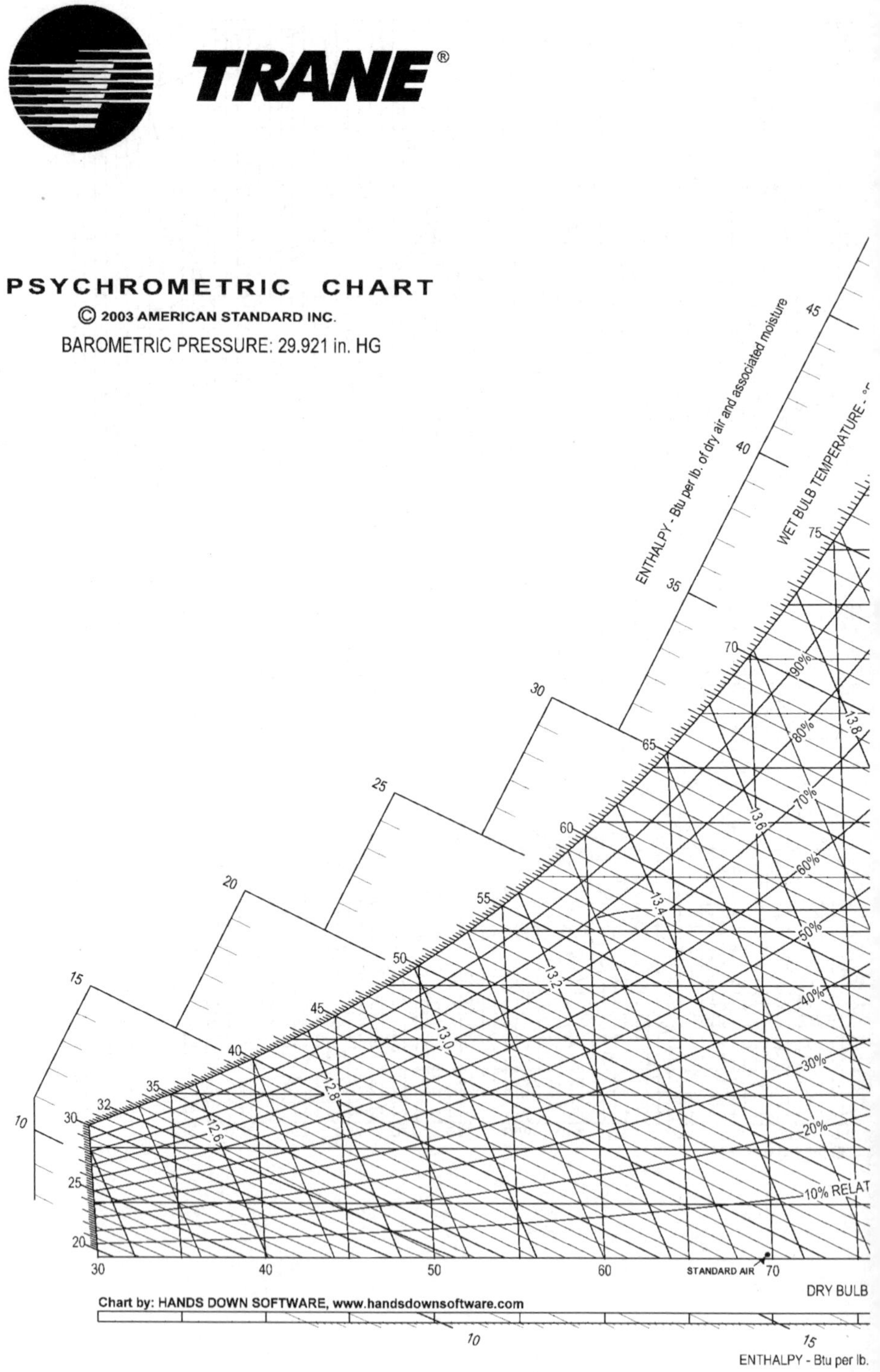

그림 B.4 보통 온도에서의 습도표 출처 : Trane Company.

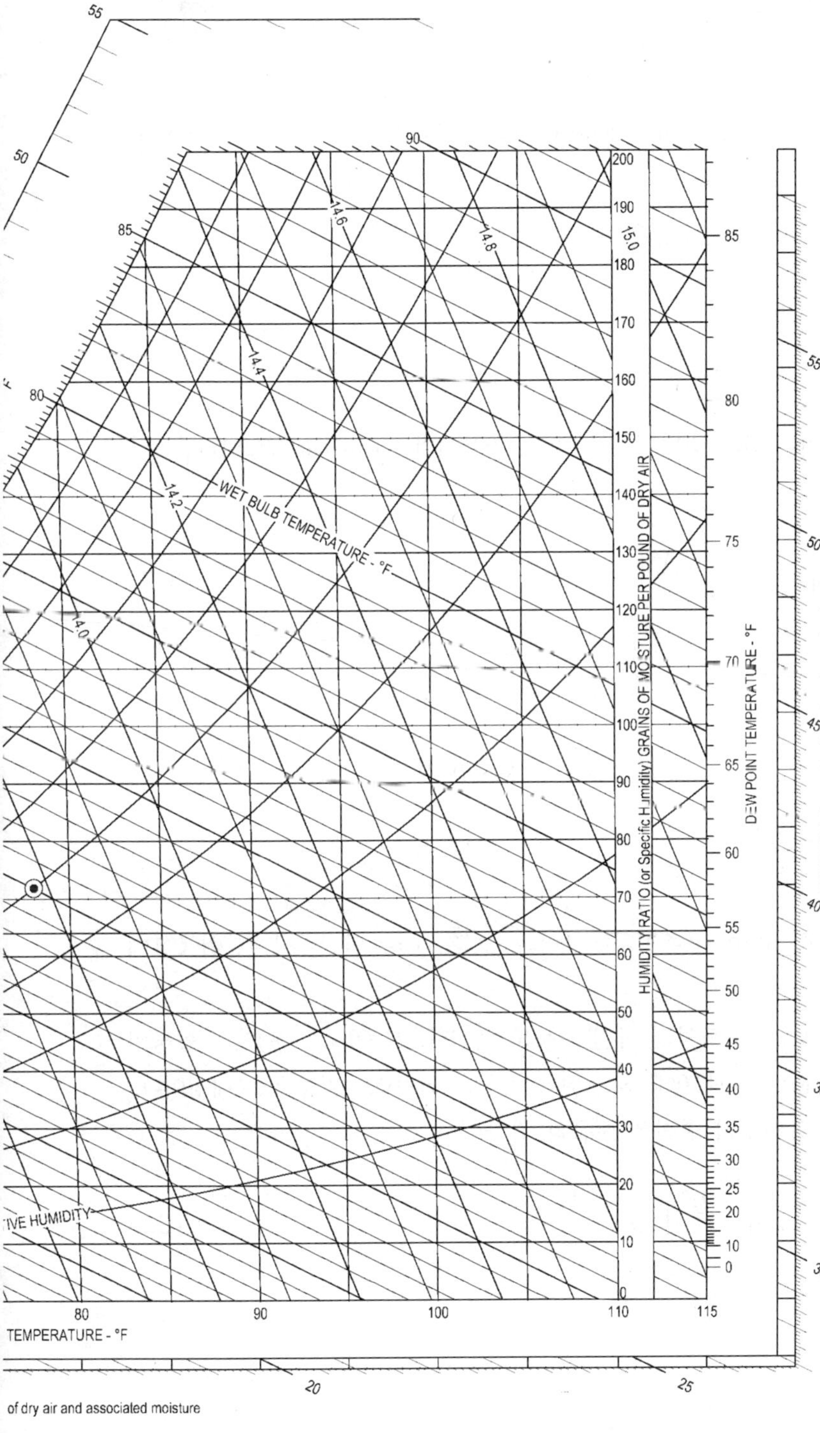

WET BULB TEMPERATURE - °F
HUMIDITY RATIO (or Specific Humidity) GRAINS OF MOISTURE PER POUND OF DRY AIR
DEW POINT TEMPERATURE - °F
ENTHALPY Btu per lb. of dry air and associated moisture
TIVE HUMIDITY
TEMPERATURE - °F
of dry air and associated moisture

부록 C 가우시안 분포의 특성

연속 확률변수 x의 확률밀도함수 (probability density function: pdf)는 함수 $g(x)$로 정의되며, 다음 두 조건을 만족한다 (Meyer, 1965).

$$(1)\ g(x) \geq 0, \quad -\infty < x < +\infty$$

그리고,

$$(2)\ \int_{-\infty}^{+\infty} g(x)dx = 1$$

연속 확률변수 x는, 만약 pdf가 다음과 같다면 정규 또는 가우시안 (Gaussian) 분포를 갖는다고 말한다.

$$g(x) = \frac{1}{\sqrt{2\pi}\,\sigma} \exp\left[-\frac{1}{2}\left(\frac{x-\mu}{\sigma}\right)^2\right] \tag{C.1}$$

여기서, μ = x의 평균
σ = x의 표준편차

만약 $B = (x-\mu)/\sigma$라고 정의하고 정규화시키면, 표준 가우시안 분포는 다음과 같다.

$$g(B) = \frac{1}{\sqrt{2\pi}} \exp\left(\frac{-B^2}{2}\right) \tag{C.2}$$

이 "표준 정규분포함수"는 평균이 0이며 표준편차는 1이다. 표준 가우시안 분포는 그림 C.1에 있다.

가우시안 분포는 단위면적을 갖는 "종모양의 곡선"으로도 불린다. $B=0$ $(x=\mu)$에서 종축의 최대치는 0.4이며, $|B|$가 무한대로 갈 때 0에 접근한다. 곡선은 $B=0$을 기준으로 대칭이다.

$-\infty$에서 임의의 B_1까지 곡선 하부의 면적은 다음과 같다.

$$G(B_1) = \frac{1}{\sqrt{2\pi}} \int_{-\infty}^{B_1} \exp\left(\frac{-B^2}{2}\right) dB \tag{C.3}$$

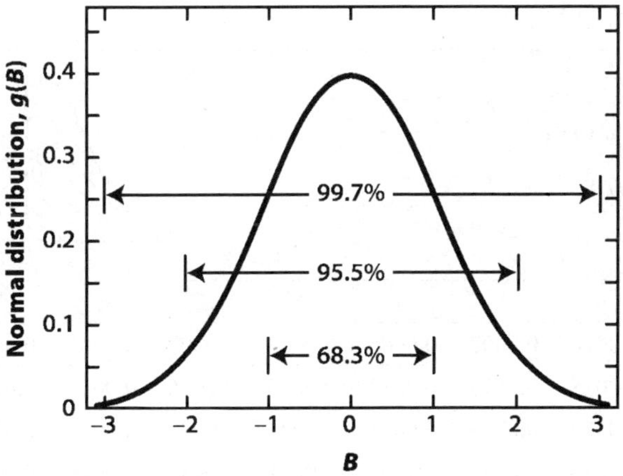

그림 C.1 정규(가우시안) 분포

이 면적은 확률변수 B가 $-\infty$와 B_1 사이에 놓여 있을 확률과 같다. 전체면적은 1과 같기 때문에 B가 B_1보다 클 확률은 $1-G(B_1)$이다. 또한, 대칭이기 때문에 다음과 같이 쓸 수 있다.

$$G(-B_1) = 1 - G(B_1) \tag{C.4}$$

더욱이, 두 값 (B_1과 B_2, $B_2 > B_1$) 사이에 B가 존재할 확률은 간단히 $G(B_2) - G(B_1)$이다. 정규분포에 대해, $-B$와 $+B$ 사이의 곡선하부 면적은 B가 1.0, 2.0, 3.0일 때, 각각 0.683, 0.955, 0.997이 된다.

점오염원에서 연기내의 오염물질은 특정 풍하거리 x에 대하여, 연기의 중심선에서 y방향으로 정규분포한다. 연기의 "가장자리 (edge)"는 중심선으로부터 거리가 중심선 농도의 1/10되는 지점으로 정의한다 [즉, 같은 x에 대해 $g(y) = 0.1\,g(0)$]. 이 종축 값에서, B_1과 B_2는 -2.15와 $+2.15$이고, 연기는 오염물 총 질량의 96.84%를 차지한다. 하지만 만약 연기의 가장자리를 중심선으로부터 표준편차 3으로 정의한다면 (B_1과 $B_2 = -3.0$과 $+3.0$), 연기는 오염물질의 99.74%를 차지하고, 가장자리의 농도는 중심선농도의 단지 1.1%가 된다. 가우시안 분포 함수의 값, G가 표 C.1에 주어졌다.

표 C.1 가우시안 분포함수의 값

$$G(B) = \frac{1}{\sqrt{2\pi}} \int_{-\infty}^{B} \exp\left(\frac{-B^2}{2}\right) dB$$

여기서, $B = \frac{(x-\mu)}{\sigma}$

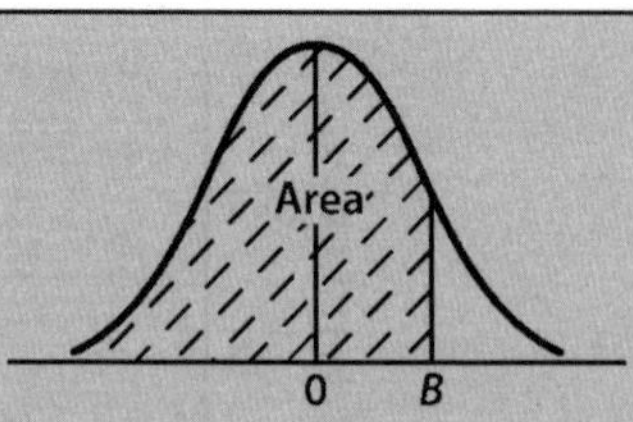

B	0	1	2	3	4	5	6	7	8	9
−3.0	0.0013	0.0010	0.0007	0.0005	0.0003	0.0002	0.0002	0.0001	0.0001	0.0000
−2.9	0.0019	0.0018	0.0017	0.0017	0.0016	0.0016	0.0015	0.0015	0.0014	0.0014
−2.8	0.0026	0.0025	0.0024	0.0023	0.0023	0.0022	0.0021	0.0021	0.0020	0.0019
−2.7	0.0035	0.0034	0.0033	0.0032	0.0031	0.0030	0.0029	0.0028	0.0027	0.0026
−2.6	0.0047	0.0045	0.0044	0.0043	0.0041	0.0040	0.0039	0.0038	0.0037	0.0036
−2.5	0.0062	0.0060	0.0059	0.0057	0.0055	0.0054	0.0052	0.0051	0.0049	0.0048
−2.4	0.0082	0.0080	0.0078	0.0075	0.0073	0.0071	0.0069	0.0068	0.0066	0.0064
−2.3	0.0107	0.0104	0.0102	0.0099	0.0096	0.0094	0.0091	0.0089	0.0087	0.0084
−2.2	0.0139	0.0136	0.0132	0.0129	0.0126	0.0122	0.0119	0.0116	0.0113	0.0110
−2.1	0.0179	0.0174	0.0170	0.0166	0.0162	0.0158	0.0154	0.0150	0.0146	0.0143
−2.0	0.0228	0.0222	0.0217	0.0212	0.0207	0.0202	0.0197	0.0192	0.0188	0.0183
−1.9	0.0287	0.0281	0.0274	0.0268	0.0262	0.0256	0.0250	0.0244	0.0238	0.0233
−1.8	0.0359	0.0352	0.0344	0.0336	0.0329	0.0322	0.0314	0.0307	0.0300	0.0294
−1.7	0.0446	0.0436	0.0427	0.0418	0.0409	0.0401	0.0392	0.0384	0.0375	0.0367
−1.6	0.0548	0.0537	0.0526	0.0516	0.0505	0.0495	0.0485	0.0475	0.0465	0.0455
−1.5	0.0668	0.0655	0.0643	0.0630	0.0618	0.0606	0.0594	0.0582	0.0570	0.0559
−1.4	0.0808	0.0793	0.0778	0.0764	0.0749	0.0735	0.0722	0.0708	0.0694	0.0681
−1.3	0.0968	0.0951	0.0934	0.0918	0.0901	0.0885	0.0869	0.0853	0.0838	0.0823
−1.2	0.1151	0.1131	0.1112	0.1093	0.1075	0.1056	0.1038	0.1020	0.1003	0.0985
−1.1	0.1357	0.1335	0.1314	0.1292	0.1271	0.1251	0.1230	0.1210	0.1190	0.1170
−1.0	0.1587	0.1562	0.1539	0.1515	0.1492	0.1469	0.1446	0.1423	0.1401	0.1379
−0.9	0.1841	0.1814	0.1788	0.1762	0.1736	0.1711	0.1685	0.1660	0.1635	0.1611
−0.8	0.2119	0.2090	0.2061	0.2033	0.2005	0.1977	0.1949	0.1922	0.1894	0.1867
−0.7	0.2420	0.2389	0.2358	0.2327	0.2297	0.2266	0.2236	0.2206	0.2177	0.2148
−0.6	0.2743	0.2709	0.2676	0.2643	0.2611	0.2578	0.2546	0.2514	0.2483	0.2451
−0.5	0.3085	0.3050	0.3015	0.2981	0.2946	0.2912	0.2877	0.2843	0.2810	0.2776
−0.4	0.3446	0.3409	0.3372	0.3336	0.3300	0.3264	0.3228	0.3192	0.3156	0.3121
−0.3	0.3821	0.3783	0.3745	0.3707	0.3669	0.3632	0.3594	0.3557	0.3520	0.3483
−0.2	0.4207	0.4168	0.4129	0.4090	0.4052	0.4013	0.3974	0.3936	0.3897	0.3859
−0.1	0.4602	0.4562	0.4522	0.4483	0.4443	0.4404	0.4364	0.4325	0.4288	0.4247
−0.0	0.5000	0.4960	0.4920	0.4880	0.4840	0.4801	0.4761	0.4721	0.4681	0.4641

표 C.1 (계속)

B	0	1	2	3	4	5	6	7	8	9
0.0	0.5000	0.5040	0.5080	0.5120	0.5160	0.5199	0.5239	0.5279	0.5319	0.5359
0.1	0.5398	0.5438	0.5478	0.5517	0.5557	0.5596	0.5636	0.5675	0.5714	0.5753
0.2	0.5793	0.5832	0.5871	0.5910	0.5948	0.5987	0.6026	0.6064	0.6103	0.6141
0.3	0.6179	0.6217	0.6255	0.6293	0.6331	0.6368	0.6406	0.6443	0.6480	0.6517
0.4	0.6554	0.6591	0.6628	0.6664	0.6700	0.6736	0.6772	0.6808	0.6844	0.6879
0.5	0.6915	0.6950	0.6985	0.7019	0.7054	0.7088	0.7123	0.7157	0.7190	0.7224
0.6	0.7257	0.7291	0.7324	0.7357	0.7389	0.7422	0.7454	0.7486	0.7517	0.7549
0.7	0.7580	0.7611	0.7642	0.7673	0.7703	0.7734	0.7764	0.7794	0.7823	0.7852
0.8	0.7881	0.7910	0.7939	0.7967	0.7995	0.8023	0.8051	0.8078	0.8106	0.8133
0.9	0.8159	0.8186	0.8212	0.8238	0.8264	0.8289	0.8.15	0.8340	0.8365	0.8389
1.0	0.8413	0.8438	0.8461	0.8485	0.8508	0.8531	0.8554	0.8577	0.8599	0.8621
1.1	0.8643	0.8665	0.8686	0.8708	0.8729	0.8749	0.8770	0.8790	0.8810	0.8830
1.2	0.8849	0.8869	0.8888	0.8907	0.8925	0.8944	0.8962	0.8980	0.8997	0.9015
1.3	0.9032	0.9049	0.9066	0.9082	0.9099	0.9115	0.9131	0.9147	0.9162	0.9177
1.4	0.9192	0.9207	0.9222	0.9236	0.9251	0.9265	0.9278	0.9292	0.9306	0.9319
1.5	0.9332	0.9345	0.9357	0.9370	0.9382	0.9394	0.9406	0.9418	0.9430	0.9441
1.6	0.9452	0.9463	0.9474	0.9484	0.9495	0.9505	0.9515	0.9525	0.9535	0.9545
1.7	0.9554	0.9564	0.9573	0.9582	0.9591	0.9599	0.9608	0.9616	0.9625	0.9633
1.8	0.9641	0.9648	0.9656	0.9664	0.9671	0.9678	0.9686	0.9693	0.9700	0.9706
1.9	0.9713	0.9719	0.9726	0.9732	0.9738	0.9744	0.9750	0.9756	0.9762	0.9767
2.0	0.9772	0.9778	0.9783	0.9788	0.9793	0.9798	0.9803	0.9808	0.9812	0.9817
2.1	0.9821	0.9826	0.9830	0.9834	0.9838	0.9842	0.9846	0.9850	0.9854	0.9857
2.2	0.9861	0.9864	0.9868	0.9871	0.9874	0.9878	0.9881	0.9884	0.9887	0.9890
2.3	0.9893	0.9896	0.9898	0.9901	0.9904	0.9906	0.9909	0.9911	0.9913	0.9916
2.4	0.9918	0.9920	0.9922	0.9925	0.9927	0.9929	0.9931	0.9932	0.9934	0.9936
2.5	0.9938	0.9940	0.9941	0.9943	0.9945	0.9946	0.9948	0.9949	0.9951	0.9952
2.6	0.9953	0.9955	0.9956	0.9957	0.9959	0.9960	0.9961	0.9962	0.9963	0.9964
2.7	0.9965	0.9966	0.9967	0.9968	0.9969	0.9970	0.9971	0.9972	0.9973	0.9974
2.8	0.9974	0.9975	0.9976	0.9977	0.9977	0.9978	0.9979	0.9979	0.9980	0.9981
2.9	0.9981	0.9982	0.9982	0.9983	0.9984	0.9984	0.9985	0.9985	0.9986	0.9986
3.0	0.9987	0.9990	0.9993	0.9995	0.9997	0.9998	0.9998	0.9999	0.9999	1.0000

출처 : Meyer, 1965.

부록 D 컴퓨터 프로그램

많은 대기질 모델이 일반 대중에게 공개되어 있으며, 미국 환경보호청 (U.S. EPA)의 규제대기모델 지원센터 (SCRAM: Support Center for Regulatory Atmospheric Modeling)의 웹주소 www.epa.gov/scram001에서 얻을 수 있다. 이 웹주소는 수많은 모델을 몇 개 항목으로 분류하고 있다. 선호모델/추천모델 (preferred/recommended models)들은 각종 규제목적 (운영허가, 영향평가, 주정부 및 연방정부의 규제를 법률적으로 준수하기 위해 필요한 기타 업무) 수행에 필요한 모델링에 일반적으로 사용되고 있다 (EPA에 의해 자동적으로 채택된다). 적합성 심사모델 (screening models)들은 설비에서의 최대 영향을 신속하게 추정할 때 사용된다. 대안모델 (alternative models)들은 독성가스의 방출 및 누출 등 특수한 경우에 사용된다. 표 D.1은 간략한 설명과 함께 이들 모델의 예시를 제시하고 있다. SCRAM 웹주소는 각 모델에 사용할 수 있는 풍부한 기상자료도 제공하며, 이들 모델에 대한 EPA의 공식지침 및 사용자 지침서를 제공하고 있다.

표 D.2는 단일 굴뚝에서 방출된 오염물질의 최대 풍하농도를 계산하는 간단한 FORTRAN 프로그램이다. 이 프로그램은 가우시안 분포를 기초로 한 모델들이 갖는 계산의 간편성을 보여주고 있다. 분명히, 단일 계산뿐만 아니라, 수백 번의 계산도 한 장의 spreadsheet로 충분하다. EPA 전산모델의 주요 장점은 과거의 기상자료 (연간 8,760시간대별 풍속, 풍향, 기온, 대기안정등급)를 처리할 수 있으며, 수백만 번의 계산 (다수의 오염원과 다수의 수용체에 대해 가우시안 공식을 반복적으로 계산)을 수행할 수 있고, 그 결과를 종합할 수 있으며, 최종 결과를 체계적으로 요약된 도표로 분류할 수 있다는 것이다.

표 D.1 대기질 모델과 간략한 설명[1]

선호/추천모델 (Preferred/Recommended Models: 규제목적에 사용되는 모델)	
AERMOD Modeling System	지면과 높은 고도의 오염원, 단순지형 및 복잡지형을 포함한, 행성경계층 난류구조와 규모개념에 기초하여 대기분산을 병합한 정상상태 연기모델이다.
CALPUFF Modeling System	다양한 시공간 기상조건이 오염물의 운송, 변환, 제거에 미치는 영향을 모사한, 비정상상태 퍼프 분산모델이다. CALPUFF는 장거리 운송과 복잡지형에 응용될 수 있다.
CALINE3	(California Line Source Model) 정상상태 가우시안 분산모델로서, CALINE3는 비교적 평탄지역 고속도로의 경사면, 연결부위, 다리, 절단면 등으로부터 풍하거리에 위치한 수용체에서의 대기오염농도를 구하도록 설계되었다.
BLP	고정 선오염원으로부터의 연기상승과 침하영향 (downwash effects)이 중요한 곳에 위치한 알루미늄 환원공장과 기타 산업오염원의 특별한 모델링 문제를 다루기 위해 개발된 가우시안 연기분산모델이다.
CAL3QHC/ CAL3QHCR	(CALINE3 with queuing and hot spot calculations) 이 모델은 CALINE3를 기초로 한 CO 분산모델로서, 신호등 교차로에서 교통지체와 차량대기를 계산할 수 있는 교통모델을 가지고 있다. CAL3QHCR은 지역의 기상자료를 필요로 하는 CAL3QHC의 더 정교한 버전이다.
OCD	(Offshore and Coastal Dispersion Model, version 5) 점, 선, 면 오염원에서 해안 배출이 해안지역의 대기질에 미치는 영향을 결정하기 위해 개발된 직선형 가우시안 모델이다. OCD 모델링에는 연기가 해안선을 가로질러 일어나는 변화와 수면 위 연기의 운송과 분산을 포함하고 있다. 해안선 안팎의 시간별 기상자료가 필요하다.
CTDMPLUS	(Complex Terrain Dispersion Model Plus Algorithms for Unstable Situations) 이 모델은 복잡지형에서 모든 안정도 등급에서 사용할 수 있는 대기질 모델로서, 점오염원 가우시안 모델이다. 이 모델은 안정 및 중립조건에 대한 CTDM의 모든 기능을 보유하고 있다.
적합성 심사모델 (Screening Models : 적합성 연구에 매우 유용하며 EPA에서 종종 인정된다)	
AERSCREEN	AERMOD의 적합성심사 모델이다. 이 모델은 기상자료의 요구 없이 설계 규제농도의 추정치를 제공하며, 완전한 기상자료와 지형자료에 기초로 한 AERMOD 모델의 추정치와 같거나 더 큰 농도값이 제공되도록 설계되었다.
CTSREEN	가우시안 연기분산모델로서 복잡지형에서 연기의 영향평가에 응용한다. 규제응용을 위한 적합성 심사모델로 개발되었다.
SCREEN3	이 모델은 단일오염원에 대한 가우시안 연기모델이다. 이 모델은 점/면/비상불꽃(flare)/부피 오염원에 대한 최대 지면농도를 계산할 수 있다. 또한, 공동구역(cavity zone)에서의 농도 및 역전이 사라지거나 해안선 훈증 (fumigation)으로 인한 농도를 계산할 수 있다. SCREEN3은 ISC3 모델의 적합성 심사모델이다.
VALLEY	정상상태, 복잡지형, 단변량 가우시안 연기분산 알고리즘을 가진 모델이다. 이 모델은 총 50개 미만의 점/면 오염원에서의 배출로 야기되는 24시간 또는 연간 농도를 추정하도록 설계된 모델이다.
COMPLEX1	VALLEY 모델의 연기영향 알고리즘을 병합하여 지형보정이 가능한 다중 점오염원 적합성심사모델이다.

표 D.1 (계속)

대안모델 (Alternative Models : 규제기관에서 사례별로 사용되고 채택된다)	
ISC3	(Industrial Source Complex Model) 정상상태 가우시안 연기모델로써, 복합적 산업체와 관련된 다양한 오염원에서의 오염물질 농도를 평가할 때 사용된다. 이 모델은 다음 경우에 사용된다: 입자의 침강 및 건식침적, 침하 (downwash), 점/선/면/부피 오염원, 풍하거리의 함수로서 연기상승, 점오염원의 분리, 제한된 지형의 보정. ISC3은 장기 및 단기 형태로 수행된다. ISC3 모델의 적합성 버전이 SCREEN3이다. ISC3은 모델의 입력자료에 대한 배출자료를 처리하기 위하여, 유해물질에 대한 배출량 모델시스템 (EMS-HAP: Emissions Modeling System for Hazardous Pollutants)을 역시 사용한다. Building Profile Input Program (BRIP)과 Building Profile Input Program for PRIME (BRUPPRM)이 건물의 높이 (bh), 예상되는 건물의 너비 (pbw)를 올바로 계산하기 위해 ISC3와 함께 사용된다 (구조물의 단일, 복합, 집단에 대해).
OZIPR	대기독성물질을 다루는 OZIP 모델의 대안모델 버전으로서, 1차원 광화학 상자모델이다.
PLUVUEII	단일오염원에서의 분진, 질소산화물, 황산화물의 배출로 야기되는 연기에 의한 시정감소와 대기변색을 추정하는데 사용한다. 이 모델은 점오염원 및 면오염원의 운송, 분산, 화학반응, 시정영향, 지면침적 등을 예측한다.
SLAB	SLAB 모델은 운동량의 1차방정식, 질량, 화학종, 에너지 보전의 법칙, 상태방정식을 풀어, 공기보다 밀도가 높은 오염물을 취급한다. 이 모델은 지면과 높은 고도의 제트, 액체 증발, 순간 부피오염원 등에서의 누출 시나리오를 다룬다.
AFTOX	(Air Force Toxics Model) 이 모델은 가우시안 분산모델로서, 점/선 오염원에서 액체 또는 고농도 가스의 연속적 또는 순간적 지면방출을 다룬다. 모델 결과는 그림으로 도식된 농도, 특정지역에서의 농도, 특정고도 및 시간에서의 최고농도 등을 제공한다.
DEGADIS	(Dense Gas Dispersion Model) 이 모델은 지면에서 대기질 분산을 모사한다. 평평한 지역의 대기경계층 속으로 운동량 없이 배출되는 면오염원의 짙은 가스 (또는 분진) 구름의 분산을 모델링한다. 이 모델은 분산과정을 설명하며 뒤이어 일어나는 가스 (또는 분진)의 경계층으로의 중력영향 흐름과 그 동반흐름을 설명한다.
UAM-V	(UAM-V Photochemical Modeling System) UAM-V (Urban Airshed Model-V)는 3차원 광화학 격자모델로서, 대기권에서의 물리화학적 과정을 모사하여 오염물질의 농도를 계산하도록 설계되었다. UAM-V 모델링 시스템 (version 1.3)의 최근 판은 과정-분석 능력, 화학반응기구의 개선 (탄화수소와 독성물의 처리개선), 침적 및 nested-grid 알고리즘의 최신화, 좌표계의 융통성, 표준 또는 신속한 해법의 사용자 선택 등을 제공한다.

1 주의 : 이 모델들의 설명문은 SCRAM Web site에서 추출한 것이다. 이들 모델 및 기타모델의 자세한 설명은 www.epa.gov/scram001을 참조하라.

표 D.2 가우시안 점오염원의 분산모델

```
C       AIR - AN AIR POLLUTION DISPERSION MODEL
C
C       BASED ON GAUSSIAN EQUATION FOR CONT. POINT SOURCE EMITTING
C         FROM AN ELEVATED STACK INTO A CONSTANT WIND
C
C       USES CORREL. FROM MARTIN (JAPCA, 26, 2, 1976) FOR SIG Y & SIG
C         Z
C
C       USES GOLDEN SECTION SEARCH METHOD FOR FINDING MAX OF A
C         FUNCTION
C
C       Q MUST BE IN G/SEC, X IN KM, H IN M, U IN M/S, KLS (CLASS) IN
C         A NUMERIC CODE (1=A, 2=B, 3=C, ETC), Y IN M, DEL, AL, B1
C         ALL IN KM
C
        COMMON Q, H, U, KLS
        READ (15, 10) NRUNS
10      FORMAT (I2)
        DO 99 ICOUNT=1, NRUNS
        READ (15, *) Q, H, U, KLS, OPT
C
C       OPT IS AN OPTION PARM, IF OPT=1, JUST CALC, CONCS, FOR X, Y
C         PTS.
C       IF OPT=2, THEN IT IS DESIRED TO FIND THE MAX DOWNWIND
C         CONC.
20      FORMAT (1H1////)
21      FORMAT (8X, "INPUT DATA":
     1  "Q(G/S)    H(M)    U(M/S)    CLASS")
22      FORMAT (20X, F7.3, 5X, F5.1, 6X, F4.1, 8X, I1//)
23      FORMAT (11X, F7.3, 9X, F5.0, 15X, F8.1)
24      FORMAT (10X, "FOR THE MAXIMIZATION OPTION, Y IS SET TO
          ZERO"//)
25      FORMAT (5X, "THE DIST. TO THE MAX CONC IS", F7.3, 5X,
     1  "THE MAX GROUND LEVEL CONC IS", F8.1)
26      FORMAT(////)
27      FORMAT (13X, "X(KM)", 10X, "Y(M)", 15X, "CONC(UG/M**3)")
        IF (OPT .GT. 1.5) GO TO 50
        WRITE (16, 20)
        WRITE (16, 21)
        WRITE (16, 22) Q, H, U, KLS
```

```
      WRITE (16, 27)
      READ (15, 10) NPTS
      DO 30 I=1, NPTS
      READ (15, *) X, Y
      CALL EVAL (X, Y, C)
      WRITE (16, 23) X, Y, C
30    CONTINUE
      WRITE (16, 26)
      GO TO 99
50    WRITE (16, 20)
      WRITE (16, 24)
      READ (15, *) DEL, A1, B1
      CALL GOLDN(DEL, A1, B1, X, C)
      WRITE (16, 25) X, C
99    CONTINUE
      END

      SUBROUTINE EVAL (X, Y, C)
      COMMON Q, H, U, KLS
      CALL SIGMA (X, SY, SZ)
      C=1000000. *Q/(6.2832*U*SY*SZ)
      C=C*EXP(-Y*Y/(2*SY*SY))
      C=C*2. *EXP(-H*H/(2*SZ*SZ))
      RETURN
      END
      SUBROUTINE SIGMA (X, SY, SZ)
      COMMON Q, H, U, KLS
      B=0.894
      IF (X .GT. 1.0) GO TO 30
      IF (KLS .GT. 1.5) GO TO 22
      A=213.
      C=440.8
      D=1.941
      F=9.27
      GO TO 50
22    IF (KLS .GT. 2.5) GO TO 23
      A=156.
      C=106.6
      D=1.149
      F=3.3
      GO TO 50
```

```
23      IF (KLS .GT. 3.5) GO TO 24
        A=104.
        C=61.0
        D=0.911
        F=0.0
        GO TO 50
24      IF (KLS .GT. 4.5) GO TO 25
        A=68.
        C=33.2
        D=0.725
        F=-1.7
        GO TO 50
25      IF (KLS .GT. 5.5) GO TO 26
        A=50.5
        C=22.8
        D=0.678
        F=-1.3
        GO TO 50
26      A=34.
        C=14.35
        D=0.74
        F=-0.35
        GO TO 50
30      IF(KLS .GT. 1.5) GO TO 32
        A=213
        C=459.7
        D=2.094
        F=-9.6
        GO TO 50
32      IF(KLS .GT. 2.5) GO TO 33
        A=156.
        C=108.2
        D=1.098
        F=2.0
        GO TO 50
33      IF(KLS .GT. 3.5) GO TO 34
        A=104.
        C=61.0
        D=0.911
        F=0.0
        GO TO 50
```

```
34      IF(KLS .GT. 4.5) GO TO 35
        A=68.
        C=44.5
        D=0.516
        F=-13.0
        GO TO 50
35      IF(KLS .GT. 5.5) GO TO 36
        A=50.5
        C=55.4
        D=0.305
        F=-34.0
        GO TO 50
36      A=34
        C=62.6
        D=0.18
        F=-48.6
50      SY=A*X**B
        SZ=C*X**D+F
        IF (SZ .LT. 0.7)THEN SZ=0.1
        RETURN
        END

        SUBROUNTINE GOLDN(DEL, A1, B1, X, C)
        COMMON Q, H, U, KLS
        DIMENSION A(99), B(99), D(99), E(99)
C
C       GOLDEN SECTION SEARCH ALGORITHM
C
C       THIS VERSION FINDS THE MAX OF A CONCAVE FUNCTION
C       TO FIND THE MIN OF A CONVEX FUNCTION JUST REVERSE THE SIGN
C         OF THE FUNCTION OR REVERSE THE SIGN OF THE INEQUALITY IN
C         THE STATEMENT RIGHT AFTER LINE 10
C
C       DEFINITIONS: A(K)=LEFT SIDE OF INTERVAL, B(K)=RIGHT SIDE
C       D(K)=LAMBDA(K)=NEW LEFT SIDE, E(K)=MU(K)=NEW RIGHT
C         SIDE
C       C1=FUNCTION EVALUATED AT D(K), C/2=FUNCTION AT E(K)
C
C
        FR=0.618
        Y=0.0
```

```
      A(1)=A1
      B(1)=B1
      D(1)=A(1)+(1. -FR)*(B(1)-A(1))
      E(1)=A(1)+FR*(B(1)-A(1))
      CALL EVAL(D(1), Y, C1)
      CALL EVAL(E(1), Y, C2)
      K=1
10    IF ((B(K) - A(K) .LT. DEL) GO TO 80
      K1=K+1
      IF (C1 .GT. C2) GO TO 30
      C1=C2
      A(K1)=D(K)
      B(K1)=B(K)
      D(K1)=E(K)
      E(K1)=A(K1)+FR*(B(K1)-A(K1))
      CALL EVAL(E(K1), Y, C2)
      GO TO 50
30    C2=C1
      A(K1)=A(K)
      B(K1)=E(K)
      E(K1)=D(K)
      D(K1)=A(K1)+(1. -FR)*(B(K1)-A(K1))
      CALL EVAL(D(K1), Y, C1)
50    K=K+1
      GO TO 10
80    X=(B(K)+A(K))/2
      CALL EVAL (X, Y, C)
      WRITE (16, 81)
      WRITE (16, 82) K, D(K), E(K), C1, C2
81    FORMAT (2X////2X, "NO. ITERATIONS", 2X, "LEFT SIDE",
     1  2X, "RIGHT SIDE", 12X, "CONC. 1", 5X, "CONC 2"//)
82    FORMAT (10X, I2, 7X, F8.3 ,3X, F8.3, 2X, F8.1, 2X, F8.1///)
      RETURN
      END
```

부록 E 환경공학기술사 시험에 대비한 대기관련 실전문제 (해답포함)

이 부록의 문제들은 환경공학기술사 대기부분 시험에 대비하여 학생들의 학습에 도움이 되도록 마련된 것이다. 이 문제들은 기술사 시험에 이미 출제되었던 문제는 아니지만, 학생들에게 도움이 되도록 실제 시험양식과 비슷하게 작성하였다. 또한 기술사 시험 준비생에게 필요한 각종 도움말을 제공하였다.

다음과 같이 수식이 주어졌다.

$$PV = nRT = \frac{M}{MW} RT$$

여기서, P = 절대압력

V = 가스의 부피

n = 가스의 몰수

M = 가스의 질량

MW = 가스의 분자량

T = 절대온도

R = 이상기체상수

위의 공식을 이용하기 위해, 다음과 같은 가장 편리한 두 개의 R값이 주어졌다.

$$R = 0.73 \frac{(\text{atm})(\text{ft}^3)}{(\text{lbmole})(°\text{R})}$$

$$R = 0.0821 \frac{(\text{atm})(\text{L})}{(\text{gmole})(\text{K})}$$

도움말 1. 이상기체법칙은 상당수 대기관련 문제의 기초가 된다.

01. 25 ℃, 1 atm에서 이상기체 1 mol이 차지하는 부피는 얼마인가?

a. 2.05 L b. 22.4 L c. 24.5 L d. 28.9 L

02. 한 측정망에서 오존의 농도가 25 ℃, 1 atm에서 0.11 ppm이다. 25 ℃, 1 atm에서 오존의 농도를 $\mu g/m^3$로 환산하면 값은? (오존의 분자량은 48이다.)

a. 155 $\mu g/m^3$ b. 190 $\mu g/m^3$ c. 215 $\mu g/m^3$ d. 260 $\mu g/m^3$

03. 굴뚝에서 SO_2의 농도가 500 ppm이다. 굴뚝의 직경이 12 ft이고 굴뚝가스의 속도는 65 ft/s이다. 또한, 가스의 온도와 압력이 각각 390 °F, 1 atm이다. SO_2의 질량배출량을 lb/day 단위로 계산하라 (S의 원자량은 32이고, O의 원자량은 16이다).

a. 12,300 lb/day b. 16,400 lb/day c. 24,600 lb/day d. 32,800 lb/day

04. 한 자동차 제작회사에서 페인트 건조오븐을 통해 오염된 공기가 500 m^3/min 속도로 방출되고 있다. 온도는 50 ℃이고 압력은 1 atm이다. 오븐에서 페인트 용매가 0.05 kg/min 속도로 증발된다고 추정한다. 공기의 평균분자량이 29이고 용매의 분자량은 90이다. 오븐에서 방출되는 용매의 농도를 ppm 단위로 계산하라.

a. 0.0001 ppm b. 0.1 ppm c. 2.4 ppm d. 29 ppm

도움말 2. 법규와 규정에 관한 특정 수식은 기술사 시험에서 출제되지 않는다. 이는 규정이 수시로 바뀌고 주마다 차이가 있기 때문이다.

05. 굴뚝 (T=550 °F, P=750 mmHg)에서 EPA Method 5에 의해 시료를 채취하였다. 건조가스미터 (유량계)를 통과한 총 가스부피는 2,785 m^3 (T=60 °F, P=800 mmHg에서)이었으며, 채취된 분진의 질량은 2.50 g이었다. 또한 72.0 g의 수분이 임핀저에 채취되었다. 이 굴뚝조건에서 굴뚝에서 방출되는 분진의 농도를 대략 계산하라.

a. $2.5(10)^5$ $\mu g/m^3$ b. $4.2(10)^5$ $\mu g/m^3$ c. $5.9(10)^5$ $\mu g/m^3$ d. $7.3(10)^5$ $\mu g/m^3$

06. 굴뚝 내 분진의 농도가 100,000 $\mu g/m^3$이다. 굴뚝가스가 평균속도 20 m/s로 방출되고 있으며, 굴뚝의 내경은 2 m이다. 분진의 배출량을 kg/day 단위로 대략 계산하라.

a. 1.5 kg/day b. 27.2 kg/day c. 138 kg/day d. 543 kg/day

도움말 3. 기술사 시험에서는 고정오염원의 배출관리와 관련하여 비중을 두고 있으며, 대기질관리는 상대적으로 비중이 적다.

07. 한 화력발전소에서 12,000 Btu/lb의 열량을 갖는 석탄을 하루 4,000 ton 연소시킨다. 규제치가 0.03 lb/백만Btu라면, 하루 허용되는 분진배출량을 lb/day 단위로 계산하라.

a. 2,880 lb/day b. 3,600 lb/day c. 8,760 lb/day d. 14,400 lb/day

도움말 4. 대기오염방지장치, 단위 및 용어 등을 숙지하고 있다고 가정한다 (즉, ESP, 사이클론, 여과집진기, grain/ft^3, 채취효율 등).

08. 비료공장에서 먼지를 함유한 공기가 73%의 효율을 갖는 사이클론을 통과하고 이어 ESP를 통과하고 있다. 사이클론에 유입되는 공기는 80 grain/ft^{3}의 먼지를 가지고 있다. 비료공장의 전반적인 집진효율 기준이 98.5%라고 할 때, ESP에서 방출되는 공기 중 먼지의 허용농도는 얼마인가? grain/ft^3 단위로 계산하라.

a. 0.15 gr/ft^3 b. 1.2 gr/ft^3 c. 21.6 gr/ft^3 d. 58.4 gr/ft^3

09. 위 문제에서 ESP에 요구되는 집진효율을 계산하라.

a. 91.5% b. 94.5% c. 97.5% d. 98.5%

10. 최근 한 산업체 공장에서 대형 여과집진기를 가동하고 있다. 공기가 100,000 acfm의 속도로 흐르고 가스의 온도는 250 °F이며, 유입되는 먼지의 부하량은 12 grain/scf이다. 공장에서 전반적 배출규제기준은 0.05 grain/scf이다. 여과집진기에 요구되는 집진효율은 약 얼마인가?

a. 90% b. 96% c. 99% d. 99.6%

도움말 5. 기술사 시험에서 먼지와 여과집진기의 종류에 따른 공기/여과재 비 (air-to-cloth ratio)는 주어진다.

11. 한 섬유 여과집진기가 평균 공기/여과재비 (2 ft/min)로 30,000 acfm의 공기를 처리하고 있다. 여과포의 직경이 8 in.이고 길이는 12 ft이다. 여과집진기 내 여과포의 수를 산출하라.

a. 80개 b. 200개 c. 600개 d. 1,200개

12. 다음 도표와 같이 질량에 입각한 분진의 크기분포와 효율이 제시되어 있다. 효율은 분진의 크기함수로 제시되어 있다.

분진의 크기영역	질량분율	효율, %
0~6	0.10	20
6~16	0.30	50
16~30	0.40	83
30+	0.20	100

이 분진에 대한 총괄집진효율은 대략 얼마인가?

a. 50% b. 60% c. 70% d. 80%

13. 한 ESP가 99.1%의 효율로 800,000 acfm의 공기를 처리해야 한다. 유효표류속도 (effective drift velocity)를 14 ft/min으로 가정하고 요구되는 집진면적을 계산하라.

a. 152,000 ft^2 b. 269,000 ft^2 c. 347,000 ft^2 d. 462,000 ft^2

도움말 6. 오랜 동안 Lapple식 설계방법이 유용하다고 여겨지고 있다. 따라서 기술사 시험에 적합하다고 판단된다.

14. 유입구의 높이가 1 m이고 너비가 0.5 m인 표준형 Lapple식 사이클론이 있다. 표준공기 (점도= 0.0011 kg/m-min)가 600 m^3/min의 속도로 사이클론 속을 흐르고 있다. 공기 중 분진의 밀도가 1,100 kg/m^3일 때, 이 사이클론의 절단직경 (cut diameter)을 μm 단위로 계산하라.

a. 10 μm b. 13 μm c. 16 μm d. 20 μm

도움말 7. 수식을 이용할 때 변수가 적합한 단위를 갖고 있는지 항상 검토하라. 일부 수식은 고정된 단위를 갖지만, 일부 수식은 특정 단위만을 갖는다.

15. 석탄연소 배출가스를 처리하는 ESP가 있다. 이 ESP의 집진효율은 98%이었다. 석탄을 바꾸어 연소하였더니 효율은 93%로 떨어졌지만, 가스의 속도는 정확히 같게 유지되었다. 기존 유효표류속도 대비 신규 유효표류속도의 비 (w_{new}/w_{old})를 추정하라.

a. 0.50 b. 0.68 c. 0.77 d. 0.84

16. 한 석탄화력발전소에서 4,000 ton/day 속도로 석탄을 연소하고 있다. 석탄의 회분함량은 중량비로 5%이고 황의 함량은 1.5%이다. 생성된 SO_2의 90%를 포집하기 위해 필요한 $CaCO_3$의 공급속도는 대략 얼마인가? (탄소의 원자량은 12, 산소의 원자량은 16, 황의 원자량은 32, 칼슘의 원자량은 40이다.)

a. 54 ton/day b. 85 ton/day c. 108 ton/day d. 169 ton/day

도움말 8. 질량수지형의 문제를 풀 때에는 항상 간단한 그림을 도식하고 시작하라. 문제를 이해하는데 크게 도움이 될 것이며, 정답을 신속하게 찾도록 도와준다.

17. 한 석탄화력발전소에서 4,000 ton/day 속도로 석탄을 연소하고 있다. 석탄의 회분함량은 중량비로 5%이고 황의 함량은 1.5%이다. 30%의 재는 연소로 하부로 떨어지고, 70%는 비산재라고 가정하라. 최종 방지장치가 분진배출량 2.0 ton/day의 제한치를 충족시켜야 한다면 이 방지장치의 요구되는 효율을 계산하라.

a. 98.6% b. 99.1% c. 99.5% d. 99.9%

도움말 9. 가열되거나 냉각되는 (또는 원하는 온도변화를 얻기 위해 가감되는 열을 산출할 때) 가스의 온도변화를 계산할 때, 부록 B (표 B.7 또는 그림 B.2)를 활용하라.

18. 헥산의 배출을 제어하기 위해 재연소장치를 설계하고 있다. 오염원에서 오염된 공기가 200 °F, 1 atm에서 4,000 acfm으로 배출되고 있다. 온도를 1,400 °F까지 올리는데 필요한 열 이득량을 대략 계산하라.

a. 47,700 Btu/min b. 62,300 Btu/min c. 73,900 Btu/min d. 93,400 Btu/min

19. 완전히 단열된 연소실에서, 30 lb의 공기로 1 lb의 연료를 연소시키고 있다. 이 연료의 열량은 15,000 Btu/lb이다. 연료와 공기가 75 °F인 연소실로 유입된다. 배출가스의 온도를 대략 계산하라.

a. 1,500 °F b. 1,900 °F c. 2,200 °F d. 2,500 °F

20. 재연소장치에서 배출가스가 12,000 acfm (1,400 °F, 1 atm)으로 배출되고 있다. 만약 폐열보일러 속에 있는 열교환장치로 인해 배출가스의 온도가 400 °F로 떨어진다면, 생성되는 스팀의 양은 얼마인가? 스팀 1 lb를 생성하기 위해 1,100 Btu의 열이 필요하다고 가정하라.

a. 3,600 lb/hr b. 9,500 lb/hr c. 12,300 lb/hr d. 16,800 lb/hr

21. 만약 온도가 70 °F인 희석공기에 의해, 배출가스 10,000 acfm이 1,400 °F에서 400 °F로 냉각된다면, 냉각된 혼합가스의 부피량을 계산하라.

a. 18,600 cfm b. 25,200 cfm c. 31,800 cfm d. 43,400 cfm

22. 만약 온도가 70 °F인 물을 살수하여 배출가스 10,000 acfm이 1,400 °F에서 400 °F로 냉각된다면, 물의 살수량을 gal/min 단위로 계산하라.

a. 5.3 gpm b. 8.5 gpm c. 18.5 gpm d. 43.3 gpm

23. 500 ppm의 벤젠으로 오염된 공기가 2,000 m^3/min (T=30 ℃, 1 atm)으로 흐르고 있다. 이 공정은 하루 24시간 가동된다. 이 배출물을 처리하기 위해 활성탄 흡착탑이 사용된다. 활성탄의 흡착능력은 '0.2 g 벤젠/g 활성탄'이다. 2상 (bed) 흡착탑에 필요한 활성탄의 양을 산출하라. 이때 각 상은 3시간 동안 가동된다 (한 상이 가동 중일 때 다른 상은 재생된다). 벤젠의 분자량은 78이다.

a. 2,830 kg b. 4,150 kg c. 5,650 kg d. 7,290 kg

도움말 10. 표면가스속도 (superficial gas velocity)는 가스의 부피량을 총 면적 (face area)으로 나눈 것이다 (즉, Q/A). 상 내 모든 점에서의 실제속도는 아니지만, 여과집진기, 활성탄 흡착탑 및 각종 장치에서 계산에 이용된다.

24. 20,000 cfm을 처리하는 활성탄상 (bed)의 단면적을 계산하라. 이때 흡착탑을 통과하는 최대 허용 가능한 표면가스속도는 70 ft/min이다.

a. 3.5 ft^2 b. 14 ft^2 c. 72 ft^2 d. 286 ft^2

25. 문제 24에서 활성탄상의 깊이가 2 ft이고, 활성탄의 크기가 4~10 mesh사이일 때, 상 (bed) 내 압력강하를 계산하라.

a. 3 in. H_2O b. 6 in. H_2O c. 9 in. H_2O d. 12 in. H_2O

도움말 11. 화학반응 수지식을 세우는 방법은 반드시 알아야 한다.

26. 가스그릴 속에 있는 1통의 프로판 가스 (C_3H_8)를 완전 연소시키는데 필요한 공기의 부피량을 계산하라 (프로판 가스 1통에는 45 lb의 가스가 있다. 대략 400 scf이다).

a. 400 scf b. 2,000 scf c. 9,500 scf d. 12,500 scf

27. Pilot 규모의 촉매산화장치를 실험한 결과 제거효율이 95%이었다. 촉매 상 (bed)의 길이가 2.0 in.이었다. 오염물질을 99.8% 제거할 수 있는 실규모 촉매산화장치를 설계할 때 촉매 상의 길이는 얼마가 될까?

a. 3.0 in. b. 4.2 in. c. 5.6 in. d. 7.1 in.

28. 미국산 신형 승용차를 제어하지 않을 때 NO_x 배출량은 약 3.0 g/mile이다. 배출기준 0.4 g/mile을 충족시키기 위해 촉매전환장치를 설치했을 때 전환율 (conversion efficiency)을 계산하라.

a. 87% b. 90% c. 98% d. 99%

도움말 12. 기술사 시험에서 이동오염원 제어와 관련한 세세한 문제는 출제되지 않는다.

29. 옥탄 (C_8H_{16}) 1 lb를 연소시킬 때 필요한 공기의 lb를 양론적으로 계산하라 (즉, 공기 lb/연료 lb).

a. 12.5 lb/lb b. 13.6 lb/lb c. 14.7 lb/lb d. 15.8 lb/lb

30. 굴뚝에서 5,000 m 떨어진 풍하거리에서, 지표면 중심선 (centerline)에서의 농도를 계산하라. 오염물질은 비반응성이며, 굴뚝의 높이는 90 m이고, 굴뚝에서의 배출량은 40 g/s이다. 대기안정도 등급은 D이고, 굴뚝높이에서 풍속은 5.0 m이다. 연기의 상승은 40 m이다. 농도를 $\mu g/m^3$ 단위로 계산하라.

a. 12 $\mu g/m^3$ b. 34 $\mu g/m^3$ c. 142 $\mu g/m^3$ d. 198 $\mu g/m^3$

도움말 13. 가우시안 공식은 간단한 분산계산을 할 때 표준방법이지만, 상자모델 (box model)도 널리 사용되고 있다.

31. 벽난로에서 방으로 NO_x가 5 mg/min 속도로 방출되고 있다. 방의 크기는 2 m × 5 m × 6 m이다. 이 방은 신선한 공기 ($NO_x = 0$)로 시간당 1 회 공기교환 속도로 환기되고 있다. 방내에서 정상상태 NO_x 농도를 계산하라. 방에서 일어나는 모든 NO_x 반응을 무시하라.

a. 25 $\mu g/m^3$ b. 180 $\mu g/m^3$ c. 600 $\mu g/m^3$ d. 5,000 $\mu g/m^3$

기술사 문제 해답

01. (c) 이상기체법칙으로부터 : $\frac{V}{n} = \frac{RT}{P}$; and with $P=1$ atm, $T=25$ ℃

$$\frac{V}{n} = \frac{0.0821\left(\frac{\text{atm-L}}{\text{gmol-K}}\right)\times(25+273)\text{ K}}{1\text{ atm}} = 24.5\text{ L/gmol}$$

02. (c) 제 1장에서 보듯 해답은 이상기체법칙에서 유도되거나, 식 (1.9)에서 직접 얻을 수 있다.

$$C = \frac{1000(0.11)48}{24.5} = 215\ \mu\text{g/m}^3$$

03. (d) MW of $SO_2 = 32+2(16) = 64$

$$\text{순수 } SO_2\text{의 부피속도} = 0.0005\times 65\text{ ft/s}\times\pi\frac{(12\text{ ft})^2}{4}\frac{86{,}400\text{ s}}{\text{day}} = 3.176(10)^5\text{ ft}^3\text{/day}$$

이상기체 법칙에서 $\dot{M} = \frac{VP(MW)}{RT}$

$$\dot{M} = \frac{3.176(10)^5\text{ ft}^3\text{/day}\times 1\text{ atm}\times 64}{0.73\left(\frac{\text{atm-ft}^3}{\text{lbmol-°R}}\right)(460+390)\text{ °R}} = 32{,}800\text{ lb/day}$$

04. (d) (가스에서 ppm은 항상 부피 또는 몰 기준이다.)

$$n_{\text{air}} = \frac{PV}{RT} = \frac{1\text{ atm}\times 500\text{ m}^3\times\frac{1{,}000\text{ L}}{\text{m}^3}}{0.082(50+273)} = 18{,}880\text{ gmol/min}$$

$$n_{\text{solvent}} = \frac{0.05\text{ kg/min}\times 1{,}000\text{ g/kg}}{90\text{ g/gmol}} = 0.555\text{ gmol/min}$$

$$\text{mole fraction of solvent} = \frac{0.555}{18{,}880}\times 10^6 = 29\text{ ppm}$$

05. (b) 여기서, 60 °F = 15.6 ℃ = 289 K; also 550 °F = 561 K

$$n_{\text{dry}} = \frac{\left(\frac{800}{760}\right)\text{atm}\times 2{,}785\text{ L}}{0.082\frac{\text{L-atm}}{\text{gmol-K}}\times 289\text{ K}} = 123.7\text{ gmol}$$

$$n_{H_2O} = \frac{72.0\text{ g}}{18\text{ (g/gmol)}} = 4.0\text{ gmol}$$

$$n_T\text{ (at stack)} = 123.7+4.0 = 127.7\text{ gmol}$$

$$V\text{(at stack)} = \frac{127.7\times 0.082\times 561}{(750/760)} = 5{,}950\text{ L}$$

$$C_{\text{part}} = \frac{2.50\text{ g}}{5{,}950\text{ L}}\times\frac{1{,}000\text{ L}}{\text{m}^3}\times\frac{10^6\ \mu\text{g}}{1\text{ g}} = 4.20(10)^5\ \mu\text{g/m}^3$$

06. (d) $\dot{M} = QC$

$$= 20\ \frac{\text{m}}{\text{s}} \times \pi \frac{(2\ \text{m})^2}{4} \times 100{,}000\ \frac{\mu\text{g}}{\text{m}^3} \times \frac{1\ \text{kg}}{10^9\ \mu\text{g}} \times 86{,}400\ \frac{\text{s}}{\text{day}} = 543\ \text{kg/day}$$

07. (a) $\text{PM} = 4{,}000\ \frac{\text{ton}}{\text{day}} \times \frac{2{,}000\ \text{lb}}{\text{ton}} \times \frac{12{,}000\ \text{Btu}}{\text{lb}} \times \frac{0.03\ \text{lb PM}}{10^6\ \text{Btu}} = 2{,}880\ \frac{\text{lb}}{\text{day}}$

08. (b) Overall penetration $= 80(1-0.985) = 1.2\ \text{gr/ft}^3$

09. (b) Cyclone penetration $= 80(1-0.73) = 21.6\ \text{gr/ft}^3$

ESP 투과도 $= \dfrac{1.2\ \text{gr/ft}^3}{21.6\ \text{gr/ft}^3} = 0.055$

ESP 효율 $= 1-0.55 = 0.945 = 94.5\%$

10. (d) $\eta = \dfrac{12-0.05}{12} = 0.996 = 99.6\%$

11. (c) 공기/여과재 비 = 여과속도 = $V = \dfrac{Q}{A}$ 이므로,

따라서, $A = \dfrac{Q}{V} = \dfrac{30{,}000\ \text{acfm}}{2\ \text{ft/min}} = 15{,}000\ \text{ft}^2$

여과포 1개의 면적 $- \pi DL = \pi\left(\dfrac{8}{12}\right) \times 12 = 25.1\ \text{ft}^2$

따라서, 여과포의 수 $= \dfrac{15{,}000}{25.1} = 597 \approx 600$

12. (c)

크기범위, μm	질량분율	효율 %	집진 %
0~6	0.10	20	2
6~16	0.30	50	15
16~30	0.40	83	33
30+	0.20	100	20
		Total	70%

13. (b) 식 (5.7)을 사용하라:

$$\eta = 1 - e^{-Aw/Q}$$

$$e^{-Aw/Q} = 1-\eta$$

$$A = \frac{-Q}{w}\ln(1-\eta)$$

$$= -\frac{800{,}000}{14}\ln(1-0.991) = 269{,}000\ \text{ft}^2$$

14. (a) 식 (4.6)을 사용하고 가스의 밀도를 무시하라.

$$V_i = \frac{600\ \text{m}^3/\text{min}}{1\ \text{m} \times 0.5\ \text{m}} = 1{,}200\ \text{m/min}$$

$$d_{pc} = \left[\frac{9\mu W}{2\pi N_e V_i(\rho_p - \rho_g)}\right]^{1/2} = \left(\frac{9\times 0.0011 \times 0.5}{2\pi \times 6 \times 1{,}200 \times 1{,}100}\right)^{1/2} = 9.97(10)^{-6}\ \text{m} = 10\ \mu\text{m}$$

15. (b) 식 (5.7)을 두 번 사용하라.

$$-\frac{Aw_{\text{new}}}{Q} = \ln(1-\eta_{\text{new}}) \quad (1)$$

$$-\frac{Aw_{\text{old}}}{Q} = \ln(1-\eta_{\text{old}}) \quad (2)$$

(1)을 (2)로 나누어라.

$$\frac{w_{\text{new}}}{w_{\text{old}}} = \frac{\ln(1-0.93)}{\ln(1-0.98)} = 0.68$$

16. (d) $S + O_2 \rightarrow SO_2$

32 32 64

$SO_2 + CaCO_3 + 1/2\,O_2 \rightarrow CaSO_4 + CO_2(g)$

64 100

$CaCO_3$의 분자량 $= 40 + 12 + 3(16) = 100$

$$\frac{4{,}000 \text{ ton coal}}{\text{day}} \times \frac{0.015 \text{ ton S}}{\text{ton coal}} \times \frac{64 \text{ ton } SO_2}{32 \text{ ton S}} \times (0.90) \times \frac{100 \text{ ton } CaCO_3}{64 \text{ ton } SO_2} = 169 \text{ ton/day}$$

17. (a) $\text{Ash into furnace} = 4{,}000 \text{ ton/day coal} \times \dfrac{0.05 \text{ ton ash}}{\text{ton coal}} = 200 \text{ ton/day}$

용광로로부터의 비산재 $= 200 \text{ ton/day} \times (1-0.3) = 140 \text{ ton/day}$

$$\eta = \frac{140-2}{140} \times 100\% = 98.6\%$$

18. (c) $H_{\text{air, 200}} = 33.6 \text{ Btu/lb} \qquad H_{\text{air, 1400}} = 341.5 \text{ Btu/lb}$

표 B.2로부터, $\rho_{\text{air, 200}} = 0.060 \text{ lb/ft}^3$

$\Delta H = 4000 \text{ ft}^3/\text{min} \times 0.060 \text{ lb/ft}^3 \times (341.5-33.6) \text{ Btu/lb} = 73{,}900 \text{ Btu/min}$

19. (b) 유입되는 연료와 공기가 비슷한 엔탈피를 갖는다고 가정하라 (약 5 Btu/lb).

배출량을 얻기 위해 질량수지식을 사용하라:

$1 \text{ lb} + 30 \text{ lb} = 31 \text{ lb}$

배출온도를 얻기 위해 엔탈피수지식을 사용하라:

$1 \times (5+15{,}000) + 30 \times (5) = 31 \times (h_E)$

$$h_E = \frac{15{,}155 \text{ Btu}}{31 \text{ lb}} = 488.9 \text{ Btu/lb}$$

부록 B, 표 B.7에서 내삽하여, $T = 1{,}910\ ^\circ\text{F}$

20. (a) $\Delta H = 12{,}000 \text{ acfm} \times 0.0212 \text{ lb/ft}^3 \times (341.5-82.1) \text{ Btu/lb} = 65{,}991 \text{ Btu/min}$

생산된 스팀량 $= 65{,}991 \text{ Btu/min} \times \dfrac{1 \text{ lb steam}}{1{,}100 \text{ Btu}} \times \dfrac{60 \text{ min}}{\text{hr}} = 3{,}600 \text{ lb/hr}$

21. (a) 식 (8.21)에서,

$$Q_d = Q_e\left(\frac{T_e - T_f}{T_f - T_d}\right)\left|\frac{T_d}{T_e}\right|$$

$$= 10{,}000\left(\frac{1{,}400-400}{400-70}\right)\times\left(\frac{70+460}{1{,}400+460}\right) = 8{,}635\ \text{cfm}$$

400 °F에서 가스의 총 부피 $= 10{,}000\left(\frac{400+460}{1{,}400+460}\right) + 8{,}635\left(\frac{400+460}{70+460}\right)$

$$= 18{,}635\ \text{acfm} = 18{,}600\ \text{acfm (rounded)}$$

22. (a) 식 (8.24)를 사용하라.

$$\dot{M}_a C_{p(\text{avg})}(T_a - T_f) = \dot{M}_w[\Delta H_v + C_{pwv}(T_f - T_w)]$$

우선, 이상기체법칙에서,

$$\dot{M}_a = \left(\frac{10{,}000\ \text{cfm}}{0.73}\,\frac{1\ \text{atm}}{1{,}400+460}\right) 29\ \text{lb/lbmol} = 213.6\ \text{lb/min}$$

$C_{pwv} \cong 0.45$

$C_{p(\text{air})} = 0.25\ \text{Btu/lb-°F},\ \Delta H_v = 1{,}060\ \text{Btu/lb},$

$213.6 \times 0.25 \times (1400-400) = \dot{M}_w[1{,}060 + 0.45\times(400-70)]$

$\dot{M}_w$에 대해 풀면, $\dot{M}_w = 44.2\ \text{lb/min}$

물의 밀도는 8.33 lb/gal이다.

$$Q_w = \frac{44.2}{8.33} = 5.3\ \text{gal/min}$$

23. (c) 벤젠의 질량속도는,

$$\dot{M}_B = \frac{2{,}000\ \text{m}^3/\text{min (1 atm)}}{0.082\ \frac{\text{L-atm}}{\text{g-mol-K}} \times 303\ \text{K}} \times \frac{500}{10^6} \times \frac{78\ \text{g}}{\text{g-mol}} \times \frac{1{,}000\ \text{L}}{\text{m}^3} = 3{,}140\ \text{g/min}$$

1개 상에서 3시간동안 흡착된 양 $= 3{,}140\ \text{g/min} \times 60\ \text{min/hr} \times 3\ \text{hr} = 565{,}000\ \text{g benzene}$

1개 상에서의 탄소량 $= \frac{565\ \text{kg benzene}}{0.2\ \frac{\text{kg benzene}}{\text{kg C}}} = 2{,}826\ \text{kg of carbon}$

총 탄소량 $= 5{,}652$ kg

24. (d) $A = \frac{20{,}000\ \text{ft}^3/\text{min}}{70\ \text{ft/min}} = 286\ \text{ft}^2$

25. (c) 그림 12.6에서, $\Delta P = \frac{4.5\ \text{in. H}_2\text{O}}{\text{ft. of bed}}$

$\Delta P = 4.5\ \text{in. H}_2\text{O/ft} \times 2.0\ \text{ft} = 9\ \text{in. H}_2\text{O}$

26. (c) $C_3H_8 + 5O_2 \rightarrow 3CO_2 + 4H_2O$

프로판 1몰은 산소 5몰을 요구한다. 따라서, 1 scf 프로판은 5 scf O_2가 필요하다.

하지만, $O_2 = 21\%$ of air

필요공기 $= \frac{5\ \text{scf O}_2/\text{scf propane}}{0.21\ \text{scf O}_2/\text{scf air}} = \frac{23.8\ \text{scf of air}}{\text{scf of propane}}$

400 scf propane × 23.8 = 9524 scf air

27. (b) 식 (11.29)에서,

$$\frac{C_L}{C_O} = e^{-\frac{L}{L_m}}$$

효율 95%에 대해서, $C_L = 1-0.95 = 0.05$

$$0.05 = e^{\frac{-2.0}{L_m}}$$

$$\ln(0.05) = \frac{-2.0}{L_m}$$

$$L_m = \frac{-2.0}{-2.996} = 0.6676\ \text{in.}$$

99.8%의 효율을 얻기 위해,

$$0.002 = e^{\frac{-L}{0.6676}}$$

$$\ln(0.002) = \frac{-L}{0.6676}$$

$$L = 4.15\ \text{in.}$$

28. (a) $\eta = \frac{3.0-0.4}{3.0} \times 100 = 86.7\%$

29. (c) 원래 식은,

$$C_8H_{16} + XO_2 + 3.76(X)N_2 \rightarrow 8CO_2 + 8H_2O + 3.76(X)N_2$$

수지를 맞춘 수식은,

$$C_8H_{16} + 12O_2 + 45.1N_2 \rightarrow 8CO_2 + 8H_2O + 45.1N_2$$

$$\text{lb air/lb fuel} = \frac{12(32)+45.1(28)}{8(12)+16(1)} = 14.7$$

30. (b) $C = \frac{Q}{2\pi u\,\sigma_y \sigma_z} \times 2\exp\left(-\frac{H^2}{2\sigma_z^2}\right)$

안정도 등급 D에 대해서, $x = 5{,}000$ m에서, $\sigma_y = 287$ m 그리고 $\sigma_z = 89$ m

$$C = \frac{40(10)^6}{2\pi \times 5 \times (287)(89)} \times 2\exp\left(-\frac{(90+40)^2}{2(89)^2}\right)$$

$$= 34\ \mu g/m^3$$

31. (d) $V_{room} = 2 \times 5 \times 6 = 60\ m^3$

따라서, 시간당 1 공기교환의 의미는, $Q = 60\ m^3/hr$

정상상태에서 질량수지식은,

$$0 = \frac{60\ m^3}{hr} \times 0\ \mu g/m^3 + \left(\frac{5\ mg}{min} \times \frac{60\ min}{hr} \times \frac{1{,}000\ \mu g}{1\ mg}\right) - \frac{60\ m^3}{hr} C$$

$$C = 5{,}000\ \mu g/m^3$$

부록 F 연습문제 해답

1.1 1998 : 고속도로 교통부문에서 0.354; 공공부문에서 0.256
2008 : 고속도로 교통부문에서 0.318; 공공부문에서 0.184

1.3 PM = 1.54 ton/day; NO_x = 12 ton/day; SO_x = 16.8 ton/day; Hg = 0.48 lb/day

1.5 기름발전소가 더 많은 SO_x를 배출한다.

1.7 (a) $1.18(10)^5$ μg/m^3; (b) 2,870 kg/day

1.9 (a) 그림; (b) $Q = 2.52(\Delta P)^{1/2} + 0.44$; (c) 5.78 ft^3/min; (d) 246 g/min

1.11 40 mg/m^3

1.13 1.03 g/L

1.15 737 ppm

1.17 (a) 8.89 km; (b) 1.60 km

1.19 26.6%

1.21 No, 기준을 충족 못할 것임.

1.23 6,096 kg/day

1.25 0.080 ppm

1.27 (a) $2.52(10)^5$ μg/m^3; (b) 8,542 kg/day; (c) $4.95(10)^5$ μg/m^3

1.29 $1.59(10)^8$ ton/yr

2.1 (a) 2.4%; (b) $9.72(10)^4$ mg/m^3

2.3 248 lb_m/day

2.7 $253,000

2.9 물 주입법 (water injection)을 선택하라.

2.11 (a) 11.49 mol/hr; (b) 0.0196 몰분율

2.13 12.3 million tonne/yr

2.15 (a) MS 또는 CE 방법을 사용하여 $1.2 million; (b) $1.3 million in 2013

3.1 (a) 2.5 gr/ft^3; (b) 13,300 kg/day

3.3 Yes, log-normal이다. $\sigma_g = 2.09$ μm; $d_{50} = 10.8$ μm

3.5 96.5%

3.7 95.0%

3.9 5.5% (질량기준)가 2.0 μm 이하이다.

3.11 7.2

3.13 (a) 0.0036 m/s; (b) 0.00098 m/s

3.15 98.5%

3.17 92.8%

3.19 Ratio (mass) = 21.9

3.21 (a) 0.75 gr/ft^3; (b) 96.7%

3.23 50%

3.25 15%

3.27 94.7%

4.1 81%

4.3 (a) 87%; (b) 89%

4.5 3.30 kPa or 13.3 in. H_2O

4.7 2.0 kPa or 7.9 in. H_2O

4.9 (a) 0.844 kPa (3.4 in. H_2O); (b) 1.94 kPa (7.8 in. H_2O)

4.11 $\dfrac{\Delta P_{\text{High Efficiency}}}{\Delta P_{\text{High Through put}}} = 14.2$

4.13 \$17,000

4.15 (a) \$9,400/yr; (b) \$16,900/yr

4.17 91.6%

4.19 ΔP = 1.51 kPa (6.1 in. H_2O); fluid power = 2.52 kW

4.21 두 가지가 거의 동일하다: η = 67 ~ 68%; ΔP = 10.1 in. H_2O

4.23 범위는 \$57,000 ~ \$91,000이다. 문제 4.14의 \$19,000보다 매우 비싸다.

5.1 (a) 5,433 m^2 (required), 5,760 m^2 (actual); (b) 51 plate

5.3 (a) 96,000 ft^2; (b) 244 plate

5.5 99.6%

5.7 $A_{99}/A_{90} = 2.0$

5.9 1998: DEC = \$7,250,000; TIC = \$16,100,000
2002: TIC = \$22,000,000

5.11 DEC = \$1,170,000; TIC = \$2,600,000

5.13 97.7%

5.15 (a) 3,306 m^2; (b) 54 plate

5.17 (a) $w_{new}/w_{old} = 0.72$; (b) $w_{new} = 4.3$ m/min

5.19 (a) 113,832 ft^2; (b) R = 2.67; (c) 600; (d) f.o.b. = \$1,665,000, TIC = \$4,360,000

6.1 $K_s = 15.9$ Pa-min-m/g; $K_e = 490$ Pa-min/m

6.3 ΔP는 온도에 따라 증가한다.

6.5 (a) 3 compartment; (b) 2.5 ft/min; (c) 4,022 ft^2; (d) 384 bag; (e) 5.3 in. H_2O

6.7 135 bag

6.9 $2.67(10)^{-11}$ ft^2

6.11 (a) 912 bag; (b) 222 kW; (c) 316 kW

6.13 $893,000

6.15 (a) 9.6 in. H_2O; (b) 819 bag

6.17 $V_{des} = 2.25$ fpm; $N = 5$; $V_{N-1} = 2.25$ fpm; $V_N = 1.80$ fpm

6.19 2.7 in. H_2O

6.21 (a) 80 bag; (b) 33.8 kW; (c) 20 kW

6.23 (a) 5.67 ft; (b) 65 hp; (c) $104/day; (d) $114/day

6.25 480

7.1 80%

7.3 65%

7.5 (a) 53 in. H_2O; (b) 3.7 kWh/1,000 m^3

7.7 (a) 99.9%; (b) 94%

7.9 For $L/G = 5$, $\eta = 66\%$ (1 μm 분진) : 88% (6 μm 분진)
For $L/G = 10$, $\eta = 92\%$ (1 μm 분진) : 99.8% (6 μm 분진)

7.11 62.8%

7.13 0.87 gpm

7.15 $254,000

8.1 (a) 2,000 rpm; (b) 9.4 in. H_2O

8.3 $D_{new} / D_{old} = 1.26$

8.5 0.0001575

8.7 80.8%

8.9 6.3 in. H_2O

8.11 (a) 26 in. × 26 in.; (b) 48 in. × 16 in.

8.13 (a) 28,280 cfm; (b) 71,000 cfm; (c) 290,000 cfm

8.15 15,000 ft^2

8.17 $58,000

8.19 21 in.

8.21 (a) 60 in. (열교환장치 있을 때); 80 in. (열교환장치 없을 때)
(b) $63,000

8.23 11.7 gpm

10.1 $\overline{P}_{NO}=0.0264$ atm; $y_{NO}=0.0264$

10.3 $\overline{P}=0.5$ psi, $C=34{,}000$ ppm

10.5 60 °F

10.7 (a) $2.2(10)^{-6}$; (b) $8.4(10)^{-5}$

10.9 300,000 L

10.11 $E=26.2$ kcal/mole; $A=1.05(10)^7$ s

10.13 0.30 psia; 13,200 ppm

10.15 (a) 37,000 L; (b) 135 kg/day

11.1 (a) 1,810 °F; (b) 1,660 °F

11.3 (a) 9.4 kg/min; (b) 14 m^3/min

11.5 1,270 °F

11.7 $L=16$ ft; $D=6.8$ ft; methane = 5.1 kg/min

11.9 (a) 연료가스는 1.9 lb_m/min로 감소; 폐가스 온도 $T=1{,}160$ °F

11.11 (a) 부피 = 12.0 ft^3; (b) 길이 = 2.9 ft

11.13 $720,000

11.15 17.2 : 1, 34.4 : 1, 그리고 0.10

11.17 자동점화 : 1,120 °F; Lee et al. : 1,230 °F; Cooper et al. : 1,310 °F

11.19 2.13 kg 또는 3.26 std m^3 (메탄)

11.21 4.9 ppm

12.1 22.4 lb_m hexane/100 lb_m carbon

12.3 두 방법 모두: 10 lb_m CS_2/100 lb_m carbon

12.5 100 hp

12.7 $430,000

12.9 1,385 kg/bed

12.11 9.0 in. H_2O

12.13 $\Delta P=1.5$, 4.25, and 8.9 in. H_2O

12.15 3,000 lb; (b) 5 ft × 10 ft × 1 ft (깊이)

13.1 (a) 0.0417; (b) 0.0083; (c) 4.3 lbmol/(hr-ft^3-Δy); (d) 43 ft;
(e) 8.1; (f) 탑은 이미 홍수점을 넘었다.

13.3 31 ft

13.5 23,000 lb/hr

13.7 96 gpm

13.9 8.2 ft

13.11 0.0014 (액체), 0.0474 (가스)

14.1 $H_D = 19.7$; 에탄은 양호한 후보 물질이 아니다.

14.3 97.6%

14.5 (a) 1.7 gpm; (b) 83 °F, 1,965 m^3/min; (c) yes

14.7 Filter 1 : 3.67 g/m^3-hr; Filters 2 & 3 : 3.14 g/m^3-hr

14.9 $623,000

14.11 (a) 98.8%; (b) 97.6%

14.13 $D = 3$ m, $Z = 7.5$ m

14.15 TIC = $334,000; O&M 비용 = $8,000/yr

15.1 1,476 ton/day

15.3 1,211 lb/hr

15.5 $9.74(10)^7$ Btu/hr

15.7 (a) 3,564 ppm; (b) 285 ppm; (c) 25,200 lb/hr; (d) 1,800 hp

15.9 (a) 374,000 lb/hr; (b) 1,247,000 scfm; (c) 95.3%; (d) 86.6%

16.1 823 ppm

16.3 1,730 ppm

16.5 (a) 408 ppm; (b) 5.79 kg/hr

16.7 3,380 kg/day

16.9 13.7 kg air/kg fuel

16.11 (a) NO = 10,600 ppm; $N_2 = 0.725$; $O_2 = 0.0447$; (b) 0.215 mol/m^3-s; (c) 776 ppm

16.13 9.1 ppm

16.15 (a) 3,750 ppm (덕트); (b) 750 fpm (SCR); (c) 7,500 hr^{-1}

18.1 $VOC_{2000} = 63\%$ of VOC_{1980}; $NO_{x\ 2000} = 101\%$ of $NO_{x\ 1980}$

18.3 $VOC_{2000} = 86\%$ of VOC_{1980}; $NO_{x\ 2000} = 117\%$ of $NO_{x\ 1980}$

18.5 중국/U.S. = 0.71; 인도/U.S. = 0.24; 인도/중국 = 0.34

18.7 (a) VOC = 0.92, $NO_x = 0.08$; (b) VOC = 1.47, $NO_x = 0.17$; (c) VOC = 0.09, $NO_x = 1.4$

18.9 14.5

18.11 CO = 15.1 g/mile ; NO = 1.89 g/mile

18.13 (a) 6.44; (b) 8.95; (c) 17.2; (d) 34.3

18.15 (a) 13.7; (b) 16.7; (c) 19.7

18.17 (a) 8.95; (b) 27.5 scfm

18.19 VOC 절약 = 18.3 tonne/yr

19.3 17,350 ft
19.5 3,125 ft
19.7 343 million gal
19.9 Southeast
19.11 833 m

20.1 (a) 531 μg/m^3; (b) 66 μg/m^3
20.3 (a) 53,000 μg/m^3; (b) 16,700 μg/m^3
20.5 6.4 μg/m^3
20.7 53 μg/m^3
20.9 547 μg/m^3
20.11 $C_{max} = 300$ μg/m^3; $x_{max} = 5.6$ km
20.13 (a) 44 m; (b) 97 m; (c) 126 m
20.15 $x_{max} = 0.707 H/c$; $(Cu/Q)_{max} = 0.234c/(aH^2)$
20.17 1.2 m
20.19 $4.1 million
20.21 $h = 140$ m; $D = 4.34$ m
20.23 (a) $u_c = 1.7$ m/s; (b) $u_c = 2.2$ m/s
20.25 39 μg/m^3
20.27 (a) 33 μg/m^3; (b) 7.3 μg/m^3

21.1 1,600 cfm
21.3 3,000 cfm; 1,125 cfm
21.5 $100/week
21.7 $1,300
21.9 765 mg/min; 280 mg/m^3
21.11 70%

22.1 37.5 million tonne
22.3 1.67 Gt
22.5 0.3 ton C/ton coal; 0.025 ton C/million Btu; 0.221 tonne C/MWh
22.7 9 in.; 8 in.
22.9 38%
22.11 1,775 lb of CO_2/yr
22.13 5 million tonne

찾아보기

ㄱ

가격지표 106
가격추정식 300
가격평준화 106
가속손실 272
가스 327
가스 재연소법 528
가스상 물질 327
가스의 겉보기속도 216
가스의 유속측정 48
가스흡수장치 413
가스흡착 381
가습탑 466
가시거리 60
가시도 61
가우시안 모델 666
가우시안 분산모델 639
가우시안 분포함수의 값 768
감가상각 100
감열 329
강제산화법 484
강제환기 689
개략산정법 105
건물증후군 679
건습구 습도표 255, 466
건식 ESP의 총설치비 190
건식세정 486
건조단열감률 608
검사와 정비계획 588
겉보기 대조현상 60
경계층 이론 331
경도풍 600
경로함수 92
경상달러 108
경제회복조세법 101
고발열량 337
고온 - NO_x 514
고온 - NO_x의 제어 523
고온부 ESP 186
고온산화장치 355, 356
고정상 장치 85
고정상 흡착장치 86
고정오염원 59, 64, 561
고정자본비 100
공간속도 365
공간시간 366
공기/여과재 비 213
공기/여과재 비율 198
공기교환 688
공기교환율 690
공기역학직경 120, 131
공기예열 감축법 529
공기의 비-엔탈피 761
공기의 특성 751
공기질법 31
공기침투 689
공기희석법 293
공기희석설비 307
공상체류시간 456
공연비 523, 570
공정설계 83, 100
공정흐름도 85
관성충돌변수 244
광화학 스모그 619
광화학 스모그 화학 621
광화학 스모그의 제어 627
광화학적 산화물 19, 65
교차류 231
교토의정서 28
교통 통제조치 589
구름빙 세정기 236
구연산 세정공정 489
구조화 충진법 369
굴뚝설계 629, 655
굴뚝설계의 목적 654
규제대기오염물질 16
규제오염물질 16, 65
균질반응 333
급냉기 307
기공판상 235
기공판상 세정기 235
기술강제입법 31, 32
기술경제학 99
기술평가지침서 106
기온역전 612
기하평균 121
기하표준편차 121
기하학적 상사 283
깡통속도 216

ㄴ

나노입자 62
내연기관 568
냉각기 307
냉난방비용 697
뉴턴의 운동 제2법칙 129

ㄷ

다단충돌 분진채취기 120
다중관 사이클론 154
다중관 사이클론의 가격 157
다환방향족 탄화수소 685
단면부 173, 180
단열과정 608
단열냉각선 255
단위집진실 202, 203
단위집진실의 수 207
단위환산계수 746
단자부 173
담배연기 68, 684
대기독성물질 34
대기순환운동 598
대기안정도 606
대기안정도 등급 642
대기오염 15, 16
대기오염 에피소드 30
대기오염물질 배출량 59
대기오염방지법 30
대기질 경향 70
대기질 모델 770
대기질지표 68
대기환경기준 35, 36
대기환경기준의 단위 43
대수정규분포 121
대안설비의 비교 104
대체연료 591, 719
덕트 267
덕트의 가격추정계수 300
덕트의 기능 277
덕트의 등가길이 271
동수직경 273
동압 57, 268
등온흡착 383
등온흡착 실험 387
등온흡착선 383
디젤엔진 573

ㄹ

라돈 685
레지오넬라 질병 686
리오협정서 28

ㅁ

마찰력 600
매연방지법 30
먼지의 면적밀도 199
메탄의 산화 345
면오염원 34

모전여과재 195, 213
몬트리올의정서 20
몰확산도 415
무작위 충진법 369
물 주입법 529
물리적 흡착 333, 383
물의 특성 759
물질수지 85, 87
물질수지식 335
물질전달속도 414
미달성지역 32
미분탄 발전소의 효율 720
미분탄 화력발전소 93
미세분진 62
미세조류 729
미스트 제거장치 252

ㅂ

반응성 탄화수소 65
반응속도상수 334
발열반응 337, 338
방전선 182
방출수 저장조 493
배가스 재순환방법 576
배기행정 569
배연탈황법 481
배연탈황설비의 평균가격 507
배출거래 29
배출계수 39, 40, 562
배출보상제 32
베르누이 식 267
벤튜리 세정기 235, 244, 247
벤튜리 - 제트 세정기 235
벤튜리계수 54
벽면효과 241
복사역전 614
복사온도 21
복열장치 366
본선인도가격 109
부피전도 177
분산매개변수 639, 642, 643
분산모델 635
분자체 389
분자확산도 330
분진 60, 117
분진의 비저항 175
분진채취장치 50
분진퇴적함 184
불꽃연소법 341, 371, 372
불변달러 108
불완전연소산물 51
불특정 배출물 343
불특정먼지 17
불특정오염원 63
비상구조설비 371
비압축성 유체 53
비약곡선 390, 391
비양론적 연소법 527
비율습도 254
비저항 측정 175
빈도상수 334

ㅅ

사염화탄소의 수 388
사이클론 141
사이클론 치수 144
사이클론의 단점 144
사이클론의 압력손실 152
사이클론의 장점 143
산곡풍 604
산란계수 61, 64
산림벌채 25
산성침적 34, 63, 64
산소 - 연료 연소 724
산소화연료 577, 591
산업용 여과재 203
산화구리흡착 491
산화마그네슘 공정 489
산화반응의 속도론 344
살수탑 세정기 231
살수탑의 동력소비량 233
살수탑의 설계 240
삼원촉매전환장치 577
삼중점 733
상대습도 254
상사송풍기 281
상자모델 689
상태도 733
생물기원 오염물질 686
생물디젤 592, 729
생물량 25
생물여과법 447
생물여과의 단점 449
생물여과의 장점 449
생물여과장치의 단면도 448
생물여과장치의 설계 460
생물여과장치의 총 설치비 471
석유회수 증진법 734
석회분사건조법 485
석회석 FGD 492
석회석 FGD 설비의 압력손실 503
석회석세정 492
석회석세정법 482, 483
석회세정법 484
선택적 무촉매환원법 537
선택적 촉매환원법 533
선택적 촉매환원장치 219
설계 83
설계인자 178
설계포획속도 264
설비 313
세부산정법 105
세부흐름도 86
세정 411
세정기 231
세정기의 성능곡선 250
세정집진기 134
소각 341
소광계수 60, 64
소비자 물가지표 106
소용돌이 확산도 416
속도론 333
속도압 268
속도제어과정 348
속도제한과정 455
송풍기 278
송풍기 등급표 278, 285
송풍기 법칙 281
송풍기 성능곡선 277, 281
송풍기의 기본형 278
송풍기의 설계과정 290
송풍기의 성능 281
송풍기의 종류 278, 279
송풍효율 283
수은 219
수은 포획 219
수은의 제어 506
수직안정도 610
순수 여과면적 206, 207
스모그 615
스모그 에피소드 620
스모그 현상 30
스모그의 영향 626
스트리핑 공정 442
스팀재생법 395
슬롯 후드 266
습도표 762, 764
습식 ESP 188
습식 전기집진기 188
습식세정기의 단점 239
습식세정기의 장점 237
습식세정장치의 응용 238
습식흡수법 538
습윤단열감률 609
시간가중평균 한계치 681
신설오염원운영기준 32, 34, 36, 37
실내공기 오염물질 680, 682
실내공기질 679
실내오염물질의 제어 687
실리카 겔 389
심각한 오염악화의 예방 32

ㅇ

아민 흡수설비 727
아황산가스 63
악취화합물 469
안정도 분류 645
알러전 687
압력손실 152
압축공기의 사용 214
압축비 576
압축천연가스 591
압축행정 568
액막저항 425
액화석유가스 591
양극 코로나 174
양론비 523, 570
양압 크랭크케이스 환기 밸브 578
억제산화법 485
에너지 작물의 수율 730
에너지수지 87
에너지원별 소비량 716
에틸렌 66
엔탈피 92
엔탈피 변화량 359
엔탈피수지 357
여과집진기 134, 195
여과집진기의 단점 196
여과집진기의 압력손실 215
여과집진기의 장점 196
여과집진설비의 가격 220
여과포의 가격 222
여과항력 199
여과항력모델 199
역 코로나 현상 175, 177
역기류식 195
역기류식 여과집진기 202
엮음여과재 195, 197
연결부위 손실계수 269
연결부위 압력손실계수 272
연기상승 654, 656
연기의 침하현상 662
연도가스 95
연도가스 재순환법 528
연도가스 조절 186
연도가스 탈황 219
연도가스처리기술 532
연료 - NO_x 514
연료등가비 523
연료탈황 479
연방규정집 41
연방대기환경기준 32
연소반응기구 344
연소생성물 684
연소속도 감축법 529
연속교반로 335
연속방정식 53, 273
열교환기 297
열교환속도 297
열교환장치 295
열섬효과 28, 614
열역학 337
열역학 제1법칙 608
열전달계수 297
열회수 293, 295, 366
염화불화탄소 20
예비공정설계 360
예비산정법 105
예비흐름도 85
오리피스 세정기 235
오리피스 세정기의 장점 235
오존고갈 20
오존고갈현상 20
오존에 의한 농작물의 피해 66
오존의 농도경향 73
온난전선 602
온도편이 22, 706
온도편차 22
온실가스 배출량 709
온실효과 21, 24
온위구배 660
외부선회류 146
요오드 수 388
운영비 100
운영비와 고정자본비와의 관계 100
운행평균 배출계수 582, 667
원심력 600
원심력 살수탑 233
원심력 송풍기 278
원심력집진기 134
유동상 흡착장치 405
유속측정장치 52
유엔기후변화협의회 28
유입손실계수 266
유체방정식 53
유해대기오염물질 34
유해폐기물 소각로 348
유효마찰손실 249
유효숫자 47
유효표류속도 172, 184
음극 코로나 174
이동단위수 249
이동오염원 34, 59, 64, 561
이상기체법칙 42, 44, 47, 52
이상기체상수 46
이슬점 327
이중가우시안 분포도 640
이중막 이론 414
이중염기법 484
이중정규분포 639
이중정류법 102
이코노마이저 95
일산화탄소 66
임계경로 277
임계경로덕트 275
임계부하 457
임계압력 736
임계점 327
임계풍속 661
입자상 물질 60

ㅈ

자동점화온도 349
자본회수인자 111
자연환기 689
자유에너지 386
잠열 329
장치가격 108
장치구매가격 158
장치구입가격 109
장치인도가격 109
재생고온소각로 368
재생공정 486
재연소장치의 크기 360
저-NO_x 버너법 529
저과잉공기 연소법 (LEA) 527
저발열량 337
저온부 ESP 186
전계충전 171
전기단면부 180
전기모터의 본선인도가격 305
전기집진기 134, 165
전기집진기의 단점 168
전기집진기의 장점 168
전달단위수 423
전력밀도 185
전력재생산 계획 70
전선역전 612
전압 57
전환율 338
절단입경 147
절대습도 254
절연상수 172
점함수 92
접촉력 이론 249
정규분포 121
정률법 101
정상상태 87, 335
정수역학식 607
정압 57, 268
정압손실 266
정지거리 133
제거 및 파괴효율 348
조건함수 92

조류대증식 738
조세개혁법 101
조작선 419
종말속도 130, 146
종말침강속도 130
종말표류속도 171
종합가스화 복합사이클 발전소 722
주정부 실행계획서 32
주정부실행계획 588
중력침강 129
중력침강기 134
증기 327
증기분압 328
증기압 328
증량제 461
증진인자 494, 495
지구기온편이 23
지구기후변화 21, 23, 27, 705
지구기후변화의 영향 708
지구온난화 21
지균풍 600
지체비 460
진공스윙흡착 733
진동식 여과집진기 202, 204
질량전달계수 423
질량전달론 414
질량전달속도 425
질소산화물 64, 513
질소산화물의 배출경향 514
질소산화물의 제어 513
집진면적 180
집진판 182
집진효율 119, 143, 146, 147, 148

ㅊ

차단 133
차량에 관한 대기오염방지법 31
차량에 대한 배출기준의 변천과정 581
차량운행거리 562
천개형 후드 264
청정공기개정법 19, 31, 32, 33
청정공기법 31
초미세분진 62
초임계 미분탄 발전소 721
초임계상태 736
초임계유체 733
촉매산화 354
촉매산화의 총괄속도 365
촉매산화장치 362
촉매소각로 362, 366
촉매의 교체비용 374
촉매의 활성도 363
촉매전환장치 575, 579
촉매환원법 533
총 설치가격 109
총괄열전달계수 296
총괄집진효율 135, 149, 151
총괄침투도 239, 241
총괄효율 119
최대 설계여과속도 202
최대 여과속도 203, 213
최대성취가능 방지기술 34, 38
최대혼합고 615
최소 흡수액 속도 417
최소기울기 조작선 419, 435
최소폭발한계 355, 396
최소환기량 688
축류형 송풍기 278
축상유입식 사이클론 141
충격분출식 195
충격분출식 여과집진기 211
충돌 133
충돌계수 134
충돌세정기 235
충돌속도상수 352
충돌이론 350
충진탑 413
침강역전 612
침투도 135, 150, 239

ㅋ

코로나 174
코로나 전력 184, 185
코리올리력 600

ㅌ

타봉 184
탄소 포획과 격리 725
탄소흡착 설비의 설계 397
탈진 184
탈진강도 184
탈착과정 396
터보제트엔진 574
투자회수율 103, 104
특성시간 129

ㅍ

파괴효율 343
평균자유행로 128
평균지구온도 22, 27
평균해수면의 상승 21
평균화 시간 648
평형분할계수 460
폐가스의 예열 367
포위형 후드 265
포집형 산화장치 578
포화전하량 171
포획형 후드 264
포획효율 343
폭발행정 569
폼알데하이드 682
표류속도 170, 171
표면 여과속도 198
표면전도 177
표준 사이클론의 모형도 142
표준공기 268
표준스팀표 92
표준습도표 92
표준연소열 756
플러그흐름 반응조 335
피토관 57

ㅎ

한랭전선 602
항력 125
항력계수 125
해륙풍 603
해양종합순환모델 739
해양주입 738
해탄 (sea-coal) 15
향류 231
향류수직살수탑 240
허용가능한 노출한계치 681
헤모글로빈 66
헨리상수 332, 451, 752
헨리의 법칙 451, 453
현실달러 108
호흡성 분진 684
홍수곡선 427
홍수점 417, 426
화공가격지표 107
화석연료 24
화학적 흡착 333, 383
화학종 연속방정식 617
화학첨가제 496
확산 133
확산충전 171
환경정책법 31
활성 알루미나 389
활성계수 330
활성에너지 334
활성탄 주입장치 219
활성탄 캐니스터 578
활성탄의 강도 389
황산 응축 177
황산화물 63
황산화물의 배출경향 478
황산화물의 제어 477
회수기간 104
후드 263, 299
후드의 유입손실계수 266

후드의 종류 264, 266
후드의 총 압력손실 272
후향날개 원심력 송풍기 281
후향날개형 송풍기 301
휘발성유기화합물 341, 381
흡수 411
흡수계수 64
흡수액의 순환속도 417
흡수탑 설계 414
흡수탑 충진물의 특성 428
흡수탑의 가격추정 439
흡수탑의 공정설계 417
흡수탑의 운영비 441
흡열반응 337
흡입행정 568
흡착 332, 381
흡착능 386, 387
흡착등온선 332
흡착법 537
흡착영역 390
흡착제의 물리적 성질 387, 388
흡착제의 재생 395
희박연료연소엔진 575

영문

AAQS 35
aerosol 117
Antoine 방정식 328
AP-42 39
AQI 68
Arrhenius 수식 334
Briggs의 연기상승 모델 659
CALINE3 667, 771
CALPUFF 771
cascade impactor 120
CCS 725
CFC 20
CHIEF 39
chlorofluorocarbons 20
CO_2 격리 736
CO_2 배출계수 99
CO_2 배출량 24, 712
CO_2 운송과 격리 733
CO_2 포획 726
CO_2의 상(phase) 733
CO_2의 상태도 734
CO_2의 생물학적 포획 729
CO_2의 선박운송 735
CO_2의 습식세정 725
CO_2의 파이프라인 운송 736
CO_2의 해양격리 738
COMPLEX1 771
Concawe 공식 659
CSTR 335
CUECost 106, 220
CUECost 알고리즘 507
Cunningham 보정계수 128, 172
Damkohler 수 348
Darcy의 방정식 198
Deutsch 방정식 169, 170
Drew-Colburn 가스막계수 416
EDTA 494
emission trade 29
EPA Method 5 50
ESP 165, 166
ESP의 내부구조 178
ESP의 설계인자 179
Fanning의 마찰계수 365
FGD 기술과 발전용량 483
FGD 설비의 가격추정 507
FGD 세정기 219
FGD 세정기의 가격 508
Fick의 제1법칙 330
Fick의 확산방정식 639
fine particle 62
Flakt-Boliden 공정 491
Freundlich 방정식 385
Freundlich 흡착 452
gas-to-particle conversion 60
GCC 21, 705
HAP 38, 39
HAP에 대한 연방배출기준 38
HbCO 67
HbO_2 67
HCFC 34
HCHO 68, 682
Henry의 법칙 331, 494
Holland 공식 658
IGCC 발전소 723, 724
IPCC 737
ISC3 772
Kyoto Protocol 28
Langmuir 등온흡착식 383, 385
Langmuir 흡착 453
low-NO_x burner 529
M-S 지표 308
MACT 34, 38
MACT 규제 368
Marshall-Swift 지표 107
maximum achievable control technology 34
MOBILE-6 585, 587, 667
Monod의 속도론 453
NAAQS 32, 33, 36
NESHAP 38
New Source Performance Standards 32
NO_2 농도 70
NO_2의 광분해과정 622
NO_x 배출계수 515
NO_x 제어 526
NO_x 제어설비의 가격산정 540
NO_x 제어설비의 추정가격 542
NO의 생성속도 519
NSPS 32
PAH 685
particulate matter 117
Pasquill-Gifford (P-G) 방법 645
Peclet 수 348
PFR 335
POHC의 열적 안정도 순위 356
PSD 32, 42
PSD 증가량 42
Purasiv HR장치 405
Reid Vapor Pressure 577
Reynolds수 125
RTO 368, 369
Sauter 평균 액적직경 244
Schmidt 수 365
SCREEN3 771
scrubber 231
shell-and-tube형 열교환기 295, 308
SIP 32
SO_2 배출제어 방법 479
SO_2 제거기술 481
SO_2 질량전달 494
SO_2의 영향 63
State Implementation Plans 32
Stokes 법칙 127
Stokes 영역 127, 129, 133
Thiele number 454
UAM-V 772
ultrafine particle 62
UNFCCC 28
VALLEY 771
VOC 17, 328, 341
VOC 방지기술 450
VOC 속도론 349
VOC 파괴속도 348
W-L 공정 487
Wellman-Lord 공정 487
Westvaco 공정 491
Zeldovich 모델 516

기타

1차기준 35
1차대기오염물질 17
1차오염물질 16
2차기준 35
2차오염물질 16, 19
3T 347

저자 : **김동술**

- 경희대학교 연구산학협력처장/산학협력단장
  산학협력기술연구원장 역임
- 한국대기환경학회 회장 역임
- 한국입자에어로졸학회 부회장/편집위원장 역임
- 현) 경희대학교 환경학 및 환경공학과 교수
  한국대기환경학회 고문

Air Pollution Control : A Design Approach, Fourth Edition

대기오염제어설계공학 정가 39,000원

발　행 2023년 3월 10일 초판 4쇄
저　자 C. David Cooper · F. C. Alley
역　자 김동술
발행인 정우용
발행처 도서출판 **동화기술**
경기도 파주시 광인사길 201(문발동, 파주출판도시)
Tel (031)955-4211~6　donghwapub@nate.com
Fax (031)955-4217　www.donghwapub.co.kr
(등록) 1977년 12월 19일/9-16호

ISBN 978-89-425-1738-1